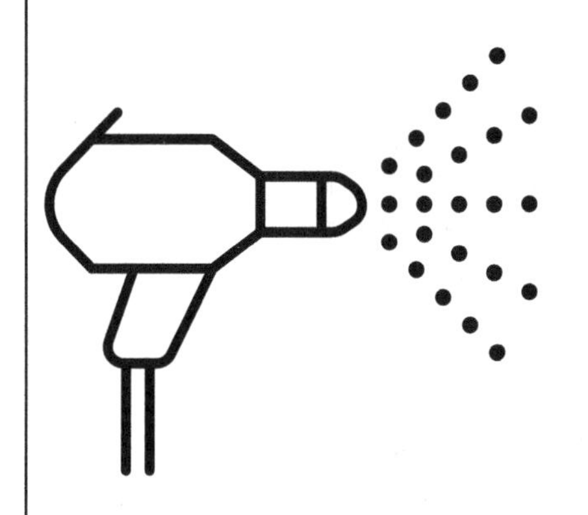

第四版

FENMO TULIAO
YU
TUZHUANG JISHU

粉末涂料与涂装技术

南仁植　魏育福　编著

化学工业出版社
·北京·

内容简介

本书比较全面地介绍了国内外粉末涂料与涂装的概况，详细介绍了粉末涂料的分类、品种，大量列举了粉末涂料基本配方组成，论述了粉末涂料配方设计的基本思路，详细介绍了粉末涂料的制造设备和生产工艺、粉末涂装方法的分类，重点叙述了静电粉末涂装的设备和工艺、粉末涂料与涂装中的安全、卫生等问题，还介绍了粉末涂料与涂膜的检验方法。

本书对从事粉末涂料生产与粉末涂料施工的技术人员有很好的参考价值。

图书在版编目（CIP）数据

粉末涂料与涂装技术/南仁植，魏育福编著．—4版．—北京：化学工业出版社，2022.1（2025.4重印）

ISBN 978-7-122-40190-8

Ⅰ.①粉… Ⅱ.①南…②魏… Ⅲ.①粉末涂料②粉末涂料-涂漆 Ⅳ.①TQ637

中国版本图书馆CIP数据核字（2021）第219591号

责任编辑：仇志刚　高　宁　　　装帧设计：王晓宇

责任校对：杜杏然

出版发行：化学工业出版社（北京市东城区青年湖南街13号　邮政编码100011）

印　　装：北京盛通数码印刷有限公司

787mm×1092mm　1/16　印张44½　字数1114千字　2025年4月北京第4版第3次印刷

购书咨询：010-64518888　　　售后服务：010-64518899

网　　址：http：//www.cip.com.cn

凡购买本书，如有缺损质量问题，本社销售中心负责调换。

定　　价：268.00元

京化广临字2021-05

前言

《粉末涂料与涂装技术》（第三版）编写、出版已经六年多了。在这几年里，我国粉末涂料与涂装技术都有了持续快速的发展。第三版编写时我国粉末涂料年产量只有 120 多万吨，占世界粉末涂料产量的 50%左右；到 2019 年底产量已经达到 212 万吨（销售量为 192 万吨），占世界粉末涂料产量的 60%，我国连续多年成为世界粉末涂料生产和消费的第一大国。然而同样的时间里，在工业发达国家粉末涂料产量增长速度停滞不前的情况下，我国粉末涂料产量在 2018 年前增长速度保持在 9% 以上，比涂料总产量的增长速度高很多。在粉末涂料品种的发展方面，从原来环氧-聚酯粉末涂料为主体的产品结构，逐步转化为聚酯粉末涂料为主体（2018 年占总粉末涂料产量的 46.1%），产品结构发生了明显的变化。在聚酯粉末涂料品种中，原来是聚酯-TGIC 纯聚酯粉末涂料占绝对优势的品种结构，这几年环保型的聚酯-HAA 纯聚酯粉末涂料的增长速度加快，已经占纯聚酯粉末涂料产量的 41.4%。在粉末涂料生产原材料方面，产量日益增加的热转印和消光型聚酯粉末涂料所需要的新型聚酯树脂品种增多，特别是环保型聚酯-HAA 型纯聚酯粉末涂料所需要的聚酯树脂品种增加得更快。在环氧粉末涂料方面，新型低温固化和特殊高温与重防腐管道用环氧树脂和固化剂也得到不断开发。另外，粉末涂料用特殊助剂品种不断被开发出来，满足了不同需求的粉末涂料的各种用途，积极配合迅速发展的我国粉末涂料与涂装技术的要求。在粉末涂料制造设备方面，制造设备的技术水平和产品质量也不断提高，完全满足国内粉末涂料生产的需求，同时还有相当一部分设备出口到其他发展中国家，甚至出口到发达国家。随着制造业的创新，粉末涂料制造的自动化和智能化的呼声高涨，许多单位正在积极研究和推广智能化的制造设备。在粉末涂料生产过程方面，无尘化和降低噪声污染问题提到日程，在设备制造和使用方面都要重视环保问题。粉末涂料制造设备的制冷设备配套性更加科学和完善，金属粉末的邦定设备也逐步普及，质量也得到明显的改进和提高，粉末涂料产品质量得到很大提升。在粉末涂料涂装技术方面，无铬、无磷、无重金属、无磷化残渣的新型纳米陶瓷前处理和硅烷前处理等新的前处理工艺得到不断推广和应用；在静电喷涂设备方面也开发了吸收游离离子的喷枪、快速换色喷粉室和粉末喷涂回收系统；在烘烤固化方面推广应用红外线固化烘烤炉新工艺等都有了很大的发展。在粉末涂料的应用领域方面，家用电器占比由 22.9% 降为 19.7%；建材（含采暖）占比由 25.7%增加到 29.4%，一般工业材料占比由 17.5%增加到 21.0%。在国家重视环保和限制 VOC 排放并采取征收 VOC 排放费等政策后，涂料行业更加重视环境友好型的粉末涂料，有的还提出“漆改粉”等口号，工程机械行业逐步开始使用粉末涂料，汽车行业、拖拉机等农机行业，还有集装箱行业也在积极探索使用粉末涂料的试验工作。

在我国粉末涂料与涂装行业仍在高速发展、国家又非常重视环保工作的这种新形势下，《粉末涂料与涂装技术》（第三版）的内容，远远不能满足当前粉末涂料与涂装行业技术和生产发展的需要。为了紧跟迅速发展的我国粉末涂料与涂装工业的需要，化学工业出版社决定在《粉末涂料与涂装技术》（第三版）的基础上，经过修订后出版《粉末涂料与涂装技术》（第四版）。在编写第四版过程中，编者为了使这本书的内容更加丰富，更适合时代发展的步伐和需求，特邀广东华江粉末科技有限公司总经理、教授级高级工程师魏育福先生共同编写这本书。本书今后由他负责后续的再版编写工作，为我国粉末涂料与涂装行业的发展继续发挥应有的作用。

在第四版中，对于粉末涂料行业相关生产数据进行了更新，根据行业发展的需要又增添了许多新内容，在热塑性粉末涂料中较详细介绍了“PVDF粉末涂料”；在热固性粉末涂料中也较详细介绍了“FEVE粉末涂料”；在特殊粉末涂料中增加了“金属（珠光）颜料邦定粉末涂料”“纹理型粉末涂料”等新内容；还增加了“功能性粉末涂料”章节；还较详细介绍了粉末涂料生产与涂装过程中的安全和卫生问题。根据新的形势发展，对于粉末涂料树脂等原料与助剂进行了大量的更新，并更新了粉末涂料相关标准。

本书比较全面地介绍了国内外粉末涂料与涂装的概况，详细介绍了粉末涂料的分类、品种，大量列举了粉末涂料基本配方组成，论述了粉末涂料配方设计的基本思路，详细介绍了粉末涂料的制造设备和生产工艺、粉末涂装方法的分类，重点叙述了静电粉末涂装的设备和工艺、粉末涂料与涂装中的安全和卫生等问题，还介绍了粉末涂料与涂膜的检验方法。本书是根据南仁植20世纪70年代初至今，魏育福1986年至今，两人长期从事粉末涂料与涂装的研究和生产的经验和体会，再加上收集众多相关资料相结合编写的。本书不仅适合从事粉末涂料与涂装的生产一线工人、工程技术人员和管理人员阅读，也适合从事粉末涂料研究和开发的工程技术人员和高等院校涂料与涂装专业的学生、教职员工作为参考书阅读。

由于编写时间短促，收集资料的范围有限，反映的问题不一定全面，在某些观点上难免还有不妥之处，希望广大读者提出宝贵的意见。

在本书的编写过程中，金顺玉、南燕、南璇参加了部分工作，还得到粉末涂料用树脂生产厂家、助剂生产厂家和销售商家、粉末涂料制造设备及配套设备厂家、粉末涂装设备厂家等行业同仁们在技术资料方面的帮助和支持；另外，还得到肇庆千江高新材料股份有限公司刘小锋董事长及刘辰泽、王爱兰等领导的关心、支持和鼓励，在此谨表衷心的感谢！

南仁植　魏育福

2020年12月6日　于肇庆

第一版前言

粉末涂料与涂装作为无污染、省资源和高效率为特点发展起来的新型环保产品和技术，受到世界各国广泛重视。涂料品种已从热塑性粉末涂料转移到热固性粉末涂料；涂装技术已从厚涂层转移到薄涂层；应用领域从防腐蚀为主转移到以装饰为主。

我国开发和应用粉末涂料已有 20 多年历史了，虽然起步较晚，起点较低，到 20 世纪 90 年代，随着家电工业的迅速发展，粉末涂料在品种研制、生产设备、涂装设备和施工应用上都有了新的突破。一是因我国政府历来重视环境保护，重视环保产业，支持和鼓励粉末涂料的研制和生产；二是长期以来中国化工学会涂料涂装专业委员会大力宣传和积极推广应用的结果。目前，我国粉末涂料生产厂已有几百家；粉末涂装生产线已达几千条，逐渐成为亚洲最大的粉末涂料生产国，也是世界粉末涂料生产大国之一。但是它是以中小型企业为主，技术力量不够雄厚，产品不够先进，与国外先进国家相比还有差距。

为促进我国粉末涂料和涂装技术的发展，我应化学工业出版社之约，积 26 年之经验，着手编写《工业涂料与涂装技术》系列丛书中的《粉末涂料与涂装技术》分册。全书力求全面阐述国内外粉末涂料与涂装技术的新工艺、新设备，着重强调了生产和施工的安全、卫生问题，并介绍了检验方法和有关标准，最后详述了世界粉末涂料与涂装技术的发展趋势，以利于业内人士赶超世界先进水平。

本书编写过程中得到涂料界老前辈居滋善以及闵自强和丁天敏高工的帮助与指导，并经居滋善高工审阅，借此机会向他们表示衷心感谢，同时也要感谢提供资料的同仁们，更要感谢化学工业出版社编辑的鼓励和支持，使本书早日与读者见面。

由于编写时间仓促，资料收集有限，内容还不令人满意；其次是本人水平有限，难免有疏漏和不足之处，恳请广大读者提出宝贵意见。

南仁植
1999. 12. 17

第二版前言

《粉末涂料与涂装技术》这本书出版已经七年多的时间了。在这几年里，粉末涂料与涂装作为高生产效率、优异涂膜性能、生态环保型和经济型的环境友好型涂料产品和技术，得到国家产业政策的支持，深受行业的重视，改革开放又进一步促进了粉末涂料与涂装工业技术的发展，使它在进入21世纪以后有了跨越式的高速发展。当作者执笔写本书第一版的时候（1998年），我国粉末涂料的总产量还不到8万吨，只占世界粉末涂料总产量的1/10，而现在我国粉末涂料总产量已经达到50多万吨，占世界粉末涂料总产量的1/3以上，成为世界上粉末涂料产量最大的国家，成为名副其实的粉末涂料生产大国。在这短短几年的时间里，我国粉末涂料用主要原材料树脂、固化剂、助剂的品种和产品质量方面，粉末涂料花色品种和产品质量方面，粉末涂料制造设备和产品质量方面，粉末涂装设备和产品质量及涂装质量等方面，都有了可喜的进步和发展，向着粉末涂料与涂装的强国迈进。在这种新形势下，本书第一版的内容远远落后于形势的发展。为了适应当前粉末涂料与涂装技术发展的需要，进一步促进这一技术推广应用和提高从业人员的水平，化学工业出版社决定出版本书第二版。

《粉末涂料与涂装技术》（第二版），主要内容还是以第一版为主要框架，在粉末涂料品种方面结合我国的情况，分类上突出了国内应用的涂料品种，增加了紫外光固化粉末涂料、聚苯硫醚粉末涂料和绝缘粉末涂料等内容，取消了聚酯-丙烯酸和环氧-丙烯酸粉末涂料品种的分类；增加了“粉末涂料配方设计”一章，还增加了助剂品种等方面的内容。为了使从事粉末涂料生产和技术的工作人员，在设计粉末涂料配方和选择生产设备时查询方便，比较详细介绍了环氧树脂、聚酯树脂、固化剂、颜料和助剂的型号和规格；还列举了很多有实用价值的粉末涂料配方；也详细介绍粉末涂料制造设备型号、规格及配套情况；又论述了粉末涂料与涂装技术的发展趋势。

本书比较全面介绍了国内外粉末涂料与涂装的概况，详细介绍了粉末涂料的分类、品种、配方组成和配方设计；粉末涂料的制造设备和生产工艺；粉末喷涂方法的分类、静电粉末喷涂设备和涂装工艺；粉末涂料与涂装中的安全卫生等问题。还介绍了粉末涂料与涂膜的检验方法以及一些粉末涂料和涂装产品的技术标准。本书中的一些内容是根据作者从20世纪70年代初开始至今，从事粉末涂料与涂装的研究和生产工作三十多年的经验和体会相结合编写的。本书不仅适用于从事粉末涂料与涂装的生产一线的工人、工程技术人员和管理人员阅读，也适用于从事粉末涂料研究和开发的工程技术人员和高等院校学习涂料与涂装专业人员作为参考书阅读。

由于编写时间仓促和各种条件的限制，所收集的技术资料有限，涉及的内容比较多，探讨问题的深度有限，在有些问题的观点上难免有不妥之处，希望广大读者提出宝贵意见。

在本书的编写过程中，金顺玉、南燕、于海斌高级工程师、南健、南璇工程师参加了部分工作，还得到江苏兰陵化工集团有限公司领导的关心和支持，同时也得到行业同仁们在技术资料方面的支持和帮助，在此谨表衷心的感谢！

南仁植

2008年3月　于常州

第三版前言

《粉末涂料与涂装技术》（第二版）编写、出版已经六年多了。在这几年里，我国粉末涂料与涂装技术都有了快速的发展，从粉末涂料产量来说，编写之时我国粉末涂料年产量只有50多万吨，占世界粉末涂料产量的40%左右；到2012年底的产量已经达到104.5万吨，占世界粉末涂料产量的50%，真正成为世界粉末涂料生产和消费的第一大国。然而同样的时间里，在工业发达国家粉末涂料产量增长速度停止不前的情况下，我国粉末涂料产量仍然每年以8%以上的速度增长。在粉末涂料品种的发展方面，从原来环氧-聚酯粉末涂料为主体的产品结构，逐步转化为聚酯粉末涂料为主体的产品结构的方向发展。在聚酯粉末涂料品种中，原来以聚酯/TGIC纯聚酯粉末涂料占绝对优势的品种结构，这几年环保型的聚酯/HAA纯聚酯粉末涂料的增长速度加快，已经占纯聚酯粉末涂料产量的40%。在粉末涂料生产原材料方面，为满足日益增加的纯聚酯粉末涂料所需要的新型聚酯树脂品种增多，特别是满足环保型聚酯/HAA型纯聚酯粉末涂料所需要的聚酯树脂品种增加得更快。在环氧粉末涂料方面，新型低温固化和特殊用途固化剂也得到不断开发。另外，不断开发粉末涂料用特殊助剂品种，满足不同需求的粉末涂料各种用途，积极配合迅速发展的我国粉末涂料与涂装技术的要求。在粉末涂料制造设备方面，制造设备的技术水平和产品质量也不断提高，完全满足国内粉末涂料生产的需求，同时还有相当一部分设备出口到发展中国家，甚至出口到发达国家。粉末涂料制造设备的配套性更加完善，金属粉末的邦定设备也逐步普及，粉末涂料产品质量得到很大提升。在粉末涂料涂装技术方面，无磷、无重金属、无磷化残渣的新型纳米陶瓷前处理和硅烷前处理等新的前处理工艺得到不断推广和应用；在静电喷涂设备方面也开发了吸收游离离子的喷枪和快速换色喷粉室和粉末喷涂回收系统；在烘烤固化方面也推广应用红外线固化烘烤炉新工艺等都有了很大的发展。在粉末涂料的应用领域方面，从以家用电器方面应用为主，到现在建筑材料（含采暖）成为最大的应用领域，在非金属底材领域（MDF板、玻璃瓶和玻璃钢等）的粉末涂装也在开始得到推广。

在这种新形势下，《粉末涂料与涂装技术》（第二版）的内容，远远不能满足当前粉末涂料与涂装行业技术和生产发展的需要。为了紧跟迅速发展的我国粉末涂料与涂装工业发展的需要，化学工业出版社决定在《粉末涂料与涂装技术》（第二版）的基础上，经过修订后出版《粉末涂料与涂装技术》（第三版）。第三版中编者对于粉末涂料行业相关生产数据进行了更新，增加了热转印粉末涂料、非金属材料用粉末涂料等特殊粉末涂料的内容，对于近几年新出现的粉末涂料原料与助剂进行了大量的更新。在粉末涂料涂装部分新增了纳米陶瓷化处理剂处理、硅烷处理（皮膜）剂处理、纳米陶瓷化/硅烷复合处理剂处理等内容。更新了粉末涂料检验的相关标准与方法。

本书比较全面地介绍了国内外粉末涂料与涂装的概况，详细介绍了粉末涂料的分类、品种，大量列举了粉末涂料基本配方组成；还论述了粉末涂料配方设计的基本思路；详细介绍粉末涂料的制造设备和生产工艺、粉末涂装方法的分类；重点叙述了静电粉末涂装的设备和工艺；粉末涂料与涂装中的安全和卫生等问题；还介绍了粉末涂料与涂膜的检验方法。本书中的一些内容是根据作者从20世纪70年代开始至今，从事粉末涂料与涂装的研究和生产将近40年的经验和体会相结合编写的。本书不仅适用于从事粉末涂料与涂装的生产一线工人、工程技术人员和管理人员阅读，也适用于从事粉末涂料研究和开发的工程技术人员和高等院校涂料与涂装专业的学生，教职员工作为参考书阅读。

由于编写时间短促，收集资料的范围有限，反映的问题不一定全面，在某些观点上难免还有不妥之处，希望广大读者提出宝贵的意见。

在本书的编写过程中，金顺玉、南燕高级工程师，南璇工程师参加了部分工作；同时也得到行业同仁们在技术资料方面的帮助和支持；另外，还得到山东朗法博粉末涂装科技有限公司董事长和总经理的关心和支持，在此谨表衷心的感谢！

南仁植

2013年12月25日　于天津

目录

001 第一章 **概述**

020 第二章 **粉末涂料的组成和要求**

114 第三章 **热塑性粉末涂料**

第一章
概　述

第一节
粉末涂料与涂装技术的发展历史和现状

自20世纪70年代初世界发生石油危机以来，粉末涂料与涂装以其当时省资源、省能源、无公害、劳动生产效率高和便于实现自动化涂装等特点，成为发展迅速的涂料新产品和新工艺。现在已经成为公认的符合高生产效率（efficiency）、涂膜性能优良（excellence）、生态环保型（ecology）和经济型（economy）的4E型涂料产品，得到世界涂料和涂装行业的重视，并成为在各种涂料品种中发展速度最快的品种。

粉末涂料一般由树脂、固化剂（在热塑性粉末涂料中不需要）、颜料、填料和助剂（包括流平剂、光亮剂、脱气剂、分散剂、消光剂、消光固化剂、疏松剂、纹理剂、紫外光吸收剂、抗氧化剂、增塑剂、增韧剂、边角覆盖力改性剂、防结块剂等）等组成，在主要组成成分上与溶剂型涂料或水性涂料差不多。但在制造方法和施工方法上，却和传统的溶剂型和水性涂料全然不同，不能使用传统的涂料制造设备和涂装设备，一般在制造设备方面使用熔融挤出混合机和空气分级磨（air classifying mill，即ACM磨）等特殊设备；在施工方面采用静电粉末涂装法和流化床浸涂法等涂装法。

粉末涂料和涂装起始于20世纪30年代后期。当时聚乙烯工业化已获得成功，人们想利用聚乙烯耐化学品性能好的特点，把它用作金属容器的涂装或衬里的材料。然而聚乙烯不能溶于溶剂中，无法制成溶剂型涂料，又没有找到能把聚乙烯板材粘贴于金属容器内壁的合适胶黏剂。于是就采用火焰喷涂法，把聚乙烯粉末以熔融状态涂覆到金属表面上，这就是粉末涂装的开端。

自从1952年德国Knaspark Griesheine公司Ercoin Gemmer发明粉末涂料的流化床浸涂法（fluidized bed system）以后，热塑性粉末涂料的流化床浸涂涂装工艺在管道、电绝缘和防腐方面的应用有了较快的发展。

1962年法国Sames公司发明了静电粉末喷涂设备（electrostatic powder spraying equipment）。1964年人们开发了热固性环氧粉末涂料。1966年美国颁布限制涂料中有机溶剂对空气污染的“66 通令”以后，粉末涂料以其省资源和低污染的特点引起世界各国的关注，热塑性粉末涂料得到较快的发展。

1971 年欧洲首先开发了环氧-聚酯粉末涂料，增加了热固性粉末涂料新品种，热塑性粉末涂料和厚涂层的热固性环氧粉末涂料得到一定范围的推广应用。1972 年环氧-聚酯粉末涂料因其优良的涂膜外观和力学性能，迅速在欧洲推广应用；在这一时期欧洲还开发了异氰尿酸三缩水甘油酯（TGIC）固化的耐候型聚酯粉末涂料，增添了耐候型热固性聚酯粉末涂料新品种。

1972 年德国 VP-LANDSHUT 公司开发了聚氨酯粉末涂料，接着日本也开发了聚氨酯粉末涂料，而且发展速度很快，在粉末涂料品种中占有相当的比例。后来又开发出丙烯酸粉末涂料，把粉末涂料的产品质量提高到新的水平，人们对粉末涂料和涂装的发展前景抱有很大的希望。

1973 年第一次石油危机以后，尤其是 1979 年第二次石油危机后，从节约能源和有效利用有限资源考虑，人们开始重视粉末涂料与涂装技术的研究和开发工作，于是在粉末涂料用树脂和粉末涂料花色品种及涂膜性能、粉末涂装工艺和设备方面都有了明显的进展。在粉末涂料品种方面，出现了户内用装饰性环氧-聚酯粉末涂料，户外用耐候型聚酯、聚氨酯、丙烯酸粉末涂料，开始从热塑性粉末涂料向热固性粉末涂料转变。在粉末涂装方面，从防腐蚀涂装向装饰性涂装转变。粉末涂料应用领域也逐渐得到拓宽。

随着工业的迅速发展，工业废气、废水和废渣对环境造成严重污染，欧美国家对挥发性有机化合物（volatile organic compound，即 VOC）的限制法规不断发布，例如美国的清洁空气法令（Clean Air Act，即 CAA）、德国的清洁空气规定（TA Luft Regulation，即 TLR）、英国的环境保护法令（Environmental Protection Act，即 EPA）、瑞典的 MSL（Miljo-Skydds Lagen）等，而且 VOC 的控制标准越来越严格。尤其是 1992 年联合国环境和发展大会召开以后，环境保护成为世界性的重要问题。因此，粉末涂料作为“4E”型涂料品种，不仅其产量在各种涂料品种中已经占有一定的比例而且预计今后仍会一直是产量增长速度较快的涂料品种之一。

20 世纪 90 年代粉末涂料开始用于汽车涂装方面，但仅限于汽车零部件、汽车底漆，特别是抗石击的底漆方面。1995 年世界汽车产量超过 5000 万辆，汽车涂装中 VOC 造成严重空气污染。因此，德国规定汽车涂装车间 VOC 限制在 $35g/m^2$，只有采用水性底漆罩水性面漆（$27g/m^2$）或者水性底漆罩粉末涂料面漆（$20g/m^2$）才能达到要求。在这种新形势下，粉末涂料被认为是最理想的涂料品种，受到各国的关注。1994 年世界第一条汽车粉末涂料涂装线下线；1998 年第二条汽车粉末涂料涂装线投产。欧洲的“宝马”和“Smart”车全部采用粉末涂装，宝马是欧洲第一家将粉末涂料罩光漆用于标准产品的汽车制造商。北美主要使用粉末涂料中涂，美国已有十多家汽车厂采用粉末涂料涂装生产线。通用和克莱斯勒（Chrysler）的生产厂已经采用粉末涂料作为二合一底漆。世界五大汽车涂料生产公司杜邦（DuPont）、巴斯夫（BASF）、关西涂料（Kansai）、PPG 和日本涂料（Nippon）都在进一步开发汽车用粉末涂料。因涂膜外观满足不了高装饰要求而停滞不前的汽车粉末涂装，又获得了新生。然而经过这些年的努力，在汽车用粉末涂料的应用方面还没有突破性的进展。尤其是我国在汽车方面的应用，包括汽车底盘、车身等方面没有像发达国家那样应用多，主要在汽车小型配件、轮毂方面的应用得到重视，但是在汽车行业的应用的总量和粉末涂料总量中所占的比例远远低于发达国家的水平。

汽车用粉末涂料的品种按树脂类型分类有环氧、环氧-聚酯、聚酯、聚氨酯和丙烯酸粉末涂料。如果按粉末涂料的状态和涂装方法分类，除常见的静电粉末涂装法涂装的普通粉末状涂料外，还有电泳粉末涂料和湿法涂装的水分散（水厚浆）粉末涂料。

20世纪80年代和90年代全球粉末涂料以较高的增长速度（10%以上）增长，地区和国家之间相比较，西欧和日本的增长速度较慢，北美和中国的增长速度很快。

2013—2019年我国涂料品种结构的变化情况见表1-1。2020年我国涂料总产量2459.1万吨，粉末涂料产量212万吨，占比6.1%。

表1-1　2013—2019年我国涂料品种结构变化情况

品种	2013年		2014年		2015年		2016年		2017年		2018年		2019年	
	产量/万吨	比例/%	产量/万吨	比例/%	产量/万吨	比例/%	产量/万吨	比例/%	产量/万吨	比例/%	产量/万吨	比例/%	产量/万吨	比例/%
建筑涂料	550	35.8	593	36.2	615	36.1	690	36.6	745	36.9	649	36.88	930	38.8
车用涂料	145	9.4	157	9.6	165	9.7	190	10.1	196	9.70	182	10.34	267	11.2
工业保护涂料	430	28.0	470	28.7	485	28.3	525	27.8	577	28.5	526	29.88	725	30.3
家具涂料	140	9.1	144	8.8	140	8.2	145	7.69	156	7.72	154	8.75	195(工业木器涂料)	8.1
卷材涂料	35	2.3	43	2.6	42	2.5	46	2.44	47	2.33	33	1.88		
粉末涂料	111.5	7.3	120	7.3	129	7.6	142	7.5	160.5	7.92	176	10.00	192	8.0
其他涂料	125	8.1	109	6.8	130	7.6	148	7.87	140	6.93	40	2.27	86	3.6
合计	1537	100.0	1636	100.0	1706	100.0	1886	100.0	2021.5	100.0	1760	100.0	2395	100.0

表1-1的数据说明，从粉末涂料在我国涂料总产量中的比例来看，2013—2019年之间基本稳定在7.3%～10%，没有大的波动，粉末涂料已成为我国涂料行业不可忽视的一个环保型涂料品种。

2006—2020年我国涂料总量和粉末涂料销售量及增长率情况见表1-2。

表1-2　2006—2020年我国涂料总量和粉末涂料销售量及增长率情况

年份	销售量/万吨		增长率/%	
	涂料总量	粉末涂料	涂料总量	粉末涂料
2006	507.8	63	32.70	23.5
2007	597.3	68	17.60	7.9
2008	661.9	72	11.0	5.9
2009	786.9	80	18.90	11.2
2010	966.6	91	22.84	13.8
2011	1079.5	100	16.44	9.9
2012	1271.8	104.5	11.97	4.5
2013	1537	111.5	20.85	6.7
2014	1636	120	6.4	7.8
2015	1706	129	4.3	7.5
2016	1886	142	10.6	10.1
2017	2021.5	160.5	7.2	13.1
2018	1760	176	−13	9.2
2019	2395	192	36.1	9.1
2020	2459.1	212	2.67	10.4

表1-2的数据表明，2006—2013年之间，涂料总产量的增长速度高于粉末涂料；从2014年开始，涂料总产量增长速度总趋势低于粉末涂料的增长速度，说明市场对粉末涂料

的需求较多，这与国家控制 VOC 排放和环保政策的贯彻有密切关系。

20 世纪粉末涂料的生产主要集中在欧洲、北美和亚洲地区，20 世纪 90 年代中期开始亚洲地区增长速度更快，现在亚洲地区的热固性粉末涂料产量占世界热固性粉末涂料产量的将近一半，而西欧和北美地区的发展速度放慢，相比之下东欧地区的发展速度加快了，但绝对产量还是很小。如果按国家来说，2006 年以前粉末涂料生产大国是北美的美国，欧洲的意大利、德国、西班牙、法国、土耳其和英国等，亚洲的中国、韩国、日本、印度、泰国等。我国粉末涂料生产量增长速度很快，成为世界上粉末涂料生产量和消费量最大、增长速度最快的国家，1982—2020 年我国粉末涂料生产量增长情况见表 1-3。

表 1-3　1982—2020 年我国粉末涂料生产量增长情况

年份	1982	1983	1984	1985	1986	1987	1988	1989
产量/万吨	0.018	0.03	0.06	0.12	0.25	0.50	0.72	1.00
增长率/%		66.7	100	100	108	100	44	38.9
年份	1990	1991	1992	1993	1994	1995	1996	1997
产量/万吨	1.20	1.50	2.00	2.60	3.30	4.30	5.40	6.40
增长率/%	20	25	33.3	30	26.9	30.3	25.6	18.5
年份	1998	1999	2000	2001	2002	2003	2004	2005
产量/万吨	7.50	9.00	10.0	11.5	27.0	34.0	42.0	51.0
增长率/%	17.2	20	11.1	15	134	25.9	23.5	21.4
年份	2006	2007	2008	2009	2010	2011	2012	2013
产量/万吨	63.0	68.0	72.0	83.0	91.0	100	104.5	111.5
增长率/%	23.5	7.9	5.9	15.3	9.6	9.9	4.5	6.7
年份	2014	2015	2016	2017	2018	2019	2020	
产量/万吨	120	129	142	160.5	176	192	212	
增长率/%	7.8	7.5	10.1	13.1	9.2	16.9	10.4	

2007—2012 年全球粉末涂料产量统计见表 1-4。

表 1-4　2007—2012 年全球粉末涂料产量统计

地区		西欧	东欧	远东	美洲	其他地区	总计
2007 年	产量/万吨	42.5	5.3	66	22.4	9.0	145.2
	增幅/%	3.1	13.7	4.7	4.6	5.7	4.5
2008 年	产量/万吨	32.5	6.4	73.8	20.4	11.0	144
	增幅/%	−23.5	20.8	11.8	−8.9	22.2	−0.8
2009 年	产量/万吨	27.63	5.67	76.5	17.0	11.0	137.8
	增幅/%	−15.0	−11.4	3.7	−16.7	0	−4.4
2010 年	产量/万吨	29	11.5	98.5	22.5	10	171.5
	增幅/%	5	102	28.7	32.4	−9.1	24.5
2011 年	产量/万吨	29.5	16.0	110	28.4	10.5	194.4
	增幅/%	1.7	39.1	11.7	26	5	−10
2012 年	产量/万吨	28.8	14.0	108.1	28.4	12.5	191.8
	增幅/%	−2.4	−12.5	−1.7	0.0	19.0	−1.3

2012 年我国粉末涂料产量已经占世界粉末涂料产量的 50%（按美国粉末涂料研究学会 PCI 的统计是 42.6%），的确我国已成为名副其实的世界粉末涂料生产和消费的第一大国，粉末涂料生产和消费第二大国是美国，依次粉末涂料生产大国的顺序是意大利、法国、德国、巴西、俄罗斯和印度。再往下的粉末涂料 2012 年生产量的顺序是韩国 4.1 万吨，法国 3 万吨，日本 2.9 万吨，加拿大 2.7 万吨，墨西哥 2.6 万吨，西班牙 2.5 万吨，英国 2.2 万

吨，澳大利亚 1.8 万吨。要使我国真正成为名副其实的粉末涂料与涂装的技术强国需要全体行业人士今后共同艰苦努力和不断创新。

根据欧洲涂料杂志报道，2017 年亚太地区粉末涂料产量占世界粉末涂料产量的 59%以上，产值近 60 亿欧元，中国、印度和印度尼西亚是主要的消费大国。欧洲占世界粉末涂料市场的 19.5%，美洲市场占 17.5%，其他市场占 4%。根据欧洲涂料制造商协会（CEPE）发布数据，2018 年欧洲粉末涂料产量增加 1.9%，增加到 35 万吨，这个产量少于表 1-4 中欧洲 2012 年的总产量 42.8 万吨（西欧 28.8 万吨加东欧 14 万吨），两套数据对接不上。

另外，2018 年欧洲粉末涂料按树脂类型产品结构如下：环氧-聚酯 49.5%、聚酯-TGIC 19%、聚酯-HAA 10.5%、聚氨酯 6.5%、丙烯酸>2%、其他<1%，与我国的产品结构差别很大。

因为 2013 年以后很难找到世界各国的有关粉末涂料产量信息的报道，无法提供更多的信息。

粉末涂料品种在不同地区和国家的差别较大，这是因为不同地区和国家的自然条件不同，对涂装产品装饰性和耐候性（户外耐久性）的要求也有差别，因此对粉末涂料品种的需求量也不同，当然各地区和国家的经济发展条件也是重要的因素。 2001 年和 2006 年世界不同地区和国家热固性粉末涂料品种构成产量百分比见表 1-5。

表 1-5 2001 年和 2006 年世界不同地区和国家热固性粉末涂料品种构成产量百分比

单位：%

年份	涂料品种	西欧	北美	日本	亚洲其他地区	全世界
2001	环氧-聚酯	52.0	36.8	34.6	73.2	54.2
	环氧	7.0	16.9	15.4	13.7	10.7
	聚酯	38.5	23.8	3.8	11.3	27.4
	聚氨酯	1.9	20.0	42.3	1.8	6.8
	丙烯酸和其他	0.6	2.5	3.9		0.9
	总计	100.0	100.0	100.0	100.0	100.0
2006	环氧-聚酯	52.9	26.4			51.3
	环氧	4.0	14.4			6.5
	聚酯-TGIC	5.0	33.0①			20.5
	聚酯-HAA	32.0				16.0
	聚酯/其他固化剂	4.6				1.3
	聚氨酯	1.0	19.4②			3.3
	丙烯酸	0.5	6.8③			1.1
	总计	100.0	100.0			100.0

①包括羧基型聚酯的聚酯粉末涂料。

②包括聚氨酯和羟基型聚酯的聚酯粉末涂料。

③包括丙烯酸和上面未涉及的其他品种粉末涂料。

从表 1-5 中可以看出，在世界范围内，粉末涂料的主要品种是环氧-聚酯粉末涂料，占粉末涂料总产量的一半以上；其次是聚酯粉末涂料（含 TGIC 和 HAA 固化聚酯粉末涂料），占粉末涂料总产量的 1/3 以上，也是耐候型粉末涂料的主要品种；再其次是环氧粉末涂料和聚氨酯粉末涂料，也各占一定的百分比；然而丙烯酸粉末涂料所占百分比很少。从地区来说，占世界热固性粉末涂料总生产量将近一半的西欧和北美之间比较时，西欧的主要产品是环氧-聚酯粉末涂料，占一半以上，而北美只占 1/4 左右；西欧的耐候型粉末涂料的主要品种是聚酯粉末涂料，而北美的耐候型粉末涂料的主要品种是聚酯和聚氨酯粉末涂料，聚氨酯粉末涂料所占比例较大，地区之间的品种差距较大。这是因为西欧地区日光强度不强，环氧-聚酯粉末涂料涂膜的黄变（也称泛黄）和粉化也不是很严重，环氧-聚酯粉末涂料的使用范围也较广，相应的环氧-聚酯粉末涂料的用量就大；在耐候型粉末涂料品种方面，主要用 TGIC 和 HAA 固化的聚酯粉末涂料，考虑到 TGIC 的毒性问题，现在 HAA 聚酯粉末涂料产量远多于 TGIC 聚酯粉末涂料产量，聚氨酯粉末涂料的用量很少。我国 2008—2020 年热固性粉末涂料各品种所占百分比见表 1-6。

表 1-6　我国 2008—2020 年热固性粉末涂料各品种所占百分比　　单位：%

品种/年份	环氧	环氧-聚酯	聚酯-TGIC	聚酯-HAA	聚氨酯	其他
2008	18.50	50.30	24.10	6.90	0.14	0.06
2009	15.7	53.7	23.3	7.0	0.1	0.20
2010	18.7	42.9	25.3	13.0	0.06	0.03
2011	22.5	32.8	26.5	17.7	0.5	
2012	21.9	31.3	27.4	19.1	0.3	
2013	21.4	33.4	27.2	17.8	0.2	
2014	—	—	—	—	—	
2015	24.6	34.9	28.8	11.0	0.7	
2016	22.5	35.4	29.3	12.0	0.8	
2017	20.6	34.9	25.8	18.0	0.7	
2018	20.3	32.9	27.0	19.1	0.7	
2019	19.2	32.5	27.8	19.7	0.8	
2020	18.9	30.3	29.6	20.5	0.7	

表 1-6 的数据说明，我国粉末涂料的主要品种是环氧、环氧-聚酯和聚酯粉末涂料三大品种，高档的聚氨酯、丙烯酸和氟树脂粉末所占比例很小，它们的总量不到 1%。2010 年环氧-聚酯粉末占的比例最大（42.9%），其次是聚酯粉末（占 38.3%）；后来聚酯树脂产量的增加和价格的下降，使聚酯粉末涂料的所占比例明显增加；2020 年聚酯粉末占比例最大（50.1%），远远超过了环氧-聚酯粉末所占比例（30.3%）。在聚酯粉末涂料中，2013 年开始环保型的 HHA 固化聚酯粉末的比例明显增加，由 2013 年的占聚酯粉的 39.6%增加至 2020 年的 40.9%。另外，聚氨酯粉末涂料由于固化剂原料的限制和价格问题，这一品种的推广应用受到限制；丙烯酸粉末涂料，因甲基丙烯酸缩水甘油酯单体等来源和价格问题推广应用受到限制；还有热塑性和热固性氟树脂粉末涂料也是因制备粉末涂料工艺复杂或树脂价格问题推广应用受限制，所占比例更少。近来 PVDF 氟碳漆改为粉末涂料的工作在积极开展，并得到一定的效果。另外热固性的 FEVE 树脂粉末涂料和 FEVE 树脂改性聚酯、聚氨酯、丙烯酸树脂的研究工作和产品推广也在积极的进行。

粉末涂料的应用涉及各个领域，主要用在家用电器、交通车辆及交通配套设施、建筑材料、管道和化工防腐、仪器仪表和电信器材、金属构件和金属制品、办公家具和庭院设施、运动器材和工具等，范围很广。粉末涂料的应用领域和各领域所使用的粉末涂料品种见表 1-7。

表 1-7　粉末涂料的应用领域和各领域所使用的粉末涂料品种

应用领域	使用粉末涂料品种
家用电器	户内用品，如冰箱、洗衣机、电风扇、电饭煲：环氧-聚酯粉末涂料 户外用品，如空调室外机：聚酯和聚氨酯粉末涂料

续表

应用领域	使用粉末涂料品种
交通车辆	汽车面漆和罩光漆:聚酯、聚氨酯和丙烯酸粉末涂料 铁路客车、公共汽车:内部装饰用聚酯或环氧-聚酯粉末涂料 摩托车和自行车:聚酯和聚氨酯粉末涂料 底漆和内用配件:环氧和环氧-聚酯粉末涂料
建筑材料	铝型材、钢门窗、铝天花板、采暖设备:户外用聚酯和聚氨酯粉末涂料;户内用环氧-聚酯粉末涂料 钢筋:环氧粉末涂料
管道和防腐	石油和天然气的输油、输气管道:环氧粉末涂料、聚乙烯粉末涂料 跨海大桥钢管桩:环氧粉末涂料 化工行业、大型船舶输送液体介质(包括输油、输水等)的管道:环氧粉末涂料、聚乙烯粉末涂料 饮水管道:环氧-聚酯粉末涂料、聚乙烯粉末涂料
仪器仪表和电信器材	户外用电信箱柜:聚酯和聚氨酯粉末涂料 户内用仪器、仪表、开关柜:环氧和环氧-聚酯粉末涂料
金属构件和金属制品	户外用品:聚酯和聚氨酯粉末涂料 户内用品:环氧和环氧-聚酯粉末涂料
办公家具和庭院设施	办公家具:聚酯和环氧-聚酯粉末涂料 庭院设施:聚酯和聚氨酯粉末涂料
交通配套设施	高速公路护栏和护栏网、路灯、交通标志:聚酯和聚氨酯粉末涂料、聚乙烯粉末涂料
运动器材和工具	户外用品:聚酯和聚氨酯粉末涂料 户内用品:环氧和环氧-聚酯粉末涂料
非金属材料涂装	中密度板(MDF)、玻璃钢:低温固化各种热固性粉末涂料 玻璃瓶:各种粉末涂料

我国2012—2020年粉末涂料产品应用领域结构见表1-8。

表1-8 我国2012—2020年粉末涂料产品应用领域结构 单位:%

应用领域	2012年	2013年	2014年	2015年	2016年	2017年	2018年	2019年	2020年
家用电器	24.2	22.9	22.3	20.3	22.9	19.6	19.7	18.5	18.3
建材(含暖通)	28.0	25.7	26.0	26.1	30.5	31.6	29.4	30.7	31.0
一般工业	14.0	17.5	19.3	19.5	17.2	19.9	21.0	20.8	20.6
家具	14.0	13.3	12.6	15.1	11.8	10.4	9.4	9.2	9.3
3C产品	8.1	8.0	7.3	6.3	4.0	3.8	3.8	4.0	4.1
农用、工程机械及汽车	5.3	6.7	6.7	6.0	5.8	6.0	7.8	8.0	8.2
功能性和防腐	6.4	5.9	5.8	6.7	7.8	8.7	8.9	8.8	8.5

表1-8的数据说明，我国粉末涂料开始的主要应用领域是家电和建筑材料，后来发生了较大的变化。一般工业的用量明显增加，建材（含暖通）和家用电器方面的用量明显降低。在家用电器方面的用量减少的原因之一是，电冰箱不用粉末涂装工艺，采用彩钢板替代；建材方面用量降低是与“房地产热”降低有关。这一切说明随着工业的发展，粉末涂料的应用领域也在不断地发生变化，这些变化是很难预测的。

随着紫外光粉末涂料的开发和工业生产中的应用，真正实现了粉末涂料的低温固化，可以对热敏感的木材、塑料、纸张等也可以进行粉末涂装，已经在中密度板（MDF）上推广应用，得到很好的效果，但由于粉末涂料的成本和贮存稳定性等问题还不能大量推广应用。近年来，中密度板用普通低温固化粉末涂料，采用中红外加热和热风循环相结合固化体系的涂装生产线已经投入生产，在家具行业初见成效。另外，已经开发多年的由 Vantico 公司生产的低分子量环氧化合物 PT910、美国 Sayamid 公司生产的四甲氧甲基甘脲（tetramethoxymetylglycoluril）、由 DSM 公司生产的脂肪族环氧乙烷 Uranox 等固化剂，由于多方面的原因还不能大量推广应用，应用面受到一定限制，还不能替代传统的固化剂。由美国 Ferro 公司 1995 年开发的 VAMP（vedoc advanced manufacturing process）超临界流体粉末涂料制造法还没有工业化推广应用。这一切说明，一种新材料和新工艺的推广应用并不是那么简单和一帆风顺的，需要艰苦的长期的努力。

我国的粉末涂料和涂装工业起步比较晚，最初以绝缘粉末涂料开始，1965 年广州电器科学研究所研制开发了环氧绝缘粉末涂料，并在常州绝缘材料厂建成年产 10t 的中试车间。1968 年上海无线电 24 厂研制出聚乙烯粉末涂料，并成功地用到通信设备上。1976 年原化工部涂料研究所研制出静电喷涂用环氧粉末涂料，成功地用于通信设备和电影机的装饰性涂装；1979 年又开发出防腐环氧粉末涂料，应用于汽车零部件的涂装；并用该所开发的技术，在成都电器厂建成年产 300t 的国内第一条静电喷涂用粉末涂料连续生产线。

改革开放以后，我国一些生产和科研单位，在 1985—1995 年的 10 年期间，采取了引进和自主开发相结合的方针，在涂料产品品种和产量、制造粉末涂料的设备、粉末涂装设备等方面，都有了长足的发展。1985 年无锡造漆厂从英国 Mander 公司引进年产 300t 粉末涂料生产线；1986 年杭州中法化学有限公司引进年产 600t 粉末涂料生产线和年产 1500t 聚酯树脂生产线后，把我国粉末涂料生产技术和产品质量提高到新的水平，缩短了与世界先进工业国水平的差距。那时，主要产品为环氧和环氧-聚酯粉末涂料，用于电风扇、洗衣机和电冰箱等家电产品。

在此期间，还开发和引进了耐候型聚酯和聚氨酯粉末涂料及各种纹理和美术型粉末涂料技术。20 世纪 80 年代末和 90 年代初珠江三角洲大量引进家用电器生产技术和建立家用电器生产厂家，成为全国粉末涂料厂家最集中的地区，使我国粉末涂料发展地区从长江三角洲转移到珠江三角洲，大部分的家用电器采用粉末涂料涂装。在粉末涂料制造设备方面，可以制造出不同规格的双螺杆挤出机和单螺杆阻尼式挤出机，以及细粉碎用空气分级磨等关键设备，基本上满足了当时国内一般粉末涂料生产厂的需求。在粉末涂装设备方面的技术水准也有明显的提高，在一些大中型粉末涂装线也开始使用国产涂装设备。我国成为世界上粉末涂料生产量增长速度最快的国家之一，1996 年粉末涂料产量达到 5.4 万吨，其中热塑性粉末涂料 5800t，我国已经进入了世界粉末涂料生产大国的行列。

我国的进一步改革开放使国民经济发展更加迅速，同时也吸引世界大型跨国企业纷纷来中国投资和办企业，在涂料行业也不例外，荷兰阿克苏诺贝尔公司最先进入我国，并不断扩大生产能力，已经成为国内最大的粉末涂料制造公司。接着杜邦、老虎（Tiger）、罗门哈斯、威士伯（Valspar）、日本涂料（Nippon）等公司相继进入中国市场，各自建立了合资或独资的粉末涂料制造公司。另外，国际性的粉末涂料用树脂的制造公司也看好我国的广阔市场，荷兰的 DSM 公司、比利时的 UCB 公司、美国的氰特（CYTEC）公司等建立了粉末涂料用聚酯树脂的生产厂；美国陶氏（Dow）化学公司和韩国国都化学公司也建立了环氧树脂的生产厂。另外，中国台湾地区的企业家也在中国大陆兴建粉末涂料用聚酯树脂、环氧树脂和粉末涂料生产厂，同样进一步促进了中国大陆粉末涂料工业的发展。还有，世界有名的涂料用助剂公司也纷纷来我国推销粉末涂料助剂，为我国粉末涂料的发展也创造了良好的条件。再有，国外的粉末涂装设备制造商也看好我国的大市场，先后有美国的诺信（Nordson）、

ITW 金马（ITW Gema）、德国的瓦格纳尔（Wagner）、日本的安本（Yashi Moto）、韩国的KIC 等粉末涂装设备公司落户于我国，对我国的粉末涂装工业的发展起到积极的作用。

在粉末涂料用原材料方面，聚酯树脂和环氧树脂的需求基本上在国内得到解决，2006—2012 年和 2013—2020 年我国粉末涂料用聚酯树脂主要生产厂家和销售量见表 1-9 和表 1-10，大多数集中在安徽、浙江、广东、山东、江苏等地区。

表 1-9　2006—2012 年我国粉末涂料用聚酯树脂主要生产厂家和销售量　　单位：t

生产厂家	2006 年	2007 年	2008 年	2009 年	2010 年	2011 年	2012 年
安徽神剑新材料股份有限公司	19300	23187	27153	36585	41639	45990	60611
杭州新中法高分子材料股份有限公司	26104	31865	26392	41320	45109		
广州产协集团(南方树脂)	20000	16000	14000	17520	18566	22430	24725
浙江传化天松新材料有限公司	16200	16800	16650	14000	18100	21350	24100
烟台枫林新材料有限公司						19500	20360
浙江光华科技股份有限公司					12000	18625	23108
帝斯曼(中国)有限公司	19500	16200	18600	19100	25185	17000	16000
湛新树脂(中国)有限公司	17800	15500	14500	16000	17000	16000	13000
广州擎天材料科技有限公司				10000	15020	16000	19230
广东银洋树脂有限公司						15000	18075
扬州百思德新材料有限公司	9800	10000	10080	10300	12200	13360	16000
黄山永佳三利科技有限公司	16000	12000	10000	10760	10960	12850	15100

表 1-10　2013—2020 年我国粉末涂料用聚酯树脂主要生产厂家和销售量　　单位：t

生产厂家	2013 年	2014 年	2015 年	2016 年	2017 年	2018 年	2019 年	2020 年
安徽神剑新材料股份有限公司	75858	97841	111022	126678	133057	139041	168979	185415
浙江光华科技股份有限公司	18000	28859	36869	46136	51132	63508	71000	97000
广州擎天材料科技有限公司	25103	28005	31690	39740	44198	51186	50600	62000
浙江传化天松新材料有限公司	25500	26700	31350	38630	43650	45835	49325	52500
帝斯曼(中国)有限公司	19000	21000	23000	42000	42000	48000	50000	52000
烟台枫林新材料有限公司	23100	26565	24050	25760	42000	60000	65000	67290
黄山徽州康佳化工有限责任公司				31521	39641	41980	46880	48975
烟台凌宇粉末机械有限公司				27000	36000			
黄山正杰新材料有限公司			15785		25264	30820	37027	44788
广东银洋树脂有限公司	20000	25350	24510	26100	24310	27100	27900	27300
湛新树脂(中国)有限公司				21500				
广州产协集团(南方树脂)	22731	21665	19174					
滁州市全丰物资有限公司			14560					
无锡市达茵化工有限公司		12500						
扬州百思德新材料有限公司	16000							
黄山市向荣新材料有限公司						25220	28680	31450
安徽永利新材料科技有限公司								29200

表 1-9 和表 1-10 的数据显示，我国聚酯树脂 2006 年的销售量顺序为新中法、产协、帝斯曼、神剑、氰特，到了 2020 年的销售量顺序变成神剑遥遥领先，其次顺序为光华、枫林、擎天、天松和帝斯曼，说明聚酯树脂产量排列顺序有很大的变化，特别是湛新（原氰特）已排不到前 10 名位置，由国内企业占主导位置，说明粉末涂料最重要、用量最大的聚酯树脂，基本都是由内资企业主要生产，淘汰了许多小型企业，以规模化的企业承担了聚酯树脂生产任务，明显提高了我国聚酯树脂的生产技术水平，满足了国内粉末涂料用聚酯树脂品种和产量的需求，还做到一部分产品出口。

2006—2012年和2013—2020年我国粉末涂料用环氧树脂主要生产厂家和销售量的情况见表1-11和表1-12，这些厂家主要集中在安徽省黄山地区、山东和湖南等地区。

表1-11　2006—2012年我国粉末涂料用环氧树脂主要生产厂家和销售量　　单位：t

生产厂家	2006年	2007年	2008年	2009年	2010年	2011年	2012年
安徽恒远新材料有限公司	16000	21000	23000	32496	32000	31336	40056
安徽恒泰新材料股份有限公司	10000	10000	13000	20000	23000	30000	30500
黄山市善浮新材料科技有限公司	14735	17400	15762	21550	28136	26000	26200
黄山锦峰实业有限公司	7000	7800	12000	13780	13400	16400	14500
胜利油田方圆防腐材料有限公司				8100	10700	11600	11300
中国石化巴陵石化分公司环氧树脂部	6130	6130	9600	10267	10365	10053	7000
黄山天马新材料科技有限公司	4000	8000				10000	16000
山东天迈化工有限公司					10000	10000	12000
芜湖美佳新材料有限公司	5300	7000	8000	9000			
烟台枫林新材料有限公司							7900

表1-12　2013—2020年我国粉末涂料用环氧树脂主要生产厂家和销售量　　单位：t

公司名称	2013年	2014年	2015年	2016年	2017年	2018年	2019年	2020年
安徽恒泰新材料股份有限公司	3100	35000	36000	38000	39300	40272	39000	46921
安徽恒远新材料有限公司	40132	35000	35200	42000	38000	42000	42000	37200
中国石化巴陵石化分公司环氧树脂部	7300	19525	25086	31286	35056	35100	35069	36100
安徽美佳新材料股份有限公司		16607	25293	36765	31962	33609	34835	59000
黄山天马新材料科技有限公司	22985	27000	35145	33000	30500	30523	30642	30146
安徽善孚新材料科技有限公司	28950	32600	26300	25600	29600	28600	39000	41500
黄山市同心事业有限公司				15000	18500	16211	15850	17800
黄山锦峰实业有限公司	17450	17760	18550	19100	17107	19093	19138	19091
山东天迈化工有限公司	14336	15600	16500	12900	13350	18103	22248	16058
国都化工(昆山)有限公司					12000			
胜利油田方圆防腐材料有限公司	13100	14850	14650	14650				
黄山市源润新材料科技有限公司						14130	15535	16678

聚酯粉末涂料用主要固化剂TGIC和HAA也能够满足国内生产的需要，一部分还出口，2006—2012年我国TGIC和HAA销售量的变化见表1-13，2006—2012年我国TGIC销售量和销售额大的公司见表1-14，2013—2020年我国TGIC销售量和销售额大的公司见表1-15。2006—2012年我国HAA销售量和销售额大的公司见表1-16；2013—2020年我国HAA销售额和销售量大公司见表1-17。另外，大部分的粉末涂料用主要助剂可以国内生产；2007—2012年我国粉末涂料用助剂主要生产企业及销售额见表1-18；2013—2020年我国粉末涂料用助剂主要生产企业及销售额见表1-19。由于世界性的助剂公司相当一部分已进入中国市场，一些特殊的助剂也可以做到及时供货，为粉末涂料工业的发展创造了良好的条件。因此，进入21世纪我国的粉末涂料工业有了更快的发展。

表1-13　2006—2012年我国TGIC和HAA的销售量的变化情况

固化剂品种		2006年	2007年	2008年	2009年	2010年	2011年	2012年
TGIC	销售量/t	12245	14640	12391	13914	15857	19072	20526
	增长率/%	52.9	19.6	-15.4	12.3	14.0	17.3	7.6
HAA	销售量/t	1390	2282	2235	2542	2801	3911	4636
	增长率/%	32.5	64.2	-2.1	13.7	10.1	39.9	18.5

表 1-14　2006—2012 年我国 TGIC 销售量和销售额大的公司

公司名称	2006 年销售量/t	2007 年销售量/t	2008 年销售量/t	2009 年销售额/万元	2010 年销售额/万元	2011 年销售额/万元	2012 年销售额/万元
黄山华惠科技有限公司	1030	1860	2400	9762		18290	22100
常州牛塘化工厂有限公司	3000	3200	2800	11854	4500	15996	21935
扬州三得利化工有限公司	2000	2500	2200	6582	2419	11268	11722
濮阳市宏大圣导新材料有限公司				5200	1200	6838	9500
鞍山润德精细化工有限公司	1280	2280	2200	7750	2000		

表 1-15　2013—2020 年我国 TGIC 销售量和销售额大的公司

公司名称	2013 年销售额/万元	2014 年销售量/t	2015 年销售量/t	2016 年销售量/t	2017 年销售量/t	2018 年销售量/t	2019 年销售量/t	2020 年销售量/t
黄山华惠科技有限公司	16644	7150	9560	9132	9752	10300	10350	11652
常州牛塘化工有限公司	22865	8560	8118	8215	8468	8395	8300	8800
鞍山润德精细化工有限公司		3930		4600	4800	4800	6000	7000
扬州三得利化工有限公司	11899		4120	4556	4706	4620	4590	
濮阳市宏大圣导新材料有限公司				3000	3000			
黄山锦峰实业有限公司	4500	1650	2040			5216	5563	6808
山东阳信科瑞实业有限公司								3700

表 1-16　2006—2012 年我国 HAA 销售量和销售额大的公司

公司名称	2006 年销售量/t	2007 年销售量/t	2008 年销售量/t	2009 年销售额/万元	2010 年销售额/万元	2011 年销售额/万元	2012 年销售额/万元
宁波南海化工有限公司	600	1200	800	2600	1040	3800	3850
黄山新安凯科技有限公司			160		588	1620	
扬州市三得利化工有限公司		600		380	150	666	786
六安捷通达新材料有限公司						485.6	812
鞍山润德精细化工有限公司	260	36	110	920			

表 1-17　2013—2020 年我国 HAA 销售额和销售量大的公司

公司名称	2013 年销售额/万元	2014 年销售量/t	2015 年销售量/t	2016 年销售量/t	2017 年销售量/t	2018 年销售量/t	2019 年销售量/t	2020 年销售量/t
宁波南海化学有限公司	3200	1230	1092	1252	1625	1705	2037	2123
六安捷通达新材料有限公司	910	505	580	637	1085	1345	1512	2112
扬州三得利化工有限公司	103	520	590	605	735	720	795	
黄山华惠科技有限公司				500	618	758	863	1218
黄山正杰新材料有限公司						650	790	1357
黄山市博恩科技有限公司								1500

表 1-14～表 1-17 的数据显示，这些厂家全部是内资企业，目前使用的聚酯粉末固化剂 TGIC 和 HAA 完全满足粉末涂料生产的需要，一部分产品还出口。

表 1-18　2007—2012 年我国粉末涂料用助剂主要生产企业及销售额　　单位：万元

生产厂家	2007 年	2008 年	2009 年	2010 年	2011 年	2012 年
宁波南海化学有限公司	25500	30900	22643	24000	29000	29000
上海索是化工有限公司/东莞中添新材料有限公司	4800	4800	4500	6000	8000	7000
六安捷通达新材料有限公司	4137	4000	4580	5980	7898	9488
湖北来斯化工新材料有限公司					5532	6477
宁波维楷化学有限公司	3700	3640	5302	6354		
黄山徽州康佳化工责任有限公司	4200	3500				
浙江肯特化工有限公司						9032

表 1-19　2013—2020 年我国粉末涂料用助剂主要生产企业及销售额　　单位：万元

生产厂家	2013 年	2014 年	2015 年	2016 年	2017 年	2018 年	2019 年	2020 年
宁波南海化学有限公司	33000	35000	35857	29482	36845	38102	35377	34146
上海索是化工有限公司/东莞中添新材料有限公司		10900	12000	12000	13000	13500	13800	15000
六安捷通达新材料有限公司	9760	10725	10780	9920	10920	11454	12239	14548
黄山华惠科技有限公司					6591			
宁波维楷化学有限公司				4540	4790	7993	10440	11439
湖北来斯化工新材料有限公司	6428	6175	5700	6450				
浙江肯特化工新材料有限公司		7392						
广州泽和化工材料研究开发有限公司	3523					8400	8800	
梧州市泽和高分子材料有限公司								9550

注：表中湖北来斯化工新材料有限公司已更名为湖北来斯涂塑新材料有限公司，下同。

表 1-18 和表 1-19 的数据说明，目前大部分的一般性助剂都是国产的，极少部分型号的助剂和特殊用途的助剂使用进口产品。在新型助剂的开发上，一些助剂厂家还是很下功夫，基本上满足了国内发展的需求。

我国的粉末涂料生产厂家主要集中在长江三角洲的江苏、浙江和上海地区以及珠江三角洲的广东省和环渤海的京津冀鲁地区这三大地区，规模大的粉末涂料生产厂家的年产量达到万吨以上，小的厂家的年产量只有几十吨，大小厂家的规模差别很大。据有关方面估计，我国粉末涂料生产厂家有 1700 家左右，跟工业发达国家的布局完全不一样，生产厂家的数目很多，规模大小差别大，分布又很不均匀。2012—2020 年我国不同地区粉末涂料产量所占比例见表 1-20。

表 1-20　2012—2020 年我国不同地区粉末涂料产量所占比例　　单位：%

地区	2012 年	2013 年	2014 年	2015 年	2016 年	2017 年	2018 年	2019 年	2020 年
长江三角洲地区	48.4	46.2	45.8	45.2	45.5	45.6	45.3	45.0	44.8
珠江三角洲地区	28.4	28.6	29.6	28.9	28.2	28.9	29.2	29.3	29.5
环渤海地区	17.5	18.6	19.1	19.8	20.0	18.5	18.0	17.5	17.1
其他地区	5.7	6.6	5.5	6.1	6.3	7.0	7.5	8.2	8.6

表 1-20 的数据说明，长江三角洲所占比例最大为 45%左右，其主要原因是所占地区最广，而且包括我国经济最发达的上海、江苏、浙江三个省市，粉末涂料的需求量大；还有安徽发展很快的原因是，其是我国粉末涂料所用聚酯树脂、环氧树脂和助剂等原材料的重要生产基地，有得天独厚的原材料资源优势，创造了粉末涂料发展的有利条件。虽然珠江三角洲的发展速度也很快，但是粉末涂料的主要产量集中在广东省，其他周围省份的优势不明显，但是该地区在全国范围所占比例基本上 29%左右的产量还是比较稳定的。在环渤海地区中，真正生产粉末涂料厂家集中在河北省的廊坊市周围地区和天津；还有山东，包括的地区面积很大，也是工业发达地区，是北方地区粉末涂料生产厂家比较集中的区域，生产量在我国占有一定的比例，稳定在 17%～20%。另外，中西部地区粉末涂料市场上升势头较猛，如河南、陕西、云南等地，相比原有的长三角和珠三角地区，粉末涂料产量增长速度较快，需求量增长明显。

2006—2012 年我国粉末涂料生产量比较大的厂家和销售量见表 1-21，2013—2020 年我国粉末涂料生产量比较大的厂家和销售量见表 1-22。2006—2012 年、2013—2016 年我国粉末涂料生产量比较大的厂家和销售额见表 1-23 和表 1-24。

表 1-21　2006—2012 年我国粉末涂料生产量比较大的厂家和销售量　　单位：t

生产厂家	2006 年	2007 年	2008 年	2009 年	2010 年	2011 年	2012 年
阿克苏诺贝尔粉末涂料(中国)	53300	55000	53500		55000	55000	54000
黄山华佳表面科技有限公司	22000	26564	26422	25500		29523	29117
安徽美佳新材料股份有限公司				10500	15680	17860	16670
福建万安实业集团有限公司	8935	9500	10125	10442	15483	15307	15694
广州擎天材料科技有限公司	6500	7500	7412	8020	12402	14500	16013
立邦涂料(天津)有限公司		18000	20537	16579	16543	13123	15694
江苏华光粉末(集团)有限公司	10000	10000	12500	13000	13000	13000	13000
温州立邦塑粉有限公司	6800	11911	11955	11980	12040	12160	13026
浙江华彩新材料有限公司	6930	7620	7080	7870	9812	11151	12113
青岛美尔塑料粉末有限公司	6900	7480	7489	7987	9986	9870	10700
浙江玉石塑粉有限公司	8700	8700	9150	9330	9580	9830	9700
浙江昌明新材料科技有限公司	9560	10000	8510	8150	9480	9562	11630
福建万顺粉末涂料有限公司	9200	6054	8073				
天津翔盛粉末涂料有限公司							11500

表 1-22　2013—2020 年我国粉末涂料生产量比较大的厂家和销售量　　单位：t

单位名称	2013 年	2014 年	2015 年	2016 年	2017 年	2018 年	2019 年	2020 年
阿克苏诺贝尔粉末涂料(中国)	58700	59437	57951	60150	64200	67000	68400	71000
黄山华佳表面科技有限公司	30925	34616	33597	35074	36964	32026	32792	33165
福建万安实业集团有限公司	15576	14236	18078	21263	24401	26713	22876	31573
江苏华光粉末(集团)有限公司	21000	22128	20180	22500	24100	26160	27560	28550
广东睿智环保科技有限责任公司				12218	20518	21519	25000	19571
安徽美佳新材料股份有限公司	19017	20116	12127	12533	19605	18579	18208	18220
立邦涂料(天津)有限公司	16073	15144	13579	18053	18575	16983	18408	19866
浙江华彩新材料有限公司	13187	14791	15726	16521	17311	18025	18542	19561
老虎表面技术新材料(苏州)有限公司				15841	16093	17060	17793	21100
桑瑞斯粉末涂料集团				12000	13850	15900	19700	25900
广东华江粉末科技有限公司	10190	12808	8541		13227	13500	14000	15443
广州擎天材料科技有限公司	17403	15455	14471	14142	13216	13905	14020	14100
北京汉森邦德科技有限公司				12200	12600	13000	13500	14000
温州立邦塑粉有限公司	12850	12650	11450	11540	11660	12675	12950	13120
天津翔盛新材料有限公司	12720	10863	10141	11156				
浙江玉石塑粉有限公司	10253	11166	10567					
广东德福生新材料科技有限公司						14500	16500	16600
青岛美尔塑料粉末有限公司	11500	11265	9420					13243
浙江昌明新材料科技有限公司	12230	9795						

表 1-23　2006—2012 年我国粉末涂料生产量比较大的厂家和销售额　　单位：万元

单位名称	2006 年	2007 年	2008 年	2009 年	2010 年	2011 年	2012 年
阿克苏诺贝尔粉末涂料(中国)	141000	132000	132000				
黄山华佳表面科技有限公司	43500	48000	52500	46857	56280	60196	59526
安徽美佳新材料股份有限公司				15726	28961	28224	34076
广州擎天材料科技有限公司	14000	14000	15000	17650	20379	26500	33966
立邦涂料(天津)有限公司		44000	43000	32585	30641	25940	28296
温州立邦塑粉有限公司	13600	24000	24000	24671	25160	25800	25840
江苏华光粉末(集团)有限公司	20200	20000	21000	28149	25200	25200	25200
福建万安实业集团有限公司	15700	16000	19000	19364	25073	24818	25283
浙江昌明新材料科技有限公司	16200	23000	19200	15500	19000	22273	18700
浙江玉石塑粉有限公司	14800	17000	16200	17008	17650	20151	19187

续表

单位名称	2006年	2007年	2008年	2009年	2010年	2011年	2012年
浙江华彩化工有限公司	14500	13000	12000	13519	16868	19941	21948
青岛美尔塑料粉末有限公司	13000	16000	14300	14900	18000	18697	19852
福建万顺粉末涂料有限公司	15000	15600	19800				
天津市翔盛粉末涂料有限公司							24150

表 1-24　2013—2016 年我国粉末涂料生产量比较大的厂家和销售额　单位：万元

单位名称	2013年	2014年	2015年	2016年
阿克苏诺贝尔粉末涂料(中国)				
黄山华佳表面科技有限公司	61389	67177	64367	62944
老虎表面技术新材料(苏州)有限公司				53361
福建万安实业集团有限公司	25677	25941	31637	37275
江苏华光粉末(集团)有限公司	38500	41168	33859	35650
立邦涂料(天津)有限公司	34044	33446	30000	35200
浙江华彩新材料有限公司	24963	27985	30238	31515
桑瑞斯粉末涂料集团				26070
广州擎天材料科技有限公司	34216	30110	26265	25937
广东睿智环保科技有限责任公司				23025
北京汉森邦德科技有限公司				23000
温州立邦塑粉有限公司	27000	25180	21759	21562
天津翔盛新材料有限公司	25732	23584	20079	20839
安徽美佳新材料股份有限公司	39318	39493	14602	20043
广东华江粉末科技有限公司	20788	26275	13828	
浙江玉石塑粉有限公司	19378	19876	18819	
青岛美尔塑料粉末有限公司	21186	21229	16522	
漳州万城粉体涂料有限公司			15123	
浙江昌新材料科技有限公司	19700	16062		

表 1-23 和表 1-24 的数据说明，不同厂家的产品结构不同，单价也不同，所以厂家之间的平均销售价格也有明显的差别，因此，粉末涂料销售量的顺序跟销售额的顺序是不一样的。从单价数据来看，有的 1.95 万元/吨，还有的 1.75 万元/吨，甚至有的 15.8 万元/吨，最高的平均单价达到 3.3 万元/吨。从粉末涂料产量来说，阿克苏诺贝尔的产量明显高于其他厂家，一直处于 6 万吨/年以上的领先地位；黄山华佳表面科技 3 万吨/年以上稳坐第二位。在总销售额上也是阿克苏稳坐第一（虽然没有报数据），黄山华佳表面科技稳坐第二位。

上面列举的厂家是规模比较大、生产设备条件和管理水平比较高的公司，也是代表我国粉末涂料生产的技术水平的厂家，是从 830 个厂家（2020 年新版全国粉末涂料工商企业公司名录名单）中挑选出来的精华。

在粉末涂料制造设备方面，虽然还没有世界知名粉末涂料制造设备厂家进入我国就地生产，但是由于我国现有粉末涂料制造设备厂家进行技术创新和对外交流，不断改进和提高国产设备的产品质量和技术水准，不仅基本满足我国粉末涂料生产量和产品质量的要求，而且据有关统计，2006 年我国生产了大约 600 套粉末涂料生产线设备，还有大约 50 套生产设备出口到世界各国。而且在我国建立粉末涂料生产厂的国外知名公司也考虑到国产设备与进口设备之间的差价，投入与产出之比，基本上采用国产设备，很少购进国外设备，这也说明国产设备已经达到相当的技术水准。

粉末涂料制造设备的制造厂家，大多数集中在山东半岛烟台地区，部分在浙江和江苏，2008—2012 年我国粉末涂料制造设备厂家的总销售额情况见表 1-25；2007—2012 年我国主要粉末涂料制造设备企业的销售额见表 1-26，2013—2020 年我国主要粉末涂料制造设备企业的销售额见表 1-27。

表 1-25　2008—2012 年我国粉末涂料制造设备厂家的总销售额情况

年份	统计企业数	销售情况		生产线销售数量/套
		收入/万元	同比增长率/%	
2008	23	24500	−27.7	600
2009	25	37800	54.3	740
2010	25	50500	33.6	880
2011	22	45500	−9.9	790
2012	23	51900	14.1	840

表 1-26　2007—2012 年我国主要粉末涂料制造设备企业销售额　　单位：万元

单位名称	2007 年	2008 年	2009 年	2010 年	2011 年	2012 年
烟台三立机械设备有限公司	5000	3800	5135	6900	6900	6546
烟台凌宇粉末机械有限公司					6608	2563
海阳圣士达涂装机械有限公司			1509		4098	5120
烟台东辉粉末设备有限公司	3160	2188	2580	3136	3153	2942
海阳静电设备有限公司	2250	2380	2380			3580

表 1-27　2013—2020 年我国主要粉末涂料制造设备企业销售额　　单位：万元

单位名称	2013 年	2014 年	2015 年	2016 年	2017 年	2018 年	2019 年	2020 年
烟台凌宇粉末机械有限公司	6695	6825	6752	6816	10435			
山东圣士达机械科技股份有限公司	6150	6750			5260	5589	6165	6606
烟台东辉粉末设备有限公司	3758	7193	4391	4829	4865	5372	5839	5284
烟台三立环保科技有限公司	7650	7810	8600	7276	4820	4200		4000
烟台东源粉末设备有限公司					4600	4830	4800	4800
海阳静电设备有限公司	3680	3797	3900	3680			4381	
烟台枫林机电设备有限公司						4995		
烟台万亨智能设备有限公司							5380	6660

我国粉末涂料的涂装设备的制造厂家集中在以上海为中心的周边地区和广东地区。粉末涂装的一部分是生产金属件的生产厂在本厂的粉末涂料涂装生产线上进行涂装；其余部分是送到专门的粉末涂装厂委托加工。大型家用电器生产厂的产品大部分是在家用电器生产厂自己的粉末涂料涂装线上进行粉末涂装，然后进行产品的组装。还有相当一部分的大型铝型材厂、金属家具厂、厨房用具厂、控制柜厂、货架厂、运动器材厂、灯具厂等的产品也是金属制品成型加工以后，在本厂的粉末涂装生产线上进行粉末涂装。还有一部分的涂装产品是通过外协的方式委托专门的粉末涂料涂装厂加工的。因此，粉末涂装厂（或车间）的规模有大有小，大的有员工上百人，小的只有几个人，据估计全国大大小小粉末涂装厂（含车间）超过 10000 家，规模和自动化的技术水准差别也很大。

从我国粉末涂料品种来说，2006 年主要品种是热固性粉末涂料，占粉末涂料的 90%以上，在热固性粉末涂料中环氧-聚酯粉末涂料是最主要的产品，估计占热固性粉末涂料的 45.4%左右；其次是耐候型聚酯粉末涂料，估计占热固性粉末涂料的 32.7%左右，其中 TGIC 固化的聚酯粉末涂料占多数，HAA 固化的聚酯粉末涂料占少数，由于环氧树脂价格居高不下，聚酯树脂价格相对稳定又比环氧树脂便宜很多，因此聚酯粉末涂料的生产量增长的速度较快。再次的品种是环氧粉末涂料，由于价格问题，用量的增长受到限制，估计占热固性粉末涂料的 10%以下。另外，聚氨酯粉末涂料、丙烯酸粉末涂料和氟树脂粉末涂料由于原料来源和价格等国情问题，很难得到大量推广应用，估计加起来不到1%。从我国的情况来说，环氧-聚酯粉末涂料用原材料大多数国内供应充足，价格也比较合理，除耐候性外，涂膜外观的装饰性、涂膜的力学性能和耐化学品性能都比较好。因此，在户内装饰性为目的的产品中大部分都是用这种涂料产品，应用面广，用量大。在户外用产品方面，TGIC和HAA固化聚酯粉末涂料的原料国内供应也比较充足，涂料价格市场也可以接受，涂膜耐候性比较好，外观、力学性能和耐化学品性能也基本能满足市场要求，因此用量也大。然而，对聚氨酯粉末涂料来说，最关键的固化剂原料，特别是耐候型固化剂——封闭型异佛尔酮二异氰酸酯等国内无原料，需要进口，其价格是TGIC和HAA的3～4倍，用量又是它们的2～3倍，这样聚氨酯粉末涂料的价格比聚酯粉末涂料高很多（估计价格高50%），在性能上又没有突出的优点，粉末涂装厂家很难接受这种产品。因此，除了有特殊要求和出口指定产品的单位外，很难推广使用这种耐候型聚氨酯粉末涂料。另外，丙烯酸粉末涂料的耐候性很好，但是缩水甘油基丙烯酸单体的价格比较贵，单体的贮存稳定性不好，贮存也很麻烦，另外粉末涂料的贮存稳定性也差，施工条件的要求也很苛刻，粉末涂料很容易受污染和干扰，又增加使用成本，比聚氨酯粉末涂料推广应用难度更大，目前很难工业化大量推广应用。2009年以后，由于耐候型聚酯树脂品种的增加和价格的合理，聚酯粉末涂料的产量迅速增加，2010年聚酯粉末涂料的产量超过了环氧-聚酯粉末涂料的产量；而且随着环保意识的增强，HAA固化聚酯粉末涂料的产量也迅速增加，已经占聚酯粉末涂料的41%。另外，随着输气、输油、输水、跨海大桥等大型防腐工程的增加，环氧粉末涂料所占比例也有所增加，使我国粉末涂料产品品种结构有了明显的变化。

作为粉末涂料品种中耐候性最好、防腐蚀性也很好的热塑性的PVDF（聚氟乙烯）树脂粉末涂料和热固性的FEVE树脂粉末涂料，从国家重视环保和限制VOC的排放之后，涂料行业对PVDF树脂粉末涂料和FEVE树脂粉末涂料的开发和应用越来越重视。特别是目前我国PVDF树脂涂料主要是溶剂型的，排放的VOC量很大，对环境造成严重的影响，因此不少企业在PVDF氟碳漆的粉末涂料化方面积极开展研究和推广工作，并得到可喜的结果。热固性的FEVE树脂粉末涂料，制造工艺跟普通粉末涂料一样，涂装工艺也差不多，但是原材料价格较贵，用户很难接受，在这种情况下用FEVE树脂改性聚酯、聚氨酯、丙烯酸粉末涂料的耐候性也比较好，性价比上用户容易接受，预计这两种产品今后还是有很好的发展前景。

第二节 粉末涂料与涂装技术的优缺点

粉末涂料与涂装技术因节省资源、节省能源、无污染和高生产效率而得到世界各国的重视，粉末涂料是近年来发展速度最快的涂料品种。从20世纪70年代开始，由于粉末涂料的优点，有些人预言，传统的溶剂型涂料将逐步被替代，粉末涂料的时代很快会到来。然而五十多年过去了，虽然粉末涂料的品种多了，产量增加了，在涂料总产量中所占比例也有明显的增长，但是所占比例还不到百分之十，并没有达到预测的目标。这是因为粉末涂料也不是十全十美，还有一定的缺点，而且这些缺点还不能很快得到解决，需要经过长期的努力才能逐步得到解决。粉末涂料和涂装技术有如下优点和缺点。

一、粉末涂料与涂装技术的优点

（1）一般的粉末涂料是不含挥发性有机溶剂和水的固体粉末状物质，因为不含有机溶剂，在烘烤固化过程中没有有机溶剂挥发，可以避免有机溶剂的光化学反应和毒性所造成的大气污染，也避免了有机溶剂资源的浪费，另外也避免了水性涂料（或电泳涂料）中废水的处理问题，是完全符合环境保护要求的理想的环境友好型涂料品种。

（2）避免了溶剂型涂料中有机溶剂给涂料生产人员和涂装人员带来健康的危害；同时也避免了涂料的生产、贮存、运输和涂装过程中存在的火灾危险等问题。

（3）粉末涂料的最大优点是在封闭体系中进行涂装，喷逸的粉末涂料可以回收再利用，涂料的利用率高，如果回收设备的回收率高，粉末涂料的利用率可达到99%，节省有限的资源。

（4）粉末涂料的涂装效率高，涂膜的厚度容易控制，一道涂装厚度可以达到50～500μm（被涂物冷喷时，涂膜厚度150μm以下；被涂物预热热喷时，涂膜厚度可达500μm），相当于溶剂型和水性涂料几道或十几道的厚度，可以减少涂装道数，提高劳动生产效率，节约能源，同时比溶剂型涂料节省了每道涂装工序之间的工件堆放等待的时间和场地。

（5）粉末涂料的涂装不受气温和季节的影响，粉末涂装技术比较容易掌握，不需要很熟练的操作技术，涂膜厚涂时也不容易产生流挂、起泡等弊病，容易实施自动化和智能化流水线涂装。

（6）粉末涂料用树脂的分子量比溶剂型和水性涂料用树脂的大。因此，涂膜的力学性能和耐化学品等性能比溶剂型和水性涂料好。另外，在涂膜中没有残留溶剂，涂膜的致密性和耐腐蚀性也较好。

（7）粉末涂料对各种涂装方法的适应性好，除了主要用静电粉末涂装法进行涂装外，还可以用流化床、静电流化床、空气喷涂法和火焰喷涂法等方法进行涂装。

（8）粉末涂料的树脂品种和外观不同的花色品种多，粉末涂料涂装产品的应用范围广，不仅可以用在室内外用品的装饰性涂装，还可以用在重防腐蚀涂装方面。

二、粉末涂料与涂装技术的缺点

（1）粉末涂料的制造设备不能直接使用溶剂型或水性涂料制造设备，必须使用制造粉末涂料的专用设备，需要新的设备投资。

（2）粉末涂装不能直接使用涂装溶剂型或水性涂料的设备，必须使用涂装粉末涂料的专用设备，其中还需要配备粉末涂料的回收装置等辅助设备，需要新的设备投资。

（3）粉末涂料制造过程中，最难的是调色问题，跟溶剂型和水性涂料调色方法不同，粉末涂料无法用色浆或色粉直接调色，且调色时间长，有些纹理型的品种无法使用配色仪器，只能靠经验，配色比较麻烦。

（4）粉末涂料的制造和涂装过程中，更换涂料的树脂品种和颜色品种比溶剂型或水性涂料麻烦。粉末涂装中的快速换色问题通过设备的改进已经得到解决，15min左右可以做到换色。

（5）粉末涂料适用于厚涂，不适用于薄涂（40μm以下厚度），对于需要薄涂的工件来说成为资源浪费。薄涂问题已经做到粉末涂料平均粒径15～20μm，可以得到涂膜厚度30～40μm、很平整的外观，真正工业化生产中大量推广还需要解决超细粉末涂料的喷涂设备和回收设备等问题。

（6）粉末涂料的烘烤（固化）温度比较高，一般在150℃以上，多数在180～200℃之间，不适合于耐热性差的塑料、木材和纸张等基材的涂装，也不适合于焊锡件、电子组件等不耐热物品的涂装。热敏材料如：中密度纤维板（MDF）、玻璃钢等的低温固化粉末涂装已经迈入工业化门槛。

粉末涂料与溶剂型涂料的特点比较见表1-28。

表1-28 粉末涂料与溶剂型涂料的特点比较

项目	粉末涂料	溶剂型涂料
一道涂装的涂膜厚度/μm	50～500	10～30
薄涂的可能性	比较困难	很容易
厚涂的可能性	比较容易	比较困难
喷逸涂料的回收利用	比较好	很难
涂料的利用率	很高	一般
涂装劳动生产效率	很高	一般
熟练的涂装操作技术	不需要	需要
涂料的专用制造设备	需要	不需要
涂装的专用设备	需要	不需要
涂料制造中调色和换色	比较麻烦	比较简单
涂装中换颜色和树脂品种	比较麻烦	比较简单
涂料的运输和贮存	方便	不大方便
实现涂装线的自动化和智能化	比较容易	一般
涂膜的综合性能	很好	一般
溶剂带来的火灾危险	没有	有
溶剂带来的大气污染	没有	有
溶剂带来的毒性	没有	有
粉尘带来的爆炸危险	有，但很小	没有
粉尘带来的污染问题	有，但很小	没有

第三节 粉末涂料的分类和品种

粉末涂料可以按树脂品种、涂装方法、涂料功能和涂膜外观进行分类。

按粉末涂料的成膜物树脂类型分类时，可以分为热塑性粉末涂料和热固性粉末涂料两大类。在热塑性粉末涂料中，按树脂品种可以分为聚乙烯粉末涂料、聚丙烯粉末涂料、聚氯乙烯粉末涂料、聚酰胺（尼龙）粉末涂料、聚酯粉末涂料、乙烯/乙酸乙烯酯共聚物（EVA）粉末涂料、乙酸丁酸纤维素粉末涂料、氯化聚醚粉末涂料、聚苯硫醚粉末涂料、聚氟乙烯（PVDF）粉末涂料等。在这些粉末涂料中，我国用得比较多的涂料品种是聚乙烯粉末涂料、聚酰胺粉末涂料，另外还有聚氯乙烯粉末涂料、聚苯硫醚粉末涂料和聚氟乙烯粉末涂料等。

热固性粉末涂料按树脂类型可分为（纯）环氧粉末涂料、环氧-聚酯粉末涂料、（纯）聚酯粉末涂料、聚氨酯粉末涂料、丙烯酸粉末涂料、FEVE 树脂粉末涂料等。在这些粉末涂料品种中，我国 2009 年以前用得最多的品种是环氧-聚酯粉末涂料，其次是（纯）聚酯粉末涂料，再其次是（纯）环氧粉末涂料，由于我国的国情，聚氨酯粉末涂料和丙烯酸粉末涂料的大量推广应用还需要很长的时间。在不同国家粉末涂料品种的发展情况不同，各国不同树脂粉末涂料所占比例也有明显差别。2018 年我国粉末涂料产品结构发生明显变化，在热固性粉末涂料总产量中，聚酯粉末涂料产量超过环氧-聚酯粉末涂料，聚酯粉末涂料占 46.1%，而且 HAA 固化聚酯粉末涂料占聚酯粉末涂料产量的 41.4%；环氧-聚酯粉末涂料产量占第二位，环氧粉末涂料产量占第三位。

按粉末涂料的涂装方法分类，可以分为静电喷涂粉末涂料、流化床浸涂粉末涂料、静电流化床粉末涂料、空气喷涂粉末涂料、火焰喷涂粉末涂料、电泳粉末涂料、紫外光固化粉末涂料等品种。

按粉末涂料的特殊性（制造、涂装、用途）分类，可分为金属（珠光）颜料邦定粉末涂料、热转印粉末涂料、紫外光固化粉末涂料、MDF 和非金属材料用粉末涂料、金属预涂粉末涂料、电泳粉末涂料、水分散（水厚浆）粉末涂料、钢筋粉末涂料等。

按涂膜功能分类，可分为重防腐粉末涂料、耐高温粉末涂料、抗菌粉末涂料、电绝缘粉末涂料、防静电粉末涂料、防沾污粉末涂料、防火阻燃粉末涂料、隔热保温粉末涂料等。

按粉末涂料的涂膜外观分类，可分为高光粉末涂料、有光粉末涂料、半光粉末涂料、亚光粉末涂料、无光粉末涂料、皱纹粉末涂料、橘纹粉末涂料、砂纹粉末涂料、锤纹粉末涂料、绵绵纹粉末涂料、花纹粉末涂料、金属闪光粉末涂料和镀镍效果粉末涂料等品种。一般涂膜光泽大于 85%的属于高光；光泽在 60%～85%的属于有光；光泽在 40%～60%的属于半光；光泽在 25%～40%的属于半亚光；光泽在 10%～25%的属于亚光；光泽在 10%以下的属于无光（有的把光泽 5%以下定为无光）。国家对涂膜光泽的分类还没有统一的规定，有的把亚光的光泽范围定为 10%～40%；高光的光泽范围定为大于 90%。不同国家的分类方法也不同。

第二章
粉末涂料的组成和要求

第一节
概述

粉末涂料一般由树脂、固化剂、颜料、填料和助剂等组成，跟溶剂型和水性涂料的主要组成是差不多的。在热塑性粉末涂料中，热塑性树脂就是成膜物质，单独可以成膜，不需要固化剂；在热固性粉末涂料中，热固性树脂单独是不能成膜的，必须与固化剂进行化学反应以后才能成膜，固化剂在热固性粉末涂料中是不可缺少的成分。

颜料也是重要的组成成分，一般的粉末涂料中都含有颜料，只有透明粉末涂料才不需要颜料。在粉末涂料中颜料的作用与传统涂料中的功能是一样的，主要是起到着色后的装饰作用和防锈等作用。填料在粉末涂料中的作用也跟传统涂料中的作用基本上一样，起到增加涂膜硬度和刚性、降低涂料成本等作用。

助剂在粉末涂料中也是不可缺少的重要组成部分，虽然助剂在粉末涂料中所占的比例很少，但是它起到的作用不可忽视，有时候对涂膜外观或性能起到决定性的作用。粉末涂料中常用的助剂有流平剂、脱气剂（除气剂）、分散剂、促进剂、增光剂、消光剂、消光固化剂、消泡剂、防结块剂、增塑剂、防划伤剂、防流挂剂、上粉率改性剂、硬度改性剂、附着力改性剂、纹理剂、抗氧剂、紫外光吸收剂、抗菌剂等，其中最常用的助剂是流平剂、脱气剂（除气剂）、分散剂、消泡剂、消光剂和防结块剂等。

一般粉末涂料的主要组成和配方中的用量范围见表 2-1，配方中各种成分的用量很难准确地划定范围，只是一个大概的参考数据。

表 2-1　一般粉末涂料的主要组成和配方中的用量范围

组成	用量/%	备注
树脂	55～90	在透明粉末涂料中用量大
固化剂	0～35	在热塑性粉末涂料中为 0，在环氧-聚酯粉末涂料中 35%
颜料	1～30	在黑色粉末涂料中 1%，在薄涂型纯白粉末涂料中 30%
填料	0～50	在透明粉和锤纹粉中 0，在砂纹或皱纹粉中高达 50%
助剂	0.1～3	不同助剂品种之间的用量差别很大（也有超过这个范围的）

第二节 树脂

树脂是粉末涂料的主要成膜物质，是决定粉末涂料性质和涂膜性能的最主要成分。树脂品种的选择，决定粉末涂料的产品质量，粉末涂料用树脂的性质和性能决定粉末涂料的配方组成和用途，例如选择的是热塑性树脂，那么在配方中不需要固化剂，树脂在一定烘烤温度和时间的条件下，熔融流平成为具有一定的力学性能和机械强度的涂膜，这种变化是可逆的；选择的是热固性树脂，那么必须跟固化剂配套，树脂和固化剂在一定烘烤温度和时间条件下进行固化反应，成为具有一定力学性能和机械强度的涂膜，这种变化是不可逆的。另外选择的若是热固性树脂中的双酚 A 型环氧树脂，那么这种粉末涂料只能用在防腐和户内用产品，不能用在户外；选择的若是聚酯树脂，那么这种粉末涂料户内和户外都可以使用，树脂的品种决定了粉末涂料的用途。一般粉末涂料中使用的树脂应该注意如下性能。

（1）树脂的熔融温度和分解温度　粉末涂料一般以粉末状态涂覆到被涂物上面，然后必须加热烘烤，使粉末涂料中的树脂熔融流平成膜，或者熔融流平固化交联成膜。树脂的熔融温度和分解温度很接近时，一旦烘烤温度控制过高，很容易使涂料中的树脂发生分解，很难得到外观和性能良好的涂膜。因此，树脂熔融温度和分解温度之间的温差要大，例如环氧树脂、聚酯树脂、聚氨酯树脂、丙烯酸树脂等热固性树脂和相当一部分热塑性树脂也能满足这种条件，然而有少部分热塑性树脂，例如聚氯乙烯树脂的熔融温度与分解温度之间的温差小，在涂装过程中控制烘烤温度的精度要高。正因为聚氯乙烯粉末涂料在涂装中控制温度方面的难度，在我国聚氯乙烯粉末涂料发展得很慢，生产量少，应用面窄。

（2）树脂的熔融黏度　粉末涂料是靠静电引力把粉末涂料吸附到被涂物上面去，然后加热烘烤使工件表面的粉末涂料熔融流平。由于熔融粉末涂料粒子之间存在着表面张力，熔融黏度高的树脂的涂膜就不容易流平；熔融黏度较低树脂的粉末涂料就容易流平，从而得到平整均匀的涂膜。因此，从粉末涂料的熔融流平性考虑，树脂的熔融黏度越低越好。一般树脂的熔融黏度与树脂的分子量和结构有密切关系，尤其是分子量的影响更大。如果树脂的分子量小，相应的树脂熔融黏度也低，但是树脂的分子量过小时，树脂的熔融温度和玻璃化转变温度都会过低，使粉末涂料的贮存稳定性和涂膜的某些性能降低。因此，在满足粉末涂料和涂膜性能的前提下，树脂的熔融黏度低是比较好的。因为一般热固性粉末涂料用树脂的分子量小，在烘烤固化条件下的熔融黏度低；而热塑性粉末涂料用树脂的分子量大，熔融黏度相应比较高，所以热固性粉末涂料比热塑性粉末涂料的涂膜流平性好。另外，还要求当加热温度高于树脂熔融温度时，树脂的熔融黏度迅速下降，这样有利于粉末涂料的低温下涂装，有利于涂膜的流平。

（3）树脂的稳定性　在粉末涂装中喷逸的粉末涂料要回收再用，如果粉末涂料的稳定性不好，在回收过程中与空气、湿气较长时间接触或受环境温度的影响时，会发生物理（例如吸潮结团或干粉流动性变差）或化学变化而使粉末涂料的质量发生变化，造成回收粉末涂料不能使用，这样达不到喷逸的粉末涂料能够回收再用的目的，失去了粉末涂料的优势。树脂的稳定性是决定粉末涂料稳定性的关键因素，如果树脂的稳定性不好，会对粉末涂料的贮存稳定性和使用稳定性带来一定的影响和问题。因此，粉末涂料用树脂的稳定性一定要好，才能保证粉末涂料的使用稳定性。

（4）树脂的机械粉碎性　在粉末涂料制造过程中，一般树脂要与涂料的其他成分一起进行熔融挤出混合，然后冷却、破碎和细粉碎达到粉末涂料所要求的粒度。这就要求树脂在常温条件下容易机械粉碎，这样制备粉末涂料时熔融挤出后，冷却的物料也容易粉碎。所有热固性粉末涂料用树脂和部分热塑性粉末涂料用树脂是能够满足这种条件的；而部分热塑性粉末涂料用树脂在常温下比较坚韧，不能常温下机械粉碎，必须在低温冷冻条件下进行粉碎才能达到要求。这种冷冻粉碎工艺将增加粉末涂料的制造成本，给推广应用带来一定困难。为了避免热塑性树脂机械粉碎的困难，相当一部分热塑性树脂是以化学方法制造粉末状树脂的。

（5）树脂对被涂物（工件）的附着力　粉末涂料对被涂物（工件）的附着力主要取决于树脂对被涂物的附着力。如果树脂对被涂物的附着力好，那么就不需要涂底漆；如果树脂对被涂物的附着力不好，那么必须涂底漆才能保证对被涂物的附着力。因为热固性粉末涂料用树脂都带有极性基团，所以对金属等底材的附着力好；然而大多数热塑性粉末涂料用树脂没有带极性基团或极性基团的极性很小，对被涂物的附着力弱，附着性不好，需要用带极性基团的树脂进行改性或者涂底漆才能满足附着力的要求。

（6）树脂的电性能　在粉末涂料的涂装方法中，静电粉末喷涂是最主要的涂装方法。粉末涂料的带电性能，主要是决定于粉末涂料组成中的树脂，树脂的带静电性能对粉末涂料的静电喷涂时的涂着效率有重要意义。在静电粉末涂装中，粉末涂料粒子在电场的作用下带静电以后，在风力的输送下接近被涂物，借助于库仑力被吸附到被涂物上面，库仑力越大静电吸附效果越好，库仑力 F 可用下式表示：

$$F=\frac{q}{16\pi\ \varepsilon h^2}$$

式中　q——粉末涂料粒子带的电荷；

ε——真空界电常数；

h——粉末涂料粒子和被涂物之间的距离。

q 值越大，库仑力也就越大。一般粉末涂料用树脂的电阻比较大，粉末涂料粒子所带电荷不易流失，但容易放电；然而有的树脂品种，例如聚氯乙烯树脂的电阻较小，静电容易流失，电位下降迅速，极易导致附着上去的粉末涂料重新脱落。因此，粉末涂料用树脂的带静电性能对粉末涂料的静电涂装性能有重要的影响，在选择粉末涂料树脂品种时一定要考虑好这些问题。

另外，用摩擦静电喷枪进行喷涂时，由粉末涂料中的树脂与喷枪内壁摩擦所产生的静电电荷的正负极性及电荷量，因树脂品种的不同而有所不同。实践证明，有些树脂适用于用摩擦静电喷枪涂装，例如环氧粉末涂料就容易摩擦带电，不加摩擦带电剂也可以进行摩擦静电喷枪涂装；而有些树脂例如环氧-聚酯和聚酯树脂粉末涂料则不太适用于摩擦静电喷枪涂装，这种树脂必须添加摩擦静电剂改性才能用摩擦静电喷枪进行涂装。

（7）树脂中的分散性　在粉末涂料组成中，除树脂以外还有固化剂、颜料、填料和助剂等成分，这些组成相互之间的混溶性好、分散性好，这样才能充分发挥各种组成成分的作用。一般热塑性树脂的分子量大，极性基团少，对颜料和填料的润湿性差，相互之间的分散性差一些；而热固性树脂都有极性基团，对颜料和填料的润湿性好，分散性也好。

（8）树脂的固化反应温度　热固性粉末涂料的固化温度取决于粉末涂料中热固性树脂的固化反应温度。一般粉末涂料的固化温度比较高，大多数的粉末涂料的固化温度是在150℃以上，要想降低粉末涂料的固化温度，必须选择固化反应温度低、反应活性大的树脂品种，树脂的固化反应温度低有利于降低能耗和节约能源。

（9）树脂与固化剂反应副产物　在热固性粉末涂料中，树脂与固化剂必须进行固化反应，在固化反应过程中最好不产生反应副产物。这是因为，一方面有些副产物造成环境污染；另一方面容易使涂膜产生针孔、缩孔和猪毛孔等弊病。环氧、环氧-聚酯、聚酯-TGIC和丙烯酸-多元酸粉末涂料在固化成膜过程中产生很少的副产物，而聚酯-HAA粉末涂料在固化成膜过程中产生水，聚氨酯粉末涂料在固化成膜过程中释放封闭剂，若涂膜厚度过厚则容易产生针孔、猪毛孔等弊病，这些粉末涂料必须控制喷涂的涂膜厚度，最好不要超过100μm。

（10）树脂的颜色和毒性　从粉末涂料的质量和配色的稳定性考虑，最好选用无色或颜色很浅的树脂；另外，为粉末涂料制造和涂装人员的健康考虑，树脂最好没有气味和毒性。

（11）树脂的来源和价格　从粉末涂料的推广应用考虑，树脂的来源丰富，价格也便宜，这样有利于粉末涂料品种实现工业化生产和推广应用。

第三节 固化剂

在热塑性粉末涂料中不需要固化剂，但是在热固性粉末涂料中，固化剂是粉末涂料组成中必不可少的成分。如果没有固化剂，热固性粉末涂料就无法交联固化成膜得到具有一定力学性能和耐化学品性能的涂膜。固化剂的性质是决定粉末涂料和涂膜性能的主要影响因素。热固性粉末涂料用固化剂应具备如下条件。

（1）固化剂应具备与树脂进行良好化学反应的活性，在常温和熔融挤出混合的温度条件下不与树脂发生化学反应，而在烘烤固化温度条件下与树脂迅速进行交联固化反应，得到的涂膜外观流平性好、力学性能和耐化学品性能好。

（2）从粉末涂料的生产操作和贮存稳定性考虑，固化剂在常温下是固体，添加到粉末涂料中后，对粉末涂料的玻璃化转变温度影响小，最好是粉末状或容易粉碎的片状，这样在粉末涂料制造过程中容易分散均匀。

（3）烘烤固化过程中，固化剂应仅与树脂进行化学反应，不与颜料、填料和助剂等其他粉末涂料的组成成分起化学反应。

（4）从制造粉末涂料过程中的分散性和均匀性考虑，固化剂的熔融温度应比较低，并与树脂的相容性良好。这样可以在熔融混合工序中与树脂混合均匀，固化成膜后容易得到良好的涂膜性能。

（5）从节能和提高生产效率考虑，固化剂与树脂的固化反应温度低，反应时间短，这样有利于低温短时间固化成膜，容易做到节能和提高生产效率。

（6）固化剂本身的化学稳定性好，在粉末涂料贮存或回收利用过程中，接触空气、湿气和受环境温度的影响不起化学反应，不影响粉末涂料贮存稳定性，还不影响粉末涂料的干粉流动性。

（7）固化剂与树脂进行交联固化反应时，最好不产生副产物或者产生很少的副产物。这样固化成膜过程中，不易产生涂膜的针孔、猪毛孔等弊病，容易得到平整光滑的涂膜。

（8）固化剂应该是无色或者浅色的，这样固化剂不会使涂膜着色，容易配制白色和浅色粉末涂料。

（9）从粉末涂料制造和涂装中的卫生和安全考虑，固化剂应该无毒或者毒性很小，这样有利于粉末涂料生产和涂装人员的健康和卫生。

（10）从粉末涂料的工业化和扩大推广应用考虑，固化剂应来源丰富，价格便宜。

在热固性粉末涂料中，有些带有反应活性基团的树脂本身就是固化剂，例如环氧-聚酯粉末涂料中，带羧基的聚酯树脂就是环氧树脂的固化剂，当然环氧树脂也可以看作是聚酯树脂的固化剂。在聚酯-丙烯酸粉末涂料和环氧-丙烯酸粉末涂料体系中，同样其中一种树脂可以看作另一种树脂的固化剂。

第四节 颜料

颜料在粉末涂料配方中的作用是使涂膜着色和产生装饰效果，对于有颜色的粉末涂料来说是不可缺少的组成成分。粉末涂料用颜料的要求跟溶剂型涂料和水性涂料差不多，但是由于粉末涂料的特殊性，也有其他方面的特殊要求。因为在溶剂型和水性涂料中使用的颜料，只有一部分能用到粉末涂料中，所以在粉末涂料中能使用的颜料品种范围比较窄。在粉末涂料中使用的颜料应具备如下条件。

（1）颜料在粉末涂料的制造、贮存、运输和涂装过程中，不与树脂、固化剂、填料和助剂等组成成分发生化学反应。

（2）颜料的物理、化学稳定性好，不受空气、湿气、温度和环境的影响，粉末涂料成膜以后，也不容易受酸、碱、盐和溶剂等化学药品的影响。

（3）颜料的重要功能是对涂膜的着色，要求颜料的着色力和消色力强，还要求遮盖力也强。这样有利于降低配方中的使用量，也可以降低涂料成本。

（4）颜料应在热塑性树脂和热固性树脂中的分散性好。

（5）颜料的耐光性、耐候性和耐热性好，特别是耐候型粉末涂料中使用的颜料耐光性最好达到7～8级（8级最好，1级最差），耐候性最好达到4～5级（5级最好，1级最差）。因为一般粉末涂料的烘烤温度比较高，都在150℃以上，大多数在180～200℃左右，所以颜料的耐热温度应达到粉末涂料的烘烤固化温度或者更高一些。由于这个条件的限制，能用于粉末涂料的颜料品种比起溶剂型和水性涂料用的品种少。

（6）从粉末涂料制造和涂装中的安全考虑，颜料最好无毒或者毒性很小，一般情况下尽量不使用或少使用含铅、镉、铬等有毒重金属的颜料，特别是与人体接触的物品进行粉末涂装时，必须使用无毒颜料品种制造的粉末涂料。

（7）从粉末涂料的推广应用和工业化考虑，颜料的来源丰富，价格要便宜。

在粉末涂料中常用的有无机颜料和有机颜料。常用的无机颜料有钛白（锐钛型和金红石型）、铁系颜料（铁红、铁棕、云母氧化铁、铁黑和铁黄等）、铅铬黄系颜料（柠檬铬黄、浅铬黄、中铬黄、深铬黄和橘铬黄等以及它们的包膜产品）、钼铬红系列产品、群青、炭黑、铝粉、铜金粉、镍粉和珠光颜料等。常用的国产有机颜料品种有酞菁蓝系列（红相和蓝相）、酞菁绿系列、永固红系列、永固黄系列、永固紫系列（红相和蓝相）、耐晒黄、耐晒红、耐晒艳红、耐晒大红、新宝红等，其中耐光性和耐候性不好的只能用在户内，不能用在户外。无机颜料和有机颜料的优缺点比较见表2-2。粉末涂料用的各种颜料品种的耐候性和耐光性与国外高水平的品种比较时，在技术指标方面有某些差距，特别是黄色和红色有机颜料方面。为了使在设计粉末涂料配方时便于参考，将杭州百合集团化工有限公司的有机颜料品种中可以用在粉末涂料中的颜料品种和性能指标列于表2-3。瑞士Ciba公司的艳佳丽、艳佳鲜、固美透、鲜贵色等系列有机颜料的耐热性、耐光性、耐候性和耐酸碱性等综合性能比较好，很适用于粉末涂料；康纳铬黄、康纳钼铬橙系列无机颜料也适用于粉末涂料，具体的颜料品种见表2-4。BASF公司的Heliogen系列酞菁颜料、Paliogen系列苝系和阴丹酮颜料、Paliotol系列等有机颜料；Sicomin系列、Sicopal系列、Sicotan系列、Paliotan系列、Sicotrans系列和Paliocrom效果颜料等无机颜料的一部分也可以用到粉末涂料中，具体的颜料品种见表2-5。湖北来斯化工新材料有限公司销售粉末涂料用颜料品种和特点及技术指标见表2-6；美国薛特颜料公司涂料级耐高温颜料产品型号和特点及技术指标见表2-7。可以根据这些颜料的性能，结合粉末涂料的涂膜性能技术指标要求，选择能够满足性能要求的颜料品种。爱卡公司粉末涂料用铝颜料（粉和丸粒）、铜金粉和珠光粉型号和规格见表2-8；舒伦克公司粉末涂料用金属颜料型号和规格见表2-9；长沙族兴新材料股份有限公司生产的粉末涂料用铝粉型号和规格见表2-10；山东章丘鲁邦化工有限公司生产的粉末涂料用铝粉型号和规格见表2-11；常州华珠颜料有限公司珠光颜料型号和规格见表2-12；默尔材料科技有限公司天然云母基材珠光材料产品型号和规格见表2-13；杭州弗沃德精细化工有限公司耐候级珠光颜料型号和规格见表2-14；广州博骏新材料有限公司特殊效果颜料产品型号和规格见表2-15；福建坤彩材料科技股份有限公司变色龙系列珠光颜料产品型号和规格见表2-16。

表2-2 无机颜料和有机颜料的优缺点比较

项目	优点	缺点
无机颜料	颜料成本低 耐热性比较好(某些氧化铁颜料例外) 化学惰性强 遮盖力强(某些颜料着色力强) 耐光性和耐候性比较好 颜色比较稳定	透明性差(某些氧化铁颜料例外) 着色力差 颜色和色调有限,不鲜艳 有些品种有毒(含铬、铅、镉颜料)

续表

项目	优点	缺点
有机颜料	着色力强 透明性好 颜色鲜艳明亮 颜色和色调选择范围宽 基本无毒	原料成本高 某些颜料与催化剂反应 耐热性比较差 耐光性和耐候性有限 遮盖力比较差

表 2-3 杭州百合集团化工有限公司粉末涂料用有机颜料品种和性能指标

产品名称	产品索引	耐热性/℃	耐光性/级	吸油量/(g/100g)	抗渗性/级	耐酸性/级	耐碱性/级	耐醇性/级	耐酯性/级	耐苯性/级
甲基胺紫红 BH-05	P. R. 13	150	5	40～50	4	4	4	4	3	3
耐晒大红 BHNP	P. R. 48:1	240	6	45～55	4	4	4	4	3	3
耐晒大红 259	P. R. 48:2	180	6	45～55	4	4	4	4	4	4
耐晒大红 BH-2BP	P. R. 48:2	240	6	45～55	5	4	4	4	4	4
耐晒大红 GS	P. R. 48:3	180	6	45～55	4	4	4	4	4	4
耐晒大红 BH-2BSP	P. R. 48:3	240	6	45～55	5	4	4	4	4	4
耐晒大红 4BM	P. R. 48:4	180	7	45～55	4	4	4	4	4	4
立索尔洋红 BH-4BP	P. R. 57:1	240	6	45～55	5	4	4	4	4	4
喹吖啶酮红 1171	P. R. 122	250	8	40～50	5	5	5	5	5	5
永固红 BH-2RK	P. R. 170	180	8	35～45	5	5	5	5	5	5
永固红 BH-3RK	P. R. 170	180	7～8	35～45	5	5	5	5	5	5
永固红 BH-5RK	P. R. 170	180	7	35～45	5	5	5	5	4	4
永固红 BH-5RKB	P. R. 170	180	7	35～45	5	5	5	5	4	4
坚固红 A3B	P. R. 177	250	8	45～55	5	5	5	5	5	5
坚固红 A3B-T	P. R. 177	250	8	45～55	5	5	5	5	5	5
DPP 红-D-20	P. R. 254	250	8	35～45	5	5	5	5	5	5
DPP 红-DB	P. R. 254	250	8	35～45	5	5	5	5	5	5
DPP 红-TR	P. R. 254	250	8	35～45	5	5	5	5	5	5
DPP 红-2028	P. R. 254	250	8	35～45	5	5	5	5	5	5
DPP 红-OP	P. R. 254	250	8	35～45	5	5	5	5	5	5
DPP 红-M	P. R. 254	250	8	35～45	5	5	5	5	5	5
永固橘黄 B-96	P. O. 13	150	6	30～40	4	4	4	4	4	4
永固橙 TR-139	P. O. 34	170	6	40～50	4	4	4	4	4	4
永固橙 OP-213	P. O. 34	180	6	40～50	4	4	4	4	4	4
永固橙 OP-213A	P. O. 34	180	6	40～50	4	4	4	4	4	4
耐晒黄 133	P. Y. 1	160	6	25～35	4	5	5	5	3	3
耐晒黄 103	P. Y. 3	160	6	25～35	4	5	5	5	3	3
永固黄 1148	P. Y. 13	180	6	35～45	4	5	5	5	4	4
永固黄 G-16	P. Y. 14	180	6	35～45	4	5	5	5	4	4
永固黄 277	P. Y. 83	200	7	35～45	5	5	5	5	5	5
永固黄 277-T	P. Y. 83	200	7	35～45	5	5	5	5	5	5
永固黄 TR-02	P. Y. 83	180	7	35～45	5	5	5	5	4	4
永固黄 OP-206	P. Y. 83	200	7	35～45	5	5	5	5	5	5
颜料黄 BH-3RL	P. Y. 110	250	8	30～40	5	5	5	5	5	5
颜料黄 BH-R40	P. Y. 139	200	7	30～40	5	5	5	5	5	5
颜料黄 BH-G41	P. Y. 139	200	7	30～40	5	5	5	5	5	5
喹吖啶酮紫 BH-201	P. V. 19	250	8	45～55	5	5	5	5	5	5
喹吖啶酮紫 BH-301	P. V. 19	250	8	45～55	5	5	5	5	5	5
喹吖啶酮紫 BH-501	P. V. 19	250	8	45～55	5	5	5	5	5	5
永固紫 HB-197	P. V. 23	250	8	40～50	5	5	5	5	5	5
永固紫 HR-256	P. V. 23	250	8	40～50	5	5	5	5	5	5

续表

产品名称	产品索引	耐热性/℃	耐光性/级	吸油量/(g/100g)	抗渗性/级	耐酸性/级	耐碱性/级	耐醇性/级	耐酯性/级	耐苯性/级
酞菁蓝 156	P. B. 15:3	200	7	35～45	5	5	5	5	5	5
酞菁绿 311	P. G. 7	200	7	35～45	5	5	5	5	5	
820 大红		180	7	30～40	5	5	5	5	5	4
永固红 322		180	7	20～30	4	5	5	5	4	4
222 耐光大红粉		180	7	20～30	4	4	4	4	4	4
330 大红粉		180	7	20～30	4	4	4	4	4	4
223 耐光大红粉		180	7	25～35	4	4	4	4	4	4
220 耐光大红粉		180	7	25～35	4	4	4	4	4	4
221 紫红粉		180	7	25～35	4	4	4	4	4	4
210 钼铬红	P. R. 104	180	7	20～30	4	4	4	4	4	4
310 钼铬红	P. R. 104	180	7	20～30	4	4	4	4	4	4

表 2-4　瑞士 Ciba 公司粉末涂料用颜料品种和性能技术指标

产品名称	密度/(g/cm³)	吸油量/(g/100g)	耐热性/℃	渗色/级	耐酸碱/级	耐光性/级	耐候性/级	着色力/(g/100g)	粉末涂料适用性	透明效果
固美透黄 8GN(偶氮缩合)	1.6	41	200	5	5	7～8	4～5	1.9	可用	好
艳佳丽黄 BAWP(联苯胺)	1.3	42	150	2～3	5	6～7	3～4	1.0	可用	可用
艳佳丽黄 GO(芳酰胺)	1.3	37	150	2～3	4～5	7～8	4～5	1.5	可用	—
艳佳鲜黄 2GLTE(四氯异吲哚啉酮)	1.9	44	200	5	5	7～8	4d	2.9	可用	—
艳佳鲜黄 2RLT(四氯异吲哚啉酮)	1.8	40	200	5	5	7	4～5	1.8	可用	好
艳佳鲜黄 3RLTN(四氯异吲哚啉酮)	1.8	34	200	5	5	7	4～5	2.6	好	—
艳佳鲜黄 5GLT(偶氮甲基化酮络合物)	1.6	49	180	5	5	8	4～5	1.3	—	好
艳佳鲜黄 2093(钒酸铋)	5.9	27	200	5	5	8	4～5d	11.9	好	—
艳佳鲜黄 2094(钒酸铋)	6.1	33	200	5	4～5		4～5	8.9	好	—
艳佳鲜橙 2037	1.6	55	200	5	5		5	4.1	可用	—
艳佳丽橙 F2G(咪唑啉酮二芳基盐)	1.4	61	180	4	5		3d	1.4	可用	—
艳佳丽橙 MOR(联茴香胺)	1.4	48			5			3	好	—
艳佳鲜 DPP 大红 EK(二酮-吡咯-吡咯)	1.41	40	200	5	5		4～5	2.3	好	—
固美透橙 2G(四氯异吲哚啉酮)	1.6	46	200	5		7～8	4～5	2.4	好	—
艳佳丽红 2BY(2B 酸锶盐色淀)	1.68	39	150	4	3～4	5	3	1.3	可用	—
艳佳丽红 FBL(偶氮色淀)	1.6	63	200	4～5	1	7～8	4～5	1.0	好	—
艳佳丽红 3RS(萘酚)	1.5	45	150	1	4～5	7～8	4～5	1.4	好	可用
艳佳丽红 2BP(偶氮 2B 酸钙盐)	1.6	61	150	3	1～5	6～7	3～4	1.0	可用	—

续表

产品名称	密度/(g/cm³)	吸油量/(g/100g)	耐热性/℃	渗色/级	耐酸碱/级	耐光性/级	耐候性/级	着色力/(g/100g)	粉末涂料适用性	透明效果
固美透大红 RN(偶氮缩合)	1.5	59	200	5	5	8	5	1.7	可用	—
固美透红 BRN(偶氮缩合)	1.5	46	200	5	5	8	5	1.4	可用	—
艳佳鲜 DPP 红 BO(二酮-吡咯-吡咯)	1.6	51	200	5	5	8	5	1.8	好	—
艳佳鲜红 2027(偶氮/DPP 化学)	1.6	50	200	5	4～5	7～8	4～5	1.2	好	—
艳佳鲜红 2029(偶氮/DPP 化学)	1.5	46	180	5	5	7	4～5	1.4	可用	—
艳佳鲜红 2030(二酮-吡咯-吡咯)	1.6	42	200	5	5		4～5	1.2	可用	—
艳佳鲜红 2031(DPP 化学)	1.4	47	200	5	5	7	3～4d	1.1	可用	—
固美红 DPP 珊瑚红 C(二酮-吡咯-吡咯)	1.4	52	200	5	5	7～8	4～5	2.5	好	—
鲜贵色红 YRT-759-D(喹吖啶酮)	1.5	59	200	5	5	8	5	2.4	好	—
鲜贵色红 BNRT-796D(喹吖啶酮)	1.51	49	200	5	5	8	5	2.0	好	好
艳贵鲜 DPP 宝红 TR(二酮-吡咯-吡咯)	1.4	62	200	5	5	8	5	0.9	好	好
鲜贵色洋红 BRT 343D(喹吖啶酮)	1.6	62	200	5	5	8	5	1.6	好	可用
鲜贵色红 RT-355-D(喹吖啶酮)	1.6	65	180	5	5	8	4～5	1.4	可用	好
固美透红 A3B(蒽醌)	1.4	50	200	5	5	8	4～5	1.1	好	好
鲜贵色紫 RNRT-201-D(喹吖啶酮)	1.5	62	200	5	5	7～8	5	1.3	好	可用
艳佳丽蓝 GT(咔唑二嗪)	1.5	49	200	5	5	8	4～5	0.6	好	可用
艳佳丽蓝 PG(β-酞菁蓝)	1.61	45	200	5	5	8	5	0.7	好	好
艳佳丽蓝 GLVO(β-酞菁蓝)	1.5	60	200	5	5	8	5	0.56	好	好
艳佳丽蓝 BV(α-酞菁蓝)	1.53	52	200	5	5	8	5	0.6	可用	好
艳佳丽蓝 A3RN(阴丹士林)	1.53	43	200	5	5	8	5	1.0	好	好
固美透紫 GT(咔唑二嗪)	1.4	44	200	5	5	8	4～5	0.6	好	好
艳佳鲜绿 2180(酞菁绿)	2.2	42	200	5	5	8	4～5	1.6	好	可用
艳佳丽绿 GLN(酞菁绿)	2.2	35	200	5	5	8	5	1.4	好	好
艳佳绿 6G(酞菁绿)	2.8	24	200	5	5	8	5	1.9	好	好
康纳钼铬橙 AAH-3(铬酸铅、硫酸铅、钼酸铅)	5.5	26	200	5	5	7～8	4～5d	13.0	好	—

续表

产品名称	密度/(g/cm^3)	吸油量/(g/100g)	耐热性/℃	渗色/级	耐酸碱/级	耐光性/级	耐候性/级	着色力/(g/100g)	粉末涂料适用性	透明效果
康纳钼铬橙 MLH-74-SQ(铬酸铅、硫酸铅、钼酸铅)	5.6	26	200	5	5	7～8	4～5d	13.6	好	—
康纳钼铬酸橙 MLH-79-SQ(铬酸铅、硫酸铅、钼酸铅)	5.9	26	200	5	1～4	7～8	4～5	16.2	好	—
康纳铬黄 GMX-15-SQ(铬酸铅、硫酸铅、钼酸铅)	5.1	25	200	5	3～4	7～8	4	9.1	好	—
康纳铬黄 GMXH-25-SQ(铬酸铅、硫酸铅、钼酸铅)	5.1	23	200	5	5	7～8	4～5	6.7	好	—
康纳铬黄 GMXH-35-SQ(铬酸铅、硫酸铅、钼酸铅)	5.0	26	200	5	5	7～8	4	5.9	好	—
康纳铬黄 GMXH-45-SQ(铬酸铅、硫酸铅、钼酸铅)	5.0	25	200	5	4	7～8	4	6.3	好	—
艳佳色黄 10401(镍/锑/钛混合氧化物)	4.3	13	200	5	5	8	5	16.2	好	—
艳佳色黄 10408(镍/锑/钛混合氧化物)	4.4	14	200		5	8	5	31.2	好	—

注：耐光性评 1～8 级，1 级最差，8 级最好；渗色、耐酸碱、耐候性评 1～5 级，1 级最差，5 级最好，耐候性中 d 表示变黑；耐酸碱性 1～4 级说明，其中一个性能是 1 级，另一个性能是 4 级。

表 2-5 德国 BASF 公司粉末涂料用颜料品种和性能技术指标

产品名称	密度/(g/cm^3)	吸油量/(g/100g)	耐热性/℃	耐候性/级	再涂性/级	耐酸性/级	耐碱性/级	粉末涂料适用性
Heliogen 蓝 L6700F(铜酞菁-ε 型)	1.7	60	350	5	4～5	5	5	好
Heliogen 蓝 L6930(铜酞菁-α 型)	1.6	40	300	5	5	5	5	好
Heliogen 蓝 L6989F(铜酞菁-α 稳定型)	1.6	42	300	5	5	5	5	好
Heliogen 蓝 L7072D(铜酞菁-β 型)	1.6	35	350	5	5	5	5	好
Heliogen 蓝 L7080(铜酞菁-β 型)	1.6	35	300	5	5	5	5	可用
Heliogen 蓝 L7081D(铜酞菁-β 型)	1.6	35	300	5	5	5	5	可用
Heliogen 蓝 L7101F(铜酞菁-β 型)	1.6	45	300	5	4～5	5	5	可用
Heliogen 绿 L8730(氯代铜酞菁)	2.1	30	350	5	5	5	5	好
Heliogen 绿 L9361(卤代铜酞菁)	2.9	20	300	5	5	5	5	好
Paliogen 红 L4120(苝)	1.6	50	350	5	5	5	5	好
Paliogen 蓝 L6385(阴丹酮)	1.8	53	200	5	5	5	5	可用
Paliogen 蓝 L6470(阴丹酮)	1.5	30	250	5	5	5	5	可用

续表

产品名称	密度/(g/cm^3)	吸油量/(g/100g)	耐热性/℃	耐候性/级	再涂性/级	耐酸性/级	耐碱性/级	粉末涂料适用性
Paliotol 黄 L0962HD(奎诺酞菁)	2.0	30	250	4～5	5	5	5	好
Paliotol 黄 L2140HD(异吲哚啉)	1.7	50	200	4	5	5	5	好
Paliotol 橙 L2930HD(吡唑喹啉酮)	1.8	—	200	4～5	3	5	5	可用
Sicomin 黄 L1630S(铬酸铅)	5.3	25	250	5	5	4	4	好
Sicomin 黄 L1835S(铬酸铅)	5.5	20	250	5	5	4	4	好
Sicomin 黄 L1930(铬酸铅)	5.0	25	250	5	5	4	4	好
Sicomin 黄 L2135S(铬酸铅)	5.4	25	250	5	5	4	4	好
Sicomin 红 L3130S(钼酸铅)	5.8	22	300	4～5	5	4	4	好
Sicomin 红 L3230S(钼酸铅)	5.8	20	200	4～5	5	4	4	好
Sicomin 红 L3030S(钼铬酸)	5.8	20	200	4～5	5	4	4	好
Sicopal 黄 L1100(钒酸铋)	6.1	33	200	4～5	5	5	5	好
Sicotan 黄 L1010(镍锑钛氧化物)	4.5	14	500	4～5	5	5	5	好
Sicotan 黄 L1012(镍锑钛氧化物)	4.6	14	500	4～5	5	5	5	可用
Sicotan 黄 L2110(镍锑钛氧化物)	4.3	13	500	4～5	5	5	5	好
Paliotan 黄 L1145(钴颜料)	3.9	—	200	4	5	5	5	好
Paliotan 黄 L2145H(钴颜料)	3.0	28	200	5	5	5	5	好
Sicotrans 红 L2915D(氧化铁)	4.9	26	200	5	5	5	5	好
Paliocrom 金 L2000(氧化铁着色铝粉)	1.5		400	5	5	5	5	可用
Paliocrom 金 L2020(氧化铁着色铝粉)	1.5		400	5	5	5	5	可用
Paliocrom 橙 L2800(氧化铁着色铝粉)	1.5		400	5	5	5	5	可用
Paliocrom 红 L3505(氧化铁着色铝粉)	2.0		200	5	5	5	5	可用
Paliocrom 银蓝 L6000(二氧化钛着色云母粉)	2.9		400	5	5	5	5	可用
Variocrom 幻彩金 L1400(多层金属氧化物包覆铝片)	2.2		200	5	5	5	5	好
Variocrom 幻彩红 L4420(多层金属氧化物包覆铝片)	2.2		200	5	5	5	5	好
Variocrom 幻彩紫 L5520(多层金属氧化物包覆云母氧化铁)	2.6		200	5	5	5	5	好

注：耐候性、耐酸性、耐碱性分为5级，1级最差，5级最好。

表 2-6 湖北来斯化工新材料有限公司销售粉末涂料用颜料品种和特点及技术指标

编号	名称	索引号	耐热性/℃	耐光性/级	耐迁移/级	耐溶剂/级	吸油量/(g/100g)
1251	耐晒大红 2BC	P.R 48:2	210	5	4	4	50
1321	耐晒大红 2BP	P.R 48:2	220	5～6	4	4	50
1261	颜料红 2BS	P.R 48:3	230	5～6	3～4	4	45
1301	宝红 6BR	P.R 57:1	190	6	3～4	4	55
1131	永固红 F3RK	P.R 170	180	6～7	4～5	3～4	45

续表

编号	名称	索引号	耐热性/℃	耐光性/级	耐迁移/级	耐溶剂/级	吸油量/(g/100g)
1351	永固红 F5RK	P. R 170	170	7	5	4	45
1360	永固桃红 E	P. R 122	300	8	5	5	45
1370	蒽醌红 A3B	P. R 177	300	8	5	5	45
1380	吡咯红 BO	P. R 254	280	8	5	5	45
1211	耐晒大红 X	P. R 48:1	200	4	3～4	5	50
1331	金光红 C	P. R 53:1	190	3～4	4	4	45
1101	永固橙 R	P. O 16	200	6～7	5	5	45
1170	永固橘橙 F2G	P. O 34	180	3～4	5	5	45
1110	苯并咪唑酮橙 GP	P. O 64	200	6～7	5	5	45
1470	永固黄 HGR	P. Y 191	300	8	5	5	45
1440	吲哚啉黄 3RLP	P. Y 110	280	8	5	5	45
1481	永固黄 HR	P. Y 83	220	7	5	5	55
1560	永固黄 HR50	P. Y 83	220	7～8	5	5	50
1490	柠檬黄 HI0G	P. Y 81	220	7～8	5	5	45
1531	联苯胺黄 GR	P. Y 13	200	5～6	4	3～4	45
1421	耐晒艳黄 X	P. Y 74	190	4	3～4	5	50
1650	酞菁蓝 BNCF	P. B 15:2	260	7～8	5	5	45
1660	酞菁蓝 BGS	P. B 15:3	260	7～8	5	5	45
1880	酞菁蓝 G	P. G 7	260	7～8	5	5	45
1870	酞菁蓝 X	P. G 7	200	6～7	4	4	45
1900	永固紫 BL	P. V 23	250	7～8	5	5	45
1970	喹吖啶酮紫 ER	P. V 19	300	8	5	5	45
1590	钼铬红	P. R 104	200	7	5	5	—
1200	铁红	P. R 101	300	7～8	5	5	—
1401	铁黄	P. Y 42	190	7～8	5	5	—
1570	柠檬黄 X	P. Y 81	180	6	3～4	5	45
1580	中铬黄	P. Y 34	220	7	5	5	—
1780	群青 5008	P. B 29	300	7～8	5	5	—
1910	卡博特 DL430	P. BK 6	300	8	4	4	—
1912	炭黑 CXS880	P. BK 6	300	8	5	5	—
1920	三菱 MA-100	P. BK 6	300	8	5	5	—

表 2-7　美国薛特颜料公司涂料级耐高温颜料产品型号和特点及技术指标

产品型号	特点和优点	密度/(g/cm^3)	吸油量/(g/100g)	平均粒径/μm	总太阳能反射率 TSR/%	热稳定性/℃	保光性/级
黑 Black1G	蓝相黑，分散性能优异	5.5	11	1.5	7	>800	8
黑 Black430	蓝相黑，分散性能优异	5.4	11	1.2	7	>800	8
黑 Black20F944	着色力强，全色黑，不含铬	5.3	24	4.1	5	600	
黑 Black10C912	红外线反射冷颜料	5.2	9	1.6	25	>800	8
黑 Black411A	红外线反射冷颜料	5.3	15	1.1	28	>800	8
紫 Violet11	用于调色时容易控制色相，强碱条件下不稳定	2.7	20	3.2	15	>275	5
蓝 Blue385	着色力强，全色明亮，有良好的光泽	4.2	35	0.8	28	>800	8
蓝 Blue211	具有很强着色力的绿相蓝	4.7	17	1.0	31	>800	8
绿 Green187B	具有优异耐候性的蓝绿颜料	4.8	11	1.2	29	>800	8
绿 Green410	具有红外线反射性能的伪装绿	5.1	10	3.0	25	>800	8
绿 Green223	着色力强，色相纯净	5.1	12	1.0	25	>800	8
绿 Green260	全色色彩鲜艳	5.2	11	1.2	21	>800	8

续表

产品型号	特点和优点	密度/(g/cm^3)	吸油量/(g/100g)	平均粒径/μm	总太阳能反射率TSR/%	热稳定性/℃	保光性/级
黄 Yellow10C112	亮黄色，带不透明的淡黄色相	4.6	11	1.5	71	>800	8
黄 Yellow10C242	金黄色相，着色力强，不透明性好	4.5	15	0.7	66	>800	8
黄 Yellow10C272	暗黄色相，通用的高附加值颜料	4.6	19	1.8	62	>800	8
橙 Orange10C341	颜色鲜艳的复合无机橙色，不含铅铬	4.5	19	1.3	65	320	8
棕 Brown20C819	暗黄色相，着色力强，不含铬	4.2	17	0.9	44	>800	8

表 2-8 爱卡公司粉末涂料用铝颜料（粉和丸粒）、铜金粉和珠光粉型号和规格

型号	类型	粒径(D_{50})/μm	表面处理	耐化学品性	耐灰浆性	耐候性	耐湿热性
PCBF(免邦定)							
PCBF5000	非浮复合铝粉	50	溶胶-凝胶二氧化硅及羧酸树脂双层包覆	++++	++++	++++	++++
PCBF3500	非浮复合铝粉	34	溶胶-凝胶二氧化硅及羧酸树脂双层包覆	++++	++++	++++	++++
PCUplus(优越型)							
PCUplus800	非浮型铝粉	8	二氧化硅及丙烯酸树脂双层包覆	++++	++++	试验中	++++
PCU(超稳定性型)							
PCU 5000	非浮型铝粉	51	二氧化硅和丙烯酸树脂包覆	++++	++++	++++	++++
PCU 3500	非浮型铝粉	34	二氧化硅和丙烯酸树脂包覆	++++	++++	++++	++++
PCU 2000	非浮型铝粉	22	二氧化硅和丙烯酸树脂包覆	+++	+++	+++	+++
PCU 1500	非浮型铝粉	17	二氧化硅和丙烯酸树脂包覆	+++	+++	+++	+++
PCU 1000	非浮型铝粉	13	二氧化硅和丙烯酸树脂包覆	+++	+++	+++	+++
PCS(稳定型)							
PCS 5000	非浮型铝粉	51	溶胶-凝胶二氧化硅包覆	++	++	+++	+++
PCS 3500	非浮型铝粉	33	溶胶-凝胶二氧化硅包覆	++	++	+++	+++
PCS 2000	非浮型铝粉	20	溶胶-凝胶二氧化硅包覆	++	+	++	+++
PCS 1500	非浮型铝粉	15	溶胶-凝胶二氧化硅包覆	++	+	++	+++
PCS 1000	非浮型铝粉	11	溶胶-凝胶二氧化硅包覆	++	+	+	+++
PCS 900	非浮型铝粉	9	溶胶-凝胶二氧化硅包覆	++	+	+	+++
PCS 600	非浮型铝粉	6	溶胶-凝胶二氧化硅包覆	++	+	+	+++
PCR(标准型)							
PCR 211	非浮型铝粉	67	二氧化硅处理	+	○	+++	+++
PCR 212	非浮型铝粉	48	二氧化硅处理	+	○	+++	+++
PCR 214	非浮型铝粉	31	二氧化硅处理	+	○	+++	+++
PCR 181	非浮型铝粉	26	二氧化硅处理	+	○	+	++
PCR 501	非浮型铝粉	19	二氧化硅处理	+	○	+	++
PCR 801	非浮型铝粉	17	二氧化硅处理	+	○	○	+
PCR 2192	非浮型铝粉	12	二氧化硅处理	+	○	○	+
PCR 901	非浮型铝粉	10	二氧化硅处理	+	○	○	+
PCR 1100	非浮型铝粉	8	二氧化硅处理	+	○	○	+

续表

型号	类型	粒径(D_{50})/μm	表面处理	耐化学品性	耐灰浆性	耐候性	耐湿热性
PCA(标准型)							
PCA 212	非浮型铝粉	44	丙烯酸树脂包覆	+	○	+++	++
PCA 214	非浮型铝粉	29	丙烯酸树脂包覆	+	○	+++	++
PCA 161	非浮型铝粉	21	丙烯酸树脂包覆	+	○	++	++
PCA 501	非浮型铝粉	19	丙烯酸树脂包覆	+	○	+	++
PCA 9155	非浮型铝粉	16	丙烯酸树脂包覆	+	○	+	++
浮型铝条:POWDERSAFE(无尘条状),02 系列比 01 系列耐磨性更高							
POWDERSAFE 5080-02	非浮型铝丸粒	55	溶胶-凝胶二氧化硅及蜡包覆,适于直接挤出	○	○	○	○
POWDERSAFE 3580-02	非浮型铝丸粒	35	溶胶-凝胶二氧化硅及蜡包覆,适于直接挤出	○	○	○	○
POWDERSAFE 2080-02	非浮型铝丸粒	21	溶胶-凝胶二氧化硅及蜡包覆,适于直接挤出	○	○	○	○
POWDERSAFE 1080-02	非浮型铝丸粒	10	溶胶-凝胶二氧化硅及蜡包覆,适于直接挤出	○	○	○	○
POWDERSAFE 1080-01	非浮型铝丸粒	21	溶胶-凝胶二氧化硅及蜡包覆,适于直接挤出	○	○	○	○
浮型铝粉:PC(镀铬效果)							
PC 20	浮型铝颜料	15	硬脂酸处理	○	○	○	○
PC 100	浮型铝颜料	8	硬脂酸处理	○	○	○	○
PC 150	浮型铝颜料	6	硬脂酸处理	○	○	○	○
PC 200	浮型铝颜料	4	硬脂酸处理	○	○	○	○
耐候型合成云母珠光粉:SYMIC PCE							
SYMIC PCE A001	色相银色	3～21	无铬稳定化处理	++++	++++	++++	++++
SYMIC PCE C001	色相银色	15～60	无铬稳定化处理	++++	++++	++++	++++
SYMIC PCE E001	色相银色	35～150	无铬稳定化处理	++++	++++	++++	++++
SYMIC PCE C522	色相古铜色	15～60	无铬稳定化处理	++++	++++	++++	++++
SYMIC PCE C393	色相金色	15～60	无铬稳定化处理	++++	++++	++++	++++
非浮铜金粉:STANDART Resist(标准型)							
Resist LT	古铜、红金、青红金、青金	39	二氧化硅包覆	○	○	○	○
Resist CT	古铜、红金、青红金、青金	27	二氧化硅包覆	○	○	○	○
Resist AT	古铜、红金、青红金、青金	14	二氧化硅包覆	○	○	○	○
Resist Rotoflex Brillante	红金、青红金、青金	8	二氧化硅包覆	○	○	○	○
稳定型片状非浮型不锈钢粉:STAY STEEL,镍含量<0.1%							
LN 35		35		+++	+++	+++	+++
LN 25		23		+++	+++	+++	+++
玻璃珠光粉:LUXAN,下列产品可直接挤出,不推荐干混或邦定							
LUXAN C001	色相银色	15～60		+++	+++		+++
LUXAN C241	色相干涉红色	15～60		+++	+++		+++
LUXAN C261	色相干涉蓝色	15～60		+++	+++		+++
LUXAN C393	色相组合金色	15～60		+++	+++		+++
LUXAN D001	色相银色	20～100		+++	+++		+++
LUXAN D393	色相组合金色	20～100		+++	+++		+++
LUXAN D502	色相铜金色	20～100		+++	+++		+++
LUXAN D512	色相香槟色	20～100		+++	+++		+++
LUXAN D522	色相古铜色	20～100		+++	+++		+++
LUXAN D542	色相火红色	20～100		+++	+++		+++

续表

型号	类型	粒径(D_{50})/μm	表面处理	耐化学品性	耐灰浆性	耐候性	耐湿热性
玻璃珠光粉:LUXAN,下列产品可直接挤出,不推荐干混或邦定							
LUXAN E001	色相银色	35～150		+++	+++		+++
LUXAN E221	色相干涉金色	35～150		+++	+++		+++
LUXAN E241	色相干涉红色	35～150		+++	+++		+++
LUXAN E261	色相干涉蓝色	35～150		+++	+++		+++
LUXAN F001	色相银色	80～450		+++	+++		+++

注：++++—特别优异，+++—优异，++—优秀，+—好，○—普通。

表 2-9　舒伦克公司粉末涂料用金属颜料型号和规格

型号	类型	粒径(D_{50})/μm	形态	特点
Powdal 浮型				
Powdal 70	浮型	20	片状	白亮，镀铬效果，优异的遮盖力
Powdal 110	浮型	13	片状	
Powdal 130	浮型	10	片状	
Powdal 170	浮型	6	片状	
Powdal 170 XB	浮型	6	片状	最好的遮盖力
Powdal 非浮型				
Powdal 310 n.1	非浮型	75	银圆状	高闪效果，用于室内应用
Powdal 320 n.1	非浮型	54	银圆状	
Powdal 340 n.1	非浮型	34	银圆状	
Powdal 标准二氧化硅处理				
Powdal 1500	非浮型	22	片状	高性价比，优异的金属效果，推广应用于高端室内应用
Powdal 1700	非浮型	18	片状	
Powdal 2600	非浮型	24	片状	
Powdal 2900	非浮型	11	片状	
Powdal 3100	非浮型	75	银圆状	高闪金属效果，优秀的表面性能
Powdal 3200-01	非浮型	56	银圆状	
Powdal 3400-01	非浮型	34	银圆状	
Powdal 8500	非浮型	15	银圆状	
Powdal VP12093	非浮型	34	银圆状	
Powdal XT 高端二氧化硅处理				
Powdal 2600 XT	非浮型	24	片状	二氧化硅包覆，优秀的耐化学品性能，适合户外应用
Powdal 3100 XT	非浮型	75	银圆状	
Powdal 3200 XT	非浮型	56	银圆状	
Powdal 3400 XT	非浮型	34	银圆状	
Powdal 6600 XT	非浮型	18	银圆状	
Powdal HC 镀铬效果				
Powdal 8500 HC		16	银烟状	二氧化硅包覆，超亮银色效果，优良的耐指印效果
Powdal 9400 HC		18	银烟状	
Powdal SDT 超耐候技术				
Powdal SDT2900		13	片状	改善了表面处理，出众的耐酸碱性能，优良的金属效果，符合 GSB 要求
Powdal SDT3200		56	银圆状	
Powdal SDT3400		35	银圆状	
Constant 二氧化硅处理				
Constant 2210/N		45	片状	二氧化硅包覆，高耐候性
Constant 2250/N		33	片状	
Constant 2280/N		28	片状	
Constant 4117/N		11	片状	

续表

型号	类型	粒径(D_{50})/μm	形态	特点	
Luminor 铜金粉					
Luminor 2210		50	非钝化	金属含量 100%	色泽闪亮
Luminor 2250		35	非钝化	金属含量 100%	
Luminor 2550		35	非钝化	金属含量 100%	
Luminor 2280		20	非钝化	金属含量 100%	
Luminor 2580		20	非钝化	金属含量 100%	
Luminor 2350		16	非钝化	金属含量 100%	
Unicoat 3050		11.5	非钝化	金属含量 100%	出色的遮盖力
Unicoat 3850		6	非钝化	金属含量 100%	
Grandor 426n.l	非浮型	9	丸粒状	金属含量 95%	特制非浮型

表 2-10 长沙族兴新材料股份有限公司生产的粉末涂料用铝粉型号和规格

产品型号	铝片形态	平均粒径(D_{50})/μm	表面处理	耐酸碱	耐盐雾	耐灰浆	特点
非浮型铝颜料							
ZPU(超高性能)							
ZPU 350	银元型	50	SiO_2+丙烯酸树脂	非常好	非常好	非常好	适用于建筑型材的超高性能产品
ZPU 330	银元型	30	SiO_2+丙烯酸树脂	非常好	非常好	非常好	适用于建筑型材的超高性能产品
ZPU 320	银元型	20	SiO_2+丙烯酸树脂	非常好	非常好	非常好	适用于建筑型材的超高性能产品
ZPU 418	鳞片型	18	SiO_2+丙烯酸树脂	非常好	非常好	非常好	适用于建筑型材的超高性能产品
ZPU 410		10	SiO_2+丙烯酸树脂	非常好	非常好	非常好	适用于建筑型材的超高性能产品
ZPBF(免邦定型)							
ZPBF 350S	银元型	50	SiO_2+活性树脂				
ZPBF 330S	银元型	35	SiO_2+活性树脂				
ZPBF 318S	银元型	18	SiO_2+活性树脂				
ZPBF 310S	银元型	10	SiO_2+活性树脂				
ZPS(高性能)							
ZPS 1801	银元型	18	SiO_2(溶胶-凝胶法)	很好	很好	很好	良好的耐酸碱性能
ZP3D(仿油漆)							
ZPS 350	银元型	50	SiO_2+后处理	很好	很好	很好	后处理使铝片沉于涂膜内部平行排列
ZPS 330	银元型	30	SiO_2+后处理	很好	很好	很好	后处理使铝片沉于涂膜内部平行排列
ZPS 320	银元型	20	SiO_2+后处理	很好	很好	很好	后处理使铝片沉于涂膜内部平行排列
ZPR(常规产品)							
ZPR 2212	银元型	50	SiO_2	好	好	好	上粉好，铝片厚，耐剪切
ZPR 350	银元型	50	SiO_2	好	好	好	上粉好，有更好的白度
ZPR 2214	银元型	35	SiO_2	好	好	好	上粉好，铝片厚，耐剪切
ZPR 330	银元型	30	SiO_2	好	好	好	上粉好，有更好的白度
ZPR 320	银元型	20	SiO_2	好	好	好	上粉好，铝片厚，耐剪切
ZPR 418	鳞片型	18	SiO_2	好	好	好	上粉好上粉好，有更好的白度
ZPR 9190	鳞片型	10	SiO_2	好	好	好	

续表

产品型号	铝片形态	平均粒径(D_{50})/μm	表面处理	耐酸碱	耐盐雾	耐灰浆	特点
ZPB(经济型产品)							
ZPB 370	银元型	70	SiO_2	一般	一般	一般	硅包膜产品，耐酸碱较差
ZPB 350	银元型	50	SiO_2	一般	一般	一般	硅包膜产品，耐酸碱较差
ZPB 338	银元型	38	SiO_2	一般	一般	一般	硅包膜产品，耐酸碱较差
ZPB 320	银元型	20	SiO_2	一般	一般	一般	硅包膜产品，耐酸碱较差
ZPB 308	银元型	8	SiO_2	一般	一般	一般	硅包膜产品，耐酸碱较差
ZPA(常规型产品)							
ZPA 350	银元型	50	丙烯酸树脂	一般	一般	一般	上粉好
ZPA 330	银元型	30	丙烯酸树脂	一般	一般	一般	上粉好
ZPA 120	银元型	20	丙烯酸树脂	一般	一般	一般	上粉好
ZPA 114	银元型	14	丙烯酸树脂	一般	一般	一般	上粉好
ZPA 110	银元型	10	丙烯酸树脂	一般	一般	一般	上粉好
ZPC(经济型产品)							
ZPC 370	银元型	70	油酸	较差	较差	较差	无包膜经济型产品
ZPC 350	银元型	50	油酸	较差	较差	较差	无包膜经济型产品
ZPC 330	银元型	30	油酸	较差	较差	较差	无包膜经济型产品
ZPC 320	银元型	20	油酸	较差	较差	较差	无包膜经济型产品
ZPC 318	银元型	18	油酸	较差	较差	较差	无包膜经济型产品
ZPC 310	银元型	10	油酸	较差	较差	较差	无包膜经济型产品
ZPC 410	鳞片型	10	油酸	较差	较差	较差	无包膜经济型产品
ZPC 406	鳞片型	6	油酸	较差	较差	较差	无包膜经济型产品
ZPC 404	鳞片型	4	油酸	较差	较差	较差	无包膜经济型产品
ZPF(浮型铝颜料)							
ZPF 214	银元型	10	硬脂酸	较差	较差	较差	良好镀铬效果
ZPF 210	银元型	10	硬脂酸	较差	较差	较差	良好镀铬效果
ZPF 206s	银元型	6	硬脂酸	较差	较差	较差	良好镀铬效果，白亮
ZPF 205s	鳞片型	5	硬脂酸	较差	较差	较差	良好镀铬效果，偏灰白

表 2-11 山东鲁邦化工有限公司生产的粉末涂料用铝粉型号和规格

型号	类型	平均粒径/μm	加入量/%	特点
L-6130	非浮型	12	3	涂层细腻，定向排列整齐，遮盖力强
L-6120	非浮型	16	3	涂层细腻，定向排列整齐，遮盖力强
L-6219	非浮型	16	2.5	金属双色和闪光效果，遮盖力强，定向排列整齐
L-6219A	非浮型	20	2.5	金属双色和闪光效果，遮盖力强，定向排列整齐
L-6216	非浮型	24	2.5	金属双色和闪光效果，遮盖力强，定向排列整齐
L-6214A	非浮型	28	2.5	金属双色和闪光效果，遮盖力强，定向排列整齐
L-6213	非浮型	42	2.5	金属双色和闪光效果，遮盖力强，定向排列整齐
L-6200	非浮型	42	2.5	涂层细腻，定向排列整齐，遮盖力强
L-6212A	非浮型	55	2.5	金属双色和闪光效果，遮盖力强，定向排列整齐
L-6210	非浮型	68	2.5	金属双色和闪光效果，遮盖力强，定向排列整齐
L-6208	非浮型	85	2.5	金属双色和闪光效果，遮盖力强，定向排列整齐

表 2-12 常州华珠颜料有限公司珠光颜料型号和规格

型号	粒径范围/μm	晶型	光泽或颜色	特点
银白 B 系列				
B-011	1～15	A	光洁绸缎光泽	粒径大小的不同，可产生不同光泽效果。粒径大的具有强烈闪烁效果，粒径小的可产生柔和光泽
B-020	5～25	A	绸缎光泽	
B-010	10～60	A	明亮光泽	
B-070	50～300	A	强烈闪光光泽	
B-023	5～25	R	绸缎光泽	
B-013	10～60	R	明亮光泽	
B-053	10～100	R	明亮光泽	
B-063	40～200	R	强烈闪光光泽	
彩虹 G 系列				
G-101	5～25	R	金色	通过调整二氧化钛包覆层的光学厚度，可以得到黄、红、铜红、紫、蓝、绿等不同光干涉色彩的珠光颜料
G-111	5～25	R	红色	
G-123	5～25	R	紫色	
G-121	5～25	R	蓝色	
G-131	5～25	R	绿色	
G-105	10～60	R	金色	
G-117	10～60	R	铜色	
G-115	10～60	R	红色	
G-119	10～60	R	紫色	
G-125	10～60	R	蓝色	
G-135	10～60	R	绿色	
G-169	10～120	R	金色	
G-179	10～120	R	红色	
G-189	10～120	R	蓝色	
G-199	10～120	R	绿色	
金色 H 系列				
H-232	5～25		金色	在云母表面上，通过交替包覆二氧化钛和三氧化二铁可得到各色金黄系列珠光颜料
H-234	5～25		青色	
H-233	5～25		红金	
H-230	10～60		金色	
H-231	10～60		青色	
H-236	10～60		红金	
H-250	10～120		金色	
H-251	10～120		青金	
H-252	10～120		红金	
H-270	30～300		金色	
H-271	30～300		青金	
H-272	30～300		红金	
金属色 F 系列				
F-320	5～25		古铜	在云母表面包覆不同厚度的三氧化二铁可得到从古铜到紫红等金属系列珠光颜料
F-322	5～25		红铜	
F-324	5～25		酒红	
F-350	10～60		古铜	
F-352	10～60		红铜	
F-354	10～60		酒红	
F-356	10～60		紫红	
F-360	10～120		古铜	
F-362	10～120		红铜	
F-364	10～120		酒红	

续表

型号	粒径范围/μm	晶型	光泽或颜色	特点
双色D系列				
D-6D10X	10～60		银黑	在上述珠光颜料粒子表面均匀包覆各色透明颜料或色淀，制成众多的复合色的珠光颜料
D-6P05	10～60		紫黄	
D-6G05Z	10～60		绿黄	
D-6P15	10～60		紫红	
D-6R19Z	10～60		红紫	
D-6R25Z	10～60		红蓝	
D-6G25	10～60		绿蓝	
D-6Y35	10～60		黄绿	
D-6R35Z	10～60		红绿	
D-6B35	10～60		蓝绿	

表 2-13　默尔材料科技有限公司天然云母基材珠光材料产品型号和规格

型号	色相	粒径/μm	Mica(云母)	TiO_2	SnO_2	Fe_2O_3
银白系列						
ME108	银白细缎	<10	○	○		
ME110	银白细缎	<15	○	○		
ME111	银白细缎	<15	○	○	○	
ME118	银白细缎	5～20	○	○		
ME119	银白细缎	5～25	○	○	○	
ME120	银白细缎	5～25	○	○		
ME121	银光泽缎	5～25	○	○	○	
ME123	光泽珍珠	5～30	○	○	○	
ME173	丝绸珍珠	10～40	○	○	○	
ME100	珍珠银白	10～60	○	○		
ME103	纯银	10～60	○	○	○	
ME150	银白珍珠	30～70	○	○		
ME151	高光珍珠	10～100	○	○	○	
ME153	闪光珍珠	20～100	○	○	○	
虹彩系列						
ME2001	细缎金	<20	○	○	○	
ME2011	细缎红	<20	○	○	○	
ME2021	细缎蓝	<20	○	○	○	
ME2023	细缎紫	<20	○	○	○	
ME2031	细缎绿	<20	○	○	○	
ME201	缎金	5～25	○	○	○	
ME211	缎红	5～25	○	○	○	
ME221	缎蓝	5～25	○	○	○	
ME223	缎紫	5～25	○	○	○	
ME231	缎绿	5～25	○	○	○	
ME205	珍珠白金	10～60	○	○	○	
ME205A	珍珠黄金	10～60	○	○	○	
ME215	珍珠红	10～60	○	○	○	
ME217	珍珠紫铜	10～60	○	○	○	
ME218	珍珠艳红	10～60	○	○	○	
ME219	珍珠紫	10～60	○	○	○	
ME224	紫罗蓝色	10～60	○	○	○	
ME225	珍珠蓝	10～60	○	○	○	
ME235	珍珠绿	10～60	○	○	○	
ME249	闪光金色	10～100	○	○	○	

续表

型号	色相	粒径/μm	Mica(云母)	TiO_2	SnO_2	Fe_2O_3
虹彩系列						
ME259	闪光红色	10～100	○	○	○	
ME269	闪光艳红色	10～100	○	○	○	
ME289	闪光蓝色	10～100	○	○	○	
ME299	闪光绿色	10～100	○	○	○	
金色系列						
ME302	缎金色	5～25	○	○		○
ME323	皇室缎金	5～25	○	○	○	○
ME300	珍珠金黄	10～60	○	○		○
ME303	皇室金色	10～60	○	○	○	○
ME304	玛雅金	10～60	○	○		○
ME305	阿兹特克金	10～60	○	○	○	○
ME306	奥林匹克金	10～60	○	○		○
ME307	绿口青金	10～60	○	○		○
ME309	红金	10～60	○	○	○	○
ME310	黄金色	10～60	○	○		○
ME313	黄室艳金色	10～60	○	○		○
ME319	黄室红金	10～40	○	○	○	○
ME320	明亮金色	10～60	○	○		○
ME351	阳光金色	10～100	○	○		○
ME353	红光金色	20～100	○	○	○	○
ME355	闪烁金色	20～100	○	○	○	○
ME3501	柔光金黄	5～25	○	○		○
ME3502	缎光金色	10～40	○	○		○
ME3503	光泽金黄	10～60	○	○		○
ME3504	亮光金黄	20～100	○	○		○
高色度金色系列						
ME63302	太阳缎金	10～30	○	○	○	○
ME3307	太阳绿金	10～60	○	○	○	○
ME9305	太阳金	10～60	○	○	○	○
ME63305	太阳金	10～60	○	○	○	○
ME63306	太阳灿金	20～80	○	○	○	○
ME63309	太阳亮金	30～100	○	○	○	○
云母铁系列						
ME500MK	青铜	10～60	○			○
ME502MK	棕红	10～60	○			○
ME503MK	红棕	10～60	○			○
ME504MK	葡萄酒红	10～60	○			○
ME505	紫红	10～60	○			○
ME508MK	宝石红	10～60	○			○
ME509	褐绿色	10～60	○			○
ME510	咖啡色	10～60	○			○
ME520MK	青铜缎	5～25	○			○
ME522MK	棕红缎	5～25	○			○
ME524MK	葡萄酒红缎	5～25	○			○
ME525	紫红段	5～25	○			○
ME530MK	闪光青铜	10～100	○			○
ME532MK	闪光棕红	10～100	○			○
ME533	闪光枣红	10～100	○			○
ME534MK	闪光葡萄酒红	10～100	○			○
ME535MK	闪光紫红	10～100	○			○

注："○"表示含有项目（Mica、TiO_2、SnO_2、Fe_2O_3）中的成分。

表 2-14　杭州弗沃德精细化工有限公司耐候级珠光颜料型号和规格

型号	粒径/μm	颜色名称	类型
FWD1111WR	2～10	细银	金红石
FWD111WR	2～15	细银	金红石
FWD121WR	5～25	光泽缎	金红石
FWD103TWR	10～60	银白	金红石
FWD101WR	30～70	光辉银白	金红石
FWD152WR	20～100	闪光银白	金红石
FWD201WR	5～25	珍珠缎金	金红石
FWD211WR	5～25	珍珠缎红	金红石
FWD221WR	5～25	珍珠缎蓝	金红石
FWD223WR	5～25	珍珠缎紫	金红石
FWD231WR	5～25	珍珠缎绿	金红石
FWD205WR	10～60	珍珠金色	金红石
FWD215WR	10～60	珍珠红色	金红石
FWD219WR	10～60	珍珠紫色	金红石
FWD2205WR	10～60	珍珠亮金	金红石
FWD225WR	10～60	珍珠蓝色	金红石
FWD235WR	10～60	珍珠绿色	金红石
FWD302WR	5～25	金属缎金	金红石
FWD323WR	5～25	皇室缎金	金红石
FWD300WR	10～60	珍珠金色	金红石
FWD303WR	10～60	皇室金色	金红石
FWD306WR	10～60	奥林匹克金	金红石
FWD308WR	10～60	古典金色	金红石
FWD351WR	10～100	金属闪金	金红石
FWD522WR	5～25	棕红缎	金红石
FWD524WR	5～25	酒红缎	金红石
FWD525WR	5～25	紫红缎	金红石
FWD500WR	10～60	青铜	金红石
FWD502WR	10～60	棕红	金红石
FWD504WR	10～60	葡萄酒红	金红石
FWD5502WR	10～60	亮棕	金红石
FWD5518WR	10～60	金红石橙色	金红石
FWD5519WR	10～60	夕阳红	金红石
FWD6003WR	5～25	水晶柔白	金红石
FWD6002WR	10～60	亮丽水晶白	金红石
FWD7305WR	10～60	阳光青金	金红石
FWD8173WR	10～60	水晶白	金红石
FWD8205WR	10～60	阳光金	金红石
FWD8224WR	10～60	海军蓝	金红石
FWD8503WR	10～60	正绯红	金红石

注：生产的耐候级珠光颜料，采用水热化学溶胶凝胶的生产加工工艺，经二氧化硅包覆，抗紫外性能稳定，色泽鲜艳，高光泽，粒径分布窄，颜料表面与树脂亲和力好，产品质量稳定，耐候性优良，适合于户内外产品涂装。

表 2-15　广州博骏新材料有限公司特殊效果颜料产品型号和规格

型号	粒径/μm	颜色名称
珠光变色龙		
3080	10～60	金-绿-蓝
3081	10～60	红-橙-黄
3082	10～60	紫-红-金
3083	10～60	紫蓝红

续表

型号	粒径/μm	颜色名称
珠光变色龙		
3084	10～60	蓝紫红
3085	10～60	绿蓝紫
3086	10～60	绿-银白-红
3183	10～60	紫蓝红
3090	10～60	金绿蓝
3091	10～60	红橙黄
3092	10～60	紫红金
3093	10～60	紫蓝红
3094	10～60	蓝紫红
3095	10～60	绿蓝紫
5080	25～100	金绿蓝
5081	25～100	红橙黄
5082	25～100	紫红金
5083	25～100	紫蓝红
5084	25～100	蓝紫红
5085	25～100	绿蓝紫
5086	25～100	绿-银白-红
5090	25～100	金绿蓝
5091	25～100	红-橙-黄
5092	25～100	紫红金
5093	25～100	紫蓝红
5094	25～100	蓝紫红
5095	25～100	绿蓝紫
5096	25～100	绿变红
说明：变色龙系列珠光材料，是以不同径厚比基材严格控制粒径和基材品质为基础，通过多层和多种金属氧化物精确控制包覆厚度，从而制备的超强色度且随角异色系列产品		
3D 珠光变色龙		
3D048	10～60	紫蓝红
3D049	10～60	绿蓝紫
3D050	10～60	紫红金
3D051	10～60	蓝紫红
3D052	10～60	金绿蓝
3D053	10～60	草绿变紫
3D054	10～60	蓝-红-紫蓝
3D055	10～60	咖啡变金
3D056	10～60	浅绿变金
3D057	10～60	蓝红紫
3D058	10～60	大红色
3D059	10～60	银灰色
说明：3D 光变颜料-金属/介质/磁材/介质/金属 5 层光学结构的薄膜碎片，碎皮同时具有光干涉和磁感应功能		
透明光学变色龙		
NH02	5～25	品红变绿
NH03	5～25	绿变蓝紫
NH04	5～25	绿变蓝金
NH05	5～25	深蓝变紫
NH06	5～25	草绿变紫红
NH07	5～25	紫变黄绿
NH08	5～25	橙红变绿
NH09	5～25	紫红变金黄

续表

型号	粒径/μm	颜色名称
透明光学变色龙		
NH10	5～25	金红变银蓝
NH11	5～25	橙红变金黄
NH12	5～25	蓝变紫红
NH14	5～25	绿蓝紫
说明：透明光学变色龙基于各种类型的特殊芯片基材和多层金属氧化物涂层，显示出特殊效果，帮助产品增添动感和生动的特效		
金属彩箔粉		
GCB01	30～80	金色
GCB03	30～80	大红色
GCB04	30～80	绿色
GCB05	30～80	蓝色
GCB06	30～80	玫红色
GCB07	30～80	古铜色
GCB08	30～80	银色
GCB09	30～80	紫色
GCB10	30～80	黄色
GCB11	30～80	金黄色
GCB12	10～60	黑色
说明：以玻璃为基材，表面做了金属与金属氧化物的处理，鲜艳光泽无机颜料		
光学变色龙		
B801	5～25	橙红变金绿
B802	5～25	红-金-绿
B803	5～25	红-绿-金
B810	5～25	红-绿-银灰
B821	5～25	绿-紫-红
B822	5～25	绿-红-蓝-紫
B823	5～25	蓝-紫-红
B830	5～25	蓝-紫-红
B841	5～25	红-绿-紫
B851	5～25	黄绿
B852	5～25	黄-绿-蓝
B861	5～25	绿-红
B862	5～25	蓝-红
B871	5～25	红-金-紫
B872	5～25	红-紫
B873	5～25	红-橙-金
B8800	5～25	黄-金-绿
GCB14	5～25	金变绿
说明：光变颜料是由多层光干涉结构的光学薄膜碎片组成，光学薄膜是由介质和纯金属等无机材料在高真空状态下叠加镀制而成，特定设计并制造的多层膜实现预设的反射光干涉效应，产生角度变色		
5D光学变色龙		
5DMY01	15～40	金变蓝绿
5DMY02	15～40	紫变蓝红
5DMY03	15～40	紫红变蓝绿
5DMY04	15～40	浅红变金绿
5DMY05	15～40	蓝变红
5DMY06	15～40	红变金绿
5DMY07	15～40	紫变金绿
5DMY08	15～40	银变绿蓝

续表

型号	粒径/μm	颜色名称
5D 光学变色龙		
5DMY09	15～40	橙红变金绿
5DMY10	15～40	绿变蓝紫
说明:5D 光学变色龙是一种特殊的颜料。它是根据光学性能原理生产的。变色龙是以不同径厚比严格控制粒径和基材品质为基础,通过多层和多种金属氧化物精确控制包覆厚度,从而制备的超强色度且随角异色预料,再通过纳米技术使其附带上超强磁性,是一种创新光学立体效果特殊颜料		

表 2-16　福建坤彩材料科技股份有限公司的变色龙系列珠光颜料产品型号和规格

型号	产品名称	粒径/μm	硼硅酸盐	TiO_2	SnO_2	SiO_2	Fe_2O_3	Co_2O_3
KCI19804A	极强的闪亮金红	50～200	○	○	○	○		
KCI19805A	极强的闪亮金红紫	50～200	○	○	○	○		
KCI19815A	极强的闪亮红紫蓝	50～200	○	○	○	○		
KCI19819A	极强的闪亮紫蓝绿	50～200	○	○	○	○		
KCI19825A	极强的闪亮蓝绿金	50～200	○	○	○	○		
KCI19835A	极强的闪亮绿金红	50～200	○	○	○	○		
KCI19804B	特强的闪亮金红	40～150	○	○	○	○		
KCI19805B	特强的闪亮金红紫	40～150	○	○	○	○		
KCI19815B	特强的闪亮红紫蓝	40～150	○	○	○	○		
KCI19816B	特强的闪亮红紫蓝	40～150	○	○	○	○		
KCI19817B	特强的闪亮紫蓝绿	40～150	○	○	○	○		
KCI19819B	特强的闪亮紫蓝绿	40～150	○	○	○	○		
KCI19825B	特强的闪亮蓝绿金	40～150	○	○	○	○		
KCI19845B	特强的闪亮红白绿	40～150	○	○	○	○		
KCI19805C	特强的闪亮金红紫	30～100	○	○	○	○		
KCI19815C	特强的闪亮红紫蓝	30～100	○	○	○	○		
KCI19819C	特强的闪亮紫蓝绿	30～100	○	○	○	○		
KCI19825C	特强的闪亮蓝绿金	30～100	○	○	○	○		
KCI19830C	特强的闪亮绿金	30～100	○	○	○	○	○	
KCI19835C	特强的闪亮绿金红	30～100	○	○	○	○		
KCI19815D	闪亮红紫蓝	10～45	○	○	○	○		○
KCI19818D	闪亮紫蓝绿	10～45	○	○	○	○		○
KCI19825D	闪亮蓝绿金	10～45	○	○	○	○		○
KCI19835D	闪亮金白红	10～45	○	○	○	○		○
KCI19501D	闪亮金红紫	10～45	○	○		○	○	
KCI19502D	闪亮棕红紫	10～45	○	○		○	○	
KCI19504D	闪亮紫蓝绿	10～45	○	○		○	○	

注:"○"表示含有项目(硼硅酸盐、TiO_2、SnO_2、SiO_2、Fe_2O_3、Co_2O_3)中的成分。

颜料和填料在粉末涂料配方中的含量对粉末涂料和涂膜性能的影响见图 2-1。从图中看出,粉末涂料配方中颜料和填料的含量对粉末涂料和涂膜的各种性能有很大的影响。因此要得到理想的粉末涂料不仅要选择好颜料和填料的品种,还要选择好它们的用量。颜料和填料的添加量随树脂的品种不同而不同,一般在热固性粉末涂料中的分散性好,添加量多,其添加量顺序为:聚酯树脂>环氧树脂>丙烯酸树脂。以钛白粉为例,在聚酯粉末涂料中添加量为按质量 40%时,涂膜有光泽、平整;然而在丙烯酸粉末涂料中添加量超过 20%时,涂膜光泽不高,力学性能明显降低。另外,颜料和填料的添加量与分散方法有关,一般熔融挤出混合法的分散效果好,干混合法的分散效果差。

颜料从外观可分为非彩色颜料(消色颜料)和彩色颜料两大类。非彩色颜料是指白色、黑色以及在白色和黑色之间的各种深浅不同的灰色颜料。彩色颜料是指黑白色系列以外的各

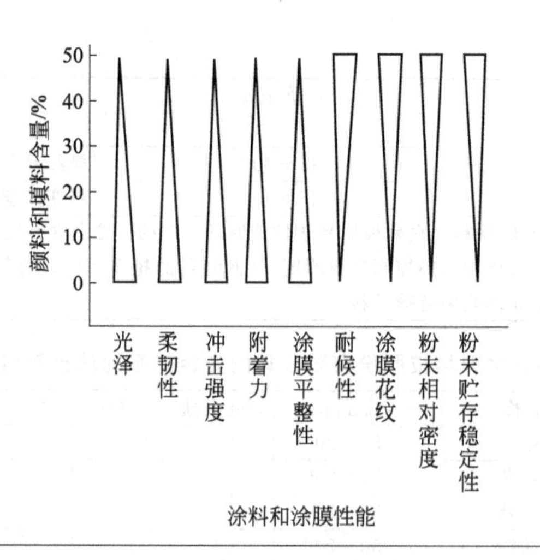

图 2-1　颜料和填料含量对粉末涂料和涂膜性能的影响

种色彩的颜料。颜色是颜料的一个重要技术指标，颜色的种类是无穷无尽的，简单归类大致可分成红、橙、黄、绿、蓝、紫、白。有趣的是，它们之间并非孤立存在，各种颜色之间存在一定的内在联系，每一种颜色可由三个参数，即色调、饱和度和明度来确定。色调是彩色彼此相互区别的特性，取决于光源的光谱组成和物体表面所反射的各波长辐射的比例使人眼所产生的感觉，色调体现了颜色在“质”方面的关系。明度是人眼对物体的明亮感觉，受视觉感受性和过去经验的影响。饱和度是在色调“质”的基础上所表现的彩色纯度，所以饱和度又称“彩度”。颜色的色调、明度、饱和度可用孟塞尔颜色立体图来表示。

红、黄、蓝三种颜色是原色，本身不能再分解。如果三种颜色之间相互调配，改变配比可配制出各种颜色。把两种不同颜色相互调配而成的颜色称“间色”或叫“二次色”，例如红和黄调配成“橙色”；黄和蓝调配成“绿色”；红和蓝调配成“紫色”。两种不同的二次色调配而成的颜色叫做“复合色”或“三次色”，例如橙色和绿色调配成“柠檬色”；绿色和紫色调配成“橄榄色”等。根据调色原理，可以配制所需要的不同颜色。

为了在设计粉末涂料配方时参考，表 2-17 介绍了粉末涂料中常用颜料的密度和比容；部分白色颜料的主要技术性能指标见表 2-18；铅铬黄颜料的主要技术性能指标见表 2-19；常用无机颜料的技术性能指标见表 2-20。中国化工学会涂料与涂装专业委员会推荐粉末涂料色卡（PCF），即欧洲 RAL 色卡的编号与中英文对照见表 2-21。

表 2-17　粉末涂料中常用颜料的密度和比容

颜料名称	密度/(g/mL)	比容/(L/100kg)
酞菁蓝	1.55～1.7	58.8～64.5
酞菁绿	2.01～2.1	47.0～49.7
柠檬黄	5.1	19.6
浅铬黄	5.5～5.8	17.25～18.2
中铬黄	6.05	16.5
深铬黄	6.75～6.9	14.5～14.8
锌铬黄	2.35～3.45	28.9～29.9
氧化铁红	4.92～5.15	19.4～20.3
群青	2.34～2.74	36.5～42.7
钛白(锐钛型)	3.9	25.6
钛白(金红石型)	4.2	23.8
炭黑	1.8～2.1	47.6～55.5

表 2-18 部分白色颜料的主要技术性能指标

项目	锐钛型钛白	金红石型钛白	锌白(氧化锌)	锌钡白(立德粉)
密度/(g/cm^3)	3.8～3.9	4.2～4.3	5.6	4.1～4.4
折射率	2.52	2.71	2.01	1.8～2.6
莫氏硬度	5.5～6	6～7	4^+	4
相对着色力	1150～1200	1500～1650	210	280
遮盖力/(g/m^2)	40～45	40	110～140	130～140
吸油量/(g/100g)	26	23	15～25	14～16
紫外线吸收率/%	67	90	93	18
消色力/%	100	100	100～105	95～100
TiO_2 含量/% ≥	92	92	—	—
pH 值	6.0～8.0	6.6～8.0	—	—
电阻率/MΩ	20	50	—	—

表 2-19 铅铬黄颜料的主要技术性能指标

项目	檬铬黄	浅铬黄	中铬黄	深铬黄	橘铬黄
组成	$3PbCrO_4 \cdot 2PbSO_4$	$5PbCrO_4 \cdot 2PbSO_4$	$PbCrO_4$	$PbCrO_4 \cdot PbSO_4 \cdot PbO$	$PbCrO_4 \cdot PbSO_4$
外观	柠檬黄色粉末	浅黄色粉末	中黄色粉末	深黄色粉末	橘黄色粉末
相对密度	5.5～5.7	5.4～6.1	5.6～6	5.6～6.0	6.6～7.1
铬酸铅含量/% ≥	50	64	90	90	55
吸油量/%	20～30	20～30	16～22	16～22	9～15
遮盖力/(g/m^2)	<95	<75	<55	<45	<40
耐溶剂性	优	优	优	优	优
耐碱性	差	差	差	差	一般
耐酸性	一般～良	一般～良	一般～良	一般～良	差
耐光性/级	3～6	4～7	4～8	4～8	7～8
耐候性/级	1～4	2～4	2～4	2～4	3～4
耐热性	一般～良	一般～良	一般～良	一般～良	良～优
分散性	良～优	良～优	良～优	良～优	良～优
比表面积/(m^2/g)	7.2	7.2	4	4	1.28
折射率	2.11～2.4	2.11～2.4	2.3～2.66	2.3～2.66	2.4～2.7

表 2-20 常用无机颜料的技术性能指标

颜料名称	化学成分	色相	耐酸	耐碱	耐热	耐光
铬黄	$PbCrO_4 \cdot xPbSO_4$	柠檬黄～深黄色	好	好	差	一般～好
铁红	Fe_2O_3	红	好	优	优	优
铁黑	Fe_3O_4	黑	好	优	好	优
铁绿	钛铁盐$(Co \cdot Ni \cdot Zn)_2(Ti \cdot Al)O_4$	绿	好	差	差	好
钛蓝	钛酸盐	蓝	优	优	优	优
铁蓝	$Fe_4[Fe(CN)_6]_3 \cdot xH_2O$	蓝	优	优	优	优
群青	$Na_6Al_4Si_6S_4O_{20}$	蓝紫桃红	差	好	优	优
金红石型钛白	TiO_2	白	好	优	优	优

表 2-21 中国化工学会涂料与涂装专业委员会推荐粉末涂料色卡（PCF，即 RAL 色卡）编号与中英文对照

编号	英文名称	中文名称	编号	英文名称	中文名称
1000	Green beige	驼绿色	1005	Honey yellow	蜜黄色
1001	Beige	驼色	1006	Maize yellow	玉米黄色
1002	Sand yellow	沙黄色	1007	Daffodil yellow	水仙花黄色
1003	Signal yellow	信号(标志)黄色	1011	Brown beige	褐驼色
1004	Golden yellow	金黄色	1012	Lemon yellow	柠檬黄色

续表

编号	英文名称	中文名称	编号	英文名称	中文名称
1013	Oyster white	近于白色的浅灰色	3031	Orient red	镉红色
1014	Ivory	象牙色	3032	Pearl ruby red	珍珠(珠光)红宝石红
1015	Light ivory	浅象牙色	3033	Pearl pink	珍珠(珠光)粉红色
1016	Sulfur yellow	硫黄色	4001	Red lilac	红紫丁香色
1017	Saffron yellow	鲜黄色	4002	Red violet	红紫色
1018	Zinc yellow	锌黄色	4003	Heather violet	石南紫色
1019	Grey beige	灰驼色	4004	Claret violet	葡萄酒红紫色
1020	Olive yellow	橄榄黄色	4005	Blue lilac	蓝紫丁香色
1021	Rape yellow	油菜花黄色	4006	Traffic purple	交通(路标)紫色
1023	Traffic yellow	交通(路标)黄色	4007	Purple violet	紫(红)色
1024	Ochre yellow	土黄色	4008	Signal violet	信号(标志)紫色
1026	Luminous yellow	亮黄色	4009	Pastel violet	淡紫色
1027	Curry	咖喱色	4010	Telemagenta	电视桃红色(品红色)
1028	Melon yellow	甜瓜黄色	4011	Pearl violet	珍珠(珠光)紫色
1032	Broom yellow	金雀花黄色	4012	Pearl blackberry	珍珠(珠光)黑莓色
1033	Dahlia yellow	大丽花黄色	5000	Violet	紫色
1034	Pastel yellow	淡黄色	5001	Green blue	绿蓝色
1035	Pearl beige	珍珠(珠光)驼色	5002	Ultamarine	群青蓝色
1036	Pearl gold	珍珠(珠光)金色	5003	Sapphire blue	蓝宝石蓝色
1037	Sun yellow	日光黄色	5004	Black blue	黑蓝色
2000	Yellow orange	黄橙色	5005	Signal blue	信号(标志)蓝色
2001	Red orange	橘红色	5007	Brillant blue	艳蓝色
2002	Vermilion	朱红色	5008	Grey blue	灰蓝色
2003	Pastel orange	淡橙色	5009	Azure blue	天青蓝色
2004	Pure orange	纯橙色	5010	Gentian blue	龙胆蓝色
2008	Bright red orange	浅红橙色	5011	Steel blue	钢蓝色
2009	Traffic orange	交通(路标)橙色	5012	Light blue	淡蓝色
2010	Signal orange	信号(标志)橙色	5013	Cobalt blue	钴蓝色
2011	Deep orange	深橙色	5014	Pigeon blue	鸽(子)蓝色
2012	Salmon orange	鲑鱼肉橙色	5015	Sky blue	天蓝色
2013	Pearl orange	珍珠(珠光)橙色	5017	Traffic blue	交通(路标)蓝色
3000	Flame red	火焰红色	5018	Turquoise blue	青绿蓝色
3001	Signal red	信号(标志)红色	5019	Capri blue	卡布里蓝色
3002	Carmine red	胭脂红色(洋红色)	5020	Ocean blue	海蓝色
3003	Ruby red	宝石红色	5021	Water blue	水蓝色
3004	Purple red	紫红色	5022	Night blue	夜蓝色
3005	Wine red	葡萄酒红色	5023	Distant blue	冷蓝色
3007	Black red	黑红色	5024	Pastel blue	淡蓝色
3009	Oxide red	氧化红色	5025	Pearl gentian blue	珍珠(珠光)龙胆蓝色
3011	Brown red	棕红色	5026	Pearl night blue	珍珠(珠光)夜蓝色
3012	Beige red	驼红色	6000	Patina green	铜(锈)绿色
3013	Tomato red	番茄红色	6001	Emerald green	翡翠绿色
3014	Antique pink	仿古粉红色	6002	Leaf green	叶绿色
3015	Light pink	淡粉红色	6003	Olive green	橄榄绿色
3016	Coral red	珊瑚红色	6004	Blue green	蓝绿色
3017	Rose	玫瑰红色	6005	Moss green	苔藓绿色
3018	Strawberry red	草莓红色	6006	Grey olive	灰橄榄色
3020	Traffic red	交通(路标)红色	6007	Bottle green	瓶绿色
3022	Salmon pink	鲑鱼肉粉红色	6008	Brown green	棕绿色
3027	Raspberry red	山莓红色	6009	Fir green	冷杉绿色

续表

编号	英文名称	中文名称	编号	英文名称	中文名称
6010	Grass green	草绿色	7034	Yellow grey	黄灰色
6011	Reseda green	木樨草绿	7035	Light grey	浅灰色
6012	Black green	墨绿色	7036	Platinum grey	铂灰色
6013	Reed green	芦苇绿色	7037	Dusty grey	土灰色
6014	Yellow olive	黄橄榄色	7038	Agate grey	玛瑙灰色
6015	Black olive	黑橄榄色	7039	Quaetz grey	石英灰色
6016	Turquoise green	青绿色(蓝绿色)	7040	Window grey	窗灰色
6017	May green	五月绿色	7042	Traffic grey A	交通(路标)灰 A
6018	Yellow green	黄绿色	7043	Traffic grey B	交通(路标)灰 B
6019	Pastel green	淡绿色	7044	Silk grey	丝光灰色
6020	Chrome green	铬绿色	7045	Tele grey 1	电视灰色 1
6021	Pale green	浅绿色	7046	Tele grey 2	电视灰色 2
6022	Olive drab	橄榄土褐色	7047	Tele grey 4	电视灰色 4
6024	Traffic green	交通(路标)绿	7048	Pearl mouse grey	珍珠(珠光)鼠灰色
6025	Fern green	蕨(菜)绿色	8000	Green brown	绿褐色
6026	Opal green	猫眼石绿色(乳白绿色)	8001	Ochre brown	赭石棕色(土黄棕色)
6027	Light green	浅绿色	8002	Signal brown	信号(标志)棕色
6028	Pine green	松树绿色	8003	Clay brown	土棕色
6029	Mint green	薄荷绿色	8004	Copper brown	铜棕色
6032	Sigal green	信号(标志)绿	8007	Fawn brown	鹿棕色
6033	Mint turquoise	薄荷蓝绿色	8008	Olive brown	橄榄棕色
6034	Pastel turquoise	淡蓝绿色	8011	Nut brown	深棕色(如榛子、栗子或胡桃的颜色)
6035	Pearl green	珍珠(珠光)绿色	8012	Red brown	红棕色
6036	Pearl opal green	珍珠(珠光)不透明绿色	8014	Sepia brown	乌贼墨棕色
7000	Squirrel grey	松鼠灰色	8015	Chestnut brown	栗棕色
7001	Silver grey	银灰色	8016	Mahogany brown	桃花心木(红木)棕色
7002	Olive grey	橄榄灰色	8017	Chocolate brown	巧克力棕色
7003	Moss grey	苔藓绿色	8019	Grey brown	灰棕色
7004	Signal grey	信号(标志)灰色	8022	Black brown	黑棕色
7005	Mouse grey	鼠灰色	8023	Orange brown	橘黄棕色
7006	Beige grey	驼灰色	8024	Beige brown	驼棕色
7008	Khaki grey	土黄灰色	8025	Pale brown	浅棕色
7009	Green grey	绿灰色	8028	Terra brown	土棕色
7010	Tarpaulin grey	防水帆布灰色	8029	Pearl copper	珍珠(珠光)铜红色
7011	Iron grey	铁灰色	9001	Cream	奶油色
7012	Basalt grey	玄武岩(暗色岩石)色	9002	Grey white	灰白色
7013	Brown grey	褐灰色	9003	Signal white	信号(标志)白色
7015	Slate grey	瓦灰(鼠灰色)	9004	Signal black	信号(标志)灰色
7016	Anthracite grey	无烟煤灰色	9005	Jet black	乌黑色(墨黑色)
7021	Black grey	黑灰色	9006	White aluminium	白铝色
7022	Umbra grey	暗灰色	9007	Grey aluminium	灰铝色
7023	Concrete grey	混凝土灰色	9010	Pure white	纯白色
7024	Graphite grey	石墨灰色	9011	Graphite black	石墨黑色
7026	Granite grey	花岗岩灰色	9016	Traffic white	交通(路标)白色
7030	Stone grey	岩石灰色	9017	Traffic black	交通(路标)黑色
7031	Blue grey	蓝灰色	9018	Papyrus white	草纸白色
7032	Pebble grey	卵石灰色	9022	Pearl light grey	珍珠(珠光)浅灰色
7033	Cement grey	水泥灰色	9023	Pearl dark grey	珍珠(珠光)深灰色

第五节 填料

填料是粉末涂料配方组成中的重要组成成分之一。除了透明粉末涂料之外，一般的粉末涂料都需要添加填料，填料是粉末涂料配方中不可缺少的组成成分。有一些书籍中，把填料归于颜料中，一般叫做体质颜料。体质颜料与一般颜料比较，在颜色、着色力和遮盖力方面有很大的差别，体质颜料没有颜色，没有着色力和遮盖力，在本书中填料单独分为一类。在粉末涂料中，填料的作用是提高涂膜的硬度、刚性、耐划伤性、耐磨性等力学性能，同时改进粉末涂料的松散性和提高玻璃化转变温度等性能。另外，在满足涂膜各种性能的情况下，还可以降低涂料成本。粉末涂料中填料的要求跟溶剂型涂料和水性涂料中的要求差不多，一般应具备如下条件。

（1）填料在粉末涂料制造、贮存、运输和使用（涂装）过程中，不与树脂、固化剂、颜料和助剂等成分发生化学反应。

（2）填料的物理和化学稳定性好，不受空气、湿气、温度和环境的影响，粉末涂料成膜以后，也不容易受酸、碱、盐和有机溶剂等化学药品的影响。

（3）填料的重要功能是添加到粉末涂料中以后，能够改进涂膜硬度、刚性和耐划伤性等力学性能，同时有利于改进粉末涂料的贮存稳定性、松散性和带静电等性能。

（4）填料在热塑性树脂和热固性树脂中的分散性好。

（5）填料的耐热性、耐光性和耐候性好，在烘烤过程中不变色，涂膜在户外长期使用过程中不容易粉化和老化。

（6）填料应该是无毒的，添加到粉末涂料中以后，对粉末涂料没有毒性的影响，不会给粉末涂料生产和涂装人员的健康带来影响。

（7）填料的来源丰富，价格要非常便宜。

粉末涂料中常用的填料品种有沉淀硫酸钡、重晶石粉、轻质碳酸钙、重质碳酸钙、高岭土、滑石粉、膨润土、沉淀二氧化硅、云母粉、石英粉、硅微石粉等。近年来，这些填料产品经过深度加工以后，可生产不同细度的超细产品，再用表面活性剂处理后，大大改进了填料在粉末涂料中的分散性，提高添加量，同时改进了粉末涂料涂膜外观。常用填料品种和性能技术指标见表 2-22。填料含量对粉末涂料和涂膜的影响，请参看本章第四节颜料中的图 2-1。

表 2-22　常用填料品种和性能技术指标

填料名称	化学组成	密度/(g/cm^3)	吸油量/%	折射率	主要成分含量/%	pH 值
重晶石粉	$BaSO_4$	4.47	6～12	1.64	85～95	6.95
沉淀硫酸钡	$BaSO_4$	4.35	10～15	1.64	>97	8.06
重质碳酸钙	$CaCO_3$	2.71	10～25	1.65		
轻质碳酸钙	$CaCO_3$	2.71	28～58	1.48	>98	7.6～9.8

续表

填料名称	化学组成	密度/(g/cm^3)	吸油量/%	折射率	主要成分含量/%	pH 值
滑石粉	$3MgO \cdot 4SiO_2 \cdot H_2O$	2.85	30～55	1.59	SiO_2 56 MgO 29.6 CaO 5	8.1
高岭土(白瓷土)	$Al_2O_3 \cdot 2SiO_2 \cdot 2H_2O$	2.61	30～55	1.56	SiO_2 46 Al_2O_3 37 H_2O 14	6.72
云母粉	$K_2O \cdot 3Al_2O_3 \cdot 6SO_2 \cdot 2H_2O$	2.76～3	40～74	1.59		
硅灰石	$CaSiO_3$	2.75～3.10	25～30	1.63	SiO_2 49～52 CaO 44～47	7
硅微粉	SiO_2	2.65			SiO_2 75～96 Fe_2O_3 9	6.88
气相二氧化硅	$SiO_2 \cdot nH_2O$	2.6	250	1.55	MgO 7	
沉淀二氧化硅	$mSiO_2 \cdot nH_2O$	2.32～2.65	110～160	1.46	SiO_2 99	

第六节 助剂

助剂也是粉末涂料配方中的重要组成部分。虽然与树脂、固化剂、颜料和填料比较，其用量比较少，只占配方总量的千分之几到百分之几（个别的只占万分之几），但是它对粉末涂料和涂膜性能的影响是不可忽视的。在某些情况下，助剂起到决定性的作用，例如在要求涂膜外观平整光滑的热固性粉末涂料配方中，如果没有流平剂这样的助剂，无法得到没有缩孔等涂膜弊病的涂膜；又如纹理剂对涂膜外观的纹理起到决定性的作用，一些助剂对涂膜外观的影响见图 2-2。尽管在粉末涂料中使用的助剂品种没有溶剂型和水性涂料中的多，然而随着粉末涂料技术的进步，助剂的品种明显增多，应用范围也在不断扩大，相应的粉末涂料品种增多，涂膜质量也有显著提高。对不同粉末涂料品种所应用的助剂品种的要求有很大差别，但从最基本的要求来说，一般粉末涂料用助剂应具备如下条件。

（1）因为助剂在粉末涂料配方中的用量很少，所以为了使助剂在粉末涂料配方中分散均匀，在制造粉末涂料过程中，要求与其他成分相容性好，容易分散。

（2）助剂的物理和化学稳定性好，在粉末涂料的制造、贮存、运输和使用（涂装）过程中，除有特殊要求（例如，促进剂在烘烤固化过程中的化学反应）之外，一般不与树脂、固化剂、颜料、填料和其他组成成分进行化学反应，也不容易受空气、湿气、温度和环境条件的影响。

（3）从粉末涂料的配色考虑，助剂最好是无色或浅色，不会使粉末涂料和涂膜着色。

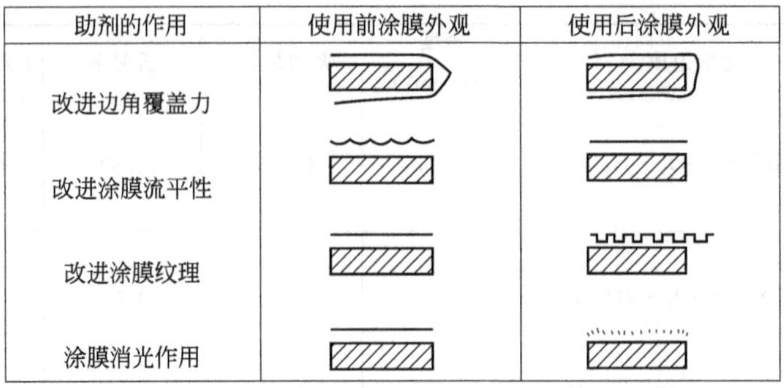

助剂的作用	使用前涂膜外观	使用后涂膜外观
改进边角覆盖力		
改进涂膜流平性		
改进涂膜纹理		
涂膜消光作用		

图 2-2　一些助剂对涂膜外观的影响

（4）从粉末涂料的贮存稳定性和制造过程中的添加方便考虑，助剂最好是固体粉末状，并与树脂、固化剂的相容性好。当助剂为液体状态时，从粉末涂料的贮存稳定性考虑，使用量不能太多。为了使用方便和分散均匀，一般液体助剂吸附到固体粉末载体中后使用。

（5）从生产操作人员的健康和环境保护角度考虑，助剂最好是无毒和低毒的。

（6）从粉末涂料的成本和助剂的推广应用角度考虑，助剂的价格便宜，来源丰富。

粉末涂料中常用的助剂品种有流平剂、光亮剂、脱气剂（除气剂）、消泡剂、消光剂、消光固化剂、分散剂、防结块剂（松散剂或疏松剂）、促进剂、上粉率改性剂、抗静电剂、摩擦带电助剂、抗划伤剂、纹理剂（包括皱纹剂、橘纹剂、锤纹剂、砂纹剂、绵绵纹剂、花纹剂、浮花剂、龟纹剂等）、防流挂剂、增塑剂、抗氧剂、紫外光吸收剂、光敏剂、抗菌剂、润滑剂等，其中最常用的品种是流平剂、光亮剂、脱气剂、消泡剂、松散剂等助剂。下面对各种助剂进行具体介绍。

一、流平剂

流平剂是粉末涂料中最重要的助剂品种之一。当要求得到平整光滑的涂膜外观时，无论是高光、有光、半光、亚光还是无光粉末涂料，在粉末涂料配方中，都必须添加流平剂。流平剂的作用是粉末涂料熔融流平时，在熔融涂料表面形成极薄的单分子层，以提供均匀的表面张力，同时也使粉末涂料与被涂物（工件）之间具有良好的润湿性，从而克服涂膜表面由于局部表面张力不均匀而形成针孔、缩孔等弊病。另外，流平剂有利于改进涂膜的流平性，减少涂膜的橘纹，有利于颜料和填料的分散，有利于成膜过程中的脱气。

粉末涂料中常用的流平剂有丙烯酸酯均聚物、丙烯酸酯共聚物、有机硅改性丙烯酸酯聚合物和聚硅氧烷等，其中常用的有聚丙烯酸乙酯、聚丙烯酸丁酯、聚丙烯酸-2-乙基己酯、丙烯酸乙酯与丙烯酸丁酯共聚物和有机硅改性丙烯酸酯聚合物等高分子化合物。在丙烯酸酯共聚物流平剂中也有带羟基、羧基基团的单体共聚的化合物。这种带极性基团的流平剂，由于极性反应基团的作用，有利于颜料和填料的分散，有利于提高涂膜光泽，起到复合性助剂的作用。

丙烯酸酯均聚物和丙烯酸酯共聚物的结构式如下：

丙烯酸酯均聚物：$\left[\!\!-CH_2-\underset{\underset{COOR}{|}}{CH}-\!\!\right]_n$ ，R=C_2～C_{12} 的烷基

丙烯酸酯共聚物：$\left[\!\!-CH_2-\underset{\underset{COOR_1}{|}}{CH}-\!\!\right]_m\left[\!\!-CH_2-\overset{\overset{R}{|}}{\underset{\underset{COOR_2}{|}}{C}}-\!\!\right]_n H$ ，R=H 或 CH_3，R_1、R_2=C_2～C_{12} 的烷基

含有反应性基团的丙烯酸酯共聚物：

$\left[\!\!-CH_2-\underset{\underset{COOR_1}{|}}{CH}-\!\!\right]_m\left[\!\!-CH_2-\overset{\overset{R}{|}}{\underset{\underset{COOR_2}{|}}{C}}-\!\!\right]_n\left[\!\!-R_3-\!\!\right]_o\left[\!\!-R_4-\!\!\right]_p$ ，R=H 或 CH_3；R_1、R_2=C_2～C_{12} 的烷基；R_3=含 OH 基单体；R_4=含 COOH 基单体

粉末涂料用流平剂一般是黏稠状的液体，为了在生产粉末涂料时方便使用，通常把它先分散在环氧树脂、高酸值聚酯树脂（环氧-聚酯粉末涂料用）、低酸值聚酯树脂（聚酯粉末涂料用）、气相二氧化硅或某些填料中，配制成固体颗粒或粉末状后使用。通常分散在熔融环氧树脂中的叫 503 流平剂；分散在熔融高酸值聚酯树脂中的叫 504 流平剂；分散在熔融低酸值聚酯树脂中的叫 505 流平剂；分散在气相二氧化硅中的叫通用型流平剂。503 流平剂用于纯环氧和环氧-聚酯粉末涂料中；504 流平剂用于环氧-聚酯粉末涂料中；505 流平剂用于聚酯粉末涂料中；分散在气相二氧化硅等填料中的可以用到各种粉末涂料中。一种黏稠液体状丙烯酸酯均聚物流平剂的技术指标见表 2-23。国内最大的粉末涂料用助剂生产厂家宁波南海化工有限公司生产的 GLP 系列流平剂的规格见表 2-24。通用型固体流平剂的规格见表 2-25。

表 2-23　黏稠液体状丙烯酸酯均聚物流平剂技术指标

项目	技术指标	检验方法
外观	无色或浅黄色透明黏稠状液体	目测
黏度/s	13～38	50%二甲苯溶液在 25℃用涂-4 黏度计测定
固体分含量/%　≥	99	按 GB/T 1725—2007
闪点/℃　≥	200	按 GB 3536—2008 开口杯法

表 2-24　宁波南海化工有限公司 GLP 系列流平剂规格

型号	GLP503	GLP303	GLP288	GLP388	GLP588
外观	乳白色或浅黄色颗粒	自由流动粉末	自由流动粉末	自由流动粉末	自由流动粉末
固体分含量/%	≥99	≥99	≥98.5	≥97.5	≥97.5
活性成分/%	13～16	10	≥50	≥66	≥68
载体	环氧树脂	分散剂	二氧化硅和填料	二氧化硅	二氧化硅
配方中用量/%	4～6	3.5～6	1～1.5	0.7～1.5	0.7～1.5

表 2-25　通用型固体流平剂技术指标

项目	技术指标	项目	技术指标
外观	白色自由流动粉末	挥发分/%　≤	1.5
有效成分/%	60～70	用量/%	总投料量的 0.7～1.5

一般的流平剂不含反应性基团，但是为了使流平剂除具有降低表面张力、改进涂膜流平性功能外，还具有润湿、分散、交联固化等功能，添加含有羟基、羧基基团的丙烯酸或丙烯

酸酯单体与丙烯酸酯共聚可得到多功能性流平剂。由宁波南海化学有限公司生产的 GLP 系列流平剂属于这种类型。GLP 系列流平剂有如下特点：

（1）可以降低高压静电粉末喷涂电压，在 20～30kV 电压下也可以涂装，适用于静电摩擦喷枪的涂装。

（2）有抗静电作用，提高死角的上粉率。

（3）提高 5%左右的涂膜光泽，还可以起到增光剂的作用。

（4）提高粉末涂料组成的相容性，在大多数配方中不需要再加光亮剂（俗称 701 光亮剂）。

（5）由于流平剂参加交联反应，提高了粉末涂层的耐化学品和耐老化性能，还可以克服涂膜的雾影。

为了进一步改进丙烯酸酯聚合物流平剂的流平效果，提高涂膜光泽和抗干扰性，用有机硅树脂进行改性，可以提高涂膜的一些性能。虽然添加有机硅改性丙烯酸酯聚合物流平剂的粉末涂料，对添加未改性丙烯酸酯聚合物流平剂的粉末涂料不产生干扰；但是如果对添加有机硅改性流平剂的粉末涂料涂装体系清扫不干净，再用未添加丙烯酸酯聚合物流平剂的粉末涂料时，容易产生涂膜的干扰。因此，在生产粉末涂料和涂装粉末涂料时，一定要注意这两种流平剂体系之间的干扰，这种干扰主要是由于两种体系的相容性不好，使涂膜容易产生缩孔。

首诺公司的粉末涂料用流平剂有 Modaflow PowderⅢ、Modaflow Powder 2000 和 Modaflow Powder 6000，在所有热固性粉末涂料中，都能起到良好的流平作用，这种流平剂是液体状的，用气相二氧化硅吸收成粉末状物质，流平剂的技术指标见表 2-26。Modaflow PowderⅢ在环氧粉末涂料中的消除缩孔、针孔和改善流平性的作用更为明显；而 Modaflow Powder 2000 在聚酯粉末涂料中改善橘纹和消除缩孔的作用更好一些，这些流平剂在不同粉末涂料中的应用效果见表 2-27。流平剂 Modaflow PowderⅢ和 Modaflow Powder 2000 用量对环氧-聚酯粉末涂料涂膜缩孔的影响见图 2-3；流平剂用量对环氧-聚酯粉末涂料涂膜鲜映性（DOI）影响见图 2-4；流平剂用量对聚酯-TGIC 粉末涂料涂膜缩孔的影响见图 2-5；流平剂用量对聚酯-TGIC 粉末涂料涂膜鲜映性的影响见图 2-6。

表 2-26 首诺公司 Modaflow 系列流平剂的技术指标

型号	活性物含量/%	挥发分/%	密度/(g/cm^3)	特点
Modaflow Powder Ⅲ	≥65	≤4	0.58～0.64	添加量为整个配方量的 0.6%～1.5%；反应单体符合 FDA 标准
Modaflow Powder 2000	≥65	≤4	0.58～0.64	添加量为整个配方量的 0.6%～1.5%；流平和光泽极好
Modaflow Powder 6000	≥65	≤4	0.58～0.64	添加量为整个配方量的 0.75%～1.5%；流平和光泽极好；良好的相容性

表 2-27 首诺公司 Modaflow 系列流平剂在粉末涂料中的应用效果

粉末涂料品种	Modaflow Ⅲ	Modaflow 2000	粉末涂料品种	Modaflow Ⅲ	Modaflow 2000
环氧粉末涂料	很好	可用	聚酯-HAA 粉末涂料	可用	可用
环氧-聚酯粉末涂料	很好	很好	丙烯酸-聚氨酯粉末涂料	很好	很好
环氧-丙烯酸粉末涂料	可用	可用	氨基固化聚酯粉末涂料	很好	很好
聚酯-TGIC 粉末涂料	可用	很好	丙烯酸粉末涂料	可用	可用

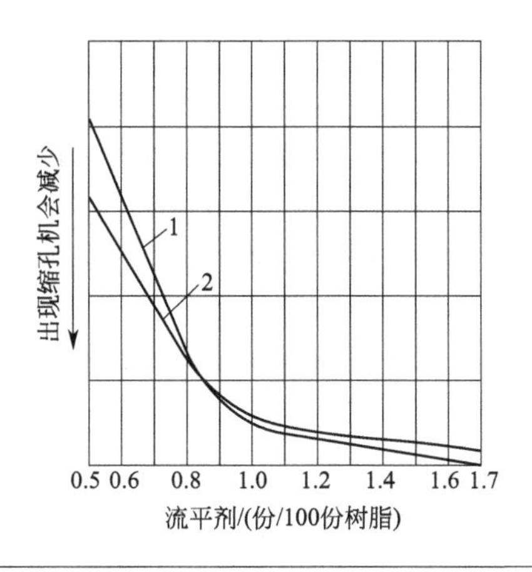

图 2-3 流平剂用量对环氧-聚酯粉末涂料涂膜缩孔的影响
1—Modaflow Powder 2000；2—Modaflow Powder Ⅲ

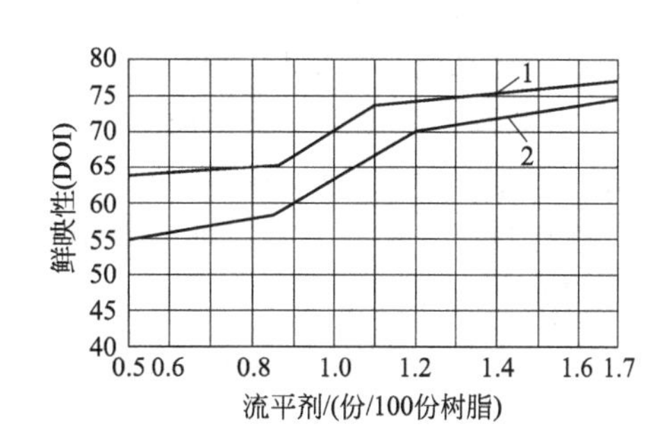

图 2-4 流平剂用量对环氧-聚酯粉末涂料涂膜鲜映性的影响
1—Modaflow Powder 2000；2—Modaflow Powder Ⅲ

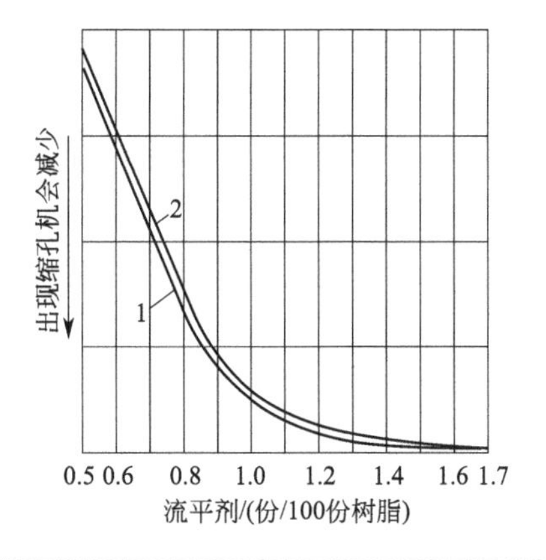

图 2-5 流平剂用量对聚酯-TGIC 粉末涂料涂膜缩孔的影响
1—Modaflow Powder 2000；2—Modaflow Powder Ⅲ

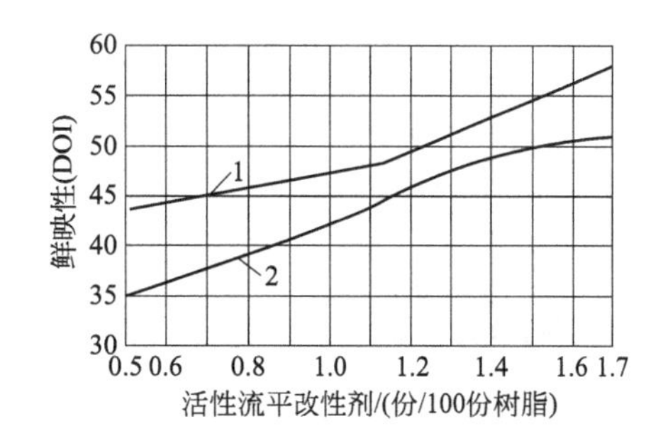

图 2-6 流平剂用量对聚酯-TGIC 粉末涂料涂膜鲜映性的影响
1—Modaflow Powder 2000；2—Modaflow Powder Ⅲ

在粉末涂料中常用的流平剂有丙烯酸酯均聚物、丙烯酸酯共聚物以及它们的有机硅改性物。这些聚合物的分子量较低，与粉末涂料中树脂的混溶性受限制，其表面张力较小，带着底材表面被吸附的气体分子从树脂中渗出到表面，这样使涂料与被涂物润湿，同时也使熔融涂料表面张力降低，使粉末涂料容易流平。丙烯酸酯均聚物流平剂用量对环氧粉末涂料表面张力的影响见图 2-7。聚硅氧烷改性的丙烯酸酯聚合物流平剂，也同样与粉末涂料中树脂的混溶性受限制，长链硅树脂的作用是在熔融涂料表面形成极薄的单分子层，使表面张力均匀，形成表面光滑均匀的涂膜。德国德信利化学（Worlee-Chemie）公司的流平剂在国内一些单位使用，该公司的粉末涂料用流平剂型号和规格见表 2-28。

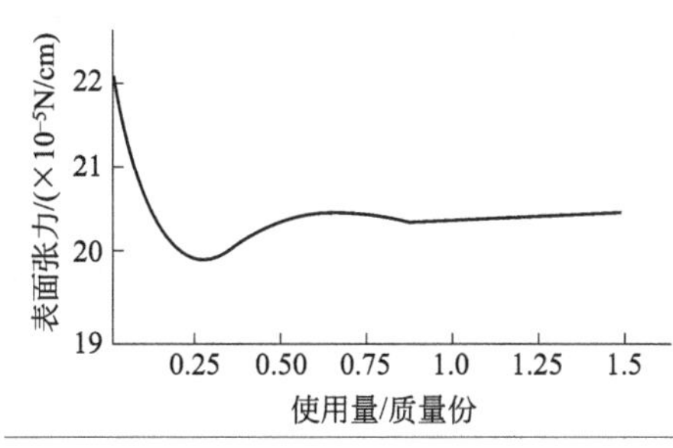

图 2-7 丙烯酸酯均聚物流平剂用量对环氧粉末涂料表面张力的影响

流平剂在粉末涂料配方中的使用量可以按成膜物质（树脂和固化剂）总量计算，也可以按配方总量来计算。试验和经验表明，对于国产丙烯酸酯聚合物流平剂，按流平剂有效成分计算，为成膜物总量的 0.8%～1.2%范围时，能够满足涂膜流平性的要求。从流平剂的分散均匀性考虑，一般采用1.0%～1.2%的用量是比较合适的。因为在粉末涂料配方中，颜料和填料的用量范围比较宽，而且不同品种之间的吸油量范围的差别也比较大，所以根据配方中颜料和填料的品种和用量，一般吸油量较大或者用量较多时，适当增加流平剂的用量也是必要的。根据经验，当流平剂的用量达到成膜物总量的1.5%时对涂膜外观也没有明显的影响。从粉末涂料的流平性考虑，流平剂的用量选择高限比较好，但是对粉末涂料的贮存稳定性不好；从粉末涂料的贮存稳定性考虑，流平剂的用量选择低限比较好。因此，要根据粉末涂料的具体配方组成，考虑涂膜外观和粉末涂料的贮存稳定等问题，选择合适的流平剂品种和用量。

表 2-28 德信利化学（Worlee-Chemie）公司粉末涂料用流平剂

项目	WorleeAdd 101P	Resiflow PV88	Resiflow P67	Resiflow CP77	Resiflow VP-E137500
组成	丙烯酸酯共聚物	丙烯酸酯共聚物	丙烯酸酯共聚物	丙烯酸酯共聚物	丙烯酸酯共聚物
有效成分/%	60	66～68	67～69	67～69	66～68
载体	气相二氧化硅	气相二氧化硅	气相二氧化硅	气相二氧化硅	气相二氧化硅
特点	高脱气性,易分散	易分散,平整性好	易分散,平整性好	易分散,平整性好	易分散,平整性好
	高光泽,无雾光	高光泽,帮助脱气	高光泽,帮助脱气	高光泽,无浑浊	高光泽,无雾光
	相容性好,适应性强	不影响耐候性	不影响耐候性	对底材附着力有帮助	对底材附着力有帮助
应用领域	价格敏感型粉末	户内户外用粉末	户内户外用粉末	透明粉末	户内户外用特殊粉末
	质量稳定性好粉末	质量稳定性好粉末	薄涂和特殊粉末	需改善质量粉末	表面平整性要求较高粉末
相对价格	较低	中等	中等	较高	较高

二、光亮剂

光亮剂是使粉末涂料在制造过程中，颜料和填料在树脂和固化剂中的润湿性得到改进，同时使粉末涂料在熔融流平过程中更好地降低表面张力，并使表面张力分布均匀，避免涂膜出现针孔和缩孔等弊病的助剂。它还能起到助流平剂的作用。

国外的粉末涂料配方中一般不使用光亮剂，而在国产粉末涂料配方中，它是常用的助剂。在国内环氧、环氧-聚酯和聚酯粉末涂料配方中相当一部分厂家都要添加光亮剂，特别是使用国产丙烯酸酯均聚物流平剂的厂家，是与光亮剂配套使用的。另外如上所述，宁波南海化学有限公司生产的GLP系列流平剂是多功能性质的流平剂，厂家认为不需要外加光亮剂。试验结果表明，在环氧和环氧-聚酯粉末涂料中添加光亮剂以后，对涂膜外观有明显的改进，但对聚酯粉末涂料中的效果就没有像前两种粉末涂料那样明显。

常用的光亮剂是丙烯酸丁酯和甲基丙烯酸甲酯的共聚物，无色透明固体树脂，树脂软化点在95～125℃，有的也叫增光剂，因为在某种特定条件下也能提高涂膜光泽，又俗称701助剂。

光亮剂是热塑性树脂，在常温下是脆性固体，为了使它在配方物中容易分散，一般把它粉碎成粉末状使用。当光亮剂的树脂软化点偏低时，因为树脂的玻璃化转变温度较低，在炎热的夏季容易结块，所以有些厂家添加部分填料，这样可以防止使用中结块。

试验结果表明，光亮剂在粉末涂料中的用量按成膜物质总量的0.5%～2.0%是比较合适的。光亮剂在粉末涂料熔融成膜过程中，由于与树脂的相容性问题，往往迁移到熔融物表面，它本身没有活性基团，不能发生化学交联反应。如果添加量太多，会影响涂膜冲击强度等性能，因此添加量要适量。为了保证配方的准确性，先确认光亮剂的有效成分含量，然后计算配方中的添加量是比较合理的。

另外，在某些粉末涂料配方中，光亮剂对涂膜有增光作用，例如对砂纹和皱纹粉末涂料。在大多数情况下，增光效果不明显，然而添加这种助剂以后，涂膜外观得到明显改进，实际上它的作用是综合性的，并不是单一的某种作用。因此，要根据粉末涂料配方中流平剂品种和其他助剂的情况，以及对涂膜外观的要求，决定是否添加光亮剂和应该添加多少量的问题。

三、脱气剂（除气剂）

脱气剂（除气剂）是当粉末涂料熔融流平成膜时，使粉末涂料中含有的空气、水分和粉末涂料交联固化反应时所产生的小分子化合物等挥发物质脱逸出来，并使脱逸出小分子化合物的针孔得到及时消除，避免涂膜产生细小针孔或猪毛孔等弊病的助剂。这种助剂是粉末涂料中最常用的助剂之一，一般粉末涂料配方中都必须添加。

在粉末涂料中常用的脱气剂是苯偶姻，又称二苯乙醇酮（俗称安息香）。安息香是白色或浅黄色无味晶体，熔点 133～137℃，沸点 344℃，微溶于水和乙醚，溶于热丙酮和乙醇；其缺点是在高温下引起涂膜黄变。为了克服安息香的缺点，目前已经研发出在烘烤固化条件下，不容易变色的改性安息香和蜡型的脱气剂。

在添加安息香的粉末涂料中，粉末涂料熔融流平时气泡的收缩非常快，涂料黏度尚未发生变化，几乎所有的气泡都消失；而不加安息香时气泡的收缩非常慢。安息香的脱气机理是安息香消耗气泡中的氧气，使气泡直径减小，从而导致气泡内部压力升高使得氮气在聚合物中溶解速度加快，进一步使气泡直径减小。安息香在 120℃开始气化是安息香具有脱气作用的另一个重要因素。

试验和生产实践的结果表明，在粉末涂料交联固化过程中，产生小分子化合物的涂料品种都要加脱气剂。一般环氧、环氧-聚酯、聚酯和聚氨酯粉末涂料中最好都要加脱气剂，这是因为粉末涂料在生产和使用过程当中还存在容易吸潮等问题。在环氧无光和半光粉末涂料中，不加安息香等脱气剂时也不容易产生猪毛孔等弊病，其原因还不能解释清楚。也可能是涂膜表面不像高光光滑，有些涂膜缺陷不明显而产生的感觉。

目前安息香还是最常用的脱气剂，在粉末涂料中的用量为成膜物总量的 0.5%左右，可根据粉末涂料品种和组成在一定范围内适当变化。在聚酯-HAA（羟烷基酰胺）粉末涂料中，考虑到安息香对涂膜黄变性的影响，它的用量控制在成膜物总量的 0.3%左右，尽量降低使用量。另外，也使用合成蜡型平滑脱气剂，用量为粉末涂料配方总量的 1%左右，捷通达化工有限责任公司的 SA500 平滑脱气剂是这种产品；上海索是化工有限公司的 T-961 助剂也称改性聚酰胺蜡，适用于各种粉末涂料品种，用量为配方总量的 0.5%～0.8%；湖北来斯化工新材料有限公司的粉末脱气剂 4410 也是同类产品，其他公司也有这类产品。

四、消泡剂

在粉末涂料配方中，消泡剂的作用是对被涂物（工件）表面有砂眼或针孔的铸铁、铸铝、热镀锌钢板和热轧钢板等进行粉末涂装时，为了防止涂膜产生质点（颗粒）或火山坑等弊病，也就是为防止涂膜产生气泡而添加的助剂。

有砂眼或针孔的铸铁件、铸铝件、热镀锌件和热轧钢板进行粉末涂装时，在烘烤固化过程中，粉末涂料熔融流平的同时，封闭被涂物表面的砂眼和针孔。随着被涂物温度的升高，被涂物砂眼和针孔中的空气就膨胀，同时内部压力也不断升高。当内部压力略大于熔融涂膜强度时，内部空气就鼓破涂膜成为小气泡逸出。因为粉末涂料在成膜过程中进行固化反应，涂料熔融黏度不断增高，最终成为固体状的涂膜，所以当小气泡中的内部压力达不到鼓破涂膜的能量时，这些小气泡就形成突出于涂膜表面的质点或颗粒（有的叫砂粒）；当小气泡中的内部压力足够大时，小气泡就破裂，里面的空气就跑到大气中去。如果这时的涂膜已经失去流平性，不能消除空气跑出去的小气孔，那么会形成典型的有火山坑的质点或颗粒，造成涂膜严重的弊病。

在粉末涂料中添加消泡剂可以降低粉末涂料的熔融黏度，同时也降低涂料的表面张力，使被涂物表面砂眼和针孔中受烘烤温度影响压力升高的空气，很容易鼓破流平未固化的涂膜跑到大气中，同时脱气泡的涂膜空隙也能够很容易消除流平，避免涂膜产生质点和颗粒，或者产生有火山坑的质点或颗粒。

因为水性涂料和溶剂型涂料的消泡机理和粉末涂料的消泡机理完全不一样，所以水性涂料和溶剂型涂料中使用的消泡剂不能直接用到粉末涂料中。由于粉末涂料的特殊性，在粉末涂料中使用的消泡剂品种没有水性涂料和溶剂型涂料中那么多。目前粉末涂料中常用的消泡剂有：湖北来斯化工新材料有限公司的消泡剂 YPE，是白色流动性粉末，熔点在 134～140℃，挥发分小于 0.3%，加入量为总配方量的 0.5%～0.8%，以熔融挤出混合法分散。杭州中顺化工工贸有限公司的普通消泡剂 ZS-601 是白色粉末，用量为配方总量的 1%～2%左右；高效消泡剂 ZS-603 是白色粉末，适用于铸铁、铸铝和热镀锌件等被涂物，用量为配方总量的 2%～2.5%，都以熔融挤出混合法分散。还有很多助剂公司都销售粉末涂料用消泡剂。

五、消光剂和消光固化剂

在粉末涂料配方中，消光剂是通过物理作用，消光固化剂是通过化学和物理作用，使粉末涂料涂膜消光的助剂。消光剂的消光作用主要是通过消光剂与成膜物之间相容性不好而产生的，主要是物理作用。用物理方法消光的还有使用填料的方法，例如用消光硫酸钡、高岭土、硅灰石粉和云母粉等也可以做到一定程度的涂膜消光。另外，用消光树脂等进行消光的方法也是有效的。这种物理消光方法的消光幅度范围比较窄，特别是用消光填料消光的方法，只适用于光泽低到 60%（60°）左右的范围。

消光固化剂的消光原理，是利用粉末涂料配方中两种不同反应活性的固化剂的反应体系，由于其中一种反应体系的固化反应活性大，反应速度快，另外一种反应体系的固化反应活性小，反应速度慢，两种成膜物反应体系之间的反应速度差别和两种产物之间相容性的差别，形成微观上表面粗糙而对光漫反射和散射，而且光的反射力差的消光涂膜。在固化反应中，两种反应体系产生互穿网络结构，使涂膜产生消光作用也有关系。

（1）消光剂　在粉末涂料中常用的消光剂有蜡型消光剂和非蜡型消光剂两大类。下面介绍它们的品种和特点。

① 蜡型消光剂 目前在粉末涂料中常用的蜡型消光剂有聚乙烯蜡、聚丙烯蜡、聚乙烯/丙烯共聚物蜡、改性聚氟乙烯蜡、改性脂肪族酰胺蜡等。这些产品的供货商有南京天诗新材料有限公司、宁波南海化学有限公司、上海华熠化工助剂有限公司、捷通达化工有限责任公司、天珑集团（香港）有限公司、上海索是化工有限公司、湖北来斯化工新材料有限公司等单位。另外还有 SHAMROCK 公司的聚乙烯蜡 S-379H 和 S-395N（分子量、硬度和熔点都不同）、聚乙烯共聚物 S-381、聚丙烯共聚物 S-363 等；德国路博润（LUBRIZOL）公司的纯聚丙烯蜡 Lanco 1394F、中等粒径的聚烯烃蜡 Lanco PE1525MF、聚烯烃蜡混合物 Lanco 1550、纯聚四氟乙烯蜡 Lanco 1890 等；微粉（MICRO POWDERS）公司的聚丙烯蜡 PROPYL-MATTE 31。在这些产品中常用的有宁波南海化学有限公司的 XG605W 和 XG615W;捷通达化工有限责任公司的 SA206 和 K7280；上海索是化工有限公司的 T-301 等。

② 非蜡型消光剂 捷通达化工有限责任公司生产的 SA 2165D 和 SA 2165K 消光剂是不含蜡的树脂型非反应性消光剂，这种消光剂的烘烤热稳定好，涂膜的抗黄变性好，有极好的涂膜流平性，适用于环氧-聚酯粉末涂料。这种消光剂的消光效果受到聚酯树脂品种的影响，因此选择合适的聚酯树脂品种相匹配十分重要。这种消光剂对聚酯树脂的适应性更广，是固化温度范围宽的树脂型环氧-聚酯粉末涂料用消光剂。在快速或慢速固化体系，或在聚酯树脂/环氧树脂＝50/50 或 60/40（质量）的体系中均可以提供 2%～70%（60°）的涂膜光泽，涂膜有很好的流平性和优异的抗黄变性。

上海索是化工有限公司的 T-315、T-323、T-335、T-355A 消光剂是不含蜡的非反应性消光剂。还有亨斯迈先进化工材料（广东）有限公司的 DT 125-2、DT 3330 和 DT 3360。

虽然在溶剂型涂料中，金属皂类硬脂酸铝和硬脂酸锌、功能性填料气相二氧化硅作为消光剂使用的比较多，但是在粉末涂料中，这些效果不太理想，加少了效果不明显，加多了涂膜外观的平整性不好。因此，它们的应用得不到满意的效果，作为消光剂很少使用。

（2）消光固化剂 消光固化剂是消光剂的特殊品种，在粉末涂料成膜过程中，作为固化剂的一部分参与化学交联反应，通过树脂、固化剂（或固化用树脂）与消光固化剂用量的调整，涂膜光泽容易控制，涂膜的光泽稳定性好，光泽的控制范围宽，比起非反应性消光剂应用范围更广。

目前消光固化剂的品种很多，其中有宁波南海化学有限公司生产的环氧和环氧-聚酯用消光固化剂 XG603-1A；环氧-聚酯用抗黄变消光剂 XG620A、XG620B、XG610B、XG610H、XG610C-4、XG640、XG640A、XG640B、XG640K；耐候型粉末涂料用消光固化剂 XG633、XG628、XG655、XG607C 等。六安市捷通达化工有限责任公司的环氧-聚酯用消光固化剂有 K72337A、K7232、K7232D；户外粉末用消光固化剂 K7212、K7215、K7216、SA2068、SA550、SA580 等。还有上海索是化工有限公司的 T-335/T-315、T-323、T-338、T-338A、T-355A。下面介绍主要品种的特点。

① XG603-1A 是环氧和环氧-聚酯粉末涂料中最常用的消光固化剂，熔点 222～227℃，固体分含量＞98.5%，白色粉末，在环氧粉末涂料中的用量为环氧树脂质量的 9.5%～10.5%，固化条件是 180℃×（20～25）min、190℃×（10～15）min、200℃×（10～12）min。这种类型消光固化剂剂是环脒（例如 2-苯基咪唑啉）与多元羧酸酐或多元羧酸的加成物，其化学结构如下：

$$\left[\mathrm{CH_2}-\underset{\mathrm{CO_2-CH_2-\underset{OH}{CH}-CH_2-N}}{\overset{\mathrm{R_1}}{\mathrm{C}}}\right]_n$$

用多元羧酸和多元羧酸酐制成的消光固化剂在消光效果上还有差别，可用的多元酸和酸酐有：均苯四甲酸或酐、偏苯三酸或酐、丁四酸、EDTA（乙二胺四乙酸）、氨基三乙酸、脂肪族多元酸等，原材料的质量对消光效果也有明显的影响。用这种消光固化剂配制的环氧粉末涂料的涂膜平整性好，涂膜的冲击强度等力学性能较好。这种固化剂类似于德国Hüls公司生产的B 68消光固化剂和国内许多公司生产的A 68、H 68、M 68、N 68、W 68等消光固化剂。这种消光固化剂在（纯）环氧粉末涂料中只能得到无光涂膜，然而与不同酸值的聚酯树脂相匹配时，可以得到涂膜光泽（60°）在10%～70%的环氧-聚酯粉末涂料。这种粉末涂料的涂膜流平性好，冲击强度等力学性能好，通过调整聚酯树脂与环氧树脂之间的比例，容易控制涂膜的光泽，缺点是在烘烤时涂膜的抗黄变性差一些，不适用于浅色粉末涂料的配制。

② XG610B消光固化剂　是一种基于丙烯酸树脂的复合型消光剂，其特点是不含蜡，在粉末涂料中可以提供较好的流平和出色的抗黄变性能。在不同配比的环氧-聚酯粉末涂料中具有很好的消光作用，该消光剂含有羧基，与环氧树脂反应比例为1∶2，用量为配方总量的3%～5%，适用于光泽在15%及以下的环氧-聚酯粉末涂料，类似的丙烯酸树脂消光固化剂还有XG640A、XG640B等。

③ XG633消光固化剂　是一种应用在TGIC固化体系的外混消光剂。其特点是用量省，其用量是外混粉末总量的0.5%～1%，可以达到15%～30%左右光泽。加入消光剂以后，基本不影响底粉的抗黄变性、耐候性以及力学性能。

④ XG628消光固化剂　是一种胺改性多元羧酸化合物，主要用于TGIC固化体系或其他类似体系。该消光剂同TGIC反应的生成物与TGIC固化的聚酯树脂之间的不相容性，提供了简便、稳定的消光方法，可以得到10%～40%的消光效果。该消光剂在配方中的用量为配方总量的3%～7%。这种消光固化剂是高酸值的化合物，它的羧基与TGIC中的环氧基反应；TGIC也与聚酯树脂反应，由于两种体系的固化反应速率不同，反应生成物之间不相容，因此产生消光涂膜。当聚酯树脂的酸值不同时，TGIC与XG628之间的质量比也发生相应的变化。在酸值30～35mg KOH/g聚酯树脂中，聚酯树脂、TGIC、XG628的比例可按下列质量比例，聚酯树脂：TGIC：XG628＝93：（7＋X）：X，X代表XG628的用量，XG628的用量越多，消光效果越好。聚酯树脂的熔融黏度和反应活性对涂膜外观的平整性有明显的影响。这种消光固化剂的缺点是涂膜的抗黄变性不是很好，对于抗黄变性要求很高的用途，最好额外添加抗氧化剂或紫外光吸收剂等助剂。

⑤ XG665消光固化剂　是固体分含量98.5%，玻璃化转变温度60～62℃，环氧当量为450～600的白色或微黄色透明粉末。这种消光固化剂是含有缩水甘油基的丙烯酸树脂，可以与TGIC或HAA（羟烷基酰胺）匹配得到消光型聚酯粉末涂料。这种粉末涂料的涂膜外观和力学性能都很好，耐候性也很好。涂膜光泽通过改变XG665用量或者改变TGIC或HAA的用量来调整，光泽随着XG665用量的增加而降低。在HAA体系中，涂膜光泽（60℃）可以降到20%；在TGIC体系中，涂膜光泽（60°）可以降到10%以下，而且涂膜光泽越低，流平性越好。粉末涂料的固化条件是HAA体系中180℃×30min或200℃×15min，TGIC体系中200℃×20min。跟XG655消光固化剂类似的产品有广州产协的

AG500 消光固化剂，捷通达的 SA550 和 SA580 消光固化剂，上海索是的 T-308 和 T-550 等。这些消光固化剂，实际上都是带有可反应环氧基的丙烯酸树脂。

⑥ SA 2068 消光固化剂　酸值 530～570mg KOH/g，化学当量（分子量/官能度） 92，挥发分小于 0.5%，外观是浅黄色细粉末，是用于聚酯-TGIC 体系的消光固化剂，涂膜具有很好的流平性和良好的力学性能，涂膜光泽（60°）可达到 10%，这种消光固化剂与 XG628 是同一类型的。在设计配方时，SA 2068 消光固化剂与 TGIC 的质量比按 1：（1.1～1.6）范围考虑比较好，不同厂家的聚酯树脂对涂膜光泽的影响大。这种固化剂与 XG628 一样，不适合用在抗黄变性要求高的用途，使要时需添加抗氧化剂或紫外光吸收剂等助剂。这种消光固化剂固化粉末涂料的固化条件为 200℃×10min。

⑦ KT309 消光固化剂　合肥科泰化工有限公司生产的 KT309 消光固化剂是环氧基丙烯酸和羧基丙烯酸为基础的丙烯酸树脂，在固化过程中丙烯酸树脂与 TGIC 跟聚酯树脂形成竞争反应，导致两种不同固化体系反应速率的差异，这种差异使反应产物之间的相容性不好，最终产生涂膜的消光效果。这种消光固化剂通过用量的调节可以得到不同光泽的涂膜，主要用于 TGIC 固化的聚酯粉末涂料。

⑧ PriMatA5 消光固化剂　广州泽和化工材料研究开发公司生产的 PriMatA5 消光固化剂是以 GMA 丙烯酸树脂为主体，配以促进剂或固化剂，作为固化剂参与聚酯-HAA 体系的反应，形成两种不同反应活性固化体系，由于与 HAA 体系固化反应速率不同，反应产物之间相容性不好而产生涂膜的消光效果。使用这种消光固化剂，可以得到 60° 光泽 10%以下的平整消光涂膜。

更多的消光剂、消光固化剂产品品种，可以参考后面的助剂商家的产品介绍表中的内容。

六、纹理剂

纹理剂是为了使粉末涂料的涂膜外观得到美术型纹理而添加的助剂。在粉末涂料中，美术型粉末涂料也是一个重要的涂料品种。美术型粉末涂料有皱纹（橘纹）、砂纹、绵绵纹（网纹）、花纹和锤纹等品种。这种粉末涂料的外观与通常的平整涂膜外观的粉末涂料不同，一般不需要添加流平剂（即使需要，添加量也很少），而根据涂膜外观的要求添加相应的纹理剂，才能得到纹理型涂膜外观。纹理剂的添加工艺随涂料品种而不同，有的品种是在粉末涂料制造过程中与其他成分一起加进去，也就是原材料的预混合过程中添加，又叫内加的方法；有的纹理剂是粉末涂料制造以后，以干混合法添加进去，也就是外加的方法。一般内加的方法比外加的方法得到粉末涂料的涂膜外观稳定性好。

美术型粉末涂料的纹理受到下列条件的影响：首先起决定性作用的是纹理剂的品种；其次是纹理剂的用量也起重要的作用；再则是填料的品种和用量，特别是功能性填料，例如有机膨润土对砂纹光泽的影响是起决定性的作用。下面分别介绍粉末涂料用纹理剂。

1. 皱纹（橘纹）剂

皱纹（橘纹）剂是粉末涂料熔融流平固化成膜时，改变熔融涂料表面张力，使表面张力不均匀，又使涂膜紧缩而产生皱纹或橘纹的助剂。皱纹（橘纹）剂的作用是，当粉末涂料烘烤固化时，熔融流平涂料表面张力很大，而皱纹（橘纹）剂的表面张力较小，由于两种不同表面张力的物质之间相容性不好，表面张力小的一方又不能使表面张力大的一方的表面张力完全降下来，两种不同表面张力物质共存，使涂膜产生凹凸不平的皱纹或橘纹外观。

皱纹（橘纹）剂的品种很多，它们的作用原理也有一定的差别，从涂膜外观来说，不同规格的皱纹剂所产生的皱纹纹理也有相当大的差别。有的皱纹纹理大，有的皱纹纹理小，有的纹路很深、立体感强，有的纹路浅。直观来说，有的涂膜外观像皱纹，有的像橘纹，而且涂膜光泽也有较大差别。

在粉末涂料配方中，除了皱纹（橘纹）剂的品种和用量对涂膜皱纹（橘纹）外观有较大的影响外，流平剂、促进剂等助剂品种和用量也有影响，而且熔融挤出混合设备的分散效果也有一定的影响。

目前国内常用的皱纹（橘纹）剂有美国伊士曼公司的粉末涂料用乙酸丁酸纤维素 CAB-551-0.01、CAB-551-0.2 和 CAB-531-1 等；天珑集团（香港）有限公司的皱纹剂 AS 01、AS 10、AS 330、特效皱纹剂 AS 3B 等；湖北来斯化工新材料有限公司的皱纹剂 HN-805；杭州中顺化工工贸公司的深皱纹 TS 助剂（ZS-702）；宁波南海化学有限公司 XG608 美术型助剂（也可以外加）；上海索是化工有限公司的纹理剂 MCB。这些皱纹（橘纹）剂都是以内加的方法加进去。下面具体介绍这些产品。

（1）乙酸丁酸纤维素　乙酸丁酸纤维素（CAB）是涂料中常用的助剂，在溶剂型涂料中作为流平剂、紫外光稳定剂、抗黄变剂、铝粉定向排列剂使用，在粉末涂料中作为橘纹剂使用，这些产品的技术指标见表 2-29。

表 2-29　乙酸丁酸纤维素的技术指标

型号	丁酰基含量①/%	乙酰基含量①/%	羟基含量①/%	玻璃化转变温度①/℃	黏度②		熔点范围②/℃	数均分子量②
					/s	/dPa·s		
CAB-551-0.01	53.0	2.0	1.5	86	0.01	0.038	127～142	16000
CAB-551-0.2	52.0	2.0	1.8	101	0.20	0.76	130～140	30000
CAB-531-1	50.0	3.0	1.7	115	1.90	7.20	135～150	40000

①按 ASTM D 817。

②按 ASTM D 817 及 ASTM D 1343。

在粉末涂料配方中，乙酸丁酸纤维素的用量为配方总量的 0.1%～0.3%，随着用量的增加，涂膜橘纹立体感下降，逐渐变成平整的外观，当增至 0.5%以上时变成完全平整的涂膜外观；随着用量的减少，涂膜的橘纹立体感变强，当减少到一定程度后涂膜容易露底。因此，根据涂膜外观要求选择好乙酸丁酸纤维素的品种和用量是必要的。另外，填料、颜料和助剂的品种和用量对橘纹纹理也有一定的影响。涂膜光泽可以通过一般粉末涂料消光的方法进行调整。

（2）AS 01、AS 10、AS 330、AS 3B 皱纹剂　AS 01 皱纹剂是高分子化合物表面活性剂，在配制粉末涂料时一起加入，它可以调节粉末涂料在熔融状态下的黏度和表面张力，使涂膜产生皱纹（橘纹）、锤纹等美术型纹理效果。这种皱纹剂适用于各种树脂类型的粉末涂料品种，在配方中的添加量少，纹理比较清晰；通过调节使用量和配方组成，可以得到不同皱纹大小的涂膜外观；皱纹剂的生产工艺比较简单，皱纹纹理重复性比较好。AS 01 在粉末涂料配方中的用量为 0.02%～0.1%，当用量少时纹理大而模糊；而加入量多时纹理较小而清晰，但加入量过多时，皱纹（橘纹）消失变平纹。在这种粉末涂料配方中，一般不需要添加流平剂，必要时，为了防止涂膜露底（缩孔），添加很少量。这种纹理剂适用于小皱纹，也可以作为花纹剂使用。

AS 10 皱纹剂是大皱纹剂，在配方中的用量为总配方量的 0.2%～1.2%，用内加法添加，皱纹剂的用量比 AS 01 皱纹剂多，皱纹纹理比 AS 01 皱纹剂的大。AS 10 皱纹剂的用量对皱纹纹理有一定的影响，随着 AS 10 皱纹剂用量的增加，涂膜皱纹纹理变大，涂膜不易露底、变平整；填料的品种和用量对皱纹纹理也有影响，一般随着填料用量的增加皱纹纹理变小，但立体感增强。另外，挤出机的混料效果对皱纹纹理也有一定的影响，每次生产时要固定生产设备和工艺条件，才能保证涂膜皱纹纹理的重复性。

AS 330 皱纹剂在粉末涂料配方中的用量为总配方量的 0.1%～0.3%，一般内加法添加。试验结果表明，单独使用时皱纹涂膜上容易出现露底（缩孔）现象，随着 AS 330 皱纹剂用量的增加，涂膜光泽降低，当配合使用少量浮花剂时，容易消除皱纹涂膜上的露底（缩孔），但用量多时涂膜皱纹的立体感变差。

AS 3B 特效皱纹剂是丙烯酸聚合物，外观为白色透明粉末，固体分含量大于 98.5%，软化点（环球法）114～122℃，不仅可以用在皱纹（橘纹）粉末涂料中，也可以用在花纹和锤纹粉末涂料中。AS 3B 特效皱纹剂适用于各种树脂体系粉末涂料，可以在较低剪切力条件下通过干混合法（外加法）加入，也可以同时与底粉和颜料一起干混合获得，即使底粉有流平剂的平整外观粉末涂料，也能产生立体感很强的皱纹或花纹。一般用量为底粉总量的 0.3%～1%，粒径控制在 140～180 目之间，可以根据实际情况确定。涂膜皱纹露底（缩孔）问题可以通过内加少量流平剂的方法来调节。

（3）其他皱纹剂　HN-805 皱纹剂也类似于 AS 10 皱纹剂，配制的粉末涂料皱纹纹理清晰、立体感强，薄涂也不容易露底，用量为配方总量的 0.1%～0.2%，以内加法在配料时添加。HN-805 皱纹剂的用量影响皱纹纹理大小，当添加量增加时纹理变小，添加量减少时皱纹变大。填料的品种和用量对皱纹纹理大小有明显的影响，另外粉末涂料的熔融水平流动性对皱纹纹理大小也有影响。

深皱纹 TS 助剂（ZS-702）是为了克服皱纹粉中立体感要求强时涂膜容易出现露底，或皱纹纹理不明显等弊病而添加的助剂。深皱纹 TS 助剂为白色粉末，推荐用量为配方总量的 0.5%～0.8%，用内加法在配料时添加，添加该助剂以后增强涂膜立体感，但只起辅助作用，不能单独作为皱纹剂使用。

橘纹剂 TX-502 可以赋予涂膜表面细小的橘纹或凹凸纹理模样的外观，在环氧-聚酯和聚酯-TGIC 粉末涂料中的用量为配方总量的 2%～3%；纹理剂 TX-520 能赋予涂膜表面凹凸纹理模样的外观，在环氧-聚酯和聚酯-TGIC 粉末涂料中的用量为配方总量的 0.1%～0.2%。

2. 花纹（浮花）剂

在粉末涂料配方中，添加后能使涂膜产生花纹或浮花的助剂。一般花纹（浮花）剂是用干混合法（外加法）加到粉末涂料特殊的底粉中，经过涂装以后能够使涂膜得到（皱纹状）花纹外观。

花纹（浮花）剂本身就是表面活性剂，在粉末涂料熔融成膜时降低表面张力，实际上是跟流平剂相类似的化合物。所谓特殊配方的粉末涂料，实际上是未加流平剂或加很少量流平剂的粉末涂料，如果把这种粉末涂料单独进行静电粉末喷涂时，所得到的涂膜是全板均匀分布缩孔的外观。当这种粉末涂料（又叫底粉）与花纹（浮花）剂干混合均匀后喷涂时，在烘烤固化过程中，花纹（浮花）剂就分散到熔融粉末涂料表面，降低表面张力，但是花纹（浮花）剂的总用量少，不能像流平剂那样降低整个涂膜表面张力，使涂膜表面张力均匀得到平整涂膜，而只能降低凹凸不平的凸部分的表面张力，仍然使涂膜表面张力分布不均匀，如同在皱纹剂中叙述的那样得到皱纹或橘纹涂膜。如果把花纹（橘纹）剂与漂浮性颜料，例如炭黑、酞菁蓝、酞菁绿、永固红、耐晒红和铝粉等中的一种或几种混合到特殊粉末涂料（底粉）后喷涂时，可以得到凹部分为底粉涂膜颜色、凸部分为漂浮颜料颜色的花纹涂膜。由于涂膜的凹凸部分的颜色不同，可以得到五颜六色的花纹。如果调整花纹（浮花）剂的用量，花纹大小也发生变化，一般随着花纹（浮花）剂用量的增加，涂膜花纹的立体感降低，涂膜的平整性变好，花纹也变小。另外，底粉的熔融水平流动性也影响花纹的大小。

常用的花纹（浮花）剂是丙烯酸酯均聚物或丙烯酸酯共聚物等表面活性剂，一般以环氧或聚酯树脂等为载体进行分散，有效成分的含量比流平剂少。为了使花纹（浮花）剂与粉末涂料干混合时分散均匀，花纹（浮花）剂粉碎的细度要求达到140目左右，如果太粗，花纹（浮花）剂的带静电效果不好，会影响涂膜的花纹纹理。由宁波南海化学有限公司生产的花纹（浮花）剂BBM、BBWK的技术指标见表2-30。这种花纹（浮花）剂在配方中的用量为底粉总量的1%～2%，漂浮颜料是根据花纹颜色的要求和底粉的颜色而决定的。另外，天珑集团（香港）有限公司的花纹（浮花）剂AS 5B，用量为底粉总量的0.05%～0.5%；杭州中顺化工工贸有限公司的特效TF浮花（花纹）剂ZS-503，用量为底粉总量的0.5%～0.8%；还有湖北来斯化工新材料有限公司的花纹（浮花）剂KF-30（进口）、立体花纹剂508等。

表2-30 宁波南海化学有限公司花纹（浮花）剂BBM和BBWK技术指标

项目	BBM	BBWK	项目	BBM	BBWK
外观	为黄色至白色粉末	为黄色至白色透明粉末	软化点/℃	114～122	90～115
固体分含量/%>	98.5	98.5	配方中的用量	底粉的1%～2%	底粉的1%～2%

在生产和使用花纹粉末涂料时，应注意下列事项：

（1）在生产时要注意防止混进非纹理型的平整外观粉末涂料，以免影响涂膜花纹效果。

（2）底粉和花纹（浮花）剂以及颜料的混合方法、混料速度和时间对涂膜花纹（包括颜色）有明显的影响，每批料控制好相同的工艺条件才能保证比较相近的涂膜外观。

（3）涂膜厚度对花纹大小有影响，小花纹涂膜厚度可以喷得薄，大花纹尽量喷得厚一些，否则容易使涂膜露底，影响花纹效果。

（4）因为花纹（浮花）剂、颜料和底粉之间的带电性能有差别，所以原粉末涂料与回收粉末涂料的组成有差异；当回收粉末涂料与新粉末涂料混合使用时，涂膜花纹发生明显变化，添加的回收粉末涂料量要适当，不能添加过多。

（5）涂装工艺条件对涂膜花纹有一定的影响，例如粉末喷涂工件的快速升温或慢速升温、涂膜厚度等条件的严格控制是保证产品质量的重要环节。

虽然花纹（浮花）剂的用量很少，但是可以得到清晰的涂膜纹理效果，花纹（浮花）剂的用量对涂膜花纹效果有明显的影响。通过调整粉末涂料的熔融水平流动性、花纹（浮花）剂用量、颜料和填料品种和用量，可以得到不同花纹大小和颜色的花纹涂膜。这种花纹（浮花）剂可适用于环氧、环氧-聚酯、聚酯、聚氨酯等粉末涂料。

3. 砂纹剂

砂纹剂是通过物理或化学作用，在粉末涂料熔融流平固化后，使涂膜形成砂纹纹理的助剂。因为砂纹剂的品种很多，形成砂纹的机理也不同，所以涂膜砂纹外观的差别也较大。对于同一种砂纹剂，在不同树脂和固化剂体系中的涂膜外观差别也非常大。

由宁波南海化学有限公司生产的 XG605-1A 消光砂纹剂或者六安市捷通达化工有限责任公司生产的 SA 208 纹理剂，在环氧粉末涂料中形成的是手感光滑的砂纹，这种纹理俗称绵绵纹或锁皮纹；而在环氧-聚酯和聚酯粉末涂料中形成的是手感粗糙的砂纸状的砂纹。

XG605-1A 消光砂纹剂和 SA 208 纹理剂是金属有机配合物，是一种固化促进剂，它们的技术指标分别如下。

XG605-1A 消光砂纹剂技术指标：外观为浅黄色粉末，熔点 193～195℃，固体分含量＞99％。SA208 砂纹剂技术指标：外观为细白或浅黄色粉末，熔点 185～200℃，挥发分≤0.5％。

由于这种砂纹剂的固化促进作用，使粉末涂料在固化温度条件下的胶化时间很短，涂膜来不及流平，形成砂纹外观。这种砂纹剂在固化反应中参与化学反应，是反应性的砂纹剂，而且对涂膜的消光作用也比较明显，因此 XG605-1A 又叫消光剂。在这种粉末涂料体系中，填料的品种和用量对涂膜砂纹粗细和光泽有明显的影响，特别是膨润土之类的影响更大。XG605-1A 消光砂纹剂和 SA 208 纹理剂在环氧粉末涂料中的用量为环氧树脂总量的 3.5％～5.0％，用干混合法（外加法）使用时，在环氧和环氧-聚酯粉末涂料中的用量为 1％～2％。

另外，前述的 XG603-1A 等消光固化剂与有机膨润土配合使用时，也可以得到砂纹粉末涂料。其中膨润土的品质和用量决定涂膜光泽和砂纹的粗细，流平剂和光亮剂的用量也可以调节涂膜的光泽。在配方中有机膨润土的用量为配方总量的 1％～5％。

除此之外，还有通过物理作用使涂膜形成砂纹的纹理剂，这种砂纹剂是酰胺改性特殊偏氟聚合物，是白色絮状物，使用纯物质时分散比较麻烦，最好先用不着色的物质分散后使用。这种砂纹剂的作用原理是提高粉末涂料的熔融黏度，而且砂纹剂与成膜物之间相容性差，可以改变熔融挤出物的表面张力，使熔融挤出物变成螺旋状物，熔融水平流动性变差，从而在成膜时形成表面粗糙、砂纹状的外观。这种砂纹剂的产品有六安市捷通达化工有限责任公司的 SA207 砂纹剂，用量为配方总量的 0.8％～1.5％；天珑集团（香港）有限公司的 AS 311，用量为配方总量的 0.2％～1％；杭州中顺化工工贸有限公司的 ZS 007、ZS 107（细砂纹）、ZS 207，用量为配方总量的 0.1％～0.15％。宁波南海化学有限公司 XG618 砂纹剂，是经聚四氟乙烯改性的聚烯烃蜡，白色流动粉末，熔点约 125℃，粒径大于 40μm，由于它与基料树脂不相容，可使涂膜产生砂纹效果。用这种砂纹剂生产的粉末涂料不容易受制造工艺条件的影响，涂膜外观的稳定性好，而且粉末涂料的贮存稳定性也比较好。这种粉末涂料的涂膜外观和光泽受砂纹剂用量的影响，同时也受填料品种和用量的影响，特别是有机膨润土品质和用量的影响很大。这种砂纹剂适用于各种树脂粉末涂料，应用范围广。

还有，天珑集团（香港）有限公司的消光砂纹蜡 AS 03/AS 05 是聚氟乙烯改性聚乙烯蜡，也能赋予粉末涂料消光纹理的涂膜。这种消光纹理剂是白色粉末，相对密度大约 1.03，松散密度 285g/L，熔点大约 112℃，平均粒度 9μm，配方中的添加量为总量的 0.5％～1％左右。如果想得到砂纹细、耐划伤性更好的涂膜，可使用全四氟乙烯纹理蜡 AS 21、AS 22、AS 23 等。AS 21 的用量为配方总量的 0.1％～0.3％，AS 22 的用量为配方总量的 0.03％～0.15％，AS 23 的用量为配方总量的 0.01％。另外，该公司的 TL 250 和 TL 310 砂纹剂也可以使用，TL 250 的用量为配方总量的 0.1％～0.3％，TL 310 的用量为配方总量的1%～3%。

再有上海索是化工有限公司的砂纹剂T-101、T-102、T-2071，能赋予粉末涂料涂膜的消光和耐磨效果，其中T-101为经济型的砂纹剂，添加量为配方总量的0.1%～0.3%；T-102为极细纹的砂纹剂，添加量为配方总量的0.5%～1.0%；T-2071为纯砂纹剂，添加量为配方总量的0.05%～0.2%。

湖北来斯化工有限公司的砂纹剂HOT-815是一种含有蜡的高分子化合物，可以得到细小均匀砂纹，用量为配方总量的0.1%左右；特效纹理剂825是改性氟化物，对各种粉末涂料都可以得到细小均匀砂纹，用量为配方总量的0.1%。

上述这些砂纹剂都是在原材料预混合时添加，用熔融挤出混合法进行分散，如果与有机膨润土等填料匹配使用可以得到粗细纹理不同的砂纹粉末涂料。如果单独使用有机膨润土也可以得到砂纹粉末涂料。

4. 锤纹剂

锤纹剂是与金属铝粉一起熔融挤出混合分散在粉末涂料中以后，由于表面张力不均匀，使涂膜表面产生铝粉的锤纹纹理的助剂。

在锤纹粉末涂料中，铝粉是不可缺少的组成部分，而且最好是粒度在10μm以下，具体要根据用户对涂膜外观的要求来决定。锤纹粉末涂料在成膜时，锤纹剂使涂膜表面张力不均匀，形成一定程度凹凸不平的涂膜，这样铝粉就沉积在凹面部分形成锤纹，如果涂膜流平成平整的涂膜，就不能形成有立体感的锤纹。

一般锤纹剂是在原材料预混合时加进去，用熔融挤出混合法分散。因为锤纹剂对涂膜锤纹外观（纹理）有明显的影响，所以在原材料生产厂和经销商推荐的基础上，还要经过试验再确定比较合适的配方使用量。

在制造锤纹粉末涂料时，铝粉的品种和用量对锤纹粉末涂料的质量和涂膜外观也有明显的影响；另外，对粉末涂料的熔融水平流动性和胶化时间也有一定的影响。因此，要想配制涂膜的颜色和外观与用户带来的锤纹涂膜样板一样的粉末涂料，比配制一般平面涂膜外观粉末涂料难度大得多。

在配制锤纹粉末涂料配方时，为了使锤纹纹理的清晰度好，最好不要在配方中添加一些透明性差的填料和颜料，即使是为了提高涂膜硬度或降低成本添加部分填料，填料的添加量不要超过配方量的15%，否则锤纹的清晰度等纹理效果不好，最好是不加填料。

另外，调节锤纹纹理大小时，除了调节锤纹剂用量外，还可以添加少量流平剂来调节。一般随着流平剂用量的增加，涂膜锤纹纹理变小；当流平剂用量过多时，锤纹就会消失，甚至涂膜变成小花纹。

常用的锤纹剂品种有前面提到的乙酸丁酸纤维素（简称CAB）CAB-551-0.01、CAB-551-0.2、CAB-531-1等，配方中的用量为总量的0.1%～0.3%，技术指标见表2-29。湖北来斯新材料有限公司的NC 856锤纹剂，杭州中顺化工工贸有限公司的ZS 705锤纹剂，都是白色结晶粉末，相对密度1.8，细度小于25μm，熔程150～160℃，用量为配方总量的0.1%～0.2%。还有天珑集团（香港）有限公司的AS 303锤纹剂等。

除按上述内加法添加锤纹剂而制造锤纹粉末涂料的方法外，还可以用外加法添加花纹（浮花）剂制造锤纹粉末涂料。按这种制造方法，铝粉和少量的流平剂在制造底粉时一起加进去，以熔融挤出混合法制造底粉，底粉的配方是根据要求而设计的。制造底粉以后，把底粉和花纹（浮花）剂按一定比例进行干混合得到锤纹粉末涂料。干混合可以使用三维双锥形、V形或桶形混合机。如果没有条件也可以使用高速混合机，但混合时间要短。根据颜色需要，一般颜料可以在配料时一起加进去，对于漂浮性颜料也可以与底粉和花纹（浮花）剂干混合时一起加进去。这种方法的优点是，通过花纹（浮花）剂用量的多少可以调节粉末涂料的锤纹纹理大小，调节锤纹纹理比较方便；缺点是花纹（浮花）剂是干混合法加进去的，当回收粉末再用时，由于静电效果的不同，回收粉末中的花纹（浮花）剂含量有变化，当回收粉末涂料与原粉末涂料之间混合使用比例失调时，涂膜锤纹纹理大小容易发生变化，对锤纹纹理的稳定带来一定的影响。因此，回收粉末涂料再用时，新旧粉末涂料混合比例要适当，防止锤纹纹理引起较大的变化。

在配方中花纹（浮花）剂的用量为配方总量的0.1%～0.8%，当底粉配方中加少量流平剂时，可以降低花纹（浮花）剂的用量，涂膜的锤纹纹理随着花纹（浮花）剂用量的增加而变小，如果添加量过多锤纹就会消失，变成小花纹，甚至变成平整涂膜。另外，粉末涂料烘烤固化时，被涂物的升温方法对涂膜锤纹纹理也有一定影响，一般喷涂工件直接放进恒温的烘烤炉和喷涂工件放进未预热的烘箱烘烤升温时的两者涂膜纹理有明显的区别。

5. 点花（花纹扩散）剂

点花（花纹扩散）剂是粉末涂料专用助剂。当用这种助剂与颜料熔融挤出得到不同粒度的点粉后，与各种粉末涂料拼混时，由于相互之间的不相容，保持了自身的流动扩散性，因而在涂膜上形成飞鸟、树叶、多色、花岗岩和宝石等花纹。

这种美术型粉末涂料的制造工艺如下：首先用点花（花纹扩散）剂与颜料熔融挤出混合，冷却，粉碎后，经80～150目不同筛网过筛成不同粒度的点粉（花纹扩散粉），不同目数的粉末涂料产生不同大小的花纹。如果将点粉（花纹扩散粉）按底粉量的0.1%～6%用量加到底粉中，就出现扩散点花花纹效果。在底粉配方中，不加或少加流平剂、安息香等助剂；如果要求涂膜流平性好，在底粉中加些蜡粉或少量流平剂；如果在底粉中加少量的锤纹剂或花纹剂，可使涂膜花纹效果有规律，立体感强。

七、固化促进剂

固化促进剂是为了加快粉末涂料中树脂与固化剂之间的固化反应速率，或者降低固化反应温度而添加的助剂。这些固化促进剂的用量比固化剂少得多，有的参加化学反应，有的不参加化学反应，只会降低化学反应活化能或者加快固化反应速率，起到催化剂的作用。在环氧粉末涂料中常用的有2-甲基咪唑、2-苯基咪唑啉、环脒、呱啶、胍、三嗪化合物、尿素衍生物等。在环氧-聚酯粉末涂料中常用的有2-甲基咪唑、2-苯基咪唑啉、卞基三乙基氯化铵、卞基三乙基溴化铵等。在聚酯粉末涂料中常用的有溴化季铵盐、三苯基膦、*N*-甲基磺基对苯磺酰胺（ACRIRON 32-18A纹理剂）等。在聚氨酯粉末涂料中用的有二丁基月桂酸锡等。由中法化学有限公司生产的CY 168催化剂可以用在聚酯粉末涂料；由亨斯迈（HUNSMAN）公司提供的催化剂DT 3126-2可以用在环氧-聚酯和聚酯粉末涂料活性的调整。另外，六安市捷通达化工有限责任公司的SA210、SA220、SA230和SA242促进剂也可以用在聚酯和环氧-聚酯粉末涂料中。

八、抗黄变剂

抗黄变剂是粉末涂料在烘烤固化时（或者日光照射下），为了防止涂膜变黄而添加的助剂。这种助剂一般添加在白色或浅色粉末涂料品种中。粉末涂料的缺点之一是烘烤温度高，多数品种的烘烤温度在180℃左右，为了提高生产效率，往往提高烘烤固化温度来缩短烘烤固化时间。在这种情况下，高温对于有机高分子化合物的氧化作用更明显，从而使粉末涂料涂膜更容易变黄或变色。另外，有些粉末涂料品种在日光的直接照射或间接照射下，也会产生涂膜变黄的问题。在粉末涂料配方中添加抗黄变剂或抗氧化剂的目的是为了减少和克服粉末涂料涂膜受高温、空气和日光的作用产生黄变问题，这些抗黄变剂或抗氧化剂通过捕捉涂膜在有氧受热时产生的自由基而阻止涂膜的热降解反应，从而提高涂膜的抗黄变性和抗老化性。用于粉末涂料中的抗黄变剂有天珑集团（香港）有限公司的AS 110户内产品用抗黄变剂和AS 130高温抗黄变剂。AS 110耐温200℃，保护有机高分子化合物不发生氧化降解作用，起到抗黄变作用，用量为配方总量的0.5%～1%；AS 130耐温300℃，适用于250℃以内抗氧化，起到抗黄变作用，用量为配方总量的0.5%～1%，都以熔融挤出混合法分散。杭州中顺化工工贸有限公司的抗黄变剂，可以改进涂膜的耐候性，有助于消除涂膜黄变问题，用量为配方总量的1%，以熔融挤出混合法分散；抗氧剂用量为配方总量的0.8%，以熔融挤出混合法分散。湖北来斯化工新材料有限公司抗黄变剂736在配方中的用量为0.1%～0.5%。另外Ciba公司也有宜加耐（IRFANOX）和宜加辅（IRGAFOS）两种牌号的抗氧剂产品。

九、防结块剂（松散剂或疏松剂）

防结块剂（松散剂或疏松剂）是为了在环境温度较高的条件下，使粉末涂料在制造、贮存、运输和使用过程中不结块，使它松散或疏松而添加的助剂。在夏季高温季节，一方面环境温度高，另一方面由于粉末涂料组成中树脂的玻璃化转变温度低，或者固化剂或其他助剂的影响，使粉末涂料玻璃化转变温度较低等原因，导致粉末涂料在制造、贮存、运输和使用过程中容易结块。在粉末涂料容易结块的重要原因中，内在原因是配方设计中选择的树脂、固化剂和助剂的玻璃化转变温度低或者化学稳定性不好；外在原因是环境温度高于35℃，使粉末涂料中某些物质分子的热运动加速，并相互渗透，亲和力和凝聚力增强而结团。通过添加防结块剂（松散剂或疏松剂）降低粉末涂料粒子之间的凝聚力，或者起到粉末涂料粒子之间的隔离作用，提高粉末涂料的防结块作用。

防结块剂（松散剂或疏松剂）有内加型和外加型两种类型。内加型是于粉末涂料制造过程中，在原材料预混合时添加防结块剂，以熔融挤出混合法分散；外加型是粉末涂料熔融挤出混合以后，在细粉碎时或者细粉碎以后添加防结块剂。下面简要介绍这两种类型防结块剂的不同添加方法和常用产品。

内加型防结块剂（疏松剂）有丙烯酸聚合物与有机化合物的复合物，白色片状或粉状物，添加以后调节粉末涂料中成膜物之间的亲和力和凝聚力，可以提高粉末涂料的防结块温度，改进粉末涂料贮存稳定性和干粉流动性（降低安息角）；另外，在静电粉末喷涂时，粉末涂料不容易堵塞喷枪，避免粉末涂料结团和粘壁现象，还有利于提高上粉率。湖北来斯化工新材料有限公司干粉流动剂 445 是属于这种类型的助剂，用量为配方总量的 0.5%～0.6%，内加方式添加。

这种内加型防结块剂（疏松剂）不溶于水、耐酸、耐碱、光稳定性好，而且在粉末涂料中分散性好，在配方中的添加量为总量的 0.3%～0.8%。另外，气相二氧化硅也可以用内加法添加，但是在同样添加量的情况下，内加的效果不如外加的效果好。

外加型防结块剂（松散剂）中常用的是气相二氧化硅（又称白炭黑），它的作用是在粉末涂料粒子之间起到润滑和隔离作用，使粉末涂料粒子之间不容易粘连和凝聚，发挥松散剂的作用，改进粉末涂料的干粉流动性（降低安息角）和供粉槽中的流化性能，在某种程度上还改进粉末涂料的上粉率。另外，气相二氧化硅的比表面积大，对湿气的吸附能力很强。粉末涂料容易结块和松散性变差的重要原因之一是吸收空气中的湿气，所以在粉末涂料中以干混合法添加气相二氧化硅以后，气相二氧化硅先吸收湿气，可以防止粉末涂料吸收湿气，使粉末涂料始终处于干燥的状态，不容易结块，保持粉末涂料干粉的良好流动性。气相二氧化硅在粉末涂料配方中的添加量为总量的 0.1%～0.5%，可以根据粉末涂料品种和配方选择比较合适的用量；也可以根据气温和季节的变化选择用量，气温高的夏季可以适当增加添加量。一般随着添加量的增加，粉末涂料的松散性，也就是干粉的流动性好，但是添加量过多时将影响涂膜外观。为了使防结块剂（松散剂）分散均匀，一种方法是在粉末涂料制造过程中，在破碎漆片细粉碎工序时（即 ACM 磨粉碎时），用定量加料器添加防结块剂（松散剂），这种方法的优点是松散剂的分散性好，分散均匀；缺点是松散剂的颗粒小、密度低，部分容易被吸附到超细粉回收器中，造成部分松散剂的损失。如果供料方式不合适，供料速度受引风速度的影响，供料不均匀。另一种方法是使用三维双锥形、V 形或桶形混合机混合的方法，在粉末涂料产品中添加防结块剂（松散剂），这种方法不适合于连续生产，生产效率低。近年来，也有从旋转阀（关风机）下面旋转筛的入口，用定量加料器添加松散剂，这种方法的优点是松散剂不会被吸附到超细粉回收器中，可以节约松散剂的用量，但是对于某些松散剂，例如低品位的气相二氧化硅，分散性不好，容易导致凝聚颗粒在涂膜上产生颗粒（质点），影响产品质量。因此这种方法只适合高档产品，例如氧化铝 C 等纳米材料松散剂的分散。

气相二氧化硅的生产和供应商很多，有天津化工研究院、金华市科宏白炭黑研究所、无锡万利涂料设备有限公司、广州天珑贸易有限公司等单位。另外，德国德固赛（Degussa）公司的 ACEMAT TS 100，德国 CABOT 公司的 CAB-O-SIL 气相二氧化硅 M-5、H-5、HS-5、EH-5、TS-720、TS-610、TS-530、CT-1221 也可以使用在电晕放电带电粉末涂料体系。近年来也开始使用气相氧化铝和气相二氧化硅的混合物；还有使用单一的气相氧化铝，虽然价格比气相二氧化硅贵很多，但它的用量少，效果比气相二氧化硅好，对要求高的产品已经开始使用。德国 CABOT 公司的气相三氧化二铝 SpectrAl 51、SpectrAl 81、SpectrAl 100 可以用在摩擦带电粉末涂料体系，可以改善粉末涂料品质，减少橘皮，防止结块，提高光泽和稳定性。天津化工研究院 TMS 系列气相二氧化硅的产品规格见表 2-31；德国 CABOT 公司的粉末涂料用气相二氧化硅的产品规格见表 2-32。

表 2-31　天津化工研究院 TMS 系列气相二氧化硅产品规格

项目	TB-104	TMS-100	TMS-100P	TMS-200
SiO_2 含量/%	99.0	99.3	99.0	99.3
比表面积/(m^2/g)	250～300	300～350	250～300	300～350
pH 值	7	7	7	7
吸油值/(mL/g) >	2.0	3.0～3.5	2.0	3.0～3.5
白度/%	90	95	90	95
表观密度/(g/cm^3)	0.09	0.1	0.1	0.1
平均粒径/μm	2～3	3～4	1～2	3～4
表面处理	无	无	无	无

表 2-32　德国 CABOT 公司粉末涂料用气相二氧化硅产品规格

项目	CABOT 公司				
	M-5	EH-5	TS-720	TS-610	TS-530
碳含量(质量分数)/%			5.4±0.6	0.85±0.15	4.25±0.5
比表面积/(m^2/g)	200±25	380±30	100±20	120±20	215±30
pH 值(4%水浆)	3.7～4.3	3.7～4.3	—	4～5	4.8～7.5
水含量(质量分数)/%			<0.6	<0.5	
堆积密度/(g/L)	50	50	60	60	60
加热质量损失(105℃)/%	<1.5	<1.5	0.6	0.5	0.5
燃烧质量损失(1000℃)/%	<2	<2.5	<7	—	—
表面处理	无	无	有	有	有
处理水平			充分	不充分	充分

注：TS-720 用二甲基硅酮液处理，TS-610 用二甲基二氯硅烷处理，TS-530 用六甲基二硅氮烷处理。

在粉末涂料中常用的超细气相二氧化硅有德国德固赛（Degussa）公司的 AeroSil R-972 和 AeroSil 200，其产品规格见表 2-33。

表 2-33　德固赛（Degussa）公司的粉末涂料用气相二氧化硅产品规格

项目	AeroSil 200	AeroSil R-972	项目	AeroSil 200	AeroSil R-972
水溶性	亲水性	疏水性	pH 值	3.6～4.3	3.6～4.3
外观	飞扬白色粉末	飞扬白色粉末	SiO_2 含量/% >	99.8	99.8
BET 表面积/(m^2/g)	200±25	110±20	Al_2O_3 含量/% <	0.05	0.05
平均原生粒径/nm	12	16	Fe_2O_3 含量/% <	0.03	0.01
标准密度/(g/L)	50 左右	50 左右	TiO_2 含量/% <	0.03	0.03
加热质量损失(150℃,2h)/% <	1.5	0.5	HCl 含量/% <	0.025	0.05
灼烧质量损失(1000℃)/% <	1	2	筛余物(323 目)/% <	0.05	—

近年来松散剂的品种不断增多，除了纳米级的气相二氧化硅以外，也出现了性能好价格较贵的纳米级的氧化铝（如氧化铝 C）、纳米级氢氧化铝、纳米级二氧化钛（金红石和锐钛型的混合物）等新型松散剂。

十、防流挂剂和边角覆盖力改进剂

当粉末涂料静电喷涂后熔融流平固化时，由于熔融粉末涂料的黏度太低，在被涂物垂直底部或棱角的部位，会产生涂膜流挂或边角覆盖力差的现象，为了克服这种现象而添加的助剂叫防流挂剂或边角覆盖力改进剂。

产生涂膜流挂或边角覆盖力差的问题，最主要的原因是粉末涂料的熔融黏度低，其次是树脂与固化剂的反应速率，前者可以通过添加防流挂剂或边角覆盖力改进剂，提高粉末涂料的熔融黏度，降低粉末涂料的熔融水平流动性和倾斜流动性来解决；后者可通过调整粉末涂料的反应活性来解决。涂膜的流挂现象，在静电粉末涂装中，涂膜厚度过厚时也容易出现。涂膜边角覆盖力差的问题，在流化床浸涂中，涂装有棱角的物体时容易出现；在静电粉末涂装中，被涂物边缘棱角锐利，或者粉末涂料熔融黏度过低，或者涂膜厚度过厚时也容易出现。

防流挂剂和边角覆盖力改进剂的主要作用是增加粉末涂料的熔融黏度，或者使粉末涂料在熔融流平时产生触变作用，使被涂物各部位涂膜厚度均匀，避免涂膜流挂和边角部位覆盖不均匀等问题。因为防流挂剂和边角覆盖力改进剂的作用是有限的，所以首先要在配方的设计上，根据涂膜厚度的要求选择熔融黏度合适的树脂品种，然后还要选择好固化反应速率合适的固化剂和促进剂，再则考虑颜料和填料的品种和用量。在此基础上还不能满足要求时，再通过添加防流挂剂或边角覆盖力改进剂来进一步解决。

在粉末涂料中常用的防流挂剂和边角覆盖力改进剂有聚乙烯醇缩丁醛和超细气相二氧化硅等助剂。聚乙烯醇缩丁醛的主要作用是增加粉末涂料熔融流平时的黏度；超细气相二氧化硅的作用是触变作用。聚乙烯醇缩丁醛在配方中的用量为总量的1%～5%；超细气相二氧化硅在配方中的用量为总量的0.5%～2%。湖南湘维有限公司生产的聚乙烯醇缩丁醛的产品规格见表2-34，其中熔融温度在180℃以下的比较好，如果熔融温度太高或太低都不好。

表2-34　湖南湘维有限公司聚乙烯醇缩丁醛的产品规格

项目	SD-1	SD-2	SD-3	SD-4	SD-5	SD-6
外观	白色粉末					
挥发分/%	<3.00					
灰分/%	<0.12					
纯度/%	>96.8					
酸值/(mg KOH/g)	<1.00					
聚乙烯醇缩丁醛/%	66～81					
乙酸乙烯基/%	<3.0					
黏度/mPa·s	<10	10～25	26～35	36～55	56～85	>85
黏度/s	<5	5～10	10～18	18～36	36～60	>60
透明度	透明或微透明					

十一、润滑剂（增滑剂）和防划伤剂

润滑剂（增滑剂）和防划伤剂是在粉末涂料熔融流平过程中，迁移到表面形成单分子层或者迁移到涂膜表面形成保护层，降低涂膜表面张力和表面摩擦系数，起到润滑（增滑）效果，并提高其抗划伤性能的助剂。

润滑剂（增滑剂）和防划伤剂有两大类，一种是有机硅类，包括苯基和烷基改性有机硅、聚醚改性有机硅、聚酯改性有机硅和反应性基团改性有机硅等，添加以后降低表面张力，迁移至涂膜表面形成单分子层，使涂膜有很好的平整性，起到润滑（增滑）和抗划伤的作用。另一种是蜡类，包括聚乙烯蜡、聚丙烯蜡、聚四氟乙烯蜡、聚酰胺蜡、聚四氟乙烯改性聚乙烯蜡和聚乙烯改性聚酰胺蜡等，相对密度在1.0左右，与粉末涂料树脂的相容性差，有些具有高硬度、高韧性和易分散性，在成膜过程中迁移到涂膜表面形成均匀分布的保护层，降低摩擦系数，提高防划伤性能和润滑性能。在粉末涂料中不适合用液态的助剂，因此主要用固体粉末状的蜡类助剂。蜡型助剂的一种功能是通过它硬度高的特点提高涂膜的硬度，起到抗划伤的作用；另一种功能是蜡层的滑爽性使工件相互碰撞时不容易碰伤，即使碰的伤痕也容易恢复，不易留痕迹。

蜡类润滑（增滑）剂、防划伤剂的分子量在1500～6000之间，除聚四氟乙烯蜡的相对密度2.2以外，其他品种相对密度都在0.8～1.0之间，其粒度范围都在几微米至几十微米之间，可以得到不同外观的涂膜。

目前粉末涂料中专用的润滑（增滑）剂、防划伤剂品种很多，其中有天珑集团（香港）有限公司的AS-14B润滑剂，外观为白色粒状粉末，软化点85～100℃，挥发分小于0.02%，在配方中的用量为总量的0.5%～1.0%，熔融挤出混合法分散；微晶蜡AW 02，用量为配方总量的1%～3%，用熔融挤出混合法分散；聚乙烯蜡AW 52，用量为配方总量的0.3%～3%，用熔融挤出混合法或粉末涂料中外加的干混合法分散；微粉蜡AW 03，用量为配方总量的1%～3%，用熔融挤出混合法分散；微粉蜡AS 91和AS 65，用量为配方总量的0.3%～1%，用熔融挤出混合法或干混合法分散；聚四氟乙烯改性蜡AW61和AS 90，用量为配方总量的0.3%～1%，用熔融挤出混合法分散。宁波南海化学有限公司的抗划伤剂MR-1是改性聚乙烯蜡，白色粉末，熔程115～125℃，相对密度0.91～0.95，用量为配方总量的0.1%～0.6%，用熔融挤出混合法分散。湖北来斯化工新材料有限公司的820高光蜡，用量为配方总量的0.3%～0.8%，用熔融挤出混合法分散。LUBRIZOL（路博润）涂料助剂公司微粉蜡Lanco TF 1830是白色粉末，组成为聚四氟乙烯改性聚乙烯蜡，熔点102℃，密度0.99g/cm^3，酸值小于1mg KOH/g，硬度（ASTM 1321）2，用量为配方总量的0.5%～3%，用熔融挤出混合法分散；微粉蜡Lanco TF 1778是白色粉末，组成为聚四氟乙烯改性聚乙烯蜡，熔点102℃，密度0.98g/cm^3，酸值小于1mg KOH/g，硬度（ASTM 1321）2，具有优异的滑爽性、抗划伤性和耐磨性，用量为配方总量的0.05%～2.0%，用熔融挤出混合法分散；微粉蜡Lanco PP 1362D，微粉化改性聚丙烯蜡，熔点140℃，密度0.94g/cm^3，酸值小于3mg KOH/g，硬度（ASTM 1321）1～2，具有优异的防粘连性，用量为配方总量的0.1%～2.5%，用熔融挤出混合法分散；另外，还可以用在粉末涂料中的微粉蜡产品型号有：Lanco 1394F、Lanco PE 1525MF、Lanco 1550、Lanco 1900MF、Lanco 1910MF、Lanco 1890等产品。湖北来斯化工新材料有限公司防粘连剂780也可改进粉末涂料的滑爽性，用量为配方总量的0.3%～0.5%。上海索是化工有限公司T-2是纯聚四氟乙烯蜡，具有极佳的耐磨性和滑爽性，添加量为配方总量的0.2%～0.4%；T-403是聚四氟改性微粉蜡，添加量为配方总量的0.3%～0.5%；T-401和T-405是聚乙烯蜡，高熔点，有效提高涂膜耐磨性和滑爽性，添加量为配方总量的0.3%～0.8%。

这些润滑剂（增滑剂）和防划伤剂，除了润滑（增滑）和防划伤方面的应用外，还用在增光、消光、流平和纹理等方面。

十二、抗静电剂、增电剂和摩擦带电剂

抗静电剂是利用表面活性剂的特性，吸收空气中的水分，使表面活性剂活化，形成极薄

的导电层，产生静电泄漏通道的助剂。广泛应用的抗静电剂是表面活性剂，通过不同方法泄漏电荷或降低摩擦系数，从而抑制静电的产生，降低涂料成膜物的表面电阻，加快静电电荷的泄漏。在典型的抗静电剂表面活性剂分子中，两个端基中的一端是亲水基（X），另一端是亲油基（Y），形成 X—R—Y 结构，并且具有适当的亲水亲油值（HLB）。抗静电剂分子结构中，亲水基和亲油基的适当匹配对抗静电效果有很大的影响。在抗静电剂亲油基和亲水基中，亲水基又可分为微亲水基、一般亲水基、强亲水基等。亲油基有$\text{+CH}_2\text{+}_n\text{CH}_3$、$\text{—C}_6\text{H}_5$、$\text{—OCH}_2\text{CH}_2\text{CH}_3$、$\text{+CH}_2\text{+}_n\text{C}_6\text{H}_5$、$\text{+CH}_2\text{+}_n\text{Si(CH}_3)_3$、$\text{+CH}_2\text{—CH(CH}_3\text{)—O+}_n$等；微亲水基有$\text{—CH}_2\text{OCH}_3$、$\text{—C}_4\text{H}_9\text{OCH}_3$、$\text{—COOCH}_3$、—CS、—CSSH、—CHO、$\text{—NO}_2$ 等；一般亲水基有—OH、—COOH、—CN、—CONH_2、—COONH_2、—COOR、$\text{—OSO}_3\text{Na}$ 等；强亲水基有$\text{—SO}_3\text{H}$、$\text{—SO}_3\text{Na}$、—COONa、—COONH_4、—Cl、—Br、—I 等。

抗静电剂可按化学结构来分类，一般可分为阳离子型、阴离子型、非离子型和两性型，常用的抗静电剂是这四种化合物或复合物。

一般粉末涂料涂膜表面电阻都比较高，很容易带静电，而且产生的电荷一时很难泄漏，通过添加抗静电剂使粉末涂料的表面电阻小于绝缘体，但又高于导体或半导体，使体积电阻率从 $10^{14}\sim10^{16}\ \Omega\cdot\text{cm}$ 降至 $10^{8}\sim10^{10}\ \Omega\cdot\text{cm}$。

目前在粉末涂料中常用的抗静电剂有湖北来斯化工新材料有限公司的 711 抗静电剂，外观为白色至黄色颗粒或粉末，含量为 99.5%，相对密度 2.15～2.17，用量为配方总量的 0.5%～3%，用熔融挤出混合法分散。天珑集团（香港）有限公司的抗静电剂 AS 88P，有利于粉末涂料静电吸附，提高一次上粉率，克服凹部分的静电屏蔽作用，同时对粉末涂料有疏松和防结块性能，并使含铝粉粉末涂料涂膜表面效果更均匀，避免表面发花现象，用量为配方总量的 0.5%左右，用熔融挤出混合法分散；抗静电剂 AS 109，可以有效消除静电危害，并有良好的热稳定性，抗静电效果持久稳定。杭州中顺化工工贸有限公司的抗静电剂 ZS 701，能有效地提高粉末涂料的导电性，提高上粉率，克服静电屏蔽效应，使边角或内表面容易上粉，改善流平和提高粉末松散性，用量为配方总量的 0.3%～0.5%，用熔融挤出混合法分散。另外，LUBRIZOL（路博润）涂料助剂公司的抗静电剂 Lanco Stat 308 能改善粉末涂料涂装时的屏蔽效应。

增电剂的作用是能够有效地提高静电喷涂时粉末粒子的带电量，从而提高一次上粉率；同时在静电喷涂时使工件表面电荷及时泄漏掉，克服静电屏蔽效应，使棱角或凹部分容易上粉。

在粉末涂料中常用的增电剂有天珑集团（香港）有限公司的粉末涂料增电剂 AS 90 和 TL 90。AS 90 的主要成分为带电基团的有机盐，用量为配方总量的 0.05%～0.4%，对于不同用途的加入量有差别，在需要大幅度提高上粉率时加入量为 0.1%～0.2%，解决死角上粉率时的加入量为 0.05%～0.1%，提高颜料含量时的加入量为 0.2%～0.3%，以熔融挤出混合法分散。湖北来斯化工新材料有限公司的粉末增电剂 EDI 也有同样的效果，用量为配方总量的 0.05%～0.4%，以熔融挤出混合法分散；上粉添加剂 DSA 也可增加粉末粒子带电量，使出粉不堵枪，可以克服喷涂时静电屏蔽效应，用量为配方总量的 0.3%左右。杭州中顺化工工贸有限公司的粉末增电剂 ZS 705，增加粉末喷涂时的粉末带电电荷，提高上粉率，用量为配方总量的 0.5%左右，以熔融挤出混合法分散。深圳海川化工有限公司的 Texaquart 900 增电剂，白色粉末，可以改善粉末涂料导电性能，提高一次上粉率，用量为配方总量的0.3%～0.5%，用熔融挤出混合法分散。德谦（上海）化学有限公司电荷调整剂PW-180适用于环氧-聚酯和聚酯-TGIC粉末涂料，用量为配方总量的0.1%～1.0%；电荷调整剂PW-189适用于环氧-聚酯和聚酯-TGIC粉末涂料，用量为配方总量的0.3%～1.0%。

摩擦带电剂是在摩擦静电粉末喷涂时，改进粉末涂料的摩擦荷电性能，增加粉末涂料的荷电量，提高粉末涂料的上粉率而添加的助剂。大部分粉末涂料是以静电粉末涂装法涂装，在静电粉末涂装法中，一种是以电晕放电荷电法使粉末涂料带负电，另一种是以摩擦荷电法使粉末涂料带静正电，其中摩擦荷电法的粉末涂料很容易受粉末涂料树脂品种和结构的影响。一般环氧粉末涂料容易摩擦带电，环氧-聚酯和TGIC固化聚酯粉末涂料的摩擦带静电性能差。因此，如果想把环氧-聚酯和TGIC固化聚酯粉末涂料用于摩擦静电粉末涂装时，在粉末涂料配方中必须添加摩擦带电剂，如果树脂生产厂已经在聚酯树脂中添加这种助剂，不必再添加摩擦带电剂。宁波南海化学有限公司生产的TB系列摩擦带电剂的技术指标见表2-35，以熔融挤出混合法分散。

表2-35 宁波南海化学有限公司生产的TB系列摩擦带电剂技术指标

项目	TB-1	TB-2	TB-3	项目	TB-1	TB-2	TB-3
外观	白色流动粉末	粉粒	粉粒	有效含量/%	5	5	5
载体	硫酸钡	E-12环氧树脂	低酸值聚酯树脂	挥发分/% ≤	1	1	1

十三、光稳定剂和紫外光吸收剂

光稳定剂是能够抑制或延缓成膜物质高分子材料在光照下老化的功能性助剂。涂膜在日光下老化的原因很多，其中最主要的原因是日光的照射。涂膜的光老化表现在失光、褪色、变色、龟裂、粉化和剥落等现象，添加光稳定剂可以提高涂膜的耐候性。

光稳定剂按其作用原理可分为光屏蔽剂、激发态能量猝灭剂、自由基捕获剂、过氧化物分解剂和紫外光吸收剂。在涂料工业中使用较多的光稳定剂是光屏蔽剂和紫外光吸收剂，在要求某些特殊性能的耐光和耐候型粉末涂料中，以两种或更多品种的光稳定剂匹配使用。光屏蔽剂的作用是使涂膜反射或吸收紫外光，减少紫外光的透射，从而使涂膜内部不受紫外光的影响，代表性的有金红石型钛白、炭黑、氧化锌和二氧化硅等颜料和填料。

激发态能量猝灭剂是聚合物分子吸收光后，其分子结构跃迁到高能量激发状态，在光降解之前，迅速有效地猝灭激发的能量，使激发态的分子回到稳定基态，避免产生光降解的助剂，代表性的品种有镍盐和镍盐配合物、某些受阻胺等化合物。

自由基捕获剂的作用是，成膜的高分子化合物在受热时氧化产生过氧化物，过氧化物受光的作用，吸收高能量光量子后分解成自由基，自由基又进一步发生自动氧化降解反应，在引发自动氧化降解之前准确有效地捕获自由基，使生成稳定分子化合物，代表性的品种有哌啶化合物。

过氧化物分解剂是有效分解过氧化物、避免活性自由基的产生、阻止自由基引发的进一步光降解反应的助剂，代表性的品种有哌啶化合物、硫化酯类、亚磷（膦）酸酯类等。

紫外光吸收剂的作用是选择性地强烈吸收紫外光，将其转变成无害的热能或其他低能辐射，消耗能量，从而使有害的紫外光能量代谢，不再破坏成膜物高分子键，代表性的品种有邻羟基二苯甲酮、邻羟基三唑类、取代丙烯腈类、芳香酯类、草酰苯胺类、三嗪类和甲脒类等。

邻羟基二苯甲酮类化合物吸收紫外光后，有效地把分子能量转变成低能辐射，使成膜物分子键不受破坏。邻羟基苯并三唑类化合物吸收波长在300～385nm的紫外光，并使分子内能量转变成低能辐射，使成膜物分子键不受破坏，这种助剂的特点是不吸收可见光，颜色浅，吸收系数高，光稳定性好，又具有较好的相容性。取代丙烯腈化合物仅吸收310～320nm范围的紫外光，而且吸收系数较低，具有较好的稳定性，与各种树脂的相容性好，可以用在对短波紫外光敏感的纤维、树脂等。芳香酯类中，水杨酸是一种通用的芳香族紫外光吸收剂，对340nm以下波长的紫外光有较高的吸收系数，吸光后分子就重排成为二苯甲酮结构，吸收范围明显增大；缺点是由于吸收可见光，有黄变倾向。草酰苯胺类化合物吸收280～320nm波长的短波紫外光，并形成分子内氢键转换激发态能量，同时兼备抗氧化剂和金属离子钝化剂的功效。三嗪化合物吸收280～380nm波长的紫外光，吸收紫外光宽，邻位羟基数量多，吸收紫外光强，苯环上不同取代基改善其耐化学品性、耐光性和相容性。甲脒类化合物在290～320nm波长的短紫外光区吸收性强，其吸收系数高于二苯甲酮30%，是短波紫外光敏感成膜物的优良吸收剂。

目前粉末涂料中使用的品种有湖北来斯化工新材料有限公司的紫外光吸收剂UVF，外观为白色至微黄色结晶粉末，含量大于99%以上，熔程128～132℃，相对密度1.26，用量为配方总量的0.1%～0.5%，以熔融挤出混合法分散。天珑集团（香港）有限公司的紫外光吸收剂AS 801、AS 810能大量吸收紫外光，并把它转换成无害的低能辐射，分子内形成的氢键化合环吸收光子，把辐射能转化为热能释放，避免紫外光的破坏作用，增强涂膜的耐候、保色和鲜映性，用量为配方总量的0.2%～0.5%，以熔融挤出混合法分散。Ciba精化公司的紫外光吸收剂有TINUVIN 928（苯并二氮唑）、TINUVIN 328（苯并二氮唑）、TINUVIN 405（三嗪）、CHIMISSORB 81（二苯甲酮）等型号，受阻胺稳定剂有TINUVIN 111FDL、TINUVIN 144等型号。

在选择紫外光吸收剂的时候，要根据涂膜外观和耐候性的要求，选择能够满足涂膜性能要求的品种。为了得到耐候性好的粉末涂料，在添加紫外光吸收剂的同时，还要配合使用抗氧剂，其效果更好。

十四、增塑剂和增韧剂

增塑剂充塞于相邻高分子化合物链段之间，增大距离，减弱相互之间的作用力，从而降低脆裂和断折的趋势，对于含有极性基团的增塑剂，可以与聚合物的极性基团发生作用，使聚合物分子链段之间的作用力发生转移而降低玻璃化转变温度。添加增塑剂可以降低聚合物的玻璃化转变温度，增强聚合物的柔韧性、冲击强度和断裂伸长率等力学性能。增塑剂的要求是与树脂具有良好的相容性；化学稳定性好，耐温、耐光、耐水和耐化学品性好；具有良好的电绝缘性和阻燃性；对颜料和填料的润湿性好，无毒，价格便宜，来源丰富。

增塑剂可分为酯类增塑剂、氯化烃类增塑剂和其他类。酯类增塑剂又可分为邻苯二甲酸酯类、磷酸酯类、癸二酸酯类和环氧酯类。邻苯二甲酸酯类增塑剂的优点是与树脂的相容性好，增塑效果明显，挥发率低，其耐寒性随醇类碳链的增长而提高，具有较好的抗黄变性。癸二酸酯类增塑剂的优点是耐寒性好，可用于食品接触材料的增塑，增塑效果明显，挥发率低；缺点是价格比较贵。磷酸酯类增塑剂的优点是阻燃性能好，磷酸三甲酚酯具有防霉性能，电性能好；缺点是较容易变黄，耐光、耐热老化性能差。环氧酯类增塑剂的优点是涂膜耐热、耐光性好，不易黄变，与树脂的相容性好，有良好的润湿性能，无毒，可用于与食品接触材料的增塑；缺点是价格高。氯化烃类增塑剂的优点是具有优良的耐酸、耐碱、耐水性能和阻燃性能。

增塑剂的使用将改善粉末涂料涂膜硬而脆的弊病，并可赋予涂膜一些新的性质，例如阻燃、耐老化、柔韧性、抗冲击和延伸等性能。为了充分发挥增塑剂的作用，必须经过必要的试验，选择合适的品种和用量，而且不同类型的增塑剂要搭配使用，更有利于优点互补或产生协同效应。一般增塑剂在热塑性粉末涂料中用得较多，在热固性粉末涂料中用得很少，在配方的加入量为1%～25%。

增韧剂是为了改进涂膜的韧性而添加的助剂。增韧剂也要求化学稳定性好，不与粉末涂料中的树脂、固化剂、颜料、填料和助剂起化学反应，对热稳定性好，又要求与树脂的相容性好，添加以后能够明显改变涂膜的柔韧性、耐弯曲性和冲击强度等力学性能，例如聚乙烯醇缩丁醛、乙酸丁酸纤维素、微粉烯烃蜡等，在热固性粉末涂料中添加量为配方总量的1%～5%。天珑集团（香港）有限公司的新型增韧增塑剂 TL815 是高柔韧性的新型高分子化合物，能提高涂膜柔韧性和附着力，极大增强冲击强度，用量为配方总量的 0.5%。上海索是化工有限公司的增韧增塑剂 T-81 是改性热塑性树脂，改善涂膜柔韧性及抗弯曲性能，用量为 1%～2%。

十五、含金属粉粉末涂料助剂

含金属粉粉末涂料是装饰性粉末涂料的主要品种之一。为了使铝粉等金属粉在粉末涂料中分散均匀，涂膜平整光亮，并得到满意的装饰效果，防止手印和划伤而需要添加许多金属粉粉末涂料用助剂，例如分散剂、增亮剂、消印剂和增硬剂等。

金属粉分散剂的作用是改进金属粉在粉末涂料中的分散和排列，有效地促进金属粉在涂膜表面的排列整齐，充分发挥金属粉的最佳金属闪光或金属铝粉的镜面效果，增加金属粉表面光泽或装饰效果。这种助剂主要用在含有铝粉或铜金粉的粉末涂料体系中。例如广州天珑化工有限公司的金银粉分散剂 TL 201，改进金银粉在粉末涂料中的分散和排列，可以降低金银粉的用量，有效地提高金银粉的装饰效果，消除金银粉分散不好而产生的黑点和黑丝，用量为配方总量的 0.2%～1%，以熔融挤出混合法分散。杭州中顺化工工贸有限公司的铝粉分散剂 ZS 310，增加金属粉粉末涂层的光泽、白度、金属感和镜面效果，还可以减少铝粉的用量，用量为配方总量的 1%～1.5%，以熔融挤出混合法分散。

铝粉增亮剂是在铝粉粉末涂料涂膜表面形成保护膜，提高涂膜表面清晰度和光泽，改进耐划伤性能，降低铝粉用量的助剂。天珑集团（香港）有限公司的粉末涂料专用高光蜡 AW 500B，外观为白色珠状粉末，熔程 90～120℃，挥发分小于 0.2%，可使外加（干混合）超细铝粉的粉末涂料涂膜光泽（60°）达200%，产生类似于镀镍或金属铝镜面效果，可以大大降低超细铝粉的用量，从不加高光蜡时的铝粉用量2%降至0.6%～0.8%；在普通铝粉粉末涂料中，同样可以降低铝粉的用量，用熔融挤出混合法分散；缺点是对涂膜硬度和耐划伤性无明显改进，且有手印。杭州中顺化工工贸有限公司的增亮剂ZS 302是ZS 301和ZS 310基础上改进和提高的助剂，能在涂膜表面产生一层保护膜，提高表面清晰度和抗划伤性，涂膜光泽（60°）可达199%以上，用于外加铜金粉或铝粉的粉末涂料，用量为配方总量的2%～3%，用熔融挤出混合法分散。湖北来斯化工新材料有限公司的增光剂711，用量为配方总量的0.8%～1.5%（干混合时的用量为1.5%～2.5%），用熔融挤出混合法或干混合法分散，适用于铝粉、铜金粉、珠光粉和镍粉。

金属粉分散剂和铝粉增亮剂的作用效果是大同小异的，相互之间没有严格的区别，主要通过改进金属粉在粉末涂料中的分散，使金属粉粉末涂料的涂膜更闪光，金属光泽更加美观和艳丽，得到更好的装饰效果；同时在涂膜表面形成一层保护膜，不容易使金属闪光和金属光泽受到污染，保持更加持久，又不容易划伤，起到更好的保护效果。

除了金属粉的分散剂和增亮剂，还有铝粉消印剂、铝粉增硬剂等助剂。铝粉消印剂是消除铝粉的手印，改变涂层的表面张力，提高涂膜的表面清晰度，增加表面光滑度和抗划伤性，提高耐化学品性能和耐高温性能，如果外加铝粉增硬剂或微粉蜡，效果更好。天珑集团（香港）有限公司的消印增硬剂AS 501，用量为配方总量的0.3%～0.7%，用熔融挤出混合法分散。杭州中顺化工工贸有限公司的铝粉消印剂ZS 602，用量为配方总量的1.2%～2%，以熔融挤出混合法分散。

铝粉增硬剂能够显著增加铝粉表面硬度和抗划伤性，使铝粉的分散性好，金属感强，光泽高，还能消除手印。广州天珑化工有限公司的铝粉增硬剂POL 02、 POL 25，用量为配方总量的0.5%，以干混合法外加，具有更高的硬度和更好的消印效果。

十六、抗菌剂

抗菌剂是使粉末涂料涂膜具有抗菌性能的助剂。抗菌粉末涂料中使用的抗菌剂可分为溶解型和接触型两大类。以银粒子为主体的无机类抗菌剂是接触型的代表，一般有机类抗菌剂属于溶解型，这两种类型抗菌剂的特点比较见表2-36。

表2-36　两种类型抗菌剂的特点比较

特点	接触型	溶解型	特点	接触型	溶解型
抗菌效果	持续性好	速效性好	安全性	比较高	比较低
适用菌种范围	广	窄	变色性	容易	不容易
抗药性	不易产生	有可能产生			

无机类抗菌剂的载体是多孔沸石、无机离子交换体制成的球状颗粒，外面裹有活性炭的表层，抗菌金属就吸附在载体上。抗菌性的顺序为镉＜锌＜镍＜铜＜铅＜银＜汞，汞的抗菌性最强。从安全性、抗菌性效果考虑，广泛使用银。在表2-37中列出日本商品化的代表性银类无机抗菌剂，国内也已经生产银类无机抗菌剂。一般沸石、磷酸锆、二氧化硅、氧化铝等耐热性良好的材料作为银的载体。目前以粉状的抗菌剂为主，国内也早已有这种抗菌剂，

但因为价格等问题还没有广泛推广应用。

表 2-37 日本商品化的银类无机抗菌剂

商品名	生产公司	载体	商品名	生产公司	载体
バクテキラ-	鐘纺(株)	沸石	シリウェル	富士ツリシア化学	硅胶
ゼオミック	品川燃料(株)	沸石	イォンピユア	石塚硝子(株)	玻璃
ノバロンAG300	东亚合成(株)	磷酸锆	抗菌ヤラミックス	神东レヤラックス	陶瓷
AIS	触媒化成工业(株)	二氧化硅、氧化铝	アムラクリ-ンZ	松下アムラックス	碱式磷灰石
アパサイザ-	サンギ(株)	碱式磷灰石	レント-バ-	レンゴ-(株)	硅酸钙
アメニトップ	松下电器产业(株)	硅胶			

十七、金属粉粉末邦定助剂

作为一种金属粉粉末涂料邦定时添加的特殊助剂，捷通达化工有限责任公司的KT7301可有效防止粉末颗粒在邦定过程中的粘连与结块，提高邦定工艺温度，显著改善金属颜料与粉末颗粒的粘接性能，提高闪银涂层的闪烁效果和镜面银涂层的镜面效果，有效改进金属效果涂层的耐湿热和耐盐雾性能，还可以显著降低粉末涂料中的金属粉用量，用量为配方总量的0.8%～1.5%；还有上海索是化工有限公司的邦定助剂T-15，用量为配方总量的0.3%～0.8%。

为了在设计粉末涂料配方时参考，下面对国内重要助剂生产厂和一些助剂销售商的产品品种和配方中的用量作简单介绍，其中宁波南海化学有限公司的粉末涂料用助剂品种和参考用量见表2-38；安徽六安捷通达新材料有限公司粉末涂料用助剂品种和参考用量见表2-39；上海索是化工有限公司/东莞索是新材料有限公司粉末涂料用助剂品种和参考用量见表2-40；杭州中顺新材料科技有限公司粉末涂料用助剂品种和参考用量见表2-41；天珑集团（香港）有限公司粉末涂料用助剂品种和参考用量见表2-42；湖北来斯化工新材料有限公司粉末涂料用助剂品种和参考用量见表2-43；宁波维楷化学有限公司粉末涂料用助剂品种和参考用量见表2-44；武汉银彩科技有限公司粉末涂料用助剂品种见表2-45；合肥科泰粉体材料有限公司助剂品种和特性见表2-46；湛新树脂（中国）有限公司粉末涂料用助剂品种和特性见表2-47；安徽景成新材料有限公司的消光剂品种和参考用量见表2-48；南京天诗新材料科技有限公司粉末涂料用微粉蜡品种和型号见表2-49。

表 2-38 宁波南海化学有限公司粉末涂料用助剂品种和参考用量

名称和型号	技术指标	用法与用量	特性
BLP402 液态流平剂	外观：无色或为黄色透明黏液；黏度（50%二甲苯溶液）：13～28s；挥发分：≤1%	配方总量的0.5%～1%；不能直接加入，10份流平剂分散在90份树脂中后使用	该产品是丙烯酸酯的低聚物，作为粉末涂料的流平剂，以调节表面张力，达到涂层的均化，减少橘皮和消除缩孔，使涂膜得到平整光滑、有光泽的外观
GLP503 固体流平剂	外观：乳白或浅黄色颗粒；软化点：85～125℃；固含量：≥99%；环氧值：0.03～0.12eq/100g	聚丙烯酸酯含量在13%～16%，比一般流平剂用量少。含有701B，含重金属盐。与其他组分一起挤出混合，用量为总配方量的4%～6%	该产品是功能性固体流平剂，环氧树脂或与其他物质一起吸收聚丙烯酸酯液体流平剂并经改性加工而成。功能是降低表面张力，消除缩孔，减轻橘皮，增加涂膜光泽。主要应用于环氧粉末涂料或环氧-聚酯粉末涂料

续表

名称和型号	技术指标	用法与用量	特性
GLP503A 固体流平剂	外观：白色或浅黄透明颗粒；软化点：85～125℃；固含量：≥99%；环氧值：0.03～0.12eq/100g	聚丙烯酸酯含量在13%～16%，比一般流平剂用量少。含有701B。与其他组分一起挤出混合，用量为总配方量的4%～6%	该产品是功能性固体流平剂，与环氧树脂或其他物质一起吸收聚丙烯酸酯液体流平剂并经改性加工而成。功能是降低表面张力，消除缩孔，减轻橘皮，增加涂膜光泽。主要应用于环氧粉末涂料或环氧-聚酯粉末涂料。不含聚硅氧烷成分，因此没有干扰，也不影响重涂附着力
GLP503B 固体流平剂	外观：乳白或浅黄色颗粒；软化点：85～125℃；固含量：≥99%；环氧值：0.03～0.12eq/100g	聚丙烯酸酯含量在13%～16%，比一般流平剂用量少。含有701B，含重金属。与其他组分一起挤出混合，用量为总配方量的4%～6%	该产品是与环氧树脂或其他物质一起吸收聚丙烯酸酯液体流平剂并经改性加工而成。功能是降低表面张力，消除缩孔，减轻橘皮，增加涂膜光泽。主要应用于环氧粉末涂料或环氧-聚酯粉末涂料。不含聚硅氧烷成分，因此没有干扰，也不影响重涂附着力
GLP503C 固体流平剂	外观：白色或浅黄透明颗粒；软化点：85～125℃；固含量：≥99%；环氧值：0.03～0.12eq/100g	聚丙烯酸酯含量在13%～16%，比一般流平剂用量少。与其他组分一起挤出混合，用量为总配方量的4%～6%	该产品是与环氧树脂或其他物质一起吸收聚丙烯酸酯液体流平剂并经改性加工而成。功能是降低表面张力，消除缩孔，减轻橘皮，增加涂膜光泽。主要应用于环氧粉末涂料或环氧-聚酯粉末涂料。不含聚硅氧烷成分，因此没有干扰，也不影响重涂附着力
GLP303 通用型流平剂	外观：白色自由流动粉末；固含量：≥99%；活性成分的含量为10%	用量为配方总量的3.5%～6%。与其他组分一起混合。根据需要酌情添加BLC701，改善抗干扰性	该产品以聚丙烯酸酯为活性成分，由分散剂作载体，并加入特种有机助剂配制而成。除具有一般流平剂的特征之外，还具有流动性好、涂膜丰满、可少用安息香之功效。可用于除耐候型粉末涂料之外的各种类型粉末涂料。不含聚硅氧烷成分，无污染性，也不影响重涂附着力
GLP303M 金属粉流平剂	外观：白色或乳白色片状固体；固含量：≥99%；活性成分的含量为8%	用量为配方总量的3.5%～5%。与其他组分一起混合挤出	功能型流平剂。由环氧树脂和其他物质一起吸收聚丙烯酸酯液体流平剂，并加工而成。除具有一般流平剂功能外，还含有特殊物质，在熔融固化过程中，促使金属颜料均匀排列于涂膜表面，达到提高光泽作用。含有润湿促进剂BLC701B，无需添加增光剂，不含聚硅氧烷成分，因此没有干扰性
GLP599 通用型普及流平剂	外观：白色流动粉末；活性物含量≥15%；固含量≥97.5%	用量为配方总量的3.5%～5%。与其他组分一起混合	活性成分为丙烯酸酯聚合物，适用于对含钡无特殊要求的粉末涂料体系。性价比很高的普及型流平剂。它不仅有效促进流平，还具有消除表面缺陷等的功能。不含聚硅氧烷成分，因此没有沾污性，也不影响重涂附着力
GLP288 普及型流平剂	外观：白色自由流动粉末；活性物含量≥50%；固含量≥98.5%	用量为总配方量的1%～1.5%。与其他组分一起混合挤出	二氧化硅和填料共同吸附的聚丙烯酸酯流平剂，适用于所有含钡无特殊要求的粉末涂料体系。不含聚硅氧烷成分，因此没有干扰，可以有效改善粉末涂料的流平，增加表面清晰和降低雾影

续表

名称和型号	技术指标	用法与用量	特性
GLP288B 普及型流平剂	外观：白色自由流动粉末；活性物含量≥60%；固含量≥98.5%	用量为总配方量的 0.8%～1.5%。与其他组分一起混合挤出	纯二氧化硅吸附的聚丙烯酸酯流平剂，适用于各种体系粉末涂料。不含聚硅氧烷成分，因此没有干扰，可以有效改善粉末涂料的流平，增加表面清晰度和降低雾影
GLP388 通用型普及流平剂	外观：白色自由流动粉末；活性物含量≥66%；固含量≥97.5%	用量为配方总量的 0.7%～1.5%。与其他组分一起混合挤出	该产品为二氧化硅吸附的聚丙烯酸酯流平剂，不含聚硅氧烷成分，因此没有干扰，也不影响重涂性，适用于各种体系粉末涂料
GLP588 通用型普及流平剂	外观：白色自由流动粉末；活性物含量≥68%；固含量≥97.5%	用量为配方总量的 0.7%～1.5%。与其他组分一起混合挤出	该产品为二氧化硅吸附的聚丙烯酸酯流平剂，不含聚硅氧烷成分，因此没有干扰，也不影响重涂性，适用于各种体系粉末涂料
GLP788 通用型普及流平剂	外观：白色自由流动粉末；活性物含量≥68%；固含量≥97.5%	用量为配方总量的 0.5%～1.2%。与其他组分一起混合挤出	该产品为超细二氧化硅吸附的聚丙烯酸酯流平剂，不含聚硅氧烷成分，因此没有干扰，也不影响重涂性，适用于各种体系粉末涂料，有更好的鲜映性，尤其是用于透明粉末涂料时，增加表面清晰度和降低雾影
GLP100 透明流平剂	外观白色或浅黄色晶体或粉末；活性物含量：100%；固含量≥98%	用量为配方总量的 0.7%～2%。与其他组分一起混合挤出	一种聚醚改性的低聚物，能够提供优异的流平剂及清晰度，是透明粉末流平剂的理想选择。不仅有效消除缩孔、橘皮，而且能提供优异的鲜映度，可应用于各种体系的粉末涂料
苯偶姻(安息香)	外观：白色或浅黄色晶体或粉末；熔程：132～137℃；固含量≥98%	用量为配方总量的 0.3%～0.8%。与其他组分一起混合挤出	苯偶姻又称二苯乙醇酮，安息香是它的俗名。在粉末涂料中是一种消泡和脱气助剂
BLC701 润湿促进剂(光亮剂、增光剂)	外观：白色或浅黄色粉末；固含量≥99%；软化点：95～125℃。含有少量钡盐，对重金属含量有严格要求的不要使用	用量为配方总量的 0.5%～1.5%。与其他组分一起混合挤出。不单独使用，必须与流平剂配合使用	一种丙烯酸酯共聚物为主体的粉末涂料添加剂。由于含有一定数量的极性基团，对颜料和填料及被涂基材具有良好的润湿作用，在粉末涂料制造与涂装成膜过程中，有效消除缩孔，促进流平作用。至于称光亮剂或增光剂，纯属误区
BLC701B 润湿促进剂(光亮剂、增光剂)	外观：白色或浅黄色透明颗粒或粉末；固含量≥99%；软化点：95～125℃。对重金属含量有严格要求的使用 BLC701B	用量为配方总量的 0.5%～1.5%。与其他组分一起混合挤出。不单独使用，必须与流平剂配合使用	一种丙烯酸酯共聚物为主体的粉末涂料添加剂。由于含有一定数量的极性基团，对颜料和填料及被涂基材具有良好的润湿作用，在粉末涂料制造与涂装在成膜过程中消除缩孔，促进流平作用。至于称光亮剂或增光剂，纯属误区
T105 纯聚酯粉末涂料用固化剂	外观：白色粉末状或片状固体；熔程：120～130℃；羟基当量：(82±2) g/eq；固含量：≥99%	用量为酸值 30～35mg KOH/g 的聚酯树脂总量的 5%～6%，与其他组分一起混合挤出	羟烷基酰胺(HAA)，聚酯粉末涂料的固化剂，在固化过程中有水分产生，厚涂(100μm 以上)时容易产生针孔。聚酯/T105=280/15(质量份)
T105M 纯聚酯粉末涂料固化剂	外观：白色粉末状或片状固体；熔程：130～145℃；羟基当量：(100±2) g/eq；固含量：≥99%	用量为酸值 30～35mg KOH/g 的聚酯树脂总量的 7%～8%，与其他组分一起混合	羟烷基酰胺(HAA)，聚酯粉末涂料的固化剂，在固化过程中有水分产生，比 T105 可以厚涂(130μm 以下)，T105 改进型产品。聚酯/T105=280/21(质量份)

续表

名称和型号	技术指标	用法与用量	特性
GHF2250 酚类固化剂	外观：透明颗粒或粉末；软化点：80～90℃；酚羟基当量：230～250g/eq；固含量：≥99%	E-12 环氧树脂反应比例为(1∶4)～(1∶6)；不含催化剂，在使用过程中添加催化剂促进固化	一种低温快速固化的酚类树脂，用这种固化剂固化的环氧粉末涂料，有优异的流平、抗腐蚀性、力学性能
JG803A 固化剂和促进剂	外观：白色或浅黄晶状颗粒或粉末；熔程：98～103℃	在环氧粉末涂料中的用量为环氧树脂的 5%～7%；在环氧-聚酯粉末涂料中，作为促进剂用量为树脂量的 0.05%～0.3%，与其他组分一起混合	一种具有环脒化学结构的物质，它既可作为固化剂，也可作为固化促进剂，用于环氧粉末涂料或环氧-聚酯粉末涂料
JG804 固化剂和促进剂	外观：片状或颗粒；颜色：透明或浅白；软化点：100～120℃；酸值：30～35mg KOH/g	在 TGIC 体系，用量为配方总量的 0.1%～2%，有效降低固化温度，在 1% 添加量实现 160℃×15min 固化；在环氧-聚酯体系，用量为配方总量的 0.5%～2%	以聚酯树脂为载体的高分散性催化剂，应用于 TGIC 体系和混合型配方中，能够显著提高反应速率，降低固化要求。解决了传统催化剂黄变问题
JG804A 固化剂和促进剂	外观：片状或颗粒；外观：透明或浅白；软化点：100～120℃；酸值：26～30mg KOH/g	在 TGIC 体系，用量为配方总量的 0.1%～2%，有效降低固化温度，在 1% 添加量实现 160℃×15min 固化；在环氧-聚酯体系，用量为配方总量的 0.1%～0.6%	以聚酯树脂为载体的高分散性催化剂，应用于 TGIC 体系和混合型配方中，能够显著提高反应速率，降低固化要求。解决了传统催化剂黄变问题
XG605W 消光剂	外观：浅黄色颗粒；软化点：100～125℃；固含量≥98.5%	用量为树脂量的 5%～8%，用量越多光泽越低，光泽(60°)范围 30%～60%	基于蜡系的中等光泽的消光剂。适用于 TGIC 固化粉末涂料和环氧-聚酯粉末涂料体系，不参与化学反应。加入本品，不影响涂膜流平和冲击强度，户外粉仍有良好耐候性
XG628 耐候消光固化剂	外观：白色或浅黄粉末；粒径：350 目；固含量≥99%	用量为配方总量的 3%～7%。以酸值 30～35mg KOH/g 聚酯为例，质量份可按 93(聚酯)∶14(TGIC)∶7(XG628)	一种胺改性的多元酸化合物，主要用于 TGIC 系统或其他类似体系。可获得 10%～40%的消光效果。配方中，加入少量安息香和氢化蓖麻油可增加涂膜表面丰满度，并不会对光泽产生太大影响。固化条件：190℃×(15～20)min 或 200℃×(12～15)min
XG665 耐候固化剂	外观：白色或微黄透明颗粒；固含量≥98.5%；软化点：125～160℃；环氧当量：450～600g/eq	当使用酸值在 30～35mg KOH/g 的聚酯时聚酯/XG665＝75/25，聚酯/T105＝95/5；聚酯/TGIC＝93/7。当使用酸值 20～25mg KOH/g 聚酯时 XG665/聚酯＝80/20，聚酯/T105＝96.5/3.5	含有缩水甘油基的丙烯酸共聚物，能与 HAA 或 TGIC 配套，对羧基聚酯粉末涂料进行有效消光。并通过改变 XG665 的用量，或改变固化剂的用量来调节涂膜光泽。其 60°最低光泽，在 HAA 体系可达 5%以下，在 TGIC 体系可达 10%以下。固化条件：T105 体系(180～200)℃×(30～15)min，TGIC 体系 200℃×20min
XG603-1A 消光固化剂	外观：白色粉末；熔程：222～227℃；固含量：≥99%	在 100 份 E-12 环氧树脂中的用量为 8～10 份。与其他组分一起混合挤出	由多元酸和有机胺生成的盐。用于环氧、环氧-聚酯粉末涂料的消光固化剂。在混合型粉末涂料中是中等光泽。固化条件：180℃×(20～25)min，190℃×(12～15)min，200℃×(10～12)min
XG633 户外外加消光剂	外观：白色粉末；熔程：105～115℃	用量为总粉量的 0.5%～1%，外混，可达到 15%～30%左右光泽	一种应用在 TGIC 体系的外混消光剂，其特点是用量省。加入消光剂以后，基本不影响底粉的抗黄变性、耐候性以及力学性能

续表

名称和型号	技术指标	用法与用量	特性
XG615 消光剂	外观：浅黄色颗粒；熔程：100～130℃；含固量：>99%	用量为配方总量的 1%～5%，用量越多光泽越低，一般可使光泽达到 30%～70%范围	一种基于蜡系的中等光泽消光剂，主要适用于 TGIC 聚酯体系。最大特点是挥发分极少，烘烤不产生烟雾。该消光剂属于添加型，不参加化学反应，若配合使用消光填料，可达最佳效果
XG620A 混合型抗黄变消光剂	外观：浅黄色粉末；软化点：110～150℃；固含量≥99%	用量为配方总量的 1%～4%，可以得到最低 2%左右的光泽(60°)，对树脂的选择性相对较小	非蜡系复合型消光剂，可提供较好的力学性能，有优异的流平及出色的抗黄变性能，在聚酯/环氧＝50/50、60/40 体系中都具有很好的消光作用。在配方中用量少，降低成本。不推荐加入促进剂如咪唑啉或其他胺类化合物改善抗冲击性能。固化条件：190℃×15min，200℃×12min
XG620B 混合型抗黄变消光剂	外观：浅黄色粉末；软化点：110～150℃；固含量≥99%	用量为配方总量的 1%～4%，可以得到最低 5%左右的光泽(60°)，对树脂的选择性相对较小	含有少量蜡的复合型消光剂，其特点是可提供较好的力学性能，有优异的流平及出色的抗黄变性能，在聚酯/环氧＝50/50、60/40 体系中都具有很好的消光作用。尤其是在 60/40 树脂配方中用量较少，环氧用量比 B68 体系少；固化条件：190℃×15min，200℃×12min
XG610A 混合型抗黄变消光剂	外观：浅黄色粉末；软化点：110～150℃；固含量≥99%	用量为配方总量的 3%～5%，适合制备 3%～15%光泽粉末涂料，对树脂的选择性相对较小	一种基于丙烯酸树脂的复合型化学消光剂，其特点是在粉末涂料中，可提供较好的力学性能，有优异的流平及出色的抗黄变性能，在聚酯/环氧＝50/50、60/40 体系中都具有很好的消光作用。消光剂含有羧基，与环氧树脂反应比例为 1/2.7。不推荐配方中加入促进剂/催化剂如咪唑啉或其他胺类化合物，改善冲击强度，固化条件：190℃×15min，200℃×12min
XG610B 混合型抗黄变消光剂	外观：浅黄色粉末；软化点：110～150℃；固含量≥99%	用量为配方总量的 3%～5%，可以提供最低 3%左右的光泽，适合制备 15%光泽及以下光泽粉末涂料，对树脂的选择性相对较小	一种基于丙烯酸树脂的复合型消光剂，其特点是无蜡，在粉末涂料中，可提供较好的流平及出色的抗黄变性能，在聚酯/环氧＝50/50、60/40 体系中都具有很好的消光作用。消光剂含有羧基，与环氧树脂反应比例为 1/2.3。不推荐配方中加入促进剂/催化剂如咪唑啉或其他胺类化合物，改善冲击强度，固化条件：190℃×15min
XG610H 混合型抗黄变消光剂	外观：浅黄色粉末；软化点：110～150℃；固含量≥99%	用量为配方总量的 1%～5%，可以提供最低 4%左右的光泽，适合制备 4%～40%光泽粉末涂料，对树脂的选择性相对较小	一种复合型化学消光剂，其特点是在粉末涂料中，可提供较好的力学性能，有优异的流平及出色的抗黄变性能，在聚酯/环氧＝50/50、60/40 体系中都具有很好的消光作用。消光剂含有一定的反应基团，与环氧树脂反应比例为 1/1.4。不推荐配方中加入促进剂/催化剂如咪唑啉或其他胺类化合物，改善冲击强度，固化条件：190℃×15min，200℃×12min

续表

名称和型号	技术指标	用法与用量	特性
XG610A-4 混合型抗黄变消光剂	外观：浅黄色粉末；软化点：110～150℃；固含量≥99%	用量为配方总量的1%～2.5%，可以提供最低9%左右的光泽，适合制备9%～40%光泽粉末涂料，对树脂的选择性相对较小	一种复合型消光剂，不含蜡，在聚酯/环氧＝50/50、60/40体系中都具有很好的消光作用，特别是在低树脂含量及低加量下有着较好的优势。消光剂含有一定的反应基团，与环氧树脂反应比例为1/2。不推荐配方中加入促进剂/催化剂如咪唑啉或其他胺类化合物，改善冲击强度，固化条件：190℃×15min
XG610C-1 混合型抗黄变消光剂	外观：浅黄色粉末；软化点：110～150℃；固含量≥99%	用量为配方总量的1%～3%，可以提供最低12%左右的光泽，适合制备10%～40%光泽粉末涂料，对树脂的选择性相对较小	一种复合型化学消光剂，其特点是在粉末涂料中，可提供较好的力学性能，有优异的流平及出色的抗黄变性能，在聚酯/环氧＝50/50、60/40体系中都具有很好的消光作用。消光剂含有羧基，与环氧树脂反应比例为1/1.4。不推荐配方中加入促进剂/催化剂如咪唑啉或其他胺类化合物，改善冲击强度，固化条件：190℃×15min，200℃×12min
XG610C-4 混合型抗黄变消光剂	外观：浅黄色粉末；软化点：110～150℃；固含量≥99%	用量为配方总量的1%～3%，可以提供最低10%左右的光泽，适合制备10%～40%光泽粉末涂料，对树脂的选择性相对较小	一种复合型化学消光剂，其特点是在粉末涂料中，可提供较好的力学性能，有优异的流平及出色的抗黄变性能，在聚酯/环氧＝50/50、60/40体系中都具有很好的消光作用。消光剂含有羧基，与环氧树脂反应比例为1/1.4。不推荐配方中加入促进剂/催化剂如咪唑啉或其他胺类化合物，改善冲击强度，固化条件：190℃×15min，200℃×12min
XG607 纯聚酯消光剂	外观：浅黄色粉末或颗粒；软化点：100～140℃；固含量>99%	用量为配方总量的1%～3%，可以提供最低60°光泽15%，比较适合于15%～40%光泽粉末涂料，其他组分一起混合挤出	一种复合型消光剂，不含蜡，可以提供较好的力学性能和出色的消光性能。TGIC/聚酯(7/93)体系最低光泽可达15%。不推荐加入促进剂或消光蜡。固化条件：190℃×15min，200℃×12min
XG607B 纯聚酯消光剂	外观：浅黄色粉末或颗粒；软化点：110～150℃；固含量>99%	用量为配方总量的1%～5%，应用时对消光剂总量增加1/10的TGIC用量，比较适合做10%以上光泽的粉末	一种复合型消光剂，可以提供较好的力学性能和出色的消光性能。选择93/7或94/6的TGIC体系聚酯，可以提供最低10%光泽。不推荐加入促进剂或消光蜡。固化条件：190℃×15min，200℃×12min
XG607C 纯聚酯消光剂	外观：浅黄色粉末或颗粒；软化点：110～150℃；固含量>99%	用量为配方总量的1%～5%，应用时对消光剂总量增加1/10的TGIC用量，比较适合做10%～50%光泽的粉末	一种复合型消光剂，其特点是可以提供较好的力学性能和出色的消光性能。适用于93/7或94/6的TGIC体系聚酯。不推荐加入促进剂或消光蜡。固化条件：190℃×15min，200℃×12min
XG607D 纯聚酯消光剂	外观：白色粉末；软化点：100～150℃；固含量>99%	用量为配方总量的1%～5%，比较适合于10%～50%光泽的粉末	一种复合型消光剂，其特点是可以提供较好的力学性能和出色的消光性能。适用于93/7或94/6的TGIC体系聚酯。不推荐加入促进剂或消光蜡。固化条件：190℃×15min，200℃×12min

续表

名称和型号	技术指标	用法与用量	特性
SW301 砂纹剂	外观:白色粉末或絮状物;表观密度:1.10～1.30g/cm³;粒径:20～30μm;熔点:320℃	用量为配方总量的 0.05%～0.5%,可与其他组分一起混合挤出。用量多花纹小,粉末粒径大花纹大。配合膨润土可以产生细小均匀的砂纹效果	一种酰胺改性氟碳聚合物,其特点是具有很细的平均粒径。由于它与基料树脂的不相容性,可使涂膜产生均匀砂纹效果,并附带改善涂料的其他性能,是一种较为理想的美术型添加剂,不含聚硅氧烷,无沾污性
SW301B 砂纹剂	外观:白色粉末或絮状物;表观密度:1.10～1.30g/cm³;粒径:30～40μm;熔点:320℃	用量为配方总量的 0.02%～0.5%,可与其他组分一起混合挤出。用量多花纹小,粉末粒径大花纹大。配合膨润土可以产生细小均匀的砂纹效果	一种纯聚四氟乙烯。用于粉末涂料时,由于它与基料树脂的不相容性,可使涂膜产生均匀砂纹效果,并附带改善涂料的其他性能,是一种较为理想的美术型添加剂。该产品添加量少,砂纹效果突出,适用于所有粉末体系。不含聚硅氧烷,无沾污性
SW301C 砂纹剂	外观:白色粉末;表观密度:1.5～2.0g/cm³;粒径:30～40μm;熔点:320℃	用量为配方总量的 0.05%～1.0%,可与其他组分一起混合挤出。用量多花纹小,粉末粒径大花纹大。配合膨润土可以产生细小均匀的砂纹效果	一种稀释分散的聚四氟乙烯。其特点是具有很好的分散效果。用于粉末涂料时,由于它与基料树脂的不相容性,可使涂膜产生均匀砂纹效果,并附带改善涂料的其他性能,是一种较为理想的美术型添加剂。该产品添加量少,砂纹效果突出,适用于所有粉末体系。不含聚硅氧烷,无沾污性
XG605-1A 绵绵纹剂	外观:浅黄～橘红色粉末;熔程:192～196℃;固含量≥99%	可与其他组分一起混合挤出;也可以与已制好粉末涂料干混,后者的用量少	一种金属有机络合物,可以制备绵绵纹等美术型粉末涂料,该助剂具有强烈的固化促进效果,用它制成的粉末可大大缩短固化时间。在制备皱纹型粉末涂料时,先将 XG605-1A 和其他组分一起制成基粉,再和 BBM 浮花剂一定比例干混。BBM 用量为基粉的 0.05%～0.2%,粒径为 140～180 目。用于环氧、环氧-聚酯粉末
MR-1 抗划伤剂	外观:白色颗粒状固体;滴点:115～125℃;密度:0.91～0.95g/cm³	用量为配方总量的 0.1%～0.6%,与其他组分一起混合挤出。加入过多会降低光泽	改性聚乙烯蜡产品,有效增加涂膜表面滑爽性,减轻摩擦力,从而起到抗划伤作用。适用于各种类型粉末涂料
BBM 浮花剂	外观:白色或浅黄透明颗粒;固含量≥99%;软化点:114～135℃;粒径:100～180 目	用量为基粉量的 0.05%～2%,必须和基粉及颜料干混才能获得出色的效果。用量多,花纹小且清晰;用量少,花纹大而模糊	主体是高分子量的丙烯酸聚合物,主要用于美术型粉末涂料的专用助剂,用于制造橘纹型涂膜。用于环氧和环氧-聚酯粉末涂料。一般不加流平剂,涂膜出现露底时可少量流平剂调节。较为平坦的纹理
BBWK 斑纹剂	外观:白色或浅黄透明颗粒;固含量≥99%;软化点:90～115℃;粒径:100～180 目	用量为基粉量的 0.05%～2%,必须和基粉及颜料干混才能获得出色的效果。用量多,花纹小且清晰;用量少,花纹大而模糊	主体是高分子量的丙烯酸聚合物,是用于美术型粉末涂料的专用助剂,主要用于制造斑纹(锤纹)型涂膜。用于环氧和环氧-聚酯粉末涂料。一般不加流平剂,涂膜出现露底时可少量流平剂调节。制得凹凸感的立体纹理
TB-1 摩擦带电剂	外观:白色流动粉末;载体:超细硫酸钡;有效含量:5%;固含量≥99%	用量为配方总量的 1%～4%,与其他组分一起混合挤出	提高上粉率的摩擦带电助剂。它可以提升材料介电常数,有效改善粉末带电性。适用于所有类型粉末涂料
TB-2 摩擦带电剂	外观:粉粒;载体:E-12 环氧树脂;有效含量:5%;固含量≥99%	用量为配方总量的 1%～4%,与其他组分一起混合挤出	提高上粉率的摩擦带电助剂。它可以提升材料介电常数,有效改善粉末带电性。适用于纯环氧和环氧-聚酯粉末涂料

续表

名称和型号	技术指标	用法与用量	特性
TB-3摩擦带电剂	外观：粉粒；载体：低酸值聚酯；有效含量：5%；固含量≥99%	用量为配方总量的1%～4%，与其他组分一起混合挤出	提高上粉率的摩擦带电助剂。它可以提升材料介电常数，有效改善粉末带电性。适用于羧基型纯聚酯粉末涂料
DH103电荷调节剂	外观：白色颗粒；固含量≥99.5%；熔点：67～72℃；密度：0.91g/cm^3	用量为配方总量的0.1%～0.5%，与其他组分一起混合。适用于所有类型粉末涂料	一种蜡状极性脂肪酸酯，能够有效调节粉末涂料电荷。不但减轻静电屏蔽效应，提高边角及凹槽处的上粉率；改善了工作条件，有效增加喷涂效益；还能提高涂膜流平，并且没有黄变等缺陷
W-1粉末涂料流动助剂	外观：白色或浅黄色粉末或颗粒；熔点：140～146℃；固含量：≥99%	用量为配方总量的0.5%～1.5%，与其他组分一起混合挤出	蜡状的有机化合物，专用粉末涂料的表面调节剂，具有降低熔融黏度、增加涂液流动性、脱除气体及提高涂膜表面性能的作用。有利于改进涂膜耐盐雾和耐水性；提高涂膜表面滑爽性，降低表面摩擦力，改进耐划伤性，有利于热转印膜的剥离，适用于各种粉末涂料
消泡剂XP-103	外观：白色粉末；熔点：120～140℃；粒度分布（D_{50}）：4～8μm；密度：0.95g/cm^3	用量为普通配方，配方总量的0～1%；当用于生锈或铸件时用量为配方总量的1%～3%；与其他组分一起混合挤出	一种改性聚酰胺复合蜡。其主要作用是降低涂膜表面张力，降低粉末涂料熔融黏度。应用于粉末涂料各种配方体系，有效消除多孔表面基材的气泡

注：表中的光泽都是60°测的光泽。

表2-39 安徽六安捷通达新材料有限公司粉末涂料用助剂品种和参考用量

牌号	主要用途	用法与用量	应用特性	备注
户内消光剂				
K7237A	混合体系化学消光剂	预混合后挤出，用量为配方总量的1%～5%，1份K7237A需消耗1.5份环氧树脂	提供2%～40%(60°)光泽，光泽极低，流平好，储存性能优良	以羧基聚合物为主的复合型消光剂
K7232	混合体系化学消光剂	预混合后挤出，用量为配方总量的1%～5%，1份K7232需消耗2.5份环氧树脂	最低提供约3%(60°)光泽，流平好，储存性能极好，树脂适应性强	
K7232D	混合体系化学消光剂	预混合后挤出，用量为配方总量的1%～5%，1份K7232D需消耗2份环氧树脂	最低提供约5%(60°)光泽，低冒烟，流平好，储存性能极好，树脂适应性强	
SA2165K	混合体系物理消光剂	预混合后挤出，用量为配方总量的1%～4.5%	提供5%～40%(60°)光泽，经济性好，力学性能优异，宽范围烘烤，光泽稳定	以环氧基聚合物为主的复合型消光剂
SA2165D	混合体系物理消光剂	预混合后挤出，用量为配方总量的1%～5%	提供约8%～60%(60°)光泽，优异的流平及细腻度，低冒烟，综合性能优	
户外消光剂				
SA206	TGIC体系消光剂	预混合后挤出，用量为配方总量的1%～3%	提供30%～70%(60°)光泽，极好的流平和抗黄变性，极好的力学性能	改性蜡基物理消光剂
K7280	HAA体系消光剂	预混合后挤出，用量为配方总量的1%～6%	提供20%～40%(60°)光泽，不消耗HAA，极好的抗黄变性，极好的挤出稳定性和储存稳定性	改性蜡基物理消光剂

续表

牌号	主要用途	用法与用量	应用特性	备注
户外消光剂				
K7212	TGIC体系消光剂	预混合后挤出，用量为配方总量的2%～5%，10份K7212需消耗1份TGIC	提供约20%～60%(60°)光泽，低蜡含量，极好的流平及细腻度，良好的耐候和耐水煮性能	以羧基聚合物为主的复合型消光剂
K7212A	TGIC体系消光剂	预混合后挤出，用量为配方总量的1%～5%，10份K7212A需消耗1份TGIC	提供约15%(60°)光泽，低冒烟，极好消光性能，储存稳定性优良，良好的耐候性和耐水煮性能	
K7215	TGIC体系消光剂	预混合后挤出，用量为配方总量的3%～6%，10份K7215需消耗1份TGIC	提供约5%(60°)光泽，极好消光性能，不同挤出条件光泽几乎一致，储存稳定性优良	
K7216	TGIC体系消光剂	预混合后挤出，用量为配方总量的2%～6%，10份K7216需消耗1份TGIC	提供约10%(60°)光泽，极好的流平及消光性能，储存稳定性优良，良好的耐候性和耐水煮性能	
SA2061B	干混消光剂	干混法加入，用量为配方总量的1%～1.5%	提供约10%～40%(60°)光泽，用量低，经济性好	
SA2068	TGIC体系消光固化剂	预混合后挤出，用量为配方总量的1%～5%，1份SA2068需消耗1.1份TGIC	提供10%～60%(60°)光泽，表面硬度高，力学性能好	复合多元酸型消光固化剂
SA550	丙烯酸消光树脂	预混合后挤出，环氧当量约750	提供≤5%(60°)光泽，极低光泽，表面平整光滑，挤出稳定性好	
SA580	丙烯酸消光树脂	预混合后挤出，环氧当量约600	提供≤10%(60°)光泽，表面细腻，光泽低，优异的抗冲击及抗折弯性能	
蜡基表面改性剂				
SA500	平滑除气剂	预混合后挤出，用量为配方总量的0.5%～1%	消除针孔，改进涂膜表面质量，抗黄变，可替代安息香	
SA501	增硬剂	预混合后挤出，用量为配方总量的0.5%～1%	提高涂层的硬度和滑爽性，经济性好	
SA5060	特效消泡剂	预混合后挤出或干混合加入，用量为配方总量的0.5%～1.5%	可消除针孔等表面缺陷，用于多空底材(如铸铁或铸铝)	
SA5066	特效增硬剂	预混合后挤出或干混合加入，用量为配方总量的0.5%～1.5%	提高涂层的耐磨性和滑爽性，优异的抗划伤性能和抗污染性能	改性PTFE蜡
K7656	特效消泡剂	预混合后挤出，用量为配方总量的0.5%～2%	消除缩孔、针孔等表面缺陷，不影响涂层光泽和丝网印刷，不黄变，尤其适用于HAA体系	改进了相容性的非蜡低聚物
K7661	特效消泡剂	预混合后挤出，用量为配方总量的0.5%～1.5%	显著消除缩孔、针孔等表面缺陷，推荐用于多空底材(如铸铁或铸铝)	
固化剂				
K7101	低温环氧固化剂，固化促进剂	预混合后挤出。作为固化剂，用量为环氧树脂量的2%～4%	作为固化剂，实现低温固化(120℃×30min)；作为促进剂，实现快速固化(240℃×30s)	加成咪唑
K7104	环氧体系固化剂	预混合后挤出，用量为环氧树脂量的3%～5%	可实现140℃×15min或240℃×30s固化，用于配制厚涂环氧粉末或重防腐粉末，赋予涂层极好的力学性能和耐化学品性能	加速双氰胺

续表

牌号	主要用途	用法与用量	应用特性	备注
固化剂				
K7108	环氧体系固化剂	预混合后挤出，用量为环氧树脂量的4%～6%	可实现150℃×10min或240℃×2min固化，用于配制薄涂装饰或功能型环氧粉末，赋予涂层极好的外观和耐化学品性能	加速双氰胺
SA31	环氧体系固化剂，固化促进剂	预混合后挤出，用量为环氧树脂量的6%～7%	应用于装饰和功能性纯环氧粉末涂料，可实现140℃×30min固化	2-苯基咪唑啉
SA2830	环氧体系固化剂	预混合后挤出，用量为环氧树脂量的4%～5%	应用于装饰和功能性纯环氧粉末涂料，建议180℃×15min固化	超细双氰胺
SA2831	环氧体系固化剂	预混合后挤出，用量为环氧树脂量的3.5%～4.5%	应用于装饰和功能性纯环氧粉末涂料，实现160℃×12min或200℃×5min固化	加速双氰胺
SA3120	纯聚酯体系固化剂	预混合后挤出，羟基当量约84g/eq	TGIC替代物，环保无毒，耐候性好	
固化促进剂				
K7318	低温固化促进剂	预混合后挤出，用量为配方总量的0.5%～2%	降低固化温度，缩短固化时间，不黄变，不影响流平，能显著降低体系光泽，随固化温度波动	
SA316	催化剂	预混合后挤出，用量为配方总量的0.05%～0.5%	100%活性成分，催化活性好，用量低	
电荷调整剂				
SA2483	电荷调整剂	预混合后挤出，用量为配方总量的0.3%～0.6%	降低静电屏蔽效应，提高上粉率，利于流平，不黄变	极性脂肪酸酯
SA2485	电荷调整剂	预混合后挤出，用量为配方总量的0.2%～0.5%	高带电性能，用量低，改进涂膜外观	长链脂肪酸酯
SA2486	摩擦增电剂	预混合后挤出，用量为配方总量的0.2%～0.4%	热稳定，不黄变，可用于电晕枪及摩擦枪，低用量下即有良好的带电性能	受阻胺
K7017	凹槽上粉剂	预混合后挤出，用量为配方总量的0.3%～1.5%	热稳定，不黄变，可用于电晕枪及摩擦枪，显著提高深度凹槽或异型工件的上粉率	受阻胺
砂纹剂/纹理剂				
SA207	砂纹剂	预混合后挤出，用量为配方总量的0.08%～0.15%	纯度高，用量低，砂纹立体感强，适用于多种粉末涂料体系	
SA2072	砂纹剂	预混合后挤出，用量为配方总量的0.1%～0.2%	经济型砂纹剂，适用于多种粉末涂料体系	
SA208	纹理剂	预混合后挤出，用量为树脂总量的3.5%～5%	多用于纯环氧和环氧-聚酯体系，可获得水纹、网纹、龟纹、砂纹等多种纹理表面	
功能性流平剂				
K7572	流平剂	预混合后挤出，用量为配方总量的0.6%～1.5%	显著提高体系熔融流动性，预防凹坑、针孔、鱼眼等涂膜弊病，涂膜具有极好的流平及饱满度，极好的层间附着力和再涂性能	
K7573	流平剂	预混合后挤出，用量为配方总量的0.6%～1.5%	预防凹坑、针孔、鱼眼等涂膜弊病，极好的表面滑爽性	
K7567	流平剂	预混合后挤出，用量为配方总量的0.6%～1.5%	预防凹坑、针孔、鱼眼等涂膜弊病，极好的流平性能和耐候性，相容性好	

续表

牌号	主要用途	用法与用量	应用特性	备注
特殊功能助剂				
SA300	丙烯酸树脂交联剂	预混合后挤出，环氧当量约300g/eq	提高粉末涂料的交联密度，改进涂膜力学性能和耐高温、耐化学品性能	
SA516	颜料分散剂	预混合后挤出，用量为配方总量的0.5%～1%	良好的颜料分散性能，改进显色性能及涂膜外观	
K7004	抗黄变助剂	预混合后挤出，用量为配方总量的0.5%～1.5%	适用于多种粉末涂料体系，尤其适用于抑制燃气烘烤黄变	
K7005	特效抗黄变助剂	预混合后挤出，用量为配方总量的0.3%～1%	适用于多种粉末涂料体系，尤其适用于抑制高温烘烤黄变，显著抑制因高温烘烤而引起的涂层老化	
K7007	特效抗黄耐高温助剂	预混合后挤出，用量为配方总量的0.3%～1%	烘烤不冒烟，适用于多种粉末涂料体系，尤其适用于抑制高温烘烤黄变，显著抑制因高温烘烤而引起的涂层老化	
K7301A	邦定助剂	邦定过程中加入，用量为配方总量的0.8%～1.5%	防止邦定时结团，提高邦定温度，改善金属粉末涂层效果，降低金属粉用量	
SA5501	金属颜料稳定剂	干混合法加入，用量为配方总量的2%～3%	抑制金属涂层表面暗斑生成，提高涂层耐湿热和耐盐雾性能	
SA5502	干粉流动助剂	干混合法加入，用量为配方总量的0.1%～0.5%	提高粉末流动性，平衡带电性能，有效控制膜厚，利于薄涂	
K7921	附着力促进剂	预混合后挤出，用量为配方总量的0.5%～1.5%	适用于多种粉末涂料体系，提高涂层附着力与耐水煮性	
K7922	附着力促进剂	预混合后挤出，用量为配方总量的1%～3%	显著提高涂层对不锈钢、镀锌板、玻璃等特殊底材的附着力，不影响涂层耐候性，不影响储存性能	
K7903	增韧助剂	预混合后挤出，用量为配方总量的2%～4%	增加涂层柔韧性，改善涂层抗冲击性能及抗折弯性能，改善涂层后成型加工性能	
K7010B	抗结块助剂	干混合法加入，用量为配方总量的0.2%～0.4%	抗结块，提高粉末疏松度，改善粉末的干粉流动性，不影响流平	
K7658	转印助剂	预混合后挤出，用量为配方总量的0.5%～1.5%	热转印后易于撕纸，提高涂层的显影度、清晰度，去除雾影	

表 2-40　上海索是化工有限公司/东莞索是新材料有限公司粉末涂料用助剂品种和参考用量

产品名称	用法	用量/%	特点和用途
消光剂			
户外丙烯酸消光树脂 T-308/T-550	内挤	9～12	纯聚酯消光固化剂，适宜光泽1%～20%(60°)的消光，有极佳的耐候性及流平性。其中T-308当量700g/eq，表面丰满细腻；T-550当量550g/eq，相比T-308用量少，冲击强度好，光泽更稳定
户外物理消光剂 T-302B	内挤	1～4.5	TGIC体系无蜡消光剂，适宜光泽10%～60%的消光
户外物理消光剂 T-302D	内挤	1～5.5	TGIC体系无蜡消光剂，适宜光泽7%～60%的消光
户外物理消光剂 T-301	内挤	1～3	户外蜡基非反应型消光剂，适宜光泽30%～60%的消光，烟雾少，不黄变，涂膜硬度高，表面清晰度优，光泽稳定
户外物理消光剂 T-307	内挤	3～7	HAA体系非反应型消光剂，适宜光泽20%～60%的消光

续表

产品名称	用法	用量/%	特点和用途
消光剂			
户内抗黄变消光剂 T-335/T-315	内挤	1～4	树脂型非反应型消光剂，表面细腻，适宜光泽 3%～60%的消光
户内抗黄变消光剂 T-323	内挤	1～3	树脂型非反应型消光剂，加量少，适宜光泽 5%～60%的消光
户内抗黄变消光剂 T-355A	内挤	1～4	树脂型非反应型消光剂，烟雾少，适宜光泽 5%～60%的消光
户内抗黄变消光剂 T-338	内挤	1～5	树脂反应型消光剂，其与环氧树脂固化比约为环氧树脂/T-338＝2.3/1，储存稳定性好，适宜光泽 4%～60%消光
户内抗黄变消光剂 T-338A	内挤	1～5	树脂反应型消光剂，其与环氧树脂固化比约为环氧树脂/T-338A＝2/1，储存稳定性好，适宜光泽 2%～60%消光
表面调整及消泡助剂			
通用流平剂 T-988	内挤	0.8～1	相容性好，表面清晰
增光剂 T-701	内挤	0.7～1.5	相容性好，表面清晰
安息香 T-502	内挤	0.3～0.5	耐温性好，消除针孔能力强
消泡剂 TP	内挤	0.5～1	消除底材气泡并改善流平
高效消泡剂 T-961/T-967	内挤/外加	0.3～0.8	蜡基改性脱气剂，特别适用于多孔性底材工件的脱气
表面调整剂 T-402	内挤	0.5～1.5	消除针孔并改善流平，提高耐盐雾及耐水煮性能
消雾影剂 T-161	内挤	0.3～0.5	提高表面清晰度及光泽，消除雾影，抗干扰
抗干扰剂 T-162	内挤	0.4～0.6	消除缩孔，极佳的抗干扰能力
流平分散促进剂 T-92	内挤	0.3～0.8	促进流平，分散颜料，提高光泽 3%～5%
边缘覆盖剂 T-80	内挤	0.5～1	改善"黑边"现象及防止流挂
增电剂			
增电剂 T-30	内挤	0.2～0.3	铵盐类，高有效含量，极佳的抗静电性能
电荷调整剂 T-50	内挤	0.2～0.3	极性长链酯类抗静电剂，不黄变及改进流平
摩擦带电剂 T-95A	内挤	0.3～1.5	摩擦粉体系专用
耐磨蜡粉			
聚乙烯蜡 T-401B/T-405	内挤	0.3～0.8	高熔点，有效提高涂膜的耐磨性及滑爽性
PTFE 改性微粉 T-403	内挤/外加	0.3～0.5	优良的耐磨性及滑爽性
纯聚四氟乙烯蜡 T-2	内挤/外加	0.2～0.4	极佳的耐磨性及滑爽性
附着力及固化促进剂			
附着力促进剂 T-70	内挤	0.5～1	提高涂膜的附着力、力学性能及光泽
增韧增塑剂 T-81	内挤	1～2	改善涂膜的柔韧性及耐弯曲性
固化促进剂 T-61	内挤	0.3～0.8	极好的耐黄性和分解性，不影响流平及光泽
固化促进剂 T-66	内挤	0.05～0.2	季铵盐类，耐温性能好，不黄变，适宜户内、户外体系
固化促进剂 T-31	内挤	0.05～0.2	2-苯基咪唑啉，适宜户内体系
固化促进剂 T-60	内挤	0.05～0.2	改性咪唑类，耐温性能好，适宜户内、户外体系
固化促进剂 T-311	内挤	环氧固化剂	可实现 120℃×25min 或 200℃×3min 固化
GMA 增硬交联剂 T-300	内挤	0.5～1	提高涂膜的交联密度及耐热性能
干粉流动剂			
干粉流动剂-933/T-935	外加	0.3～0.5	提高成品粉的流动性及疏松度，防止结团；改善金属粉、珠光粉的吐粉、堵枪及提高死角上粉率
干粉流动剂 T-936	外加	0.1～0.3	疏松粉末防结团，提高粉末流动性；改善死角及"回边"；利于薄涂均匀性，且片料磨粉时易磨细粉
氧化铝 C	外加	0.1～0.2	提高粉末疏松度，平衡带电性能及薄涂流平性
白炭黑 R972	外加	0.1～0.2	疏水性白炭黑，提高粉末疏松度，防止结团
转印助剂			
转印促进剂 T-170	内挤	0.3～0.5	树脂型，有效加快反应速度，从而提高转印粉末的纹理清晰度并促进脱模

续表

产品名称	用法	用量/%	特点和用途
转印助剂			
转印蜡粉 T-407	内挤	0.3～0.5	降低体系黏度,明显改进流平及分散性,促进脱模
转印助剂 T-706	内挤	0.3～0.5	提高转印粉的纹理清晰度并促进脱模
抗黄变及耐高温助剂			
抗黄变剂 T-900	内挤	0.3～0.6	改善粉末涂料高温固化及涂膜长期使用过程中的氧化黄变
抗黄变剂 T-101	内挤	0.3～0.8	改善涂层因燃气烘烤或高温烘烤引起的黄变现象
耐高温阻燃剂 T-5	内挤	1～5	环保型,阻燃,并能提高涂膜的耐高温性能
铝粉体系助剂			
铝粉耐磨消印剂 T-1	内挤	1～2	提高铝粉体系表面耐磨性并消除手痕
铝粉抗氧化剂 T-10	外加	1～2	显著提高铝粉的耐盐雾性,防止铝粉户外氧化发黑、见水发花,且能提高金属颜料粉末的耐候性
邦定助剂 T-15	外加	0.3～0.8	与底粉一同加入,能大幅度提高邦定粉末的工艺温度,避免结块;促进金属颜料的排列分布;提高耐磨性及消除手痕
纹理剂类			
砂纹剂 T-2071	内挤	0.05～0.2	用量少,分散性好
砂纹剂 T-101	内挤	0.3～0.8	经济型砂纹剂,分散性好,光泽稳定
细砂纹剂 T-102	内挤	0.2～0.5	极细的耐磨砂表面,极好的平滑手感
砂纹剂 T-3940	内挤	0.5～1.5	PE 蜡改性砂纹剂,纹理细,易挤出
皱纹(锤纹)剂 MCB	内挤	0.1～0.3	立体感强,稳定性好
浮花剂 T-55	外加	0.2～0.4	粒径均匀,立体感强,稳定性好
胺封闭磺酸 T-3218/T-5218	内挤	0.4～1/0.2～0.4	用于 Powderlink 1174 体系催化剂,其中 T-3218 制备户外绵绵粉;T-5218 制备户外龟纹粉
水纹剂 MCD	内挤	1～3	薄涂易起纹,稳定性好
龟纹剂 MCC	外加	0.2～0.5	水纹底粉上外加 MCC 可得大且稳定的龟纹状纹理效果
平面龟纹助剂 T-108	内挤	7～9	平面龟纹,纹理清晰,稳定性好
雪花纹助剂 T-106A	内挤	10～12	平面雪花纹效果
浮色剂 T-20	外加	0.1～1	制备裂纹粉时与颜料一起磨匀再外加到底粉中,帮助浮色、起纹,易得清晰、大且耐磨的裂纹表面

注：表中光泽指的都是 60°光泽；内挤是指助剂与其他原材料一起混料、挤出、粉碎制得粉末涂料的方法；外加是先制得半成品底粉后，把助剂干混合法加入分散制得成品的方法。

表 2-41　杭州中顺新材料科技有限公司粉末涂料用助剂品种和参考用量

产品名称	产品型号	特点和用途	推荐用量	用法
户内抗黄变消光剂	HF-3	反应比 1∶1.5,抗黄变,光泽 10%～30%	1.5%～3%	内挤
	HF-5	反应比 1∶3,抗黄变,光泽 1%～8%	5%	内挤
	HF-6	反应比 1∶2.5,抗黄变,光泽 2%～10%	4%	内挤
	HF-22	反应型,烘烤过程中冒烟极少,抗黄变,光泽 5%～25%	2%～5%	内挤
	H318	经济型,抗黄变,光泽 3%～10%	3%～4%	内挤
低温消光剂	XD31	反应型,适用于低温场合,定制	5%～10%	内挤
户外消光剂纯聚酯-TGIC 体系	C30L	含蜡,光泽 30%～70%	1%～3%	内挤
	C929	含微蜡,光泽 7%～30%,适应性广	3%～5%	内挤
户外消光剂 HAA 体系	CT-1	含蜡,光泽 15%～30%,适应性广	5%	内挤
特效浮花剂	5088	能使花纹变大,立体感明显增强,对含流平剂粉末也有作用,有污染	0.3%～2%	外加
高效浮花剂	ZS-507S	能使花纹变大,立体感明显增强,无污染	0.2%左右	外加
普通浮花剂	ZS-507	户内外皱纹粉末	0.2%左右	外加

续表

产品名称		产品型号	特点和用途	推荐用量	用法
砂纹剂		ZS-207	砂纹	0.1%～0.15%	内挤
砂纹剂		ZS-107	砂纹、细砂纹	0.1%～0.15%	内挤
砂纹剂		ZS-007	细砂纹	0.1%～0.15%	内挤
外加绵绵剂			稳定的绵绵纹效果	1.2%左右	外加
花纹扩散剂		ZS-703	可调多种颜色，要和聚氨酯配合用	色粉量 5%～8%	内挤
裂纹助剂			裂纹、大花效果	0.6%	做成色粉后外加
带电剂系列	抗静电剂	701	有效解决死角和凹槽的上粉问题	0.2%～0.6%	内挤
	摩擦带电剂	707	摩擦喷枪专用粉末，配合摩擦带电树脂应用有极好的带电性	0.2%～0.8%	内挤
	电荷调整剂	708	促进润湿，改善流平，提高上粉	0.3%～0.6%	内挤
光泽促进剂		206	户内粉末提高光泽用	1%	内挤
特效消泡剂		ZS-9961	消除铸铝、铸铁、热镀锌件等喷塑起泡现象	0.8%左右	可外加
铝粉超分散剂		ZS-303	改善粉末松散性，对铝粉有超强分散作用	1%～2%	内挤
铝粉高耐磨蜡系列		ZS-607-1	耐磨效果与四氟乙烯蜡相当并可消印	0.7%	内挤
		ZS-607-2	与 ZS-607-1 配合使用耐磨效果特佳	1%左右	外加

表 2-42 天珑集团（香港）有限公司粉末涂料用助剂品种和参考用量

产品名称	型号	用量/%	添加方法	说明
金属粉粉末助剂				
新型仿电镀助剂	AW520B	0.8～1.5	外加	解决高光蜡有手印、易起泡、银粉易氧化发黑、粉末容易结团、烘烤时有烟雾的问题；可使粉末不易结团，贮存稳定性好，可使外加超细银粉的粉末光泽超过 200%，产生类似电镀或镜面效果，较传统高光蜡白度好，银粉从原来 2%可降低到只需添加 0.8%～1.2%
新型外加特效银粉分散剂	R10 R11	0.1～0.2	片料粉碎时外加	用 SiO_2 作为载体的高效分散剂，可促使银粉上浮，提高银粉的遮盖力，减少银粉用量。不管银粉添加多少均可均匀分散无黑点。通过调节底色及减少银粉用量来调至灰黑、蓝相及不同色相的银粉效果
新型外加特效银粉分散剂	SAL002	0.5～0.8	外加	外加无颗粒，银粉强行分散无黑点，新型银粉黑点消除剂。注意加到片料或过筛
新型内加特效银粉分散剂	NEW201 SAL008	1	内加	新型特效银粉定向排列剂，能有效促进金银粉在粉末涂料中的分散、排列，消除因金银粉少加时与底粉分散不好产生的黑点、黑丝。特别对金粉珠光粉闪银也有明显效果。注意不能产生电镀效果，特别适合用来调制蓝相灰相等彩色金属粉末。对消除缩孔、抗干扰也有明显效果
外加银粉黑点消除剂	R19	0.1～0.2	片料粉碎时外加	用 SiO_2 作为载体的高效分散剂，不管银粉添加多少均可均匀分散无黑点。通过调节底色及减少银粉用量来调至灰黑、蓝相及不同色相的银粉效果。PC75 铝粉单独添加 1.5%有黑点，添加 R19 分散剂 0.15%后完全遮盖了，板面变白，黑点消除
外加银粉黑点消除剂	R20	0.1～0.2	片料粉碎时外加	用 SiO_2 作为载体的高效分散剂，不管银粉添加多少均可均匀分散、无黑点。通过调节底色及减少银粉用量来调至灰黑、蓝相及不同色相的银粉效果

续表

产品名称	型号	用量/%	添加方法	说明
金属粉粉末助剂				
外加银粉消印剂	AW605A	0.5～1	外加	消除仿电镀银粉表面的手印,效果明显
内加金银粉分散剂	TL208	0.5～1	内加	传统型银粉定向排列剂,促进细金银粉在粉末中的分散、排列,可降低一半金银粉的用量,有效提升粉末涂料表面的光泽及金属效果。消除因金银粉分散不好产生的黑点、黑丝。特别是对金粉、珠光粉、闪银也有明显的效果
超电镀助剂	DD1620	4	外加	配合超电镀银DD091,不冒烟,光泽达到400%～700%,升级产品DD1621;超电镀助剂,更易出电镀效果
仿电镀助剂	AW500F	0.6～0.8	外加	可使外加超细银粉的粉末光泽达到200%,产生类似电镀或镜面的效果。不加助剂需添加2%超细银粉,添加助剂后只需添加0.6%～0.8%超细银粉。对增加硬度及耐刮效果不明显,且有手印,要消除手印,则需外加POL65消印蜡或POL09C消印增硬剂。配合使用的超细银有DD005、DD02。与细浮银同用时不耐候、易发黑,慎用
内加特效消印剂	TS003A	0.3～0.7	内加	消除银粉的手印,改变涂层表面张力,提高涂膜表面清晰度,增加表面光滑度及抗刮性,提高耐化学品性能及耐高温性能,印字清晰,外加银粉增硬剂或微粉蜡效果更好。印刷油墨好印
银粉抗氧化剂	SH-08	1.0	外加/内加	有特殊防腐功能的新助剂。用量1%与银粉一起外加可大大提高银粉的抗氧化性,很耐湿热,耐盐雾。内挤1%～2%的方法加入粉末涂料的配方中,能很好地提高粉末涂料的耐水煮和耐盐雾性能
外加特效银粉增硬剂	AW685	0.5～1		能显著增加银粉表面硬度,抗刮伤、消除手印,分散好。外加0.5%～2%具有更高的硬度和消印效果,可以达到两根管子对擦或用指甲刮无痕
砂纹剂				
经济型高光细砂纹剂	AS312	0.2～1	内加	表面产生砂面的美术纹理效果,光泽较高
平滑特细砂纹剂(新产品)	AS314	0.02～0.2	内加	纯氟聚合物特细砂纹剂,D_{50}为2～3μm,熔点320℃。可作为颗粒与颗粒间的分隔成分。可产生颗粒非常细小均匀的砂粒效果。可制作非常细腻平滑、手感极好的砂纹。系列产品有AS21-4A(分散好,不结团),AS21-5、AS21-6A(分散好,不结团)、SH51特细砂纹剂(棉花状,进口)
通用经济型细砂纹剂	SW126 SW125	0.1～0.3	内加	细腻的白色团状四氟乙烯改性聚合物砂纹剂,在粉末中起到消光起砂的作用,添加量少,较经济
特细砂纹剂	SW501	0.03～0.2	内加	添加量少而经济,产生砂纹纹理及消光效果,有膨润土添加0.03%,光泽6.8%～7.4%,有光细砂纹。无膨润土添加0.22%,光泽7.5%。本品为细砂纹剂,近似TF20

续表

产品名称	型号	用量/%	添加方法	说明
砂纹剂				
外加磨砂水纹助剂	SW218	1.5～3	外加	无光外加磨砂纹剂，添加量1%～3%可达到1%～3%光泽，外加于高光粉则为又细又平的磨砂纹，可做成极细的磨砂纹效果，手感极其细腻，砂纹剂难以达到其手感与细腻度及光泽，适用于环氧-聚酯型，成本低。推荐使用，但稳定性尚有不足
消光粗砂纹剂(通用型)	SW207	0.05～0.15	内加	酰胺改性聚偏氟乙烯砂纹剂，可制作细砂纹与消光的粗砂纹，适用于家用电器如音响设备、办公用品、体育器材等，特别是电脑面板的表面装饰。熔点320℃(进口)
经济型粗砂纹剂	TL250 TL250B	0.1～0.3	内加	消光的通用经济型砂纹剂，可制作消光的粗中细砂纹粉末涂料，成本低廉
高光砂纹蜡	AS05B 1830B	0.5～1	内加	聚四氟乙烯改性聚乙烯蜡，熔点125℃，粒径12～14μm，可产生均匀的凸纹效果，极佳的抗刮伤和耐磨性及平滑性等。配合膨润土可制作粗砂纹与细砂纹，立体感较强，添加量较小，光泽较高，砂纹大而平滑。消光性能比1830砂纹蜡强一倍，0.5%添加量，1830光泽36%，而本产品光泽17.6%
松散型特细砂纹剂	SH65C	0.02～0.2	内加	氟聚合物砂纹剂，制作细砂纹与消光的粗砂纹，替代进口美国TP61砂纹剂
平滑特细砂纹剂	SW65 SH61A	0.02～2	内加	纯氟聚合物特细砂纹剂，D_{50}为2～3μm，熔点320℃，可作为颗粒与颗粒间的分隔成分。可产生颗粒非常细小均匀的砂纹效果。可制作非常细腻平滑、手感极好的砂纹
砂纹调节辅助剂				
砂纹特效增硬剂	SK02	0.50	内加	特殊改性含氟增硬蜡粉，特别在砂纹粉中增加硬度效果明显，优于AW90与AW600B
特效非蜡砂纹增硬剂	SK88	0.50	内加	非蜡、非填料类砂纹增硬剂，配合AS080使用，硬度可达3H
特效非蜡砂纹增硬剂	SK080	1～6	内加	添加量1%～6%，20%添加量时硬度可达3～4H，无蜡、无烟，消印增硬
特效砂纹增硬剂	AS682	0.1～0.3	内加	催化型砂纹增硬剂，有效增加砂纹硬度
砂纹专用膨润土	P308	1	内加	粉末涂料砂纹专用膨润土，吸油量大，产生细腻而干燥的砂纹效果，需与砂纹蜡配合使用。降低光泽，降低砂纹剂用量，使砂纹纹理细密。添加量达到2%以上时可以直接制作砂纹效果，成本低廉。同时也是较好的抗流挂剂，此时添加量为千分之一
细砂膨润土	AS201	0.5～2	内加	
锤纹、网纹、皱纹、花纹、点花等纹理助剂				
锤纹网纹剂	AS303	0.1～0.3	内加	同锤纹银一起内加产生网状锤纹效果。内加型纹理剂二次喷涂效果稳定。做锤纹要求有较白的效果，且要求纹理清晰时不能加填料，用LC100、3123、3128锤纹银较白，不够白则增加银粉或TL100银白珠光粉。纯聚酯体系较白
皱纹波纹剂	AS202	0.1～0.4	内加	二次喷涂较稳定，产生较大的皱纹、波纹、浮花效果。如用黑底外加金粉制作黑底金花；外加银粉制作黑底银花，外加珠光粉可制作各色纹理效果

续表

产品名称	型号	用量/%	添加方法	说明
锤纹、网纹、皱纹、花纹、点花等纹理助剂				
小花纹剂	ZW50 AS01	＜0.1	内加	产生小花纹效果，添加量＜0.035%时，花纹会很大，容易露底；添加量＞0.08%时，花纹将变小而稳定(进口)
内加大花纹剂	AS10 AS20	0.1～0.5	内加	新型大花纹剂，改善了易露底的现象，产生大花纹效果，在环氧体系中，可制作大浮花效果
深皱纹辅助剂	TL3C	0.10	内加	主要应用于缝纫机用粉，无污染，制作立体感强的皱纹，对皱纹起辅助作用，不能单独制作皱纹粉，底粉不能加流平剂(其中TL3C应用于混合粉、环氧粉，TL3C反应速率较快，添加量0.1%，TL3F居中。PG09应用于纯聚酯粉，TL3B-1可用于混合型粉和纯聚酯粉)
纯聚酯深皱纹辅助剂	PG09	0.10	内加	
无光粉特效皱纹剂	AS7B	0.2～0.8	外加	AS3B改进产品，具有AS3B功能外，在半光无光粉里不会产生亮点，是无光半光皱纹的首选产品。注意：生产工艺参照AS3B，此产品污染强烈，请慎用
外加大花纹剂	Z100	0.1～0.2	外加	在平面粉中外加剂少量的Z100及3%～5%左右的颜料，即可产生类似于点花的特大型花纹，图案美观，但有较强的污染性，请慎用。粒径100目
大浮花剂	C109	0.1	片料一起外加	以丙烯酸树脂为载体的立体浮花剂，同片料一起粉碎，花纹较大，立体感较强，不易露底
立体浮花剂	C108	0.1～0.4	外加	可产生立体感强的浮花、锤纹、橘纹或皱纹效果。在TL538物理消光剂底粉中，产生立体感强的消光皱纹效果。注意防止露底，无污染。粉状160目
改性浮花剂	B20 C12	0.05～0.2	外加	经济型浮花剂，与粉末不易分离，回收粉效果好，上粉好，添加量少，纹路较少，不易产生缩孔，可制作锤纹、皱纹、浮花效果，在水纹粉中加强立体感。花纹要做大时，应减少填料的用量，沉淀钡流动性较好，花纹较大；碳酸钙吸油量大，对流动性有影响，花纹较小，立体感较强。140～180目可直接外加
粒状透明浮花剂(纯)	OK5B	0.05～0.2	外加	可产生浮花、锤纹、或皱纹型粉末涂料，粉碎过筛再外加。浮花剂第一次上粉好，第二次上粉不好，不推荐第二次上粉的场合。粒状浮花剂可以随意调节粒径，因而可以配制立体感较强的大花纹。无黑点、无白点
立体斑纹剂	AS8	0.1～0.4	外加	可产生浮花、锤纹、橘纹或皱纹效果，立体感较浮花剂强。粒径40～180目
点花扩散剂	AST-W		内加	做一种扩散的点花效果，可以形成扩散、孔雀、柳叶、多色、花岗岩宝石等花纹。做点粉时添加4%～10%，同聚氨酯或聚酯及颜料一起挤出过60～120目筛做成点粉，外加到底粉时点粉添加0.1%～2%左右，底粉不加流平剂，可加AS303皱纹剂。AST-W点花下凹成点花，AST-C与AST-L上浮成浮花
花纹扩散剂	AST-C (上浮型)		内加	
	AST-L(不扩散)		内加	

续表

产品名称	型号	用量/%	添加方法	说明
锤纹、网纹、皱纹、花纹、点花等纹理助剂				
大理石纹理剂	AST-P(方便型)		内加	作用跟点花扩散剂和花纹扩散剂一样,同颜料一起挤出后粉碎过筛,外加到没有流平剂的底粉里,纹路可通过底粉与点花粉调节,不需要载体,方便使用。注意有污染
水纹、龟纹、裂纹助剂				
聚酯粉水纹剂(封闭磺酸)	AC32-18A 3297	0.4～1.0	内加	封闭磺酸催化剂,在聚酯粉末中与交联剂(PLK1174)相互作用,使涂膜表面起皱,形成凹凸纹理(绵绵纹)的催化剂,可产生龟纹效果。注意:在配方中不能有带酸碱性的原料,如碳酸钙,用硬脂酸改性填料,否则板面不能固化并不起纹。水纹状大纹理则涂膜光泽4%～5%,细砂纹状则光泽低1%～2%
催化增硬剂	TS135	1～2	内加	聚氨酯水纹专用调节剂,消除亮边,调节纹路,提高弯曲性能,降低光泽
绵绵纹漆助剂(通用型)	AS183	树脂的3.5～5,总量的1.8	内加	一种金属络合物,有强烈的固化促进效果,使粉末涂料在固化温度条件下的胶化时间很短,涂膜来不及流平,使涂膜形成砂纹状态,可制作均匀的毛玻璃状美术皱纹粉,即俗称水纹或蛇皮纹。但其贮存稳定性不好,制造过程中挤出温度和螺杆的转速条件等对砂纹外观影响大,冷炉与热炉升温纹路不一致,冷炉升温易变成龟纹,工件厚度对纹路影响较大,对工艺要求比较严格。八大重金属检测不超标
水纹调节剂	PG23	0.2～0.5	内加	配合AS183水纹剂,不亮边,纹路均匀,厚薄起纹,增强立体感。反应慢的水纹剂均适用,反应快的水纹剂如606-1A则无效果
绵绵纹漆助剂(外加)	AS196	1.5～4	外加	外加型水纹剂,外加于无流平剂的底粉中,添加量越大表面越平整细腻,冷炉升温与热炉烘烤纹路一致。在环氧-聚酯粉末中外加此水纹剂,不能用于双氰胺固化的环氧粉末。成本低且纹路受烘烤条件影响不大,AS186受聚酯影响较大,需要选择树脂,不同的聚酯有可能不起纹或稳定性尚有不足,请检验后使用。SGS检验符合ROHS标准
粗水纹调节剂	SW71	0.1～0.4	外加	外加水纹调节剂,内加AW183水纹剂做底粉,外加SW71起涟漪状水纹,加强水纹的立体感、手感
龟纹网纹剂	AS13 AS12	0.8	外加	可在绵绵纹的基础上形成突起的龟纹状或网状花纹,像渔网状突起。小龟纹剂AS12网纹小而密,纹路均匀。配合SW71水纹调节剂使用效果更好,冷炉升温效果最好。不可高速搅拌。水纹效果好的龟纹就好,水纹效果不好的龟纹效果就不好。水纹效果出不来,龟纹效果就出不来。AS13(德国产)、AS13-2大龟纹效果好
外加型裂纹剂	LW0.2	0.5	外加	制作黑底白裂等裂纹效果,裂纹细长,浮色较大,添加量小,效果明显,层次分明,成本低,简单易做。添加量不能超过0.6%,添加量大了没有效果。附着力好,无颗粒

续表

产品名称	型号	用量/%	添加方法	说明
水纹、龟纹、裂纹助剂				
外加特效大裂纹剂	LW0.3 LW0.6	0.5	外加	制作黑底白裂等大裂纹效果，裂纹较粗长，立体感较强，浮色较大，效果明显，添加量极小，成本低，简单易做。添加量不能超过0.6%，添加量大了没有效果。附着力好，无颗粒
外加通用裂纹剂	LW001	0.5	外加	内挤皱纹剂，同普通颜料或金属粉、珠光颜料等一起外加制作裂纹，适用与金银粉珠光粉及绿色裂纹制作
内挤裂纹剂	AS105 AS107		内加	用裂纹剂内挤做成面粉，再外加到皱纹底粉上，通过两种裂纹剂的用量调整裂纹效果，因此制作的裂纹感观好，无颗粒、不掉色。成本高，慎用(此做法适用于黑底白裂纹或白底黑裂纹等不能外加制作的裂纹粉)。单独AS105产生星状花纹
转印助剂				
非蜡转印助剂	ZY02	0.5	内加	不含蜡基转印剂，内挤0.5%既可达到好撕纸，且字体非常清晰鲜艳的特殊效果。可解决丝印不上不连续的问题
特效转印蜡	ZY03	1.0		复合蜡类特效转印剂，好撕好印，转印清晰
转印固化剂	TS135	0.2～0.5		固化完善，好撕纸
转印促进剂	CJ91	0.2		固化完善，好撕纸，转印效果好，但透明度稍差
转印促进剂	T-162	0.1		固化完善，好撕纸，转印效果好，透明度好
新型转印剂	ZY308	0.1		好撕纸
转印增硬剂	AS080	1～2		硬度好，好印字，解决蜡粉印不上字的问题，加1%硬度好很多，但还不够，要加2%
转印助剂(好印)	ZY01 ZY06	0.5～1	内加	内挤301Q低温固化剂或T262聚酯加速剂，采用3∶7或4∶6的低酸值树脂，内加ZY01或外加Z04转印助剂，纸自动起来，解决难撕纸的问题。ZY01、ZYO6用于好印需求，但不宜外加，外加会失光，ZY04、ZY08用于好撕纸需求，可外加
转印剂(好撕纸)	ZY03 ZY04 ZY08		可外加	
通用转印剂	ZY911	0.1～0.5		适用环氧-聚酯、聚酯粉末
混合型转印剂	ZY313	0.1～0.2		适用环氧-聚酯粉末
聚酯转印剂	ZY62	0.5		适用聚酯粉末
聚氨酯转印剂	ZY215	0.1～0.5		适用聚氨酯粉末
表面整理剂				
新型特效表面整理剂	TS100	0.3～0.5	内加	提高成膜后的板面流平，减少涂膜针孔，加0.5%厚涂150μm无针孔，大大提高高光板面光滑性、丰满度、光洁度，提高板面清晰度，细腻度好。大幅度减少表面缺陷，甚至可达到镜面效果，其效果优于AS150B表面整理剂。对户外聚酯粉末更为明显，对光泽度没有很明显的提升
表面整理剂	AS150B	0.5～1	内加	可明显提高粉末涂料抗干扰性，降低体系黏度，提高成膜后的板面流平，消除涂膜针孔效果明显，大大提高板面光滑性及光洁度，大幅度减少表面缺陷，其效果优于增光剂。解决批次间混溶失光问题，提高板面清晰度，耐水煮性和耐中性盐雾性能等，而涂膜户外老化性能则保持不变。消除橘皮效果较好，测试在黄色粉中添加1%光泽可达105%

续表

产品名称	型号	用量/%	添加方法	说明
表面整理剂				
特效表面整理剂(消光专用型)	P01	0.3～0.5	内加	消光粉专用表面整理剂,内挤0.5%,使消光粉具有更致密平整的表面和优异的流平性,这是一般的表面整理剂无法达到的效果。并有一定的疏松及促进上粉作用。在聚酯T105体系中加0.5%达到TGIC平面效果
粉末润滑剂/橘皮消除剂	AS141	0.7～1	内加	改进粉末润滑剂,使粉末(特别是黑无光及半光粉末)的涂膜表面平滑、丰满、细腻、增加光泽,消除表面橘皮及雾光,手感极其滑爽。可解决无光黑表面手印擦不掉的问题。添加1%光泽可达95%,无毒,可用于食品接触的行业
光泽流平促进剂	TS109	1	内加	新型多功能表面促进剂,提高光泽3%～7%,促进表面流平,消除橘皮、针孔、气泡、表面凹陷。TS109对颜料的分散性很好,用国产酞菁绿T619测试明显偏绿,达到进口酞菁绿的分散效果
荧光增白剂	OB-3(黄相) OB-2(绿相)	<0.03	内加	2,2-双(4,4-二苯乙烯基)双苯并噁唑,黄绿色结晶粉末,提高粉末涂料涂膜鲜映度或白度。熔点359℃,耐热性最好。最大吸收光谱波长374nm,最大荧光发射波长434nm。推荐TL-1
荧光增白剂(经济型)	TL-1	0.5	内加	能吸收紫外光并将其转化蓝光或紫光,产生明亮的蓝紫色荧光,弥补粉末涂料与塑料中蓝色不足和提高光的反射,在白色粉中起增白作用
粉末疏松和上粉系列助剂				
外加特效疏松剂	SS03	0.5～0.8	外加	丙烯酸酯聚合物与有机化合物的复合物,降低熔融黏度,改善其干粉流动性,不容易堵枪,防止结块与黏壁现象,提高上粉率。有效取代白炭黑,并解决白炭黑的颗粒与白点及消光问题
纳米导电剂	DZN01	10～20	内加	以纳米无机氧化物粉体为基体,通过表面活性处理及导电因子的添加,使该基体表面形成牢固的导电层,从而使该粉体具有持久导电性。①导电性能稳定,持久,添加0.1%电阻达到$10^9\Omega$,添加0.3%可接近半导体;②色浅、无毒、无味、安全性好;③耐高温,耐化学侵蚀。可制成防静电粉末,防静电纤维等。配合导电炭黑使用,电阻可达到$10^8\Omega$,添加量较大成本高。成膜之后可有效消除静电危害,并具有优良的稳定性,抗静电作用效力持久稳定
新型外加防吐粉助剂	POL19	0.3～0.6	外加	用于防止珠光粉、银粉、金粉等外加颜料在粉末涂料中的积枪、吐粉问题,外加效果较好,具有抗静电的功效。可解决细银出现白点问题,提高板面致密性,提高闪银的白度及遮盖力,提高银粉的分散性及表面效果,防止吐粉有明显效果,没有副作用,效果明显优于氧化铝C、白炭黑、干粉流动剂、蜡粉等。升级产品POL55具有更广泛的应用场合,有时候POL19无法解决的积枪问题时,用POL55才能解决
外加防吐粉助剂	POL55			

续表

产品名称	型号	用量/%	添加方法	说明
粉末疏松和上粉系列助剂				
特效防结团剂	SH118 SH118B YW668	0.3～0.5	外加	具有防止粉末在炎热天气下快结团，增强粉末雾化及上粉作用，在片料上添加一起磨粉效果很好。SH118为特殊蜡类组合，不能加蜡的粉末请谨慎使用！本产品适合外加，不适合内挤，外加消光很少，与同类产品相比，更加经济实惠更实用。此产品解决了白炭黑外加易消光、易起白点、起颗粒、难以分散问题，同时具备白炭黑的疏松防结块性能。在皱纹粉中不影响纹路，在平面粉中不消光，没白点，流平性好。升级产品为SH118B
消手印剂	TS002 TS003A	1.0	内加	多功能消手印助剂，在粉末涂料中内挤1%～2%具有疏水、疏油、抗手印耐汗水、增加板面致密性、改善粉末粒度分布、防止粉末过细吐粉等功效，并有极好的上粉功能。0.3%的TS100和1%的TS002并用能做出高品质的高光黑粉末，或直接使用TS003A添加1%可达到效果
特效增电剂	T368	0.2	内加	通过改变粉末涂料的带电性，提高粉末涂料施工覆盖率和成膜率。可使静电屏蔽效应最小。此产品能在粉末涂料施工中提高流动性。可适用于粉末涂料的各种体系。对表面流平有促进作用
上粉增电剂/粉末导电剂	ZY90E ZY90C	0.1～0.3	内加	静电喷涂增加导电助剂，是酸性不饱和羧酸酯的烷氧基铵盐，提高电导率，降低电阻，提高上粉率，提高附着力，抗黄变，解决死角上粉及提高大面积上粉率，少量添加便能产生较明显的效果。喷涂时注意先喷死角。将体积电阻控制在10^9～$10^{11}\Omega$的理想状态中。因高表面电阻导致无法泄露静电会影响粉末吸附
外加上粉剂(防流挂剂)	C10	0.1～0.3	片料中外加	AEROXIDE ALU C是一种具有高比表面积的非常精细的热解金属氧化物，带有正电荷的氧化铝C在很多应用中具有独特的特性能，可在粉末涂料中提高带电荷率，因而可大大提高上粉，及具有良好的防流挂作用。特别是在金属粉粉末涂料中使用，除了能增加电荷，改善金属粉的堵枪的现象，还可以提高产品的抗粉化和保色性
抗静电剂(死角上粉)	T-308	0.2～0.5		通过改变粉末涂料的导电性，提高粉末粉末涂料的施工覆盖率和成膜率，可使静电屏蔽效应减小。它适合于凹槽处的涂装。此产品在粉末涂料施工中提高流动性。可适用于粉末涂料的各种体系。性能与路博润的LANCOSTAT308相媲美。不影响表面流平
干粉流动剂(防吐粉)	AS102	0.5～1	可外加	粉末专用疏松剂，防止粉末堆积，促进粉末表面的流动性，增加砂纹粉的表面平整性。可提高粉末涂料的玻璃化转变温度，以实现更好的储存稳定性。有助于转印粉中转印纸的剥离。外加解决金粉、珠光粉吐粉，提高金属粉、珠光粉的分散性

续表

产品名称	型号	用量/%	添加方法	说明
粉末疏松和上粉系列助剂				
摩擦带电剂	ZY91	0.2	内加	混合型、TGIC型聚酯粉末摩擦带电效果差，必须加入摩擦带电剂才能得出高上粉率。摩擦带电助剂就是这种可以有效提高粉末在摩擦枪中带电性与上粉率的添加剂
功能性助剂				
增韧增塑剂	TL600	1～3	内加	增强弯曲能力、附着力、抗冲击及柔韧性，增加填料用量，有辅助流平的作用，改善粉末疏松状态。也是一种涂膜边角覆盖力改进剂，防止流挂和薄边，添加量为0.5%～2%，不变黄。因考虑环氧中有聚酯，配方中将减少用量。提高皱纹粉末冲击性，添加2%解决锤纹粉的露底问题，喷薄喷厚无露底
内加特效增硬剂	AW600B	0.5	内加	改性复合蜡，是经济型增硬剂，增硬效果极好，在较少添加量下就可以达到2H以上的硬度，可实现两根管对擦无痕。转印好撕纸。对光泽影响不大，0.5%可做到90%以上光泽
附着力促进剂	T328	0.5	内加	新型附着力促进剂，效果优于TL600
特效边角覆盖剂	YW112	0.1～0.2	内加	优于白炭黑，成本低。在高光白中内挤0.1%～0.2%有理想的抗流挂和边角覆盖力效果，且对板面流平影响不大，做到浅色粉亦可平而不流挂无黑边，工件凹凸字体清晰。在各类美术型橘纹粉中内挤0.2%，起到防露底和疏松的作用
钛酸酯偶联剂	ZY501	0.5～1	内加	表面处理剂。用于偶联碳酸钙、硫酸钡、滑石粉、钛白粉、炭黑等。偶联剂对涂膜功能作用是多方面的，既是偶联剂，又是分散剂、粘接促进剂、固化促进剂等
抗污染助剂				
抗消光粉污染剂	TL131	0.1～0.3	内加	解决高光粉与消光粉同炉烘烤时消光粉中挥发分的污染导致高光粉的光泽降低、表面起皱问题，添加量小，效果明显
抗聚酯污染剂(消除针孔)	TS50	0.5	内加	可大幅度提高粉末涂料的抗干扰性，解决粉末因聚酯存在的微小差异造成的批次间混溶失光、针孔、凹凸问题，板面清晰，涂膜户外老化性能不变。如果针孔比较严重就用特效针孔消除剂TS100
针孔消除剂(抗聚酯污染剂)	TS51	0.5	内加	通过改变表面张力，解决聚酯污染及低价聚酯缩孔问题，与AS150B表面整理剂配合使用效果好
特效缩孔消除剂(抗聚酯污染剂)	NEW051	0.5	内加	特效抗污染剂，特效缩孔消除剂。可以消除清机不干净造成的缩孔。客户使用后反馈：0.5%即可解决问题
缩孔消除剂(抗聚酯污染剂)	NEW301	1～2	内加	抗流平剂污染剂，可以改善涂膜硬度、光泽、耐化学品、耐污、耐腐蚀性、抗黏附性、耐摩擦性。消除缩孔与污染，对所有聚酯都有作用，且不影响流平，也不影响重涂且添加后重涂更理想，即二次流平好，并能增加附着力。在制作高柔韧性及冲击强度粉末时，传统的增光剂发脆不能达到所需要的韧性和冲击强度，需用内挤1.5%。该助剂替代增光剂，促进涂膜流平固化，还完全抗各种不同聚酯及流平剂粉末的干扰，而又不会干扰其他粉末

续表

产品名称	型号	用量/%	添加方法	说明
抗黄变助剂				
室内抗黄变剂	AS110	0.1～1	内加	耐温<210℃,保护有机物使其不发生热氧化降解,通过捕捉树脂在有氧受热时产生的自由基而阻止涂料树脂的热降解反应,从而提高树脂的抗变色性和抗老化性,起到抗黄变作用。还可以延缓金银粉氧化变色问题。可以增强涂膜抗黄变的能力,保证涂膜良好的物理化学性能。超过 210℃变红。熔点110～125℃。在熔点挤出和高温固化过程中白色粉末涂料中加入抗黄剂,可以有效地抑制涂膜黄变,使涂膜颜色稳定再现
抗黄变剂	AS120	0.1～1	内加	苯并三氮唑、阻酚与磷酸酯等高分子的复配物,延长光热氧的老化作用,加有抗氧剂的涂膜抗老化时间可以延长 200～300h。可用于荧光颜料在加工及成膜过程中的热氧化,提高其耐热性。熔点 137～141℃,可以提高高分子材料的热稳定性。与紫外光吸收剂并用有良好的协同效应
高温抗黄变剂	AS103 AS130	0.1～1	内加	熔点 161～164℃,耐温 300℃,适宜 250℃内加工抗氧化,起到抗氧化作用。如需粉末体系耐温 300℃,需与高温树脂 T100 与进口金红石 R706 钛白粉配合使用。在熔融挤出和高温固化过程中,白色粉末涂膜容易黄变,在白色粉末涂料中加入少量,可以有效地抑制涂膜黄变,使涂膜颜色稳定再现。可有效改善树脂的抗老化性能,具有无毒性及优良的防紫外光和抗色变性能
特效耐高温助剂	GW03	3～5	内加	在普通粉中添加 3%～5%,可耐高温300℃ 1h,保持 50%～60%光泽,保持较好的附着力弯曲性能。不加此助剂则会碳化,砂纹变平面无光,无附着力
抗氧助剂				
抗氧剂	B900	0.50	内加	抗氧剂 1076 和 168 的复合物(1076:丙酸正十八碳醇酯,熔点 49～54℃;168:亚磷酸酯,熔点 182～186℃),通过协同作用,可有效地抑制涂膜的热和氧化降解,延长光、热、氧的老化作用。加有抗氧剂的涂膜在加速老化试验中,涂膜抗老化时间可以延长 200～300h
抗氧剂	1010	0.50	内加	化学名季戊四醇酯,熔点 112～129℃。荧光颜料耐热性不太好,因此所用基料应是低温固化型,另加少量抗氧剂,用以阻止荧光颜料在加工及成膜过程中的热氧化,大大提高荧光粉末涂膜的颜色鲜映性。抗氧剂一般为还原性物质,可以阻止荧光颜料对氧的吸收
紫外光吸收剂				
紫外光吸收剂	AS830 AS801	0.2～0.5	内加	能大量吸收紫外光,吸收波长 270～350nm,并把它转变成无害的低能辐射,分子内所形成的氢键化合环吸收光量子,把辐射能转化为热能释放,避免紫外光的破坏作用。增强耐候、保光、保色和鲜映性。解决涂膜老化的根本出路在于树脂的选择,好的树脂也需要光稳定剂相配合。化学名称:2-羟基-4-*N*-辛基二苯甲酮,熔点 48～49℃,沸点 400℃

续表

产品名称	型号	用量/%	添加方法	说明
紫外光吸收剂				
光屏蔽剂	Z401	1～3	内加	改性氧化锌类光屏蔽剂是在紫外光辐射将危及涂膜之前，就把射线吸收或反射出去，阻止或限制其穿透涂膜内部的一种化合物。着色力相当于70%的锐钛型钛白
阻燃剂				
复合高效阻燃剂	ZR033	1～5	内加	高效阻燃剂与协效阻燃剂双重作用
协效阻燃剂 抑烟剂	ZY035	5～20	内加	经济型，同高效阻燃剂一起使用，不单独使用，单独使用效果不明显。对抑制烟雾作用明显
高效阻燃剂 无卤阻燃剂	TL033	1～5	内加	无卤阻燃剂，高效阻燃剂，可轻松达到欧洲(UL 94)V-0可燃等级的阻燃效果，300℃ 1h烘烤不会变无光，6%明火熄灭，3%～5%耐高温，白色粉末，无毒，无味，不溶于水和大部分有机溶剂，环保
聚乙烯微粉蜡				
通用增硬蜡粉	AW100	0.5～1	内加	软化点115℃，提高硬度，提高黏度和耐酸碱性、耐盐性、耐磨性、抗蚀性、耐水性、表面光滑性，改善颜料的分散效果(经济型，韩国产)
高光粉通用润滑蜡粉	AW102	0.5～1	内加	润滑蜡不消光，主要起润滑作用，对螺杆润滑效果好，0.5%高光黑可达94%光泽，对硬度作用不明显，不建议用在增硬用途
通用润滑蜡粉	AW103	0.5～1	内加	润滑蜡不消光，主要起润滑作用，对螺杆润滑效果好，0.5%高光黑可达94%光泽，对硬度作用不明显，不建议用在增硬用途
润滑分散蜡粉(微晶蜡)	AW112	1.0	内加	微结晶，低分子量聚乙烯蜡，软化点：103～115℃，细度40～60目，用作颜料的分散剂，同时有润滑、消光、增硬的作用
润滑增硬蜡粉	AW152	1～3	内加	用于润滑、消光，改善流动性得到光滑表面，从而减小摩擦以增加抗刮性(德国产)
通用微粉蜡	AW128	1	内加	聚乙烯微粉蜡，粒径25μm，熔点116℃。从而避免片状蜡粉分散不均匀易导致表面缺陷，且价格经济
超细增硬微粉蜡	AW129	0.5～1	外加	聚乙烯微粉蜡，熔点107℃，粒径4μm，黏度120mPa·s(160℃)，对涂膜表面有抗刮伤、耐磨、抗粘连、耐抛光、滑爽、消光等性能，硬度好
酰胺微粉蜡				
酰胺蜡	AW163	0.3～1	内加	聚酰胺微粉蜡，熔点140℃，粒径4μm。在熔融状态下，导致体系黏度、表面张力急剧下降而发生蜡基向涂层表面迁移，其结果是固化后涂层表面形成一层致密的包覆膜，产生失光(进口)
酰胺改性聚乙烯微粉蜡	AW105 AW65A	0.3～1	外加	微粉化改性高密度聚乙烯蜡聚酰胺蜡，粒径小于14μm，熔点150℃，用于润滑、消光、增加流动，抗结块，获得平滑表面，增强抗刮伤性。适用于55%～85%产品的消光，不但可以克服填料消光对涂层表面平整度的影响，而且克服化学消光涂膜光泽不稳定的弊病，添加量为1%～3.5%，如果添加量大于3.5%时，粉末熔融流动性明显下降，带电性差，回收粉末上粉率低。通过美国FDA食品认证(德国产)，1%蜡粉消光8%

续表

产品名称	型号	用量/%	添加方法	说明
纯聚四氟乙烯和四氟乙烯改性聚乙烯增硬微粉蜡				
纯聚四氟乙烯微粉蜡	C901	0.1～1	内加/外加	平均粒径为1～2μm，熔点327℃，具有良好的分散性并形成纤维网络，防止流挂。具有优良的耐热性、耐寒性、耐候性、化学稳定性和电绝缘性，提高阻燃性(日本产)
	C904	0.1～1	内加/外加	高四氟乙烯蜡，四氟乙烯含量很高，既有纯四氟乙烯的高硬度与高润滑性，又避免了纯四氟乙烯不上浮造成的增硬效果不好的弊端
四氟乙烯改性聚乙烯增硬蜡(保光蜡)	AW807	0.3～1	内加/外加	微粉化聚四氟乙烯与乙烯共聚物，粒度小于14μm，熔点130℃，四氟乙烯含量高，用于高滑、润滑及耐磨和抗刮等，不影响光泽。AW807四氟乙烯含量较高，高硬度，外加效果最好。通过美国FDA认证
特效四氟乙烯改性增硬蜡	AW805 AW806	0.3～1	内加/外加	微粉化PTFE聚四氟乙烯改性聚乙烯蜡粉，D_{50}：6μm，D_{90}：9.5μm，熔点为125℃，改善抗刮伤和平滑性，防止产品相互黏结，提高滑性；增加粉末涂料流动性；极佳的抗磨性和爽滑性。最终产品中提高抗污染性。综合了聚四氟乙烯与聚乙烯两种蜡粉的特点，硬度极好。在高光黑中解决手印问题。通过美国FDA食品认证。AW805四氟乙烯含量较高，建议内加
聚丙烯微粉蜡				
聚丙烯微粉蜡	AW204	0.5～1	内加/外加	粒度3μm，熔点158℃，黏度200mPa·s(160℃)，日本产。抗刮伤、耐磨、抗粘连、滑爽、抗结块，硬度高。烘箱烘烤无烟，转印好撕纸。不结团
聚丙烯微粉蜡	AW205	0.5～1	内加/外加	熔点150～160℃，粒径8μm，对涂膜表面有抗刮伤、耐磨、抗粘连、耐抛光、滑爽、消光等性能。改善流动、获得平滑表面，硬度好。烘箱烘烤无烟(德国产)
不冒烟特效增硬剂				
特效增硬剂	SK02	0.5～1	内加	颗粒，不冒烟，蜡类增硬剂中内加效果最好的增硬剂
特效增硬剂	SK06	0.5～1	内加	颗粒，不冒烟，公司最畅销增硬剂，增硬效果与SK02持平
特效增硬剂	SK11	0.5～1	内加	颗粒，不冒烟，经济型增硬剂
特效增硬剂	SK10	0.5～1	内加	颗粒，不冒烟，经济型增硬剂
特效增硬剂	SK03	0.5～1	内加	颗粒，不冒烟，高效型增硬剂
特效增硬剂	SK01	0.5～1	外加	微粉，不冒烟
特效增硬剂	SK04	0.5～1	外加	微粉，不冒烟，熔点高，160℃左右
脱气剂和消泡剂				
特效消泡剂	XP108	1～2	内加	特殊酰胺复合蜡与碳酸盐类改性消泡剂，能极好地消除铸铁铸铝工件涂膜的气泡，特别对于气泡较多的镀锌喷锌工件也能产生明显的消泡作用
多功能特效消泡剂	XP107 XP109	0.5～2	内加	具有较好的脱气效果，特别不影响厚工件的纹理。因其有降低熔融黏度的作用，因而增加表面流动性和增加表面丰满度。因其本身的润滑性和分散性，对提高粉末疏松度、提高抗结块都有很好的作用。能有效解决转印粉不好撕纸的问题。只适用于透明度要求不高的场合。XP109可尝试应用于外加的场合

续表

产品名称	型号	用量/%	添加方法	说明
脱气剂和消泡剂				
镀锌件专用特效消泡剂	XP101 XP961	0.7～1	内加	对于多孔材料的消泡和除气效果极佳，特别对纯聚酯的镀锌板的气泡也能消除，添加量只需0.7%。只适用于透明度要求不高的场合(德国产)，不宜外加
粉末外加专用消泡剂	XP301B	0.5～2	内加/外加	滴点140℃，D_{50}:7μm，D_{90}:12μm，在多孔的表面起脱气作用，在铸铁、铸铝工件中效果明显，同时增加硬度，抗刮伤，抗粘连性有良好的效果。解决安息香不能解决的问题，外加效果好
消泡增硬蜡	XP801	0.3～2	内加/外加	聚酰胺微粉类消泡剂，熔点140℃，粒径4μm，可显著提高产品的耐磨、防蹭脏及滑爽等性能，可改善涂膜表面的光滑度，手感和耐刮损、硬度等。在熔融状态下，导致体系黏度、表面张力急剧下降而发生蜡基向涂层表面迁移，其结果是固化后涂层表面形成一层致密的包覆膜，产生失光。对于亚光粉的流平促进效果好，除环氧外均适用。蜡粉向表面迁移的过程使吸附在多孔底材上的气体脱出，起到消泡作用(日本产)
通用消泡剂(平滑除气剂)	AW51	0.5～2.5	内加	经济型消泡剂，消泡效果好，具有较好的除气效果和突出的抗黄变特性，可取代安息香消除缩孔，取代进口消泡剂。有助于降低系统的熔融黏度和改进树脂黏合剂对底材的润湿和颜料的分散性能，可以显著地改进表面效果和流平，提高抗划痕的效果。不建议外加。在底材较差、气泡较多的情况下，建议添加量达到2%效果较理想。只适用于透明度要求不高的场合
透明粉用消泡剂	XP866 XP966B	0.5～2	内加	非蜡基消泡剂，因不含聚酰胺类产品，适用于透明粉，取代安息香，不消光，在多孔的底材中具有优异的消泡效果，适用于所有粉末体系，具有优异的耐候性，抗烘烤黄变性优异，减少涂层发黄，不会导致表面发雾、失光。在高光黑中对炭黑的分散效果较好，可提高黑粉的光泽度、表面清晰度，去除雾状
抗黄变安息香	AW63	0.5～1	内加	在冷却状态下，会急剧地向涂层表面迁移，具有良好的消泡效果，消除针孔、缩孔、气泡，无副产物，不发生黄变。可部分取代安息香

表 2-43　湖北来斯化工新材料有限公司粉末涂料用助剂品种和参考用量

名称/型号	成分	用量/%	功能和特点
浮花剂 T33	改性丙烯酸酯类聚合物	0.1～0.5	外加到各类底粉中，浮花起皱；深色底粉中外加有白点纹理(黑色银花皱纹底粉，外加T33 0.2%，银粉0.5%)
皱纹剂 805	醋酸丁酸纤维素	0.1～0.3	内挤工艺简单，皱纹效果清晰均匀，立体感强(低光黑皱，805内加0.15%)
锤纹剂 856	低表面张力聚合物	0.1～0.3	锤纹透明感强，纹路清晰可调节(蓝锤纹856:0.2%，流平剂:0.5%，浮银:1%)

续表

名称/型号	成分	用量/%	功能和特点
砂纹剂 810	改性氟聚合物	0.05～0.5	物理分隔起砂消光，分散越好加量越少(低光黑砂纹 810：0.1%，881：0.3%)
增电剂 EDI	阳离子季铵盐	0.1～0.5	降低涂膜表面电阻率，适合低树脂含量粉末，提高上粉率，有轻微冒烟
增电剂 308	改性有机脂肪酸类化合物	0.1～0.5	降低涂膜表面电阻率，提高粉末上粉率，有轻微冒烟
抗静电剂 711	脂肪酸类衍生物	0.2～1.5	提高涂膜抗静电性能，增加上粉(711：0.5%，$Rv=10^{10}\sim10^{12}\Omega\cdot cm$)
消泡剂 YPZ	硬脂酸盐类化合物	0.5～1.5	粉末涂料中性价比最高、最稳定的消泡剂，消除针孔和水汽造成的气孔
除气剂 411	微细酰胺聚合物	0.3～0.7	降低涂膜表面张力，消除针孔、气孔，避免黄变
全能消泡剂 4430	微细有机碳酸盐	0.3～1.2	用在铸铁、铝材、镀锌等工件上消泡、增滑、增硬等
耐磨剂 756	改性高熔点聚乙烯蜡	0.2～0.8	增加硬度，提高抗划伤性能
增硬耐磨剂 1441	聚四氟乙烯改性 PE 蜡	0.3～0.8	改善涂膜流平性能，增加滑爽性、耐磨性、硬度
转印蜡 8212	防粘连的高分子蜡	0.2～0.6	热转印粉末中加入后易撕纸，涂膜纹路清晰
聚四氟乙烯蜡粉 240	聚四氟乙烯蜡	0.2～0.8	纯净物，增硬滑爽，熔点 320℃，常与聚乙烯蜡配合使用
纯聚酯消光剂 654	含催化剂的蜡	2～4	在纯聚酯粉末中，调节涂膜光泽最低可达 15%
混合型消光剂 646	含催化剂的蜡	3～4	消光不挑树脂，涂膜流平性好，光泽可达到 7%～25%
纯聚酯消光剂 631	丙烯酸树脂	6～12	消光剂同聚酯配比 1∶3，涂膜光泽达到 5%左右，TGIC 量越加多光泽越高
流平剂 H98	聚丙烯酸酯类化合物	0.8～1.5	通用流平剂，液体流平剂含量大于 65%
增光剂 701	聚丙烯酸酯类化合物	0.5～1.5	提高聚酯体系的相容性，消除缩孔效果好，纯环氧、无光等体系中不建议添加
干粉流动剂 445	复合蜡	0.3～0.6	提高粉末干粉状态的流动性，有利于提高储存稳定性
催化剂 304	2-甲基咪唑	0.1～0.5	环氧树脂固化剂，常用于环氧-聚酯粉末促进剂，但在白色粉末中黄变严重
催化剂 305B	有机锡类化合物	0.05～0.5	提高环氧或聚酯体系的反应活性，加速固化反应
低温固化剂 312	酚类聚合物	环氧树脂量的 14%	在咪唑的催化条件下，130℃×15min 固化，涂层平整光滑，涂膜有黄变现象
加速双氰胺 310	微粒径改性双氰胺	环氧树脂量的 4%	固化较完全，涂膜平整，防腐性能好
聚酯固化剂 320	改性羟烷基酰胺化合物	酸值 55 的聚酯树脂加量 7%	190℃×10min 快速固化，涂膜平整光滑，力学性能好
偶联剂 782	螯合型的钛酸酯类化合物	0.2～0.8	提高无机填料与树脂的螯合性，提高附着力到 0 级，可预防涂层与工件冲压时开裂
氢化蓖麻油 513	氢化蓖麻油	0.3～0.8	辅助流平，涂层致密饱满度好，多用于亚光粉末中
抗黄变剂 737	受阻酚类与亚磷酸酯抗氧剂	0.2～1.5	减少挤出和烘烤过程中黄变，成膜后耐候性增强
增塑剂 535	聚乙烯醇缩丁醛树脂	1～3	辅助流平和增塑，提高柔韧性，增加杯突试验指标值，涂层不开裂

续表

名称/型号	成分	用量/%	功能和特点
阻燃剂 749	多溴联苯醚类	2～5	测定氧指数达 28%，难燃物质氧指数为 27%，重金属含量超标，欧盟对多溴联苯醚不豁免
紫外光吸收剂 UVF	二苯甲酮类	0.2～1	提高涂膜抗老化性能，减少紫外光对涂膜的破坏作用
有机膨润土 881	有机触变剂	0.2～0.5	提高纹理效果，同时增加刚度、强度，使涂膜更具砂纹感
伊士曼 CAB551	醋酸丁酸纤维素	0.1～0.3	内挤做皱纹、锤纹，加量小，容易被流平剂污染出缩孔
路博润 1778	聚乙烯和聚四氟乙烯蜡粉	0.5～1.5	提高涂膜柔韧性，增加硬度和饱和度
毕克消泡剂 BYK961	消泡剂	0.2～2	型材消泡效果好，成本高
德固赛氧化铝 C/A200	氧化铝颗粒/气相白炭黑	0.2～0.5	提高粉末颗粒带电性能、抗结团性能和储存稳定性
卡博特 M-5	气相白炭黑	0.2～0.5	提高抗结团性和储存稳定性，深色粉外加涂膜有白点

表 2-44 宁波维楷化学有限公司粉末涂料用助剂品种和参考用量

产品牌号	技术指标	用量和使用方法	特点和说明
WL502 液体流平剂	外观：无色或略带浅黄色黏稠液体；黏度：5000～8000mPa·s(50℃)；含量：≥99%	一般用量在 0.5%～1%；先用配方总量的 10%的其他原料均匀分散所需的流平剂，然后与剩余的原材料混合均匀	粉末涂料添加剂，作为流平剂，具有良好的流动性能，以较小的表面张力，达到涂层均化作用，消除涂膜缩孔，使固化涂层具有平整、光滑的外观
WL503 固体流平剂	外观：乳白色或浅黄色颗粒；固体含量：≥99%；环氧值 0.04～0.06mol/100g	根据配方各单位用量有差别，一般用量在 5%左右，跟其他配方原料混合均匀	以环氧树脂为载体的流平剂，可用于环氧和环氧-聚酯粉末涂料；改进涂膜流平性，消除缩孔
WL528 通用型流平剂	外观：白色自由流动粉末；有效含量：≥50%；挥发分：≤2.0%	一般用量在 0.6%～1.5%，流平剂与总量的其他原料混合分散均匀	丙烯酸共聚物流平剂，可适用于环氧、环氧-聚酯和聚酯粉末涂料
WL588 通用型流平剂	外观：白色自由流动粉末；有效含量：≥65%；挥发分：≤2.0%	一般用量在 0.6%～1.5%，流平剂与配方总量的其他原料混合分散均匀	丙烯酸共聚物流平剂，可适用于环氧、环氧-聚酯和聚酯粉末涂料
WL788 通用型流平剂	外观：白色自由流动粉末；有效含量：≥70%；挥发分：≤2.0%	一般用量在 0.6%～1.5%，流平剂与配方总量的其他原料混合分散均匀	丙烯酸共聚物流平剂，可适用于环氧、环氧-聚酯和聚酯粉末涂料
WK701 增光剂	外观：白色颗粒或粉末；固含量：≥99%；软化点：110～120℃；纯的增光剂	一般用量在 0.5%～1.5%，与其他原料粉碎混合均匀一起挤出	丙烯酸酯共聚物，粉末涂料中极性添加剂，对被涂物具有良好润湿作用，能有效地起到消除缩孔、增加光泽、促进流平的作用
WK702 增光剂	外观：白色颗粒或粉末；固含量：≥99%；软化点：110～120℃；含有硫酸钡，防止结块	一般用量在 0.5%～1.5%，与其他原料粉碎混合均匀一起挤出	丙烯酸酯共聚物，粉末涂料中极性添加剂，对被涂物具有良好润湿作用，能有效地起到消除缩孔、增加光泽、促进流平的作用
WH125 纯聚酯固化剂(HAA)	外观：白色粉末；熔程：120～130℃；固含量≥99.0%	配套聚酯：湛新 CC2630-2、神剑 SJ5800、天松 CE3098；固化条件：180℃×15min 或 190℃×12min	化学成分是羟烷基酰胺，一种良好的耐候型粉末固化剂，可以替代 TGIC，毒性低。由于反应有水分子产生，不宜厚涂
WM68 消光固化剂	外观：白色粉末；熔程：222～228℃；固含量：≥99.0%	1 份 WM68 固化 10～12.5 份 E-12；WM68 熔点温度高，适当提高挤出温度或多次挤出；固化温度：180℃×(20～25)min；190℃×(10～12)min；200℃×(8～10)min	是环脒和多元酸的盐，相当于德国赫尔公司 B68，可用于环氧-聚酯粉末涂料固化剂，可制备超级无光表面，各项力学性能优异；通过调整配方制备不同涂膜光泽粉末涂料，具有较好的再现性

续表

产品牌号	技术指标	用量和使用方法	特点和说明
WM601 消光剂	外观：浅黄色颗粒；固含量：≥98.0%	用量为配方总量的 1%～3%；比较适合的光泽范围为 30%～60%(60°)；选择聚酯/TGIC=93/7，选择低黏度、慢速反应聚酯，可以得到较好流平及消光效果	一种蜡系中等光泽的消光剂，适用于纯聚酯体系和环氧-聚酯体系
WM602 系列纯聚酯消光剂	外观：浅黄色粉末；固含量：≥98.%	用量为配方总量的 1%～5%；选择聚酯/TGIC=93/7，选择低黏度、慢速反应聚酯，可以得到较好流平及消光效果；不推荐配方中加入促进剂改善冲击性能，可能影响光泽稳定性和流平性；固化条件：190℃×15min，200℃×12min	复合型消光剂，可以提供较好的力学性能及出色的消光性能。适用于 93/7、94/6 的 TGIC 体系，WM602 可提供最低 15%光泽；WM602A 可提供最低 10%光泽；WM602B 不含蜡；可提供最低 10%光泽；WM602C 可提供最低 8%光泽
WM650 丙烯酸消光树脂	外观：无色透明晶体；软化点：135～145℃；环氧当量：450～550g/mol；固含量：≥99.0%	固化条件：200℃×15min；粉末涂料光泽要求低时挤出机转速要求较慢	带有环氧基的丙烯酸树脂，粉末涂料消光树脂，消光效果好，适用于 1%～10%户外用聚酯粉末消光，在 HAA 体系使用效果更佳。耐候性、耐高温、耐盐雾、抗黄变性极佳；优良流平性；较强的抗冲击性
WM660 丙烯酸消光树脂	外观：无色透明晶体；软化点：140～150℃；环氧当量：500～600g/mol；固含量：≥99.0%	固化条件：200℃×15min；粉末涂料光泽要求低时挤出机转速要求较慢	带有环氧基的丙烯酸树脂，粉末涂料消光树脂，消光效果好，适用于 1%～10%户外用聚酯粉末消光，在 HAA 体系使用效用更佳。耐候性、耐高温、耐盐雾、抗黄变性极佳；优良流平性；较强的抗冲击性
WM660A 丙烯酸消光树脂	外观：无色透明晶体；软化点：140～150℃；环氧当量：650～750g/mol；固含量：≥99.0%	固化条件：200℃×15min；粉末涂料光泽要求低时挤出机转速要求较慢	带有环氧基的丙烯酸树脂，粉末涂料消光树脂，消光效果好，适用于 1%～10%户外用聚酯粉末消光，在 HAA 体系使用效用更佳。耐候性、耐高温、耐盐雾、抗黄变性极佳；优良流平性；较强的抗冲击性
WM6121 混合型抗黄变消光剂	外观：浅黄色粉末；固含量：≥98.0%	用量为配方总量的 3%～5%；比较适合用于 3%～15%光泽的粉末；配套聚酯树脂为：神剑 SJ3B(50：50)；中法 P508(50：50)；光华 GH1156(50：50)；固化条件：190℃×15min	复合型消光剂，提供涂膜优异的流平，良好的储存稳定性及出色的抗黄变性能
WM6122 混合型抗黄变消光剂	外观：浅黄色粉末；固含量：≥98.0%	用量为配方总量的 1%～3%；可提供最低 10%左右的光泽，适合做 10%～40%光泽粉末；配套聚酯树脂为：天松 TM9011F(50：50)；神剑 SJ3B(50：50)；光华 GH1156(50：50)；固化条件：190℃×15min 或 200℃×12min	复合型消光剂，提供涂膜优异的流平、良好的力学性能及出色的抗黄变性能
WM6131 混合型抗黄变消光剂	外观：浅黄色粉末；固含量：≥98.0%	用量为配方总量的 3%～5%；比较适合用于 3.5%～20%光泽的粉末；配套聚酯树脂为：神剑 SJ3B(50：50)；神剑 5A(40：60)；光华 GH1156(50：50)；固化条件：190℃×15min	复合型消光剂，提供涂膜优异的流平、良好的力学性能及出色的抗黄变性能

续表

产品牌号	技术指标	用量和使用方法	特点和说明
WM6151 混合型抗黄变消光剂	外观：浅黄色粉末；固含量：≥98.0%	用量为配方总量的 2%～5%；比较适合用于 3%～15%光泽的粉末；配套聚酯树脂为：神剑 SJ3B(50∶50)；光华 GH1156(50∶50)；不推荐加入促进剂咪唑或胺类改善冲击性能，这可能影响光泽稳定性和涂膜平整性；固化条件：190℃×15min	复合型消光剂，提供涂膜优异的流平、较低的光泽及出色的抗黄变性能
WM6161 混合型抗黄变消光剂	外观：浅黄色粉末；固含量：≥98.0%	用量为配方总量的 3%～5%；比较适合用于 2%～10%光泽的粉末；配套聚酯树脂为：神剑 SJ3B(50∶50)；神剑 5A(40∶60)；光华 GH1156(50∶50)；固化条件：200℃×10min	复合型消光剂，提供涂膜优异的流平、良好的力学性能及出色的抗黄变性能，光泽最低至 2%。WM6161 含有羧基，与环氧树脂反应比例为 1∶2

其他助剂产品

产品牌号	名称和用途	主要特性	用量/%
固化剂和固化促进剂			
WH127	双氰胺固化剂	环氧树脂固化剂，制成的涂膜具有非常好的防腐蚀和力学性能	3～4
WH127M	双氰胺固化剂	微粉化的 WH127，提高了反应活性	3～4
WH128	固化剂	聚氨酯粉末涂料体系固化剂，制成涂膜具有优良的流平性，涂膜平整、光滑，且力学性能良好；优良的耐候性，较好的储存稳定性，过烘烤稳定性好	10
WK31	固化促进剂	既可作为固化促进剂，用在环氧粉末或环氧-聚酯粉末涂料中；也可作为环氧粉末涂料的固化剂	5～7
WK305	固化促进剂	很好的催化效果和热稳定性，不影响流平，不产生黄变。用于聚酯、环氧-聚酯粉末涂料；用量少，较少的用量就可以达到固化要求。该产品是流动粉末，使用更方便	0.1～1.0
WK306	固化促进剂	用于环氧-聚酯粉末，TGIC 或 PT910 体系粉末，含有 5%活性成分。易操作，大大提高了在粉末涂料配方中的分散性	0.5～2.0
美术助剂			
WK102	浮花剂	外混法产生皱纹美术图案，用量少，花纹立体感强	0.05～1.5
WK103	绵绵纹剂	应用于环氧、环氧-聚酯粉末；可制作水纹、网纹、龟纹等类型的美术型粉末，具有强烈的固化促进效果	2～4
WN104	皱纹剂	搭配 WK108 用于聚氨酯粉末涂料中获得非常特殊的起皱图案，非常好的力学性能、抗紫外光性能和耐烘烤性能	6
WK107	龟纹剂	能提供龟纹图案的添加剂，在环氧粉末体系中干混使用	0.8～1.2
WK108	催化剂	用于聚酯-四甲氧甲基甘脲粉末体系的粉状催化剂，获得具有“皱纹”外观的涂层表面	1.5
WK207	砂纹剂	涂膜砂纹效果的大小与砂纹剂用量、粉末粒径分布、涂膜厚度有关，用量多砂纹细，粉末粒径大砂纹粗；配合膨润土可以产生细小均匀的砂纹效果	0.05～0.5
功能助剂			
WF100	流动助剂	降低熔融黏度，增加涂料熔融流动性，脱除气体，提高涂膜表面性能	0.5～1.5
安息香	脱气剂	纯度高，抗黄变性能优于普通安息香，消除针孔和气泡	0.3～0.5
WK300	增硬剂	用于粉末涂料，增加涂膜硬度	0.3～0.8
WK308	电荷调节剂	减轻静电屏蔽效应，提高边角及凹槽处的上粉率，提高涂膜流平，没有黄变缺陷	0.1～0.5
WK309	电荷调节剂	季铵盐类，克服静电屏蔽效应，提高边角及凹槽处的上粉率	0.6～1.0
WK310	脱气剂	有效改善对基材的润湿性和对颜料的分散性，取代部分安息香，赋予脱气消泡、抗黄变效果；提高粉末涂料的抗结块和流动性能	0.5～1.5

续表

功能助剂			
产品牌号	名称和用途	主要特性	用量/%
WK315	脱气剂	降低体系的熔融黏度，改善对基材的润湿性和对颜料的分散性，可以得到更光滑的表面；取代安息香，赋予更好的脱气和抗黄变效果，特别在HAA体系，它提供了耐候型涂层更满意的性能，如涂膜厚到100μm而没有气泡。由于自身的滑爽性，提高了粉末涂料的抗结块和流动性能，并阻止堵塞喷枪，提高涂膜的耐磨性和光滑度	0.3～1.0
WK320	附着力增进剂	显著提升涂层对金属底材的附着力跟柔韧性；大幅提高涂层的抗冲击性能，有效解决涂层开裂、爆裂现象	0.5～1.5
WK321	附着力促进剂	提升铸铁、铸铝、钢、铝合金、镀锌及玻璃等底材上的附着力（弯曲跟冲击），同时提高层间的附着力。有效提高涂层与底材的结合力，T型剥离强度增加，提高防腐性；可以解决工件因前处理不干净造成工件表面残留油污跟锈斑，从而在烘烤过程中产生气体释放造成涂层附着力下降问题	0.5～1.5
WK330	抗氧剂	由抗氧剂1076和抗氧剂168复配而成，通过两种抗氧剂协同作用，可有效地抑制高分子材料的热降解和氧化降解。广泛应用在聚酯、聚氨酯、聚乙烯等体系中，具有突出的加工稳定性和长效保护作用	0.3～0.8
WK350	抗菌剂	一种经高分子处理的具有特殊结构的有机化合物，满足各种粉末涂料体系的抗菌要求。在烘烤过程中不挥发，不变色，稳定性强，与流平剂、增光剂预混合后使用，效果更佳，也可应用于塑料制品的抗菌防霉	0.4～0.8

表 2-45　武汉银彩科技有限公司粉末涂料用助剂品种

型号	功能和用量	特点和性能	其他
消光固化剂			
L2032	户内物理消光剂；1%～3.5%	丙烯酸树脂型，光泽做到7%～50%，抗黄变性好，涂膜表面非常平整，力学性能好，对聚酯选择性宽，适合聚酯/环氧=50/50、60/40、70/30体系	挤出法添加，不宜超过3.5%；烘烤条件：190℃×15min
L2035	户内半化学消光剂；4%～5%	丙烯酸树脂型，替代B68消光剂做无光，光泽做到2%～10%，无光粉，抗黄变性好，1份消光剂消耗2.4份环氧树脂，粉末胶化时间长，储存稳定性好。对于不同树脂厂家，不同型号聚酯（50/50、60/40、70/30）的消光效果有些差别	挤出法添加，外观：浅黄至白色粉末；堆密度：330～450g/L；固含量：≥98.5%；烘烤条件：180℃×20min或190℃×15min
L2017	聚酯粉末物理消光剂；3%～6%	光泽做到12%～50%，涂膜抗黄变性好，表面平整光滑，对聚酯有选择性，推荐：神剑4ET、擎天3309、光华9338、枫林2011、智诚9038	挤出法添加，外观：白色至黄色粉末，挥发分≤0.5%。烘烤条件：210℃×15min
L2018	聚酯粉末消光剂	丙烯酸树脂型，光泽做到10%～50%，适用范围宽	
X35	丙烯酸消光树脂；聚酯/消光树脂=3/1（质量比）	光泽做到2%～12%，户外用无光粉末主要消光剂，涂膜流平非常好，无暗花纹。做极低光泽消光树脂适当过量，如调高光泽适当减少消光树脂用量，并补充相应固化剂TGIC。对于聚酯树脂有一定的选择性	挤出法添加，外观：白色颗粒或粉末；软化点：110～125℃；环氧当量：500～600g/eq；挥发分：1.5%；烘烤条件：200℃×15min
A树脂		羧基丙烯酸树脂，酸值（mg KOH/g）在60、140、230、280，与环氧树脂反应得到不同光泽的涂层，主要作为消光树脂	挤出法添加
G树脂		环氧基丙烯酸树脂，环氧当量300g/eq、600g/eq，与聚酯反应得到消光涂层，增加交联密度	挤出法添加
常规助剂			
L88	流平剂；1.0%～1.5%	调节表面张力使涂膜更平整光滑光亮；特殊配方设计消除麻点缩孔更强，含特殊基团增加粉末带电性	挤出法添加
L701	增光剂；1.0%～1.5%	调节表面张力，促进润湿底材，有助于消除麻点缩孔，涂膜更平整光滑光亮	挤出法添加
L306	安息香；0.5%	除气，消除涂膜针孔气泡	挤出法添加

续表

型号	功能和用量	特点和性能	其他
常规助剂			
L307	抗黄安息香;0.5%	除气,消除涂膜针孔气泡,不黄变,涂膜表面更平整	挤出法添加
L307A	除气剂;0.5%~1%	除气,消除涂膜针孔气泡	挤出法添加
L307B	消泡剂;0.5%~1%	消除涂膜气泡和小分子挥发物质	挤出法添加
L901	特效消泡剂;1%	用于铸铁铸铝件除气、消除涂膜针孔气泡	挤出法添加
L501	增电剂;0.1%~0.3%	粉末状胺类增电剂,增电效应明显,有催化作用不宜多加	挤出法添加
L308	电荷调整剂;0.3%~1%	颗粒状,增加粉末带电,并使过多电荷泄漏掉,克服静电屏蔽现象,克服大波纹,使涂膜表面平整	挤出法添加
L528	强效增电剂;0.3%~1%	薄片状,强效增加粉末颗粒带电性,提高粉末上粉率,回收粉末少	挤出法添加
粉末和涂膜性能调整助剂			
L521	表面调整剂;0.5%~1%	调整表面张力,涂膜更平整丰满	挤出法添加
L308	铝粉增亮剂:0.5%~1%	让铝粉浮到表面有规则排列,增加银粉亮度,减少银粉用量	挤出法添加
L309	耐磨剂;0.5%~1%	增加银粉表面硬度和耐磨性,增加高光粉表面硬度和耐磨性	挤出法添加
L708	偶联剂;1%	偶联剂含有亲水基团和亲油基团,能将有机物树脂与无机物颜料和填料更好地结合,增加附着、弯曲和抗冲击性能	挤出法添加
L517	抗黄变剂;0.5%	克服高温产生的黄变,克服涂膜因热、空气氧化产生的分解和黄变,提高涂膜的耐候性能	挤出法添加
L518	粉末松散剂;0.5%	高熔点有机物,防止温度高粉末结块,提高粉末松散性和流动性,有利于喷涂时出粉	挤出法添加
L502	增硬剂;0.5%	增加涂膜表面硬度和抗刮伤性	挤出法添加
L506	增韧剂;0.5%~1%	增强涂膜的韧性和抗弯曲性能	挤出法添加
纹理剂			
L101	浮花剂;0.1%~0.5%	外混法生产皱纹、花纹效果粉末,带电性及密度调到与粉末接近,用量小,皱纹接近立体感	外混法添加
L101F	浮花剂;0.1%~0.5%	反应釜合成,无色透明,立体感强,凹凸感强,炎热的夏天也不结块,不含填料,稳定性好	挤出法添加
L104	特效浮花剂;0.1%~0.5%	立体感强的皱纹、厚工件、无光、铸件以及含有流平剂的底粉出纹	
L103	砂纹剂;0.1%~0.4%	适合各类粉末涂料,调整配方可得到大小粗细不同的砂纹,用量少,降低表面光泽	挤出法添加
L105	锤纹剂;0.1%~0.4%	与铝银粉共同作用产生锤纹效果,可用于户外户内各类粉末涂料	挤出法添加
L107	绵绵纹剂,又称水纹剂;2%~3%	具有强烈的固化促进效果,主要用于生产绵绵纹,也可以用于生产水纹、网纹、龟纹、砂纹等。环氧、环氧-聚酯、聚酯粉末均可以使用,但效果各异,内挤外混其效果各不相同。填料少则纹大,填料多则纹小,加流平剂可消除麻点和亮点	挤出法、外混法都可用,其效果不同。金属有机络合物。在混合型、聚酯粉末内挤可产生皱纹、砂纹效果。外混用量比内挤少,绵绵纹更粗。该物对于眼、鼻、咽喉有一定刺激作用,注意防护;烘烤条件:200℃×15min
L117	户外绵绵纹剂;0.6%~1%	在涂膜表面产生强烈的收缩,形成大小不同的龟纹或网纹。形成大的立体感强的鳄鱼皮纹、龟纹,与户内绵绵纹相比,户外龟纹更大、更明显、更稳定	挤出法添加,一种磺酸类催化剂。纹理要大,少加填料或不加填料
L1174	固化剂;树脂/固化剂=92/8(质量份)	固化羟基树脂,与117配合用在户外绵绵纹	挤出法添加

续表

型号	功能和用量	特点和性能	其他
丙烯酸树脂系列产品			
G300		环氧丙烯酸树脂，具有较高的环氧值和较多的反应基团，反应活性大，可增加交联密度，提高粉末涂料耐水煮，转印好撕纸。户内光泽低至5%	
G570		环氧丙烯酸树脂，光泽1%～10%，户外无光首选	
G12		环氧丙烯酸树脂，与十二烷基二羧酸固化高光粉末涂料	
A6		羧基丙烯酸树脂，用于丙烯酸/环氧混合型高光粉末涂料	
A9、A10		羧基丙烯酸树脂，户内光泽低至1%，与环氧反应可生产低温固化无光粉末，户外光泽低至8%	
高 T_g 增光剂		提高粉末 T_g（可达70℃），提高抗结块性；用于浮花剂生产，可解决困扰浮花剂多年来的结块问题，是浮花剂的最佳原料	

表2-46 合肥科泰粉体材料有限公司助剂品种和特性

型号	产品特点	技术指标	用途和使用方法
户内消光剂			
KT100	混合型粉末用消光剂，流平好，不黄变		添加量0.5%～1.5%；光泽范围15%～70%(60°)
KT205	丙烯酸聚合物体系消光剂，用于混合型户内粉末消光。特点是抗黄变，涂膜力学性能优异，添加量经济，最低可获得低于6%(60°)消光效果	外观：浅黄色粉末或颗粒；挥发分：<1.5%；熔程：110～138℃	用于50/50及60/40体系；有一定发反应性，50/50体系可获得低于6%(60°)的光泽效果，60/40体系可获得低于7%(60°)的光泽效果。添加量为配方总量的1%～4%，较少的添加量可获得较低的消光效果；固化温度为180℃×15min
KT130G	用于混合型户内粉末的消光剂，特点是抗黄变，储存稳定性好，涂膜硬度高，耐重复挤出，最低可获得7%(60°)光泽	外观：近白色粉末；挥发分：1.5%；熔程：110～135℃	用于50/50及60/40体系；需要消耗少量的环氧树脂，1份KT103G消耗1.3～1.4份环氧树脂；添加量为配方总量的1%～5%；固化条件为180℃×15min
KT208G	用于混合型户内粉末的消光剂，特点是抗黄变，储存稳定性好，涂膜细腻丰满，最低可获得5%(60°)光泽	外观：近白色粉末；挥发分：1.5%；熔程：110～138℃	用于50/50及60/40体系；需要消耗少量的环氧树脂，1份KT208G消耗2.0份环氧树脂；添加量为配方总量的1%～5%；固化条件为180℃×15min
KT258G	丙烯酸树脂及其改性物的抗黄变消光剂，主要用于混合体系，是替代68型化学消光剂的良好助剂。它不仅不黄变，而且可以获得非常低的消光效果，涂膜力学性能也非常优异。该消光体系是参与整个体系反应的。因此用KT258G制备粉末储存稳定性好，且涂膜硬度很高，涂膜非常细腻丰满，在黑色体系中最低可获得低于4%(60°)消光效果	外观：近白色粉末；挥发分：1.5%；熔程：NA	用于50/50及60/40体系；需要消耗少量的环氧树脂，1份KT258G消耗2.5份环氧树脂；添加量为配方总量的1%～5%；固化条件为180℃×15min
KT216	丙烯酸聚合物体系的反应型消光剂，用于混合型户内粉末消光。特点是抗黄变，储存稳定性好，涂膜丰满，尤其是低添加量的情况下消光效果明显，而且光泽对温度的敏感性较弱，最低可获得低于6%(60°)消光效果	外观：浅色粉末；挥发分：1.5%；熔程：105～135℃	用于50/50及60/40体系；在实际配方中可以通过不同酸值的聚酯组合来获得满意的消光效果；KT216是非蜡体系，可以应用于黑色体系中；固化条件为180℃×15min
KT103	多元反应物内平衡式的新型消光剂，用于混合型粉末户内消光。特点是抗黄变，储存稳定性好，涂膜流平性好，170℃以上实现固化，最低可获得低于7%(60°)消光效果	外观：浅黄色至白色粉末；挥发分：<1.5%；熔程：105～130℃	用于50/50及60/40体系；可以通过不同酸值的聚酯组合来获得满意的消光效果；KT103是非蜡体系，可以应用于黑色体系中；添加量为配方总量的1%～5%，烘烤温度的波动和挤出螺杆剪切效果的差异不会对光泽造成显著影响；固化条件为(170～180)℃×15min

续表

型号	产品特点	技术指标	用途和使用方法
户内消光剂			
KT107	聚合物树脂的新型消光剂，用于混合型粉末户内消光。特点是抗黄变，储存稳定性好，涂膜流平性好，最低可获得低于8%(60°)消光效果	外观：浅黄色粉末或颗粒；挥发分：<1.5%；熔程：100～120℃	用于50/50及60/40体系；可以通过不同酸值的聚酯组合来获得满意的消光效果；KT107是非蜡体系，可以应用于黑色体系中；添加量为配方总量的1%～5%，烘烤温度的波动和挤出螺杆剪切效果的差异不会对光泽造成显著影响；固化条件为(170～180)℃×15min
KT108	聚合物树脂的新型消光剂，用于混合型粉末户内消光。特点是抗黄变，储存稳定性好，涂膜流平性好，170℃以上实现固化，更强的聚酯适应性，最低可获得低于6%(60°)消光效果	外观：浅黄色粉末；挥发分：<1.5%；熔程：100～120℃	用于50/50及60/40体系；配方是可以通过不同酸值的聚酯组合来获得满意的消光效果；KT108是非蜡体系，可以应用于黑色体系中；添加量为配方总量的1%～5%，烘烤温度的波动和挤出螺杆剪切效果的差异不会对光泽造成显著影响
KT108S	内平衡式的反应式型消光剂，用于混合型粉末户内消光。特点是抗黄变，储存稳定性好，涂膜流平性好，细腻丰满，更强的聚酯适应性，170℃以上实现固化，最低可获得低于5%(60°)消光效果	外观：浅黄色至白色粉末；挥发分：<1.5%；熔程：100～135℃	用于50/50及60/40体系；可以通过不同酸值的聚酯组合来获得满意的消光效果；KT108S是非蜡体系，可以应用于黑色体系中；添加量为配方总量的1%～5%，烘烤温度的波动和挤出螺杆剪切效果的差异不会对光泽造成显著影响；固化条件为(170～180)℃×15min
KT207E	混合型用消光剂，需环氧树脂适当过量(1∶1.2)，储存稳定性好		添加量1%～4.5%，光泽范围4%～40%(60°)
户外消光剂			
KT109	改性聚烯烃蜡消光添加剂，用于户外耐候型聚酯-TGIC（也可用于聚酯-HAA体系）粉末或混合型粉末涂料物理消光剂。特点是涂膜细腻丰满，流平好，抗划伤性、耐烘烤性优良，可以提供30%～70%(60°)光泽	外观：浅黄色颗粒或粉末；挥发分：<1.5%；熔程：100～118℃	既可以用在聚酯-TGIC(也可用于聚酯-HAA体系)粉末涂料的消光，也可以用在混合型粉末涂料的消光。属于物理消光剂，消光效果跟用量有关系，消光效果有局限；在黑色涂膜有蜡状析出物；添加量由试验确定，一般不超过3.5%
KT219A	含有丙烯酸聚合物的户外粉末涂料消光剂。特点是涂膜细腻丰满，流平好，更强的聚酯适应性，最低可获得低于10%(60°)的消光效果	外观：浅黄色至白色颗粒或粉末；挥发分：<1.5%；熔程：108～138℃	用于户外型TGIC固化体系的消光；低蜡基体系，适用于深色体系；添加量为配方总量的2%～6%；固化条件为200℃×15min
KT209P	丙烯酸聚合物的户外粉末涂料消光剂，特点是涂膜非常细腻丰满，流平好，力学性能优良，最低可获得低于13%(60°)的消光效果	外观：浅黄色颗粒或粉末；挥发分：<1.5%；熔程：108～128℃	用于户外型TGIC固化体系的消光；低蜡基体系，适用于深色体系；添加量为配方总量的2%～6%；固化条件为200℃×15min
KT309A	丙烯酸聚合物的户外粉末涂料消光剂，特点是涂膜流平好，耐刻划性和耐温性都有显著提高，最低可获得低于8%(60°)的消光效果	外观：浅黄色颗粒或粉末；挥发分：<1.5%；熔程：107～140℃	用于户外型TGIC固化体系的消光；低蜡基体系，适用于深色体系；有一定的反应性，10～15份的KT309A需要额外1份TGIC对冲；添加量为配方总量的2%～6%，低含量时不需要TGIC冲；固化条件为200℃×15min
KT309HT	丙烯酸聚合物的户外粉末涂料消光剂，主要应用于高酸值聚酯-TGIC聚酯粉末体系的消光，专为真空热转印消光设计，消光效果好，容易撕纸，产品性能稳定	外观：浅黄色至白色颗粒或粉末；挥发分：<1.5%；熔程：118～148℃	消光效果好，流平好，涂膜细腻；聚酯选择范围宽，尤其是对热转印用高酸值聚酯性能更优；在高添加量时需要适当过量TGIC，每10份或5份KT309HT需要额外1份TGIC对冲；添加量为配方总量的2%～6%；可获得最低小于10%(60°)的光泽
KT818H	专用于HAA固化体系的消光，含有少量蜡基		
KT188	基于GMA的丙烯酸聚合物，用于TGIC或HAA体系消光		光泽范围3%～15%(60°)的光泽

续表

型号	产品特点	技术指标	用途和使用方法
特殊添加剂			
KT308	电荷调节剂,改善边角覆盖力,增加上粉率,改善流平性,非黄变		
KT308S	复合多官能团粉末电荷调节剂,极大提高上粉率,非黄变		
KT88TBS 摩擦带电剂	一般环氧-聚酯或聚酯-TGIC 粉末不容易摩擦使粉末产生静电,KT88TBS 摩擦带电剂可以使粉末显著增加摩擦带电性能,可以进行摩擦静电涂装	外观:白色粉末;挥发分:<1.5%	挤出配方中添加;可应用于环氧-聚酯、聚酯粉末体系;添加量为配方总量的 0.1%~0.5%,具体通过试验确定;对于某些体系的粉末适当添加 KT88TBS 摩擦带电剂,既可以增加固化性,也可以增加摩擦带电性
KT507 粉末涂料用砂纹剂	特殊的偏氟聚合物,可作为纹理添加剂应用于粉末涂料里料而产生出细砂纹状外观。适用于家用电器例如音响设备、办公用品、体育器材和其他工业设备的涂装,特别是电脑面板的表面装饰	外观:极细白色粉末;表观密度:200~350g/L;熔程:320~330℃	使用于任何系统之粉末涂料例如:环氧、环氧-聚酯、聚酯-TGIC、聚酯-HAA 和聚氨酯等,涂膜出现均匀的细砂纹外观。目前所用纹理添加剂相比,涂膜纹理效果更佳明显。配方中的流平剂和安息香等助剂可以使用也可以不用。即使使用极低用量下,例如 0.8%也可以获得良好的使用效果,砂纹明显和清晰。用量为配方总量的 0.05%~0.3%,在配料时加入
KT320	HAA 固化剂		
KT248 低温固化促进剂	特殊催化剂,可作为含羧基聚酯树脂的内催化剂或固化促进剂,以降低粉末涂料的固化温度或缩短固化时间。与现广泛使用的季铵盐类固化促进剂或催化剂相比,本品具有更好的催化效果和热稳定性。本品为非吸湿性,呈自由流动的结晶固体,使用方便	外观:白色结晶;熔点:205~210℃;挥发分:<0.5%;纯度:>99.5%	可作为主固化促进剂或催化剂适用于聚酯-TGIC 和环氧-聚酯混合体系。依据添加量的不同可实现低温固化或标准固化。将其预先加入熔融的聚酯树脂中制成母体混合物。对于标准温度固化 180℃×10min,推荐用量为聚酯树脂总质量的 0.11%。对于低温固化 140℃×20min,推荐用量为聚酯总质量的 0.4%。即使极低的用量(千分之一)也可以满足通常粉末涂料的固化要求。提高用量和使用特殊设计的树脂可以实现约 140℃低温固化
脱气剂系列			
KT408	改善涂膜脱气和流平,抗黄变,适用于 HAA 体系		
KT910	微粉化酰胺蜡脱气剂,可干混合		
KT961/KT962	粉末涂料的高效脱气剂,基于改性的微粉蜡。在多孔的底材中可达到非常良好的效果,它使底材中释放出的气泡容易逸出表面并产生没有气孔的表面涂层,同时还对镀锌底材及铸铝合金底材及铸铁等产生很好的脱气效果	外观:白色极细微粉;KT961 熔程:120~135℃;KT962 熔程:140~145℃。	可用于聚酯-TGIC 粉末,在聚酯-HAA、环氧、环氧-聚酯、聚氨酯、丙烯酸粉末中,具有很强的脱气和降低黏度之功效。混料方式:可以配料时混合挤出;也可以制粉末后干混;或者两者结合混料。添加量为配方总量的 0.5%~1.5%。KT961 对铸铁更有效
K148DG	适用于 HAA 体系的脱气,降低黄变,可用于透明粉		

表 2-47 湛新树脂(中国)有限公司粉末涂料用助剂品种和特性

固化剂				
产品名	固化条件/℃×10min	玻璃化转变温度/℃	NCO 含量(质量分数)/%	特点
ADDITOL P932	200	47	9~10	脂肪族结构,为羟基聚酯而设计的交联剂,适用于户外粉

催化剂母粒			
产品名	酸值/(mg KOH/g)	黏度(200℃)/mPa·s	特点
ADDITOL P964	33	3200	含 5%催化剂母粒,以加速羧基/环氧基团间的反应
ADDITOL P966	35	3500	用超耐候树脂作载体,含 5%催化剂母粒,可用于 TGIC 和 PT-910 体系

续表

流平剂母粒				
产品名	玻璃化转变温度/℃	羟值/(mg KOH/g)	黏度/mPa·s	特点
ADDITOL P890	51	45	3500	流平剂母粒，含10%的活性成分的流平剂促进剂母粒，按粉末配方重量7%～8%添加不起雾，适用于透明粉
ADDITOL P 891	56	(酸值)35	2300	含5%的活性成分的流平促进剂母粒，按粉末配方重量7%～10%添加不起雾，适用于透明粉
ADDITOL P 824	49	45	1200	含15%的活性成分的流平促进剂母粒，按粉末配方重量3%～5%添加，适用于有色粉末，极好的光泽和流平
ADDITOL P 896	57	45	1800	含15%的活性成分的流平促进剂母粒，按粉末配方重量3%～5%添加，适用于有色粉末

摩擦枪助剂母粒			
产品名	羟值/(mg KOH/g)	黏度/mPa·s	特点
ADDITOL P 950	30	7500(175℃)	含5%活性成分的摩擦助剂母粒

MODAFLOW 流平剂母粒				
产品名	外观	活性分/%	密度/(g/mL)	特点
MODAFLOW POWDERⅢ	自由流动粉末	65	0.58～0.64	提高流平，减少表面缺陷，提高对底材的润湿性和初始附着力
MODAFLOW POWDER6000	自由流动粉末	65	0.58～0.64	提高流平，减少表面缺陷，有助提高不同粉末间的相容性

交联剂				
产品名		T_g/℃	酸值/(mg KOH/g)	
ADDITOLP791		90(T_m)	310	用于缩水甘油基丙烯酸树脂的脂肪族酸酐类交联剂
BECKOPOX™ EH694		52	275	酸酐类固化剂，可用于固态环氧树脂，羟基聚酯或环氧-聚酯混合型体系的额外交联。此配方能耐烘烤和耐化学品

用于低光泽配方的 GMA 丙烯酸树脂					
SYNTHACRYL™	固化条件/℃×min	T_g/℃	环氧当量/(g/eq)	黏度/mPa·s	特性
700	200×15	80	750	39000	与CRYLCOAT2441-2搭配可制得无光粉末涂料
710	200×15	54	610	24500	较700改进了力学性能

表 2-48　安徽景成新材料有限公司的消光剂品种和参考用量

品名	型号	应用性能	用法用量
户内消光剂系列			
户内消光剂	M-10	适用于5%(60°)以上环氧-聚酯混合型体系，内平衡参与反应消光剂，不消耗环氧树脂，不含蜡，用量少，性价比极高，具有优异的涂层效果、抗黄变性和抗冲击性能	内挤，5%光泽用量约为总量的3.1%
户内亚光消光剂	M-11	适用于20%(60°)以上环氧-聚酯混合型体系，内平衡参与反应消光剂，不消耗环氧树脂，不含蜡，用量少，性价比极高，具有优异的涂层效果、抗黄变性和抗冲击性能	内挤，30%光泽用量约为总量的0.6%～0.8%
户内消光剂	M-13	适用于10%(60°)以上环氧-聚酯混合型体系，烘烤冒烟极少。内平衡参与反应消光剂，不消耗环氧树脂，不含蜡，出色的涂层细腻度	内挤，10%光泽用量约为总量的3%
户内消光剂	M-20	适用于3%(60°)以上环氧-聚酯混合型体系，不含蜡的化学消光剂，消耗环氧树脂的比例约为1∶2.3，具有良好的储存稳定性、抗黄变性和抗冲击性能	内挤，3%光泽用量约为总量的5%
户内消光剂	M-21	适用于3%(60°)以上环氧-聚酯混合型体系，含微量蜡的化学消光剂，消耗环氧树脂的比例约为1∶2.3，具有良好的储存稳定性、抗黄变性和抗冲击性能	内挤，3%光泽用量约为总量的5%
户内亚光消光剂	M-30	适用于10%(60°)以上环氧-聚酯混合型体系，含少量蜡的化学消光剂，消耗环氧树脂的比例约为1∶1.3，具有良好的储存稳定性、抗黄变性和抗冲击性能	内挤，10%光泽用量约为总量的3%
户外消光剂系列			
户外消光剂	M-60	适用于10%(60°)以上聚酯-TGIC体系，消光性能优异，对挤出工艺不敏感，重现性好，光泽稳定。为涂层提供优异的流平性能，出色的抗黄变性能，以及细腻的涂层效果	内挤，15%光泽用量约为总量的4.5%
户外消光剂	M-70	适用于5%(60°)以上聚酯-TGIC体系，消光性能优异，流平性好，对挤出工艺不敏感，重现性好。抗划伤性、冲击强度、光泽稳定性等多项性能均远胜于聚酯-GMA，消光树脂体系	内挤，5%光泽用量约为总量的5.5%

表 2-49　南京天诗新材料科技有限公司粉末涂料用微粉蜡品种和型号

型号	中粒径(D_{50})/μm	滴熔点/℃	特性
微粉化聚乙烯蜡			
PEW-0215	4～6	110	抗划伤，耐磨
PEW-0221	8	110	手感好，抗划伤，耐磨
PEW-0235	6	135	手感好，透明好
PEW-0252	8	116	耐磨，滑爽
PEW-0276	6	115	抗划伤，耐磨
PEW-0278A	6～8	128	抗划伤
PEW-0281	5	138	手感好，抗划伤
PEW-0301	25	110	耐磨，抗粘连
微粉化聚丙烯蜡			
PPW-0901	8	150	抗划伤，增硬
PPW-0903	8	160	抗划伤，增硬
PPW-0911	6	150	抗划伤，脱气
PPW-0922	8	140	抗划伤，消光
PPW-0936	6	150	抗划伤，脱气
微粉化聚四氟乙烯			
PTFE-0101B	3	320	抗划伤，滑爽
PTFE-0103	5	320	抗划伤，滑爽

续表

型号	中粒径(D_{50})/μm	滴熔点/℃	特性
微粉化聚四氟乙烯			
PTFE-0104	5	320	抗划伤,滑爽
PTFE-0105	2.5～4.5	320	抗划伤,耐磨
PTFE-0106	5～7	320	抗划伤,耐磨
PTFE-0107	5～7	320	抗划伤,耐磨
PTFE-0108	1～2	320	抗划伤,耐磨
PEW-0602F	5	110	抗划伤,耐磨
PEW-0608F	5	116	抗划伤,耐磨
PEW-0615F	4～6	110	抗划伤,光泽好
PEW-0617F	5	105	抗划伤,手感好
PEW-0620F	5	110	抗划伤,滑爽
PEW-0621F	8	110	抗划伤,耐磨
PEW-0642F	6～7	120	抗划伤,不冒烟
PEW-0651F	6	115	抗划伤,耐磨
PEW-0655F	8	110	耐磨,光泽好
PEW-0674F	5	116	抗划伤,耐磨
PEW-0678AF	6～8	126	抗划伤,耐磨
PEW-0691F	5	116	抗划伤,耐磨
微粉化聚酰胺蜡			
NEW-0401	5	145	打磨性好,脱气
NEW-0402	5	125	耐磨,脱气
NEW-0404	25	125	抗划伤,耐磨
NEW-0411	4～5	136	脱气,抗粘
NEW-0421	5	70	脱气,高光

第三章 热塑性粉末涂料

第一节 概述

根据成膜物质的性质，粉末涂料可分为两大类，成膜物质为热塑性树脂的粉末涂料叫热塑性粉末涂料，成膜物质为热固性树脂的粉末涂料叫热固性粉末涂料。粉末涂料初期先开发的是热塑性粉末涂料，后来开发了热固性粉末涂料，现在热固性粉末涂料成为主流，平常说的粉末涂料，在欧美国家主要指的是热固性粉末涂料。在我国也是以热固性粉末涂料为主，热塑性粉末涂料处于次要地位，热塑性粉末涂料的品种少，应用范围窄，估计产量不到粉末涂料总产量的 1/10。

热塑性粉末涂料是由热塑性树脂、颜料、填料、助剂等组成的粉末涂料，在热塑性粉末涂料中不用固化剂。热塑性树脂有聚乙烯、聚丙烯、聚氯乙烯、聚酰胺（尼龙）、乙烯-乙酸乙烯酯共聚物（EVA）、乙酸丁酸纤维素（简称醋丁纤维素）、聚酯、氯化聚醚、聚苯硫醚、聚氟乙烯等。在塑料中使用的，耐热温度达到粉末涂料烘烤温度的颜料和填料都可以使用；用于热固性粉末涂料中的颜料和填料，只要耐热温度达到要求也可以使用。在热塑性粉末涂料中使用的助剂品种比热固性粉末涂料少，在热固性粉末涂料中使用的皱纹剂、橘纹剂、砂纹剂、锤纹剂、花纹剂等助剂在热塑性粉末涂料中用不上，主要的助剂品种是增塑剂、防老化剂、紫外光吸收剂等。

在热塑性粉末涂料中用的树脂的聚合度高，分子量大，树脂的韧性也很强，无法按热固性树脂那样以简单的机械粉碎方法在常温下进行粉碎，一般需要采用冷冻粉碎法或者剪切粉碎法进行粉碎，粉碎效率也比较低，也很难粉碎成细度很细的粉末。另外，热塑性树脂的软化点比较高，在粉末涂料烘烤温度条件下，熔融黏度很高，涂膜的流平性不好，涂膜厚度比较厚，很难做到薄涂膜；而且树脂结构中没有极性基团，对底材的附着力不好，为了提高附着力还需要涂底漆；还有对颜料和填料的润湿性也差，颜料和填料的分散性不好，添加量也比较少。由于热塑性树脂的局限性，热塑性粉末涂料的品种明显比热固性粉末涂料少，应用范围也比较窄。目前在我国用得比较多的热塑性粉末涂料品种为聚乙烯粉末涂料，除此之外还有聚氯乙烯、聚酰胺（尼龙）、聚苯硫醚和聚氟乙烯粉末涂料，其他品种的热塑性粉末涂料应用得很少。

热塑性粉末涂料和热固性粉末涂料的特性比较见表 3-1。

表 3-1　热塑性粉末涂料和热固性粉末涂料的特性比较

项目	热塑性粉末涂料	热固性粉末涂料
树脂分子量	高	中等
树脂软化点	高至很高	较低
树脂的粉碎性能	较差，常温（剪切法）粉碎或冷冻粉碎	较好，在常温下机械粉碎
颜料的分散性	稍微困难	较容易
对底漆的要求	需要	不需要
涂装方法	以流化床浸涂法为主，以及其他涂装方法	以静电粉末涂装为主，以及其他涂装方法
涂膜外观	一般	很好
涂膜的薄涂性	困难	容易
涂膜的厚涂性	容易	稍微困难
涂膜力学性能的调节	不容易	容易
涂膜耐溶剂性	较差	好
涂膜耐污染性	不好	好

热塑性粉末涂料主要采用流化床涂装法涂覆金属护栏网和管道达到防腐和装饰的要求。流化床涂装工艺要求，粉末涂料具有良好的（干粉）流动性，而且形成的涂层具有优良的附着力和长久的耐候性（使用 15 年以上）。粉末涂料的（干粉）流动性，取决于粉末涂料的粒子形状，接近球状的比较好，表观密度在 $0.35g/cm^3$ 以上，安息角应小于 35°；另外粉末涂料的粒度分布也有影响，对聚乙烯粉末涂料来说，粉末粒度分布 60～80 目的占 70%～80%，粉末粒度分布 80～100 目的占 15%～20%的比较好。涂层附着力（结合力）的质量取决于底材的表面处理质量和粉末涂料的质量，同时与涂装温度的控制也有一定关系，一般认为涂装温度高有利于附着力的提高。涂层的耐候性决定于粉末涂料用树脂本身的耐候性和改性，还决定于粉末涂料的配方设计，包括抗氧剂和紫外光吸收剂等抗老化助剂的品种和用量的选择也是很重要的关键因素。

在我国热塑性粉末涂料产量较大的企业有：河北廊坊富泉塑粉公司，是年产 5000 余吨的热塑性粉末涂料的专业生产厂家，在工程和管道领域用热塑性粉末涂料方面一直处于领先地位。先后解决了高速公路和铁路隔离栅双涂层的附着力问题；开发了 PO 型、PEX 型和双抗型管道防腐热塑性粉末涂料。天津润腾涂料公司、廊坊永和塑粉公司、武汉永和塑粉公司、河北安平晟新网栏公司等，这些厂家生产高速公路、铁路隔离栅用热塑性粉末涂料为主，年生产能力均在 3000 吨以上。武汉春和工贸公司，以生产热塑性粉末涂料为主，年产量达数千吨。天津开拓塑料制品公司，所生产的聚氯乙烯粉末涂料产品用于金属卷网的浸涂涂装。我国热塑性粉末涂层钢管生产企业已有 100 多家，以改性线型低密度聚乙烯（LLDPE）粉末涂料为主，或与其他树脂共混、交联，或添加合适的助剂增加涂层强度，提高附着力和抗应力开裂性能。代表性的涂塑厂是潍坊东方钢管公司，该公司从日本引进钢管热浸涂生产线和从英国引进喷塑生产线，在我国钢管涂塑领域处于领先地位。

第二节 热塑性粉末涂料品种

热塑性粉末涂料的品种有聚乙烯、聚丙烯、聚氯乙烯、聚酰胺（尼龙）、乙烯-乙酸乙烯酯共聚物（EVA）、乙酸丁酸纤维素、氯化聚醚、聚苯硫醚和聚氟乙烯等粉末涂料，下面重点介绍国内用得比较多的聚乙烯粉末涂料以及比较重视的聚氯乙烯、聚酰胺、聚苯硫醚和聚氟乙烯粉末涂料，对其他粉末涂料品种做比较简单的介绍。

一、聚乙烯粉末涂料

聚乙烯粉末涂料是整个粉末涂料品种中，最早开发的品种，在热塑性粉末涂料中，产量最大，用途最广。聚乙烯粉末涂料是由聚乙烯树脂、颜料、填料、增塑剂、抗氧化剂和紫外光吸收剂等助剂组成。聚乙烯树脂有多种工艺生产的具有多种结构和特性的系列品种，主要有低密度聚乙烯（LDPE）、中密度聚乙烯（MDPE）、高密度聚乙烯（HDPE）、线型低密度聚乙烯（LLDPE）、超高分子量聚乙烯（UHMWPE）。其中高密度聚乙烯的流动性较差，涂膜性能不好，现在已经很少使用；目前多数选用低密度聚乙烯和线型低密度聚乙烯作户外用粉末涂料，也有用低密度聚乙烯作室内用粉末涂料，线型低密度聚乙烯作管道粉末涂料。因为低密度聚乙烯树脂的黏度低，而且涂层的应力开裂小，所以更适合于配制粉末涂料。不同规格聚乙烯树脂的性能比较见表 3-2；不同厂家生产的聚乙烯树脂型号和性能比较见表 3-3。

表 3-2　不同规格聚乙烯树脂的性能比较

性能	高密度聚乙烯	低密度聚乙烯	线型低密度聚乙烯
密度/(g/cm³)	0.941～0.965	0.910～0.925	0.918～0.940
熔体流动速率/(g/10min)	0～20	0.2～30	1.0～30
结晶度/%	60～80	40～50	48～60
分支状态	分支少	短链分支	
熔程/℃	120～140	107～120	122～124

表 3-3　不同厂家生产的聚乙烯树脂型号和性能比较

北京燕山石油化工公司低密度聚乙烯树脂产品					
项目	112A-1	1120A	$1C_{10}A$	$1C_5A$	$1C_7A$
熔体流动速率/(g/10min)	2	20	10	5.3	7
密度/(g/cm³)	0.921	0.920	0.917	0.917	0.920
拉伸强度/MPa	15.0	10.0	11.8	11.9	12
断裂伸长率/%	500	400	623	657	450
脆化温度/℃	−70	—	—	−50	−70
调试方法	JIS K 676				

续表

兰州化学工业公司低密度聚乙烯树脂产品						
项目	112A	$1F_{03}A$	$2F_2B$	$1C_7A$-1	D_20	1150A
熔体流动速率/(g/10min)	2	0.3	2	7	2	50
密度/(g/cm³)	0.917	0.920	0.920	0.917	0.920	0.917
落球冲击强度/g	—	80	—	—	—	—
断裂强度/MPa	—	150	—	—	150	—
断裂伸长率/%	—	500	—	—	—	—

齐鲁石化公司塑料厂线型低密度聚乙烯树脂产品					
项目	DFDA-7042	DFDA-7043	DFDA-7047	DFDA-7064	DFDA-7068
基础树脂	DGM-1820	DGM-2230	DGM-1810	DGH-2685H	DGM-1810H
熔体流动速率/(g/10min)	1.9	3	0.9	0.9	1
密度/(g/cm³)	0.920	0.925	0.920	0.927	0.920
表观密度/(kg/m³)	480	480	480	480	480
屈服强度/MPa	8	8	8	11	8
拉伸强度/MPa	12	19	17	25	26
浊度/%	14	16	13	17	17
45°光泽/%	45	40	49	40	40

聚乙烯粉末涂料有以下的优点:

（1）涂膜的耐水性好，耐矿物酸、耐碱、耐盐和耐化学品性能优良。

（2）树脂软化温度在 80℃左右，分解温度为 300℃，两者的温度相差大，适用于流化床浸涂和静电粉末涂装法施工，还可用火焰喷涂法施工。

（3）涂膜的隔热性能和电绝缘性能好。

（4）涂膜的拉伸强度、柔韧性和抗冲击强度等力学性能很好。

（5）涂膜破损后容易修补。

（6）原材料来源丰富，价格便宜，无毒。

聚乙烯粉末涂料有以下的缺点:

（1）涂膜的硬度、耐磨性和机械强度差，耐热温度较低。

（2）涂膜的附着力不好，对附着力要求高的一般需要涂底漆。

（3）受紫外光照射以后涂膜容易产生开裂，耐候性不太好，用在户外时必须进行改性。

为了改进聚乙烯粉末涂料的耐候性，尽量添加容易屏蔽紫外光的颜料，特别是炭黑等黑色颜料或金红石型钛白粉颜料。另外，在加工时应注意避免过热，并在非氧化性气氛中进行软化，以提高其耐候性。在聚乙烯树脂中添加聚丁二烯后，可以防止应力开裂；另外，也有报道把马来酸酐（MAH）接枝到聚乙烯上，改进力学性能和附着力；添加抗氧化剂和紫外光吸收剂也可以延长户外的使用寿命，经过改性后的聚乙烯粉末涂料，在户外可以使用 10 年以上。聚乙烯粉末涂料技术指标和涂膜性能见表 3-4。

表 3-4 聚乙烯粉末涂料技术指标和涂膜性能

项目	指标和性能	项目	指标和性能
涂料		流化床浸涂温度/℃	350
粉末涂料毒性	无	后加热温度/℃	200
粉末涂料的燃烧速度	扩散速度慢	涂膜	
粉末涂料颜色配制范围	不宽	涂装厚度/μm	100～500
涂装方法	流化床浸涂和静电粉末喷涂	光泽(60°)/%	20～70

续表

项目	指标和性能	项目	指标和性能
硬度(铅笔硬度)	6B～2B	耐水性(40℃×2000h)	好
硬度(邵尔硬度)	44～55	耐沸水/h	8
冲击强度①/N·cm	490,但剥离	耐5%盐水(1a)	好
柔韧性/mm	3	耐盐雾(JIS-22371,1000h)	好
附着力(划格法,2mm)	100/100	耐3%硝酸(1a)	好
杯突试验/mm	7	耐5%硫酸(1a)	好
拉伸强度(ASTM D 638)/MPa	14.7～19.6	耐5%盐酸(1a)	好
断裂伸长率(ASTM D 638)/%	200～400	耐5%乙酸(3个月)	好
耐磨性②/mg	30	耐10%氢氧化钠(1a)	好
耐低温性(－30℃×400h)	无变化	耐5%氨水(3个月)	好
耐热性(连续使用)/℃	60	耐汽油(30d)	好
吸水率(ASTM D 570)/%	＜0.01	耐二甲苯(30d)	好
耐电压(ASTM D 149)/kV	15～30	耐丙酮(30d)	不好
体积电阻率(ASTM D 257)/Ω·cm	1×10^{16}	耐三氯乙烯	不好
		户外暴露(1a)	好
介电常数(ASTM D 150,1000Hz,23℃)	2.25～2.35	耐污染性(黄油、芥末、口红、彩色笔)	不好

①DuPont法，Φ0.5in（1.27cm）×500g。

②Taber CS-17，1000次。

近年来有文献报道用纳米二氧化钛改性聚乙烯粉末涂料，随着纳米二氧化钛用量的增加，聚乙烯粉末涂料的熔体流动性变强，其用量为0.25%时，聚乙烯粉末涂料熔体流动速率明显变大，熔融黏度降低，流动性显著增强，其加工性能也得到改善。这时基料的熔体流动速率由原来的1.8g/10min提高到4.4g/10min，提高了144%。由于纳米二氧化钛的粒径小，易被树脂包覆，加之表面严重的配位不足，呈现出极强的活性，使其易与高分子链发生键合作用，提高了分子间的键合力，同时还有一部分纳米二氧化钛仍然分布在高分子链的空隙中，与普通二氧化钛比较，呈现出很高的流动性，从而使涂膜具有良好的流平性。另外，当纳米二氧化钛的用量为0.25%时，屈服强度达到117kg/cm^2，提高17%；拉伸强度达到120kg/cm^2，提高17%；断裂伸长率达到504%，提高367%。加入纳米二氧化钛可以减少聚乙烯粉末涂料中颜填料与成膜物之间的自由体积，改善涂层的机械强度，减少毛细管作用而提高涂层的屏蔽作用。纳米二氧化钛改性聚乙烯粉末涂料以后，表面活性的增加促进了纳米二氧化钛与聚合物及底材的结合，增强了涂层的强度和附着力，使聚乙烯粉末涂层的柔韧性显著提高，抗冲击性也得到提高，附着力得到改善。

在我国聚乙烯粉末涂料是热塑性粉末涂料的主要品种，占热塑性粉末涂料产量的90%。聚乙烯粉末涂料的品种也比较多，有耐候型、工程型、强胶合型、抗菌型聚乙烯粉末涂料，还有特殊要求的饮用水管道、液化气钢瓶衬里用聚乙烯粉末涂料等，广泛应用在铁路、高速公路、机场、城市道路、园林设施、大型工程、单位和住宅的防护隔离栅，还用在饮水管道、南水北调工程输水管道、出口液化气钢衬里等方面。我国的户外用聚乙烯粉末涂料，从国外进口到国产化经历了十年的时间，现在产品质量上已接近国外水平，改性聚乙烯粉末涂料技术指标和涂膜性能见表3-5。这种聚乙烯粉末涂料是按下列工艺制造：首先把改性聚乙烯树脂、颜料、填料和助剂进行预混合，助剂中包括增塑剂、抗氧剂、紫外光吸收剂等；然后用挤出机进行熔融混合，并进行冷却和切粒；再用微细粉碎机进行粉碎，然后过筛分级得到成品。在微细粉碎工艺中，如果采用冷冻粉碎（－100℃）工艺，效果好，但成本高；采用郑州金属研究院（原郑州金属涂塑研究所）生产的风水双冷控温热塑性树脂粉碎设备，可将聚乙烯粉末涂料粉碎到60目以下，基本能够满足生产聚乙烯粉末涂料的要求。在防护隔离栅中常用的聚乙烯粉末涂料是以流化床浸涂法进行涂装，一般工艺为：工件→预热→流化床浸涂→烘烤流平→冷却→修整→检查→包装。涂装设备包括：预热炉、粉末涂料流化床、升降振动装置、烘烤炉、输送装置和自动控制系统等组成。预热和烘烤炉的能源可以采用电、燃气、柴油或煤油中的任何一种。参考性的聚乙烯粉末涂料流化床浸涂设备的技术参数见表3-6。经过改性的聚乙烯粉末涂料，大大提高了耐候性，经人工老化试验证明在户外可以使用十年以上。

表3-5　改性聚乙烯粉末涂料技术指标和涂膜性能

试验项目	性能指标
粉末粒度	60目筛余物小于5%
流动性	浮动率大于20%
不挥发分含量	>99.5%
附着力	一级
冲击强度	>21.6J
冲击脆化温度	<−65℃
拉伸强度	>12MPa
断裂伸长率	≥500%
耐老化性能(1000h)	涂膜无变化
耐化学品性(30%HCl,40%NaOH,5%NaCl)	涂膜无变化
吸水率	≤0.01%

表3-6　聚乙烯粉末涂料流化床浸涂设备的技术参数

项目	参数	项目	参数
隔离栅最大尺寸(长×宽)/mm	3000×2000	生产效率/(km/d)	2～3
金属网基材直径或厚度/mm	2～8	占地面积/m^2	36×10
预热炉最高温度/℃	400	设备用电总量(不包括加热)/kW	25
烘烤炉最高温度/℃	300		

用流化床浸涂法涂装隔离栅用聚乙烯粉末涂层，按GB/T 18226—2015《高速公路交通工程钢构件防腐技术条件》和GB/T 16422.2—2014《塑料　实验室光源暴露试验方法　第2部分：氙弧灯》进行试验，性能达到了如下的要求。

（1）外观以环保型的绿色和白色，涂层均匀光滑，没有用肉眼可见的空隙、裂缝、脱皮、漏涂、流挂和其他缺陷。

（2）涂层厚度在0.4～0.8mm之内，网面涂层厚度一般为0.5mm。

（3）涂层与钢材的结合力好，在涂层上刀划两条距离3mm、长25mm的并行线，从一端剥离涂层，涂层拉断而无剥离。

（4）涂层的抗弯曲性能好，经弯曲试验后涂层没有肉眼可见的裂纹或脱落。

（5）涂层耐冲击性能好，经100kg · cm冲击后，涂层无碎裂、裂缝或脱落现象。

（6）涂层耐盐雾性能好，经8h盐雾试验后，除划痕部位任何一侧0.5mm内，涂层无气泡、剥离、生锈等现象。

（7）涂层耐湿热性能好，在（47±1）℃，相对湿度96%±2%的恒温恒湿箱中放置8h之后，除划痕部位任何一侧0.5mm内，涂层无气泡、剥离、生锈等现象。

用流化床浸涂法得到的聚乙烯粉末涂料隔离栅，从涂装方法来说，涂料的利用率高，节省材料；产品的涂装效率高，一条生产线可生产数百公里的隔离栅；在生产中不产生废气、废水和废渣等三废，无公害；产品质量好，涂层的防腐性能好，涂层的装饰性也好，可根据用户要求涂装不同颜色和光泽的产品，外观和手感也很好，使用寿命也很长，可以用到十至十五年。因为这种产品和涂装工艺的特点，随着高速公路、铁路和城市建设的迅速发展，该产品得到了各方面的重视，2010 年左右全国已经建成数十条聚乙烯粉末和聚氯乙烯粉末流化床涂装隔离栅的生产线，每年生产约 2000 万米的隔离栅，消耗 7000～8000 吨户外用热塑性粉末涂料。这些粉末涂料中 95％以上是低密度聚乙烯（LDPE）粉末涂料，少数是聚氯乙烯（PVC）粉末涂料。

聚乙烯粉末涂料可用机械粉碎法、溶解沉淀法、乳液聚合法制造，其中常用的方法为机械粉碎法。机械粉碎法是将聚乙烯树脂、颜料、填料、增塑剂、抗氧剂、紫外光吸收剂等在高速混合机中预混合；然后用挤出机进行熔融挤出混合，冷却，造粒；接着用风水双冷热塑性树脂粉碎机（或用冷冻粉碎机）进行粉碎；最后经过分级（旋风分离），过筛（过 60 目筛子）得到产品。聚乙烯粉末涂料的参考配方见表 3-7。

表 3-7　聚乙烯粉末涂料的参考配方

组成	用量/％	组成	用量/％
聚乙烯树脂	60.0	抗氧化剂和紫外光吸收剂	2.4
增塑剂	24.0	其他助剂	2.4
颜料和填料	11.2		

公路防腐蚀用热塑性聚乙烯粉末涂料的交通部标准 JT/T 600.2—2004 中对聚乙烯粉末涂料技术指标的规定见表 3-8，粉末涂料外观质量按 JT/T 600.1—2004 中相关规定进行；挥发物含量、粒度分布和熔体流动速率按 GB/T 6554—2003 中的方法进行。聚乙烯粉末涂层的技术指标见表 3-9，涂层光泽度按 GB/T 9754—2007 的方法进行；拉伸强度和断裂延伸率按 GB/T 1040 中的方法进行；维卡软化点按 GB/T 1633—2000 的方法进行；环境应力开裂按 GB/T 1842—1999 的方法进行；涂层外观质量、厚度、附着性、抗冲击性、抗弯曲性、耐腐蚀性、耐盐雾性、耐湿热性、耐低温脆化性和耐候性按 JT/T 600.1—2004 中的相关规定进行。

在我国城镇建设行业的标准 CJ/T 120—2016《给水涂塑复合钢管》中规定了用聚乙烯粉末涂料的标准，具体指标见表 3-10。聚乙烯粉末涂料可以用在给水涂塑钢管的内涂和外涂上面，一种是直接喷涂在经处理的热镀锌钢管上面，另一种是在热镀锌钢管上面喷涂环氧粉末涂料后，再喷涂聚乙烯粉末涂料。涂层的厚度是根据钢管的直径大小有差别，内涂层的要求是钢管直径 15～300mm 对应的涂层厚度大于 0.5～0.6mm；外涂层的要求是钢管直径 15～2000mm 对应涂层厚度要求普通级大于 0.6～1.5mm，加强级大于 0.8～1.8mm，随着钢管直径的增大涂层厚度也相应增加。

表 3-8　公路防腐蚀用热塑性聚乙烯粉末涂料的技术指标

序号	项目	技术指标
1	挥发物含量/％	≤1
2	表观密度/(g/cm^3)	0.35～0.50
3	筛余物(50 目)/％	<5
4	熔体流动速率/(g/10min)	5～10

注：筛网目数为 50 目时，对应筛网筛孔大小为 270μm。

表 3-9　公路防腐用热塑性聚乙烯粉末涂层的技术指标

序号	项目		技术指标
1	物理、力学性能	光泽(60°)/%	≥40
		拉伸强度/MPa	≥13
		断裂伸长率/%	≥300
		涂层硬度(邵尔 D 型)	40～55
		维卡软化点/℃	≥80
		耐环境应力开裂(FSO)/h	≥500
2	涂层厚度		符合 JT/T 600.1—2004 第 1 项的要求
3	涂层附着性能		不低于 1 级
4	涂层抗冲击性(0.5kg·cm)		JT/T 600.1—2004 表 1 中第 3 项
5	涂层抗弯曲性		JT/T 600.1—2004 表 1 中第 4 项
6	涂层耐化学腐蚀性		JT/T 600.1—2004 表 1 中第 5 项
7	涂层耐盐雾性能		JT/T 600.1—2004 表 1 中第 6 项
8	涂层耐湿热性能		JT/T 600.1—2004 表 1 中第 7 项
9	涂层耐低温脆化性能		JT/T 600.1—2004 表 1 中第 8 项

表 3-10　涂塑钢管用聚乙烯粉末性能指标

项目	指标	试验方法
密度/(g/cm^3)	>0.91	GB/T 1033
拉伸强度/MPa	>9.80	GB/T 1040
断裂伸长率/%	>300	GB/T 1040
维卡软化点/℃	>85	GB/T 1633
不挥发物含量/%	>99.5	GB/T 2914
卫生性能(输送饮用水)	符合 GB/T 17219 规定	

聚乙烯粉末涂料在我国主要用在如上所述的高速公路、铁路、城市建设中的防护隔离栅，管道防腐，饮水管道的衬里（从水质安全考虑），电冰箱或洗碗机等的货架，自行车网篮、鸟笼、杂品等。

二、聚氯乙烯粉末涂料

聚氯乙烯粉末涂料是热塑性粉末涂料中的主要品种之一。聚氯乙烯粉末涂料是由聚氯乙烯树脂、颜料、填料、增塑剂、抗氧化剂、紫外光吸收剂以及其他助剂组成。聚氯乙烯树脂的脆化温度为－60～－50℃，熔融温度为 150～200℃，分解温度为 200～220℃，涂装温度为 160～220℃，熔融温度与涂装温度比较接近，给涂装带来一定的困难。聚氯乙烯树脂的热稳定性差，当加热到 100℃时开始分解脱出氯化氢，超过 150℃时脱氯化氢的反应加快。为了改进聚氯乙烯树脂的热稳定性，提高软化点和使用温度，改进冲击强度，一般采用共混或共聚等方法改性。天津化工厂生产的聚氯乙烯树脂与进口树脂的性能比较见表 3-11。

表 3-11　天津化工厂生产的聚氯乙烯树脂与进口树脂的性能比较

项目	天津化工厂产	进口树脂	
	TH-400	TK-400L	TK-400E
黏数/(mL/g)	68	59	66
表观密度/(g/mL)	0.56	0.65	0.65

续表

项目		天津化工厂产	进口树脂	
		TH-400	TK-400L	TK-400E
100g 树脂增塑剂吸收量/g		20.0	9.1	9.8
挥发分含量/%		0.17	0.10	0.1
过筛量/%	0.25mm	99.9	100	100
	0.063mm	3.5	1.3	2.5
杂质及外来粒子个数		24	1	1
白度/%		97.3	93.1	93.0
1000cm^2 面积的鱼眼个数/个		4	1	1
残留聚氯乙烯单体含量/(mg/kg)		2	0.2	0.5

聚氯乙烯粉末涂料的制造方法跟聚乙烯粉末涂料一样，把聚氯乙烯树脂、颜料、填料、增塑剂、抗氧化剂、紫外光吸收剂以及其他助剂在高速混合机中进行预混合；然后用挤出机进行熔融挤出混合，冷却，造粒；接着用风水双冷热塑性树脂粉碎机（或用冷冻粉碎机）进行粉碎；最后经过分级（旋风分离），过筛（过 60 目）得到产品。用冷冻粉碎法制造粉末涂料的工艺复杂，制造成本高，但粉末涂料的质量好，涂膜的耐候性比常温粉碎的粉末涂料提高 10%～20%。聚氯乙烯粉末涂料的参考配方见表 3-12。

表 3-12　聚氯乙烯粉末涂料的参考配方

组成	用量/%	组成	用量%
聚氯乙烯树脂	60.0	抗氧化剂和紫外光吸收剂	2.4
增塑剂	24.0	其他助剂	2.4
颜料和填料	11.2		

聚氯乙烯粉末涂料有以下的优点：

（1）涂料的颜色配制范围宽，可以配制各种颜色，还可以配制鲜艳的荧光或磷光涂料。

（2）涂膜的耐湿热、耐盐水喷雾、耐酸、耐碱、耐醇类、耐汽油和耐脂肪烃类的性能好。

（3）涂膜的电绝缘性能很好，最高可耐（4.0～4.4）$\times 10^4$V/mm，即使是浸泡在盐水溶液中也保持其特性。

（4）涂膜的耐候性比较好。

（5）涂膜的耐热温度比聚乙烯粉末涂料高，可在 71～93℃连续使用，如果调整配方还可以提高，甚至 149℃短时间也可以使用。

（6）涂料的原材料来源丰富，价格便宜。

聚氯乙烯粉末涂料有以下的缺点：

（1）聚氯乙烯树脂的熔融温度和分解温度之间的温差较小，熔融温度 150～200℃，分解温度 200～220℃，涂装温度 160～220℃，对涂装温度的控制要求比较严。

（2）涂膜不耐芳香烃、酯类、酮类和氯化溶剂。聚氯乙烯粉末涂料可以用流化床浸涂法或静电粉末涂装法施工。流化床浸涂法用粉末涂料粒度要求 100～200μm，静电粉末喷涂法用粉末涂料粒度要求 50～100μm。聚氯乙烯粉末涂料的涂装条件和涂膜性能见表 3-13。

表 3-13 聚氯乙烯粉末涂料的涂装条件和涂膜性能

项目	条件和性能	项目	条件和性能
一次涂装膜厚/μm	150～300	体积电阻率②/Ω·cm	2×10^{14}
流化床浸涂工件预热温度/℃	250～300	耐电压(ASTM D 149)/kV	20
涂装后加热温度/℃	205～250	耐水性(40℃×2000h)	好
60°光泽/%	80～90	耐沸水/h	16
硬度(铅笔硬度)	2B～HB	耐食盐水(5%,1a)	好
硬度(邵尔硬度)	45～55	耐盐水喷雾(JIS-Z 2371,1000h)	好
冲击强度①/N·cm	490	耐硝酸(3%,1a)	好
附着力(划格法,2mm)	100/100	耐硫酸(5%,1a)	好
柔韧性/mm	3	耐盐酸(5%,1a)	好
杯突试验/mm	7	耐乙酸(5%,3个月)	好
拉伸强度(ASTM D 638)/MPa	14.70～24.51	耐氨水(5%,3个月)	好
断裂伸长率(ASTM D 638)/%	200～400	耐汽油(30d)	好
耐磨性(Taber CS-17,1000次)/mg	1～5	耐混合二甲苯	好
耐低温性(−30℃×400h)	好	耐丙酮(30d)	不好
耐火焰性能(ASTM D 635)	自熄灭性	耐三氯乙烯	不好
耐热性(连续使用温度)/℃	71～93	天然曝晒(1a)	保光率95%,其他无变化
吸水率(ASTM D 570)/%	0.2～0.4		
介电常数(ASTM D 150,1000Hz,23℃)	4～5	耐污染性(黄油、口红、彩色笔)	不好

①DuPont 法，Φ0.5in (1.27cm) ×500g。

②ASTM D 257，50% RH，23℃。

公路防腐用聚氯乙烯粉末涂料交通部标准 JT/T 600.3—2004 中规定的聚氯乙烯粉末涂料的技术指标见表 3-14，外观质量按 JT/T 600.1—2004 中的有关规定进行；挥发物含量、粒度分布和表观密度按 JT/T 600.2—2004 中的有关规定进行。JT/T 600.3—2004 中聚氯乙烯粉末涂层的技术指标见表 3-15，涂层外观质量按 JT/T 600.1—2004 的相关规定进行；挥发物含量、筛余物、表观密度按 JT/T 600—2004 中的有关规定进行。

表 3-14 公路防腐用聚氯乙烯粉末涂料的技术指标

序号	项目	技术指标
1	挥发物含量/%	≤1
2	表观密度/(g/cm^3)	0.32～0.40
3	筛余物(50目)/%	<5

注：筛网目数为 50 目时，对应筛网筛孔大小为 270μm。

表 3-15 公路防腐用聚氯乙烯粉末涂层技术指标

序号	项目		技术指标
1	物理、力学性能	光泽(60°)/%	≥40
		拉伸强度/MPa	≥17
		断裂伸长率/%	≥200
		涂层硬度(邵尔D型)	≥38
2	涂层厚度		JT/T 600.1—2004 中表1第1项
3	涂层附着性能		JT/T 600.1—2004 中表1第2项
4	涂层抗冲击性(0.5kg·cm)		JT/T 600.1—2004 中表1第3项
5	涂层抗弯曲性		JT/T 600.1—2004 中表1第4项
6	涂层耐化学腐蚀性		JT/T 600.1—2004 中表1第5项
7	涂层耐盐雾性能		JT/T 600.1—2004 中表1第6项
8	涂层耐湿热性能		JT/T 600.1—2004 中表1第7项

聚氯乙烯粉末涂料用途很广，主要用在高速公路、铁路、机场、园林、城市道路和建筑

工地等的防护隔离栅，洗碗机、电冰箱和洗衣机等的货架和网篮，游泳池用的金属制品，汽车和农具的零部件，还有电气产品、金属制品、玩具、体育运动器材等户外用品，在我国应用面窄，用量也不大，跟聚乙烯粉末涂料比起来用量很少。

三、聚酰胺（尼龙）粉末涂料

我国在 20 世纪 60 年代就开发出聚酰胺（尼龙）热塑性粉末涂料，主要品种为尼龙 1010（熔点 207℃），这是以蓖麻油为原料制成的聚酰胺树脂，国外主要用的是尼龙 11 和尼龙 12。聚酰胺粉末涂料用树脂品种多，根据它的分子结构、涂膜力学性能和吸湿性等差别，用途也就各不相同。各种聚酰胺树脂的性能比较见表 3-16。聚酰胺粉末涂料以独特的耐磨性、力学性能和耐候性得到人们的重视和广泛的应用。聚酰胺粉末涂料有以下的优点：

（1）树脂的熔融温度和分解温度之间的温差较大，粉末涂料的涂装适应性好，可以用流化床浸涂法，也可以用静电粉末喷涂法和火焰喷涂法涂装。

（2）涂膜的冲击强度、拉伸强度、柔韧性和断裂伸长率等性能好。

（3）涂膜的静摩擦系数和动摩擦系数小，耐磨性能很好，又有润滑功能。

（4）涂膜平整，手感好，并有良好的加工性能。

（5）涂膜的耐水、耐盐水、耐盐雾和耐沸水性能较好。

（6）涂膜的耐候性能很好，可经受户外曝晒 7 年或人工老化 2000h。

（7）粉末涂料和涂膜无毒、无味。

表 3-16　各种聚酰胺树脂的性能比较

项目		尼龙 6	尼龙 66	尼龙 610	尼龙 11	尼龙 12	尼龙 1010	透明尼龙
密度/(g/cm^3)		1.13	1.14	1.08	1.04	1.02	1.05	1.12
拉伸强度/MPa		65	80	60	70	54	55	60
断裂伸长率/%		≥30	60～200	100～240	230	240	100	—
弯曲强度/MPa		90	100	90	53	70	70	125
冲击强度/(kJ/m^2)		60					250	不断
吸水率/%	50%RH	2.7	2.5	1.5	0.8	0.7	0.8	
	饱和	9.5	9.0	3.5	1.9	1.4	2.0	
吸水尺寸变化/%		3.0	2.8	0.7	0.4	0.3	0.45	
弯曲模量/MPa	干燥	2.7×10^3	2.8×10^3	2.0×10^3				
	50% RH	9.8×10^2	1.2×10^3	1.1×10^3				
	水中	4.9×10^2	6.0×10^2	7.0×10^2				
熔点/℃		215	250	210	185	175	200	165
短时最高温度/℃		160				120	120	100
线性热膨胀系数/($\times10^{-5}$/℃)		7	9	9.9	15	10.4	14	6

聚酰胺粉末涂料有以下的缺点：

（1）粉末涂料的吸湿性很强，必须密封保存，不宜在湿热条件下施工。

（2）在静电粉末喷涂时，电压不宜超过 45kV，而且空气压力不宜太大。

（3）涂膜不耐强酸和强碱。

（4）涂膜的边角覆盖力和附着力不好。

聚酰胺粉末涂料的涂膜性能见表 3-17，如果想得到光泽低的涂膜（60° 光泽在 5%～

50%）时，经粉末喷涂的工件涂膜熔融流平以后，应在空气中缓慢冷却；相反，想得到有光和高光涂膜（60°光泽在60%～90%）时，涂膜烘烤流平以后，迅速放入100℃以下的温水中急剧冷却。一般浸在液体中浸渍冷却，但也可以采用加压喷雾冷却。聚酰胺粉末涂料的涂膜力学性能、耐磨性能和润滑性能好，可用在农用设备、纺织机械轴承、齿轮和印刷辊等。由于耐化学品性能好，也用在洗衣机零部件、航空机械用碱性电池盖子、阀门轴等。另外利用涂膜无毒、无味和无腐蚀性，用于食品加工厂的设备和用具。再则涂膜的降低噪声效果好，手感好，热导率低，可用于消声部件和车辆的方向盘等。此外，在电绝缘和耐热方面也都有应用。

表 3-17　聚酰胺粉末涂料涂膜性能

项目	性能	项目	性能
一次涂装膜厚/μm	100～300	耐磨性(Tabers CS-17,1000次)/mg	1～5
60°光泽/%	5～90	耐低温性(－30℃×400h)	好
柔韧性/mm	3	最低使用温度/℃	－50
冲击强度①/N·cm	490	耐火焰性能(ASTM D 635)	燃烧扩散慢
附着力(划格法,2mm)	100/100	耐热性(连续使用温度)/℃	80
杯突试验/mm	10	最高使用温度/℃	100～130
硬度(铅笔硬度)	2B～2H	吸水率(ASTM D 570)/%　<	0.01
硬度(邵尔硬度)	75	体积电阻率②/Ω·cm	1×10^{16}
拉伸强度(ASTM D 638)/MPa	68.64～88.25	介电常数(ASTM D 150,1000Hz,23℃)	3.6
断裂伸长率(ASTM D 638)/%	200～400	耐水性(40℃×2000h)	好
耐沸水/h　>	30	耐氨水(5%,3个月)	好
耐食盐水(5%,1a)	好	耐汽油(30d)	好
耐盐水喷雾(JIC Z 2371,1000h)	好	耐二甲苯(1a)	好
耐硝酸(3%,1a)	好	耐丙酮(30d)	不好
耐硫酸(5%,1a)	好	耐三氟乙烯	不好
耐盐酸(5%,1a)	好	天然曝晒(2a)	不开裂,不龟裂
耐乙酸(5%,1a)	好	耐污染性(黄油、芥末、口红、彩色笔)	不好
耐氢氧化钠(10%,1a)	好		

①DuPont法，Φ0.5in（1.27cm）×500g。

②ASTM D 257，50%RH，23℃。

四、聚苯硫醚粉末涂料

聚苯硫醚粉末涂料是由聚苯硫醚树脂、颜料、填料和助剂等组成的热塑性粉末涂料。聚苯硫醚树脂（polyphenylene sulfide）是聚合物分子主链结构为硫与芳基结构交替连接的高分子化合物，有 $-C_6H_4-S$ 的化学结构，简称PPS，结晶度最高可达70%，相对密度1.36，熔程为280～290℃，玻璃化转变温度在90℃左右，在空气中430～460℃以上才开始分解。在氮气中，500℃以下加热没有明显的质量损失，即使在1000℃的高温下仍然保持其质量的40%，在200℃以下不溶于绝大多数有机溶剂。聚苯硫醚树脂是由对二氯苯和硫化钠经缩聚制得，其缩聚反应如下：

$$n\,Cl-C_6H_4-Cl + nNa_2S \longrightarrow -C_6H_4-S + nNa_2Cl$$

聚苯硫醚是一种耐高温、耐腐蚀且机械加工性能良好的新型工程材料，是近些年开发出来的新型树脂品种，得到国内外的重视。因为该树脂是苯环和硫相连的重复结构，所以苯环结构的刚性和耐热性，以及苯环和硫之间化学键的稳定性，使聚苯硫醚对磷酸、强碱、氢氟酸有极强的抵抗力。聚苯硫醚涂层的致密性好，耐腐蚀性好，交联后最高使用温度达300℃，可用在化工、石油、医药、军工、轻工、电子、食品、仪表等行业，如各种腐蚀性环境用的泵、管道、阀门、反应釜、搅拌器、冷凝器、贮罐和不粘锅等。这种树脂仅有少数工业发达国家生产，我国早已由重庆长江化工搪瓷厂、甘肃化工机械厂、自贡特种工程塑料厂等单位生产，2003年8月四川德阳建成年产1000t的生产厂。为了满足聚苯硫醚树脂的需求，四川德阳科技股份有限公司从2005年8月开始建设年生产能力5000t的生产厂。四川华拓集团公司下属四川德阳科技股份有限公司和四川华拓实业发展股份有限公司是国内聚苯硫醚生产和研究的最大企业。目前华拓集团以Haton为商标生产涂料级、注塑级、纤维级、薄膜级等品种，其中涂料级聚苯硫醚树脂产品牌号为pps-hao，是纯树脂，粒度为200～400目的白色或近白色粉末。某公司用于粉末涂料聚苯硫醚树脂产品牌号和技术指标见表3-18。在聚苯硫醚树脂中，熔融黏度小于10Pa·s的用于薄涂层；熔融黏度100～200Pa·s的用于较厚涂层；熔融黏度太大的涂层流平性不好，较少使用。美国Ticona公司涂料用聚苯硫醚树脂PPS 0205的技术指标见表3-19。

表3-18　某公司粉末涂料用聚苯硫醚树脂产品牌号和技术指标

牌号	熔融黏度(303℃)/Pa·s	熔程/℃	含水量/%	牌号	熔融黏度(303℃)/Pa·s	熔程/℃	含水量/%
PPS-10	0.5～2.0	277～283	0.5	PPS-30	10.0～30.0	282～290	0.5
PPS-20	2.0～10.0	280～286	0.5	PPS-31	>30.0	282～290	0.5

表3-19　美国Ticona公司涂料用聚苯硫醚树脂PPS 0205技术指标

项目	技术指标	检验标准	项目	技术指标	检验标准
密度/(kg/dm^3)	1.35	1183	洛氏硬度(M)	95	180/1A
成型收缩率(平行)/%	1.2～1.5	294-4	热变形温度(1.80MPa)/℃	115	2039-2
成型收缩率(垂直)/%	1.5～1.8	294-4	热变形温度(8.00MPa)/℃	95	75-1/-2
吸水率/%	0.02	62	线性热膨胀系数		75-1/-2
拉伸模量/MPa	4000	527-2/1A	平行/(×10^{-4}/℃)	0.53	11359-2
断裂应力(5mm/min)/MPa	66	527-2/1A	垂直/(×10^{-4}/℃)	0.52	11359-2
断裂应变(5mm/min)/%	2	527-2/1A	体积电阻率/Ω·m	1×10^9	IEC 60093
弯曲模量/MPa	3900	178	介电强度/(kV/mm)	17	IEC 60243-1
Izod无缺口冲击强度/(kJ/m^2)	30	178	耐电弧径迹(CTI)	100	1EC 60112
Izod缺口冲击强度/(kJ/m^2)	2.0	180/1U			

因为聚苯硫醚树脂的熔融温度很高，无法像聚乙烯等粉末涂料那样用熔融挤出混合法进行生产，目前只能采用把树脂、颜料、填料和助剂用干混合的方法制造聚苯硫醚粉末涂料。根据需要添加质量分数为10%～20%的聚四氟乙烯后可降低表面摩擦阻力，制成不粘和耐磨涂层，其不粘性与氟树脂相当。由于具有对液态和固态物料均不粘的优点，此类材料也非常适合于食品有关机械和器具的制造，目前广泛应用在不粘锅等炊具上，它的表面光洁卫生、耐腐蚀、不粘物料等已明显超过不锈钢的同类产品，显示了聚苯硫醚复合材料独特的优异性能。添加改性材料的聚苯硫醚涂层的性能见表3-20。

表3-20　添加改性材料的聚苯硫醚涂层的性能

改性材料	附着力/级	弹性/级	冲击强度(5MPa)	涂层特点	备注
以瓷粉为填料	1	1	正反面不开裂	涂层为棕黄色，耐酸碱，耐温，附着力好	涂膜平整、光滑、附着力好，光泽高

续表

改性材料	附着力/级	弹性/级	冲击强度(5MPa)	涂层特点	备注
以钛白、氧化铬绿为填料	1	1	正反面不开裂	涂层为草绿色,耐腐蚀,耐温	涂层平整、光滑、光泽高、附着力好
以钛白粉为填料	1	1	正反面不开裂	涂层为米色,耐温,耐腐蚀	涂层平整、光滑、光泽高、附着力好
以石墨为填料	1	1	正反面不开裂	涂层为黑色,耐温,耐磨,耐腐蚀	涂层平整、光滑、光泽高、附着力好
不加填料的纯聚苯硫醚	1	1	正反面不开裂	涂层为浅棕黄色,耐温,耐腐蚀,绝缘好	涂层平整、光滑、光泽高、附着力好

聚苯硫醚具有优异的耐热性和耐腐蚀性能，并且与钢材、铝材、铸铁等有着良好的附着力，因而可以与填料或其他高分子材料，如聚氟乙烯等配合制成耐腐蚀涂层、不粘涂层以及耐磨涂层等，用于各种苛刻条件下的防腐方面。这种粉末涂料可以根据被涂物工件尺寸大小，用空气喷涂、流化床浸涂、静电粉末喷涂和火焰喷涂等方法进行涂装。为了保证涂层质量，喷涂前对被涂物进行除锈、喷砂等表面处理，以获得清洁和适合涂装的表面。在涂装中，往往采用多次喷涂法施工，每次不宜太厚，以0.04～0.05mm为宜，尽量保证涂膜厚度均匀。

涂膜的固化一般在300～380℃进行，在实际操作中常用的条件为开始几次固化温度低，随涂装次数的增加，固化温度相应提高，最后一次固化完成后进行淬火处理，降低聚苯硫醚涂层内部结晶度，从而得到表面光滑、平整、韧性好的涂层。在固化过程中，控制固化温度和时间是很重要的，性能优异的涂层应该是充分交联和有较好的韧性。当固化温度较高时，由于退火使聚苯硫醚涂层内部结晶，导致涂层变脆；但固化温度过高时，由于聚苯硫醚发生大范围的交联，交联密度过高会使涂层也变脆。

火焰喷涂是聚苯硫醚的重要涂装方法之一，在火焰喷涂时应采取少量多次的原则，直至达到所需要的厚度，一般需要厚度控制在0.25～0.4mm为宜。火焰喷涂过程中，对大型工件先涂和后涂部分因温度差带来的结合部分应力差异以及对涂层性能的影响是目前火焰喷涂需要解决的难题。火焰喷涂工艺对聚苯硫醚涂层性能的影响见表3-21。

表3-21　火焰喷涂工艺对聚苯硫醚涂层性能的影响

性能	表面处理		基材预热温度/℃				涂层厚度/mm				淬火速率	
	喷砂	未喷砂	350	380	400	420	0.18	0.25	0.45	0.70	快	慢
绝缘性	+	+	−	+	+	+	−	+	+	+	+	+
附着力	+	−	−	+	+	−	+	+	+	−	+	+
柔韧性	+	+	−	+	+	−	+	+	+	+	+	−
外观	+	+	−	+	+	−	+	+	+	−	−	+

注：+表示好；−表示差。

聚苯硫醚涂层能经受多种酸、碱、盐和其他化学介质的腐蚀，除了对游离的氟、氯、溴等卤素和王水、硝酸、浓硫酸、铬酸、氯磺酸、次氯酸等强氧化性介质外，对于强碱、磷酸、氢氟酸、甲酸、乙酸等有机酸均有极强的抵抗力，即使在较高温度（100℃）也非常耐腐蚀，其耐蚀性优于搪瓷和金属钛材，因而使它有了广泛的应用空间。聚苯硫醚涂层的耐腐蚀性和耐热性可与氟树脂媲美，而且在与基材的黏结性、硬度、无毒性及操作安全性方面均优于氟树脂。由于聚苯硫醚涂层有优异的耐化学腐蚀性、电绝缘性、耐磨性和力学性能，而且对碳钢、铸铁、铝、陶瓷及玻璃等表面有良好的黏结性能，并与搪瓷釉涂层具有相类似和互补功能，可作为防腐设备的保护涂层，聚苯硫醚粉末涂料用于防腐设备的生产。例如，碳钢塔设备为外壳，聚苯硫醚涂层为内层，制成聚苯硫醚/碳钢耐腐蚀复合塔充分发挥两者长处。这种设备远优于不锈钢/搪玻璃塔，具有寿命长、施工简便、价格较低、对产品质量无影响等优点。

虽然聚苯硫醚有许多优点，在应用领域方面不断扩大，但与聚四氟乙烯比较，应用还不算普遍，究其原因有如下因素：一是涂层施工工艺比较复杂，塑化温度高，需要多次反复涂装，涂装费时难度大，涂装成本高；二是聚苯硫醚树脂的价格高，与聚四氟乙烯树脂相当，涂料的成本高，用户难以接受。随着科学技术的进步，不断改进涂装工艺，开发容易涂装的改性涂料产品和复合涂层产品，粉末涂料价格也从而下降时，不仅聚苯硫醚粉末涂料的应用领域会扩大，而且使用量和生产量也会不断增加。

五、热塑性氟树脂粉末涂料

热塑性氟树脂粉末涂料是由热塑性氟树脂、颜料、填料和助剂等组成的粉末涂料。热塑性氟树脂主要由氟化乙烯单体聚合而成，树脂所具有的各种特性都和 C—F 键的结构有密切联系。氟原子和 C—F 键有如下的特点：①氟原子的半径小；②C—F 键的键能大；③C—F 键的极化率小。

由于氟原子的半径小和碳氟键的极化率小，使氟树脂内部结构致密，使氟树脂表面张力小，摩擦力小，并具有疏水性和非黏附性等表面特性。因为碳氟键的键能大，所以受到热和光的照射时碳氟键不容易断裂，使氟树脂具有优良的耐候性和耐化学品性。还有由于碳氟键的极化率小，使氟树脂具有优异的电绝缘性、介电常数小等电特性。

1. 热塑性氟树脂品种

虽然氟树脂的品种很多，但是能用于粉末涂料的品种很少，热塑性氟树脂的种类和涂料化后的特点见表 3-22。从实际应用考虑，能用于粉末涂料的品种有聚偏氟乙烯（PVDF）、乙烯-三氟氯乙烯聚合物（ECTFE）、聚乙烯四氟乙烯共聚物（ETFE)、聚全氟乙丙烯(FEP)、氟烯烃和乙烯醚的共聚物。聚偏氟乙烯是热塑性的树脂，工业化品种有 Pennwalt 公司的 Kynar-500，它的特性见表 3-23。 Solvay Solexis 公司生产的乙烯-三氟氯乙烯树脂具有优良的耐腐蚀性能，渗透率很低，电性能优良，抗冲击性能好，耐磨性和耐火性好，涂层表面光滑，热膨胀系数小，可在低于 149℃的范围内连续安全使用，间歇使用温度高于 200℃，树脂具有高纯度的特性，这种树脂涂层的技术指标见表 3-24。

表 3-22 热塑性、氟树脂的种类和涂料化后的特点

序号	热塑性、氟树脂种类		涂料状态	成膜温度/℃	耐热性	耐候性	耐化学品性	非黏附性	耐污染性	摩擦力小	电特性
	名称	结构									
1	PTFE	$[CF_2CF_2]_n$	水分散	380～435	○	—	○	○	○	○	—
2	FEP	$[CF_2CF_2]_m[CF_2CF(CF_3)]_n$	水分散、粉末	300～380	○	—	○	○	○	○	○
3	PFA	$[CF_2CF_2]_m[CF_2CF(OC_2F_5)]_n$	粉末	330～420	○	—	○	○	○		○

续表

序号	热塑性、氟树脂种类		涂料状态	成膜温度/℃	耐热性	耐候性	耐化学品性	非黏附性	耐污染性	摩擦力小	电特性
	名称	结构									
4	ETFE	$\text{-}[CF_2CF_2-CH_2CH_2]_n\text{-}$	粉末	280～350	—	—	○	○	—	○	—
5	PCTFE	$\text{-}[CF_2\underset{\displaystyle Cl}{\underset{\vert}{C}}F]_n\text{-}$	水、溶剂分散体	250～270		○		○	—	○	—
6	ECTFE	$\text{-}[CF_2\underset{\displaystyle Cl}{\underset{\vert}{C}}F]_n\text{-}CH_2CH_2$	粉末	270～320	—	—	—	—	—	—	—
7	PVF	$\text{-}[CH_2CHF]_n\text{-}$	—	—	—	○	—	—	—	—	—
8	PVDF	$\text{-}[CH_2CF_2]_n\text{-}$	粉末、溶胶	230～250	○	○	—	—	○	○	—

注：“○”表示性能好。“—”表示性能不好。

表 3-23 氟树脂 Kynar-500 的特性

分子结构	氟原子含量/%	状态	成膜方式	烘烤条件
$\left[\begin{array}{cc} H & H \\ \vert & \vert \\ -C- & -C- \\ \vert & \vert \\ H & F \end{array}\right]_n$	59.3	粉状(结晶性聚合物)	热熔融	240℃×10min

表 3-24 乙烯-三氟氯乙烯树脂涂层的技术指标

项目		技术指标	项目	技术指标
密度/(g/cm³)		1.68	刺穿阻力(ASTM D 3032)/N	240
加工温度/℃		260～280	表面粗糙度 R_a/μm	22
张力应力/MPa		45～55	光泽(ASTM D 523)/%	68
热膨胀系数/K^{-1}		8×10^{-5}	耐火性限制氧指数/%	>56
邵尔硬度(D)		75	耐氯(室温～>90℃)	优良
铅笔硬度(ASTM D 3363)		2B	耐盐酸(室温～>100℃)	优良
摩擦系数	0.21kg	0.10	耐硫化氢(室温～>100℃)	优良
	0.71kg	0.14	耐水(室温～>100℃)	优良
	1.21kg	0.15		

乙烯-三氟氯乙烯聚合物树脂和粉末涂料可以用流化床浸涂、静电粉末喷涂等法进行涂装。在静电粉末涂装时，一般工件预热至 240～270℃左右，通过改变预热温度可以得到 0.13～0.76mm 的涂膜厚度；流化床浸涂工艺时，工件预热至 240℃，浸涂 1～2s 时间，然后烘烤熔融流平，如果需要涂层厚时浸涂 2～4s 时间，适用于小型件和复杂件的涂装。这种涂层对大多数无机、有机化学药品及有机溶剂有非常好的抗腐蚀能力。到目前还没有一种溶剂能在 120℃以下浸蚀或使这种涂层开裂；这种涂层在高温下，对氯和氯衍生物的抗蚀性能很好。这种涂层的性能很好，在配方中不需要添加紫外光吸收剂、热稳定剂、增塑剂、润滑剂和阻燃剂等助剂，在工业生产中应用的例子有：①在氯气洗涤塔上薄片衬里使用 6 年完好；②氢氟酸输送管路上用 2 年完好；③次氯酸钠处理系统 2 年以上完好。

大连振邦氟涂料股份有限公司开发了粉末涂料用乙烯-三氟氯乙烯共聚物树脂并配制了相应的热塑性粉末涂料。这种聚合物是乙烯和三氟氯乙烯在高温高压条件下，在 Freon 和脱氧离子水溶剂中，引发剂和链转移剂的作用下合成的化合物，经蒸馏除去 Freon 溶剂，搅拌下加去离子水，过滤得到树脂，再经干燥、粉碎得到产品。在合成中，单体配比、溶剂配比、反应温度、反应压力对产品收率和性能有很大的影响。因为这种树脂的熔点高，很难用熔融挤出法与其他物料挤出混合，而且分子量大，硬度高，韧性强，也不能用一般的粉碎法将其进行粉碎，所以很难用普通的方法制造成粉末涂料，最好采用冷冻粉碎工艺。该公司采用树脂、颜料、填料和助剂干混合方法配制了乙烯-三氟氯乙烯共聚树脂粉末涂料，配粉前氟树脂先用特殊微粉碎设备，粉碎成平均粒径小于45μm。用乙烯-三氟氯乙烯共聚物配制粉末涂料配方和涂膜性能见表3-25；不同乙烯-三氟氯乙烯共聚物粉末涂料配方和熔体流动速率对涂膜外观的影响见表3-26；乙烯-三氟氯乙烯共聚物粉末涂料涂膜耐化学品性能见表3-27。

表3-25　乙烯-三氟氯乙烯共聚物配制粉末涂料配方和涂膜性能

项目	配方1	配方2	配方3
涂料配方(质量分数)/%			
乙烯-三氟氯乙烯共聚物	83.7	89.3	83.7
流平剂	0.2	0.2	0.2
润湿剂	1.0	2.0	1.0
消泡剂	0.1	0.1	0.1
二氧化钛	15.0	—	—
炭黑	—	0.4	—
氧化铬绿	—	—	15.0
填料	—	8.0	—
涂膜性能			
膜厚/μm	75	75	75
外观	光滑平整	光滑平整	光滑平整
60°光泽/%	17	17	17
附着力(划格法)/级	1	1	1
柔韧性/mm	1	1	1
铅笔硬度	2H	2H	2H
冲击强度/N·cm	正反冲490	正反冲490	正反冲490
烘烤条件/℃×min	270×30	270×30	270×30

注：这种粉末涂料涂膜耐湿热1000h，1级；耐盐雾1000h，无变化；人工加速老化试验3000h，失光0级，变色0级，粉化0级，龟裂0级

表3-26　不同乙烯-三氟氯乙烯共聚物粉末涂料配方和熔体流动速率对涂膜外观的影响

项目	配方1	配方2	配方3	配方4	配方5	配方6	配方7
树脂熔体流动速率/(g/10min)	6	17	36	57	65	103	135
二氧化钛对总配方量的添加量/%	15	15	15	15	15	15	15
润湿剂对总配方量的添加量/%	2.0	2.0	1.8	1.5	1.5	0.8	0.8
流平剂对总配方量的添加量/%	2.5	2.5	2.2	1.2	1.2		
涂膜外观	橘纹严重，有缩孔	橘纹严重，有缩孔	橘纹严重	光滑平整，轻微橘纹	光滑平整，轻微橘纹	光滑，厚边	光滑，厚边，有流挂

表3-27　乙烯-三氟氯乙烯共聚物粉末涂料涂膜耐化学品性能

化学品	涂膜外观		色差		化学品	涂膜外观		色差	
	室温	50℃	室温	50℃		室温	50℃	室温	50℃
乙酸	A	A	1	1	发烟硫酸	A	A	1	2
丙酮	A	A	1	1	己烷	A	A	1	1
30%氢氧化铵	A	A	1	1	37%盐酸	A	A	1	2
苯	A	A	1	1	49%氢氟酸	A	A	1	2
二甲苯	A	A	1	1	60%过氧化氢	A	A	1	1
环己酮	A	A	1	1	50%硝酸	A	A	1	2
水	A	A	1	1	53%碳酸钾	A	A	1	1
30%氢氧化钠	A	A	1	1	三氯甲烷	A	A	1	1
37%甲醛	A	A	1	1	三氯乙烷	A	A	1	1
85%磷酸	A	A	1	1	正丁醇	A	A	1	1

注：1. 所有样板都在规定试验条件下，在规定化学品中浸泡30d后的试验结果。
2. 涂膜外观：A是涂膜无粉化、起泡、脱落等现象。
3. 色差：1—涂膜颜色无变化；2—涂膜部分黄变有变化。

表 3-26 的结果表明，乙烯-三氟氯乙烯共聚树脂粉末涂料熔体流动速率对涂膜外观的流平性影响很大，熔体流动速率小于 20g/10min 的树脂配制粉末涂料上粉率低，涂膜流平性差，薄涂难，容易出现缩孔；熔体流动速率 50～70g/10min 时，涂膜外观和流平性较好，可以薄涂；但熔体流动速率太大时涂膜出现流挂现象。

聚乙烯四氟乙烯共聚物（ETFE）粉末树脂的生产商主要有美国杜邦、Dyneon，国内中科院上海有机所从 20 世纪 60～70 年代开始研究开发该产品，80 年代成功开发出 ETFE 粉末涂料，但没有实现产业化。该低分子量品种特别适用于粉末涂料，其加工温度约为 280～300℃，成膜性能良好，且不需要底漆，一次喷涂可获得一定厚度的涂层，涂膜具有良好的力学性能、电绝缘性能和耐化学品腐蚀性能。适用于 ETFE 粉末涂料的粒径在 40～100μm 之间。粉末粒子太大则不易带电，太小容易失电，两种倾向均不利于 ETFE 粉末涂料的静电喷涂涂装，更适用于流化床等工艺涂装。在粉末涂料配方中添加金属氧化物、流平剂、稳定剂等，有利于解决涂膜露底及降低成本。加入炭黑、无机陶瓷颜料、金红石型钛白粉及耐高温的彩色颜料，可以获得不同色彩的涂膜。可以采用静电粉末喷涂的方法将 ETFE 粉末涂料涂装于经过表面处理的金属表面。在 280～320℃熔融烧结约 15～30min 便可获得光滑平整的涂膜。通常厚度在 30～100μm 之间，如果要求获得更厚的涂膜，可以通过多次喷涂和烧结的方式实现。

聚偏氟乙烯树脂（PVDF）是仅次于聚四氟乙烯树脂（PTFE）的第二大含氟树脂品种，兼具有含氟树脂和通用树脂的特性。它具有一般含氟树脂更高的机械强度，具有良好的耐化学品性能、耐高温、耐氧化、耐候、耐紫外光和耐辐射等特性。另外，还有良好的压电性、热电性等特殊性能，可以广泛用在化工设备、电子电气和建筑涂料领域。2008 年，PPG 工业公司涂料业务部推出了适用于建筑铝合金的 Duranar 牌粉末涂料。该涂料是 Duranar 牌液体涂料现有生产线的扩大延伸，是专为建筑板材、玻璃幕墙和店面等巨大建筑场所而设计的。使用 70％的 Kynar 聚偏氟乙烯（PVDF）树脂技术制作的 Duranar 粉末涂料，是一种具有零 VOC 环保效益的粉末涂料。这些产品还具有与 Duranar 液体涂料同样的耐候性、颜色与保光性以及粉化性、耐腐蚀和耐沾污性，使用同类树脂生产出粉末涂料具有优秀的竞争力。

据美国 ATOFINA 公司要求，氟碳粉末涂料采用不少于 70％PVDF 树脂，配以与液体涂料同样的无机陶瓷颜料和添加剂。这样的涂层产品性能达到或超过美国建筑协会对金属建筑物的最高标准 AAMA2605（98）。

热塑性氟碳粉末涂料具有优异的综合理化性能，可抵抗盐酸、氟硼酸、硫酸以及氢氧化钠等介质腐蚀；涂层黏着牢固、坚韧、无针孔，表面光洁不粘垢等优点。

聚全氟乙丙烯粉末树脂是由三爱富公司生产的产品，由 FR46 树脂经过稳定化等工艺制得，该产品的技术指标见表 3-28。这种粉末树脂的流平性好，表观密度大，热稳定性好，可用静电粉末喷涂法涂装，一次厚度可达 0.11～0.15mm，复涂性好，可用于防腐涂层。涂装方法是：工件前处理后先涂底漆并烘烤，然后静电粉末喷涂并高温烘烤，反复喷涂至所需要的涂膜厚度，一般在 5mm 左右。在使用中注意的是，在使用前要 100℃干燥 1h；使用中温度不要超过 400℃，超过这个温度时会分解并产生有毒气体。

表 3-28　聚全氟乙丙烯粉末树脂的技术指标

项目	技术指标	项目	技术指标
外观	白色粉末，无杂质	体积密度/(g/L)	750
熔点/℃	265	熔体流动速率/(g/10min)	10.0
粒度/μm	100		

由上海东氟化工科技有限公司销售的油漆用氟碳树脂 PVDF T-1 是由偏氟乙烯聚合物而成的线型聚合物。由 70% 的 PVDF T-1 树脂和 30% 热塑性丙烯酸树脂为成膜物制成的涂料，经喷涂或辊涂等工艺烘烤制成的涂膜具有极其优越的耐候及加工特性，符合美国标准 AAMA2605。油漆用氟碳树脂 PVDF T-1 的技术指标见表 3-29。该公司销售的粉末涂料用氟碳树脂 PVDF T-2 是一种粉末状的聚偏氟乙烯产品，分子量低，与其他牌号的 PVDF 产品相比，PVDF T-2 更适合于制备粉末 PVDF 氟碳涂料。李秀芬等人研究认为，溶剂型涂料用 PVDF 树脂的结构中头-头结构占 13.95%，粉末涂料用 PVDF 树脂中头-头结构只占 11.8%，相对结构更加规整。因此，粉末涂料用 PVDF 树脂的熔点和热分解温度较高，其原因是结构更规整。实际上两者的结构无明显差别都是均聚物，然而粉末涂料用树脂其熔体流动速率较高，涂膜流平性较好，其主要原因是分子量较低造成，同时又具有较窄的分子质量分布，从而很好控制低分子量 PVDF 含量。粉末涂料用氟碳树脂 PVDF T-2 的技术指标见表 3-30。PVDF T-2 树脂跟 PVDFT-1 树脂比较，最大的特点是树脂的熔体流动速率较低，也就是配制粉末涂料以后，烘烤时熔融黏度低，涂膜的流平性好，适合于配制粉末涂料，而 PVDF T-1 树脂适合于配制溶剂型涂料。这两种 PVDF 树脂制备的粉末涂料和溶剂型涂料，适用于建筑铝型材、金属幕墙、大型建筑物天窗屋顶等超耐候要求的高档装饰材料。粉末涂料用 PVDF 树脂生产厂家和产品型号及技术指标见表 3-31。

表 3-29　油漆用氟碳树脂 PVDF T-1 的技术指标

项目	技术指标	ASTM 测试方法
外观	白色粉末	—
气味	无	—
纯度/%　≥	99.5	PVDF
标准相对密度	1.74～1.77	D792,23℃
熔点/℃	156～165	D3418
熔体流动速率/(g/10min)	0～2.0	D1238,230℃,10kg
热分解温度/℃	382～393	TGA,1%wt. Loss. Air
溶解性	澄清透明,无杂质	1g/10mL,30℃,1h,NMP
含水量/%　≤	0.1	Karl Fischer
Hegman 细度　≥	5.5	D1210,B

表 3-30　粉末涂料用氟碳树脂 PVDF T-2 的技术指标

项目	技术指标	ASTM 测试方法
外观	白色粉末	—
气味	无	—
纯度/%　≥	99.5	PVDF
标准相对密度	1.77～1.79	D792,23℃
熔点/℃	164～172	D3418
熔体流动速率/(g/10min)	18～45	D1238,230℃,5kg
热分解温度/℃	382～393	TGA,1%wt. Loss. Air
溶解性	澄清透明,无杂质	1g/10mL,30℃,1h,NMP
含水量/%　≤	0.1	Karl Fischer

表 3-31　粉末涂料用 PVDF 树脂生产厂家和产品型号及技术指标

项目	三爱富万豪	华夏神舟	阿科玛	阿科玛	阿科玛	苏威
牌号	T-2	DS203	Kynar 500pc	Kynar Flex 2850pc	Kynar ADXⅢ	Hylar 5000HG
组成	均聚物	均聚物	均聚物	共聚物	含反应基团的均聚物	均聚物

续表

项目	三爱富万豪	华夏神舟	阿科玛	阿科玛	阿科玛	苏威
熔体流动速率/(g/10min)	18~45(230℃,5kg)	5~15(230℃,2.16kg)		8~25(232℃,12.5kg)		
熔体黏度/Pa·s						1800~2100
熔点/℃	164~172	165~175	165~170	155~160	167	164~167
密度/(g/cm^3)	1.77~1.79	1.77~1.79	1.77~1.79	1.77~1.80	1.78	1.75~1.76
硬度(邵尔D)	75~76		76~80	70~75	80	
含水量/%	<0.1	<0.1	<0.5			<0.5

2. PVDF粉末涂料

在上述的氟树脂品种当中，广泛应用到涂料中的树脂品种还是PVDF树脂，在粉末涂料的应用方面也在积极地研发和推广应用。因此，以PVDF树脂为重点介绍PVDF粉末涂料的研发和应用情况。

（1）PVDF粉末涂料的制备方法

PVDF粉末涂料的制备方法很多，其中有：

① 熔融挤出混合冷冻粉碎分级法：此方法是配方物料经过混合分散均匀，熔融挤出混合，破碎，冷冻粉碎分级过筛得到产品。

② 溶剂溶解研磨分散干燥粉碎分级法：此方法是配方中部分树脂经过溶剂溶解，再添加其余配方物料研磨分散达到一定细度，真空干燥除去溶剂，破碎，粉碎分级过筛得到产品。

③ 熔融挤出粉碎高温邦定造粒分级法：此方法是把配方中部分物料熔融挤出，破碎，低温粉碎过筛得到粉末，添加余下物料高温邦定造粒，过筛分级得到产品。

④ 熔融挤出粉碎加压成型粉碎分级法：此方法是将配方中部分物料熔融挤出，破碎，低温粉碎，添加余下物料分散后高压成型，破碎，粉碎过筛分级得到产品。

⑤ 喷雾干燥法：在溶剂中溶解树脂，然后研磨分散喷雾干燥法造粒得到产品。

从安全和环保考虑，喷雾干燥法不适合推广，因此在下面不做比较。

上述四种PVDF粉末涂料制备方法的优缺点比较见表3-32。

表3-32 四种PVDF粉末涂料制备方法的优缺点比较

项目	方法1	方法2	方法3	方法4
制备方法	熔融挤出混合冷冻粉碎分级法	溶剂溶解研磨分散干燥粉碎分级法	熔融挤出粉碎高温邦定造粒分级法	熔融挤出粉碎加压成型粉碎分级法
有机溶剂	不需要	需要(溶解部分树脂用)	不需要	不需要
制冷液氮	需要(液氮冷冻粉碎)	不需要	需要部分低温粉碎	需要部分低温粉碎
高温处理	需要(熔融挤出)	不需要	需要(部分熔融挤出)	需要(部分熔融挤出)
熔融分散效果	熔融分散性最好	无熔融过程，研磨分散	部分熔融分散，分散性一般	部分熔融分散，分散性一般
粉碎工艺	需要冷冻粉碎	简单，只需一般粉碎机	需要部分低温粉碎	需要部分低温粉碎
生产工艺控制	比较容易	比较容易	要求比较高	比较容易
生产能耗	较大	较少	一般	一般
粉末粒度控制	相对容易控制	容易控制	相对容易控制	相对容易控制

续表

项目	方法 1	方法 2	方法 3	方法 4
粉末颗粒外观	比较光滑，棱角少	显得粗糙，棱角多	比较光滑，类球形	比较光滑，棱角少
安全生产问题	基本安全	存在有机溶剂安全问题	基本安全	基本安全
生产成本	较高	一般	一般	一般

对表 3-32 中四种制备 PVDF 粉末涂料方法进行比较时，我们从环境保护、节能、产品质量控制等多方面去考虑，这四种方法既有各自的优点，又有各自的缺点，没有十全十美的制备方法，各单位根据具体情况选择适合于自己的制备方法。从环保和安全考虑，制备过程中不产生溶剂污染的熔融挤出混合冷冻粉碎分级法、熔融挤出粉碎高温邦定造粒分级法和熔融挤出粉碎加压成型粉碎分级法是比较合适的。将上述四种制备方法中三种方法得到的粉末涂料，进行电子显微镜分析，其结果见如下图 3-1～图 3-3。

图 3-1　熔融挤出混合冷冻粉碎分级法制备的 PVDF 粉末涂料电子显微镜照片

图 3-2　溶剂溶解研磨分散干燥粉碎分级法制备的 PVDF 粉末涂料电子显微镜照片

以上电镜照片直观地反映出不同的制备方法不仅对粉末颗粒的形状有影响，而且对粉末中物料的润湿分散性也有影响。图 3-1 和图 3-3 颗粒表面也比较光滑，颗粒棱角较少，图 3-3 的颗粒更是比较接近球形；相比之下，图 3-2 粉末颗粒表面十分粗糙，且颗粒形状很不规

图 3-3 熔融挤出粉碎高温邦定造粒分级法制备 PVDF 粉末涂料电子显微镜照片

整，说明了配方中的物料在粉末中的分散性差。

用喷雾干燥法制造的粉末涂料粒子形状接近球状，粉末涂料的带静电性能好，涂膜的流平性好，但是使用大量的有机溶剂在生产中存在安全和成本高的问题，以及有机溶剂回收再利用等问题。考虑到喷雾干燥法的安全问题，可以采用前面介绍的溶剂溶解研磨分散干燥粉碎分级法制备 PVDF 树脂粉末涂料。这种方法是将丙烯酸树脂溶解在溶剂中（这种溶剂不溶解 PVDF 树脂），然后添加配方中的其他成分如 PVDF 树脂、颜料、填料和助剂进行研磨分散均匀达到一定细度；在抽真空减压下除去溶剂（溶剂回收），得到的固体产物进行破碎、细粉碎、旋风分离分级过筛得到粉末涂料产品。这种制备方法还是使用一部分有机溶剂。

另外，可以采用不用有机溶剂的全物料熔融挤出混合冷冻粉碎分级法；还有部分物料熔融挤出粉碎，用高温邦定造粒分级法制备 PVDF 树脂粉末涂料；再有部分物料熔融挤出粉碎，再与余下物料高压压片粉碎分级制备 PVDF 树脂粉末涂料。这三种制造法不需要有机溶剂，但是 PVDF 树脂和热塑性丙烯酸树脂的韧性和刚性比较强，添加颜料、填料和助剂熔融挤出后的产物，很难在常温下使用 ACM 磨进行粉碎，必须在零下 20℃或更低温度下粉碎才能达到所需要的粉末粒度。第一种制备方法与后两种制备方法相比需要更低的温度进行粉碎才能达到需要的粉末粒度。用无溶剂法制备的 PVDF 树脂粉末涂料同样也可以得到喷雾干燥法制备粉末涂料的涂膜性能。制造 PVDF 树脂粉末涂料没有热固性氟碳粉末涂料那么方便，工业化生产的难度也比较大，制造成本也比热固性氟树脂（FEVE）粉末涂料高很多。对于超薄型 PVDF 粉末涂料来说，最大的问题是超细（10μm 以下）粉末涂料的含量高，喷逸粉末涂料的回收利用从回收设备的回收效率考虑，还是存在一些问题。

（2） PVDF 树脂粉末涂料的涂膜性能

传统的热塑性氟树脂粉末涂料产品是聚偏氟乙烯（PVDF），但存在涂层表面平整度差、涂层太厚、附着力不好和成本较高等缺点，限制这个产品的推广和应用。辉旭微粉（上海）有限公司经过多年努力，把超细粉末涂料技术应用到 PVDF 粉末涂料中，解决了涂层厚和表面平整性差的问题，同时大大降低了涂装成本。粉末涂料粒径从 30～50μm，降低至 25μm 以下；涂膜厚度从 60～80μm 降低至 30～40μm，得到的涂层薄而均匀平整。另外，利用纳米技术把热固性丙烯酸树脂均匀分散到 PVDF 粉末涂料中，改进了致密性差和流平性问题，解决了相容性和附着力不好的问题。还有，采用纳米技术使珠光粉和金属粉颜料很容易包裹上一层氟碳树脂，从根本上改变了金属颜料的导电性和相容性，改进了涂膜的金属闪光效果，达到液态涂料水平，提高了防腐蚀性能。再有，开发了粉调粉（用粉末涂料直接干混合调色）制备粉末氟碳涂料的技术，大大缩短配粉时间，及时满足用户的需求。这些新技术和新工艺的推广应用，将促进我国热塑性氟碳粉末涂料的快速发展和推广。

热塑性 PVDF 树脂和丙烯酸树脂溶解在有机溶剂丁酮和甲苯中，加入颜料、填料和助剂后高速分散，研磨设备研磨至规定的细度，再用溶剂调整到合适的黏度，加压喷雾干燥造粒，冷却干燥，分级过筛，可得到超细 PVDF 树脂粉末涂料产品。这种粉末涂料的制造配方和粉末涂料的技术指标见表 3-33，涂膜的技术指标见表 3-34。

表 3-33　热塑性 PVDF 树脂粉末涂料制造配方和粉末涂料技术指标

项目	指标
粉末涂料配方/质量份	
丁酮(工业聚氨酯级)	240
甲苯(工业聚氨酯级)	60
PVDF 氟碳树脂(Kynar711)	140
丙烯酸树脂(罗门哈斯 B44)	60
流平剂 PV88	4.0
钛白粉	20
钴蓝	26
粉末涂料技术指标	
PVDF 含量/%　≥	70
粉末涂料粒径(D_{50})/μm	13～20
涂膜厚度/μm	30～50
喷涂面积(膜厚 30～50μm)/(m^2/kg)	10～13
密度/(g/cm^3)	1.3～1.7
储存期	6 个月
固化条件	250℃×10min 或 230℃×15min

表 3-34　热塑性 PVDF 树脂粉末涂料的涂膜性能技术指标

项目	技术指标	检验标准
涂膜厚度/μm	40	ISO 2360
涂膜光泽(60°)/%	40	ISO 2813
划格法附着力/级	0	ISO 2409
弯曲试验/mm　≤	10	ISO 1519
杯突试验/mm　≥	3	ISO 1520
冲击强度	未出现深及底材的裂纹	ISO 6272
QUV-B 试验	3000h 保光率≥90%	ASTM G-53
QUV-A 试验	8000h 保光率≥90%	ASTM G-53
耐湿热	4000h 不起泡	ISO 6270-1
耐中性盐雾	4000h 无膜下腐蚀	ISO 9227

实际上用其他工艺制造的 PVDF 树脂粉末涂料的涂膜性能完全可以达到同样的性能指标。PVDF 树脂粉末涂料的性能还可以参考后面的有关内容。

热塑性 PVDF 树脂粉末涂料（以 70%质量 PDF 树脂与 30%质量热塑性丙烯酸组成）的红外光谱图见图 3-4。从图可知，3455cm^{-1} 是丙烯酸树脂的羟基 O—H 伸缩振动吸收峰，2988cm^{-1} 和 2955cm^{-1} 是亚甲基吸收峰，1734cm^{-1} 是丙烯酸酯基中 C═O 伸缩振动吸收峰，1283cm^{-1}、1188cm^{-1} 是丙烯酸 C—O—C 伸缩振动吸收峰，1188cm^{-1} 是 CF_2 的伸缩振动吸收峰，1405cm^{-1}、881cm^{-1}、843cm^{-1} 是 PVDF 树脂的主要特征吸收峰。

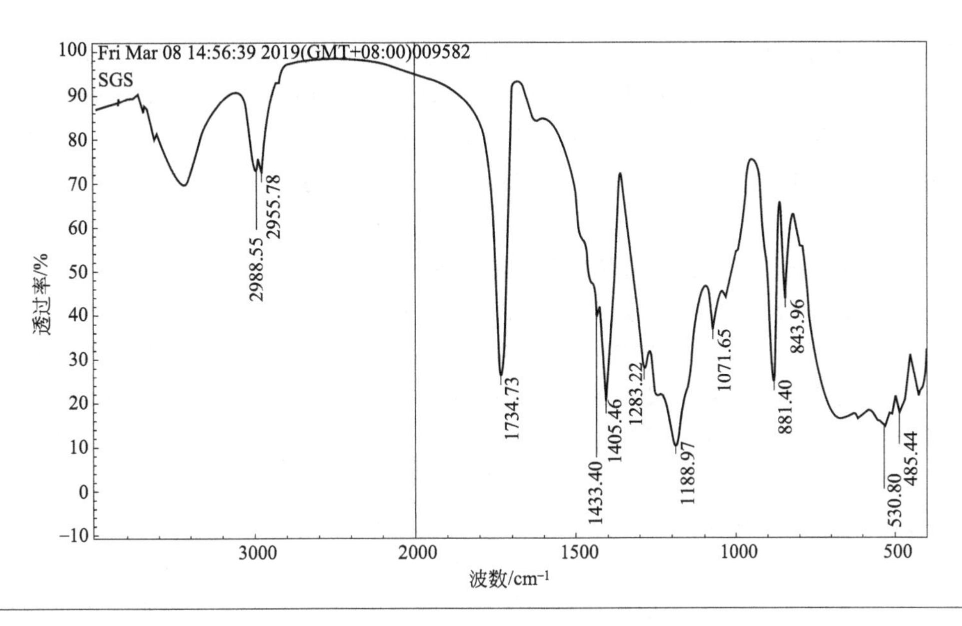

图 3-4 热塑性 PVDF 树脂粉末涂料红外光谱图

（3） PVDF 树脂/丙烯酸树脂配比的选择

PVDF 树脂的特性是配制的粉末涂料的涂膜耐候性及耐化学腐蚀性非常好，柔韧性也很好，但 PVDF 树脂属于非极性热塑性树脂，含量过多时其对颜料的润湿分散性及与基材的附着力较差，所以制备溶剂型或粉末涂料时，一般用耐候性和相容性好的丙烯酸树脂进行改性。 PVDF 树脂粉末涂料涂膜的性能与配方组成中 PVDF 树脂用量有密切关系。分别选择按 PVDF 树脂/丙烯酸树脂（质量份）＝90/10、80/20、70/30、50/50、30/70 的比例配制 PVDF 树脂粉末涂料，比较涂膜性能结果见表 3-35。

表 3-35 不同 PVDF 树脂用量对 PVDF 树脂粉末涂料涂膜性能的影响

项目	配方 1	配方 2	配方 3	配方 4	配方 5
配方/质量份					
PVDF 树脂/丙烯酸树脂	90/10	90/10	70/30	50/50	30/70
PVDF 树脂	67.5	60.0	52.5	37.5	22.5
丙烯酸树脂	7.5	15.0	22.5	37.5	52.5
流平剂	2.0	2.0	2.0	2.0	2.0
助剂	2.0	2.0	2.0	2.0	2.0
R902 钛白	20.0	20.0	20.0	20.0	20.0
涂膜性能					
外观	严重橘皮	严重橘皮	平整无弊病	轻微橘皮	轻微橘皮
光泽/%	25	30	32	75	81
铅笔硬度	2H	2H	2H	3H	4H
干附着力/级	0	0	0	0	0
湿附着力/级	3	1	0	1	0
冲击强度/kg·cm	±50	±50	±50	±50	±30

表 3-35 的结果说明，随着 PVDF 树脂用量增加，涂膜的光泽逐渐下降，外观也有所变差，硬度从 4H 下降到 2H。显然，涂膜的性能与 PVDF 树脂与改性用丙烯酸树脂的用量有密切关系，当 PVDF 树脂用量占树脂原料（成膜物总量）的质量分数低于 50%时，PVDF 混合体系的结晶度明显下降，导致涂膜拉伸性能有所下降；而 PVDF 树脂用量在 70%以上

时，涂料对底材的润湿性和亲和力不够，导致其附着力性能开始有所下降。另外，改性用丙烯酸树脂用量过多，涂膜的光泽大幅度上升，涂膜的冲击强度下降；而 PVDF 树脂用量过多时，体系熔融黏度大，影响了涂膜的平整性。从表 3-35 中结果可看出，配方 3 中 PVDF 树脂用量占树脂原料总质量的 70%时，涂膜的综合性能达到最佳，跟溶剂型 PVDF 氟碳漆的配比基本吻合。

（4） PVDF 树脂配套丙烯酸树脂品种的选择

在 PVDF 树脂粉末涂料中，为了改善体系对颜料的润湿性和提高对基材的附着力，选择耐候性优良的丙烯酸树脂与 PVDF 树脂粉末涂料进行配套是必要的。在 PVDF 树脂粉末涂料中，加入丙烯酸树脂后不仅要保持 PVDF 树脂粉末涂料优异的耐候性和耐化学腐蚀性能，更重要的还要改善体系对颜料的润湿性和分散性，提高对底材的附着力。所用的改性丙烯酸树脂的结构和性能不同，对最终涂膜的光泽、硬度、附着力等性能也会带来明显不同的影响。通过试验发现，所用丙烯酸树脂品种和 PVDF 树脂需有良好的相容性，可以互相充分混合，并通过高温烘烤与 PVDF 树脂在高温下形成均匀的涂膜，从而保证涂膜优异的各种性能。为了保证 PVDF 树脂粉末涂料的优异涂膜性能，将以 PVDF 树脂：丙烯酸树脂＝70：30（质量份）配比，分别选用四种不同类型的丙烯酸树脂配制四种 PVDF 树脂粉末涂料配方，比较涂膜性能结果见表 3-36。

表 3-36 不同丙烯酸树脂与 PVDF 树脂匹配粉末涂料涂膜性能比较

项目	配方 6	配方 7	配方 8	配方 9
配方/质量份				
PVDF 树脂	52.5	52.5	52.5	52.5
丙烯酸树脂 A	22.5	12.5		
丙烯酸树脂 B			22.5	
丙烯酸树脂 C				22.5
丙烯酸树脂 D		10.0		
流平剂	2.0	2.0	2.0	2.0
助剂	2.0	2.0	2.0	2.0
R902 钛白	20	20	20	20
涂膜性能				
外观	平整无弊病	轻微橘皮	平整无弊病	平整无弊病
光泽/%	37	52	35	32
铅笔硬度	2H	3H	2H	2H
干附着力/级	0	0	0	0
湿附着力/级	3	1	1	0
冲击强度/kg·cm	±40	±50	±50	±50

表 3-36 的结果说明，所用改性丙烯酸树脂的结构和性能不同，对涂膜的光泽、硬度、附着力等性能带来的影响有明显差别。丙烯酸树脂 A 对 PVDF 树脂粉末涂料涂膜性能的改善是有限的，改性后的附着力及抗冲击性能仍然不佳；而丙烯酸树脂 B 对 PVDF 树脂粉末涂料涂膜的硬度、附着力和抗冲击性均有改善，但是影响了涂膜外观，这可能与树脂之间的相容性有关。丙烯酸树脂 D 比丙烯酸树脂 A 对 PVDF 树脂粉末涂料涂膜的附着力和抗冲击性能改善更明显，且没有影响到涂膜的外观。这些结果说明，四种丙烯酸树脂对 PVDF 树脂粉末涂料性能的影响是不同的，其中丙烯酸树脂 C 的效果最好，也就是说明配方 9 的涂膜性能最好。这些结果说明，要得到涂膜外观和性能满意的 PVDF 树脂粉末涂料，必须选择跟 PVDF 树脂匹配性好的丙烯酸树脂。

另外，为了改善 PVDF 树脂粉末涂料熔融挤出后的粉碎性能，在成膜物组成中丙烯酸树脂总量比例30%不变的情况下，高分子量（分子量10万）热塑性丙烯酸树脂与低分子量（2万～5万）热塑性丙烯酸树脂，不同比例匹配后，挤出物料的粉碎性可以得到明显改善，但是由于低分子量树脂的存在，涂膜的耐水煮性能和耐盐雾等性能有明显的下降，因此这种技术路线是不可行的。

（5） PVDF粉末涂料粒度分布对涂膜性能的影响

目前常用粉末涂料的平均粒径在25～40μm，涂膜厚度在平均粒径的2倍左右50～80μm时可以得到比较平整的涂膜外观。分别选择粉末涂料平均粒径为13.15μm、24.88μm、33.91μm的三种改性PVDF（PVDF树脂/丙烯酸树脂质量比70/30，丙烯酸树脂并不是最理想的品种）粉末涂料粒度分布，以及对涂膜外观和附着力性能的影响见表3-37。

表3-37 不同粒径分布PVDF树脂粉末涂料的涂膜外观和附着力性能比较

项目	粉末涂料1	粉末涂料2	粉末涂料3
平均粒径/μm	13.15	24.88	33.91
10μm以下粒径含量/%	37.79	19.05	11.84
70μm以下粒径含量/%	99.89	97.35	85.18
涂膜外观	平整	较平整	轻微橘皮
膜厚/μm	40～60	40～60	40～60
附着力/级	0	3	3

表3-37的结果说明，平均粒径为13.15μm的粉末涂料1涂膜的平整度最佳，而且附着力较好；平均粒径分别为24.88μm和33.91μm的粉末涂料2和粉末涂料3的涂膜平整度逐渐下降，而且开始出现不同程度的橘皮现象，另外其附着力性能也有所下降。虽然超细粉末涂料可以解决PVDF树脂粉末涂膜平整度和附着力等问题，还可以节约材料和资源，但是平均粒径太小对粉末静电喷涂时的带电效果和上粉率等都有影响，对回收粉末涂料再利用方面也带来新的难题，而静电粉末喷涂设备，例如静电喷枪结构、回收设备上也需要相应的改造和提高才能满足要求，因此粉末涂料的薄涂化也是长期以来粉末涂料与涂装的难题。从实际的涂装设备和回收设备水平考虑，选择合适的粉末涂料粒度分布也是很必要的。

（6）前处理工艺和不同涂装工艺对涂膜性能的影响

一般基材的前处理工艺对粉末涂料的涂膜附着力、防腐性能都有一定的影响。从传统工艺来说，对于粉末涂装的铝材的前处理使用酸洗除油脱脂，水洗，然后用铬酸盐进行铬化（钝化）处理是最常用的工艺。但是从环保角度考虑铬酸盐的毒性问题，国家严格控制铬酸盐钝化工艺的使用，如果使用铬酸盐钝化工艺必须配套污水中六价铬的污水处理环保措施。考虑到环保投资的成本问题开发了无铬钝化处理剂，用无铬钝化剂替代铬酸盐处理工艺。虽然严格地讲无铬钝化剂的效果还不能完全达到铬酸盐铬化的性能要求，但是有些好的产品基本达到铬酸盐铬化的前处理水平。不同钝化剂和不同公司无铬钝化剂对涂膜性能的影响见表3-38。

表3-38 不同钝化剂和不同公司无铬钝化剂对涂膜性能的影响

公司和钝化剂	涂膜冲击强度	涂膜杯突	涂膜弯曲	干附着力/级	湿附着力/级
A公司,有铬钝化剂	无开裂	无开裂	无开裂	0	0
A公司,无铬钝化剂	无开裂	无开裂	无开裂	0	0
B公司,无铬钝化剂	无开裂	无开裂	无开裂	0	1
C公司,无铬钝化剂	无开裂	无开裂	无开裂	0	3

表 3-38 的结果说明，不同的钝化处理剂对涂膜的冲击强度、涂膜杯突、涂膜弯曲等性能的影响不明显，不同厂家的无铬钝化处理剂之间对涂膜的干附着力性能的影响不明显，但是对湿附着力性能影响有明显的差别，因此选择好无铬钝化剂对保证 PVDF 树脂粉末涂料性能是非常重要的。

对传统的铬酸盐钝化剂和国内有一定影响力厂家的无铬钝化剂进行比较时，质量好的无铬钝化剂处理的铝金属底材，跟铬酸盐钝化剂一样，不仅干附着力达到 0 级，湿附着力也能达到 0 级的水平。从涂膜的附着力、防腐性能的保证考虑，有条件使用铬酸盐钝化处理最好，如果选择大型或知名厂家的无铬钝化剂也可以基本满足前处理的要求，因此通过试验选择合适的无铬前处理剂也是很重要的。

涂膜的性能不仅取决于粉末涂料配方组成，还与涂料的喷涂工艺密切相关。 PVDF 树脂粉末涂料跟常规的粉末涂料的涂装工艺流程大致相同，使用的也是静电粉末涂装设备和工艺。因为 PVDF 树脂属于热塑性树脂，所以与铝材等底材的附着力不如热固性树脂好。为了充分发挥 PVDF 树脂粉末涂料的应有性能和解决附着力不佳的问题，除了对 PVDF 树脂进行改性之外，还要对底材进行必要的表面处理，再选择合适的喷涂工艺和最佳的烘烤工艺也是必要的。

一般情况下，为了改进涂膜的附着力，喷涂附着力好的底粉（或底漆）后喷涂 PVDF 树脂粉末涂料，然后进行烘烤成膜。如果选择合适的丙烯酸树脂改性 PVDF 树脂而制备的粉末涂料，不涂底粉（或底漆）也可以得到很好的附着力。分别选择三种不同的涂装工艺，一是一涂一烘工艺：基材表面处理—喷涂粉末—烘烤成膜；二是两涂一烘工艺：基材表面处理—喷涂底粉—喷涂面粉—一次烘烤成膜；三是两涂两烘工艺：基材表面处理—喷涂底粉—烘烤成膜—喷涂面粉—烘烤成膜。这三种喷涂工艺对 PVDF 粉末涂料涂膜耐候性、力学性能和耐化学品性能的影响结果见图 3-5 和表 3-39。

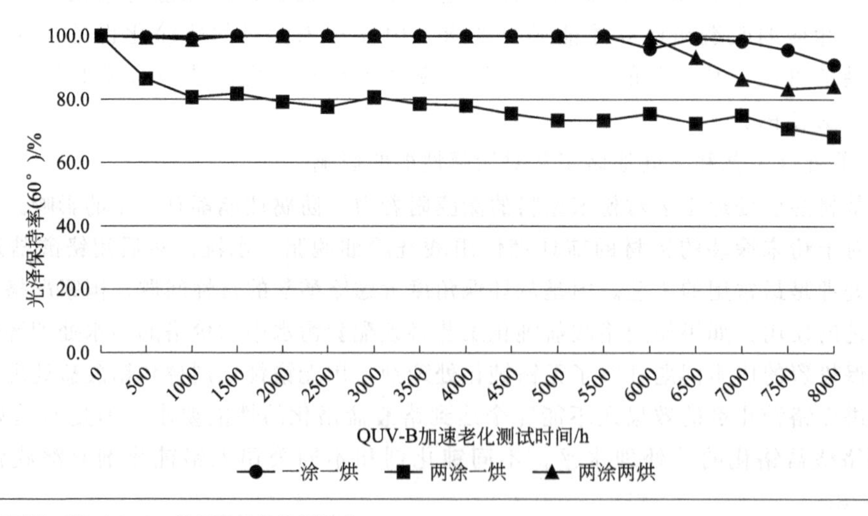

图 3-5 不同喷涂工艺对 PVDF 涂层耐候性能的影响

图 3-5 的结果说明，不同的喷涂工艺对 PVDF 粉末涂料涂层耐候性能有所影响，耐候性强弱排序：一涂一烘工艺＞两涂两烘工艺＞两涂一烘工艺， PVDF 涂膜耐候性出现差异的主要原因是粉末涂料熔融流平时，部分底粉（环氧或聚酯环氧体系）未完全固化而向涂膜表面迁移，改变了涂膜表面的成分，降低了涂膜的耐候性。加速老化试验可以看

出来，PVDF 粉末喷涂前底粉的固化程度也是影响涂层耐候性能的重要因素，虽然两涂一烘的喷涂工艺比较简便，但会削弱涂膜的耐候性能，用户需要权衡利弊，选择最合适的喷涂工艺。

表 3-39　不同喷涂工艺对 PVDF 涂膜性能的影响

性能	一涂一烘工艺	两涂一烘工艺	两涂两烘工艺
干/湿附着力/级	0/2	0/0	0/1
铅笔硬度	3H	3H	3H
冲击强度/kg・cm	±50	±50	±50
耐酸性(10%,240h)	无变化	无变化	无变化
耐碱性(10%,240h)	无变化	无变化	无变化
耐丁酮擦拭/次	≥100	≥100	≥100

表 3-39 结果说明，增加基材的底涂工艺对涂膜的湿附着力有很大的提升，主要是因为底粉对金属基材有良好的附着力；其他性能（冲击强度、硬度、耐酸、耐碱等）都没有发生明显变化。因此，合适的底涂工艺足以使 PVDF 树脂粉末涂料的涂膜附着力得到明显提升。

PVDF 树脂粉末涂料不含溶剂，熔融时黏度较大，为使涂膜更平整光滑，涂膜膜厚需要在 50μm 以上。另外， PVDF 树脂的分子量很大，一般在 30 万～60 万之间，熔点 170℃以上，且分子链间排列紧密，因此 PVDF 树脂粉末涂料需要在 220℃以上高温才能完全熔融流平成膜。不同烘烤温度和时间，对 PVDF 树脂粉末涂料涂膜附着力的影响试验结果见表 3-40。

表 3-40　不同烘烤温度和时间对 PVDF 树脂粉末涂料涂膜附着力的影响

性能	烘烤温度/℃	烘烤时间/min			
		6	9	12	15
干/湿附着力/级	260	0/2	0/1	0/1	0/1
	250	0/3	0/2	0/1	0/0
	240	0/5	0/3	0/3	0/2
	230	2/3	1/3	1/2	1/3
	220	1/5	1/5	1/5	1/5

表 3-40 的结果说明，随着烘烤温度由 220℃升高至 250℃，涂膜的干/湿附着力逐渐得到改善，从 1/5 级达到 0/0 级，烘烤温度低时 PVDF 树脂熔融黏度大，润湿分散性不好，涂料中物料融合不够均匀、紧密导致其附着力较差；而烘烤温度升高至 260℃时，涂膜的附着力开始下降，这是由于涂料中丙烯酸树脂的分解（分解温度在 270℃附近），比较好的烘烤温度是 250℃，高于溶剂型 PVDF 树脂涂料的 240℃。烘烤时间对 PVDF 树脂粉末涂料涂膜其他性能的影响见表 3-41。

表 3-41　烘烤时间对 PVDF 树脂粉末涂料涂膜其他性能的影响

性能	烘烤温度×时间/℃×min			
	250×6	250×9	250×12	250×15
60°光泽/%	19.2	19.9	20.8	21.9
铅笔硬度	2H	2H	2H	3H
冲击强度/kg・cm	±40	±40	±40	±50
耐酸性(10%,240h)	无变化	无变化	无变化	无变化

续表

性能	烘烤温度×时间/℃×min			
	250×6	250×9	250×12	250×15
耐碱性(10%,240h)	无变化	无变化	无变化	无变化
耐丁酮擦拭/次	≥100	≥100	≥100	≥100
耐砂浆性	无变化	无变化	无变化	无变化

表 3-41 的结果说明，随着烘烤时间的延长，PVDF 树脂粉末涂料涂膜光泽呈上升趋势，这是由于 PVDF 树脂粉末涂料的熔点较高且熔融黏度大，涂膜熔融流平时间越长，PVDF 树脂与丙烯酸树脂的相容效果越好，涂膜组成越均匀，光泽就有所提高，涂膜与基材的结合力更强，使涂膜硬度和抗冲击性能也有所提升，烘烤时间为 15min 时，PVDF 树脂粉末涂料涂膜的性能达到最佳。

烘烤条件对 PVDF 粉末涂料涂膜其他性能的影响见表 3-42。

表 3-42　烘烤条件对 PVDF 粉末涂料涂膜其他性能的影响

性能	烘烤温度×时间/℃×min				
	220×15	230×15	240×15	250×15	260×15
60°光泽/%	18.4	19.1	20.5	21.9	23.0
铅笔硬度	2H	2H	2H	3H	3H
冲击强度/kg·cm	±40	±40	±40	±50	±50
耐酸性(10%,240h)	无变化	无变化	无变化	无变化	无变化
耐碱性(10%,240h)	无变化	无变化	无变化	无变化	无变化
耐丁酮擦拭/次	≥100	≥100	≥100	≥100	≥100
耐砂浆性	无变化	无变化	无变化	无变化	无变化

表 3-42 的数据说明，烘烤条件对 PVDF 树脂粉末涂料涂膜光泽、硬度、耐化学品性能的影响规律与烘烤时间相似。随着烘烤温度的升高，涂膜的抗冲击性能先增强后降低，抗冲击性能的增强是由于涂膜附着力的提升。当烘烤温度升高到 260℃时，十分接近丙烯酸的分解温度，影响涂膜性能，烘烤温度为 250℃时，PVDF 树脂粉末涂料涂膜的性能达到最佳。综上所述，PVDF 树脂粉末涂料的最佳烘烤条件为 250℃×15min，在该条件下可获得外观平整、附着力、抗冲击和耐化学腐蚀等性能优异的涂膜。

（7）PVDF 树脂粉末涂料与其他粉末涂料的加速老化试验结果及涂膜性能比较

热塑性 PVDF 树脂粉末涂料与 PVDF 树脂溶剂型涂料、热固性 FEVE 树脂粉末涂料、超耐候聚酯粉末涂料和 GMA 丙烯酸粉末涂料的人工加速老化试验，其试验数据见图 3-6。

由图 3-6 可看出，三种不同类型氟碳涂料涂膜均具有优异的耐候性，其耐候性远远超过超耐候聚酯和 GMA 丙烯酸粉末涂料。QUV-B 加速老化试验机试验 3000h 时，三种不同类型氟碳涂料的光泽保持率始终在 90%以上；QUV-B 加速老化试验机试验 3000h 后，FEVE 树脂粉末涂层光泽保持率开始有所下降，两种 PVDF 树脂涂料的涂膜光泽保持率依然非常接近，在试验 6000h 时光泽保持率仍保持在 90%附近，说明 PVDF 树脂涂料比 FEVE 树脂涂料具备更优异的耐候性能，而 PVDF 树脂粉末涂料具有与传统溶剂型 PVDF 氟碳涂料同样优异的耐候性能。

不同氟树脂涂料涂层的其他性能对比结果见表 3-43。

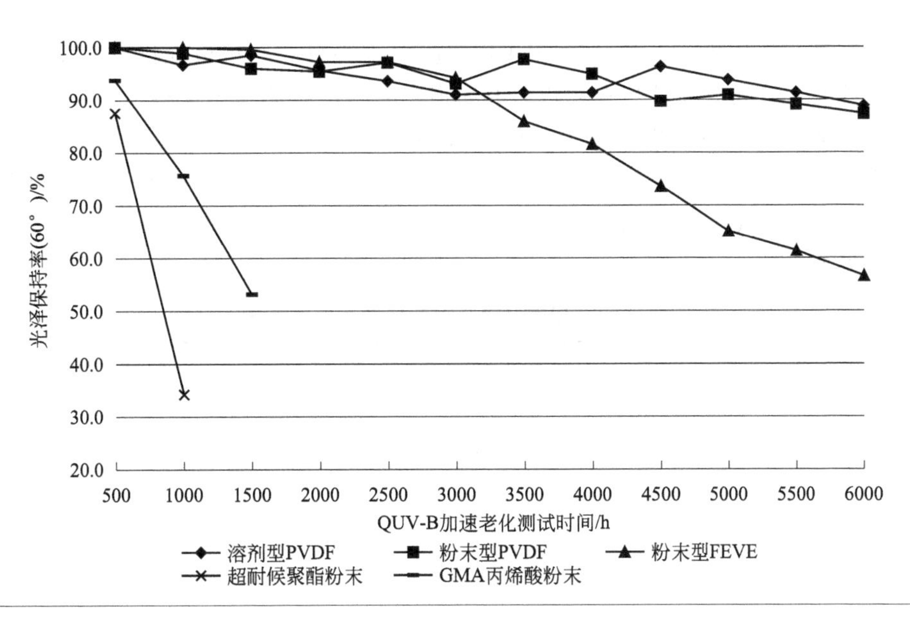

图 3-6 不同耐候性涂料的 QUV-B 加速老化试验结果对比

表 3-43 不同氟树脂涂料涂层的其他性能对比

项目	溶剂型 PVDF	粉末型 PVDF	粉末型 FEVE
涂层外观	平整无弊病	平整无弊病	平整无弊病
干附着力/级	0	0	0
湿附着力/级	1	0	0
冲击强度/kg·cm	±40	±50	±50
铅笔硬度	2H	3H	3H
耐酸性(10%,240h)	无变化	无变化	无变化
耐碱性(10%,240h)	无变化	无变化	无变化
耐砂浆(24h)	无变化	无变化	无变化
耐溶剂性	4 级	4 级	4 级

表 3-43 数据说明，三种氟树脂涂料都均有良好的耐化学腐蚀性能，涂膜的耐酸性、耐碱性、耐砂浆性和耐溶剂性能均十分优异。另外，干附着力均能达到 0 级，而 FEVE 树脂粉末涂料涂层的湿附着力稍好于溶剂型 PVDF 树脂涂膜，主要是因为粉末用 FEVE 树脂中引入了羟基等极性侧链取代基，能有效地提升树脂与铝材表面结合程度，同时使其抗冲击性能也较出色。PVDF 树脂粉末涂料涂膜的硬度高于 PVDF 树脂溶剂型涂膜，这是由于油漆用树脂与粉末用树脂的分子量分布、分子结构有所不同，相应的成膜物质的硬度也有所差别。上述结果说明了 PVDF 树脂粉末涂料的综合性能基本与 FEVE 树脂粉末涂料相当，而且比传统溶剂型氟树脂涂料更佳。

（8） PVDF 树脂粉末涂料的应用

我国最早开发 PVDF 树脂粉末涂料的是辉旭微粉（上海）有限公司，该公司同时研发超微细 PVDF 树脂粉末涂料，对我国发展和推广 PVDF 树脂粉末涂料起到重要的作用。近年来国家对环保工作日益重视，涂料行业对 PVDF 涂料的粉末料化方面也十分重视，我国生产 PVDF 氟碳漆的龙头企业肇庆金高丽化工有限公司和江苏考普乐新材料有限公司也积极开始开发 PVDF 树脂粉末涂料；从事特种塑料（氟树脂和聚醚醚酮）生产的企业立昌科技（赣州）有限公司也投入巨资开发 PVDF 树脂粉末涂料并在积极地推广应用。还有广东华江粉末科技有限公司等单位也在积极研究和推广 PVDF 树脂粉末涂料。

广东某铝业有限公司在生产线上，用某公司 PVDF 树脂粉末涂料，使用 4 列 16 支喷枪，其中第 1 列 4 支喷枪喷底粉聚氨酯透明粉末涂料，剩余 12 支喷枪喷 PVDF 树脂粉末涂料的面粉。喷涂工件是 6063 铝合金型材，通常作高档建筑装饰材料。铝型材预处理液参数及处理工艺见表 3-44。

表 3-44 铝型材预处理液参数及处理工艺

处理工艺	处理液参数	处理时间/min
硫酸除油	180g/L	8
水洗	—	4
碱蚀	9g/L	6
水洗	—	2
中和	210g/L	6
水洗	—	2
酸脱脂	酸度 13	7
纯水洗	—	2
钝化处理	槽指数 8.2,pH 值 1.9	4
纯水洗	—	4
晾干	—	6
烘烤	—	35(106℃)

生产线的铝型材运行速度分别选取 3m/min、5m/min、7m/min 3 种速度进行试验比较。铝型材运行速度 3m/min 时，型材的主要装饰面喷涂外观可以，但型材的边缘和凹凸面外观不好，局部涂膜厚度达到 100～120μm。铝型材运行速度 5m/min 时，型材表面涂膜流平好，平整光滑，在铝型材的装饰面和非装饰面未出现明显的外观缺陷，涂膜厚度为 35～55μm，这是比较合适的运行速度。当铝型材运行速度 7m/min 时，铝型材装饰面出现露底现象，涂膜厚度明显变薄，膜厚在 20～35μm，说明运行速度过快不适合。

从烘烤条件来说，分别使用 220℃、240℃、255℃的 3 种温度条件下，烘烤 15min 得到的 PVDF 粉末涂料的涂膜性能按 GB/T 5237.5—2017 标准检验的结果见表 3-45。

表 3-45 3 种不同烘烤温度下 PVDF 树脂粉末涂料涂膜性能比较

涂膜检验项目	涂膜烘烤温度/℃(烘烤时间 15min)		
	220	240	255
厚度/μm	45.2	46.2	56.2
外观	平整光滑	平整光滑	平整光滑
光泽/%	22	23.5	22.6
铅笔硬度	2H	3H	3H
附着力(划格法)/级	0	0	0
冲击强度	涂层无开裂和脱落现象		
耐硝酸性(色差)	0.54	0.31	0.65
耐盐酸性	涂层无气泡及明显变化		
耐溶剂性	涂层无软化及其他变化		
耐砂浆性	涂层无气泡及明显变化		
耐洗涤性	涂层无气泡、脱落及其他明显变化		
耐盐雾	合格		
耐候性(紫外灯耐候加速试验机,色差)	0.37	0.29	0.32

表3-45的数据说明，在3种烘烤条件下，涂膜性能完全能够满足国家标准氟树脂涂料技术指标的要求，255℃烘烤的比220℃和240℃烘烤的涂膜光泽略高一点，240℃烘烤的比220℃烘烤的涂膜硬度高一点，综合考虑240℃×15min是比较合适的烘烤条件。

PVDF树脂粉末涂料的涂膜抗冲击强度、耐热性、耐化学品性、耐油性、耐污染性和耐候性很好。这种粉末涂料用树脂的特性黏度范围在0.6～1.2dL/g是比较理想的，如果大于1.2dL/g熔融性差，小于0.6dL/g时涂膜性能下降。聚偏氟乙烯粉末涂料用于化工设备、管道的涂装和槽的防腐衬里。

六、其他热塑性粉末涂料

除上述的热塑性粉末涂料之外，还有聚丙烯粉末涂料、乙烯-乙酸乙烯酯共聚物（EVA）粉末涂料、乙酸丁酸纤维素和乙酸丙酸纤维素粉末涂料、热塑性聚酯粉末涂料、氯化聚醚粉末涂料等热塑性粉末涂料品种。

1. 聚丙烯粉末涂料

聚丙烯粉末涂料是由聚丙烯树脂、颜料、填料和助剂等组成的热塑性粉末涂料。聚丙烯树脂是结晶性的，没有极性，并具有韧性强、耐化学品和耐溶剂性能好等特点。聚丙烯树脂的相对密度0.9，因此用相同质量的树脂涂装一定厚度时，就比其他树脂涂装面积大。

聚丙烯树脂不活泼，几乎不附着在金属或其他底材上面，用作保护涂层时必须解决涂膜的附着力问题。如果添加过氧化物或极性强、附着力好的树脂进行特殊改性，可明显改进涂膜的附着力。随着温度的升高，聚丙烯涂膜附着力相应下降。

聚丙烯树脂的熔点为167℃，在190～232℃之间热熔融附着，用任何涂装法都可以涂装。为了得到最合适的附着力、冲击强度、柔韧性和光泽，应在热熔融附着以后迅速冷却，冷却速度对涂膜性能有很大的影响。因为聚丙烯树脂是结晶性聚合物，结晶球的大小取决于从熔融状态冷却的速度，冷却的速度越快，结晶球越小，表面缺陷小，可以得到细腻而柔韧的涂膜表面。聚丙烯粉末涂料的贮存稳定性好，在稍高温度条件下贮存也不发生结块倾向。聚丙烯树脂可以得到水白色透明涂膜，涂膜的力学性能和耐化学品性能见表3-46。聚丙烯粉末涂料的耐化学品性能比较好，但不能耐硝酸那样的强氧化性酸。

表3-46 聚丙烯粉末涂料的涂膜性能

项目	性能	项目	性能
60°光泽/%	55	耐盐水喷雾	很好
冲击强度/kg·cm	85	耐稀硫酸	很好
耐磨性(ASTM D 968-31)	70L/25.4μm	耐浓硫酸	好
锥形挠曲试验	合格	耐稀盐酸	很好
电绝缘性	1440V/25.4μm	耐浓盐酸	好
介电常数	2.4～2.42	耐稀、浓乙酸	很好
耐湿性(100%RH)	很好	耐稀、浓氢氧化钠溶液	很好
耐沸水	好	耐稀、浓氨水	很好
耐5%盐水	很好		

虽然聚丙烯粉末涂料不适用于装饰方面，但加入一些颜料和助剂改进稳定性以后，保光性和其他性能同时有所改进。一般涂膜在户外曝晒 6 个月后，保光率只有27%，然而添加紫外光吸收剂等光稳定剂后，涂膜保光率可达 70%。聚丙烯粉末涂料主要用于家用电器部件的涂装和化工厂防腐管道和槽的衬里。近来用在制作道路隔离栅方面较多。国内不同厂家生产的聚丙烯树脂型号和规格见表 3-47。在我国聚丙烯粉末涂料的大量应用还没有报道。

表 3-47　国内不同厂家生产的聚丙烯树脂型号和规格

生产厂家	型号	熔体流动速率/(g/10min)	性能及用途
北京燕山石化总公司	1230HM-98-007	0.5	通用级，挤管、吹塑中空容器
	HM-98-015	1～13	通用级，注塑日用品、机械零件
	CM-015-1730	1.5～13	耐低温级，注塑各种容器、周转箱
	HM-93-015	1～7	耐热级，注塑耐热容器、汽车零件
	HM-93-030(1402A)	1～3	耐热级，抗紫外线，注塑室内用品
	1403、1333、1603	3～7	抗静电，注塑
	1304、2600	11	管状薄膜级，挤吹薄壁件
	HY-98-015、2601	1.5～7	耐热型，可挤拉成窄带、绳
	3701、3702、3600	2.5～13	抗紫外光，纤维级，挤拉成各种单纤维
兰州化学工业公司	HF-93-120	8～10	薄膜级，挤塑压延成膜
	HL-93-060	4～14	纤维级，挤拉成带、纤维、编织品
	HM-93-030	2～5	通用级，注射成型各种零部件
上海石化总厂	JP-60	0.2～1	通用级，挤塑各种管、板
	JP-350	1～6	通用级，挤塑各种盒、零部件
	JP-600	3～9	编织袋级，挤拉成窄带、绳索
	JP-1150	8～15	纤维级，挤拉成单丝、复丝

2. 乙烯-乙酸乙烯酯共聚物（EVA）粉末涂料

乙烯-乙酸乙烯酯共聚物粉末涂料是由乙烯-乙酸乙烯酯共聚物树脂、颜料、填料和助剂等组成的热塑性粉末涂料。乙烯-乙酸乙烯酯共聚物粉末涂料是为改进聚乙烯粉末涂料的附着力而开发的产品，并适用于火焰喷涂的热塑性粉末涂料品种。这种粉末涂料有如下的优点。

（1）喷涂施工时被涂物预热和烘烤温度低，施工温度范围宽，涂装时不产生有臭味的气体。

（2）使聚乙烯粉末涂料附着力得到改善，即使不涂底漆，附着力也还可以。

（3）涂料和涂膜无毒，涂膜接触食品或饮用水时不产生污染，符合食品卫生要求。

（4）涂膜的耐化学品性能和耐候性良好，可用于户外用产品的涂装。

（5）涂膜耐低温性能很好，电性能也好。

（6）涂膜容易补涂，涂膜是难燃的。

（7）涂装适应性好，可以用空气喷涂法、流化床浸涂法、火焰喷涂法和注入法进行涂装。

这种粉末涂料的缺点是涂膜硬度低。火焰喷涂用乙烯-乙酸乙烯酯共聚物粉末涂料的技术指标和涂膜性能见表 3-48。这种粉末涂料用火焰喷涂法涂装时，把金属工件预热到 170～200℃，然后立即喷涂粉末涂料，这样当粉末涂料与工件接触时，马上就能熔融流平，形成平整而又有光泽的涂膜。注入法是把经表面处理的金属槽预热到 260～300℃，然后把粉末涂料加入槽中转动10～20s，把没有附着上去的粉末涂料倒出来。这时已附着上去的粉末涂料就在几秒钟内熔融流平，得到平整、光滑、有光泽、没有针孔的涂膜。乙烯-乙酸乙烯酯共聚粉末涂料主要用在金属槽的衬里、管道内外壁防腐涂装以及破损涂膜的修补。

表 3-48　火焰喷涂用乙烯-乙酸乙烯酯共聚物粉末涂料的技术指标和涂膜性能

项目	技术指标和性能	项目	技术指标和性能
粉末涂料技术指标		使用温度范围/℃	−40～70
表观密度/(g/cm^3)	0.33	比热容/[kJ/(kg・℃)]	1.88[0.45kcal/(g・℃)]
熔程/℃	105～108	热导率/[kJ/(m・h・℃)]②	1.0[0.24kcal/(m・h・℃)]
熔体流动速率(230℃)/(g/10min)	95	耐电压/(kV/mm)	41
涂膜性能		体积电阻率/Ω・cm	1×10^{15}
密度/(g/cm^3)	0.97	邵尔硬度	58～68
60°光泽/%　　>	90	耐乙酸(20%)	好
冲击强度①/N・cm　　>	784	耐甲苯	不好
耐10%硫酸	好	耐二甲苯	不好
耐浓硫酸	不好	耐石油	好
耐10%硝酸	好	耐四氯化碳	不好
耐浓硝酸	不好	耐甲醇	不好
耐10%盐酸	好	耐丙酮	一般
耐浓盐酸	不好	耐乙酸乙酯	一般
耐浓氨水	好	耐矿物油	好
耐氢氧化钠(10%)	好	耐色拉油	好
耐浓氢氧化钠溶液	不好	耐啤酒	好
耐浓氯化钠溶液	好	耐牛奶	好
耐过氧化氢(30%)	好	耐果汁	好
耐溴水	不好		

①DuPont法，Φ0.5in（1.27cm）×500g。

②1kJ/(m・h・℃)=5/18W/(m・K)。

3. 乙酸丁酸纤维素和乙酸丙酸纤维素粉末涂料

乙酸丁酸纤维素和乙酸丙酸纤维素粉末涂料是由乙酸丁酸纤维素树脂或乙酸丙酸纤维素树脂、颜料、填料和助剂等组成的热塑性粉末涂料。乙酸丁酸纤维素和乙酸丙酸纤维素配色性、韧性、耐水性、耐溶剂性和耐候性都很好，早先就被用以配制喷漆或用于注射成型，后来又在粉末涂料方面得到应用。乙酸丁酸纤维素和乙酸丙酸纤维素粉末涂料可用流化床浸涂法和静电粉末喷涂法施工。为了保证涂膜对底材的附着力，必须先涂底漆。这种粉末涂料是用于薄涂，一般在涂底漆后进行静电粉末喷涂，在230℃约烘烤8～10min就能够熔融流平。乙酸丙酸纤维素粉末涂料符合美国食品药品监督管理局（FDA）标准，可用在与食品有关产品上，例如电冰箱内货架等。乙酸丁酸纤维素和乙酸丙酸纤维素粉末涂料技术指标和涂膜性能见表3-49。因为涂膜耐候性比较好，也可用在户外。

表 3-49　乙酸丁酸纤维素和乙酸丙酸纤维素粉末涂料技术指标和涂膜性能

项目	乙酸丁酸纤维素			乙酸丙酸纤维素		
粉末涂料粒度/目	150	70	50	150	70	50
涂料密度/(g/cm^3)	1.16	1.16	1.16	1.16	1.16	1.16
涂膜厚度	薄	中等	厚	薄	中等	厚
最低膜厚/μm	51～76	127～152	254～305	51～76	127～152	254～305

续表

项目	乙酸丁酸纤维素			乙酸丙酸纤维素		
涂膜硬度(Knoops 法)	6	6	6	6	6	6
涂膜冲击强度①/N·cm	490	490	490	490	490	490
涂膜柔韧性(Mandrel Bend 法)	合格	合格	合格	合格	合格	合格
熔融温度/℃	208～228	208～228	208～228	208～228	208～228	208～228
耐候性②	良好	良好	良好	良好	良好	良好
耐盐水喷雾③	良好	良好	良好	良好	良好	良好

①DuPont 法，Φ0.5in（1.27cm）×500g。

②户外曝晒 5 年涂膜无损，但户外曝晒 3 年或人工老化 750h 光泽稍微下降。

③相对湿度 92%～97%，38℃湿热箱中用 5%盐水喷雾 1000h 后锈蚀 3.2mm 以下。

4. 热塑性聚酯粉末涂料

热塑性聚酯粉末涂料是由热塑性聚酯树脂、颜料、填料和助剂等组成的热塑性粉末涂料。一般经原材料的预混合、熔融挤出混合、冷却、粉碎和过筛分级制造。聚酯树脂是由各种二元羧酸和二元醇经过缩合反应而制成。这种粉末涂料可用流化床浸涂法或静电粉末喷涂法涂装。因为涂膜对底材的附着力好，所以不必先涂底漆打底。热塑性聚酯粉末涂料的树脂分子量大，软化点高，相应的玻璃化转变温度也高，粉末涂料的贮存稳定性非常好，涂膜的力学性能和耐化学品性能也都比较好，代表性的树脂技术指标和相应粉末涂料涂膜性能见表 3-50。这种粉末涂料主要用于变压器外壳、贮槽、马路安全护栏、货架、家用电器及其零部件的涂装，缺点是涂膜的耐热和耐溶剂性差，在我国还没有应用的报道。

表 3-50　热塑性聚酯树脂技术指标和相应粉末涂料涂膜性能

项目	技术指标和性能	项目	技术指标和性能
树脂		冲击强度②/N·cm	294
树脂密度/(g/cm^3)	1.33	耐候性(户外 1a 保光率)/%	90～95
树脂软化点/℃	167	人工加速老化试验(850h)	很好
涂膜		耐盐水喷雾试验(划伤,1200h)	浸蚀 3mm (浸蚀 6mm 涂膜剥离)
60°光泽/%	90～100		
拉伸强度/MPa	53.7	涂膜耐盐水喷雾试验(未划伤,2000h)	无变化
耐磨性/mg	60		
邵尔硬度①	0.83	涂膜浸 10%硫酸、盐酸(1 个月)	无变化
铅笔硬度	F～H	涂膜浸 25℃水(11 周)	无变化

①Tabers CS-17，1000 次。

②DuPont 法，Φ0.5in（1.27cm）×500g。

5. 氯化聚醚粉末涂料

氯化聚醚粉末涂料是由氯化聚醚树脂、颜料、填料和助剂等组成的热塑性粉末涂料。氯化聚醚树脂化学结构如下：

$$\left[CH_2 - \underset{\underset{CH_2Cl}{|}}{\overset{\overset{CH_2Cl}{|}}{C}} - CH_2 - O \right]_n$$

氯化聚醚树脂的分子量约为 300000，氯含量约 45%（质量分数），从化学结构来看是非常稳定的化合物。这种粉末涂料的涂膜力学性能和耐化学品性能都非常好，在热塑性粉末涂料品种中，其涂膜耐热温度比较高，吸水率较小，仅为硬质聚乙烯树脂的 1/10，主要用在耐化学品性能要求高的阀门、管道、金属槽的衬里和涂装。

6. 聚乙烯醇缩丁醛粉末涂料

聚乙烯醇缩丁醛粉末涂料是由聚乙烯醇缩丁醛树脂、颜料、填料和助剂等组成的热塑性粉末涂料。聚乙烯醇缩丁醛树脂的透明性很好，透光率高达 90%，而且强度高，弹性好，抗冲击和柔韧性也好，过去大量用在防弹玻璃上。另外聚乙烯醇缩丁醛树脂粉末涂料又有很好的黏结性、耐磨性和自润滑性能，类似于尼龙粉末涂料性能，这种粉末涂料是日本可乐丽（Kuraray）公司开发的新产品，商品名为“Dualval”（德而霸），涂膜性能的技术指标还不高，正在试验和推广应用阶段。由该公司提供的三种树脂品种和一个粉末涂料样品，经试验表明，涂膜的外观平整性很好，但涂膜的冲击强度还不十分理想。这种粉末涂料产品“德而霸”有如下特点:

（1）粉末涂料粒度分布均匀，流动性好，品种规格多，可以满足用户流化床浸涂和静电粉末喷涂的需要。

（2）涂膜流平性好，光泽和硬度高。涂层还可以根据需要进行各种高精度机械零件的加工和修复。

（3）涂膜具有特殊的耐磨性和润滑性能，摩擦系数小，耐磨性能是铜的 6～8 倍，是制造导轨、印刷辊、钢墨辊等耐磨、消声器材零件的理想表面涂层。

（4）涂膜对底材的附着力好，不需要涂底漆；涂膜有优良的耐化学品性能和耐候性。

（5）各种涂装法的适应性强，可以用流化床浸涂法或静电粉末涂装法涂装，在涂装中涂料的塑化时间短，能耗低，涂装效率高。

“德而霸”粉末涂料有多种颜色，包括黑、白、蓝、黄、银灰和铜灰等色。“德而霸”粉末涂料两种型号的技术指标见表 3-51；“德而霸”的流化床浸涂和静电粉末涂装工艺条件见表 3-52；“德而霸”与尼龙粉末的涂膜性能比较见表 3-53。

表 3-51 “德而霸”粉末涂料两种型号的技术指标

项目	S 型粉末技术指标	F 型粉末技术指标
粉末粒子平均直径/μm	大约 80～120	大约 40～70
表观密度/(g/cm^3)	0.2～0.3	0.2～0.3
密度/(g/cm^3)	1.1	1.1
软化点/℃	150～170	150～170
用途	流化床浸涂用	静电粉末涂装用

表 3-52 “德而霸”的流化床浸涂和静电粉末涂装工艺条件

涂装工序	流化床浸涂技术条件	静电粉末涂装技术条件
工件的表面处理	除油和杂质	除油和杂质
预热温度/℃	250～300	不需要预热
浸渍时间/s	3～10	不需要
后加热温度和时间/℃×min	(250～330)×(20～0.5)	(190～230)×(2～1)
冷却	自然冷却	自然冷却

表 3-53 “德而霸”与尼龙粉末的涂膜性能比较

项目	“德而霸”S型粉末	流化床用尼龙粉末A
有无底漆	没有	有
附着力(划格法,1mm)	100/100	100/100
铅笔硬度	H	B
冲击强度(300g钢球,自然落体)/cm	>100	>100
S-S:强度/(kg/cm^2)①	494	408
S-S:断裂伸长率/%	10	30
光泽(60°)/%	80	50
耐候性(暴露阳光中,1000h)	不变	褪色粉化
耐湿热(96%RH,47℃)	不变	不变
吸水率(20℃,24h)/%	2.2	1.3
盐水喷雾试验(480h)	好	差

①引用资料的单位如此。

“德而霸”粉末涂装时的预热温度与后加热时间的关系见图 3-7。该产品在超市购物小推车等方面进行涂装和试用当中。

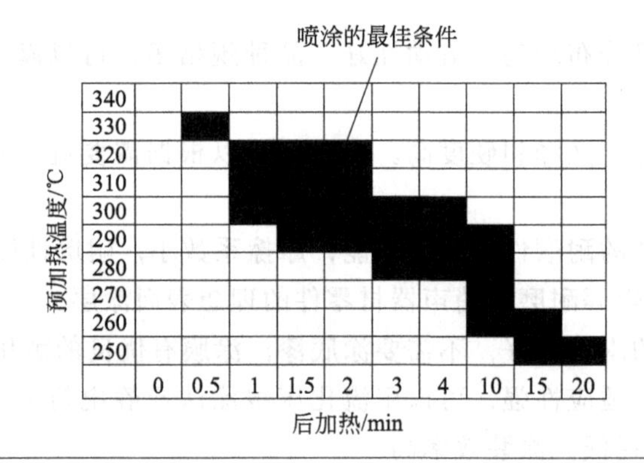

图 3-7 “德而霸”粉末涂装时的预热温度与后加热时间的关系

第四章 热固性粉末涂料

第一节 概述

热固性粉末涂料是由热固性树脂、固化剂（或交联树脂）、颜料、填料和助剂等组成的粉末涂料。这种粉末涂料与热塑性粉末涂料之间的优缺点已在表 3-1 中进行比较，其结果表明，热固性粉末涂料明显比热塑性粉末涂料有许多优点，其涂料树脂品种和花色品种多，产量也大得多，应用范围也很广。在热塑性粉末涂料中，成膜物是热塑性树脂；在热固性粉末涂料中，成膜物是热固性树脂和固化剂的反应产物。热固性树脂和固化剂都带有反应性的基团，在粉末涂料烘烤固化过程中，热固性树脂的反应性基团与固化剂的反应性基团之间相互进行化学交联反应，最终固化成高分子化合物的涂膜。两种涂料的涂膜性能比较见表 4-1。

表 4-1 热固性粉末涂料与溶剂型涂料的涂膜性能比较

项目		环氧粉末涂料	聚氨酯粉末涂料	丙烯酸粉末涂料	溶剂型丙烯酸涂料	溶剂型氨基醇酸
烘烤条件/℃×min		180×20	180×20	180×20	150×20	140×20
涂膜厚度/μm		50～60	50～60	50～60	40～50	25～35
平整性		良好	很好	良好	很好	很好
清晰度		一般	很好	良好	很好	很好
60°光泽/%		91	95	93	91	93
铅笔硬度		3H	H～2H	2H	3H	H
杯突试验/mm		＞7	＞7	6	4	5
冲击强度①/N·cm		490	490	392	392	490
附着力(划格法)		100/100	100/100	100/100	100/100	100/100
耐腐蚀性(盐水喷雾,500h)/mm		0	0～1	2～3	4～5	7～8
耐酸性(5%盐酸,240h)		很好	很好	很好	一般	不好
耐碱性(5%氢氧化钠,240h)		很好	很好	很好	一般	不好
耐沸水(2h)		很好	很好	很好	很好	良好
耐湿热(50℃,98%RH,500h)		很好	很好	很好	很好	很好
耐污染性	口红、芥末	很好	很好	很好	很好	很好
	彩色笔	良好	一般	很好	很好	一般
耐候性		一般	很好	很好	很好	良好

① DuPont 法，Φ0.5in(1.27cm)×500g。

从表 4-1 中可以看出，热固性粉末涂料除涂膜比溶剂型涂料的涂膜厚外，涂膜的其他力学性能和耐化学品性能没有太大的差别。由于热固性粉末涂料的特点，在粉末涂料中它的产量占绝对的优势，但是跟传统的溶剂型和水性涂料比较，它的产量只有它们的 1/10，只替代了传统涂料的一部分，在很多方面还不能完全替代，但是热固性粉末涂料的产量增长速度比溶剂型涂料快是毫无疑问的。如果想将更多的溶剂型涂料用热固性粉末涂料来代替，还需要今后进一步的努力。

一般热固性粉末涂料是按粉末涂料制造法中最常用的熔融挤出混合法制造。这种制造法是将树脂、固化剂、颜料、填料和助剂等，用高速混合机预混合，然后用熔融挤出混合机熔融混合，再用冷却带冷却和破碎。破碎的物料用空气分级磨（即 ACM 磨）细粉碎，然后用旋风分离器和筛分机进行分级过筛，最后得到成品。当然，有些特殊粉末涂料品种是用其他制造方法制造，但是所占比例很少。粉末涂料具体的制造工艺和设备在第六章和第七章中详细介绍。

热固性粉末涂料的品种按树脂类型分类可分为：（纯）环氧、环氧-聚酯、（纯）聚酯、聚氨酯、丙烯酸和氟树脂粉末涂料等，有的国家更详细一些分类后增加聚酯-丙烯酸和环氧-丙烯酸粉末涂料品种。在我国聚酯-丙烯酸和环氧-丙烯酸粉末涂料应用很少，这些品种分别归到环氧、聚酯、丙烯酸粉末涂料中。另外，对粉末涂料的组成、制造方法、用途和性能、粉末涂料涂装方法特殊的热固性粉末涂料，例如金属（珠光）颜料邦定粉末涂料、热转印粉末涂料、紫外光固化粉末涂料、MDF 和非金属粉末涂料、电泳粉末涂料、水分散（厚浆）粉末涂料等特殊粉末涂料；还有功能性粉末涂料，例如，抗菌粉末涂料、绝缘粉末涂料、耐高温粉末涂料、抗静电粉末涂料、防火阻燃粉末涂料、防沾污粉末涂料、隔热保温粉末涂料等，从树脂类型品种中分离出来，作为热固性粉末涂料的特殊功能品种来介绍。热固性粉末涂料的化工行业标准《热固性粉末涂料》（HG/T 2006—2006）中的粉末涂料及涂膜的技术指标见表 4-2。

表 4-2　热固性粉末涂料及涂膜的技术指标

项　目		技术指标				检验方法
		室内用		室外用		
		合格品	优等品	合格品	优等品	
在容器中的状态		色泽均匀，无异物，呈松散粉末状		色泽均匀，无异物，呈松散粉末状		目视
筛余物		全部通过		全部通过		100g 样粉在 120 目筛中过筛
粒径分布		商定		商定		ISO 8130—13：2001
胶化时间		商定		商定		GB/T 16995—1997
流动性		商定		商定		ISO 8130—5：1992
涂膜外观		涂膜外观正常		涂膜外观正常		目视
硬度(擦伤)	≥	F	H	F	H	ISO 15184：1998
附着力/级	≤	1		1		GB/T 9286—1998
抗冲击性/cm	60°光泽≤60%	≥40	50	≥40	50	GB/T 1732—1993
	60°光泽>60%	50	正冲 50 反冲 50	50	正冲 50 反冲 50	
弯曲试验/mm	60°光泽≤60%	≤4	2	≤4	2	GB/T 6742
	60°光泽>60%	2	2	2	2	
杯突/mm	60°光泽≤60%	4	6	4	6	GB/T 9753
	60°光泽>60%	6	8	6	8	
60°光泽		商定		商定		GB/T 9754

续表

项目		技术指标				检验方法
		室内用		室外用		
		合格品	优等品	合格品	优等品	
耐碱性(5%NaOH)		168h 无异常		商定		GB/T 9274—1988
耐酸性(3%HCl)		240h 无异常		240h 无异常	500h 无异常	GB/T 9274—1988
耐沸水性		商定		商定		GB/T 1733—1993
耐湿热性		500 无异常		500h 无异常	1000h 无异常	GB/T 1740—2007
耐盐雾性		500h 划线处:单向锈蚀≤2.0mm 未划线处:无异常		500h 划线处:单向锈蚀≤2.0mm 未划线处:无异常		GB/T 1771—2007
耐人工气候老化性		—		500h 变色≤2 级 失光≤2 级 无粉化、起泡、开裂、剥落等异常现象	500h 变色≤2 级 失光≤2 级 无粉化、起泡、开裂、剥落等异常现象	GB/T 1865—2009
重金属/(mg/kg)	可溶性铅≤	—	90		90	B/T 18581—2020
	可溶性镉≤	—	75		75	
	可溶性铬≤	—	60	—	60	
	可溶性汞≤	—	60		60	

热固性粉末涂料的施工（涂装）方法绝大部分采用静电粉末喷涂法，少部分采用真空吸引（减压吸入）、空气喷涂、火焰喷涂、流化床浸涂和静电流化床浸涂等法施工（涂装）。

第二节 环氧粉末涂料

一、概述

环氧粉末涂料是 20 世纪 60 年代开发的热固性粉末涂料，在相当一段时间里，环氧粉末涂料成为品种多、应用面最广的热固性粉末涂料。但是进入 80 年代后期，环氧-聚酯粉末涂料迅速发展，这种粉末涂料比环氧粉末涂料的装饰性和价格等方面有优势，环氧粉末涂料的许多用途逐渐由环氧-聚酯粉末涂料所替代，环氧粉末涂料从首要地位转变成次要的地位。据 2006 年的统计，在世界热固性粉末涂料的产量中，环氧粉末涂料占 6.5%，其产量在环氧-聚酯和聚酯粉末涂料后面居第三位。

环氧粉末涂料的品种很多，可分为装饰型、防腐蚀型、电绝缘型等，装饰型环氧粉末涂料又可分为外观平整的高光、有光、半光、无光等；外观不平整的美术型粉末涂料又可分为花纹、皱纹（橘纹）、砂纹、锤纹、金属闪光等品种。

环氧粉末涂料是由环氧树脂、固化剂、颜料、填料和助剂等组成的热固性粉末涂料。环氧粉末涂料一般采用粉末涂料制造方法中最常用的熔融挤出混合法制造。这种方法是把所有原材料用高速混合机预混合均匀，然后用挤出机进行熔融挤出混合，接着冷却和破碎；再用空气分级磨进行细粉碎，然后用旋风分离器分级，最后用筛分机过筛分离得到产品。

环氧粉末涂料主要采用静电粉末喷涂法涂装，另外还可以用流化床浸涂法、火焰喷涂法、空气喷涂法等方法涂装。

环氧粉末涂料有如下的优点：

（1）粉末涂料的熔融黏度低，涂膜流平性好；固化反应时没有副产物产生，涂膜外观的平整性良好，不容易产生涂膜针孔和火山坑等弊病。

（2）由于环氧树脂分子内有羟基，对金属等底材的附着力好，一般不需要底漆。

（3）涂膜的硬度高，耐划伤性好。

（4）在环氧树脂结构中有双酚 A 骨架，又有柔韧性好的醚链，涂膜的力学性能好。

（5）在成膜物结构的骨架上没有酯基，比环氧-聚酯粉末涂料的耐腐蚀性和耐化学品性能好，很适合于用在防腐和防锈涂装。

（6）粉末涂料的配色性和配粉性好，固化剂品种的选择范围宽，可以配制高光、有光、半光、亚光、无光、闪光、花纹、皱纹、锤纹、砂纹等各种花色和品种。

（7）粉末涂料的涂装适应性好，可以用静电粉末喷涂、流化床浸涂、静电流化床浸涂、火焰喷涂和空气喷涂等涂装法施工。

（8）应用范围广，主要用在防锈和防腐涂装方面，还可以用在室内的装饰性涂装和电绝缘涂装方面，近年来已经开发出户外用耐候性环氧粉末涂料。

由于环氧树脂分子结构中双酚 A 的影响，用双酚 A 环氧树脂配制的环氧粉末涂料的涂膜耐候性不好，在夏季户外曝晒 3～5 个月涂膜就会完全失光、黄变，半年粉化，不过对防腐蚀性能没有多大的影响。不同底材和表面处理对环氧粉末涂料涂膜性能的影响见表 4-3。这些数据表明，对不同底材都有大致相同的涂膜性能，但是表面处理方法，对涂膜的耐盐水喷雾性能影响较大。

表 4-3 不同底材和表面处理对环氧粉末涂料涂膜性能的影响

底材品种		冷轧钢板	冷轧钢板	冷轧钢板	镀锌钢板	铝材
表面处理		除油	喷砂	磷酸锌磷化	磷酸锌磷化	铬酸盐处理
烘烤条件/℃×min		200×20	200×20	200×20	200×20	200×20
涂膜厚度/μm		50～70	70～80	50～70	50～70	50～70
60°光泽/%	>	80	80	80	80	80
铅笔硬度		H～2H	H～2H	H～2H	H～2H	H～2H
杯突试验/mm	>	7	—	7	7	7
冲击强度①/N·cm	>	490	490	490	490	490
附着力(划格法)		100/100	100/100	100/100	100/100	100/100
耐盐水喷雾②/mm		4～8	0～2	0～1	0～2	0
人工加速老化(保光率 50%时间)/h		120	120	120	120	120
天然曝晒(保光率 50%时间)/月		2～5	2～5	2～5	2～5	2～5
耐酸性(5%H_2SO_4,20℃,240h)		很好	很好	很好	很好	很好
耐碱性(5%NaOH,20℃,240h)		很好	很好	很好	很好	很好
耐湿热性③		很好	很好	很好	很好	很好
耐湿热试验后附着力试验(划格法)		0/100	100/100	100/100	100/100	100/100

① DuPont 法，Φ0.5in（1.27cm）×500g。

② 35℃，5%NaCl，500h。

③ 50℃，98%RH，500h。

虽然目前环氧粉末涂料以双酚 A 型环氧树脂为主，主要用在防腐蚀和防锈以及部分无光粉末涂料等方面，但是耐候性环氧粉末涂料的研究和开发工作一直在进行，主要是脂环族环氧树脂和带缩水甘油基的环氧树脂配制的环氧粉末涂料，其中脂环族缩水甘油醚环氧树脂和脂环族缩水甘油酯环氧树脂配制的环氧粉末涂料的耐候性得到很大的改进，可以用在户外。另外，用氢化双酚 A 环氧树脂配制的粉末涂料耐候性也得到明显的改进。由于从这种耐候性环氧粉末涂料的涂膜性能和涂料成本综合考虑，看不到相较于聚酯或聚氨酯粉末涂料的优势，在工业生产中还得不到广泛的推广应用。

环氧粉末涂料在国内外大量应用在不同口径的输油、输气、输上下水管道内外壁的涂装，还有化工厂的物料输送管道、大型船舶的管道、矿井支撑架、脚手架、钢筋等重防腐蚀涂装。另外还用在有装饰性要求的仪器和仪表外壳、汽车和拖拉机配件、电动机转子和铜排线等的电绝缘涂装方面。

关于环氧粉末涂料的制造方法问题，在后面第六章“粉末涂料的制造”和第七章“粉末涂料的制造设备”中详细介绍。

二、固化反应原理

在环氧粉末涂料中成膜物是环氧树脂和固化剂，在常温下这两种化合物不进行化学反应，但是在粉末涂料烘烤固化温度条件下，可以进行化学反应，并交联固化成膜，成为具有一定力学性能、耐化学品性能也很好的高分子化合物涂膜。众所周知，环氧树脂中的反应性基团主要是环氧基（或叫缩水甘油基），另外还有羟基；在固化剂中，固化剂的品种很多，固化剂不同则其反应性基团也不同，但是主要反应基团是能与环氧基反应的活泼氢（胺类的氮氢基），例如双氰胺、癸二酸二酰肼的活泼氢；能与环氧基反应的羧基，例如聚酯树脂中的羧基；能与环氧树脂中的羟基反应的酸酐基，例如二苯甲酮四甲酸二酐中的酸酐基。

环氧树脂与双氰胺的化学反应式如下：

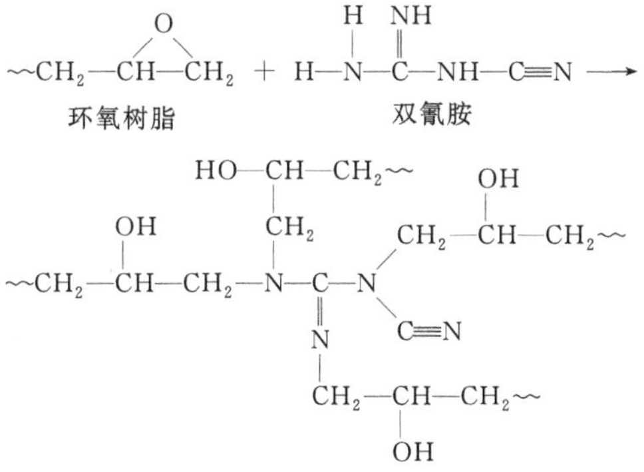

$$\sim CH_2-\underset{\diagdown O \diagup}{CH-CH_2} + H-\overset{H}{\overset{|}{N}}-\overset{NH}{\overset{\|}{C}}-NH-C\equiv N \longrightarrow$$

环氧树脂　　双氰胺

$$\sim CH_2-\overset{OH}{\overset{|}{CH}}-CH_2-\overset{HO-CH-CH_2\sim}{\overset{|}{\overset{CH_2}{\overset{|}{N}}}}-\underset{\underset{\underset{CH_2-\underset{|}{\underset{OH}{CH}}-CH_2\sim}{|}}{N}}{\underset{\|}{C}}-N\begin{cases}CH_2-\overset{OH}{\overset{|}{CH}}-CH_2\sim \\ C\equiv N\end{cases}$$

环氧树脂与二羧酸二酰肼的化学反应如下：

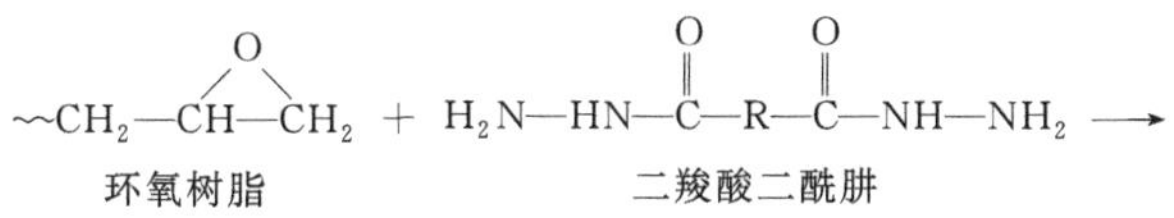

$$\sim CH_2-\underset{\diagdown O \diagup}{CH-CH_2} + H_2N-HN-\overset{O}{\overset{\|}{C}}-R-\overset{O}{\overset{\|}{C}}-NH-NH_2 \longrightarrow$$

环氧树脂　　二羧酸二酰肼

$$
\begin{array}{c}
\sim CH_2-\underset{}{\overset{OH}{|}}{CH}-CH_2 \quad\quad\quad\quad CH_2-\overset{OH}{\overset{|}{CH}}-CH_2\sim \\
N-N-\overset{O}{\overset{\|}{C}}-R-\overset{O}{\overset{\|}{C}}-N-N \\
\sim CH_2-\underset{OH}{\underset{|}{CH}}-CH_2 \quad CH_2-\underset{OH}{\underset{|}{CH}}-CH_2\sim \quad CH_2-\overset{OH}{\overset{|}{CH}}-CH_2\sim \quad CH_2-\underset{OH}{\underset{|}{CH}}-CH_2\sim
\end{array}
$$

从上述反应可以看出，主要的反应是环氧树脂中的环氧基与胺或酰氨基中的活泼氢之间的加成反应，生成羟基。羟基与羟基之间反应还可以生成醚键和水，使生成的聚合物，也就是成膜物的交联密度增加，成为性能很好的涂膜。

环氧树脂与酚羟基树脂的化学反应如下：

$$
\sim CH_2-\overset{O}{\widehat{CH-CH_2}} + HO-C_6H_4\sim \longrightarrow \sim CH_2-\overset{OH}{\overset{|}{CH}}-CH_2-O-C_6H_4\sim
$$

$$
\sim CH_2-\underset{OH}{\underset{|}{CH}}-CH_2-O-C_6H_4\sim + \sim CH_2-\underset{O}{\widehat{CH-CH_2}} \longrightarrow \sim CH_2-\underset{O-CH_2-\underset{OH}{\underset{|}{CH}}-CH_2\sim}{\underset{|}{CH}}-CH_2-O-C_6H_4\sim
$$

在反应中还存在叔胺催化环氧树脂的自聚反应：

$$
R_3N + \overset{O}{\widehat{CH_2-CH}}-CH_2\sim \longrightarrow R_3N^+-CH_2-\overset{O^-}{\overset{|}{CH}}-CH_2\sim
$$

$$
R_3N^+-CH_2-\overset{O^-}{\overset{|}{CH}}-CH_2\sim + \overset{O}{\widehat{CH_2-CH}}-CH_2\sim \longrightarrow R_3N^+-CH_2-\overset{O-CH_2-\overset{O^-}{\overset{|}{CH}}-CH_2\sim}{\overset{|}{CH}}-CH_2\sim
$$

$$
\xrightarrow{\overset{O}{\widehat{CH_2-CH}}-CH_2\sim\overset{O}{\widehat{CH_2-CH}}-CH_2\sim} R_3N^+-CH_2-\underset{O-CH_2-\underset{O-CH_2-\underset{O-CH_2-\underset{O^-}{\underset{|}{CH}}-CH_2\sim}{\underset{|}{CH}}-CH_2\sim}{\underset{|}{CH}}-CH_2\sim}{\underset{|}{CH}}-CH_2\sim
$$

环氧树脂与二苯甲酮四甲酸二酐的化学反应式如下：

$$
\underset{\text{环氧树脂}}{\sim CH_2-\overset{OH}{\overset{|}{CH}}-CH_2\sim} + \underset{\text{二苯甲酮四甲酸二酐}}{O(CO)_2C_6H_3-\overset{O}{\overset{\|}{C}}-C_6H_3(CO)_2O}
$$

$$
\longrightarrow O(CO)_2C_6H_3-\overset{O}{\overset{\|}{C}}-C_6H_3(COOH)(COO-\underset{}{CH}(CH_2\sim)-H_2C\sim) \xrightarrow{\overset{O}{\widehat{CH_2-CH}}-CH_2\sim} O(CO)_2C_6H_3-\overset{O}{\overset{\|}{C}}-C_6H_3(COOCH_2-\overset{OH}{\overset{|}{CH}}-CH_2\sim)(COO-CH(CH_2\sim)-H_2C\sim)
$$

从上述的反应可以看出，首先环氧树脂中的羟基与二苯甲酮四甲酸二酐的酸酐反应生成羧基化合物，然后这个羧基化合物的羧基再跟环氧树脂中的环氧基反应生成酯，最后生成高分子化合物的涂膜。

三、环氧树脂

环氧树脂是环氧粉末涂料中最重要的成分，也是粉末涂料组成中质量占比最多的成分。环氧树脂的端基带有反应性环氧基团（或叫缩水甘油基），在侧基上还带有羟基，其基团的反应活性随树脂分子量的大小和树脂的结构不同而有差别，虽然环氧树脂的品种很多，用途也很广，但是粉末涂料用环氧树脂应具有如下特点。

（1）树脂的分子量小，但玻璃化转变温度高于50℃，树脂发脆，常温下容易机械粉碎得到所要求的粒度，而且配制的粉末涂料在常温下不易结块。

（2）树脂在粉末涂料固化温度下，熔融黏度低，容易流平得到比较薄而平整的涂膜。

（3）不同规格树脂之间的相容性好，混合不同软化点、黏度和环氧值的树脂，可以调节得到所需要技术指标的树脂，并可以制成满足不同需求的粉末涂料。

（4）树脂对颜料和填料的分散性好，对不同固化剂（或交联树脂）的配粉性好，可以配制不同性能要求的粉末涂料品种。

（5）树脂的带静电性能好，不仅可以用电晕放电式荷电高压静电粉末喷枪涂装，而且还可以用摩擦静电喷枪涂装；粉末涂料的涂装适应性好，可以用流化床浸涂、火焰喷涂、空气喷涂等涂装法施工。

在环氧粉末涂料中用的环氧树脂品种有双酚A型环氧树脂、酚醛改性环氧树脂、氢化或溴化双酚A环氧树脂、脂环族环氧树脂、脂环族缩水甘油醚型环氧树脂、脂环族缩水甘油酯型环氧树脂等，其中粉末涂料中用得最多的是双酚A型环氧树脂，其次是酚醛改性环氧树脂。

双酚A型环氧树脂是双酚A和环氧氯丙烷在碱催化下经脱氯化氢而得到。具体的制造方法有两种，一种是一步法，另一种是二步法。下面简单地介绍具体的制造工艺。

一步法：

$$\text{环氧氯丙烷}+\text{双酚A}\xrightarrow{\text{氢氧化钠}}\text{中等分子量环氧树脂}$$

二步法：

$$\text{低分子量液态环氧树脂}+\text{双酚A}\xrightarrow{\text{催化剂}}\text{中高分子量环氧树脂}$$

一步合成法是以环氧氯丙烷和双酚A为主要原料，通过一步缩聚的方法合成固体环氧树脂，主要化学反应式如下：

$$(n+2)\underset{\diagdown O \diagup}{CH_2-CH}-CH_2Cl + (n+1)HO-C_6H_4-\underset{CH_3}{\overset{CH_3}{\underset{|}{\overset{|}{C}}}}-C_6H_4-OH + (n+2)NaOH \longrightarrow$$

$$\underset{\diagdown O \diagup}{CH_2-CH}-CH_2-[O-C_6H_4-\underset{CH_3}{\overset{CH_3}{\underset{|}{\overset{|}{C}}}}-C_6H_4-O-CH_2-\underset{OH}{\underset{|}{CH}}-CH_2]_n-O-C_6H_4-\underset{CH_3}{\overset{CH_3}{\underset{|}{\overset{|}{C}}}}-C_6H_4-O-CH_2-\underset{\diagdown O \diagup}{CH-CH_2}$$

$$+ (n+2)NaCl + (n+2)H_2O$$

一步法合成环氧树脂工艺流程见图 4-1。一步法环氧树脂合成方法有水洗法、溶剂法、悬浮法和界面缩聚法等，其中用得多的是水洗法和溶剂法。水洗法是将双酚 A 和氢氧化钠水溶液在溶解釜中溶解后，送入反应釜，在一定温度条件下，迅速地一次性加入环氧氯丙烷。控制放热反应，反应完毕后静置，使树脂和碱水分层。吸取上层碱水后，用沸水洗涤除去树脂中的残碱和副产物盐类。然后经过常压、减压脱水得到产品。溶剂法是对上述方法中的后处理有了较大的改进。在静置分层吸去碱水后加入有机溶剂，明显地改善了洗涤效果。水洗涤完成后经过过滤，除去杂质和凝胶粒子，使产品质量有明显提高，溶剂可以回收再用。溶剂法的优点是得到产品的颜色浅，杂质少，质量好；缺点是制造工艺比水洗法复杂，溶剂还需要回收。

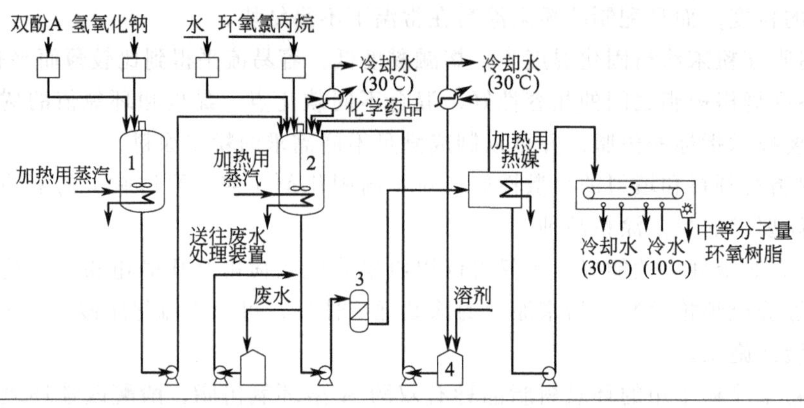

图 4-1　一步法合成环氧树脂工艺流程

1—双酚 A 溶解釜；2—反应釜；3—过滤器；4—溶解回收装置；5—薄片器

在一步法合成中，环氧树脂分子量的大小主要取决于环氧氯丙烷与双酚 A 之间的摩尔比，典型的配方及产品的技术指标见表 4-4。从表 4-4 中可以看出，环氧氯丙烷和双酚 A 之间摩尔比的微小变化也会使产品技术指标产生很大的变化。

表 4-4　原料的摩尔比与产品技术指标的关系

环氧氯丙烷：双酚 A(摩尔比)	氢氧化钠：环氧氯丙烷(摩尔比)	软化点/℃	分子量	环氧当量
1.4	1.3	84	791	592
1.33	1.3	90	802	730
1.25	1.3	100	1133	862
1.20	1.3	112	1420	1170

二步法是以低分子量环氧树脂和双酚 A 作为原料，通过加成聚合的方法制造环氧树脂。二步法制造环氧树脂的工艺流程见图 4-2。这种合成方法在整个反应过程中，原料和产物都处于熔融状态，因此又称为熔融加成聚合法，其化学反应方程式如下：

$$x\underset{\diagdown O \diagup}{CH_2-CH}-CH_2-\!\!\left[O-\text{C}_6\text{H}_4-\underset{CH_3}{\overset{CH_3}{C}}-\text{C}_6\text{H}_4-CH_2-\underset{OH}{CH}-CH_2\right]_n\!\!O-\text{C}_6\text{H}_4-\underset{CH_3}{\overset{CH_3}{C}}-\text{C}_6\text{H}_4-O-CH_2-\underset{\diagdown O \diagup}{CH-CH_2}$$

$$+\ (x-1)\,HO-\!\!\bigcirc\!\!-\underset{CH_3}{\overset{CH_3}{\underset{|}{\overset{|}{C}}}}-\!\!\bigcirc\!\!-OH \longrightarrow$$

$$\underset{\backslash\,O\,/}{CH_2-CH}-CH_2-O\left[\bigcirc-\underset{CH_3}{\overset{CH_3}{\underset{|}{\overset{|}{C}}}}-\bigcirc-O-CH_2-\underset{OH}{\underset{|}{CH}}-CH_2\right]_{2x+nx-2}O-\bigcirc-\underset{CH_3}{\overset{CH_3}{\underset{|}{\overset{|}{C}}}}-\bigcirc-O-CH_2-\underset{\backslash\,O\,/}{CH-CH_2}$$

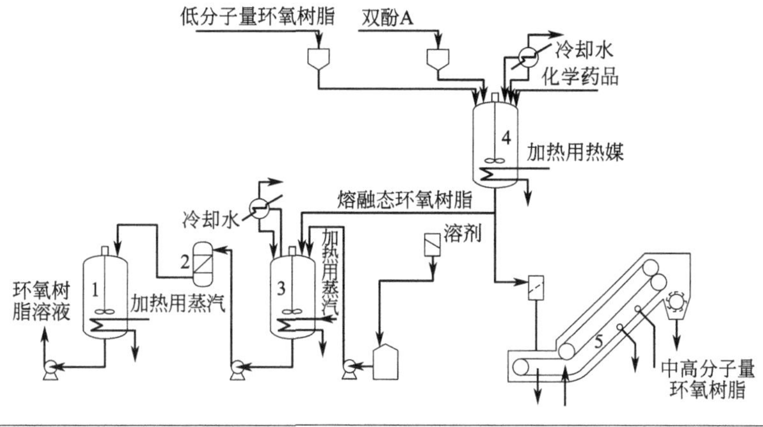

图 4-2 二步法（熔融加成聚合法）合成环氧树脂工艺流程
1—溶液贮罐；2—过滤器；3—溶解槽；4—反应釜；5—薄片器

环氧树脂的分子量是通过低分子量环氧树脂与双酚 A 的摩尔比来控制。产品的质量除了与双酚 A 质量有关外，还与低分子量环氧树脂中含有的杂质和采用的催化剂品种有关。

在粉末涂料中使用的环氧树脂大多数的软化点范围为 80～110℃，如果低于 80℃，树脂的玻璃化转变温度太低，则常温下不易粉碎，制造的粉末涂料贮存稳定性不好；而树脂软化点高于 110℃时，在烘烤固化条件下树脂的熔融黏度太大，涂膜的流平性不好，但也有特殊品种的环氧树脂软化点高达 130℃，主要用于调节环氧树脂的性能。国外双酚 A 型环氧树脂品种很多，但国内双酚 A 型环氧树脂的主要品种是 E-12（604）环氧树脂为基础，技术指标比 E-12 环氧树脂更窄的粉末涂料专用树脂。我国粉末涂料用双酚 A 型环氧树脂的技术指标见表 4-5。我国 2011 年颁布了《热固性粉末涂料用双酚 A 型环氧树脂》国家标准（GB/T 27809—2011），粉末涂料用环氧树脂的技术指标见表 4-6。

表 4-5 国内粉末涂料用双酚 A 型环氧树脂的技术指标

项　　目	行业环氧树脂 E-12	神剑化工环氧树脂	恒远化工环氧树脂	新华树脂环氧树脂 664-2F
外观	淡黄色至黄色透明固体	淡黄色透明固体	淡黄色透明固体	淡黄色透明固体
色泽	6			5
环氧值/(eq/100g)	0.09～0.14	0.09～0.14	0.115～0.130	0.115～0.145
软化点(环球法)/℃	85～95	85～95	88～93	86～92
无机氯/(mol/100g)　≤	0.001	0.001	0.0015	0.0005
有机氯/(mol/100g)　≤	0.02	0.005	0.00025	0.01
挥发分/%	1	1	<0.2	1

表 4-6　热固性粉末涂料用双酚 A 型环氧树脂技术指标

项　　目	技术指标			
	优等品		合格品	
	通用型	防腐型	通用型	防腐型
外观	浅色或无色透明颗粒。无肉眼可见的夹杂物			
软化点/℃	商定			
环氧当量/(g/mol)	商定			
无机氯/(mg/kg)　　≤	50	20	100	30
易皂化氯/(mg/kg)　　≤	300	250	600	500
挥发分/%≤	0.2		0.5	
熔体黏度(150℃)/mPa·s	商定			
颜色(铂钴法)　　≤	100		150	

注：有特殊要求的产品指标商定。

双酚 A 型环氧树脂代表性化学结构为:

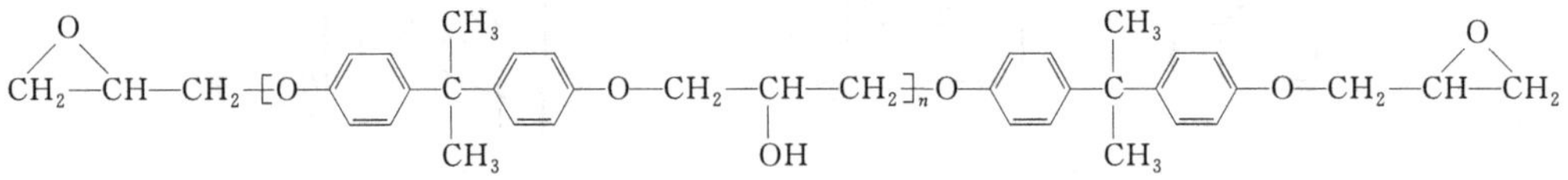

$$\overset{O}{\overbrace{CH_2-CH}}-CH_2-\!\left[O-C_6H_4-\underset{CH_3}{\overset{CH_3}{C}}-C_6H_4-O-CH_2-\underset{OH}{CH}-CH_2\right]_n\!-O-C_6H_4-\underset{CH_3}{\overset{CH_3}{C}}-C_6H_4-O-CH_2-\overset{O}{\overbrace{CH-CH_2}}$$

这种树脂的软化点和环氧值对环氧粉末涂料和涂膜性能的影响见表 4-7。

表 4-7　环氧树脂软化点和环氧值对环氧粉末涂料和涂膜性能的影响

项目	技术指标和性能	项目	技术指标和性能
树脂软化点/℃	80——→110	涂膜柔韧性	差——→好
环氧值/(eq/100g)	0.18←——0.08	涂膜冲击强度	好←——差
树脂分子量	小——→大	涂膜硬度	差不多
熔融黏度	低——→高	涂膜附着力	差不多
粉末涂料贮存稳定性	差——→好	涂膜耐化学品性	好←——差
涂膜平整性	好←——差	涂膜耐溶剂性	好←——差
涂膜边角覆盖力	差——→好	涂膜耐热性	好←——差

为了改善环氧树脂的阻燃性，用溴化双酚 A 合成环氧树脂；为了改善环氧树脂的电绝缘性用双酚 F 合成环氧树脂；为了改善环氧树脂的耐候性用氢化双酚 A 合成环氧树脂；为了改进环氧树脂的反应活性，双酚 A 型环氧树脂与线型酚醛环氧树脂混合使用。线型酚醛环氧树脂是线型酚醛树脂或线型甲酚酚醛树脂与环氧氯丙烷反应得到的软化点在 80～100℃、环氧当量 220～250 的树脂。这种环氧树脂与双酚 A 型环氧树脂配合使用时，由于增加了树脂的官能度，不仅树脂的固化反应速度快，而且交联密度也得到提高，使涂膜耐热性、耐溶剂性、耐化学品性能也随之增强。这种类型的品种有线型苯酚甲醛环氧树脂和线型甲酚甲醛环氧树脂等，主要用于防腐蚀粉末涂料方面，尤其是管道内外壁重防腐蚀涂装方面应用比较多。安徽恒远新材料有限公司生产的粉末涂料用环氧树脂型号和规格见表 4-8。国外 HUNSTMAN（原 Ciba）、Shell Chemicall 等公司生产的粉末涂料用环氧树脂技术指标和特点见表 4-9。常熟佳发化学有限责任公司生产的防腐粉末涂料用酚醛环氧树脂的技术指标见表 4-10。美国 Dow Chemical 公司环氧树脂的技术指标和特点见表 4-11。广州宏昌电子

材料工业有限公司粉末涂料用环氧树脂技术指标和特性见表 4-12。国都化工（昆山）有限公司粉末涂料用环氧树脂型号和规格见表 4-13。

表 4-8　安徽恒远新材料有限公司生产的粉末涂料用环氧树脂型号和规格

型号	环氧值/(eq/100g)	软化点/℃	易皂化率/(eq/100g)	无机氯/(eq/100g)	色相(GARDNER 法)	挥发性/%	说明
直接合成法国标固体环氧树脂							
603L(E-14)	0.150～0.160	82～84	0.003	0.0005	≤1.0	≤0.2	优异的流平性
603(E-14)	0.133～0.150	84～89	0.003	0.0005	≤1.0	≤0.2	优异的流平性
604(E-12)	0.118～0.135	90～93	0.003	0.0005	≤1.0	≤0.2	良好的流平性,可用于装饰性粉末涂料
605(E-10)	0.095～0.115	96～98	0.003	0.0005	≤1.0	≤0.2	良好的柔韧性,可用于普通管道粉末涂料
直接合成法功能性环氧树脂							
HY604-810	0.121～0.129	89～91	0.002	0.0004	≤1.0	≤0.2	流平优异,适用于高光、平光、无光、亚光及侧重流平效果的粉末涂料
HY604-820	0.115～0.125	89～91	0.002	0.0004	≤1.0	≤0.2	流平优异,适用于高光、平光、无光、亚光及侧重流平效果的粉末涂料
HY604-820H	0.110～0.116	91～94	0.002	0.0004	≤1.0	≤0.2	流平优异,适用于高光、平光、无光、亚光及侧重流平效果的粉末涂料
HY604-850	0.111～0.118	89～91	0.002	0.0004	≤1.0	≤0.2	流平优异,适用于高光、平光、无光、亚光及侧重流平效果的粉末涂料
HY604-870	0.104～0.115	89～91	0.002	0.0004	≤1.0	≤0.2	流平优异,适用于高光、平光、无光、亚光及侧重流平效果的粉末涂料
HY604-815F	0.115～0.125	89～91	0.002	0.0004	≤1.0	≤0.2	超流平环氧,流平剂含量2.2%,用于常规 50/50、60/40 配方,不需另外加流平剂,分散性比外加流平剂更优异。适用于高光、平光、无光、亚光及侧重流平效果的粉末涂料
HY604-815W	0.115～125	89～91	0.002	0.0004	≤1.0	≤0.2	流平优异,专门针对无光粉,不适合高光粉。相同配方比国标 604 环氧光泽低 3%～4%。在配无光粉可适当减少 68 消光剂比例。在配制混合型粉末时,物理消光比 68 消光剂略差

间接合成法功能性固体环氧树脂

型号	环氧当量/(g/eq)	软化点/℃	熔融黏度(150℃)/mPa·s	色相(GARDNER 法)	说明
HY02T	600～700	80～86	1000～3000	≤1.0	在相同配方条件下,①生产高光、平光粉末,04T 的抗冲击和抗弯曲性能比任何一款一步法树脂强;②生产纹理粉末,04T 的效果比任何一款一步法树脂稳定;③可避免流挂现象
HY04T	750～820	89～91	2000～5000	≤1.0	

续表

型号	环氧当量/(g/eq)	软化点/℃	熔融黏度(150℃)/mPa·s	色相(GARDNER法)	说明
间接合成法功能性固体环氧树脂					
HY04T2H	870～910	90～92	3000～6000	≤1.0	经济型环氧
间接合成法中当量固体环氧树脂					
HY903	700～750	90～95	2000～5000	≤1.0	高柔韧性，特别适合制造绵绵纹粉末，纹理稳定，立体感强，也可用于管道、阀门等用粉末涂料
HY903H	760～850	96～101	4500～8000	≤1.0	高柔韧性，适用于管道、阀门、铸件等用粉末涂料，可与一步法环氧树脂复配制造绵绵纹或锤纹粉末涂料
HY905	875～975	100～108	1500～4500(175℃)	≤1.0	韧性强，适合于制造防腐管道、阀门等用粉末涂料
HY905H	1080～1220	106～116	4000～10000(175℃)	≤1.0	韧性强，适合于制造钢筋、防腐管道、阀门等用粉末涂料
酚醛改性环氧树脂					
HY811	500～560	90～100	1000～3500	≤1.0	MDF、电子绝缘粉末领域
HY813	750～850	105～120	3000～8000(175℃)	≤1.0	应用于钢筋、阀门等粉末涂料领域

表 4-9　国外部分公司粉末涂料用环氧树脂技术指标和特点

商品牌号	生产公司	环氧值/(eq/100g)	环氧当量/(g/eq)	软化点/℃	黏度[1]/mPa·s	特　点
Araldite GT 1999	HUNTSMAN[2]	0.108～0.12	833～926	90～95	450～600	对颜料和底材润湿性好，流平性好
Araldite GT 2874	HUNTSMAN	0.115～0.135	740～870	85～95	350～550	含10%流平剂的母料
Araldite GT 6063	HUNTSMAN	0.137～0.156	640～730	90～97	350～500	流平性好，适用于聚酯用量高的环氧-聚酯粉末涂料
Araldite GT 6064	HUNTSMAN	0.123～0.137	730～810	96～101	450～650	流平性好，对颜料润湿性好，可用于聚酯、酚醛树脂固化
Araldite GT 6084	HUNTSMAN	0.112～0.120	833～895	99～105	550～700	防腐蚀性好
Araldite GT 6097	HUNTSMAN	0.053～0.059	1695～18855	120～132	1800～2600	与氨基树脂或酚醛树脂结合，配制罐头和卷钢涂料
Araldite GT 6099	HUNTSMAN	0.034～0.042	2380～2940	148～158	5000～10000	应用与Araldite GT 6097环氧树脂相同，具有更佳柔韧性及更高黏度
Araldite GT 6609	HUNTSMAN	0.034～0.042	2380～2940	～150	3500～5500	与Araldite GT 6099环氧树脂类似，唯黏度大幅度降低
Araldite GT 6610	HUNTSMAN	0.026～0.034	2940～3846	～150	5000～8000	与Araldite GT 6099环氧树脂类似，并具有更高柔韧性
Araldite GT 7071	HUNTSMAN	0.190～0.200	500～525	72～82	200～250	用于配制防腐涂料
Araldite GT 6450	HUNTSMAN	0.137～0.156	640～730	91～94	350～500	流平性很好，用于环氧-聚酯粉末涂料
Araldite GT 7004	HUNTSMAN	0.133～0.140	715～750	95～101	500～600	流平性良好，用于高光泽粉末涂料
Araldite GT 7072	HUNTSMAN	0.168～0.175	570～595	82～90	280～340	改善流平性，防腐性能好
Araldite GT 7203	HUNTSMAN	0.155～0.165	605～645	82～90	300～400	高颜料润湿性，涂膜流平性很好
Araldite GT 7220	HUNTSMAN	0.183～0.193	530～545	约95	460～670	酚醛改性环氧树脂，配制功能性粉末涂料

续表

商品牌号	生产公司	环氧值/(eq/100g)	环氧当量/(g/eq)	软化点/℃	黏度[1]/mPa·s	特　点
Araldite GT 7255	HUNTSMAN	0.117～0.129	775～855	106～113	1000～1850	酚醛改性环氧树脂,配制功能性粉末涂料
Araldite ECN 9669	HUNTSMAN	0.445～0.485	205～225	100	7000～10000(130℃)	官能度5.5,高熔点甲酚甲醛环氧树脂,环氧树脂改性剂,活性高,耐化学品性好
Epikote 1055	Shell Chemical	0.118	850	94	450	
Epikote 2075	Shell Chemical	0.112	890	93	570	

① 40%丁基卡必醇溶液,25℃时的黏度。

② HUNTSMAN公司的环氧树脂产品原是Ciba公司的产品。

表4-10　常熟佳发化学有限责任公司生产的防腐粉末涂料用酚醛环氧树脂的技术指标

项　　目	JECP-01A	JECP-02A	检验方法
外观	浅黄色透明颗粒或片状固体	浅黄色颗粒或片状固体	目测
环氧值/(eq/100g)	0.105～0.115	0.110～0.120	盐酸丙酮法
环氧当量/(g/eq)	850～950	830～900	盐酸丙酮法
软化点(环球法)/℃	95～115	90～110	环球法
色泽(GARDNER法)　≤	2	2	ISO 4670
熔融黏度(200℃)/mPa·s	2400～3700		DIN 53018T1
密度/(g/cm³)	1.17～1.19		
闪点/℃	200		ISO 2592
特点	酚醛环氧树脂,防腐性能好	改性酚醛环氧树脂,与JECP-02B配合,成本低并有好的防腐性能	

表4-11　美国Dow Chemical公司环氧树脂技术指标和特点

产品型号	环氧当量/(g/eq)	溶液黏度(25℃)/($\times10^{-6}m^2/s$)	软化点/℃	颜色(铂钴法)	特　点
双酚A固体环氧树脂					
D.E.R 671	475～550	160～250	75～85	≤90	用于防腐、管道和货桶衬里,修补漆和船舶罩光漆
D.E.R 662E	590～630	260～330	87～93	≤90	流平性好、交联密度高,需要粉末防结块
D.E.R 663U	730～820	370～550	92～102	≤100	用于纯环氧和混合型,出色的柔韧性和贮存稳定性
D.E.R 663UE	740～800	440～550	98～104	≤90	用于纯环氧功能性粉末及高性能混合型粉末涂料
D.E.R 664UE	860～930	520～750	104～110	≤90	用于柔韧性和防腐蚀性要求高的场合
D.E.R 667-20	1600～1950	1300～4000	125～138	≤100	用于酚类固化剂固化粉末涂料或添加控制流动性
D.E.R 669E	2500～4000	4500～10000	142～162	≤250	优良的柔韧性,用于导线涂料和高温烘烤涂料
D.E.R 669-20	3500～5500	4400～10000	142～162	≤300	高分子量双酚A固体环氧树脂
特种固体环氧树脂					
D.E.R 642U	500～560	370～500	90～98	≤100	酚醛环氧树脂,防腐性好,适合酚类固化剂低温固化

续表

产品型号	环氧当量/(g/eq)	溶液黏度(25℃)/(×10^{-6}m^2/s)	软化点/℃	颜色(铂钴法)	特　点
特种固体环氧树脂					
D. E. R 672U	750～850	1070～2270	110～120	≤100	高分子量酚醛环氧树脂，防腐性和柔韧性好，配合酚类固化剂，改善流动性
D. E. R 8230W5	770～860	800～3000	82～92		双酚A环氧母料树脂，含5%聚硅氧烷流平剂，透明度好
D. E. R 6330-A10	780～900	2800～5400	98～106	≤125	改性双酚A环氧树脂，含有10%聚丙烯酸酯流平剂
D. E. R 6508	380～420	2800～5400	95～105		改性环氧树脂，用于高温，可获玻璃化转变温度160℃耐热涂膜，改善涂膜柔韧性
D. E. R 6615	500～550	1000	78～86	≤200	改性环氧树脂，用于低温固化，促进剂存在下自交联

表 4-12　广州宏昌电子材料工业有限公司粉末涂料用环氧树脂技术指标和特性

标准型900系列

树脂型号	环氧当量/(g/eq)	ICI黏度(150℃)/×10^{-1}Pa·s	软化点/℃	色相(GARDNER法)	特性
GESR-901	450～500	3.5～6.0	64～74	≤1	分子量低，可降低粉末涂料熔融黏度
GESR-902	600～650	14～23	80～90	≤1	
GESR-903	700～750	27～40	86～96	≤1	主要是粉末涂料专用
GESR-903H	740～800	33～42	89～97	≤1	
GESR-904	780～850	45～80	92～102	≤1	
GESR-912	680～730	25～35	85～97	≤1	
GESR-904H	840～900	70～100	99～110	≤1	可调整配方 T_g
GESR-933U	730～830	25～35	85～95	≤1	黏度低，流平性好

高流动型600系列

树脂型号	环氧当量/(g/eq)	软化点/℃	色相(GARDNER法)	特性
GESR-601	450～550	72～82	≤1	高流动性
GESR-602	600～700	75～85	≤1	
GESR-603	700～800	85～95	≤1	
GESR-604	800～900	90～100	≤1	
GESR-605	900～1000	95～108	≤1	

直接法型300系列

树脂型号	环氧当量/(g/eq)	可水解氯/×10^{-6}	软化点/℃	色相(GARDNER法)	特性
GESR-301	450～500	≤500	65～75	≤1	低黏度、低软化点、高流动性
GESR-301E	450～500	≤200	65～75	≤1	
GESR-302	600～700	≤500	75～85	≤1	
GESR-303	800～900	≤500	85～98	≤1	低黏度、低软化点、高流动性
GESR-304	900～1000	≤500	91～102	≤1	

母料树脂系列

树脂型号	环氧当量/(g/eq)	ICI黏度(150℃)/×10^{-1}Pa·s	软化点/℃	色相(GARDNER法)	特性
GESR-902P	700～750	12～28	75～85	≤1	添加2%流平剂

续表

母料树脂系列					
树脂型号	环氧当量/(g/eq)	ICI黏度(150℃)/$\times 10^{-1}$Pa·s	软化点/℃	色相(GARDNER法)	特性
GESR-903P	750～800	20～30	85～98	≤1	添加2%流平剂
GESR-924	720～770	20～35	85～97	≤1	添加10%流平剂
特殊功能系列					
树脂型号	环氧当量/(g/eq)	溶解黏度(G-H,25℃)	软化点/℃	色相(GARDNER法)	特性
GESR-963	450～500	L-N	80～90	≤1	酚醛树脂改性,耐热性
GESR-973	700～800	L-R	90～100	≤1	酚醛树脂改性,耐化学品性
GESR-530H	700～800	—	90～100	≤1	溴含量23%～25%,耐燃性

表4-13 国都化工(昆山)有限公司粉末涂料用环氧树脂型号和规格

树脂型号	环氧当量/(g/eq)	熔融黏度[1](150℃)/$\times 10^{-3}$Pa·s	软化点[2]/℃	色相(GARDNER法)	特性和用途
一般型					
KD-211SW	405～450	250～650	60～70	≤0.5	电器零件和线圈
KD-211E	455～485	300～700	65～75	≤0.5	一般用途
KD-211G	500～550	500～1500	70～80	≤0.7	一般用途
KD-213	730～840	3000～7000	88～98	≤0.5	一般用途和混合型粉
KD-214C	875～975	2000～4000[3]	95～105	≤0.5	PCM、混合型和一般用途
KD-242C	640～700	1500～3500	84～90	≤0.7	一般用途
KD-242G	650～725	2000～3500	85～95	≤0.7	一般用途
KD-242GHF	625～675	1500～3500	83～93	≤0.7	高流动和高光泽
KD-243C	715～835	3000～8000	88～98	≤0.7	一般用途和混合型粉
低黏度高流动型					
YD-012	600～700	800～1600	75～85	≤0.5	一般用途和混合型粉
YD-013K	780～840	1500～4000	88～95	≤0.5	一般用途和混合型粉
YD-013K55	800～900	2000～5000	90～100	≤0.5	一般用途和混合型粉
YD-014	900～1000	3000～7000	91～102	≤0.5	一般用途和混合型粉
YD-053	700～750	1000～3000	85～92	≤0.5	一般用途和混合型粉
YD-057	840～940	2500～6000	91～102	≤0.5	一般用途和混合型粉
高分子量型					
KD-214L	1050～1150	4000～8000	100～110	≤1	管道涂料
KD-214M	1150～1300	5000～10000	107～117	≤1	管道涂料
YD-017	1750～2100	20000～90000[4]	115～125	≤1	一般用途
YD-017H	2100～2400	50000～100000[4]	120～135	≤1	一般用途
YD-019	2500～3100	80000～200000[4]	125～140	≤1	一般用途
YD-020	4000～6000	250000～400000[4]	140～155	≤1	罐用涂料、PCM
特殊型					
KD-211D	500～575	1000～3500	82～92	≤0.7	线型酚醛改性型
KD-211H	500～575	2000～4000	88～98	≤0.7	线型酚醛改性型
KD-211S	575～650	2000～7000	90～110	≤0.7	线型酚醛改性型
KD-213C	750～850	3000～8000[3]	105～118	≤0.7	线型酚醛改性型
KD-213H	750～850	20000～50000	110～120	≤0.7	线型酚醛改性型
KD-242S	600～700	500～2000	77～87	≤0.7	流动性好
KD-242H	660～720	2200～2800	85～95	≤0.7	流动性好
KD-293	700～780	1000～4000	85～95	≤0.7	流动性好

续表

树脂型号	环氧当量/(g/eq)	熔融黏度①(150℃)/×10^{-3}Pa·s	软化点②/℃	色相(GARDNER法)	特性和用途
母料型					
YD-012F15	730～830	1000～3000	77～87	乳白	高流动性
YD-014DLM	830～870	3000～7000	93～97	乳白	高流动性
YD-0153F	820～930	4000～9000	92～102	乳白	高流动性
KD-213F2	750～850	3000～8000	90～100	乳白	高流动性
KD-214CR	900～1050	5000～10000	95～105	乳白	高流动性
KD-242GR	760～875	3000～7000	85～95	乳白	高流动性
KD-264	830～940	4000～8000	88～98	乳白	二聚酸改性,高流动性
KD-292U	660～720	1000～4000	85～95	乳白	高流动性
KD-293U	700～780	1000～4000	85～95	乳白	高流动性

① ICI黏度计。
② 环球法。
③ 175℃的熔融黏度。
④ 200℃的熔融黏度。

由陕西金辰永悦新材料有限公司生产的特殊环氧树脂产品型号和规格见表4-14。

表4-14 陕西金辰永悦新材料有限公司生产的特殊环氧树脂产品型号和规格

型号	环氧值/(eq/100g)	软化点/℃	特点和用途
ES-202	0.06～0.085	105～120	改性环氧树脂,强韧
ES-202A	0.06～0.08	118～123	
ES-302B	0.15～0.18	90～98	特殊改性,防腐,快速固化
ES-304	0.115～0.13	110～117	
ES-503	0.17～0.20	100～110	
ES-3065	0.23～0.26	90～100	

由大庆庆鲁朗润科技有限公司生产的环氧树脂型号和特点见表4-15。

表4-15 大庆庆鲁朗润科技有限公司生产的环氧树脂型号和特点

型号和名称	概述	特点
Amanda 1160 多官能双酚A型酚醛环氧树脂	属于多官能双酚A型酚醛环氧树脂,是专为重防腐粉末涂料设计;涂膜具有卓越的流平性、抗冲击性等力学性能。用于单层FBE、双层FBE涂料。分子结构中不仅含有较多的苯环,还有较长的柔性链	1. 推荐用量:树脂质量的10%～100%; 2. 卓越的刚性和耐湿热性、耐化学品性、耐溶剂性; 3. 可快速固化,交联密度高,抗介质渗透能力强
Amanda 1161 苯酚酚醛环氧树脂(EPN)	属于EPN型酚醛环氧树脂,专为重防腐粉末涂料设计;可快速固化,交联密度高,抗介质渗透能力强,涂膜具有卓越的流平性及韧性,抗冲击性等机械性能。用于单层FBE、双层FBE涂料;树脂每个高分子链上具有至少三个环氧基,因此它的固化产物交联密度大,耐热性、机械强度优于双酚A环氧树脂。线型酚醛主链上的羟基都被环氧基取代,所以其固化产物有很好的耐化学品性,既耐酸耐碱,又耐多种化学品	1. 常与双酚A环氧树脂一起用,推荐用量为树脂质量的10%～100%; 2. 既耐酸耐碱,又耐多种化学品; 3. 可快速固化,交联密度高,抗介质渗透能力强,涂膜具有卓越的刚性和耐湿热性,耐化学品性,耐溶剂性; 4. 需较高的固化温度
Amanda 1162 邻甲酚醛环氧树脂(ECN)	属于邻甲酚醛环氧树脂(ECN),是专为重防腐粉末涂料设计;涂膜具有卓越的流平性、抗冲击性等力学性能。用于单层FBE、双层FBE涂料,相当于YDCN-500-90P或NPCN704	1. 推荐用量:树脂质量的10%～100%; 2. 可快速固化,交联密度高,抗介质渗透能力强; 3. 涂层具有卓越的刚性和耐湿热性;耐化学品性,耐溶剂性

续表

型号和名称	概述	特点
Amanda 1168 酚醛改性环氧树脂	属于酚醛改性环氧树脂，专为重防腐粉末涂料设计；涂膜具有卓越的流平性及柔韧性、抗冲击性等力学性能。用于单层 FBE、双层 FBE 涂料。相当于美国 DOW 的 D. E. R 672U、瑞士 Ciba-Geigy 公司的 CTAB Aradur7255。分子结构中含较多的苯环和较长的柔性链	1. 推荐用量：树脂质量的 20%～100%； 2. 可快速固化，交联密度高，抗介质渗透能力强； 3. 卓越的刚性和耐湿热性、耐化学品性、耐溶剂性、耐阴极剥离性
Amanda 1166 线型改性柔性环氧树脂	一种线型的改性柔性环氧树脂，分子结构中不仅含有较多的苯环和羟基，而且有较长的柔性链，是专为柔性重防腐粉末涂料设计，其性能相当于同类进口树脂。与相应固化剂有极好的相容性，反应活性高，有很强的黏附力，可快速固化。钢筋、钢缆粉末、阀门粉、消防管道 2/5D 压扁，卓越的柔韧性	1. 推荐用量：树脂质量的 50%～100%； 2. 良好的柔韧性、抗冲击性
Amanda 1166ER 线型改性柔性环氧树脂	Amanda 1166 的升级产品	1. 推荐用量：树脂质量的 50%～100%； 2. 良好的柔韧性，抗冲击性
Amanda 1177HTM 改性高性能固体环氧树脂	一种改性高性能固体环氧树脂，专为功能重防腐粉末涂料设计；可快速固化，交联密度高，抗介质渗透能力强；卓越的流平性、抗冲击性等力学性能。Amanda 1177HTM 专用树脂与相应固化剂配合获得产品 T_g 值≥120℃（Amanda 1177HTM：979F09＝100：38）	1. 推荐用量：树脂质量的 70%～100%； 2. 卓越的刚性和耐湿热性，耐化学品性，耐溶剂性，耐阴极剥离性； 3. 良好的耐溶剂性、高柔韧性、高的 T_g； 4. 良好的抗弯曲性能：－30℃、3 度弯曲通过
Amanda 1177HTM(V) 改性高性能固体环氧树脂	是 Amanda 1177HTM 的升级型产品，专为功能重防腐粉末涂料设计；可快速固化，交联密度高，抗介质渗透能力强；卓越的流平性和抗冲击性等力学性能。Amanda 1177HTM(V)专用树脂与相应固化剂配合获得产品 T_g 值≥120℃［Amanda 1177HTM(V)：979F09＝100：38］	1. 推荐用量：树脂质量的 70%～100%； 2. 卓越的刚性和耐湿热性，耐化学品性，耐溶剂性，耐阴极剥离性； 3. 高柔韧性、高的 T_g； 4. 良好的抗弯曲性能：－30℃、3 度弯曲通过
Amanda 1177HTR 改性高性能固体环氧树脂	具有较好的耐溶剂性、高柔韧性、高的 T_g；专为功能重防腐粉末涂料设计；可快速固化，交联密度高，抗介质渗透能力强，涂膜具有卓越的流平性抗冲击性等力学性能。Amanda 1177HTR 专用树脂与相应固化剂配合获得产品的 T_g 值≥120℃（Amanda 1177HTR：979F09＝100：38）	1. 推荐用量：树脂质量的 70%～100%； 2. 卓越的刚性和耐湿热性，耐化学品性，耐溶剂性，耐阴极剥离性； 3. 良好的抗弯曲性能：－30℃、3 度弯曲通过
Amanda 1178HTR 改性高性能固体环氧树脂	具有耐溶剂、高柔韧性、高的 T_g 树脂；专为功能重防腐粉末涂料设计；涂膜具有卓越的流平性、抗冲击性等力学性能。Amanda 1178HTR 专用树脂与相应固化剂配合获得的产品，T_g 值≥120℃（Amanda 1178HTR：979F09＝100：38）	1. 推荐用量：树脂质量的 70%～100%； 2. 可快速固化，交联密度高，抗介质渗透能力强； 3. 涂膜具有卓越的刚性和耐湿热性，耐化学品性，耐溶剂性，耐阴极剥离性； 4. 良好的抗弯曲性能：－30℃、3 度弯曲通过
Amanda 1180M/1180V 改性高性能固体环氧树脂	专为功能重防腐粉末涂料设计；Amanda 1180 两大特点：一是可以高 T_g（T_g≥140℃）、高韧性（3 度弯曲通过）；二是高反应活性可实现 120℃×（10～20）min 固化。可快速固化，交联密度高，抗介质渗透能力强，涂膜具有卓越的流平性、抗冲击性等力学性能。专用树脂与相应固化剂配合获得高的 T_g 值	1. 推荐用量：树脂质量的 30%～100%； 2. 卓越的刚性和耐湿热性，耐化学品性，耐溶剂性，耐阴极剥离性
Amanda HE-10 耐候氢化双酚 A 型固体环氧树脂	可用于生产具有防腐功能的纯环氧的耐候型粉末涂料；固化物的物理性能同双酚 A 型环氧树脂相近。以满足粉末涂料的需要。与 Amanda 969E 配合效果显著	1. 推荐用量：树脂质量的 100%； 2. 耐候性好，电性能优良、加工工艺性好

粉末涂料用环氧树脂 E-12 红外光谱见图 4-3。在谱图中的特殊吸收峰 $3413cm^{-1}$ 是羟基 O—H 伸缩振动吸收峰；$2966cm^{-1}$、$2872cm^{-1}$ 是甲基 C—H 伸缩振动吸收峰；$1509cm^{-1}$ 是双酚 A 结构中，对位取代环骨架振动吸收峰特强；$1246cm^{-1}$ 是芳香醚不对称伸缩振动吸收峰强和宽；$952cm^{-1}$cm、$914cm^{-1}$、$771cm^{-1}$ 是端基环氧环吸收峰，$914cm^{-1}$ 为特征峰；$829cm^{-1}$ 是苯环上对位取代 C—H 面外弯曲振动吸收峰。双酚 A 环氧树脂的特征吸收峰是 $1509cm^{-1}$、$1246cm^{-1}$、$914cm^{-1}$、$829m^{-1}$。

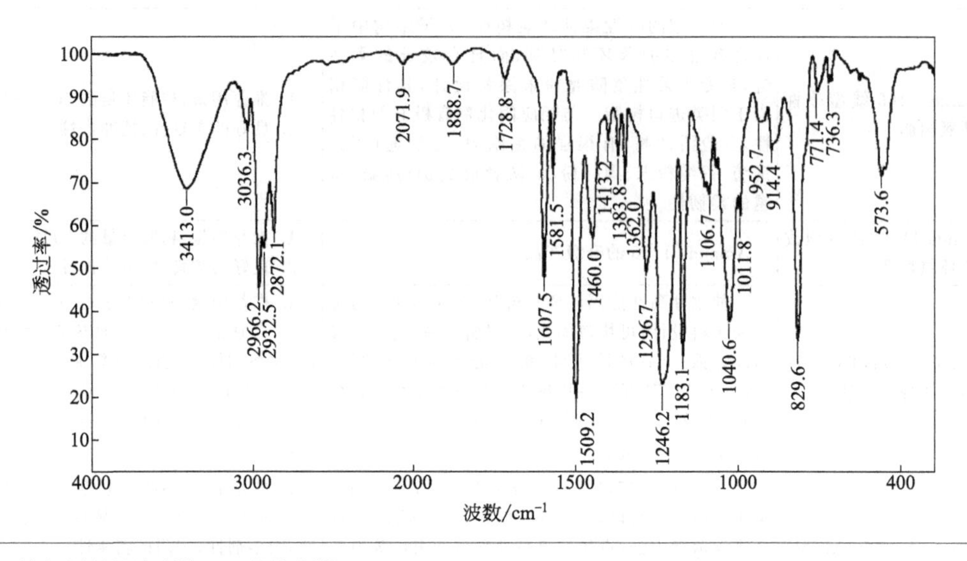

图 4-3 粉末涂料用环氧树脂 E-12 红外光谱图

为了提高环氧树脂的防腐性能，在线型酚醛树脂中，引入环氧端基得到线型酚醛环氧树脂，其化学结构如下：

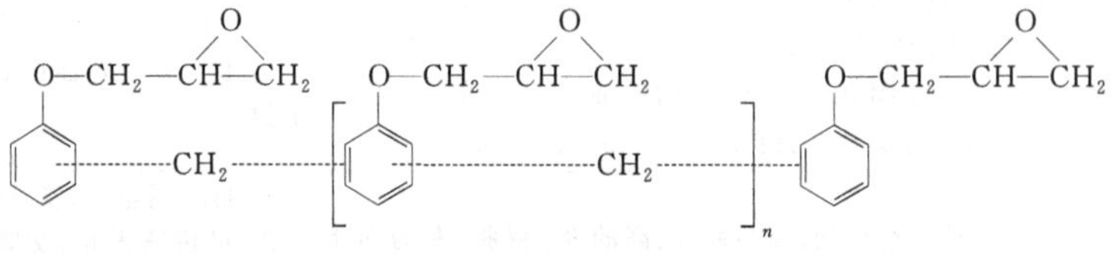

线型苯酚甲醛环氧树脂

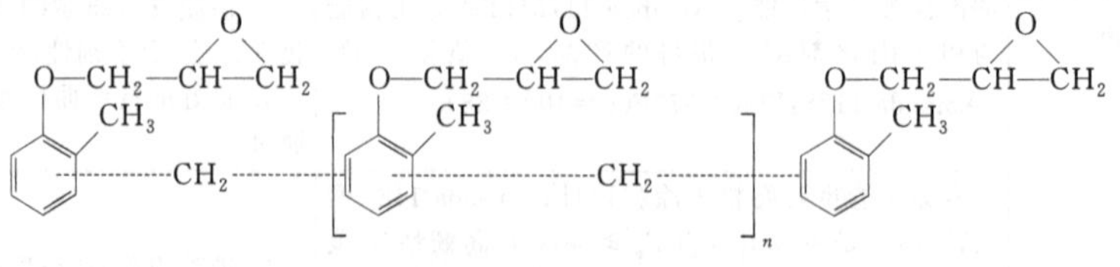

线型甲酚甲醛环氧树脂

这种酚醛改性环氧树脂比普通环氧树脂增加了环氧基团数目，也就是增加了官能度，用这种树脂配制的粉末涂料的涂膜交联密度增加，涂膜的耐热性、耐化学品性能等得到提高。因此，在输送天然气、石油和成品油、化工液态物料等要求重防腐的管道中都使用酚醛改性环氧粉末涂料。由大庆庆鲁朗润科技有限公司生产的 Amanda 1168 线型三环氧合成树脂是一种线型酚醛改性环氧树脂，在分子结构中不仅含有较多的苯环和羟基，而且还具有较长的柔性链，专为重防腐粉末涂料和液体涂料而设计的。这种树脂与固化剂有极好的相容性，反应活性高，黏合力强，固化速度快，交联密度高，涂膜的耐化学品性、耐溶剂性、耐阴极剥离性都很好，涂膜的流平性、柔韧性和冲击强度也很好。这种树脂的外观为淡黄色颗粒，软化点 95～120℃，环氧值 0.10～0.13eq/100g，有机氯≤0.001eq/100g，无机氯≤0.001eq/100g，挥发分≤0.5%。其在环氧粉末涂料中，可以单独使用，也可以作为 E-12 环氧树脂的改性剂来使用。

粉末涂料中可以使用的户外用环氧树脂，由于结构的特殊性，其制造成本高，因此工业化的品种少。这种树脂品种包括在环上有环氧基的脂环族环氧树脂和带缩水甘油基的脂环族环氧树脂。

Rickert 和 Christop 用三梨醇、甘露醇、季戊四醇与1,2,5,6-四氢苯甲醛（可用丁二烯与丙烯醛加成制造）在对甲苯磺酸催化下进行羟醛缩合，或通过1,2,5,6-四氢苯甲醛三聚得到中间体，然后将该中间体在过氧乙酸和无水乙酸钠的作用下，进行环氧化制得了几种能用于粉末涂料的脂环族环氧树脂。 用1,2,5,6-四氢苯甲醛制得的脂环族环氧树脂的合成中间体原料、产品收率、环氧值见表 4-16。

表 4-16 用 1,2,5,6-四氢苯甲醛制得的脂环族环氧树脂的合成中间体原料、产品收率和环氧值

试验号	中间体原料	产品收率/%	环氧值/(eq/100g)
1	甘露醇和 1,2,5,6-四氢苯甲醛	97	0.546
2	三梨醇和 1,2,5,6-四氢苯甲醛	88	0.553
3	1,2,5,6-四氢苯甲醛三聚物	94	0.755
4	季戊四醇和 1,2,5,6-四氢苯甲醛		
5	试验 2 中间体与试验 3 中间体 1∶1(摩尔比)混合	97	0.608
6	试验 1 中间体与试验 3 中间体 42∶52(摩尔比)混合	97	0.655
7	试验 3 中间体与试验 4 中间体 1∶1(摩尔比)混合	87	0.572

用上述的脂环族环氧树脂与聚酯树脂制得的粉末涂料，具有较好的反应活性和耐候性。在粉末涂料配方中，脂环族环氧树脂是作为聚酯树脂的固化剂。

脂环族缩水甘油醚型环氧树脂的品种，国外主要是氢化双酚 A 的缩水甘油醚，低分子量产品为液态，高分子量产品为固态，软化点可达到 95～105℃。在制备脂环族缩水甘油醚型环氧树脂时，先制备羟基的脂环族聚合物，然后再与环氧氯丙烷反应，这是制备高分子量脂环族缩水甘油醚采用的方法。新日本化学公司的田中等人采用含已烷结构的 $C_{2\sim30}$ 直链或支链脂环族多元醇与脂环族缩水甘油醚反应，形成端羟基的脂环族聚合物多元醇。然后该聚合物多元醇再与环氧氯丙烷反应，生成数均分子量 400～10000、环氧当量 100～5000g/eq 的脂环族环氧树脂，这种环氧树脂可以用于粉末涂料。按不同工艺条件制备的氢化双酚 A 环氧树脂的技术指标见表 4-17。

表 4-17 不同工艺条件下制备的氢化双酚 A 环氧树脂技术指标

项目	工艺条件和技术指标	树脂 A	树脂 B	树脂 C
配料比例	酯环醇/(g/mol)	HBPA① 123/0.5	CHDM② 72/0.5	HBPA① 123/0.5
	催化剂 1/(g/mol)	1.9	1.7	1.9
	催化剂 2/(g/mol)	1.9	0.9	0.7
	环氧氯丙烷/(g/mol)	55/0.6+55/0.5	55/0.6	30/0.32
	氢化双酚 A 环氧(g/mol)	85/0.2	160/0.38	152/0.36
	氢氧化钠/(g/mol)	50% 142/1.775	100% 24/0.6	100% 13/0.36

续表

项目	工艺条件和技术指标	树脂 A	树脂 B	树脂 C
产物指标	数均分子量	1010	1910	1860
	环氧当量/(g/eq)	302	476	890
	分子平均官能度	3.3	4.0	2.1
	环氧基/羟基(摩尔比)	0.4	0.75	0.72
	环氧氯丙烷/羟基(摩尔比)	1.2	0.6	0.32

① HBPA 为新日本化学氢化双酚 A Rikabinol HB。

② CHDM 为新日本化学 1,4-环己烷二甲醇 Rikabinol DM。

脂环族缩水甘油酯型环氧树脂的制备技术路线与缩水甘油醚型环氧树脂基本相同。可以通过相应的脂环族或酸酐，在催化剂的作用下与环氧氯丙烷反应，加碱脱氯化氢闭环，形成缩水甘油酯。在脱氯化氢的过程中，为了使反应完全必须加过量碱，这将使缩水甘油酯容易水解。因此，对反应体系的条件控制要求比较严格，技术难度较大，生产成本较高。脂环族缩水甘油酯型环氧树脂的主要品种有六氢邻苯二甲酸缩水甘油酯，国外已有工业化商品，如日本三井公司的 R-540、Ciba-Geigy 公司的 Araldite PY284。

用脂环族缩水甘油酯型环氧树脂与聚酯树脂配制的粉末涂料，具有良好的耐候性；除直接使用外，还可以用缩水甘油酯对聚酯树脂封端，变成环氧基聚酯。即使采用芳香族缩水甘油酯封端的聚酯树脂，其耐候性也比双酚 A 环氧树脂好，例如间苯二甲酸缩水甘油酯与端羧基聚酯反应得到的缩水甘油端基聚酯树脂，酸值 1.6，环氧当量 1930g/eq。用这种环氧树脂与聚酯树脂配制的粉末涂料，经紫外光老化和涂膜性能试验，并与 TGIC 树脂或 HAA 固化聚酯粉末涂料和双酚 A 环氧粉末涂料比较。其涂膜性能除冲击强度稍差外，耐候性明显优于双酚 A 型环氧粉末涂料，接近 TGIC 或 HAA 固化聚酯粉末涂料。

四、固化剂和相应配方及涂膜性能

环氧粉末涂料用固化剂除应具备一般粉末涂料用固化剂的条件外，还应具备可与环氧树脂中的环氧基、羟基等活性反应基团交联反应的活性基团。满足这种条件的固化剂品种很多，主要有双氰胺、取代双氰胺、芳香族胺、二羧酸二酰肼、酸酐、咪唑类、咪唑啉、环脒、三氟化硼胺络合物、酚羟基树脂、聚酯树脂、丙烯酸树脂等。在这些固化剂中，工业化大量使用的有机化合物类有双氰胺、取代双氰胺、癸二酸二酰肼、酸酐类、咪唑类和环脒类；树脂类的有酚羟基树脂、聚酯树脂、丙烯酸树脂等。芳香族胺因毒性问题几乎不使用；三氟化硼胺络合物因稳定性问题也不用；至于聚酯树脂固化的粉末涂料，已经成为热固性粉末涂料中的一大品种——环氧-聚酯粉末涂料，已自成体系，将在后面专门论述。下面具体介绍其他品种的常用环氧粉末涂料固化剂。

1. 双氰胺

双氰胺是环氧粉末涂料中最早工业化的固化剂品种，双氰胺的熔点为 210℃，温度在 180℃以下不与环氧树脂起化学反应，一定要到 200℃才与环氧树脂进行固化交联反应。

双氰胺与环氧树脂的相容性不好，要想得到好的分散性需要高温。在高温下双氰胺固化的环氧粉末涂料，涂膜颜色仍然很浅，也不黄变，涂膜力学性能也可以。这种固化剂的缺点是固化温度高，时间长。为了加快环氧树脂与双氰胺的固化反应速度和降低固化温度，一般添加固化促进剂，固化促进剂品种有咪唑类、环脒类、咪唑啉、胍啶、胍、三嗪、酰肼、叔胺、呱嗪、尿素衍生物、酚羟基化合物等。不同促进剂各有各的特点，例如咪唑类的反应活性强，胍啶和呱嗪可得到很好的力学性能，特别是冲击强度好。2-甲基咪唑促进双氰胺固化环氧粉末涂料配方例见表 4-18，2-甲基咪唑促进双氰胺固化环氧粉末涂料和涂膜性能技术指标见表 4-19。这种粉末涂料在环氧-粉末涂料品种中占的比例还不多。环氧树脂的价格比聚酯树脂便宜，20 世纪 80 年代推广得很多，但是随着环氧-聚酯粉末涂料的全面推广，环氧树脂价格比聚酯树脂贵很多的时候，除防腐方面外，推广应用得很少。

表 4-18　2-甲基咪唑促进双氰胺固化环氧粉末涂料配方例（浅灰色）

组　　成	用量/质量份	组　　成	用量/质量份
环氧树脂(E-12)	192	钛白	34
双氰胺	8	沉淀硫酸钡	57
2-甲基咪唑	0.3	轻质碳酸钙	6.0
通用流平剂	4.0	群青	0.4
光亮剂	3.0	炭黑	0.20
安息香	1.0		

注：固化条件为 180℃×20min。

表 4-19　2-甲基咪唑促进双氰胺固化环氧粉末涂料和涂膜性能技术指标

项　　目	技术指标和涂膜性能	项　　目	技术指标和涂膜性能
涂料		附着力(划格法)/级	0
外观	色泽均匀、松散无结块	冲击强度/N·cm　≥	490
密度/(g/cm³)	1.2～1.8(视品种而定)	杯突试验/mm　≥	7
细度(120 目筛余物)/%	0	柔韧性/mm　≤	2
胶化时间(180℃)	90～300	铅笔硬度　≥	2H
熔融水平流动性(180℃)/mm	22～30	耐盐水喷雾/h　>	1000
贮存稳定性/月	12	耐湿热/h　>	1000
固化条件/℃×min	180×20	耐水/h　>	240
涂膜性能		耐酸(5%HCl)/h　>	240
涂膜厚度/μm	50～70	耐碱(5%NaOH)/h　>	240
外观	平整，允许有轻微橘皮	耐盐水(3%NaCl)/h　>	240
60°光泽/%　≥	85	耐汽油/h　>	240

2. 取代双氰胺

双氰胺的熔点很高，反应活性也低，为了降低熔点使它容易与环氧树脂熔融混合均匀，同时提高反应活性，双氰胺可用氨加成而得到熔点低的加成双氰胺。加成双氰胺又可用芳香族化合物取代得到取代双氰胺，代表性的取代双氰胺有 2,6-二甲苯基缩二胍。这种固化剂是双氰胺的衍生物，熔点低，与环氧树脂的混溶性好，比双氰胺固化反应温度低，固化反应速率快，是很好的环氧树脂固化剂。用这种固化剂固化的环氧粉末涂料的外观、硬度、冲击强度、柔韧性、附着力和耐化学品性能都很好。这种固化剂的化学结构式如下：

加成双氰胺　　芳香族取代双氰胺

取代双氰胺的技术指标如下：

外观　　土白色或棕白色粉末

熔程　　130～140℃

氮含量　　≥35%

挥发分　　≤0.5%

用量　　环氧树脂质量的 4%～5%

固化条件　　180℃×15min 或 150℃×25min

取代双氰胺的红外光谱见图 4-4。从红外光谱可以看到，3470～3350cm^{-1} 是双氰胺的伯胺、仲胺、亚胺中 N—H 键伸缩振动吸收峰；3106cm^{-1} 是苯环上 C—H 伸缩振动峰，表明苯环存在；1612cm^{-1}、1528cm^{-1} 是苯环上 C═C 呼吸振动峰；1371cm^{-1} 是甲基对称面内振动特征吸收峰；1249cm^{-1} 是脂肪族 N—H 弯曲振动与 C—H 伸缩振动偶合峰；843cm^{-1}、798cm^{-1} 是伯胺 N—H 面外弯曲振动吸收峰；722cm^{-1} 是仲胺 N—H 面外弯曲振动吸收峰。

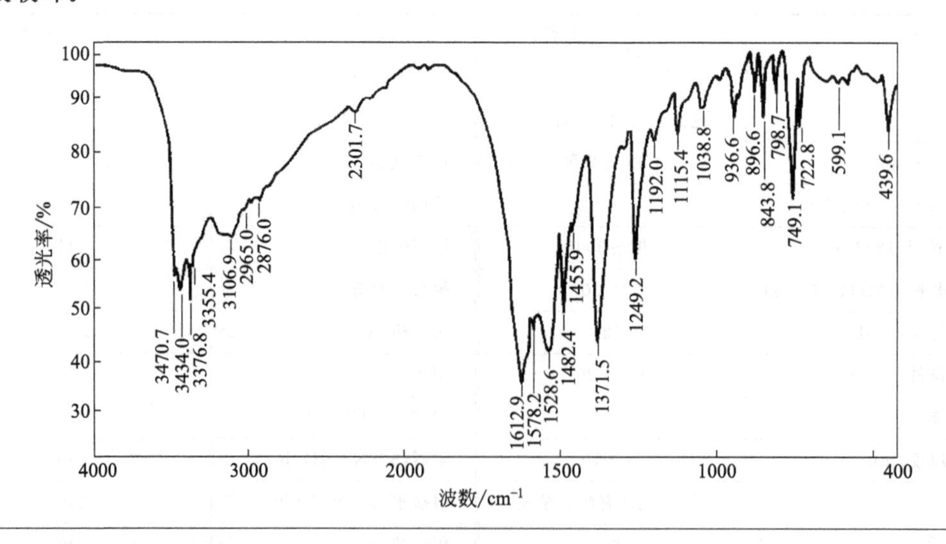

图 4-4　取代双氰胺的红外光谱图

取代双氰胺固化环氧粉末涂料配方例见表 4-20，取代双氰胺固化环氧粉末涂料涂膜性能技术指标见表 4-21。国外环氧粉末涂料用促进双氰胺和取代双氰胺的牌号、相应用量及涂膜性能见表 4-22。

表 4-20　取代双氰胺固化环氧粉末涂料配方例（深灰色）

组　　成	用量/质量份	组　　成	用量/质量份
环氧树脂(E-12)	190	钛白	18
取代双氰胺	10	沉淀硫酸钡	78
通用流平剂	4.0	轻质碳酸钙	6.0
光亮剂	3.0	炭黑	0.80
安息香	1.0		

注：固化条件为 180℃×15min 或 150×25min。

表 4-21　取代双氰胺固化环氧粉末涂料涂膜性能技术指标

项　　目	性能指标	项　　目	性能指标
固化条件/℃×min	180×15 或 150×25	铅笔硬度　≥	2H
涂膜厚度/μm	50～70	耐盐雾/h　>	1000
涂膜外观	平整,允许有轻微橘皮	耐湿热/h　>	1000
60°光泽/%	85	耐水/h　>	240
附着力(划格法)/级	0	耐酸(5%HCl)/h　>	240
冲击强度/N·cm　≥	490	耐碱(5%NaCl)/h　>	240
杯突试验/mm　≥	7	耐盐水(3%NaCl)/h　>	240
柔韧性/mm　≤	2	耐汽油/h　>	240

表 4-22　国外环氧粉末涂料用促进双氰胺和取代双氰胺的牌号、相应用量及涂膜性能

商品牌号	类型	生产公司	100g 环氧树脂用量/g	烘烤条件/℃×min
Epikure 107 FF	促进双氰胺	Shell Chemical	5.0	180×15
Epikure 108 FF	促进双氰胺	Shell Chemical	5.0	180×10
HT 2831	促进双氰胺	Ciba	5.5	180×10
DEH 40	促进双氰胺	Dow Chemical	5.0	180×10
DEH 41	促进双氰胺	Dow Chemical	5.0	180×10
HT 2833	促进双氰胺	Ciba	3.8	180×15
XB 2632	取代双氰胺	Ciba	3.9	180×10

商品牌号	涂膜性能						
	光泽	附着力	弯曲	耐水性	耐化学品性	耐溶剂性	颜色
Epikure 107 FF	一般	好	好	好	好	好	好
Epikure 108 FF	一般	好	好	好	好	好	好
HT 2831	一般	好	好	好	好	好	好
DEH 40	一般	好	好	好	好	好	好
DEH 41	一般	好	好	好	好	好	好
HT 2833	很好	好	很好	好	好	一般	好
XB 2632	很好	好	很好	好	好	好	好

3. 二羧酸二酰肼

二羧酸二酰肼是快速固化型环氧粉末涂料固化剂。因为实际应用的二羧酸二酰肼是长链脂肪族有机化合物，所以用它作固化剂的环氧粉末涂料，其涂膜的力学性能中柔韧性特别好。这种固化剂是在环氧粉末涂料中使用较多的品种。常用的品种有己二酸二酰肼、癸二酸二酰肼、间苯二甲酸二酰肼等，其中主要是癸二酸二酰肼。癸二酸二酰肼的化学结构式和性能指标如下：

化学结构式 $H_2N—HN—\overset{O}{\overset{\|}{C}}—\!\!\!\!\left[CH_2\right]_8—\overset{O}{\overset{\|}{C}}—NH—NH_2$

外观　白色结晶粉末

熔程　185～190℃

用量　环氧树脂质量的7%左右

固化条件　180℃×15min 或者 170℃×20min

癸二酸二酰肼固化剂与环氧树脂的混溶性较好，如果用促进剂，固化时间还可以大大缩短。这种环氧粉末涂料在烘烤时，涂膜抗黄变性好，适用于配制白色或浅色粉末涂料，涂膜的力学性能要比促进双氰胺固化环氧粉末涂料好，代表性的癸二酸二酰肼固化环氧粉末涂料配方例见表4-23。癸二酸二酰肼固化环氧粉末涂料涂膜性能技术指标见表4-24。

表 4-23　癸二酸二酰肼固化环氧粉末涂料配方例（中灰色）

组　成	用量/质量份	组　成	用量/质量份
环氧树脂(E-12)	186	钛白	26
癸二酸二酰肼	14	沉淀硫酸钡	70
通用流平剂	4.0	轻质碳酸钙	6.0
光亮剂(701)	3.0	炭黑	0.45
安息香	1.0		

表 4-24　癸二酸二酰肼固化环氧粉末涂料涂膜性能技术指标

项　目		性能指标	项　目		性能指标
固化条件/℃×min		180×15 或 170×20	耐盐雾/h	>	1000
涂膜厚度/μm		50～70	耐湿热/h	>	1000
外观		平整，允许有轻微橘皮	耐水/h	>	240
60°光泽/%	≥	85	耐酸(5%HCl)/h	>	240
附着力(划格法)/级		0	耐碱(5%NaOH)/h	>	240
冲击强度/N·cm	≥	490	耐盐水(3%NaCl)/h	>	240
柔韧性/mm	≤	2	耐汽油/h	>	240
铅笔硬度	≥	2H			

4. 咪唑类和环脒类及咪唑啉

咪唑类和环脒类是杂环化合物，是环氧树脂的良好固化剂，又是固化促进剂。用这种固化剂固化环氧粉末涂料，涂膜具有良好的力学性能，可以得到不同光泽的涂膜。咪唑类和环脒类固化剂的物性指标见表4-25。Hüls公司生产的环脒类固化剂B31、B55、B68的环氧粉末涂料配方例和涂膜性能见表4-26和表4-27。咪唑类不仅可以起到促进剂的作用，还可以起到固化剂的作用。单纯的咪唑类固化剂固化的环氧粉末涂料的涂膜力学性能不太好，一般不单独使用，多数情况下与其他固化剂配合使用。咪唑类固化剂与酚羟基树脂相配合固化环氧粉末涂料体系，可以制得 130℃低温固化或高温短时间固化的环氧粉末涂料，这种粉末涂料可以用在管道防腐方面。常用的 2-甲基咪唑，在环氧粉末涂料中的用量为环氧树脂总质量的 0.9%～1.0%，固化条件为 130℃×30min、160℃×20min、180℃×10min、200℃×5min。Hüls 公司的环脒类固化剂 B55 和 B68 属于消光固化剂，它是环脒与多元羧酸的络合物。主要原理是利用环脒与多元羧酸形成的络合物，在固化时两种反应性基团的反应速率不同，从而产生的两种不同产物之间的混溶性不好，涂膜表面产生不均匀收缩或互穿网络形成消光效果，其结果甚至可以得到无光涂膜。

表 4-25　咪唑类和环脒类固化剂的物性指标

名称和商品牌号	化学结构式	熔点/℃	沸点/℃	活性温度/℃	外观
2-甲基咪唑	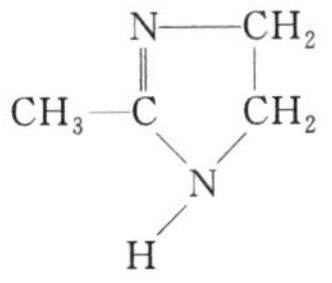 N—CH_2 CH_3—C　CH_2 N H	135～139	263～265	82～87	白色结晶
2-乙基咪唑	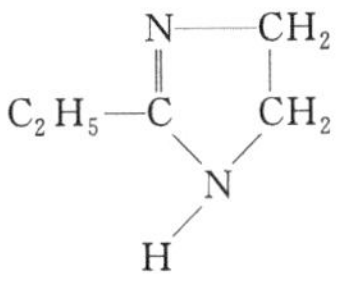 N—CH_2 C_2H_5—C　CH_2 N H	61～66	270～275	82～87	白色结晶
2,4-二甲基咪唑	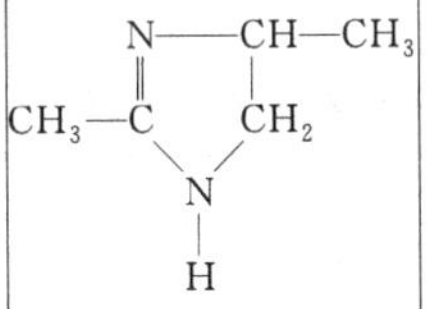 N—CH—CH_3 CH_3—C　CH_2 N H	92	276～278	82～87	白色结晶
环脒 SPI	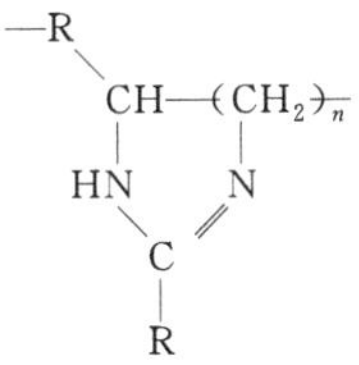 —R CH—$(CH_2)_n$ HN　N C R	80～95			浅黄色结晶
M68		192～210			白色结晶粉末
M68-2		>200			白色粉末
B31		99～101			浅黄色片状
B55		236～242			白色粉末
B68		200～227			白色粉末

表 4-26　环脒类固化剂固化环氧粉末涂料配方例　　单位：%

配方组成	1	2	3	4	5	6
环氧树脂(DER 664 U)	56.0	—	54.5	—	56.0	—
环氧树脂(DER 663 U)	—	55.5	—	54.0	—	55.5
B31	—	—	—	—	3.5	4.0
B55	3.5	4.0	—	—	—	—
B68	—	—	5.0	5.5	—	—
流平剂(Modaflow 2)	0.5	0.5	0.5	0.5	0.5	0.5
钛白粉	40	40	40	40	40	40
合计	100	100	100	100	100	100

表 4-27　环脒类固化剂固化环氧粉末涂料涂膜性能

项　　目	性能指标			检验方法
	配方 1、2	配方 3、4	配方 5、6	
涂膜厚度/μm	40～60	40～60	40～60	
60°光泽/%	20～25	5～10	100	
冲击强度/N·cm	9.04	4.52	9.04	
杯突试验/mm	7～8	4～5	>10	DIN 53156
摆杆硬度/s	170	120	180	DIN 53157
Buchhold 硬度	100	100	100	DIN 53153
轴棒弯曲/mm	<2	2	2	DIN 53152
附着力(划格法)/级	0	0	0	DIN 53151
耐磨性[①]/mg	50	50	50	
固化条件/℃×min	180×15	180×25	140×15	
配方中的固化剂品种	B55	B68	B31	

① Tabeis C-17，1kg，1000 次。

六安捷通达新材料有限公司的 K7101 加成咪唑固化剂，与环氧树脂的相容性好，涂膜的外观平整性、力学性能也很好，比用 2-甲基咪唑作固化剂所形成涂膜抗黄变性好。这种粉末涂料既可以低温固化（130℃×25min)，又可以高温短时间固化（200℃×5min)，在环氧粉末涂料中的用量为环氧树脂质量的 3%， K7101 固化剂固化环氧粉末涂料的参考配方见表 4-28。

表 4-28　捷通达 K7101 固化剂固化环氧粉末涂料的参考配方

项目	指标	项目		指标	
粉末涂料配方/质量份		固化条件和涂膜性能			
环氧树脂 E-12	500	固化条件/℃×min		200×5	130×25
固化剂 K7101	15	膜厚/μm		130	130
流平剂 PV88	8	外观		平整	平整
安息香	4	冲击强度(50cm)	正冲	通过	通过
钛白粉	140		反冲	通过	通过
硫酸钡	170				
共计	847				

环氧粉末涂料中常用的固化剂有 2-苯基咪唑啉，外观是浅黄色结晶粉末，熔程 90～103℃，氮含量 15%～22%，有效成分含量大于 98%，在环氧粉末涂料中的用量为 6%～7%，主要作为环氧粉末涂料的低温固化剂或高温快速固化剂使用，固化条件为 120℃×(30～35)min、140℃×20min、160℃×10min、200℃×(3～5)min。这种固化剂可作为环氧-聚酯粉末涂料的固化促进剂来使用。在环氧-聚酯粉末涂料中的用量为聚酯和环氧树脂总质量的 0.05%～0.3%。用这种固化剂取代 2-甲基咪唑可以克服环氧粉末涂料在烘烤固化过程中的涂膜黄变问题。这种固化剂相当于德国 Hüls 公司 B31 固化剂和国内一些厂家生产的 F31、H31、D31、P3、HT-18 等环氧粉末涂料低温或高温快速固化剂。

5. 多元羧酸铵盐和环脒多元羧酸（酐）盐

多元羧酸铵盐是环氧粉末涂料和环氧-聚酯粉末涂料中最常用的消光固化剂，由多元羧酸和有机胺组成的铵盐。另外，环脒多元羧酸（酐）有机盐也可以作为环氧和环氧-聚酯粉末涂料的消光固化剂。宁波南海化学有限公司生产的 XG603-1A 消光固化剂、JG803A 固化剂和固化促进剂，它们是环脒多元羧酸（酐）盐消光固化剂或多元羧酸有机胺的铵盐消光固化剂。XG603-1A 消光固化剂和 JG803A 固化剂的技术指标可参考前面第二章粉末涂料组成中的助剂部分。XG603-1A 消光固化剂固化环氧粉末涂料配方例和涂膜性能见表 4-29；JG803A 固化剂固化环氧粉末涂料配方见表 4-30。

表 4-29　XG603-1A 消光固化剂固化环氧粉末涂料配方例和涂膜性能

配方和性能	指标	
涂料配方/质量份	配方 1(白)	配方 2(黑)
环氧树脂(E-12)	200	200
XG603-1A 消光固化剂	20	20
XG603-2A 消光固化剂	—	—
通用型流平剂	4.0	4.0
光亮剂(701)	3.0	3.0
安息香	1.0	1.0
聚乙烯蜡	3.0	3.0
钛白	70	—
沉淀硫酸钡	25	77
炭黑	—	3.0
涂膜性能		
涂膜厚度/μm	50～70	50～70
外观	平整光滑	平整光滑
60°光泽/%　≤	10	10
附着力(划格法)/级	0	0
柔韧性/mm　≤	3	3
冲击强度/N·cm　≥	490	490
铅笔硬度　≥	2H	2H
固化条件/℃×min	180×20，190×15	180×20，190×15

表 4-30　JG803A 固化剂固化环氧粉末涂料配方　　单位：质量份

原料	配方 1	配方 2
环氧树脂 E-12	565	—
环氧树脂 E-14	—	560
JG803A 固化剂	35	40
流平剂	10	10
钛白粉	240	240
沉淀硫酸钡	150	150
总计	1000	1000

注：固化条件为 120℃×30min 或 200℃×5min。

6. 酸酐加成物

酸酐类是环氧粉末涂料的重要固化剂之一。酸酐固化剂有邻苯二甲酸酐、四氢苯二甲酸酐、内次甲基四氢苯酐、偏苯三甲酸酐、均苯四甲酸二酐、二苯甲酮四甲酸二酐、乙二醇二偏苯三甲酸酐酯等。

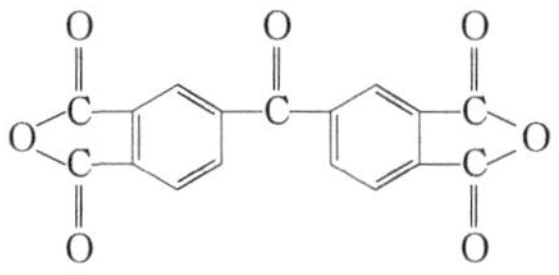

二苯甲酮四甲酸二酐

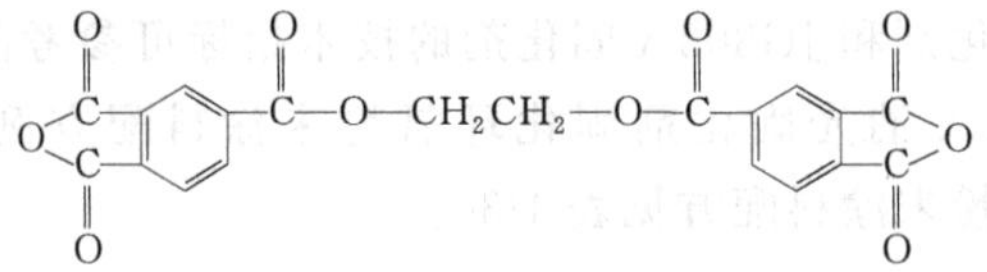

乙二醇二偏苯三甲酸酐酯

因为小分子的酸酐容易分解，刺激性强，所以一般都将酸酐进行改性，以降低它的刺激性，这样还可以改善固化涂膜的力学性能，特别是涂膜的柔韧性有明显的提高。一般改性酸酐固化环氧粉末涂料的固化速率快，交联密度高，涂膜的力学性能、耐化学品性能、耐热性和保色性都很好。这种粉末涂料的缺点是容易吸潮，影响粉末涂料的贮存稳定性，从而影响涂膜流平性和机械强度。改性均苯四酸二酐固化的无光环氧粉末涂料配方和改性酸酐超快速固化环氧粉末涂料配方见表 4-31 和表 4-32。

表 4-31　改性均苯四酸二酐固化的无光环氧粉末涂料配方

组　　分	用量/%	组　　分	用量/%
双酚 A 型环氧树脂	56	钛白	40
改性均苯四酸二酐	3.5	流平剂	0.5

注：固化条件为 180℃×20min（60°光泽 20%）。

表 4-32　改性酸酐超快速固化环氧粉末涂料配方

组　　分	用量/质量份	组　　分	用量/质量份
双酚 A 型环氧树脂	100	钛白	19.5
改性酸酐固化剂	12.4	氧化铝	5.5
聚乙烯醇缩丁醛	2.4	流平剂	0.5

注：固化条件为 180℃×min 或 250℃×10s。

酸酐固化环氧粉末涂料的固化反应基本原理为：环氧树脂的羟基同酸酐反应生成酯基和羧基；生成的羧基再与环氧基反应生成酯基和羟基；羟基又和酸酐基反应。这样就形成环氧基同羧基反应，羧基同羟基反应和环氧基的连锁自聚，从而形成涂膜的梯形结构。

国外公司环氧粉末涂料用酸酐类固化剂的商品牌号、特性以及涂膜性能见表 4-33。

表 4-33　国外公司酸酐类固化剂商品牌号、特性及涂膜性能

商品牌号	类型	生产公司	100g 树脂的用量/g	烘烤条件/℃×min
PMDA	酸酐	Veba-Chemie	13.3	200×20
XB. 2622	酸酐	Ciba-Geigy	12.4	180×10
XB. 2731	促进酸酐	Ciba-Geigy	12.4	180×5
LMB 1521	促进酸酐	Ciba-Geigy	12.4	180×3
XD 5566	酸酐加成物	Daw Chemical	18.0	180×10

商品牌号	涂　膜　性　能						
	光泽	附着力	弯曲	耐水性	耐化学品性	耐溶剂性	颜色
PMDA	差	好	一般	好	好	很好	很好
XB. 2622	差	好	好	好	好	很好	很好
XB. 2731	差	好	好	好	好	非常好	很好
LMB 1521	差	好	好	好	好	非常好	好
XD 5566	一般	好	好	很好	好	很好	好

7. 酚羟基树脂

酚羟基树脂是环氧粉末涂料中常用的重要固化剂，主要用于重防腐蚀和电绝缘方面。这种固化剂是低分子量的环氧树脂与双酚A在碱催化下，经过加成反应得到的酚羟端基的树脂型固化剂。为了调整固化剂产品的性质，有的产品用二元羧酸进行扩链。酚羟基树脂的品种和生产厂家也比较多，下面列举生产厂家和生产品种。

（1）GHF2250酚羟基树脂固化剂

技术指标

外观	透明颗粒或粉末
软化点	80～90℃
酚羟基当量	230～250g/eq
固含量	≥99%

这种固化剂是由南海化学有限公司生产的酚羟基树脂固化剂，与环氧树脂E-12（环氧当量800～850g/eq）反应时用量为环氧树脂量的17%～25%，具体用量决定于环氧树脂的当量。该固化剂本身不含催化剂，必须添加固化促进剂，固化促进剂的添加量决定固化温度和固化时间，不仅可以做到低温固化，还可以做到高温快速固化，所得环氧粉末涂料有优异的流平性、抗腐蚀性能和力学性能。GHF2250固化剂固化环氧粉末涂料的配方和涂膜性能见表4-34。

表4-34 GHF2250固化剂固化环氧粉末涂料的配方和涂膜性能

项目	配方1	配方2	配方3	配方4
粉末涂料配方/质量份				
环氧树脂E-12	456.4	480	—	—
环氧树脂E-14(恒远)	—	—	444	468
GHF2250固化剂(南海)	103.6	80	116	92
2-甲基咪唑	3	3	3	3
流平剂GLP588	10	10	10	10
增光剂BLC701	8	8	8	8
安息香	4	4	4	4
钛白粉	240	240	240	240
硫酸钡	175	175	175	175
总计	1000	1000	1000	1000
涂膜性能				
膜厚/μm	60～80	60～80	60～80	60～80
正反冲击强度/N·cm	490	490	490	490

（2）JECP-01B、JECP-02B、JECP-03B重防腐环氧粉末涂料用固化剂

这种固化剂是由江苏常熟佳发化学有限责任公司开发和生产的产品，用二元酚、二元醇和环氧化合物合成的端羟基酚醛树脂与端羟基聚醚树脂的复合物，是重防腐用JECP-01A酚醛环氧树脂、JECP-02A改性酚醛环氧树脂、E-12CF环氧树脂等的固化剂，JECP-01B类似于Ciba公司HT-3082环氧树脂固化剂。JECP-01B、JECP-02B和JECP-03B重防腐环氧粉末涂料专用固化剂技术指标见表4-35；用重防腐用固化剂配制的重防腐环氧粉末涂料的配方见表4-36；用重防腐用固化剂配制重防腐环氧粉末涂料的胶化时间和固化时间见表4-37；这种重防腐环氧粉末涂料的涂膜性能见表4-38。

表 4-35 常熟佳发化学有限责任公司重防腐环氧粉末涂料专用固化剂技术指标

型 号	JECP-01B	JECP-02B	JECP-03B	检验方法
外观	浅黄色透明固体	浅黄色透明固体	浅黄色透明固体	目测
软化点/℃	90～100	90～100	75～85	环球法
黏度(25℃)①/mPa·s	240～400	240～300	150～250	ISO 9371D
色度(GARDNER 法) ≤	2	2	2	ISO 4670
羟基当量	250～300	280～320	280～320	乙酸酐-吡啶法

① 40%乙二醇丁醚树脂溶液。

表 4-36 常熟佳发化学有限责任公司重防腐用固化剂配制的重防腐环氧粉末涂料参考配方（质量份）

编号		环氧树脂	固化剂	颜填料①	促进剂	建议用防腐层
1	型号	JECP-01A/E-12	JECP-01B			
	用量	70/30～50/50	25～30	60～70	0～0.5	三层 PE
2	型号	JECP-02A	JECP-02B			
	用量	100	23～27	60～70	0～0.5	双层 FBE
3	型号	JECP-01A/E-12	JECP-03B			
	用量	20/80～50/50	20～27	60～70	0.1	单层 FBE

① 建议钛白粉 10～12 份，活性硅微粉（400～600 目）20～30 份，硫酸钡 50～60 份，气相二氧化硅 1～2 份，其他颜料 1～2 份。

表 4-37 常熟佳发化学有限责任公司重防腐用固化剂配制重防腐环氧粉末涂料的胶化时间和固化时间

配方号	胶化时间/s		固化时间/s		建议固化条件/s	
	210℃	230℃	210℃	230℃	210℃	230℃
1	15～25	10～20	100～120	70～90	120～150	90～100
2	12～20	8～15	80～90	70～80	100～120	90～100
3	10～18	8～13	80～90	70～80	100～120	90～100
测试方法	热板法		DSC 法			

注：配方编号与表 4-36 中的配方相对应。

表 4-38 常熟佳发化学有限责任公司重防腐环氧粉末涂料涂膜性能

项 目	性能指标	项 目	性能指标
外观	平整,无缩孔,轻微橘皮	耐化学腐蚀①	不脱色、不起泡
阴极剥离(65℃×48h)/mm ≤	6	抗 1.5J 冲击(−30℃)②	不开裂
阴极剥离(20℃×28d)/mm ≤	8	断面孔隙率/级 ≤	3
抗 3°弯曲(−30℃)	无裂纹	粘接面孔隙率/级 ≤	3
电气强度/(MV/m)	38	附着力(24h 或 48h)/级 ≤	2
体积电阻率/Ω·cm ≥	3.0×10^{13}	固化条件/℃×min	200×5,230×3

① 耐化学腐蚀试验介质：a. 稀盐酸 pH2.5～3.5；b. 10%氯化钠加稀盐酸 pH2.5～3.5；c. 10%氯化钠水溶液；d. 蒸馏水；e. 5%氢氧化钠水溶液；f. 等当量碳酸钠和碳酸镁饱和水溶液。

② 检验方法参考《钢质管道熔结环氧粉末涂层技术标准》(SY/T 0315—2013) 和《钢质管道熔结环氧粉末涂层技术标准》(SY/T 0442—2018)。

（3）V-205、V-2051W、V-208、V-209、V-2081、V-2081W、V-2083、酚羟基树脂固化剂

这是由陕西金辰永悦新材料有限公司生产的环氧粉末涂料用固化剂产品，可与固体双酚 A 环氧树脂、特种改性酚醛环氧树脂、邻甲酚醛环氧树脂等配伍，制造防腐、绝缘、包封等功能性粉末涂料。V-205、V-2051W、V-208、V-209、V-2081W、V-2081、V-2083、V-2088 酚羟基树脂固化剂技术指标和特点及用途见表 4-39，用 V-205 酚羟基树脂固化剂固化高韧性钢筋用环氧粉末涂料配方见 4-40，用 V-205 酚羟基树脂固化剂固化高韧性管道阀门用环氧粉末涂料配方见 4-41，用 V-209 酚羟基树脂固化剂固化低温固化环氧粉末涂料配方见表 4-42，用 V-2088 酚羟基树脂固化剂固化单层管道用环氧粉末涂料配方见表 4-43，用 V-

2088 酚羟基树脂固化剂固化 FE 三层管道用环氧粉末涂料配方见表 4-44，用 V-208 和 V-2088 酚羟基树脂固化剂固化较高耐热等级管道环氧粉末涂料配方见表 4-45。

表 4-39　陕西金辰永悦新材料有限公司 V-205、V-2051W、V-208、V-209、V-2081W、V-2081、V-2083、V-2088 酚羟基树脂固化剂技术指标和特点及用途

型号	技术指标		特点	用途
V-205	外观	白色或淡黄色颗粒	基于改性双酚 A 的一种改性酚树脂类固化剂；交联剂活性高，制成粉末涂料可具有良好的流平性、化学抗性和绝缘性；涂膜有突出的抗冲击和抗弯曲性；粉末涂料的储存稳定性和施工性也非常出色	可与固体双酚 A 型环氧树脂、特殊改性酚醛环氧树脂、邻甲酚醛环氧树脂配伍，制造防腐、绝缘、包封等功能性粉末涂料。推荐用于管道熔结、钢筋、钢绞线、电子包封等环氧粉末涂料
	软化点/℃	100～110		
	含水量/% ≤	0.40		
	羟值/(eq/100g)	0.28～0.33		
	密度/(g/cm³)	1.15～1.25		
V-2051W	外观	白色或淡黄色颗粒	一种改性酚树脂类固化剂；与 V-205 类似，所制得的涂膜有突出的抗冲击和抗弯曲性，比它具有更强的反应活性，涂膜具有更好的附着力、耐湿热性	可与固体双酚 A 型环氧树脂、特殊改性酚醛环氧树脂、邻甲酚醛环氧树脂配伍，制造防腐、绝缘、包封等功能性粉末涂料。推荐用于制造有强韧性要求的管道熔结、钢筋、钢绞线、电子包封等环氧粉末涂料
	软化点/℃	102～108		
	含水量/% ≤	0.40		
	羟值/(eq/100g)	0.38～0.43		
	密度/(g/cm³)	1.15～1.25		
V-208	外观	白色或淡黄色颗粒	基于双酚 A 的二官能团酚树脂类固化剂。具有较高的反应活性，生成的涂膜具有良好的流平性和附着力、抗腐蚀性、绝缘性以及较好的韧性。交联密度适中，力学性能优越，对环氧树脂适应性更广泛	可与固体双酚 A 型环氧树脂、特殊改性酚醛环氧树脂、邻甲酚醛环氧树脂等配伍，制造防腐、绝缘、包封等功能性粉末涂料。推荐用于制造各种熔结环氧粉末涂料、防腐环氧粉末涂料、电子包封料等
	软化点/℃	90～100		
	含水量/% ≤	0.4		
	羟值/(eq/100g)	0.31～0.38		
	密度/(g/cm³)	1.15～1.25		
V-209	外观	白色或淡黄色颗粒	一种新型含多种官能团的合成树脂固化剂。具有良好的中低温反应性，和环氧树脂有良好的相容性，生成的涂膜具有出色的流平性、力学性能、抗溶剂性、防腐蚀性和绝缘性	可与多种固体环氧树脂配伍，制造中低温固化功能性粉末涂料。可以实现 120℃×30min、120℃×20min 固化。用于电子包封料也可实现 100℃下良好固化。推荐用于制造低温固化功能性粉末涂料、电子包封料等
	软化点/℃	80～90		
	含水量/% ≤	0.4		
	羟值/(eq/100g)	0.41～0.48		
	密度/(g/cm³)	1.15～1.25		
V-2081W	外观	浅黄色颗粒	一种特殊改性酚树脂型固化剂。具有较高的反应活性，生成的涂膜具有良好的流平性和力学性能。与传统的 V-2081 交联剂相比，明显提高了涂膜附着力、耐湿热性和抗阴极剥离能力，进一步提高了固化反应的放热量和涂膜的玻璃化转变温度	可与固体双酚 A 型环氧树脂、各种改性环氧树脂配伍，制造防腐、绝缘、包封等功能性粉末涂料。推荐用于制造各种熔结环氧粉末涂料、防腐环氧粉末涂料、电子包封料等
	软化点/℃	90～100		
	含水量/% ≤	0.4		
	羟值/(eq/100g)	0.4～0.48		
	密度/(g/cm³)	1.15～1.25		
V-2081	外观	浅黄色颗粒	一种特殊改性酚树脂型固化剂。具有较高的反应活性，生成的涂膜具有良好的流平性和力学性能。与传统的环氧固化剂相比，可明显提高涂膜的附着力，耐湿热性、耐盐雾性，提高抗阴极剥离能力	可与固体双酚 A 型环氧树脂、各种改性环氧树脂配伍，制造防腐、绝缘、包封等功能性粉末涂料。推荐用于制造各种熔结环氧粉末涂料、防腐环氧粉末涂料、电子包封料等
	软化点/℃	90～100		
	含水量/% ≤	0.4		
	羟值/(eq/100g)	0.40～0.48		
	密度/(g/cm³)	1.15～1.25		
V-2083	外观	浅黄色颗粒	一种特殊改性酚醛树脂型固化剂，具有较高的反应活性，与传统的酚树脂类固化剂相比，可明显提高固化反应速率，提高涂膜的附着力和保色性	可与固体双酚 A 型环氧树脂配伍，制造防腐、绝缘、包封等功能性粉末涂料。推荐用于制造各种熔结环氧粉末涂料、防腐环氧粉末涂料、电子包封料等
	软化点/℃	90～100		
	含水量/% ≤	0.40		
	羟值/(eq/100g)	0.40～0.48		
	密度/(g/cm³)	1.15～1.25		

续表

型号	技术指标		特点	用途
V-2088	外观	浅黄色颗粒	固化剂用量少，交联密度大，防腐性能更佳	用于制造钢质管道烧结环氧粉末涂料、防腐粉末涂料、电子包封料等
	软化点/℃	92～98		
	含水量/% ≤	0.40		
	羟值/(eq/100g)	0.47～0.52		
	密度/(g/cm³)	1.15～1.25		

表 4-40　用 V-205 酚羟基树脂固化剂固化高韧性钢筋用环氧粉末涂料配方

单位：质量份

配方组成	型号	配方 1	配方 2
双酚 A 型环氧树脂	904H	30	30
双酚 A 型环氧树脂	907	40	40
改性环氧树脂	ES-202A	30	—
改性环氧树脂	ES-302D	—	30
固化剂	99.5%	18	18
2-甲基咪唑		1.0	1.0
颜填料		25	25
助剂		适量	适量

表 4-41　用 V-205 酚羟基树脂固化剂固化高韧性管道阀门用环氧粉末涂料配方

单位：质量份

配方组成	型号	配方 1	配方 2	配方 3
双酚 A 型环氧树脂	E-12	70	70	70
双酚 A 型环氧树脂	907	30	15	—
改性环氧树脂	ES-202A	—	15	30
固化剂	V-205	20	20	20
2-甲基咪唑	99.5%	0.6～0.8	0.6～0.8	0.6～0.8
颜填料		50	50	50
助剂		适量	适量	适量
备注		较低成本配方		较好韧性和流平性

表 4-42　用 V-209 酚羟基树脂固化剂固化低温固化环氧粉末涂料配方 单位：质量份

配方组成	型号	配方 1	配方 2	配方 3
环氧树脂	E-12	100	100	100
聚酯树脂	高酸值	—	—	50
固化剂	V-209	15	15	8.0
2-甲基咪唑		0.5～0.7	—	—
A601 促进剂		—	1.8～2.0	1.0
颜填料		适量	适量	适量
助剂		适量	适量	适量
备注		出色低温固化性	适合浅色、透明粉，储存稳定性好，120℃×25min 或 130℃×(10～15)min 固化	150℃×(10～15)min 固化

表 4-43　用 V-2088 酚羟基树脂固化剂固化单层管道用环氧粉末涂料配方

单位：质量份

配方组成	型号	配方 1	配方 2	配方 3
双酚 A 型环氧树脂	E-12	100	90	90
改性环氧树脂	ES-503	—	—	10
酚醛改性环氧树脂	ES-302B	—	10	—

续表

配方组成	型号	配方 1	配方 2	配方 3
固化剂	V-2088	15	16	18
2-甲基咪唑	99.5%	0.4	0.35	0.35
颜填料		60	60	60
助剂		适量	适量	适量
备注		低成本配方	高性能配方	高性能配方

表 4-44 用 V-2088 酚羟基树脂固化剂固化 FE 三层管道用环氧粉末涂料配方

单位：质量份

配方组成	型号	配方 1	配方 2	配方 3
双酚 A 型环氧树脂	E-12	100	90	90
改性环氧树脂	ES-503	—	—	10
改性环氧树脂	ES-302B	—	10	—
固化剂	V-2088	15	16	16.5
2-甲基咪唑	99.5%	0.5	0.45	0.45
颜填料		60	60	60
助剂		适量	适量	适量
备注		低成本配方	高性能配方	高性能配方

表 4-45 用 V-208 和 V-2088 酚羟基树脂固化剂固化较高耐热等级管道环氧粉末涂料配方

单位：质量份

配方组成	型号	配方 1	配方 2	配方 3
双酚 A 型环氧树脂	E-12	—	—	50
改性环氧树脂	ES-503	100	100	50
固化剂	V-208	—	40	—
固化剂	V-2088	34	—	28
2-甲基咪唑	99.5%	0.3	0.4	0.4
颜填料		60	60	60
助剂		适量	适量	适量
备注		T_g 约 117℃，放热量≥65J/g		较低成本，耐热温度较低

国外公司生产的环氧粉末涂料用酚羟基树脂固化剂型号和技术指标见表 4-46。

表 4-46 国外公司生产的环氧粉末涂料用酚羟基树脂固化剂型号和技术指标

型号	羟基当量/(g/eq)	黏度(150℃)/mPa·s	软化点/℃	说明
D. E. H. 85(陶氏化学)	250～280	290～470	83～93	未改性酚类固化剂
D. E. H. 84(陶氏化学)	240～270	290～470	83～93	酚类固化剂，含 1.9%固化促进剂
D. E. H. 80(陶氏化学)	240～270	290～470	83～93	酚类固化剂，含 0.7%固化促进剂，2.5%流平剂
D. E. H. 81(陶氏化学)	240～270	290～470	83～93	酚类固化剂，含 2%固化促进剂，2.5%流平剂
D. E. H. 82(陶氏化学)	235～265	290～470	83～93	酚类固化剂，含 3.5%固化促进剂，2.5%流平剂
D. E. H. 87(陶氏化学)	370～400	1200～1600	96～102	未改性高分子酚类固化剂，以提高柔韧性
KD404/405(韩国国都)	230～260		73～85	酚类固化剂，含固化促进剂
KD406(韩国国都)	375～425		90～110	酚类固化剂，含固化促进剂
Aradur(迅达化学)	230～250	240～290	73～85	未改性酚类固化剂

环氧粉末涂料中常用的固化剂酚羟基树脂的红外光谱见图 4-5。从谱图中可以看到有

3035cm^{-1}、2965cm^{-1}、1609cm^{-1}、1582cm^{-1}、1510cm^{-1}、1246cm^{-1}、830cm^{-1} 等表征双酚 A 的主要吸收峰，与环氧树脂 E-12 相同。因为分子结构中没有环氧基团，所以在谱图中没有 914cm^{-1} 的环氧基特征吸收峰。

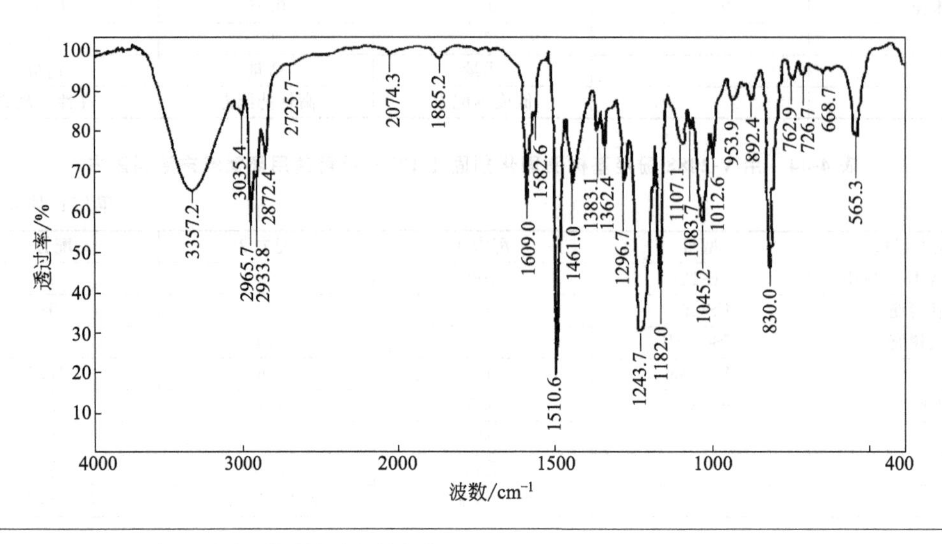

图 4-5 环氧粉末涂料中常用固化剂酚羟基树脂红外光谱图

8. 酚醛树脂

醇溶性酚醛树脂和线型酚醛树脂可作为环氧粉末涂料的固化剂。这种树脂也可以看作酚羟基树脂的一种，醇溶性酚醛树脂与环氧树脂的相容性好。为了控制羟基的反应活性，用丙烯基或丁基进行醚化。这种环氧粉末涂料的反应机理是酚醛树脂的酚羟基与环氧树脂的环氧基反应，与上述的酚羟基树脂固化剂的反应机理是一样的。醇溶性酚醛树脂一般是液态，通过特殊的制造工艺制成固态树脂后使用。线型酚醛树脂也可以作为环氧粉末涂料固化剂。叔胺、六次甲基四胺、咪唑类等可作为这种体系的固化促进剂。陕西金辰永悦新材料有限公司的酚醛树脂固化剂的型号和规格见表 4-47。线型酚醛树脂固化环氧粉末涂料配方和涂膜技术指标见表 4-48。线型酚醛树脂固化酚醛改性环氧树脂的粉末涂料配方和涂膜性能见表 4-49 和表 4-50。由大庆庆鲁朗润科技有限公司生产的 Amanda 969、Amanda 989 和 Amanda 999 是羟端基类酚醛树脂固化剂。这种固化剂是通过增韧扩链，生成柔性链和刚性链相结合的改性酚醛树脂，能与一般双酚 A 型和酚醛改性环氧树脂配合使用，可以得到高性能的重防腐环氧粉末涂料。这些固化剂中，Amanda 989、Amanda 999 是以 Amanda 969 为基础开发的新产品，其中 Amanda 989 具有优异的柔韧性，适合于配制钢筋粉末涂料；用 Amanda 999 配制的粉末涂料，成膜后交联密度高，耐湿热性能很好，适合于配制防腐粉末涂料，这些固化剂的技术指标见表 4-51，由大庆庆鲁朗润科技有限公司生产的环氧粉末涂料用功能性固化剂的型号和特点见表 4-52。

表 4-47 陕西金辰永悦新材料有限公司的酚醛树脂固化剂的型号和规格

项目	V-801 固化剂	V-802 固化剂	V-803 固化剂
外观	白色或黄色颗粒	白色或黄色颗粒	白色或黄色颗粒
软化点/℃	95～105	120～130	100～110

续表

项目	V-801 固化剂	V-802 固化剂	V-803 固化剂
含水量/% ≤	0.40	0.40	0.40
羟基值/(eq/100g)	0.45～0.55	0.80～0.83	0.40～0.50
密度/(g/cm³)	1.15～1.25	1.15～1.25	1.15～1.25
特点	涂膜具有较高的交联密度，涂膜抗渗透性、硬度、耐酸性、耐温性、湿态黏结力及吸湿后电性能好。缺点是涂膜脆性大	涂膜具有较高的交联密度，涂膜抗渗透性、硬度、耐酸性、耐温性好。缺点是涂膜脆性大	涂膜具有较高的交联密度，涂膜抗渗透性、硬度、耐酸性、耐温性、湿态黏结力及吸湿后电性能好。缺点是涂膜脆性大
用途	用于制造重防腐粉末涂料、电子包封料和其他环氧系高性能复合材料	用于制造重防腐粉末涂料、电子包封料和其他环氧系高性能复合材料	用于制造重防腐粉末涂料、电子包封料和其他环氧系高性能复合材料

表 4-48　线型酚醛树脂固化环氧粉末涂料配方和涂膜性能

项目	配方 1	配方 2	配方 3	配方 4
配方组成/质量份				
环氧树脂(DER 664)	800	600	500	1000
线型酚醛树脂	200	400	500	—
双氰胺	44	33	28	55
钛白	400	400	400	400
助剂	25	25	25	25
粉末涂料性能				
胶化时间(200℃)/s	55	45	50	95
熔融流动性(200℃)/mm	40	35	30	53
软化点/℃	90	95	97	90
固化条件/℃×min	200×20	200×20	200×20	200×20
涂膜性能				
60°光泽/%	95	95	95	95
铅笔硬度	3H	3H	3H	3H
杯突试验/mm	2.3	1.4	1.3	7.3
冲击强度①/N·cm	490	490	490	490
耐磨性②/mg	43	32	24	63
耐丁醇(浸泡软化时间)/s	35	50	70	2

① DuPont 法，Φ0.5in (1.27cm)×500g。

② Tabers CS-17，1kg，1000 次。

表 4-49　线型酚醛树脂固化酚醛改性环氧树脂粉末涂料配方

配 方 组 成	用量/质量份	配 方 组 成	用量/质量份
酚醛改性环氧树脂	57	助剂	2
线型酚醛树脂	20	流平剂	1
颜料和填料	20	促进剂	少量

表 4-50　线型酚醛树脂固化酚醛改性环氧树脂粉末涂料涂膜性能

项　　目	性能指标	项　　目	性能指标
固化条件/℃×min	180×4	绝缘电阻/Ω·m²	$>1\times10^8$
	230×1	阴极剥离①/mm	≤8
附着力①/级	1	10%盐酸溶液(90d)	无变化
抗弯曲①/级	1	10%氢氧化钠溶液(90d)	无变化
抗冲击②/J	23.4	10%氯化钠溶液(90d)	无变化
耐磨性③/(L/μm)	≥3.0	蒸馏水浸泡(90d)	无变化

① CAN/CSA—Z245，20—M92。

② ASTM G 14—77。

③ ASTM D 968—1981A。

表 4-51　大庆庆鲁朗润科技有限公司生产的酚醛树脂固化剂

型　号	Amanda 969	Amanda 989	Amanda 999
外观	淡黄色颗粒	淡黄色颗粒	淡黄色颗粒
软化点/℃	86	120	90
羟值/(mol/100g)	0.52	0.42	0.55
挥发分/%	0.2	0.2	0.2
推荐用量(按环氧树之总量)/%	20～24	26	20～24

注：1. 环氧树脂/固化剂（质量）按下列公式计算：环氧值/(0.6～0.8)×羟值＝固化剂质量/环氧树脂质量。

2. 环氧树脂：固化剂：2-甲基咪唑＝100：(20～24)：(0.65～1.0)。

表 4-52　大庆庆鲁朗润科技有限公司生产的环氧粉末涂料用功能性固化剂型号和特点

型号和名称	概述	特点
Amanda 969A-2 羟基封端酚类固化剂	属于羟基封端酚类固化剂，与环氧树脂相容性好，制得的涂膜耐蚀性、韧性远优于酚醛环氧体系，所以应用更加广泛。用于防腐和管道涂料：三层 FBE、单层 FBE。达到或超过了 SY/T 0315 及 SY/T 0413、Q/CNPC 38 标准所规定的主要技术指标。其防腐蚀性能优异，与 Amanda 1168 配合用于管道内涂满足 GB/T 5135.20—2010 自动喷水灭火系统第 20 部分涂覆钢管 1/5 D 压扁要求	1. 推荐用量：环氧树脂（环氧当量 800～900）：固化剂＝100：(20～26)。可依据客户要求定制。诸如：促进剂、羟基含量、软化点等。 2. 实际应用中还须加入催化剂以加快反应速度。常用的催化剂有季胺类、咪唑类、硼化物等，一般咪唑较为常用
Amanda 969A-1M18 羟基封端酚类固化剂	属于羟基封端酚类固化剂，与环氧树脂相容性好，制得的涂膜耐蚀性、韧性远优于酚醛环氧体系，所以应用更加广泛。反应活性高，用于防腐和管道涂料：三层 FBE、单层 FBE。达到或超过了 SY/T 0315 及 SY/T 0413 标准所规定的主要指标	1. 推荐用量：环氧树脂（环氧当量 800～900）：固化剂＝100：(20～22)。可依据客户要求定制。诸如：促进剂、羟基含量、软化点等。 2. 含有 1.8% 的催化剂，FBE 一次膜厚 300μm 以上
Amanda 969B01 羟基封端酚类固化剂	属于羟基封端酚类固化剂，与环氧树脂相容性好，制得的涂膜耐蚀性、韧性远优于酚醛环氧体系，所以应用更加广泛。酚类固化剂反应活性高；用于防腐和管道涂料：三层 FBE、单层 FBE、双层 FBE、阀门粉；达到或超过了 SY/T 0315 及 SY/T 0413、Q/CNPC 38 标准所规定的主要指标	1. 推荐用量：环氧树脂（环氧当量 800～900）：固化剂＝100：(22～28)。可依据客户要求定制含促进剂的产品。 2. 柔韧性突出，同一体系中冷冻零下 30℃，3 度弯曲相比较：Amanda 969B01 ＞ Amanda 969A-2
Amanda 969C01 羟基封端酚类固化剂	属于羟基封端酚类固化剂，与环氧树脂相容性好，制得的涂膜耐蚀性、韧性远优于酚醛环氧体系，所以应用更加广泛。酚类固化剂反应活性高；用于防腐和管道涂料：三层 FBE、单层 FBE、双层 FBE、阀门粉；达到或超过了 SY/T 0315 及 SY/T 0413、Q/CNPC 38 标准所规定的主要指标	1. 推荐用量：环氧树脂（环氧当量 800～900）：固化剂＝100：(22～28)。可依据客户要求定制含促进剂的产品。 2. 柔韧性突出，同一体系中冷冻零下 30℃，3 度弯曲相比较
Amanda 969C03 羟基封端酚类固化剂	属于羟基封端酚类固化剂，与环氧树脂相容性好，制得的涂膜耐蚀性、韧性远优于酚醛环氧体系，所以应用更加广泛。酚类固化剂反应活性高；用于防腐和管道涂料：三层 FBE、单层 FBE、双层 FBE、阀门粉；达到或超过了 SY/T 0315 及 SY/T 0413、Q/CNPC 38 标准所规定的主要指标	1. 推荐用量：环氧树脂（环氧当量 800～900）：固化剂＝100：(22～28)。可依据客户要求定制含促进剂的产品。 2. 柔韧性及抗冲击性等力学性能卓越；同一体系中冷冻零下 30℃，3 度弯曲相比较：Amanda 969C03＞Amanda 969 B01＞Amanda 969A-2。 3. 含有 2.5%的流平剂及 2%的 2-甲基咪唑促进剂
Amanda 969C03X 羟基封端酚类固化剂	属于羟基封端酚类固化剂，与环氧树脂相容性好，制得的涂膜耐蚀性、韧性远优于酚醛环氧体系，所以应用更加广泛。酚类固化剂反应活性高；用于防腐和管道涂料：三层 FBE、单层 FBE、双层 FBE、阀门粉；达到或超过了 SY/T 0315 及 SY/T 0413、Q/CNPC 38 标准所规定的主要指标，还可满足 GB/T 5135.20—2010 自动喷水灭火系统第 20 部分涂覆钢管 1/5D 压扁要求，及 CJ120 标准要求	1. 推荐用量：环氧树脂（环氧当量 800～900）：固化剂＝100：(20～26)。可依据客户要求定制含促进剂的产品。 2. 柔韧性及抗冲击性等力学性能卓越；同一体系中冷冻零下 30℃，3 度弯曲相比较：Amanda 969C03X＞Amanda 969 B01 ＞Amanda 969A-2。 3. 含有 2.5%的流平剂及 2%的 2-甲基咪唑促进剂。 4. 对底材的附着力性能优异

续表

型号和名称	概述	特点
Amanda 969D-1 快速固化固化剂	属于改性羟基封端酚类固化剂，适宜管道外防腐粉末涂料；三层 FBE、单层 FBE；对树脂及填料选择性强，胶化时间短	1. 推荐用量：环氧树脂（环氧当量 800～900）：固化剂=100：(15～18)。可依据客户要求定制含促进剂的产品。 2. 固化速率快，制板工艺：210℃预热 45min—喷涂—210℃固化 2min—水冷。 3. 耐高温阴极剥离：9～11mm(65℃±3℃，30d，1.5V)；加速：4～6mm(3.5V，65℃±3℃，48h)，达到或超过了西气东输二线管道工程技术规格书 CQE200700506-SP-CP-0001、川气东送管道工程技术规格书 CHPP-SPE-100000CC01-01、印度管道工程技术规格书 EWPL00-PL-0004 所规定的主要指标
Amanda 969F02X 耐高温阴极剥离固化剂	属于改性羟基封端酚类固化剂，适宜管道外防腐粉末涂料；三层 FBE、单层 FBE、双层 FBE，可满足 GB/T 23257—2017 和 SY/T 0315—2013 标准要求。此固化剂使用温度范围宽，对树脂及填料选择性不强	1. 推荐用量：环氧树脂（环氧当量 800～900）：固化剂=100：(20～24)。 2. 耐高温阴极剥离：3.5～6mm(65℃±3℃，30d，1.5V)；附着力优异，Amanda 969F02X＞Amanda 969D-1＞Amanda 969A/B/C 系列
Amanda 969T02X 耐高温阴极剥离固化剂	属于改性羟基封端酚类固化剂，适宜管道外防腐粉末涂料；三层 FBE、单层 FBE、双层 FBE，可满足 GB/T 23257、SY/T 0315 和 CSA Z245.21-10、DIN 30670 标准要求。此固化剂使用温度范围宽，对树脂及填料选择性不强	1. 推荐用量：环氧树脂（环氧当量 800～900）：固化剂=100：(20～24)。 2. 耐高温阴极剥离：3.5～6mm(65℃±3℃，30d，1.5V)
Amanda 969T02(SD)附着力卓越固化剂	属于改性羟基封端酚类固化剂，适宜管道内、外防腐粉末涂料；单层 FBE、双层 FBE。此固化剂使用温度范围宽，对树脂及填料选择性不强，可满足 GB/T 23257、SY/T 0315、SY/T 0442 和 ISO 21809-2、NACE RP-0394-02、CSA Z245.20-14、CSA Z245.21-10、DIN 30670 及标准要求，还可满足 GB/T 5135.20—2010 自动喷水灭火系统第 20 部分涂覆钢管 1/5D 压扁要求及 CJ120 标准要求	1. 推荐用量：环氧树脂（环氧当量 800～900）：固化剂=100：(20～22)。 2. 耐高温阴极剥离：3.5～6mm(65℃±3℃，30d，1.5V)。 3. 温度范围宽，管内壁附着力卓越。 此固化剂使用涉及饮用水，通过中国疾病预防控制中心环境与健康相关产品安全所检验
Amanda 969E 接枝热塑型固化剂	属于接枝热塑改性羟基封端酚类固化剂，适宜管道外防腐粉末涂料；单层 FBE。既有热固性粉末附着力强、抗冲击强度大、耐磨、耐划伤的特性，又有热塑性粉末涂层耐候性好、不粉化、涂层表面硬度高的特性。达到或超过了 SY/T 0315 标准所规定的主要指标。用于管道内涂，满足 GB/T 5135.20—2010 自动喷水灭火系统第 20 部分涂覆钢管 1/5D 压扁要求	1. 推荐用量：环氧树脂（环氧当量 800～900）：固化剂=100：(32～36)。 2. 耐候性：120 天室外无失光、无粉化；300 天室外无粉化。 3. 多层 FBE（熔融型环氧树脂基粉末）系统 Amanda-T-Coating；三层 FBE 中的中间层、抗凿性、抗冲击性强。弹性中间层（弹簧效应、吸收和缓释能量）
Amanda 969DM 绝缘粉末固化剂	属于改性羟基封端酚类固化剂，适宜绝缘防腐粉末涂料、电子包封料和其他环氧系高性能复合材料。具有更好的力学性能、出色的流平性及化学抗性及高阻抗性，适用于电机定子和转子	1. 推荐用量：环氧树脂（环氧当量 800～900）：固化剂=100：(15～18)。可依据客户要求定制含促进剂的产品。 2. 具有极高的交联密度，高的绝缘性。 3. 固化性能：220℃固化 3min 或 200℃固化 5min。 4. 实际应用中还须加入催化剂以加快反应速度，常用的催化剂有季胺类、咪唑类、硼化物等，一般咪唑较为常用

续表

型号和名称	概述	特点
Amanda 969DM(R)绝缘粉末柔性固化剂	属于改性羟基封端酚类固化剂,适宜绝缘防腐粉末涂料、电子包封料和其他环氧系高性能复合材料	1. 推荐用量:环氧树脂(环氧当量 800~900):固化剂=100:(15~18)。可依据客户要求定制含促进剂的产品。 2. 具有柔性、电子包封料高的绝缘性。 3. 固化性能:220℃固化 3min 或 200℃固化 5min
Amanda 979B 附着力卓越固化剂	属于多官能团改性酚类固化剂,适用于“西气东输二线”X80 钢管道外防腐的低温重防腐环氧粉末涂料及涂装技术;达到或超过了西气东输二线管道工程 Q/SY GJX0106-2007 附录 A 所规定的主要指标。与 Amanda 1167 / 1177 配合用于高性能防腐环氧粉末涂料的要求:获得高的 T_g 值(≥100℃)	1. 推荐用量:环氧树脂(环氧当量 800~900):固化剂=100:(20~22)。可依据客户要求定制含促进剂的产品。 2. 低温快速固化,制板工艺:200℃预热 45min—喷涂—200℃固化 3min—水冷。 3. 内管附着力卓越。 4. 高温阴极剥离:9~11mm(65℃±3℃,30d,1.5V);耐阴极剥离:11~13mm(95℃±3℃,30d,1.5V)
Amanda 979 F10 低温快固化耐高温阴极剥离固化剂	属于多官能团改性酚类固化剂,适用于“西气东输二线”X80 钢管道外防腐的低温重防腐环氧粉末涂料及涂装技术,同时可满足加拿大 CSA Z245.20-06 标准;与 Amanda 1167/1177 配合用于高性能防腐环氧粉末涂料的要求:获得高的 T_g 值(≥100℃)	1. 推荐用量:环氧树脂(环氧当量 800~900):固化剂=100:(19~20),可依据客户要求定制产品。 2. 低温固化快,制板工艺:190℃预热 45min—喷涂—190℃固化 3min 或(170℃固化 3min)—水冷。 3. 高温阴极剥离:4~6mm(65℃±3℃,30d,1.5V);达到或超过了西气东输二线管道工程 Q/SY GJX0106-2007 附录 A 所规定的主要指标;耐阴极剥离:8~10mm(80℃±3℃,30d,1.5V)。 4. 内、外管附着力皆卓越
Amanda 979 F06 低温快固化耐高温阴极剥离固化剂	属于多官能团改性酚类固化剂,适用于“西气东输二线”X80 钢管道外防腐的低温重防腐环氧粉末涂料及涂装技术,同时可满足加拿大 CSA Z245.20-06 标准;与 Amanda 1167/1177 配合用于高性能防腐环氧粉末涂料的要求:获得高的 T_g 值(≥100℃)	1. 推荐用量:环氧树脂(环氧当量 800~900):固化剂=100:16。可依据客户要求定制产品。 2. 低温固化快,制板工艺:170℃预热 50min—喷涂—(170℃固化 3min)—水冷。 3. 高温阴极剥离:3.5~6mm(65℃±3℃,30d,1.5V);达到或超过了西气东输二线管道工程 Q/SY GJX0106-2007 附录 A 所规定的主要指标;耐阴极剥离:8~10mm(80℃±3℃,30d,1.5V)。 4. 内、外管附着力皆卓越
Amanda 979C 节能型固化剂	属于多官能团改性酚类固化剂,适宜管道及各种管件外防腐粉末涂料;三层 FBE、单层 FBE。达到或超过了 SY/T 0315 及 SY/T 0413 标准所规定的主要指标,应用于节能型防腐粉末涂料	1. 推荐用量:环氧树脂(环氧当量 800~900):固化剂=100:(20~22)。 2. 低温固化快,制板工艺:烘烤:175℃ 45min—喷涂—固化 175℃ 1min,冷却;或 0.5mm 薄板—喷涂—固化 175℃ 1min,或 0.5mm 薄板—喷涂—固化 120℃ 30min,冷却。 3. 内、外管附着力优异
Amanda 989C 涂覆阀门专用固化剂	属于改性酚类固化剂,适用于钢筋粉末涂料、阀门粉末涂料、重防腐环氧粉末涂料及其涂装技术。用于钢筋粉末涂料,对涂装工艺要求高	1. 推荐用量:环氧树脂(环氧当量 800~900):固化剂=100:(32~34)。 2. 卓越的柔韧性、抗冲击性等力学性能。 3. 固化工艺:用于阀门粉末涂料需预热:250℃×40min,固化:180℃×20min(15min,30min 也可;20min 最佳),流平性及附着力好

续表

型号和名称	概述	特点
Amanda 989A-2 涂覆钢筋专用固化剂	属于接枝改性酚类固化剂，适用于钢筋、钢缆、消防管道 1/5D 压扁重防腐环氧粉末涂料及涂装技术。与 Amanda 1166 柔性树脂配合使用，适用于钢筋、钢缆、消防管道，其指标达到 JG 3042、JG/T 502、GB/T 5135.20—2010、HG/T 5366—2018 要求	1. 推荐用量：环氧树脂（环氧当量 800～900）：固化剂＝100：19。 2. 卓越的柔韧性、弯曲性能：直径 12 钢筋 4D 弯曲。 3. 胶化时间短，固化速率快：制条工艺：245℃烤 45min—喷涂—不回烤—水冷，通过；胶化时间：6～7s
Amanda 989A-2T 涂覆钢筋专用固化剂	本产品属于接枝改性酚类固化剂，适应钢筋、钢缆、消防管道 1/5D 压扁重防腐环氧粉末涂料及涂装技术。卓越柔韧性，附着力好，与 Amanda 1166/Amanda 1166ER 柔性树脂配合使用，适用于钢筋、钢缆、消防管道，其指标达到 JG 3042、JG/T 502、GB/T 5135.20—2010、HG/T 5366—2018 要求	1. 推荐用量：环氧树脂（环氧当量 800～900）：固化剂＝100：(18～32)，可依据客户要求定制含促进剂的产品。 2. 卓越的柔韧性，附着力好。 3. 弯曲性能：直径 20 钢筋 4D 弯曲，通过。 4. 弯曲后附着力仍然好。 5. 胶化时间短，固化速率快：制条工艺：245℃烤 45min—喷涂—不回烤—水冷；胶化时间：6～7s
Amanda 999 耐湿热固化剂	含多种官能团的固化剂，不含促进剂，对金属、合金、不锈钢、镀镍、镀铬 、玻璃、增强塑料等多种基材有优良的附着力	1. 推荐用量：环氧树脂（环氧当量 800～900）：固化剂＝100：(24～28)。 2. 对多种难粘底材有良好的附着力
Amanda 879X 耐高温阴极剥离固化剂	改性固化剂（三种官能团），不含促进剂，适宜管道外防腐粉末涂料；单层 FBE、双层 FBE，耐高温阴极剥离：3.5～4mm(65℃±3℃，30d，1.5V)；可满足 SY/T 0315、SY/T 0442 和 ISO 21809-2、NACE RP-0394-02、CSA Z245.20-14、CSA Z245.21-10、DIN 30670 标准要求	1. 推荐用量：环氧树脂（环氧当量 800～900）：固化剂＝100：(12～13)。 2. 胶化时间短，固化速率快。 3. 耐高温阴极剥离性能好：3.5～4mm(65℃±3℃，30d，1.5V)
Amanda 879XM 耐高温阴极剥离固化剂	改性固化剂（三种官能团），含有 2% 的促进剂，适宜管道外防腐粉末涂料；单层 FBE、双层 FBE，耐高温阴极剥离：3.5～4mm(65℃±3℃，30d，1.5V)；可满足 SY/T 0315、SY/T 0442 和 ISO 21809-2、NACE RP-0394-02、CSA Z245.20-14、CSA Z245.21-10、DIN 30670 标准要求	1. 推荐用量：环氧树脂（环氧当量 800～900）：固化剂＝100：(12～13)。 2. 含有 2% 的促进剂。 3. 胶化时间短，固化速率快。 4. 耐高温阴极剥离性能好：3.5～4mm(65℃±3℃，30d，1.5V)
Amanda 959-1 中温快速固化固化剂	一种新型含两种官能团的合成树脂类固化剂，含有促进剂，不抗黄变；适用于制造中低温固化的功能性粉末涂料，也可用于电子包封料。可以实现(120～130)℃×(25～30)min 固化，节能；可用于工程塑料制品、木材、钢材等的喷涂；用于电子包封料可实现 100℃下良好固化；完全可以替代聚酯树脂、双氰胺生产具有防腐功能的纯环氧户内半光、亚光、纹理的各色粉末涂料。用于阀门粉不回烤工艺有成功应用	推荐用量：环氧树脂（环氧当量 800～900）：固化剂＝100：(20～22)
Amanda 959-1W 抗黄变中温固化剂	一种新型含多种官能团的合成树脂类固化剂，适用于制造中低温固化的功能性粉末涂料，抗黄变；可生产具有防腐功能的纯环氧的白色粉末涂料。工程塑料烘烤：120℃ 20min—喷涂(100μm)—固化 130℃ 30min，自然冷却	1. 推荐用量：环氧树脂（环氧当量 800～900）：固化剂＝100：(20～22)。不需加促进剂。 2. 抗黄变。 3. 固化速率快：制板工艺：铁板烘烤：245℃ 50min—喷涂(400μm)—固化 220℃ 3min，自然冷却。或 200℃ 50min—喷涂(400μm)—固化 180℃ 7min，自然冷却，节能

续表

型号和名称	概述	特点
Amanda V92X抗黄变超低温固化剂	本产品属于合成树脂类固化剂，适用于制造中低温固化的功能性粉末涂料，抗黄变；可用于工程塑料制品、木材、MDF等。相当于IMIDAZOLE(BLOCKED) HARDENER G92。与多官能团树脂Amanda 1180M配合使用，固化温度更低	1. 推荐用量：环氧树脂(环氧当量800～900)：固化剂＝100：(19～22)。不需加促进剂。 2. 抗黄变。 3. 低温固化速率快：工程塑料烘烤：70℃ 20min—喷涂(100μm)—固化130℃ 25min，自然冷却。薄铁板喷涂工艺：喷涂(100μm)—固化120℃ 30min，自然冷却
Amanda V92XT玻璃制品低温固化剂	属于合成树脂类固化剂，适用于制造中低温固化的功能性粉末涂料，用于玻璃底材时附着力可达到1级	1. 推荐用量：环氧树脂(环氧当量800～900)：固化剂＝100：(19～22)。 2. 用于玻璃底材时附着力可达到1级。 3. 不需加促进剂，抗黄变
Amanda V92XT玻璃制品低温固化剂	属于合成树脂类固化剂，适用于制造中低温固化的功能性粉末涂料，用于玻璃底材时附着力可达到1级	1. 推荐用量：环氧树脂(环氧当量800～900)：固化剂＝100：(19～22)。 2. 用于玻璃底材时附着力可达到1级。 3. 不需加促进剂，抗黄变
Amanda 115P加速双氰胺固化剂	属于加速双氰胺固化剂，主要用于配制快速固化[200℃×(2～5)min或140℃×10min]的环氧粉末涂料，以形成不黄变、光滑平整的耐腐蚀性涂膜，可以单独使用，也可以与其他固化剂结合使用。可以用于制造汽车发动机专用粉末涂料，相当于Resolution公司的EPI-CURE P108或Thomas Swan公司的CASAMID 780	1. 推荐用量：环氧树脂(环氧当量800～900)：固化剂＝100：(3～4)。 2. 提供适度低温或快速固化
Amanda 125P加速双氰胺固化剂	属于加速双氰胺固化剂，主要用于配制快速固化[200℃×(2～5)min或140℃×10min]的环氧粉末涂料，以形成不黄变、光滑平整的耐腐蚀性涂膜，可以单独使用，也可以与其他固化剂结合使用。可以用于制造汽车发动机专用粉末涂料，相当于Resolution公司的EPI-CURE P108或Thomas Swan公司的CASAMID 780	1. 推荐用量：环氧树脂(环氧当量800～900)：固化剂＝100：(2.5～3.5)。 2. 提供适度低温或快速固化
Amanda 150P(101P)加速双氰胺固化剂	本产品属于加速双氰胺固化剂，主要用于配制快速固化[200℃×(2～5)min或140℃×10min]的环氧粉末涂料，以形成不黄变、光滑平整的耐腐蚀性涂膜，可以单独使用，也可以与其他固化剂结合使用。可以用于制造汽车发动机专用粉末涂料，相当于Resolution公司的EPI-CURE P108或Thomas Swan公司的CASAMID 780	1. 推荐用量：环氧树脂(环氧当量800～900)：固化剂＝100：(2～3)。 2. 可以作为纯环氧体系催化剂使用。 3. 提供适度低温或快速固化
Amanda 118P耐高温阴极剥离固化剂	属于改性双氰胺固化剂，适宜管道外防腐粉末涂料；三层FBE、单层FBE、双层FBE，耐高温阴极剥离：3.5～6mm(65℃±3℃，30d，1.5V)；可满足GB/T 23257、SY/T 0315和CSA Z245.21-10、DIN 30670标准要求。此固化剂使用温度范围宽，对树脂及填料选择性不强，体系放热量高	1. 推荐用量：环氧树脂(环氧当量800～900)：固化剂＝100：(3.0～3.5)。 2. 耐高温阴极剥离：3.5～6mm(65℃±3℃，30d，1.5V)
Amanda 9698耐溶剂粉末涂料专用固化剂	属于改性固化剂，不含促进剂，适用于制造管道内防腐粉末涂料；具有卓越的耐腐蚀性及高抗渗透性，可以有效抵制高浓度的各种酸碱、各种强溶剂(芳香烃如：甲苯、二甲苯；脂肪烃如：汽油、煤油、柴油；活性溶剂如：乙醇、丙酮)、高含量Cl^-的侵蚀。胶化时间长。玻璃化转变温度高	1. 推荐用量：环氧树脂(环氧当量800～900)：固化剂＝100：(10～12)。 2. 卓越的耐腐蚀性及高抗渗透性

续表

型号和名称	概述	特点
Amanda 9887M 汽车轮毂粉末涂料专用固化剂	属于改性固化剂，含 0.12%促进剂，适宜汽车轮毂粉末涂料	1. 推荐用量：环氧树脂(环氧当量 800～900)：固化剂=100：(10～12)。 2. 具有卓越的耐腐蚀性及高抗渗透性。 3. 硬度高、流平好、胶化时间长。 4. 玻璃化转变温度高
Amanda 972 粉末涂料专用固化剂	属于特殊固化剂(活泼氢双官能团)，适用于制造功能性粉末涂料，具有良好的防腐蚀性和绝缘性，固化时间：200℃×60min	1. 推荐用量：环氧树脂(环氧当量 800～900)：固化剂=100：(6～7)。 2. 优良柔韧性、抗冲击性等力学性能。 3. 提供优异的附着力。 4. 抗黄变。 5. 耐湿热性卓越
Amanda 973 粉末涂料专用固化剂	属于特殊固化剂(活泼氢双官能团)，适用于制造功能性粉末涂料，具有良好的防腐蚀性和绝缘性，抗冲击性等力学性能，固化时间：200℃×60min	1. 推荐用量：环氧树脂(环氧当量 800～900)：固化剂=100：(5.5～6)。 2. 卓越的耐湿热性。 3. 提供卓越的附着力
Amanda T60SB 新型固化促进剂	Amanda T60SB 是新开发的纯环氧粉末涂料体系的固化促进剂，是一种封闭型的改性咪唑，可增加粉末涂料的储存稳定性；可实现 70～110℃解封，解封后催化活性强，可催化快速固化。这样就可实现用中频涂覆；可实现：(230～210)℃×(1～3)min 固化	
Amanda T70S 新型固化促进剂	适用于纯环氧型、防腐粉末涂料等，具有固化促进作用。封闭型固化促进剂常温低活性，高温活性高；有利粉末的储存稳定。相当于日本四国化成公司 2MZ-A。推荐用量 1%～2%	
Amanda T80S 新型固化促进剂	适用于纯环氧型、防腐粉末涂料等，具有固化促进作用。封闭型固化促进剂常温低活性，高温活性高有利粉末的储存稳定；抗黄变性卓越。相当于日本四国化成公司 2PZ-OK。推荐用量 1%～2%	
Amanda TH01 新型固化催化剂	同其他助剂一起在快速搅拌器中搅拌，然后同所有的成分一起挤出。适用于各种热固性粉末涂料：纯环氧型、防腐粉末涂料等，是异氰酸酯加成咪唑物，具有固化促进作用，降低体系的反应温度。推荐用量 1%～5%	
Amanda PTC-07 纯聚酯(TGIC 固化体系)的固化促进剂	新开发的纯聚酯(TGIC 固化体系)的固化促进剂，具有固化促进作用。降低体系的反应温度。ACME PTC-07 可实现：固化 230℃×2min，这样就可实现用中频加热进行涂覆的方式；也可低温固化，可实现：固化 130℃ × 25min；120℃ × 30min。推荐用量 0.1%～0.3%	
Amanda 965 纯聚酯(TGIC 固化体系)体系的固化促进剂	新开发的 ACME965 聚酯体系的固化促进剂(TGIC、环氧-聚酯、Araldite PT-910 固化体系)，具有固化促进作用。降低体系的反应温度，含 5%催化剂母粒，加速羧基/环氧基团反应。大大提高了粉末涂料配方的催化剂分散，用于室内粉末和室外粉末使用。可实现：固化 230℃×2min，这样就可实现用中频加热进行涂覆的方式；可实现：固化 130℃ × 30min；相当于 P964(氰特特种化工 CRYLCOAT 164)。推荐用量 1.8%～3.8%	
Amanda 595A 摩擦增电助剂	是活性剂母粒的摩擦电助剂，载体是纯聚酯树脂，可以有效提高粉末带电性，提高上粉率的添加剂；可用于户内粉末和户外粉末。相当于摩擦助剂 P950(氰特特种化工)。推荐用量 3%～4%	

用大庆庆鲁朗润科技有限公司 Amanda 969A 固化单层环氧熔结粉末涂料配方见表4-53。

表 4-53 用 Amanda 969A 固化单层环氧熔结粉末涂料配方

配方组成	用量/质量份	配方组成	用量/质量份
环氧树脂 904H(大连齐化化工)	80	金红石型钛白	6.0
Amanda 1168 环氧树脂	20	超细硫酸钡	30
Amanda 969A 酚醛树脂	22	硅灰石粉	15
流平剂(PV88)	2.0	颜料	适量
安息香	0.4	纳米硅材料 Amanda 100①	0.4
2-甲基咪唑	0.8		

① 纳米材料是庆鲁朗润科技有限公司的产品。

9. 聚酯树脂

聚酯树脂分为羟端基聚酯树脂和羧端基聚酯树脂，其中羧端基聚酯树脂的羧基可以与环氧树脂中的环氧基和羟基进行化学反应，形成高分子化合物的涂膜。因此，羧端基聚酯树脂可以作为环氧粉末涂料的固化剂。由聚酯树脂固化环氧树脂的粉末涂料具有很好的涂膜外观，可以配制不同光泽的粉末涂料，涂膜的力学性能很好，除耐碱性外耐其他化学品性能很好，应用范围也很广，早已成为一个重要的粉末涂料品种，即环氧-聚酯粉末涂料，是热固性粉末涂料最重要的品种。

10. 丙烯酸树脂

丙烯酸树脂有羟基丙烯酸树脂和羧基丙烯酸树脂，其中羧基丙烯酸树脂的羧基也可以与环氧树脂中的环氧基和羟基进行化学反应，形成高分子化合物的涂膜。因此，羧基丙烯酸树脂也可以作为环氧粉末涂料的固化剂。由丙烯酸树脂固化环氧粉末涂料的涂膜外观和性能不如聚酯树脂固化环氧粉末涂料，应用范围也不广，还没有形成独立的粉末涂料品种，具体的涂料品种在丙烯酸粉末涂料中作介绍。在环氧粉末涂料中，曾经作为消光固化剂使用的丙烯酸树脂，是由丙烯酸、丙烯酸丁酯和苯乙烯等单体共聚而成的羧基丙烯酸树脂。这种丙烯酸树脂消光固化剂是利用丙烯酸树脂的羧基与环氧树脂的反应生成物与 2-甲基咪唑促进双氰胺固化环氧树脂的反应物之间相容性差的特性，使固化涂膜产生消光效果，这种体系适用于无光环氧粉末涂料的制备，但不容易调节粉末涂料的光泽。这种羧基丙烯酸树脂消光固化剂的技术指标见表 4-54，用这种羧基丙烯酸树脂固化环氧粉末涂料配方和涂膜性能见表 4-55。由无锡万利涂装设备有限公司生产的 W-1 消光树脂是属于这种类型的丙烯酸树脂消光固化剂。

表 4-54 羧酸丙烯酸树脂消光固化剂的技术指标

项　目	技术指标	项　目	技术指标
外观	白色或浅黄色粉末颗粒	酸值/(mg KOH/g)	100～120
软化点/℃	100～125	挥发分　≤	1.0

在环氧粉末涂料固化剂中，芳香族胺和三氟化硼胺化合物因毒性和稳定性问题一般不使用。高光和有光环氧粉末涂料中，酸酐类固化的环氧粉末涂料曾在我国绝缘粉末涂料方面的应用有报道，但近几年来其他方面的应用还没有报到。HUNTSMAN（原 Ciba）公司生产

的环氧粉末涂料用固化剂和固化促进剂见表4-56。国都化工（昆山）有限公司环氧粉末涂料用酚类固化剂见表4-57。Dow Chemical公司环氧粉末涂料用固体酚类固化剂见表4-58。

表4-55　羧基丙烯酸树脂固化环氧粉末涂料配方和涂膜性能

配方组成	用量/质量份	涂膜性能和固化条件	技术指标
环氧树脂(E-12)	100	外观	较平整
双氰胺	4.0	60°光泽/%　≤	10
2-甲基咪唑	0.2	附着力(划格法)/级	1
羧基丙烯酸消光树脂	25	柔韧性/mm　≤	3
流平剂	1.0	冲击强度/N·cm　≥	294
氢化蓖麻油	2.0	固化条件/℃×min	180×20
沉淀硫酸钡	43		
炭黑	3.0		

表4-56　HUNTSMAN（原Ciba）公司环氧粉末涂料用固化剂和固化促进剂

环氧粉末涂料用固化剂

型号	状态	软化点/℃	黏度(25℃)/mPa·s	颜色[①](GARDNER法)	应用
Aradur 2844	粉末[②]	—	—	—	中等活性的双氰胺衍生物，用于配制装饰性粉末
Aradur 835	片状	—	600～1200[④]	≤5	高活性固化剂，用于快速或低温固化粉末涂料
Aradur 3082[③]	颗粒	73～83	240～290	—	高活性固化剂，用于低温固化粉末涂料及功能性粉末涂料
Aradur 3086	片状	84～94	250～350	≤8	非常高活性固化剂，用于低温固化粉末涂料(>120℃)
Aradur 3088	粗颗粒	85～105		≤8	高活性固体胺加成物，用作粉末涂料促进剂或共固化剂。也可作为固化剂配制管道防腐粉末涂料
Hardener XB 3123	粉末	180～250	—	—	高活性固化剂，用于低温固化粉末涂料，具有优异的贮存稳定性
Aradur 3261-1	颗粒	90～100			高活性固化剂，用于低温固化粉末涂料(<150℃)
Aradur 3380-1	片状	100	—	≤8[⑤]	用于配制罐头补缝粉末涂料
Aradur 9690	片状	100～106			邻甲酚线型酚醛固化剂，与多官能环氧树脂如AralditeECN1299环氧树脂用于配制耐高温和耐化学性粉末涂料

固化促进剂

型号	状态	颜色(GARDNER法)	软化点/℃	特性及应用
DT3126-2	精细粉末	白色	100～110	用于调整混合型及户外型粉末涂料的活性，易分散，不影响户外耐候性
XB5730	—	—	—	潜伏性微胶体包裹的咪唑促进剂，很好的抗剪切稳定性。可用于环氧模塑料

① 40%丁基卡必醇树脂溶液。

② 熔程（DSC）=139～143℃。

③ 活泼氢当量=230～250g/eq。

④ 30%二甲苯/丁醇（1∶1）溶液。

⑤ 50%丙二醇甲醚乙酸酯溶液。

表 4-57 国都化工（昆山）有限公司环氧粉末涂料用酚类固化剂

型号	酚羟当量/(g/eq)	软化点[①]/℃	胶化时间[②]/s	色相	特性
KD-401	230～260	73～85	85～105	乳白色	高流动性
KD-404	230～260	73～85	40～80	1	快速固化
KD-404J	230～260	73～85	30～70	1	快速固化
KD-405	230～260	73～85	100～160	0.5	优异的附着力
KD-410	230～260	73～85	40～80	乳白色	快速固化
KD-410J	230～260	73～85	30～70	乳白色	快速固化
KD-420	230～260	73～85	25～50	乳白色	快速固化
KD-406	375～425	90～100	40～80[③]	1	快速固化，优异的柔韧性
KD-426	360～440	90～100	25～55[③]	乳白色	快速固化，优异的柔韧性
KD-407	230～260	73～85	—	1	无催化剂
KD-428	360～440	80～100	—	1	无催化剂，优异的柔韧性
KD-438	500～580	90～110	—	1	无催化剂，优异的柔韧性
KD-448	660～760	95～120	—	1	无催化剂，优异的柔韧性
KD-448J	660～760	95～120	30～60[④]	1	快速固化
KD-448H	660～760	95～120	30～60[④]	1	快速固化

① 环球法。

② 在 180℃，100 份 KD-211D 环氧树脂 43 份固化剂。

③ 在 180℃，100 份 KD-211D 环氧树脂 73 份固化剂。

④ 在 180℃，100 份 KD-211D 环氧树脂 130 份固化剂。

表 4-58 Dow Chemical 公司环氧粉末涂料用固体酚类固化剂

型号	活泼氢当量/(g/eq)	熔融黏度(150℃)/mPa·s	软化点/℃	颜色(GARDNER 法)	特点
D. E. H. 81	240～270	290～470	83～90	≤1	含促进剂和流平剂
D. E. H. 82	235～265	290～470	83～90	≤1	含促进剂和流平剂
D. E. H. 84	240～270	290～470	83～90	≤1	含促进剂
D. E. H. 85	250～280	290～470	83～90	≤1	不含促进剂和流平剂，可以和其他酚类固化剂混合使用
D. E. H. 90	240～270	100～300	74～84	≤1	含促进剂和流平剂，有极高反应活性和改良黏附性，改性酚类固化剂

五、颜料、填料和助剂

在环氧粉末涂料中，颜料、填料和助剂是不可缺少的组成部分。环氧粉末涂料是主要用在防锈、防腐蚀、电绝缘和户内装饰性方面，所以对颜料和填料的耐光性和耐候性方面没有像耐候型粉末涂料那样严格的要求，主要是耐热性方面的要求和耐化学品方面的要求。对于用在防锈和防腐蚀方面的颜料和填料，在化学稳定性方面的要求更严格。在配方设计中，对耐酸性要求高的环氧粉末涂料中应使用耐酸性好的颜料和填料；对耐碱性要求高的环氧粉末涂料中应使用耐碱性好的颜料和填料。主要根据环氧粉末涂料的用途，选择具有相对应性能的颜料和填料，例如对于电绝缘性粉末涂料，应选择具有电绝缘性能好的颜料和填料，炭黑之类的导电性颜料是不太适合的，选择绝缘炭黑或耐热性有机黑颜料是比较合适的。又如在重防腐环氧粉末涂料中，不适合用耐酸性不好的碳酸钙填料，选用超细石英粉、活性硅微粉、云母粉等是比较合适的。在配方设计中除考虑颜料和填料的性能外，还应考虑颜料和填料的价格。

在第三章中介绍的大部分粉末涂料常用的助剂，在环氧粉末涂料中都可以使用。环氧粉末涂料大部分都是外观较为平整的不同光泽的涂膜，很少使用各种纹理（橘纹、皱纹、砂纹）的涂膜，因此，相当一部分的纹理剂，例如橘纹剂、皱纹剂、砂纹剂等是很少使用的。因为聚酯树脂的价格比环氧树脂便宜，环氧-聚酯粉末涂料比纯环氧粉末涂料价格便宜，涂膜外观也比较好，耐热性也很好，逐步用来替代装饰性纯环氧粉末涂料，在纹理性粉末涂料中纯环氧粉末涂料很少使用。在环氧粉末涂料中，对于涂膜外观要求平整的都必须使用流平剂和脱气剂，为了使配方中的各种成分分散均匀得到平整的外观，还必须添加增光剂、润湿剂和分散剂等。对于被涂工件表面有砂眼或针孔的铸铁、铸铝、热镀锌和热轧钢板件，还需要在配方中添加消泡剂。在环氧粉末涂料中，为了降低固化反应温度或缩短固化反应时间，可在配方中添加固化促进剂。特别是在重防腐用大型钢管中，一般使用高温快速固化型的环氧粉末涂料，需要用管道预热的余热来固化粉末涂料，所以添加固化促进剂来缩短固化时间，满足完全固化的要求。为了改进管道防腐厚涂层的柔韧性，在配方中还需要添加增韧剂，同时为了防止厚涂层的流挂，还必须添加防流挂剂等助剂。在消光型环氧粉末涂料中，需要添加消光剂、消光固化剂或消光树脂等助剂来调节涂膜的光泽。

环氧粉末涂料中常用的助剂有消光纹理剂，这种助剂可以形成均匀的绵绵纹或网纹，在粉末涂料中还起到促进剂的作用。这种助剂是有机金属化合物，由宁波南海化学有限公司生产的 XG605-1A 消光纹理剂，外观是浅黄色粉末，熔程范围是 192～197℃，固体含量大于 98.5%；安徽省六安市捷通达新材料有限公司生产的特效纹理添加剂 SA208，天珑集团（香港）有限公司销售的 AS 181、AS 185 等都是属于这种类型的产品。这种产品可以用在环氧、环氧-聚酯、聚酯粉末涂料中，但是所得到的涂膜外观都不一样，在环氧粉末涂料中用得比较多，用这种纹理剂的不同填料品种和含量的绵绵纹环氧粉末涂料配方和涂膜性能见表 4-59；不同助剂含量绵绵纹环氧粉末涂料配方和涂膜性能见表 4-60；不同固化剂含量和 SA208 纹理剂匹配后可以得到不同纹理的涂膜外观的配方见表 4-61。

表 4-59　不同填料品种和含量的绵绵纹环氧粉末涂料配方和涂膜性能

项目	配方 1(黑)	配方 2(黑)	配方 3(黑)	配方 4(黑)	配方 5(黑)
涂料配方/质量份					
环氧树脂(E-12)	175	175	175	175	175
双氰胺	7.5	7.5	7.5	7.5	7.5
XG605-1A 消光纹理剂	7.5	7.5	7.5	7.5	7.5
流平剂(503)	20	20	20	20	20
光亮剂(701)	4.0	4.0	4.0	4.0	4.0
2-甲基咪唑	0.25	0.25	0.25	0.25	0.25
沉淀硫酸钡	68	—	—	—	40
轻质碳酸钙	—	68	—	—	—
滑石粉	—	—	68	—	—
高岭土	—	—	—	68	—
炭黑	3.0	3.0	3.0	3.0	3.0
颜填料质量百分含量/%	24.9	24.9	24.9	24.9	16.7
涂膜性能					
外观	较粗网纹	较细网纹	较细网纹	较粗网纹	很粗网纹
60°光泽/%	4.9	4.6	6.1	6.9	3.5
冲击强度/N·cm	490	490	490	490	490
固化条件/℃×min	190×15，180×20	190×15，180×20	190×15，180×20	190×15，180×20	190×15，180×20

表 4-60　不同助剂含量绵绵纹环氧粉末涂料配方和涂膜性能

项目	配方 1(黑)	配方 2(黑)	配方 3(黑)	配方 4(黑)
涂料配方/质量份				
环氧树脂(E-12)	175	175	175	175
双氰胺	7.5	7.5	7.5	7.5
AS208 特效纹理添加剂	7.5	7.5	7.5	8.5
流平剂(503)	20	26	20	20
光亮剂(701)	5.0	5.0	5.0	5.0
2-甲基咪唑	0.25	0.25	0.3	0.25
沉淀硫酸钡	25	25	25	25
轻质碳酸钙	25	25	25	25
滑石粉	12.5	12.5	12.5	12.5
炭黑	3.0	3.0	3.0	3.0
涂膜性能①				
外观	纹理略粗	纹理略粗	纹理最细	纹理较粗
60°光泽/%	6.9	5.5	4.6	3.9
形成网纹时间(180℃)/s	210	196	190	185
熔融水平流动性(180℃)/mm	26.3	26.8	25.5	26.5
冲击强度/N·cm	490	490	490	490
固化条件/℃×min	190×15，180×20	190×15，180×20	190×15，180×20	190×15，180×20

① 消光纹理剂、流平剂、2-甲基咪唑用量对涂膜外观有一定的影响，消光纹理剂和 2-甲基咪唑用量增加时绵绵纹纹理变细，调整流平剂量对涂膜外观无影响。

注：调整助剂用量后，涂膜光泽有一定变化。

表 4-61　不同固化剂含量和 SA208 纹理剂匹配的不同纹理的涂膜外观的配方

项目	配方 1	配方 2	配方 3	配方 4	配方 5	配方 6
粉末涂料配方/质量份						
环氧树脂 E-12	625	600	230	230	240	360
聚酯树脂 SJ3B	—	—	—	—	60	80
双氰胺	27.5	22	9	9	12	12.1
捷通达 SA208	40	33	16	10	15	15
流平剂 PV88	1.5	3	1	0.5	3.5	1.6
捷通达 SA500	3.5	2.8	1	1	1	1
硫酸钡 W44HB	50	—	30	—	40	70
钛白粉 R902	—	120	—	30	—	80
高岭土	—	—	50	50	50	—
碳酸钙	200	—	—	—	—	—
共计	947.5	780.8	337	330.5	421.5	619.7
固化条件/℃×min	180×15	180×15	180×15	180×15	180×15	180×15
涂膜性能						
外观	皱纹	变化的纹理图案				砂纹
冲击强度(490N·cm)	通过	通过	通过	通过	通过	通过

表 4-61 的结果说明，当环氧树脂、聚酯树脂和固化剂的组成和比例发生变化，同时颜填料的含量也发生变化时，涂膜的外观和纹理也发生变化，根据用户需要可以调节成不同纹理外观的粉末涂料，但是涂膜的冲击强度还是保持得很好。

虽然环氧树脂可以使用通用型固化剂配制皱纹（橘纹）、砂纹、锤纹、金属闪光、金属镀层等美术型粉末涂料，但是比环氧-聚酯粉末涂料成本高，涂膜又没有明显的优点，因此在工业生产中很少使用。

六、环氧粉末涂料配方和涂膜性能

在上述章节中已经叙述了大部分相对应的环氧粉末涂料配方和涂膜性能，这里只叙述没有谈到的部分。用胺类和酚羟基树脂固化改性环氧树脂的环氧粉末涂料，在钢管长输管线的重防腐上大量使用，由廊坊燕美化工有限公司开发的 EPY_2 系列重防腐用改性环氧粉末涂料就是这种类型。 EPY_2 系列重防腐用改性环氧粉末涂料配方和涂料技术指标见表 4-62，涂膜性能、用途和特点见表 4-63。

表 4-62　EPY_2 系列重防腐用改性环氧粉末涂料配方和涂料技术指标

项目	EPY_2-Ⅰ	EPY_2-Ⅱ	EPY_2-Ⅲ
涂料配方/质量份			
改性环氧树脂	70	50～65	40～50
酚羟基树脂	—	20～25	20～25
胺类固化剂	3～4	—	—
促进剂	少量	少量	少量
流平剂	1.0～1.5	1.0～1.5	1.0～1.5
助剂	2～4	2～4	2～4
颜填料	20～25	20～30	20～25
低熔点环氧树脂	—	—	10～15
粉末涂料技术指标			
180℃胶化时间/s	100～150	23～25	35～45
230℃胶化时间/s	40～50	5～10	15～18
180℃固化时间/min	10～15	4	8
230℃固化时间/min	5～7	1	2
固化速率	慢	快	中
粒度分布	都在 150μm 以下，平均 40～50μm		
密度/(g/cm^3)	1.3～1.5		
不挥发分/%	>99.5		
磁性物含量/%	≤0.002		

表 4-63　EPY_2 系列重防腐用改性环氧粉末涂料的涂膜性能、用途和特点

项目	涂料型号			检验方法(企业标准)
	EPY_2-Ⅰ	EPY_2-Ⅱ	EPY_2-Ⅲ	
涂膜性能				
附着力(划格法)/级	1	1	1	Q/GDO 151.5—93
抗弯曲/级	1	1	1	Q/GDO 151.6—93
抗冲击/J	20	23.4	20	Q/GDO 151.7—93
耐磨性/(L/μm)　≥	3.0	3.0	3.0	Q/GDO 151.8—93
绝缘电阻/$\Omega \cdot cm^2$　>	1×10^8			Q/GDO 151.9—93
阴极剥离(48h×65℃)/mm　≤	8[膜厚(350±50)μm]			Q/GDO 151.10—93
耐 10%HCl(90d)	涂层无变化			Q/GDO 151.11—93
耐 10%NaCl+H_2SO_4(pH=3,90d)	涂层无度化			Q/GDO 151.11—93
耐 10%NaCl(90d)	涂层无变化			Q/GDO 151.11—93
耐 5%NaOH(90d)	涂层无变化			Q/GDO 151.11—93
耐蒸馏水(90d)	涂层无变化			Q/GDO 151.11—93

续表

项目	涂料型号			检验方法(企业标准)
	EPY_2-Ⅰ	EPY_2-Ⅱ	EPY_2-Ⅲ	
用途	管道内壁、汽车发动机、法兰、弯头、阀门、异型件	管道外壁、螺纹、钢筋、长输管线	管道内外壁、汽车发动机、异型管件	
特点	1. 固化慢、流平好； 2. 耐高温、耐油； 3. 无毒，可用于饮水系统； 4. 必须后固化	1. 快速固化，可用于热固化； 2. 力学性能好； 3. 使用温度范围宽，－40～90℃； 4. 喷涂生产效率高	1. 中速固化，涂膜外观好； 2. 耐高温，可用于油田钻杆； 3. 兼顾流平和固化速度； 4. 贮存稳定性稍差	

由常熟佳发化工有限责任公司生产的环氧树脂 E-12CF 与该公司生产的环氧固化剂 JECP-01B 和 JECP-03B 配套可以制造管道用熔结型环氧粉末涂料，这种粉末涂料可以分别用在三层管道熔结型环氧粉末涂料和单层熔结型环氧粉末涂料。用 JECP-01B 和 JECP-03B 固化管道用熔结环氧粉末涂料配方见表 4-64。

表 4-64　JECP-01B 和 JECP-03B 固化管道用熔结环氧粉末涂料配方

项目	配方 1	配方 2	项目	配方 1	配方 2
组成/质量份			颜料	适量	适量
E-12CF 环氧树脂	100	100	固化条件/℃×min	200×3 或 230×1.5	200×3 或 230×1.5
JECP-01B 固化剂	—	20			
JECP-03B 固化剂	20	—			
流平剂	0.8	0.8	用途	管道熔结单层环氧粉末涂料	管道熔结三层环氧粉末涂料
安息香	0.3	0.3			
聚乙烯醇缩丁醛	—	2.5			
钛白粉	5.0	2.5			
硫酸钡	35	75	涂膜性能	能够满足管道涂装技术指标要求	能够满足管道涂装技术指标要求
硅微粉	15	10			
云母粉	—	10			
气相二氧化硅	0.5	0.5			

不同固化剂固化环氧粉末涂料和涂膜性能见表 4-65。

表 4-65　不同固化剂固化环氧粉末涂料和涂膜性能

项目	促进双氰胺	双氰胺衍生物	二羧酸二酰肼	咪唑和环脒类	酚羟基树脂	酸酐
粉末涂料						
固化温度/℃	180～200	150～200	150～200	130～180	130～230	150～200
贮存稳定性(室温)/月	≥12	≥12	12	3～12	6～12	6
涂膜性能						
平整性	很好	很好	很好	很好	一般	一般
光泽	很好	很好	很好	良好	良好	一般
白度	很好	很好	很好	差	差	很好
硬度	一般	一般	一般	很好	很好	很好
柔韧性	一般	一般	很好	一般	差	一般
冲击强度	很好	很好	很好	一般	一般	一般
保色性	良好	良好	良好	差	差	良好
连续使用最高温度/℃	100	100	100	100	150	150

续表

项目	促进双氰胺	双氰胺衍生物	二羧酸二酰肼	咪唑和环脒类	酚羟基树脂	酸酐
间断使用最高温度/℃	200	200	200	200	200	200
耐热水和水蒸气	很好	很好	很好	良好	很好	良好
耐水(常温)	很好	很好	很好	很好	很好	很好
耐盐水	很好	很好	很好	很好	很好	很好
耐酸性	良好	良好	良好	良好	良好	良好
耐碱性	良好	良好	良好	良好	良好	差
耐溶剂性	一般	一般	一般	一般	一般	一般
低毒性	好	好	好	好	好	好

七、环氧粉末涂料的应用

环氧粉末涂料在国外大量用在不同管径的输油、输气和上下水管道内外壁的涂装，还用于钢筋、建筑材料、电气绝缘材料、汽车零部件等的涂装。国内环氧粉末涂料用在天然气、原油及成品油和有些化工产品输送的管道内外壁防腐涂装。我国在 1995 年就把熔结环氧粉末涂料用到陕西宁边至北京的天然气长输管线上，后来包括新疆至东部沿海地区的西部天然气东输的长输管线、其他原油和成品油长输管线和油田中的管线也都大量使用环氧粉末涂料，已经成为环氧粉末涂料的重要应用领域。环氧粉末涂料也在大型船舶上面大量使用，主要是用于输油、输水等管线的管道内外层防腐涂层，还用在液化气钢瓶、厨房用具、电缆桥架、农用机械、汽车配件、化工设备、建筑材料、矿井支架等防腐、防锈涂装方面。在装饰性方面则用于电器开关柜、仪表、仪器、日用五金、金属箱柜等的涂装。在电绝缘方面用于电动机转子或铜排、电磁线、漆包线的绝缘涂装和电子产品的包封绝缘涂装。

环氧粉末涂料在管道上作为厚涂层使用，这种粉末涂料叫做熔结环氧粉末涂料（fusion bonded epoxy coating，即 FBE）。这种粉末涂料有单层、双层和三层几种类型，单层是使用单一的环氧粉末涂料；双层是使用两种环氧粉末涂料，其中一种是底层环氧粉末涂料，另一种是面层环氧粉末涂料；三层是由三个品种组成，底层是环氧粉末涂料，中间层是丙烯酸共聚物（通常是乙烯、甲基丙烯酸、马来酸或酐共聚物，既可以与环氧树脂反应，又可以与聚乙烯相容）胶黏剂，面层是高压低密度聚乙烯包覆带，这三种不同类型环氧粉末涂料涂层的特性比较见表 4-66。

表 4-66 三种不同类型环氧粉末涂料涂层的特性比较

项目	单层体系	双层体系	三层体系
防腐性能	好	很好	很好
经济性	很好	好	一般
使用环境条件	一般	范围广	范围广
使用温度范围	一般	比较宽	比较宽
表面处理要求	一般	一般	一般
涂装设备投资	一般	一般	高
涂装工艺复杂程度	简单	一般	复杂
补口补伤配套	好	好	差
阴极保护相容性	好	好	差
运输、吊装作业性	差	一般	好
使用业绩	好	一般	好

根据国家标准《熔融结合环氧粉末涂料的防腐蚀涂装》（GB/T 18593—2010），管道用单层环氧粉末涂料的性能要求见表4-67；根据标准《埋地钢质管道双层熔结环氧粉末外涂层技术规范》（Q/CNPC 38—2016），管道用双层环氧粉末涂料的性能要求见表4-68；根据国家标准《埋地钢质管道聚乙烯防腐层》（GB/T 23257—2017），管道用三层环氧粉末涂料的性能要求见表4-69。根据石油行业标准《钢质管道熔结环氧粉末内防腐层技术标准》（SY/T 0442—2018）标准，管道内壁用熔结环氧粉末涂料的技术指标见表4-70。根据GB/T 18593—2010标准，管道用单层环氧粉末涂料涂层性能指标见表4-71；根据Q/CNPC 38—2016标准，实验室管道用双层环氧粉末涂料涂敷试件的涂层质量指标见表4-72；根据GB/T 23257—2017标准，管道用三层环氧粉末涂料涂层性能指标见表4-73。根据SY/T 0442—2018标准，管道内壁用熔结环氧粉末涂层的技术指标见表4-74。

我国城镇建设行业的《给水涂塑复合钢管》（CJ/T 120—2016）标准中，给水涂塑钢管用环氧树脂粉末涂料性能要求见表4-75；涂塑钢管内外涂层厚度见表4-76；针孔试验所用电压值见表4-77；涂塑钢管的类别见表4-78。

表4-67 管道用单层环氧粉末涂料的性能要求

序号	试验项目	质量指标	检验方法
1	外观	色泽均匀，无结块	目测
2	密度/(g/cm^3)	1.3～1.5	GB/T 4472
3	不挥发分/%	≥99.4	GB/T 6554
4	粒度分布/%	150μm筛上粉末≤3.0 250μm筛上粉末≤0.2	GB/T 6554
5	胶化时间/s	厂家提供值±20%	GB/T 6554
6	固化时间/min	厂家提供值±20%	SY/T 0315
7	磁性物质含量/%	≤0.002	GB/T 6570

表4-68 管道用双层环氧粉末涂料的性能要求

序号	试验项目		质量指标	试验方法
1	外观		色泽均匀，无结块	目测
2	固化时间(230℃)/min	内层	≤3	SY/T 0315—2013附录A
		外层	≤2.5	
3	胶化时间(230℃)/s	内层	12～30	GB/T 6554
		外层	10～20	
4	热特性 ΔH/(J/g)		≥45	SY/T 0315—2013附录B
5	不挥发物含量/%		≥99.4	GB/T 6554
6	粒度分布/%	150μm筛上粉末	≤3.0	GB/T 6554
		250μm筛上粉末	≤0.2	
7	密度/(g/cm^3)	内层	1.3～1.5	GB/T 4472
		外层	1.5～1.8	
8	磁性物含量/%	内层	≤0.002	JB/T 6570
		外层	≤0.003	

表4-69 管道用三层环氧粉末涂料的性能要求

序号	项目	性能指标	试验方法
1	粒径分布/%	150μm筛上粉末≤3.0 250μm筛上粉末≤0.2	GB/T 6554
2	挥发分/%	≤0.6	GB/T 6554
3	密度/(g/cm^3)	1.3～1.5	GB/T 4472

续表

序号	项目		性能指标	试验方法
4	胶化时间(200℃)/s		≥12且符合厂家给定值的±20%	GB/T 6554
5	固化时间(200℃)/min		≤3	附录A
6	热特性	ΔH/(J/g)	≥45	附录B
		T_g/℃	≥95	

表 4-70 管道内壁用熔结环氧粉末涂料技术指标

序号	项目	技术指标	检验方法
1	外观	色泽均匀,无结块	目测
2	密度/(g/cm³)	1.3～1.5	GB/T 4472
3	粒度分布/%	>150μm的不大于3.0 >250μm的不大于0.2	GB/T 6554
4	不挥发物含量/%	≥99.4	GB/T 6554
5	胶化时间/s	≤180(180℃)	GB/T 6554

表 4-71 管道用单层环氧粉末涂料涂层性能指标

序号	试验项目	单位	性能指标				标准测试方法
			第1类	第2类	第3类	第4类	
1	外观		色泽均匀、无气泡、无裂纹				目测
2	抗冲击性(24℃±2℃)	J	—	>9	—	—	JG/T 3042
	抗冲击性(−30℃)	J	≥1.5	—	≥3	≥1.5	SY/T 0315
3	抗弯曲性(3°)	级	无裂纹(0℃或−30℃)	—	无裂纹(常温)	—	SY/T 0315
	抗弯曲性(24℃±2℃)	级	—	无裂纹	—	—	JG/T 3042
4	耐磨性(Cs10轮,1kg,1000r)	mg	≤100	≤100	≤100	≤100	GB/T 1768

表 4-72 实验室管道用双层环氧粉末涂料涂敷试件的涂层质量指标

序号	试验项目	质量指标	试验方法
1	外观	平整、色泽均匀、无气泡、无开裂及缩孔,允许有轻微橘皮状花纹	目测
2	热特性 ΔH/(J/g)	≥45	SY/T 0315—2013 附录B
3	1.5V,65℃,30d耐阴极剥离/mm	≤15	SY/T 0315—2013 附录C
4	24h或48h耐阴极剥离/mm	≤6	SY/T 0315—2013 附录C
5	黏结面孔隙率/级	1～4	SY/T 0315—2013 附录D
6	断面孔隙率/级	1～4	SY/T 0315—2013 附录D
7	抗2°弯曲(−30℃±3℃)	无裂纹	SY/T 1038 附录D
8	抗10J冲击	无漏点	SY/T 1038 附录E
9	24h附着力/级	1～2	SY/T 0315—2013 附录G
10	30kg耐划伤(划伤深度)/μm	≤350,无漏点	SY/T 4113
11	电气强度/(MV/m)	≥30	GB/T 1408.1
12	体积电阻率/Ω·m	≥1×10^{13}	GB/T 1410
13	耐化学腐蚀	合格	SY/T 0315—2013 附录I
14	耐磨性(落砂法)/(L/μm)	≥3	SY/T 0315—2013 附录J

表 4-73 管道用三层环氧粉末涂料涂层性能指标

序号	项目	性能指标	试验方法
1	附着力/级	≤2	GB/T 23257—2017 附录C
2	阴极剥离(65℃,48h)/mm	≤8	GB/T 23257—2017 附录D

续表

序号	项目	性能指标	试验方法
3	阴极剥离(65℃,30d)/mm	≤15	GB/T 23257—2017 附录 D
4	抗弯曲(−20℃,2.5°)	无裂纹	GB/T 23257—2017 附录 E

表 4-74　管道内壁用熔结环氧粉末涂层技术指标

序号	项目		技术指标	检验方法
1	外观		表面平整、色泽均匀,无气泡、开裂、缩孔,允许有轻微橘皮状花纹	目测
2	冲击强度/J		≥11	SY/T 0442—2018 附录 A
3	耐磨性(1000g,1000r)/mg		≤20	
4	附着力	拉开法/MPa	≥19.6	GB/T 5210—2006
		撬剥法/级	1～3	SY/T 0442—2018 附录 B
5	抗弯曲(40℃)		涂层无开裂	SY/T 0442—2018 附录 C
6	体积电阻率/Ω·m		≥1×10^{13}	GB/T 1410—2006①
7	电气强度/(MV/m)		≥30	GB/T 1408.1—2016
8	阴极剥离(65℃,48h)/mm		≤8	SY/T 4013—2002
9	盐雾试验(1000h)		涂层无变化	GB/T 1771—2007
10	耐化学介质腐蚀	10%HCl,常温,90d	合格	GB/T 1763—1979②
		10%H_2SO_4,常温,90d		
		3.5%NaCl,常温,90a		
		10%NaOH,常温,90d		
		油田污水,80℃,90d	合格	GB/T 1733—1993
		原油,80℃,90d		
		汽油,常温,90d		
		柴油,常温,90d		
		煤油,常温,90d		

① 已被 GB/T 31838.2—2019 代替。

② 已作废。

表 4-75　给水涂塑钢管用环氧树脂粉末涂料性能要求

项目	指　标	试验方法
密度/(g/cm^3)	1.3～1.5	GB/T 1040
粒度分布/%	筛上 150μm≤3 筛上 250μm≤0.2	GB/T 6544
水平流动性/mm	22～28	GB/T 6544
胶化时间/s	≤120(200℃)	GB/T 6544
卫生性能(输送饮用水)	符合 GB/T 17219 规定	

表 4-76　涂塑钢管内外涂层厚度　　单位：mm

公称尺寸 DN	内涂层		外涂层			
	聚乙烯	环氧树脂	聚乙烯		环氧树脂	
			普通级	加强级	普通级	加强级
15,20,25,32	>0.4	>0.3	>0.6	>0.8	>0.3	>0.35
40,50,65						
80,100,125,150	>0.5	>0.35	>0.80	>1.0	>0.35	>0.40
200,250,300	>0.6			>1.2		
350,400,450,500	—	>0.4	>1.0	>1.3	>0.4	>0.45
600,700,800						
900,1000		>0.45	>1.2	>1.8		
1100,1200						
1400,1500			>1.5			
1600						
1800,2000						

表 4-77　涂塑钢管针孔试验所用电压值

涂层种类	聚乙烯				环氧树脂	
涂层厚度/mm	0.4～0.6	0.6～0.8	0.8～1.0	>1.0	0.3～0.4	>0.4
检查电压/V	2000	3000	4000	5000	1500	2000

表 4-78　涂塑钢管的类别

内涂层	外涂(镀)层
聚乙烯	热镀锌
	聚乙烯
环氧树脂	热镀锌
	环氧树脂
	聚乙烯

熔结环氧粉末涂料大量用在输送天然气、原油和成品油、上下水和化工产品等的重防腐管道方面，主要有如下的优点：

(1) 涂层的防腐性能好，有优良的耐化学品性和耐有机溶剂等性能，能够抑制传输介质中的酸、碱、盐和有机化合物的腐蚀，并能长期接触含盐地下水、海水、土壤中的微生物产生的有机酸等腐蚀物质且不受破坏。

(2) 涂层的力学性能好，冲击强度、耐弯曲性能、耐磨性、附着力等性能也很好，能够有效防止施工中涂层的机械损伤，以及在使用中的环境应力的破坏。

(3) 涂层的电绝缘性好，在阴极保护作用下能够防止化学腐蚀，达到长期保护管道的目的，但三层的效果差一些。

(4) 涂层的使用温度范围宽，能够在－30～100℃之间使用。

(5) 涂层的施工比较方便，可以自动化连续进行涂装，生产效率高。

(6) 涂层的检测和修补比较方便；但三层稍微麻烦一些。

上述三种环氧粉末涂料的涂装体系各有各的特点，对于它们的评价也不一样，很难得出肯定的结论。从涂料和涂装成本及使用寿命考虑，对于恶劣环境和穿越型工程等重防腐工程，更多倾向于使用双层熔结环氧粉末涂料。

环氧粉末涂料也用在高铁建设和跨海大桥的钢筋上，建筑工业行业制定了《环氧树脂涂层钢筋》(JG3042—1997)标准。在标准中对钢筋前处理要求，其质量应达到 GB 8923—2011 规定的目视评定除锈等级 Sa.5 级，净化后的钢筋表面不得附着氯化物，表面清洁度不应低于 95%，表面具有适当的粗糙度，其波峰至波谷间的幅值应在 0.04～0.1mm 之间。净化处理后至制作涂层时的间隔不宜超过 3h，且钢筋表面不得有肉眼可见的氧化现象发生。固化后的涂层厚度应为 0.18～0.30mm。被检测的钢筋 90%以上都应在这个厚度范围，不得低于 0.13mm 厚度值。养护后的涂层应连续，不应有空洞、空隙、裂纹或肉眼可见的其他涂层缺陷；涂层钢筋在每米长度上肉眼不可见之针孔数目平均不应超过三个。涂层钢筋必须具有良好的可弯曲性，在弯曲试验中，被弯曲的外半圆范围内，不应有肉眼可见的裂纹或失去黏着的现象出现。环氧粉末涂料还用在跨江大桥的钢绞绳上面。

第三节 环氧-聚酯粉末涂料

一、概述

环氧-聚酯粉末涂料是继环氧粉末涂料之后，由欧洲首先开发并迅速工业化推广应用的粉末涂料产品。环氧-聚酯粉末涂料，既可以看作是一种以聚酯树脂作为固化剂的环氧粉末涂料，又可以看作是以环氧树脂作为固化剂的聚酯粉末涂料。在欧洲因为这种粉末涂料是聚酯树脂与环氧树脂两种树脂组成，所以叫做混合型（hybrid）粉末涂料。我国从 20 世纪 80 年代后期开始迅速推广应用环氧-聚酯粉末涂料，其应用领域不断扩大，产量也迅速增加，到了 90 年代其已经成为我国粉末涂料行业中产量最大、品种最多、用途最广的粉末涂料品种，2012 年，其产量占热固性粉末涂料的 31.3％，2018 年它的产量占我国粉末涂料总产量的 32.9％，仍然是热固性粉末涂料中产量最大的粉末涂料品种。

环氧-聚酯粉末涂料是由羧基聚酯树脂、环氧树脂、颜料、填料和助剂等组成。它的主要成膜物质是羧基聚酯树脂和环氧树脂，如果把羧基聚酯树脂看作一般热固性粉末涂料的树脂，那么环氧树脂可以看作是固化剂；如果把环氧树脂看作是一般热固性粉末涂料的树脂，那么羧基聚酯树脂可以看作是固化剂。随着各种酸值的羧基聚酯树脂的开发，环氧-聚酯粉末涂料的聚酯树脂/环氧树脂（质量比）从 50/50 的单一品种，开发出各种比例的环氧-聚酯粉末涂料品种，有聚酯树脂/环氧树脂比（质量比）为 60/40 或 70/30 或 80/20 的品种。

环氧-聚酯粉末涂料的制造方法跟环氧粉末涂料一样，大部分是按后面第六章第三节和第七章叙述的熔融挤出混合法制造工艺和设备制造。环氧-聚酯粉末涂料有如下的优点和缺点。

环氧-聚酯粉末涂料的优点：

（1）原材料的选择范围很宽，聚酯树脂和环氧树脂品种和规格很多，通过不同品种和规格的聚酯树脂与环氧树脂的匹配，可以配制具有各种特性的环氧-聚酯粉末涂料。

（2）这种粉末涂料的配粉性和配色性好，可以配制高光、有光、半光、无光、皱纹、橘纹、砂纹、网纹、锤纹、花纹、金属闪光和金属镀层等粉末涂料。

（3）聚酯树脂和环氧树脂在固化温度条件下的熔融黏度比较低，配制出的粉末涂料的熔融黏度也比较低，粉末涂料的配方容易调整，涂膜的流平性和装饰性很好。

（4）环氧-聚酯粉末涂料在烘烤固化过程中，释放出来的小分子化合物和副产物少，涂膜不易产生针孔、缩孔和猪毛孔等弊病，涂膜外观好。

（5）除耐碱性外，涂膜的耐化学品性能、力学性能与环氧粉末涂料差不多，涂膜的柔韧性、附着力、冲击强度和杯突性能都很好，不需要涂底漆。

（6）在烘烤过程中，涂膜的抗黄变性比环氧粉末涂料好。

（7）制造稳定性好，可以用一般的热固性粉末涂料熔融挤出制造设备制造。

（8）涂装适应性好，可以用空气喷涂法、流化床浸涂法和静电粉末喷涂法等方法涂装，特别是电晕放电性能好，很适用于高压静电粉末涂装法涂装。

（9）原材料来源丰富，价格比较便宜，选用的颜料得当则涂料和涂膜是无毒产品。

环氧-聚酯粉末涂料的缺点：

（1）最大缺点是涂膜的耐候性不好，不适合于涂装户外用品。

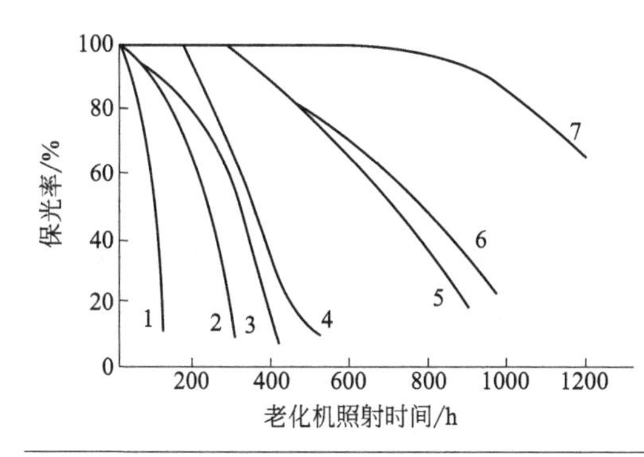

图 4-6　不同组成环氧-聚酯粉末涂料与其他品种粉末涂料的涂膜耐候性比较

1—50%环氧树脂；2—30%环氧树脂；3—20%环氧树脂；4—10%环氧树脂；5—10% TGIC＋氨基甲酸酯；6—环氧＋TGIC；7—TGIC

（2）因为固化涂膜中有大量的酯键，所以涂膜的耐碱性和耐水性比环氧粉末涂料差。

（3）该粉末涂料的摩擦带电性能差，不适合用摩擦静电喷枪进行涂装，要满足摩擦静电涂装的要求，必须在粉末涂料配方中添加摩擦带静电助剂。

不同组成环氧-聚酯粉末涂料与其他品种粉末涂料的涂膜耐候性比较见图 4-6。从图中看出，在环氧-聚酯粉末涂料中，虽然减少环氧树脂的用量可以提高涂膜的耐候性，但是提高幅度有限，若与异氰尿酸三缩水甘油酯（TGIC）固化体系比较，还是有很大的差距，无法改变耐候性差的问题。

通过提高聚酯树脂中的羧基和环氧树脂中环氧基的反应活性，同时采用咪唑类、咪唑啉、环脒或叔胺盐等碱性催化剂，这样可以使环氧-聚酯粉末涂料固化温度降至 140℃或者在 200℃短时间固化。国内常用的固化促进剂有 2-甲基咪唑、三乙基苄基氯化铵、2-苯基咪唑啉等，其用量为树脂总量的 0.05%～0.5%。例如 2-苯基咪唑啉用量在 0.05%～0.2%时涂膜可以在 160℃×（15～20）min 固化。几种代表性不同底材和表面处理对环氧-聚酯粉末涂料性能的影响见表 4-79。

表 4-79　不同底材和表面处理对环氧-聚酯粉末涂料性能的影响

底材	冷轧钢板	冷轧钢板	冷轧钢板	镀锌钢板	铝材
表面处理	除油	喷砂	磷酸锌磷化	磷酸锌磷化	铬酸盐处理
烘烤条件/℃×min	180×20	180×20	180×20	180×20	180×20
涂膜厚度/μm	50～60	70～80	50～60	50～60	50～60
60°光泽/%　≥	90	90	90	90	90
铅笔硬度	HB～H	HB～H	HB～H	HB～H	HB～H
杯突试验/mm　≥	7		7	7	7
冲击强度①/N·cm　≥	490	490	490	490	490
附着力(划格法)	100/100	100/100	100/100	100/100	100/100
耐酸性(5%,H_2SO_4,20℃,240h)	很好	很好	很好	很好	很好
耐碱性(5%,NaOH,20℃,240h)	良好～很好	良好～很好	良好～很好	良好～很好	良好～很好
耐湿热性②	很好	很好	很好	很好	很好
耐盐水喷雾③/mm	4～8	2～4	0～2	0～2	0
人工加速老化试验(保光率 50%)/h	120	120	120	120	120
天然曝晒老化(保光率 50%)/月	2～5	2～5	2～5	2～5	2～5
耐湿热试验后附着力(划格法)	30/100	100/100	100/100	100/100	100/100

① 冲击强度：DuPont 法，Φ0.5in（1.27cm）×500g。

② 耐湿热性：50℃，98% RH，500h。

③ 耐盐水喷雾：35℃，5% NaCl，500h。

目前环氧-聚酯粉末涂料主要用在洗衣机、电风扇、电饭锅、电烤箱、微波炉等家用电器的涂装；还用于仪器仪表外壳、电控柜、金属家具、暖气片、电缆盒、文件资料柜、灯饰与灯具、图书架、库房或商店货架、铁路客车车厢内金属设施、客车和轮船内部金属制品、电动工具、五金电料等；还用于液化气钢瓶、灶具、汽车和拖拉机零配件、饮水管道等防锈涂装。

二、固化反应原理

如上所述，在环氧-聚酯粉末涂料中，羧基聚酯树脂和环氧树脂是成膜物质。在羧基聚酯树脂中的反应性基团是羧基为主，还有在聚酯树脂合成过程中残留的少量羟基；在环氧树脂中的反应性基团是环氧基和羟基。在环氧-聚酯粉末涂料的烘烤固化成膜过程中，主要化学反应是羧基聚酯树脂中的羧基与环氧树脂中的环氧基的反应。这种体系的固化化学反应式如下：

$$\underset{\text{(环氧树脂 }R_1\text{)}}{\overset{\ \ \backslash O/\qquad\quad \backslash O/}{CH_2{-}CH{\sim\sim}CH{-}CH_2}} + \underset{\text{(聚酯树脂 }R_2\text{)}}{HOOC{\sim\sim}COOH} \longrightarrow$$

$$\underset{\backslash O/}{CH_2{-}CH}{\sim\sim}\underset{\underset{(R_1)}{OH}}{CH}{-}CH_2{-}O{-}\overset{\overset{O}{\|}}{C}{\sim\sim}COOH \longrightarrow$$

$$\underset{(R_2)}{HOCO}{[}COOCH_2{-}\underset{OH}{CH}{\sim\sim}\underset{\underset{(R_1)}{OH}}{CH}{-}CH_2OCO{\sim\sim}\underset{(R_2)}{COOCH_2}{-}\underset{OH}{CH}{]}_n\underset{\underset{(R_1)}{\backslash O/}}{CH{-}CH_2}$$

主要反应是聚酯树脂中的羧基与环氧树脂中的环氧基之间的加成反应，在反应中没有副产物产生。在聚酯树脂中还存在一部分羟基，还存在与环氧树脂羟基之间的醚化反应和羧基与羟基之间的酯化脱水反应。

在环氧-聚酯粉末涂料中，聚酯树脂与环氧树脂之间基本上是等物质的量（等当量）反应。根据聚酯树脂酸值与环氧树脂的环氧值，可以任意改变聚酯树脂与环氧树脂之间的质量配比，范围是聚酯树脂/环氧树脂=(80/20)～(20/80)。目前在环氧-聚酯粉末涂料中常用的聚酯树脂/环氧树脂的质量比例为：50/50、60/40、70/30、80/20，其中最常用的是50/50的品种，用得最少的是80/20的品种。如果聚酯树脂与环氧树脂以等物质的量（等当量）配制时，100g环氧树脂所需要的聚酯树脂量的计算公式如下：

$$W_p=\frac{E_E}{A_p}\times 56100$$

式中 W_p——聚酯树脂质量，g；

A_p——聚酯树脂酸值，mg KOH/g；

E_E——环氧树脂环氧值，eq/100g；

56100——换成KOH毫克数的系数。

不同酸值的聚酯树脂与不同环氧值环氧树脂之间的配比也可以根据这一公式计算。实践证明，这两种树脂的质量比例配制范围宽，在计算量±10%的误差范围之内，对涂膜性能的影响不太大。目前聚酯树脂的价格比环氧树脂便宜，聚酯树脂的用量多时粉末涂料的价格便宜，涂膜的耐热性和抗黄变性好，但是聚酯树脂用量过多时，由于涂膜的交联密度下降使涂膜的力学性能也下降，因此根据涂膜性能要求选择合适的聚酯树脂/环氧树脂（质量）配比很重要。在环氧-聚酯树脂粉末涂料中，不同酸值聚酯树脂特性见表4-80，不同配比环氧-聚酯粉末涂料配方见表4-81，不同配比环氧-聚酯粉末涂料涂膜性能见表4-82。

表4-80 不同酸值聚酯树脂特性

聚酯树脂编号	聚酯树脂-1	聚酯树脂-2	聚酯树脂-3	聚酯树脂-4
酸值/(mg KOH/g)	26	55	70	220
软化点/℃	123	110	105	100
玻璃化转变温度(T_g)/℃	68	64	62	57
M_n(数均分子量)	5400	3900	2900	1900
M_w(重均分子量)	23000	18000	13000	3300

表4-81 不同配比环氧-聚酯粉末涂料配方 单位：质量份

组分	配方1	配方2	配方3	配方4
聚酯树脂-1①	92	—	—	—
聚酯树脂-2①	—	55	—	—
聚酯树脂-3①	—	—	50	—
聚酯树脂-4①	—	—	—	25
环氧树脂-1②	—	45	50	75
环氧树脂-2③	8.0	—	—	—
流平剂	0.5	0.5	0.5	0.5
安息香	0.5	0.5	0.5	0.5
钛白粉	43	43	43	43
咪唑	0.3	0.3	0.3	—

① 与表4-80中的聚酯树脂编号相对应。

② 环氧当量950。

③ 环氧当量190。

表4-82 不同配比环氧-聚酯粉末涂料涂膜性能

项目	配方1①			配方2①			配方3①			配方4①	
烘烤条件(20min)/℃	160	170	180	160	170	180	160	170	180	180	200
涂膜厚度/μm	53	54	66	55	62	65	59	60	53	60	63
60°光泽/%	96	96	97	100	100	100	100	100	100	98	98
B值			1.6			0.5			1.2	4.0	4.2
铅笔硬度	F	F	F	F	F	F	F	F	F	F～H	F～H
附着力(划格法,1mm)	100	100	100	100	100	100	98	99	100	100	100
杯突试验/mm	2.7	>7	>7	>7	>7	>7	>7	>7	>7	>7	>7
冲击强度②/N·cm	147	196	490	294	441	490	343	343	490	490	490
耐污染性(红彩笔)			很好～良好			很好～良好			很好		很好
耐盐水喷雾(500h)/mm			0			0			0		
耐沸水2h后											
涂膜厚度/μm	51	49	64	55	53	51	65	61	50	61	62
保光率/%	91	95	96	93	92	99	80	90	98	98	98
附着力(划格法,1mm)	65	90	95	85	60	50	100	85	85	30	30
杯突试验/mm	4.0	>7	>7	>7	>7	>7	>7	>7	>7	>7	>7
冲击强度②/N·cm	245	294	294	441	490	490	343	490	490	490	490

① 与上面表4-81的配方相对应。

② DuPont法，Φ0.5in (1.27cm)×500g。

三、聚酯树脂

环氧-聚酯粉末涂料用聚酯树脂一般由多元羧酸、酸酐与多元醇缩合和加成而制造，常用的多元羧酸和酸酐有对苯二甲酸、间苯二甲酸、邻苯二甲酸酐、偏苯三甲酸酐、均苯四甲酸酐、己二酸、壬二酸、癸二酸等；常用的多元醇有乙二醇、丙二醇、二乙二醇（二甘醇）、新戊二醇、2-甲基丙二醇、1,6-己二醇、1,4-环己烷二甲醇、甘油（丙三醇）、三羟甲基丙烷等。代表性多元羧酸和多元醇的分子量和熔点及沸点见表 4-83。

表 4-83 代表性多元羧酸和多元醇的分子量和熔点及沸点

多元羧酸	分子量	熔点/℃	多元醇	分子量	熔点/℃(沸点/℃)
对苯二甲酸	166	升华温度(300)	新戊二醇	104	124～130(210)
间苯二甲酸	166	345～348	乙二醇	62	－12.9(197.3)
邻苯二甲酸酐	148	131(284)	甲基丙二醇	90	－54(212)
偏苯三甲酸酐	192	164～166(240～245)	二乙二醇	106	245
己二酸	146	153	三羟甲基丙烷	134	56～60(295.7)
癸二酸	202	130～134.5	甘油	90	17.8(290.9)

在设计聚酯树脂时，可变因素有共聚物组成、分子量（聚合度）、歧化程度（支链程度）、官能团种类及数量，它们之间的组合是无限的。在实际配方的设计中，根据涂料和涂膜性能的要求，取得这些因素之间的良好平衡。共聚物组成、分子量、歧化程度以及官能团对聚酯树脂特性的影响，聚酯树脂特性对粉末涂料及涂膜性能的影响关系如图 4-7 所示。根据粉末涂料及涂膜性能的要求，既要考虑聚酯树脂的特性，又要从聚酯树脂的特性设计聚酯树脂合成配方。

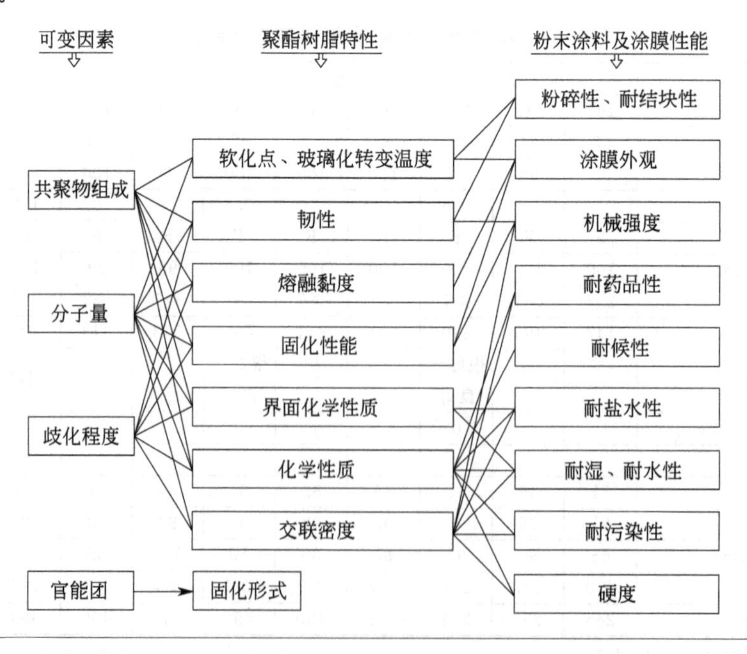

图 4-7 可变因素对聚酯树脂特性的影响，聚酯树脂特性对粉末涂料及涂膜性能的影响

起初，因为得不到高纯度的对苯二甲酸，只得用高纯度的对苯二甲酸二甲酯经酯交换的途径合成聚酯树脂。现在，已经能够制造高纯度的对苯二甲酸，基本上用对苯二甲酸与多元醇直接酯化缩合制造羟基聚酯树脂，然后与多元缩酸酐加成反应得到羧基聚酯树脂。聚酯树脂的分子量通过调节多元羧酸与多元醇的摩尔比来控制；而树脂的玻璃化转变温度（T_g），则通过调节芳香族羧酸和脂肪族羧酸之间的摩尔比，以及不同多元醇之间的摩尔比来控制。当芳香族羧酸和支链性多元醇（例如新戊二醇）的用量增加时，相应的树脂玻璃化转变温度也提高。在对苯二甲酸-乙二醇体系中，如果用间苯二甲酸、己二酸或癸二酸代替部分对苯二甲酸，或用新戊二醇代替部分乙二醇时，聚酯树脂的玻璃化转变温度都有变化，其变化情况如图 4-8 所示。图中数据说明，对苯二甲酸-乙二醇体系中，当用间苯二甲酸代替部分对苯二甲酸，聚酯树脂的玻璃化转变温度虽然有下降，但始终不低于 50℃；然而用己二酸或癸二酸代替部分对苯二甲酸时，随着替代量的增加，聚酯树脂的玻璃化转变温度迅速下降至 50℃以下。这种玻璃化转变温度过低的树脂，不能用于配制粉末涂料。这就说明芳香族二元羧酸与脂肪族二元羧酸对聚酯树脂玻璃化转变温度影响的区别，脂肪族羧酸使聚酯树脂的玻璃化转变温度明显下降。另外，用支链性的新戊二醇代替部分乙二醇时，聚酯树脂的玻璃化转变温度也始终在 50℃以上，适用于粉末涂料的基本要求，说明支链醇和直链醇相互取代后对聚酯树脂的玻璃化转变温度的影响，并不像芳香族二元羧酸被脂肪族羧酸代替后对玻璃化转变温度有明显的影响。

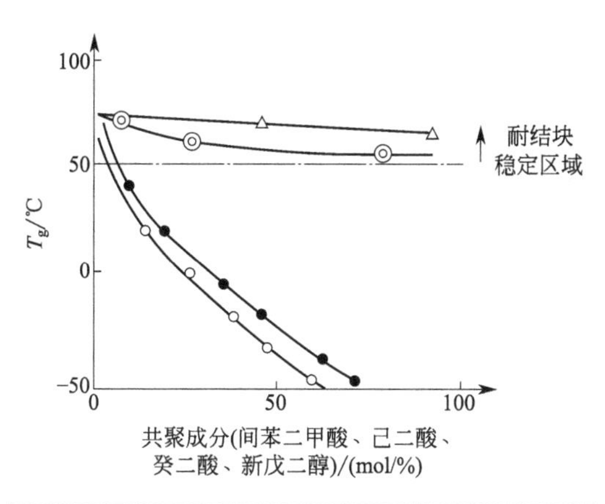

图 4-8 共聚物组成对聚酯树脂 T_g 的影响

◎—对苯二甲酸-间苯二甲酸-乙二醇体系；

●—对苯二甲酸-己二酸-乙二醇体系；

○—对苯二甲酸-癸二酸-乙二醇体系；

△—对苯二甲酸-新戊二醇-乙二醇体系

在聚酯树脂合成配方中，对苯二甲酸和间苯二甲酸可以提高聚酯树脂的玻璃化转变温度和脆性，对粉末涂料的贮存稳定性和耐候性有好处，也可以改善与环氧树脂的混溶性和对颜填料的润湿性。偏苯三甲酸酐可以提高树脂的官能度，在交联固化时提高反应活性，还可以提高涂膜交联密度，改进涂膜力学性能。直链二元醇可以提高树脂的分子量和柔韧性，但对树脂的玻璃化转变温度和涂膜耐水性有不好的影响；然而带有甲基的二元醇（例如新戊二醇、甲基丙二醇），可以提高羟基的反应活性；由于甲基使聚酯树脂的柔韧性降低、刚性增加，树脂的玻璃化转变温度、耐热性、耐候性和耐污染性得到提高，所以在性能优良的聚酯树脂中，新戊二醇在多元醇中的含量高于 70%。提高三元醇的比例，聚酯树脂的反应活性、官能度和软化点提高，涂膜的交联密度也会增加，但涂膜的流平性变差，光泽下降，在合成过程中容易产生树脂的胶化，因此在聚酯树脂合成配方中三元醇所占的比例不能太大。

为了制得含某种指定官能团的聚酯树脂，可以有多种途径，不同官能团聚酯树脂的合成方法列于表 4-84。从树脂的合成设备和工艺考虑，合成聚酯树脂有常压缩聚法、减压缩聚法和减压缩聚-解聚法。在聚酯树脂合成中三种合成工艺的特点比较见表 4-85。三种聚酯树脂合成的工艺流程见图 4-9，图 4-10 为聚酯树脂的通用制造设备组合示意图。

表 4-84　不同官能团聚酯树脂的合成方法

树脂官能团类型	合　成　方　法
羧基（—COOH）	①酸过量下，多元羧酸与多元醇缩聚； ②羟基聚酯树脂的酸酐加成反应； ③高聚合度聚酯树脂用多元羧酸酸解； ④内酯环状化合物的加成开环反应
羟基（—OH）	①醇过量下，多元羧酸与多元醇缩聚； ②高聚合度聚酯树脂用多元醇醇解； ③内酯环状化合物的加成开环反应
酸酐基 $\left(\begin{array}{c} O \\ \| \\ -C \\ \quad\diagdown \\ \quad\quad O \\ \quad\diagup \\ -C \\ \| \\ O \end{array}\right)$	①羟端基聚酯树脂与多元羧酸酸酐加成反应； ②高聚合度聚酯树脂用多元羧酸酸酐酸解
环氧基 $\left(\begin{array}{c} -CH-CH_2 \\ \diagdown\ \diagup \\ O \end{array}\right)$	端羧基聚酯树脂与多元环氧加成反应
不饱和键 $\left(>C=C<\right)$	不饱和多元羧酸与多元醇缩聚反应

表 4-85　聚酯树脂三种合成工艺的特点比较

合成工艺	常压缩聚法	减压缩聚法	减压缩聚-解聚法
设备成本	很低	一般	一般
运转成本	低	低至一般	低至一般
生产性	一般	良好	良好
聚合度控制	聚合度一般在 10 以下	控制聚合度 7～30 较难	容易
羟基聚酯质量	一般	一般	良好
羧基聚酯质量	一般	一般	良好
树脂质量稳定性	良好	一般	很好

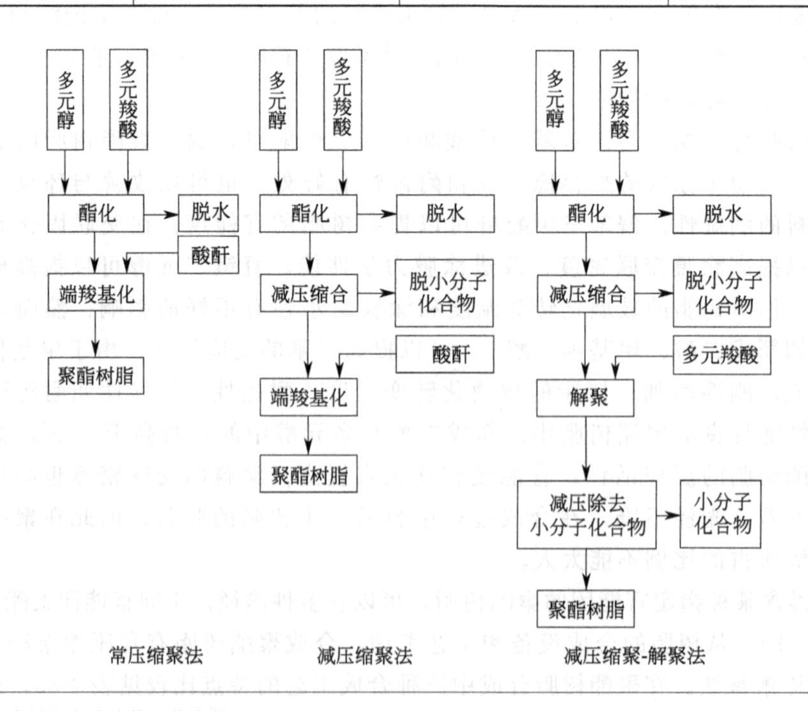

图 4-9　三种聚酯树脂合成法的工艺流程

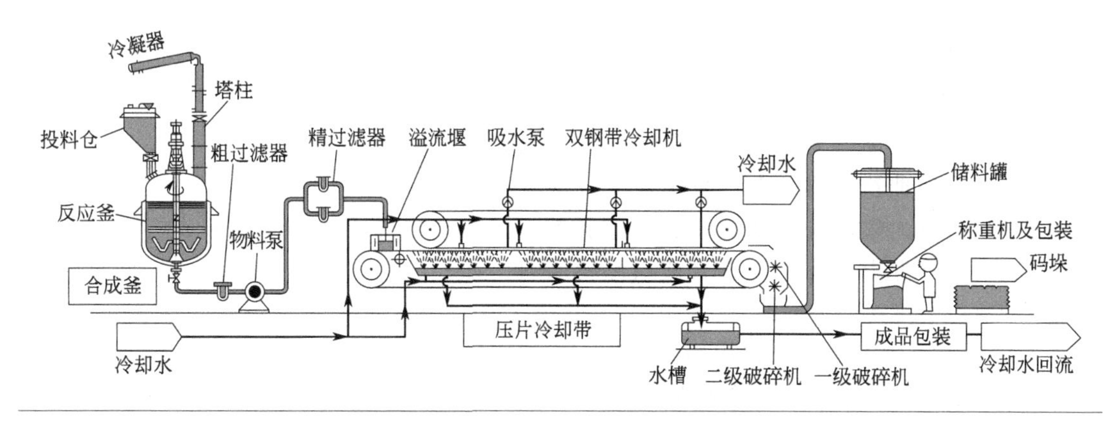

图 4-10　聚酯树脂合成设备及制造工艺流程示意图

用常压缩聚法制造的树脂，其聚合度一般在 10 以下，分子量在 2000 以上，其稳定性很难达到要求。作为粉末涂料用的聚酯树脂要求聚合度在 7～30，用减压缩聚法可以达到这种要求。故目前减压缩聚法已成为粉末涂料用聚酯树脂合成的常用方法。在用减压缩聚法合成聚酯树脂时的聚合速率快，不容易精确控制聚合度，所以在设计好醇酸摩尔比的同时要严格控制缩聚反应温度和时间。减压缩聚-解聚法虽然较容易控制聚酯树脂的聚合度，但工艺复杂，反应时间也长，在实际生产中很少采用。上述两种缩聚法，其反应时间与聚合度的关系见图 4-11。

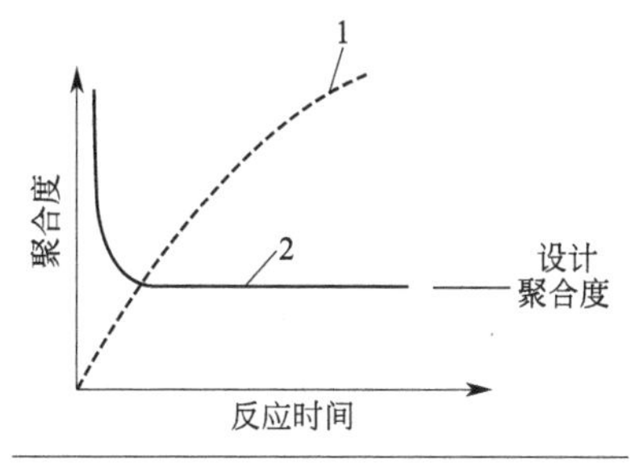

图 4-11　在不同缩聚法中，反应时间与聚合度之间的关系

1—减压缩聚法；2—减压缩聚-解聚法

在聚酯树脂的合成中，官能团的因素决定树脂的固化形式，同时共聚物组成、分子量和支化程度也是影响固化形式的重要因素。

（1）共聚物组成　聚酯树脂的结构取决于多元羧酸和多元醇的种类和配比。调节配方中酸、醇的种类和配比，可以得到从结晶性的硬而坚韧的树脂直到非结晶性的软而柔韧的树脂。因此，人们能够较容易地制得各种性能相互平衡的理想的聚酯树脂。由于这个特点，聚酯树脂往往成为制造粉末涂料的首选品种，广泛用于环氧-聚酯、聚酯和聚酯-丙烯酸粉末涂料。在实际生产中，主要使用的多元羧酸是对苯二甲酸、间苯二甲酸、己二酸等；多元醇是乙二醇、新戊二醇、三羟甲基丙烷等；酸酐类是偏苯三甲酸酐等。从粉末涂料的涂膜流平性考虑，主要以二元官能团为主，再配合使用少量的三元官能团的化合物，而且在相当一部分场合下，三元官能团的化合物是加成到聚酯树脂的端基，这样对粉末涂料的涂膜流平性影响比较小。如果在非端基部分使用三元醇或羧酸时，有利于增加树脂官能度和活性，但考虑到涂膜的流平性，用量一定要控制好。

（2）分子量（聚合度）　聚酯树脂的分子量对粉末涂料的防结块性、粉碎性、熔融黏度、涂膜流平性以及涂膜的力学性能和耐化学介质性能等都有很大的影响。粉末涂料中常用聚酯树脂的聚合度与玻璃化转变温度之间的关系见图 4-12，对于对苯二甲酸、乙二醇、新戊二醇体系，聚合度在 7～30 时，能制得树脂玻璃化转变温度大于 50℃、贮存稳定性好的聚酯树脂。

在聚酯树脂合成中，控制分子量分布是比较困难的，分子量分布是由催化剂或反应条件决定。根据Flory理论，分子量分布是由反应概率（p）和多元官能团成分的官能团数（f）所决定。图4-13是聚合度质量百分率分布曲线，图中M_x为聚合度x聚合物质量百分比。另外，数均聚合度仅仅是p的函数，因此要任意控制分子量是困难的，在合成聚酯树脂时，如何精确控制聚合度是关键问题。

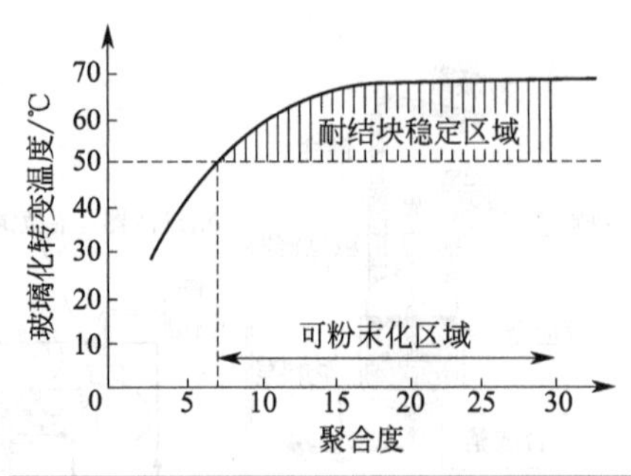

图 4-12　聚酯树脂聚合度与玻璃化转变温度（T_g）之间的关系（对苯二甲酸、乙二醇、新戊二醇体系）

（3）支化　支化程度对涂膜固化性能、交联密度有影响。一般支化程度高，对涂膜性能有利。由Flory理论，在聚酯树脂链上可引进的支化成分的量取决于

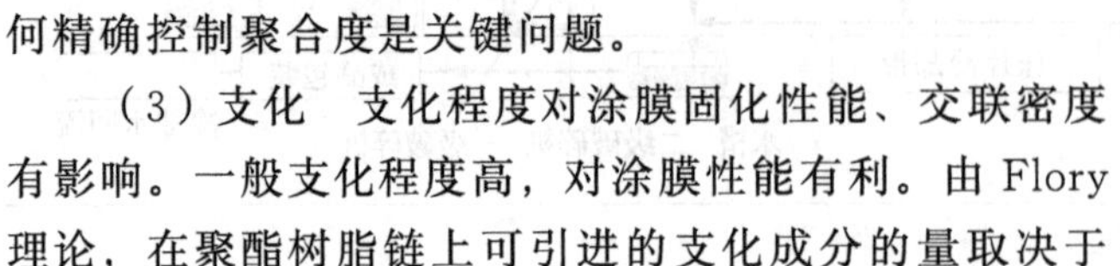

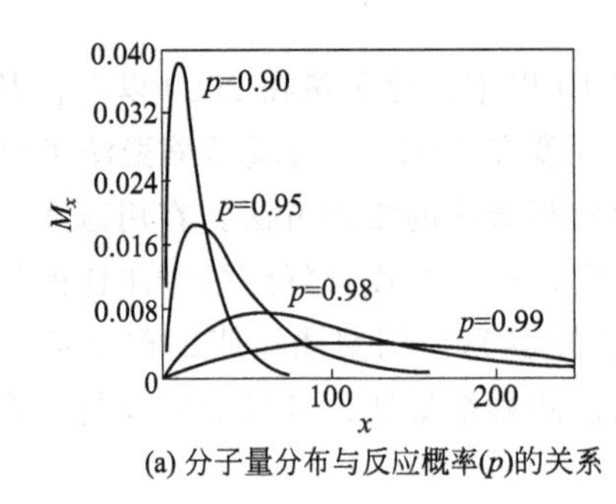

(a) 分子量分布与反应概率(p)的关系

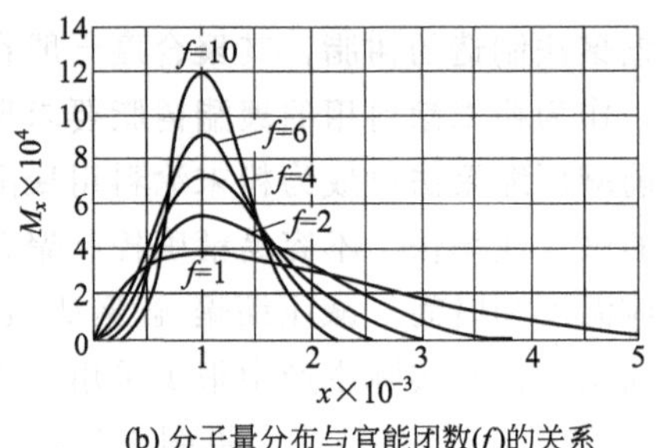

(b) 分子量分布与官能团数(f)的关系

图 4-13　聚合度质量百分率分布曲线

支化成分的官能团数目和聚合度。

当结构为A—A、A—<(A)(A)、B—B的三种多元醇和多元羧酸进行缩合时，在两端持有支化单位链 (A)(A)>—A—[B—BA—A]$_i$、B—B、A—<(A)(A) 可能的概率按下式表示：

$$\alpha=\sum_{i=0}^{\infty}\left[p_A p_B(1-\rho)\right]^i p_A p_B \rho \times \frac{p_A p_B \rho}{1-p_A p_B(1-\rho)}$$

式中　α——支化单位中一个官能团到达其他支化单位的概率；

p_A，p_B——A或B的反应概率；

ρ——A总数中属于支化单体A的比。

另外，如果把f作为支化单位的官能度，那么胶化就是交联增长下去的期望值$\alpha(f-1)>1$时产生的。

α 的临界值 α_c 按下式表示：

$$\alpha_c=\frac{1}{f-1}$$

图4-14是按模拟计算产生胶化的数均聚合度与引进支化成分量之间的关系。从图4-14中可以判断，要把支化的树脂合成为不胶化的稳定树脂，必须精确控制聚合度。

环氧-聚酯粉末涂料用树脂的合成配方例见表4-86，具体的树脂合成工艺如下。

将新戊二醇、乙二醇和催化剂加入反应釜中，用氮气置换反应釜中的空气，然后加热至

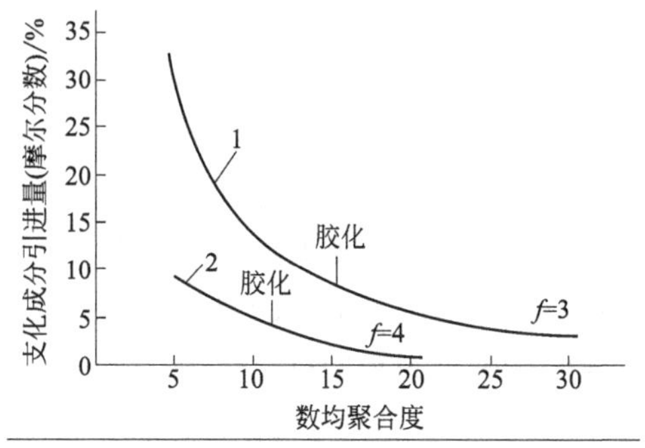

图 4-14　产生胶化的数均聚合度与引进支化成分量的关系

新戊二醇全部熔化，并开动搅拌。加入对苯二甲酸，升温，酯化，脱水，直至最高温度达到 240℃左右。当反应物澄清，酸值降至 10mg KOH/g 以后，把反应温度降至 180℃，然后加间苯二甲酸和己二酸，升温至 240℃脱水，每隔 1h 测酸值。当酸值降至约 15mg KOH/g 时抽真空脱水，并保温至 220℃左右。当反应物酸值降至 10mg KOH/g 以下时测软化点，并冷却至 180℃加入偏苯三甲酸酐，反应温度保持在 200℃，每隔 30min 测定一次酸值和黏度。出料前 30min 加促进剂。出料后测树脂软化点和酸值。

表 4-86　环氧-聚酯粉末涂料用树脂合成配方例

原料	用量/质量份	原料	用量/质量份	原料	用量/质量份
对苯二甲酸	36	新戊二醇	18	催化剂	0.2
间苯二甲酸	18	乙二醇	18	促进剂	0.2
己二酸	5.0	偏苯三甲酸酐	5.0		

或者将反应釜热媒温度升至 100～160℃之间，开动搅拌，先把新戊二醇（新戊二醇是固体时，通常加一定量的水，水的加量按新戊二醇质量的 3%～10%）、乙二醇等多元醇、催化剂和抗氧化剂加入反应釜中，再加入对苯二甲酸等多元酸，用氮气置换反应釜中的空气，继续升温至 160℃左右开始反应出水，期间注意塔顶温度，保持塔顶温度低于 101℃（最好低于 100℃），防止低分子量的醇类流失。物料在 4～8h 内升温至 220～240℃后保温，继续反应 2～4h，直至反应物透明和澄清。期间测试反应物的酸值和羟值，或测试酯化水的折射率，根据上述数据调整多元醇和多元酸的配比。对于混合型聚酯树脂用偏苯三甲酸酐封端基的，继续控制物料温度在 210～240℃之间，当酸值降至 15mg KOH/g 时，逐步抽真空达到规定的真空度（－0.7～0.99kPa），先是半小时检查一次，测黏度、酸值和羟值，以后可以根据需求加快测试频率，直至达到聚酯树脂规定的指标内，避免真空后用酸醇修正。冷却物料到 185℃左右，加入偏苯三甲酸酐（也有添加一定比例的回收聚酯和其他助剂），保持反应温度在 200℃，每 30min 测定一次酸值和黏度，出料前 30min 加促进剂，检查树脂的酸值和黏度，如果酸值过低用偏苯三甲酸酐调整。

如果不是偏苯三甲酸酐封端的，在第一步酯化反应结束后，加入第二步投放的物料，如间苯二甲酸等单体，逐步抽真空到规定的真空度（－0.7～0.99kPa），先是半小时检查一次，测黏度、酸值和羟值，以后根据需要可以加快测试频率，出料前 30min 加促进剂，直到聚酯树脂达到规定指标内，避免聚酯树脂抽真空后调整。

反应结束后的物料，经过滤器净化，用冷却带冷却，破碎后包装。

在实际生产中聚酯树脂的生产工艺如下：

多元酸、多元醇、催化剂→投料、升温→酯化、脱水→减压缩聚→端羧基化→过滤→冷却→破碎→包装→成品

在聚酯树脂的合成过程中，为了加快反应速率，节约能源消耗，并使反应完全，一般添加催化剂。添加固化反应促进剂，可加快成膜速率，降低固化温度；添加抗氧剂可以改善树

脂颜色；添加增光剂可以提高涂膜光泽。

在降解反应中，一般选用金属羧酸盐化合物，其用量为0.15%；在羧基化反应中，一般使用金属锡类有机化合物（单丁基锡酸F4100和单丁基三异辛酸锡F4102），用量为0.04%～0.25%，在出口儿童玩具和家具中禁止使用单丁基和二丁基有机锡等催化剂生产的聚酯树脂；固化反应促进剂，一般选用咪唑或季铵盐类；聚酯树脂合成温度高，没有抗氧化剂和氮气保护，聚酯树脂会氧化降解。常用的抗氧化剂有受阻酚类、亚磷酸酯类和复合类抗氧化剂，其中受阻酚类是高分子材料的主抗氧化剂，亚磷酸酯类为辅助抗氧化剂。

生成的树脂产品为无色或淡黄色透明固体，软化点为95～115℃，酸值为68～80mg KOH/g，玻璃化转变温度大于50℃，这类树脂适用于配制聚酯树脂/环氧树脂（质量比，下同）＝50/50的粉末涂料；如果聚酯树脂用量大于环氧树脂时，聚酯树脂的酸值应低于这个范围；而聚酯树脂的用量小于环氧树脂时，聚酯树脂的酸值就应该高于这个数值范围，这种聚酯树脂配制的环氧-聚酯粉末涂料成本高，没有工业化应用的实际意义。

由于原材料的来源、价格和产品性能要求等多种因素的影响，环氧-聚酯粉末涂料用聚酯树脂配方的原料组成也在不断变化，不同公司之间的配方组成上也有明显的差别。偏苯三甲酸酐是混合型聚酯树脂最主要的封端化合物，与羟基反应后端基生成两个活性羧基基团，增加树脂的官能度。与间苯二甲酸封端的聚酯树脂相比，其耐水解性要差一些。在基础配方上，现在偏苯三甲酸酐的用量在减少，大多数用三官能团的三羟甲基丙烷来代替一部分偏苯三甲酸酐。含三羟甲基丙烷的环氧树脂/聚酯树脂＝50/50用聚酯树脂的合成配方见表4-87。有的公司还用二乙二醇代替其他二元醇；还有公司是不用三羟甲基丙烷，只用少量偏苯三甲酸酐。混合型聚酯树脂的储存稳定性不如纯聚酯粉末涂料用聚酯树脂，储存时需要注意密闭干燥，定期检查酸值，如变化大需要适当调整配方（但此时涂料性能已经发生变化）。

表4-87　含三羟甲基丙烷的环氧树脂/聚酯树脂＝50/50用聚酯树脂配方

原料	用量/质量份	原料	用量/质量份
对苯二甲酸	29	新戊二醇	41
间苯二甲酸	1.0	乙二醇	3.0
己二酸	19	催化剂	少量
偏苯三甲酸酐	4.0	促进剂	少量
三羟甲基丙烷	3.0		

为了提高涂膜的耐热性、耐候性和降低涂料成本，继适用于聚酯树脂/环氧树脂＝50/50的聚酯树脂品种以后，开发了适用于聚酯树脂/环氧树脂＝60/40和聚酯树脂/环氧树脂＝70/30的聚酯树脂，近来DSM涂料树脂公司等还开发了适用于聚酯树脂/环氧树脂＝80/20的聚酯树脂。这些树脂的基本合成工艺跟前面叙述的合成聚酯树脂/环氧树脂＝50/50用聚酯树脂一样，主要区别在于配方中的醇/酸的摩尔比不同，所用多元醇和多元羧酸的品种有差别而已。

聚酯树脂/环氧树脂＝60/40用的聚酯树脂配方例来说，主要成分是对苯二甲酸、新戊二醇、乙二醇三种，没有用间苯二甲酸，用少量的偏苯三甲酸酐和三羟甲基丙烷，参考的配方见表4-88。聚酯树脂/环氧树脂＝70/30用聚酯树脂配方例来说，主要成分是对苯二甲酸、新戊二醇、二乙二醇、乙二醇，还有部分三羟甲基丙烷和少量偏苯三甲酸酐，没有用间苯二甲酸。为了满足聚酯树脂的各种性能要求，聚酯树脂合成配方的组成和配比上不同品种之间、同样品种不同公司之间还是有比较大的差别。用户需根据粉末涂料与涂膜性能的要求，选择合适的聚酯树脂品种，才能满足客户的需求。

表 4-88　含三羟甲基丙烷的聚酯/环氧＝60/40 用聚酯树脂配方

原料	用量/质量份	原料	用量/质量份
对苯二甲酸	855	新戊二醇	330
偏苯三甲酸酐	44	二乙二醇	108
三羟甲基丙烷	8.5	催化剂	少量
促进剂	少量	抗氧化剂	少量

注：醇的当量数为 10.0，酸的当量数为 11.0，产品收率为 90%，树脂酸值为 48.1mg KOH/g。

近年来开发了粉末涂料用半结晶聚酯树脂，这种树脂的软化点范围窄，熔融黏度低，玻璃化转变温度小于 45℃，但制备的粉末涂料贮存稳定性好，可以得到无橘纹、外观优异的涂膜。半结晶聚酯树脂不同于粉末涂料用的无定形普通聚酯树脂，它是一种多相混合物，具有多相的形态，室温下是不透明的白色固体，熔融黏度低，在化学结构上的对称性强，不溶于常用的有机溶剂，如二甲苯、石油溶剂和丙酮等。

合成半结晶聚酯树脂用的多元羧酸与多元醇跟合成普通聚酯树脂的差不多，为了形成有明显结晶性的聚酯，在缩聚反应中所用的多元羧酸和多元醇最好是含有偶数碳原子，但这不是必需的。采用官能团对称取代的芳基或脂环族单体，如对苯二甲酸、1,4-环己烷二羧酸、1,4-二环己烷二甲醇，特别易于促进合成树脂的结晶性。合成半结晶性聚酯树脂的配方、工艺和树脂技术指标如下。

在配有搅拌器、分馏柱、油水分离器、温度计和氮气入口的 5L 圆底烧瓶中，装入对苯二甲酸 1198.5g（7.22mol）、1,10-癸二醇 1322.4g（7.6mol）和二丁基氧化锡 0.41g（1.5mmol）进行反应。第二阶段补加 1,10-癸二醇和丁二酸 226.1g（1.9mol），具体合成工艺参考本章第四节中的半结晶聚酯树脂合成方法。成品半结晶聚酯树脂的技术指标如下：ICI 锥板熔融黏度（200℃）为 1.1Pa·s；酸值为 69mg KOH/g；羟值为 4mg KOH/g；玻璃化转变温度为 29.8℃；数均分子量为 $M_n=1628$。

翟春海等对环保型非 TMA 类户内消光用聚酯树脂的合成进行研究，搭配 2.5%～4%的消光剂，可以制备出光泽在 10%～30%的户内用消光粉末涂料，涂膜表面细腻，流平性好，力学性能好。研究内容还包括多元酸、多元醇、生产工艺对聚酯树脂性能的影响。多元酸对聚酯树脂性能的影响见表 4-89。

表 4-89　不同多元酸对聚酯树脂性能的影响

项目	S	丁二酸	ADA	CHDA	DDDA
黏度/mPa·s	3680	3220	3050	3410	2550
玻璃化转变温度/℃	57.3	52.8	51.0	54.6	48.3
膜厚/μm	60～80	60～80	60～80	60～80	60～80
60°光泽/%	48.5	37.8	33.5	45.2	24.5
冲击强度(正/反)/kg·cm	50/30	50/40	50/50	50/40	50/50
流平性	4～5	4～5	5～6	4～5	6～7
胶化时间(200℃)/s	75	70	68	72	73

在表 4-89 中将 TPA（对苯二甲酸）、IPA（间苯二甲酸）、NPG（新戊二醇）等常规原料合成的聚酯树脂作为参照样 S，其结果说明，采用 ADA（己二酸）、CHDA（环己烷己二甲酸）、DDDA（十二碳二元酸）、丁二酸等多元酸替代部分 IPA 时，聚酯树脂的黏度、玻璃化转变温度均出现明显的降低，制备的消光粉末涂料光泽降低；树脂的柔韧性、冲击强度

和弯折性能明显提高，同时涂膜流平性得到提高。多元醇对聚酯树脂性能的影响见表4-90。

表 4-90　多元醇对聚酯树脂性能的影响

项目	TMP	EG	DEG	MPDI	CHDM	BEPD
黏度/mPa·s	4620	3580	2890	3120	3900	3480
玻璃化转变温度/℃	58.8	57.1	54.0	55.1	58.5	56.2
膜厚/μm	68～80	68～80	68～80	68～80	68～80	68～80
60°光泽/%	50.8	47.3	37.7	32.1	49.8	40.2
冲击强度(正/反)/kg·cm	50/50	50/40	50/50	50/30	50/50	50/50
流平性	3～4	4	5～6	5～6	4～5	5～6
胶化时间(200℃)/s	62	77	79	79	70	75

在表 4-90 中 TMP（三羟甲基丙烷）、EG（乙二醇）、DEG（二乙二醇）、MPDI（2-甲基-1,3-丙二醇）、CHDM（1,4-环己烷二甲醇）、BEPD（乙基丁基丙二醇）等多元醇部分替代参照样中的 NPG 所合成的树脂与参照样 S 的性能比较。试验结果说明，DEG 和 MPDI 能够在一定程度上降低聚酯树脂的黏度和消光光泽，但 T_g 也同时降低，需要适当控制。CHDM 是六元环结构的二元醇，用其替代部分 NPG 后消光性能未明显提高，树脂的黏度、T_g 和涂膜冲击性能提高。BEPD 常用于无霜聚酯的合成中，抗起霜性能好，但树脂成本提高。生产工艺对聚酯树脂性能的影响见表 4-91。

表 4-91　生产工艺对聚酯树脂性能的影响

项目	抽真空 1h	抽真空 2h	抽真空 3h	抽真空 3.5h
酸值/(mg KOH/g)	52.6	50.8	49.7	49.5
黏度/mPa·s	2210	2830	3120	3110
玻璃化转变温度/℃	51.1	52.6	52.9	52.9
数均分子量	2835	3304	3606	3590
多分散性	3.83	3.35	3.12	3.09
膜厚/μm	60～80	60～80	60～80	60～80
60°光泽/%	20.6	23.1	28.5	28.5
冲击强度(正/反)/kg·cm	50/40	50/40	50/50	50/50
流平性	6～7	6～7	5～6	5～6
胶化时间(200℃)/s	79	74	72	72

表 4-91 的结果说明，抽真空 1～3h 时缩聚反应不断进行，聚酯酸值逐渐减小，黏度和分子量逐渐增大，多分散性变小，分子量分布变窄。当抽真空 3～3.5h 时，缩聚反应趋于平衡，聚酯树脂性能变化较小，消光效果稳定，冲击强度也比较好。

生产环氧-聚酯粉末涂料用聚酯树脂的企业较多，其中安徽神剑新材料股份有限公司生产的产品型号和规格见表 4-92；浙江光华科技股份有限公司生产的产品型号和规格见表 4-93；帝斯曼（中国）涂料树脂公司的产品型号和规格见表 4-94；湛新树脂（中国）有限公司生产的产品型号和规格见表 4-95；浙江传化天松新材料有限公司生产的产品型号和规格见表 4-96；新中法高分子材料股份有限公司生产的产品型号和规格见表 4-97；广州擎天材料科技有限公司生产的产品型号和规格见表 4-98；烟台枫林新材料有限公司生产的环氧-聚酯粉末涂料用聚酯树脂型号和规格见表 4-99。

表 4-92 安徽神剑新材料股份有限公司生产的环氧-聚酯粉末涂料用聚酯树脂型号和规格

型号	酸值/(mg KOH/g)	玻璃化转变温度/℃	黏度(200℃)/mPa·s	固化条件/℃×min	特点
环氧树脂/聚酯树脂=50/50粉末涂料用聚酯树脂					
SJ3A	70～80	≥53	4500～8000	180×15	综合性能优异,耐溶剂,抗弯折及表面硬度好,主要用于家电行业
SJ3AT	68～75	≥51	3000～6000	170×15	中低温固化树脂,高光泽,优异的力学性能,适用于家电
SJ3B	68～75	≥53	3000～6000	180×15	流平与力学性能兼顾,特别适合亚光粉末涂料
SJB-6	68～75	≥53	3000～6000	180×15	SJ3B的不含有机锡型
SJ3C	68～75	≥53	3500～5500	180×15	经济型树脂,光泽、流平、冲击性能能达到较好的统一
SJ3D	70～80	≥52	4000～7000	180×15	光泽高,耐水煮,抗弯折良好
SJ3F	70～80	≥53	3000～6000	180×15	高光泽,高流平,抗干扰综合性能优异,适合一般的工业应用
SJ3301	68～75	≥56	2500～4500	180×10	流平好,力学性能优异
SJ3511DT	70～80	≥61	2500～5500	180×15	SJ3511的摩擦枪型
SJ3511	70～80	≥61	2500～5500	180×15	高 T_g,高硬度,抗划痕
SJ3701	68～75	≥52	1500～3000	150×15,160×10	低温快速固化树脂,柔韧性好,适用于热敏性电子产品的涂装
SJ3702	68～75	≥52	2500～4500	160×15	低温快速固化树脂,高光泽,优异的力学性能
SJ3708	68～78	≥60	2500～4500	160×15	低温快速固化树脂,T_g 高,力学性能优异,耐燃气炉
SJ3710	70～80	≥51	500～2000	中红外固化,3mm	MDF专用树脂,高 T_g
特殊(消光)环氧-聚酯粉末涂料用聚酯树脂					
SJ3800	200～300	≥48	500～2500	—	高酸值树脂,主要应用于消光粉末涂料
环氧树脂/聚酯树脂=60/40粉末涂料用聚酯树脂					
SJ5A	45～55	≥53	4000～6500	180×15	适合用于小家电,艺术粉
SJ5B	45～55	≥51	2500～4500	180×15	力学性能优异,良好的流平
SJ5BT	45～55	≥52	2000～4000	180×15	高光泽,高流平,适合薄涂
SJ5C	45～55	≥56	5500～8000	180×(10～15)	光泽高,耐水煮,储存性能优良,力学性能卓越
SJ5CT	45～55	≥52	2500～4500	180×15	经济型通用树脂
SJ6200	45～55	≥54	3000～5000	200×15	高光泽,高流平,适用于轮毂用涂料
SJ6200-2	45～55	≥54	3000～5000	200×15	高光泽,高流平,适用于轮毂用涂料,SJ6200的慢速固化型
SJ6201	45～55	≥50	1500～4000	200×10	慢速固化型,流平好,柔韧性好,适用于轮毂用涂料
SJ6202	54～59	≥53	2500～4500	180×15	高光泽,流平和力学性能好,适用于摩擦枪粉末
SJ6222	45～55	≥52	1500～3500	180×15	力学性能和流平性能优异,抗黄变较好
SJ6300	45～55	≥53	2000～3500	180×10	高光泽,高流平,力学性能优
SJ6400	45～55	≥52	2000～4000	180×15	工业用通用型树脂
SJ6400DT	45～55	≥52	2000～4000	180×15	SJ6400的摩擦枪用型
SJ6711	45～55	≥54	2000～4500	160×15,150×20,140×30	低温快速固化树脂,力学性能优异
SJ6722	45～55	≥51	2000～4000	160×20	低温固化树脂,力学性能优异,流平性较好
SJ6800	45～55	≥61	5800～8800	180×15	高 T_g,力学性能优异
SJ6801	45～55	≥56	2000～4500	180×15	流平好,良好的力学性能和储存稳定性

续表

型号	酸值/(mg KOH/g)	玻璃化转变温度/℃	黏度(200℃)/mPa·s	固化条件/℃×min	特点
环氧树脂/聚酯树脂=60/40 粉末涂料用聚酯树脂					
SJ6802	48～55	≥54	2000～4000	180×15	流平极好,非常适用于消光体系
SJ6802J	48～55	≥52	2500～4500	190×15	流平好,防流挂,用于消光体系,耐燃气炉
SJ6803DT	45～55	≥58	2500～5500	180×15	流平好,良好的力学性能和储存稳定性,适用于摩擦枪粉末
SJ6805	45～55	≥61	2000～4000	180×10	高 T_g,流平好,具有较好的反应活性
环氧树脂/聚酯树脂=70/30 粉末涂料用聚酯树脂					
SJ6A	33～38	≥51	3000～6000	180×15	应用于化学消光的亚光粉末涂料,流平、力学性能好
SJ6B	30～36	≥52	3500～5500	180×15	耐水煮和力学性能好,适用于美术粉末
SJ6BT	30～35	≥54	2500～4500	180×15	耐弯折性能优,冲击性能佳
SJ6BDT	30～36	≥52	3500～5500	180×15	SJ6B 的摩擦枪用型
SJ6BTDT	30～35	≥54	2500～4500	180×15	SJ6BT 的摩擦枪用型
SJ7202-4	30～36	≥57	4500～6500	200×10	慢速固化型树脂,流平好,储存稳定性佳,耐燃气炉
SJ7203	30～36	≥57	4300～5800	200×10	流平和储存稳定性好,耐燃气炉,适用于摩擦枪粉末
SJ7208	24～31	≥55	6000～8000	200×10	慢速固化型树脂,柔韧性好,力学性能优,耐燃气炉
SJ7301	31～36	≥56	4500～6500	180×10	流平好,力学性能好,具有快速固化倾向型树脂
SJ7306	35～42	≥56	4500～7500	180×10	中速固化型,适用于摩擦枪粉末
SJ7411	28～35	≥55	3500～6000	180×15	工业用通用型树脂
SJ7411DT	28～35	≥55	3500～6000	180×15	SJ7411 的摩擦枪用型
SJ7700	28～33	≥53	3000～6000	160×15	低温固化树脂,较好的弯折和机械性能
SJ7701-4	30～36	≥57	4500～6500	180×10	快速固化树脂,较好流平和储存稳定性,耐燃气炉
SJ7701DT	30～36	≥57	4500～6500	180×10	SJ7701 的摩擦枪用型
SJ7703	30～36	≥55	3500～6500	180×(10～12)	流平好,力学性能优
SJ7800	30～35	≥61	5000～8000	180×15	高 T_g,力学性能和储存稳定性好
SJ7801	30～36	≥56	3000～6000	180×15	流平好,力学性能好
SJ7802	28～35	≥64	3500～5500	200×10	高 T_g,流平好,储存稳定性优异
SJ7803	28～35	≥60	4000～6000	180×15	高 T_g,储存稳定性好,力学性能优,中温固化,通用型树脂
SJ7804	30～35	≥54	2500～4500	180×15	耐弯折,力学性能好,柔韧性优

表 4-93 浙江光华科技股份有限公司生产的环氧-聚酯粉末涂料用聚酯树脂型号和规格

型　号	流平等级(PCI)	黏度(200℃)/mPa·s	酸值/(mg KOH/g)	玻璃化转变温度/℃	固化条件/℃×min	特点
聚酯树脂/环氧树脂=50/50 用聚酯树脂						
GH-1150	7	3000～4000	66～76	57	180×15	物理消光专用,流平性和细腻度好
GH-1151	7	3500～4500	72～78	50	180×15	经济型,高光泽
GH-1152	7	3000～4200	72～78	54	180×15	综合性能优
GH-1153	6	5000～7500	72～78	59	180×15	力学性能优异,兼顾流平
GH-1155	6	7500～10000①	70～76	54	180×10	适用转印粉,快速固化
GH-1156	6	3500～5500	66～75	54	180×15	物理消光专用,流平性和细腻度好

续表

型　号	流平等级(PCI)	黏度(200℃)/mPa·s	酸值/(mg KOH/g)	玻璃化转变温度/℃	固化条件/℃×min	特点
聚酯树脂/环氧树脂=50/50 用聚酯树脂						
GH-1157	6	5000～8000①	68～74	51	130×15	低温固化,中密度板用
GH-1158	6	7000～10500①	68～74	57	160×12	润湿性好,综合性能优
GH-1159②	6	7500～11000①	68～74	55	180×10	综合性能优异
聚酯树脂/环氧树脂=60/40 用聚酯树脂						
GH-1160	7	7000～11000①	55～61	58	180×15	流平优异,耐洗涤剂性能好
GH-1161	7	7500～9500①	50～56	56	180×15	综合性能优,流平优异
GH-1162	7	2800～3800	50～56	53	180×15	经济型,适合平面和消光
GH-1163	7	7800～9800①	48～54	52	180×15	优异的抗黄变性,流平好
GH-1164	8	8600～12000①	45～51	50	200×15	光泽高,流平和韧性好,填料添加量高
GH-1165	6～7	3000～5000	42～48	62	180×15	玻璃化转变温度高,通用
GH-1166	7～8	2000～4000	56～67	62	200×15	玻璃化转变温度高,流平优异,物理消光效果好
GH-1167②	7～8	3400～5100	47～53	57	200×15	流平优异,光泽高,力学性能优异
GH-1168	6～7	3000～5000	42～48	60	180×15	经济型通用树脂,很好的耐沸水煮性能
GH-1169	6	8600～12200①	45～51	50	150×15	低温固化,填料添加量高
GH-1261	7	2600～3400	52～58	54	200×15	物理消光专用,流平性和细腻度好
聚酯树脂/环氧树脂=70/30 用聚酯树脂						
GH-1171	6～7	4000～5500	28～34	55	180×15	适合消光产品及平面粉
GH-1172	6～7	5600～7200	27～33	62	170×15	T_g 高,综合性能优异,适合纹理粉
GH-1173	6～7	5400～6600	30～36	58	180×15	中速固化,良好的流平性,B68 消光固化体系,适合配制低光粉末涂料
GH-1175	7～8	4500～6000	30～36	58	200×15	慢速固化,极好的流平,B68 消光固化体系,适合配制低光粉末涂料做低光
GH-1176	7	5400～7600	27～33	60	180×15	中速固化,优异的流平和力学性能,适合化学消光
聚酯树脂/环氧树脂=75/25 用聚酯树脂						
GH-1178	6	6500～8000	21～26	56	200×10	柔性好,综合性能优异

① 175℃测试。

② 耐烘烤 OB。

表 4-94　帝斯曼（中国）涂料树脂公司生产的环氧-聚酯粉末涂料用聚酯树脂产品型号和规格

型号	酸值/(mg KOH/g)	黏度(160℃)/Pa·s	T_g/℃	固化条件/℃×min	特点
聚酯树脂/环氧树脂=50/50 用聚酯树脂					
P2064	75～95	50～80	71	160×30,200×10	高 T_g,良好的硬度,优异的力学性能(屏东产)
P4055	69～79	20～50	58	180×10	良好的流平性能,良好的柔韧性能
P5127	69～79	18～38	58	160×18,180×12 200×6	普通用途,在反应性和流平性之间有良好的平衡
P5980	69～79	18～38	58	160×15,180×10 200×5	低温快速固化
P5998	69～79	18～38	58	180×15,200×10	良好的流平性,抗黄变性好(屏东产)

续表

型号	酸值/(mg KOH/g)	黏度(160℃)/Pa·s	T_g/℃	固化条件/℃×min	特点
聚酯树脂/环氧树脂=60/40用聚酯树脂					
P2612	45～57	7～23	60	200×8	高耐燃气烘箱性能，可用于高颜填料配方(屏东产)
P4065	49～57	20～70	60	180×10	一般工业级，储存稳定性优异，性价比良好
P4140	49～53	20～40	55	180×10	良好的柔韧性能，可用摩擦喷枪施工
P4260	49～55	20～70	58	180×15	一般工业级，储存稳定性良好，流平性能好
P5040	52～58	20～40	57	180×12，200×8	良好的流平性，良好的力学性能
P5061	47～55	22～44	56	190×15，200×12	优异的流平性能，可以使用摩擦喷枪施工，不含TMA(屏东产)
P6051	47～57	15～45	54	200×10	优异的流平性能和表面效果
P6060	52～58	20～40	57	190×15，200×10	优异的流平性能和外观，适用于薄涂
聚酯树脂/环氧树脂=70/30用聚酯树脂					
P775	33～39	20～50	62	200×10	HiTone系列产品，优秀的流平性能，允许更高的颜填料比例，优秀的储存稳定性
P3450	34～40	40～70	55	160×15，180×10，200×6	快速固化，适用于使用B55或B68的消光型粉末的配方(屏东产)
P4035	32～38	20～40	54	180×10	良好的流平性能，良好的柔韧性能，可用摩擦枪施工
P4135	32～38	20～40	54	180×10	良好的流平性能，良好的柔韧性能，可用摩擦枪施工(屏东产)
P4235	33～37	20～60	51	180×12	良好的流平性能，可用摩擦枪施工
P5030	32～38	17～37	53	200×10	良好的抗黄变性，通用型树脂
P5070	32～38	22～39	54	160×15，200×6	快速固化，通用型聚酯树脂(屏东产)
聚酯树脂/环氧树脂=80/20用聚酯树脂					
P5881	18～23	60～110	56	180×15，200×10	良好的柔韧性能(屏东产)

表4-95　湛新树脂（中国）有限公司生产的环氧-聚酯粉末涂料用聚酯树脂型号和规格

产品名称	固化温度/℃	玻璃化转变温度/℃	酸值/(mg KOH/g)	黏度/mPa·s	特点
聚酯树脂/环氧树脂=50/50用聚酯树脂					
CRYLCOAT 1514-2	180	55	70	9300(175℃)	综合性能优异
CRYLCOAT 1573-0	180	56	70	2500	通用型树脂，流平和反应速率兼顾性好
CRYLCOAT 1581-6	130	52	69	5500	可用于中密度纤维板涂料低温固化树脂，用中红外光可以很好地固化
CRYLCOAT 1540-0	160	58	70	8700(175℃)	很好地兼顾了涂料性能和颜填料润湿性
CRYLCOAT 1510-0	180	62	71	8650(175℃)	极好的流平，高光泽以及很好的颜填料润湿性
CRYLCOAT 1506-6	140	62	70	5300	低温快速反应聚酯，适用于金属底材的粉末涂料以及中密度纤维板低温固化美术粉
CRYLCOA1545-6	130	66	72	8200(175℃)	高T_g，低温固化树脂，用于中密度纤维板涂料
聚酯树脂/环氧树脂=60/40用聚酯树脂					
CRYLCOAT 1650-2	200	55	50	4200	与消光助剂匹配性能好
CRYLCOAT 1616-2	200	62	48	3750	高T_g，极好的流平通用树脂

续表

产品名称	固化温度/℃	玻璃化转变温度/℃	酸值/(mg KOH/g)	黏度/mPa·s	特点
聚酯树脂/环氧树脂=60/40用聚酯树脂					
CRYLCOAT 1648-2	180	60	45	4000	经济型通用树脂,杰出的耐水煮性能
CRYLCOAT 1660-5	200	53	51	2400	卓越的颜料润湿性和光泽度,优异的柔韧性和流平性能
CRYLCOAT 1630-0	200	59	62	3000	低反应活性,高储存稳定性
CRYLCOAT 1680-6	150	50	50	10800(175℃)	快速固化,流平好,填料添加量高
CRYLCOAT 1620-0	170	54	60	2700	反应活性和流平性兼顾性极佳
CRYLCOAT 1631-0	170	59	62	3000	玻璃化转变温度高,性能好,流平良好
聚酯树脂/环氧树脂=70/30用聚酯树脂					
CRYLCOAT 1701-0	170	62	36	6300	具有很好的综合性能的高 T_g 树脂,适用于快速或低温固化
CRYLCOAT 1716-0	180	60	30	6500	流平好,光泽高,也用于低光
CRYLCOAT 1781-0	180	63	34	5000	通用型聚酯,玻璃化转变温度高,流平好
CRYLCOAT 1770-0	180	58	34	5500	综合性能好
CRYLCOAT 1732-1	160	57	35	5500	混合型低温固化树脂
CRYLCOAT 1791-2	180	59	33	5000	使用于高光粉末,很好的力学性能,可耐燃气炉

表 4-96 浙江传化天松新材料有限公司生产的环氧-聚酯粉末涂料用聚酯树脂型号和规格

型号	酸值/(mg KOH/g)	软化点(环球法GB 9284.1—2015)/℃	玻璃化转变温度/℃	黏度(200℃)/mPa·s	固化条件/℃×min	特点和用途
聚酯树脂/环氧树脂=50/50用聚酯树脂						
TM9011A	70.0~82.0	100.0~110.0	52.0~58.0	1500~3500	180×(10~12)	50/50通用型树脂,优异的综合性能
TM9011F	72.0~80.0	100.0~110.0	52.0~58.0	500~2000	180×20或200×12	优异的流平性,高光泽,良好的储存稳定性和力学性能
TM5180	72.0~80.0	100.0~110.0	52.0~58.0	2500~4500	180×15	高流平,涂膜丰满度好,良好的储存稳定性和力学性能
TM5800	68.0~76.0	105.0~115.0	54.0~60.0	2500~4500	180×15	户内物理消光树脂,优良的力学性能,适用于半光、亚光粉末涂料
TM5000	68.0~76.0	105.0~115.0	54.0~60.0	2500~4500	180×15	户内物理消光树脂,优良的力学性能,适用于半光、亚光粉末涂料
TM5016	72.0~80.0	95.0~105.0	50.0~56.0	1300~3300	160×15	低温快速固化,良好的综合性能,适用于低温快速固化粉末涂料
TS9088	74.0~82.0	100.0~110.0	52.0~58.0	3000~5000	160×(15~20),180×(12~15)	杰出的柔韧性,适用于纹理粉末涂料、转印粉末涂料
TM5800	68.0~76.0	100.0~110.0	54.0~60.0	2500~4500	180×15,190×15	户内物理消光专用树脂,优良的消光性能,涂膜流平性、细腻度好

续表

型号	酸值/(mg KOH/g)	软化点(环球法 GB 9284.1—2015)/℃	玻璃化转变温度/℃	黏度(200℃)/mPa·s	固化条件/℃×min	特点和用途
聚酯树脂/环氧树脂=60/40 用聚酯树脂						
KM6608	50.0～56.0	105.0～115.0	52.0～58.0	3000～5000	180×15	60/40 通用型树脂,综合性能好
KM6607	46.0～52.0	105.0～115.0	56.0～62.0	3500～5500	180×15	通用型树脂,高 T_g,杰出的耐高温黄变性
KM6090	50.0～56.0	100.0～110.0	50.0～56.0	2000～4000	180×20	高光泽,高流平,适用于高光平面粉末涂料,可用于暖气片粉末涂料
KM6500	50.0～56.0	105.0～115.0	52.0～58.0	4000～6000	180×15	杰出的柔韧性,优异的耐水煮性、力学性能
KM6033	50.0～56.0	100.0～110.0	52.0～58.0	2500～4500	180×15	经济、通用型树脂,良好的光泽和流平性,综合性能好
KM6800	50.0～56.0	105.0～115.0	54.0～60.0	3500～5500	180×15,190×15	户内物理消光树脂,优良的力学性能,适用于半光、亚光粉末涂料
KM6000	48.0～54.0	105.0～115.0	54.0～60.0	1500～3500	180×20,200×12	超流平树脂,适用于高光轮毂粉末涂料
TS6016	50.0～56.0	95.0～105.0	50.0～56	1500～3500	160×15	低温快速固化,综合性能好,适用于低温快速固化粉末涂料
CN6700	50.0～56.0	100.0～110.0	52.0～58.0	2500～4500	180×15,190×15	户内物理消光专用树脂,优良的消光性能,涂膜流平性和细腻度好
聚酯树脂/环氧树脂=70/30 用聚酯树脂						
CM9388	34.0～40.0	105.0～115.0	52.0～58.0	5000～8000	180×20,200×12	70/30 通用型,黏度高,良好的光泽和流平性,适用于美术型粉末涂料
CM7033	30.0～36.0	102.0～112.0	52.0～58.0	2500～4500	180×15	70/30 通用型,良好的流平性,适用于平面高光粉末涂料
TS7300	28.0～34.0	102.0～112.0	52.0～58.0	2500～4500	180×15	优异的消光性能,可消光至无光,适用于 D68 类化学消光和平面高光粉末
特殊用途聚酯树脂						
CE1099	20.0～26.0	100.0～110.0	52.0～58.0	2000～4000	200×10	优异的消光性能,与环氧树脂不同配比,消光光泽可调,消光涂膜流平性和细腻度好,适用于 D68 类化学消光粉末涂料

表 4-97 新中法高分子材料股份有限公司生产的环氧-聚酯粉末涂料用聚酯树脂型号和规格

型号	酸值/(mg KOH/g)	黏度(175℃)/mPa·s	玻璃化转变温度/℃	固化条件/℃×min	特点
聚酯树脂/环氧树脂=50/50 用聚酯树脂					
P5086AME	72～78	12000～16000	约 54	180×15	高的光泽,综合性能优异
P1576ME	70～76	7000～12000	约 50	中红外固化,3min	低温固化,中密度板专用

续表

型号	酸值/(mg KOH/g)	黏度(175℃)/mPa·s	玻璃化转变温度/℃	固化条件/℃×min	特　点
聚酯树脂/环氧树脂＝50/50 用聚酯树脂					
P5900ME	70～76	9500～12500	约 54	180×10	高光泽,快速固化
P5010ME	71～77	8500～13000	约 55	180×15	经济型
P5050ME	70～76	10000～13500	约 57	180×15	通用型,力学性能优异
P5072ME	70～76	11000～15000	约 52	180×15	通用型,亚光粉用
P5088ME	72～78	19500～22500	约 54	180×15	高光泽,力学性能优异
P5901ME	70～76	9500～12500	约 53	160×15	低温固化,综合性能优异
聚酯树脂/环氧树脂＝60/40 用聚酯树脂					
P6055ME	50～56	8000～11000	约 53	180×15	高光泽,流平性好,综合性能优异
P6040ME	50～56	7000～11000	约 55	180×15	通用型,高光泽,力学性能优异
P6042ME	50～56	6000～9000	约 53	180×15	通用型,流平性好
P6900ME	50～56	12500～16000	约 57	180×10	快速固化,通用型
聚酯树脂/环氧树脂＝70/30 用聚酯树脂					
P7030ME	28～34	16000～19000	约 52	180×15	通用型
P7032ME	28～34	16000～19000	约 60	180×(10～15)	不含偏苯三甲酸酐(TMA),通用型

表 4-98　广州擎天材料科技有限公司生产的环氧-聚酯粉末涂料用聚酯树脂型号和规格

型号	反应性/s	黏度(200℃)/mPa·s	酸值/(mg KOH/g)	玻璃化转变温度/℃	固化条件/℃×min	特点
聚酯树脂/环氧树脂＝50/50 用聚酯树脂						
HH-2581	100～200	2000～3500	67～75	55	180×10	快速固化树脂,具有优异的流平性能,兼顾良好的力学性能
HH-2582	150～250	2000～3000	67～75	59	180×15	适应性广,流动性、耐热性好,光泽高,耐化学品性稳定,适合于做金属粉
HH-2583	150～250	3500～5500	67～75	55	180×15	消光型聚酯树脂,适合做物理消光,流平性和细腻度好,力学性能优异
HH-2585	100～200	2000～3500	67～75	57	180×15	经济型树脂,良好的力学性能,转印性能良好
HH-2562	50～150	1500～3500	67～75	54	160×15	低温固化树脂,良好的力学性能,也可用于 170℃×10min 固化
HH-2563	80～180	2000～4500	67～75	54	160×15	可实现 160℃低温固化树脂,具有优异的力学性能,兼顾良好的流平性
聚酯树脂/环氧树脂＝60/40 用聚酯树脂						
HH-2682	100～200	2500～4500	47～55	56	180×10	快速固化树脂,玻璃化转变温度高,具有优异的流平性能,兼顾良好的力学性能
HH-2683	90～150	2500～3500	47～55	54	180×15	通用型聚酯,流动性较好,耐化学品性能和力学性能良好
HH-2683B	120～180	2500～3500	47～55	54	180×15	HH2683 不含锡版本
HH-2685	200～300	2500～3500	47～55	58	180×20	流动性极好,光泽高,适合做高流平粉末喷涂,适合轮毂粉末涂料

续表

型号	反应性/s	黏度(200℃)/mPa·s	酸值/(mg KOH/g)	玻璃化转变温度/℃	固化条件/℃×min	特点
聚酯树脂/环氧树脂=60/40 用聚酯树脂						
HH-2686	170～300	2800～4000	47～55	55	200×10	经济型通用树脂,适用性广,流平优异,物理消光效果好
HH-2608	250～350	3000～4500	47～55	55	200×15	超高流平聚酯树脂,具有极佳的流平性能,光泽高,力学性能优异
聚酯树脂/环氧树脂=70/30 用聚酯树脂						
HH-2782	160～240	5500～6500	29～35	60	180×15	通用型聚酯树脂,光泽高,不含TMA,与B68消光效果好
HH-2783	180～300	4500～6500	29～35	57	180×15	通用型聚酯树脂,卓越的力学性能,良好的流平性能,综合性能优异

表 4-99　烟台枫林新材料有限公司生产的环氧-聚酯粉末涂料用聚酯树脂型号和规格

型号	固化条件/℃×min	玻璃化转变温度/℃	酸值/(mg KOH/g)	黏度/mPa·s	特点
聚酯树脂/环氧树脂=50/50 用聚酯树脂					
FL1050	180×10	58	70～76	10000～13500(175℃)	综合性能优,抗黄变,通用
FL1052	160×10	61	68～74	7500～10500(175℃)	性能均衡,润湿性好
FL1054	189×15	58	70～76	10000～14000(175℃)	FL1057 的经济版本
FL1057	180×15	58	70～76	11000～15000(175℃)	综合性能优异,流平性优,高抗黄变性
聚酯树脂/环氧树脂=60/40 用聚酯树脂					
FL1060	180×10	55	50～56	8000～11000(175℃)	性能优异,通用
FL1063	180×15	60	41～47	3000～5000(200℃)	高玻璃化转变温度,通用
FL1064	180×15	56	49～55	10000～15000(175℃)	力学性能好,通用
FL1266	200×10	56	49～54	2000～4500(200℃)	经济型树脂,具有优异的流平性和良好的力学性能
FL1066	200×15	58	50～56	2500～4500(200℃)	慢速反应,具有极好的流平性,良好的消光性,可用于汽车轮毂领域
FL1067	180×15	55	50～56	6000～10000(175℃)	通用型树脂,具有优异的流平性和外观
聚酯树脂/环氧树脂=70/30 用聚酯树脂					
FL1072A	180×10	54	31～37	3500～4000(200℃)	优异的流平性和外观,极佳的抗黄变性,带电性能好
FL1074	180×10	59	30～36	4500～5200(200℃)	通用型树脂,较高的玻璃化转变温度,优异的流平性
FL1076	200×10	58	28～34	6000～8000(200℃)	优异的力学性能,抗延时冲击折弯性能
FL1078A	180×10	56	30～36	3700～5000(200℃)	通用型树脂,流平性优异,很高的光泽,带电性好
FL1079	180×10	59	30～36	4200～5000(200℃)	FL1074 的经济型版本
FL1179	180×10	60	30～36	4200～5000(200℃)	经济型树脂,高玻璃化转变温度,具有非常好的力学性能

热固性环氧-聚酯粉末涂料用聚酯树脂的国家标准 GB/T 27808—2011 中对饱和聚酯树脂的技术指标要求见表 4-100。聚酯树脂的外观、颜色、酸值、软化点、熔体黏度和玻璃化转变温度按后面叙述的纯聚酯粉末涂料用饱和聚酯的测定方法进行。

表 4-100　环氧-聚酯粉末涂料用饱和聚酯树脂的技术指标要求

项目		技术指标要求
外观		浅色或无色透明颗粒，无肉眼可见的夹杂物
颜色(铂钴法)	≤	250
酸值/(mg KOH/g)		聚酯/环氧=50/50 时 70±5 或商定
		聚酯/环氧=60/40 时 50±5 或商定
		聚酯/环氧=70/30 时 30±3 或商定
		聚酯/环氧其他比例时商定
软化点/℃		110±10
熔体黏度(175℃或 200℃)/mPa·s		商定
玻璃化转变温度/℃	≥	52

注：有特殊要求的产品指标商定。

环氧-聚酯粉末涂料用端羧基型聚酯树脂的红外光谱见图 4-15。从红外光谱图看到 $3433cm^{-1}$ 是羟基 O—H 伸缩振动吸收峰；$2968cm^{-1}$、$2877cm^{-1}$ 是甲基上 C—H 伸缩振动吸收峰；$1723cm^{-1}$ 是酯基中 C═O 伸缩振动吸收峰；$1407cm^{-1}$、$1374cm^{-1}$ 是相邻两个甲基弯曲振动吸收峰，如新戊二醇；$1268cm^{-1}$ 是酯基中对苯二甲酸酯基中 C—O—C 不对称伸缩振动吸收峰宽和强；$1018cm^{-1}$、$729cm^{-1}$ 是酯基中苯环对位取代吸收峰，因此有对苯二甲酸酯结构。从谱图上看，跟纯聚酯粉末涂料用端羧基聚酯树脂没有明显的差别，都是用多元酸和多元醇缩聚得到的产品，通过裂解色谱质谱分析才能看出差别。

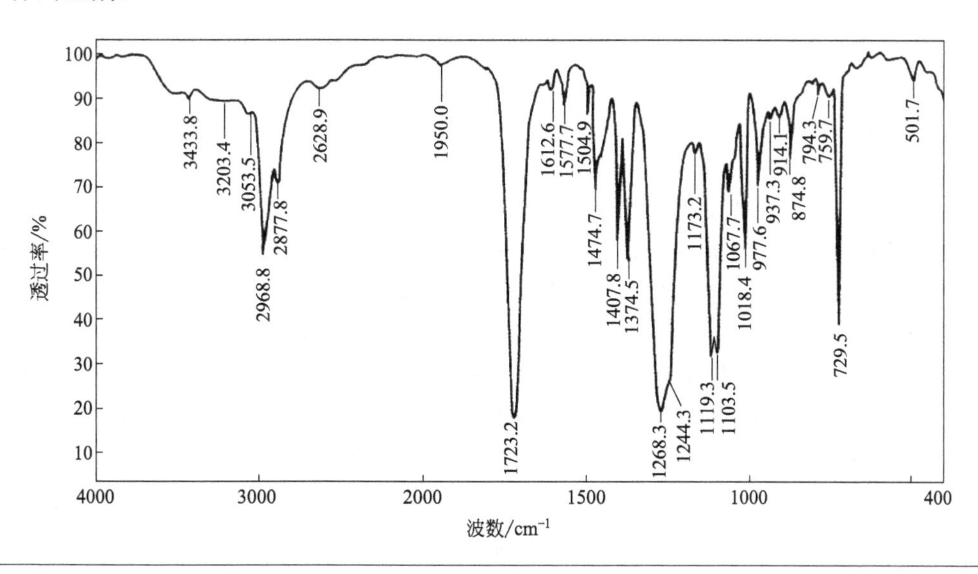

图 4-15　环氧-聚酯粉末涂料用端羧基型聚酯树脂红外光谱图

不同酸值的聚酯树脂配制的环氧-聚酯粉末涂料，涂膜性能有很大的差异，具体对各种性能的影响见表 4-101。

表 4-101　不同酸值聚酯树脂对环氧-聚酯粉末涂料与涂膜性能的影响

聚酯/环氧（质量比）	聚酯树脂酸值 /(mg KOH/g)	分子量	黏度	官能度	流平性	柔韧性	交联密度	耐化学品性
50/50	70	↓	↓	↓	↓	↓	↓	↓
60/40	50							
70/30	30	高	高	低	差	好	低	差

四、环氧树脂和代表性粉末涂料配方

如上所述，在环氧-聚酯粉末涂料中可用的聚酯树脂的型号和规格很多，而且酸值等技术指标的范围也很宽，然而环氧树脂的品种比聚酯树脂少。目前，在国内使用的环氧树脂的主要品种是双酚 A 型环氧树脂，如环氧值在 0.09～0.14 的 E-12 环氧树脂或该技术指标范围内的外资公司生产的双酚 A 型固体环氧树脂。在环氧-聚酯粉末涂料中，最常用的 E-12 环氧树脂的技术指标是软化点 88～93℃，环氧值在 0.11～0.13 范围内。当然，根据用户的要求也可以使用超过这个范围的环氧树脂产品。相比之下，环氧树脂的品种单一，主要是通过调整聚酯树脂的酸值、软化点、玻璃化转变温度和熔融黏度等技术指标来调整环氧-聚酯粉末涂料品种和涂膜性能。

国外用于环氧-聚酯粉末涂料中的环氧树脂品种比国内的多（可参看本章第二节“环氧粉末涂料”中关于国外公司环氧树脂产品型号和规格），可以通过调整环氧树脂的技术指标制造不同性能要求的环氧-聚酯粉末涂料，例如 Ciba 公司的 Araldite GT 6062 环氧树脂（软化点 80～90℃）适用于流平性好的环氧-聚酯粉末涂料的配制；Araldite GT 6063 环氧树脂（软化点 90～97℃）适用于聚酯树脂用量多、流平性好的环氧-聚酯粉末涂料的配制；Araldite GT 6064 环氧树脂（软化点 96～101℃）适用于对颜料润湿性和流平性好的环氧-聚酯粉末涂料的配制；Araldite GT 6450（软化点 91～94℃）适用于流平性很好的环氧-聚酯粉末涂料的配制。

近几年来，美国 Dow（陶氏）化学公司、韩国国都化学公司、采用日本东都化成公司技术的广州宏昌电子公司在国内建设环氧树脂生产线，使适用于环氧-聚酯粉末涂料的环氧树脂品种有所增加，树脂质量也得到明显提高，使我国环氧-聚酯粉末涂料的品种更加丰富，质量也得到提高。

虽然国内环氧树脂品种不多，但由于聚酯树脂品种较多，通过聚酯树脂的相互匹配可以配制出许多品种的高质量的环氧-聚酯粉末涂料；如果组合各种消光固化剂，则可以配制更多的粉末涂料品种，基本上可以满足国内环氧-聚酯粉末涂料品种的需要。由浙江传化天松新材料股份有限公司推荐的聚酯树脂/环氧树脂＝50/50（质量比，下同）用聚酯树脂配制的环氧-聚酯粉末涂料配方和涂膜性能见表 4-102；由杭州新中法高分子材料股份有限公司推荐的聚酯树脂/环氧树脂＝50/50 用聚酯树脂配制的环氧-聚酯粉末涂料配方和涂膜性能见表 4-103。不同生产厂家生产的聚酯树脂/环氧树脂＝50/50 用聚酯树脂配制的环氧-聚酯粉末涂料配方和涂膜性能比较见表 4-104。由浙江传化天松新材料股份有限公司推荐的聚酯树脂/环氧树脂＝60/40 用聚酯树脂配制的环氧-聚酯粉末涂料配方和涂膜性能见表 4-105。不同生产厂家聚酯树脂/环氧树脂＝70/30 用聚酯树脂配制的环氧-聚酯粉末涂料配方和涂膜性能见表 4-106。浙江传化天松新材料股份有限公司低酸值（酸值 25）聚酯树脂配制低光泽环氧-聚酯粉末涂料配方和涂膜性能见表 4-107。

表 4-102 浙江传化天松新材料股份有限公司推荐的聚酯树脂/环氧树脂=50/50 用聚酯树脂配制的环氧-聚酯粉末涂料配方和涂膜性能

项目		配方 1	配方 2	配方 3
配方组成/质量份				
聚酯树脂(TM9011F)		300	—	—
聚酯树脂(TM9011A)		—	300	—
聚酯树脂(TM9011T)		—	—	300
环氧树脂(E-12)		300	300	300
流平剂(通用型)		10	10	10
光亮剂(701)		10	10	10
安息香		4.0	4.0	4.0
钛白粉		200	200	200
硫酸钡		180	180	180
涂膜性能				
冲击强度/N·cm		490(正反)	490(正反)	490(正反)
铅笔硬度		HB～H	HB～H	HB～H
60°光泽/%	≥	92	92	92
弯曲强度/mm	≤	2	2	2
固化条件/℃×min		180×15	180×20,200×12	180×15

表 4-103 杭州新中法高分子材料股份有限公司推荐的聚酯树脂/环氧树脂=50/50 用聚酯树脂配制的环氧-聚酯粉末涂料配方和涂膜性能

项目		配方 1	配方 2	配方 3	配方 4
配方组成/质量份					
聚酯树脂(P5086AME)		280	—	—	—
聚酯树脂(P5088ME)		—	280	—	—
聚酯树脂(P5900ME)		—	—	280	—
聚酯树脂(P5901ME)		—	—	—	280
环氧树脂(E-12 或 DER663U)		310	310	310	310
流平剂(15%有效成分)		50	50	50	50
安息香		5.0	5.0	5.0	5.0
钛白粉(R902)		350	350	350	350
涂膜性能					
60°光泽/%	≥	90	90	90	90
附着力(划格法)/级		0～1	0～1	0～1	0～1
弯曲强度/mm	≤	6	6	6	6
杯突试验/mm	≥	7	7	7	7
冲击强度/N·cm		490	490	490	490
铅笔硬度		H	H	H	H
固化条件/℃×min		180×15	180×15	180×10	180×8,160×20,150×30

注：流平剂是以 P5086AME 为载体的丙烯酸酯共聚物，有效成分含量为 15%。

表 4-104　不同生产厂家聚酯树脂/环氧树脂=50/50 用聚酯树脂配制的环氧-聚酯粉末涂料配方和涂膜性能

项目	广东美佳	安徽神剑	浙江天松	江苏全丰	广东坚丽	广州产协	天津哈瑞斯	广东豪贤
粉末涂料配方/质量份								
聚酯树脂(酸值 AV=70~75)	40	40	40	40	40	40	40	40
环氧树脂(E-12)	33	33	33	33	33	33	33	33
流平剂(503)	8.0	8.0	8.0	8.0	8.0	8.0	8.0	8.0
光亮剂(701)	1.6	1.6	1.6	1.6	1.6	1.6	1.6	1.6
安息香	0.4	0.4	0.4	0.4	0.4	0.4	0.4	0.4
氢化蓖麻油	—	—	—	—	0.8	0.8	0.8	0.8
钛白粉	23	23	23	23	28	28	28	28
硫酸钡	15	15	15	15	11.5	11.5	11.5	11.5
碳酸钙	6.5	6.5	6.5	6.5	5.0	5.0	5.0	5.0
粉末涂料								
胶化时间(180℃)/s	160	155	139	155	235	148	155	229
熔融水平流动性(180℃)/mm	21.3	24.3	23.5	22.8	21.7	18.1	25.6	24.1
涂膜性能								
外观	平整	平整	平整	平整	平整、轻橘纹	平整、轻橘纹	平整、轻橘纹	平整、轻橘纹
铝板 60°光泽/%	86.8	91.8	92.9	90.0	—	—	—	—
钢板 60°光泽/%	85.5	89.3	92.1	89.5	95.1	98.3	91.6	95.5
冲击强度/N·cm	490	490	490	490	490	490	490	490
附着力(划格法)/级	0	0	0	0	0	0	0	0
固化条件/℃×min	180×20	180×20	180×20	180×20	180×20	180×20	180×20	180×20

注：1. 流平剂的有效成分为 10%，载体为环氧树脂。

2. 不同厂家聚酯树脂制的粉末涂料胶化时间和熔融水平流动性差别较大，说明树脂之间的活性和熔融黏度差别较大。

3. 不同厂家聚酯树脂配制粉末涂料的涂膜外观和光泽有明显差别。

表 4-105　浙江传化天松新材料股份有限公司推荐的聚酯树脂/环氧树脂=60/40 用聚酯树脂配制的环氧-聚酯粉末涂料配方和涂膜性能

项目	配方 1	配方 2	配方 3
配方组成/质量份			
KM6699	360	—	—
KM6699B	—	360	—
KM6608	—	—	360
环氧树脂(E-12)	240	240	240
流平剂(通用型)	10	10	10
增光剂(701)	10	10	10
安息香	4.0	4.0	4.0
钛白粉	200	200	200
硫酸钡	180	180	180
涂膜性能			
冲击强度/N·cm	490(正反)	490(正反)	490(正反)
铅笔硬度	HB~H	HB~H	HB~H
60°光泽/%　≥	92	92	92
弯曲强度/mm	2	2	2
固化条件/℃×min	180×20,200×12	180×15	180×20,200×12

表 4-106　不同生产厂家聚酯树脂/环氧树脂＝70/30 用聚酯树脂配制环氧-聚酯粉末涂料配方和涂膜性能

项目	配方 1	配方 2	配方 3	配方 4
配方组成/质量份				
P7030ME(中法)	420	220	—	—
CM9388(天松)	—	—	420	—
HH-2872(擎天)	—	—	—	420
环氧树脂(E-12)	180	420	180	180
流平剂(通用型)	10	10	10	7.0
光亮剂(701)	—	—	10	—
安息香	5.0	—	4.0	3.0
钛白粉	350	—	200	200
沉淀硫酸钡	—	—	180	184
消光硫酸钡	—	290	—	—
M68 消光剂	—	30	—	—
炭黑		10	—	—
涂膜性能				
60°光泽/%　≥	90	约 20	92	90
附着力(划格法,2mm)/级	0～1	0～1	—	0
弯曲强度/mm　≤	6	6	2 通过	1 通过
杯突试验/mm　≥	7	5	—	—
冲击强度/N・cm	490	490	490	490
铅笔硬度	H	H	HB～H	H
固化条件/℃×min	180×15	180×15	180×20,200×12	180×(10～20)

表 4-107　浙江传化天松新材料股份有限公司低酸值（酸值 25）
聚酯树脂配制低光泽环氧-聚酯粉末涂料配方和涂膜性能

项目	配方 1	配方 2	配方 3	配方 4
配方组成/质量份				
聚酯树脂(CE1099)	200	250	280	330
环氧树脂(E-12)	350	310	270	250
流平剂(通用型)	10	10	10	10
光亮剂(701)	10	10	10	10
安息香	4.0	4.0	4.0	4.0
B68 消光剂	50	40	30	22
硫酸钡	320	320	320	320
炭黑	4.0	4.0	4.0	4.0
涂膜性能				
60°光泽/%　≤	10	15	20	30
冲击强度/N・cm	490(正)	490(正)	490(正)	490(正)
铅笔硬度	HB～H	HB～H	HB～H	HB～H
弯曲强度/mm	2	2	2	2
固化条件/℃×min	200×10	200×10	200×10	200×10

对于不同生产厂家生产的聚酯树脂，根据聚酯树脂的技术指标和推荐的聚酯树脂/环氧树脂（质量比）的配比，都可以参考上述的配方配制相应的粉末涂料，并按推荐的固化条件进行固化才能得到所希望的涂膜性能。

在我国环氧-聚酯粉末涂料得到广泛的应用，电冰箱、铁路客车零部件等产品还制定了涂装粉末涂料产品的行业标准，有些已作废，有些仍在使用。

五、消光固化剂和代表性粉末涂料配方

在环氧-聚酯粉末涂料中，消光固化剂既起到固化剂的作用，又起到消光剂的作用，实际上起到双重作用。在环氧-聚酯粉末涂料中，最常用的消光固化剂是由多元羧酸的有机胺加成物或环脒与多元羧酸或酸酐的加成物，近年来开发了新型的丙烯酸树脂型消光固化剂，例如宁波南海化学有限公司生产的 XG610B、XG610C-4、XG620A 和 XG640B 等消光固化剂；安徽六安捷通达新材料有限公司生产的 K7237、K7232、K7232D、SA2065K、SA2165D 等，以及其他许多公司生产的类似的消光固化剂。根据聚酯树脂、环氧树脂和消光固化剂三者的适当匹配，可以配制涂膜光泽（60°）在 2%～70%的粉末涂料。一般使用高酸值的聚酯树脂时，得到粉末涂料的涂膜光泽高；用低酸值的聚酯树脂时，得到粉末涂料的涂膜光泽低。高酸值（50/50）聚酯树脂与消光固化剂和环氧树脂不同比例配制的环氧-聚酯粉末涂料配方和涂膜光泽等性能比较见表 4-108；中酸值（60/40）聚酯树脂与消光固化剂和环氧树脂不同比例配制的环氧-聚酯粉末涂料配方和涂膜光泽等性能比较见表 4-109；低酸值（70/30）聚酯树脂与消光固化剂和环氧树脂不同比例配制的环氧-聚酯粉末涂料配方和涂膜光泽等性能比较见表 4-110；超低酸值（酸值 25）聚酯树脂与消光固化剂和环氧树脂不同比例配制的环氧-聚酯粉末涂料配方和涂膜光泽等性能比较见表 4-111。

表 4-108 高酸值（50/50）聚酯/环氧/消光固化剂体系粉末涂料配方和涂膜性能

项目	配方 1	配方 2	配方 3	配方 4	配方 5
粉末涂料配方/质量份					
聚酯树脂(AV>70)	30.0	27.9	25.7	23.3	20.8
环氧树脂(E-12)	51.9	54.0	56.2	58.6	61.1
消光固化剂(H68)	3.0	3.4	3.9	4.3	4.8
流平剂(503)	9.0	9.0	9.0	9.0	9.0
光亮剂(701)	1.4	1.4	1.4	1.4	1.4
安息香	0.5	0.5	0.5	0.5	0.5
聚乙烯蜡	1.4	1.4	1.4	1.4	1.4
氢化蓖麻油	0.9	0.9	0.9	0.9	0.9
金红石型钛白粉	26.4	26.4	26.4	26.4	26.4
沉淀硫酸钡	23.0	23.0	23.0	23.0	23.0
轻质碳酸钙	7.5	7.5	7.5	7.5	7.5
聚酯/环氧(质量比)	0.50	0.45	0.40	0.35	0.30
粉末涂料					
胶化时间(180℃)/s	129	128	124	135	130
涂膜性能					
外观	平整	平整	平整	平整	平整
60°光泽(铝板)/%	55.0	51.0	40.0	32.8	26.0
60°光泽(钢板)/%	47.6	44.2	35.6	29.2	27.5
冲击强度/N·cm	490	490	490	490	490
附着力(划格法)/级	1	1	1	1	1
固化条件/℃×min	190×15	190×15	190×15	190×15	190×15

注：1. 流平剂的有效成分为 10%，载体为环氧树脂。

2. 随着聚酯树脂/环氧树脂（质量）比值的减小，涂膜光泽下降，消光剂的用量增加。

表 4-109　中酸值（60/40）聚酯/环氧/消光固化剂体系粉末涂料配方和涂膜性能

项目	配方 1	配方 2	配方 3	配方 4	配方 5
粉末涂料配方/质量份					
聚酯树脂(AV≈50)	30.0	25.7	20.8	15.0	8.2
环氧树脂(E-12)	51.9	56.2	61.1	66.9	73.7
消光固化剂(H68)	4.5	5.4	6.4	7.7	9.0
流平剂(503)	9.0	9.0	9.0	9.0	9.0
光亮剂(701)	1.4	1.4	1.4	1.4	1.4
安息香	0.5	0.5	0.5	0.5	0.5
聚乙烯蜡	1.4	1.4	1.4	1.4	1.4
氢化蓖麻油	0.9	0.9	0.9	0.9	0.9
金红石型钛白粉	26.4	26.4	26.4	26.4	26.4
沉淀硫酸钡	23.0	23.0	23.0	23.0	23.0
聚酯/环氧(质量比)	0.50	0.40	0.30	0.20	0.10
粉末涂料					
胶化时间(180℃)/s	179	173	182	186	170
涂膜性能					
外观	很平整	很平整	很平整	很平整	很平整
60°光泽(铝板)/%	37.0	34.7	22.0	15.9	10.2
60°光泽(钢板)/%	33.0	29.4	22.0	16.0	9.6
冲击强度/N・cm	490	490	490	490	490
附着力(划格法)/级	1	1	1	1	1
固化条件/℃×min	190×15	190×15	190×15	190×15	190×15

注：1. 流平剂的有效成分为 10%，载体为环氧树脂。

2. 随着聚酯树脂/环氧树脂（质量）比值的减小，涂膜光泽下降，消光固化剂的用量增加。

表 4-110　低酸值（70/30）聚酯/环氧/消光固化剂体系粉末涂料配方和涂膜性能

项目	配方 1	配方 2	配方 3	配方 4
粉末涂料配方/质量份				
聚酯树脂(AV=35)	67	57	46	33
环氧树脂(E-12)	133	143	154	167
流平剂(通用型)	4.0	4.0	4.0	4.0
光亮剂(701)	3.0	3.0	3.0	3.0
安息香	1.0	1.0	1.0	1.0
XG603-1A 消光剂	14	16	18	21
钛白粉(R215)	40	40	40	40
沉淀硫酸钡	57	62	64	65
轻质碳酸钙	15	15	15	15
炭黑	0.20	0.20	0.20	0.20
聚酯/环氧(质量比)	0.50	0.40	0.30	0.20
粉末涂料				
胶化时间(180℃)/s	102	94	80	52
熔融水平流动性(180℃)/mm	20.7	19.5	18.2	17.8
涂膜性能				
外观	平整	平整	很平整	很平整
60°光泽/%	29.3	24.4	18.8	13.1
冲击强度/N・cm	490(正反冲过)	490	490	490
柔韧性/mm	2	2	2	2
固化条件/℃×min	190×15	190×15	190×15	190×15

注：随着聚酯树脂/环氧树脂（质量）比值的下降，涂膜光泽降低，消光剂的用量增加，涂膜平整性变好。

表 4-111　超低酸值（酸值 25）聚酯/环氧/消光固化剂体系粉末涂料配方和涂膜性能

项目	配方 1	配方 2	配方 3	配方 4	配方 5	配方 6
粉末涂料配方/质量份						
聚酯树脂(AV=25)	28.7	44.4	52.4	58.3	64.3	68.0
环氧树脂(E-12)	62.4	46.7	38.7	32.8	26.8	23.1
消光固化剂(H68)	10	7.0	4.8	3.7	3.1	1.3
流平剂(503)	9.9	9.9	9.9	9.9	9.9	9.9
安息香	0.5	0.5	0.5	0.5	0.5	0.5
聚乙烯蜡	1.5	1.5	1.5	1.5	1.5	1.5
钛白粉	28	28	28	28	28	28
硫酸钡	30	30	30	30	30	30
碳酸钙	3.0	3.0	3.0	3.0	3.0	3.0
聚酯/环氧(质量比)	0.4	0.8	1.1	1.4	1.8	2.1
涂膜性能						
外观	较平整	较平整	较平整	较平整	较平整	较平整
60°光泽(铝板)/%	5.3	7.5	13.8	25.4	35.0	52.0
60°光泽(钢板)/%	5.0	7.0	13.2	24.6	36.2	52.0
冲击强度/N·cm	490(正冲过)	490(正反冲过)	490(正反冲过)	490(正反冲过)	490(正反反冲过)	490(正反冲过)
柔韧性/mm	2	2	2	2	2	2
固化条件/℃×min	190×15	190×15	190×15	190×15	190×15	190×15

注：1. 流平剂的有效成分为 10%，载体为环氧树脂。

2. 随着聚酯树脂/环氧树脂（质量）比值的减小，涂膜光泽下降，消光剂的用量增加。

上述试验结果说明，用不同酸值的聚酯树脂与环氧树脂和消光固化剂相配合，可以配制不同光泽的环氧-聚酯粉末涂料。一般来说，用高酸值的聚酯树脂很难配制无光粉末涂料，只适合配制半光和亚光环氧-聚酯粉末涂料；而用低酸值和超低酸值聚酯树脂更适合配制无光和亚光环氧-聚酯粉末涂料。在设计和配制消光环氧-聚酯粉末涂料时，根据涂膜光泽的要求及不同酸值聚酯树脂/环氧树脂之间的比例与光泽的关系，还要考虑所需要的消光固化剂的用量，以及原材料的成本，最后确定环氧-聚酯粉末涂料的配方。从目前的原材料价格来说（相当一段时期是这样），对于无光和亚光涂膜体系选用低酸值和超低酸值聚酯树脂比较好；对于有光和半光体系环氧-聚酯粉末涂料选用高酸值和中酸值聚酯树脂比较好；对于亚光体系采用中酸值聚酯树脂也是可以的。因为酸值一样的聚酯树脂，当合成聚酯树脂所用原材料的组成有差别时，其消光效果也不一样；对于同一厂家相同酸值的聚酯树脂产品，由于聚酯树脂的活性有差别，其消光效果也不一样。

随着新型树脂型消光剂的开发，这些新型消光剂可以不受聚酯树脂酸值的影响，也不受厂家的影响，都可以得到差不多的涂膜消光效果，例如，宁波南海化学有限公司的消光剂 XG640B 和 XG610C-4 混合型抗黄变消光剂对不同酸值和厂家树脂的消光效果见表 4-112 和表 4-113，粉末涂料的固化条件为 190℃ × 15min 或 200℃ × 12min 。

表 4-112　XG640B 对不同酸值和厂家聚酯树脂的环氧-聚酯粉末涂料消光效果

项目	配方 1	配方 2	配方 3	配方 4	配方 5	配方 6
配方/质量份						
环氧树脂 E-12	300	300	300	260	260	260
聚酯 TS5700(高酸值)	200					
聚酯 GH1156(高酸值)		200				
聚酯 SJ3B(高酸值)			200			

续表

项目	配方 1	配方 2	配方 3	配方 4	配方 5	配方 6
聚酯 TS6700(中酸值)				240		
聚酯 GH1261(中酸值)					240	
聚酯 SJ5A(中酸值)						240
XG640B 消光剂	50	50	50	50	50	50
流平剂 GLP588	10	10	10	10	10	10
增光剂 BLC701	8	8	8	8	8	8
安息香	4	4	4	4	4	4
颜料	6	6	6	6	6	6
消光硫酸钡	422	422	422	422	422	422
总计	1000	1000	1000	1000	1000	1000
光泽/%	3.5	3.3	2.8	2.5	3.4	3.0
膜厚/μm	60～80	60～80	60～80	60～80	60～80	60～80
冲击强度/N·cm	490	490	490	490	490	490

表 4-113　XG610C-4 对不同酸值和厂家聚酯树脂的环氧-聚酯粉末涂料消光效果

项目	配方 1	配方 2	配方 3	配方 4
配方/质量份				
环氧树脂 E-12	268	268	268	221
聚酯 TM9011F(天松高酸值)	232			
聚酯 P5086(中法高酸值)		232		
聚酯 GH5078(光华高酸值)			232	
聚酯 9402(全丰中酸值)				279
XG610C-4 消光剂	25	25	25	25
流平剂 GLP588	10	10	10	10
增光剂 BLC701	8	8	8	8
安息香	4	4	4	4
炭黑	0.4	0.4	0.4	0.4
钛白粉	160	160	160	160
消光硫酸钡	292.6	292.6	292.6	292.6
总计	1000	1000	1000	1000
光泽/%	9.1	10.7	9.5	8.2
冲击强度/N·cm	490	490	490	490

表 4-112 的结果说明，消光剂 XG640B 对于高酸值的（环氧/聚酯＝50/50 用）天松、光华、神剑聚酯，或中酸值（环氧/聚酯＝40/60 用）天松、光华、神剑聚酯的环氧-聚酯粉末涂料的消光效果光泽在 2.5%～3.5%，相互之间的差别不是很大。

表 4-113 的结果说明，消光剂 XG610C-4 对于高酸值（环氧/聚酯＝50/50 用）天松、中法、光华聚酯的环氧-聚酯粉末涂料的消光效果在高酸值聚酯树脂之间的差别不大，光泽在 9.1%～10.7%，或与中酸值（环氧/聚酯＝40/60 用）全丰之间的差别比高酸值之间大，但是差别也不是很大，在 8.2%～10.7%。

六、颜料和填料

在环氧-聚酯粉末涂料中使用的颜料和填料，除应具有前述的一般粉末涂料所要求的性能条件外，还要考虑聚酯树脂的大量羧基带来的酸性问题，最好避免使用碱性颜料和填料。因为环氧-聚酯粉末涂料主要用于室内，所以对颜料和填料的耐候性并没有严格的要求，主要是满足耐热性、耐酸性、耐碱性和耐水性等方面的严格要求。不同型号和规格的钛白粉对环氧-聚酯粉末涂料体系的影响见表 4-114；不同无机颜料品种对环氧-聚酯粉末涂料体系的影响见表 4-115；不同有机颜料品种对环氧-聚酯粉末涂料体系的影响见表 4-116；不同填料品种对环氧-聚酯粉末涂料体系的影响见表 4-117。

表 4-114　不同型号和规格的钛白粉对环氧-聚酯粉末涂料体系的影响

项目	A 01-01 锐钛型	R 940 金红石型	R 902 金红石型	R 244 金红石型	R 903 金红石型	R 706 金红石型
粉末涂料配方/质量份						
聚酯树脂(AV>70)	100	100	100	100	100	100
环氧树脂(E-12)	82	82	82	82	82	82
流平剂(503)	20	20	20	20	20	20
光亮剂(701)	4.0	4.0	4.0	4.0	4.0	4.0
安息香	1.0	1.0	1.0	1.0	1.0	1.0
钛白粉	72	72	72	72	72	72
硫酸钡	17	17	17	17	17	17
群青	0.3	0.3	0.3	0.3	0.3	0.3
粉末涂料						
胶化时间(180℃)/s	145	180	170	199	247	200
熔融水平流动性(180℃)/mm	26.5	29.4	28.8	28.7	30.5	27.8
涂膜性能						
外观	轻橘纹	较平整	较平整	较平整	较平整	较平整
60°光泽/%	90.1	97.1	98.2	94.8	99.1	97.9
冲击强度/N·cm	490(正反冲过)	490(正反冲过)	490(正反冲过)	490(正反冲过)	490(正冲过)	490(正反冲过)
附着力(划格法)/级	1	1	1	1	1	1
色差(ΔE)	9.02	7.66	7.40	7.37	7.89	7.01
固化条件/℃×min	180×15	180×15	180×15	180×15	180×15	180×15

注：1. 流平剂的有效成分为 10%，载体为环氧树脂。

2. 不同规格的钛白粉对粉末涂料的胶化时间和熔融水平流动性的影响有明显的差别。

3. 锐钛型钛白粉（A 01-01）的涂膜外观、光泽和色差与金红石型（R 字带头）钛白粉比较有明显的差别。另外，不同规格钛白粉对涂膜冲击强度的影响差别较大。

表 4-115　不同无机颜料品种对环氧-聚酯粉末涂料体系的影响

项目	钛白	中铬黄	铁绿	铁红	铁黄
粉末涂料配方/质量份					
聚酯树脂(AV>70)	100	100	100	100	100
环氧树脂(E-12)	78	78	78	78	78
流平剂(503)	24	24	24	24	24
光亮剂(701)	4.0	4.0	4.0	4.0	4.0
安息香	1.0	1.0	1.0	1.0	1.0
无机颜料	74	46	46	31	31
沉淀硫酸钡	27	55	55	70	70
配方中颜填料含量(质量)/%	32.8	32.8	32.8	32.8	32.8
粉末涂料					
胶化时间(180℃)/s	216	236	175	200	193
熔融水平流动性(180℃)/mm	30.7	32.9	27.4	27.9	27.5

续表

项目	钛白	中铬黄	铁绿	铁红	铁黄
涂膜性能					
外观	光亮、丰满、平整	光亮、丰满、平整	光亮、丰满、轻橘纹	光亮、丰满、平整	光亮、丰满、平整
60°光泽/%	97.3	97.3	92.4	92.3	95.2
冲击强度/N·cm	490(正反冲过)	490(正反冲过)	490(正冲过)	490(正冲过)	490(正冲过)
附着力(划格法)/级	1	1	1	1	1
固化条件/℃×min	180×15	180×15	180×15	180×15	180×15

注：1. 流平剂有效成分为10%，载体为环氧树脂。

2. 不同品种的无机颜料对粉末涂料胶化时间和熔融水平流动性的影响有一定的差别。

3. 不同品种的无机颜料对涂膜外观、光泽和冲击强度的影响有一定的差别，特别是对冲击强度的影响差别较大。

表 4-116　不同有机颜料品种对环氧-聚酯粉末涂料体系的影响

项目	耐晒黄 G	酞菁绿 G	酞菁蓝 BGS	大红 BBN	艳红	永固红 F3RK	永固红 F5RK
粉末涂料配方/质量份							
聚酯树脂(AV>70)	100	100	100	100	100	100	100
环氧树脂(E-12)	78	78	78	78	78	78	78
流平剂(503)	24	24	24	24	24	24	24
光亮剂(701)	4.0	4.0	4.0	4.0	4.0	4.0	4.0
安息香	1.0	1.0	1.0	1.0	1.0	1.0	1.0
金红石型钛白粉	8.0	8.0	8.0	8.0	8.0	8.0	8.0
有机颜料	6.2	6.2	6.2	6.2	6.2	6.2	6.2
沉淀硫酸钡	78	78	78	78	78	78	78
粉末涂料							
胶化时间(180℃)/s	194	205	180	196	254	186	193
熔融水平流动性(180℃)/mm	29.0	30.2	23.0	23.7	24.3	24.3	26.3
涂膜性能							
外观	光亮、丰满、平整	平整	光亮、丰满、平整	光亮、丰满、轻橘纹	光亮、丰满、平整	光亮、丰满、平整	光亮、丰满、平整
60°光泽/%	97.3	90.2	95.9	99.1	98.8	96.3	96.6
冲击强度/N·cm	490(正反冲过)	490(正冲过)	490(正反冲过)	490(正冲过)	490(正冲过)	490(正反冲过)	490(正反冲过)
附着力(划格法)/级	1	1	1	1	1	1	1
固化条件/℃×min	180×15	180×15	180×15	180×15	180×15	180×15	180×15

注：1. 流平剂有效成分为10%，载体为环氧树脂。

2. 不同有机颜料品种对粉末涂料的胶化时间和熔融水平流动性的影响有明显的差别。

3. 不同有机颜料品种对涂膜外观、光泽和冲击强度的影响有明显的差别。

表 4-117　不同填料品种对环氧-聚酯粉末涂料体系的影响

项目	沉淀硫酸钡	消光硫酸钡	轻质碳酸钙	重质碳酸钙	超细高岭土	滑石粉	云母粉
粉末涂料配方/质量份							
聚酯树脂(AV>70)	100	100	100	100	100	100	100
环氧树脂(E-12)	78	78	78	78	78	78	78
流平剂(503)	24	24	24	24	24	24	24
光亮剂(701)	4.0	4.0	4.0	4.0	4.0	4.0	4.0
安息香	1.0	1.0	1.0	1.0	1.0	1.0	1.0
金红石型钛白粉	18	18	18	18	18	18	18
酞菁蓝	3.3	3.3	3.3	3.3	3.3	3.3	3.3
填料	80	80	80	80	80	80	80

续表

项目	沉淀 硫酸钡	消光 硫酸钡	轻质 碳酸钙	重质 碳酸钙	超细 高岭土	滑石粉	云母粉
粉末涂料							
胶化时间(180℃)/s	120	127	129	137	128	141	145
熔融水平流动性(180)/mm	25.6	25.0	24.5	25.7	26.5	18.0	26.1
涂膜性能							
外观	光亮、丰满、轻橘纹	较平整	丰满、轻橘纹	很平整	较平整	砂纹	较平整
60°光泽/%	98.8	66.9	92.6	70.9	70.9	59.4	57.7
冲击强度/N·cm	490 (正反冲过)	490 (正反冲过)	490 (正冲过)	490 (正反冲过)	490 (正反冲过)	490 (正冲过)	490 (正冲过)
铅笔硬度	2H	2H	3H	3H	4H	4H	5H
附着力(划格法)/级	1	1	1	1	1	1	1
固化条件/℃×min	180×15	180×15	180×15	180×15	180×15	180×15	180×15

注：1. 流平剂有效成分为10%，载体为环氧树脂。

2. 不同填料品种对粉末涂料胶化时间和熔融水平流动性的影响有明显差别。

3. 不同填料品种对涂膜外观、光泽、冲击强度和铅笔硬度的影响差别非常大。

七、助剂

在环氧-聚酯粉末涂料配方中，助剂是不可缺少的组成部分。在前面章节中所介绍的所有助剂品种中，除了特殊的专用助剂以外，一般的助剂都可以在环氧-聚酯粉末涂料中使用，例如流平剂、光亮剂、脱气剂（除气剂）、消光剂、消泡剂、砂纹剂、皱纹剂（橘纹剂）、锤纹剂等。流平剂用量对环氧-聚酯粉末涂料涂膜性能的影响见表4-118。

表4-118　流平剂用量对环氧-聚酯粉末涂料涂膜性能的影响（白色）

项目	配方1	配方2	配方3	配方4	配方5
粉末涂料配方/质量份					
聚酯树脂(AV>70)	40	40	40	40	40
环氧树脂(E-12)	40	34.6	32.8	31.0	29.2
流平剂(503)	—	6.0	8.0	10	12
光亮剂(701)	1.6	1.6	1.6	1.6	1.6
安息香	0.4	0.4	0.4	0.4	0.4
氢化蓖麻油	0.8	0.8	0.8	0.8	0.8
钛白粉	28	28	28	28	28
硫酸钡	11.5	11.5	11.5	11.5	11.5
碳酸钙	5.0	5.0	5.0	5.0	5.0
流平剂占树脂总量的用量/%	0	0.75	1.0	1.25	1.5
涂膜性能					
外观	全板不均匀缩孔	部分缩孔	平整无缩孔	平整无缩孔	平整无缩孔
60°光泽/%	75.0	92.2	94.2	91.6	89.1
附着力(划格法)/级	1	1	1	1	1
固化条件/℃×min	180×15	180×15	180×15	180×15	180×15

注：流平剂有效成分为10%，载体为环氧树脂。

试验结果表明，如果没有流平剂，涂膜就出现不均匀的缩孔，不能得到平整的外观，而且涂膜的光泽也很低。当流平剂的用量达到树脂总量的0.75%时，涂膜就没有缩孔，也很平整，光泽也得到提高；当流平剂的用量达到树脂总量的1.5%时，虽然涂膜没有缩孔，平整性也很好，但是涂膜光泽下降。这是因为流平剂用量过多时，一部分迁移到涂膜表面使涂膜光泽降低。光亮剂对环氧-聚酯粉末涂料涂膜性能的影响见表4-119。

表4-119　光亮剂对环氧-聚酯粉末涂料涂膜性能的影响

项目	配方1	配方2	配方3	配方4
粉末涂料配方/质量份				
聚酯树脂(AV>70)	100	100	100	100
环氧树脂(E-12)	78	78	78	78
流平剂(503)	24	24	24	24
光亮剂(701)	—	2.0	4.0	6.0
安息香	1.0	1.0	1.0	1.0
金红石型钛白粉	72	72	72	72
沉淀硫酸钡	25	25	25	25
群青	0.3	0.3	0.3	0.3
光亮剂对树脂总量的用量/%	0	1.0	2.0	3.0
涂膜性能				
外观	有个别缩孔	平整光亮、无缩孔	平整光亮、无缩孔	平整光亮、无缩孔
60°光泽/%	97.2	99.5	97.5	97.0
冲击强度/N·cm	490(正反冲过)	490(正反冲过)	490(正反冲过)	490(正冲过，反冲未过)
附着力(划格法)/级	1	1	1	1
固化条件/℃×min	180×15	180×15	180×15	180×15

注：流平剂有效成分为10%，载体为环氧树脂。

试验结果表明，光亮剂对环氧-聚酯粉末涂料的涂膜外观有一定的影响，配方体系中没有光亮剂时，涂膜有个别的缩孔，但添加树脂总量的1.0%光亮剂以后没有缩孔，然而添加树脂总量的3.0%以上后，涂膜的冲击强度下降。在这种体系中，光亮剂用量变化对涂膜光泽没有起到增光的作用。低分子量聚烯烃蜡是粉末涂料常用的助剂。在环氧-聚酯粉末涂料中，聚乙烯蜡、聚丙烯蜡和改性聚乙烯蜡是最常用的助剂，主要功能是消光、增韧和改善表面状态等。上海华熠公司聚乙烯蜡CH-2A（熔点105℃）对环氧-聚酯粉末涂料涂膜光泽等性能的影响见表4-120；不同聚烯烃蜡对环氧-聚酯粉末涂料的影响见表4-121；上海索是化学有限公司加促进剂的聚乙烯蜡消光剂T-301对环氧-聚酯粉末涂料消光效果的影响见表4-122。

表4-120　聚乙烯蜡CH-2A对环氧-聚酯粉末涂料涂膜性能的影响

项目	配方1	配方2	配方3	配方4
粉末涂料配方/质量份				
聚酯树脂(AV>70)	40	40	40	40
环氧树脂(E-12)	32.8	32.8	32.8	32.8
流平剂(503)	8.0	8.0	8.0	8.0
光亮剂(701)	1.6	1.6	1.6	1.6
安息香	0.4	0.4	0.4	0.4
聚乙烯蜡CH-2A	0	0.8	1.6	2.4
金红石型钛白粉	27.4	27.4	27.4	27.4
沉淀硫酸钡	10.6	10.6	10.6	10.6
轻质碳酸钙	6.6	6.6	6.6	6.6

续表

项目	配方 1	配方 2	配方 3	配方 4
涂膜性能				
外观	平整光滑	平整光滑	平整光滑	平整光滑
60°光泽/%	95.0	93.4	86.5	83.9
冲击强度/N·cm	490	490	490	490
柔韧性/mm	1	1	1	1
附着力(划格法)/级	0	0	0	0
铅笔硬度	2H	2H	2H	2H
固化条件/℃×min	180×15	180×15	180×15	180×15

注:流平剂的有效成分为10%,载体为环氧树脂。

表 4-121 不同聚烯烃蜡对环氧-聚酯粉末涂料的影响

项目	天珑 AW 29	索是 T-967	BYK 961	科瑞 W-800	惠基行 CA-C 8A	天珑 AW 500B	天珑 AW 61	南京微粉蜡厂 PEW 0301
粉末涂料配方/质量份								
聚酯树脂(AV>70)	100	100	100	100	100	100	100	100
环氧树脂(E-12)	100	100	100	100	100	100	100	100
流平剂(通用型)	4.0	4.0	4.0	4.0	4.0	4.0	4.0	4.0
光亮剂(701)	3.0	3.0	3.0	3.0	3.0	3.0	3.0	3.0
安息香	1.0	1.0	1.0	1.0	1.0	1.0	1.0	1.0
聚烯烃蜡	3.2	3.2	3.2	3.2	3.2	3.2	3.2	3.2
钛白粉(R215)	75	75	75	75	75	75	75	75
硫酸钡	35	35	35	35	35	35	35	35
粉末涂料								
胶化时间(180℃)/s	184	183	183	183	182	198	186	183
熔融水平流动性(180℃/min)/mm	26.7	28.2	26.7	27.9	27.1	27.8	27.1	27.3
涂膜性能								
外观	较平整	较平整	橘纹重	较平整	轻橘纹	较平整	轻橘纹	轻橘纹
60°光泽/%	76.4	86.0	82.7	82.0	86.5	90.0	80.6	79.1
冲击强度/N·cm	±490	±490	±490	±490	±490	±490	±490	±490
铅笔硬度	H	2H	2H	H	H	H	2H	2H
柔韧性/mm	1	1	1	1	1	1	1	1
冷冻后涂膜柔韧性(1mm)	不过	不过	不过	不过	通过	不过	不过	通过
固化条件/℃×min	180×15	180×15	180×15	180×15	180×15	180×15	180×15	180×15

表 4-122 上海索是化学有限公司加促进剂聚乙烯蜡消光剂 T-301 对环氧-聚酯粉末涂料体系的影响

项目	配方 1	配方 2	配方 3	配方 4	配方 5	配方 6
粉末涂料配方/质量份						
聚酯树脂(AV>70)	50	50	50	50	50	50
环氧树脂(E-12)	50	50	50	50	50	50
流平剂(通用型)	2.0	2.0	2.0	2.0	2.0	2.0
增光剂(701)	1.5	1.5	1.5	1.5	1.5	1.5
安息香	0.5	0.5	0.5	0.5	0.5	0.5
索是 T-301 消光剂	4.5	6.0	7.5	9.0	10.5	12
金红石型钛白粉	30	30	30	30	30	30
沉淀硫酸钡	20	20	20	20	20	20
轻质碳酸钙	5.0	5.0	5.0	5.0	5.0	5.0
涂膜性能						
外观	很平整	很平整	很平整	很平整	很平整	很平整
60°光泽/%	48.0	43.3	28.4	25.6	23.0	20.0
固化条件/℃×min	180×15	180×15	180×15	180×15	180×15	180×15

表 4-120 的结果表明，随着聚乙烯蜡用量的增加，涂膜的光泽明显下降。表 4-121 的试验结果表明，不同烯烃蜡对环氧-聚酯粉末涂料的外观、光泽和冷冻后涂膜柔韧性的影响有明显的差别。表 4-122 的试验结果表明，随着 T-301 用量的变化，涂膜光泽可以在 20%～60%（60°）范围内变化，T-301 可以作为环氧-聚酯粉末涂料的消光剂使用。

上海索是化学有限公司的消光剂 T-315 和 T-335 是不含蜡的基于树脂的添加型消光剂，在配方中的用量为 1%～4%，分别提供 3%或 4%以上的光泽，在环氧-聚酯粉末涂料中的消光效果见表 4-123；T-338 和 T-338A 也是不含蜡的基于树脂的添加型消光剂，在配方中的用量为 1%～4%，分别提供 4%或 5%以上的光泽，在环氧-聚酯粉末涂料中的消光效果见表 4-124。

表 4-123　上海索是化学有限公司消光剂 T-315 和 T-335 在环氧-聚酯粉末涂料中的消光效果

项目	配方 1	配方 2	配方 3	配方 4
粉末涂料配方/质量份				
环氧树脂 E-12	270	220	270	220
聚酯树脂(50/50)	270	—	270	—
聚酯树脂(60/40)	—	320	—	320
流平剂 T-988	10	10	10	10
增光剂 T-701	7	7	7	7
安息香	3	3	3	3
颜填料	400	400	400	400
消光剂 T-315	40	40		
消光剂 T-335			40	40
固化条件和涂膜光泽				
固化条件/℃×min	200×10	200×10	200×10	200×10
60°光泽/%	3	5	4	5

表 4-124　上海索是化学有限公司消光剂 T-338 和 T-338A 在环氧-聚酯粉末涂料中的消光效果

项目	配方 1	配方 2	配方 3	配方 4
粉末涂料配方/质量份				
环氧树脂 E-12	300	330	295	320
聚酯树脂(50/50)	240	210	245	220
流平剂 T-988	10	10	10	10
增光剂 T-701	10	10	10	10
安息香	3	3	3	3
消光硫酸钡	410	394	414	395
炭黑	6	6	6	6
消光剂 T-338	25	50	—	—
消光剂 T-338A	—	—	25	50
固化条件和涂膜光泽				
固化条件/℃×min	200×10	200×10	200×10	200×10
60°光泽/%	18	4	8	1.5

注：在 T-338 消光剂配方中，1g 消光剂消耗 2～2.5g 环氧树脂；在 T-338A 消光剂配方中，1g 消光剂消耗 2g 环氧树脂。

宁波南海化学有限公司的消光剂 XG610B 是一种丙烯酸树脂复合型消光剂，其特点是可以提供较好的涂膜流平性和出色的抗黄变性，在环氧/聚酯=50/50、40/60 的配方中，都有很好的消光作用。XG610B 含有羧基，在环氧-聚酯粉末涂料中的消光效果见表 4-125；消光剂 XG640A 是一种基于丙烯酸树脂的复合型化学消光剂，消光性能出色，几乎可以达到B68 的消光效果，在环氧-聚酯粉末涂料中的消光效见表 4-126。

表 4-125　南海化学有限公司 XG610B 消光剂在环氧-聚酯粉末涂料中的消光效果

项目	配方 1	配方 2	配方 3	配方 4
粉末涂料配方/质量份				
环氧树脂 E-12	290	290	248	248
聚酯树脂 TM9011F(天松 50/50)	210	—	—	—
聚酯树脂 P5086(中法 50/50)	—	210	—	—
聚酯树脂 SJ5A(神剑 40/60)	—	—	252	—
聚酯树脂 P9402(全丰 40/60)	—	—	—	252
消光剂 XG610B	40	40	40	40
流平剂 GLP588	10	10	10	10
增光剂 BLC701	8	8	8	8
安息香	4	4	4	4
炭黑	0.4	0.4	0.4	0.4
钛白粉	160	160	160	160
消光硫酸钡	277.6	277.6	277.6	277.6
总计	1000	1000	1000	1000
固化条件和涂膜性能				
固化条件/℃×min	190×15	190×15	190×15	190×15
60°光泽/%	3.6	3.8	3.7	4.0
冲击强度(正)/ N·cm	490	490	490	490

注：消光剂含有一定的反应基团，与环氧树脂反应比例为 1∶2。

表 4-126　南海化学有限公司 XG640A 消光剂在环氧-聚酯粉末涂料中的消光效果

项目	配方 1	配方 2	配方 3	配方 4	配方 5
粉末涂料配方/质量份					
环氧树脂 E-12	300	300	300	260	260
聚酯树脂 TS5700(天松 50/50)	200	—	—	—	—
聚酯树脂 GH1156(光华 50/50)	—	200	—	—	—
聚酯树脂 SJ3B(神剑 50/50)	—	—	200	—	—
聚酯树脂 GH1261(光华 40/60)	—	—	—	240	—
聚酯树脂 SJ5A(神剑 40/60)	—	—	—	—	240
消光剂 XG640A	50	50	50	50	50
流平剂 GLP588	10	10	10	10	10
增光剂 BLC701	8	8	8	8	8
安息香	4	4	4	4	4
炭黑	6	6	6	6	6
消光硫酸钡	422	422	422	422	422
总计	1000	1000	1000	1000	1000
固化条件和涂膜性能					
固化条件/℃×min	190×15	190×15	190×15	190×15	190×15
60°光泽/%	2.5	2.5	2.2	2.8	2.5
膜厚/μm	60～80	60～80	60～80	60～80	60～80
冲击强度(正)/N·cm	490	490	490	490	490

注：消光剂含有一定的反应基团，与环氧树脂反应比例为 1∶2。

合肥科泰粉体材料有限公司的消光剂 KT103G 是反应型消光剂，抗黄变，储存稳定性好，表面硬度高，在环氧-聚酯粉末涂料中的消光效果见表 4-127；消光剂 KT258G 是一种基于丙烯酸树脂及其改性物的抗黄变消光剂，在环氧-聚酯粉末涂料中的消光效果见表 4-128；消光剂 KT108G 是一种基于聚合物树脂的新型消光剂，抗黄变，储存稳定性好，表面流平好，在环氧-聚酯粉末涂料中的消光效果见表 4-129。

表 4-127 科泰消光剂 KT103G 在环氧-聚酯粉末涂料中的消光效果（白色）

配方组成	配方 1	配方 2	配方 3	配方 4	配方 5
环氧树脂	29.8	30	30.1	30.3	30.4
聚酯树脂	28.5	27.3	26.2	25	23.9
流平剂 PV88	0.7	0.7	0.7	0.7	0.7
安息香	0.4	0.4	0.4	0.4	0.4
钛白粉	20	20	20	20	20
硫酸钡	20	20	20	20	20
KT103G 消光剂	1	2	3	4	5
60°光泽/%	53	35	18	8	6

注：1 份消光剂消耗 1.3～1.4 份环氧树脂，固化条件为 180℃×15min。

表 4-128 科泰消光剂 KT258G 在环氧-聚酯粉末涂料中的消光效果（白色）

配方组成	配方 1	配方 2	配方 3	配方 4	配方 5
环氧树脂	30.4	31.2	31.9	32.7	33.4
聚酯树脂	27.9	26.1	24.4	22.6	20.9
流平剂 PV88	0.7	0.7	0.7	0.7	0.7
安息香	0.4	0.4	0.4	0.4	0.4
钛白粉	20	20	20	20	20
硫酸钡	20	20	20	20	20
KT258G 消光剂	1	2	3	4	5
60°光泽/%	43	23	8	4.3	4

注：1 份 KT258G 消耗 2.5 份环氧树脂，固化条件为 180℃×15min。

表 4-129 科泰消光剂 KT108G 在环氧-聚酯粉末涂料中的消光效果（白色）

配方组成	配方 1	配方 2	配方 3	配方 4	配方 5
环氧树脂	29	28.5	28	27.5	27
聚酯树脂	29	28.5	28	27.5	27
流平剂 PV88	1	1	1	1	1
安息香	0.5	0.5	0.5	0.5	0.5
钛白粉	20	20	20	20	20
硫酸钡	20	20	20	20	20
KT108G 消光剂	1	2	3	4	5
60°光泽/%	55	28	10	7.5	5.8

注：环氧树脂当量 800～900，聚酯：神剑 3B，硫酸钡：W-44H。

表 4-127～表 4-129 的数据说明，消光剂 KT103G、KT258G 和 KT108G 在环氧-聚酯体系中，随着用量的增加涂膜光泽下降明显，通过消光剂的用量调整，很容易得到涂膜光泽在半光至无光的不同光泽的环氧-聚酯粉末涂料。

环氧-聚酯粉末涂料的一个特点是配粉性很好，添加皱纹剂（橘纹剂）、砂纹剂、锤纹剂和花纹剂，可以分别配制皱纹（橘纹）粉末涂料、砂纹粉末涂料、锤纹粉末涂料和花纹粉末涂料。用伊士曼公司乙酸丁酸纤维素配制的橘纹环氧-聚酯粉末涂料配方和涂膜性能见表 4-130。用天珑集团（香港）有限公司 AS 01 皱纹剂配制的环氧-聚酯粉末涂料配方和涂膜性能见表 4-131；用湖北来斯化工新材料有限公司 HN 805 皱纹剂配制的环氧-聚酯粉末涂料配方和涂膜性能见表 4-132。用天珑集团（香港）有限公司砂纹剂 AS 207 配制的砂纹环氧-聚酯粉末涂料配方和涂膜性能见表 4-133；用杭州中顺新材料科技有限公司砂纹剂 ZS 107 配制的砂纹环氧-聚酯粉末涂料配方和涂膜性能见表 4-134；用改性膨润土配制的环氧-聚酯粉末涂料配方和涂膜性能见表 4-135。在表 4-135 配方中，砂纹剂与有机膨润土配合使用时，随着膨润土用量的增加涂膜的光泽下降，外观变细，可以配制光泽（60°）为1%的涂膜。填料对砂纹环氧-聚酯粉末涂料配方和涂膜性能的影响见表4-136。用湖北来斯化工新材料有限公司锤纹剂NC-856配制的锤纹环氧-聚酯粉末涂料配方和涂膜性能见表4-137，用伊士曼公司乙酸丁酸纤维素配制的锤纹环氧-聚酯粉末涂料配方和涂膜性能见表4-138。用浮花剂配制的锤纹环氧-聚酯粉末涂料配方和涂膜性能见表4-139。

表4-130 用伊士曼公司不同规格乙酸丁酸纤维素配制的橘纹环氧-聚酯粉末涂料配方和涂膜性能

项目	配方1	配方2	配方3	配方4
粉末涂料配方/质量份				
聚酯树脂(AV>70)	100	100	100	100
环氧树脂(E-12)	100	100	100	100
安息香	1.0	1.0	1.0	1.0
2-甲基咪唑	0.04	0.04	0.04	0.04
乙酸丁酸纤维素(CAB)	0.12	0.25	0.65	1.3
钛白粉	40	40	40	40
高岭土	58	58	58	58
炭黑	0.22	0.22	0.22	0.22
中铬黄	0.35	0.35	0.35	0.35
铁红	0.18	0.18	0.18	0.18
CAB对树脂总量的用量/%	0.06	0.125	0.325	0.65
用CAB-551-0.01配粉末涂料				
涂膜外观	中橘纹,立体感强,密缩孔	中橘纹,立体感强	轻橘纹,较平整,个别缩孔	平纹
60°光泽/%	40.0	35.5	71.5	87.2
用CAB-551-0.2配粉末涂料				
涂膜外观	中橘纹,立体感强,有露底	中橘纹,立体感强,不露底	轻橘纹,较平整	平纹
60°光泽/%	40.8	46.5	75.6	80.4
用CAB-531-1配粉末涂料				
涂膜外观	立体感强,中橘纹,较密缩孔	有一定立体感橘纹,不露底	轻橘纹,较平整	平纹
60°光泽/%	19.2	38.4	86.0	86.7
固化条件/℃×min	180×15	180×15	180×15	180×15

注：1. 不同规格的乙酸丁酸纤维素对涂膜外观的影响有明显的差别。

2. 同一品种的乙酸丁酸纤维素用量不同时，对橘纹涂膜的外观有很大的影响，随着乙酸丁酸纤维素用量的增加涂膜立体感下降，最后变成平纹；当用量过少时涂膜立体感虽然强，但容易露底。

表4-131 用天珑集团（香港）有限公司AS 01皱纹剂配制的环氧-聚酯粉末涂料配方和涂膜性能

项目	配方1	配方2	配方3
粉末涂料配方/质量份			
聚酯树脂(AV=35)	60	60	60
环氧树脂(E-12)	140	140	140
消光固化剂(H68)	13	13	13
皱纹剂AS 01	0.3	0.6	1.2
金红石型钛白粉	50	50	50
沉淀硫酸钡	30	30	30
轻质碳酸钙	30	30	30
皱纹剂对树脂总量的用量/%	0.15	0.30	0.60
涂膜性能			
外观	小皱纹,不均匀,有个别缩孔	小皱纹,较均匀,无缩孔	小皱纹,立体感差,较平
60°光泽/%	12.4	16.9	20.1
固化条件/℃×min	190×15	190×15	190×15

注：随着皱纹剂用量的增加，皱纹的纹理立体感变差，涂膜趋于平整，但用量过少时涂膜露底。

表 4-132 用湖北来斯化工新材料有限公司 HN 805 皱纹剂配制的环氧-聚酯粉末涂料配方和涂膜性能

项目	配方 1 (淡黄色)	配方 2 (淡黄色)	配方 3 (淡黄色)	配方 4 (淡黄色)
粉末涂料配方/质量份				
聚酯树脂(AV=35)	60	60	60	60
环氧树脂(E-12)	140	140	140	140
消光固化剂(XG603-1A)	13	13	13	13
皱纹剂 HN 805	0.35	0.53	0.70	1.0
钛白粉	33	33	33	33
碳酸钙	30	30	30	30
中铬黄	1.0	1.0	1.0	1.0
铁红	0.26	0.26	0.26	0.26
炭黑	0.20	0.20	0.20	0.20
涂膜性能				
外观	严重露底,大皱纹	个别露底,中皱纹	均匀中皱纹	中小皱纹
60°光泽/%	9.0	9.5	9.6	9.9
固化条件/℃×min	190×15	190×15	190×15	190×15

注：随着皱纹剂 HN 805 用量的增加，涂膜皱纹变小，涂膜皱纹立体感降低，但用量过低时涂膜露底。

表 4-133 用天珑集团（香港）有限公司砂纹剂 AS 207 配制的砂纹环氧-聚酯粉末涂料配方和涂膜性能

项目	配方 1	配方 2	配方 3	配方 4
粉末涂料配方/质量份				
聚酯树脂(AV>70)	100	100	100	100
环氧树脂(E-12)	100	100	100	100
安息香	1.0	1.0	1.0	1.0
砂纹剂(AS 207)	0.2	0.5	0.7	1.0
钛白粉(R940)	4.5	4.5	4.5	4.5
硫酸钡	70	70	70	70
碳酸钙	30	30	30	30
酞菁绿	5.4	5.4	5.4	5.4
中铬黄	2.38	2.38	2.38	2.38
炭黑	0.36	0.36	0.36	0.36
粉末涂料				
胶化时间(180℃)/s	228	223	225	222
熔融水平流动性(180℃)/mm	15.5	14.9	14.7	14.5
涂膜性能				
外观	砂纹	砂纹	砂纹	砂纹
60°光泽/%	19.4	13.9	12.0	9.7
固化条件/℃×min	180×15	180×15	180×20	180×15

注：1. 在砂纹粉末涂料中，不需要流平剂，即使添加了对砂纹纹理也没有太大的影响。

2. 随着砂纹剂用量的增加，粉末涂料的胶化时间、熔融水平流动性没有多大的影响，但对涂膜的光泽有明显的影响。

表 4-134 用杭州中顺新材料科技有限公司砂纹剂 ZS 107 配制的砂纹环氧-聚酯粉末涂料配方和涂膜性能

项目	配方 1	配方 2	配方 3	配方 4
粉末涂料配方/质量份				
聚酯树脂(AV>70)	100	100	100	100
环氧树脂(E-12)	100	100	100	100
安息香	1.0	1.0	1.0	1.0
钛白粉(R215)	36	36	36	36
消光硫酸钡	54	54	54	54

续表

项目	配方 1	配方 2	配方 3	配方 4
粉末涂料配方/质量份				
高岭土	30	30	30	30
高耐磨炭黑	0.5	0.5	0.5	0.5
改性膨润土	5.0	5.0	5.0	5.0
砂纹剂 ZS 107	0.33	0.66	1.3	2.6
聚乙烯蜡	3.0	3.0	3.0	3.0
涂膜性能				
外观	光滑发亮,细砂纹	手感略粗,细砂纹	手感粗,细砂纹	手感很细,细砂纹
60°光泽/%	19.2	5.4	3.8	2.4
冲击强度/N·cm	490(正反冲过)	490	490	490
固化条件/℃×min	180×20	180×20	180×20	180×20

注：随着砂纹剂用量的增加，涂膜光泽下降，涂膜手感变细，冲击强度有所下降。

表 4-135　用改性膨润土配制的环氧-聚酯粉末涂料配方和涂膜性能

项目	配方 1	配方 2	配方 3	配方 4
粉末涂料配方/质量份				
聚酯树脂(AV>70)	100	100	100	100
环氧树脂(E-12)	100	100	100	100
安息香	1.0	1.0	1.0	1.0
钛白粉(R215)	36	36	36	36
消光硫酸钡	59	56.5	54	51.5
高岭土	30	30	30	30
高耐磨炭黑	0.50	0.50	0.50	0.50
砂纹剂 ZS 107(中顺)	1.3	1.3	1.3	1.3
改性膨润土	0	2.5	5.0	7.5
涂膜性能				
外观	光滑发亮,细砂纹	手感略粗,细砂纹	手感粗,细砂纹	手感很粗,细砂纹
60°光泽/%	15.8	5.6	3.8	2.1
冲击强度/N·cm	490(正反冲过)	490(正反冲过)	490(正反冲过)	490(正反冲过)
固化条件/℃×min	180×20	180×20	180×20	180×20

注：随着改性膨润土用量的增加，涂膜光泽下降，涂膜外观变粗。

表 4-136　填料对砂纹环氧-聚酯粉末涂料配方和涂膜性能的影响

项目	配方 1	配方 2	配方 3	配方 4
粉末涂料配方/质量份				
聚酯树脂(AV>70)	100	100	100	100
环氧树脂(E-12)	100	100	100	100
安息香	1.0	1.0	1.0	1.0
砂纹剂 ZS 107(中顺)	1.3	1.3	1.3	1.3
改性膨润土	5.0	5.0	5.0	5.0
钛白粉(R215)	36	36	36	36
消光硫酸钡	84	—	—	—
高岭土	—	84	—	—
轻质碳酸钙	—	—	84	—
滑石粉	—	—	—	84
炭黑	0.50	0.50	0.50	0.50
涂膜性能				
外观	手感粗,细砂纹	明显中砂纹	光滑中砂纹	明显中砂纹
60°光泽/%	3.4	8.0	16.5	7.3
固化条件/℃×min	180×20	180×20	180×20	180×20

注：1. 砂纹剂的有效成分为50%。

2. 不同填料品种对砂纹环氧-聚酯粉末涂料的砂纹纹理的影响有明显的差别。

表 4-137　用湖北来斯化工新材料有限公司锤纹剂 NC-856 配制的锤纹环氧-聚酯粉末涂料配方和涂膜性能

配方编号	配方 1 (银灰色)	配方 2 (银灰色)	配方 3 (银灰色)	配方 4 (银灰色)
粉末涂料配方/质量份				
聚酯树脂(AV>70)	100	100	100	100
环氧树脂(E-12)	100	100	100	100
锤纹剂 NC-856	0.25	0.50	0.75	1.0
铝粉(1500 目)	3.5	3.5	3.5	3.5
酞菁蓝	0.24	0.24	0.24	0.24
锤纹剂占树脂总量的用量/%	0.13	0.25	0.38	0.50
涂膜性能				
外观	明显露底	中锤纹,纹理均匀	中小锤纹,纹理均匀	小锤纹,纹理均匀
冲击强度/N·cm	490	490	490	490
柔韧性/mm	2	2	2	2
固化条件/℃×min	180×15	180×15	180×15	180×15

注：随着锤纹剂用量的增加，锤纹纹理变小，涂膜趋于平整，但用量过小时涂膜露底。

表 4-138　用不同规格乙酸丁酸纤维素配制的锤纹环氧-聚酯粉末涂料配方和涂膜性能

项目	配方 1(银蓝色)	配方 2(银蓝色)	配方 3(银蓝色)	配方 4(银蓝色)
粉末涂料配方/质量份				
聚酯树脂(AV>70)	100	100	100	100
环氧树脂(E-12)	100	100	100	100
2-甲基咪唑	0.06	0.06	0.06	0.06
乙酸丁酸纤维素(CAB)	0.12	0.25	0.50	1.0
铝粉(来斯新材料)	4.0	4.0	4.0	4.0
酞菁蓝	0.20	0.20	0.20	0.20
乙酸丁酸纤维素对树脂总量的用量/%	0.06	0.125	0.25	0.50
用 CAB-551-0.01 配粉末涂料				
外观	小锤纹	小花纹	很平整平纹	很平整平纹
60°光泽/%	46.9	76.5	86.5	88.7
用 CAB-551-0.2 配粉末涂料				
外观	全板橘纹露底,有缩孔	全板均匀中锤纹	全板均匀小花纹	全板很平整的小花纹
60°光泽/%	24.0	49.9	79.5	93.7
用 CAB-531-1 配粉末涂料				
外观	全板橘纹露底,有缩孔	全板均匀中锤纹	全板均匀小锤纹	全板均匀小花纹
60°光泽/%	20.7	41.9	50.2	84.9
固化条件/℃×min	180×15	180×15	180×15	180×15

注：1. 不同规格的乙酸丁酸纤维素对涂膜锤纹纹理的影响有明显的差别。

2. 同一种规格的乙酸丁酸纤维素，其用量不同时对涂膜外观有明显的差别，随着用量的增加锤纹纹理变小，但用量过少时涂膜容易露底。

表 4-139　用浮花剂配制的锤纹环氧-聚酯粉末涂料配方和涂膜性能

项目	配方 1(银灰色)	配方 2(银灰色)	配方 3(银灰色)
粉末涂料配方/质量份			
聚酯树脂(AV>70)	100	100	100
环氧树脂(E-12)	100	100	100
流平剂	2.0	2.0	2.0
硫酸钡	24	24	24
铝粉	2.0	3.0	4.0
铝粉占树脂总量的用量/%	1.0	1.5	2.0
涂膜性能			
20 份底粉加 0.05 份浮花剂涂膜外观	—	锤纹大,纹理很清晰	—
20 份底粉加 0.1 份浮花剂涂膜外观	均匀小锤纹,涂膜稍暗	均匀小锤纹,涂膜较亮	均匀小锤纹,涂膜较亮
20 份底粉加 0.2 份浮花剂涂膜外观	—	锤纹小,纹理不清晰	—

注：1. 流平剂的有效成分为 10%，载体为填料。

2. 随着浮花剂用量的增加，锤纹纹理变小，铝粉用量对涂膜外观有明显的影响。

3. 不加流平剂，用增加浮花剂的方法同样可以配制锤纹粉末涂料。

由六安捷通达新材料公司生产的环氧-聚酯混合体系化学消光剂 K7237A 与神剑混合型粉末涂料用聚酯树脂匹配消光效果和涂膜性能见表 4-140；由六安捷通达新材料公司生产的混合体系物理消光剂与神剑混合型粉末涂料用聚酯树脂匹配消光效果和涂膜性能见表 4-141。

表 4-140　捷通达消光剂 K7237A 与神剑聚酯树脂匹配消光效果和涂膜性能

项目	配方 1	配方 2	配方 3	配方 4
粉末涂料配方/质量份				
环氧树脂 E-12	365	365	365	318
聚酯树脂 SJ3B(高酸值)	235	235	235	—
聚酯树脂 SJ5A(中酸值)	—	—	—	282
流平剂 PV88	10	10	10	10
安息香	3	3	3	3
消光硫酸钡	177	177	177	177
钛白粉	200	200	200	200
捷通达消光剂 K7237A	52	—	—	—
捷通达消光剂 K7232D	—	41	—	—
捷通达消光剂 K7232	—	—	52	52
共计	1042	1031	1042	1042
固化条件和涂膜性能				
固化条件/℃×min	180×15	180×15	180×15	180×15
膜厚/μm	60～90	60～90	60～90	60～90
外观	平整	平整	平整	平整
60°光泽/%	3～5	10～12	4～6	3～5
冲击强度(正/反)/kg·cm	50/30	50/20	50/30	50/30

表 4-141　捷通达消光剂 SA2065K 和 SA2065D 与神剑聚酯树脂匹配消光效果和涂膜性能

项目	配方 1	配方 2
配方组成/质量份		
环氧树脂 E-12	300	300
聚酯树脂 SJ3B	300	300
流平剂 PV88	10	10
安息香	3	3
消光硫酸钡	177	177
钛白粉	200	200
捷通达消光剂 SA2065K	41	—
捷通达消光剂 SA2065D		30
共计	1031	1020
固化条件和涂膜性能		
固化条件/℃×min	180×15	180×15
膜厚/μm	60～90	60～90
外观	平整	平整
60°光泽/%	5～7	17～20
冲击强度(正/反)/kg·cm	50/50	50/50

表 4-140 的结果说明，三种消光剂对高酸值和中酸值聚酯都有很好的消光效果，可以得到光泽很低的无光涂膜；表 4-141 的结果说明，消光剂 SA2065K 和 SA2065D 也有很好的消光效果，可以配制不同光泽的环氧-聚酯粉末涂料，得到的涂膜平整性好、冲击强度很好、光泽很低。

气相二氧化硅粒径小、比表面积大、表面能高、表面吸附力强，具有化学稳定性、松散性和增稠性等特性，是环氧-聚酯粉末涂料中常用的助剂。一般作为松散剂干混合法在粉碎时添加，也可以内加的方法直接加到配方中，可以改进粉末涂料的松散性和贮存稳定性。不同品种气相二氧化硅对环氧-聚酯粉末涂料与涂膜性能的影响见表 4-142；不同用量气相二氧化硅对环氧-聚酯粉末涂料与涂膜性能的影响见表 4-143。

表 4-142　不同品种气相二氧化硅对环氧-聚酯粉末涂料与涂膜性能的影响

项目	配方 1 （无锡产）	配方 2 （湖州产）	配方 3 （亲水性 AS200）	配方 4 （疏水性 HB215）	配方 5 （疏水性 R972）
涂料配方组成/质量份					
聚酯树脂	100	100	100	100	100
环氧树脂	100	100	100	100	100
通用流平剂	4.0	4.0	4.0	4.0	4.0
分散剂	2.0	2.0	2.0	2.0	2.0
脱气剂	1.0	1.0	1.0	1.0	1.0
金红石钛白	75	75	75	75	75
沉淀硫酸钡	50	50	50	50	50
群青	0.40	0.40	0.40	0.40	0.40
气相二氧化硅	3.5	3.5	3.5	3.5	3.5
粉末涂料与涂膜性能					
胶化时间/s	585	548	563	400	384
熔融水平流动性(180℃)/mm	25.6	26.0	25.9	26.0	25.2
涂膜外观	轻橘纹	轻橘纹	轻橘纹	轻橘纹	轻橘纹
涂膜光泽/%	97.4	98.6	98.9	98.7	99.0
涂膜冲击强度/kg·cm	+50/−50	+50/−50×	+50/−50×	+50/−50	+50/−50×
固化条件/℃×min	190×15	190×15	190×15	190×15	190×15

注：+50—正冲过；−50—反冲过；−50×—反冲不过。

表 4-143　不同用量气相二氧化硅对环氧-聚酯粉末涂料与涂膜性能的影响

项目	配方 1	配方 2	配方 3	配方 4	配方 5
涂料配方组成/质量份					
聚酯树脂	100	100	100	100	100
环氧树脂	78	78	78	78	78
流平剂 503	24	24	24	24	24
分散剂	2.0	2.0	2.0	2.0	2.0
脱气剂	1.0	1.0	1.0	1.0	1.0
金红石钛白	67	67	67	67	67
沉淀硫酸钡	34	34	34	34	34
群青	0.20	0.20	0.20	0.20	0.20
2-甲基咪唑	0.06	0.06	0.06	0.06	0.06
气相二氧化硅(无锡)	0.00	3.0	6.0	9.0	12
粉末涂料与涂膜性能					
胶化时间(180℃)/s	160	200	240	310	320
熔融水平流动性(180℃)/mm	28.2	27.3	26.3	22.2	18.5
涂膜外观	丰满光亮	较平整	较平整	橘纹明显	橘纹较重
涂膜光泽/%	100.1	98.9	99.0	97.9	96.9
涂膜冲击强度/kg·cm	+50/−50	+50/−50	+50/−50×	+50×/−50×	+50×/−50×
固化条件/℃×min	180×20	180×20	180×20	180×20	180×20

注：+50—正冲过；−50—反冲过；+50×—正冲不过；−50×—反冲不过。

上述的试验结果表明，不同品种的气相二氧化硅对粉末涂料的胶化时间影响较大，而且对涂膜冲击强度的影响也比较大；但是对粉末涂料的胶化时间和涂膜光泽的影响不大。

另外，随着气相二氧化硅含量的增加，粉末涂料的胶化时间变长，熔融水平流动性变小，涂膜的外观和冲击强度变差；然而对涂膜光泽的影响并不大。

八、环氧-聚酯粉末涂料的应用

目前环氧-聚酯粉末涂料还是热固性粉末涂料中，占比最大的粉末涂料品种。环氧-聚酯粉末涂料容易制备不同光泽（半光、亚光、无光）和纹理（砂纹、锤纹、花纹、桔纹、绵绵纹等）效果的涂膜外观，涂膜的冲击强度、弯曲、柔韧性、附着力等力学性能很好，防腐性能不如环氧粉末涂料，但好于聚酯粉末涂料。还可以配制环氧/聚酯＝50/50、40/60、30/70、20/80 不同配比的粉末涂料，配方的配制范围非常宽，因此它的应用范围也很广。因为成膜物质中环氧树脂的比例较高，不适合户外用品的涂装，主要适合于户内用产品的涂装。如在家用电器方面，洗衣机、电冰箱（现在少，用彩钢板）、冰柜、电饭锅、电风扇等；在建材方面，暖气片、电暖气、电缆槽、货架等；还有图书架、文件柜、书桌、椅子、客车内部装饰、电子产品、电脑外壳、电气开关柜、控制箱、液化气罐、厨房用具等；还可以用在饮水管道的内壁涂装等方面。

第四节 聚酯粉末涂料

一、概述

聚酯粉末涂料是继环氧和环氧-聚酯粉末涂料之后发展起来的热固性的耐候型粉末涂料，据 2006 年的统计，世界热固性粉末涂料产量中聚酯粉末涂料占 37.8%，其中 HAA 固化聚酯粉末涂料占 20.6%，TGIC 固化聚酯粉末涂料占 16.0%。2006 年我国聚酯粉末涂料占热固性粉末涂料的 32.67%（其中 TGIC 固化聚酯粉末涂料占 26.65%，HAA 固化聚酯粉末涂料占 6.02%），是产量仅次于环氧-聚酯粉末涂料（45.35%）的第二大粉末涂料品种。随着聚酯树脂产量的增加和价格的下降，到了 2020 年，我国聚酯粉末涂料在热固性粉末涂料品种中占的比例增长为 50.1%（TGIC 固化聚酯粉末涂料占 29.6%，HAA 固化聚酯粉末涂料占 20.5%），成为产量第一位的粉末涂料品种。为了区别于环氧-聚酯粉末涂料，习惯上也叫做纯聚酯粉末涂料。

聚酯粉末涂料的品种也很多，主要品种包括端羧基聚酯树脂用异氰尿酸三缩水甘油酯（即 TGIC）固化的体系；端羧基聚酯树脂用羟烷基酰胺（即 HAA，商品名 Primid XL 552 或 T105）固化的体系；端羧基聚酯树脂用环氧化合物（商品名 PT 910）固化的体系；端羟基聚酯树脂用四甲氧甲基甘脲（商品名 Powderlink 1174）固化的体系；端羟基聚酯树脂用氨基树脂固化的体系和端羟基聚酯树脂用封闭型多异氰酸酯固化体系等。其中端羟基聚酯树脂用封闭型多异氰酸酯固化的体系就从聚酯粉末涂料中分出来，一般单独作为一类品种，欧美和我国叫做聚氨酯粉末涂料，但在日本还是把它归类为聚酯粉末涂料。日本的聚酯粉末涂料就是我们说的聚氨酯粉末涂料，根据日本的国情，基本不用 TGIC 固化聚酯粉末涂料。

聚酯粉末涂料是户外用耐候型粉末涂料，除了要求聚酯树脂与固化剂成膜以后耐候性好之外，对颜料、填料和助剂也有一定的耐候性要求。在颜料品种的选择方面，除了耐热性外，耐光性应达到 7～8 级（8 级最好），耐候性应达到 4～5 级（5 级最好）。在填料和助剂的选择上，除了耐热性外，也要求耐候性好，例如不适合选用很容易粉化的碳酸钙等填料，也不适合选用环氧树脂为载体的 503 固体流平剂，而必须使用耐候型聚酯树脂为载体的 505 固体流平剂或气相二氧化硅为载体的粉末状通用型流平剂 GLP 588 或 Resiflow PV 88 等。聚酯粉末涂料有如下的优缺点。

聚酯粉末涂料的优点：

（1）涂膜的耐光性和耐候性好，属于耐候型粉末涂料，适用于户外用品的涂装。

（2）涂膜的耐热性比环氧和环氧-聚酯粉末涂料好，在烘烤固化时涂膜不易黄变。

（3）对底材的附着力好，不需要涂底漆。

（4）粉末涂料的配粉和配色性好，可以配制不同光泽和不同纹理的各种颜色粉末涂料。

（5）涂膜的流平性好，涂膜的冲击强度、柔韧性、硬度等力学性能好，而且耐化学品（除耐碱性外）等性能也比较好。

（6）粉末涂料的涂装性能好，可以用空气喷涂法和静电粉末涂装法等方法进行涂装。

（7）用 TGIC 等环氧化合物固化聚酯粉末涂料，在烘烤固化成膜时，基本上没有反应副产物，涂膜不易产生缩孔、针孔等弊病。

（8）原材料来源比较丰富，价格便宜，容易推广应用。

聚酯粉末涂料的缺点：

（1）由于聚酯树脂的熔融黏度比较高，涂膜的流平性不如环氧-聚酯粉末涂料和聚氨酯粉末涂料好。

（2）由于固化剂等原因，虽然聚酯树脂的玻璃化转变温度较高，但是聚酯粉末涂料的贮存稳定性不如环氧、环氧-聚酯和聚氨酯粉末涂料。

（3）用羟烷基酰胺固化的聚酯粉末涂料，在烘烤固化时释放出水等小分子化合物，涂膜喷涂过厚时，涂膜容易产生猪毛孔等弊病。

（4）由于聚酯树脂存在酯键，涂膜的耐碱性不如环氧、环氧-聚酯、聚氨酯、丙烯酸粉末涂料好。

目前国内应用最多的聚酯粉末涂料品种是 TGIC 固化的聚酯粉末涂料；其次是 HAA 固化的聚酯粉末涂料。用 PT 910 和 Powderlink 1174 固化的聚酯粉末涂料的用量很少。在欧洲，考虑到 TGIC 的毒性问题，逐步用羟烷基酰胺类固化剂 Primid XL 552 等代替 TGIC 固化剂，HAA 固化聚酯粉末涂料的产量远远高于 TGIC 固化聚酯粉末涂料的产量。虽然我国也在考虑这个问题，羟烷基酰胺类固化剂固化聚酯粉末涂料的生产量在逐年增多，但是国家还没有硬性的规定，HAA 固化聚酯粉末涂料的推广应用受到一定的限制，因此 HAA 固化聚酯粉末涂料的生产量增加的速度还不算快。从卫生和安全生产考虑，在生产和使用 TGIC 固化聚酯粉末涂料时，要采取相应的劳动保护措施，生产车间环境的通风设施要良好，使配粉室和喷粉室始终处于负压状态，生产人员要穿好工作服，戴好工作帽、防尘口罩和手套。防止粉末涂料直接接触皮肤、呼吸道和眼睛，下班时吹干净衣服上的粉尘，有条件时要洗澡，还要换掉工作服。从环保和操作人员的健康考虑，逐步用 HAA 固化聚酯粉末涂料替代 TGIC 固化聚酯粉末涂料是今后我国耐候型粉末涂料的发展方向。

聚酯粉末涂料与环氧和环氧-聚酯粉末涂料一样，绝大部分按熔融挤出混合法制造，详细的制造方法和设备在第六章和第七章中介绍。各种代表性的不同底材和表面处理对聚酯粉末涂料涂膜性能的影响见表 4-144。

表 4-144　不同底材和表面处理对聚酯粉末涂料涂膜性能的影响

项目		冷轧钢板	冷轧钢板	冷轧钢板	镀锌钢板	铝材
表面处理		除油	喷砂	磷酸锌磷化	磷酸锌磷化	铬酸盐处理
烘烤条件/℃×min		180×20	180×20	180×20	180×20	180×20
涂膜厚度/μm		50～70	70～90	50～70	50～70	50～70
60°光泽/%	>	90	90	90	90	90
铅笔硬度		HB～H	HB～H	HB～H	HB～H	HB～H
杯突试验/mm	>	7	—	7	7	7
冲击强度①/N·cm	>	490	490	490	490	490
附着力(划格法)		100/100	100/100	100/100	100/100	100/100
耐酸性(5%,H_2SO_4,20℃,240h)		很好	很好	很好	很好	很好
耐碱性(5%,NaOH,20℃,240h)		良好	良好	良好	良好	良好
耐湿热性②		良好	很好	很好	很好	很好
耐盐水喷雾③/mm		5～10	3～6	0～3	0～1	0
人工加速老化试验(保光率 50%)/h		500～700	500～700	500～700	500～700	500～700
天然曝晒老化(保光率 50%)/月		12～24	12～24	12～24	12～24	12～24
耐湿热试验后附着力(划格法)		0/100	100/100	100/100	100/100	100/100

① DuPont 法，Φ0.5in (1.27cm)×500g。

② 耐湿热性：50℃，98%RH，500h。

③ 耐盐水喷雾：35℃，5%NaCl，500h。

聚酯粉末涂料主要用在户外用品，例如空调、门窗、电信线路箱柜、变压器、邮筒、路灯和灯柱、交通标志、高速公路护栏板、马路栏杆、汽车轮毂、自行车、摩托车、拖拉机、叉车、庭园家具、体育和健身器材、消防器材、农用机械、工程机械、太阳能热水器、铝型材等产品的涂装。

二、固化反应原理

在聚酯粉末涂料中，主要成膜物质是聚酯树脂和固化剂，由于这两种化合物的交联固化反应使粉末涂料成膜。根据上述聚酯粉末涂料品种的分类，不同聚酯粉末涂料的聚酯树脂和固化剂的固化反应活性基团列在表 4-145。

表 4-145　不同聚酯粉末涂料的聚酯树脂和固化剂的固化反应活性基团

序号	聚酯树脂类型	聚酯树脂主要反应基团	固化剂品种	固化剂主要反应基团
1	端羧基聚酯树脂	$-COOH$	异氰尿酸三缩水甘油酯(TGIC)	$-CH-CH_2$ $\diagdown O \diagup$
2	端羧基聚酯树脂	$-COOH$	羟烷基酰胺(HAA)	$-OH$
3	端羧基聚酯树脂	$-COOH$	环氧化合物(PT910)	$-CH-CH_2$ $\diagdown O \diagup$
4	端羟基聚酯树脂	$-OH$	四甲氧甲基甘脲(Powderlink 1174)	$-O-CH_3$
5	端羟基聚酯树脂	$-OH$	固体化氨基树脂	$-NH_2$

从表 4-145 中可以看出，聚酯粉末涂料中的反应性基团种类比较复杂，在聚酯树脂中有羧基基团和羟基基团两大类；固化剂中有环氧基、羟基、甲氧基和氨基等基团。

在聚酯粉末涂料中用量最多的端羧基聚酯树脂用异氰尿酸三缩水甘油酯（TGIC）固化主要化学反应式如下：

$3HOOC\sim\sim\sim COOH$ + $CH_2-CH-CH_2-N$ … $N-CH_2-CH-CH_2$（环氧基）；三嗪环：$C=O$，$O=C$，$C=O$，$N-CH_2-CH-CH_2$（环氧基）

聚酯树脂　　　　异氰脲酸三缩水甘油酯

$\longrightarrow HOOC\sim\sim\sim COOCH_2-\underset{OH}{CH}-CH_2-N$ … $N-CH_2-\underset{OH}{CH}-CH_2OCO\sim\sim\sim COOH$；三嗪环：$C=O$，$O=C$，$C=O$，$N-CH_2-\underset{OH}{CH}-CH_2OCO\sim\sim\sim COOH$

$\longrightarrow$ 羧基与环氧基继续反应

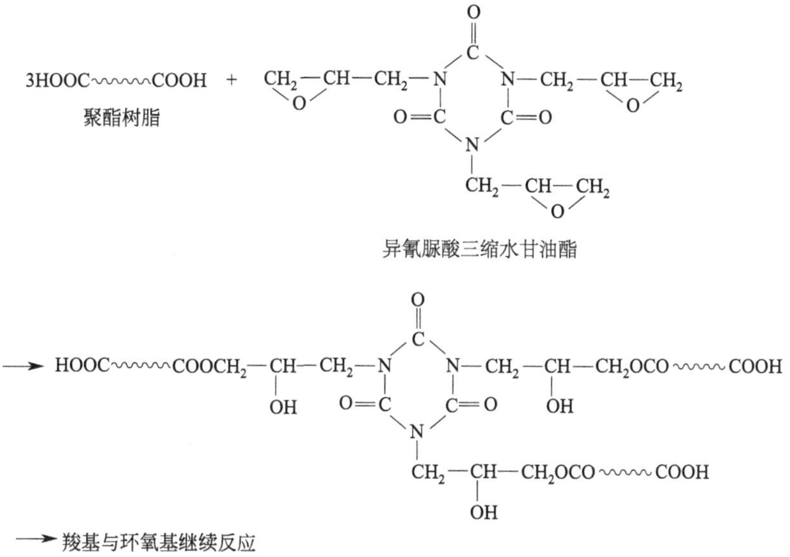

聚酯树脂中一端的羧基与 TGIC 中的环氧基之间反应，然后聚酯树脂另一端羧基与 TGIC 的环氧基之间继续反应，直至形成高分子化合物的涂膜，反应中没有副产物产生。

在聚酯粉末涂料中用量占第二位的端羧基聚酯树脂用羟烷基酰胺（HAA）固化主要化学反应式如下：

$4HOOC\sim\sim\sim COOH + (HO-CHR'-CH_2)_2N-CO-R_1-CO-N(CH_2-CHR'-OH)_2$

聚酯树脂　　　　β-羟烷基酰胺

$\longrightarrow (HOOC\sim\sim\sim COO-CHR'-CH_2)_2N-CO-R_1-CO-N(CH_2-CHR'-OOC\sim\sim\sim COOH)_2$

$+ 4H_2O$ $\longrightarrow$ 羧基与羟基继续反应

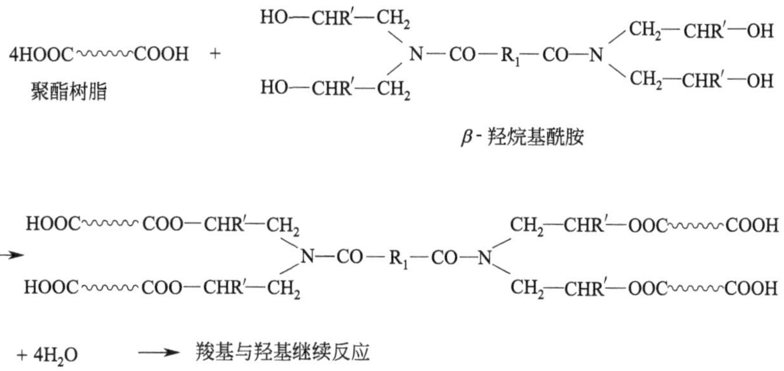

聚酯树脂中一端的羧基与羟烷基酰胺中的羟基之间发生脱水反应，然后聚酯树脂另一端羧基与 HAA 的羟基之间继续反应，直至形成高分子化合物的涂膜。反应中产生小分子化合物水，是反应的副产物，当涂膜过厚时这些小分子的逸出使涂膜容易产生猪毛孔和针孔。

另外，其他品种的聚酯粉末涂料，例如羧基聚酯树脂与环氧化合物固化剂体系的羧基与环氧基之间的交联反应;羟基聚酯树脂与四甲氧甲基甘脲固化剂体系的羟基与甲氧基之间的交联反应;羟基聚酯树脂与氨基树脂之间的羟基与氨基之间的交联反应都是经典的化学反应，这些粉末涂料的用量比较少，这里不再列出化学反应式。

三、聚酯树脂

聚酯粉末涂料中用的聚酯树脂绝大部分是端羧基聚酯树脂，这种树脂的合成设备和合成工艺跟环氧-聚酯粉末涂料用羧基聚酯树脂的合成设备和合成工艺基本一样，主要是以多元醇和多元羧酸为主要原料，差别在于所使用的原材料的一部分有所不同。常用的多元醇有：乙二醇、丙二醇、二甘醇、新戊二醇、2-甲基丙二醇、1,6-己二醇、1,4-环己烷二甲醇、三羟甲基丙烷;常用的多元羧酸有：对苯二甲酸、间苯二甲酸、己二酸、癸二酸、壬二酸、邻苯二甲酸酐和偏苯三甲酸酐等,常用多元醇和多元酸对聚酯树脂性能及涂料和涂膜性能的影响见表 4-146。

表 4-146　常用的多元醇和多元酸对聚酯树脂性能及涂料和涂膜性能的影响

原料名称		特点和聚酯树脂性能的影响	涂料和涂膜性能的影响
多元醇	新戊二醇(NPG)	对称二元伯醇,高反应活性,提高树脂 T_g,耐热耐光氧化性极佳	提高涂膜耐候性和粉末带电性
	乙二醇(EG)	二元醇,高反应活性,提高树脂 T_g、结晶性	不利于涂膜耐候性能
	二乙二醇(DEG)	含有醚键的二元醇,高反应活性,改善柔韧性,有利于降低树脂黏度,降低 T_g	不利于涂膜耐候性能,提高涂膜力学性能
	甲基丙二醇(MPD)	二元伯醇,高反应活性,降低树脂 T_g,有利于降低树脂熔融黏度,易黄变	提高涂膜力学性能
	三羟甲基丙烷(TMP)	三元伯醇,高反应活性,提高树脂支化与交联,提高树脂 T_g	提高涂膜交联密度与力学性能,耐水煮性能
	乙基丁基丙二醇(BEPD)	侧基有乙基和丁基,限制分子运动,降低树脂分子间作用力,丁基保护酯键 α 位和 β 位上 C—H 键	树脂黏度和 T_g 下降,提高涂膜柔韧性和耐候性
多元酸	对苯二甲酸(PTA)	对称二元芳香酸,提高树脂 T_g	有利于粉末涂料贮存稳定性
	间苯二甲酸(IPA)	二元芳香酸,改善树脂耐候性、柔韧性,高反应活性,提高树脂 T_g	提高涂膜耐候性能
	己二酸(ADA)	二元脂肪酸,高反应活性,改善树脂柔韧性,有利于降低树脂熔融黏度,降低树脂 T_g	提高涂膜力学性能
	偏苯三甲酸酐(TMA)	三元芳香酸,高反应活性,提高树脂支化与交联程度	提高涂膜交联密度与力学性能
	环己二甲酸(CHDA)	六环结构脂肪族二元羧酸,分子旋转阻碍作用明显,但不是刚性单体	提高树脂黏度和 T_g,有利于改善涂膜耐候性,适度改善涂膜冲击和折弯性能

在聚酯树脂的合成工艺上，早期是以用三元官能团的偏苯三甲酸酐为主合成耐候型聚酯树脂多，后来考虑到偏苯三甲酸酐的毒性等问题，逐步开始用三羟甲基丙烷代替，两种体系

的合成工艺还是有较大的区别。

含有三羟甲基丙烷的聚酯树脂体系的聚酯树脂合成工艺如下：

（1）在反应釜中加新戊二醇等醇类原料，然后升温至60℃，加反应活性低的对苯二甲酸等酸类原料和醇酸缩合脱水的催化剂，在醇超量的条件下进行反应。

（2）加完第一批原料后，在氮气保护下慢慢升温至不同温度（160℃、180℃、200℃和220℃），分段进行酯化脱水反应至240℃保温一定时间，分馏柱的温度控制在100℃。

（3）根据反应情况取样检测树脂的酸值和黏度，达到控制指标时准备进行第二次投料。

（4）停氮气，降温下加反应活性较大的间苯二甲酸，升温至240℃，通氮气保温进行酯化脱水反应，经一段反应后取样测试样品酸值和黏度，达到控制指标。

（5）达到控制指标后，停氮气开始抽真空达到需要真空度进行缩聚反应，达到规定时间后取样检测树脂酸值，如果酸值偏高适当再进行真空缩聚反应达到技术指标要求。

（6）达到控制指标后，降温至210℃，加抗氧剂等助剂进行分散，然后取样检测酸值和黏度，达到指标后出料，冷却，破碎，包装。

含偏苯三甲酸酐的聚酯树脂的合成方法类似于环氧-聚酯粉末涂料中的聚酯树脂的合成方法，先用多元羧酸和多元醇进行酯化缩聚反应合成羟基聚酯树脂，然后再与多元羧酸酐（偏苯三甲酸酐）加成反应得到端羧基的聚酯树脂，其具体化学反应式如下：

$$\underset{\text{多元醇}}{HO-R_1-OH} + \underset{\text{多元酸}}{HOOC-R_2-COOH} \longrightarrow \underset{\text{羟基聚酯树脂}}{HO-R_1-OCO-R_2 \sim\sim\sim R_2-COOR_1-OH}$$

$$\underset{\text{羟基聚酯树脂}}{HO-R_1OCO-R_2 \sim\sim\sim R_2-COOR_1-OH} + \underset{\text{多元羧酸酐}}{\text{HOCO}-C_6H_3(CO)_2O}$$

$$\longrightarrow \underset{\text{端羧基聚酯树脂}}{(HOCO)_2C_6H_3-COOR_1-OCOR_2 \sim\sim\sim R_2-COOR_1-COO-C_6H_3(COOH)_2}$$

1. 异氰尿酸三缩水甘油酯（TGIC）固化剂固化用聚酯树脂

异氰尿酸三缩水甘油酯（TGIC）固化聚酯粉末涂料用聚酯树脂的合成参考配方例见表4-147。

表 4-147 TGIC 固化聚酯粉末涂料用聚酯树脂合成参考配方例

原料	用量/质量份	原料	用量/质量份
对苯二甲酸	77.7	新戊醇	58.0
间苯二甲酸	6.0	催化剂	0.2
己二酸	22.0	促进剂	0.2
偏苯三甲酸酐	7.8		

在带有搅拌器、通气管、回流冷凝器和分水器的反应釜中加新戊二醇和催化剂，通氮气置换反应釜中的空气，加热至新戊二醇全部熔化并开动搅拌。然后加对苯二甲酸，升温，脱水，直至反应温度升到240℃左右。当反应物澄清，酸值降至10mg KOH/g以下后，把反应物温度降至180℃，然后加间苯二甲酸和己二酸，升温至240℃脱水，每隔1h测酸值。当酸值降至约15mg KOH/g时抽真空脱水，并保温至220℃左右。当反应物酸值降至10mg

KOH/g 以下时测软化点，并冷却至 180℃，加入偏苯三甲酸酐，反应温度保持在 200℃，每隔 30min 测定一次酸值和黏度。出料前 30min 加促进剂。出料后测树脂软化点和酸值。

聚酯树脂为无色或淡黄色透明固体颗粒，软化点为 110～125℃，酸值为 28～40mg KOH/g，玻璃化转变温度大于 60℃。聚酯树脂中加入 TGIC 固化剂以后，粉末涂料的玻璃化转变温度明显下降，影响粉末涂料的贮存稳定性，所以一般要求与 TGIC 配套的聚酯树脂的玻璃化转变温度要比环氧-聚酯粉末涂料用聚酯树脂的玻璃化转变温度高 10℃左右甚至更高一些，一般在 60℃以上才能保证粉末涂料的贮存稳定性。

聚酯粉末涂料用聚酯树脂最原始的配方中使用偏苯三甲酸酐，后来的大部分配方中不用偏苯三甲酸酐，也不用三羟甲基丙烷，只用二元羧酸和二元醇，TGIC 固化聚酯粉末涂料用聚酯树脂的配方例见表 4-148。在聚酯树脂配方中，己二酸较长的直链结构赋予聚酯树脂很好的柔韧性，可以提高涂膜的冲击强度，但耐候性一般，在纯聚酯树脂配方中适量使用。用三羟甲基丙烷替代偏苯三甲酸酐，提高树脂支化程度和树脂交联密度及耐水煮性能的聚酯树脂合成配方例见表 4-149。

表 4-148　不用偏苯三甲酸酐和三羟甲基丙烷的聚酯树脂合成配方例

原料	用量/质量份	原料	用量/质量份
对苯二甲酸	34	催化剂	少量
间苯二甲酸	23	抗氧化剂	少量
新戊二醇	33	促进剂	少量
己二酸	10		

表 4-149　不用偏苯三甲酸酐的聚酯树脂合成配方例

原料	用量/质量份	原料	用量/质量份
对苯二甲酸	103	三羟甲基丙烷	0.92
间苯二甲酸	19.5	催化剂	少量
己二酸	2.7	抗氧化剂	少量
新戊二醇	72.2	促进剂	少量

HAA 固化聚酯粉末涂料用聚酯树脂配方的主要成分也是跟 TGIC 固化聚酯树脂一样的，一般也不用偏苯三甲酸酐和三羟甲基丙烷。这是因为 TGIC 和 HAA 分别是三官能团和四官能团，官能度大，反应活性强，在树脂中有三官能度的单体，粉末涂料固化时，树脂的黏度高，反应速率快，固化时流平性不好。在超耐候聚酯粉末涂料用聚酯树脂的配方中，考虑到树脂的耐候性，主要成分选择的是有利于耐候性的单体对苯二甲酸、间苯二甲酸和新戊二醇，还用少量的偏苯三甲酸酐。这里比普通配方增加间苯甲酸的用量，只用耐候性好的醇类单体新戊二醇，所以配方的成本就比普通聚酯树脂明显提高。

在聚酯粉末涂料用聚酯树脂的合成过程中，多元羧酸品种和多元醇品种对聚酯树脂玻璃化转变温度和涂膜性能的影响规律，跟环氧-聚酯粉末涂料用聚酯树脂合成时的基本规律是一样的，可以参考前面的内容。另外，在合成聚酯粉末涂料用聚酯树脂时，还要考虑树脂的耐候性问题。在选择多元醇时，新戊二醇合成的聚酯树脂的耐候性比乙二醇或二甘醇合成的聚酯树脂耐候性好，而且涂膜的耐沸水性也好。表 4-150 是不同醇类组成对聚酯粉末涂膜耐候性的影响；表 4-151 是不同醇类组成对聚酯粉末涂膜耐沸水性的影响。这些试验结果说明，纯新戊二醇聚酯树脂涂膜的耐候性比新戊二醇和乙二醇的混合醇合成的聚酯树脂涂膜明显好；从聚酯粉末涂膜的耐沸水性来说，还是纯新戊二醇聚酯树脂涂膜的耐沸水性比新戊二醇和乙二醇的混合醇合成的聚酯树脂涂膜明显好。

表 4-150 不同醇类组成对聚酯粉末涂膜耐候性的影响

项目	配方 1（100%新戊二醇）		配方 2（80%新戊二醇/20%乙二醇）		配方 3（60%新戊二醇/40%乙二醇）	
试验时间/天	光泽/%	色差	光泽/%	色差	光泽/%	色差
1	97.3	4.03	92.7	4.1	92.5	4.01
2	91.4	4.08	88.8	4.05	85.3	4.36
3	84.3	4.09	80.5	4.15	73.2	4.23
4	79.1	4.76	70.2	4.20	60.1	4.10
5	73.1	4.23	59.3	4.71	56.2	4.58
6	67.5	4.15	47.2	4.5	36.2	4.61
7	62.7	3.7	36.2	4.38	20.5	4.30
8	57.1	3.45	24.1	3.74	7.6	4.01
9	52.6	3.23	13.5	3.68	—	—
10	44.3	3.21	8.2	3.58	—	—
试验条件	光照温度：(60±3)℃；冷凝温度：(40±3)℃；光照和冷凝周期：8h 光照，4h 冷凝					
试验结果	配方 1(纯新戊二醇)＞配方 2(80%新戊二醇/20%乙二醇)＞配方 3(60%新戊二醇/40%乙二醇)					

表 4-151 不同醇类组成对聚酯粉末涂膜耐沸水性的影响

配方号	光泽/%	膜厚/μm	490N·cm 正反冲击	附着力/级	弯曲	涂膜情况
配方 1(同表 4-150)	95.7	70～80	无裂纹	0	无裂纹	清晰丰满
配方 2(同表 4-150)	95.3	70～80	无裂纹	0	无裂纹	清晰丰满
配方 3(同表 4-150)	95.1	70～80	无裂纹	0	无裂纹	清晰
水煮 2h 后						
配方 1(同表 4-150)	93.2	70～80	无裂纹	1	少许裂纹	少许起泡
配方 2(同表 4-150)	81.6	70～80	无裂纹	1	少许裂纹	大量起泡
配方 3(同表 4-150)	43.6	70～80	无裂纹	1	少许裂纹	起泡失光
试验结果	配方 1(纯新戊二醇)＞配方 2(80%新戊二醇/20%乙二醇)＞配方 3(60%新戊二醇/40%乙二醇)					

在聚酯树脂合成过程中，三羟甲基丙烷（TMP）含量对聚酯树脂和涂膜性能影响很大，不同含量 TMP 对聚酯树脂和涂膜性能的影响见表 4-152。

表 4-152 不同含量 TMP 对聚酯树脂和涂膜性能的影响

项目	配方 4	配方 5	配方 6	配方 7
TMP 含量(质量)/%	0	1.0	2.0	3.0
酸值/(mg KOH/g)	33.14	32.96	33.25	33.19
黏度(200℃)/mPa·s	5180	5340	5620	6280
T_g/℃	66.1	67.2	68.3	69.2
反应性(180℃)	268	248	220	215
冲击强度/kg·cm	±20	+30/−20	±30	±30
T 弯性能	5T	4T	3T	3T
耐盐雾性能(500h)	气泡严重	气泡较严重	轻微气泡	轻微起泡
QUV-B 老化(500h)保光率/%	38	41	45	49

表 4-152 的结果说明，随着 TMP 含量的增加，聚酯树脂的黏度增加，T_g 提高，反应性也增加：涂膜的 T 弯性能、耐盐雾性和耐老化性能提高，其主要原因是 TMP 是三官能度，使聚酯树脂的官能度和反应性提高，涂膜交联密度增加。

在聚酯树脂合成过程中，乙基丁基丙二醇（BEPD）含量对聚酯树脂和涂膜性能的技术指标有一定的影响，不同含量 BEPD 对聚酯树脂和涂膜性能的影响见表 4-153。

表 4-153　不同含量 BEPD 对聚酯树脂和涂膜性能的影响

项目	配方 8	配方 9	配方 10	配方 11
BEPD 含量(质量)/%	0	5.0	7.5	10
TMP 含量(质量)/%	2	2	2	2
酸值/(mg KOH/g)	33.25	32.96	32.98	33.32
黏度(200℃)/mPa·s	5620	5510	5380	5220
T_g/℃	68.3	67.2	66.8	66.1
反应性(180℃)	230	218	225	228
冲击强度/kg·cm	±30	±30	±30	±30
T 弯性能	3T	3T	3T	3T
耐盐雾性能(500h)	轻微起泡	轻微起泡	轻微起泡	轻微起泡
QUV-B 老化(500h)保光率/%	45	48	53	57

表 4-153 的结果说明，随着 BEPD 用量的增加，聚酯树脂的黏度和 T_g 下降，涂膜的力学性能影响不大。因为 BEPD 的侧基有乙基和丁基，一方面可以限制树脂分子的运动，另一方面又降低了树脂分子间的作用力，提高树脂分子的柔韧性；基于同样的原因，丁基也能保护酯键 α 位和 β 位上 C—H 键，从而提高聚酯树脂的耐候性。

己二酸（ADA）含量对聚酯树脂和涂膜性能有一定的影响，不同含量 ADA 对聚酯树脂和涂膜性能的影响见表 4-154。

表 4-154　不同含量 ADA 对聚酯树脂和涂膜性能的影响

项目	配方 12	配方 13	配方 14	配方 15
TMP 含量(质量)/%	2	2	2	2
BEPD 含量(质量)/%	10	10	10	10
ADA 含量(质量)/%	0	6	12	18
酸值/(mg KOH/g)	33.32	33.06	32.90	33.13
黏度(200℃)/mPa·s	5320	5130	4820	4420
T_g/℃	66.1	64.8	63.7	62.5
反应性(180℃)	228	232	233	235
冲击强度/kg·cm	±30	+40/−30	+40/−30	±40
T 弯性能	3T	3T	2T	2T
耐盐雾性能(500h)	轻微起泡	轻微起泡	轻微起泡	轻微起泡
QUV-B 老化(500h)保光率/%	57	51	48	42

表 4-154 的结果说明，随着 ADA 含量的增加，聚酯树脂的黏度和 T_g 下降，涂膜的力学性能有所提高。因为 ADA 是柔性单体，在主链中引入脂肪族柔性基团，有利于单键的旋转，会降低聚酯树脂黏度和 T_g；ADA 的引入使树脂抗冲击性和弯折性能提高。然而 ADA 不是耐候型单体，对涂膜耐候性产生负面效果，对于户外用粉末涂料需要控制使用量。

环己二甲酸（CHDA）含量对聚酯树脂和涂膜性能有明显的影响，不同含量 CHDA 对聚酯树脂和涂膜性能的影响见表 4-155。

表 4-155　不同含量 CHDA 对聚酯树脂和涂膜性能的影响

项目	配方 16	配方 17	配方 18	配方 19
CHDA 取代 ADA 含量(质量)/%	0	25	50	100
酸值/(mg KOH/g)	33.13	33.01	32.92	33.34
黏度(200℃)/mPa·s	4420	4630	4820	5020
T_g/℃	62.5	63.1	63.7	64.5
反应性(180℃)	230	224	220	215
冲击强度/kg·cm	±40	±40	±40	±40
T 弯性能	2T	2T	2T	2T
耐盐雾性能(500h)	轻微起泡	轻微起泡	轻微起泡	轻微起泡
QUV-B 老化(500h)保光率/%	42	51	56	60

表 4-155 的结果说明，用 CHDA 取代 ADA 时，随着 CHDA 含量的增加，聚酯树脂的黏度和 T_g 增加，涂膜的冲击强度、弯折性能、耐候性都得到改善。其主要原因是，CHDA 是六环结构的脂肪族二元酸，其分子旋转的阻碍作用明显，因此树脂的黏度和 T_g 随着含量的提高而增加；而它又不是刚性很强的单体，对涂膜的力学性能的影响不明显；再则对涂膜耐候性有很大提高，但是考虑成本问题需要选择合适的用量。

多元羧酸和多元醇的品种和用量的选择对聚酯树脂的各项技术指标和涂膜性能起到决定性的影响，同样对树脂成本的影响也很大。因此，根据聚酯树脂的用途和性能，再结合用户可接受的价格，设计科学合理的多元酸和多元醇配方。

近年来为了改进聚酯粉末涂料的流平性，使用一部分半结晶聚酯树脂代替普通的无定形聚酯树脂。半结晶聚酯树脂不同于普通的无定形聚酯树脂，半结晶聚酯树脂是多相的混合物，在室温下是白色不透明固体；软化点范围窄，熔融黏度低，还不溶于常用的有机溶剂，在化学结构上具有高度的对称性。半结晶聚酯树脂的玻璃化转变温度低于 45℃的情况下，配制的粉末涂料贮存稳定性还可以，涂膜无橘皮、流平性很好。聚酯粉末涂料用半结晶聚酯树脂合成配方、工艺和树脂技术指标如下。

在配有搅拌器、分馏柱、油水分离器、温度计和氮气通入口的 5L 圆底烧瓶中，装入对苯二甲酸 1474.3g（8.87mol）、1，6-己二醇 1146.7g（9.72mol）和二丁基氧化锡 2.9g（11mmol）。搅拌下将混合物加热到 200℃，保温 1h，然后在 1.5h 内升温到 250℃，保温直到所得聚酯树脂的酸值低于 5mg KOH/g。将混合物降温到 170℃，加入所需要补充的 1,6-己二醇与己二酸 228.8g（1.57mol），再升温到 250℃，保温直到酸值为 35mg KOH/g，羟值小于 7mg KOH/g。整个反应始终在氮气保护下进行，该步反应可收集到 340g 水。而后将反应混合物降温到 220℃，保温 45min，同时抽真空，以脱除水分和未反应的单体。最后撤除真空，将所得聚酯树脂降温到 180℃，装入不锈钢盘，并冷却到室温，得到脆性白色固体。这种半结晶聚酯树脂的技术指标如下：ICI 锥板熔融黏度（30℃）为 0.7Pa·s；酸值为 33.1mg KOH/g；羟基值为 5mg KOH/g；玻璃化转变温度为 30℃；熔点为 129℃；数均分子量 M_n 为 3420。

聚酯粉末涂料用聚酯树脂与环氧-聚酯粉末涂料用聚酯树脂之间的差别在于所使用的多元醇和多元酸的品种以及醇酸的摩尔比，从而使聚酯粉末涂料用聚酯树脂的软化点和玻璃化转变温度比环氧-聚酯粉末涂料用聚酯树脂高；聚酯粉末涂料用聚酯树脂的酸值比环氧-聚酯粉末涂料用聚酯树脂的多数品种低；聚酯粉末涂料用聚酯树脂的抗老化性能和抗黄变性能也比环氧-聚酯粉末涂料用聚酯树脂好。

近年来为了开发高耐候性聚酯树脂，在聚酯树脂合成配方设计方面开展了大量的工作，特别是聚合单体的选择和共聚物单体的匹配方面。在耐候型聚酯粉末涂料用聚酯树脂的合成原料中，除了大量使用赋予耐热性和耐候性的新戊二醇以外，还大量使用比对苯二甲酸耐水解性和耐候性优异的间苯二甲酸。对于户外型聚酯树脂来说，在多元酸中间苯二甲酸的含量在20%以上；在超耐候聚酯树脂中的含量甚至达到100%；随着间苯二甲酸含量的增加，涂膜的冲击强度和柔韧性下降，不如对苯二甲酸含量高的体系好。

由间苯二甲酸和新戊二醇为主合成的聚酯树脂，与对苯二甲酸为主的聚酯树脂相比，其涂膜的保光率提高3倍，对苯二甲酸聚酯树脂耐候性差的原因是对苯二甲酸吸收297nm的短波紫外线，相比之下间苯二甲酸的最大吸收波长不在此波段，所以耐候性好；但涂膜的冲击强度和杯突试验的性能有明显的下降；为了改进涂膜性能，使用2-丁基-2-乙基-1,3-丙二醇、1,4-环己烷二甲醇等对耐候性影响小、又能改进涂膜力学性能的单体进行共聚。在分子链上没有β-氢原子的新戊二醇合成的聚酯能赋予涂膜良好的耐候性，因此新戊二醇广泛应用在耐候型粉末涂料中。在聚酯树脂中，β-氢原子浓度越低，涂膜的耐候性越好。

使用偏苯三甲酸酐、丙三醇（甘油）和三羟甲基丙烷等原料合成的聚酯树脂具有支链结构，以三羟甲基丙烷为例，当浓度提高时涂膜硬度提高，胶化时间缩短，涂料的熔融流动性变差，涂膜的流平性也不好，需要选择合适的用量。聚酯树脂的T_g是对聚酯粉末涂料的贮存稳定性和涂膜力学性能有很大影响的参数，它与单体结构和聚酯树脂的聚合度有着密切的关系。

对于除HAA固化聚酯树脂体系外的其他聚酯树脂，为了降低固化温度，在树脂出料前内加促进剂，例如三苯基膦、苄基三乙基氯化铵等，内加比外加更均匀，对涂膜外观和力学性能更有利。在聚酯树脂合成中使用的促进剂也有差别。虽然上述两种树脂的结构和基本组成上是没有本质上的差别，但是由于上述方面的差别所匹配的固化剂是完全不同的，不能互换使用。

在聚酯树脂合成中使用的催化剂主要是单丁基锡酸（例如F4100）和单丁基三异辛酸锡（例如F4102），一般的添加量为总反应物料的0.05%～0.25%（质量分数）。在某些出口儿童玩具和家具产品中不能使用单丁基和二丁基锡催化剂，可以使用南京鼎晨公司生产的环保型有机锡催化剂PC9800，使用它后分子量分布窄，分子量更高。

由安徽神剑新材料股份有限公司生产的TGIC固化用聚酯树脂型号和规格见表4-156；浙江光华科技股份有限公司生产的TGCI固化用聚酯树脂型号和规格见表4-157；由帝斯曼（中国）涂料树脂公司生产的TGIC固化用聚酯树脂型号和规格见表4-158；由湛新树脂（中国）有限公司生产的TGIC固化用聚酯树脂的型号和规格见表4-159；新中法高分子材料股份有限公司生产的TGIC固化用聚酯树脂型号和规格见表4-160；广州擎天材料科技有限公司生产的TGIC固化用聚酯树脂型号和规格见表4-161；浙江传化天松新材料有限公司生产的TGIC固化用聚酯树脂型号和规格见表4-162；烟台枫林新材料有限公司生产的TGIC固化用聚酯树脂型号和规格见表4-163。

表4-156 安徽神剑新材料股份有限公司生产的TGCI固化用聚酯树脂型号和规格

型号	酸值 /(mg KOH/g)	玻璃化转变温度/℃	黏度(200℃) /mPa·s	固化条件 /℃×min	特点
SJ4A	32～37	≥66	6000～9000	200×10	质量比(聚酯/TGIC,下同)93/7,高T_g,耐候性好,贮存性能优异
SJ4C	30～36	≥61	4000～6000	200×10	93/7,流平好,可用于摩擦喷枪,耐候性好

续表

型号	酸值/(mg KOH/g)	玻璃化转变温度/℃	黏度(200℃)/mPa·s	固化条件/℃×min	特点
SJ4E	30～36	≥65	6000～8000	200×10	93/7,综合性能优越,广泛应用于铝型材
SJ4E-4	30～36	≥65	6000～8000	200×10	93/7,耐燃气炉型树脂,综合性能优越,广泛应用于铝型材
SJ4ET	29～34	≥62	4500～6500	200×10	93/7,流平性优,力学性能和抗老化性能好
SJ4ETDT	29～34	≥62	4500～6500	200×10	93/7,SJ4ET 的摩擦枪用型
SJ4G	17～23	≥57	6000～8500	200×15	96/4,低酸值树脂,可与 SJ4H 干混消光
SJ4H	48～55	≥65	5000～7000	200×10	90/10,高酸值树脂,与 SJ4G 进行干混消光
SJ4211	29～35	≥62	4500～6500	200×10	93/3,力学性能和耐候性优
SJ4211-6	29～35	≥62	4500～6500	200×10	93/7,SJ4211 的不含有机锡型
SJ4212	28～32	≥61	5000～7000	200×10	94/6,柔韧性好,力学性能优
SJ4213	30～35	≥65	4000～6000	200×10	93/7,流平好,力学性能优,无霜型树脂
SJ4222	35～40	≥60	2500～4500	200×10	93/3,优异的力学性能和耐候性,适合薄涂
SJ4223	40～45	≥61	2000～4000	200×10	92/8,流平好,力学性能、耐候性优,适用于热转印粉末涂料
SJ4224	39～45	≥64	2500～4500	200×10	92/8,用于热转印粉末涂料,综合性能优
SJ4225	39～45	≥64	2500～4500	200×10	92/8,高 T_g,耐候性优,耐水煮性能优,用于热转印粉末
SJ4228	39～45	≥62	1500～3500	200×10	92/8,双官能团树脂,表面特性优,用于转印粉末涂料
SJ4229	30～36	≥62	2000～4000	200×10	93/7,双官能团树脂,用于转印粉末涂料,表面细腻
SJ4300	30～36	≥63	3000～6000	200×10	93/7,流平好,耐候性优
SJ4301	29～35	≥65	3000～6000	200×10	93/7,流平好,一般耐候性,性价比高
SJ4302	26～30	≥66	4500～6500	200×10	94/6,高 T_g,流平好,经济型树脂,优异的力学性能
SJ4401	28～32	≥63	5500～7500	200×10	94/6,经济性通用型树脂,力学性能卓越
SJ4401-2	28～32	≥63	5500～7500	200×10	94/6,经济性通用型树脂,流平好,柔韧性好,力学性能卓越,低霜树脂
SJ4401-6	28～32	≥63	5500～7500	200×10	94/6,SJ4401 的不含有机锡型
SJ4402DT	28～32	≥63	4000～7000	200×10	94/6,流平好,摩擦枪用树脂
SJ4522	29～34	≥62	4500～6500	200×10	93/7,流平性和力学性能好,抗老化性能优,耐黄变性佳
SJ4578	30～36	≥63	2500～5500	160×20	93/7,高流平,低温固化,耐候性好
SJ4580	16～22	≥62	4000～7000	200×15	96/4,低酸值超耐候树脂,与 SJ4581 树脂进行干混消光
SJ4581	48～55	≥65	3000～7000	200×15	90/10,高酸值超耐候树脂,与 SJ4580 树脂进行干混消光
SJ4588	30～36	≥63	5000～7000	200×10	93/7,超耐候树脂
SJ4588-2	33～38	≥62	2000～4000	200×10	93/7,流平好,超耐候树脂

续表

型号	酸值/(mg KOH/g)	玻璃化转变温度/℃	黏度(200℃)/mPa·s	固化条件/℃×min	特点
SJ4700	33～38	≥60	3000～5000	160×15	93/7,低温快速固化树脂,流平和力学性能好
SJ4701	30～35	≥60	4000～7000	160×10 150×15	93/7,低温快速固化树脂,综合性能优
SJ4702	30～36	≥67	4000～6000	860×10	93/7,高 T_g,快速固化树脂,耐候性优,综合性能优
SJ4713	29～35	≥61	2800～4800	160×(10～15)	93/7,低温快速固化,无霜型树脂,耐候性能优
SJ4800	23～28	≥60	4800～6800	200×20	95/5,慢反应树脂,低 TGIC 用量,综合性能优
SJ4801	30～36	≥61	3500～5500	200×10	93/7,综合性能优,抗流挂
SJ4802	30～35	≥65	4000～6000	200×10	93/7,柔韧性佳,力学性能和耐候性优
SJ4803	48～55	≥66	3000～5500	200×10	90/10,干混消光高酸值组分,与 SJ5811 消光,板面平整性很好
SJ4804	48～55	≥64	3000～5500	200×10	90/10,干混消光高酸值组分,与 SJ5811 消光,板面平整性很好
SJ4807	48～55	≥66	4000～6000	200×10	90/10,干混消光高酸值组分,与 SJ4808 进行任意比例消光
SJ4808	17～23	≥63	6000～8000	200×10	96/4,干混消光低酸值组分,与 SJ4807 进行任意比例消光
SJ4808-2	17～23	≥63	6000～8000	200×10	96/4,SJ4808 的慢速固化型
SJ4810	40～48	≥68	7000～9000	200×10	92/8,高硬度树脂,力学性能优异
SJ4811	48～55	≥68	4500～6500	200×10	90/10,高 T_g,适用于转印粉,综合性能好
SJ4815	48～55	≥66	3500～5500	200×10	90/10,高酸值,与 SJ4816 消光光泽低,涂层平整细腻,适用于热转印粉
SJ4816	17～22	≥62	4000～7000	200×10	96/4,低酸值,与 SJ4815 消光光泽低,涂层平整细腻,适用于热转印粉
SJ4855	29～35	≥60	3500～6000	200×10	93/7,耐高温,抗黄变,流平和力学性能好,耐候性优
SJ4866	29～35	≥67	5500～7500	200×10	93/7,高 T_g,高光泽,流平好,耐候性和贮存稳定性极佳
SJ4866DT	29～35	≥67	5500～7500	200×10	93/7,SJ4866 的摩擦枪用型
SJ4866-1	29～35	≥67	5500～7500	200×10	93/7,高 T_g,高光泽,流平好,耐候性和贮存稳定性极佳,反应活性高
SJ4866-2	29～35	≥67	5500～7500	200×10	93/7,高 T_g,高光泽,流平好,耐候性和贮存稳定性极佳,反应活性低
SJ4866-3	29～35	≥67	5500～7500	200×10	93/7,高 T_g,高光泽,流平好,耐候性佳,SJ4866 的极慢速固化型
SJ4866-3DT	29～35	≥67	5500～7500	200×10	93/7,SJ4866-3 的摩擦枪用型
SJ4867	29～35	≥67	5500～7500	200×10	93/7,高 T_g,流平好,力学性能优,低 VOC 型树脂
SJ4868	30～36	≥67	4000～6000	200×10	93/7,高 T_g,综合性能优,耐候性好
SJ4868DT	30～36	≥67	4000～6000	200×10	93/7,SJ4868 的摩擦枪用型
SJ4870	70～80	≥65	2000～5000	200×10	88/12,AB 干混消光高酸值组分,耐候性和耐化学性能优

表 4-157　浙江光华科技股份有限公司生产的 TGCI 固化用聚酯树脂型号和规格

型号	树脂/TGIC（质量比）	流平等级（PCI）	玻璃化转变温度/℃	酸值/(mg KOH/g)	黏度（200℃）/Pa·s	固化条件/℃×min	特点
标准耐候型树脂							
GH-2200	93/7	5～6	65	32～36	6000～8000	200×10	综合性能优，可用于铝型材
GH-2202	93/7	5～6	64	32～38	3500～5500	200×10	适合做转印粉，力学性能好
GH-2203	93/7	7	64	32～38	3000～4500	200×10	流平较好，适合做平光，兼顾力学性能
GH-2204①	93/7	6～7	68	30～36	4500～5500	190×10	力学性能优异，中速固化，综合性能优
GH-2205①	93/7	7～8	68	30～36	4500～5500	200×10	流平好，抗黄性好
GH-2206①②	93/7	7～8	67	30～36	4000～5500	200×10	高 T_g，可摩擦枪喷涂
GH-2207	93/7	5～6	63	27～32	5500～7500	200×10	适合做砂纹粉，经济型
GH-2208①	93/7	7	68	28～34	4500～5500	200×10	流平好，适合铝型材，抗黄变性好
GH-2211	93/7	6	70	30～38	5000～7500	190/10	耐候性好，流平和力学性能优异
GH-2212①	93/7	5～6	68	30～36	4500～5500	180×10	快速固化，力学性能优异
GH-2214①	93/7	6～7	63	30～36	3000～4500	180×10	卷材薄涂
GH-2215①	93/7	7～8	60	28～34	3500～4500	200×10	流平和耐候性优异，良好的力学性能
GH-2216	93/7	6	63	27～31	4500～6000	160×10	低温固化，可用于燃气炉且不起霜
GH-2280	93/7	6～7	65	39～45	2800～3500	200×10	转印专用树脂，高流平，高清晰度
低固化剂用量树脂							
GH-2221	94/6	6～7	63	28～33	4500～5500	200×10	经济型，流平好
GH-2222	94/6	6～7	63	28～33	4500～6000	200×10	综合性能优异，流平好，消光好
GH-2223	94/6	6～7	63	27～34	5500～8000	200×10	经济型，力学性能卓越，非常好的延时冲击
GH-2225	94/6	6～7	63	28～32	4500～5500	200×10	综合性能优，流平好
GH-2226	94/6	6～7	62	28～32	4500～5500	200×10	流平优异，力学性能好
超耐候树脂							
GH-5501	93/7	6	64	27～33	4500～6500	200×10	超级耐候，常规耐候的 3～5 倍
GH-5504	93/7	7～8	62	32～38	1500～2500	200×10	配合 GH-5505 生产的干混消光，单用流平非常好
GH-5505	90/10	6	64	49～54	4500～6500	200×10	配合 GH-5505 生产的干混消光；光泽度 40%～50%(60°)

续表

型号	树脂/TGIC（质量比）	流平等级（PCI）	玻璃化转变温度/℃	酸值/(mg KOH/g)	黏度（200℃）/Pa·s	固化条件/℃×min	特点
双组分干混消光树脂							
GH-4401	90/10	5	64	50～56	6300～7000	200×10	干混消光快组分；配合 GH-4402 光泽 22%～26%(60°)
GH-4402	95/5	7～8	65	18～24	6500～8000	200×10	干混消光慢组分；配合 GH-4401 光泽 22%～26%(60°)
GH-4403	90/10	5	68	48～54	3500～5000	200×10	干混消光快组分；配合 GH-4405 光泽 26%～30%(60°)
GH-4404	95/5	7～8	62	20～26	6500～9000	200×10	干混消光慢组分；配合 GH-4403 光泽 24%～30%(60°)
GH-4405	96/4	7～8	60	20～25	7500～9000	200×10	干混消光快组分；配合 GH-4403 光泽 26%～30%(60°)
GH-440	96/4	7～8	53	18～22	6800～9000	200×10	干混消光慢组分；配合 GH-4403 光泽 20%～25%(60°)
耐高温树脂							
GH-7701	93/7	4～5	75	30～36	10000～20000	200×10	最高可耐 300℃，高 T_g
GU-7702	93/7	6	70	30～38	5000～7500	200×10	最高可耐 270℃，高 T_g
催化剂母粒							
GH-7709		NA	59	30～50	2600～4000		含 5% 有效组分，用于 HAA 和 TGIC 体系，不黄变

① 耐烘烤 OB；

② 摩擦枪。

表 4-158 帝斯曼（中国）涂料树脂公司生产的 TGIC 固化用聚酯树脂型号和规格

型号	酸值/(mg KOH/g)	黏度(160℃)/Pa·s	T_g/℃	树脂/固化剂（质量比）	固化条件/℃×min	特点
TGIC 固化标准聚酯树脂						
P2400	32～38	55～95	68	93/7	180×20，200×10	标准的 TGIC 固化型树脂，兼顾流平性与反应性能
P3217	32～36	15～45	58	93/7	160×12，180×10，200×6	一般工业级，低温快速固化，良好的贮存稳定性
P3291	33～37	25～65	62	93/7	140×15	低温快速固化，一般工业级，无粉衣现象
P3400	32～38	55～95	68	93/7	200×15	慢速固化，非常好的流平性能
P4607	28～32	30～60	61	93/7	180×15，200×6	建材级耐热树脂，良好的抗黄变性能，良好的耐烘烤性能
P4612	32～36	20～60	64	93/7	200×10	高 T_g，一般工业级，经济型
P5200	32～38	35～55	64	93/7	180×15，200×10	良好的耐候性及流平性能
P5201	32～38	35～55	64	93/7	180×15，200×10	良好的耐候性及流平性能，可用摩擦枪施工
P5240	32～38	35～55	64	93/7	200×10	良好的耐候性及流平性能
P5241	32～38	35～55	64	93/7	200×10	良好的耐候性及流平性能，可用摩擦枪施工
P5300	32～38	35～55	64	93/7	200×15	优异的流平性能，良好的耐候性能
P5301	32～38	35～55	64	93/7	200×15	优异的流平性能，良好的耐候性能，可用摩擦枪施工

续表

型号	酸值/(mg KOH/g)	黏度(160℃)/Pa·s	T_g/℃	树脂/固化剂(质量比)	固化条件/℃×min	特点
TGIC 固化标准聚酯树脂						
P5900	32～38	25～53	58	93/7	180×25,200×12	优异的流平性能
P6310	32～36	20～60	64	93/7	200×10	流平性优异,抗冲击性能优异的建材级树脂
P6401	32～38	26～46	58	93/7	180×20,200×10	良好的流平性能,可用摩擦枪施工,良好的柔韧性能
P6701	32～38	26～46	58	93/7	160×15,200×6	低温快速固化,可用摩擦枪施工
TGIC 固化低酸值聚酯树脂						
P4600	28～32	30～60	61	94/6	180×15,200×10	良好的流平性,良好的柔韧性能
P4800	24～28	45～80	65	95/5	180×15,200×10	良好的力学性能
P4900	28～32	40～70	61	94/6	180×15,200×10	良好的力学性能,良好的柔韧性能
P4901	28～32	40～70	61	94/6	180×15,200×10	良好的流平,可用摩擦枪施工
P4908	40～44	10～40	64	94/6	200×12	用于一般工业领域的热转印,良好的撕纸性能
P6410	28～32	35～75	62	94/6	200×15	良好的耐候性及流平性能
TGIC 固化高酸值聚酯树脂						
P2240	51～56	75～115	70	90/10	180×10,200×8	高 T_g,良好的贮存稳定性,良好的耐候性,良好的力学性能,可用 TGIC 及 HAA 固化
P2244	48～53	72～122	70	90/10	180×10,200×8	高 T_g,良好的贮存稳定性,良好的力学性能,可用 TGIC 及 HAA 固化
TGIC 固化超耐候聚酯树脂						
P6600	30～36	25～65	58	93/7	200×15	超级耐候性(屏东产)
P6620	30～36	20～40	62	93/7	200×15	超级耐候树脂,流平性优异,力学性能好(屏东产)
P6625	30～36	20～40	62	93/7	200×15	P6620 的摩擦枪版本(屏东产)

表 4-159 湛新树脂（中国）有限公司生产的 TGIC 固化用聚酯树脂型号和规格

产品名	固化温度(10min)/℃	玻璃化转变温度/℃	酸值/(mg KOH/g)	黏度/mPa·s	聚酯/TGIC(质量比)	特点
标准耐候型聚酯树脂						
CRYLCOAT 2411-2	200	63	32	5250	93/7	改善了力学性能和化学性能的耐老化树脂,同时具有好的流平性
CRYLCOAT 2415-2	200	69	50	6000	90/10	与 CRYLCOAT 2452-2 搭配干混消光
CRYLCOAT 2421-5	180	63	33	5200	93/7	适用于卷材
CRYLCOAT 2425-0	190	71	34	6250	93/7	具有很好的综合性能的高 T_g 树脂
CRYLCOAT 2430-0	200	69	30	9850	93/7	高 T_g 树脂
CRYLCOAT 2431-0	200	68	50	4500	90/10	与 CRYLCOAT 2452-2 搭配干混消光
CRYLCOAT 2437-2	200	62	33	3900	93/7	超好的流平性,优异的耐候性并耐燃气炉
CRYLCOAT 2440-2	190	67	33	5050	93/7	与 CRYLCOAT 2441-2 稍快速固化版本
CRYLCOAT 2441-2	200	67	33	5050	93/7	通用树脂,高 T_g 和极好的综合性能
CRYLCOAT 2441-3	200	67	33	4600	93/7	通用树脂,高 T_g,CRYLCOAT 2441-2 的摩擦枪版本

续表

产品名	固化温度(10min)/℃	玻璃化转变温度/℃	酸值/(mg KOH/g)	黏度/mPa·s	聚酯/TGIC(质量比)	特点
CRYLCOAT 2450-2	180	67	33	5050	93/7	通用树脂，高 T_g，CRYLCOAT 2441-2 的快速固化版本
CRYLCOAT 2451-6	150	53	40	1800	93/7	低温固化，与 92/8 的配比时可以在 120℃×15min 完全固化
CRYLCOAT 2452-2	200	60	22	8000	96/4	与 CRYLCOAT 2431-0 搭配干混消光；与 CRYLCOAT 2415-2 搭配干混消光
CRYLCOAT 2453-2	200	63	35	5300	93/7	出色的耐候性和耐水煮性能
CRYLCOAT 2471-4	180	58	33	3500	93/7	流平优异
CRYLCOAT 2472-4	180	63	33	4500	93/7	CRYLCOAT 2471-4 的高 T_g 版本，改善了贮存稳定性
CRYLCOAT 2473-4	170	63	33	3250	93/7	低温固化，优化了流平和透明性
CRYLCOAT 2490-2	200	69	47	4850	90/10	用于干混消光体系
CRYLCOAT 2491-2	200	62	22	7600	96/4	低 TGIC/HAA(96.5/3.5)用量，干混消光体系中的慢速反应组分
CRYLCOAT 2499-6	160	64	30	4750	93/7	经过改善流平、贮存稳定性和起霜的低温固化树脂
CRYLCOAT E04431	140	59	30	4000	93/7	一般工业用低温固化树脂
CRYLCOAT E04496	200	60	43	3100	92/8	适用于热转印，易撕纸
CRYLCOAT E04567	180	59	34	3100	93/7	高反应活性，柔韧性好，适用于卷材
超耐候聚酯树脂						
CRYLCOAT 4420-0	200	64	52	5550	90/10	与 CRYLCOAT 4430-0 搭配干混消光中快速反应组分
CRYLCOAT 4430-0	200	62	35	2000	93/7	极好的流平，也可用于与 CRYLCOAT 4420-0 搭配干混合消光
CRYLCOAT 4432-4	200	62	35	2350	93/7	具有极好的流平和透明度的超耐候树脂
CRYLCOAT 4488-0	200	64	30	5450	93/7	极好的耐候性，通过 10 年佛罗里达曝晒测试
CRYLCOAT 4442-0	160	59	31	1700	93/7	低温固化 TGIC 超耐候树脂，流平好
CRYLCOATE 04482	200	62	32	2560	93/7	TGIC 固化超耐候树脂，提高了柔韧性

注：0—标准；1—摩擦；2—耐烘烤；3—摩擦枪＋耐烘烤；4—透明粉；5—特殊用途；6—低温固化。

表 4-160 新中法高分子材料股份有限公司生产的 TGIC 固化用聚酯树脂型号和规格

型号	酸值/(mg KOH/g)	聚酯/TGIC(质量比)	玻璃化转变温度/℃	黏度(175℃)/mPa·s	固化条件/℃×min	特点
标准耐候型 TGIC 固化聚酯						
P9106TG	30～36	93/7	约 65	13000～17000	200×10	高 T_g，力学性能优异，可做花纹粉
P9240TG	40～46	92/8	约 64	11000～15000	200×10	转印用
P9300TG	26～34	94/6	约 67	11000～16000(200℃)	200/10	最高耐温 270℃
P9318TG	32～37	93/7	约 67	19000～24000	200×10	高 T_g，高流平
P9319TG	30～36	93/7	约 67	18000～24000	190×10	高 T_g，力学性能优异，快速固化
P9325TG	30～36	93/7	约 60	9000～14000	160×15	低温固化，综合性能优
P9330HTG	32～38	93/7	约 59	12000～16000	200×10	优异的折弯性能
P9333TG	32～38	93/7	约 64	16000～20000	200×10	摩擦枪喷涂，带电加强型

续表

型号	酸值/(mg KOH/g)	聚酯/TGIC(质量比)	玻璃化转变温度/℃	黏度(175℃)/mPa·s	固化条件/℃×min	特点
标准耐候型 TGIC 固化聚酯						
P9335TG	32～38	93/7	约 63	16000～20000	200×10,180×15	高光泽,摩擦枪喷涂
P9335ATG	32～38	93/7	约 64	16000～20000	200×10,180×15	高光泽,综合性能优异
P9335HTG	32～38	93/7	约 62	16000～19000	200×10	抗折弯,高光泽,力学性能优异
P9335FTG	32～38	93/7	约 64	16000～19000	200×10	耐燃气炉,高光泽,力学性能优异
P9336TG	32～38	93/7	约 63	12000～16000	200×10	高光泽,高流平,通用型
P9336FTG	32～38	93/7	约 63	12000～16000	200×10	耐燃气炉,高光泽,高流平,通用型
P9338TG	30～36	93/7	约 62	12500～16000	200×10	高流平,力学性能优异
P9431TG	27～33	94/6	约 62	17000～22000	200×10	低 TGIC 用量,易消光
P9432TG	27～33	94/6	约 62	13000～18000	200×10	低 TGIC 用量,流平好
一般耐候型 TGIC 固化聚酯						
P9000TG	27～32	94/6	约 63	130～180	200×10	经济型,砂纹粉用
P9310TG	29～35	93/7	约 65	16000～21000	200×10	一般耐候聚酯树脂,经济型
超耐候 TGIC 固化聚酯						
P9990TG	30～36	93/7	约 60	17000～22000	200×15	超级耐候聚酯树脂,极好的耐候性
双组分干混消光 TGIC 固化聚酯						
P9050TG	48～55	90/10	约 65	24000～20000	200×10	高酸值,力学性能优异,干混消光快组分
P9055TG	48～55	90/10	约 68	6000～9000	200×10	高酸值,力学性能优异,干混消光快组分,与 P9630TG 干混消光
P9620TG	20～25	96/4	约 59	18000～21000	200×10	优异的耐候性,与 P9050TG 干混消光至 15%～30%
P9621TG	20～25	96/4	约 59	18000～21000	200×10	优异的耐候性,干混消光慢组分,与 P9055TG 干混消光至 10%～25%
P9630TG	20～25	96/4	约 65	24000～29000	200×10	低酸值,干混合消光慢组分,与 P9055TG 干混消光至 10%～25%

表 4-161　广州擎天材料科技有限公司生产的 TGIC 固化用聚酯树脂型号和规格

型号	聚酯/TGIC(质量比)	固化条件/℃×min	酸值/(mg KOH/g)	黏度(200℃)/mPa·s	T_g/℃	反应性/s	性能特点
NH-3305	93/7	200×10	31～35	4600～6200	65	160～280	通用型树脂,性价比高
NH-3306	93/7	200×10	31～36	8200～9800	69	140～200	贮存稳定性优,耐热抗黄变性好,适用于砂纹、皱纹粉末涂料
NH-3307	93/7	200×10	30～35	4000～6000	67	200～260	通用型聚酯树脂,高 T_g,优异的流平性和优良的耐候性
NH-3308	93/7	200×10	30～36	4500～6000	65	200～300	TGIC 消光通用型产品,耐候性与力学性能较好
NH-3309	93/7	200×15	30～35	2900～4100	60	300～400	极佳的流平性
NH-3309C	93/7	200×15	29～35	3500～4200	60	380～450	极佳的流平性,加强的耐候性
NH-3405	94/6	200×10	28～32	4500～6500	65	100～180	低固化剂用量树脂,优异的耐候性和力学性能

续表

型号	聚酯/TGIC(质量比)	固化条件/℃×min	酸值/(mg KOH/g)	黏度(200℃)/mPa·s	T_g/℃	反应性/s	性能特点
NH-3383	93/7	180×12	30～35	4000～6000	67	100～160	快速固化型,优良的耐候性
NH-3385	93/7	200×10	30～35	5500～7500	63	150～210	适用于一般工业产品,尤其砂纹粉末涂料,良好的力学性能
NH-3387	93/7	200×10	30～35	4000～6000	63	220～280	适用于一般工业产品,良好的流平性和力学性能
NH-3395	93/7	190×10	30～35	4500～5500	67	120～180	适中的固化速率,良好的耐候性和贮存稳定性
NH-3343	93/7	140×15	30～36	4700～6300	61	40～100	可实现140℃低温固化,良好的力学性能
NH-3345	93/7	140×15	30～35	5500～7500	60	20～80	可实现140℃低温固化,同时兼备抗起霜功能
NH-3362	93/7	160×15	31～36	3700～5300	62	40～100	低温固化型,优良的抗起霜和耐候性能,适用于工程机械领域
NH-3363	93/7	160×10	31～36	3700～5300	60	40～100	160℃低温固化通用型,较好的流平效果,耐候性和力学性能
NH-3295	92/8	200×10	40～45	3100～4100	64	140～260	木纹转印粉末涂料通用型树脂,优异的流平性和优良的耐候性
NH-3295H	92/8	200×10	41～45	4400～5600	69	160～280	适用于高清木纹转印粉末涂料,较高的 T_g,兼顾耐候性、流平和优异的贮存稳定性
NH-3005	90/10	200×10	50～55	1600～2400	64	160～280	适用于高清木纹转印粉末涂料,易撕纸,极佳的流平性,良好的力学性能
TGIC固化干混消光型聚酯树脂							
NH-8001	90/10	200×10	48～52	2700～4300	62	50～110	与NH-8505搭配制备消光粉末涂料,良好的流平性和耐候性,卓越的力学性能
NH-8081	90/10	200×10	49～55	7000～9500	67	50～100	户外消光高酸值组分 ,可与NH-8505、NH-8506、NH-8586及NH-8588搭配消光
NH-8003	90/10	200×10	48～54	4000～6000	68	60～120	与NH-8506搭配制备消光粉末涂料,应用于热转印领域,拥有良好的耐候性和流平性,卓越的力学性能
NH-8588	95/5	200×10	19～24	6000～9000	64	430～580	与NH-8081搭配制备消光粉末涂料,良好的耐候性和杰出的抗黄变性
NH-8505	95/5	200×10	19～24	5000～7500	62	280～520	与NH-8001搭配制备消光粉末涂料,良好的耐候性和流平性,卓越的力学性能
NH-8506	95/5	200×10	22～25	7600～8600	58	150～270	与NH-8081搭配制备消光粉末涂料,拥有良好的耐候性和流平性,卓越的力学性能和优异的耐沸水性
NH-8586	95/5	200×10	21～25	6500～7300(220℃)	69	120～220	与NH-8081搭配制备消光粉末涂料,良好的耐候性和优异的耐沸水性
NH-8606	96/4	200×10	20～25	8000～10000	60	280～400	与NH-8003搭配制备消光粉末涂料,应用于热转印领域,具有良好的耐候性和流平性,卓越的力学性能

续表

型号	聚酯/TGIC(质量比)	固化条件/℃×min	酸值/(mg KOH/g)	黏度(200℃)/mPa·s	T_g/℃	反应性/s	性能特点
TGIC 固化(半)超耐候聚酯树脂							
NH-5001	90/10	200×10	46～54	4300～5900	65	25～75	与 NH-5508 搭配制备户外半光粉末涂料,拥有卓越的耐候性和流平性
NH-5307	93/7	200×15	30～36	3500～6500	65	120～240	卓越的耐候性,优异的抗黄变性、耐水煮性能
NH-5508	95/5	200×10	19～25	6400～8000	63	300～540	与 NH-5001 搭配制备户外半光粉末涂料,拥有卓越的耐候性和流平性
NH-9001	90/10	200×10	46～54	4300～5900	65	25～75	与 NH-9508 搭配制备超耐候消光粉末涂料,拥有极佳的耐候性,杰出的抗黄变性,也可用于 HAA 固化
NH-9205	92/8	200×10	40～45	3000～4000	63	140～260	主要用于聚酯/TGIC=92/8 粉末涂料体系,尤其适用于超耐候木纹转印粉末涂料
NH-9362	93/7	160×15	30～36	4000～6000	60	40～120	超耐候低温固化聚酯,优异的耐候性、抗黄变性和耐水煮性
NH-9307	93/7	200×10	30～36	3500～6500	65	90～170	超耐候树脂,优异的耐候性、抗黄变性和耐水煮性
NH-9306	93/7	200×15	30～36	4000～6000	62	120～240	超耐候树脂,力学性能较 NH-9307 好
NH-9508	95/5	200×10	19～25	4500～5500	63	270～390	与 NH-9001 搭配制备超耐候消光粉末涂料,拥有极佳的耐候性,杰出的抗黄变性,也可用于 HAA 固化
TGIC 固化功能型聚酯树脂							
NH-8302	93/7	200×10	30～36	12000～16000	70	70～140	耐高温抗起霜聚酯树脂,优异的耐热性兼顾极佳的抗起霜性能,优良的耐候性
NH-8303	93/7	200×10	29～35	15000～22000	75	60～120	耐高温聚酯树脂,良好的力学性能和耐候性能,优异的耐高温烘烤性能,可耐 300℃烘烤
NH-8305	93/7	200×10	30～36	4500～7500	60	90～170	高韧性聚酯树脂,固化速度快,固化后涂层具有优良的耐折弯和抗冲击性能
NH-8306	93/7	200×10	30～36	6000～8000	67	180～250	耐水煮聚酯树脂,耐水煮性能优异,深色涂层水煮后色差较小,耐候性佳
NH-8307	93/7	200×10	30～36	5500～6500	68	200～300	耐高温聚酯树脂,优异的耐热性兼顾良好的力学性能和外观流平,砂纹效果好,适用于一般工业应用
NH-8309	93/7	200×15	30～36	4000～6000	64	390～510	高流平聚酯树脂,流平性能极佳,耐候性能优秀,适用于制备透明涂层
T13906	93/7	200×15	30～35	2500～4500	63	260～380	双官能团饱和聚酯树脂,羟值为 15～30mg KOH/g,极佳的流平性,优异的消光性能
T13905	93/7	200×15	30～35	3000～4000	63	220～320	双官能团饱和聚酯树脂,羟值为 15～25mg KOH/g,极佳的流平性,用于木纹转印粉末涂料,转印纹路清晰
SCT1307	93/7		30～36	<2000(130℃)			半结晶聚酯树脂,与无定形聚酯树脂搭配使用,将显著改善涂层的流平性和力学性能,不建议单独使用

表 4-162　浙江传化天松新材料有限公司生产的 TGIC 固化用聚酯树脂型号和规格

型号	酸值/(mg KOH/g)	软化点(环球法)/℃	玻璃化转变温度/℃	黏度(200℃)/Pa·s	固化条件/℃×min	特点
CE2077	30.0～36.0	110.0～120.0	62.0～66.0	3000～6000	200×15	聚酯/TGIC＝93/7，高光泽，高流平，优异的耐候性，适用于平面高光、高流平粉末涂料
CE2098	32.0～38.0	110.0～120.0	62.0～66.0	4000～7000	200×10	聚酯/TGIC＝93/7，通用型，良好的流平性和耐候性，综合性能好
CE2088	30.0～36.0	110.0～120.0	65.0～69.0	4000～7000	200×15	聚酯/TGIC＝93/7，优异的流平性和良好的耐候性，综合性能好，适用于平面高光、高流平粉末涂料
CE2099	32.0～38.0	110.0～120.0	63.0～67.0	4000～7000	200×10	聚酯/TGIC＝93/7，优异的耐候性，综合性能好，适用于高光、砂纹、转印粉末涂料
CE2079	40.0～46.0	110.0～120.0	62.0～66.0	3000～5000	200×15	聚酯/TGIC＝92/8，优良的流平性和耐候性，适用于平面高光、高流平转印粉末涂料
CE2999	30.0～34.0	115.0～125.0	64.0～68.0	4500～6500	200×15	聚酯/TGIC＝93/7，超级耐候，优良的流平性，优异的耐水煮性，适用于平面高光和美术型超高耐候性粉末涂料
CE2308	30.0～36.0	105.0～115.0	60.0～64.0	6000～9000	200×10	聚酯/TGIC＝93/7，杰出的柔韧性，适用于橘纹和砂纹粉末涂料，不适用于平面户外粉末涂料
CE2309	40.0～46.0	105.0～115.0	60.0～64.0	3000～5000	200×15	聚酯/TGIC＝92/8，杰出的柔韧性，适用于平面高光和转印粉末涂料
CE2509	48.0～54.0	105.0～115.0	60.0～64.0	2500～4500	200×10	聚酯/TGIC＝90/10，优良的流平性和耐候性，优异的力学性能，适用于平面高光、高流平转印粉末涂料
CE2033	28.0～34.0	110.0～120.0	62.0～66.0	4000～6000	200×15	聚酯/TGIC＝93/7，经济通用型树脂，良好的综合性能
CE2035	30.0～36.0	110.0～120.0	62.0～66.0	4000～7000	200×10	聚酯/TGIC＝93/7，经济型树脂，优异的耐水煮性和力学性能，适用于砂纹粉末涂料
CE2950	30.0～36.0	115.0～125.0	66.0～70.0	4000～7000	200×10	聚酯/TGIC＝93/7，高耐候性，优异的耐候性和耐水煮性，适用于砂纹粉末涂料
CE2980	30.0～36.0	110.0～120.0	64.0～68.0	3000～6000	200×15	聚酯/TGIC＝93/7，高耐候性，优异的耐水煮性，适用于平面高光、高流平粉末涂料
CE2066	30.0～36.0	105.0～115.0	62.0～66.0	2000～4000	160×15	聚酯/TGIC＝93/7，低温快速固化，良好的综合性能，适用于低温快速固化粉末涂料

表 4-163　烟台枫林新材料有限公司生产的 TGIC 固化用聚酯树脂型号和规格

型号	树脂/TGIC(质量比)	固化条件/℃×min	玻璃化转变温度/℃	酸值/(mg KOH/g)	黏度(200℃)/mPa·s	特点
一般工业用树脂						
FL-2005	93/7	200×10	67	29～35	4800～5800	力学性能优异,贮存稳定性好,适用于一般工业
FL-2006	93/7	200×10	65	29～35	4500～5100	非常好的流平和外观,贮存稳定性好,适用于一般工业
标准耐候树脂						
FL-2000	93/7	200×10	68	32～38	3800～5200	高 T_g,优异的流平性
FL-2007	93/7	160×15	60	32～38	3500～5000	低温固化,通用型
FL-2009	93/7	180×15	63	30～36	15000～19000	耐候性优异,较快的固化速率,性能均衡
FL-2011	93/7	200×10	67	30～36	4400～5700	通用型树脂,高 T_g 和非常好的综合性能
FL-2012A	93/7	200×10	65	30～36	4200～5400	FL2011 的摩擦枪版本
FL-2100	93/7	200×10	64	32～38	4000～5000	通用型,优异的流平性和力学性能
FL-2016-1	92/8	200×10	63	40～45	2500～3800	卓越的流平性能,饱和度高,耐候好,适合高清木纹转印
FL-2316	90/10	200×10	65	49～55	2500～3800	木纹转印用树脂,改善了贮存稳定性和撕纸效果
FL-2013	93/7	200×10	67	30～36	4400～5700	FL2011 的快速版本,力学性能好
FL-2014	93/7	200×10	69	32～38	6500～8500	卓越的耐候性能和水煮性能,可用于砂纹粉和深色粉
FL-2018	93/7	200×10	61	30～36	2800～5000	较慢的固化速率,极好的流平,可用于砂纹粉
FL-2019	93/7	200×10	68	30～36	7000～9000	砂纹粉用树脂
FL-2020	93/7	200×10	61	30～36	6500～8500	韧性好,耐水煮,可用于砂纹粉
FL-2023	93/7	200×10	68	32～38	4500～6500	卓越的耐候性能,良好的流平和耐水煮性能,可用于平面和砂纹粉
FL-2031	96/4	200×10	61	19～24	7600～9200	干混消光慢组分,与 FL2033 搭配干混消光
FL-2032	96/4	200×10	58	20～25	7500～9500	干混消光慢组分,与 FL2033 搭配干混消光
FL-2033	90/10	200×10	67	47～53	3500～5500	干混消光快组分,与 FL2031 或 FL2032 搭配干混消光
FL-2235	95/5	200×10	62	19～25	6000～8000	干混消光慢组分,适用于与 FL2237 搭配制备双组分干混消光粉末涂料,可用于转印粉
FL-2237	90/10	200×10	70	49～54	6000～8000	干混消光快组分,优异的耐候性,极佳的贮存稳定性,与 FL2235 搭配制备双组分干混消光粉末,可用于转印粉
FL-2521	93/7	200×10	70	30～36	6500～8500	耐高温树脂,有良好的抗起霜性能,力学性能优异和贮存稳定性好
超耐候树脂						
FL-2041	93/7	200×10	64	27～33	4400～6500	超耐候粉末涂料用树脂,通用型
FL-2044	96/4	200×15	65	19～25	4300～5300	超耐候干混消光低酸值组分
FL-2047	90/10	200×15	65	45～54	4500～5500	超耐候干混消光高酸值组分

2. 羟烷基酰胺（HAA）固化剂固化用聚酯树脂

用于合成羟烷基酰胺（HAA）固化剂固化聚酯树脂的多元醇、多元羧酸和多元酸酐的种类，合成工艺跟 TGIC 固化聚酯树脂也差不多，但是由于聚酯树脂的酸值和玻璃化转变温度不同，树脂的活性不同，因此所采用的部分原材料和促进剂等有一定的差别。李勇等人对羟烷基酰胺低温固化粉末涂料用聚酯树脂的研究表明，随着 2-甲基-1,3 丙二醇用量的增加，树脂的玻璃化转变温度呈下降趋势，2-甲基-1,3 丙二醇用量每增加 10%，树脂的玻璃化转变温度大约下降 2.5℃。使用 2-甲基-1,3 丙二醇合成的聚酯树脂制备的粉末涂料的涂膜外观、光泽、耐膜厚针孔性能都较好，耐冲击性能优异。随着 1,4-环己烷二甲酸含量的增加，树脂的玻璃化转变温度也呈下降趋势，但是 1,4-环己烷二甲酸对树脂的玻璃化转变温度影响不大，完全用间苯二甲酸和完全用 1,4-环己烷二甲酸合成的树脂玻璃化转变温度相差 2℃。在树脂合成配方中添加了 1,4-环己烷二甲酸后改善了分子链的柔韧性，提高了树脂的反应活性，明显缩短了胶化时间，涂膜的流平性好，力学性能优异，达到了由原来 180℃固化，降低温度至 160℃×15min 低温固化的目的。

马志平等研究了聚酯配方中的异丙醇（IPA）用量、二元醇以及酸解剂对涂层性能的影响，并在聚酯中加入特殊搭配的光稳定剂，合成了适用于制备 HAA 体系低温固化干混消光粉末涂料的聚酯树脂。由该聚酯树脂制备的粉末涂料在 160℃固化形成的涂层具有良好的消光性能和耐候性能。这种低温固化干混消光聚酯树脂和粉末涂料配方见表 4-164，粉末涂料涂膜性能见表 4-165。

表 4-164　低温固化干混消光聚酯树脂和粉末涂料配方

聚酯树脂配方	低酸值聚酯树脂/g	高酸值聚酯树脂/g
原料		
NPG(新戊二醇)	280	250
TMP(三羟甲基丙烷)	6	13
二元醇	40～80	40～80
PTA(对苯二甲酸)	430	490
IPA	80	100
酸解剂	30～60	50～80
单丁基氧化锡	12	12
聚酯树脂技术指标		
聚酯树脂酸值/(mg KOH/g)	23～27	55～57
粉末涂料配方	低酸值粉末涂料/g	高酸值粉末涂料/g
原料		
低酸值聚酯树脂	300	
高酸值聚酯树脂		300
T-105	12.5	22.6
流平剂	3.6	3.6
安息香	1.8	1.8
钛白粉	83	83
硫酸钡	143	143

表 4-165　粉末涂料和涂膜性能

项目	新合成制备聚酯树脂配制干混消光粉末涂料	常规法制备聚酯树脂配制干混消光粉末涂料
固化条件/℃×min	160×15	180×15
涂膜外观	平整细腻	平整细腻
60°光泽/%	28.5	29.0
冲击强度/kg·cm	正冲 50,反冲 40	正冲 50,反冲 40
涂膜出现针孔厚度/μm	＞130	＞130
铅笔硬度	H	H
附着力/级	0	0
耐盐雾性能(500h)	通过	通过
保光率(UVA 1000h)/%	83	76

在聚酯树脂合成过程中，不同二元羧酸对低酸值聚酯树脂和涂膜性能的影响见表 4-166。

表 4-166　不同二元羧酸对低酸值聚酯树脂和涂膜性能的影响

项目	NPG	BEPD(乙基丁基丙二醇)	HBPA(氢化双酚 A)	CHDM(1,4-环己烷二甲醇)	MPO(2-甲基-1,3-丙二醇)
酸值/(mg KOH/g)	26.0	26.3	26.0	25.5	26.2
熔融黏度(200℃)/mPa·s	3600	3400	3450	3750	3500
聚酯树脂 T_g/℃	54.0	53.0	56.0	55.0	53.5
60°消光光泽/%	29.0	33.5	28.4	32.0	29.2
冲击强度/kg·cm	+50/−40	+50/−20	+50/−40	+50/−40	+50/−40
耐水斑测试 ΔL	1.20	1.38	0.89	0.92	1.10

表 4-166 的结果说明，HBPA、CHDM 合成的聚酯树脂具有更高的玻璃化转变温度，因为这两种单体结构中都含有饱和的六元环，提高了分子结构的刚性。

在聚酯树脂合成过程中，酸解剂对低酸值聚酯树脂和涂膜性能的影响见表 4-167。

表 4-167　酸解剂对低酸值聚酯树脂和涂膜性能的影响

项目	IPA	ADA(偶氮甲酰胺)	TMA(三甲基铝)	PMDA(均苯四甲酸二酐)
酸值/(mg KOH)/g	26.0	26.3	26.3	26.5
熔融黏度(200℃)/mPa·s	3420	3320	3500	3560
聚酯树脂 T_g/℃	55.2	54.1	56.0	56.1
60°消光光泽/%	28.0	25.9	29.1	28.3
冲击强度/kg·cm	+50/−20	+40/−20	+50/−30	+50/−40

表 4-167 的数据说明，PMDA 作为酸解剂制备的聚酯树脂的冲击强度最好，消光效果也可以；用 ADA 作为酸解剂的消光光泽最低，但是冲击强度最差。

由安徽神剑新材料股份有限公司生产的 HAA 固化用聚酯树脂型号和规格见表 4-168；由浙江光华科技股份有限公司生产的 HAA 固化用聚酯树脂型号和规格见表 4-169；由帝斯曼（中国）涂料树脂公司生产的 HAA 固化用聚酯树脂的型号和规格见表 4-170；由湛新树脂（中国）有限公司生产的 HAA 固化用聚酯树脂的型号和规格见表 4-171；由浙江传化天松新材料有限公司生产的 HAA 固化用聚酯树脂型号和规格见表 4-172；由新中法高分子材料股份有限公司生产的 HAA 固化用聚酯树脂型号和规格见表 4-173；由广州擎天材料科技有限公司生产的 HAA 固化用聚酯树脂型号和规格见表 4-174；烟台枫林新材料有限公司生产的 HAA

固化用聚酯树脂型号和规格见表 4-175。

表 4-168 安徽神剑新材料股份有限公司生产的 HAA 固化用聚酯树脂型号和规格

型号	酸值/(mg KOH/g)	玻璃化转变温度/℃	黏度(200℃)/mPa·s	固化条件/℃×min	特点
SJ4B	28～32	≥61	4000～6000	180×10	聚酯/HAA(质量比,余同)95/5,通用型树脂,流平和力学性能好
SJ4B-2	20～24	≥62	5000～7000	180×(10～15)	96/4,流平好,力学性能好,经济型树脂
SJ4B-6	28～32	≥61	4000～6000	180×10	95/5,SJ4B 的不含有机锡型
SJ4D	28～32	≥59	7500～9500	180×10	95/5,抗黄变,不流挂,尤其适合流水线喷涂
SJ5100	28～32	≥59	3500～5500	180×10	95/5,流平好,光泽高,耐水煮和耐候性能优
SJ5101	23～27	≥57	4500～6500	180×10	95/5,流平好,厚涂性优异,耐候性好,综合性能优良
SJ5122	28～32	≥57	3000～5000	180×10	95/5,流平好,耐候性优
SJ5122DT	28～32	≥57	3000～5000	180×10	95/5,SJ5122 的摩擦枪用型
SJ5587	30～35	≥63	5000～7000	160×(10～15)	95/5,低温固化,超耐候树脂,耐燃气炉性能优异
SJ5588	28～32	≥60	6000～8000	180×15	95/5,超耐候树脂
SJ5700	28～33	≥55	3000～6000	160×15	95/5,低温固化树脂,力学性能和耐候性良好
SJ5701	29～35	≥52	3500～5500	155×15	95/5,低温固化树脂,力学性能和耐候性优异
SJ5800	19～24	≥55	5500～7500	180×10	96.5/3.5,低固化剂用量,力学性能和耐候性良好
SJ5800DT	19～24	≥55	5500～7500	180×10	96.5/3.5,SJ5800 的摩擦枪用型
SJ5801	48～55	≥57	3000～6000	200×10	93/7,高硬度,力学性能优异,与 SJ5802 干混消光
SJ5802	16～24	≥59	5500～8500	200×10	97/3,流平好,力学性能优异,与 SJ5801 干混消光
SJ5807-4	46～52	≥57	3500～5500	180×10	93/7,高硬度,力学性能好,抗老化性能优,与 SJ5808-4 干混消光
SJ5808-4	18～22	≥53	5500～7500	180×15	97/3,流平好,力学性能好,抗老化性能优,与 SJ5807-4 干混消光
SJ5811	19～24	≥61	5500～8500	200×10,180×15	96.5/3.5,低固化剂用量,高 T_g,慢速固化型,力学性能和耐候性良好,也可用于与 SJ5866 干混消光中的低酸值组分
SJ5866	70～80	≥62	4000～7000	180×15	90/10,高酸值树脂,高 T_g,与 SJ5811 干混消光
SJ5866DT	70～80	≥62	4000～7000	180×15	90/10,高酸值树脂,高 T_g,与 SJ5811 干混消光,SJ5866 的摩擦枪用型

表 4-169 浙江光华科技股份有限公司生产的 HAA 固化用聚酯树脂型号和规格

型号	聚酯/HAA(质量比)	固化条件/℃×min	酸值/(mg KOH/g)	黏度(200℃)/mPa·s	T_g/℃	流平等级(PCI)	性能特点
标准耐候型树脂							
GH-3320	95/5	180×10	28～32	3500～5500	64	6	优异的力学性能和上佳的耐候性
GH-3322[①②]	95/5	180×10	30～35	2800～4000	61	6～7	极好的耐候性,适合建筑铝型材,可用于摩擦枪,适合燃气炉

续表

型号	聚酯/HAA（质量比）	固化条件/℃×min	酸值/(mg KOH/g)	黏度(200℃)/mPa·s	T_g/℃	流平等级(PCI)	性能特点
标准耐候型树脂							
GH-3325[①]	95/5	180×10	30～36	2800～4100	62	7～8	流平好，耐燃气炉，不起霜，厚涂不起针孔
GH-3326	95/5	180×10	28～34	3000～5000	61	7	良好的流平性和耐候性能，非常好的力学性能，高性价比，一般工业用途
低固化剂用量树脂							
GH-3301	96.5/3.5	200×10	19～24	6500～8500	62	6	低固化剂含量
超耐候树脂							
GH-5503		180×10	32～38	1500～2300	62	6～7	超级耐候，流平好
双组分干混消光树脂							
GH-4406	97/3	180×10	19～23	6500～7500	61	6～7	配快组分 GH-4407 生产干混消光；60°光泽 30%～35%，建材级耐候
GH-4407	97/3	180×10	45～51	4500～5500	58	6～7	配慢组分 GH-4406 生产干混消光；60°光泽度 30%～35%，建材级耐候

① 耐烘烤 OB。

② 摩擦枪。

表 4-170　帝斯曼（中国）涂料树脂公司生产的 HAA 固化用聚酯树脂型号和规格

型号	酸值/(mg KOH/g)	黏度(160℃)/Pa·s	T_g/℃	树脂/HAA（质量比）	固化条件/℃×min	特点
HAA 固化标准聚酯树脂						
P836	18～22	40～80	60	96.5/3.5	180×12	低 HAA 用量树脂，用于一般工业领域
P8390	21～25	40～80	60	96.5/3.5	180×10	杰出的抗黄变性，良好的流平及抗针孔性能，良好的抗结块性能
P835	20～24	40～80	57	96.5/3.5	180×10，200×6	低 HAA 用量树脂，可用摩擦枪施工
P838	24～26	26～48	56	96.4/3.6	170×15，180×10	良好的柔韧性及耐候性，低 HAA 用量树脂，可用摩擦枪施工
P847	26～30	24～44	54	96/4	180×10	快速固化，用于一般工业领域
P855	33～37	26～46	58	95/5	180×10，200×6	标准树脂，可用摩擦枪施工
P865	33～37	12～32	56	95/5	170×15，180×10，200/6	快速固化，良好的柔韧性及耐候性，可用摩擦枪施工
P870	50～53	30～55	59	93/7	150×25，160×10	良好的柔韧性及耐候性，可用摩擦枪施工，可以和 P835 配制低光粉末涂料
P3210	26～30	24～44	54	96/4	180×10	快速固化，用于一般工业领域
P3220	49.5～51.5	12～32	55	93/7	180×6，155×15	快速固化，用于一般工业领域
HAA 固化超耐候聚酯树脂						
P883	18～22	27～57	59	97/3	200×10，180×15	超级耐候性能，适合于干混消光
P6800	41～46	25～65	64	94/6	200×10，180×15	超级耐候性能，适合于干混消光

表 4-171　湛新树脂（中国）有限公司生产的 HAA 固化用聚酯树脂型号和规格

产品名	固化温度/℃	玻璃化转变温度/℃	酸值/(mg KOH/g)	黏度/mPa·s	聚酯/HAA(质量比)	特点
标准耐候聚酯						
CRYLCOAT 2606-3	180	66	33	4500	95/5	HAA 树脂，提高耐水斑性
CRYLCOAT 2618-3	180	61	33	3100	95/5	可用于摩擦枪树脂，极好的耐候性，适用于燃气炉
CRYLCOAT 2640-3	180	60	21	7250	96/4	很好的力学性能和杰出的耐候性，低固化剂用量，适用于建筑涂装
CRYLCOAT 2650-3	190	51	70	6200(175℃)	90/10	与 CRYLCOAT 2670-3 搭配用于干混消光（光泽 20%～25%），良好的耐候性
CRYLCOAT 2655-6	160	58	48	6000	93/7	低温烘烤固化树脂，好的力学性能
CRYLCOAT 2630-2	180	62	33	3450	95/5	极好的流平和脱气性能，可用于燃气炉，CRYLCOAT 2617-3 的非摩擦枪版本
CRYLCOAT 2661-3	180	54	30	3500	95/5	高脱气性能，好的流平适用于建筑涂装
CRYLCOAT 2662-3	160	54	30	4000	95/5	用于低温固化，良好的流平和耐候性
CRYLCOAT 2670-3	190	61	22	6800	97/3	与高固化剂用量 HAA 体系搭配用于干混消光（共研磨），良好的耐候性
CRYLCOAT 2670-3	190	58	48	5800	93/7	与 CRYLCOAT 2670-3 搭配用于干混消光（光泽 35%），良好的耐候性
CRYLCOAT 2684-4	180	58	21	9520	96/4	低固化剂用量树脂
CRYLCOAT 2691-2	2000	62	21	7600	97/3	干混消光体系树脂，也可以单独用于配方中，低固化剂用量
CRYLCOAT 2695-0	180	59	25	5500	96/4	低固化剂用量通用型树脂
CRYLCOAT 2698-3	180	56	33	3000	95/5	极好的流平和脱气性能，可用于摩擦枪
CRYLCOAT 2679-6	160	59	32	4500	95/5	快速、低温固化树脂，适用于建筑涂装
CRYLCOAT 2665-2	180	58	31	4000	95/5	通用树脂，用于一般工业或户内粉
CRYLCOAT E04408	160	60	31	4000	95/5	低温固化 HAA 树脂，高 T_g
超耐候聚酯						
CRYLCOAT 4420-0	200	64	52	5550	92/8	与 CRYLCOAT 4641-0 搭配用干混消光，快速反应组分
CRYLCOAT 4641-0	200	60	20	4250	97/3	与 CRYLCOAT 4420-0 搭配干混消光，慢速固化组分
CRYLCOAT 4642-3	200	62	35	1900	95/5	超耐候，通过 5 年佛罗里达曝晒
CRYLCOAT 4655-2	160	66	31	7500	95/5	低温固化超耐候树脂
CRYLCOAT 03525	200	58	30	4000	95/5	用于透明体系的 HAA 超耐候树脂，耐候性能优异
CRYLCOAT E37578	140	57	30	7500	95/5	低温固化超耐候树脂，良好的柔韧性

注：0—标准；1—摩擦枪；2—耐烘烤；3—摩擦枪＋耐烘烤；4—透明粉；5—特殊用途；6—低温固化。

表 4-172　浙江传化天松新材料有限公司生产的 HAA 固化用聚酯树脂型号和规格

型号	酸值/(mg KOH/g)	软化点(环球法)/℃	玻璃化转变温度/℃	旋转黏度(200℃)/mPa·s	固化条件/℃×min	特点
CE2598	20.0～26.0	105.0～115.0	56.0～60.0	4000～7000	180×15	聚酯/HAA(质量比,余同)=96.5/3.5,固化剂用量少,良好的耐候性和抗黄变性,适用于平面高光、化学消光低光粉末涂料
CE3066	32.0～38.0	100.0～110.0	52.0～56.0	2000～4000	160×15,180×(8～10)	聚酯/HAA=95/5,低温固化或快速固化,良好的流平性和耐候性,综合性能好
CE3068	28.0～34.0	105.0～115.0	54.0～58.0	2000～4000	180×18	聚酯/HAA=95/5,优异的流平性和良好的耐候性,抗针孔性和抗过烘烤黄变性好,适用于平面高光、高流平粉末涂料
CE3098	28.0～34.0	105.0～115.0	54.0～58.0	2000～4000	180×18	聚酯/HAA=95/5,优异的流平性和耐候性,抗针孔和抗过烘烤黄变性好,适用于平面高光、高流平建材粉末涂料
CE3099	28.0～34.0	105.0～115.0	56.0～60.0	3000～5000	180×15	聚酯/HAA=95/5,通用型,良好的流平性,优异的耐候性和涂膜综合性能
CE3078	26.0～32.0	110.0～120.0	60.0～64.0	4000～7000	180×10	聚酯/HAA=95/5,良好的流平性,优异的耐候性和力学性能,适用于平面高光、高流平粉末涂料
CE3033	26.0～32.0	105.0～115.0	54.0～58.0	3000～5000	180×15	聚酯/HAA=95/5,经济通用型树脂,良好的流平性,综合性能好,适用于平面、高光粉末涂料
CE3035	26.0～32.0	105.0～115.0	56.0～60.0	4000～7000	180×15	聚酯/HAA=95/5,经济型树脂,力学性能好,适用橘纹、砂纹粉末涂料

表 4-173　新中法高分子材料股份有限公司生产的 HAA 固化用聚酯树脂型号和规格

产品类型	产品型号	酸值/(mg KOH/g)	黏度(175℃)/mPa·s	T_g/℃	固化条件/℃×min	聚酯/HAA(质量比)	性能特点
标准耐候	P9337PR	28～34	18000～21000	约 63	180×15	95/5	环保通用型
	P9543PR	28～34	11000～16000	约 60	180×15	95/5	高流平
	P9640PR	26～30	15000～20000	约 63	180×15	96/4	低 HAA 用量,通用
低固化剂用量	P9720APR	20～25	19000～22000	约 57	180×15	96.5/3.5	低酸值,力学性能优异,干混消光用慢速固化组分
超耐候	P9530PR	30～36	17000～22000	约 60	180×20	95/5	极好的户外耐候性

表 4-174　广州擎天材料科技有限公司生产的 HAA 固化用聚酯树脂型号和规格

型号	聚酯/HAA(质量比)	固化条件/℃×min	酸值/(mg KOH/g)	黏度(200℃)/mPa·s	T_g/℃	反应性/s	性能特点
NH-6083	90/10	180×10	80～90	2500～4100	58	30～90	高酸值 HAA 体系聚酯,快速固化,与 NH-6685 搭配用于一次挤出消光产品
NH-6353	93/7	150×15	49/55	3500/5500	55	100～160	低温固化聚酯,良好的耐候性和流平性,优异的力学性能
NH-6503	95/5	200×10	30～35	3000～4000	57	200～300	超耐候聚酯,杰出的流平性和抗黄变性能
NH-6582	95/5	180×10	30～35	4600～6000	61	150～220	良好的贮存稳定性,卓越的力学性能,良好的耐候性,适用于流水线喷涂
NH-6583	95/5	180×10	30～35	2500～3500	56	200～290	优良的流平性,卓越的力学性能,良好的厚膜针孔性
NH-6585	95/5	180×10	30～36	2800～4000	60	100～260	突出的耐候性,优良的流平性,良好的力学性能
NH-6586	95/5	180×10	30～35	3000～4000	59	280～480	良好的贮存稳定性,优良的流平性和力学性能
NH-6562	95/5	160×10	30～35	3200～4400	53	180～240	低温固化聚酯,良好的流平性
NH-6563	95/5	160×15	30～34	3100～4500	58	150～210	低温固化聚酯,良好的流平性和力学性能

续表

型号	聚酯/HAA（质量比）	固化条件/℃×min	酸值/(mg KOH/g)	黏度(200℃)/mPa·s	T_g/℃	反应性/s	性能特点
NH-6566	95/5	155×15	32～38	3500～5500	57	100～200	低温固化聚酯，良好的贮存稳定性和耐候性
NH-6361	93/7	160×10	48～53	2300～3700	55	50～110	低温固化聚酯，较高的交联密度，良好的力学性能
NH-6381	93/7	180×10	47～54	3800～4800	60	60～120	快速固化树脂，干混合消光的快速组分，与 NH-6688 搭配
NH-6485	94/6	180×15	40～50	2500～3500	55	120～180	良好的流平性和耐候性能，用于聚酯/HAA 热转印粉末涂料体系
NH-6685	96/4	180×10	19～24	4800～6400	58	220～280	低酸值 HAA 体系聚酯，固化速度慢，与 NH-6083 搭配用于一次挤出消光产品
NH-6688	96/4	180×15	19～24	4800～6400	56	220～280	低固化剂用量，良好的流平性能，干混合消光的慢速组分，与 NH-6381 搭配

表 4-175 烟台枫林新材料有限公司生产的 HAA 固化用聚酯树脂型号和规格

型号	聚酯/HAA（质量比）	固化条件/℃×min	玻璃化转变温度/℃	酸值/(mg KOH/g)	黏度(200℃)/mPa·s	特点
一般工业用树脂						
FL-3013	95/5	180×10	59	28～34	4500～5500	综合性能好，抗流挂，可用于砂纹和平面
FL-3506	95/5	180×10	57	29～35	2700～3800	很好的流平性，优异的脱气性能，适用于一般工业
FL-3511	95/5	180×10	57	29～35	2800～4000	很好的流平性，优异的脱气性能，改善了耐候性能
标准耐候型树脂						
FL-3011	95/5	180×10	59	30～36	2800～4100	流平优，脱气性好，不起霜
FL-3012A	95/5	180×10	57	30～36	2800～3800	通用型树脂，流平出色，耐候性好，用于摩擦枪喷涂
FL-3017A	95/5	180×10	56	28～34	2800～3400	极佳的耐候和流平，脱气性能卓越，耐烘烤，可用于摩擦枪喷涂
FL-3031	96.5/3.5	180×10	61	19～24	7500～9200	固化剂用量低
FL-3032	96.5/3.5	180×15	58	19～25	4000～8500	干混消光低酸值树脂
FL-3033	93/7	180×10	56	49～54	2000～3800	干混消光高酸值树脂
超耐候树脂						
FL-3041	95/5	200×10	59	32～37	1800～3300	超级耐候，不起霜，极佳的流平
FL-3042	97/3	200×10	61	20～24	3000～4500	超级耐候，不起霜，极佳的流平，极佳的脱气，与 FL-3043 搭配干混消光
FL-3043	94/6	200×10	64	40～50	4000～5500	超级耐候，不起霜，耐水煮，与 FL-3042 搭配干混消光

也可以用活性不同的两种聚酯树脂与 HAA 配制粉末涂料，用干混合的方法得到消光聚酯粉末涂料，例如 CC 2670-3 型慢速反应性聚酯树脂配制的聚酯粉末涂料与 CC 2671-3 型快速反应性聚酯树脂配制的聚酯粉末涂料干混合可以得到 60°光泽大约 35%的粉末涂料；再与 CCE 37250 快速反应性聚酯树脂配制的聚酯粉末涂料干混合可以得到 60°光泽大约 25%的粉末涂料。另外，CC 2691 型慢速反应性聚酯树脂配制的粉末涂料与 CC 2620 型快速反应性聚酯树脂配制的聚酯粉末涂料干混合可以得到 60°光泽大约 35%的粉末涂料。

3. 环氧化合物 PT 910 固化剂固化用聚酯树脂

环氧化合物 PT 910 固化剂固化聚酯树脂是端羧基聚酯，这种树脂的酸值为 20～35mg KOH/g，其范围在 TGIC 和 HAA 固化用聚酯树脂范围，而这种树脂的玻璃化转变温度比 TGIC 和 HAA 固化用聚酯树脂高很多，超过 70℃以上比较合适，因此在选择原材料时必须考虑使用能提高玻璃化转变温度的多元羧酸或多元醇。

曾定等进行了 PT 910 固化剂用聚酯树脂的合成研究。研究发现对于同样的聚酯树脂，分别用 TGIC 和 PT 910 固化剂配制聚酯粉末涂料后，PT 910 配制的粉末涂料的 T_g 明显低于 TGIC 配制的聚酯粉末涂料,试验结果见表 4-176，因此用 PT 910 固化剂配制的聚酯树脂 T_g 必须比一般聚酯树脂的要高很多才能满足粉末涂料贮存稳定性的要求。

表 4-176　PT 910 和 TGIC 对聚酯粉末涂料 T_g 的影响

项目	聚酯树脂 1	聚酯树脂 2
酸值/(mg KOH/g)	32.2	33.1
黏度(ICI)/mPa・s	5290	9220
聚酯树脂 T_g/℃	67	70
TGIC 配制粉末涂料 T_g/℃	55	61
PT 910 配制粉末涂料 T_g/℃	47	52

为了满足高 T_g 聚酯树脂的要求,选择 2,6-萘二甲酸（NDA)替代部分对苯二甲酸(PTA),以新戊二醇（NPG)、间苯二甲酸（IPA)、NDA、PTA 为单体合成聚酯树脂,比较不同 NDA 含量对聚酯树脂 T_g 的影响，见表 4-177。

表 4-177　不同 NDA 用量对聚酯树脂 T_g 的影响

项目	配方 1	配方 2	配方 3	配方 4	配方 5
NDA 含量/%	0	5	10	15	20
酸值/(mg KOH/g)	33.2	33.2	32.6	31.9	33.1
黏度(ICI)/mPa・s	5290	5420	5600	5860	5950
聚酯树脂 T_g/℃	67	69.2	71.3	73.2	74.5

表 4-177 的结果说明，随着 NDA 用量的增加，聚酯树脂的 T_g 有明显的提高，使聚酯树脂具有更优异的耐热性和耐化学品性能，但是 NDA 作为特殊单体价格贵，用量多时会增加聚酯树脂的价格，给推广应用带来一定的问题。

另外，对聚酯树脂用不同封端剂对聚酯树脂反应活性的影响进行了比较，用 PTA、IPA、ADA、TMA（偏苯三甲酸酐)、PMDA（均苯四甲酸酐)作为封端剂合成聚酯树脂后，用 PT 910 固化时，活性顺序为 PMDA（367s)＞IPA（576s)＞TMA（623s)＞PTA＝ADA（700s)，TMDA 的活性最大，其原因是在酸封闭过程中一个酸酐开环后接入聚酯分子中，另一个酸酐保留，相对活性高，但酸酐与 PT 910 的环氧基反应活化能低，在促进剂的催化作用下更容易发生反应。

以 NPG、TMP、PTA、NDA、IPA 和 PMDA 为单体，通过添加不同量的 TMP（三羟甲基丙烷)、调整醇酸比、延长抽真空时间等措施，控制黏度，比较涂料和涂膜性能的影响，见表 4-178。

表 4-178　TMP 用量对聚酯树脂和涂料指标及涂膜性能的影响

项目	配方 6	配方 7	配方 8	配方 9	配方 10
酸值/(mg KOH/g)	31.9	32.6	33.1	32.8	31.5
黏度(ICI)/mPa・s	5860	6220	6900	7800	8950
聚酯树脂 T_g/℃	73.2	73.6	74.1	74.5	74.8
冲击强度/kg・cm	±50 不过	±50 不过	±50	±50	±50
胶化时间/s	367	365	350	336	319
熔融流动性/mm	27	27	26	26	25
涂膜外观	平整光滑	平整光滑	轻微橘皮	轻微橘皮	严重橘皮

注：配制粉末涂料添加树脂量 0.2%的季铵盐类促进剂。

表 4-178 的结果说明，聚酯黏度在 7000～8000mPa·s 时，涂膜的冲击强度好，涂膜的外观也可以。

再有，对于不含促进剂的聚酯树脂，研究人员选用季磷类、季铵盐类、叔胺类、咪唑类促进剂（添加量为聚酯树脂的 0.3%）比较与固化剂 PT 910 的反应活性。研究发现季磷类和咪唑类的促进效果很好，但涂膜耐温性差；叔胺类的促进效果可以，但是熔点低影响粉末涂料 T_g，不适合使用。只有季铵盐类的催化活性，没有其他副作用。

PT 910 固化剂使用聚酯树脂的合成工艺跟上述聚酯树脂差不多，这里不再介绍。适用于环氧化合物 PT 910 固化剂固化的聚酯树脂的型号和规格见表 4-179。

表 4-179 湛新树脂（中国）有限公司环氧化合物 PT 910 固化剂固化用聚酯树脂型号和规格

产品名	固化温度/℃	玻璃化转变温度/℃	酸值/(mg KOH/g)	黏度/mPa·s	特点
标准耐候树脂					
CRYLCOAT 2501-2	200	73	33	9400	聚酯/PT 910(质量比,余同)=91/9,杰出的流平性和很好的力学性能
CRYLCOAT 2506-1	180(15min)	67	33	5000	聚酯/PT 910=91/9,通用型树脂
超耐候树脂					
CRYLCOAT 4540-0	200	67	25	9000	聚酯/PT 910=93/7,具有非常好的超耐候性

注：0—标准；1—摩擦枪；2—耐烘烤。

4. Powderlink 1174 固化剂固化用聚酯树脂

Powderlink 1174 固化剂固化的聚酯树脂是端羟基型的聚酯树脂，这种树脂还适用于配制皱纹（网纹）粉末涂料。由湛新树脂（中国）有限公司生产的端羟基树脂 CRYLCOAT 2920-0 的技术指标为：玻璃化转变温度 67℃，羟值 33mg KOH/g，黏度 12700mPa·s，固化温度 200℃，与含有催化剂的树脂（母粒）ADDITOL P 920 配套使用。ADDITOL P 920 的技术指标为：羟值 42mg KOH/g，黏度 8500mPa·s。由广州产协高分子有限公司生产的端羟基聚酯树脂也可以配制皱纹（网纹）粉末涂料，这种树脂型号为 EL 1000H，技术指标为：羟值 35～45mg KOH/g，黏度 20～45Pa·s（165℃），玻璃化转变温度 68℃，与催化剂 ACTIRON 32 18A 配套使用。这种树脂还可以用在聚氨酯粉末涂料中。

热固性聚酯粉末涂料用饱和聚酯树脂的国家标准 GB/T 27808—2011 中对饱和聚酯树脂的技术指标的要求见表 4-180。聚酯树脂的外观目视观察；颜色：将树脂溶解于 *N*,*N*-二甲基甲酰胺（DMF）或双方商定的合适的溶剂中［树脂：溶剂=1：1（质量比）］制成的透明液体，如溶解速度慢或不能完全溶解，可稍许加热至透明，然后按 GB/T 9282.1—2008 的规定测定；酸值按 GB/T 6743—2008 方法 A 中的指示剂法进行测定，计算按 GB/T 6743—2008 中 8.1.1 进行；软化点按 GB/T 12007.6—1989 的规定进行测定；熔体黏度按 GB/T 9751.1—2008 的规定测试；玻璃化转变温度按 GB/T 19466.2—2004 的规定进行测试，升温速度为 10℃×min。

表 4-180　热固性聚酯粉末涂料用饱和聚酯树脂的技术指标

项目		技术指标
外观		浅色或无色透明颗粒，无肉眼可见的夹杂物
颜色(铂钴法)	≤	150
酸值/(mg KOH/g)		商定
软化点/℃		110±10 或商定
熔体黏度(175℃或 200℃)/mPa·s		商定
玻璃化转变温度/℃	≥	60(TGIC 型)，55(HAA 型)

注：1. 有特殊要求的产品指标商定。

2. 纯聚酯型按所用固化剂种类分为异氰尿酸三缩水甘油酯(TGIC)型聚酯树脂和羟烷基酰胺(HAA)型聚酯树脂。

纯聚酯粉末涂料用端羧基型聚酯树脂的红外光谱见图 4-16。从红外光谱谱图来看，$3429cm^{-1}$ 是羟基 O—H 伸缩振动吸收峰；$2969cm^{-1}$、$2877cm^{-1}$ 是甲基上 C—H 伸缩振动吸收峰；$1723cm^{-1}$ 是酯基中 C═O 伸缩振动吸收峰；$1407cm^{-1}$、$1374cm^{-1}$ 是相邻两个甲基弯曲振动吸收峰，如新戊二醇；$1268cm^{-1}$ 是聚酯中对苯二甲酸酯基中 C—O—C 不对称伸缩振动吸收峰；$1018cm^{-1}$、$874cm^{-1}$、$728cm^{-1}$ 是聚酯中苯环对位取代吸收峰，因此有对苯二甲酸酯结构；$1074cm^{-1}$ 是可能有间苯二甲酸结构存在。纯聚酯粉末涂料用端羧基型聚酯树脂的红外光谱跟环氧-聚酯粉末涂料用端羧基型聚酯树脂差不多，只能通过裂解色谱质谱分析才能判断准确的差别。

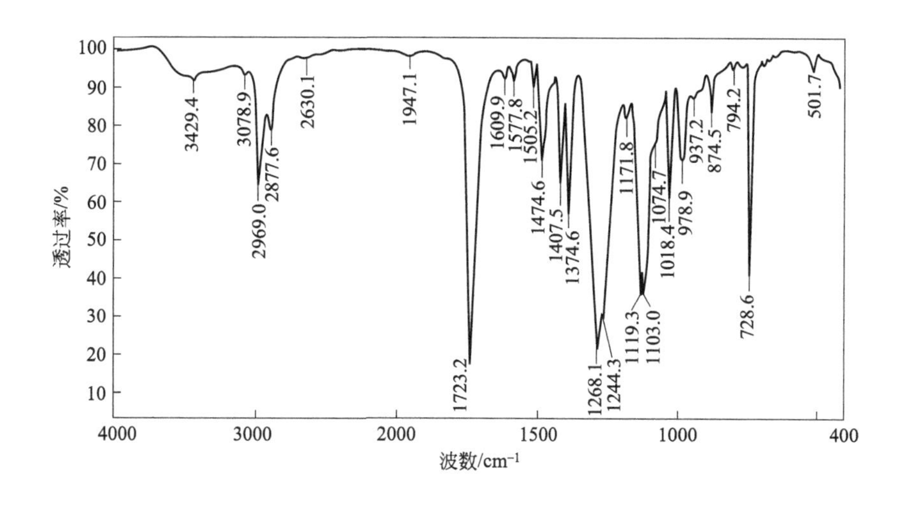

图 4-16　纯聚酯粉末涂料用端羧基型聚酯树脂红外光谱图

四、固化剂

耐候型聚酯粉末涂料中使用的固化剂主要品种为 TGIC、HAA，根据国情这两种固化剂所占的比例不同，我国目前还是 TGIC 占主导地位；而在欧洲，考虑到毒性问题，TGIC 使用受到一定的限制，主要使用 HAA。另外，还使用少量的环氧化合物 PT 910 和四甲氧甲基甘脲 Powderlink 1174 等固化剂。

HUNTSMAN（亨斯迈）公司 ARALDITE 系列聚酯粉末涂料用固化剂的型号和技术指标见表 4-181。下面详细介绍聚酯粉末涂料用固化剂和相关粉末涂料配方与涂膜性能。

表 4-181　HUNTSMAN（亨斯迈）公司 ARALDITE 系列聚酯粉末涂料用固化剂型号和技术指标

型号	外观状态	环氧值/(eq/100g)	环氧当量/(g/eq)	熔点(DSC)/℃	用途
PT 710	丸状(无尘)	0.88～0.98	102～114	80～98	TGIC，它与羧基聚酯反应，可制成耐候型粉末涂料
PT 810	丸状(无尘)	0.93～1.00	100～108	86～96	TGIC，它与羧基聚酯反应，可制成高质量的耐候型聚酯粉末涂料
PT 910	颗粒状	0.65～0.71	141～154	90～102	非 TGIC 固化剂，可与羧基聚酯制成高质量的耐候型聚酯粉末涂料
PT 912	颗粒状	0.65～0.71	141～154	82～96	非 TGIC 固化剂，比 PT 910 具有更高活性及交联密度

1. 异氰尿酸三缩水甘油酯（TGIC）

我国聚酯粉末涂料中用得最多的固化剂是 TGIC，由黄山华惠科技有限公司、常州牛塘化工厂有限公司、鞍山市润德精细化工有限公司等单位生产，它的化学结构式和技术指标如下：

化学结构式

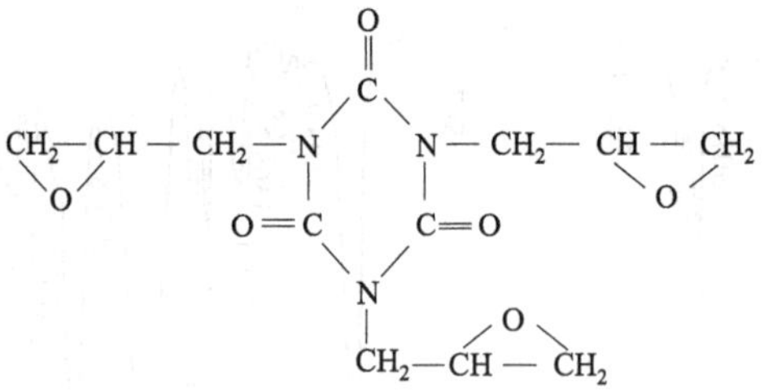

（结构式：异氰尿酸环上三个 N 各连接 $-CH_2-CH(O)CH_2$ 环氧丙基，环上三个 $C=O$）

外观	白色颗粒或粉末
熔点	95℃左右
环氧值	≥0.92eq/100g
密度	$1.33g/cm^3$
黏度（120℃）	≤10Pa·s
总含氯量	≤0.040mol/100g
环氧氯丙烷含量	$\leq 50\times10^{-6}$ mol/100g
用量（质量比）	聚酯/TGIC＝(90/10)～(96/4)，常用的比例是 93/7
固化条件	180℃×15min，180℃×20min，200℃×6min，200℃×10min

在聚酯树脂粉末涂料用固化剂国家标准 GB/T 27809—2011 中对 TGIC 的技术指标要求见表 4-182。外观目视检查；环氧当量按 GB/T 4612—2008 的规定进行测试；挥发分按 GB/T 1725—2007 的规定进行测试；熔程按 GB/T 617—2006 的规定进行测试；熔体黏度按 GB/T 2794—2013 的规定进行测试；总氯含量按 GB/T 12009.1—1989 的规定进行测试；环氧氯丙烷残留量按 GB/T 27809—2011 附录 B 进行测试。张叶红对 TGIC 异构体性能分析及粉末涂料的影响表明，在工业生产中使用的 TGIC 是两种异构体（α 型和β 型）的混合物，不同生产厂家产品的α 型和β 型的含量不同，经 DSC 检测结果表明，α 型的熔点是 105.6℃，β

型的熔点是155.5℃，两者的熔点差别很大。通过胶化时间、DSC恒温固化证明α型和β型的TGIC异构体反应活性没有差异，但是熔点高、黏度增长慢、溶解性低的、不太理想的β型的用量尽量减少。TGIC的红外光谱见图4-17。从红外光谱图可以看到，3437cm^{-1}是N—H伸缩振动吸收峰；3067cm^{-1}、2989cm^{-1}是环氧环上C—H伸缩吸收峰；1686cm^{-1}是基团脲中羰基C═O伸缩振动强吸收峰；1464cm^{-1}是═N—CH_2—中的C—H键对称弯曲振动有两个吸收带；1335cm^{-1}是酰胺吸收带Ⅲ；1250cm^{-1}、879cm^{-1}、843cm^{-1}是环氧环的伸缩振动吸收峰，其中843cm^{-1}是环氧环的特征吸收峰。

表4-182 聚酯树脂粉末涂料用固化剂TGIC的技术指标

项　　目		技术指标	
		优等品	合格品
外观		白色粉末或颗粒	白色粉末或颗粒
环氧当量/(g/mol)	≤	110	110
挥发分/%		0.5	0.5
熔程/℃		95～125	95～125
熔体黏度(120℃±1℃)/mPa·s	≤	100	100
总氯含量/%	≤	0.4	0.6
环氧氯丙烷残留量/(mg/kg)	≤	100	250

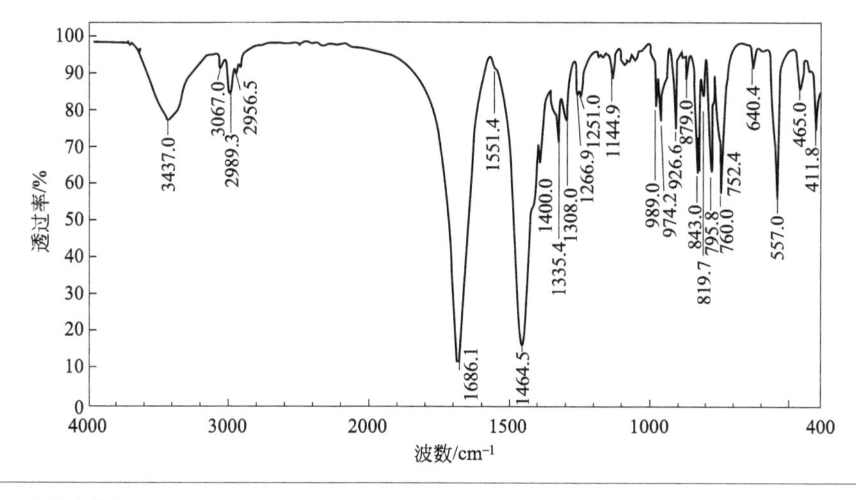

图4-17 TGIC红外光谱图

代表性的TGIC固化剂固化聚酯粉末涂料的配方见表4-183，粉末涂料和涂膜性能见表4-184。

表4-183 代表性的TGIC固化剂固化聚酯粉末涂料配方（白色）

配方组成	用量/质量份	配方组成	用量/质量份
聚酯树脂(AV≈35)	186	安息香	1.0
TGIC	14	金红石型钛白粉	80
流平剂(通用型)	4.0	沉淀硫酸钡	30
光亮剂(701)	2.0	群青	0.20
紫外光吸收剂	0.90	松散剂	0.70

注：固化条件为180℃×20min或200℃×10min。

表 4-184　TGIC 固化聚酯粉末涂料和涂膜性能

项目	技术指标	项目	技术指标
粉末涂料		杯突试验/mm　≥	7
外观	色泽均匀,松散无结块	柔韧性/mm　≤	2
密度/(g/cm^3)	1.2～1.6	铅笔硬度	H
粒度(180 目筛余物)/%　<	0.5	附着力(划格法)/级	0
胶化时间(180℃)/s	90～420	耐酸性(5%HCl)/h　>	240
熔融水平流动性(180℃)/mm	22～28	耐碱性(5%NaOH)　>	240
贮存稳定性/月　≥	6	耐盐水(3%NaCl)/h　>	240
固化条件/℃×min	180×20,200×10	耐水性/h　>	240
涂膜性能		耐湿热/h　>	1000
外观	平整,允许有轻微橘纹	耐盐雾/h　>	500
60°光泽/%　≥	90	人工加速老化(QUV,500h)	保光率>80%
冲击强度/N·cm　≥	490	天然曝晒老化(12 个月)	无粉化现象,保光率>50%

TGIC 固化半结晶聚酯树脂和无定形聚酯树脂（普通聚酯树脂）混合体系聚酯粉末涂料配方和涂膜性能见表 4-185。这种聚酯粉末涂料体系的最大特点是涂膜平整性很好。

TGIC 固化剂固化聚酯粉末涂料中，TGIC 固化剂的用量对聚酯粉末涂料和涂膜性能都有一定的影响，因此必须选择好固化剂的用量。不同 TGIC 用量对聚酯粉末涂料和涂膜性能的影响见表 4-186。

表 4-185　TGIC 固化半结晶聚酯和无定形聚酯树脂（普通聚酯树脂）混合体系聚酯粉末涂料配方和涂膜性能

项目	指标	项目	指标
粉末涂料配方	用量/%	安息香	0.20
无定形聚酯树脂(酸值 30.1mg KOH/g)	37.44	其他助剂	0.20
半结晶性聚酯树脂(酸值 30.2mg KOH/g)	18.00	涂膜性能	
		外观	很平整,无橘皮
TGIC	2.97	60°光泽/%	91
二氧化钛	34.17	反面冲击/N·cm	160
沉淀硫酸钡	6.02	固化条件/℃×min	200×15
流平剂	1.00		

表 4-186　TGIC 固化剂用量对聚酯粉末涂料和涂膜性能的影响

项目	配方 1	配方 2	配方 3
粉末涂料配方/质量份			
聚酯树脂(AV=35)	164	163	162
TGIC	14	15	16
流平剂(505)	24	24	24
光亮剂(701)	2.0	2.0	2.0
安息香	1.0	1.0	1.0
金红石型钛白粉	72	72	72
沉淀硫酸钡	25	25	25
群青	0.28	0.28	0.28
粉末涂料			
胶化时间(180℃)/s	355	310	295
熔融水平流动性(180℃)/mm	25.0	25.2	25.2
涂膜性能			
外观	光亮、丰满、轻橘纹	光亮、丰满、轻橘纹	光亮、丰满、轻橘纹
60°光泽/%	91.5	94.3	94.2
冲击强度/N·cm	490(正冲)	490(正反冲)	490(正反冲)
固化条件/℃×min	180×20	180×20	180×20

表 4-186 的结果说明，TGIC 固化剂的用量对粉末涂料胶化时间和涂膜冲击强度有一定的影响，如果固化剂的用量不足时涂膜固化不完全，使涂膜达不到最好性能；如果固化剂用量过多时，游离的固化剂量过多，这些固化剂的耐化学品性和耐溶剂性不好，从而影响涂膜性能。这里应该注意的是，由于 TGIC 的环氧值指标有一定范围，聚酯树脂的酸值也有一定范围，因此根据两者的具体指标和实际试验结果相结合确定配方是最合理的。

在聚酯-TGIC 聚酯粉末涂料体系中，聚酯树脂与 TGIC 固化剂之间一般是等物质的量(等当量)进行化学反应，聚酯树脂的酸值高时相应的 TGIC 用量多，涂膜交联密度高；聚酯树脂的酸值低时相应的 TGIC 用量少，涂膜交联密度低。在聚酯-TGIC 粉末涂料体系中，聚酯树脂：TGIC＝（90：10）～（96：4）（质量比)范围变化，其中最常用的比例为 93：7，但根据聚酯树脂的酸值与 TGIC 的纯度等因素，这个比值是在一定范围内变化的。在配制 TGIC 固化聚酯粉末涂料时，每 100g 聚酯树脂 TGIC 的用量可以按以下公式计算。

$$W_{TGIC}=\frac{A_{PE}\times 100}{E_{TGIC}\times 56100}$$

式中 W_{TGIC}——TGIC 质量，g；

E_{TGIC}——TGIC 环氧值，eq/100g；

A_{PE}——聚酯树脂酸值，mg KOH/g；

100——聚酯树脂质量，g；

56100——当量，换成 mg KOH 的系数。

在 TGIC 固化聚酯粉末涂料体系中，通过两种不同活性的聚酯树脂与 TGIC 配制的两种粉末涂料，当干混合以后，由于两种粉末涂料之间的不同反应活性，两种成膜物之间相容性不好形成消光涂膜，这种消光方法是聚酯粉末涂料的重要消光方法之一。不同活性聚酯粉末涂料干混合法制造消光聚酯粉末涂料的配方和涂膜性能见表 4-187。这种消光粉末涂料涂膜外观的平整性不如消光剂或消光固化剂消光粉末涂料的涂膜外观，在放大镜下观察时表面比较粗糙，容易沾污，涂膜的耐污染性不好。

表 4-187　不同活性聚酯粉末涂料干混合法制造消光聚酯粉末涂料配方和涂膜性能

项目	配方 1	配方 2	配方 3	配方 4	配方 5	配方 6
粉末涂料配方/质量份						
UCB CC 491	143					
UCB CC 450		143				
产协 EL-6300			150			
产协 EL-6102				140		
擎天 N-8588					191	
擎天 N-8081						180
TGIC	6.3	11	6.4	15.8	9.0	20
Resiflow PV 88	2.5	2.5	2.6	2.6	4.0	4.0
光亮剂(701)			3.0	3.0	2.0	2.0
安息香	1.3	1.3	0.8	0.8	1.0	1.0
氢化蓖麻油			1.5	1.5		
松散剂			2.0	2.0		
金红石型钛白粉	57	57	63	63	75	75
沉淀硫酸钡	18	18	25	25	35	35
群青	0.2	0.2	0.2	0.2		

续表

粉末涂料混合比例（质量比）	配方1：配方2＝1：1 干混合	配方3：配方4＝1：1 干混合	配方5：配方6＝1：1 干混合
涂膜性能			
外观	很平整	很平整	很平整
60°光泽/%	45	22	24
冲击强度/N·cm	490	490	490
柔韧性/mm	2	2	2
附着力/级	0～1	0～1	0～1
固化条件/℃×min	180×20，200×10	180×20，200×10	180×20，200×10

TGIC固化聚酯粉末涂料有如下优点。

（1）在固化成膜时，基本上没有反应副产物产生，涂膜不易产生缩孔、麻点、猪毛孔等弊病。

（2）涂膜的流平性很好，基本接近环氧-聚酯粉末涂料的流平性。

（3）涂膜的附着力好，不需要涂底漆。

（4）涂膜的耐热性比环氧-聚酯和HAA固化聚酯粉末涂料好，烘烤时涂膜不容易黄变。

（5）涂膜的力学性能很好，除耐碱性外其他耐化学品性能良好。

（6）涂料的配粉和配色性很好，可以配制各种光泽、纹理外观和颜色的粉末涂料。

（7）涂料的施工性能良好，可以用静电粉末涂装和流化床浸涂等涂装法施工。

这种粉末涂料的最大缺点是由于TGIC固化剂容易吸潮，并对皮肤有一定的刺激性，有一定的毒性，欧洲提倡用HAA来替代TGIC使用。原来TGIC固化聚酯粉末涂料的流平性和抗冲击性能跟环氧-聚酯粉末涂料比有一定差距，但是经过这几年的努力，适用于TGIC的聚酯树脂品种增多，涂膜性能已经得到明显的改进，完全可以满足不同要求。TGIC固化聚酯粉末涂料的另一个缺点是贮存稳定性比环氧-聚酯粉末涂料差得多，也不如HAA固化聚酯粉末涂料。

为了改进和降低TGIC固化剂的毒性，有些企业用氢化蓖麻油对TGIC进行包覆改进，研究发现原来对TGIC过敏的人，明显没有了过敏症状，但是没有用小白鼠等动物毒性和过敏试验的具体数据，只是人们的感性认识而已，因此还需要大量的试验数据来进一步具体验证。还有一些粉末涂料生产企业使用TGIC/HAA混合固化剂的方法降低TGIC的毒性和过敏问题。TGIC/HAA混合固化剂聚酯粉末涂料配方例见表4-188。

表4-188 TGIC/HAA混合固化剂聚酯粉末涂料配方

粉末涂料配方	用量/质量份	粉末涂料配方	用量/质量份
聚酯树脂A(酸值30～35)	200	增光剂	5
TGIC固化剂	12	安息香	3
聚酯树脂B(酸值28～33)	400	其他助剂	适量
HAA固化剂	22	金红石钛白粉	220
流平剂	10	硫酸钡	140

从上面配方中可以看到，混合固化剂聚酯粉末涂料中的TGIC的含量（质量分数）在1.2%左右，全部用TGIC固化剂时，TGIC在配方中的含量（质量分数）为4.2%，在改进配方中TGIC含量大大降低，不到原始配方的三分之一，因此粉末涂料的毒性和过敏性也会明显降低。

2. 羟烷基酰胺（HAA）

羟烷基酰胺是聚酯粉末涂料中常用的固化剂，它的用量仅次于TGIC。最早的产品是由Rohom and Hass公司开发的Primid XL 552［*N*,*N*,*N*′,*N*′-四（β-羟乙基）己二酰胺］，已通过EINES、TSCA审查认可，是欧洲用得最多的固化剂产品。目前国内大量使用的羟烷基酰胺是由宁波南海化学有限公司、六安捷通达新材料有限公司、黄山华惠科技有限公司等单位生产的。羟烷基酰胺Primid XL 552的化学结构式和技术指标如下：

化学结构式

$$\begin{matrix}HO—CHR'—CH_2 & & & & CH_2—CHR'—OH\\ & \searrow & & \nearrow & \\ & N—CO—R—CO—N & & & \\ & \nearrow & & \searrow & \\ HO—CHR'—CH_2 & & & & CH_2—CHR'—OH\end{matrix}$$

外观	白色粉末
熔点	＞120℃
羟基当量	82～86g/eq
用量（质量比）	聚酯/HAA＝(93.5/3.5)～(95/5)
固化条件	150℃×25min，160℃×10min，170℃×10min，180℃×10min，200℃×6min

在聚酯树脂粉末涂料用固化剂国家标准GB/T 27809—2011中对HAA技术指标的要求作如下表4-189的规定。外观目视检查；羟基当量按标准GB/T 27809—2011附录A的规定测试；挥发分按GB/T 1725—2007的规定测试；熔程按GB/T 2794—1995的规定进行测试；羟烷基酰胺含量按标准GB/T 27809—2011附录C的规定进行测试。HAA的红外光谱见图4-18。从红外光谱图可以看到，3386cm^{-1}是羟基O—H伸缩振动吸收峰；2917cm^{-1}、2849cm^{-1}是亚甲基C—H键伸缩振动吸收峰；1635cm^{-1}、1607cm^{-1}是酰胺吸收带羰基吸收峰；1357～1259cm^{-1}是伯醇O—H面内弯曲振动吸收峰；1185cm^{-1}、1167cm^{-1}是叔胺C—N中强吸收峰；1058cm^{-1}、1033cm^{-1}是醇中C—O键的伸缩振动吸收峰，其中1058cm^{-1}是饱和伯醇强吸收峰；720cm^{-1}是亚甲基平面摇摆振动吸收峰。

表4-189　聚酯树脂粉末涂料用HAA的技术指标

项目	技术指标	项目	技术指标
外观	浅黄至白色粉末或颗粒	挥发分/%　　≤	1.0
羟基当量/(g/mol)	82±2	熔程/℃	120～130
羟烷基酰胺含量/%　　≥	88		

注：羟烷基酰胺指*N*,*N*,*N*′,*N*′-四羟乙基己二酰胺。

继Primid XL 552后开发了系列产品Primid QM 1260和Primid SF 4510。Primid QM 1260是*N*,*N*,*N*′,*N*′-四（β-羟丙基）己二酰胺，其开发的主要目的是改进Primid XL 552的黄变性、耐燃气烘烤性和耐水性等问题；Primid SF 4510是三官能团羟基化合物，其开发的目的是调整固化剂的活性，与Primid XL 552相比，能延长胶化时间和涂膜的流平时间，从而改进粉末涂料的熔融流平性和对底材的润湿性，以及涂膜的脱气性。三种β-羟烷基酰胺固化剂的性能比较见表4-190。

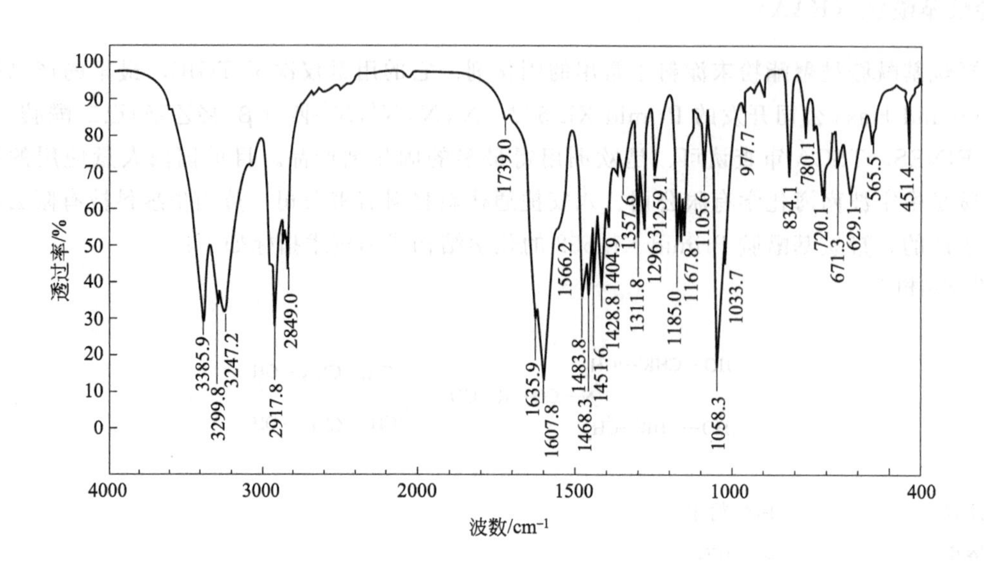

图 4-18 HAA 的红外光谱图

表 4-190 三种 β-羟烷基酰胺固化剂的性能比较

项目	Primid XL 552	Primid QM 1260	Primid SF 4510
外观	白色结晶,固体	白色结晶,固体	白色结晶,固体
熔点/℃	125	100	100
羟基当量/(g/eq)	84	100	100
官能度	4	4	3
树脂/固化剂混合比	95.0/5.0	94.5/4.5	94.5/4.5
胶化时间(200℃)/s	93	—	150
胶化时间(180℃)/s	180	—	280

Primid QM 1260 类似于 Primid XL 552，都是四官能团的羟烷基化合物，而 Primid SF 4510 是三官能团化合物，它们与羧基聚酯固化后的交联密度有明显的差别。从固化剂的化学活性来说，Primid SF 4510 的反应活性明显比 Primid XL 552 弱，有利于固化温度条件下的流平、形成高光泽和脱气。虽然胶化时间长一些，但是不会使总的固化时间延长，涂膜在 180℃×(10～15) min 内完全固化。QUV-A340nm 老化试验、QUV-B313nm 老化试验、阳光型老化机试验、天然曝晒试验和耐腐蚀性试验结果表明，Primid SF 4510 固化粉末涂料体系的性能与 TGIC 和 Primid XL 552 固化粉末涂料体系的性能接近，没有明显的差别。

用 Primid SF 4510 配制的粉末涂料有优异的涂膜耐光性能和力学性能，在涂膜厚度达 150μm 的情况下，也可以得到较好的平整性，光泽高，可以配制建材和汽车用粉末涂料。这种固化剂还可以配制消光粉末涂料，Primid SF 4510 固化单组分的消光聚酯粉末涂料配方和涂膜性能见表 4-191；Primid SF 4510 固化干混合双组分聚酯粉末涂料配方和涂膜性能见表 4-192。

表 4-191 Primid SF 4510 固化单组分消光聚酯粉末涂料配方和涂膜性能

项目	指标	项目	指标
粉末涂料配方/质量份		粉末涂料和涂膜性能	
羧基聚酯(当量 1700)	513.85	胶化时间(200℃)/s	239
脂肪族酸酐(当量 170～190)	81.96	金属底材	钢材
Primid SF 4510	56.52	固化条件/℃×min	200×10
流平剂(Resiflow PV88)	10.00	流动流平性	很好
安息香	2.24	60°涂膜光泽/%	27
炭黑	9.76	杯突试验(ISO 1520:1995)/mm	10
酞菁蓝	0.08	反冲击强度(ASTM D 2974:1993)/N·m	>10.0
磁性氧化铁	325.85		
合计	1000.00		

表 4-192 Primid SF 4510 固化干混合双组分聚酯粉末涂料配方与涂膜性能

项目	快速固化组分	慢速固化组分	项目	快速固化组分	慢速固化组分
粉末涂料配方/质量份			炭黑	7.93	7.93
羧基聚酯(当量 697)	616.76	—	酞菁蓝	0.08	0.08
羧基聚酯(当量 2338)	—	676.41	合计	1000.00	1000.00
Primid SF 4510	88.44	28.80	粉末涂料和涂膜性能		
流平剂(Resiflow PV88)	10.58	10.58	胶化时间(200℃)/s	85	196
安息香	2.35	2.35	60°涂膜光泽/%	25	25
超细沉淀硫酸钡	273.86	273.86	干混合比(质量)/%	50	50

T 105 和 T 105M 也是 HAA 固化剂，两者主要成分是一样的。T 105M 是在 T 105 的基础上经过改进，在保持 T 105 的特点外，解决了由于使用安息香引起烘烤固化过程中涂膜黄变问题，在制粉过程中不需要再加安息香。这种固化剂的化学结构如下：

$$\left[O-\underset{R_1}{\underset{|}{CH}}-CH_2-\underset{R_2}{\underset{|}{N}}-CO\right]_m A\left[CO-\underset{R_2}{\underset{|}{N}}-\underset{R_1}{\underset{|}{CN}}-O\right]_n$$

其中：R_1 为 H 或 C_1～C_5 烷基；R_2 为 H 或 C_1～C_5 支链或支链烷基；A 为多价有机基团，最好是$\left[CH_2\right]_x$，x 为 2～12；m 为 1～2；n 为 0～2，$m+n=2$～4。

T 105 固化剂的技术指标如下：

外观	白色粉末状或片状固体
熔程	124～129℃
羟基当量	80～84g/eq
不挥发分	99%
用量（质量分数）	聚酯树脂的 5%～7%
固化条件	180℃×15min 或 190℃×(10～12)min

T 105M 固化剂的技术指标如下：

外观	白色粉末状或片状固体
熔程	130～145℃
羟基当量	98～102g/eq
不挥发分	99%
用量（质量分数）	聚酯树脂的 5%～7%
固化条件	180℃×15min 或 190℃×(10～12)min

因为 T 105 的反应活性较高，在熔融挤出混合时，物料出口处的温度最好低于 120℃；

制成的粉末涂料具有一定的摩擦带电性，静电粉末涂装时可以适当降低电压。

SJ 552 固化剂也是四官能团的 β-羟烷基酰胺化合物，外观为白色结晶粉末，熔程 124～129℃，羟基当量 80～84g/eq，挥发分<0.5%，用量为聚酯树脂质量的 5.4%左右，固化条件为 180℃×10min 或 200℃×7min，如果配合使用蜡基除气剂 SJ 500，可以得到具有良好抗黄变性的耐候型粉末涂料。

HAA 固化聚酯粉末涂料与 TGIC 固化聚酯粉末涂料比较有如下优点：

(1) HAA 固化粉末涂料的烘烤温度低，有的品种在 150℃×25min 或 160℃×10min 可以固化，而 TGIC 需要的温度更高，为 180℃×20min 或 200℃×10min。

(2) HAA 固化聚酯粉末涂料的涂膜力学性能很好，在原材料生产厂推荐用量和烘烤固化条件下，比 TGIC 体系更容易达到涂膜性能指标，涂膜性能的稳定性好。

(3) HAA 的毒性低，以老鼠口服致死剂量 LD_{50} 比较，HAA 的 LD_{50} 为 10g/kg，而 TGIC 的 LD_{50} 为 0.562g/kg，HAA 的毒性只有 TGIC 的 1/18；对白兔 HAA 的 LD_{50} 为>3g/kg，而 TGIC 的 LD_{50} 为>0.05g/kg。TGIC 对白兔皮肤有中等刺激性，对眼睛有严重刺激性；HAA 对白兔皮肤刺激性无数据，对眼睛基本没有刺激性。

(4) 用 HAA 配制的聚酯粉末涂料的贮存稳定性比 TGIC 配制的聚酯粉末涂料好，例如 T_g 为 62℃的聚酯树脂用 Primid XL 552 配制粉末涂料后，粉末涂料的 T_g 下降为 60℃；而同样的聚酯树脂用 TGIC 配制粉末涂料后，粉末涂料的 T_g 下降为 54℃。

(5) 因为 HAA 分子上有立体位阻的叔胺结构，所以它具有摩擦带电性，可以使用摩擦带电喷枪涂装，而且静电粉末涂装时可以适当降低电压。

用 HAA 固化的聚酯粉末涂料配方例见表 4-193，粉末涂料和涂膜性能见表 4-194。

表 4-193　HAA 固化聚酯粉末涂料配方例（浅灰色）

配方组成	用量/质量份	配方组成	用量/质量份
聚酯树脂(AV≈30)	190	沉淀硫酸钡	70
羟烷基酰胺(HAA)	10	炭黑	0.20
流平剂(通用性)	4.0	紫外光吸收剂	0.90
光亮剂(701)	2.0	抗氧化剂	0.60
蜡型除气剂(SA 500)	2.0	松散剂	0.70
金红石型钛白粉	40		

表 4-194　HAA 固化聚酯粉末涂料和涂膜性能

项目	技术指标	项目	技术指标
粉末涂料性能		杯突试验/mm　≥	7
外观	色泽均匀，松散无结块	柔韧性/mm　≤	2
密度/(g/cm³)	1.2～1.6	铅笔硬度	H
粒度(180 目筛余物)/%<	0.5	附着力(划格法)/级	0
胶化时间(180℃)/s	90～300	耐酸性(5%HCl)/h　>	240
熔融水平流动性(180℃)/mm	21～26	耐碱性(5%NaOH)/h　>	240
贮存稳定性/月	6	耐盐水(3%NaCl)/h　>	240
固化条件/℃×min	180×15	耐湿热/h　>	1000
涂膜性能		耐盐雾/h　>	500
外观	平整，允许有轻微橘纹	人工加速老化(QUV,500h)	保光率>80%
60°光泽/%　≥	85	天然曝晒老化(12 个月)	无粉化现象
冲击强度/N·cm　≥	490		

在聚酯-HAA 聚酯粉末涂料体系中，固化剂 HAA 的用量对涂膜光泽、冲击强度及耐化学

品等性能有一定的影响。固化剂用量对聚酯-HAA聚酯粉末涂料和涂膜性能的影响见表4-195。

表4-195 固化剂用量对聚酯-HAA聚酯粉末涂料和涂膜性能的影响

项目	配方1	配方2	配方3
粉末涂料配方/质量份			
聚酯树脂(AV≈30)	165	164	163
HAA	13	14	15
流平剂(505)	24	24	24
光亮剂(701)	2.0	2.0	2.0
安息香	1.0	1.0	1.0
金红石型钛白粉	72	72	72
沉淀硫酸钡	25	25	25
群青	0.28	0.28	0.28
粉末涂料性能			
胶化时间(180℃)/s	170	160	160
熔融水平流动性(180℃)/mm	25.2	25.2	25.0
涂膜性能			
外观	光亮、丰满、轻橘纹	光亮、丰满、轻橘纹	光亮、丰满、轻橘纹
60°光泽/%	94.1	93.8	92.8
冲击强度/N·cm	490(正冲)	490(正反冲)	490(正反冲)
固化条件/℃×min	180×15	180×15	180×15

注：1. 流平剂的有效成分为10%。

2. 固化剂用量对涂膜冲击强度的影响比较明显，固化剂用量低时冲击强度不好。

为了克服HAA固化剂的缺点，替代有毒性和过敏性的TGIC固化剂，有些粉末涂料厂家使用HAA/PT 912混合固化剂配制聚酯粉末涂料。HAA/PT 912混合固化剂聚酯粉末涂料的配方和涂膜性能见表4-196，HAA/PT 912混合固化剂聚酯粉末涂料的优缺点见表4-197。

表4-196 HAA/PT 912混合固化剂聚酯粉末涂料的配方和涂膜性能

项目	指标	项目	指标
粉末涂料配方/质量份		其他颜料	适量
聚酯树脂A(酸值28～33)	390	超细磷酸锌	60
HAA固化剂	21	硫酸钡	80
聚酯树脂B(酸值30～35)	200	涂膜性能	
PT 912	20	外观	平整光滑
流平剂	10	涂膜针孔(膜厚<140μm)	无针孔
增光剂	5	抗黄变性 ΔE(200℃/30min)	0.29
安息香	1.5	附着力(划格法)/级	0
SA-500	4	冲击强度/N·cm	±490
复合抗氧剂	5	60°光泽/%	90
其他助剂	适量	铅笔硬度	≥H
金红石钛白粉	220	粉末涂料固化条件/℃×min	(180～200)×(15～10)

表4-197 HAA/PT912混合固化剂聚酯粉末涂料的优缺点

优点	缺点
1. 涂膜平整光滑，丰满度高； 2. 涂膜抗黄变性好，相容性好； 3. 粉末涂料的带电性好，上粉率高； 4. 涂膜硬度高，力学性能好； 5. 低毒和低刺激性	1. 固化反应副产物比聚酯-HAA体系少，但仍有一部分产生； 2. 耐盐雾性能比聚酯-TGIC体系略差，通过优化配方解决

这种混合固化剂体系，通过配方中添加抗氧化剂和抗黄变安息香，或降低安息香用量和添加不黄变脱气剂等措施提高抗黄变性；还可以添加锌酸盐等方法改进涂膜的耐盐雾性能。

3. 环氧化合物 PT 910 固化剂

在聚酯粉末涂料中使用的固化剂还有 Ciba-Geigy 公司开发的环氧化合物 PT 910。这种固化剂是偏苯三酸三缩水甘油酯（triglycidyl trimellitate）与对苯二甲酸二缩水甘油酯（diglycidyl terephthalate）1∶3 质量比的固体混合物，与 TGIC 相比，PT 910 消除了生态毒性，但仍有一定的接触毒性和严重的刺激性。另外，由于其官能度低，反应活性弱，使用时需要添加更多的促进剂。PT 910 固化剂用于端羧基聚酯树脂的固化，它的化学结构如下：

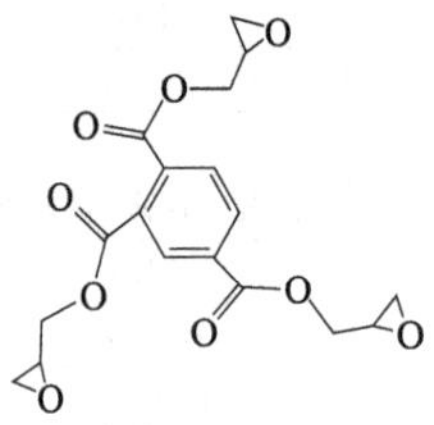

偏苯三酸三缩水甘油醇 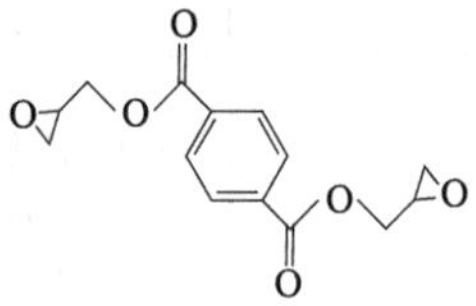　　　　对苯二甲酸二缩水甘油酯

这种固化剂的熔程为 95～105℃，环氧值 0.65～0.71eq/100g。用这种固化剂配制的聚酯粉末涂料与 TGIC 配制的粉末涂料相比，除耐候性稍差外，其他性能几乎差不多。

值得注意的问题是同样的聚酯树脂，当用 PT 910 配制聚酯粉末涂料时，比用 TGIC 配制的聚酯粉末涂料的 T_g 下降幅度大。例如玻璃化转变温度为 71℃的聚酯树脂，按聚酯树脂/PT 910＝91/9 配制聚酯粉末涂料时，粉末涂料的 T_g 为 55℃；T_g 为 74℃的聚酯树脂，按聚酯树脂/TGIC＝93/7 配制聚酯粉末涂料时，粉末涂料的 T_g 为 64℃。因此，为了保证粉末涂料的贮存稳定性，在选择聚酯树脂时，与 PT 910 配合使用的聚酯树脂要比配合 TGIC 使用的聚酯树脂，其玻璃化转变温度要高一些。PT 910 固化剂固化聚酯粉末涂料配方和特点见表 4-198。由于聚酯树脂玻璃化转变温度的特殊要求，聚酯树脂的品种少，PT 910 固化剂的价格也不便宜，因此在国内推广应用的比较少。

表 4-198　PT 910 固化剂固化聚酯粉末涂料配方和特点

项目	配方 1(白色)	配方 2(白色)	配方 3(白色)	配方 4(白色)
粉末涂料配方/质量份				
聚酯树脂品种	CC 800 (AV=35)	CC 802 (AV=20)	CC 803 (AV=25)	CC 804 (AV=25)
聚酯树脂	91	95	93	93
PT 910	9	5	7	7
流平剂	1.0	1.0	1.0	1.0
安息香	0.5	0.5	0.5	0.5
疏松剂	0.8	0.8	0.8	0.8
金红石型钛白粉	29	29	29	29
沉淀硫酸钡	14	14	14	14
固化条件/℃×min	180×20	180×20	180×20	180×20

续表

项目	配方 1(白色)	配方 2(白色)	配方 3(白色)	配方 4(白色)
聚酯树脂/PT 910(质量比)	91/9	95/5	93/7	93/7
粉末涂料特点	与配方 2 粉末涂料干混合可以得到半光粉末涂料	与配方 1 粉末涂料干混合可以得到半光粉末涂料	涂膜力学性能好,不起霜,耐过烘烤性好,贮存稳定性好	涂膜流平性好,不起霜,耐过烘烤性好,耐候性好

注:所用的聚酯树脂的型号是原 UCB 公司的型号,CC 800 是现在的 CC 2500-2;CC 802 是现在的 CC 2502-2;CC 803 是现在的 CC 2504-2;CC 804 没有对应型号。

4. 氨基树脂固化剂

氨基树脂也是聚酯粉末涂料的固化剂之一，但是工业化应用的品种还是不太多，目前国内应用的品种有用于固化羟基聚酯树脂的固化剂 Powderlink 1174 (PL 1174)，其成分是四甲氧甲基甘脲 (tetramethylglycoluril)，分子结构式如下：

```
CH3OH2C            CH2OCH3
       \          /
        N—CH2—N
       /          \
  O=C              C=O
       \          /
        N—CH2—N
       /          \
CH3OH2C            CH2OCH3
```

这种固化剂在胺封闭的磺酸类催化剂作用下，可以和羟基聚酯树脂发生固化反应，得到涂膜力学性能和耐化学品性能很好的皱纹（俗称绵绵纹或网纹）粉末涂料。在这种体系中，聚酯树脂/PL 1174=94/6，固化条件为 190℃×20min。四甲氧基甲基甘脲的红外光谱见图 4-19。从红外光谱图可以看到，$3424cm^{-1}$ 是 N—H 伸缩振动吸收峰；$2998cm^{-1}$、$2827cm^{-1}$ 是甲氧基中甲基的不对称伸缩吸收峰；$1727cm^{-1}$ 是脲基中 C=O 伸缩振动吸收峰；$1470cm^{-1}$、$1390cm^{-1}$ 是 $=N—CH_2—$ 中的 C—H 键弯曲振动吸收强峰；$1170cm^{-1}$ 是叔胺 C—N 伸缩振动吸收峰；$1079cm^{-1}$、$1066cm^{-1}$ 是脂肪族醚键 C—O—C 伸缩吸收峰；$1034cm^{-1}$ 是 $—O—CH_3$ 中 O—C 振动；$701cm^{-1}$ 是仲胺 N—H 面外弯曲振动吸收峰。

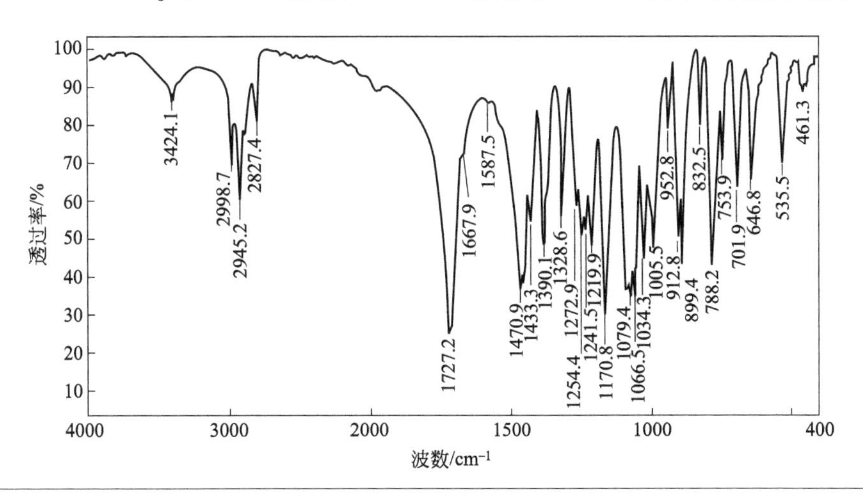

图 4-19 四甲氧基甲基甘脲红外光谱图

PL 1174 在 *N*-甲基磺基对甲苯磺酰胺 (*N*-methanesulfonyl-*p*-toluensulfonamide) 的催化作用下可以得到高光泽涂膜。*N*-甲基磺基对甲苯磺酰胺 (MTSI) 的结构式和技术指标如下：

分子结构式

$H_3C-C_6H_4-SO_2NHSO_2CH_3$

外观	可自由流动的白色或淡白色固体粉末
熔程	90～115℃
分子量	249
酸值	196～225mg KOH/g
密度（25℃）	1.500g/mL

用 MTSI 和 PL 1174 固化剂固化的粉末涂料，在低温固化条件下，涂膜有很好的抗冲击性能和耐溶剂性能，在烘烤固化时的抗黄变性好，耐候性也很好。这种粉末涂料中，聚酯树脂/PL 1174(质量比)＝(92/8)～(94/6)，固化条件为 175℃×20min 或 190℃×20min。

PL 1174 固化剂固化聚酯粉末涂料的缺点是固化反应时有副产物小分子化合物（甲醇）释放，对环境造成一定的污染，当涂膜过厚时容易产生猪毛孔等涂膜弊病。另外，PL 1174 固化剂和催化剂（Synthron 公司制造的 ACTIRON 32-18A)的玻璃化转变温度低，配制粉末涂料以后，粉末涂料的贮存稳定性差，粉末涂料容易结团。因此，要选用玻璃化转变温度高的羟基聚酯树脂相匹配，才可以得到更满意的粉末涂料。这种聚酯粉末涂料在国内已经开始推广应用，但因固化剂的价格比较高，还有贮存稳定性差的缺点，它的应用受到一定限制。PL 1174 固化剂固化高光聚酯粉末涂料的配方和涂膜性能见表 4-199；PL 1174 固化剂固化皱纹（网纹)聚酯粉末涂料配方和涂膜性能见表 4-200。

表 4-199　PL 1174 固化剂固化高光聚酯粉末涂料配方和涂膜性能

项目	配方 1	配方 2	配方 3	配方 4
粉末涂料配方/质量份				
UCB 3108 聚酯树脂	94	73.2	—	—
UCB 3493 聚酯树脂	—	—	94	—
UCB 3492 聚酯树脂	—	—	—	92
PL 1174 固化剂	6	6	6	8
R-960 钛白	30	40	40	92.3
特殊碳酸钙	10	—	—	—
MTSI 催化剂	0.5	0.5	0.5	0.75
流平剂(P-67)	1.3	1.3	—	—
流平剂(Modaflow 2000)	—	—	1.3	1.5
安息香	2.4	2.4	1.4	0.96
单硬脂酸铝	—	—	5	—
DABCO 三乙烯二胺	—	—	0.3	—
DABCO 三乙烯二胺（3109 聚酯树脂的 2%）	—	20.3	—	—
涂膜性能				
MEK　rub	1/200＋	200＋	1/200＋	—
努普硬度	11.8	12.8	—	—
冲击强度①(F/P)	160/150	160/160	140/160	160/160
黄变指数	—	1.08	－0.65	－3.55
60°光泽/%	92.2	88.6	85.0	86.9
耐盐雾/h	1008	1008	1008	10008
耐湿热(60℃,21d)	—	—	—	无变化
固化条件/℃×min	190×20	200×20	200×20	200×20

① F 表示反冲；P 表示正冲。原单位为 in·lb，可换算成乘 0.113N·m。

表 4-200　PL 1174 固化剂固化皱纹（网纹）聚酯粉末涂料配方和涂膜性能

项目	配方 1(白色)	配方 2(浅蓝色)	配方 3(中灰色)	配方 4(黑色)
粉末涂料配方/质量份				
CRYLCOAT 2920-0(氰特)	64	64	—	—
ADDITOL P 920(氰特)	9	9	—	—
产协 EL 1000H	—	—	62.7	62.7
PL 1174 固化剂	4.6	4.6	4.0	4.0
催化剂(ACTIRON 32 18A)	—	—	1.0	1.0
流平剂(Resifliow PV88)	1.1	1.1	0.2	0.2
安息香	1.1	1.1	0.9	0.9
金红石型钛白粉	23	20	18	—
酞菁蓝	—	0.10	—	0.1
炭黑	—		0.5	1.0
硫酸钡	9	14	—	18
高岭土	—	—	8.7	8.7
涂膜性能				
外观	均匀网纹	均匀网纹	均匀网纹	均匀网纹
60°光泽/%	6	6	3	3
冲击强度/N·cm	490	490	490	490
固化条件/℃×min	200×10	200×10	200×10	200×10

注：1. 流平剂的用量对涂膜的光泽有一定的影响，流平剂的用量增加时涂膜光泽有所提高，但对纹理没有明显的影响。
2. CRYLCOAT 2920-0 是原 UCB 公司的 CC 820 树脂，ADDITOL P 920 是原 UCB 公司的 CC 120 树脂。

三聚氰胺树脂固化羟基树脂粉末涂料也是聚酯粉末涂料的一个品种。由于固化剂六甲氧甲基三聚氰胺（HMMM)的熔点只有 55℃，工业级的常温下为液态，不适合直接用来配制粉末涂料，需要进行适当的改性。如果把三聚氰胺树脂用甲苯磺酰胺、环己醇、苯酚等改性为固体化合物，就可以用在粉末涂料中。固体氨基树脂固化聚酯粉末涂料配方见表 4-201。为了保证粉末涂料的贮存稳定性，要加 15%的氨基树脂，聚酯树脂的 T_g 必须高于 55℃。固体氨基树脂固化聚酯粉末涂料的涂膜性能见表 4-202。这种粉末涂料的力学性能、耐溶剂性能、耐污染性能和耐酸碱性能都比较好；缺点是烘烤固化时产生缩合反应副产物，涂膜容易出现针孔或气泡；另外，粉末涂料的贮存稳定性也存在一定的问题。因此，工业生产上还没有大量推广应用。

表 4-201　固体氨基树脂固化聚酯粉末涂料配方

配方组成	用量/质量份	配方组成	用量/质量份
羟基聚酯树脂	550	金红石型钛白粉	260
固体氨基树脂	84	沉淀硫酸钡	100
流平剂(通用型)	10	群青	少量
安息香	3.0		

表 4-202　固体氨基树脂固化聚酯粉末涂料的涂膜性能

项目	性能指标	项目	性能指标
固化条件/℃×min	170×20	耐黑彩色笔污染性	良好
涂膜外观	良好	耐红彩色笔污染性	良好
60°光泽/%　≥	90	耐口红污染性	很好
铅笔硬度	H	耐盐水喷雾(500h)/mm	2
附着力(划格法)	100/100	耐盐水喷雾(1000h)/mm	4
杯突试验/mm　≥	7	耐湿热(500h)后附着力(划格法)	100/100
冲击强度/N·cm①	490	耐湿热(1000h)后附着力(划格法)	100/100
耐汽油	很好	耐酸性(10% H_2SO_4)	很好
耐二甲苯	良好	耐碱性(10%NaOH)	一般

① DuPont 法，Φ1/2in（1.27cm）×500g。

5. MT239

日本日产公司生产的 TGIC 的代用品异氰尿酸三-β-甲基缩水甘油酯（tri-β-methylglycidyl Isocyanurate)，牌号为 MT239，该固化剂的毒性远低于 TGIC，在缩水甘油基的 β 位有甲基空间阻碍，其反应活性远低于 TGIC，其化学结构如下：

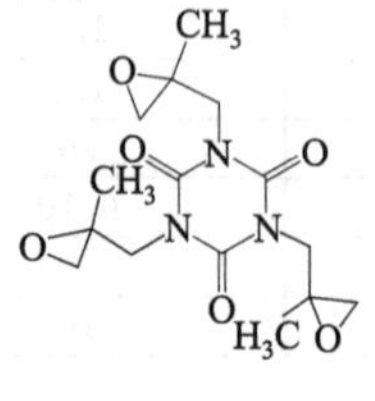

五、颜料和填料

聚酯粉末涂料用颜料和填料除了应具备的环氧-聚酯粉末涂料中的颜填料所具备的耐热性、耐酸性、耐碱性、耐水性和耐化学品性等条件之外，还要考虑户外使用的条件，必须要具备较好的耐光性和耐候性。从耐光性考虑，应该达到 7～8 级（8 级最好)；从耐候性考虑，应达到 4～5 级（5 级最好)的标准。钛白粉品种对聚酯-TGIC 聚酯粉末涂料和涂膜性能的影响见表 4-203；钛白粉品种对聚酯-HAA 聚酯粉末涂料和涂膜性能的影响见表 4-204。

表 4-203　钛白粉品种对聚酯-TGIC 聚酯粉末涂料和涂膜性能的影响

项目	配方 1	配方 2	配方 3	配方 4	配方 5	配方 6
钛白粉品种	R940	R930	R902	R706	R244	A01-01
粉末涂料配方/质量份						
聚酯树脂(AV≈35)	163	163	163	163	163	163
TGIC	15	15	15	15	15	15
流平剂(505)	24	24	24	24	24	24
光亮剂(701)	2.0	2.0	2.0	2.0	2.0	2.0
安息香	1.0	1.0	1.0	1.0	1.0	1.0
钛白粉	72	72	72	72	72	72
沉淀硫酸钡	25	25	25	25	25	25
群青	0.28	0.28	0.28	0.28	0.28	0.28
粉末涂料性能						
胶化时间(180℃)/s	267	318	315	285	304	190
熔融水平流动性(180℃)/mm	25.5	26.3	26.2	26.0	26.2	18.5
涂膜性能						
外观	轻橘纹	轻橘纹	轻橘纹	轻橘纹	轻橘纹	重橘纹
60°光泽/%	93.8	93.7	93.8	93.9	92.3	91.0
冲击强度/N·cm	490（正冲）	490（正冲）	490（正反冲）	490（正反冲）	490（正冲）	490（正反冲）
固化条件/℃×min	180×20	180×20	180×20	180×20	180×20	180×20

注：流平剂的有效成分为 10%。

表 4-204 钛白粉品种对聚酯-HAA 聚酯粉末涂料和涂膜性能的影响

项目	配方 1	配方 2	配方 3	配方 4	配方 5	配方 6	配方 7
钛白粉品种	R930	R902	R568	R706	R244	R940	A01-01
粉末涂料配方/质量份							
聚酯树脂(AV≈30)	164	164	164	164	164	164	164
HAA 固化剂	14	14	14	14	14	14	14
流平剂(505)	24	24	24	24	24	24	24
光亮剂(701)	2.0	2.0	2.0	2.0	2.0	2.0	2.0
安息香	0.6	0.6	0.6	0.6	0.6	0.6	0.6
钛白粉	72	72	72	72	72	72	72
沉淀硫酸钡	25	25	25	25	25	25	25
群青	0.28	0.28	0.28	0.28	0.28	0.28	0.28
粉末涂料性能							
胶化时间(180℃)/s	184	188	197	182	190	199	160
熔融水平流动性(180℃)/mm	24.1	23.4	24.6	23.7	23.1	25.2	21.5
涂膜性能							
外观	轻橘纹	轻橘纹	轻橘纹	轻橘纹	轻橘纹	轻橘纹	重橘纹
60°光泽/%	92.6	92.2	92.4	93.5	90.4	93.8	88.7
冲击强度/N·cm	490（正反冲）	490（正反冲）	490（正反冲）	490（正冲）	490（正反冲）	490（正反冲）	490（正冲）
固化条件/℃×min	180×15	180×15	180×15	180×15	180×15	180×15	180×15

注：1. 流平剂的有效成分为 10%。

2. 锐钛型钛白粉（A 型）比金红石型钛白粉（R 型）配制的粉末涂料胶化时间短，熔融水平流动性小。

3. 金红石型和锐钛型钛白粉之间对涂膜外观、光泽的影响有明显的差别，但金红石型之间的这种影响比较小。

表 4-203 和表 4-204 的数据表明，在聚酯-TGIC 或聚酯-HAA 体系中，金红石型钛白粉与锐钛型钛白粉对这些粉末涂料的胶化时间和熔融水平流动性的影响有明显的差别；对涂膜外观的影响也有明显的差别；然而不同型号金红石型钛白粉之间的差别比较小。另外，不同型号金红石型钛白粉之间的涂膜冲击强度的差别也是比较大的。因为锐钛型钛白粉的耐候性不好，不能用于耐候型聚酯粉末涂料，即使是耐候型的金红石型钛白粉，其耐候性差别也较大，所以需要根据耐候性的要求选择好金红石型钛白粉的品种和型号。表 4-205 是不同金红石型钛白粉配制聚酯粉末涂料的天然曝晒试验结果。

表 4-205 不同金红石型钛白粉配制聚酯粉末涂料的天然曝晒试验结果

聚酯粉末涂料类型	钛白粉型号	初始光泽/%	6 个月保光率/%	12 个月保光率/%	18 个月保光率/%	24 个月保光率/%
聚酯-TGIC(1)	R940	90.0	96.0	92.1	80.1	62.3
聚酯-TGIC(2)	R940	90.0	99.3	98.1	80.1	64.7
聚酯-HAA(1)	R940	88.5	91.5	76.8	72.5	53.3
聚酯-HAA(2)	R940	89.1	100	96.8	76.7	51.0
聚酯-HAA(1)	R930	90.7	102	94.4	92.2	80.6
聚酯-HAA(2)	R930	91.5	97.2	91.4	83.7	73.2
聚酯-HAA(1)	R902	87.7	102	96.7	91.8	71.3
聚酯-HAA(2)	R902	87.5	104	98.3	84.5	71.4

注：1. R940 为镇江钛白粉，R930 为日本石原钛白粉，R902 为美国杜邦钛白粉，都是金红石型。

2. 上述聚酯粉末涂料的钛白粉含量（质量分数）为 23%，颜填料含量（质量分数）为 35%。

表 4-205 的结果说明，钛白粉 R940 配制的不同固化剂的聚酯粉末涂料的耐候性进行比较时，TGIC 固化聚酯粉末涂料的耐候性比 HAA 固化聚酯粉末涂料的耐候性明显好，保光率高。另外，用不同型号的金红石型钛白粉配制的聚酯粉末涂料的耐候性进行比较时，它们之间也有明显的差别，当曝晒 12 个月时看不出明显的差别，但 18 个月以后明显地看出

R902 和 R930 配制的聚酯粉末涂料的耐候性比 R940 配制的聚酯粉末涂料好，保光率高。从涂膜的色差变化来说，TGIC/R940 体系的色差 ΔE 为 0.24～0.49；HAA/R940 体系 ΔE 为 0.11～0.27；HAA/R930 体系 ΔE 为 0.13～0.24；HAA/R902 体系 ΔE 为 0.02～0.52，总的来说，24 个月曝晒以后色差变化不大。

不同颜料对聚酯-TGIC 聚酯粉末涂料和涂膜性能的影响见表 4-206；不同颜料对聚酯-HAA 聚酯粉末涂料和涂膜性能的影响见表 4-207。

表 4-206　不同颜料对聚酯-TGIC 聚酯粉末涂料和涂膜性能的影响

项目	配方 1	配方 2	配方 3	配方 4	配方 5	配方 6	配方 7
颜料品种	耐晒黄	酞菁蓝	酞菁蓝	永固红	橘黄	铁红	炭黑
粉末涂料配方/质量份							
聚酯树脂(AV≈35)	163	163	163	163	163	163	163
TGIC	15	15	15	15	15	15	15
流平剂(505)	24	24	24	24	24	24	24
光亮剂(701)	2.0	2.0	2.0	2.0	2.0	2.0	2.0
安息香	1.0	1.0	1.0	1.0	1.0	1.0	1.0
金红石型钛白粉	16	16	16	16	16	—	—
沉淀硫酸钡	75	75	75	75	75	25	75
颜料	6.2	6.2	6.2	6.2	6.2	72	2.8
粉末涂料性能							
胶化时间(180℃)/s	270	217	295	240	310	217	218
熔融水平流动性(180℃)/mm	24.2	19.9	24.4	23.9	23.5	26.6	24.2
涂膜性能							
外观	轻橘纹	光亮、丰满、重橘纹	轻橘纹	光亮、丰满、轻橘纹	光亮、丰满、轻橘纹	光亮、丰满、较平整	光亮、丰满、轻橘纹
60°光泽/%	90.5	90.3	82.9	88.3	98.8	87.8	88.5
冲击强度/N·cm	490（正反冲）	490（正反冲）	490（正冲）	490（正反冲）	490（正反冲）	490（正冲）	490（正冲）
固化条件/℃×min	190×15	190×15	190×15	190×15	190×15	190×15	190×15

注：流平剂的有效成分含量为 10%。

表 4-207　不同颜料对聚酯-HAA 聚酯粉末涂料和涂膜性能的影响

项　　目	配方 1	配方 2	配方 3	配方 4	配方 5	配方 6
颜料品种	耐晒黄	酞菁绿	酞菁蓝	永固红	铁红	炭黑
粉末涂料配方/质量份						
聚酯树脂(AV≈30)	164	164	164	164	164	164
HAA 固化剂	14	14	14	14	14	14
流平剂(505)	24	24	24	24	24	24
光亮剂(701)	2.0	2.0	2.0	2.0	2.0	2.0
安息香	0.6	0.6	0.6	0.6	0.6	0.6
金红石型钛白粉	18	18	18	18	—	—
沉淀硫酸钡	75	75	75	75	25	75
颜料	6.2	6.2	6.2	6.2	72	2.8
粉末涂料性能						
胶化时间(180℃)/s	220	195	188	183	180	186
熔融水平流动性(180℃)/mm	24.5	22.2	21.9	24.3	25.3	24.3
涂膜性能						
外观	轻橘纹	重橘纹	重橘纹	较平整	很平整	较平整
60°光泽/%	87.6	87.6	92.5	89.3	87.2	88.9
冲击强度/N·cm	490（正冲）	490（正冲）	490（正反冲）	490（正反冲）	490（正反冲）	490（正反冲）
固化条件/℃×min	180×15	180×15	180×15	180×15	180×15	180×15

注：流平剂的有效成分含量为 10%。

表 4-206、表 4-207 的结果表明，不同颜料品种对聚酯-TGIC、聚酯-HAA 粉末涂料的胶化时间和熔融水平流动性的影响有明显的差别，同时对涂膜外观、光泽和冲击强度的影响也有明显的差别，因此根据粉末涂料的要求选择好颜料品种是必要的。为了使不同颜料品种配方之间有可比性，在固定颜填料含量的情况下，对有机颜料和炭黑的用量少、无机颜料的用量多的情况下进行了研究。

不同填料品种对聚酯粉末涂料和涂膜性能也有一定的影响，不同填料对不同聚酯粉末涂料和涂膜性能的影响见表 4-208；针对同一种聚酯树脂，不同填料品种对聚酯-TGIC 和聚酯-HAA 粉末涂料和涂膜性能的影响见表 4-209 和表 4-210。

表 4-208　不同填料对不同聚酯粉末涂料和涂膜性能的影响

项目	配方 1	配方 2	配方 3	配方 4	配方 5	配方 6
粉末涂料配方/质量份						
聚酯树脂(SJ4ET)	186	186	186	—	—	—
聚酯树脂(SJ4E)	—	—	—	186	186	186
TGIC	14	14	14	14	14	14
Resiflow PV88	4.0	4.0	4.0	4.0	4.0	4.0
安息香	1.0	1.0	1.0	1.0	1.0	1.0
钛白粉(R215)	80	80	80	80	80	80
高岭土	38	—	—	38	—	—
沉淀硫酸钡	—	38	—	—	38	—
消光硫酸钡	—	—	38	—	—	38
高耐磨炭黑	0.007	0.007	0.007	0.007	0.007	0.007
氢化蓖麻油	5.0	5.0	5.0	5.0	5.0	5.0
消光剂 PW-176(德谦)	2.7	2.7	2.7	2.7	2.7	2.7
紫外光吸收剂	1.2	1.2	1.2	1.2	1.2	1.2
抗氧剂	1.7	1.7	1.7	1.7	1.7	1.7
涂膜性能						
外观	较平整	较平整	较平整	较平整	较平整	较平整
60°光泽/%	48.8	62.4	67.1	62.6	80.7	67.8
冲击强度/N·cm	490 (正反冲)	490 (正反冲)	490 (正反冲)	490 (正反冲)	490 (正反冲)	490 (正反冲)
耐沸水(2h)	无泡	无泡	无泡	无泡	个别小泡	个别小泡
水煮后 60°光泽/%	31	24	37	54	59	63
水煮后冲击强度/N·cm	490 (正反冲)	490 (正反冲)	490 (正反冲)	490 (正冲)	490 (正反冲)	490 (正反冲)
固化条件/℃×min	180×20	180×20	180×20	180×20	180×20	180×20

注：聚酯树脂都是安徽神剑新材料有限公司产品。

表 4-208 的数据说明，不同填料在有消光剂的聚酯粉末涂料中，对涂膜光泽有一定的影响，而且聚酯树脂不同时涂膜光泽的差别也很大，同时对涂膜耐沸水性能、水煮后的涂膜光泽和冲击强度的影响也有差别。

表 4-209　不同填料对聚酯-TGIC 粉末涂料和涂膜性能的影响

填料品种	沉淀硫酸钡	消光硫酸钡	超细高岭土	云母粉	轻质碳酸钙	滑石粉	超细滑石粉
粉末涂料性能							
填料用量/%	25.2	25.2	25.2	25.2	25.2	25.2	25.2
胶化时间(180℃)/s	167	265	313	255	250	255	260
熔融水平流动性(180℃)/mm	22.7	23.9	22.7	21.7	21.9	20.9	14.8

续表

填料品种	沉淀硫酸钡	消光硫酸钡	超细高岭土	云母粉	轻质碳酸钙	滑石粉	超细滑石粉
涂膜性能							
外观	光亮、丰满、轻橘纹	很平整	较平整	轻橘纹	光亮、丰满、轻橘纹	半光砂纹	均匀砂纹
60°光泽/%	97.6	81.6	80.9	57.6	91.3	57.6	59.0
冲击强度/N·cm	490	490	490	490	490	490	490
铅笔硬度	(正冲)2H	(正反冲)2H	(正冲)3H	(正冲不过)3H	(正冲)2H	(正冲不过)4H	(正冲)4H
固化条件/℃×min	180×20	180×20	180×20	180×20	180×20	180×20	180×20

注：1. 配方中的颜填料含量为32.2%(质量分数)。

2. 在实际聚酯粉末涂料配方中，轻质碳酸钙容易粉化，不适合使用。

表4-210　不同填料对聚酯-HAA粉末涂料和涂膜性能的影响

项目	配方1	配方2	配方3	配方4	配方5	配方6
填料品种	超细硫酸钡	沉淀硫酸钡	消光硫酸钡	超细高岭土	云母粉	轻质碳酸钙
粉末涂料配方/质量份						
聚酯树脂(AV≈30)	164	164	164	164	164	164
HAA	14	14	14	14	14	14
流平剂(505)	24	24	24	24	24	24
光亮剂(701)	2.0	2.0	2.0	2.0	2.0	2.0
安息香	0.6	0.6	0.6	0.6	0.6	0.6
金红石型钛白粉	18	18	18	18	18	18
酞菁蓝	3.3	3.3	3.3	3.3	3.3	3.3
填料	76	76	76	76	76	76
粉末涂料性能						
胶化时间(180℃)/s	205	199	189	180	188	184
熔融水平流动性(180℃)/mm	23.5	23.6	24.4	23.8	20.8	21.5
涂膜性能						
外观	丰满、光亮、轻橘纹	丰满、光亮、轻橘纹	平整	平整	小橘纹	小橘纹
60°光泽/%	89.4	92.5	70.8	65.1	47.4	86.1
冲击强度/N·cm	490(正冲)	490(正冲)	490(正反冲)	490(正反冲)	490(正反冲)	490(正冲)
固化条件/℃×min	180×15	180×15	180×15	180×15	180×15	180×15×15

注：在实际的聚酯粉末涂料配方中，考虑到轻质碳酸钙的耐酸性和耐粉化性不好，不适合使用。

表4-209、表4-210的数据说明，不同的填料造成上述两种粉末涂料的胶化时间、熔融水平流动性有明显的差别，而且对涂膜外观、光泽、冲击强度和铅笔硬度等性能的影响也有明显的差别。因此，要得到满意的涂膜性能，选择好填料品种和用量也是很重要的。

六、助剂

在聚酯粉末涂料配方中，助剂也是不可缺少的组成部分，在环氧-聚酯粉末涂料中使用的相当一部分助剂品种在聚酯粉末涂料中都可以使用。在聚酯粉末涂料中常用的助剂品种有流平剂、光亮剂、除气剂（脱气剂）、消泡剂、消光剂、消光固化剂、紫外光吸收剂、抗氧剂、松散剂（疏松剂）、抗静电剂、增电剂、边角覆盖力改性剂、锤纹剂、皱纹剂、砂纹剂等。根据粉末涂料的不同要求添加相应的助剂，然而聚酯粉末涂料对耐候性有要求，有些助剂品种的具体组成与环氧-聚酯粉末涂料中使用的助剂是有明显区别的。因为聚酯粉末涂料的配粉性能和配色性能好，所以可通过添加不同助剂配制各种各样的粉末涂料品种。在根据粉末涂料的要求选择好助剂品种的基础上，还要选择好合适的助剂用量才能得到满意的粉末涂料和涂膜性能。对于要求平整涂膜外观的粉末涂料，必须添加流平剂，流平剂的用量对涂膜外观有很大的影响，在聚酯-TGIC聚酯粉末涂料中，流平剂用量对聚酯-TGIC聚酯粉末涂料外观的影响见表4-211。在聚酯粉末涂料配方中，使用国产流平剂体系最好添加光亮剂，而一些进口流平剂可以不加，这要根据涂膜外观决定，光亮剂对聚酯-TGIC聚酯粉末涂料性能的影响见表4-212。

表4-211　流平剂用量对聚酯-TGIC聚酯粉末涂料外观的影响（白色粉）

项　　目	配方1	配方2	配方3	配方4
粉末涂料配方/质量份				
聚酯树脂(AV≈35)	186	180	168	159
TGIC	14	14	14	14
流平剂(505)	0	12	20	30
光亮剂(701)	4.0	4.0	4.0	4.0
安息香	1.0	1.0	1.0	1.0
金红石型钛白粉	72	72	72	72
沉淀硫酸钡	25	25	25	25
群青	0.28	0.28	0.28	0.28
涂膜性能				
外观	全板缩孔	个别缩孔	光亮、丰满、平整、无缩孔	光亮、丰满、平整、无缩孔
60°光泽/%	60	94.4	94.1	95.5
固化条件/℃×min	180×20	180×20	180×20	180×20

注：1. 流平剂的有效成分含量为10%，载体为聚酯树脂。

2. 流平剂的用量为成膜物的1%以上时，涂膜无缩孔。

表4-212　光亮剂用量对聚酯-TGIC聚酯粉末涂料性能的影响（白色粉）

项目	配方1	配方2	配方3
粉末涂料配方/质量份			
聚酯树脂(AV≈35)	164	164	164
TGIC	14	14	14
流平剂(505)	24	24	24
光亮剂(701)	0	2.0	4.0
安息香	1.0	1.0	1.0
金红石型钛白粉	72	72	72
沉淀硫酸钡	25	25	25
群青	0.28	0.28	0.28
涂膜性能			
外观	平整、丰满度差	光亮、丰满、轻橘纹	光亮、丰满、轻橘纹
60°光泽/%	93.5	95.0	94.5
冲击强度/N·cm	490(正反冲)	490(正反冲)	490(正冲)
固化条件/℃×min	180×20	180×20	180×20

注：1. 流平剂的有效成分含量为10%，载体为聚酯树脂。

2. 无光亮剂时，涂膜的丰满度和清晰度差。

3. 光亮剂用量为成膜物总量的2%时，涂膜冲击强度有所下降，反冲击性能变差。

表 4-211 的结果表明，没有流平剂或流平剂的量少时涂膜有缩孔，流平剂的用量过多时涂膜光泽下降或者清晰度也不好。流平剂用量为树脂或成膜物总量的 1.0%～1.5%是比较好的。表 4-212 的结果表明，光亮剂对涂膜的清晰度有影响，不加时清晰度不好，用量过多时影响涂膜冲击强度。

聚乙烯蜡和聚氟乙烯蜡是粉末涂料中常用于改进颜料和填料的分散、调节涂膜光泽或韧性等性能而添加的助剂，不同规格和型号的聚乙烯蜡对聚酯-TGIC 聚酯粉末涂料性能的影响见表 4-213。

表 4-213　不同规格和型号的聚乙烯蜡对聚酯-TGIC 聚酯粉末涂料性能的影响

项目	配方 1	配方 2	配方 3	配方 4	配方 5	配方 6	配方 7	配方 8
聚乙烯蜡型号	AW29	T-967	BYK961	W-800	CA-C8A	AW61	高光蜡	PEW0301
粉末涂料配方/质量份								
聚酯树脂 SJ4ET	185	185	185	185	185	185	185	185
TGIC	15	15	15	15	15	15	15	15
通用流平剂	4.0	4.0	4.0	4.0	4.0	4.0	4.0	4.0
光亮剂(701)	2.0	2.0	2.0	2.0	2.0	2.0	2.0	2.0
安息香	1.0	1.0	1.0	1.0	1.0	1.0	1.0	1.0
金红石型钛白粉	75	75	75	75	75	75	75	75
沉淀硫酸钡	35	35	35	35	35	35	35	35
聚乙烯蜡	3.2	3.2	3.2	3.2	3.2	3.2	3.2	3.2
粉末涂料熔融水平流动性(180℃)/mm	21.4	23.0	24.3	23.7	24.3	23.5	25.0	22.7
涂膜性能								
外观	橘纹重	橘纹重	轻橘纹	轻橘纹	较平整	较平整	较平整	轻橘纹
60°光泽/%	80	81	82	81.2	82.3	83.2	87.5	81.4
冲击强度/N·cm	±490	±490	±490	±490	±490	±490	±490	±490
铅笔硬度	H	H	2H	H	H	H	2H	2H
柔韧性/mm	0.5	0.5	0.5	0.5	0.5	1.0	1.0	0.5
冷冻冲击强度/N·cm					490(正反冲过)			

张雪磊等研究了柔韧性超耐候聚酯粉末涂料，在超耐候聚酯树脂中间苯二甲酸的含量较高，虽然涂膜的耐候性有很大的提高，但是涂膜的冲击强度明显下降，可以通过配方中添加增韧剂的方法改进涂膜的冲击强度等性能。在粉末涂料中，增韧剂是降低涂膜的脆性、提高涂膜冲击强度等性能的常用助剂。增韧剂有活性和非活性两大类，活性增韧剂有活性基团可以跟基础树脂起化学交联反应，可以提供一部分柔性链段，从而提高涂膜的柔韧性。而非活性增韧剂是一类与树脂部分相容，但不参与反应的增韧剂。以 DSM 公司的超耐候聚酯 P6600 为基础树脂，分别添加 5%结晶型共聚物 C、ZrP_2、杜邦公司 PTW、杜邦公司 AD8545 进行改性，其结果见表 4-214。

表 4-214　不同增韧剂改性超耐候聚酯（P6600）粉末配方和涂膜性能

项目	配方 1	配方 2	配方 3	配方 4	配方 5
配方/质量份					
增韧剂品种和含量	未加	5%结晶型聚合物 C	5%ZrP_2	5%PTW	5%AD8545
P6600 聚酯	279	279	279	279	279
TGIC	21	21	21	21	21
钛白粉	150	150	150	150	150
流平剂	5	5	5	5	5
脱气剂	2	2	2	2	2

续表

项目	配方 1	配方 2	配方 3	配方 4	配方 5
增韧剂	0	25	25	25	25
总量	457	482	482	482	482
涂膜性能					
膜厚/μm	65～75	65～75	65～75	65～75	65～75
外观	好	好	好	起霜	好
流平(PCI)	6	5+	5	5+	5+
雾度/%	56.9	40	118	145	159
60°光泽/%	90.9	91.2	90.6	48.7	83.2
冲击强度/kg·cm①	−50×	−50	−50×	−50×	−50×

注：冲击强度中“×”表示未通过。

表 4-214 结果说明，在四种增韧剂中结晶型共聚物 C 的增韧效果最好，冲击强度 50cm 的反冲通过，其他增韧剂都没有通过。添加结晶型共聚物 C 改性聚酯树脂 P6600 与未改性超耐候聚酯 P6600 配制粉末涂料的 QUVB 加速老化性能比较，保光率 50%时老化时间未改性的需要 797h，而改性的需要 798h，两者差不多；未改性的色差为 0.93，改性的色差为 1.54，两者有明显的差别。5%结晶型共聚物 C 对 TGIC 和 HAA 固化体系的超耐候聚酯树脂涂膜冲击强度性能的提升均有明显的作用，并且不会对涂膜流平和耐候性产生较大的影响。

消光剂是聚酯粉末涂料中常用的助剂，其中加催化剂的蜡基消光剂有 Ciba 公司的 DT 3329-1、上海索是化工有限公司的 T-301、宁波南海化学有限公司的 XG605W、安徽六安市捷通达新材料有限公司的 SA206，这些消光剂对聚酯-TGIC 聚酯粉末涂料涂膜性能的影响见表 4-215。

表 4-215 不同商家蜡基消光剂对聚酯-TGIC 聚酯粉末涂料涂膜性能的影响

项目	配方 1	配方 2	配方 3	配方 4
消光剂品种	Ciba 公司 DT3329-1	索是公司 T-301	南海公司 XG605W	捷通达 SA206
粉末涂料配方/质量份				
聚酯树脂(CYTEC CC 450)	143	143	143	143
TGIC	11	11	11	11
消光剂	11	11	11	11
流平剂(Resiflow PV 88)	2.5	2.5	2.5	2.5
安息香	1.0	1.0	1.0	1.0
金红石型钛白粉	45	45	45	45
沉淀硫酸钡	33	33	33	33
涂膜性能				
外观	较平整	很平整	很平整	很平整
60°光泽/%	48	43	44	44.5
冲击强度/N·cm	490	490	490	490
固化条件/℃×min	180×20	180×20	180×20	180×20

六安捷通达公司的蜡基消光剂 SA206 与 TGIC、K7280 与捷通达 SA3120 固化剂(HAA 类)跟神剑聚酯树脂匹配后的消光效果和涂膜性能见表 4-216。这些消光剂对不同厂家的聚酯树脂的消光效果也有差别；上海索是化工有限公司消光剂 T-301 的用量对聚酯-

TGIC 聚酯粉末涂料和涂膜性能的影响见表 4-217。

表 4-216　捷通达公司的蜡基消光剂与神剑聚酯树脂匹配后的消光效果和涂膜性能

项目	配方 1	配方 2
粉末涂料配方/质量份		
聚酯树脂 SJ4ET	558	600
固化剂 TGIC	42	—
捷通达 SA3120 固化剂(HAA)	—	26
流平剂 PV88	10	10
安息香	3	4
硫酸钡 GX-44HB	177	402
钛白粉 ZR940	200	—
炭黑 MA-100	—	7
捷通达消光剂 SA206	30.5	—
捷通达消光剂 K7280	—	68
共计	1020.5	1117
固化条件和涂膜性能		
固化条件/℃×min	200×10	200×10
外观	平整	平整
60°光泽/%	40～50	17～20
冲击强度(正/反)/kg·cm	50/50	50/30

表 4-217　上海索是化工有限公司消光剂 T-301 用量对聚酯-TGIC 聚酯粉末涂料和涂膜性能的影响

项目		配方 1	配方 2	配方 3	配方 4
粉末涂料配方/质量份					
神剑 SJ4ET		185	185	185	185
TGIC		15	15	15	15
通用流平剂		4.0	4.0	4.0	4.0
光亮剂(701)		2.0	2.0	2.0	2.0
安息香		1.0	1.0	1.0	1.0
钛白粉(R215)		80	80	80	80
沉淀硫酸钡		44	44	44	44
群青		0.2	0.2	0.2	0.2
消光剂 T-301		6.0	12	18	24
粉末涂料胶化时间(180℃)/s		180	168	166	182
熔融水平流动性(180℃)/mm		17.0	21.3	22.0	21.2
涂膜性能					
外观		轻橘纹	轻橘纹	轻橘纹	轻橘纹
60°光泽/%	钢板	46.4	40.2	39.0	36.1
	铝板	47.9	41.7	40.2	34.1
冲击强度/N·cm		490	490	490	490
固化条件/℃×min		180×20	180×20	180×20	180×20

表 4-216 的结果表明，SA206 与 TGIC 匹配，K7280 与捷通达 SA3120 固化剂（HAA）匹配，再跟同样的聚酯树脂可以配制不同光泽的粉末涂料。表 4-217 的结果表明，上海索是化工有限公司的消光剂 T-301 的用量对聚酯粉末涂料的光泽有明显的影响，一般随着消光剂用量的增加涂膜光泽下降，然而这种下降是有限的；另外消光剂用量对粉末涂料的胶化时间和熔融水平流动性也有一定的影响。

在聚酯粉末涂料中常用的消光剂还有树脂型的消光剂，这种消光剂的优点是克服了蜡基消光剂影响粉末涂料干粉流动性和贮存稳定性以及用量多时涂膜容易出现蜡状物等问题。这种树脂型消光剂的品种有宁波南海化学有限公司的 XG615、XG616、XG617 等。还有六安捷通达新材料有限公司的 K7212A、K7215、K7217 和 SA 2068 等，用这类消光剂配制聚酯-TGIC 聚酯粉末涂料配方和涂膜性能见表 4-218。

表 4-218 捷通达公司树脂型消光剂品种对聚酯-TGIC 聚酯粉末涂料的消光效果和涂膜性能

项目	配方 1	配方 2	配方 3	配方 4	配方 5
粉末涂料配方/质量份					
聚酯树脂 SJ4ET	558	558	558	558	400
TGIC	47	47	47	47	71.5
流平剂 PV88	10	10	10	10	8
安息香	3	3	3	3	2
硫酸钡 ZR-44HB	177	177	177	177	75(W-5)
钛白粉 ZR940	200	200	200	200	125
消光剂 K7212	52	—	—	—	—
消光剂 K7212A		52	—	—	—
消光剂 K7215	—	—	52	—	—
消光剂 K7216	—	—	—	52	—
消光剂 SA2068	—	—	—	—	36
共计	1047	1047	1047	1047	717.5
固化条件和涂膜性能					
固化条件/℃×min	200×10	200×10	200×10	200×10	200×10
膜厚/μm	60～90	60～90	60～90	60～90	60～90
外观	平整	平整	平整	平整	平整
60°光泽/%	15～18	12～15	6～8	11～14	10～14
冲击强度(正/反)/kg·cm	50/30	50/30	50/30	50/30	50/<50

表 4-218 的结果说明，捷通达公司的树脂型消光剂 K7212、K7212A、K7215、K7217 和 SA2068 的消光效果很好，涂膜的平整性也比较好，而且涂膜的正冲击性能都很好。这些消光剂在固化反应时，需要消耗一定量的 TGIC（1 份消光剂消耗 1 份左右的 TGIC)，对于不同厂家聚酯树脂的消光效果可能有一定差别，事先有必要进行试验后选择合适的配比。

近年来一些公司开发了外加型消光剂，这种消光剂与配制好的高光或有光聚酯粉末涂料干混合可以得到消光粉末涂料。涂膜光泽决定于消光剂的用量，随着消光剂的用量增加涂膜光泽下降。安徽六安市捷通达化工有限责任公司 SA2061D 外加型消光剂对聚酯-TGIC 聚酯粉末涂料的消光效果见表 4-219。

表 4-219 捷通达 SA2061D 外加型消光剂对聚酯-TGIC 聚酯粉末涂料的消光效果

项目	配方 1	配方 2	配方 3
树脂型号	神剑 SJ4ET	神剑 SJ4E	神剑 SJ4C
粉末涂料配方/质量份			
聚酯树脂	186	186	186
TGIC	14	14	14
通用型流平剂	4.0	4.0	4.0
光亮剂(701)	2.0	2.0	2.0
安息香	1.0	1.0	1.0
金红石型钛白粉	75	75	75
沉淀硫酸钡	36	36	36
SA2061D 的用量和光泽			
0 时 60°光泽/%	87.7	90.8	88.6
1%时 60°光泽/%	47.9	61.1	79.6
2%时 60°光泽/%	32.8	39	64.8
3%时 60°光泽/%	15.4	20.1	24.3

表 4-219 的结果表明，SA2061D 外加型消光剂对于不同型号的聚酯树脂的消光效果有明显差别，而且不同消光剂用量对光泽的影响也很明显。因此根据涂膜光泽要求选择好合适

的树脂品种和消光剂的用量是必要的。另外，从涂膜外观来说，与粉末涂料制造时内加消光剂的粉末涂料比较，涂膜的平整性和细腻性差一些，可以用在对涂膜外观要求不高的场合。这种消光剂的优点是调节光泽容易，使用起来很方便。

聚酯粉末涂料中也用到消光固化剂，消光固化剂的消光原理也跟在环氧-聚酯粉末涂料中一样，既要起消光剂的作用，又要起到固化剂的作用，参与固化反应。聚酯粉末涂料中常用的消光固化剂有宁波南海化学有限公司的 XG628、XG607C、XG665，安徽六安市捷通达化工有限责任公司的 SA2068、SA2069，广州产协高分子有限公司的 AG500 等产品。消光固化剂 XG628 与不同厂家聚酯树脂匹配时的粉末涂料配方和涂膜性能见表 4-220；这种消光固化剂与 TGIC 不同用量匹配时的粉末涂料配方和涂膜性能见表 4-221。

表 4-220　消光固化剂 XG628 与不同厂家聚酯树脂匹配时的粉末涂料配方和涂膜性能

项目	配方 1	配方 2	配方 3	配方 4
聚酯树脂品种	浙江天松 CE 2098	广州产协 EL 6600	广州产协 EL 6700	氰特 CC 450
粉末涂料配方/质量份				
聚酯树脂(AV≈35)	150	150	150	150
TGIC	24	24	24	24
Resiflow PV 88 流平剂	4	4	4	4
氢化蓖麻油	1	1	1	1
消光固化剂 XG628	12	12	12	12
金红石型钛白粉	60	60	60	60
沉淀硫酸钡	20	20	20	20
涂膜性能				
外观	较平整	很平整	橘纹较重	橘纹较重
60°光泽/%	29	23	41	24
固化条件/℃×min	190×20	190×20	190×20	190×20

表 4-221　消光固化剂 XG628 与 TGIC 不同配比时的粉末涂料配方和涂膜性能

项目	配方 1	配方 2	配方 3
粉末涂料配方/质量份			
聚酯树脂(AV≈35)	150	150	150
TGIC	26.5	26.5	24
消光固化剂 XG628	12	16.7	12
Resiflow PV 88 流平剂	4.0	4.0	4.0
氢化蓖麻油	3.5	3.5	3.5
聚乙烯蜡	0	3.0	3.0
金红石型钛白粉	60	60	60
沉淀硫酸钡	10	10	10
涂膜性能			
外观	平整	很平整	很平整
60°光泽/%	20	12	20
固化条件/℃×min	190×20	190×20	190×20

表 4-220 和表 4-221 的结果表明，消光固化剂 XG628 对不同厂家不同型号聚酯树脂的消光效果有明显差别，而且涂膜外观的影响也有较大的差别；另外消光固化剂与 TGIC 的配比不同时涂膜光泽也不同，因此在使用消光固化剂 XG628 时一定要考虑好与聚酯树脂的匹配

和与 TGIC 之间的配比问题，才能得到合适的涂膜光泽和外观。

消光剂 XG607C 是一种复合型消光剂，其特点是有较好涂膜力学性能和出色的消光性能，适用于 93/7 或 94/6 的 TGIC 体系，与不同厂家聚酯树脂匹配的粉末涂料配方和涂膜性能见表 4-222。用消光固化剂 SA2068 配制聚酯-TGIC 粉末涂料配方和涂膜性能见表 4-223。

表 4-222 消光剂 XG607C 与不同厂家聚酯树脂匹配时粉末涂料配方和涂膜性能

项目	配方 1	配方 2	配方 3	配方 4
涂料配方/质量份				
聚酯树脂 P 4600(DSM)	560	560	—	—
聚酯树脂 SJ4ET(神剑)	—	—	560	560
TGIC	41	41	47	47
消光剂 XG607C	50	50	50	50
流平剂 BLP588	10	10	10	10
增光剂 BLC701	8	8	8	8
安息香	4	4	4	4
钛白粉	200	200	200	200
炭黑	—	6	—	6
消光硫酸钡	127	321	121	315
总计	1000	1000	1000	1000
固化条件和涂膜性能				
固化条件/℃×min	190×15	190×15	190×15	190×15
60°光泽/%	15.3	14.7	16.6	14.4
膜厚/μm	60～80	60～80	60～80	60～80
冲击强度(正)/kg・cm	50	50	50	50

表 4-223 用消光固化剂 SA2068 配制聚酯-TGIC 粉末涂料配方和涂膜性能

项目	配方 1	配方 2	配方 3	配方 4	配方 5
粉末涂料配方/质量份					
聚酯树脂(CYTEC CC 440)	400	—	—	—	—
聚酯树脂(杜邦华佳 SP 2000)	—	400	—	—	—
聚酯树脂(杭州中法 P 9335)	—	—	400	—	—
聚酯树脂(DSM P 5201)	—	—	—	526	526
TGIC	72.1	72.1	72.1	81	95
通用型流平剂	10	10	10	9	9
脱气剂	6	6	6	10	10
SA 2068 消光固化剂	36.5	36.5	36.5	37.5	50
金红石型钛白粉	125	125	125	200	200
沉淀硫酸钡	75	75	75	75	75
涂膜性能					
外观	流平很好	流平很好	流平很好	流平良好	流平良好
60°光泽/%	11	13	14	23	11
冲击强度/N・cm	490	490 龟裂	490	490	490
固化条件/℃×min	200×10	200×10	200×10	200×10	200×10

表 4-223 的结果表明，SA2068 消光固化剂对不同厂家的聚酯树脂的消光效果有明显的差别，而且聚酯树脂/TGIC/SA2068 消光固化剂的比例变化时对涂膜光泽也产生影响。

除上述消光固化剂外，丙烯酸树脂型消光固化剂也是常用的类型，其中有上面叙述过的宁波南海化学有限公司的 XG665、广州产协高分子有限公司的 AG500、六安捷通达公司的 K550、K580 等消光固化剂。用消光固化剂 XG665 配制聚酯-HAA 和聚酯-TGIC 粉末涂料配方和涂膜性能见表 4-224，用消光固化剂 K550、K580 配制聚酯-TGIC 粉末涂料配方和涂膜性能见表 4-225。用 GMA 丙烯酸树脂配制的无光聚酯粉末涂料配方和涂膜性能见表 4-226；用中添/索是带有环氧基的丙烯酸消光树脂 T-308 配制的无光聚酯粉末涂料涂膜流平性、耐划伤性、冲击强度好，无光聚酯粉末涂料配方和涂膜性能见表 4-227；用中添/索是带有环氧基的丙烯酸消光树脂 T-550 配制的粉末涂料消光性能好，涂膜力学性能好，光泽稳定，无光和低光聚酯粉末涂料配方见表 4-228。

表 4-224　用南海消光固化剂 XG665 配制聚酯-HAA 和聚酯-TGIC 粉末涂料配方和涂膜性能

项目	配方 1	配方 2	配方 3	配方 4	配方 5
粉末涂料配方/质量份					
聚酯树脂(CYTEC CC 7630)	60	60	60	—	—
聚酯树脂(DSM P 5200)	—	—	—	60	60
HAA(南海化学 T-105)	1.2	1.4	1.6	—	—
TGIC(Ciba PT 810)	—	—	—	1.8	1.9
通用型流平剂	1	1	1	1	1
安息香	0.15	0.15	0.15	0.15	0.15
XG665 消光固化剂	12.6	10.8	8.4	12.6	12.6
金红石型钛白粉	18	18	18	18	18
硫酸钡	20	20	20	20	20
涂膜性能					
60°光泽/%	可达 10%以下			可达 20%以下	
固化条件/℃×min	180×30，200×15			200×20	

表 4-225　用捷通达消光固化剂 K550 和 K580 配制聚酯-TGIC 粉末涂料配方和涂膜性能

项目	配方 1	配方 2
粉末涂料配方/质量份		
聚酯树脂 SJ4ET	500	500
TGIC	12	12
流平剂 PV88	10	10
脱气剂 SA500	10	10
硫酸钡 W-5	350	350
炭黑 MA-100	10	10
消光剂固化剂 K550	162	—
消光剂固化剂 K580	—	162
共计	1054	1054
固化条件和涂膜性能		
固化条件/℃×min	200×10	200×10
膜厚/μm	60～90	60～90
外观	平整	平整
60°光泽/%	3～5	3～5
冲击强度(正/反)/kg·cm	50/50	50/30

表 4-226　用 GMA 丙烯酸树脂配制的无光聚酯粉末涂料配方和涂膜性能

项目	配方 1	配方 2	配方 3	配方 4
粉末涂料配方/质量份				
聚酯树脂 1(AV19～25,T_g62℃)	—	—	400	—
聚酯树脂 2(AV30～36,T_g67℃)	400	400	—	400
丙烯酸树脂(环氧当量 650～750)	—	174	—	—
丙烯酸树脂(环氧当量 500～550)	133	—	100	100
TGIC	—	—	—	7
流平剂	10	10	10	10
光亮剂	10	10	10	10
安息香	3	3	3	3
抗划伤剂	3	3	3	3
金红石钛白粉	280	280	280	280
硫酸钡	161	120	194	187
涂膜性能和粉末指标				
外观	平整	平整	平整	轻微橘皮
60°光泽/%	3	4	6	7
冲击强度/N·cm	392	392	392	490
划格附着力/级	0	0	0	0
水煮后附着力(划格法)/级	0	1	0	1
铅笔硬度	3H	3H	2H	2H
贮存稳定性/级	1	1	0	1

表 4-227　用中添/索是丙烯酸消光树脂 T-308 配制的无光聚酯粉末涂料配方和涂膜性能

项目	配方 1	配方 2
配方组成/质量份		
聚酯树脂(酸值 30～35mg KOH/g)	450	450
丙烯酸消光树脂 T-308(中添/索是;环氧当量 700)	120	100
固化剂 T-308(中添/索是)或 TGIC	8～16	10～20
流平剂 T-988(中添/索是)	10	10
安息香	3	3
硫酸钡	400	400
炭黑	7	7
催化剂 T-62(中添/索是)	0.5～1	
户外物理消光剂 T-302B		15
涂膜性能		
60°光泽/%	2～6	15～20
冲击强度/kg·cm	正冲 50	正冲 50
固化条件/℃×min	200×10	200×10

表 4-228　丙烯酸消光树脂 T-550 配制的无光和低光聚酯粉末涂料配方和涂膜性能

项目	指标
配方组成/质量份	
聚酯树脂(酸值 30～35mg KOH/g)	450
丙烯酸消光树脂 T-550(中添/索是;环氧当量 500)	100
固化剂 T-308(中添/索是)或 TGIC	10～20
流平剂 T-988(中添/索是)	10
安息香	3
硫酸钡	400
炭黑	7
催化剂 T-62(中添/索是)	0.5～1
涂膜性能	
固化条件/℃×min	200×10

注：T-550 添加量在 9%～12%时，涂膜光泽 1%～20%；涂膜消光性能好，用量少；涂膜力学性能好；涂膜光泽稳定。

表 4-224～表 4-228 的结果表明，用 XG665、K550、K580、T-308 和 T-550 消光固化剂可以得到耐候型无光粉末涂料，如果与 TGIC 或 HAA 复配使用还可以调节涂膜光泽，使用单一丙烯酸树脂的粉末涂料的缺点是涂膜的硬度较低，耐划伤性不太好，应用范围受到一定限制，但是用 GMA 丙烯酸树脂与 TGIC 匹配作为固化剂可以得到光泽（60°）在 10%以下的无光粉末涂料，同时可以改进涂膜硬度等性能。

邓琨研究了抗划伤丙烯酸消光粉末涂料，通过比较不同酸值的聚酯树脂选择了高酸值聚酯树脂（40～45mg KOH/g）；通过比较不同的填料选择了硫酸钡＋5%绢云母的体系；通过比较不同羟值的聚酯树脂选择了低羟值聚酯树脂，得到了满意的配方，抗划伤丙烯酸树脂消光聚酯粉末涂料配方和涂膜性能见表 4-229。

表 4-229 抗划伤丙烯酸树脂消光聚酯粉末涂料配方和涂膜性能

项目	指标	项目	指标
配方组成/质量份		硫酸钡	适量
高酸值聚酯树脂	400	绢云母	50
低羟值聚酯树脂	100	涂料和涂膜性能	
TGIC	5～15	粉末涂料 T_g/℃	58
B1530 固化剂	25	外观	表面细腻
环氧丙烯酸树脂	130～150	60°光泽/%	5
流平剂	15	流平性/级	7
安息香	5	冲击强度/kg・cm	50
聚乙烯蜡	5	铅笔硬度	2H
颜料	适量	耐划伤性能	好

近年来也不断有新型聚酯粉末涂料用新型消光固化剂面世，其中有合肥科泰粉体材料有限公司的 KT309P、KT219A、309HT 和广州泽和化工材料研究开发有限公司的 A9、PriMatA5 消光固化剂等产品。KT309P 消光固化剂是由环氧基丙烯酸和羧基丙烯酸为基础的丙烯酸树脂，在固化过程中丙烯酸树脂与 TGIC 形成竞争反应导致两种体系反应速度差异而产生消光作用，合肥科泰消光固化剂 KT309P 对不同聚酯树脂体系的消光效果见表 4-230；合肥科泰消光固化剂 KT309P 对擎天 NH-3307 聚酯树脂的消光效果见表 4-231；合肥科泰消光固化剂 KT219A 对神剑 SJ4ET 聚酯树脂的消光效果见表 4-232；合肥科泰消光固化剂 KT309HT 对擎天 NH-3295 聚酯树脂的消光效果见表 4-233。广州泽和消光固化剂 A9 对神剑 SJ4ET（擎天 NH-3307）聚酯树脂的消光效果见表 4-234；广州泽和消光固化剂 PriMatA5 对 HAA 固化聚酯粉末涂料的消光效果见表 4-235。

表 4-230 合肥科泰消光固化剂 KT309P 对不同聚酯树脂体系的消光效果（60°涂膜光泽）

项目	白色粉末涂料				黑色粉末涂料			
	消光固化剂添加量/%				消光固化剂添加量/%			
	3.0	4.0	5.0	6.0	3.0	4.0	5.0	6.0
聚酯树脂型号								
神剑 SJ4ET	23	14	11.4	9.6	19.5	12.5	9.7	7.1
产协 EL6600A	28	16.5	11.3	10	24.5	14.7	8.2	6.9
中法 P 9335	32	22	13.3	11.2	28	18	11.8	9.6
DSM P 4900	24	14.4	11.5	9.8	20.5	12.5	9.5	7.8
氰特 C2441	24	14.5	11.5	9.8	22	14.6	9.6	7.4
氰特 C2450			18.5	13.6			14.6	9.7
涂膜冲击强度(50kg・cm)	通过	通过	通过	通过	通过	通过	通过	通过

表 4-231　合肥科泰消光固化剂 KT309P 对擎天 NH-3307 聚酯树脂的消光效果

项目	配方 1	配方 2	配方 3	配方 4	配方 5
粉末涂料配方/质量份					
聚酯树脂 NH-3307	185	185	185	185	185
TGIC	15.5	16.0	16.5	17	17.5
通用流平剂	4.0	4.0	4.0	4.0	4.0
光亮剂	2.0	2.0	2.0	2.0	2.0
安息香	1.0	1.0	1.0	1.0	1.0
消光硫酸钡	125	125	125	125	125
炭黑	3.0	3.0	3.0	3.0	3.0
消光剂 KT309P	5.0	10	15	20	25
配方中消光剂用量/%	1.5	2.9	4.2	5.6	6.8
粉末涂料与涂膜性能					
胶化时间(180℃)/s	320	211	197	132	123
熔融水平流动性(180℃)/mm	23.0	21.7	20.8	21.3	20.3
涂膜外观	较平整	较平整	轻橘纹	轻橘纹	轻橘纹
60°涂膜光泽/%	54	42	32	25	20
涂膜冲击强度/kg·cm	+50/−50	+50/−50×	+50/−50×	+50/−50×	+50/−50×

注：+50—正冲过；−50—反冲过；−50×—反冲不过。

表 4-232　合肥科泰消光固化剂 KT219A 对神剑 SJ4ET 聚酯树脂的消光效果（白色）

项目	配方 1	配方 2	配方 3	配方 4	配方 5
配方组成/质量份					
神剑 SJ4ET	53.3	52.36	51.43	50.5	49.57
TGIC	4	3.94	3.87		3.73
流平剂 PV88	0.7	0.7	0.7	0.7	0.7
安息香	0.4	0.4	0.4	0.4	0.4
钛白粉	20	20	20	20	20
硫酸钡	20	20	20	20	20
KT219A 消光剂	2	3	4	5	6
60°涂膜光泽/%	36.6	20.5	13.8	10.9	9.5

注：丙烯酸聚合物消光剂，低蜡体系，适用于深色体系，固化条件为 200℃×15min。

表 4-233　合肥科泰消光固化剂 KT309HT 对擎天 NH-3295 聚酯树脂的消光效果（白色）

项目	配方 1	配方 2	配方 3	配方 4	配方 5
配方组成/质量份					
擎天 NH-3295	532	522.7	513.4	504.1	494.8
TGIC	42	42.3	42.6	42.9	43.2
P588 流平剂	8	8	8	8	8
安息香	4	4	4	4	4
钛白粉	200	200	200	200	200
硫酸钡	200	200	200	200	200
KT309HT 消光剂	20	30	40	50	60
60°涂膜光泽/%	35.1	20.9	14.7	10.8	8.1

注：丙烯酸聚合物消光剂，专为热转印消光设计，消光效果好，容易撕纸。

表 4-234　广州泽和消光固化剂 A9 对神剑 SJ4ET（擎天 NH-3307）聚酯树脂的消光效果

项目	配方 1	配方 2	配方 3	配方 4
粉末涂料配方/质量份				
聚酯树脂 SJ4ET(擎天 NH-3307)	185	185	185	185
TGIC	15.5	16	16.5	17
通用流平剂	4.0	4.0	4.0	4.0
光亮剂	2.0	2.0	2.0	2.0
安息香	1.0	1.0	1.0	1.0
金红石钛白	75	75	75	75
消光硫酸钡	60	60	60	60

续表

项目	配方1	配方2	配方3	配方4
消光剂A9	5.0	10	15	20
配方中消光剂用量/%	1.4	2.8	4.1	5.4
粉末涂料与涂膜性能				
胶化时间(180℃)/s	206	163	146	106
熔融水平流动性(180℃)/mm	24.6	22.4	22.1	20.9
涂膜外观	平整	平整	平整	平整
60°涂膜光泽(擎天树脂)/%	45/(45)	22/(21)	17/(17)	14/(15)
涂膜冲击强度/kg·cm	+50/-50	+50/-50×	+50/-50×	+50/-50×
铅笔硬度	2H	2H	2H	2H

注：+50—正冲过；-50—反冲过：-50×—反冲不过。

表4-235　广州泽和消光固化剂PriMatA5对HAA固化聚酯粉末涂料的消光效果

项目	配方用量/质量份		
	配方1	配方2	配方3
粉末涂料配方/质量份			
聚酯树脂	505	505	515
HAA固化剂	26	26	27
流平剂PV88	9.0	9.0	9.0
安息香	3.0	3.0	3.0
硫酸钡	370	166	386
金红石钛白	—	208	—
炭黑	4.0	—	4.0
PriMatA5消光固化剂	83	83	56
涂膜性能			
外观	平整光滑	平整光滑	平整光滑
60°涂膜光泽/%	3.0	10	15
冲击强度/kg·cm	±50通过	±50通过	±50通过
固化条件/℃×min	200×15	200×15	200×15

消光固化剂对不同聚酯树脂的消光效果有明显的差别，根据用户要求选择合适的聚酯树脂品种是非常重要的。

消光固化剂PriMatA5以GMA丙烯酸树脂为主体，配以消光促进剂（或固化剂)，作为固化剂参与聚酯-HAA体系的反应，在两种不同反应活性的体系产生消光效果，可以得到60°光泽10%以下的平整涂膜。这种消光固化剂对DSM公司的P 847和P 865聚酯树脂的消光效果60°光泽都是4%;对擎天NH-6583和氰特CC2618-3聚酯树脂的消光效果60°光泽都是2.5%。

在聚酯粉末涂料中，还有利用两种不同酸值聚酯树脂配制的粉末涂料，由于两种粉末涂料之间的活性不同，干混合后可以得到消光粉末涂料。用干混合法制造消光聚酯粉末涂料的配方和涂膜性能参考前面聚酯树脂一节中的内容。

七、聚酯粉末涂料的应用

随着聚酯粉末涂料用树脂生产量的增加，在其价格比环氧树脂价格便宜很多的情况下，聚酯粉末涂料在我国已经成为用量最大、应用范围最广的粉末涂料品种，最近十几年来建筑行业中的用量大幅度增加，特别是铝型材方面增加的速度非常快，有些铝型材厂每月粉末涂料的用量达到200～300t，大部分都是要求耐候性的聚酯粉末涂料。针对迅速发展的铝型材有色金属行业制订了《铝合金建筑型材用粉末涂料》(YS/T 680—2016)标准;还制定了铝合金建筑型材中的粉末喷涂型材标准《铝合金建筑型材　第 4 部分：喷粉型材》（GB/T 5237.4—2017)。根据 YS/T 680—2016 标准的规定，对铝型材用粉末涂料有关技术指标要求见表 4-236；铝型材用粉末涂料出厂检验项目和定期检验项目及取样见表 4-237。

表 4-236　铝型材用粉末涂料有关技术指标

<table>
<tr><td>1</td><td>粉末涂料类型</td><td colspan="4">聚酯型、环氧-聚酯型、纯环氧型、聚氨酯型、丙烯酸型、氟碳型</td></tr>
<tr><td rowspan="3">2</td><td rowspan="3">粉末用途、使用环境与粉末类型</td><td>建筑装饰用</td><td colspan="3">户内用：纯环氧型、环氧-聚酯型、聚酯型、聚氨酯型、丙烯酸型、氟碳型
户外型：聚酯型、聚氨酯型、丙烯酸型、氟碳型</td></tr>
<tr><td>其他用途</td><td colspan="3">供需双方商定</td></tr>
<tr><td colspan="4">户外用粉末可用于户内</td></tr>
<tr><td>3</td><td>平面粉末类别</td><td>低光≤30%(60°光泽值)</td><td colspan="2">平光 31%～70%(60°光泽值)</td><td>高光≥71%(60°光泽值)</td></tr>
<tr><td rowspan="2">4</td><td rowspan="2">重金属限量</td><td colspan="2">可溶性铅(Pb)≤90mg/kg</td><td colspan="2">可溶性镉(Cd)≤75 mg/kg</td></tr>
<tr><td colspan="2">可溶性六价铬(Cr^{6+})≤60 mg/kg</td><td colspan="2">可溶性汞(Hg)≤60mg/kg</td></tr>
<tr><td rowspan="2">5</td><td rowspan="2">粉末粒径分布</td><td>D_{10}①</td><td>D_{50}②</td><td>D_{90}③</td><td>最大粒径</td></tr>
<tr><td>≥10μm</td><td>25～45μm</td><td>≤90μm</td><td><125μm</td></tr>
<tr><td rowspan="2">6</td><td rowspan="2">粉末灼烧残渣</td><td>户内用</td><td colspan="3">供需双方商定</td></tr>
<tr><td>户外用</td><td colspan="3">≤40%</td></tr>
<tr><td rowspan="2">7</td><td rowspan="2">角覆盖力</td><td>R≥0.5mm</td><td>户外用：≥40μm</td><td colspan="2" rowspan="2">户内用：供需双方商定</td></tr>
<tr><td>R<0.5mm</td><td>户外用：供需双方商定</td></tr>
<tr><td>8</td><td>遮盖力</td><td colspan="2">户内用：供需双方商定</td><td colspan="2">户外用：≤40μm</td></tr>
<tr><td>9</td><td>粉末密度</td><td colspan="4">1.0～1.8g/cm³</td></tr>
<tr><td>10</td><td>粉末沉积效率</td><td colspan="4">供需双方商定</td></tr>
<tr><td>11</td><td>粉末流动速率 R</td><td colspan="4">120～180g/10min</td></tr>
<tr><td>12</td><td>粉末贮存稳定性</td><td colspan="4">应小于 2 级</td></tr>
<tr><td>13</td><td>外观质量</td><td colspan="4">粉末应色泽均匀、干燥松散，无异物或结团现象</td></tr>
<tr><td rowspan="11">14</td><td rowspan="11">涂膜性能④</td><td colspan="4">氙灯加速老化</td></tr>
<tr><td>户内用</td><td colspan="3">户外用</td></tr>
<tr><td>—</td><td>Ⅰ级</td><td>Ⅱ级</td><td>Ⅲ级</td></tr>
<tr><td>—</td><td>1000h
光泽保持率≥50%；变色程度：ΔE 不得大于附录 D 中规定值</td><td>1000h
光泽保持率≥90%；变色程度：ΔE 不得大于附录 D 中规定值的 75%</td><td>供需双方商定</td></tr>
<tr><td colspan="4">荧光紫外灯加速老化</td></tr>
<tr><td>—</td><td>供需双方商定</td><td>供需双方商定</td><td>供需双方商定</td></tr>
<tr><td colspan="4">自然耐候性</td></tr>
<tr><td rowspan="2">户内用</td><td colspan="3">户外用</td></tr>
<tr><td>Ⅰ级</td><td>Ⅱ级</td><td>Ⅲ级</td></tr>
<tr><td>—</td><td>光泽保持率≥50%；变色程度：ΔE 不得大于附录 D 中规定</td><td>经过 1 年曝晒：光泽保持率≥70%；变色程度：ΔE 不得大于附录 D 中规定值的 65%；
经过 2 年曝晒：光泽保持率≥65%；变色程度：ΔE 不得大于附录 D 中规定的 75%；
经过 3 年曝晒：光泽保持率≥50%；变色程度：ΔE 不得大于附录 D 中规定值</td><td>经过 3 年曝晒：光泽保持率≥80%；变色程度：ΔE 不得大于附录 D 中规定值的 50%；
经过 7 年曝晒：光泽保持率≥55%；
经过 10 年曝晒：光泽保持率≥50%；变色程度：ΔE 不得大于附录 D 中规定值</td></tr>
</table>

① 负累计分布曲线上，对应体积分数为 10%的粒径。

② 负累计分布曲线上，对应体积分数为 50%的粒径，一般称为中位粒径。

③ 负累计分布曲线上，对应体积分数为 90%的粒径。

④ 附录 D 为 YS/T 680—2017 标准中附录。

表 4-237　铝型材用粉末涂料出厂检验项目和定期检验项目及取样

检验项目		取样规定	要求的章条号	试验方法的章条号	出厂检验项目	定期检验项目
粉末粒径		按 GB/T 21782.9 的规定取样,取样量为 500g	4.2	5.1	v	v
重金属限量			4.3	5.2	—	v
爆炸下限			4.4	5.3	v	v
密度			4.5	5.4	—	v
灼烧残渣质量分数			4.6	5.5	v	v
角覆盖力		按照标准中附录 B 的要求取样		5.6	—	v
遮盖力		按照标准中附录 C 的要求取样		5.7	v	v
沉积效率		按 GB/T 21782.9 的规定取样,取样量为 500g	4.7	5.8	—	v
流化性			4.8	5.9	—	v
贮存稳定性			4.9	5.10	—	v
外观质量			4.10	5.11	v	v
膜层性能	光泽、颜色和色差、硬度、抗冲击性、附着性	2 个标准试板/检验项目	4.11	5.12	v	v
	加速耐候性	2 个标准试板/检验项目			—	v
	自然耐候性	按照 GB/T 9276 的要求取样,Ⅰ级粉为 4 个试板,Ⅱ级粉为 10 个试板,Ⅲ级粉为 13 个试板			—	v
	其他性能	2 个标准试板/检验项目			—	v

注：1. 表中“v”表示选择；“—”表示不选择。

2. 膜层耐候性仲裁时以自然耐候性为准。

不同的客户可能采用不同的标准，国内的产品优先采用铝型材的 GB/T 5237—2017 国家标准;但因为欧盟标准 Qualicoat 的影响力很大，因此也有很多的客户采用欧盟标准;也有少量客户因为出口缘故而采用美国的 AAMA2604 标准。

铝型材粉末涂料按耐候性能划分为:

① 普通型，保色保光在 2～3 年；

② 标准型，保色保光 5～8 年，耐候性能高于美国 AAMA 2603 标准要求，又低于美国 AAMA 2604 标准要求；

③ 超耐候型，保色保光在 10～15 年，耐候性能达到美国 AAMA 2604 标准；

④ 超耐候型，保色保光在 20～25 年，使用年限预计达 30 年以上，耐候性能达到 AAMA 2605 标准。目前只有氟碳粉末涂料达到 20～30 年的耐候性应用要求。

铝型材用粉末涂料的欧盟标准 Qualicoat《建筑用铝型材表面油漆、粉末涂层的质量控制规范》标准中的涂层检验项目见表 4-238;美国建筑行业协会《铝合金挤压材和板材的高质量有机涂层》的产品规格、性能要求以及测试程序 AAMA 2604.98 标准中的涂层检验项目见表 4-239；AAMA 2605-05 标准中的涂层检验项目见表 4-240。

表 4-238 欧盟标准 Qualicoat（2021 版）标准中的涂层检验项目

试验项目	采用标准	指标
外观		有效表面的涂层不能有透到基材的划伤，当以倾斜角 60°观察有效表面的涂层时，在 3m 的距离不能有下列缺陷出现：橘皮很重、流挂、气泡、杂点、火山口、失光、针孔、凹坑、擦伤或其他不能接受的缺陷，涂层的颜色和光泽必须是均匀的，当实施定点观察时，应按下面规定进行： 户外部件：在 5m 的距离观察； 户内部件：在 3m 的距离观察
光泽	ISO 2813	1 类：0～30%：±5； 2 类：31%～70%：±7； 3 类：71%～100%：±10
涂层厚度	ISO 2360	1 类：60μm；1.5 类：60μm； 2 类：60μm；3 类：50μm 双层粉末体系（1 类或 2 类）：110μm；两层 PVDF 粉体系：80μm 所有测量数值不得低于指定数值的 80%
压痕硬度	ISO 2815	≥80
干附着力	ISO 2409	0 级
抗冲击性	ASTM D 2794	反面冲击无裂纹和剥离：第 1～第 3 类涂料冲击力 2.5N·m；两层 PVDF 粉末涂料 1.5N·m
杯突试验	ISO 1520	≥5mm
抗弯曲性	ISO 1519	5mm
耐含 SO_2 的湿气试验	ISO 22479	在划透的两边不能有超过 1mm 的渗透，并且没有肉眼可见的颜色变化和气泡
耐乙酸盐雾试验	ISO 9227	在 10cm 的长度上不能有超出 $16mm^2$ 的渗透，而且在任何长度的单边渗透不超过 4mm
马丘试验		在划伤刀口的任意一边不能有超过 0.5 mm 的渗透
人工加速耐候性	ISO 16474-2 （1 类、1.5 类、2 类）	1000h，保光率：加速老化后的光泽损失不能超过原始值的 50%，2 类粉末不超过 10%； 颜色变化：参照标准中附加表（A12）中 ΔE 值。对于 3 类粉末，颜色变化的 ΔE 不超过附表描述极限的 50%
自然耐候试验	ISO 2810	光泽：保持至少不低于原始光泽的 50%。下面的数值应用于 2 类粉末：佛罗里达曝晒 1 年：不低于原始光泽的 75%；佛罗里达曝晒 2 年：不低于原始光泽的 60%；佛罗里达曝晒 3 年：不低于原始光泽的 50%； 颜色变化：ΔE 值最大不能超过参照附加表（A12）中的 ΔE 值。下面数值应用于 3 类粉末：3 年后不能大于附表中给定值的 50%；10 年后不能超过附表中给定值
耐沸水性	沸水测试：压力锅法	无任何缺陷或剥离，轻微颜色变化是允许的
聚合试验		聚合质量按下面分级进行评定： ①涂层很软，严重失光； ②涂层失光严重，能被指甲划伤； ③轻微失光，光泽损失小于 5%； ④无明显变化，用指甲不能划伤。 要求：3 级和 4 级是合格的，1 级和 2 级是不合格的。对于粉末涂料而言，这个试验是车间控制的，它是指示性的，不能单独用于评判涂料质量
恒温冷凝水试验	ISO 6270-2	3 类以外涂料 1000h，3 类涂料 2000h，用肉眼观察无可见的气泡，最大渗透不超过 1mm
耐砂浆性	EN 12206-1	表面不应有脱落和其他明显变化
锯磨钻试验		使用锋利的工具时不能有断裂或裂缝

表 4-239　美国 AAMA 2604.98 标准中的涂层检验项目及指标

试验项目		采用标准	指标
颜色均匀性			颜色均匀一致
光泽		ASTM D 523	高光：≥(80±5)% 半光：(20～79)±5% 低光：≤(19±5)%
干膜硬度		ASTM D 3363	F
涂层附着力	干附着力		100%附着
	湿附着力		100%附着
	沸水附着力		100%附着
抗冲击性			正面冲击无开裂和脱落现象，但在四面的周边处允许有细小皱纹
耐磨性		ASTM D 968	涂层的耐磨系数值≥20
耐化学品性	耐盐酸试验		表面不应有气泡和其他明显变化
	耐灰浆试验		灰浆很容易用湿布擦除，残存物很容易用10%盐酸清除，涂层无附着力损失，肉眼观察无明显变化
	耐硝酸试验	ASTM D 2244	颜色变化 $\Delta E \leqslant 5$
	耐清洗剂试验		无附着力损失，表面不应有气泡和其他明显变化
	耐清洗机试验		表面不应有气泡和其他明显变化
耐腐蚀性试验	耐湿试验	ASTM D 2247 ASTM D 4585	3000h，气泡少于标准中图4的8号气泡尺寸
	耐盐雾试验	ASTM B 117 ASTM D 1654	3000h，划线脱落等级≥7 气泡等级≥8
佛罗里达5年曝晒试验	保色率		$\Delta E \leqslant 5$
	耐粉化性		轻于 ASTM D 4214 描述的8级
	保光率		≥30%
	耐侵蚀性		涂层损失≤10%

表 4-240　美国 AAMA 2605-05 标准中的涂层检验项目及指标

试验项目		采用标准	技术指标
色差		ASTM D 2244 多角度色差仪	色差范围 $\Delta E \leqslant 2$
光泽		ASTM D 523 用60°光泽计测量	高光：≥(80±5)% 半光：(20～79)%±5% 低光：≤(19±5)%
硬度		ASTM D 3363	涂膜未被划破
涂层附着力	干附着力		涂膜无论划处，还是未划处都不能有气泡，不能有脱落
	湿附着力		涂膜无论划处，还是未划处都不能有气泡，不能有脱落
	沸水附着力		涂膜无论划处，还是未划处都不能有气泡，不能有脱落
抗冲击性			涂膜无脱落(样板凹处周边有轻微裂纹，但不能有任何明显脱落)
耐磨性		ASTM D 968	涂层的耐磨系数值≥40

续表

试验项目		采用标准	技术指标
耐化学品性	耐盐酸性		肉眼看气泡，外观无明显变化
	耐建筑灰泥性	24h 小块试验	涂膜不会出现附着力问题，且肉眼观看无变化
	耐硝酸性	ASTM D 2244	硝酸熏过处与未熏过处涂膜色差变化 $\Delta E \leqslant 5$
	耐洗涤剂性	ASTM D 2248	肉眼观看涂膜无脱落，无气泡，无明显外观变化
	耐玻璃清洁剂性	涂膜上滴 10 滴清洁剂盖上玻璃片 24h 后检查	肉眼观看涂膜无脱落，无气泡，无明显外观变化
耐腐蚀性	耐湿性	ASTM D 2247 ASTM D 4585	4000h，起泡不超过 8 级，如 ASTM D 714 中图 4 所示
	耐盐雾性	ASTM B 117	4000h，涂膜划穿处和样板边缘至少 7 级，其他地方起泡至少 8 级。分别按标准中表 1 和表 2 评定(参考 ASTM D 1654)
佛罗里达南部北纬 27°，45°角，朝南 10 年曝晒试验	保色性	ASTM D 2244	$\Delta E \leqslant 5$
	抗粉化性	ASTM D4212，方法 A(方法 D659)	粉化不超过 6 级，颜色不超过 8 级
	保光性	ASTM D 523	保光率≥50%
	抗侵蚀性	ASTM B244	涂膜损耗≤10%(涡流测厚仪测干膜厚度)

从表 4-240 的技术指标来看，它比 AAMA 2604 标准要求更高更严，耐候性方面要求在佛罗里达曝晒试验达 10 年的数据，保光率大于 50%，保色性达到 $\Delta E \leqslant 5$。除了氟树脂粉末涂料，其他粉末涂料是难以达到的。

聚酯粉末涂料在公路建设方面用量也很大，特别是高速公路护栏等方面，交通部制定了《公路用防腐蚀粉末涂料及涂层部分：热固性聚酯粉末涂料及涂层》(JT/T 600.4—2004)标准，公路用防腐蚀热固性聚酯粉末涂料的技术指标见表 4-241；公路用防腐蚀聚酯粉末涂层的技术指标见表 4-242。

表 4-241　公路用防腐蚀热固性聚酯粉末涂料技术指标

序号	项目		技术指标	检验方法
1	挥发物含量/%		≤0.5	JT/T 600.1—2004
2	密度/(g/cm³)		1.4～1.8	GB/T 4472
3	粒度分布/%	>100μm	≤1	JT/T 600.2—2004
		<16μm	≤5	
4	胶化时间(180℃)/min		1～5	GB/T 6554—1986
5	水平流动性/mm		20～50	GB/T 6554—1986

表 4-242　公路用防腐蚀聚酯粉末涂层技术指标

序号	项目		技术指标	检验方法
1	物理、力学性能	60°光泽/%	≥75	GB/T 9754
		铅笔硬度	H～2H	GB/T 6739
		杯突试验/mm	≥6	GB/T 6554
2	涂层厚度		单涂 76～150μm，双涂 76～120μm	非磁性基材按 GB/T 1764，磁性基材按 GB/T 4956
3	涂层附着性能(划格法)		0 级	GB/T 9286
4	涂层抗冲击性(0.5kg·m)		无明显裂纹、皱纹及涂层脱落	GB/T 1732
5	涂层抗弯曲性		无肉眼可见裂纹及涂层脱落	GB/T 18226—2000
6	涂层耐化学腐蚀性		无气泡、溶解、溶胀、软化、丧失黏结，试液无浑浊、褪色和填料沉淀	47GB/T 11547
7	涂层耐盐雾性		经 200h 基底金属无锈蚀	GB/T18226—2000
8	涂层耐湿热性能		经 8h 划痕任何一侧 0.5mm 外，涂层无气泡、剥离现象	GB/T18226—2000

注：光泽(60°)一般要求为高光状态，若供求双方选用其他方式，则此项不做要求或双方另行议定。

聚酯粉末涂料很早就在自行车行业得到应用，原轻工部制定了《自行车粉末涂装技术条件》（QB 1896—1993)标准，主要是自行车零部件的粉末涂装。根据涂装要求分为三类，即一类件、二类件、三类件，对涂膜外观如表 4-243 的要求；同时对涂膜冲击强度试验后不得有剥落和龟裂；抗腐蚀能力方面经试验后，涂膜不得有剥落、起泡、皱皮等现象；涂膜铅笔硬度一类件达到 2H，二、三类件达到 H 的规定。

表 4-243 自行车零部件粉末涂装外观要求

类别	外观要求
一类件	涂膜表面应色泽均匀，光滑平整。不允许有龟裂、漏涂、剥落；正视面不允许有气泡、气孔、流挂和明显的皱皮、橘皮形、颗粒等缺陷
二类件	涂膜表面应色泽均匀，光滑平整。不允许有龟裂、漏涂、剥落；正视面不允许有流挂和严重的皱皮、橘皮形缺陷
三类件	涂膜表面应色泽均匀，光滑平整。不允许有龟裂、漏涂、剥落等缺陷

第五节 聚氨酯粉末涂料

一、概述

聚氨酯粉末涂料是由羟基聚酯树脂、封闭型异氰酸酯、颜料、填料和助剂等组成的热固性粉末涂料。这种粉末涂料也可以看作聚酯粉末涂料的特殊品种，也就是羟基聚酯树脂用封闭型异氰酸酯固化的粉末涂料体系，因此在日本聚酯粉末涂料一般就是我们说的聚氨酯粉末涂料。由于当地湿度大的气候条件和 TGIC 的毒性等问题，日本几乎不使用 TGIC 固化聚酯粉末涂料。聚氨酯粉末涂料根据固化剂的品种可以分为两大类，一类是用脂肪族封闭型多异氰酸酯固化的户外用耐候型聚氨酯粉末涂料，现在已经使用无封闭剂的自封闭型脂肪族多异氰酸酯固化剂；另一类是用芳香族封闭型多异氰酸酯固化的户内装饰或防腐用聚氨酯粉末涂料。在世界范围来说，聚氨酯粉末涂料是聚酯粉末涂料之后第二位的耐候型粉末涂料，按其在粉末涂料总产量的占比来说，在日本占比最高，其次是美国，在欧洲占的比例很少，在我国估计还占不了1%的比例。全世界聚氨酯粉末涂料的产量还不大，据 2006 年的统计，只占世界热固性粉末涂料总产量的 3.3%。虽然用脂肪族封闭型异氰酸酯固化的耐候型聚氨酯粉末涂料有很多优点，但是在我国生产固化剂的原材料需要进口，进口固化剂的价格又比较贵，在配方中的固化剂用量也大，导致聚氨酯粉末涂料的价格很贵，因此目前在我国很难大量推广应用。另外，用芳香族封闭型异氰酸酯固化的聚氨酯粉末涂料，虽然比脂肪族封闭型聚氨酯粉末涂料便宜，但与环氧和环氧-聚酯粉末涂料比较时，在价格和性能方面没有明显的优势，因此在我国还是很难在户内装饰和防腐等方面大量推广应用。聚氨酯粉末涂料有如下的优缺点。

聚氨酯粉末涂料的优点：

(1) 因为封闭型多异氰酸酯固化剂的解封闭温度高，在烘烤固化时，有足够的熔融流平时间，使粉末涂料在开始固化反应之前充分流平，所以涂膜的流平性很好，是热固性粉末涂料中涂膜流平性最好的涂料品种。

(2) 通过改变羟基聚酯树脂的结构、羟值和固化剂中 NCO 含量，可以配制不同涂膜外观、光泽和性能的粉末涂料，涂料的配制范围宽，而且涂料的配色性也很好。

(3) 对金属底材的附着力好，不需要涂底漆。

(4) 用脂肪族封闭型多异氰酸酯固化粉末涂料，除涂膜的力学性能好外，耐过烘烤性和耐候性很好，是主要的耐候型粉末涂料品种。

(5) 涂膜的耐磨性好是聚氨酯粉末涂料的特点，同时涂膜的耐化学品性能也很好。

(6) 粉末涂料的涂装性能良好，可以用静电粉末涂装等方法涂装。

(7) 粉末涂料的贮存稳定性比较好。

聚氨酯粉末涂料的缺点：

(1) 在粉末涂料烘烤固化过程中，有些固化剂要释放封闭剂等小分子化合物，当涂膜过厚时，容易产生针孔或猪毛孔等弊病，影响涂膜外观和性能。

(2) 因为烘烤固化时要释放封闭剂，烘烤固化时需要有回收处理封闭剂的设备才能避免污染烘烤炉。

(3) 粉末涂料的烘烤固化温度高，不适合低温固化粉末涂料的制造。

聚氨酯粉末涂料与环氧、环氧-聚酯、聚酯粉末涂料一样，大部分以熔融挤出混合法制造，具体的制造方法和制造设备在后面的第六章和第七章中详细介绍。不同底材和表面处理对聚氨酯粉末涂料涂膜性能的影响见表 4-244。

表 4-244 不同底材和表面处理对聚氨酯粉末涂料涂膜性能的影响

底材	冷轧钢板	冷轧钢板	冷轧钢板	镀锌钢板	铝材
表面处理	除油	喷砂	磷酸锌磷化	磷酸锌磷化	铬酸盐处理
烘烤条件/℃×min	180×20	180×20	180×20	180×20	180×20
涂膜厚度/μm	50～70	70～90	50～70	50～70	50～70
60°光泽/% >	90	90	90	90	90
铅笔硬度	HB～2H	HB～2H	HB～2H	HB～2H	HB～2H
杯突试验/mm >	7	7	7	7	7
冲击强度①/N·cm >	490	490	490	490	490
附着力(划格法)	100/100	100/100	100/100	100/100	100/100
耐磨性	很好	很好	很好	很好	很好
耐酸性(5%,H_2SO_4,20℃,240h)	很好	很好	很好	很好	很好
耐碱性(5%,NaOH,20℃,240h)	良好～很好	良好～很好	良好～很好	良好～很好	良好～很好
耐湿热性②	很好	很好	很好	很好	很好
耐盐水喷雾③/mm	5～10	3～6	0～3	0～2	0
人工加速老化(保光率 50%)/h	500～700	500～700	500～700	500～700	500～700
天然曝晒老化(保光率 50%)/月	12～24	12～24	12～24	12～24	12～24
耐湿热试验后附着力(划格法)	70/100	100/100	100/100	100/100	100/100

① 冲击强度：DuPont 法，Φ0.5in (1.27cm)×500g。

② 耐湿热性：50℃，98%RH，500h。

③ 耐盐水喷雾：35℃，5%NaCl，500h。

芳香族封闭型多异氰酸酯配制的聚氨酯粉末涂料，在烘烤固化过程中涂膜容易黄变，而且耐候性也很不好，除耐磨性比环氧粉末涂料好之外，并无其他优势，而且价格也比较贵，很难推广应用。由于我国的国情，在20世纪90年代我国对聚氨酯粉末涂料的开发也比较重视，开发出一些聚氨酯粉末涂料用固化剂，但是没有得到有效的推广应用，近几年也没有明显的新进展。

耐候型聚氨酯粉末涂料主要用于自行车、摩托车、马路栏杆、路灯和灯柱、门窗、庭园家具、室外空调、邮筒、电信柜、汽车和拖拉机配件、叉车等户外产品的涂装。

二、固化反应原理

在聚氨酯粉末涂料中，成膜物质是聚酯树脂和封闭型多异氰酸酯固化剂，其中聚酯树脂是端羟基聚酯树脂。聚氨酯粉末涂料的成膜固化主要化学反应是聚酯树脂的羟基与封闭型多异氰酸酯固化剂中的异氰酸基之间的反应，具体的化学反应式如下：

$$\mathrm{HO{\sim}R_1{\sim}OH} + \boxed{\mathrm{R}}\mathrm{-CON(H)-R_2-N(H)CO-}\boxed{\mathrm{R}}$$

(端羟基聚酯树脂)　(封闭型二异氰酸酯)

$$\longrightarrow \mathrm{HO{\sim}R_1{\sim}O-CON(H)-R_2-N(H)CO-}\boxed{\mathrm{R}} + \boxed{\mathrm{R}}\mathrm{H}$$

(封闭剂)

$$\xrightarrow{\mathrm{HO{\sim}R_1{\sim}OH}} \mathrm{HO{\sim}R_1{\sim}OCON(H)-R_2-N(H)COO{\sim}R_1{\sim}OH} + \boxed{\mathrm{R}}\mathrm{H}$$

(封闭剂)

$$\xrightarrow{\text{固化剂}} \text{继续反应固化成膜}$$

粉末涂料受热熔融以后，达到封闭型多异氰酸酯的解封闭温度时固化剂就解封闭，分离出可反应的异氰酸基，聚酯树脂的羟基与游离出来的固化剂的异氰酸基进行交联固化反应，直至活性基团完全反应成膜为止，同时封闭剂型固化剂还释放出 ε-己内酰胺等封闭剂。为了降低固化剂的解封闭温度和固化交联反应温度，在粉末涂料配方中添加月桂酸锡等催化剂。

由于聚氨酯粉末涂料在封闭剂解封闭以前的熔融流平过程中，不发生官能团之间的化学反应，在这期间粉末涂料足够熔融流平，因此粉末涂料的涂膜流平性比环氧、环氧-聚酯、聚酯、丙烯酸、氟树脂粉末涂料都好；然而在固化剂的解封闭过程中，还要释放封闭剂，当涂膜厚度比较厚（100μm 以上）时，使涂膜容易产生针孔或猪毛孔等弊病。现在已经开发应用自封闭（无封闭剂）的固化剂，解决了释放封闭剂的问题。

三、端羟基聚酯树脂

羟基型聚酯树脂的羟值范围很宽，为 25～320mg KOH/g，高羟值的聚酯树脂与低羟值的聚酯树脂之间相互匹配可以配制消光粉末涂料。一般聚氨酯粉末涂料中使用的聚酯树脂的羟值范围为 25～56mg KOH/g。羟基聚酯树脂的软化点范围为 100～125℃，T_g 为 57～68℃。

羟基聚酯树脂是通过多元醇和多元酸在醇超量条件下经缩聚反应而合成的。常用的多元醇有乙二醇、丙二醇、2-甲基丙二醇、1,6-己二醇、1,4-环己烷二醇、新戊二醇、二甘醇、三羟甲基丙烷、丙三醇等;多元羧酸有对苯二甲酸、间苯二甲酸、邻苯二甲酸酐、己二酸、癸二酸、壬二酸等。羟基型树脂的合成方法有常压缩聚法、减压缩聚法和减压缩聚-解聚法，其中减压缩聚法用得较多。

在羟基聚酯树脂合成过程中，羟基官能团的总数多于羧基官能团的总数，当羧基官能团与羟基官能团的绝大部分发生酯化反应以后，聚酯树脂就变成端羟基树脂。聚酯树脂中的羟基基团与固化剂中的 NCO 基团反应交联固化成膜。聚氨酯粉末涂料用羟端基聚酯树脂的合成配方例见表 4-245。

表 4-245 聚氨酯粉末涂料用羟端基聚酯树脂的合成配方例

原料	用量/质量份	原料	用量/质量份
对苯二甲酸	28	三羟甲基丙烷	6.0
间苯二甲酸	2.0	催化剂	少量
新戊二醇	64	促进剂	少量

在聚酯树脂合成配方中，随着芳香族多元羧酸含量的增加，树脂的玻璃化转变温度升高;而随着脂肪族多元羧酸含量的增加，涂膜的玻璃化转变温度下降，但柔韧性得到提高。在多元醇中，新戊二醇用量增加时，也能提高树脂的玻璃化转变温度。另外，随着配方中三羟甲基丙烷等多官能团反应物的增加，聚酯树脂的官能度也增加，粉末涂料烘烤固化时交联密度相应提高，相应的涂膜耐化学品等性能也会改进，但是涂膜的流平性会变差。因此，要想得到涂膜流平性好、涂膜的力学性能和耐化学品性能好的聚氨酯粉末涂料，选择好合成羟基聚酯树脂的各种原材料品种和相互之间的配比是很重要的。

近年来为了改进粉末涂料的涂膜流平性，合成了熔融黏度低、软化点范围窄的半结晶性羟基聚酯树脂。用这种树脂与无定形的普通聚酯树脂匹配配制聚氨酯粉末涂料，虽然粉末涂料的玻璃化转变温度不高，但贮存稳定性良好，涂膜流平性很好。半结晶聚酯树脂的合成配方、工艺和树脂技术指标如下。

在配有搅拌器、分馏柱、油水分离器、温度计和氮气入口的 5L 圆底烧瓶中，装入 1,6-己二醇 1797g (15.20mol)升温熔融，然后将对苯二甲酸 2092.8g (12.60mol)、1,4-环己烷二羧酸(顺式/反式=60/40) 114.2g (0.66mol)和丁烷锡酸(FASCAT 4100) 3.5g 加入熔融体中。瓶内以 $1.0ft^3/h$ ($1ft^3=0.0283168m^3$)速度通氮气，接着升温到 200℃(约 30min)，在此温度下反应 3h，继续升温至 210℃下反应 2h; 220℃下反应 1h;再升温到 230℃，并在此温度下保温到聚酯树脂酸值低于 10mg KOH/g 后结束反应，将反应产物放料至不锈钢盘中，并冷却至室温得到白色固体半结晶树脂。这种半结晶羟基聚酯树脂的 ICI 熔融黏度为 0.33Pa·s;羟值为 42.5mg KOH/g;酸值为 2.3mg KOH/g;熔点为 135℃;重均分子量 $M_w=3666$ ($M_w/M_n=2.5$)。

聚氨酯粉末涂料用聚酯树脂的生产厂、树脂品种以及规格也比较多，安徽神剑新材料有限公司生产的聚氨酯粉末涂料用聚酯树脂型号和规格见表 4-246;浙江光华材料科技有限公司生产的聚氨酯粉末涂料用聚酯树脂型号和规格见表 4-247;湛新树脂(中国)有限公司生产的聚氨酯粉末涂料用羟基聚酯树脂型号和规格见表 4-248;帝斯曼(中国)涂料树脂公司生产的聚氨酯粉末涂料用羟基聚酯树脂型号和规格见表 4-249;浙江传化天松新材料股份有限公司生产的聚氨酯粉末涂料用羟基聚酯树脂型号和规格见表 4-250;广州擎天材料科技有限公司生产的聚氨酯粉末涂料用羟基聚酯树脂型号和规格见表 4-251;新中法高分子材料有限公司生产的聚氨酯粉末涂料用羟基聚酯树脂型号和规格见表 4-252。

表 4-246　安徽神剑新材料有限公司生产的聚氨酯粉末涂料用聚酯树脂型号和规格

树脂型号	羟值/(mg KOH/g)	黏度(200℃)/mPa·s	T_g/℃	固化条件/℃×min	特点
SJ1100	30～45	4000～7000	≥62	200×10	80/20(树脂/固化剂质量比,余同)型树脂,流平优,硬度高,耐化学品性能好;可用于透明粉
SJ1102	30～45	4000～7000	≥62	200×10	80/20 型树脂,流平优,耐磨性,耐化学品性能好
SJ1108	25～35	3000～7000	≥56	200×15	85/15 型树脂,流平优,超耐候树脂,耐化学品性能好
SJ1140	30～50	4000～6000	≥56	200×15	低羟值树脂,与 SJ1801 共挤使用,消光效果非常好
SJ1200	90～120	3000～6000	≥51	200×15	65/35 型中羟值树脂,流平好,综合性能优
SJ1208	90～120	4000～6000	≥57	200×15	65/35 型中羟值树脂,高 T_g,耐化学品性能好,综合性能优
SJ1800	170～220	1500～4500	≥50	200×15	50/50 高羟值树脂,力学性能好
SJ1801	270～320	2500～4500	≥51	200×15	高羟值树脂,与 SJ1140 进行干混合或共济消光

表 4-247　浙江光华材料科技有限公司生产的聚氨酯粉末涂料用聚酯树脂型号和规格（标准耐候型树脂）

型号	羟值/(mg KOH/g)	树脂/固化剂(质量比)	玻璃化转变温度/℃	流平等级(PCI)	黏度(200℃)/mPa·s	固化条件/℃×min	特点
GH-6601	90～110	67/33	58	8	2500～3500	190×10	配合 B1530 固化剂生产的粉末涂料具有硬度高、流平好、耐溶剂好、不起霜的优点
GU-6602	30～35	93/7	67	6	11200～14200	200×10	配合 1174 生产出耐候性好和具有杰出力学性能的皱纹粉
GH-6603	45～55	80/20	57	7	5000～6000	200×10	好的力学性能、耐候性和耐化学品性,可做透明粉,对于颜填料润湿性好

表 4-248　湛新树脂（中国）有限公司生产的聚氨酯粉末涂料用羟基聚酯树脂型号和规格

产品名	固化温度/℃	玻璃化转变温度/℃	羟值/(mg KOH/g)	最大酸值/(mg KOH/g)	黏度/mPa·s	特点
标准耐候型聚酯树脂						
CRYLCOAT 2890-0	200	60	30	4	7250	低异氰酸酯固化剂用量
CRYLCOAT 2814-0	200	52	295	14	3250	高羟值含量,高硬度和很好的抗污染性能,适用于抗涂鸦配方

续表

产品名	固化温度/℃	玻璃化转变温度/℃	羟值/(mg KOH/g)	最大酸值/(mg KOH/g)	黏度/mPa·s	特点
标准耐候型聚酯树脂						
CRYLCOAT 2860-0	200	52	50	1	3500	与 CRYLCOAT E 04176 搭配,用于一次挤出聚氨酯消光配方
CRYLCOAT 2870-0	200	54	45	0.5	4500	优异的耐候性和良好的耐化学品性,可与高羟值树脂搭配,用于一次挤出聚氨酯消光配方
CRYLCOAT 2876-0	200	58	290	2.5	4500	高硬度和很好的抗污染性能,适用于抗涂鸦配方
CRYLCOAT 2818-0	190	58	100	3	2750	耐溶剂性好,与 BECKOPOX EH694 搭配,涂膜具有非常杰出的耐热性和高的玻璃化转变温度
超耐候聚酯树脂						
CRYLCOAT 4823-0	200	57	85		1900	较好的流平、力学性能、耐化学品和耐候性能
CRYLCOAT 4874-0	200	52	295	14	3250	超耐候树脂,与 CRYLCOAT 48910 搭配一次挤出消光
CRYLCOAT 4890-0	180	58	30	4	5000	具有极好流平的超耐候树脂
CRYLCOAT 4891-0	200	58	31	2	5500	超耐候树脂,与 CRYLCOAT 48740 搭配一次挤出消光
CRYLCOAT E 04362	200	53	220		3000	高羟值超耐候树脂,与 CRYLCOAT E 04375 搭配一次挤出消光光泽<5%
CRYLCOAT 4875-0	200	58	30		5000	低羟值超耐候树脂,与 CRYLCOAT E 04362 搭配一次挤出消光光泽<5%

注：0—标准。

表 4-249　帝斯曼（中国）涂料树脂公司生产的聚氨酯粉末涂料用羟基聚酯树脂型号和规格

型号	酸值/(mg KOH/g)	黏度(160℃)/Pa·s	T_g/℃	树脂/固化剂(质量比)	固化条件/℃×min	特　点
P6504	35～45	42～62	62	80/20	200×10	标准端羟基树脂，优异的流平性能，昆山生产
P1425	280～300	5～45	49	45/55	200×10	高羟值树脂，特别适合用于跟P1475搭配，用于一次性挤出消光
P1580	75～95	8～28	51	70/30	200×15	超耐候，优异流平性
P1590	75～85	6～14	55	70/30	200×15	良好的抗溶剂性
P1475	41～45	70～100	58	82～18	200×10	低羟值树脂，特别适用于与P1425搭配，用于一次性挤出消光

表 4-250　浙江传化天松新材料股份有限公司生产的聚氨酯粉末涂料用羟基聚酯树脂型号和规格

型号	旋转黏度(200℃)/mPa·s	软化点/℃	羟值/(mg KOH/g)	T_g/℃	固化条件/℃×min	特点
TS6666	3000～5000	105.0～115.0	36.0～42.0	56.0～60.0	200×15	85/15(树脂/固化剂质量比，余同)，优良的流平性，涂膜装饰性好，良好的综合性能。可单独使用，也可与TS6120配合使用，适用于平面高光、低光和热转印粉末涂料
TS6070	3000～5000	105.0～115.0	62.0～70.0	58.0～62.0	200×15	75/25，优异的流平性，涂膜装饰性能好，良好的综合性能。可单独使用，也可与TS6120配合使用，适用于平面高光、低光和热转印粉末涂料
TS6120	3000～5000	105.0～115.0	115.0～125.0	56.0～60.0	200×15	65/35，良好的流平性，涂膜装饰性好，硬度高，耐溶剂性好，良好的综合性能。可单独使用，也可与TS6666配合使用，适用于平面高光、低光和热转印粉末涂料

表 4-251　广州擎天材料科技有限公司生产的聚氨酯粉末涂料用羟基聚酯树脂型号和规格

型号	聚酯/固化剂(质量比)	反应活性/s	固化条件/℃×min	羟值/(mg KOH/g)	黏度(200℃)/mPa·s	T_g/℃	性能特性
NH-7401	40/60	130～250	200×15	280～320	7000～11000	55	高羟值树脂，采用B1530固化剂，与NH-7805搭配可实现低光光泽，外观细腻
NH-7405	40/60	120～240	200×15	280～320	3000～5000	55	超耐候高羟值树脂，采用B1530固化剂，与NH-7803搭配可实现无光到低光光泽，外观细腻
NH-7603	65/35	110～210	200×15	90～120	3000～6000	59	卓越的流平和良好的抗溶剂性能

型号	聚酯/固化剂（质量比）	反应活性/s	固化条件/℃×min	羟值/(mg KOH/g)	黏度(200℃)/mPa·s	T_g/℃	性能特性
NH-7803	80/20	300～420	200×15	34～45	3000～5000	57	超耐候低羟值树脂，采用B1530固化剂，与NH-7405搭配可实现无光到低光泽，外观细腻
NH-7805	80/20	240～400	200×20	30～45	3500～6500	61	优异的流平性，良好的力学性能和耐候性能
NH-7807	84/16	300～400	200×15	27～33	9500～10500	62	良好的流平性和抗污性
NH-7808	84/16	460～660	200×15	25～35	7500～10500	59	极好的流平性，良好的力学性能和耐候性能
NH-7809	84/16	420～620	200×15	25～35	10000～14000	66	力学性能优异，耐候性能突出，可用于建材和家电

表 4-252　新中法高分子材料有限公司生产的聚氨酯粉末涂料用羟基聚酯树脂型号和规格

产品类型	产品型号	羟值/(mg KOH/g)	黏度(175℃)/mPa·s	T_g/℃	固化条件/℃×min	性能特点
低羟值	P8340PU	35～45	25000～29000	约 65	200×15	高光泽，力学性能优异，耐化学品性能优异

由Degussa公司生产的VESTAGON EP-R 4030是特殊晶体状聚酯树脂，羟值25～35mg KOH/g，熔程110～120℃，与羟基聚酯树脂混合用于配制平整度要求高的消光聚氨酯粉末涂料，还可作超耐候聚氨酯粉末涂料的软化剂。

国外聚氨酯粉末涂料常用羟基聚酯树脂的技术指标见表4-253；不同羟值聚酯树脂的代表性聚氨酯粉末涂料配方见表4-254。

表 4-253　国外聚氨酯粉末涂料常用羟基聚酯树脂的技术指标

项目		聚酯树脂 1	聚酯树脂 2	聚酯树脂 3
羟值/(mg KOH/g)		30	40	27
酸值/(mg KOH/g)		9	7	3
软化点/℃		110	114	120
玻璃化转变温度/℃		110	114	120
熔体流动速率/(g/10min)		65	70	70
树脂密度/(g/cm^3)		1.19	1.24	1.243
分子量	M_n(GPC法)	4000	3900	5400
	M_w(GPC法)	17600	16000	20000

表 4-254　不同羟值聚酯树脂的代表性聚氨酯粉末涂料配方

配方组成/质量份	配方 1	配方 2	配方 3
聚酯树脂 1(羟值 30mg KOH/g)	82	—	—
聚酯树脂 2(羟值 40mg KOH/g)	—	78	—
聚酯树脂 3(羟值 27mg KOH/g)	—	—	82
封闭型异佛尔酮二异氰酸酯	15	19	15
流平剂	0.5	0.5	0.5
双酚 A 型环氧树脂	3	3	3
安息香	0.3	0.3	0.3
二丁基二月桂酸锡	0.2	0.2	0.2
金红石型钛白粉	67	67	67

热固性聚氨酯粉末涂料用聚酯树脂的国家标准 GB/T 27808—2011 中关于饱和聚酯树脂的技术指标见表 4-255。羟值按 GB/T 12008.3—2009 中方法 A 进行测试，建议试样质量约 1.5g，邻苯二甲酸酐酰化试剂移取量为 10mL。外观、颜色、软化点、熔体黏度和玻璃化转变温度的测定方法跟聚酯粉末涂料用聚酯树脂的方法一样。

表 4-255 聚氨酯粉末涂料用饱和聚酯树脂的技术指标

项目		技术指标
外观		浅色或无色透明颗粒，无肉眼可见的夹杂物
颜色(铂钴法)	≤	100
羟值/(mg KOH/g)		商定
软化点/℃		110±10 或商定
熔体黏度(175℃或 200℃)/mPa・s		商定
玻璃化转变温度/℃	≥	52

注：有特殊要求的产品指标商定。

聚氨酯粉末涂料用端羟基型聚酯树脂的红外光谱见图 4-20。从红外光谱看到，$3431cm^{-1}$ 是羟基 O—H 伸缩振动吸收峰，羟基主要在分子端基上，所以吸收峰强度并不太强；$2967cm^{-1}$、$2877cm^{-1}$ 是甲基 C—H 伸缩振动吸收峰；$1721cm^{-1}$ 是酯基中 C═O 伸缩振动吸收峰；$1407cm^{-1}$、$1374cm^{-1}$ 是相邻两个甲基弯曲振动吸收峰，如新戊二醇；$1267cm^{-1}$、$1247cm^{-1}$ 是酯基中 C—O 键不对称振动吸收峰，吸收峰强；$1119cm^{-1}$、$1103cm^{-1}$ 是酯基中 C—O 对称振动吸收峰；$1018cm^{-1}$、$874cm^{-1}$、$727cm^{-1}$ 是对苯二甲酸酯苯环 C—H 弯曲振动吸收峰，表明有对苯二甲酸存在。因为聚氨酯粉末涂料用端羟基型聚酯树脂也是多元羧酸和多元醇缩聚得到的，从红外光谱的吸收峰的特征来说，没有很明显的差别，只能通过裂解色谱质谱分析才能准确判断具体组成。

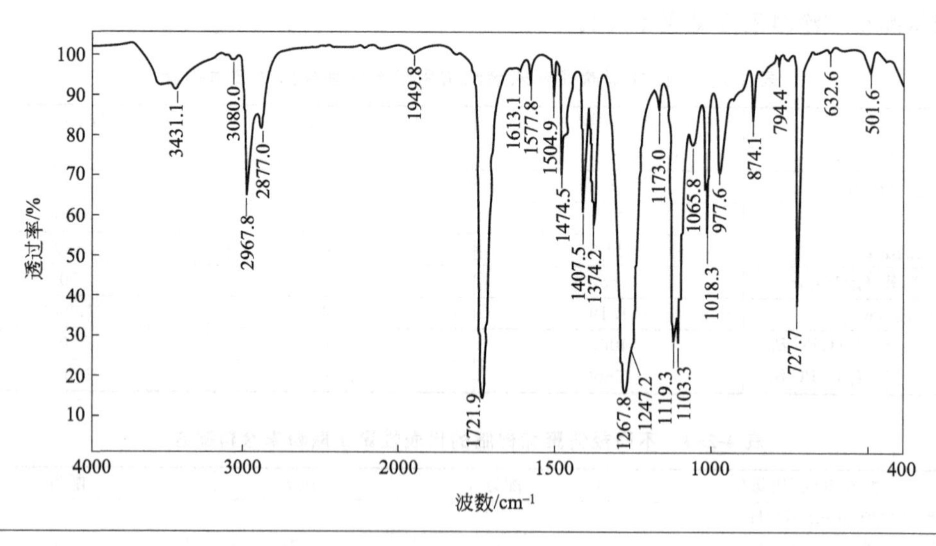

图 4-20 聚氨酯粉末涂料用端羟基型聚酯树脂的红外光谱图

四、固化剂

如前所述，聚氨酯粉末涂料用固化剂为封闭型多异氰酸酯，封闭型多异氰酸酯有芳香族和脂肪族两大类型。其中芳香族多异氰酸酯固化的聚氨酯粉末涂料的涂膜耐磨性和防腐性能比较好，但是耐候性和耐烘烤黄变性不好，而且配制的粉末涂料价格又比较贵，涂膜厚涂时还容易产生针孔、气泡和猪毛孔等弊病问题，推广应用受到限制。脂肪族多异氰酸酯固化的聚氨酯粉末涂料的耐候性好，而且涂膜的力学性能和耐化学品性能也比较好，其在日本、美国等国家是耐候型粉末涂料的重要品种，应用于要求耐候性的户外用产品的涂装。

在耐候型聚氨酯粉末涂料中，用得最多的固化剂是封闭型异佛尔酮二异氰酸酯。这种固化剂是异佛尔酮二异氰酸酯（isophorone diisocyanate，IPDI）用 ε-己内酰胺封闭而得到的。这种固化剂在合成和分解时的化学反应式如下：

H_3C, CH_3, CH_2—NCO+2HN (a), OCN (b), CH_3 (IPDI) + C(=O)—CH_2—CH_2, C—CH_2—CH_2, H_2 (ε-己内酰胺)

封闭过程 40~80℃ ⇌ 解封闭过程 140~160℃

CH_2—CH_2—C(=O), CH_2—CH_2—C(H_2)\N—C(=O)—N(H)— [H_3C, CH_3, CH_3 环] —CH_2N(H)—C(=O)—N/C(=O)—CH_2—CH_2, CH_2—CH_2—CH_2

这种固化剂体系的聚氨酯粉末涂料，其反应温度取决于封闭剂的解封闭温度，因此尽量使用解封闭温度低的封闭剂。为了降低固化剂的解封闭温度，可添加解封闭催化剂，这种催化剂有辛酸锡、二丁基月桂酸锡等有机化合物，添加量为固化剂用量的 1%左右，这样可以降低烘烤固化温度 10℃左右。不同 NCO 含量的 ε-己内酰胺封闭异佛尔酮二异氰酸酯的特点见表 4-256。

表 4-256　不同 NCO 含量的 ε-己内酰胺封闭异佛尔酮二异氰酸酯的特点

NCO 含量/%	玻璃化转变温度/℃	熔程/℃	解封闭温度/℃
10.0	47～55	72～86	140～168
11.5	56～74	95～112	148～165
13.7	45～64	86～107	146～163
15.0	46～59	82～102	126～160

表 4-256 的结果表明，当 NCO 含量不同时，对固化剂的玻璃化转变温度、熔程和解封闭温度有一定的影响。

从上面异佛尔酮二异氰酸酯的分子结构来看，由于两个异氰酸基的位置不同，其空间位阻有差别，a 位的异氰酸基空间位阻小，反应活性大；而 b 位的异氰酸基空间位阻大，反应活性小，a 位置异氰酸基反应活性是 b 位置异氰酸基反应活性的 10 倍。根据 a 位置和 b 位置异氰酸基反应活性的差别，可以合成不同反应活性的封闭型异佛尔酮二异氰酸酯固化剂。除 ε-己内酰胺外，酚和醇类也可以作封闭剂。在选择封闭剂时，应该尽量选择无毒、解离温度低的。为了克服封闭剂带来的环境污染等问题，开发了自封闭型的固化剂，例如 Deguss 公司的 VESTAGON BF 1540 固化剂是无封闭剂的二氮丁酮加成物，VESTAGON EP BF 9030 也是无封闭剂的缩脲二酮加成物。

聚氨酯粉末涂料的固化剂还有己内酰胺封闭异佛尔酮二异氰酸酯三聚体、己内酰胺封闭的三羟甲基丙烷和异佛尔酮二异氰酸酯加成物、异佛尔酮二异氰酸酯和季戊四醇预聚体、异佛尔酮二异氰酸酯和乙二醇预聚体等。如果异佛尔酮二异氰酸酯三聚体与羟基聚酯树脂部分反应，剩余的 NCO 基团再用己内酰胺封闭，得到的粉末涂料可在较低温度下固化。高熔点的己内酰胺封闭反式环己烷-1,4-二异氰酸（熔程 210～213℃），与低玻璃化转变温度羟基搭配，可避免结团现象发生，并有较低的固化温度。

其他挥发性封闭剂如对羟基苯甲酸酯，已经成功用作 HDI 三聚体的封闭剂，并与羟基聚酯配伍制成粉末涂料。这种粉末涂料的特点是固化温度低，涂膜的柔韧性比较好。用 1,2,4-三唑封闭剂封闭异佛尔酮二异氰酸酯作为固化剂用于聚氨酯粉末涂料，可以得到较低的烘烤温度和满意的涂膜性能，并释放较少量的封闭剂，用其配制的聚氨酯粉末涂料有很好的流平性。三唑封闭的 HDI/HDI 三聚体混合物为固体，可以制成稳定的粉末涂料。三唑和甲乙酮肟混合封闭剂封闭的 HDI 配制的粉末涂料有良好的贮存稳定性和较低的固化温度。

用芳香族二异氰酸酯的三聚体代替芳香族二异氰酸酯固化剂的聚氨酯粉末涂料，其耐候性得到明显改进。这种固化剂是甲苯二异氰酸酯在金属盐或氨基苯酚类催化剂存在下聚合成三聚体的，然后用 ε-己内酰胺封闭剂封闭游离的异氰酸基，这种固化剂的合成工艺如下：

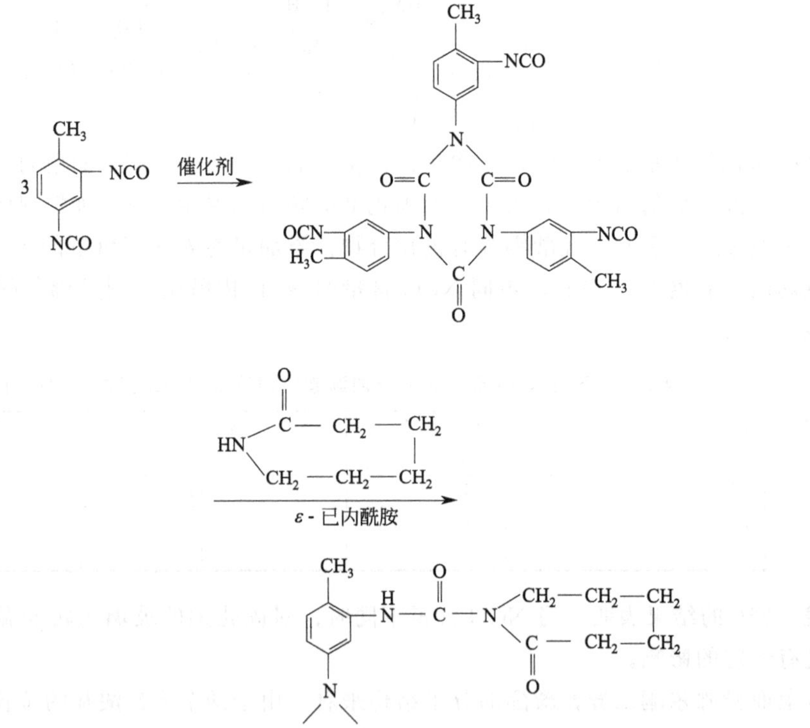

3 甲苯二异氰酸酯（CH_3，NCO，NCO）$\xrightarrow{催化剂}$ 三聚体（含 3 个 NCO 基团）

$\xrightarrow{ε\text{-已内酰胺}}$

封闭型三聚甲苯二异氰酸酯

聚氨酯粉末涂料用封闭型二异氰酸酯固化剂的品种很多，国内天津石化公司研究所和肇庆星湖化工集团公司等单位曾经开发过芳香族和脂肪族封闭型多异氰酸酯固化剂，都因产品价格等问题未能工业化推广应用。国外公司生产的聚氨酯粉末涂料用封闭型多异氰酸酯固化剂品种和规格见表 4-257。

表 4-257　粉末涂料用封闭型多异氰酸酯固化剂品种和规格

商品牌号	生产公司	NCO 含量/%	游离 NCO 含量/%	T_g/℃	熔点/℃	外观	解封闭温度/℃	封闭剂	固化条件/℃×min	结构类型
VESTAGON B 1065	Degussa	10.1～10.8	<0.4	40～55	78～83	白色片状	175	己内酰胺	180×25，200×10	脂肪族
VESTAGON B 1530	Degussa	14.8～15.7	<1	41～53	62～82	白色片状	168	己内酰胺	180×25，200×10	脂肪族
VESTAGON B 1400	Degussa	12.5～14.0	<1			粒状		己内酰胺		脂肪族
VESTAGON BF 1540	Degussa	15.2～17.2	<0.4	60～85						脂肪族自封闭
VESTAGON EP-BF 1310	Degussa	13.0～14.5				片状		缩脲二酮加成物		脂肪族
VESTAGON EP-BF 1320	Degussa	13.5～15.0				细小颗粒		缩脲二酮加成物		脂肪族
VESTAGON EP-BF 1321	Degussa	14.0～15.5				粗糙颗粒				缩二酮加成物
VESTAGON EP-BF 9030	Deussa	11.5～13.0		41～44		细小颗粒			120×30	缩脲二酮加成物
Crelan UT	Bayer	约 11.5		>60		粒状				脂肪族 IPDI 类
Crelan UIZ	Bayer	约 10.5		>60		粒状				脂肪族 IPDI 类
Crelan UI	Bayer	约 12.5		>60		粒状				芳香族 TDI 类
Additol X 1428	Hoesht	约 10.0	≤0.8	约 50						芳香族
Additol X 1432	Hoesht	约 9.5	≤0.8	约 46						脂肪族
Additol X 1465	Hoesht	约 16.5	≤0.8	约 50						芳香族
Additol VXL 9935	Hoesht	约 15.8	≤0.8	约 53						芳香族
Additol P 932	CYTEC	9～10		47					200℃	脂肪族
Additol P 965	CYTEC	16～17							180℃	芳香族
Additol VXL 9945	Hoesht	约 14.6	≤0.8	约 50						
Gargill 2400	Gargill	240(化合量)	≤1.5	52±3		透明粒状	170		185×30	芳香族
Gargill 2450	Gargill	240(化合量)	≤1.5	55±3		透明粒状	166			

注：CYTEC 公司的 Additol P 932 的原型号为 Additol XL 432；Additol P 965 的原型号为 Additol 465。

在上述聚氨酯粉末涂料用固化剂中，VESTAGON B 1065 是用于制备非常平整外观涂膜的线型结构固化剂；VESTAGON B 1400 和 VESTAGON B 1530 是用于制备平整外观涂膜的高官能度的固化剂；VESTAGON EP-BF 1320 和 VESTAGON BF 1540 是无封闭剂的高活性固化剂，VESTAGON EP-BF 1320 比 VESTAGON BF 1540 官能度高；VESTA-

GON EP-BF 1321 比 VESTAGON EP-BF 1320 熔融黏度高，更适合于用在转印，也适用于低温固化；VESTAGON EP-BF 9030 是无封闭剂的固化剂，用于低温固化聚氨酯粉末涂料的低密度交联剂，涂膜有良好的流平性。这种固化剂是用异佛尔酮异氰酸酯合成的缩脲二酮，在二月桂酸二丁基锡和羧酸四烷基铵的催化下，可以在 120℃完全固化。

脲二酮是一种四元杂环化合物，有两个异氰酸酯基团在适当的催化剂（例如有机膦等）存在下经二聚体制成，然后用对甲苯磺酸甲酯终止反应。这种化合物受热不稳定，易释放出来异氰酸基，与带羟基聚酯树脂反应固化成膜。异佛尔酮二异氰酸酯是唯一可以选用的脲二酮类原材料，脲二酮固化剂的合成、解封闭和固化反应原理如下：

R—N=C=O + O=C=N—R —(催化剂 / 二聚)→ R—N(—C(=O)—)₂N—R —(+羟基聚合物 / 分解、成膜)→ R—NH—C(=O)—O—聚合物

异氰酸酯　　脲二酮　　聚氨酯

在脲二酮固化羟基聚酯树脂的过程中，酸组分（羟基树脂的剩余羧基）将明显抑制羧酸四烷基铵的催化活性，在这种情况下需要加入酸清除剂化合物，以截取酸基，使催化剂恢复活性。这种酸清除剂对于调节反应活性、改善粉末涂料的流平性非常有利。脲二酮固化剂固化聚氨酯粉末涂料配方和涂膜性能见表 4-258。

表 4-258　脲二酮固化剂固化聚氨酯粉末涂料配方和涂膜性能

项目	配方 1			配方 2		
涂料配方/%						
羟基聚酯树脂	42.87			42.58		
脲二酮固化剂	23.43			23.12		
流平剂	1.00			1.00		
脱气剂	0.50			0.50		
催化剂	1.00			0.60		
酸清除剂	1.20			2.20		
钛白粉	3000			3000		
涂膜性能						
固化温度(30min)/℃	150	130	120	150	130	120
涂膜平整性	6	5	5	6	6	5
60°光泽/%	90	77	75	85	79	74
杯突试验/mm	>10	>10	7	>10	>10	7
正冲强度	120	80	60	140	80	40
反冲强度	80	10	10	80	40	10
耐甲乙酮(来回擦)/次	>100	>100	>100	>100	>100	>100

注：正冲与反冲强度原单位为 in·lb，可换算成乘 0.113N·m。

VESTAGON B 1530 固化剂可与各种含羟基聚酯树脂和丙烯酸树脂配合，用于制造具有优异力学性能的耐候型装饰型粉末涂料，所用的多元醇对于涂膜性能具有决定性影响。这种固化剂的详细技术指标见表 4-259。

表 4-259　聚氨酯粉末涂料固化剂 VESTAGON B 1530 的技术指标

项目	技术指标	测定方法	项目	技术指标	测定方法
NCO 含量(总量)/%	14.8～15.9	DINENISO11909	容积密度/(kg/m^3)	约 670	DIN53466
NCO 含量(游离)/%	<1	DINENISO11909	熔融范围/℃	62～82	DIN53466
玻璃化转变温度/℃	41～53	DSC	闪点/℃	约 195	ISO2592
NCO 当量/(g/eq)	约 275	—	燃点/℃	440	DIN51794
密度/(g/cm^3)	1.14	DIN53497			

聚氨酯粉末涂料用固化剂封闭型多异氰酸酯的红外光谱见图 4-21。从红外光谱图可以看到，$3266cm^{-1}$ 是酰胺基中 N—H 伸缩振动吸收峰；$2931cm^{-1}$、$2861cm^{-1}$ 是亚甲基、甲基 C—H 伸缩振动吸收峰；$1698cm^{-1}$、$1652cm^{-1}$ 是酰胺中 C═O 伸缩振动吸收峰的强峰，酰胺吸收带Ⅰ；$1533cm^{-1}$ 是 N—H 面内弯曲振动吸收峰，酰胺吸收带Ⅱ；$1257\sim1213cm^{-1}$ 是酰胺吸收带Ⅲ；$1176cm^{-1}$ 是 C—N 键伸缩振动吸收峰、六元环上 C—C 振动吸收峰；$971cm^{-1}$ 是六元环振动吸收峰；$717cm^{-1}$ 是环中多连亚甲基 C—C 振动吸收峰。

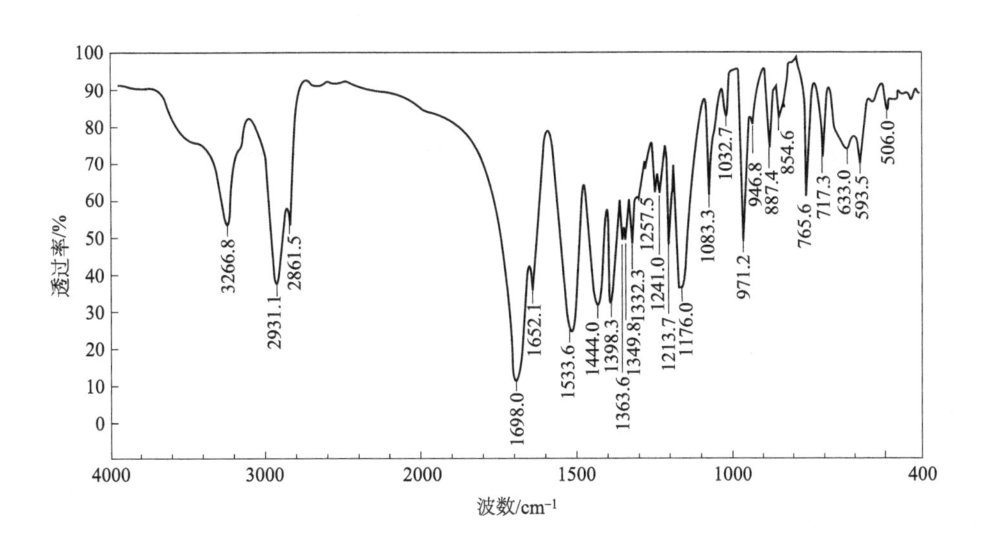

图 4-21　聚氨酯粉末涂料用固化剂封闭型多异氰酸酯红外光谱图

在聚氨酯粉末涂料配方中，经验说明，固化剂与羟基树脂在官能团（当量）配比上，固化剂不足（按 NCO∶OH＝0.8∶1 的比例）的情况下同样可以制造出具有优异涂膜性能的、满足要求的、更为经济的聚氨酯粉末涂料。不同 NCO 含量固化剂与不同羟值聚酯树脂相互匹配（NCO∶OH＝1∶1 等当量考虑）配方的参考比例（质量比）见表 4-260。VESTAGON B 1530 固化剂与不同羟值聚酯树脂按不同当量比例匹配时的用量见表 4-261。为了最大限度降低涂膜表面缺陷，在有色粉末涂料配方中通常需要添加最多 1%的除气剂。

表 4-260　不同 NCO 含量固化剂与不同羟值聚酯树脂相互匹配的配方参考比例

固化剂	聚酯树脂(羟值 30mg KOH/g)∶固化剂(质量比)	聚酯树脂(羟值 40mg KOH/g)∶固化剂(质量比)	聚酯树脂(羟值 50mg KOH/g)∶固化剂(质量比)
NCO 含量 10%	82∶18	77∶23	73∶27

续表

固化剂	聚酯树脂(羟值 30mg KOH/g)：固化剂(质量比)	聚酯树脂(羟值 40mg KOH/g)：固化剂(质量比)	聚酯树脂(羟值 50mg KOH/g)：固化剂(质量比)
NCO 含量 11%	83：17	79：21	75：25
NCO 含量 12%	84：16	80：80	76：24
NCO 含量 13%	85：15	81：19	77：23
NCO 含量 14%	86：14	82：18	78：22
NCO 含量 15%	87：13	83：17	80：20

注：在本表中，NCO/OH=1是按等当量考虑的，根据具体情况设计配方时适当降低这个比例也是可以的，这个比例调至 NCO/OH=0.8/1.0（当量）也可以得到满意的涂膜性能。

表 4-261　VESTAGON B 1530 固化剂与不同羟值聚酯树脂按不同当量比例匹配时的用量（质量比）

项目	固化剂中 NCO：树脂中 OH 当量比为 1：1		固化剂中 NCO：树脂中 OH 当量比为 0.8：1	
VESTAGON B 1530 固化剂	13	20	11	17
聚酯树脂(羟值=30mg KOH/g)	87	—	89	—
聚酯树脂(羟值=50mg KOH/g)	—	80	—	83

VESTAGON B 1530 固化剂体系聚氨酯粉末涂料固化温度应高于 170℃的固化剂解封闭温度，要得到满意的涂膜物理、力学性能，固化应在 180℃×20min 或 200℃×10min 条件进行。VESTAGON B 1530 固化剂固化聚氨酯粉末涂料配方和涂膜性能见表 4-262。

表 4-262　VESTAGON B 1530 固化剂固化聚氨酯粉末涂料配方和涂膜性能

项目		配方 1	配方 2	配方 3	配方 4	配方 5
粉末涂料配方/质量份						
Uralac P 6504(DSM)		542				
Uralac P 1444(DSM)			232			
TS 3339(天松)				528	510	410
VESTAGON B 1530		115	50	72	90	120
流平剂(通用型)		10	10	10	10	10
光亮剂(701)				10	10	10
安息香		5	5	4	4	4
金红石型钛白粉		328	400	200	200	200
沉淀硫酸钡				180	180	180
涂膜性能						
外观		平整	平整	平整	平整	平整
20°光泽/%		81	51			
60°光泽/%		90	78	≥90	≥90	≥90
冲击强度/N·cm				490	490	490
冲击强度(D/R)		110/30	40/<10			
杯突试验/mm		11	4.0			
弯曲(ϕ2mm)				通过	通过	通过
铅笔硬度				HB～H	HB～H	HB～H
耐候性(QUV 240h)	保光率/%　≥			80	80	80
	变色　≤			一级	一级	一级
固化条件/℃×min		200×10，180×20		200×(10～12)	200×(10～12)	200×(10～12)

注：1. 天松 TS 3339 与 VESTAGON B 1530 配制粉末涂料在 40℃贮存 24h 时稳定性好。

2. 冲击强度原单位为 in·lb，可换算成乘 0.113N·m。D代表正冲，R代表反冲。

VESTAGON B 1530 固化半结晶羟基聚酯树脂和无定形聚酯树脂混合物的聚氨酯粉末涂料配方和涂膜性能见表 4-263。

表 4-263　VESTAGON B 1530 固化聚酯树脂混合物的聚氨酯粉末涂料配方和涂膜性能

项目	指标	项目	指标
粉末涂料配方/%		安息香	0.65
无定形聚酯树脂(羟基值 50.0mg KOH/g)	36.48	涂膜性能	
半结晶聚酯树脂(羟基值 51.0mg KOH/g)	15.64	外观	很好的平整性
VESTAGON B 1530 固化剂	13.03	60°光泽/%	95
二氧化钛	32.57	反面冲击强度/N·cm	160
二月桂酸二丁基锡	0.65	固化条件/℃×min	177×20
流平剂	0.98		

VESTAGON B 1400 固化剂可与羟基聚酯树脂和丙烯酸树脂配合，用于制造具有优异物理性能的耐候型装饰型粉末涂料，所用的多元醇对于涂膜性能具有决定性的影响。这种固化剂的技术指标见表 4-264。

表 4-264　聚氨酯粉末涂料固化剂 VESTAGON B 1400 的技术指标

项目	技术指标	测定方法	项目	技术指标	测定方法
NCO 含量(总量)/%	12.5～14.0	DINEN ISO 11909	容积密度/(kg/m³)	约 670	DIN 53 466
NCO 含量(游离)/%	<1	DINEN ISO 11909	熔融范围/℃	75～100	DIN 53 736
玻璃化转变温度/℃	45～58	DSC	闪点/℃	约 180	ISO S592
NCO 当量/(g/eq)	约 310	—	燃点/℃	400	DIN 51 794
密度/(g/cm³)	1.14	DIN 53 479			

VESTAGON B 1400 固化剂与不同羟值聚酯树脂按不同当量比例匹配时的用量见表 4-265。

表 4-265　VESTAGON B 1400 固化剂与不同羟值聚酯树脂按不同当量比例匹配时用量（质量比）

项目	固化剂中 NCO∶树脂中 OH 当量比为 1∶1		固化剂中 NCO∶树脂中 OH 当量比为 0.8∶1	
VESTAGON B 1400 固化剂	15	22	12	19
聚酯树脂(羟值=30mg KOH/g)	85	—	88	—
聚酯树脂(羟值=50mg KOH/g)	—	78	—	81

VESTAGON B 1400 固化聚氨酯粉末涂料的固化温度应高于固化剂的解封闭温度 160℃，要得到良好的涂膜物理力学性能，固化条件应为 170℃×25min 或 210℃×6min。VESTAGON B 1400 固化剂固化聚氨酯粉末涂料配方和涂膜性能见表 4-266。

在聚氨酯粉末涂料中，由于聚酯树脂的羟值范围宽（28～320mg KOH/g)，而且 NCO 基的含量也有一定的范围，因此通过不同羟值聚酯树脂与不同 NCO 含量固化剂之间的相互组合可以得到不同交联密度和光泽的涂膜。通用型聚氨酯粉末涂料的配方例见表 4-267；代表性聚氨酯粉末涂料和涂膜性能技术指标见表 4-268；超耐候聚氨酯粉末涂料的配方见表 4-269；通用型高羟值聚酯树脂聚氨酯粉末涂料的配方见表 4-270；消光型聚氨酯粉末涂料的配方和粉末涂料及涂膜性能见表 4-271；无光聚氨酯粉末涂料配方和涂膜性能表 4-272。

表 4-266　VESTAGON B 1400 固化剂固化聚氨酯粉末涂料配方和涂膜性能

项目	配方 1	配方 2	项目	配方 1	配方 2
粉末涂料配方/质量份			氧化铁黄		25
Uralac P 6505(DSM)	528		消光填料		260
Uralac P 6504(DSM)		294	涂膜性能		
Uralac P 1444(DSM)		139	外观	平整	
VESTAGON B 1400	129	242	光泽(20°/60°)/%	82/91	(20～21)/(55～62)
流平剂(通用型)	10	10	冲击强度(D/R)/kg·cm	110/60	60/50
安息香	5	5	杯突试验/mm	10.5	4.5
金红石型钛白粉	328		固化条件/℃×min	210×6,170×25	210×6,170×25
氧化铁棕		25			

表 4-267　通用型聚氨酯粉末涂料的配方例（白色）　　单位：质量份

粉末涂料配方/质量份	配方 1	配方 2	配方 3	配方 4
聚酯树脂(羟值 30mg KOH/g)	55.3	56.6	—	—
聚酯树脂(羟值 40mg KOH/g)	—	—	52.7	54.0
封闭型异佛尔酮二异氰酸酯(NCO 含量 13%)	9.7	—	12.3	—
封闭型异佛尔酮二异氰酸酯(NCO 含量 15%)	—	8.4	—	11.0
流平剂	0.7	0.7	0.7	0.7
安息香	0.4	0.4	0.4	0.4
双酚 A 型环氧树脂	2.0	2.0	2.0	2.0
二丁基二月桂酸锡	0.1	0.1	0.1	0.1
金红石型钛白粉	22	22	22	22
沉淀硫酸钡	14	14	14	14

注：固化条件为 180℃×25min。

表 4-268　代表性聚氨酯粉末涂料和涂膜性能技术指标

项　　目		技术指标	项　　目		技术指标
粉末涂料			冲击强度/N·cm	≥	490
外观		色泽均匀,松散无结块	杯突试验/mm	≥	7
密度/(g/cm^3)		1.2～1.6	柔韧性/mm		2
细度(160 目筛余物)/%	<	0.5	铅笔硬度		2H
胶化时间(180℃)/s		180～360	耐 5%盐酸/h		240
熔融水平流动性(180℃)/mm		22～30	耐 5%氢氧化钠/h		240
贮存稳定性/月	≥	12	耐汽油/h		240
固化条件/℃×min		180×25	耐水/h		240
涂膜性能			耐盐雾/h		500
外观		平整,允许有轻微橘纹	耐湿热/h		500
60°光泽/%	>	90	户外曝晒试验(12 个月)		
附着力(划格法)/级		0	保光率/%		80

表 4-269　超耐候聚氨酯粉末涂料配方

配方组成	用量/质量份	配方组成	用量/质量份
UCB CC 690(羟值 30mg KOH/g)	87	安息香	0.5
封闭型异佛尔酮二异氰酸酯(NCO 含量 15%)	13	二丁基二月桂酸锡	0.12
		稳定剂	0.5
流平剂	1.0	金红石型钛白粉	40

注：固化条件 200℃×15min。

表 4-270　通用型高羟值聚酯树脂聚氨酯粉末涂料配方

配方组成	配方 1(白色)	配方 2(蓝色)	配方组成	配方 1(白色)	配方 2(蓝色)
聚酯树脂(羟值 47mgKOH/g)	80	80	双酚 A 型环氧树脂	4	4
封闭型异佛尔酮二异氰酸酯(NCO 含量 15%)	20	20	金红石型钛白粉	36	10
			酞菁蓝		1.5
流平剂	1.0	1.0	群青	0.2	—
安息香	0.5	0.5	沉淀硫酸钡	14	38
二丁基二月桂酸锡	0.2	0.2			

注：固化条件 200℃×10min。

表 4-271　消光型聚氨酯粉末涂料配方和粉末涂料及涂膜性能（黑色）

项目	配方 1	配方 2	配方 3	配方 4
粉末涂料配方/质量份				
聚酯树脂 B(羟值 36～40mg KOH/g)	500	500	500	500
聚酯树脂 A(羟值 150mg KOH/g)	120	140	140	100
封闭型 TDI	280	—	—	260
VESTAGON B 1530 固化剂	—	300	—	—
封闭型 IPDI(Cargill 2400)	—	—	300	—
流平剂(10%有效成分)	20	20	20	20
安息香	10	10	10	10
其他助剂	少量	少量	少量	少量
硫酸钡	400	400	400	400
炭黑	10	10	10	10
粉末涂料				
细度/目	160	160	160	160
熔融水平流动性/mm	17～19	20～22	19～21	16～19
固化条件/℃×min	175×20	185×20	180×20	175×20
涂膜性能				
外观	平整,稍有橘纹	平整光滑	平整	平整
60°光泽/%	5～9	18～20	28～30	15
冲击强度/N·cm	490	392	490	490
附着力(划格法)/级	2	1	1	2
柔韧性/mm	1	1	1	1

注：涂膜厚度为 60～70μm。

表 4-272　无光聚氨酯粉末涂料配方和涂膜性能

项目	配方 1	配方 2	配方 3
粉末涂料配方/质量份			
聚酯树脂 A(羟值 35～45mg KOH/g)	240	—	—
聚酯树脂 B(羟值 45～55mg KOH/g)	—	240	240
聚酯树脂 C(羟值 290～300mg KOH/g)	120	120	160
固化剂(封闭型异氰酸酯)	240	240	280
流平剂	10	10	10
光亮剂	10	10	10
安息香	3	3	3
抗划伤剂	3	3	3
金红石钛白粉	280	280	280
硫酸钡	94	94	94
涂膜性能和粉末指标			
外观	平整、细腻	平整	平整、细腻
60°光泽/%	4	10	7
冲击强度/N·cm	490	490	490
附着力(划格法)/级	0	0	1
水煮后附着力(划格法)/级	0	0	2
铅笔硬度	2H	2H	2H
粉末贮存稳定性/级	1	2	2

五、颜料和填料

在聚氨酯粉末涂料中使用颜料和填料的要求与一般粉末涂料用颜料和填料的基本要求是一样的，更具体地来说，用于户外的聚氨酯粉末涂料的颜料和填料的要求跟聚酯粉末涂料中的要求一样就可以;用于户内装饰和防腐聚氨酯粉末涂料的颜料和填料的要求跟环氧-聚酯和环氧粉末涂料中的要求一样就可以了。

六、助剂

在聚氨酯粉末涂料中，一般粉末涂料中常用的助剂，例如流平剂、光亮剂、除气剂、消泡剂、松散剂（疏松剂)等也是常用的助剂。在环氧、环氧-聚酯和聚酯粉末涂料中使用的各种类型助剂，除注明专用助剂外的大部分助剂都可以直接在聚氨酯粉末涂料中使用。因为聚氨酯粉末涂料的价格等问题，在我国使用量很少，所以聚氨酯粉末涂料专用助剂品种的报道少，用量也少。

在聚氨酯粉末涂料中一般添加二丁基二月桂酸锡，其目的是降低封闭型固化剂的解封闭温度和促进固化反应速率。另外，在粉末涂料中添加少量双酚 A 型环氧树脂，其目的是增加对底材的附着力，添加的量不能太多，否则会影响涂膜的耐候性。因为聚氨酯粉末涂料用羟基聚酯树脂的羟值范围宽，不同羟值聚酯树脂与不同 NCO 含量固化剂之间的相互匹配可以配制不同光泽的粉末涂料，而且涂膜光泽调节范围很宽，比聚酯粉末涂料更容易配制广范围的聚氨酯消光粉末涂料，所以不必使用聚酯粉末涂料中的消光剂和消光固化剂。如果需要纹理剂等助剂，可以先试用聚酯粉末涂料中使用的一般助剂，然后再考虑其他方法。

七、聚氨酯粉末涂料的应用

聚氨酯粉末涂料属于热固性粉末涂料的重要品种之一，它的特点是由于固化剂的固化特殊性，涂膜的流平性非常好;涂膜的耐磨性也特别好。因国情不同其应用情况大不一样，例如在日本一般聚氨酯粉末涂料叫聚酯粉末涂料，替代我们国内的 TGIC 固化聚酯粉末涂料，应用比较广泛。在我国因固化剂的成本较高，广泛推广应用难度大，在热固性粉末涂料中占的比例很少。除一般用在应客户要求必须用聚氨酯粉末涂料的场合，还有涂膜特殊耐磨性要求很高的产品外，大众产品上使用的很少;应用较多的还是用聚氨酯粉末改性聚酯粉末涂料的耐磨性、改性聚酯热转印粉末涂料的撕纸性，作为改性用树脂的比例大。还用在降低纯氟树脂粉末涂料的成本，高档的氟树脂改性聚氨酯粉末涂料上。随着聚氨酯固化剂价格的降低，聚氨酯粉末涂料的应用范围会逐步扩大，用量也增加，所占比例也会上升。

第六节
丙烯酸粉末涂料

一、概述

丙烯酸粉末涂料是由丙烯酸树脂、固化剂、颜料、填料和助剂等组成的热固性粉末涂料。丙烯酸粉末涂料是耐候型粉末涂料的主要品种之一，其耐候性优于前述的聚酯粉末涂料和聚氨酯粉末涂料。在日本丙烯酸粉末涂料占比例较大；在美国所占比例较小；在欧洲其产量和占的比例更小；在我国还没有工业化大量推广应用。

在丙烯酸粉末涂料中，丙烯酸树脂和固化剂是成膜物质，丙烯酸粉末涂料成膜物的品种有：缩水甘油基丙烯酸树脂用多元羧酸固化体系；羟基丙烯酸树脂用封闭型多异氰酸酯固化体系；羟基丙烯酸树脂用氨基树脂固化体系；丙烯酰胺树脂自交联体系；羧基丙烯酸树脂用TGIC固化体系；羟基丙烯酸树脂用聚酯树脂固化体系；羧基丙烯酸树脂用环氧树脂固化体系等。

从理论上考虑，丙烯酸粉末涂料的品种很多，但是由于粉末涂料的贮存稳定性和涂膜的各种性能等原因，这些品种中工业化的耐候型丙烯酸粉末涂料，主要是缩水甘油基丙烯酸树脂用多元羧酸固化体系和羟基丙烯酸树脂用封闭型多异氰酸酯固化体系。羟基丙烯酸树脂用聚酯树脂固化体系属于丙烯酸-聚酯粉末涂料；羧基丙烯酸树脂用环氧树脂固化体系属于丙烯酸-环氧粉末涂料，两者属于混合型（hybrid）粉末涂料，前者为耐候型粉末涂料，后者为户内用粉末涂料。这里介绍以耐候型（纯）丙烯酸粉末涂料为主，还简单介绍丙烯酸-聚酯粉末涂料和丙烯酸-环氧粉末涂料。丙烯酸-聚酯粉末涂料和丙烯酸-环氧粉末涂料在我国生产实践中的应用没有多少报道。

耐候型丙烯酸粉末涂料有如下优点。

(1) 涂膜的附着力好，不需要涂底漆。

(2) 在粉末涂料烘烤固化时，涂膜的耐热性好，涂膜的抗黄变性很好。

(3) 涂膜的保光性、保色性好，耐污染性和耐候性非常好，好于聚酯和聚氨酯粉末涂料。

(4) 涂膜的力学性能比较好，涂膜的耐水、耐化学品性能很好。

(5) 该粉末涂料的静电粉末喷涂性能好，静电平衡的涂膜厚度比其他涂料品种薄，适用于薄涂。

丙烯酸粉末涂料有如下缺点。

(1) 丙烯酸粉末涂料的熔融黏度比较高，涂膜的流平性和颜料的分散性比其他热固性粉末涂料差一些。

(2) 由于丙烯酸树脂的刚性强，涂膜的柔韧性和冲击强度比其他热固性粉末涂料差一些。

(3) 丙烯酸粉末涂料在施工应用时容易受其他粉末涂料和环境的干扰，对施工环境和条件要求严，在喷涂以前必须清扫干净喷粉室等。

(4) 丙烯酸粉末涂料的价格比其他耐候型粉末涂料高很多，工业化推广应用受到一定限制。

丙烯酸粉末涂料的制造方法比较多，除了按热固性粉末涂料最常用的熔融挤出混合法之外，还可以用蒸发法等方法制造，具体的制造方法和设备参考第六章和第七章的有关内容。不同底材和表面处理对丙烯酸粉末涂料涂膜性能的影响见表 4-273。

表 4-273　不同底材和表面处理对丙烯酸粉末涂料涂膜性能的影响

底　　材		冷轧钢板	冷轧钢板	镀锌钢板	铝材
表面处理		除油	磷酸盐磷化	磷酸盐磷化	铬酸盐处理
烘烤条件/℃×min		180×20	180×20	180×20	180×20
涂膜厚度/μm		50～70	50～70	50～70	50～70
60°光泽/%	>	90	90	90	90
铅笔硬度		HB～2H	HB～2H	HB～2H	HB～2H
杯突试验/mm	>	7	7	7	7
冲击强度①/N·cm	>	294～392	294～392	392	392
附着力(划格法)		100/100	100/100	100/100	100/100
耐酸性(5% H_2SO_4,20℃,240h)		很好	很好	很好	很好
耐碱性(5%NaOH,20℃,240h)		很好	很好	很好	很好
耐湿热性②		一般	很好	很好	很好
耐盐水喷雾③/mm		<10	2～4	0～2	0
人工加速老化(保光率 50%)/h		500～1500	500～1500	500～1500	500～1500
天然曝晒老化(保光率 50%)/月		12～36	12～36	12～36	12～36
耐湿热试验后附着力(划格法)		0/100	100/100	100/100	100/100

① 冲击强度：DuPont 法，Φ0.5in (1.27cm) ×500g。

② 耐湿热性：50℃，98%RH，500h。

③ 耐盐水喷雾：35℃，5%NaCl，500h。

(纯)丙烯酸粉末涂料是高耐候性涂料品种，主要用在建筑材料、铝型材、汽车轮毂、道路标志以及汽车、摩托车等高装饰性涂装。近年来，工业发达国家为了降低汽车涂装的挥发性有机化合物 (VOC)，将其作为无污染涂料用在高级轿车金属闪光漆的罩光面漆。

丙烯酸-聚酯粉末涂料也是 20 世纪 90 年代发展起来的新品种，主要成膜物为缩水甘油基丙烯酸树脂、羧基 (羟基)聚酯和二元羧酸 (或封闭型异氰酸酯)，通过丙烯酸树脂环氧基与羧基聚酯之间的反应 (或者羧基与环氧基之间和羟基与异氰酸基之间的反应)交联成膜。以前认为丙烯酸树脂与聚酯树脂之间的相容性不好，两种树脂混合使用有困难，然而经过多年研究已克服了这种困难，得到的涂膜外观平整、光滑。

丙烯酸-聚酯粉末涂料有如下的优点。

(1) 涂膜的保光性、保色性和耐候性与聚酯和聚氨酯粉末涂料差不多。

(2) 涂膜的附着力好，不需要涂底漆。

(3) 颜料在树脂中分散性好。

(4) 涂膜的冲击强度比纯丙烯酸粉末涂料有明显改进，耐碱性能又比聚酯和聚氨酯粉末涂料有明显提高。

(5) 在涂料配方中，封闭型异氰酸酯的用量比聚氨酯粉末涂料少，烘烤时对环境污染也小。

由于成膜物质体系比较复杂，树脂与固化剂之间的配比很难估计准确，故技术难度较大。不同底材和表面处理对丙烯酸-聚酯粉末涂料涂膜性能的影响见表 4-274。

表 4-274　不同底材和表面处理对丙烯酸-聚酯粉末涂料涂膜性能的影响

底材	冷轧钢板	冷轧钢板	冷轧钢板	镀锌钢板	铝材
表面处理	除油	喷砂	磷酸锌磷化	磷酸锌磷化	铬酸盐处理
烘烤条件/℃×min	180×20	180×20	180×20	180×20	180×20
涂膜厚度/μm	50～60	50～60	50～60	50～60	50～60
60°光泽/%　　>	90	90	90	90	90
铅笔硬度	HB～H	HB～H	HB～H	HB～H	HB～H
杯突试验/mm　　>	7	—	7	7	7
冲击强度①/N·cm	490	490	490	490	490
附着力(划格法)	100/100	100/100	100/100	100/100	100/100
耐酸性(5%H_2SO_4,20℃,240h)	很好	很好	很好	很好	很好
耐碱性(5%NaOH,20℃,240h)	很好	良好	很好	很好	很好
耐湿热性(50℃,98%RH,500h)	良好	良好	很好	很好	很好
耐盐水喷雾②/mm	10	4～8	1～2	0～1	0～1
人工加速老化(保光率 50%)/h	500～700	500～700	500～700	500～700	500～700
天然曝晒老化(保光率 50%)/月	12～24	12～24	12～24	12～24	12～24
耐湿热后附着力(划格法)	0/100	70/100	100/100	100/100	100/100

① 冲击强度：DuPont 法，Φ0.5in (1.27cm) ×500g。

② 耐盐水喷雾：35℃，5%NaCl，500h。

丙烯酸-聚酯粉末涂料的制造方法和设备与聚酯和聚氨酯粉末涂料一样（参阅第六章和第七章有关章节内容），涂膜耐候性比聚酯和聚氨酯粉末涂料好，但不如丙烯酸粉末涂料，阳光型人工加速老化机中各种粉末涂料老化试验结果比较见图 4-22。丙烯酸-聚酯粉末涂料可适用于聚酯和聚氨酯粉末涂料应用领域。由于国情关系，在我国除无光和亚光聚酯-丙烯酸粉末涂料（以聚酯树脂为主要成膜物）外，以丙烯酸树脂为主要成膜物的丙烯酸-聚酯粉末涂料没有得到推广应用。

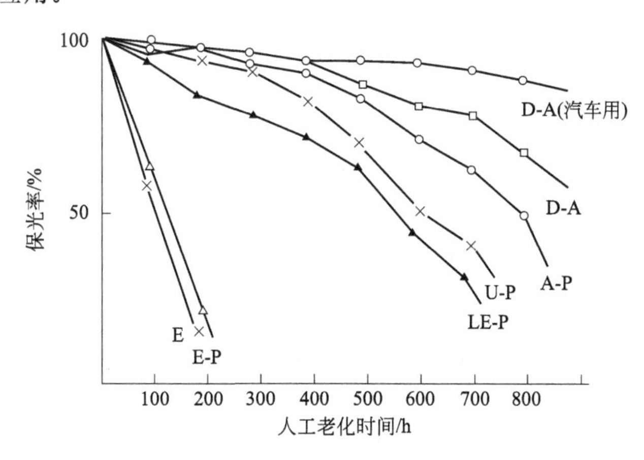

图 4-22　阳光型人工加速老化机中各种粉末涂料老化试验结果比较

E—纯环氧粉末涂料；E-P—环氧∶聚酯=50∶50 粉末涂料；LE-P—环氧∶聚酯=8∶92 粉末涂料；U-P—封闭型异氰酸酯固化聚酯粉末涂料；A-P—丙烯酸聚酯粉末涂料；D-A—十二碳二羧酸固化丙烯酸粉末涂料；D-A（汽车用）—汽车用十二碳二羧酸固化丙烯酸粉末涂料

丙烯酸-环氧粉末涂料也是20世纪开发的非耐候性的混合型粉末涂料之一。这种粉末涂料以羧基丙烯酸树脂和双酚A型环氧树脂为成膜物质。丙烯酸-环氧粉末涂料与环氧-聚酯粉末涂料相比较，涂膜硬度、耐化学品性能、耐污染性和耐候性等性能都有所改进。在环氧-聚酯粉末涂料中，聚酯树脂的官能度大约为3～4;在丙烯酸-环氧粉末涂料中，丙烯酸树脂羧基的官能度大约为4～6，具有较高的官能度，其交联密度必然大于环氧-聚酯粉末涂料，涂膜硬度相应得到提高，耐溶剂性能也好。在丙烯酸-环氧粉末涂料中丙烯酸树脂中的酯基数目，比环氧-聚酯粉末涂料中聚酯树脂中的酯基少，所以丙烯酸-环氧粉末涂料的涂膜耐化学品性能好。另外，丙烯酸-环氧粉末涂料的较高涂膜硬度，也使它的耐污染性得到提高。在耐候性方面，虽然丙烯酸树脂含有从苯乙烯共聚带来的芳香族，但是比聚酯树脂中的芳香族含量少，使涂膜的抗黄变性和耐光性都有所改进。由于国情关系，在我国丙烯酸-环氧粉末涂料没有得到推广应用。

二、固化反应原理

在丙烯酸粉末涂料中，成膜物质是丙烯酸树脂和固化剂，丙烯酸树脂的反应性基团有缩水甘油基（也就是环氧基)、羧基、羟基等;固化剂的反应性基团有羧基、氨基、NCO基等。在缩水甘油基丙烯酸树脂与多元羧酸体系中，主要化学反应基团是丙烯酸树脂的缩水甘油基（环氧基)与固化剂的羧基;在羟基丙烯酸树脂与封闭型多异氰酸酯体系中，主要化学反应基团是丙烯酸树脂的羟基与固化剂的NCO基;在缩水甘油基丙烯酸树脂与羧基聚酯树脂体系中，主要化学反应基团是丙烯酸树脂的环氧基与聚酯树脂的羧基;在羧基丙烯酸树脂与环氧树脂体系中，主要化学反应基团是丙烯酸树脂的羧基与环氧树脂的环氧基。

丙烯酸粉末涂料中最常用的缩水甘油基丙烯酸树脂与多元羧酸体系中，固化成膜时的主要化学反应是丙烯酸树脂的缩水甘油基（即环氧基)与固化剂多元羧酸的羧基之间的反应，其反应式如下：

$$2\,\{\!-\!CH_2-\underset{\substack{|\\ COOCH_2-CH\overset{O}{-}CH_2}}{CH}\!-\!\}_n \quad + \quad HOCORCOOH \longrightarrow$$

缩水甘油基丙烯酸树脂　　　　二元羧酸

$$\{\!-\!CH_2-\underset{\substack{|\\ COOCH_2-\underset{\substack{|\\OH}}{CH}-CH_2OCORCOO-CH_2-\underset{\substack{|\\OH}}{CH}-CH_2OCO}}{CH}\!-\!\}_n \quad \{\!-\!CH-CH_2\!-\!\}_n$$

作为丙烯酸粉末涂料中重要品种之一的羟基丙烯酸树脂与封闭型多异氰酸酯反应体系中，固化成膜的主要化学反应是丙烯酸树脂的羟基与固化剂的NCO基之间的反应，其反应式如下：

$$2\,\text{-}\!\left[CH_2-\underset{\displaystyle COOCH_2-CH_2-OH}{CH}\right]_n + R_1-CO\overset{H}{N}-R-\overset{H}{N}CO-R_1 \longrightarrow$$

羟基丙烯酸树脂　　封闭型二异氰酸酯

$$\left[CH_2-CH\right]_n-COOCH_2-CH_2-O-CON-R-NCO-O-CH_2-CHOOC-\left[CH-CH_2\right]_n + 2R_1H$$

封闭剂

在丙烯酸-聚酯粉末涂料体系中，进一步选用封闭型多异氰酸酯可以得到均匀固化涂膜，这种体系的主要交联固化反应式如下：

$$HO\sim\sim\underset{\displaystyle COOH}{}\sim\sim OH + \boxed{R}-CONH-R'-NHCO-\boxed{R} + \left[\underset{\displaystyle COOCH_2-CH\overset{O}{-}CH_2}{CH}-CH_2\right]_n$$

端羟基聚酯树脂R_1　封闭型多异氰酸酯　丙烯酸树脂R_2

$$\longrightarrow \left[CH_2-CH\right]_n-COOCH_2-\underset{\displaystyle OH}{CH}-CH_2-OCO-(OH\sim\sim\sim OCONH-)\;(R_2)\;(R_1)$$

$$R'-NHCOO\sim\sim\sim OH\,(R_1)-COO-CH_2-\underset{\displaystyle OH}{CH}-CH_2-OCO\,(R_2)-\left[CH-CH_2\right]_n + \boxed{R}-H$$

封闭剂

在丙烯酸-环氧粉末涂料中，主要的固化反应是丙烯酸树脂的羧基与环氧树脂的环氧基之间的反应，跟环氧-聚酯粉末涂料体系中的聚酯树脂与环氧树脂之间的反应类似，两种粉末涂料体系的反应是基本一样的。

丙烯酸-环氧粉末涂料的耐候性不如聚酯和耐候型聚氨酯粉末涂料，比环氧-聚酯粉末涂料稍微好一些，适合于室内产品的涂装，可以用在环氧-聚酯粉末涂料应用的领域。

三、丙烯酸树脂

在丙烯酸粉末涂料中用的丙烯酸树脂品种有缩水甘油基丙烯酸树脂、羟基丙烯酸树脂、羧基丙烯酸树脂和酰胺基丙烯酸树脂等。丙烯酸树脂的特性决定于合成丙烯酸树脂用丙烯酸、丙烯酸酯、甲基丙烯酸、甲基丙烯酸酯和苯乙烯等单体的品种和用量，也受到合成工艺条件的影响。

合成丙烯酸树脂的单体分为硬单体和软单体，常用的硬单体有甲基丙烯酸甲酯、甲基丙烯酸丁酯、甲基丙烯酸己酯、甲基丙烯酸羟乙酯、甲基丙烯酸缩水甘油酯和苯乙烯等。软单体有丙烯酸乙酯、丙烯酸丁酯、丙烯酸羟乙酯、丙烯酸羟丙酯、丙烯酸-2-乙基己酯和丙烯酸缩水甘油酯等，合成丙烯酸树脂用丙烯酸和甲基丙烯酸及酯类等单体有关技术指标见表 4-275。在这些单体中，除了带有用于加成聚合反应的双键外，有些单体还带有羟基、羧基、缩水甘油基和酰胺基等反应活性基团。由于这些反应活性基团的存在，使丙烯酸树脂带有反应性活性基团，可以与固化剂进行交联固化反应成膜。丙烯酸酯类的大部分属于软单体；甲基丙烯酸酯类的大部分属于硬单体；丙烯酸、甲基丙烯酸、苯乙烯、丙烯腈和丙烯酰胺等属于硬单体。软单体的均聚物玻璃化转变温度大部分低于 10℃；硬单体的均聚物玻璃化转变温度大部分高于 20℃。在丙烯酸树脂合成配方中，当硬单体的含量增加时，树脂的玻璃化转变温度升高;而软单体的含量增加时，树脂的玻璃化转变温度就相应降低。另外，当配方中的反应性单体的用量增加时，树脂的反应活性提高，树脂的官能度提高，成膜物的交联密度增加，涂膜的硬度和耐化学品性能也相应提高。

表 4-275 合成丙烯酸树脂用丙烯酸和甲基丙烯酸及酯类等单体的有关技术指标

单体名称	缩写	化学式	分子量	沸点/℃	相对密度	均聚物 T_g/℃
丙烯酸	AA	$CH_2=CH-COOH$	72.06	142	1.045	106
丙烯酸甲酯	MA	$CH_2=CHCOOCH_3$	86.09	80.3	0.950	8
丙烯酸乙酯	EA	$CH_2=CHCOOC_2H_5$	100.11	99.6	0.917	−22
丙烯酸异丙酯	*i*-PA	$CH_2=CHCOO-CH(CH_3)_2$	114	110	—	−5
丙烯酸正丁酯	*n*-BA	$CH_2=CHCOO-C_4H_9$	128.17	147	0.894	−54
丙烯酸-2-乙基己酯	2-EHA	$CH_2=CHCOOCH_2CH(C_2H_5)C_4H_9$	184.27	213	0.886	−85
丙烯酸-*β*-羟乙酯	*β*-HEA	$CH_2=CHCOOCH_2CH_2-OH$	116.06	—	1.104	−15
丙烯酸羟丙酯	HPA	$CH_2=CHCOOCH(CH_3)CH_2-OH$	130	—	1.057	−7
丙烯酸缩水甘油酯	GA	$CH_2=CHCOOCH_2CH-CH_2$ (环氧，O 桥接)	128.12	—	1.107	—
甲基丙烯酸	MAA	$CH_2=C(CH_3)-COOH$	86.0	163	1.015	130
甲基丙烯酸甲酯	MMA	$CH_2=C(CH_3)COOCH_3$	100.11	101	0.939	105
甲基丙烯酸乙酯	EMA	$CH_2=C(CH_3)COOC_2H_5$	114.13	117	0.909	65
甲基丙烯酸异丙酯	*i*-PMA	$CH_2=C(CH_3)COOCH(CH_3)_2$	128.17	120	—	81
甲基丙烯酸正丁酯	*n*-BMA	$CH_2=C(CH_3)COOC_4H_9$	142.19	163	0.889	20
甲基丙烯酸异丁酯	*i*-BMS	$CH_2=C(CH_3)COOC_2H_3(CH_3)_2$	142.19	155	—	67
甲基丙烯酸正己酯	*n*-MHA	$CH_2=C(CH_3)COOC_6H_{13}$	170	—	—	170
甲基丙烯酸-*β*-羟乙酯	*β*-HEMA	$CH_2=C(CH_3)COOCH_2CH_2-OH$	130.08	—	1.079	55
甲基丙烯酸羟丙酯	HPMA	$CH_2=C(CH_3)COOCH(CH_3)CH_2-OH$	144	—	—	26
甲基丙烯酸缩水甘油酯	GMA	$CH_2=C(CH_3)COOCH_2CH-CH_2$ (环氧，O 桥接)	142.15	—	1.073	41
苯乙烯	St	$CH_2=CH-Ph$	104.14	145.2	0.901	100
丙烯腈	AN	$CH_2=CH-CN$	53.03	77.3	0.880	100
丙烯酰胺	AAM	$CH_2=CH-CONH_2$	71.08	—	—	153

根据 FOX 的理论，丙烯酸（酯)共聚物的玻璃化转变温度是介于共聚物各种成分的均聚物玻璃化转变温度之间，可以用下式表示:

$$\frac{1}{T_{gc}}=\frac{W_1}{T_{g1}}+\frac{W_2}{T_{g2}}+\cdots$$

式中 T_{gc}——共聚物玻璃化转变温度，℃;

T_{g1}，T_{g2}——各种单体均聚物玻璃化转变温度，℃;

W_1，W_2——各种单体所占比例，$W_1+W_2+\cdots=1$。

又可用下式表示:

T_g 指数总和=(单体 1T_g 指数×W_1)+(单体 2T_g 指数×W_2)+⋯

玻璃化转变温度 T_g 与相对应 T_g 指数见表 4-276。根据上述公式，从合成丙烯酸树脂单体的玻璃化转变温度和配方中的用量，可以估计丙烯酸共聚物树脂的玻璃化转变温度。一般粉末涂料用丙烯酸树脂的玻璃化转变温度应高于 55℃，最好是 60℃以上，如果低于这个温度粉末涂料的贮存稳定性不好。为了得到粉末涂料贮存稳定性好、涂膜物理力学性能和耐化学品性能符合要求的丙烯酸粉末涂料，在合成丙烯酸树脂配方的设计中，不同玻璃化转变温度单体之间的比例要适当，而且反应性单体的含量也应该适当。因为共聚物反应过程很复杂，从理论上计算出来的玻璃化转变温度与实测结果总会有一定的差距。因此，用 FOX 公式计算出来的玻璃化转变温度，只能作为设计丙烯酸树脂合成配方时的重要参考而已。

表 4-276　玻璃化转变温度（T_g）与相对应 T_g 指数

玻璃化转变温度/℃	T_g 指数	玻璃化转变温度/℃	T_g 指数	玻璃化转变温度/℃	T_g 指数
105	2.65	34	3.26	2	3.64
100	2.68	32	3.28	0	3.66
95	2.72	30	3.30	−5	3.77
90	2.75	28	3.32	−10	3.80
85	2.79	26	3.34	−15	3.88
80	2.83	24	3.37	−20	3.95
75	2.87	22	3.39	−25	4.03
70	2.96	20	3.41	−30	4.12
65	2.97	18	3.44	−35	4.20
60	3.00	16	3.46	−40	4.29
55	3.05	14	3.48	−45	4.39
50	3.10	12	3.51	−50	4.48
45	3.14	10	3.52	−55	4.59
40	3.19	8	3.56	−60	4.68
38	3.22	6	3.58	−65	4.81
36	3.24	4	3.61	−70	4.93

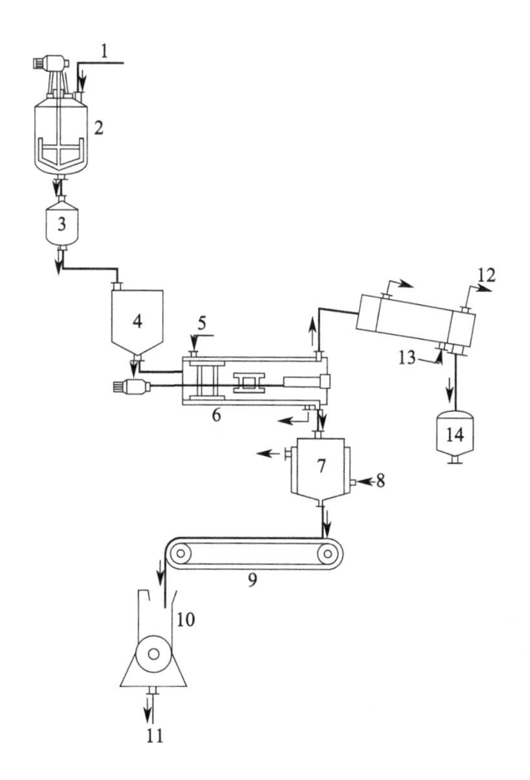

图 4-23　粉末涂料用丙烯酸树脂的溶剂法制造设备和工艺

1—滴加单体；2—反应釜；3—中间槽；4—贮槽；5—热媒（循环），170℃；6—插板或薄膜蒸发器；7—熔融树脂槽；8—蒸汽；9—冷却带（冷水）；10—破碎机；11—包装；12—抽真空；13—冷水；14—溶剂回收再用

丙烯酸树脂的合成工艺可以采用本体聚合、溶液聚合、悬浮聚合和乳液聚合等方法。从树脂分子量和分子量分布的控制、产品质量的稳定性考虑，采用溶液聚合的较多，这种合成工艺的缺点是要处理大量的溶剂。按溶液聚合法聚合以后，一般采用薄膜蒸发法除去大量溶剂，溶剂可以回收再用，去除溶剂的树脂经冷却带冷却，再用破碎机破碎后包装出厂。本体聚合工艺虽然比较简单，但是树脂合成时黏度大，不容易除去反应生成的热量，同时树脂分子量和分子量分布不容易控制。悬浮聚合和乳液聚合过程中不用有机溶剂，反应又容易控制，但是树脂中含有的水溶性悬浮剂和乳化剂不易除去，将影响涂膜的耐水性等性能，而且树脂分子量较大，不宜制造粉末涂料。粉末涂料用丙烯酸树脂的溶剂法制造设备和工艺见图 4-23。制造丙烯酸树脂的工艺是在反应釜 2 中进行溶液聚合，经过中间槽 3 进到贮槽 4，然后输送到带有热媒加热装置的薄膜蒸发器 6 除去溶剂，溶剂进行回收，而树脂产品进到熔融树脂槽 7，通过冷却带冷却，再经破碎机 10 粉碎后包装成产品。丙烯酸粉末涂料用缩水甘油基丙烯酸树脂合成配方例见表 4-277；粉末涂料用通用型缩水甘油基丙烯酸树脂的技术指标范围见表 4-278；湛新树脂（中国）有限公司丙烯酸树脂产品技术指标见表 4-279；四种不同环氧当量缩水甘油基丙烯酸树脂技术指标和粉末涂料配方见表 4-280；广州产协高分子有限公司丙烯酸环氧粉末涂料用丙烯酸树脂产品型号和技术指标见表 4-281。

除此之外，在许多助剂生产公司也生产和提供丙烯酸树脂，例如：宁波南海化学的 XG665 消光固化剂；六安捷通达公司的消光固化剂 K550 和 K580；中添/索是公司的 T-308 和 T-550 消光固化剂，这些消光固化剂实际上是不同环氧值的缩水甘油基丙烯酸树脂，可以作为消光树脂使用，也可以配制丙烯酸粉末涂料。

表 4-277　丙烯酸粉末涂料用缩水甘油基丙烯酸树脂合成配方例

原料	用量/质量份	原料	用量/质量份
甲基丙烯酸甲酯	45	丙烯酸丁酯	20
甲基丙烯酸缩水甘油酯	15	偶氮二异丁腈	3
苯乙烯	20	甲苯	100

表 4-278　粉末涂料用通用型缩水甘油基丙烯酸树脂技术指标

项目	技术指标	项目		技术指标
外观	无色透明固体	挥发分(150℃,1h)/%　<		1.0
色相(GARDNER 法)　<	1	熔体流动速率/(g/10min)		5～30
软化点(环球法)/℃	100～120	分子量	M_n(数均分子量)	3000～8000
环氧当量/(eq/100g)	500～100			
玻璃化转变温度/℃	60～70		M_w(数均分子量)	10000～22000

表 4-279　湛新树脂（中国）有限公司丙烯酸树脂产品技术指标

产品名	固化温度/℃	玻璃化转变温度/℃	环氧当量/(g/eq)	黏度/mP・s	特点
SYNTHACRYL 700	200(15min)	80	750	39000	与 CRYLCOAT 2441-2 搭配可制得无光粉末涂料
SYNTHACRYL 710	200(15min)	54	610	24500	较 SYNTHACRYL 700 改进了力学性能

表 4-280　四种不同环氧当量缩水甘油基丙烯酸树脂技术指标和粉末涂料配方

项目		树脂 1	树脂 2	树脂 3	树脂 4
树脂技术指标					
外观		无色透明固体	无色透明固体	无色透明固体	无色透明固体
色泽(GARDNER 法)		1	1	1	1
熔体流动速率/(g/10min)		17	21	19	20
环氧值/(eq/100g)		0.11	0.16	0.18	0.22
玻璃化转变温度/℃		60	61	62	60
软化点/℃		112	112	112	110
分子量	M_n(数均分子量)	8000	6000	5500	4600
	M_w(重均分子量)	20000	13000	12000	13000
粉末涂料配方(质量份)					
丙烯酸树脂 1		86	—	—	—
丙烯酸树脂 2		—	84	—	—
丙烯酸树脂 3		—	—	82	—
丙烯酸树脂 4		—	—	—	79
十二碳二羧酸		10	10	10	10
流平剂		1.0	1.0	1.0	1.0
双酚 A 型环氧树脂		4.0	4.0	4.0	4.0
金红石型钛白粉		33	33	33	33
沉淀硫酸钡		10	10	10	10

表 4-281　广州产协高分子有限公司丙烯酸环氧粉末涂料用丙烯酸树脂产品型号和技术指标

型号	酸值/(mg KOH/g)	黏度(165℃)/Pa·s	T_g/℃	固化条件/℃×min	丙烯酸树脂/环氧树脂(质量比)	特点
AR-8823	68～75	5～10	54	190×20	50/50	高光泽,优良流平性、耐水煮性、耐酸碱性、耐溶剂性和较高的硬度
AR-8830	68～75	15～25	54	190×20	50/50	良好的流平性、耐酸碱性、耐溶剂性、较高的硬度和光泽度
AR-8845	200～210	45～65	80	190×20	30/70	较高的硬度,良好的流平性及极低的光泽度,超强的耐溶剂性

丙烯酸粉末涂料用丙烯酸树脂的红外光谱见图 4-24。从丙烯酸树脂红外光谱图看到，$3437cm^{-1}$ 是羟基 O—H 伸缩振动吸收峰；$2992cm^{-1}$ 是不饱和键 C—H 吸收峰；$1730cm^{-1}$ 是酯基中 C═O 伸缩振动吸收峰；$1272cm^{-1}$、$1241cm^{-1}$ 和 $1191cm^{-1}$、$1149cm^{-1}$ 两组双峰是甲基丙烯酸酯的特征吸收峰，如果只出现 $1250cm^{-1}$、$1170cm^{-1}$ 两组吸收峰则为丙烯酸聚合物；$843cm^{-1}$ 是丙烯酸丁酯中丁基的摇摆振动吸收峰；$750cm^{-1}$ 是聚甲基丙烯酸酯吸收峰，苯乙烯的苯环单取代吸收峰；$704cm^{-1}$ 是苯乙烯的苯环单取代吸收峰。

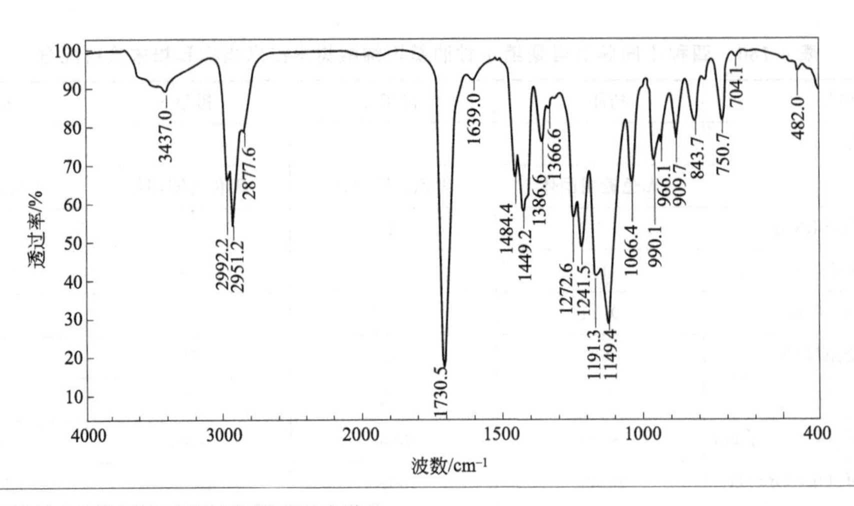

图 4-24　丙烯酸粉末涂料用的丙烯酸树脂的红外光谱图

四、固化剂

1. 多元羧酸和封闭型异氰酸酯

在丙烯酸粉末涂料中使用的固化剂有多元羧酸、多元胺、多元酚、羧酸酐、多元羧基化合物、封闭型多异氰酸酯、TGIC、氨基树脂、聚酯树脂和环氧树脂等。

缩水甘油基丙烯酸树脂是丙烯酸粉末涂料中用得最多的树脂，可以用多元羧酸、多元胺、多元酚、多元羟基化合物和聚酯树脂等固化，但从涂膜的综合性能、高耐候性和高装饰性要求考虑，有实用价值的固化剂还是脂肪族多元羧酸，常用的是十烷基二羧酸（十二碳二羧酸，DDDA），这种体系是丙烯酸粉末涂料的主流，在丙烯酸树脂叙述中已经列举不同环氧值（即不同环氧当量）的丙烯酸树脂规格和粉末涂料配方。脂肪族二元羧酸固化丙烯酸粉末涂料的涂膜性能见表 4-282。

表 4-282　脂肪族二元羧酸固化丙烯酸粉末涂料涂膜性能

项目	技术指标	项目	技术指标
涂膜外观	平整、允许有轻微橘纹	耐 5%硫酸/h	240
60°光泽/%　≥	90	耐 5%氢氧化钠/h	240
冲击强度/N·cm　≥	294	耐湿热/h	500
杯突试验/mm　≥	7	耐盐水喷雾/h	500
附着力(划格法)/级	0	人工加速老化(保光率 80%)/h	500～1000
铅笔硬度	2H	天然曝晒老化(保光率 80%)/月	12～36

注：固化条件为 180℃×20min。

罗成对环氧当量在 450～700g/eq 的三种丙烯酸树脂用 DDDA 固化的透明粉末涂料的性能进行了比较。不同丙烯酸树脂配制粉末涂料配方见表 4-283；粉末涂料和涂膜性能指标见表 4-284。

表 4-283 不同丙烯酸树脂配制粉末涂料配方 单位：质量份

配方	配方 1	配方 2	配方 3
丙烯酸树脂 A	80	—	—
丙烯酸树脂 B	—	80	—
丙烯酸树脂 C	—	—	80
DDDA	20	20	20
流平剂	0.8	0.8	0.8
其他助剂	0.2	0.2	0.2

注：丙烯酸树脂 A 是进口树脂，B 是国内新推出的高性能低成本树脂，C 是国产树脂。

表 4-284 不同丙烯酸树脂粉末涂料和涂膜性能指标

项目	丙烯酸树脂 A	丙烯酸树脂 B	丙烯酸树脂 C
粉末涂料技术指标			
玻璃化转变温度(T_g)/℃	59.9	68.8	54.3
起始反应温度/℃	118.5	114.6	121.3
最佳反应温度/℃	180.7	176.2	184.5
倾斜流动性(180℃)/mm	220	226	187
挥发分 (102℃)/%	0.13	0.15	0.31
稳定性(40℃,48h)	结团	轻微结块	严重结块
涂膜性能			
涂膜外观	好	好	一般
透明度	清晰透明	清晰透明	透明,有少许发黄
冲击强度(正/反)/kg·cm	50/50	50/50	50/40
光泽(60^0)/%	140	140	136
柔韧性/mm	2	2	2
铅笔硬度	H～2H	H～2H	H
杯突试验/mm	7	7	5
QUV 保光率/%	93	87	88
CASS 试验/mm	2	2	2
价格优势	较高	低	低

表 4-284 的结果说明，丙烯酸树脂 A 和 B 的性能优于丙烯酸树脂 C 的性能。在树脂 A 和 B 合成过程中 GMA 单体含量较多，苯乙烯单体配比适中，其性能完全优于 C。但是丙烯酸树脂 B 是通过增大分子量降低 GMA 含量，使其保证一定耐候性的基础上更兼顾价格优势，因此相较于丙烯酸树脂 A，树脂 B 具有同等反应性和黏度，但耐候性略低于户外型产品，因此丙烯酸树脂 B 更适合于除汽车罩光以外的产品。

在丙烯酸透明粉末涂料中，考虑到涂膜的透明性和清晰度，最好不用气相二氧化硅等无机载体吸附的流平剂，这种流平剂影响涂膜的透明度和清晰度，要用 100%含量的液体流平剂或者分散于丙烯酸树脂中的固态流平剂。液态流平剂分散比较麻烦，固态流平剂分散比较方便。

丙烯酸透明粉末中必须添加光稳定剂和紫外光吸收剂，对粉末涂料在使用过程中有效抑制和降低热老化、光氧化降解和气候老化等，延长使用寿命可以起到有效作用，但需要经过试验选择合适的复合型产品。

以上试验结果表明，丙烯酸树脂 B 在确保涂膜透明度等性能的基础上，具有更高的性价比。采用丙烯酸树脂 B 生产的透明粉末涂料完全可以替代目前市场上用的透明聚酯粉末涂料，除老化外，各项性能可以达到汽车轮毂用透明效果，而且综合成本相差不大。

羟基丙烯酸树脂可以用封闭型多异氰酸酯和氨基树脂固化。丙烯酸树脂用封闭型多异氰酸酯固化体系也是丙烯酸粉末涂料的重要品种之一，封闭型多异氰酸酯固化丙烯酸粉末涂料配方见表 4-285；封闭型多异氰酸酯固化丙烯酸粉末涂料的涂膜性能见表 4-286。

表 4-285　封闭型多异氰酸酯固化丙烯酸粉末涂料配方　　　　单位：质量份

配方组成	配方 1（白色）	配方 2（白色）	配方组成	配方 1（白色）	配方 2（白色）
丙烯酸树脂(羟值 30mg KOH/g)	82.6	—	二丁基二月桂酸锡	0.2	0.2
丙烯酸树脂(羟值 40mg KOH/g)	—	78.7	双酚 A 型环氧树脂	4.0	4.0
封闭型多异氰酸酯(NCO 含量 14%)	13.4	17.3	金红石型钛白粉	36	36
流平剂	1.0	1.0	沉淀硫酸钡	7.0	7.0

注：固化条件为 180℃×25min。

表 4-286　封闭型多异氰酸酯固化丙烯酸粉末涂料涂膜性能

项　　目		技术指标	项　　目		技术指标
涂膜外观		平整，允许有轻微橘纹	耐 5%硫酸/h	>	240
60°光泽/%	≥	90	耐 5%氢氧化钠/h	>	240
附着力(划格法)/级		0	耐湿热/h	>	500
冲击强度/N·cm	≥	294	耐盐水喷雾/h	>	500
杯突试验/mm	≥	7	人工加速老化（保光率 80%）/h		500～1000
柔韧性/mm	≤	3			
铅笔硬度	≥	2H	天然曝晒老化（保光率 80%）/月		12～36
耐水性/h	>	240			

羟基丙烯酸树脂用氨基树脂固化体系，因为氨基树脂的玻璃化转变温度较低，用它配制的丙烯酸粉末涂料的玻璃化转变温度低，贮存稳定性差，工业化应用有困难。

羟基丙烯酸树脂用 TGIC 固化粉末涂料，虽然涂膜流平性好、光泽高、涂膜硬度也高，但是由于丙烯酸树脂和 TGIC 的刚性都较大的原因，使涂膜的冲击强度和柔韧性不好。

2. 聚酯树脂和环氧树脂

在丙烯酸粉末涂料中使用的树脂除了丙烯酸树脂以外，还使用聚酯树脂和环氧树脂，这两种树脂可以看作丙烯酸粉末涂料的固化剂。

用于丙烯酸-聚酯粉末涂料中的丙烯酸树脂和聚酯树脂，可以分别按上述的丙烯酸树脂和聚酯粉末涂料用聚酯树脂合成方法合成。丙烯酸-聚酯粉末涂料用聚酯树脂和丙烯酸树脂的特性见表 4-287；相对应丙烯酸-聚酯粉末涂料的配方见表 4-288。在配方 1 中，丙烯酸树脂用十二碳二羧酸和聚酯树脂固化；在配方 2 中，羧基羟基树脂用丙烯酸树脂和封闭型异氰酸酯固化。从涂膜性能来说，配方 1 的涂膜硬度和耐污染性比配方 2 好，涂膜的光泽和杯突试验性能不如配方 2。

表 4-287　丙烯酸-聚酯粉末涂料用聚酯树脂和丙烯酸树脂特性

项目	聚酯树脂 1	聚酯树脂 2	丙烯酸树脂	项目		聚酯树脂 1	聚酯树脂 2	丙烯酸树脂
羟值/(mg KOH/g)	—	14	—	玻璃化转变温度/℃		70	70	65
酸值/(mg KOH/g)	24	14	<1	分子量	M_n(数均转变分子量)	4500	4500	4500
软化点/℃	115	118	110		M_w(重均转变分子量)	12000	13000	15000
环氧当量/(eq/100g)	—	—	540					

表 4-288　丙烯酸-聚酯粉末涂料配方例　　　　单位：质量份

配方组分	配方 1	配方 2	配方组分	配方 1	配方 2
聚酯树脂 1	63	—	环氧树脂(当量 650)	3.0	3.0
聚酯树脂 2	—	78	二丁基月桂酸锡	—	0.2
丙烯酸树脂	30	15	金红石型钛白粉	43	43
封闭型异氰酸酯	—	4.0	安息香	0.5	0.5
十二碳二羧酸	4.0	—	流平剂	0.5	0.5

Shell 公司生产的丙烯酸-环氧粉末涂料用环氧树脂和相对应丙烯酸树脂的技术指标见表 4-289。Epon2102 是双酚 A 型环氧树脂，用半固态的环氧酚醛线型树脂改性后的产物，树脂的环氧官能度增加，而熔融黏度有所降低。Epon2042 也是双酚 A 型环氧树脂，用化学法改进熔融黏度，改进粉末涂料的熔融流动性和涂膜流平性。Epon2002 和 Epon2003 是未改性粉末涂料用环氧树脂。RSS-2681 是试验用环氧树脂，可以得到柔韧性很好的粉末涂料。

表 4-289　丙烯酸-环氧粉末涂料用环氧树脂和相对应丙烯酸树脂技术指标

项目		Shell 公司 Epon 系列环氧树脂					丙烯酸树脂	
		2102	2042	2002	2003	RSS-2681	SCX-817	SCX-819
环氧当量/(eq/100g)		510～570	700～750	675～760	728～825	900～1100	1020	748
溶液黏度(40%丁酮)/mPa·s		10～20	8～12	10～17	13.5～18	28～50	32	31
颜色(铂钴法)		<100	<100	<100	<100	<100	5	5
熔融黏度(150℃)/Pa·s		2.0～3.0	0.8～1.6	2.0～4.0	3.0～5.0	7.0～10.0	140	108
	175℃						27.0	20.5
	200℃						6.5	5.5
软化点/℃		80～90	75～85	80～90	90～95	85～95	124	119
官能度		2.5	1.8	2	2	2	约 4	约 5～6

羧基丙烯酸树脂 SCX-817、SCX-819 在 150℃下，熔融黏度大约 110～140Pa·s。虽然树脂的熔融黏度会影响粉末涂料的熔融流动性，但是环氧树脂有相当低的熔融黏度，对改进粉末涂料熔融流动性起到重要作用。这种环氧树脂的官能度为 1.8～2.5，丙烯酸树脂的官能度为 4～6。正如前面叙述的那样，树脂的官能度将影响涂膜各种性能，官能度增加，使涂膜的交联密度提高，硬度增加，同时提高涂膜耐溶剂性和耐污染性，然而在某种程度上将牺牲涂膜柔韧性。

表 4-290 是丙烯酸-环氧树脂粉末涂料中丙烯酸和环氧树脂不同质量比的粉末涂料配方；表 4-291 中列出了相应的粉末涂料及涂膜性能。

表 4-290　丙烯酸-环氧树脂粉末涂料配方　　单位：质量份

配方组分	环氧当量[①]	配方 1	配方 2	配方 3[②]	配方 4	配方 5	配方 6
丙烯酸/环氧树脂(质量比)		65/35	58/42	60/40	59/41	57/43	50/50
Epon2102	540	346	—	99	—	—	—
Epon2042	725	—	415	297	—	—	—
Epon2002	718	—	—	—	413	—	—
Epon2003	775	—	—	—	—	432	—
RSS-2681	1000	—	—	—	—	—	495
SCX-817	1020	654	585	604	587	568	505
ACTIRON NXJ 60[③]		3	3	3	3	3	3
Modaflow Powder Ⅲ		15	15	15	15	15	15
安息香		5	5	5	5	5	5
钛白粉		551	551	551	551	551	551
总计		1574	1574	1574	1574	1574	1574

① 环氧当量范围采用中间值。

② 这是 Epon2042/Epon2102(质量比)=75/25 混合的环氧树脂，理论上的当量为 608，官能度为 2。

③ 67% 2-丙基咪唑吸附在二氧化硅载体上面。

表 4-291 丙烯酸-环氧树脂① 粉末涂料及涂膜性能

项目		配方 1	配方 2	配方 3	配方 4	配方 5	配方 6
涂料胶化时间(200℃)/s		52	67	60	59	63	76
光泽(20°)/%		80	86	84	82	86	31
光泽(60°)/%		94	95	94	93	97	68
冲击强度②		F10	F10	F10	P30	P20	F10
铅笔硬度		5H	5H	5H	5H	5H	4H
耐丁酮(双擦)		P100	P100	P100	P100	P100	P100
起始颜色(190℃烘烤 30min)	L	94.6	95.2	95.6	94.9	95.4	93.6
	a	−1.11	−0.98	−0.90	−1.03	−0.93	−1.09
	b	0.73	0.85	0.75	1.06	0.83	0.52
过烘烤颜色(205℃烘烤约 20min)	L	93.0	94.4	94.6	94.3	94.8	93.0
	a	−1.11	−0.91	−0.90	−0.96	−0.85	−0.98
	b	2.69	2.05	1.93	2.10	1.77	1.60
过烘烤黄变性 Δb③		1.96	1.20	1.18	1.04	0.94	1.08
涂料倾斜流动/mm		43	63	55	47	50	48
平整性(PCIB 标准)		5～6	7	7	6～7	6～7	7
QUV-B60°保光率(%)/Δb④	100h	94/3.2	91/3.1	91/3.2	87/3.0	85/3.4	100/2.0
	200h	83/4.9	82/4.8	90/3.2	90/5.0	81/4.6	85/3.5
	300h	63/4.6	68/4.5	74/4.5	76/4.5	73/4.0	74/3.5
	400h	73/4.2	68/4.0	76/4.0	69/3.9	64/3.7	63/3.4
	500h	75/4.1	68/3.9	72/3.9	66/3.9	59/2.7	60/3.5

① 配方编号同表 4-289 配方。

② F 表示反冲；P 表示正冲。原单位为 in·lb，可换算成乘 0.113N·m。

③ Δb 是上述过烘烤颜色项中的 b 值减去起始颜色项中的 b 值的差。

④ Δb 是黄变性值，是在表中列出的照射时间后的 b 值减去起始的 b 值的差。

在上述配方中，除了配方 6 外，其他配方的涂膜都是高光泽。配方 6 中用的环氧树脂是 RSS-2681，是为得到良好涂膜柔韧性和降低涂膜光泽。所有配方的涂膜外观都相当平整，还有相当高的铅笔硬度，除配方 6 是 4H 外，其余都是 5H。所有配方的涂膜耐丁酮擦拭性好，100 次来回擦拭以后表面有轻微失光；然而冲击强度性能不好，配方 4 和配方 5 最好的只能达到正冲 30kg·cm 和 20kg·cm。在涂膜耐烘烤性方面，除配方 1 外都差不多，配方 1 稍差的原因是环氧树脂用酚醛改性。再从 QUV 试验结果来说，所有配方的涂膜随照射时间的增加光泽下降，黄变性增加，但是 300h 以后继续延长照射时间，失光和黄变性都没有明显加剧，所有体系都有相当好的保光性和一定的抗黄变性。

表 4-291 中的数据说明，50/50 配比的丙烯酸-环氧粉末涂料的胶化时间比 60/40 配比的稍长一些，这是因为前者催化剂用得较少，胶化时间就有所延长，这个问题是可以通过使用较高官能度的 SCX-819 树脂来解决。虽然两者的涂膜性能相似，但是前者的光泽稍低，反冲击强度较好，过烘烤黄变性较小，保光性、抗黄变性、流平性稍微得到改进。

表 4-292 列出了用丙烯酸树脂 SCX-819 配制的丙烯酸-环氧粉末涂料配方；表 4-293 中列出了相应粉末涂料及涂膜性能。

表 4-292 丙烯酸-环氧粉末涂料配方 单位：质量份

配方组分	当量①	配方 7	配方 8	配方 9②	配方 10	配方 11	配方 12
丙烯酸/环氧树脂(质量比)		58/42	51/49	53/47	51/49	49/51	43/57
Epon2102	540	419	—	118	—	—	—
Epon2042	725	—	492	354	—	—	—

续表

配方组分	当量[1]	配方 7	配方 8	配方 9[2]	配方 10	配方 11	配方 12
Epon2002	718	—	—	—	490	—	—
Epon2003	775	—	—	—	—	509	—
RSS-2681	1000	—	—	—	—	—	572
SCX-819	748	581	508	528	510	491	428
ACTIRON NXJ 60[3]		2	2	2	2	2	2
Modaflow Powder Ⅲ		15	15	15	15	15	15
安息香		5	5	5	5	5	5
钛白粉		550	550	550	550	550	550
总计		1572	1572	1572	1572	1572	1572

① 当量范围采用中间值。

② 这是 Epon2042/Epon2102＝75/25 混合的环氧树脂，理论上的当量为 668。

③ 67% 2-丙基咪唑吸附在二氧化硅载体上面。

表 4-293　丙烯酸-环氧树脂[1]粉末涂料及涂膜性能

项目		配方 7	配方 8	配方 9	配方 10	配方 11	配方 12
涂料胶化时间(200℃)/s		59	74	67	70	67	74
光泽(20°)/%		72	87	65	65	23	7
光泽(60°)/%		92	98	95	95	62	23
冲击强度[2]		P40	P30	P20	P90	P10	F10
铅笔硬度		5H	4H	4H	5H	5H	3H
耐丁酮(双擦)		P100	P100	P100	P100	P100	P100
起始颜色(190℃烘烤 30min)	L	95.0	94.6	94.6	94.6	93.3	92.6
	a	−1.02	−0.98	−1.00	−1.00	−1.06	−1.19
	b	0.46	0.12	0.24	0.37	−0.28	−0.54
过烘烤颜色(205℃烘烤 20min)	L	93.8	93.6	94.4	90.0	92.9	91.7
	a	−1.09	−0.97	−0.95	−0.92	−1.03	−1.12
	b	1.77	1.12	1.41	1.50	0.80	0.50
过烘烤黄变性 Δb[3]		1.31	1.00	1.17	1.13	1.08	1.04
涂料倾斜流动性/mm		50	66	58	52	45	47
平整性(PCI 标准)		6	7～8	7	6	6	8
QUV-B 60°保光率(%)/Δb[4]	100h	91/3.8	88/4.0	92/4.0	90/4.3	112/2.6	104/0.8
	200h	53/6.2	42/6.0	51/6.6	52/6.9	82/4.8	98/1.9
	300h	69/5.7	62/5.2	58/5.9	33/6.5	54/4.7	90/1.7
	400h	65/5.5	57/4.9	54/5.5	27/6.3	51/1.5	81/1.5
	500h	59/5.2	51/4.8	48/5.4	17/6.1	47/4.2	75/1.4

① 配方编号同表 4-292 配方。

② F 表示反冲，P 表示正冲。原单位为 in·lb，可换算成乘 0.113N·m。

③ Δb 是上述过烘烤颜色项中的 b 值减去起始颜色项中的 b 值的差。

④ Δb 是黄变性值，是在表中列出的照射时间后的 b 值减去起始的 b 值的差。

表 4-294 中列出用环氧树脂 Epon2002 配制的 4 种粉末涂料配方，其中两种是丙烯酸-环氧粉末涂料配方，两种是环氧-聚酯粉末涂料配方。

表 4-294　丙烯酸-环氧和环氧-聚酯粉末涂料配方　　单位：质量份

配方组分	当量[1]	60/40(质量比)		50/50(质量比)	
		配方 A[2]	配方 B	配方 C[2]	配方 D
Epon2002	718	413	392	490	486
SCX-817	1020	587	—	—	—
SCX-819	748	—	—	510	—
60/40 用聚酯树脂[3]	1115	—	608	—	—
50/50 用聚酯树脂[3]	758	—	—	—	514

续表

配方组分	当量①	60/40(质量比)		50/50(质量比)	
		配方 A②	配方 B	配方 C②	配方 D
ACTIRO NNXJ 60④		3	—	2	—
Modaflow Powder Ⅲ		15	15	15	15
安息香		5	5	5	5
钛白粉		551	551	550	549
总计		1574	1569	1572	1569

① 当量取中间值。

② 配方 A 和配方 C 是前面丙烯酸-环氧粉末涂料配方 4 和 10 稍微进行调整的配方。

③ 典型的 60/40 用聚酯树脂酸值为 40～60mg KOH/g；50/50 用聚酯树脂酸值为 70～80mg KOH/g。

④ 67% 2-丙基咪唑吸附在二氧化硅载体上面。

表 4-295 列出丙烯酸-环氧和环氧-聚酯粉末涂料及涂膜性能。这两种粉末涂料的涂膜性能类似，差别在于丙烯酸-环氧粉末涂料的涂膜比环氧-聚酯粉末涂料稍硬，而黄变性更严重。为了提高丙烯酸-环氧粉末涂料的反应性，添加了催化剂 2-丙基咪唑，这是使黄变性加剧的根本原因。QUV 试验结果表明，配方 A 涂膜比配方 B 的保光性明显高；而配方 C 涂膜比配方 D 的保光性高得不明显；在黄变性方面，两种树脂类型没有多少差别。凡环氧-聚酯粉末涂料适用的范围，丙烯酸-环氧粉末涂料都可使用。

表 4-295　丙烯酸-环氧和环氧-聚酯粉末涂料及涂膜性能①比较

项目		配方 A	配方 B	配方 C	配方 D
涂料胶化时间(200℃)/s		59	99	70	67
光泽(20°)/%		82	84	65	86
光泽(60°)/%		93	98	95	99
冲击强度②		P30	F10	P90	P130
铅笔硬度		5H	4H	5H	4H
耐丁酮(双擦)		P100	P100	P100	P100
起始颜色(190℃烘烤 30min)	*L*	94.9	95.1	94.6	95.0
	a	−1.03	−0.83	−1.00	−0.82
	b	1.06	−0.24	0.37	−0.23
过烘烤颜色(205℃烘烤 20min)	*L*	94.3	94.5	90.9	92.9
	a	−0.96	−0.63	−0.92	−0.83
	b	2.1	−0.01	1.50	0.18
过烘烤黄变 Δb		1.04	0.23	1.13	0.41
涂料倾斜流动/mm		47	52	52	47
平整性(PCI 标准)		6～7	7	6	6
QUV-B 保光率(%)/Δb	100h	87/3.0	81/2.7	90/4.3	65/4.6
	200h	90/5.0	66/5.7	52/6.9	40/9.3
	300h	76/4.5	49/5.0	33/6.5	24/8.0
	400h	69/3.9	42/5.0	27/6.3	20/6.3
	500h	66/3.9	36/3.3	17/6.1	14/5.8

① 配方同表 4-294 配方。

② F 表示反冲，P 表示正冲。原单位为 in・lb，可换算成乘 0.113N・m。

五、颜料和填料

丙烯酸粉末涂料用颜料和填料要具备一般粉末涂料用颜料和填料应具备的条件以外，还要与耐候型聚酯和聚氨酯粉末涂料一样，应具备耐光性和耐候性要求。因为丙烯酸树脂的耐候性比聚酯和聚氨酯树脂的耐候性好，所以相应的对丙烯酸粉末涂料用颜料和填料的要求更高，一般丙烯酸粉末涂料用颜料的耐光性应达到最高级8级，耐候性应达到最高级5级，这样才能跟丙烯酸树脂优异的耐光性和耐候性相匹配。当然填料的耐光性和耐候性也要好，还要分散性好，才能满足丙烯酸粉末涂料高耐候性和高装饰性的要求。

六、助剂

粉末涂料中常用的流平剂、脱气剂、分散剂、消泡剂、消光剂和松散剂等也是丙烯酸粉末涂料中根据要求必须添加的助剂。另外，为了改进丙烯酸粉末涂料的附着力，需要添加双酚A型环氧树脂作为附着力改性助剂;为了改进丙烯酸粉末涂料的反应活性，还要添加有机锡催化剂等助剂。

七、丙烯酸树脂粉末涂料的应用

丙烯酸粉末涂料是耐候型的高装饰性粉末涂料，由于丙烯酸粉末涂料用单体的活性比较高，需要低温保存，在我国单体产量低，丙烯酸树脂的成本高，粉末涂料的价格比较贵，用户的接受能力有限，因此在我国产量很低，推广应用面很有限。

目前国内丙烯酸粉末涂料在铝轮毂上用得较多，用于铝轮毂罩光用透明粉方面，主要还是GMA丙烯酸树脂型粉末涂料，涂膜流平效果好，保光性、保色性和耐候性非常优异，优于聚酯和聚氨酯型粉末涂料。另外耐水性、耐化学品性也较好，但抗干扰性较差，对涂装环境和条件要求严格。因为丙烯酸粉末涂料的涂膜刚性强，所以涂膜的柔韧性和冲击强度不如聚酯和聚氨酯粉末涂料。目前丙烯酸铝轮毂粉末涂料基本满足常温下抗碎石冲击要求，但温度较低情况下涂膜力学性能下降，考虑到我国东北和北美地区气候寒冷，所以耐高寒抗冷冻、耐碎石冲击性能好的底粉非常重要。

丙烯酸粉末涂料在发达国家如日本、美国和欧洲国家的推广应用比我国好一些，特别是日本，发达国家主要用在高档家用电器、汽车轮毂、汽车漆的罩光等方面。在我国主要用特殊出口产品、汽车轮毂罩光等方面。

第七节 热固性氟树脂粉末涂料

一、概述

氟树脂涂料具有超耐候性能主要有以下两个原因：一是，C—F 键键长为 0.135nm，相应的共价键能为 543.6 kJ/mol，该键能已接近紫外光中能量最大的光波（200nm）的能量，相当于 220nm 光子的能量，而大于 220nm 的光在全部紫外光中所占比例又很小，在可见光到紫外光范围内能造成 C—F 键破坏的可能性极小，亦难以降解氟树脂聚合物；二是，将氟原子引入聚合物中，高键能的 C—F 键则把低键能的 C—C 键完全保护起来，这就使得 FEVE 树脂具有高耐候性和高耐化学品性。氟树脂的一些化学键的键能见表 4-296。

表 4-296 氟树脂的一些化学键的键能 单位：kJ/mol

树脂	主链 C—C 键	主链 C—C 键键能	主链以外键	主链以外键键能
氟化合物	$CF_3—CF_3$	414	$F—CF_2—CH_3$	523
	$CF_3—CH_3$	424	$CF_3—CH_2—H$	447
碳氢化合物	$CH_3—CH_3$	379	$CH_3—CH_2—H$	411

表 4-296 的数据说明，氟化物的 C—C 键的键能是 414kJ/mol，氟化物的侧键 C—F 键和 C—H 键键能是 447kJ/mol，都高于破坏力强的紫外光短波的破坏键能 411kJ/mol，因此紫外光对氟树脂的破坏力小，氟树脂的耐候性是超耐候聚酯、聚氨酯和丙烯酸树脂的 5～7 倍。

热塑性氟树脂粉末涂料有很好的耐候性和耐化学品性能，但是由于氟树脂的颜料分散性差和涂膜的表面光泽不高以及需要高温烘烤等缺点，其用途受到限制。近十几年来也有把热塑性氟树脂制成溶剂型涂料作为建筑外装饰用涂料，用于高层和超高层建筑物的涂装。目前国内市场上绝大部分氟树脂涂料均以热塑性 PVDF 树脂为主要原料，再用热塑性丙烯酸树脂匹配制造的溶剂型涂料。这种溶剂型氟树脂涂料含有大量挥发性有机溶剂，在涂装过程中大量排放 VOC 造成大气和环境的污染。近年来随着政府和社会对绿色生态环境和百姓健康问题越来越重视，严格限制 VOC 的排放，部分地方政府开始征收 VOC 排污费，甚至有些地方不允许使用含有 VOC 的涂料。虽然从耐候性角度看，PVDF 树脂涂料是目前最好的品种，但是作为溶剂型氟树脂涂料，无论怎样改进，都会有不同程度上的 VOC 排放。粉末涂料作为不含 VOC 的绿色环保型涂料，特别是热固性氟树脂粉末涂料，其生产制造以及涂装工艺与普通粉末涂料基本相似，因此将逐渐成为涂料行业优先发展产品的品种之一。

随着国家环保政策的严格要求，目前占氟树脂涂料绝对优势的溶剂型氟树脂涂料的应用逐步受到国家 VOC 排放政策的限制，在强调资源的有效利用和环境保护的新形势下，我国将重视和鼓励开发推广环保型的热固性氟树脂粉末涂料。这种热固性氟树脂粉末涂料将克服热塑性氟树脂粉末涂料配色性不好和金属底材的附着力不好以及溶剂型氟树脂涂料含有50%有机溶剂的缺点。

热固性氟树脂粉末涂料在制造设备和工艺跟普通粉末涂料完全一样，涂装工艺和条件也跟普通聚酯和聚氨酯粉末涂料一样，涂膜的光泽等技术指标也比热塑性氟树脂粉末涂料好控制。

热固性氟树脂粉末涂料是由热固性氟树脂、固化剂、颜料、填料和助剂组成。热固性氟树脂为FEVE（三氟乙烯-乙烯基醚酯共聚物），主要活性反应基团为羟基；固化剂为跟羟基反应的封闭型多异氰酸酯类；颜料是耐高温和超耐候的陶瓷颜料；填料是耐高温、耐候、耐酸、耐碱的品种；助剂为超耐候粉末涂料用流平剂等各种特殊助剂。

在热固性纯氟树脂粉末涂料配方设计中，一定要考虑氟树脂与固化剂的相容性、与颜料和填料的润湿性和分散性，对于户外用产品来说，必须考虑满足耐候性和耐光性、耐酸、耐碱等要求。

热固性氟树脂（FEVE）粉末涂料的附着力和力学性能（如抗冲击强度和弯曲性能）不如一般的聚酯、聚氨酯粉末涂料，需要通过底材的处理或添加改性助剂进行改善。在改进涂膜力学性能方面，可以添加核壳结构的丙烯酸酯聚合物，不过这些物质的玻璃化转变温度比较低，添加多了容易影响粉末涂料的贮存稳定性。另外，氟树脂本身的玻璃化转变温度在52℃左右，粉末涂料的玻璃化转变温度也不高，在粉末涂料贮存温度不能太高，应保持在30℃以下比较好。

热固性氟树脂粉末涂料有如下优点。

（1）涂料不含溶剂，颜料的分散性好，可以作透明清漆，涂料的贮存稳定性好。

（2）涂膜的力学性能好，涂膜的柔韧性、硬度、附着力等性能可以得到平衡。涂膜的耐酸雨、臭氧、紫外光、化学品性能非常好，是粉末涂料中耐化学品性能最好的品种。

（3）对于金属底材的附着力好，前处理比较好时不需要涂底漆。

（4）粉末涂料的配粉性能好，可以跟其他耐候型树脂配制不同耐候性和涂膜性能要求的改性粉末涂料。

（5）涂膜的耐候性和耐污染性是热固性粉末涂料各品种中最好的。

（6）可以用静电粉末涂装法施工，180～210℃烘烤30～15min可以交联固化，能够使用现有的粉末涂料生产线，一次涂装膜厚可以达到50～60μm。

热固性氟树脂粉末涂料多用在镀锌钢板、不锈钢板、铝板等上面，并使用专用底漆后对氟树脂粉末涂料涂膜性能的影响见表4-297。FEVE树脂粉末涂料的红外光谱图见图4-25。

表4-297　不同底材和表面处理对氟树脂粉末涂料涂膜性能的影响

涂膜性能	镀锌钢板	不锈钢板	铝板
底材处理	专用底漆	专用底漆[①]	专用底漆
烘烤条件/℃×min	200×20	200×20	200×20
涂膜厚度/μm	50～70	50～70	50～70
60°光泽/%　>	75	75	75
铅笔硬度	H～2H	H～2H	H～2H
杯突试验/mm　>	7	7	7
冲击强度[②]/kg·cm　>	50	50	50
附着力(划格法)	100/100	100/100	100/100

续表

涂膜性能		镀锌钢板	不锈钢板	铝板
耐盐水喷雾③/mm		0～1	0	0
人工加速老化试验④/h	>	5000	5000	5000
耐酸性⑤		很好	很好	很好
耐碱性⑥		很好	很好	很好
耐湿热性⑦		很好	很好	很好
耐湿热试验后附着力(划格法)		100/100	100/100	100/100

① 有时不涂底漆。

② DuPont 法，Φ0.5in (1.27cm) ×500g。

③ 35℃，5%NaCl，500h。

④ 保光率 50%的时间。

⑤ 5%H_2SO_4，20℃，240h。

⑥ 5%NaOH，20℃，240h。

⑦ 50℃，98%RH，500h。

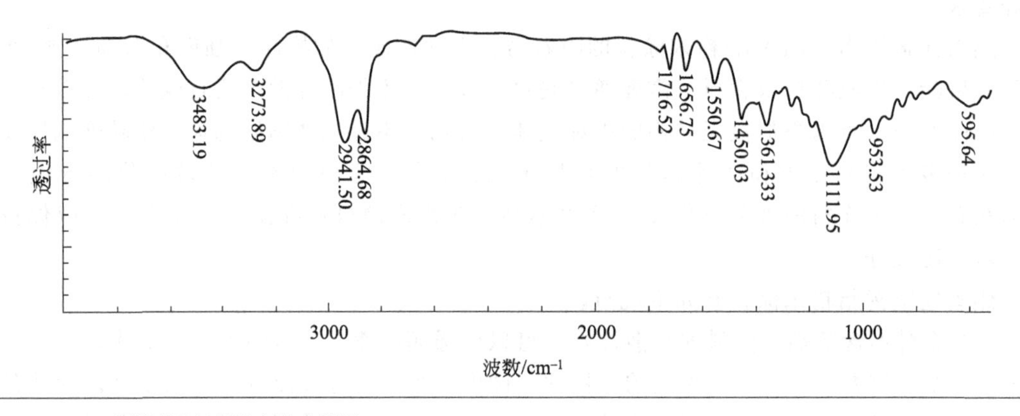

图 4-25 FEVE 树脂粉末涂料的红外光谱图

二、固化反应原理

热固性氟树脂的软化点在 80℃以上，100℃左右熔融，树脂带有羟基等可参加交联反应的活性基团，还可用作一般静电粉末涂装法施工的热固性氟树脂粉末涂料。热固性氟树脂的分子量比热塑性氟树脂的低，树脂的熔点和熔融黏度低，粉末涂料的烘烤温度也大幅度降低。根据氟树脂单体的结构可以分为“3F”(三氟，例如三氟氯乙烯)型热固性氟树脂粉末涂料和“4F”(四氟，例如四氟乙烯)型热固性粉末涂料；还可以根据共聚物单体的类型分为氟烯烃-乙烯基醚共聚热固性氟树脂粉末涂料和氟烯烃-乙烯基酯共聚热固性氟树脂粉末涂料。一般“3F”型热固性氟树脂粉末涂料的相容性和涂膜硬度比“4F”型热固性粉末涂料好一些，但是耐候性和耐化学品性差一些；氟烯烃-乙烯基酯共聚热固性氟树脂粉末涂料的耐候性和耐化学品性能不如氟烯烃-乙烯基醚共聚热固性氟树脂粉末涂料。

杜邦公司氟树脂合成配方为（质量份）：环己基乙烯基醚 36；异丁基乙烯基醚 36；4-羟基乙烯基醚 72；四氟乙烯基醚 300。在树脂合成中采用过氧化物催化剂引发聚合，制得带羟基的含氟聚合物树脂。

1982 年日本旭硝子株式会社开发了商品名为 Lumiflon 的氟烯烃和乙烯基醚的共聚树脂 FEVE。它是以氟乙烯为主要共聚单体，乙烯基醚或乙烯基酯为共聚体，例如通过三氟乙烯、环己基乙烯基醚、羟丁基乙烯基醚和烷基乙烯基醚在引发剂的作用下，通过自由基共聚反应制备的四元共聚物 FEVE 树脂。FEVE 树脂由氟乙烯单体和乙烯基醚（或酯)单体交替连接构成，氟乙烯单体把乙烯基醚单体从两侧包围起来，形成屏蔽式的交替共聚物，然后用含有羟基、羧基的乙烯基单体与氟烯烃共聚，生成的氟树脂含羟基和少量羧基，这种树脂的结构见图 4-26。

由于 FEVE 树脂分子结构侧链含醚基的特性，使得含氟树脂具有在酯类、酮类及芳烃溶剂中的可溶性、透明性、可挠性和附着性;侧链上的羧基使颜料的分散性好，对交联起到催化作用;碳氟键赋予耐候性、耐蚀性;羟基可以与封闭型异氰酸酯交联固化，而且进一步提高涂膜的耐候性、附着力和硬度。热固性氟树脂粉末涂料的主要成膜物是含羟基的氟树脂与封闭型异氰酸酯固化剂，成膜交联固化时的主要化学反应见图 4-27。

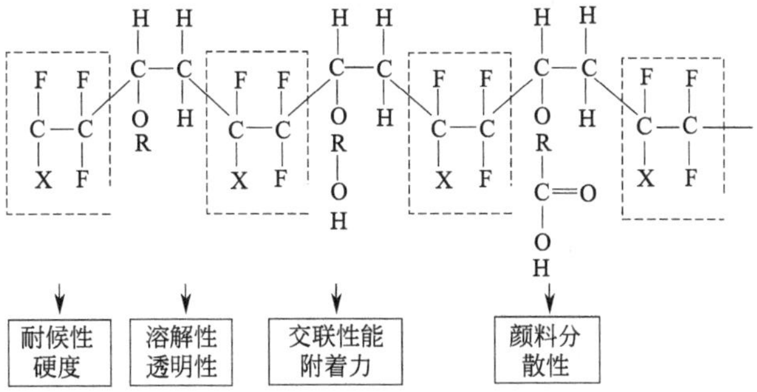

耐候性 硬度　溶解性 透明性　交联性能 附着力　颜料分散性

图 4-26　Lumiflon 氟树脂的树脂分子结构

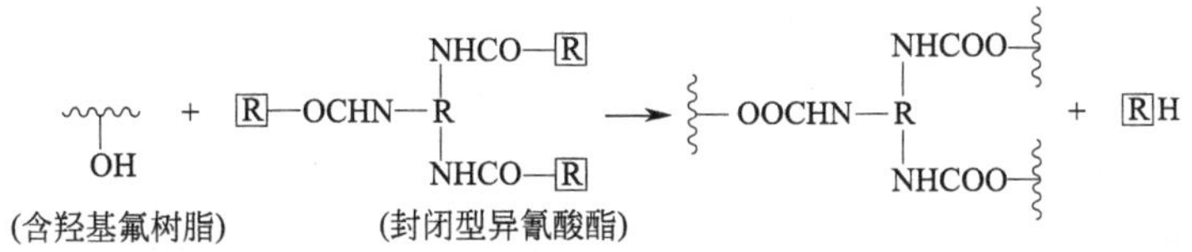

(含羟基氟树脂)　(封闭型异氰酸酯)

图 4-27　成膜交联固化反应

三、热固性氟树脂

热固性氟树脂粉末涂料用树脂的结构与溶剂型 FEVE 树脂的结构类似，主要是由氟烯烃、脂肪族乙烯基醚、脂肪族乙烯基酯、羟烷基烯丙基醚和烯酸的共聚物组成。由于两种涂料对氟树脂的要求不同，粉末涂料用氟树脂的数均分子量和玻璃化转变温度高于溶剂型的；从固化温度条件来说，粉末涂料必须高温烘烤固化，溶剂型为常温固化;从涂膜外观来说，涂膜平整性粉末涂料不如溶剂型的;从涂膜性能来说，粉末涂料的硬度高于溶剂型的，粉末涂料的耐候性和耐化学品性能优于溶剂型的。在粉末涂料中使用的热固性氟树脂的最佳结构式见图 4-28。

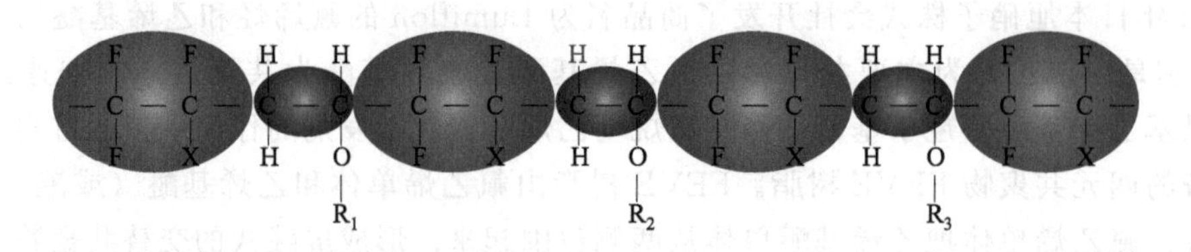

图 4-28 粉末涂料中使用的热固性氟树脂最佳结构

旭硝子公司研究发现，当氟树脂中含氟单体与乙烯单体交替共聚时，含氟单体以夹住乙烯单体的形式保护乙烯单体，可提高键能的稳定性。这种特性在三氟型单体与乙烯基醚进行共聚时，可以实现交替共聚，但是使用乙烯基酯与三氟型单体共聚时，这种交替共聚性就会消失。把这种不完全交替共聚或者交替性小的氟树脂称为 FEVES，区别于 FEVE 树脂。

不同氟树脂结构（3F 和 4F）对粉末涂料和涂膜性能的影响见表 4-298。

表 4-298 不同氟树脂结构（3F 和 4F）对粉末涂料和涂膜性能的影响

主链共聚单元		3F 和 4F 氟树脂的性能比较		Cl 原子和 F 原子的比较	
		涂料	涂膜	半径/pm	电负性
氯(Cl)的效果	3F	颜料分散性良好(树脂对颜料的相容性)；固化剂相容性良好；溶剂溶解性良好	高耐候性；高光泽；高附着力；高硬度	175	3.16
只有氟(F)的情况	4F	颜料容易凝聚；固化剂有限制；溶剂有限制	颜料润湿度不够及絮凝现象，导致某些部分产生缺陷，降低耐候性	149	3.98

在粉末涂料的制造过程中，树脂与颜料的分散时间只有短短的几十秒钟，在这样短的时间内使颜料和树脂润湿和分散均匀是极为困难的。在这种情况下，使用 4F 树脂很难实现良好的颜料分散，难以保证优异的耐候性。因此，必须用 3F 氟树脂才能保证氟树脂粉末涂料颜料的良好分散性和优异的耐候性能。加速耐候性试验也表明，3F 氟树脂的耐候性明显优于 4F 氟树脂，市售的 3F 氟树脂与 4F 氟树脂加速耐候性试验结果比较见图 4-29。

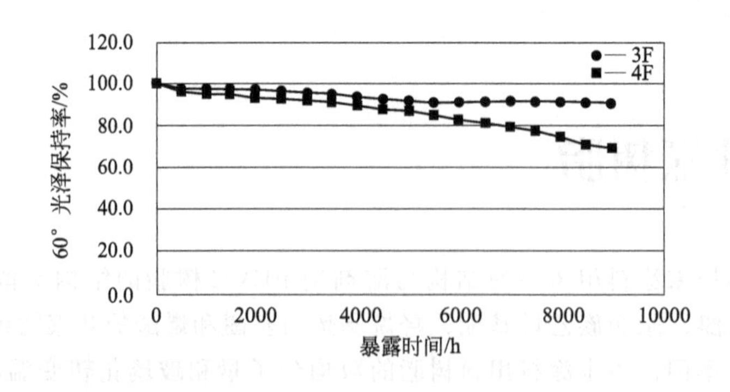

图 4-29 3F 氟树脂与 4F 氟树脂加速耐候性试验结果比较（用相同条件做成涂料：白色、固化剂用异氰酸酯）

我国近年来也开展了热固性氟树脂粉末涂料的开发研究，大连振邦氟涂料股份有限公司、大连永瑞氟材料有限公司等单位在这方面开展了大量的研究工作并积累了丰富的生产经验。羟基型氟树脂粉末涂料参考配方和涂膜性能见表 4-299，大连振邦氟涂料股份有限公司热固性氟树脂粉末涂料涂膜性能技术指标见表 4-300。

表 4-299　羟基型氟树脂粉末涂料参考配方和涂膜性能

项目	指标	项目	指标
配方/质量份		人工加速老化试验	
羟基氟树脂	80	3000h 保光率/%	92
封闭型异佛尔酮异氰酸酯	20	外观	轻微橘纹
通用型流平剂	2.0	60°光泽/% >	70
安息香	0.25	冲击强度/kg·cm	50
金红石型钛白粉	30	铅笔硬度 >	H
其他助剂	适量	杯突试验/mm	7
涂膜性能		耐盐雾试验 2000h	无变化

表 4-300　大连振邦氟涂料股份有限公司热固性氟树脂粉末涂料涂膜性能技术指标

项目	技术指标	检验标准
厚度/μm	50～70	GB/T 1764—1989
60°光泽/%	10～80	GB/T 9754—1988
附着力(划格法)/级	1	GB/T 9286—1998
冲击强度/kg·cm	50	GB/T 1732—2020
杯突试验/mm	7	GB/T 9753—1988
铅笔硬度	≥2H	GB/T 6739—1996 A 法
耐盐水喷雾	3000h 无变化	GB/T 1771—1991
人工加速老化试验(UVA)	3000h 无粉化、无龟裂、失光率≤20%	GB/T 1864—1997
耐酸性(10%硫酸)(10d)	无变化	GB/T 1763—1989
耐碱性(10%氢氧化钠)(10d)	无变化	GB/T 1763—1989
耐二甲苯(7d)	无变化	GB/T 1763—1989
耐湿热性	1000h 无变化	GB/T 1740—1989
耐湿热试验后附着力(划格法)/级	1	GB/T 9286—1998

日本旭硝子公司 Lumiflon LF710F 和 Lumiflon LFX485F 氟树脂的技术指标见表 4-301。

表 4-301　日本旭硝子公司 Lumiflon LF710F 和 Lumiflon LFX485F 氟树脂的技术指标

项目	Lumiflon LF710F	Lumiflon LFX485F
结构	含氟乙烯/乙烯基醚交替共聚物	
固体分含量/%	>99	>98.5
玻璃化转变温度/℃	>51.5	49
软化点(环球法)/℃	136	
羟基值/(mg KOH/g)	46±6	40～52
生产及涂装性受影响	带进其他树脂时影响小	

Lumiflon LF710F 氟树脂有如下的特点。

(1) 可以用溶剂或水性 Lumiflon 重涂或修补，但是不能用其他氟碳粉末重涂和修补。

(2) 配制的粉末涂料烘烤条件为 190℃×20min 。

(3) 高温烘烤，烘烤温度越高产生的 CO_2 越多。

(4) 从环保考虑，应采用低温烘烤。

(5) 配制粉末涂料，涂膜耐 5%NaOH (80℃×2h)、耐 3% H_2SO_4 (80℃×2h)、耐 5% HNO_3 (80℃×2h)无明显变化。

(6) 配制粉末涂料， QUV-B 加速奥华试验 3000h 以上保光率 (60°)在 80%。

大连永瑞氟材料有限公司和北京华通瑞驰材料科技有限公司开发了热固性粉末涂料用以三氟氯乙烯-乙烯基醚共聚物为主体的 (PVF3 型)热固性氟树脂 Richflon 750P，其主要技术指标见表 4-302。

表 4-302 Richflon 750P 热固性氟树脂的主要技术指标

项目	技术指标	检验方法
外观	无色或浅黄色粉末固体	目测
固体含量/%	100	企标 Q/YR 009—2011
固体氟含量/%	23±2	硝酸镧滴定法
羟值/(mg KOH/g)	50±5	企标 Q/YR 009—2011
酸值/(mg KOH/g)	1.0±0.5	企标 Q/YR 009—2011
玻璃化转变温度/℃	52±2	DSC 测定法
软化点/℃	≥112	GB 4507—1999

Richflon 750P 热固性氟树脂的软化点在 112℃以上，固化温度在 190～200℃，TGA (热失重)分析的分解温度约为 300℃，三者之间的温差很大，特别是玻璃化转变温度在 50℃以上，在常温下可以进行粉碎，这些性能很适合用于粉末涂料的配制。这种氟树脂可以用自封闭或封闭型脂肪族多异氰酸酯固化，适合于用在需要超耐候和优异防腐蚀性能要求的高端应用领域，例如超耐候铝型材、合金铝幕墙板和化工重防腐等方面。因为与 PVDF (聚偏二氟乙烯)热塑性粉末涂料比较耐候性相当，涂装工艺简单，烘烤温度低，涂膜外观、光泽和颜色的选择范围宽，代替部分 PVDF 市场的潜力很大;另外，作为树脂改性剂，可添加到聚酯、聚氨酯、丙烯酸树脂等配制不同耐候性要求和性价比的改性氟树脂粉末涂料。

作为户外建筑材料适用的热固性氟树脂粉末涂料，其性能要求：①涂膜的耐候性好；②对底材的附着力好；③涂膜的力学性能好；④涂膜的耐腐蚀性好。

氟树脂作为粉末涂料配方最核心的组成成分，对粉末涂料的涂膜性能起到决定性作用，分别选择不同商家氟树脂 A 和氟树脂 B 配制粉末涂料，比较粉末涂料及涂膜性能，不同厂家氟树脂粉末涂料的涂膜性能比较见表 4-303。

表 4-303 不同厂家氟树脂粉末涂料涂膜性能比较

粉末和涂膜性能	氟树脂 A	氟树脂 B
粉末涂料玻璃化转变温度/℃	46.5	53.2
60°光泽/%	70	75
外观	平整	轻微橘皮
干/湿附着力	0 级/0 级	0 级/0 级
抗冲击性(反冲)/kg·cm	60	50
铅笔硬度	3H	2H
压痕硬度	115	101
杯突试验/mm	8	7
弯曲试验/3mm	通过	通过
耐硝酸(ΔE)	0.91	0.70
耐溶剂(丁酮)擦拭	>100	>100
乙酸盐雾试验(2000h)	2mm	2mm
人工加速老化试验(保光率 50%) /h	3900	4700

表 4-303 的结果说明，两种氟树脂粉末涂料涂膜力学性能都较好，其中氟树脂 A 涂膜冲击强度和压痕硬度等力学性能比氟树脂 B 好。两种氟树脂的耐化学腐蚀性能相差不大，但两者的耐候性能有明显差异，保光率 50%时，氟树脂 B 比氟树脂 A 的老化时间长。通过 DSC 测试，两种树脂制得的粉末涂料玻璃化转变温度有明显的差别，玻璃化转变温度低于 50℃对粉末的贮存稳定性影响较大。不同氟树脂之间的粉末涂料和涂膜性能存在一定差异，根据用户对性能的要求选择合适的树脂品种是很重要的。

四、固化剂

目前热固性氟树脂的主要反应性活性基团是羟基，因此需要的固化剂必须是可以跟羟基基团反应的化合物，实际上聚氨酯粉末涂料中使用的封闭型多异氰酸酯固化剂就可以使用。对于超耐候氟树脂粉末涂料，必须使用耐候性的脂肪族多异氰酸酯固化剂；其中有封闭剂封闭的固化剂或者自封闭体系的固化剂；用己内酰胺封闭的有固化剂 B1530 和 B1400 多异氰酸酯固化剂，还有自封闭的 B1540 多异氰酸酯固化剂都可以使用，具体的 OH：NCO 的活性基团的配比可以参考聚氨酯粉末涂料中的参考比例。

（1）固化剂品种对涂膜性能的影响

热固性氟树脂粉末的主要成膜物是氟树脂中的羟基与固化剂的异氰酸酯产生交联固化反应而得到。因为不同的异氰酸酯固化剂的分子结构不一样，NCO 活性基团的含量等技术指标有差别，所以不同固化剂的活性也不同，对涂膜的性能影响也不同。分别对三种固化剂进行比较，其中 BF-1540 属于自封闭型异氰酸酯，B-1530 和 T-1530 属于己内酰胺封闭型异氰酸酯，不同固化剂对涂膜性能的影响见表 4-304。

表 4-304　不同固化剂对涂膜性能的影响

项目	配方 1	配方 2	配方 3	配方 4	配方 5	配方 6
配方/质量份						
氟树脂 A	60	60	60	—	—	—
氟树脂 B	—	—	—	60	60	60
固化剂 T-1530	14	—	—	15	—	—
固化剂 B-1530	—	14	—	—	15	—
固化剂 BF-1540	—	—	14	—	—	15
催化剂	0.5	0.5	0.5	0.5	0.5	0.5
其他助剂	8	8	8	9	9	9
颜填料	17.5	17.5	17.5	15.5	15.5	15.5
总量	100	100	100	100	100	100
涂膜性能						
60°光泽/%	73	70	71	73	68	68
外观	平整	平整	轻微橘皮	轻微橘皮	轻微橘皮	橘皮
干/湿附着力	0 级/0 级	0 级/0 级	0 级/0 级	0 级/0 级	0 级/0 级	0 级/0 级
冲击强度(反冲)/kg·cm	60	60	40	50	50	50
乙酸盐雾试验(2000h)/mm	2	2	2	2	2	2
加速老化(保光率 50%)/h	3050	2900	2600	3200	2850	2200

表 4-304 的结果说明了不同固化剂对氟树脂 A 涂膜的影响：配方 1 和配方 2 涂膜外观、附着力、冲击强度以及耐乙酸盐雾性能无差别，配方 3 涂膜表面有轻微橘皮，冲击强度稍

差；耐候方面，配方1和配方2相差不大，配方3最差，说明B-1530和T-1530固化剂更适合氟树脂A。对于氟树脂B：对比配方4、5、6结果说明，使用T-1530的配方4涂膜综合性能最好，T-1530固化剂更适合氟树脂B。

上述的结果说明，固化剂品种对氟树脂涂膜性能影响较大，氟树脂对固化剂具有一定的选择性。在设计配方时，不仅需要选择好氟树脂，同时也要选择好合适的固化剂进行匹配，才能得到性能优异的氟树脂粉末涂料。

（2）固化用量对涂膜性能的影响

因为氟树脂的羟值有一定的范围，生产厂家不同批次树脂间羟值存在一定差异，如果根据厂家提供的羟值，按树脂和固化剂NCO∶OH=1∶1等当量设计配方，其性能不一定能达到最佳，且从降低成本的角度考虑，满足性能的前提下，固化剂用量越少越好。通过NCO∶OH=0.9∶1、NCO∶OH=1∶1、NCO∶OH=1∶1.1三个不同当量比例比较固化剂用量对涂膜性能的影响，其试验结果见表4-305。

表4-305　不同固化剂用量对涂膜性能的影响

项目	配方1	配方2	配方3
配方/质量份			
氟树脂B	60	60	60
固化剂T-1530	13.5 （NCO∶OH=0.9∶1）	15 （NCO∶OH=1∶1）	16.5 （NCO∶OH=1∶1.1）
催化剂	0.5	0.5	0.5
其他助剂	9	9	9
颜填料	17	15.5	14
总量	100	100	100
涂膜性能			
60°光泽/%	70	67	68
外观	轻微橘皮	轻微橘皮	轻微橘皮
冲击强度（反冲）/kg·cm	40	50	55
干/湿附着力	0级/0级	0级/0级	0级/0级
人工加速老化试验（保光率50%）/h	3300	3250	3400

表4-305的结果说明，配方设计按固化剂量不足时涂膜冲击强度只达到40kg·cm；按固化剂与氟树脂等当量配比时冲击强度可达到50kg·cm；而按固化剂过量配比时抗冲击性能最好，外观和其他性能相差不大。按NCO∶OH=1∶1配比时涂膜性能和外观与NCO∶OH=1∶1.1时相差不大，因此等当量配比性价比更高。设计配方时可以根据需求调整固化剂用量，满足要求的情况下固化剂越少越好。

五、颜料和填料

在热固性氟树脂粉末涂料中，所使用的颜料的要求比普通耐候型粉末涂料更高，对热固性氟树脂粉末涂料应选择耐候性要求达到5级的颜料；为了使紫外光对底材的影响达到最小限度，通过调整颜料，使面漆涂膜的紫外光透过率降低到标准以下，耐光性要求必须达到8级；耐酸、耐碱、耐溶剂等性能也要求必须达到5级的最高标准；另外，耐温方面达到220℃以上，一般的有机颜料达不到这样高的耐温要求，耐高温的无机陶瓷颜料才能满足要求。

在填料方面也有关于耐候、耐光、耐酸、耐碱、耐溶剂和耐高温方面的要求。

虽然树脂的品种决定了粉末涂料的性质和涂膜性能，但是颜填料的品种和含量也会影响粉末涂料的性质和涂膜性能，不同颜填料含量对涂膜性能的影响见表 4-306。

表 4-306 不同颜填料含量对涂膜性能的影响

项目	配方 1	配方 2	配方 3
配方/质量份			
氟树脂 B	60	52	44
固化剂	15	13	11
助剂	9	9	9
颜填料	16	26	36
总量	100	100	100
涂膜性能			
60°光泽/%	73	54	41
外观	较轻微橘皮	轻微橘皮	橘皮
冲击强度(反冲)/kg·cm	50	50	50
干/湿附着力	0 级/0 级	0 级/0 级	0 级/0 级

表 4-306 的结果说明，当颜填料含量分别为 16%、26%和 36%时，随着颜填料含量的增加，涂膜光泽降低，表面平整性变差，冲击强度、干/湿附着力无明显差异。造成上述差别的主要原因是，因为颜填料用量增加后体系吸油量增加，粉末熔融黏度提高，涂膜烘烤时熔融黏度变大、流平性变差，涂膜的表面不平整，导致光泽降低;涂膜冲击强度和附着力变化不大的原因是，尽管增加了颜填料用量，但成膜物的最低含量为 55%，已经可以满足涂膜的力学性能需求。因此，配方设计时，颜填料含量最好不要超过 30%，否则对涂膜外观和光泽等性能的影响较大。

六、助剂

在平面氟树脂粉末涂料中，必须使用适合氟树脂粉末涂料的流平剂，同时也用到脱气剂等助剂。考虑到纯氟树脂粉末涂料的冲击强度方面的不足，需要添加增韧剂等助剂改善涂膜性能。在纹理型粉末涂料中，需要添加纹理助剂。为了降低固化剂的解封闭温度，降低固化反应温度，还要加催化剂或促进剂。不同催化剂用量对涂膜性能的影响见表 4-307。

表 4-307 不同催化剂用量对涂膜性能的影响

涂膜性能	催化剂用量(质量分数)/%		
	0	0.5	1
60°光泽/%	73	68	65
外观	轻微橘皮	轻微橘皮	橘皮
干/湿附着力	0 级/0 级	0 级/0 级	0 级/0 级
冲击强度(反冲)/kg·cm	50	50	50
铅笔硬度	2H	2H	3H
压痕硬度	99	105	116
人工加速老化试验(保光率 50%)/h	4000(保光率 97%)	3350	2100

表 4-307 的结果说明，在相同的烘烤条件下，随着催化剂用量增加，涂膜的光泽降低，外观变差，表面硬度增高，耐候性能下降，添加的催化剂量要适当才能保证得到满意的涂膜外观和其他涂膜性能。

七、氟树脂（FEVE）改性耐候型粉末涂料

纯氟树脂（FEVE，以下称为氟树脂）粉末涂料的耐候性和耐腐蚀性能都很好，但是原材料价格太贵，很难广泛推广应用，而且在某些用途上存在性能过剩问题，造成不必要的资源浪费。如果用氟树脂改性耐候型的聚酯粉末涂料、聚氨酯粉末涂料、丙烯酸粉末涂料，不仅能降低成本，在涂膜的超耐候性等方面又完全可以满足用户的要求，这是非常有实际应用价值的研究工作，使氟树脂粉末涂料产品的推广应用面更加广阔。

用氟树脂改性聚酯、聚氨酯粉末涂料在经济上是比较合理的技术途径，从原理上来看，氟树脂与这两种树脂复合的比例是影响其耐候性能的关键，选择合适的复合比例，使两种体系互补互优，既能改善氟树脂体系的润湿性能，提高附着力，改善其力学性能，又能弥补聚酯、聚氨酯体系的耐候性能缺陷。

用氟树脂改性丙烯酸粉末涂料相比于聚酯、聚氨酯粉末涂料，改性后的粉末涂料耐候性、耐热性、耐水和耐化学品性优于聚氨酯和聚酯，且附着力也更好，但树脂刚性较大，改性后的粉末涂层力学性能会明显不足。

1. 氟树脂改性耐候型粉末涂料的制备工艺

对于含有两种以上树脂体系的粉末涂料，可以根据需要选择混合共挤工艺或者分别挤出后外混合工艺制备粉末涂料。以氟树脂改性聚氨酯粉末为例，两种工艺相应的配方见表 4-308，其中配方 1 是混合共挤出工艺用的，配方 2 是 A 组分和 B 组分外混合工艺用的，粉末涂料涂膜加速老化试验结果见表 4-309。

表 4-308　不同工艺制备氟树脂（FEVE）改性聚氨酯粉末涂料配方　单位：质量份

原材料	配方 1	配方 2	
		A 组分	B 组分
氟树脂(FEVE)及封闭型多异氰酸酯	32.5	—	65.0
普通耐候聚氨酯树脂及封闭型多异氰酸酯	32.5	65.0	—
流平剂	1	1	1.2
光亮剂	0.8	0.7	0.8
安息香	0.3	0.3	0.3
蜡粉	0.2	0.2	0.1
其他助剂	1.7	1.8	1.6
颜填料	31.0	31.0	31.0
总量	100.0	100.0	100.0

表 4-309　不同工艺制备 FEVE 改性聚氨酯粉末涂料老化性能对比

项目	配方 1	配方 2(A 组分：B 组分=1：1)
混合工艺	混合共挤工艺	外混合工艺
加速老化(保光率 50%)/h	800	3600

表4-308结果说明，当保光率50%时，外混合工艺制备的氟树脂改性聚氨酯粉末涂料的涂膜加速老化时间是混合共挤工艺的4.5倍，对涂膜耐候性，外混工艺比共挤出工艺具有更大的优势。分析其原因可能是外混合工艺制备的涂层，在熔融流平的过程中，C—F链化合物能够迁移到涂层表面，形成相对于混合共挤工艺制备的涂层更加连续和致密的膜。通过电子显微镜测试可知，外混合工艺制备的涂层中（纯氟树脂组分/聚氨酯组分=30/70），大部分F元素分布于涂层的上层，出现明显的氟树脂分层现象，从纯氟树脂组分/聚氨酯组分=50/50的粉末涂料烘烤成膜后，观察其外观也可以较明显地发现，涂膜表层基本被氟树脂粉末涂膜覆盖，而底层为聚氨酯涂膜，因此外混合工艺制备氟树脂改性耐候型粉末涂料对涂层的耐候性方面有较大提升。但是外混合工艺的缺点也较明显，在粉末进行静电喷涂时，由于两种树脂带电不同容易出现上粉量不同的问题，导致基材表面涂层中氟碳含量与粉末配方设计的氟碳含量不同，不能达到预期的性能效果。

一般参考性的氟树脂改性丙烯酸粉末涂料的基本配方见表4-310，其中配方1是混合共挤工艺的配方，配方2是属于外混合工艺配方，其中A组分是氟树脂粉末涂料，B组分是丙烯酸树脂粉末涂料。配方中成膜物的含量为60%。

表4-310　氟树脂（FEVE）改性丙烯酸粉末涂料配方　　单位：质量份

原材料	配方1	配方2	
		A组分	B组分
FEVE树脂与封闭型多异氰酸酯固化剂	30.0	—	60.0
环氧丙烯酸树脂与等当量固化剂	30.0	60.0	—
流平剂	0.5～1.5	0.5～1.5	0.5～1.5
光亮剂	0.5～1.5	0.5～1.5	0.5～1.5
脱气剂	0.3～0.5	0.3～0.5	0.3～0.5
其他助剂	0.5～2.0	0.5～2.0	0.5～2.0
颜填料	34.5～38.2	34.5～38.2	34.5～38.2
总量	100.0	100.0	100.0

2. FEVE氟碳粉末与耐候型粉末的比例

氟树脂改性耐候型粉末涂料中，氟树脂的占比不仅影响涂层的性能，同样对粉末的成本有很大的影响，以氟树脂改性聚氨酯为例，分别选用氟树脂粉末/聚氨酯粉末比例为10/90、20/80、30/70、50/50、70/30、80/2、90/10以外混合工艺配制粉末涂料，然后通过X射线能谱分析（EDS)分析涂膜表层F元素含量，试验结果见表4-311。

表4-311　不同混合比例性能对比

项目	配方1	配方2	配方3	配方4	配方5	配方6	配方7	配方8	配方9
聚氨酯粉末/氟树脂粉末(质量比)	纯聚氨酯粉末	10/90	20/80	30/70	50/50	70/30	80/20	90/10	纯氟树脂粉末
外观	平滑	严重干扰	橘皮	橘皮	轻微橘皮	较轻微橘皮	较平滑	较平滑	平滑
60°光泽/%	93	70	45	40	38	41	44	56	75
干附着性	0级	0级	0级	0级	0级	0级	0级	0级	0级

续表

项目	配方 1	配方 2	配方 3	配方 4	配方 5	配方 6	配方 7	配方 8	配方 9
耐沸水性	0 级	0 级	0 级	0 级	0 级	0 级	0 级	0 级	0 级
冲击强度（反冲）/kg·cm	65	50	55	55	50	45	45	45	35
表层 F 含量(*A*)/%	0	11.78	16.78	17.03	17.76	17.79	17.65	18.11	18.53
加速老化(保光率 50%) /h	750	2000	3200	4050	4950	4800	5200	5350	6100

表 4-311 的结果说明，涂膜表层 F 元素含量随着纯氟树脂组分比例的增加而增加，但并非成正比，当纯氟树脂组分比例超过 50%后，涂膜表层的 F 元素含量相差不大。涂膜耐候性随纯氟树脂组分比例增加的规律与涂膜表层 F 元素含量相同，但涂膜表层 F 元素含量并不能等价于耐候性，仅仅只是具有一定的相关性。综上所述，当纯氟树脂组分比例超过 50%时，性价比不如 50%以下（含 50%）高，设计配方时可根据要求选择合适的比例。

3. 耐候型树脂品种的选择

聚酯树脂优选超耐候型，对最终涂层的耐候性有较大的提升，氟树脂改性不同酸值超耐候聚酯树脂的配方及性能测试结果见表 4-312。

表 4-312 氟树脂改性不同酸值超耐候聚酯树脂粉末涂料

项目	配方 1	配方 2	配方 3	配方 4
配方/质量份				
FEVE 树脂及封闭型多异氰酸酯	32.50	32.50	32.50	32.50
超耐候端羧基聚酯树脂(酸值 48～54mg KOH/g)	29.25	—	—	—
超耐候端羧基聚酯树脂(酸值 32～38mg KOH/g)	—	30.22	—	—
超耐候端羧基聚酯树脂(酸值 28～33mg KOH/g)	—	—	30.55	—
超耐候端羧基聚酯树脂(酸值 20～25mg KOH/g)	—	—	—	30.88
异氰尿酸三缩水甘油酯(环氧当量 110g/mol)	3.25	2.28	1.95	1.62
流平剂	1.00	1.00	1.00	1.00
光亮剂	0.80	0.80	0.80	0.80
安息香	0.20	0.20	0.20	0.20
蜡粉	0.10	0.10	0.10	0.10
颜填料	32.90	32.90	32.90	32.90
总计	100.00	100.00	100.00	100.00
主要检查项目				
外观	严重橘皮	橘皮	橘皮	橘皮
60°光泽/%	52	67	69	72
干附着性	0 级	0 级	0 级	0 级
耐沸水性	0 级	0 级	0 级	0 级
弯曲试验(5mm)	不通过	通过	通过	通过
冲击强度(反冲)/kg·cm	25	40	45	35
压痕硬度	105	98	97	98
耐硝酸	通过	通过	通过	通过
耐溶剂(丁酮)擦拭	4 级	4 级	4 级	4 级
乙酸盐雾试验(2000h)	通过	通过	通过	通过
加速老化(保光率 50%)/h	1000	1200	1150	1250

FEVE 树脂改性不同聚氨酯粉末中各组分配方如表 4-313 所示；外混合比例及实验结果如表 4-314 所示。

表 4-313　FEVE 树脂改性不同聚氨酯粉末配方　　单位：质量份

项目	组分 1	组分 2	组分 3	组分 4
FEVE 树脂及封闭型多异氰酸酯	65.0	—	—	—
超耐候端羟基聚酯树脂及封闭型多异氰酸酯(羟值 20～35mg KOH/g)	—	65.0	—	—
超耐候端羟基聚酯树脂 B 及封闭型多异氰酸酯(羟值 35～50mg KOH/g)	—	—	65.0	—
超耐候端羟基聚酯树脂 C 及封闭型多异氰酸酯(羟值 75～95mg KOH/g)	—	—	—	65.0
助剂	5.0	5.0	5.0	5.0
颜填料	30.0	30.0	30.0	30.0
总量	100.0	100.0	100.0	100.0

表 4-314　FEVE 树脂改性不同聚氨酯粉末性能对比（50/50 质量比）

项目	配方 1（组分 1/组分 2）	配方 2（组分 1/组分 3）	配方 3（组分 1/组分 4）
外观	橘皮	轻微橘皮	橘皮
60°光泽/%	28	33	45
干附着性	0 级	0 级	0 级
耐沸水性	0 级	0 级	0 级
弯曲试验(5mm)	不通过	通过	通过
冲击强度(反冲)/kg · cm	30	50	65
压痕硬度	95	103	115
耐硝酸	通过	通过	通过
耐溶剂(丁酮)擦拭	4 级	4 级	4 级
乙酸盐雾试验(2000h)	通过	通过	通过
加速老化(保光率 50%)/h	5000	4600	3950

丙烯酸树脂/固化剂体系的种类较多，不同的体系与氟树脂匹配后，涂膜性能有一定的差异。选择的体系主要以涂膜的耐候性为主，同时还要考虑涂膜的力学性能及其他性能。配方中丙烯酸树脂分别选用了缩水甘油基丙烯酸树脂与聚酯树脂固化体系、缩水甘油基丙烯酸树脂与多元羧酸固化体系和羟基丙烯酸树脂与封闭型多异氰酸酯固化体系。因为羧基丙烯酸树脂与 TGIC 固化体系涂膜的硬度很高，但冲击强度不好；环氧树脂固化体系的耐候性不好，所以没有考虑与氟树脂匹配，三种体系的具体配方及试验结果见表 4-315，其中氟树脂：丙烯酸树脂（含固化剂）质量比为 1：1，粉末制造工艺为混合共挤体系。

表 4-315　不同 FEVE 树脂/丙烯酸匹配粉末涂料配方及性能对比

项目	配方 1	配方 2	配方 3
配方/质量份			
FEVE 树脂与封闭型多异氰酸酯固化剂	30.0	30.0	30.0
缩水甘油基丙烯酸树脂与十二碳二羧酸固化剂	30.0	—	—
缩水甘油基丙烯酸树脂与耐候端羧基聚酯树脂	—	30.0	—
羟基丙烯酸树脂与封闭型多异氰酸酯	—	—	30.0
助剂	4.0	4.0	4.0
颜填料	36.0	36.0	36.0
总量	100	100	100
涂膜主要检测项目			
外观	较轻微橘皮	轻微橘皮	轻微橘皮

续表

项目	配方 1	配方 2	配方 3
涂膜主要检测项目			
60°光泽/%	52	57	55
干附着力	0 级	0 级	0 级
耐沸水性	0 级	0 级	0 级
弯曲试验(5mm)	不通过	不通过	不通过
冲击强度(反冲)/kg·cm	30	35	20
乙酸盐雾试验(2000h)	通过	通过	通过
加速老化(保光率 50%) /h	2650	1400	2200

虽然缩水甘油基丙烯酸树脂/多元羧酸体系与氟树脂匹配耐候性能最好，但丙烯酸树脂的环氧当量不同其反应活性也不同，对匹配后涂膜性能有较大的影响。因此选择环氧当量分别为 400～450g/mol、500～550g/mol 和 680～720g/mol 的丙烯酸树脂进行对比，不同环氧当量丙烯酸树脂对氟树脂改性丙烯酸粉末配方及性能的影响结果见表 4-316，其中丙烯酸树脂（含固化剂）：氟树脂（含固化剂)质量比为 1：1，粉末制造工艺为混合共挤。

表 4-316 不同环氧当量丙烯酸树脂对氟树脂（FEVE）改性丙烯酸粉末性能的影响

项目	配方 4	配方 5	配方 6
配方/质量份			
FEVE 树脂与封闭型多异氰酸酯固化剂	30.0	30.0	30.0
环氧当量 400～450g/mol 丙烯酸树脂与十二碳二羧酸固化剂	30.0	—	—
环氧当量 500～550g/mol 丙烯酸树脂与十二碳二羧酸固化剂	—	30.0	—
环氧当量 680～720g/mol 丙烯酸树脂与十二碳二羧酸固化剂	—	—	30.0
助剂	4.0	4.0	4.0
颜填料	36.0	36.0	36.0
总量	100.0	100.0	100.0
涂膜主要检测项目			
外观	轻微橘皮	较轻微橘皮	较平滑
60°光泽/%	35	52	60
干附着性	0 级	0 级	0 级
耐沸水性	0 级	0 级	0 级
冲击强度(反冲)kg·cm	25	30	25
铅笔硬度	3H	3H	3H
压痕硬度	132	123	117
杯突试验(5mm)	不通过	不通过	不通过
弯曲试验(5mm)	不通过	不通过	不通过
耐硝酸	通过	通过	通过
耐溶剂(丁酮)擦拭	4 级	4 级	4 级
乙酸盐雾试验(2000h)	通过	通过	通过
加速老化(保光率 50%) /h	2100	2650	2050

丙烯酸树脂与氟树脂复配后虽然具有一定的优点，但涂膜力学性能较差，以下三种是改进方案。方案 1 是氟碳和丙烯酸粉末配方各加入适量增韧助剂挤出；方案 2 是丙烯酸与聚酯树脂共挤（含等当量 TGIC)，再与氟碳粉末外混合，使用的聚酯树脂特点是力学性能好；方案 3 是聚酯、丙烯酸、氟碳三组分外混合，氟树脂改性丙烯酸氟碳粉末力学性能改进方案见表 4-317。

表 4-317　氟树脂改性丙烯酸氟碳粉末力学性能改进方案

项目	方案 1	方案 2	方案 3
配方改进方法	氟碳和丙烯酸粉末配方各加入适量增韧助剂挤出	丙烯酸与聚酯树脂共挤(含等当量 TGIC),再与氟碳粉末外混合	聚酯、丙烯酸、氟碳三组分外混合
外观	轻微橘皮	较平滑	橘皮
冲击强度(反冲)/kg・cm	40	50	50
杯突试验(5mm)	通过	通过	通过
弯曲试验(5mm)	通过	通过	通过
加速老化(保光率 50%) /h	4400	4000	3450

4. FEVE 树脂改性不同耐候型粉末涂料对比

纯氟树脂粉末涂料与氟树脂改性超耐候聚酯粉末涂料、氟树脂改性超耐候聚氨酯粉末涂料和氟树脂改性丙烯酸粉末涂料的涂膜性能对比的结果见表 4-318，成膜物含量均为 60%，质量份混合比例均为 1∶1，除特殊说明外，粉末涂料制备工艺均为外混工艺。

表 4-318　氟树脂改性不同树脂类型粉末涂料性能对比

项目	FEVE 改性超耐候聚酯	FEVE 改性超耐候聚氨酯	FEVE 改性丙烯酸	纯 FEVE
外观	橘皮	轻微橘皮	较平滑	平滑
60°光泽/%	44	32	47	78
冲击强度(反冲)/kg・cm	50	50	35	35
压痕硬度	98	100	127	103
杯突试验(5mm)	通过	通过	不通过	通过
弯曲试验(5mm)	通过	通过	不通过	通过
干附着性	0 级	0 级	0 级	0 级
耐沸水性	0 级	0 级	0 级	0 级
乙酸盐雾试验(2000h)	通过	通过	通过	通过
部分条件改变后涂膜测试项目				
干附着性(未前处理铝板)	0 级	0 级	0 级	4 级
耐沸水性(未前处理铝板)	3 级	2 级	1 级	5 级
混合共挤工艺加速老化(保光率 50%) /h	1200	1650	2650	6300

氟树脂改性不同树脂类型粉末涂料的涂膜力学性能、外观、附着性以及混合挤出工艺制备的粉末耐候性均有较大的差异。外混合工艺制备的氟树脂改性粉末耐候性能的差异将通过 F 元素含量的测试（X 射线能谱分析，EDS）以及加速老化测试进行对比，见表 4-319 和图 4-30，表 4-319 中的空气面指的是涂层固化后的表层（即与空气接触的表面）；金属面指的是涂层固化后的底层（即与底材接触的底面）。

表 4-319　氟树脂改性不同类型树脂涂膜表层 F 元素含量对比

项目	FEVE 改性超耐候聚酯粉末	FEVE 改性超耐候聚氨酯粉末	FEVE 改性丙烯酸粉末	FEVE 纯氟碳粉末
空气面 F 元素含量(A)/%	15.19	15.63	12.65	16.85
金属面 F 元素含量(A)/%	2.79	5.00	8.77	15.89
氟元素总含量(空气面+底材面)/%	17.98	20.63	21.42	32.74

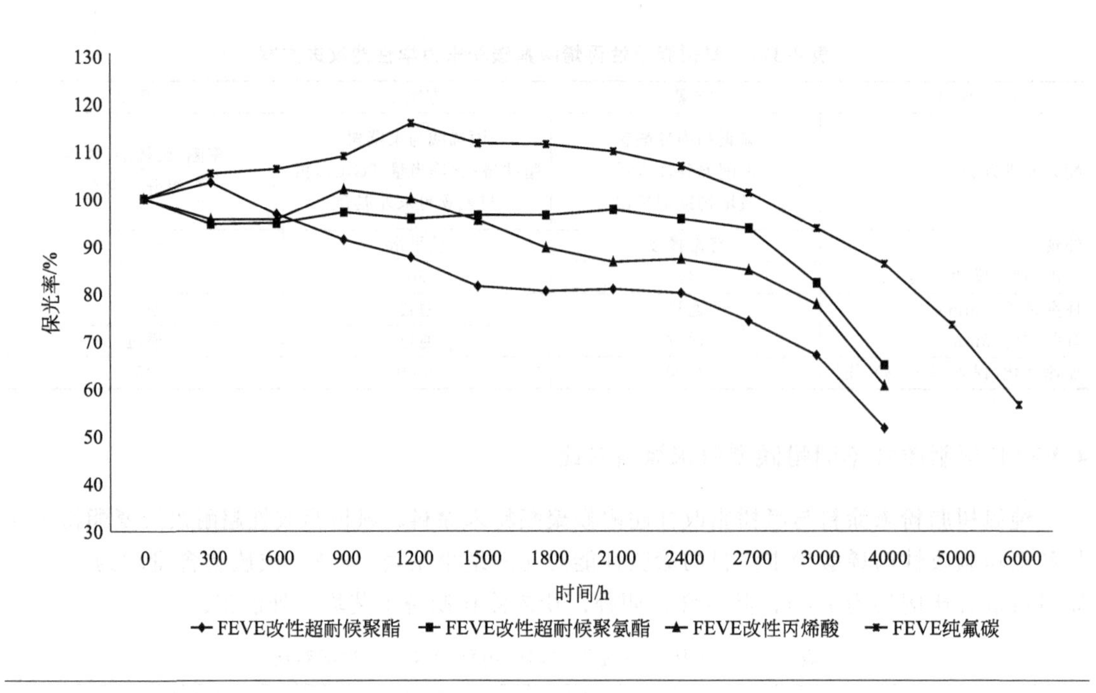

图 4-30 氟树脂改性不同树脂类型粉末涂料外混合工艺涂膜加速老化性能对比

八、不同氟树脂粉末涂料和耐候型粉末涂料涂膜性能及 QUV-B 人工加速老化性能比较

四种不同类型的氟树脂粉末涂料，如热固性氟树脂粉末涂料（含国产与进口产品）、热塑性氟树脂粉末涂料及热固性 FEVE 树脂改性聚酯粉末涂料的主要涂膜性能指标比较见表 4-320。

表 4-320 四种不同类型氟树脂粉末涂料的主要涂膜性能比较

项目	热塑性氟树脂粉末涂料	国产热固性氟树脂粉末涂料	进口热固性氟树脂粉末涂料	热固性氟树脂改性聚酯粉末涂料	测试方法
涂膜厚度/μm	40	50～65	50～65	60～70	ISO 2360
涂膜光泽(60°)/%	40	75～85	75～85	75～85	ISO 2813
划格附着力/级	0	0	0	0	ISO 2409
弯曲试验/mm ≤	10	10	10	10	ISO 1519
杯突试验/mm ≥	3	3	3	3	ISO 1520
冲击试验(20in/lb)	未出现深及底材裂纹	未出现深及底材裂纹	未出现深及底材裂纹	未出现深及底材裂纹	ISO 6272
QUV-B 试验	3000h 保光率≥90%	3000h 保光率≥90%	4000h 保光率≥90%	1500h 保光率≥90%	ASTM G-53
QUV-A 试验	8000h 保光率≥90%	8000h 保光率≥85%	10000h 保光率≥85%	3000h 保光率≥85%	ASTM G-53
耐湿热	4000h 不起泡	4000h 不起泡	4000h 不起泡	3500h 最大起泡1mm	ISO 6270-1
耐中性盐雾	4000h 无膜下腐蚀	4000h 无膜下腐蚀	4000h 无膜下腐蚀	3500h 最大划痕膜下腐蚀 1mm	ISO 9227

超耐候聚酯砂纹粉末的耐候性能远不如 FEVE 树脂砂纹粉，但是 FEVE 树脂改性超耐候聚酯砂纹粉的耐候性相对超耐候聚酯砂纹粉末的耐候性有大大提高。选择干混合工艺生产的 FEVE 树脂改性超耐候聚酯砂纹粉末涂料的 QUVB 灯老化试验结果见表 4-321。

表 4-321 不同含量 FEVE 树脂改性超耐候聚酯砂纹粉末涂料的 QUVB 灯老化试验

组分	QUVB 灯老化时间/h	保光率/%	色差值 ΔE
FEVE 纯氟碳砂纹粉(F)	2380	102	3.9
F：P=9：1	1500	92	2.2
F：P=7：3	1100	70	3.4
F：P=5：5	900	50	3.6
F：P=3：7	900	50	1.0
F：P=1：9	750	50	0.88
超耐候聚酯砂纹粉(P)	650	50	1.4

表 4-321 的结果说明，FEVE 树脂改性超耐候聚酯砂纹粉的耐候性与 FEVE 氟树脂的含量有一定的比例关系。随着 FEVE 树脂砂纹粉的含量的增加，FEVE 树脂改性超耐候聚酯砂纹粉的保光性能得到明显提高，但是色差的变化没有明显的规律。

选择超耐候聚酯粉末、超耐候聚氨酯粉末、丙烯酸粉末、PVDF 粉末、PVDF 溶剂型涂料和 FEVE 树脂粉末涂料涂膜的 QUV-B 加速老化性能，对涂膜的保光率进行比较，试验结果比较见图 4-31。

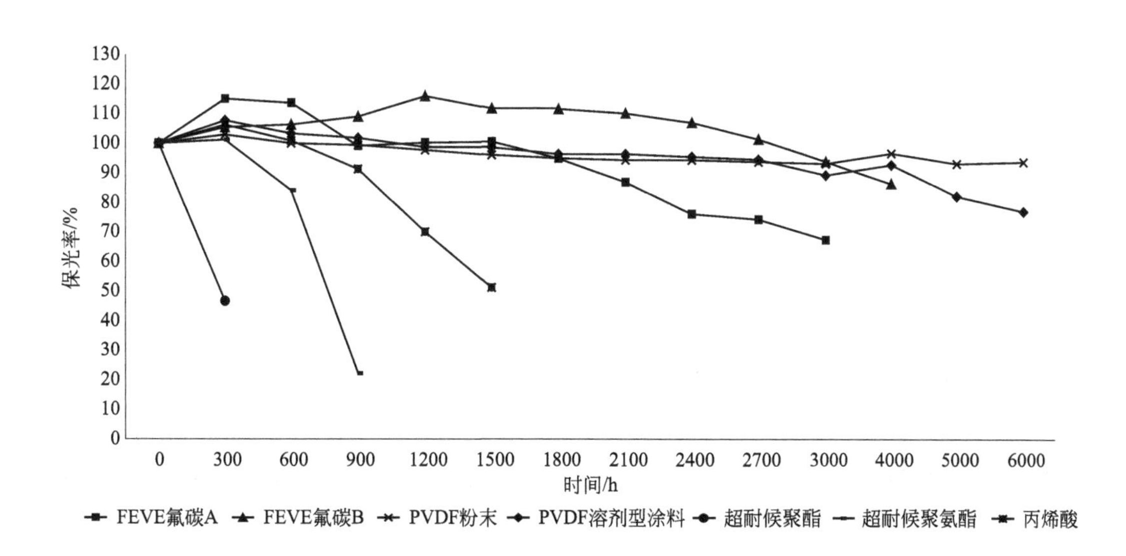

图 4-31 FEVE 树脂粉末涂料与其他耐候型粉末涂料进行人工加速老化试验结果比较

图 4-31 的结果说明，当人工加速老化试验进行到保光率下降到 70%时，FEVE 氟碳粉末老化时间比超耐候聚酯粉末长 2800～3800h，比超耐候聚氨酯粉末长 2300～3300h，比丙烯酸粉末长 1800～2800h，但不如 PVDF 树脂粉末涂料和 PVDF 溶剂型涂料。老化时间在 1500h 时，超耐候聚酯粉末、超耐候聚氨酯和丙烯酸保光率下降明显，FEVE 氟碳粉末和 PVDF 氟碳涂料变化不大；老化时间在 1500～3000h 时，FEVE 树脂粉末下降明显，PVDF

粉末和 PVDF 溶剂型涂料变化不大；老化时间在 4000～6000h 时，PVDF 树脂粉末变化不大，PVDF 溶剂型涂料有所下降。因此，FEVE 树脂粉末耐候性能优于聚酯、聚氨酯和丙烯酸粉末涂料，而且制造和喷涂工艺与之相同。虽然涂膜力学性能不能达到普通聚酯粉末涂料的要求，但可通过 Qualicoat Ⅱ、Ⅲ类粉允许开裂但不脱膜的要求；与 PVDF 树脂粉末相比，耐候性稍差，但 PVDF 树脂粉末涂料烘烤温度高，树脂对颜料的润湿能力差，涂膜光泽低、表面硬度低、遮盖力差、涂膜外观也略差，且制造工艺复杂。因此，从制造、喷涂工艺，涂膜外观、力学性能、耐候性能等方面综合考虑， FEVE 氟碳粉末涂料还是综合性能很好的超耐候粉末涂料。

氟树脂粉末涂料是一种使用年限达 20～30 年之久的涂料，为了能在较短期内预测氟树脂粉末涂料的使用寿命，可以通过测定自由基的多寡来加以判定。众所周知，涂膜是以高分子为主要成分的复合材料，在自然界的光、热、水分、氧等的影响下，高分子材料会逐渐老化，老化进展的速度决定着涂膜的寿命。实际上，老化是光和氧同涂料进行光氧化反应的结果，也就是所谓的自由基反应。当一个光子引起一个键的断裂，其结果是生成自由基，成为老化的开端。因此通过测定自由基的量来测定老化程度，或者通过测定自由基种类，可以推测老化的快慢。近来用电子自旋转共振（electron spin resonance，即 ESR）光谱法测定自由基的量或种类，从而探测高分子材料的寿命。图 4-32 是氟树脂粉末涂料和溶剂型氟树脂涂料的 ESR 设备测定自由基发生量的比较，其结果表明，氟树脂粉末涂料的自由基量比溶剂型氟树脂涂料少，说明其比溶剂型氟树脂耐候性更长。

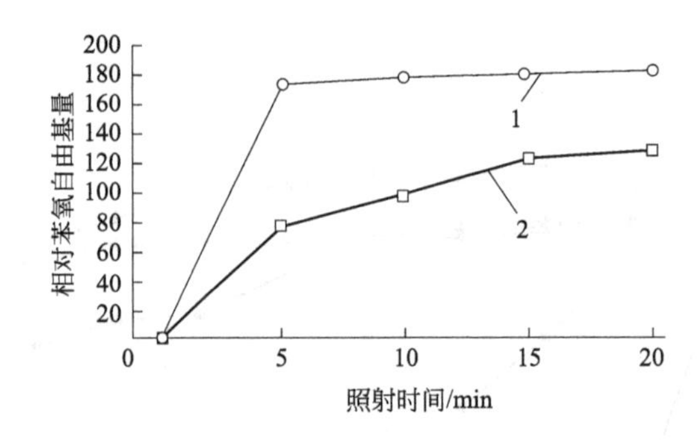

图 4-32　用 ESR 测定自由基发生量的比较

1—溶剂型氟树脂涂料；2—氟树脂粉末涂料

热固性氟树脂粉末涂料的防腐性能很好，对镀锌底材来说，选择适当的底漆，可以达到盐雾试验 2000h，或者复合腐蚀试验 100 周期的良好防腐性。

九、热固性氟树脂粉末涂料的应用

热固性氟树脂粉末涂料是热固性粉末涂料中耐候性和耐腐蚀性最好的品种。热固性氟树脂粉末涂料的烘烤温度较高，不适合现场涂装，适合于涂装厂进行涂装。因此，在金属板材上进行预涂装以后，到现场贴面是比较合适的。目前热固性氟树脂粉末涂料涂装在铝单板，用在高层或超高层建筑的金属幕墙，或者标志性建筑的贴面上，还应用在有特殊性能要求的航天、航空和电子工业的产品上。

在使用氟树脂粉末涂料时，对底材、前处理工艺及底漆方面的选择也是影响涂膜性能的重要因素，应该注意如下问题：

① 底材的前处理　当底材为不锈钢、铝材时用铬盐处理，考虑到铬盐的毒性，现在提倡采用无铬化前处理；对镀锌底材则应选择适当底漆，不需作前处理。

② 底漆　在粉末涂料或溶剂型涂料中选一品种，特别是对镀锌底材更重要。

由于氟树脂原材料的价格问题，用纯氟树脂粉末涂料的比较少，多数还是使用超耐候聚酯、超耐候聚氨酯和丙烯酸树脂改性的氟树脂粉末涂料，可以根据用途选择性价比合适的涂料品种。

随着氟树脂产量的提高和原材料价格的降低，它的应用范围和领域也会逐步扩大。

第八节 特殊粉末涂料

特殊粉末涂料并不限于某一种树脂品种，它是具有某种特殊状态或者功能的粉末涂料品种；或者是制造工艺和涂装方法与常规的粉末涂料比较有明显差别的粉末涂料品种，是一种不容易归类为哪一类型的涂料品种，例如金属（珠光）颜料邦定粉末涂料、热转印粉末涂料、纹理型粉末涂料、紫外光固化粉末涂料、MDF和非金属材料用粉末涂料、电泳粉末涂料、水分散（水厚浆）粉末涂料等。

一、金属（珠光）颜料邦定粉末涂料

金属（珠光）颜料邦定粉末涂料是，为了使金属（珠光）颜料闪光粉末涂料或金属颜料电镀效果粉末涂料得到稳定的涂装和涂膜外观效果而开发的。其基本制造工艺是，在一定温度条件下，将金属（珠光）颜料颗粒黏结到粉末涂料底粉颗粒上，制造出静电粉末，涂装后可以得到具有金属（闪光或电镀）效果的、涂装性能和涂膜外观稳定的粉末涂料，回收的粉末涂料可以再次利用。

金属（珠光）颜料邦定粉末生产工艺一般分为常温干混合法、熔融挤出热混合制备法、邦定机热黏结法、黏结剂黏结法等。其中要求不高的用干混合法，绝大部分用邦定机热黏结混合制备法生产；熔融挤出热混合制备方法受到金属颜料品种的限制很少用；黏结剂黏结法考虑溶剂污染问题，国内基本不用。干混合法制备金属颜料粉末涂料和热黏结（邦定）法制备金属压料粉末涂料的电子显微镜照片见图4-33；干混合法、热黏结法和黏结剂黏结法制备金属（珠光）颜料粉末涂料的制备示意见图4-34。因为金属（珠光）颜料邦定粉末涂料的涂膜

呈金属效果外观、具有绚烂的多色效应以及突出的保护功能，可以为汽车、家电、金属门窗、建筑装饰板材、仪器仪表等高档工业品提供绚丽多彩的外观装饰效果，因此得到广大用户的青睐。

(a) 干混合法

(b) 热黏结法(邦定法)

图 4-33 不同制备工艺制备金属颜料粉末涂料的电子显微镜照片

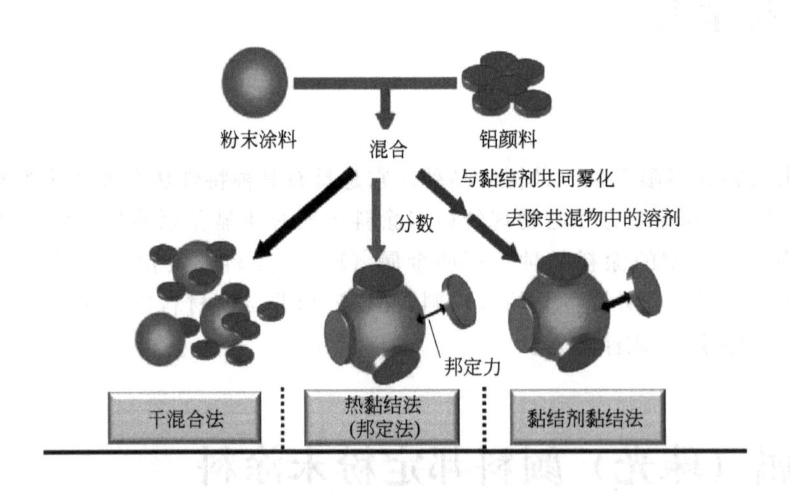

图 4-34 不同工艺制备金属（珠光）颜料粉末涂料示意图

1. 金属（珠光）颜料邦定粉末涂料制造设备

在金属（珠光）颜料粉末涂料的几种生产工艺中，邦定机热黏结混合制备法（邦定法）的金属（珠光）颜料邦定工艺可生产出产品质量稳定、金属效果丰满、金属颜料含量高等具有较高性能的金属效果粉末涂料，也是几种生产工艺中技术较先进、产品质量容易控制、产品质量很稳定的制造工艺。在邦定机热黏结法生产工艺设备中，有不同的升温加热方式，目前国内邦定工艺中较普遍的加热方式为搅拌摩擦升温加热和热水热传导加热方式两大类，也有金属（珠光）颜料含量低的低档产品使用干混合法工艺。搅拌摩擦升温加热的工艺应用较早，其工艺也相对成熟，但是其存在控温难度大、升温速率慢、大粒径片状金属（珠光）颜料在邦定中容易被破坏等弊端。而热水热传导加热方式的邦定工艺具有控温准确、升温速率快，可以在低转速条件下进行邦定等特点。不同设备和制造工艺制造金属（珠光）颜料邦定粉末涂料的优缺点比较见表 4-322。

表 4-322　不同设备和制造工艺制造金属（珠光）颜料邦定粉末涂料的优缺点比较

项目	干混合法	热黏结法(邦定法)	
		搅拌摩擦升温	热传导加热
设备投资	投资少，用简单混料设备	需要专用邦定机，设备投资较高	需要专用邦定机，设备投资较高
升温加热方式	常温，不需要升温	通过搅拌摩擦升温至邦定温度	通过水或其他介质间接加热升温至邦定温度
升温速率		比较快	比较慢，但可以预先加热热传导介质时升温速率快
温度控制准确性		决定设备设计结构和温控精度，相对难度大	比较容易严格控制
冷却速率		比较快	相对速率慢
邦定助剂的添加	不需要	可以添加，也可以不添加	必须添加
生产速度	很快	比较快	比较快
不同粒径金属(珠光)颜料的适应性	不受限制	对于较大粒径金属(珠光)颜料的邦定，搅拌速度(升温速率)快时，容易破坏金属(珠光)颜料形状和粒径分布	适合于不同粒径大小金属(珠光)颜料的邦定
产品质量稳定性	产品质量不稳定，金属(珠光)颜料上粉不稳定	产品质量稳定，涂膜外观稳定	产品质量稳定，涂膜外观稳定
粉末涂料的回收再用	回收粉与原粉金属颜料含量差距大，不好直接回收再用	在自动喷涂线上，可以直接回收再用	在自动喷涂线上，可以直接回收再用
总的评价	使用范围比较窄	一般产品都可以使用	一般产品都可以使用

表 4-322 的比较说明，干混合法只适合涂膜外观要求不高、金属（珠光）颜料含量较少的粉末涂料（例如砂纹粉）和手工喷涂生产线上用粉末涂料的制备。摩擦升温邦定设备和热传导加热法邦定设备，各有各的优点和不足之处，根据用户产品结构可以选择不同邦定设备。如果生产金属（珠光）颜料粉末涂料品种多时，使用两种设备，可以制造更满意的各种邦定产品。当工作人员进入金属（珠光）颜料粉末涂料研究和生产工作岗位时，必须先学习和熟悉化工行业标准 HG/T 5107—2016《热固性粉末涂料后混合设备》中“金属效果粉末涂料邦定设备”中对设备和工艺的要求内容。

关于摩擦升温邦定设备和热传导加热邦定设备的有关资料，可以参考本书第七章“粉末涂料的制造设备”第五节“其他辅助设备”中的金属（珠光）颜料邦定设备部分。

张辉等研发的微波金属颜料邦定机利用微波加热是体积加热的特性，以及对不同介电常数的物质间相界面的选择性加热特性，实现了金属颜料的高效邦定。由于微波的强穿透性，微波加热属于体积加热，加热均匀；金属颜料颗粒与底粉颗粒介电常数差异大，微波对接触面有选择性加热功能，该技术跟现有的热邦定工艺比较有以下优点：①微波邦定法的邦定效果优于现行热邦定法；②微波邦定法可大大减少误邦定（粉末之间的邦定）的产生；③微波邦定法升温速率高达 11℃/min，远高于热邦定设备；④微波邦定的邦定温度低于现行热邦定法；⑤微波邦定设备的邦定过程所需要的时间和成本远低于现行邦定设备；⑥微波邦定涂膜的金属闪光效果优于热邦定涂膜；⑦微波邦定法更容易实现高金属颜料含量的邦定；⑧微波邦定法的邦定温度范围广（40～120℃），在高温邦定时的邦定效果远高于现行邦定法。这种设备目前处于试验性阶段，希望早日推广应用到金属颜料邦定粉末涂料上面。

2. 金属（珠光）颜料邦定粉末涂料的制造工艺

金属（珠光）颜料邦定粉末涂料制造的基本原理是，当粉末涂料底粉与金属（珠光）颜料混合物按摩擦升温或热传导方式加热升温至邦定温度时，金属（珠光）颜料黏结到有一定黏结力的粉末涂料底粉颗粒上，当把邦定粉末涂料降温时，金属（珠光）颜料颗粒与底粉颗粒黏结成为一体而得到金属（珠光）颜料与粉末涂料底粉邦定到一起的粉末涂料产品。这种粉末涂料在静电粉末涂装时，随着粉末颗粒的带静电吸附到工件时，黏结到底粉颗粒的金属（珠光）颜料也一起吸附到工件上，这样工件上吸附的粉末涂料组成与邦定粉末涂料的组成基本接近，得到的涂膜外观基本稳定，回收的粉末涂料可以再使用。

金属（珠光）颜料邦定粉末涂料的制造工艺如下：

① 根据来样要求进行打样，确定底粉配方和金属（珠光）颜料含量的配方组成。

② 按一般粉末涂料制备工艺，根据打样粉末涂料底粉配方要求制备底粉。

③ 按邦定工艺设定邦定温度、邦定时间、通水时间，同时确定搅拌的升温频率和邦定频率等参数。

④ 从邦定罐底部充氮气排出空气，同时把底粉添加到邦定罐中，根据需要在底粉中添加邦定助剂，升温至接近邦定温度，并保证氧体积含量在规定指标（5%）以下。

⑤ 当邦定物料接近邦定温度、氧体积含量达到安全指标时，根据配方将金属（珠光）颜料添加到邦定罐中。

⑥ 当物料达到邦定温度时，在恒温下进行邦定；邦定温度与时间决定于粉末涂料配方组成，包括金属（珠光）颜料的配方。可以参考 HG/T 5107—2016 中邦定温度控制范围（在2℃以内）和邦定时间（6min 以上）的标准。具体的工艺参数，根据不同设备和配方，通过实际试验结果的数据来决定。

⑦ 邦定完成后，添加氧化铝 C 等松散剂，然后立即冷却至 40℃以下，当达到规定温度时放料至冷却罐冷却到常温。

⑧ 冷却至 35℃以下时，抽样喷涂样板或旋风分离检查邦定效果。

⑨ 如果产品合格时，用 120 目振动筛进行过筛，然后进行称量包装。

金属（珠光）颜料粉末邦定机的控制面板见图 4-35；金属（珠光）颜料粉末邦定机的参数界面板见图 4-36；金属（珠光）颜料粉末邦定机邦定过程参数（邦定机主电机搅拌频率、主电机电流、物料温度）变化曲线见图 4-37；邦定机邦定粉末生产过程参数变化电脑记录见表 4-323。除了表中的参数外，还记录了通水冷却时间、设定邦定时间等参数。

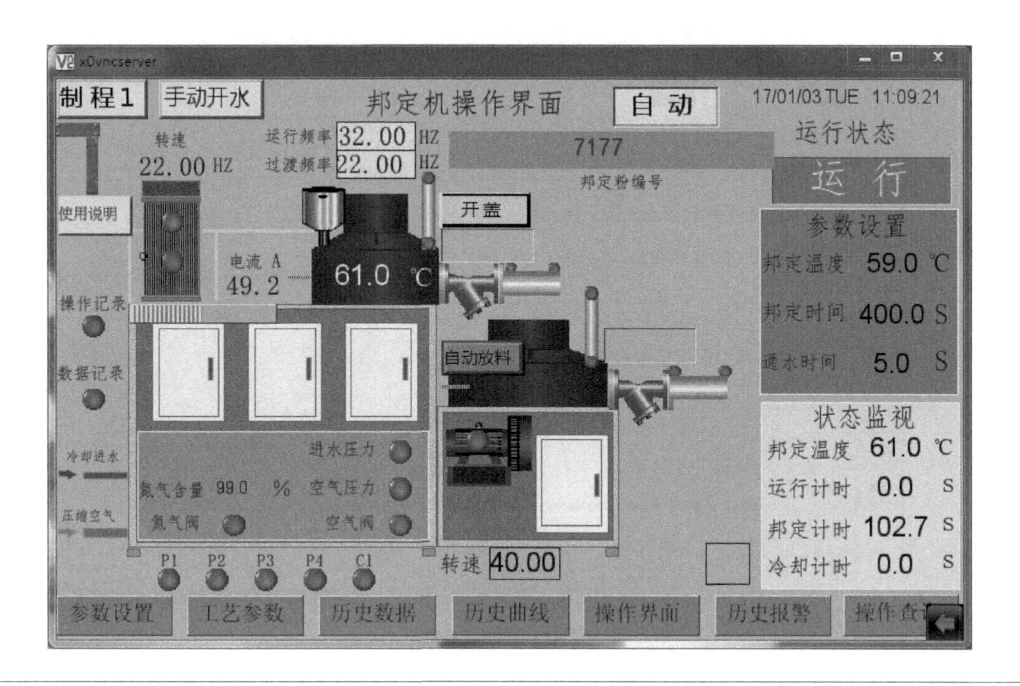

图 4-35 金属（珠光）颜料粉末邦定机的控制面板

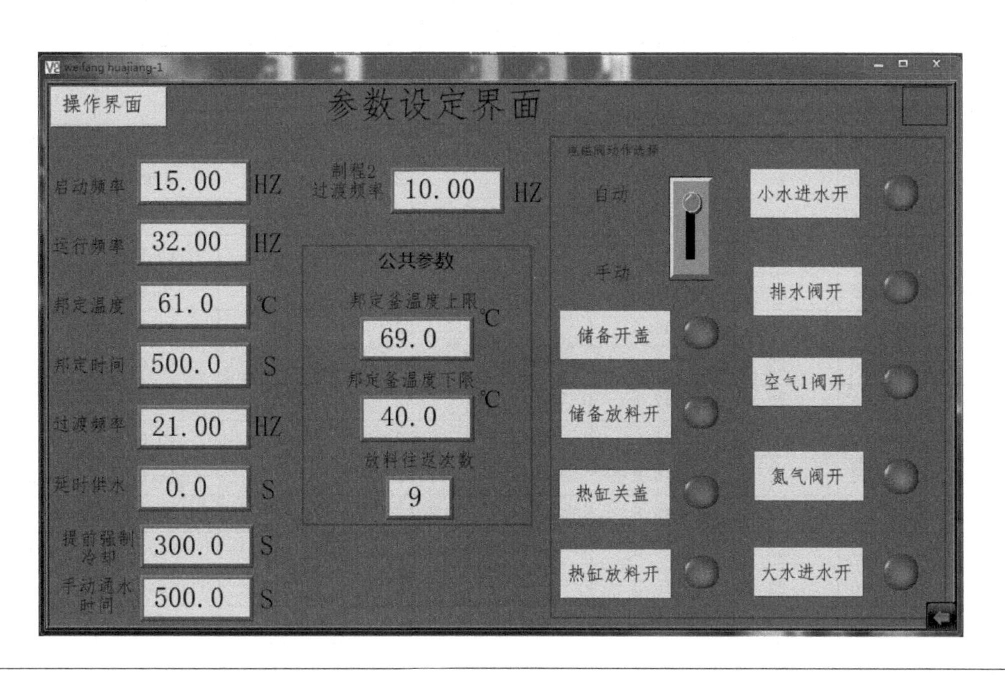

图 4-36 金属（珠光）颜料粉末邦定机的参数界面板

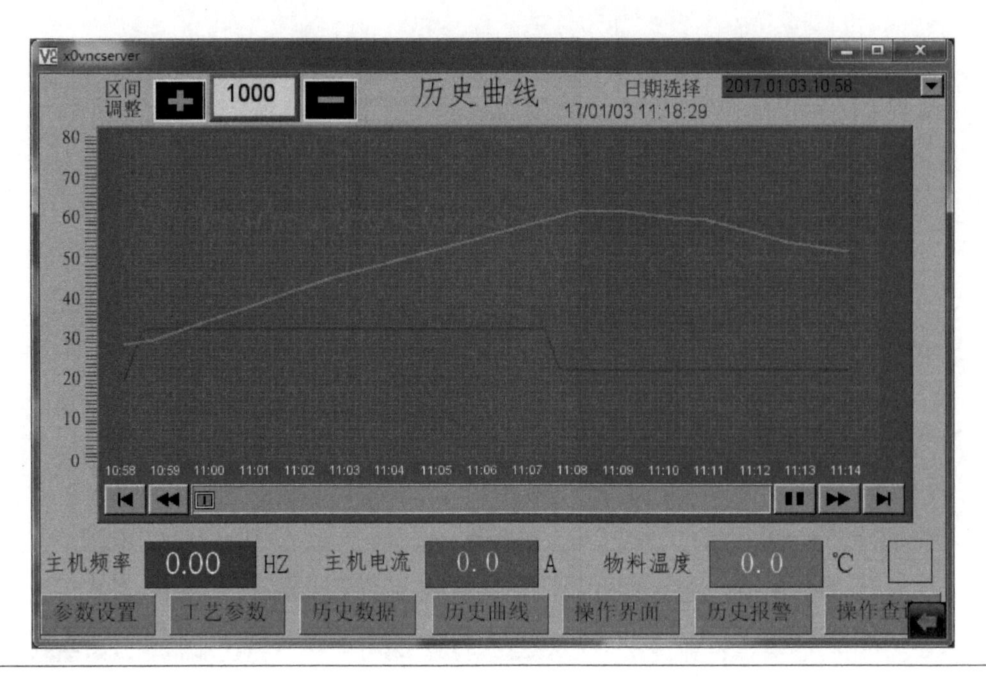

图 4-37 金属 (珠光) 颜料粉末邦定机邦定过程参数变化曲线

表 4-323 金属（珠光）颜料邦定机邦定粉末生产过程参数变化电脑记录

日期,时间	主机实际频率/Hz	主机实际电流/mA	物料温度/℃	升温频率/Hz	邦定设定温度/℃	邦定时间/s	邦定频率/Hz
2017/3/3,22:43:55	32	54.9	60.7	32	61	0	22
2017/3/3, 22:44:00	31	51.8	61	32	61	0.6	22
2017/3/3, 22:44:05	29	50.1	61.2	32	61	5.9	22
2017/3/3,22:44:10	26	49.3	61.4	32	61	10.3	22
2017/3/3,22;44:15	24	47.8	61.6	32	61	15.6	22
2017/3/3, 22:44:20	22	46.9	61.8	32	61	20.9	22
2017/3/3, 22:44:25	22	46.6	62	32	61	25.3	22
2017/3/3, 22:44:30	22	47.3	62.1	32	61	30.6	22
2017/3/3, 22:44:35	22	47.1	62.2	32	61	35.9	22
2017/3/3, 22:44:40	22	47.9	62.3	32	61	40.3	22
2017/3/3, 22:44:45	22	46.8	62.3	32	61	45.6	22
2017/3/3, 22:44:50	22	45.8	62.4	32	61	50.9	22
2017/3/3,22:43:55	22	46.6	62.4	32	61	55.3	22
2017/3/3, 22:44:00	22	46.3	62.5	32	61	60.6	22
2017/3/3, 22:45:05	22	47.1	62.5	32	61	66	22
2017/3/3,22:45:10	22	47.6	62.5	32	61	70.3	22
2017/3/3, 22:45:15	22	46.6	62.5	32	61	75.6	22
2017/3/3, 22:45:20	22	46.5	62.5	32	61	81	22
2017/3/3, 22:45:25	22	46	62.5	32	61	85.3	22
2017/3/3, 22:45:30	22	47	62.5	32	61	90.6	22

3. 邦定法制造金属（珠光）颜料粉末涂料时影响产品质量的因素

在邦定法制造金属（珠光）颜料粉末涂料时，影响产品质量的因数有邦定温度、邦定时间、邦定设备加热方式和搅拌速度、邦定后冷却速率和邦定助剂等因素。

（1）邦定温度的影响

在金属（珠光）颜料邦定粉末涂料的制备过程当中，严格准确控制邦定温度是决定产品质量的最关键因素。从试验和生产的经验说明，邦定温度受到粉末涂料底粉配方组成的影响，特别是受到底粉中成膜物百分含量的影响，同时受到成膜物中树脂的玻璃化转变温度和软化点的影响，也跟粉末涂料的玻璃化转变温度有一定关系。在热传导加热邦定机中不同邦定温度对邦定粉末性能的影响见表 4-324。

表 4-324　在热传导加热邦定机中不同邦定温度对邦定粉末性能的影响

邦定温度/℃	邦定粉末结团情况	邦定粉末粘罐壁情况	粒径 D_{50}/μm	粒径 D_{10}/μm	旋风分离重量损失百分比/%	不同喷枪喷板色差对比	邦定效果（目视）
61	无	不粘	28.7	11.1	5.1	1.81	较差
63	无	基本不粘	30.9	12.6	3.9	0.66	差
65	较少	微粘壁	31.6	13.4	2.8	0.34	较好
67	结块	粘壁	32.2	13.1	2.6	0.39	较好

表 4-324 的结果说明，邦定温度对邦定粉末性能影响很大，如果邦定温度过低，金属颜料不能完全有效地黏结到底粉颗粒上；如果邦定温度过高，容易产生邦定粉末涂料结块或粘罐壁现象，因此选择合适的邦定温度是保证产品质量的关键，上述试验结果表明合适的邦定温度是 65℃。

从理论上讲，金属（珠光）颜料能够黏结到粉末底粉上，其主要原因还是底粉中树脂的黏结力作用，这种作用在树脂的玻璃化转变温度和高弹态下是不可能存在的，只能在黏流态时才有可能。实际上金属（珠光）颜料与粉末涂料底粉的黏结作用跟粉末涂料中树脂的软化点有一定的关系。在粉末涂料中常用的热固性树脂的玻璃化转变温度与软化点之间也有一定的线性关系。目前我们实际控制的邦定温度跟树脂或粉末涂料的玻璃化转变温度接近，跟树脂软化点的差距是很大的，但是为什么金属（珠光）颜料可以黏结到粉末涂料底粉中呢？其主要原因是，粉末涂料在搅拌力的作用下，粉末颗粒表面在摩擦运动中产生热量，其表面的温度达到粉末涂料中树脂的软化温度，这时可以使金属（珠光）颜料黏结到粉末涂料的底粉上。这些现象和试验结果说明，邦定温度与树脂或粉末涂料玻璃化转变温度、树脂软化点之间有一定的复杂的线性关系。根据这些相互之间的关系，初步选定邦定温度后，通过多次试验确定准确的邦定温度是必要的。

邦定温度不仅跟粉末涂料配方有关；还跟邦定设备的加热方式有关。不同容量的邦定设备之间，即使是同样的摩擦升温的设备，终点控制的方式不同，设备之间也有一定的温度差别，例如通过电流控制终点方式与通过邦定温度和时间控制。因此在实际生产中，根据邦定设备的特点和配方积累试验数据，取得合适的邦定温度是必要的。如上所述当邦定温度过低时金属（珠光）颜料不能黏结到底粉粉末涂料颗粒上，达不到邦定的目的；而当邦定温度过高时容易引起粉末颗粒之间的热黏结，使粉末涂料结团，粗颗粒过多，产品质量不稳定。因此，准确控制邦定温度是决定邦定粉末涂料质量的最关键因素。

(2) 邦定时间的影响

在金属（珠光）颜料邦定粉末涂料的制造过程中，除了邦定温度外邦定时间也是重要的因素。邦定时间决定于金属（珠光）颜料在配方中的含量多少，当金属（珠光）颜料的含量少时邦定时间短一些，含量高时邦定时间相对长一些。另外，在同样的金属（珠光）颜料含量的情况下，邦定温度低时邦定时间需要的相对长，而邦定温度高时邦定时间也需要相对短。还有底粉的成膜物含量也影响邦定时间。如果邦定时间没有达到所必须的时间时，金属（珠光）颜料的邦定不充分，影响到产品质量；如果邦定时间过长还影响生产效率同时产生粉末涂料粘罐壁问题。具体的邦定时间，除了考虑底粉配方、金属（珠光）颜料品种和含量外，还是通过生产实践和产品质量的检验来决定。在热传导加热邦定机中不同邦定时间对邦定粉末涂料性能的影响见表 4-325。

表 4-325 在热传导加热邦定机中不同邦定时间对邦定粉末涂料性能的影响

邦定时间/s	邦定粉末结团情况	邦定粉末粘罐壁情况	粒径 D_{50}/μm	粒径 D_{10}/μm	旋风分离重量损失百分比/%	不同喷枪喷板色差对比	目视邦定效果
200	无	不粘	28.3	11.6	3.2	1.14	较差
400	无	基本不粘	29.9	12.3	2.9	0.71	差
600	较少	基本不粘	30.6	13.9	2.7	0.36	较好
800	较少	微粘壁	30.1	13.3	2.5	0.39	较好
1000	较少	微粘壁	30.3	14.2	2.7	0.41	较好

表 4-325 的结果说明，邦定时间对粉末涂料邦定效果影响较大，如果邦定时间较短金属（珠光）颜料不能完全黏结到底粉颗粒上；如果邦定时间过长粉末容易结块，也容易粘罐壁，并且容易打碎金属颜料影响邦定产品质量，因此在表中比较合适的邦定时间是 600s。

(3) 邦定设备加热方式和搅拌速度的影响

目前我国邦定设备的主要加热方式是搅拌摩擦升温方式和热水热传导加热方式，其中搅拌摩擦加热的设备占比例多。这种加热方式在搅拌启动时、搅拌升温时和恒温邦定时的频率是不同的。特别是在搅拌升温阶段频率高时，虽然升温速率快有利于提高生产效率，但是搅拌频率过高时，容易使大粒径金属（珠光）颜料变形或者破碎，影响金属（珠光）颜料的闪光效果，也就是影响产品质量，因此金属（珠光）颜料应在接近邦定温度（快要降低搅拌频率）时添加到物料中。在恒温邦定阶段的搅拌频率也要考虑到金属（珠光）颜料不致变形或破坏，才能保证产品质量。一般在升温阶段搅拌频率较高（例如 30～40Hz），恒温邦定阶段搅拌频率低于升温阶段（例如 20～25Hz），启动频率最低（例如 15Hz 左右），具体的设备各阶段的频率是根据厂家的设计要求，再结合生产中的经验而决定。在热传导加热邦定机中不存在搅拌摩擦升温问题，但是还存在搅拌传热均匀问题，因此搅拌速度的控制也是必要的。在热传导加热邦定机中不同搅拌速度对底粉升温速率的影响见表 4-326。

表 4-326 热传导加热邦定机中不同搅拌速度对底粉升温速率的影响

编号	邦定机转速/(r/min)	电流变化情况	粉末起始温度/℃	20min后温度/℃	30min后温度/℃	50min后温度/℃	平均升温速率/(℃/min)
1	500	稳定	19.8	21.3	22.2	23.4	0.07
2	800	稳定	19.5	27.2	29.6	32.1	0.25
3	1100	稳定	19.2	33.1	36.8	43.7	0.49
4	1400	稳定	20.0	38.9	45.1	55.5	0.71

表 4-326 的数据说明，邦定机搅拌速度越高，升温速率越快。因为搅拌速度高会使底粉摩擦生热，使底粉温度不断升高，搅拌速度越高升温速率越快，但是由于邦定机内部搅拌桨叶片是一直通冷却水的，所以随着底粉温度的升高，流通冷却水带走的热量也不断增加，使升温速率逐渐下降。如果搅拌速度太高，升温速率过快，不利于邦定温度的控制与稳定，还容易破坏金属（珠光）颜料的形状影响闪光效果，邦定过程应该选择合适的邦定机搅拌速度，既满足搅拌升温速率的要求，还不使金属（珠光）颜料变形或破坏，保证邦定产品涂膜外观质量。

(4)邦定后冷却速度的影响

金属（珠光）颜料在一定温度下与底粉邦定以后，如果不进行迅速冷却，已邦定的粉末涂料会继续粉末颗粒之间的进一步邦定，使粉末涂料的粒度分布发生较大的变化，特别是粉末涂料的 D_{50} 变大，同时 D_{90} 也变大，影响粉末涂料的涂膜外观，使产品质量不稳定。因此达到邦定时间后要迅速冷却下来，使金属（珠光）颜料稳定地黏结到底粉上，得到稳定的邦定产品。为了使邦定粉末涂料冷却迅速，在邦定罐中冷却到一定温度后，放料至体积更大的冷却罐中继续搅拌冷却。

(5) 邦定助剂的影响

在热传导加热邦定设备上，一般外套加热的介质（水）的温度高于邦定物料的邦定温度，这是因为考虑到加热介质与邦定物料之间有罐壁需要温度梯度来保证邦定物料的温度的稳定。在这种情况下，邦定罐的罐壁温度高于物料控制的温度，邦定物料容易黏结到邦定罐的壁上，影响邦定产品质量。为了防止邦定物料的粘壁，一般添加比底粉粉末涂料用树脂软化点高，而且不容易黏结到邦定罐罐壁上的邦定助剂。因此，在热传导加热邦定设备上必须添加邦定助剂。然而在摩擦升温的设备上，不存在上述问题，通过搅拌轴、搅拌桨叶上通冷却水防止物料黏结，按理可以不添加邦定助剂，但是也有的添加少量的邦定助剂。具体要根据设备性能决定添加或不添加或者添加多少邦定助剂问题。因为邦定助剂某种程度上在底粉颗粒与罐壁之间起到隔离作用，同时在金属（珠光）颜料与底粉之间也起到一定的屏蔽作用，如果邦定助剂用量过多影响邦定效果，因此邦定助剂按商家推荐用量的含量基础上，通过试验选择比较合适的用量。下面选择 6 种邦定助剂进行邦定试验比较邦定效果，在热传导加热邦定机上不同邦定助剂品种对邦定效果的影响见表 4-327。

表 4-327　在热传导加热邦定机上不同邦定助剂品种对邦定效果的影响

项目	1	2	3	4	5	6
熔融温度/℃	110	136	140	145	160	175
粒径/μm	3～5	3～6	5～8	3～5	3～5	4～7
邦定粉末结团情况	严重结团	结团	结团	轻微结团	基本不结团	不结团
邦定粉末粘罐壁情况	粘罐壁	粘罐壁	粘罐壁	轻微粘罐壁	基本不粘罐壁	基本不粘罐壁

表 4-327 的数据说明，1 号至 4 号邦定助剂熔融温度较低，容易使粉末涂料结团和粘罐壁，5 号和 6 号邦定助剂基本使粉末涂料不结团和不粘罐壁，6 号邦定助剂影响粉末涂料涂膜流平不宜选用，5 号是最理想的邦定助剂。

另外，选择 5 号邦定助剂，按不同用量进行邦定试验，分别对邦定后的粉末结团和粘罐壁情况进行分析，同时进行粒径分析测试，对比其涂膜冲击强度、光泽等性能的影响。

5号邦定助剂在热传导加热邦定机上不同用量对粉末邦定效果的影响见表4-328。

表4-328 5号邦定助剂在热传导加热邦定机上不同用量对粉末邦定效果的影响

助剂添加量/%	0	0.2	0.4	0.6	0.8
邦定温度/℃	65	65	65	65	65
粉末结团情况	结团	结团	结团	不结团	不结团
粘罐壁情况	粘壁不易清理	粘壁不易清理	粘壁	易清理	易清理
冲击强度(490N·cm)	过	过	过	过	过
60°光泽/%	36	36	34	35	36
粒径 $D_{50}/\mu m$	29.3	28.6	28.7	28.1	27.6
粒径 $D_{10}/\mu m$	12.3	11.5	11.8	10.6	10.4

表4-328的结果说明，邦定助剂熔融温度在160℃最佳，过高或者过低都不利于粉末的邦定或者粉末的性能，其粒径不宜过大，应该选用粒径较小而均匀的产品。另外，邦定助剂对邦定后的粉末涂料光泽和涂膜冲击强度没有影响。再则邦定助剂添加量应控制在0.6%左右为宜，既粉末不结团容易清理邦定机罐壁，又能够得到性能较好的邦定粉末。

4. 金属（珠光）颜料邦定粉末涂料的配方设计

金属（珠光）颜料邦定粉末涂料主要是由成膜物（树脂和固化剂）、金属（珠光）颜料、着色颜料、填料和助剂等组成。跟一般粉末涂料配方基本一样的同时，特殊一点的是使用金属（珠光）颜料和邦定助剂等。

（1）成膜物（树脂和固化剂）的选择

根据产品的用途，户内用产品选择户内用成膜物，对于户外用产品选择耐候性成膜物。对于消光粉末涂料选择消光型成膜物，达到涂膜消光的要求。从金属（珠光）颜料的黏结性考虑，对于金属（珠光）颜料的含量高（高于3%）的底粉，适当提高成膜物的含量，有利于金属（珠光）颜料的邦定。再从金属（珠光）颜料在闪光粉末涂料中的闪烁性考虑，底粉成膜物的透明性要很好；对于幻彩型粉末涂料选择幻彩型颜料和透明性成膜物相互匹配。对于特殊装饰性要求的幻彩金属效果粉末涂料就使用透明底粉。另外，不同树脂（成膜物）含量，例如成膜物含量50%、75%、85%的底粉跟同样规格与含量的金属（珠光）颜料邦定时，成膜物含量高的邦定效果好于成膜物含量低的粉末涂料，其原因是成膜物含量多时粉末涂料底粉对金属（珠光）颜料的黏结力更强，透明性好，得到的邦定粉末涂料更稳定。因此对于高金属含量的配方，应该选择高成膜物含量的粉末涂料配方。

（2）金属（珠光）颜料的选择

目前金属（珠光）邦定粉末涂料主要品种是仿电镀粉末涂料和金属闪光粉末涂料。仿电镀粉末涂料是用 D_{50} 在 $5\mu m$ 以下的浮型铝粉制备的粉末涂料；而金属闪光粉末涂料是用 D_{50} 在 $10\mu m$ 以上非浮型铝粉（或珠光）颜料制备的金属闪光效果粉末涂料。在金属闪光粉末涂料中的金属颜料可以单独使用，也可以金属颜料与珠光颜料混合使用，也有单独使用珠光颜料的。在非浮型铝粉颜料中，由于其表面处理工艺的差异，耐化学品和耐候性能有一定的差异，目前主要有酸处理、氧化铝包覆、丙烯酸树脂包覆、二氧化硅包覆、溶胶-凝胶二氧化硅包覆、二氧化硅和丙烯酸双层包覆、二氧化硅和热固性树脂双层包覆等表面处理工艺，其耐化学品性能和耐候性能也是依次增强。通过调整成膜物的含量和金属（珠光）颜料的品种可以制备幻彩等各种特殊的闪光型粉末涂料。

在金属闪光粉末涂料中，金属（珠光)颜料 D_{50} 的大小对涂膜外观有很大的影响，例如选择 D_{50} 分别为 52μm、31μm、10μm 的铝粉，用量都是 3%，跟 D_{50} 为 41.52μm 的底粉进行邦定试验比较时，邦定得到产品的 D_{50} 分别为 44.43μm、42.26μm、38μm、56μm，跟原来的底粉有明显的差别，而且涂膜遮盖力也有明显的差别，说明选择铝粉（珠光)颜料不同粒径对涂膜性能的影响是很大的。另外，金属（珠光)颜料的含量对涂膜外观有很大的影响；还有铝粉的表面处理工艺对涂膜外观和涂膜的耐酸、耐碱、耐候性都有很大的影响，因此根据产品的用途选择合适的铝粉品种是非常重要的。从金属效果邦定粉末涂料在使用中的安全性考虑，在 HG/T 5017—2016 中规定，金属铝粉在配方中的含量限制在 5%以下。另外，从金属（珠光)颜料的黏结性考虑，金属（珠光)颜料的 D_{50} 小于粉末涂料 D_{50} 的，更有利于金属（珠光)颜料的邦定。

(3) 颜填料含量的选择

在仿电镀粉末涂料配方中可以添加填料，但是一般除了浮型金属颜料外不加其他颜料。在普通闪光金属（珠光)颜料粉末涂料中少量添加透明或半透明填料，但是在高档闪光金属(珠光)颜料邦定粉末涂料配方中，一般是不加填料，其原因是填料遮挡影响金属（珠光)颜料的闪光效果，在高档的幻彩等粉末涂料中更不适合添加填料。在普通的砂纹粉末或低档金属（珠光)粉末涂料中是可以添加的，具体根据涂膜外观的要求决定。一般金属（珠光)颜料邦定粉末涂料中，随着金属（珠光)颜料的增加，配方中适当降低颜填料的含量，增加成膜物（树脂和固化剂)的比例，以此提高金属（珠光)颜料与底粉之间的黏结力，提高邦定粉末涂料的稳定性。

(4) 金属（珠光)颜料邦定粉末用特殊助剂的选择

在仿电镀粉末涂料中，为了改进非浮型金属铝粉的分散，防止涂膜黑点，必须添加铝粉分散助剂。对于金属闪光粉末涂料配方，需要添加金属颜料的定向排列助剂，还根据邦定设备的类型需要添加邦定助剂。其他助剂跟一般粉末涂料一样，根据涂膜外观添加流平剂、增光剂等助剂，对于砂纹粉末涂料就添加砂纹助剂。

5. 金属（珠光）颜料邦定粉末涂料产品的检验方法

金属（珠光)颜料邦定粉末涂料产品质量可以通过下列方法可以检验。

(1) 通过两家不同商家的静电粉末喷枪（最好是一把是进口喷枪，另一把是国产喷枪)，用同样条件的电压、风压和距离进行静电粉末喷涂固化后，比较涂膜外观（光泽和色差等)，如果没有明显的差别就说明邦定效果好。

(2) 用同一把喷枪在不同的电压、风压下进行静电粉末喷涂固化后，比较涂膜外观（光泽和色差等)，如果没有明显的差别就说明邦定效果好。

(3) 在自行设计安装的小型自动喷涂线上，采用用户规定的粉末喷涂工艺参数（电压、风压、距离等)静电粉末喷涂得到的涂膜外观跟来样比较时，如果没有明显的差别就说明邦定效果好。

(4) 按行业标准 HG/T 5107—2016 关于金属效果邦定粉末涂料的检验方法中规定的方法进行检测，具体的检验方法如下：取 200g 邦定粉末涂料样品，采用单循环旋风分离器(上直径 100mm，下直径 40mm，高 60mm)，风量 $500m^3/h$、风压 600～800Pa 的条件下循环处理 10min，测试旋风分离器的积粉借助空气泵送至入口，实现循环试验。

将不超过 40g 经过循环泵处理粉末样品，采用 10μm 分级筛筛除超细粉，筛选机振幅 1.5mm/g，时间间隔 10s，筛选时间 3min。

按 GB/T 9754 和 GB/T 11186.2 分别检验旋风分离之前和旋风分离试验之后及分级筛分后的粉末固化涂层颜色和光泽，要求涂层色差 $\Delta E \leqslant 0.5$，光泽不大于 1%。

6. 金属（珠光）颜料邦定粉末涂料配方例

（1）金属颜料邦定环氧-聚酯粉末涂料

金属颜料邦定环氧-聚酯粉末涂料配方见表 4-329。

表 4-329　金属颜料邦定环氧-聚酯粉末涂料配方（底粉）

配方组成	用量/质量份
底粉	
聚酯树脂	315
环氧树脂	315
流平剂	9
增光剂	11
安息香	5
钛白粉	65
沉淀硫酸钡	280
邦定颜料(铝粉)	按配方量的 4%(质量分数)

注：按配方配制粉末涂料，然后添加金属铝粉后进行邦定，根据需要添加邦定助剂和松散剂。

（2）珠光颜料邦定聚酯粉末涂料

珠光颜料邦定干混合消光聚酯粉末涂料配方见表 4-330。

表 4-330　珠光颜料邦定干混合消光聚酯粉末涂料配方

A 组分	用量/质量份	B 组分	用量/质量份
底粉		底粉	
聚酯 4430-0(低酸值)	570	聚酯 4420-0(高酸值)	540
TGIC	30	TGIC	60
流平剂	9.0	流平剂	9.0
增光剂	9.0	增光剂	9.0
蜡粉	3.0	蜡粉	3.0
增电剂	3.0	增电剂	3.0
抗氧剂	3.0	抗氧剂	3.0
钛白粉	6.0	钛白粉	6.0
黑颜料	4.0	黑颜料	4.0
铁红	4.0	铁红	4.0
消光硫酸钡	368	消光硫酸钡	368
邦定颜料		邦定颜料	
珠光颜料 A	8.07	珠光颜料 A	8.07
珠光颜料 B	1.01	珠光颜料 B	1.01

注：A 组分与 B 组分分别制粉，然后按配方添加珠光颜料后干混合进行邦定。根据需要添加邦定助剂和松散剂。

（3）金属铝粉颜料邦定聚酯粉末涂料

金属铝粉颜料邦定干混合消光聚酯粉末涂料配方见表 4-331。

表 4-331　金属铝粉颜料邦定干混合消光聚酯粉末涂料配方

A组分	用量/质量份	B组分	用量/质量份
底粉		底粉	
聚酯 GH4409	427	聚酯 GH4401	500
聚酯 GH2205	100	聚酯 GH2209	—
TGIC	30	TGIC	57
流平剂	9.0	流平剂	9.0
增光剂	9.0	增光剂	9.0
蜡粉	3.0	蜡粉	3.0
增电剂	3.0	增电剂	3.0
钛白粉	32	钛白粉	32
黑颜料	3.54	黑颜料	3.54
铁红	11.0	铁红	11.0
黄颜料	2.6	黄颜料	2.6
蓝颜料	1.6	蓝颜料	1.6
消光硫酸钡	370	消光硫酸钡	370
邦定颜料		邦定颜料	
金属铝粉	12	金属铝粉	12

注：A组分与B组分分别制粉，然后按配方添加金属铝粉颜料后干混合进行邦定。根据需要添加邦定助剂和松散剂。

(4) 金属铝粉和珠光颜料邦定聚酯粉末涂料

金属铝粉和珠光颜料邦定聚酯粉末涂料配方见表 4-332。

表 4-332　金属铝粉和珠光颜料邦定聚酯粉末涂料配方

配方组成	用量/质量份
底粉	
聚酯树脂 4401	423
TGIC	47
流平剂	7.0
增光剂	7.0
蜡粉	2.34
增电剂	2.34
钛白粉	3.51
黑颜料	9.0
黄颜料	3.51
蓝颜料	0.21
红颜料	0.42
沉淀硫酸钡	270
邦定颜料	
金属铝粉	4.62
珠光颜料 A	6.21
珠光颜料 B	6.21

注：按配方配制粉末涂料，然后添加金属铝粉和珠光颜料进行邦定，根据需要添加邦定助剂和松散剂。

二、热转印粉末涂料

热转印粉末涂料是通过高温加热方式，将原先印刷在纸或薄膜上的图案和纹理转印到喷涂粉末涂料的铝型材、钢板、中密度纤维板（MDF）等材料表面，达到多彩绚丽的装饰效果，这时喷涂到铝型材、钢板和MDF上的粉末涂料叫做热转印粉末涂料。

从粉末涂料的基本组成来说，热转印粉末涂料跟一般粉末涂料没有明显的差别，都是由树脂、固化剂、颜料、填料和助剂等组成，制造粉末涂料的工艺也没有特殊的要求，也是按一般粉末涂料的制造方法生产。热转印效果的好与坏取决于热转印工艺的控制和热转印粉末涂料配方的设计。

1. 热转印工艺

热转印过程首先需要的是印刷木纹图案等的纸或薄膜，有了这些材料才能把纸和薄膜上的木纹或图案转印到喷涂了热转印粉末涂料的铝型材、钢板、MDF 等材料表面上。

① 热转印纸工艺：热转印基材→喷涂热转印粉末涂料固化成膜→印刷图案或木纹的热转印纸粘贴→加热烘烤进行热转印→揭开热转印纸并清洁涂膜表面→热转印成品。

在具体的生产工艺当中，先用热转印粉末涂料喷涂基材，用专用胶水把热转印纸粘贴到喷涂热转印粉末涂料的基材上，然后放进 180℃烘箱中进行烘烤，经过一定时间后取出冷却，揭掉热转印纸，清洁热转印涂层表面。随着热转印技术的发展，具体的热转印方法上，粘贴方式、加热方式等方面有一些差别，但目的是尽量做到工艺简单，得到转印的图案和木纹清晰、更加美观。

② 热转印膜工艺：热转印基材→喷涂热转印粉末涂料成膜固化→印刷图案或木纹的聚酯薄膜贴到基材上→用袋子包住基材和聚酯薄膜并封口，留下抽真空口从两头抽真空→加热烘烤热转印→揭下聚酯薄膜清洁涂层表面→热转印产品。

在具体的生产工艺当中，为了使聚酯薄膜更好地接触基材，改进热转印效果，采用抽真空的方法使薄膜跟基材粘贴得更好。

2. 热转印中应注意的问题

① 选择印刷质量好的热转印纸和薄膜，图案和木纹要清晰。热转印纸要求具有较好的致密度，受热油墨不会从纸的背面扩散;纸有较好的耐热性，受热不变形或不容易残留纸毛和指印。热转印是靠油墨的热升华，油墨的热升华性能直接影响热转印产品的质量。

② 选择质量好的粘接胶水，粘贴时容易粘接，烘烤完揭开纸后不留痕迹。

③ 基材上的涂膜要完全固化，避免固化不完全而转印时回粘。基材表面光洁，光泽合适，颜色均匀。

④ 粉末喷涂基材与热转印纸或薄膜之间一定要贴紧，没有缝隙。

⑤ 热转印温度要适当，温度过高转印纹理和颜色变浅，温度过低转印不上去。

⑥ 转印时间要严格控制，时间过长转印纹理和颜色变浅，时间过短转印不上去。

⑦ 热转印粉末涂料配方选择合适，适当添加热转印助剂和防粘剂。

⑧ 热转印环境要干净，防止周围的粉尘污染热转印纸或薄膜以及粉末喷涂基材。

从涂装条件和烘烤固化条件的影响来看，比较不同固化时间（200℃固化 4min、7min、11min、20min）、不同胶化时间的粉末涂料，随着固化时间的延长，粉末涂料固化完全，撕纸比较容易;而且胶化时间短的更容易撕纸，说明固化完全的更容易撕纸。如果固化不完全，在热转印时回粘转印纸，不好撕转印纸。

三种不同活性和固化条件对于撕纸效果的影响见表 4-333。

表 4-333　三种不同活性和固化条件对于撕纸效果的影响

固化条件	200℃×4min	200℃×7min	200℃×11min	200℃×20min
1 号粉(胶化时间 40s)	良	优	优	优
2 号粉(胶化时间 153s)	较难撕纸	大量纸毛	少量纸毛	良
3 号粉(胶化时间 247s)	完全撕不下	很难撕纸	大量纸毛	中量纸毛

从涂装后转印效果来说，一般喷涂的涂膜厚度薄比较好（在 40～50μm 之间），这样底材的色差比较小，转印效果好，清晰度高。要使涂膜喷的薄流平性好，在粉末水平流动性大的同时，胶化时间相对长，粉末粒径 D_{50} 要小，D_{50} 在 30μm 以下比较好。

3. 热转印粉末涂料的配方设计

热转印粉末涂料一般可以分为室内和户外两大类，室内的选用环氧-聚酯型的；户外选用纯聚酯和聚氨酯粉末涂料。聚氨酯粉末涂料比纯聚酯粉末涂料各方面的热转印效果好得多。因为聚氨酯粉末涂料的价格比纯聚酯粉末涂料高很多，大量推广应用有困难，所以只能适合于高档用途。大部分的热转印用粉末涂料是纯聚酯粉末涂料，一部分用聚氨酯改性聚酯粉末涂料，极少部分用纯聚氨酯粉末涂料。在设计热转印粉末涂料时考虑如下问题。

（1）对于户外用粉末涂料，树脂、固化剂、颜料、填料和助剂必须选择耐候性的。

（2）聚酯树脂的选择

聚酯树脂的性能对热转印效果的影响比较大，最好选择专用聚酯树脂。聚酯粉末涂料用聚酯树脂应具备如下的要求：

① 热转印聚酯树脂的酸值要求比普通聚酯树脂高，这样有利于提高涂膜的交联密度，热转印后好撕纸。一般用途的聚酯树脂的酸值为 32～38mg KOH/g，木纹转印用聚酯树脂的酸值为 40～45mg KOH/g 或 45～55mg KOH/g 左右，不同酸值聚酯树脂对于热转印效果影响见表 4-334；不同酸值的聚酯树脂搭配复合固化剂后对于热转印效果的影响见表 4-335。

表 4-334　不同酸值聚酯树脂对于热转印效果的影响

项　　目	树脂 A(擎天)	树脂 B	树脂 C	树脂 D
酸值/(mg KOH/mg)	40	40～45	32～38	32～38
玻璃化转变温度/℃	67.3	64.6	65.5	67.1
黏度(200℃)/mPa・s	3300	3000～5000	3000～5000	5000
胶化时间(180℃)/s	200	332	163	521
流动性(180℃)/mm	27.00	27.0	25.0	27.0
冲击强度(50kg・cm)	通过	通过	通过	通过
涂膜流平性	好	好	一般	一般
油印	好	好	好	好
撕纸性	容易	容易	一般	一般

表 4-334 的结果说明，酸值高的聚酯树脂 A 和聚酯树脂 B 的撕纸效果好。

表 4-335　不同酸值聚酯树脂搭配复合固化剂后对于热转印效果的影响 单位：质量份

组　　成	配方 1	配方 2	配方 3	配方 4	配方 5
聚酯树脂 A(酸值 30～35mg KOH/g)	558	558	558	—	—
聚酯树脂 B(酸值 40～45mg KOH/g)	—	—	—	552	—
聚酯树脂 C(酸值 50～55mg KOH/g)	—	—	—	—	540
TGIC	21	32	42	48	60
HAA	15	7.5	—	—	—
流平剂	8.0	8.0	8.0	8.0	8.0
增光剂	4.0	4.0	4.0	4.0	4.0
安息香	2.5	2.5	2.5	2.5	2.5
钛白粉	20	20	20	20	20

续表

组成	配方1	配方2	配方3	配方4	配方5
炭黑	0.1	0.1	0.1	0.1	0.1
铁红	5.0	5.0	5.0	5.0	5.0
铁黄	10	10	10	10	10
消光钡	300	300	300	300	300
撕纸效果	良	良	一般	良	优

从表4-335的结果来看，为了提高交联密度用HAA替代部分TGIC的配方1和配方2比用纯TGIC的配方3撕纸效果好，酸值高的配方5的效果最好。说明聚酯树脂的酸值是最关键因素。

② 擎天树脂推荐的热转印聚酯树脂的要求是树脂的熔融黏度低，一般树脂的熔融黏度为3000～5000mPa·s（200℃），木纹转印树脂的熔融黏度在3500mPa·s（200℃）以下。天松新材料公司推荐的热转印用聚酯树脂指标见表4-336。

表4-336　适合热转印用聚酯树脂技术指标

项目	指标	项目	指标
外观	无色颗粒状	旋转黏度/mPa·s	2752
色度/号	110	重均分子量(M_w)	6169
酸值/(mg KOH/g)	51.2	数均分子量(M_n)	1864
软化点/℃	114	黏均分子量(M_v)	5553
玻璃化转变温度/℃	63.0	分散系数	3.3

表4-336的数据也说明，天松推荐的树脂的酸值比普通树脂高很多，黏度也较低，在3000mPa·s以下。提高交联密度和表面硬度对于转印效果有较大影响。提高树脂酸值可增加反应活性，交联密度也相应提高。选用合适的多官能团单体，提高交联密度也改进热转印的撕纸效果。从固化完全角度考虑，树脂的活性大有利于涂膜完全固化，固化速率太快影响涂膜外观，涂膜外观又影响转印效果，所以需要选择活性合适的聚酯树脂品种。

③ 树脂的流动性较大，粉末涂料涂膜的流平性好，有利于薄涂，薄涂有利于提高清晰度和撕纸的转印效果。

④ 树脂的玻璃化转变温度偏高，有利于涂膜的玻璃化转变温度提高，有利于撕纸性的改进。

（3）固化剂用量的选择

在固定温度下，粉末涂料中的树脂能够充分固化，在热转印时防止涂膜回粘现象，固化剂用量要足够，但防止添加过多影响其他性能。

① 对于聚酯/聚氨酯混合型粉末涂料体系，为了降低热转印粉末涂料的成本，采用聚氨酯/聚酯（TGIC固化)(质量比70/30、50/50、30/70）粉末涂料混合体系的30/70体系，聚酯树脂的羟值分别选为36.8mg KOH/g、64.6mg KOH/g和114.3mg KOH/g的三种树脂，只要选用中羟值（64.6mg KOH/g）聚酯树脂与B1530固化剂配套，可以得到涂料成本比纯聚氨酯粉末涂料大大降低、各种性能满意的热转印粉末涂料。中羟值聚酯树脂配套聚酯/聚氨酯混合型热转印粉末涂料配方见表4-337；相对应的涂膜性能见表4-338。

表 4-337　中羟值聚酯树脂配套聚酯/聚氨酯混合型热转印粉末涂料配方　单位：质量份

组　　成	配方 1	配方 2	配方 3
聚氨酯/聚酯(TGIC 固化)(质量比)	70/30	50/50	30/70
中羟基聚酯	315	225	135
B1530 固化剂	105	75	45
羧基聚酯树脂	162	270	378
TGIC	18	30	42
流平剂	8.0	8.0	8.0
增光剂	8.0	8.0	8.0
安息香	3.0	3.0	3.0
红颜料	20	20	20
沉淀钡/消光钡	360	360	360

表 4-338　中羟值聚酯树脂配套聚酯/聚氨酯混合型热转印粉末涂料的涂膜性能

项目	配方 1		配方 2		配方 3	
固化体系(聚氨酯/聚酯)	B1530/TGIC		B1530/TGIC		B1530/TGIC	
固化体系比例(聚氨酯/聚酯)	70/30		50/50		30/70	
混合方式	共挤		共挤		共挤	
固化条件/℃×min	200×15		200×15		200×15	
填料品种	沉淀钡	消光钡	沉淀钡	消光钡	沉淀钡	消光钡
60°光泽/%	86.9	40.5	85.9	40.9	84.0	45.6
鲜映性 DOI	31.9	1.7	22.2	1.2	9.3	2.3
雾度/%	7.8	16.5	12.5	17.6	15.9	18.3
反射率/%	13.5	1.4	9.4	1.6	7.6	1.7
涂膜外观	光滑平整	光滑平整	光滑平整	光滑平整	光滑平整	光滑平整
转印效果	易撕纸无残留	易撕纸无残留	易撕纸无残留	易撕纸无残留	易撕纸无残留	易撕纸无残留

表 4-338 数据说明，采用中羟值聚酯、聚氨酯/聚酯=30/70（质量比）低的配方 3 成本较低，完全可以满足热转印高标准的要求。

② 辅助固化剂的选择：羟值在 5mg KOH/g 或以下的聚酯树脂，为了提高交联密度，相对应添加 B1530 固化剂，使羟基参加固化反应。研究人员认为在聚酯树脂中存在羟基，当羧基跟环氧基反应固化后羟基仍然存在，它容易引起热转印后不容易撕纸，所以用异氰酸酯固化剂封端，最大限度地降低羟基端基含量。B1530 固化剂用量对于热转印撕纸效果的影响见表 4-339。

表 4-339　B1530 固化剂用量对于热转印撕纸效果的影响　单位：质量份

组　　成	配方 1	配方 2	配方 3	组　　成	配方 1	配方 2	配方 3
聚酯树脂	558	558	558	钛白粉	20	20	20
TGIC	42	42	42	炭黑	0.1	0.1	0.1
B1530 固化剂	—	10	20	铁红	5	5	5
流平剂	8	8	8	铁黄	10	10	10
增光剂	4	4	4	消光钡	300	300	300
安息香	2.5	2.5	2.5	撕纸效果	一般	好	好

表 4-339 的结果说明，与不加 B1530 固化剂的配方 1 比较，添加 B1530 10 份的配方 2 的撕纸效果更好。

（4）热转印粉末涂料多数是无光、亚光和半光粉末涂料，配方中选用的消光剂体系可在热转印过程中使涂膜光泽基本保持稳定。

（5）配方设计中选择颜料品种十分重要，所选品种应粒径均匀、分散性好，并有很强的着色力；其次是耐热性、耐光性和耐候性好。如果耐热性和分散性不好，热转印时，颜料分子会迁移到涂层表面，产生粘纸和油印问题。比较 Yellow 3950、Yellow 420、Yellow 10c112 三种颜料可知，Yellow 3950、Yellow 10c112 黄色颜料的撕纸和无油印效果优于 Yellow 420 颜料，颜料与涂层饱满度和清晰度之间也有很大的关系。不同颜料品种对于热转印效果的影响见表 4-340。

表 4-340　不同颜料品种对于热转印效果的影响

项目	配方 1	配方 2	配方 3
配方/质量份			
擎天聚酯树脂	300	300	300
TGIC	26.1	26.1	26.1
流平剂	3.5	3.5	3.5
安息香	1.6	1.6	1.6
润湿促进剂	1.6	1.6	1.6
蜡粉	2.5	2.5	2.5
颜料	Yellow 3950 2.0	Yellow 420 2.0	Yellow 10c112 2.0
热转印效果			
涂层饱和度	很好	差	好
油印效果	无油印	有粘纸、油印	无油印、透明度好
撕纸效果			

（6）填料含量增加时，涂膜的模量明显增加，在同样压力下（真空负压下）转印时，涂膜的热形变量减少，热转印纸就不容易与涂膜粘在一起，转印后撕纸相对就比较容易。过多的填料量导致涂膜流平性不好，上粉率差，喷涂面积少。填料含量对于热转印撕纸效果的影响见表 4-341。

表 4-341　填料含量对于热转印撕纸效果的影响　　　　单位：质量份

配　方	配方 1	配方 2	配方 3	配　方	配方 1	配方 2	配方 3
聚酯树脂	558	558	558	炭黑	0.1	0.1	0.1
TGIC	42	42	42	铁红	5	5	5
流平剂	8	8	8	铁黄	10	10	10
增光剂	4	4	4	消光硫酸钡	—	280	600
安息香	2.5	2.5	2.5	撕纸效果	差	一般	好
钛白粉	20	20	20				

表 4-341 的数据说明，填料含量较多的配方 3 的撕纸效果最好。

（7）助剂的影响

流平剂、安息香的用量在合适范围内，对于热转印没有明显的影响，其他助剂的影响如下：

① 增加增光剂用量，在一定程度上提高了热转印的清晰度。

② 在配方中，为了使涂膜充分固化可以添加促进剂，达到改善涂层粘纸等缺陷的效果。但不能添加过量，如果过量影响涂膜流平性和纹理。

③ 在配方中，不宜过多添加蜡类助剂。对于消光蜡助剂的选择，最好选用能和配方中的其他组分进行反应的蜡粉，并对于涂层进行消光，如果选择不当，极易造成转印纸与涂层的粘纸。

④ 为了使热转印效果更好，可在配方中添加热转印助剂，添加量参考商家推荐，具体用量通过实际试验确定。

⑤ 热转印烘烤后，为了便于揭开（剥离）热转印纸或薄膜，在配方中添加防粘剂。热转印粉末涂料配方可参考表 4-342。

表 4-342 热转印粉末涂料配方 单位：质量份

组　　成	环氧-聚酯粉末	聚酯-TGIC 粉末	聚酯-聚氨酯粉末	聚氨酯粉末
羧基聚酯 1	100	—	—	—
羧基聚酯 2	—	184	128	—
环氧树脂	100	—	—	—
羟基聚酯 1	—	—	45	106
TGIC	—	16	12	—
封闭型异氰酸酯	—	—	15	64
流平剂(通用型)	4.0	4.0	4.0	4.0
安息香	1.0	1.0	1.0	1.0
消光固化剂	5.0(SA2065F)	13(XG628)	17(SA2069)	30(高羟值聚酯 2)
颜料	2～30	2～30	2～30	2～30
填料	20～40	20～40	20～40	20～40
热转印助剂	4.0	4.0	4.0	4.0
防粘剂	2.0	2.0	2.0	2.0
其他助剂	少量	少量	少量	少量
60°涂膜光泽/%	22	23	29	19

三、纹理型粉末涂料

纹理型粉末涂料是指，当喷涂的粉末涂料经烘烤后，得到的涂膜外观是砂纹、橘纹、花纹、锤纹、水纹、平面转印纹、平面转移纹、立体刨花转印纹、立体刨花纹、立体洒纹、纹理转印纹等纹理的粉末涂料。其中用得较多的是前面六种，后面的品种主要用在铝材上。

1. 各种纹理粉末涂料的定义

各种纹理粉末涂料的定义见表 4-343。

表 4-343 各种纹理粉末涂料的定义

纹理粉末类型	定　　义
砂纹粉末	粉末涂料经烘烤成膜后，能形成具有砂纸状纹理效果的粉末涂料
橘纹粉末	粉末涂料经烘烤成膜后，能形成类似橘皮纹纹理效果的粉末涂料
花纹粉末	粉末涂料经烘烤成膜后，能形成类似花瓣及其色条纹理效果的粉末涂料
锤纹粉末	粉末涂料经烘烤成膜后，能形成锤击状外观纹理效果的粉末涂料
水纹粉末	粉末涂料经烘烤成膜后，能形成类似水波纹理效果的粉末涂料
平面转印纹	粉末喷涂经烘烤成平整膜层后，用转印纸覆盖其表面，经油墨热升华渗透到粉末涂层中并在表面形成相应纹理的粉末涂料
平面转移纹	粉末喷涂经烘烤成平整膜层后，用转印膜覆盖其表面，经油墨热转移到粉末涂层表面并在表面形成相应纹理的粉末涂料
立体刨花转印纹	粉末需经过二次喷涂，利用辊压方式制造纹理后固化成膜，再用转印纸覆盖其表面，经油墨热升华渗透到粉末涂层中并在表面形成相应纹理的粉末涂料
立体刨花纹	粉末需经过二次喷涂，利用辊压方式制造纹理后固化成膜且形成凹凸纹理的粉末涂料

续表

纹理粉末类型	定　义
立体洒纹	经过一次喷涂半固化成膜后，通过第二次洒涂制造纹理并固化成膜且能形成凹凸纹理的粉末涂料
纹理转印纹	粉末烘烤成膜后能形成凹凸纹理效果，且用转印纸覆盖其表面，油墨热升华渗透到粉末涂层中并在表面形成相应纹理的粉末涂料

2. 各种纹理粉末涂料的涂膜特点和应用领域

各种纹理粉末涂料的涂装方法、树脂类型、涂膜特点和应用领域见表 4-344。

表 4-344　各种纹理粉末涂料的涂装方法、树脂类型、涂膜特点和应用领域

纹理类型	涂装方法	树脂类型	涂膜特点	应用领域
砂纹	喷粉	聚酯、环氧-聚酯	砂纸状纹理效果，装饰性强	铝幕墙、门窗、仪表外壳、电脑机箱、灯饰、货架等
橘纹	喷粉	聚酯、环氧-聚酯	橘皮纹理效果，立体感强，具有优异的耐划伤性	铝幕墙、门窗、复印机、电机、仪表外壳等
花纹	喷粉	聚酯、环氧-聚酯	类似花瓣及其色条纹理效果，色彩清晰、鲜艳，排列规则，富立体感，装饰性强	铝幕墙、门窗、仪表外壳等
锤纹	喷粉	聚酯、环氧-聚酯	立体的金属锤击状感，颜色丰富	铝幕墙、门窗、仪表外壳、运动器材、灯具等
水纹	喷粉	环氧、聚氨酯	外观闪烁华丽，纹理清晰，富有层次感，装饰性较强	铝幕墙、门窗、仪表外壳等
平面转印纹	喷粉＋热转印	聚氨酯、丙烯酸、聚酯	纹理效果逼真，颜色和纹理丰富	铝幕墙、门窗、阳光房、天花、铝家具等
平面转移纹	喷粉＋热转移	聚酯	纹理效果逼真	铝幕墙、门窗、阳光房、天花、铝家具等
立体刨花转印纹	喷粉＋刨花＋热转印	丙烯酸、聚酯	表面立体感强、有凹凸手感的纹理，颜色和纹理丰富	铝幕墙、门窗、阳光房、栅栏等
立体刨花转移纹	喷粉＋刨花	丙烯酸、聚酯	表面立体感强、有凹凸手感的纹理	铝幕墙、门窗、阳光房、栅栏等
立体洒纹	喷粉＋洒粉	丙烯酸、聚酯	表面立体感强、有凹凸手感的纹理	铝幕墙、门窗、阳光房、栅栏等
纹理转印纹	喷粉＋热转印	聚酯、聚氨酯、环氧-聚酯	表面立体感强、有凹凸手感的纹理，颜色和纹理丰富	铝幕墙、门窗、天花、健身器材等

3. 各种纹理粉末涂料的粒度分布和流动值

各种纹理粉末涂料的粒度分布和流动值见表 4-345。

表 4-345　各种纹理粉末涂料的粒度分布和流动值

纹理粉末类型	粉末粒度分布/μm			粉末流动值/g
	D_{10}①	D_{50}②	D_{95}③	
砂纹粉末	≥10	28～45	≤90	120～180
橘纹粉末	≥10	28～45	≤90	120～180
花纹粉末	≥10	28～45	≤90	120～180
锤纹粉末	≥10	28～45	≤90	120～180
水纹粉末	≥12	28～45	≤90	120～180
平面转印粉末	≥8	20～45	≤90	120～180

续表

纹理粉末类型	粉末粒度分布/μm			粉末流动值/g
	D_{10}①	D_{50}②	D_{95}③	
平面转移粉末	≥10	28～45	≤90	120～180
立体刨花转印粉末	≥10	28～45	≤90	120～180
立体刨花粉末	≥10	28～45	≤90	120～180
立体洒涂粉末	≥10	30～45	≤100	140～200
纹理转印粉末	≥10	28～45	≤90	120～180

① 对应体积分数为10%的粒径。

② 对应体积分数为50%的粒径，称为中位粒径。

③ 对应体积分数为95%的粒径。

4. 各种纹理粉末涂料涂膜性能的分级

各种纹理粉末涂料的涂膜性能是根据涂膜适应环境、耐盐雾性、耐候性（氙灯老化和自然曝晒）、粉末密度、粉末灼烧残渣情况分级为Ⅰ级、Ⅱ级、Ⅲ级，具体分级情况和要求见表4-346。

表 4-346 各种纹理粉末涂料的涂膜性能分级情况

涂膜性能级别	适应环境	耐盐雾AASS/h	耐盐雾NSS/h	氙灯加速耐候性（户外用）	自然老化耐候性（户外用）	粉末密度/(g/cm³)	粉末灼烧残渣/%
Ⅰ级	一般的耐候性能，适合于太阳辐射强度一般的环境	1000	1000	氙灯老化1000h，保光率≥50%；涂膜变色程度≤1级	一年曝晒保光率≥50%，涂膜变色程度≤1级	1.0～2.0	≤40
Ⅱ级	良好的耐候性能，适合于太阳辐射较强的环境	1000	2000	氙灯老化1000h，保光率≥90%；涂膜变色程度≤1级	一年曝晒保光率≥70%，变色ΔE不大于规定值的65%，三年曝晒保光率≥50%，涂膜变色程度≤1级	1.0～1.8	≤38
Ⅲ级	优异的耐候性能，适合于太阳辐射强烈的环境	2000	4000	氙灯老化4000h，保光率≥75%；涂膜变色程度由双方商定	一年曝晒保光率≥90%，涂膜变色ΔE不大于规定值的65%；三年曝晒保光率≥80%，涂膜变色ΔE不大于规定值的50%；五年曝晒保光率≥50%，涂膜变色程度由双方商量	1.0～1.8	≤36

5. 各种纹理粉末涂料的树脂质量要求

各种纹理粉末涂料的树脂质量要求见表4-347。

表 4-347 各种纹理粉末涂料的树脂质量要求

树脂类型	质量要求
环氧树脂	环氧树脂无机氯含量应控制在≤100mg/kg，易皂化氯含量应控制在≤600mg/kg，挥发分含量应控制在≤0.5%；软化点宜控制在89～94℃，环氧当量宜控制在730～850g/mol；制作橘纹、锤纹粉末时，宜选择软化点偏高的环氧树脂；制作花纹粉末时，宜选择易皂化氯含量偏低的环氧树脂
羧基聚酯	合成聚酯的多元醇通常以新戊二醇为主，也可以使用其他不含β氢的多元醇，应注意多元醇的纯度。提升树脂中间苯二甲酸（或耐候性优于间苯二甲酸的其他二元酸）与对苯二甲酸的质量分数比值，利于提高粉末耐候性。环氧-聚酯型聚酯玻璃化转变温度≥52℃，TGIC型聚酯玻璃化转变温度≥60℃，HAA型聚酯玻璃化转变温度≥55℃，制作热转印粉末时，宜选择酸值、玻璃化转变温度偏高，以及反应速率快、黏度低的羧基聚酯；制作非热转印纹理粉末时，宜选择反应速率适中、黏度偏高的羧基聚酯

续表

树脂类型	质量要求
羟基聚酯	玻璃化转变温度≥52℃，制作热转印粉末时，宜选择玻璃化转变温度偏高、黏度低的羟基聚酯；制作非热转印纹理粉末时，宜选择反应速率适中、羟值低、黏度偏高的羟基聚酯
丙烯酸树脂	要求透明度高
FEVE 树脂	理论上氟含量达到 27%～29%，玻璃化转变温度≥52℃

6. 各种纹理粉末涂料固化剂的要求

各种纹理粉末涂料固化剂的要求见表 4-348。

表 4-348　各种纹理粉末涂料固化剂的要求

固化剂类型	要求
双氰胺	颜色为白色或棕白色，氮含量≥35%，挥发分≤0.5%，最好使用超细双氰胺有利于分散均匀，可以与环氧树脂中的环氧基、羟基等活性反应基团发生交联反应
咪唑类	白色或浅黄色结晶，活性温度在 82～87℃，氮含量 15%～22%
酚类树脂	淡黄色粉末，软化点在 90～94℃，含水量≤0.4%，羟值在 0.3～0.4mol/100g
TGIC	白色颗粒或粉末，熔点在 95℃左右，环氧值≥0.92mol/100g，总氯含量≤0.04mol/100g，制作热转印粉末时，宜选择氯含量偏低的 TGIC
氨基树脂	可自由流动的白色或淡白色固体粉末，熔程 90～115℃，酸值 196～225mg KOH/g，更适用于制作户外水纹粉
封闭型多异氰酸酯	分芳香族和脂肪族两大类，室内用粉末一般选择芳香族，户外用粉末一般选择脂肪族；不同 NOC 含量(10%～15%)，解封温度不同，可使用解封闭催化剂降低解封温度。多用于户外热转印粉末

7. 各种纹理剂的组成、用量和特点

各种纹理剂的组成、用量和特点见表 4-349。

表 4-349　各种纹理剂的组成、用量和特点

助剂类型	组成成分	用量	特点和说明
砂纹剂	酰胺改性特殊偏氟聚合物等	酰胺改性特殊偏氟聚合物用量：0.08%～0.15%	酰胺改性特殊偏氟聚合物纹理效果稳定。与有机膨润土等填料匹配使用可以得到不同光泽不同粗细纹理效果的砂纹粉
橘纹剂	常用乙酸丁酸纤维素(CAB)	配方总量 0.05%～0.3%	CAB 会降低涂膜的表面张力，产生纹理效果
花纹剂	常用丙烯酸酯均聚物或丙烯酸酯共聚物等表面活性剂，一般以环氧或聚酯树脂等为载体	底粉总量 0.5%～2%	一般花纹剂是用干混合法(外加法)加到底粉中使用，与有漂浮作用的颜料(包括金属颜料)一起，经涂装后形成五颜六色的花纹
锤纹剂	常用乙酸丁酯纤维素(CAB)	配方总量 0.05%～0.3%	CAB 使涂膜表面张力不均匀，形成一定程度的凹凸不平的涂膜，加入金属颜料沉积在凹面部分形成锤纹
水纹剂	一种特殊的金属有机化合物(封闭磺酸催化剂)	配方总量 1%～2%	封闭磺酸催化剂在氨基粉末涂料中和交联剂起相互作用，使涂料表面起皱，形成凸凹纹理
转印助剂	改性蜡等	配方总量 0.3%～0.5%	适量加入转印助剂能明显降低体系黏度，促进流平，促进颜料分散，从而提高转印粉末的纹理清晰度并易脱纸

注：1. 宜选择分散性好、耐热性好的纹理助剂。

2. 从生产操作人员的健康和环境保护角度考虑，助剂最好是无毒和低毒的。

8. 各种砂纹粉末涂料的人工加速老化比较

不同树脂类型平面和砂纹粉末涂料涂膜的人工加速老化试验对比见表4-350。

表4-350 不同树脂类型平面与砂纹粉末涂料涂膜的人工加速老化试验对比

项目	普通聚酯粉末	超耐候聚酯粉末	普通聚氨酯粉末	超耐候聚氨酯	丙烯酸粉末	PVDF粉末	FEVE粉末
平面粉末老化时间/h	350	900	350	850	1550	5000	5000
砂纹粉末老化时间/h	350	650	300	950	1100	500	2600
平面粉末老化后色差 ΔE	0.19	0.76	0.5	0.39	2.67	5.05	6.67
砂纹粉末老化后色差 ΔE	1.05	1.4	1.31	0.76	2.52	5.96	11.5

表4-350的人工加速老化试验结果说明，除了超耐候聚氨酯的平面比砂纹粉耐候性略差，普通聚酯的平面粉末与砂纹粉耐候性一样外；其他超耐候聚酯、普通聚氨酯、丙烯酸树脂、PVDF树脂、FEVE树脂粉末涂料的平面涂膜耐候性均好于砂纹粉末涂料。其原因是砂纹粉末涂料的填料含量高，颜填料的分散性不好，熔融黏度大，对底材的润湿性不好，涂膜的表面凹凸不平整，厚度不均匀（甚至露底），涂膜的致密性不好，有的还有空隙率，影响砂纹涂膜的耐老化性能。这里值得注意的是PVDF树脂砂纹粉的耐候性特别差，不如超耐候聚酯砂纹粉。

人工加速老化试验的色差说明，丙烯酸树脂和超耐候聚氨酯树脂粉末涂料的平面粉与砂纹粉色差变化差不多，普通聚酯树脂、超耐候聚酯树脂、普通聚氨酯树脂、PVDF树脂、FEVE树脂平面粉的色差明显低于砂纹粉的色差，特别是FEVE树脂粉末涂料的QUVB灯老化测试2600h之后FEVE树脂砂纹粉末涂料的色差值达到了11.5，比起平面粉，涂膜变色非常严重。

四、紫外光固化粉末涂料

1. 概述

紫外光固化粉末涂料是由光敏树脂、光引发剂、颜料、填料和助剂等组成的热固性粉末涂料，也是粉末涂料的特殊品种。

近年来紫外光固化粉末涂料的出现，成功地解决了一般粉末涂料烘烤温度高［大多数在180℃×(15～20)min烘烤固化］，不能涂装热敏材料和工件的问题，扩展了粉末涂料的应用领域。紫外光固化粉末涂料提高了粉末涂料的固化速率，改进了涂膜流平性、耐化学品性能和其他力学性能，紫外光固化粉末涂料的出现和推广应用将是粉末涂料发展史上划时代的一个里程碑。紫外光固化粉末涂料与液态紫外光固化涂料及普通粉末涂料的优缺点比较见表4-351。

表4-351 紫外光固化粉末涂料与液态紫外光固化涂料及普通粉末涂料的优缺点比较

序号	紫外光固化粉末涂料优缺点	液态紫外光固化涂料优缺点	普通粉末涂料优缺点
1	无溶剂排放，环保和安全性好，节省资源，生产效率高	有溶剂排放，存在污染和安全问题	无溶剂排放，环保和安全性好，节省资源，生产效率高
2	涂料可以回收利用，涂料的利用率高	涂料不能回收利用	涂料可以回收利用，涂料的利用率高

续表

序号	紫外光固化粉末涂料优缺点	液态紫外光固化涂料优缺点	普通粉末涂料优缺点
3	涂装方法简单	涂装方法简单	涂装方法简单
4	涂膜力学性能好,边角覆盖力好	涂膜收缩率高,边角覆盖力不好	涂膜力学性能好,边角覆盖力好
5	不适用于三维工件的涂装	不适用于三维工件的涂装	适用于三维工件的涂装
6	固化温度低和时间短,适用于热敏材料的涂装	固化温度低和时间短,适用于热敏材料的涂装	固化温度高和时间长,不适用于热敏材料的涂装
7	涂膜流平性好,硬度高	涂膜流平性好,硬度高	涂膜流平性和硬度一般

紫外光固化粉末涂料主要用于中密度纤维板（MDF）、塑料、纸张、焊锡件和电子元件组装件等热敏基材的涂装。世界上第一条紫外光固化粉末涂料工业化涂装线于 1996 年 7 月由英国 Stilexoindustrial 公司建成，并于 8 月正式运营，基材为中密度纤维板。2000 年春季英国 Polyfo 公司将紫外光固化粉末涂料应用到聚氯乙烯（PVC）塑料地板的耐磨涂层，紧接着欧美和日本等地建立了一些生产线。

紫外光固化粉末涂料的重要用途之一是涂装多种木质底材，例如 MDF、高密度纤维板、天然木材及其他经过加工的木材。经过涂装后的木材主要应用于办公家具、厨房家具、浴室家具和高保真音响等建筑和装饰行业。三聚氰胺浸涂板、PVC 复合板和紫外光固化粉末涂装的三种 MDF 的特点比较见表 4-352。

表 4-352　三聚氰胺浸涂板、PVC 复合板和紫外光固化粉末涂装板特点比较

项　　目	三聚氰胺浸涂板	PVC 复合板	紫外光固化粉末涂装板
生产成本(1220mm×2440mm/块,不含板价)	低至中等,50～100 元/块	高,100～700 元/块	低至中等,50～100 元/块
打磨/除尘要求	很高,非常光滑/无尘	很高,非常光滑/无尘	光滑/无尘
其他要求	最好预热	最好预热	最好预热
胶黏剂/污染	有	有	没有
层间附着力	低—中—高	低—中—高	极好
表面硬度	极好	差—中(热塑性)	中
外观	很好,平面/花纹	很好,平面/花纹	很好,平面/花纹
后加工	差—中,易碎	差—中,易剥落	极好
老化	易起翘	与 PVC 易剥落	耐老化性能很好
耐热性	极好	差—中	中
带侧面的装饰板涂装	不适合	中—好	极好
复杂和三维件涂装	不适合	不适合—尚可	很好
设备投资	低—中	中—高	中—高
加工时间/min	约 6	约 3	3～6
经济性/环保性/生态性/形象	低	一般	极好

从表 4-352 可以看出，紫外光固化粉末涂装板与三聚氰胺浸涂板和 PVC 复合板比较有许多优点。从价格来说比起 PVC 复合板便宜很多，跟三聚氰胺浸涂板差不多，但涂层的性能比三聚氰胺浸涂板好得多，推广应用紫外光固化粉末涂料有一定的经济意义。

2. 紫外光固化粉末涂料原料

（1）树脂

紫外光固化粉末涂料的主要组成是树脂、光引发剂、颜料、填料和助剂等，其中树脂是决定紫外光固化粉末涂料涂膜性能最重要的组成物。紫外光固化粉末涂料用树脂已从第一代的不饱和聚酯树脂体系发展到第二代丙烯酸树脂体系和阳离子聚合型树脂体系。目前常用于紫外光固化粉末涂料的树脂体系与光引发剂品种和分类见表4-353。

表 4-353 紫外光固化粉末涂料用树脂体系与光引发剂品种和分类

类 型	树脂类型	预 聚 物	光引发剂
自由基聚合型	不饱和聚酯	不饱和聚酯树脂	苯偶姻烷基醚类
	丙烯酸酯类	聚酯丙烯酸酯 聚醚丙烯酸酯 丙烯酸聚氨酯 环氧丙烯酸酯	苯偶姻烷基醚类 二苯甲酮类 乙酰苯类 米蚩酮类
阳离子聚合型		环氧树脂 多环单体 乙烯基醚类	路易斯酸的重氮盐 超强酸二苯碘盐 三苯锍盐 芳茂铁盐

湛新树脂（中国）有限公司开发了“UVECOAT”系列紫外光固化粉末涂料用树脂，是含（甲基）丙烯酸双键的聚酯，通过自由基聚合机理固化成膜。其中“UVECOAT 1000系列”树脂适用于MDF等木质基材；“UVECOAT 2000系列”树脂适用于金属基材；“UVECOAT 3000系列”树脂适用于MDF、PVC板和木质基材等，这些树脂的型号和规格见表4-354。该公司生产的紫外光固化粉末涂料用助剂和配套用树脂型号、规格和特点见表4-355。

表 4-354 湛新树脂（中国）有限公司紫外光固化粉末涂料用树脂型号和规格

产品名	玻璃化转变温度/℃	黏度/mP·s	特 点
金属底材用树脂			
UVECOAT 2100	57	5500	适用于金属底材的高 T_g 树脂，涂膜70μm时附着力良好
UVECOAT 2200	54	4500(175℃)	用于金属底材，极好的耐候性
应用于木材涂料树脂			
UVECOAT 3002	49	4500(175℃)	可用于MDF为底材的纹理粉和以硬木为底材的透明粉，非常好的耐化学品性能和抗划伤性，用于户内可改善黄变
UVECOAT 3005	48	4000	用于MDF的纹理粉，非常好的耐化学品性能和抗划伤性
应用于弹性地板涂料树脂			
UVECOAT 3003	49	3500(175℃)	用于弹性地板，极好的抗划伤性和耐化学品性能

表 4-355 湛新树脂（中国）有限公司紫外光固化粉末涂料用助剂和配套树脂

产品名	玻璃化转变温度/℃	黏度/mP·s	特 点
UVECOAT 9146	55	55000(140℃)	增加硬度和抗划伤性的助剂，用于不饱和聚氨酯、丙烯酸树脂，用作紫外光固化粉末涂料交联剂
UVECOAT 9010	85(熔点)	350(100℃)	半结晶型树脂，增加流平和柔韧性
UVECOAT E37539	44	4000	具有极好附着力的不饱和树脂，可单一使用或与其他光固化树脂一起用于金属底材
UVECOAT E37621	51	5200(200℃)	不饱和树脂，特殊用途如色母粒。具有高反应活性和高玻璃化转变温度的特点

阳离子聚合类树脂主要是阳离子固化的环氧树脂体系，近年来发展起来的环氧树脂、乙烯基醚体系是较新的阳离子固化体系。Biller研制了一种热敏基材的紫外光固化粉末涂料。粉末涂料配方中使用阳离子催化聚合树脂，包括双酚类树脂、线型酚醛改性双酚类树脂、脂

环族环氧化合物、缩水甘油醚基甲基丙烯酸酯、缩水甘油醚基丙烯酸或相关化合物、乙烯基醚及上述化合物的混合物。Witte 报道了一种可用的紫外光固化粉末涂料体系，该体系基于 DSM 涂料树脂公司开发的马来酸（MA）/乙烯基醚（VE）非丙烯酸型的紫外光固化体系，这一体系是由两种聚合物组成，一种含有马来酸酯或富马酸酯；另一种含有乙烯醚不饱和基团的聚氨酯。

（2）光引发剂

光引发剂是光固化粉末涂料中必不可少的组成部分之一。光引发剂经过紫外光的辐射引发作用，才使聚酯树脂中的不饱和基团发生自由基聚合反应，交联固化成为成膜物质。在粉末涂料中，只能使用固体光引发剂，因为液体光引发剂容易使粉末涂料结团。按光引发剂的类型可分为阳离子型、自由基型和自由基-阳离子复合型三种。

离子型引发剂的优点是对氧不敏感，可用于环氧、环醚、硫化物、乙缩醛、内酯、烯类化合物等，并有后固化等一些优越性能，但聚合时产生路易斯酸，造成设备的腐蚀，体系中水分的存在会起到阻聚作用等。阳离子光引发剂按成分一般分为四大类：芳香族重氮化合物、芳香碘化物、三芳基硫化物、三芳基硒化物。自由基引发剂一般分为六大类：二苯甲酮-胺共轭体系、安息香及衍生物、苯偶酰及其缩酮类、苯乙酮衍生物类、α-酰肟酯类、硫杂蒽酮类。α-羟基苯乙酮（α-HAP）非常适合用于不含颜料的透明粉末涂料，用量为树脂的 1%。在着色粉末涂料中，二酰基氧化膦（BAPO）类物质是最佳光引发剂，这类光引发剂与其他光引发剂相比，能吸收波长更长的紫外光，因此很少受到二氧化钛这类紫外光吸收物质的影响，而且 BAPO 在紫外光照射过程中的光聚合作用可以使涂膜深处也完全固化。

选用 Ciba 公司的光引发剂 Irgacure 651、Irgacure 819、Irgacure 2959、Irgacure 907，分别按树脂量的 2%添加到紫外光固化粉末涂料中，其结果是 Irgacure 819 的涂膜固化性能最好。光引发剂 Irgacure 2959 和 Irgacure 819 四种不同配比的光引发剂体系对紫外光固化粉末涂料涂膜固化性能的影响见表 4-356。

表 4-356　光引发剂 Irgacure 2959 和 Irgacure 819 不同配比组合对涂膜固化性能的影响

光引发剂配比（Irgacure 2959∶Irgacure 819）	涂膜外观	铅笔硬度	柔韧性/mm	耐丙酮擦拭/级	甲乙酮中失重率/%
1∶1	平整光滑	2H	≤1	1	7.32
2∶1	平整光滑	2H	≤1	1	13.88
1∶2	平整光滑	2H	≤1	1	6.62
1∶4	平整光滑	2H	≤1	1	12.51

表 4-356 的结果表明，Irgacure 2959∶Irgacure 819＝1∶2 时涂膜的固化程度最好。光引发剂 Irgacure 651 和 Irgacure 819 四种不同配比的光引发体系对紫外光固化粉末涂料涂膜固化性能的影响见表 4-357。

表 4-357　光引发剂 Irgacure 651 和 Irgacure 819 不同配比组合对涂膜固化性能的影响

光引发剂配比（Irgacure 651∶Irgacure 819）	涂膜外观	铅笔硬度	柔韧性/mm	耐丙酮擦拭/级	甲乙酮中失重率/%
1∶1	平整光滑	2H	≤1	1	9.17
2∶1	平整光滑	2H	≤1	1	7.01
1∶2	平整光滑	2H	≤1	1	7.10
1∶4	平整光滑	2H	≤1	1	5.13

表 4-357 的结果表明，Irgacure 651∶Irgacure 819＝1∶4 时涂膜的固化程度最好。在

Irgacure 651：Irgacure 819＝1：4 的情况下，不同光引发剂用量对紫外光固化粉末涂料涂膜固化性能的影响见表 4-358。

表 4-358 复合光引发剂（Irgacure 651：Irgacure 819＝1：4）体系不同用量对涂膜固化性能的影响

光引发剂用量/%	涂膜外观	铅笔硬度	柔韧性/mm	耐丙酮擦拭/级	甲乙酮中收缩时间/min	甲乙酮中失重率/%
1	光滑	2H	1	2	20	15.1
2	光滑	2H	1	1	60	6.2
3	光滑	3H	1	1	25	8.0
4	微黄	3H	1	0	60	6.5
5	微黄	3H	1	0	40	9.2
6	黄变	3H	1	0	35	10.0

表 4-358 的结果表明，在复合光引发剂 Irgacure 651：Irgacure 819＝1：4 体系中，复合光引发剂的用量为树脂质量的 4%时，紫外光固化粉末涂料的表层固化至深层固化最好。

上述试验结果表明，在紫外光固化粉末涂料中，要想得到满意的涂膜性能，在选择好光引发剂品种的同时，还要选择好不同光引发剂品种之间的匹配及用量。

（3）颜料和填料

在紫外光粉末涂料中，根据用户的要求必须配制有色粉末涂料，一般来说有色粉末涂料比透明粉末涂料难固化，相应的涂膜硬度低。下文表 4-359 的配方中，配方 1 是透明粉末涂料，含有 1%的 α-羟基苯乙酮作为光引发剂，粉末涂料在 100℃熔融 2min，在 200～300nm 的紫外光照射下固化（H 形微波灯），照射剂量分别为 1600mJ/cm^2、1500mJ/cm^2。涂膜硬度达到摆杆硬度 180s；配方 2 是白色粉末涂料，光引发剂是 α-羟基苯乙酮和 BAPO 的衍生物，前者对涂膜固化效果好，后者保证涂膜完全固化。V 形紫外光灯提供了 BAPO 引发有色粉末涂料需要的最佳光谱。虽然用这种紫外光照射白色粉末涂料比透明粉末涂料用更多的剂量（4000mJ/cm^2、3800mJ/cm^2），按理可以获得最佳的固化效果，但是白色粉末涂料的涂膜摆杆硬度只有 150s，比透明粉末涂料小 30s。

在下文表 4-362 的不同钛白粉含量白色粉末涂料配方中，ART-FTIR 测定结果表明，含钛白粉 10%的白色粉涂膜厚度为 68μm；含钛白粉 20%的白色粉涂膜厚度为 53μm；含钛白粉 30%的白色粉涂膜厚度为 50μm 时均没有双键，透光少也能实干，低于 50mJ/cm^2 的极少量紫外光就足以使底部涂膜固化。与 H 形灯相比，V 形灯透光量大，这是因为 V 形灯为掺镓型灯，它发射的紫外光波较长，能较好地穿透涂膜，含 10%钛白粉和 20%钛白粉的较薄涂膜仍有紫外光透射。涂膜完全固化的极限厚度是：透明粉大于 250μm；含钛白粉 10%的白粉是 140μm；含钛白粉 20%的白粉是 80μm；含钛白粉 30%的白粉是 70μm。与白色粉末涂料相比，有色粉末涂料需要把 BAPO 与 α-羟基苯乙酮的用量比例提高到 4：1，这样可以提高紫外光对涂膜的透过率，保证有足够光引发剂形成自由基，引发涂膜进行交联固化反应。

黄色粉末涂料的固化特别困难，因为黄色颜料吸收的光波波长与 BAPO 引发吸收的波长相同。只有着色率低的黄色粉末涂料才能够固化，颜料浓度高的黄色粉末涂料不能固化，具体的表现在耐溶剂性差，摆杆硬度低。蓝色和红色颜料能够很好地用在紫外光粉末涂料中。灰色的紫外光固化粉末涂料在配方上还是没有问题的。

试验结果表明，涂膜固化不完全时涂膜的玻璃化转变温度降低，增加颜料用量时涂膜硬度明显下降，没有颜料时涂膜固化最完全。另外，含 20%硫酸钡的粉末涂料比含 20%钛白粉的粉末涂料涂膜硬度高，含20%钛白粉的涂膜实干差。再从耐磨性来看，透明粉和10%钛白粉的粉末涂料涂膜耐磨性接近；含20%钛白粉或硫酸钡的粉末涂料涂膜耐磨性差别不大，可以断定颜料和填料决定涂膜耐磨性，这与紫外光渗透以及固化涂膜的玻璃化转变温度没有直接关系。

（4）助剂

在紫外光粉末涂料中，跟普通的粉末涂料一样根据涂膜外观和涂膜性能的要求也需要添加各种各样的助剂。这些助剂除了上面叙述的光引发剂以外，还使用流平剂、除气剂（脱气剂）、纹理剂、增电剂、消泡剂和松散剂等助剂。

3. 紫外光固化粉末涂料配方和涂膜性能

由不饱和聚酯和乙烯基醚树脂用复合光引发剂引发的紫外光固化粉末涂料的配方和涂膜性能见表4-359；聚酯树脂UVECOAT 3000紫外光固化粉末涂料和低温固化环氧-聚酯粉末涂料配方和涂膜性能比较见表4-360；聚酯树脂UVECOAT 3000和半结晶树脂UVECOAT 9010用复合光引发剂引发紫外光固化粉末涂料配方见表4-361。

表4-359　不饱和聚酯和乙烯基醚紫外光固化粉末涂料配方和涂膜性能

项　　目	配方1（透明粉）	配方2（白色粉）	配方3（花纹粉）	配方4（半光粉）
粉末涂料配方/质量份				
不饱和树脂(Uracross P 3125)	817	669	635	692
乙烯基醚树脂(Uracross P 3307)	167	136	130	142
光引发剂1(α-HAP)	10	10	10	10
光引发剂2(BAPO)		20	20	
流平剂	6.6①	15②	15②	67①
颜料		150	150	
表面调整添加剂			40③	150④
涂膜性能				
摆杆硬度/s	180	140	—	150
附着力(划格法)/级	0	0	1	1
丙酮擦拭/级	>100	>100	>100	>100
20°光泽/%	82	84	5	15
60°光泽/%	94	95	28	57

① 配方1和4的流平剂是BYK 361。

② 配方2和3的流平剂是Resiflow PV 5∶Worlee Add，2∶1。

③ 配方3添加剂是Ceraflour 969。

④ 配方4添加剂是Deuteron MK∶Ceraflour 950，2∶1。

表4-360　紫外光固化粉末涂料和低温固化环氧-聚酯粉末涂料配方和涂膜性能比较

项　　目	紫外光固化粉末涂料	低温固化环氧-聚酯粉末涂料	
涂膜外观	纹理型	高光型	纹理型
粉末涂料配方/质量份			
聚酯树脂(CC 7207)	—	375	375
聚酯树脂(UVECOAT 3000)	750	—	—
环氧树脂(Araldite 7444 ES)	—	375	375
光引发剂1(Irgacure 2950)	10	—	—
光引发剂2(Irgacure 819)	10	—	—

续表

项　　目	紫外光固化粉末涂料	低温固化环氧-聚酯粉末涂料	
钛白粉	250	250	250
纹理剂	30	—	30
流平剂	10	10	10
涂膜性能			
DIN 66861 第一部分(16h)			
丙酮	良	一般	一般
乙醇水溶液(50%)	优	良	良
氨水(10%)	优	良	良
红酒	优	优	优
芥末	优	优	优
DIN 66861 第二部分			
丙酮(10s)	优	良	良
乙醇水溶液(50%,1h)	优	良	良
氨水(10%,2min)	优	优	优
红酒(5h)	优	优	优
芥末(5h)	优	优	优

注：DIN 66861 为德国检验标准。

表 4-361　聚酯树脂 UVECOAT 3000 和半结晶树脂 UVECOAT 9010 用复合光引发剂引发紫外光固化粉末涂料配方和一些性能

配 方 组 成	配方 1	配方 2	配方 3	配方 4	配方 5
配方/质量份					
聚酯树脂(UVECOAT 3000)	75	60	90	99	70
半结晶聚酯树脂(UVECOAT 9010)	—	1.5	1.0	—	—
钛白粉	—	25	—	—	10
炭黑	—	—	—	1.0	—
滑石粉/硅酸铝	—	—	100	—	20
(α-羟基酮/二酰基氧化膦)复合光引发剂	2.0(50/50)	2:0(50/50)	—	3.0(30/70)	2.0(50/50)
α-羟基酮	—	—	1.5	—	—
花纹/消光剂	3	—	0～6	3	—
流平剂	1	1	1	1	1
脱气剂	0.5	0.5	0.5	0.5	0.5
摩擦带电剂	0.5～1.0	0.5～1.0	0.5～1.0	0.5～1.0	0.5～1.0
二氧化硅添加剂	0.3	0.3	0.3	0.3	0.3
涂膜性能					
玻璃化转变温度/℃	50	42	45	48	
贮存稳定性(不含二氧化硅)/℃	36	34	34	36	36
贮存稳定性(含二氧化硅)/℃	42	40	40	42	42

在紫外光固化粉末涂料中，为了改进粉末涂料的贮存稳定性和干粉流动性需添加松散剂，松散剂有气相二氧化硅、气相三氧化二铝等，一般干混合法在制造粉末涂料的细粉碎工序时加进去。

对于不饱和聚酯/乙烯基醚氨基甲酸酯混合物基料体系的紫外光固化粉末涂料，该体系的聚合机理是先形成马来酸-乙烯基醚（MA-VE）给电子受电子复合物，该复合物经过游离基均聚反应形成 1∶1 的 MA-VE 交替共聚物。这类紫外光固化粉末涂料体系为半结晶物质。这种半结晶物质具有玻璃化温度区和晶形物质区，以此相应具有玻璃化转变温度

（T_g）和熔点（T_m）。当高于熔点温度，聚合物处于熔融晶质状态，黏度急剧下降。这种半结晶物质紫外光固化粉末涂料体系的特点是，在比较低的温度下粉末涂料熔融流动性较好。不同钛白粉和硫酸钡含量的不饱和聚酯树脂/乙烯基醚树脂紫外光固化粉末涂料配方和固化条件见表 4-362。

表 4-362　不同钛白粉和硫酸钡含量的不饱和聚酯树脂/乙烯基醚树脂紫外光固化粉末涂料配方和固化条件

项　目	配方 1	配方 2	配方 3	配方 4	配方 5
粉末涂料配方/质量份					
不饱和聚酯树脂	793	710	627	544	627
乙烯基醚树脂(半结晶)	162	145	128	111	128
光引发剂 1(α-HAP)	10	10	10	10	10
光引发剂 2(BAPO)	20	20	20	20	20
流平剂	15	15	15	15	15
钛白粉	0	100	200	300	0
硫酸钡	0	0	0	0	200
固化条件(V 形灯)					
熔融温度/℃	100	100	100	100	100
V 形灯/(W/cm)	144	144	144	144	144
紫外光剂量/(mJ/cm^2)	3300	3300	3300	3300	3300
固化条件(H 形灯)					
熔融温度/℃	100	100	100	100	100
H 形灯/(W/cm)	144	144	144	144	144
紫外光剂量/(mJ/cm^2)	2800	2800	2800	2800	2800

研究发现，透明粉和含有 20%硫酸钡的粉涂膜完全固化，即使是涂膜厚度达到 250μm，涂膜背面仍未发现未反应的乙烯基醚。对于含 10%钛白粉的白色粉涂膜来说，其实干情况 H 形优于 V 形，涂膜厚度 200μm 时 V 形灯固化涂膜不能实干，而 H 形灯固化涂膜的涂膜中仅有少量未反应的乙烯基醚。随着颜料含量的增加，涂膜要达到实干，涂膜厚度必须减少。

4. 紫外光固化粉末涂料的制造

紫外光固化粉末涂料的制造工艺跟普通粉末涂料一样，基本工艺如下：

原材料的预混合→熔融挤出混合→冷却和破碎→分级和过筛→包装→产品

因为紫外光固化粉末涂料用树脂的玻璃化转变温度和软化点比较低，所以紫外光固化粉末涂料的玻璃化转变温度和软化点也低，粉末涂料的贮存稳定性不好。在设计粉末涂料配方时考虑添加相关助剂，改进粉末涂料的贮存稳定性；在制造粉末涂料时考虑生产环境的温度，保证生产过程中和贮存使用过程中的稳定性。

5. 紫外光固化粉末涂料的涂装

紫外光固化粉末涂料一般采用静电粉末涂装法进行涂装，对 MDF 可以用常规的电晕放电荷电喷枪进行涂装；也可以用摩擦荷电喷枪进行涂装。紫外光固化粉末涂料与普通粉末涂料比较，在涂装工艺方面差别很大，最大的差别是粉末涂料的熔融流平方式和固化方式不一样。紫外光固化粉末涂料是静电粉末涂装后，首先进入红外线熔融炉，使粉末涂料在 90～120℃的条件下迅速熔融；然后进入强制对流的烘烤炉，使粉末涂料熔融温度均匀，充分流平；最后进入紫外光固化炉进行充分交联固化。因为粉末涂料的熔融和固化是分开进行的，所以比普通粉末涂料有更好的涂膜流平性。下面具体介绍紫外光固化烘烤炉的红外线流平烘道和紫外光固化烘道的具体情况。

（1）红外线流平烘道

红外线流平烘道是采用红外辐射和对流热风相结合的方式，这样可以满足快速熔融流平的工艺要求。一般烘道的进口采用红外线辐射加对流风使粉末涂料快速熔融；中段是红外线辐射加对流热风使粉末涂料进一步熔融流平；后段用强制对流热风使涂膜充分流平，得到满意的平整涂膜外观。

为了达到上述要求，烘道中的红外灯管的排列方法为:烘道前段的中波红外灯管按弥补方式排列；中段的灯管散布排列；烘道的后段送入对流风，这个区域的温度一般控制在 90～120℃。

中波红外线灯管的要求是，红外线的波长为 0.78～400nm，其中短波为 0.8～1.4nm，中波为 1.6～2.6nm，其余为长波。只有当红外线波长与被加热材料的分子震荡相匹配时，红外线才被充分吸收并转化为热量。中波红外线的能量主要被材料外层吸收，多数高分子材料吸收红外线波长的范围为 2～35nm。由贺利氏辐射器材公司生产的中波弯管红外灯的规格见表 4-363。

表 4-363 贺利氏辐射器材公司中波弯管红外灯的规格

单位长度功率/(W/cm)	截面尺寸/mm	灯丝温度/℃	最大辐射波长/nm	输出功率密度/(kW/m^2)	升温冷却时间/s
5～15	35×15	900	2.4	20～80	60～240

（2）紫外光固化烘道

紫外光固化烘道设置在红外线流平烘道之后，它的作用是将熔融的涂膜固化成膜。从红外光加热区到紫外光固化区，保持底材有足够高的温度是关键。如果涂装线的隔热效果不好，底材的温度可能降至 90℃以下，低于涂膜的最佳固化温度，将影响涂膜固化效果。

固化烘道设备由紫外光灯、电源控制系统和高压风机（冷却紫外光灯管）组成。烘道结构需要防止紫外光外漏。紫外光灯是关键设备，福深公司的 F600 系列无电极紫外光灯规格见表 4-364。

表 4-364 福深公司 F600 系列无电极紫外光灯的规格

灯管长度/cm	灯管类型	灯管功率/(W/cm)	启动时间/s	到被辐射物焦距	输出功率/%	冷却灯管的空气装置/(m^3/min)
25	H.D.V	240	15(冷启动) 5(热启动)	5.3	25～100 可调	8.2

紫外光固化粉末涂料用的紫外光光源可以采用水银蒸气弧光灯或水银蒸气微波灯，后者按照发射光谱的不同可以分为多种类型，典型的有：H 形灯（短波紫外光水银灯）、D 形灯（中波紫外光铁原子掺杂水银灯）、V 形灯（近可见光，长波紫外光镓原子掺杂水银灯）。

涂膜的固化效果可以通过调整紫外光发射光谱、辐射剂量和辐射峰值等参数进行优化。紫外光发射光谱必须与光引发剂吸收紫外光的波长匹配。一般使用的 α-羟基苯乙酮和 BAPO 衍生物吸收紫外光的波长是不同的，而且有色粉中钛白粉吸收 400nm 的紫外光。一般有色粉建议使用 V 形灯固化；透明粉可以使用任何一种灯固化，只要灯的发射光谱与光引发剂吸收光谱相匹配即可。

紫外光固化粉末涂料要达到快速固化，必须吸收一定剂量的紫外光辐射，透明粉末涂料的剂量为750～1000mJ/cm^2，有色粉末涂料的剂量为2000mJ/cm^2。紫外光灯的选用和排布应根据输送链的运行速度来确定。紫外光固化时的流水线速度一般控制在3～6m/min。在实验室试验时，可以采用两盏160W/cm的无电极灯照射，涂膜在灯下行进速度为2～8m/min，透明粉末涂料经过800～1000mJ/cm^{2}照射剂量紫外光辐射便完全固化，而有色粉末涂料的照射剂量需要2000mJ/cm^2。

MDF的紫外光固化粉末涂料涂装生产的技术参数见表4-365。

表4-365 MDF的紫外光固化粉末涂料涂装生产的技术参数

项 目	技 术 参 数
工件	电视机柜、办公家具等用的MDF和纸
输送速度/(m/min)	2
粉末涂料	杜邦UV-TECTM纹理粉末涂料
涂膜厚度/μm	60～80
熔点/℃	100
颜色	黑色、棕色、蓝色、银灰色
熔融和固化时间/min	3
粉末涂装和回收	六把静电摩擦喷枪喷涂，采用瓦格纳尔ICM粉末涂料回收喷粉室
熔融和固化	在UV-SPEEDOVEN烘道中熔融和固化

具体工艺如下：

（1）MDF家具涂装件的预热。

（2）粉末涂料的静电涂装和回收。

（3）在UV-SPEEDOVEN烘道中使紫外光固化粉末涂料熔融。

（4）在UV-SPEEDOVEN烘道中使熔融的紫外光固化粉末涂料交联固化。

（5）用室温空气冷却。

MDF在涂装前需要进行打磨处理。打磨的目的：一是可以除去表面的污染物（可以用压缩空气吹）；二是使MDF表面和侧面更为平整，有利于得到较好的涂膜外观。打磨用砂纸可选400号或400号左右。在粉末涂装过程中，如果粉末涂料的上粉效果不好，可以采用预热的方法解决。MDF的含水量对涂装性能有明显的影响，因此控制好MDF的含水量是很重要的。如果有特殊需要，在MDF上涂一层底漆，但底漆品种的选择要合适，并与易打磨填料相匹配。需要注意的是涂好底漆以后放置一段时间恢复含水量，或预热喷涂，或底漆中添加导电助剂的方法调整电阻后进行涂装也可以。

一般普通粉末涂料的涂装生产线的烘烤固化设备就有几十米长度，而紫外光固化粉末涂料的熔融和固化烘道6m左右就够了。在紫外光固化烘烤炉中，红外光熔融段长度2m左右；强制对流烘道长度1～2m；紫外光固化段是1～2m，总长度只有普通粉末烘烤炉的几分之一，占地面积和体积都很小。

五、MDF和非金属材料用粉末涂料

目前粉末涂料主要用在钢板、镀锌板、铝板等金属材料为主的金属材料上面。随着粉末涂料应用领域的扩大，在非金属材料如MDF、木材、玻璃瓶、玻璃钢等方面也有应用。从20世纪90年代就有人开始尝试用粉末涂料在MDF表面进行喷涂，粉末涂料应用于MDF

上已有二十多年，但原来很看好的这一领域，并未按预期取得进展。特别是最近几年来，抱着很大希望的紫外光固化粉末涂料在 MDF 上的应用由于紫外光固化粉末涂料的局限性并未广泛开展。不过在涂装设备成本和粉末涂料成本的门槛较高、工业化比较困难的情况下，低温固化粉末涂料的红外线辐射加热风循环的固化方式，在国内 MDF 粉末涂装家具方面，跨过了涂料成本和涂装设备成本等的一些门槛，已经在广东兆生家具公司、广东励泰公司、佛山艾勒可公司等单位做到工业化生产和推广应用。据估计国内 MDF 用粉末涂料的产量接近 3000t，还没有形成足够的生产规模。 2007 年左右欧洲有几家公司开始 MDF 用粉末涂料的小批量生产，并以砂纹表面为主，主要用于环保型高档的家具上。从 MDF 用粉末涂料的固化条件的发展情况来看，2000 年左右，环氧-聚酯粉末涂料的固化条件是 160℃×5min；2005 年 135℃/5min；2007 年 135℃/(3～5)min；2012 年 125℃×（3～5）min；2019 年 115℃×(3～5) min。从粉末涂料品种来说，最初用环氧型，然后是环氧-聚酯型，不饱和聚酯型。从涂膜外观来说，有砂纹、细砂纹、橘纹、锤纹、平面亚光、平面高光、木纹热转印，各种花色效果打印等品种。

MDF 的粉末涂装有如下优点：

① 粉末涂料可以回收利用，粉末利用率可达 95％以上；

② 能够做到甲醛的零释放；

③ 涂膜具有优良的耐化学品性、耐水性和防潮性能；

④ 容易实行自动化生产，生产周期短，劳动生产效率高；

⑤ 适用于各种造型、颜色、表面纹理的家具，为家具设计创造很多的空间；

⑥ 没有 VOC 排放，生产过程也没有水的消耗（不包括底漆涂装）和处理问题。

关于紫外光固化的 MDF 的涂装工艺路线，在紫外光固化粉末涂料一节中已经详细叙述，下面以红外线辐射加热风循环固化的 MDF 用低温固化粉末涂料作为非金属材料粉末涂装的代表作简单介绍。

MDF 的粉末涂装工艺如下：

① 打磨处理：磨去 MDF 表面凸出的木纤维，提高平整度，减少空隙的体积容量；

② 挂件：将 MDF 工件挂在工件输送线上；

③ 预热：MDF 工件进入预热区预热；

④ 喷底漆：MDF 工件在喷涂室喷涂底漆；

⑤ 底漆预固化：MDF 工件进入烘道（或烘箱）预固化；

⑥ 喷底漆工件输送至暂停区：MDF 工件进行冷却和处理可能存在的异常问题；

⑦ 刷涂或喷涂导电液：根据 MDF 的电阻情况，需要时使用导电液，保证粉末涂料上粉率；

⑧ 喷涂面漆：MDF 工件进入喷粉室进行静电粉末涂装；

⑨ 烘烤固化：MDF 工件进入红外线加热风烘烤炉进行固化；

⑩ 冷却区：MDF 工件进入冷却区冷却；

⑪ 卸件：卸下成品工件，分类堆放或包装。

MDF 工件经过打磨处理时，粗磨使用 100～150 目砂布，细磨用 180～200 目砂布，打磨以后再清洁表面。因为 MDF 表面和内部存在毛细孔，因而有良好的吸水特性。在受热的情况下，含有的水分以及木纤维和胶黏剂含有的挥发物，以气态形式蒸发出板材表面，造成粉末涂料流平固化成膜过程中，出现针孔、气泡、开裂等弊病。对于涂膜平整性要求高、板面表面空隙率高或挥发物含量较多的MDF，一般采用刮导电腻子、涂导电底漆或封闭底漆处理工艺。使用导电底漆的目的是改善基材表面的导电性能。如果用一般底漆（如水性底漆）封闭后，基材的静电粉末涂装性能明显下降，且采用预热的方法达不到改善基材粉末涂装性能时，可以采用涂刷或喷涂导电剂来改善基材的导电性能。导电剂分为水性和溶剂型，水性导电剂的优点是使用方便，涂刷后经晾干或空气吹干可获得良好的导电性，改进粉末涂料的上粉效果。据报道1kg导电剂可以处理10～20m^2基材表面。这种产品使用成本低，不污染环境，不燃无毒，属于绿色环保产品，适用于常温下批量处理，可以在流水线生产中使用。

静电粉末喷涂时要求MDF的表面电阻在10^5～10^9Ω，这样能吸附带静电粉末涂料；MDF的含水量控制在4%～8%，一般含水量在7%时，在室温条件下有较好的吸粉力；对基材的预热温度90～125℃，时间在5～10min是比较合适的；静电喷涂电压在30～50kV比较合适，过高容易产生粉末涂料的电离排斥，涂膜外观不好。

对于粉末涂料的熔融流平，因为MDF的导热性差，采用分两个段加热比较好。一般烘道的前一段粉末涂料的熔融流平阶段采用强红外线辐射和弱的对流循环加热；粉末涂料的固化成膜阶段采用较弱的红外线辐射和较强的对流循环加热。两个阶段加热气体温度要保持恒定。红外线辐射加热粉末涂料的特点是热效率高，升温速率快，可以改善涂膜外观，缩短固化时间，缩短烘烤设备的长度，减少占地面积。缺点是红外线光源与基材之间距离对温度的影响很大，不适合用于形状复杂工件的加热固化。红外线辐射加热风循环体系克服了单一红外线固化的不足之处，一般烘道的进口段设置中红外线辐射区，这样MDF表面粉末涂料迅速熔融流平得到平整光滑的涂膜外观，而基材表面温度很低。进入热风加热保温段，基材均匀受热，使涂膜完全固化。在热风加热段适当配备辐射加热，可以缩短涂膜固化时间。

对于低温固化粉末涂料，流平和固化是同时进行的，固化反应后黏度升高不利于粉末涂料的流平，提高烘烤温度有利于涂膜的流平，然而过高的温度对基材带来损伤，降低热风温度涂膜外观变差。低温固化粉末涂料有节能和适用于不耐热基材的优点，然而在涂膜流平性等外观方面不如普通粉末涂料。

粉末喷涂后成品的质量检测主要有以下几项：常规检测，包括光泽、膜厚、表面效果等；粉末固化程度的检测，一般采用MEK擦拭、划格法检测、DSC测试；表面针孔检测；耐水性检测、耐酒精检测、耐化学品性检测、耐咖啡检测、耐石蜡油检测、边部耐水性检测。

MDF用低温固化粉末涂料的参考配方及涂膜性能见表4-366。

表4-366　MDF用低温固化粉末涂料的参考配方及涂膜性能

配方组成/质量份	环氧粉末涂料	环氧-聚酯粉末涂料	聚酯粉末涂料
环氧树脂	98	50	—
低温固化聚酯树脂A	—	50	—
低温固化聚酯树脂B	—	—	93
低温固化剂	2.0	—	—
TGIC	—	—	7.0
通用流平剂	2.4	2.4	2.4
分散剂	1.5	1.5	1.5
安息香	0.7	0.7	0.7
消光剂A	9.0	—	—
消光剂B	—	适量	—
消光剂C	—	—	适量
促进剂A	—	少量	—

续表

配方组成/质量份	环氧粉末涂料	环氧-聚酯粉末涂料	聚酯粉末涂料
促进剂B		—	少量
着色颜料	适量	适量	适量
复合填料	48	45	45
固化条件/℃×min	130×20	140×20	140×20

注：如果采用中红外线辐射加热风循环相结合的烘烤固化工艺，固化时间可以缩短。

王慧丽等研究了MDF用环氧-聚酯型粉末涂料，其中主要内容是合成技术指标在酸值74～85mg KOH/g、黏度（175℃） 8000～15000mPa·s、T_g约53℃的低温固化聚酯树脂。该聚酯树脂与四种不同型号的环氧树脂匹配进行性能试验，经比较选择最佳配方。不同环氧树脂与低温固化聚酯树脂匹配的粉末涂料性能比较见表4-367。

表4-367　不同环氧树脂与低温固化聚酯树脂匹配的粉末涂料性能比较

项目	环氧树脂A	环氧树脂B	环氧树脂C	环氧树脂D
T_g/℃	56.0	56.8	56.1	58.1
T_p(固化反应温度)/℃	150.2	150.8	150.4	150.8
固化条件/℃×min	140×15			
胶化时间/s	151	139	135	113
冲击强度/kg·cm	50	50	50	50
60°光泽/%	98	98	98	98

表4-367的结果说明，不同环氧树脂之间匹配的固化反应温度差别不大，胶化时间相差37s，但是对涂膜的光泽和冲击强度没有明显的影响。MDF用粉末涂料用砂纹的较多，不同环氧树脂对混合型砂纹粉末涂料的影响见表4-368。

表4-368　不同环氧树脂对混合型砂纹粉末涂料的影响

项目	环氧树脂A	环氧树脂B	环氧树脂C	环氧树脂D
T_p(固化反应温度)/℃	139.5	139.8	140.6	142.3
固化条件/℃×min	130×10			
胶化时间/s	76	38	32	15
冲击强度/kg·cm	±50	±50	±50	+50
60°光泽/%	23	10	5	3

表4-368结果说明，在砂纹粉末涂料中环氧树脂品种的影响较大，对胶化时间、光泽和冲击强度都有明显的影响。从MDF对涂膜外观要求考虑，光泽在10%以下时涂膜表面很粗糙，因此光泽23%的环氧树脂A的配方比较适用。

另外，对环氧树脂A比较了不同促进剂含量对混合型砂纹粉末涂料性能的影响，其结果见表4-369。

表4-369　不同促进剂含量对混合型砂纹粉末涂料性能的影响

配方中促进剂添加量/%		0	0.43	0.86	1.3
T_p(固化反应温度)/℃		158.5	148.5	142.4	139.5
胶化时间/s	130℃	362	199	116	76
	140℃	235	118	70	49
	150℃	132	72	45	33
固化条件/℃×min		130×15			
冲击强度/kg·cm		±50不通过	±50	±50	±50
60°光泽/%		31	28	25	23

表 4-369 的结果说明，不加促进剂时，130℃×15min 涂膜不能完全固化，冲击强度不能通过。当促进剂加到配方总量的 0.43%时粉末涂料的固化反应温度明显降低，冲击强度完全能够通过，促进剂在配方中降低固化温度和保证冲击强度起到关键作用。

这种 MDF 用混合型粉末涂料的光泽、耐酸性（3%盐酸）、耐碱性（5%氢氧化钠）、耐溶剂性都达到 GB/T 9274 的标准要求；耐盐雾性能达到 GB/T 1771 标准中无异常的要求。

目前 MDF 的粉末涂装面临外部的三个方面的挑战，一是水性木器漆的竞争，从溶剂型漆改为水性漆喷涂线比较容易；二是全铝家具的竞争，在铝材表面喷涂粉末涂料，再进行热转印得到木纹效果，以铝代木可回收利用；三是贴膜方面的竞争，三聚氰胺纸贴面，具有低成本的优势。从内在原因考虑，MDF 粉末涂装技术作为解决系统性的方案还不够成熟，大家对这个系统的复杂性以及与传统金属粉末涂装不同之处还没有足够的认识，结果大批量生产后，很多原因造成合格率低，导致亏损，企业很难维持下去。

2018 年全国人造板总产量为 2.99 亿立方米，其中纤维板为 0.61 亿立方米，如果其中的 2%的 MDF 用粉末涂装，按 20mm 厚计算，按单涂双面每公斤粉末喷涂 $4m^2$，需要 1.5 万吨粉末。随着技术的发展，将来除 MDF 之外的纤维板例如胶合板、爆花板等也可以进行粉末喷涂。若达到 10%的人造板及一些特种实木用粉末喷涂，预计有 30 多万吨用粉量的潜在市场。

国内包装酒用的玻璃瓶的粉末涂装生产线早已开始运转，对酒瓶的粉末涂装不仅提高酒瓶的装饰效果，还可以防止使用和运输中的碰撞破损。深圳市阿克化工公司建立了我国第一条用粉末涂装代替传统油漆和水性漆喷涂酒瓶生产线，并达到国家环保及食品安全的要求。该粉末涂料选用特殊的树脂和固化剂，添加纳米防水剂、纳米附着力改进剂以及颜料和填料，固化条件是 180℃×15min。涂膜性能达到附着力：1～3 级；耐水性：自来水中浸泡一个月不掉色、脱落、起泡、变色等；耐酒精：浸泡一星期不掉色、脱漆。由于采用纳米技术，通过纳米材料与凹凸不平的玻璃瓶表面产生范德华力形成物理共价键，跟玻璃表面坚固地结合在一起。该产品具有良好的附着力，优异的防水性，有强耐酸耐碱及耐溶剂性能，涂膜硬度高，耐磨性强，通过 ROHS 认证、REACH 法规以及 FDA 食品级认证。

酒瓶的粉末涂料喷涂工艺：前处理清洗→烘干→预热（必要时喷涂导电液后烘干预热）→粉末喷涂→烘烤流平（或固化）成膜→冷却→成品。对于热塑性粉末涂料只需要烘烤流平成膜，对于热固性粉末涂料需要烘烤流平固化成膜。这里关键的问题是，通过玻璃瓶的导电液处理或预热处理，使它达到最佳静电粉末涂装的表面电阻。烟台枫林机电设备有限公司开发了新型导电助剂，添加到粉末涂料中后，对于非金属材料（塑料、玻璃瓶等）不需预热或喷涂导电助剂处理，直接可以把粉末涂料喷涂到工件上面去，做到非金属材料的粉末喷涂跟金属材料一样方便。

参考性的玻璃瓶用热固性粉末涂料配方如下表 4-370。

表 4-370 玻璃瓶用热固性粉末涂料参考配方和涂膜性能

项目	环氧粉末涂料	环氧-聚酯粉末涂料	聚酯粉末涂料
配方/质量份			
环氧树脂	84	50	—
聚酯树脂 A	—	50	—
聚酯树脂 B	—	—	93

续表

项目		环氧粉末涂料	环氧-聚酯粉末涂料	聚酯粉末涂料
环氧固化剂		16	—	7.0
TGIC		—	—	—
通用流平剂		2.4	2.4	2.4
分散剂		1.5	1.5	1.5
安息香		0.7	0.7	0.7
促进剂 A		少量	—	—
促进剂 B			少量	—
促进剂 C				少量
着色颜料		适量	适量	适量
复合填料		50	50	50
固化条件/℃×min		180×7	180×15	180×15
涂膜性能	涂膜外观	平整光滑	平整光滑	平整光滑
	涂膜附着力(划格法)	1～3	1～3	1～3
	涂膜硬度	良好	良好	良好
	涂膜耐磨性	好	好	好
	涂膜耐酸性	好	好	好
	涂膜耐碱性	好	良好	良好
	耐自来水(室温浸泡 30d)	不掉色、不脱落、不起泡、不变色	不掉色、不脱落、不起泡、不变色	不掉色、不脱落、不起泡、不变色
	耐 98%酒精(室温浸泡一星期)	不掉色、不脱落，附着力 1～3 级	不掉色、不脱落，附着力 1～3 级	不掉色、不脱落，附着力 1～3 级

还有报道关于玻璃钢材料的粉末涂料涂装设想，有些玻璃钢成型加工厂还提出希望从溶剂型涂料的涂装改用粉末涂装。这种产品实施粉末涂装的关键问题是：①因为一般玻璃钢的耐热温度在 150℃左右，解决适用于玻璃钢材料的低温固化的粉末涂料，包括室内和户外用粉末涂料；②处理好玻璃钢材料成型脱模过程中留下来的脱模剂，不影响粉末涂装附着力；③解决材料表面的光滑度和平整性不好的问题，需要合适的前处理工艺，使表面适合粉末涂料静电涂装的要求；④玻璃钢是非金属材料，必须采用加热或涂刷导电材料使表面电阻适合静电粉末涂装的要求。据说有些企业已经使用热喷涂的方法，对玻璃钢制成的高速公路防眩板进行粉末涂装。

六、电泳粉末涂料

电泳粉末涂料是将粉末涂料均匀分散在有电泳性质的阳离子树脂（或阴离子树脂）溶液中制成的涂料。这种涂料与一般的粉末涂料在外观上完全不同，是液态的涂料，也可以看作是电泳涂料的特殊品种。在电泳粉末涂料体系中，阳离子树脂（或阴离子树脂）把粉末涂料包裹起来，使粉末涂料粒子在电场中具有强的泳动能力。当施加直流电时，由于电解、电泳、电沉积、电渗四种作用，在阴极（或阳极）析出涂料，经烘烤固化得到涂膜。阴极电泳粉末涂料的形成及涂装过程的基本原理见图 4-38。电泳粉末涂料有以下优点。

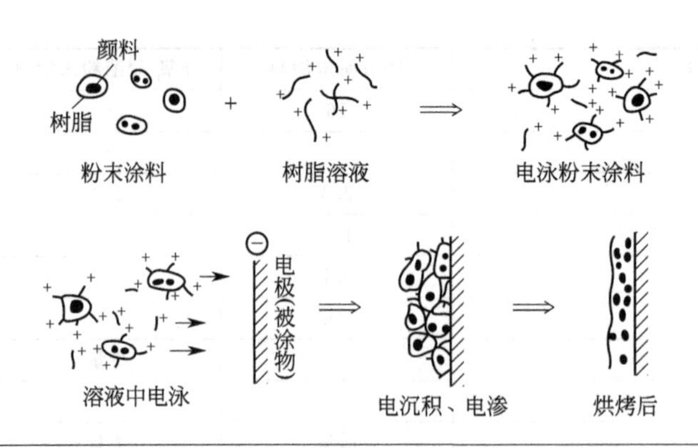

图 4-38 阴极电泳粉末涂料的形成及涂装过程的基本原理

（1）一次短时间涂装可以得到 40～100μm 的涂膜厚度，涂装效率高。

（2）库仑效率高，便于通过改变电压和电极位置来控制涂膜厚度。

（3）可以得到高性能的涂膜，它的性能相当于基料性能加粉末涂料所具有的性能。不需要锌系磷化处理，只要铁系磷化处理或者脱脂处理就可以得到良好的涂膜性能。

（4）安全和卫生性比较好，不存在静电粉末涂装中带来的粉尘爆炸危险和粉尘污染等问题。

（5）电泳涂装后，水洗时掉下来的粉末涂料可以回收再用，涂料的利用率高。

（6）同阴极电泳涂料相配合，在电泳粉末涂膜上面，不烘烤直接进行阴极电泳涂装，然后一次烘烤得到性能和泳透率很好的涂膜，形成湿碰湿的新涂装体系。

电泳粉末涂料既有粉末涂料的涂膜性能，又有电泳涂料的施工性能，是一种比较理想的涂料品种。然而由于如下的缺点，至今大量推广应用有一定难度。

（1）虽然比静电粉末涂料的涂装渗透率强，但是比电泳涂料泳透率差，其原因在于粉末涂料粒径大，沉积时不能增加电阻。

（2）因为沉积的涂膜中含有水分，如果在烘烤时立即进入高温状态，涂膜上容易出现针孔，往往需要预烘烤，给施工增添麻烦。

（3）由于涂料组成复杂，涂料中分散粒子较大，贮存稳定性和施工稳定性问题较多。

1. 电泳粉末涂料的要求和特性

电泳粉末涂料要求电泳涂料的基料与粉末涂料的基料具有相容性；粉末涂料中的树脂等成分在电泳涂料中稳定性好；粉末涂料要有适合于电泳的粒度，但不一定粒度小就好。固化时产生电泳作用的树脂液与粉末涂料，可能自固化或者相互交联固化，对粉末涂料的润湿性好，电沉积性好。电泳粉末涂料和阴极电泳涂料的一般特性比较见表 4-371。

表 4-371 电泳粉末涂料和阴极电泳涂料的一般特性比较

项　目	电泳粉末涂料	阴极电泳涂料
涂料固体分含量(质量分数)/%	13～18	15～20
涂料液温度/℃	25～28	25～28
施工电压/V	200～500	150～300

续表

项　目	电泳粉末涂料	阴极电泳涂料
电沉积时间/s	15～60	100～180
膜厚(200V 电压)/μm	30～50(20s)	19～21(180s)
pH(25℃)	5.2～5.8	5.8～6.5
库仑效率/(mg/C)	40～60	20～30
泳透率(福特法)/m	3～5	22～26
烘烤条件	预热 80℃×10min，(175～190)℃×(20～30)min	(175～190)℃×(20～30)min

2. 电泳粉末涂料的制造方法和品种

电泳粉末涂料有以下四种制造方法：①水中分散粉末涂料；②电泳涂料中分散粉末涂料；③电沉积性基料水溶液中分散粉末涂料；④电沉积性基料水溶液中分散树脂、颜料、填料和助剂。在上述制造方法中，第三种方法比较好，具体的工艺流程见图 4-39。电泳粉末涂料粒度在 0.1～100μm 之间比较合适。

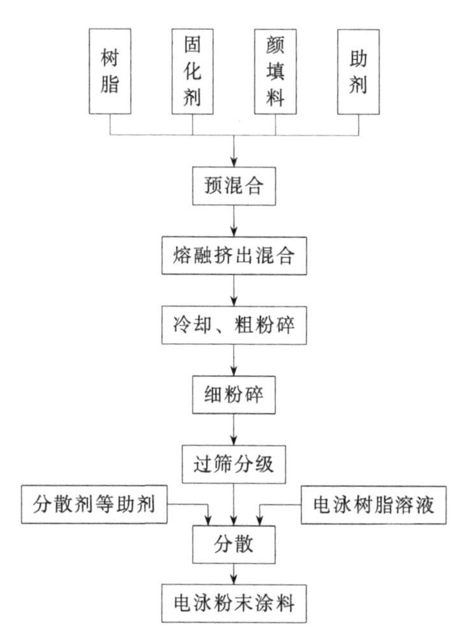

图 4-39　电泳粉末涂料制造工艺流程

电泳粉末涂料的制造工艺流程大部分为两步，第一步是制造粉末涂料，第二步是将制得的粉末涂料借助分散剂等助剂的作用，分散到电泳树脂水溶液中，使树脂溶液把粉末涂料颗粒包裹起来，成为稳定的悬浮体。

电沉积基料水溶液的基料方面，阳极电泳基料有顺丁烯二酸酐、醇酸、丙烯酸、环氧酯、聚酯和聚丁二烯等；阴极电泳基料有环氧、聚酯、丙烯酸、聚氨酯和酚醛等。电泳粉末涂料可用的树脂品种有环氧、聚氨酯、聚酯和丙烯酸等。通过上述两种体系树脂的匹配，可以制造很多品种的电泳粉末涂料，其中环氧电泳粉末涂料的配方例见表 4-372。

表 4-372 环氧电泳粉末涂料的配方例

项目	组　　成	用量/质量份	备　　注
阴离子树脂溶液	Epikode 1001	253	85～90℃回流 4h
	乙二醇胺	47	
	间苯二甲酸	128	
	丙酸	20	与上述反应物制成 30%固体分溶液
	纯水	522	
粉末涂料	Epikode 1007	880	按一般熔融挤出混合法制造粉末涂料
	Epikode 1004	2600	
	流平剂	7	
	双氰胺	180	
	二氧化钛	1370	
	炭黑	30	
电泳粉末涂料	阴离子树脂溶液	355	①配制成 15%固体分； ②pH=5.0； ③粉末涂料/阴离子树脂=3.5/1； ④中和当量度 60%； ⑤电泳条件：25℃，200V，10s
	纯水	710	
	粉末涂料	373	
	纯水	适量	

3. 电泳粉末涂料的涂膜性能和施工应用

代表性的电泳粉末涂料涂膜性能见表 4-373。电泳粉末涂料的涂装法与一般电泳涂料的涂装法差不多，基本按照表面处理→无离子水洗→电泳涂装→水洗→烘烤工序进行。因为其涂膜性能好，对于被涂物表面处理要求不高，电泳涂装的设备同一般电泳涂装设备没有多大差别。在烘烤工序中，为了除去水分，需要在 80～100℃预烘 10～15min，然后再进行高温烘烤。

表 4-373 代表性的电泳粉末涂料涂膜性能（环氧树脂型）

项　　目	技术指标	检验方法
烘烤条件	预烘烤 90℃×10min， 200℃×20min	热风炉
涂膜厚度/μm	75±5	电磁性测厚仪
光泽/%	70	60°镜面反射
硬度	2H～3H	铅笔硬度
工件表面处理	磷酸铁	
杯突试验/mm	7～8	杯突试验机
附着力/级	0	划格法，1mm×1mm，100 个格
冲击强度/N·cm	490	DuPont 法（球 Φ1.27cm）
柔韧性/mm	2～3	1s 内弯曲
耐湿热性/h	1000	50℃，100%RH
耐水性/a	1	室温自来水
耐碱性/d	60	20%氢氧化钠水溶液
耐酸性/d	100	30%硫酸溶液
耐海水性/a	1	浸海水中
耐盐雾/h	240	5%盐水，35℃，划伤
	480	3%盐水，35℃，未划伤

电泳粉末涂料的电沉积特性与一般电泳涂料比较，有一定的差别，例如电泳粉末涂料的电沉积速度比一般电泳涂料快 10～30 倍；另外涂膜厚度开始随电压增高而变厚，但达到一定电压时反而下降。

在汽车涂装时，用电泳粉末涂料作为底漆比较理想，特别是同阴极电泳配套进行湿碰湿涂装时则更为理想。因为电泳粉末涂料沉积后，在烘烤前进行阴极电泳涂装时，阴极电泳涂料会渗透到粉末涂料电泳层的孔隙里，这样，两种涂料在烘烤时就得到充分的融合（见图4-40），保证了两种涂料界面部位的致密性，增强了防锈性能。

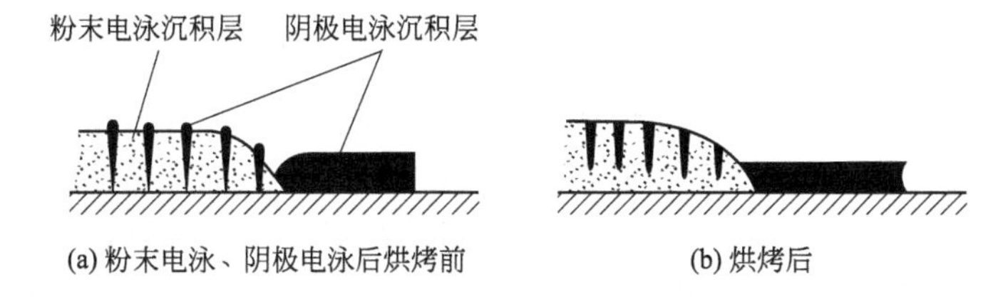

图 4-40　粉末电泳涂膜和阴极电泳涂膜的熔融结合

电泳粉末涂料除用作汽车各种部件的底涂外，还可以用在建筑材料、钢管、一般重防腐工件、电器零件和电绝缘等方面。

七、水分散（水厚浆）粉末涂料

水分散粉末涂料，又叫水厚浆粉末涂料，是由树脂、固化剂、颜料、填料及助剂经熔融挤出混合、冷却、破碎、细粉碎和过筛分级得到的粉末涂料分散到水介质中；或者粉末状树脂、固化剂、颜料及其他组分分散在水介质中；或者溶剂型涂料经沉淀得到湿涂料，然后再加入必要的水、分散剂、增稠剂和防腐剂等得到的浆体涂料。

1. 水分散（水厚浆）粉末涂料的特点

水分散粉末涂料既有水性涂料的特点，又有粉末涂料的特点。

与水性涂料比较它有如下特点：

① 一次涂装可以得到 70～100μm 厚的涂膜。

② 水分挥发速度快，烘烤前需要放置时间短，涂装后马上可以进烘烤炉。

③ 比乳胶涂料水溶性助剂用量少，涂膜性能好。

④ 比水性涂料水溶性组成物质少，没有水溶性胺类等有害有机物质，废水处理比较容易。

⑤ 在施工中，湿度对施工的影响比水性涂料小，对喷涂室的污染小，环境卫生好，管理也比较容易。

与粉末涂料比较它有如下特点：

① 简单改装溶剂型涂料的涂装设备和生产线，直接可以使用。

② 可以采用一般溶剂型涂料和水性涂料常用的喷涂、浸涂和流涂等施工方法。

③ 可以薄涂到 15～20μm 厚度，在 40μm 左右时得到外观很平整的涂膜。

④ 可以得到金属闪光型涂膜。

⑤ 在施工中，清洗和改换颜色比较容易。

⑥ 在施工中，不存在粉尘污染和粉尘爆炸的危险。

虽然水分散粉末涂料同时具有粉末涂料和水性涂料的特点，但是这种粉末涂料的制造工艺比一般粉末涂料都复杂，在制造过程中要回收大量溶剂，制造成本高。另外烘烤温度高，湿涂膜含水量较大，烘烤过程中涂膜容易起泡。

2. 涂料的组成

水分散粉末涂料的主要组成在前面已经叙述，使用的树脂要求软化点在 40～110℃，低于 40℃时，涂料贮存中树脂粒子容易凝聚、沉淀；当高于 110℃时，涂膜流平性不好。树脂粉末粒度要求在 0.5～30μm，粒度小于 0.5μm 时，涂料黏度低，涂膜厚度达到 20～80μm 时，容易产生流挂；当粒度大于 30μm 时，涂膜平整性不好。另外还要求树脂在水中稳定。颜料和填料的要求除同一般粉末涂料用的一样外，还要求水中不溶，在水介质中稳定。从分散的方便和节能考虑，用水性颜料和填料或者含水湿颜料和填料更好。为了使树脂、固化剂、颜料和填料容易分散，需要加分散剂。分散剂的品种有非离子型、阳离子型、阴离子型和两性型的。为确保涂膜的耐水性，添加的分散剂量应为固体树脂量的 0.5%以下。为保证涂料不沉淀，添加少量聚丙烯酸水溶性盐、水溶性乙烯共聚物、水溶性纤维素衍生物等水溶性增稠剂。为避免涂膜开裂，要加些水溶性树脂和乳胶树脂。另外，还应根据需要添加表面活性剂、pH 调节剂、防腐剂和防锈剂等助剂。

这种涂料的固体分可达到 10%～70%（质量分数），浓度太低时黏度也低，容易流挂，一次涂装厚度薄；浓度太高时，黏度非常高，给制造和施工带来麻烦，比较满意的固体分为 40%～60%。成膜物质有丙烯酸、环氧、环氧-聚酯和聚酯等，其中比较多的还是丙烯酸和环氧类，低温固化［（120～150）℃×（20～30）min］水分散丙烯酸粉末涂料配方见表 4-374。

表 4-374 水分散丙烯酸粉末涂料配方

项　目	组　成	用量/质量份
丙烯酸树脂溶液	甲基丙烯酸甲酯	17.5
	苯乙烯	7
	甲基丙烯酸-2-羟乙酯	7
	甲基丙烯酸-2-羟己酯	16.5
	丙烯酸	1
	过氧化异丙苯	1
	异丁醇	50
丙烯酸树脂颜料分散体凝聚物	丙烯酸树脂溶液(50%)	60.6
	异丁基化三聚氰胺树脂(60%异丁醇溶液)	16.6
	二氧化钛	10
	异丙醇	12.8
	水(沉淀树脂颜料分散体用)	700
水分散丙烯酸粉末涂料	丙烯酸树脂颜料分散体凝聚物(87.5%)	100
	水	75
	三乙胺	1.95
	非离子表面活性剂	0.2

3. 涂料的制造方法

水分散粉末涂料的制造方法可分为半湿法和全湿法两种。半湿法是在按常用粉末涂料制造法生产粉末涂料时，加入水、分散剂、防腐剂、防锈剂和增稠剂等助剂，一起研磨到一定细度，调节黏度和固体分含量到符合产品质量要求为止。全湿法有如下几种：一种是在粉末状树脂、固化剂、颜料、填料、分散剂和增稠剂等物料中，加水研磨至所需要粒度，然后调节黏度至所规定的固体分含量；另一种（见图 4-41）是先配制合成树脂溶液，然后加固化剂、颜料、填料和助剂等其他涂料成分研磨到一定细度，用双口喷枪将调制好的漆料喷到贮满清水的喷雾造粒塔内，使固体状涂料粒子遇水后，重新从溶液中析出。由于析出的涂料粒子含有大量气泡，析出后即漂浮到水面，由刮板传送带从水面上刮集而送至水洗槽，洗涤后，经过滤、研磨等步骤得到具有一定含水量的水分散粉末涂料半成品，然后加水和助剂得到成品。用这种方法制造的水分散粉末涂料，其粒度分布均匀，涂料粒子接近球形，涂料的施工性能和涂膜平整性都很好。

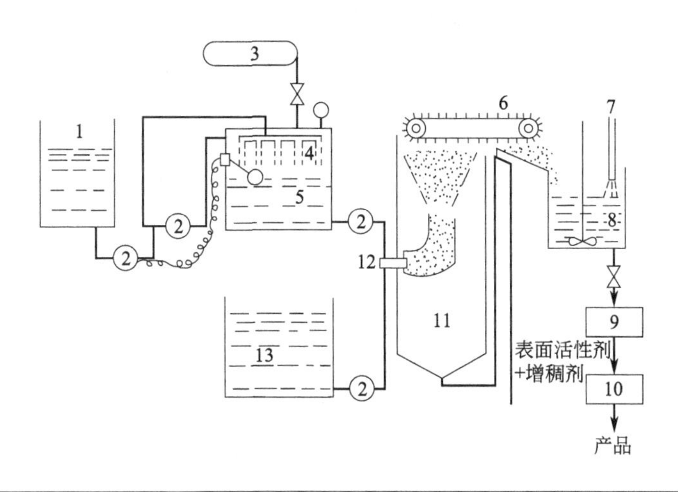

图 4-41　湿法制造水分散粉末涂料示意

1—辅助水槽；2—泵；3—空压机；4—喷水器；5—贮水槽；6—刮板传送带；7—供水管；8—水洗槽；9—过滤；10—研磨；11—喷雾造粒塔；12—双口喷枪；13—涂料溶液槽

4. 涂料的流动成膜特性

水分散粉末涂料的流动和成膜过程见图 4-42。处于悬浮状态的涂料粒子能在水中流动。当喷涂到被涂物上面时，涂料粒子在被涂物表面作无规则排列。此时，水的体积大于涂料粒子之间的空间体积，涂料粒子能够自由流动，使原来无序的粒子排列成较整齐的状态，涂料粒子间也就更加紧凑致密。随着水分的蒸发，固液两相体系变成气-固-液三相体系，变成粉末涂料烘烤前的外观。烘烤时，涂料就熔融流平，固化成膜。

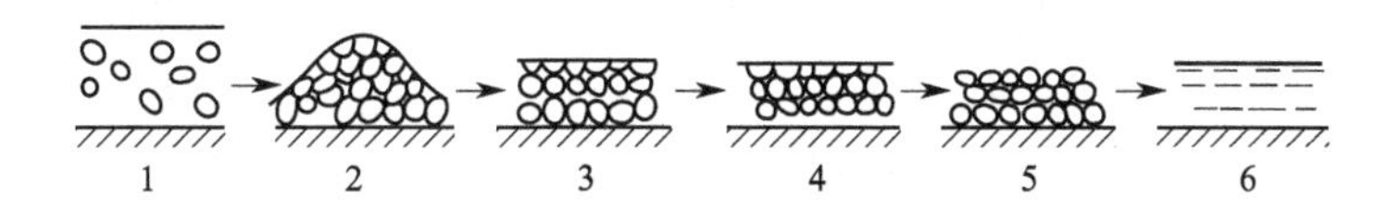

图 4-42　水分散粉末涂料的流动和成膜过程示意

1—水中悬浮流动；2—刚喷涂到工件上；3—涂料粒子流动，排列整齐；4—涂料粒子排列最紧密状态；5—水分蒸发以后；6—熔融成膜状态

水分散粉末涂料粒子处于最紧密状态时，由于涂料粒子之间空隙的毛细管现象，水分就

往涂料表面迅速转移，保证了水分散粉末涂料厚涂时不会发生流挂，而且不容易使涂膜产生气泡。水蒸发后所得到的涂层同常规的粉末涂料一样，在常温下不能成膜，只有通过加热烘烤，经熔融流平后才能成膜。

5. 涂料的施工及应用

这种涂料可以用空气喷涂法、静电喷涂法、浸涂法和辊涂法施工，其中空气喷涂法和静电喷涂法的效果比较好。水分散粉末涂料的喷涂法涂装系统见图 4-43。喷涂法的一般施工条件如下：涂料的水稀释率为 10%～20%，喷粉室的温度为 10～30℃，湿度为 50%～70%，风速为 0.4～0.6m/s。水分散涂料比溶剂型涂料的介电常数大，故静电喷涂时雾化离子半径大，粒子质量大，涂料粒子容易直线方向前进，涂着效率略有下降。但水分散粉末涂料可以用涂料回收槽进行回收，然后经过滤器固液分离，分离出来的滤液循环再用，分离出来的涂料将要连续或间歇排出，并加适当的助剂和水再生，然后送至涂料槽。固液分离设备可用离心分离机、真空鼓式固液分离机或筛分式分离机等。因为水分散粉末涂料受热时发黏，受压时成膜，容易黏着在齿轮似的咬合部位，影响设备的运转，最好用胶管和隔膜泵等代替齿轮泵供料。

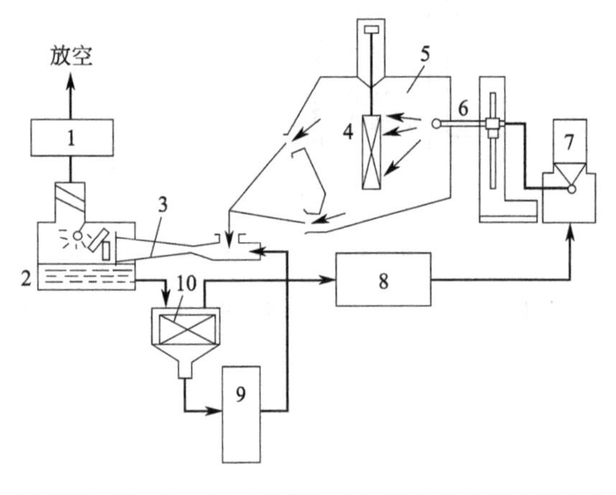

图 4-43　水分散粉末涂料的喷涂法涂装系统
1—抽风机；2—涂料回收槽；3—喷射洗涤器；4—工件；5—喷涂室；6—喷枪；7—涂料供料槽；8—回收涂料再生；9—滤液；10—过滤器

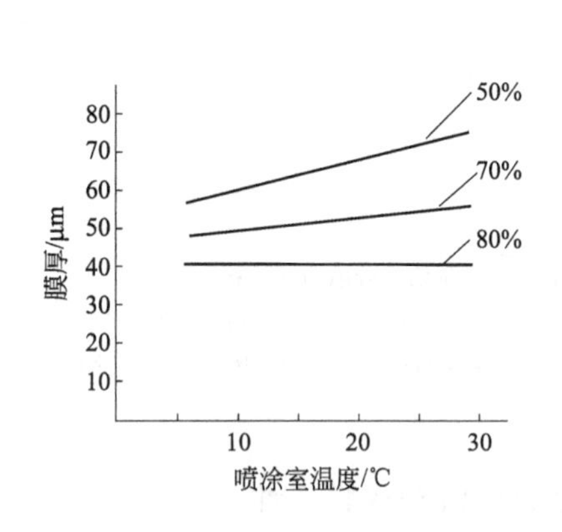

图 4-44　喷涂室的温度、相对湿度对流挂临界涂膜厚度的影响
（风速：0.4～0.6m/s；放置时间：10min）

在干燥涂膜上再涂水分散粉末涂料时，由于它对底层涂膜没有再溶解性，水分又容易被底层涂料所吸收而降低流动性，往往导致涂膜流平性不好，这一点应特别注意。施工时以湿态一次涂完为宜。另外喷涂室的温度和相对湿度对流挂临界涂膜厚度有影响，相对湿度比温度的影响大，喷涂室的湿度越低、温度越高时，流挂临界涂膜厚度越厚（见图 4-44）。

工业化的水分散丙烯酸-聚氨酯粉末涂料和水分散自固化丙烯酸粉末涂料的性质和涂膜性能见表 4-375。水分散粉末涂料同粉末涂料一样涂膜性能好，可以用在许多方面。它最适合用在棒状工件、热水器、邮筒和炊具等器材上，还可以用于自动售货机、存物箱、建材、农机等复杂工件的涂装。近年来工业发达国家认为，随着汽车涂装对 VOC 的限制，水分散丙烯酸粉末涂料也可被用于汽车的罩光漆，德国在宝马汽车上已经成功地推广使用。

表 4-375　水分散丙烯酸-聚氨酯和水分散自固化丙烯酸粉末涂料的性质和涂膜性能

项　　目	水分散丙烯酸-聚氨酯粉末涂料	水分散自固化丙烯酸粉末涂料
涂料密度/(g/m^3)	1.03～1.20	1.03～1.20
固体分含量(质量分数)/%	46±2	46±2
涂膜密度/(g/m^3)	1.08～1.50	1.08～1.20
烘烤条件/℃×min	(165～175)×20	180×20
膜厚/μm	30～40	30～40
60°光泽/%	82～92	82～92
铅笔硬度	H～2H	H～2H
附着力(划格法)	100/100	100/100
冲击强度①/N·cm	196～294	294～392
柔韧性/mm	8～10	3～6
耐沸水(98℃,2h)	无变化	无变化
耐盐雾/mm	2～4(240h)	1～4(240h)
耐碱性	无变化(5%NaOH,72h)	无变化(5%NaOH,48h)
耐酸性	无变化(5%H_2SO_4,48h)	无变化(5%H_2SO_4,48h)
耐污染性(彩色笔 24h)	无变化	无变化
人工老化(1000h 保光率)/%	60～75	—

① DuPont 法，Φ0.5in (1.27cm)×500g。

第九节 功能性粉末涂料

在前面按成膜物树脂分类介绍了热固性的环氧、环氧-聚酯、聚酯、聚氨酯、丙烯酸、氟树脂粉末涂料，同时按粉末涂料的特殊制造工艺、特殊涂装工艺、特殊外观介绍了特殊粉末涂料品种金属（珠光）颜料邦定粉末涂料、热转印粉末涂料、纹理型粉末涂料、紫外光固化粉末涂料、MDF 和非金属材料用粉末涂料、电泳粉末涂料和水分散（水厚浆）粉末涂料等。在这一节主要按粉末涂料的特殊功能分别介绍抗菌粉末涂料、电绝缘粉末涂料、耐高温粉末涂料、防沾污粉末涂料、防火阻燃粉末涂料、抗静电粉末涂料、隔热保温粉末涂料。防腐粉末涂料在环氧粉末涂料一节中有详细介绍，在这里不再重复。

一、抗菌粉末涂料

抗菌粉末涂料是近年发展起来的粉末涂料特殊品种，它是一种具有抑菌和杀菌性能的粉末涂料。抗菌粉末涂料可分为结构型和添加型。结构型抗菌粉末涂料是以带有抗菌基团的高分子树脂为基料树脂制备的粉末涂料。因为抗菌基团是通过化学键连接，在树脂中能够均匀分布于整个涂层中，所以抗菌组分不会释放或流失，理论上抗菌性能与涂料的使用寿命一样长。添加型抗菌粉末涂料是将具有抗菌功能的抗菌剂，经一定的加工工艺添加到粉末涂料。添加型抗菌粉末涂料是由树脂、固化剂、抗菌剂、颜料、填料和助剂等组成。一般用熔融挤出混合法制造（个别的品种是抗菌剂干混合法分散到粉末涂料中的方法制备），静电粉末涂装法施工。这种粉末涂料的主要成分跟一般粉末涂料一样，最大的差别是添加了抗菌剂。

对抗菌粉末涂料中使用的抗菌剂的要求：①高效：在低浓度下使用时必须有足够的抑菌和抗菌能力；②广谱:对多种菌类有抗菌能力；③低毒：一般要求 $LD_{50}>500mg/kg$；④无副作用：对使用者或环境不造成危害；⑤稳定性好：在制作和使用过程中性能稳定；⑥使用方便：在粉末涂料制作中容易分散均匀；⑦价格便宜：容易推广应用。从来源和化合物结构可分为天然抗菌剂、有机抗菌剂和无机抗菌剂；从抗菌机理可分接触型和溶解型两大类。实际上接触型抗菌剂是无机类抗菌剂，溶解型抗菌剂是有机类抗菌剂。无机（接触型）抗菌剂和有机（溶解型）抗菌剂的特点比较见表 4-376。

表 4-376 无机（接触型）抗菌剂和有机（溶解型）抗菌剂的特点比较

项目	无机抗菌剂	有机抗菌剂	项目	无机抗菌剂	有机抗菌剂
抗菌特点	持续性好	速效性好	抗菌广谱性	范围广	相对窄
抗菌能力	较强	强	变色性	较容易	不易
抗药性	对化学药品稳定	对化学药品较稳定	耐热性	＞550℃	＜300℃
细菌抗药性	不易产生	有可能产生	用量	相对大	相对小
气味	无味	有味			

以银粒子为主体的无机类抗菌剂是接触型的代表；无机类抗菌剂的组成和特点见图 4-45。

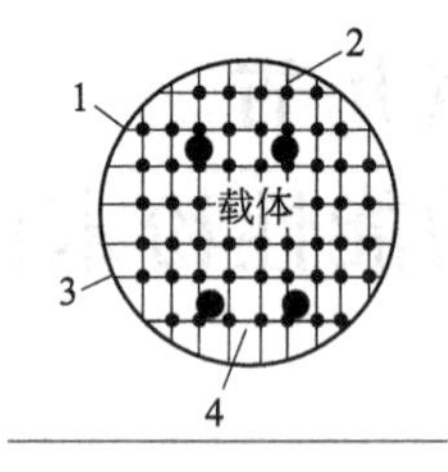

图 4-45 无机类抗菌剂的组成和特点
1—活性炭；2—抗菌性金属；
3—无机离子交换体；
4—多孔质沸石
Hg≥Ag＞Pb＞Cu＞Ni＞Zn＞Cd
大←—抗菌作用—→小

无机抗菌剂的载体是以多孔沸石、无机离子交换体制成的球状颗粒，外面裹有活性炭的表层，抗菌性金属就吸附在载体上。金属离子的抗菌性，按抗菌性逐渐增强的顺序排列为镉、锌、镍、铅、铜、银、汞，汞的抗菌性最强。从安全性、抗菌效果考虑，广泛使用银。表 4-377 中列出了日本商品化的代表性银类无机抗菌剂和生产公司。沸石、磷酸锆、二氧化硅、氧化铝等耐热性良好的材料作为银的载体。现在以粉状的抗菌剂为主，但超微细粒子的水溶性银类抗菌剂也有商品出售。因为银类无机抗菌剂的持续性、抗菌性、安全性等性能好，所以在圆珠笔、电话机、医疗器械和袜子等制品中广泛应用。

表 4-377 日本商品化的代表性银类无机抗菌剂和生产公司

商 品 名	生 产 商 家	载 体
バクテキラー	锺纺(株)	沸石
ゼオミック	品川燃料(株)	沸石
ノバロンAG 300	东亚合成(株)	磷酸锆
AIS	触媒化成工业(株)	二氧化硅、氧化铝
アパサィザー	サンギ(株)	碱式磷灰石
アメニトップ	松下电器产业(株)	硅胶
シリウエル	富士ツリシア化学	硅胶

续表

商　品　名	生产商家	载　体
イオンピュア	石塚硝子(株)	玻璃
抗菌ヤラミックス	神东レヤラックス	陶瓷
アムラクリーンZ	松下アムラック(株)	碱式磷灰石
レントーバー	レンゴー(株)	硅酸钙

欧阳群建等对银离子抗菌剂、银离子与锌离子复配抗菌剂、纳米银离子抗菌剂和银离子与铜离子复配活性炭载体抗菌剂四种抗菌剂配制的粉末涂料抗菌性能进行了对比，其结果见表 4-378。

表 4-378　四种抗菌剂配制抗菌粉末涂料抗菌性能对比

项目	无抗菌剂	银离子抗菌剂	银离子与锌离子复配抗菌剂	纳米银离子抗菌剂	银离子与铜离子复配活性炭载体抗菌剂
外观	流平良好	流平良好	流平良好	流平良好	流平良好，轻微针孔
冲击强度/kg·cm	50	50	50	50	50
耐 5%盐酸	168h 通过	168h 通过	168h 通过	168h 通过	168h 通过
耐 5%氢氧化钠	120h 通过	120h 通过	120h 通过	120h 通过	120h 通过
抗菌效果(12h)/%	无	97.72	99.95	99.75	99.92

表 4-378 的结果来说，银离子与锌离子复配抗菌剂和银离子与铜离子复配活性炭载体抗菌剂的效果最好，但后者的涂膜外观不好，选择纳米银离子抗菌剂进行下一步试验。

在四种抗菌剂中选择银离子与锌离子复配抗菌剂和纳米银离子两种抗菌剂配制的粉末涂料涂层做耐水冲洗和耐沸水试验，对涂层抗菌剂性能的影响结果见表 4-379。

表 4-379　两种抗菌剂的耐水冲洗和耐沸水对涂层抗菌剂性能的影响

项目	银离子与锌离子复配抗菌剂	银离子与锌离子复配抗菌剂	纳米银离子抗菌剂	纳米银离子抗菌剂
水冲洗对涂层抗菌性能的影响				
处理方式	无水洗	50 次水洗	无水洗	50 次水洗
冲击强度/kg·cm	50	50	50	50
附着力/级	0	0	0	0
耐 5%盐酸	168h 通过	168h 通过	168h 通过	168h 通过
耐 5%氢氧化钠	120h 通过	120h 通过	120h 通过	120h 通过
抗菌效果(12h)/%	99.99	96.73	99.99	99.52
水煮对涂层抗菌剂性能的影响				
处理方式	无处理	2h 水煮	无处理	2h 水煮
冲击强度/kg·cm	50	50	50	50
附着力/级	0	0	0	0
耐 5%盐酸	168h 通过	168h 通过	168h 通过	168h 通过
耐 5%氢氧化钠	120h 通过	120h 通过	120h 通过	120h 通过
抗菌效果(12h)/%	99.99	95.43	99.99	98.67

表 4-379 中的耐水洗试验是对喷涂在 15mm×15mm 的钢板上的抗菌涂膜，使用 50mL 自来水将试板表面冲洗。加 5g 洗洁精擦拭表面 50 次，然后用 50mL 自来水将表面冲洗干净，水洗 50 次后再对涂层的抗菌性能进行测试。

从耐水冲洗效果来看，纳米银离子抗菌剂的抗菌性能基本保持不变，银离子与锌离子复配抗菌剂的抗菌性能下降明显。另外，在耐沸水性能方面，经 2h 耐沸水试验后，银离子与锌离子复配抗菌剂的抗菌性能下降明显，而纳米银离子抗菌剂的抗菌性能下降很小。

紫外光对抗菌粉末涂料涂层的抗菌性能也有一定的影响，耐紫外光性能方面纳米银离子抗菌剂的抗菌性能好于银离子与锌离子复配抗菌剂的效果。耐高温方面，纳米银离子抗菌剂也好于银离子与锌离子复配抗菌剂。

在四种抗菌剂比较时，纳米银离子抗菌剂的综合性能最佳，这种抗菌剂含量对于涂层性能和抗菌效果的影响结果见表 4-380。

表 4-380　纳米抗菌剂含量对于涂层性能和抗菌效果的影响

项　　目	抗菌剂含量 1.5%	抗菌剂含量 2.0%	抗菌剂含量 3.0%	抗菌剂含量 5.0%
涂膜冲击强度/kg·cm	50	50	50	50
附着力/级	0	0	0	0
60°光泽/%	92	90	88	75
耐 5%氢氧化钠	120h 通过	120h 通过	120h 通过	120h 通过
6h 抗菌效果/%	96.72	96.72	99.85	99.99
12h 抗菌效果/%	99.99	99.99	99.99	99.99
表面效果	光滑平整	光滑平整	有轻微雾状效果	雾状效果，轻微失光
ΔE(200℃/1h)	0.2	0.3	0.3	0.5

从表 4-380 的结果来看，随着抗菌剂用量的增加，涂层 6h 的抗菌效果逐渐提高，也就是抗菌效果提高，12h 涂层的抗菌效果基本上 99.99%以上，但涂层的抗黄变性越来越差。当抗菌剂达到 5%时，涂层表面出现雾状效果和轻微失光，综合各种性能平衡起来抗菌剂的含量在 2%～3%时效果最好。

赵凯等将银离子抗菌剂（抗菌剂 1）和锌离子抗菌剂（抗菌剂 2）用于户外粉末涂料和室内用粉末涂料中，进行抗菌和涂膜性能试验。不同抗菌剂户外用粉末涂料配方及性能的影响结果见表 4-381；不同抗菌剂室内用粉末涂料配方及性能的影响结果见表 4-382。

表 4-381　不同抗菌剂户外用粉末涂料配方及性能

项目		配方 1	配方 2	配方 3
配方/质量份				
聚酯树脂		279	279	279
TGIC		21	21	21
流平剂		5	5	5
安息香		2	2	2
钛白粉		100	100	100
硫酸钡		97	97	97
银离子抗菌剂 1			4	
锌离子抗菌剂 2				4
涂料和涂膜性能	指标要求			
胶化时间/s		174	151	52
60°光泽/%	60～80μm	91	92	89
冲击强度/kg·cm	正冲/反冲	50/50	50/50	50/40
杯突试验	≥6mm	通过	通过	通过
铅笔硬度	≥1H	通过	未通过	通过
附着力/级	≥1 级	0	0	0
弯曲试验	≥2mm	通过	通过	通过
抗菌效果/%		0	99	90
耐高温(200℃×20min)ΔE		0.47/0.57	0.60/0.63	1.91/2.09
耐碱性(5%NaOH,168h)		无异常	无异常	无异常
保光率/%		28.4/31.4	15.2/15.7	28.2/24.8

表 4-381 的结果说明，在户外用粉末中，银离子抗菌剂的效果好于锌离子抗菌剂的抗菌效果；银离子抗菌剂的加入使涂膜耐水煮性能和硬度降低；锌离子抗菌剂的加入使粉末胶化时间缩短，涂膜冲击性能下降，耐高温性能降低。

表 4-382 不同抗菌剂室内用粉末涂料配方及性能

项　　目		配方 4	配方 5	配方 6
配方/质量份				
聚酯树脂		180	180	180
环氧树脂(E-12)		120	120	120
流平剂		5	5	5
增光剂		4	4	4
安息香		2	2	2
钛白粉		100	100	100
硫酸钡		89	85	85
银离子抗菌剂 1		—	4	—
锌离子抗菌剂 2		—	—	4
涂料和涂膜性能	指标要求			
胶化时间/s		267	347	331
60°光泽/%	60～80μm	98	97	96
冲击强度/kg·cm	正冲/反冲	50/50	50/50	50/40
杯突试验	≥6mm	通过	通过	通过
铅笔硬度	≥1H	未通过	未通过	划痕轻微
附着力/级	≥1 级	0	0	0
弯曲试验	≥2mm	通过	通过	通过
抗菌效果/%		0	99	90
耐高温(200℃×20min)ΔE		1.81/1.89	1.85/2.07	3.4/2.89
耐碱性(5%NaOH,168h)		无异常	无异常	无异常
保光率/%		86.2/93.2	14.7/11.6	71.2/67.5

表 4-382 的结果说明，在室内粉末涂料中，银离子抗菌剂的效果好于锌离子抗菌剂；银离子抗菌剂的加入，使粉末涂料的胶化时间延长，耐水煮性能明显下降；锌离子抗菌剂的加入，使粉末胶化时间延长，冲击强度和耐高温性能降低。

再以银离子抗菌剂的不同用量 0.5%、0.8%、1.2%、2.0%配制粉末涂料，其抗菌效果都达到 99%，说明抗菌剂 0.5%时完全能够满足抗菌效果的要求，不必要添加更多的抗菌剂。

在无机抗菌剂中，纳米二氧化钛也是一种常用的抗菌剂，对革兰氏阳性菌及革兰氏阴性菌均有抑制作用而且对真菌也有抑制作用。纳米二氧化钛在光照条件下，产生羟基自由基和氧原子，羟基自由基具有强氧化性，将各种有机物（包括有害微生物体在内）氧化成为二氧化碳和水，从而起到抗菌作用。纳米二氧化钛作为光催化抗菌材料，在抗菌过程中仅作为催化剂，理论上不消耗。纳米二氧化钛在粉末涂料中分散良好，1%的添加量对大肠杆菌、金黄色葡萄球菌、枯草芽孢杆菌的抗菌效果优异。

无机纳米类抗菌剂在粉末涂料中应用最广泛，但是也存在价格贵、可能变色、抗真菌效果差等缺点，将无机抗菌剂与有机抗菌剂搭配使用可能是更好的选择。有机与无机复合抗菌剂通过协同作用有利于解决抗菌防霉谱不连续问题，还可以避免由单一抗菌防霉引起的生物抗药性，是抗菌剂的发展方向之一。

在有机类抗菌剂中常用的有卤化物、胍类、有机锡、有机锌、异塞唑、咪唑酮、醛类化合物、季铵盐、金属吡啶盐以及由这些化合物聚合所得到的高分子抗菌剂，有机抗菌剂的用量少，杀菌速度快。

虽然对抗菌金属离子抗菌效果的机理还不完全清楚，但是有离子学说、过氧化氢学说和催化理论的推测，如图 4-46 所示，离子学说认为金属离子和细菌酶中的巯基（SH 基）相结合，使蛋白质变性。当微量金属离子达到微生物细胞时，细胞膜带负电荷，依靠库仑力使二者牢固吸附，金属离子穿透细胞壁进入细胞内部，使蛋白质凝固，破坏细胞合成酶的活性，使细胞失去分裂增殖的能力。过氧化氢学说则认为臭氧和过氧化氢中的活性氧有杀菌作用。催化理论认为，物质表面分布的金属离子能起到催化活性的作用，能激化空气中或水中的氧，产生羟基自由基和活性阳离子，它们能破坏微生物细胞的增殖能力，抑制和杀灭细菌。

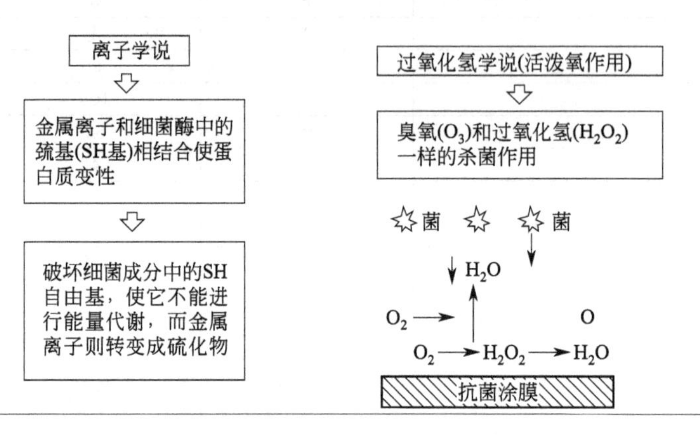

图 4-46 抗菌效果机理的推测

抗菌性评价的代表性试验方法有：①区域试验法；②摇动烧瓶法；③滴液法（接触法）三种。区域试验法是将试验片放在细菌培养基中溶解出抗菌剂，通过检测有无形成阻碍细菌生长区域而定性分析抗菌性的方法。

摇动烧瓶法是在所定菌种的细菌溶液中放入试验片进行摇动，测定细菌数目减少百分率。滴液法是在试验片表面上滴下细菌溶液，经一定时间后测定细菌数目，这种方法见图 4-47。

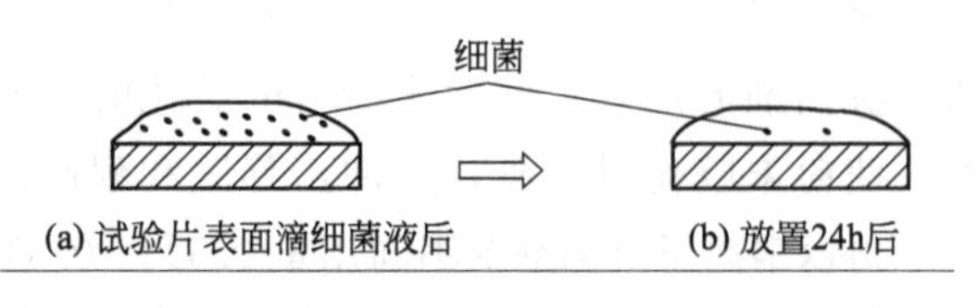

图 4-47 滴液法

以滴液法为例，在试验片表面滴下含有活菌的细菌液，在 35℃±5℃放置 24h 后测定活菌数目。使用菌种为大肠杆菌、绿脓菌以及耐 2,6-二甲氧苯基青霉素黄色葡萄球菌，在表 4-383 中列出试验结果。抗菌用涂料类型涂膜上面，开始大约有 10^7 个活菌，经 24h 后均变为 1～10 个，活菌数目大量减少。与此相比较，一般粉末涂料的涂膜上面经 24h 后活菌数目几乎没有发生多大变化。

表 4-383 各种粉末涂料的抗菌试验结果

粉末涂料类型	等 级	活菌数/个	
		开 始	24h 后
试验菌:大肠杆菌			
环氧	一般用	3.0×10^7	1.9×10^7
	抗菌用	3.0×10^7	<10
环氧-聚酯	一般用	3.0×10^7	1.8×10^7
	抗菌用	3.0×10^7	<10

续表

粉末涂料类型	等　级	活菌数/个	
		开　始	24h后
聚氨酯	一般用	3.0×10^7	1.9×10^7
	抗菌用	3.0×10^7	<10
试验菌:绿脓菌			
环氧	一般用	1.2×10^7	7.2×10^6
	抗菌用	1.2×10^7	<10
环氧-聚酯	一般用	1.2×10^7	7.2×10^6
	抗菌用	1.2×10^7	<10
聚氨酯	一般用	1.2×10^7	7.2×10^6
	抗菌用	1.2×10^7	<10
试验菌:耐2,6-二甲氧苯基青霉素黄色葡萄球菌			
环氧	一般用	1.5×10^7	8.9×10^6
	抗菌用	1.5×10^7	<10
环氧-聚酯	一般用	1.5×10^7	8.9×10^6
	抗菌用	1.5×10^7	<10
聚氨酯	一般用	1.5×10^7	8.9×10^6
	抗菌用	1.5×10^7	<10

为了保证涂膜的抗菌持续性，开发了涂膜中均匀分散银的方法。按照这种分散方法，即使涂膜有所磨损也不会失去抗菌性，只要涂膜还存在，银的抗菌效果可以半永久性地得到维持。日本关西株式会社开发的ェバケラッド-K抗菌系列粉末涂料的一般涂膜性能见表4-384。

表 4-384　ェバケラッド-K抗菌系列粉末涂料的一般涂膜性能

项　目	涂料品种	环氧(No. 3250)	环氧-聚酯(No. 4600)	聚氨酯(No. 4700)	试验方法
涂装条件	固化条件/℃×min	(180±10)×15	(180±10)×20	(180±10)×20	底材温度
	膜厚/μm	50～60	50～60	50～60	测厚仪
涂膜外观	平整性	好	好	好	目视
涂膜光泽	光泽/%	>85	>85	>85	60°反射率
涂膜物性	铅笔硬度	F～H	F～H	F～H	
	附着力	100/100	100/100	100/100	划格法
	杯突试验/mm	>7	>7	>7	杯突试验机
	冲击强度/N·cm	490	490	490	Φ1.27cm×500g
	耐盐水喷雾/mm	0	0～1	0～1	划伤后240h
	人工加速老化试验保光率/%	10	40	90	200h阳光型老化机
耐化学品性能	耐酸性	好	好	好	5%HCl溶液中120h后
	耐碱性	好	好	好	5%NaOH溶液中120h后

近年来国内也对抗菌粉末涂料进行了研究和开发，青岛美尔塑料粉末公司报道了试验情况。按HG/T 2006—1991电冰箱用粉末涂料标准，参照《卫生部消毒技术规范》中的抑菌试验，测试涂膜的抗菌结果见表4-385；按照GB 2423.16—1990（电子产品基本环境试验规程中试验J：长霉试验法ASTM G 21—96）测试防霉等级结果见表4-386。

上述的试验结果表明，抗菌防霉粉末涂料对抗菌和防霉有明显的效果。用一种无机抗菌剂和两种有机抗菌剂对抗菌剂杀菌能力的最低抑菌浓度（MIC），即在营养琼脂培养液中加入10^5cuf/mL的菌数，测定完全不长菌时所需要的杀菌剂最低浓度，其试验结果见表

4-387。

表 4-385 抗菌防霉粉末涂料的抗菌试验结果

粉末涂料类型	大肠杆菌		金黄色葡萄球菌	
	平均菌落数/($\times 10^3$cuf/mL)	抗菌率/%	平均菌落数/($\times 10^3$cuf/mL)	抗菌率/%
抗菌防霉粉末涂料	2	>99	2	>99
普通粉末涂料	206	—	215	—

表 4-386 抗菌防霉粉末涂料的防霉试验结果

粉末涂料类型	防霉等级(三块样板)		
抗菌防霉粉末涂料	0	0	1
普通粉末涂料	2	2	2

表 4-387 三种典型抗菌剂对不同菌种的最低抑菌浓度测定结果

试验菌种	最低抑菌浓度/$\times 10^{-6}$		
	无机抗菌剂	有机抗菌剂 1	有机抗菌剂 2
金黄色葡萄球菌	20	200	250
大肠杆菌	25	250	400
黑曲菌	350	40	100
宛氏拟青菌	250	50	200
绿色木菌	500	150	80
柄帚菌	600	100	70

试验结果表明，无机抗菌剂对金黄色葡萄球菌和大肠杆菌的抗菌力强；有机抗菌剂 1 对黑曲菌和宛氏拟青菌的抗菌力强；有机抗菌剂 2 对绿色木菌和柄帚菌的抗菌力强，但对其他菌种的抗菌力差。为了保证对多菌种的抗菌效果，选用三种抗菌剂的复合型抗菌剂时，抗菌防霉效果更好。复合型抗菌防霉剂用量为 1.0%时抗菌率达到 98%；2.0%时抗菌率达到 99%，涂膜色差 $\Delta E=0.42$；2.5%时涂膜冲击强度变差，综合考虑用量为 1.0%时抗菌效果、涂膜性能、涂膜颜色和涂料成本都比较容易接受。

我国抗菌剂和抗菌涂料有关的标准有 GB/T 21866—2008《抗菌涂料（漆膜）抗菌性测定法和抗菌效果》、GB/T 23763—2009《光催化抗菌材料及制品 抗菌性能的评价》、GB/T 1741—2007《漆膜耐霉菌性测定法》、 HG/T 3950—2007《抗菌涂料》等。

南京天诗蓝盾生物科技有限公司开发了粉末涂料专用“蓝盾 LD540”抗菌剂和“蓝盾 LD904”银离子抗菌剂。其中，蓝盾 LD540 是针对抗菌粉末涂料耐高温、低挥发分要求等特点开发的一款抗菌产品，是一种高活性广谱型抗菌剂，符合最新绿色涂料技术标准，提供表面抗菌功效，防紫外线，有效抑制涂膜上的大肠杆菌、金黄色葡萄球菌、酵母菌、霉菌及藻类的生长，适用于包括聚酯（TGIC）、环氧-聚酯、环氧粉末涂料体系。不同含量蓝盾 LD540 抗菌剂对聚酯粉末涂料抗菌效果的影响见表 4-388；不同含量蓝盾 LD540 抗菌剂对环氧粉末涂料抗菌效果的影响见表 4-389。

表 4-388 不同含量蓝盾 LD540 抗菌剂对聚酯粉末涂料抗菌效果的影响

编号	抗菌剂含量/%	菌落计数/(cuf/片)	抗菌效果/%
1	0.1	1.6×10^4	97.65
2	0.2	8.0×10^3	98.82
3	0.3	$<1.0\times 10^3$	>99.85

续表

编号	抗菌剂含量/%	菌落计数/(cuf/片)	抗菌效果/%
4	0.4	$<1.0\times10^{3}$	>99.85
5	0.5	$<1.0\times10^{3}$	>99.85
6	0.6	$<1.0\times10^{3}$	>99.85
	阳性对照	6.8×10^{5}	—
	空白对照	<10	—

注：试验条件 180℃×20min，检验标准 GB/T 21866—2008。

表 4-389　不同含量蓝盾 LD540 抗菌剂对环氧粉末涂料抗菌效果的影响

编号	抗菌剂含量/%	菌落计数/(cuf/片)	抗菌效果/%
1	0.1	5.8×10^{4}	97.65
2	0.2	1.0×10^{3}	98.82
3	0.3	$<1.0\times10^{3}$	>99.85
4	0.4	$<1.0\times10^{3}$	>99.85
5	0.5	$<1.0\times10^{3}$	>99.85
6	0.6	$<1.0\times10^{3}$	>99.85
	阳性对照	6.8×10^{5}	—
	空白对照	<10	—

注：试验条件 180℃×20min，检验标准 GB/T 21866—2008。

根据 GB/T 21866—2008 的标准，表 4-388 的试验结果说明，在聚酯粉末涂料中，抗菌剂 LD540 的添加量在 0.3%～0.6%左右，抗菌效果可以达到 99%以上，满足 I 级抗菌剂标准要求。表 4-389 的试验结果说明，在环氧粉末涂料中，抗菌剂 LD540 的添加量在 0.3%～0.6%左右，抗菌效果可以达到 99%以上，满足 I 级抗菌剂标准要求。蓝盾 LD540 抗菌剂的耐温性能见表 4-390；不同含量蓝盾 LD540 抗菌剂对涂膜性能的影响见表 4-391。

表 4-390　蓝盾 LD540 抗菌剂的耐温性能

测试温度/℃	检测时间/min	挥发分含量(质量分数)/%	颜色变化	冒烟情况
150	20	0.490	无变化	无烟
180	20	0.496	无变化	无烟
200	20	0.697	无变化	无烟

表 4-391　不同含量蓝盾 LD540 抗菌剂对涂膜性能的影响

测试条件	抗菌剂含量 0.2%	抗菌剂含量 0.5%	抗菌剂含量 0.6%	抗菌剂含量 0.8%
耐弯曲(2mm)	通过	通过	通过	通过
冲击强度(50kg·cm)	通过	通过	通过	通过
耐划痕(2.0kg)	通过	通过	通过	通过
60°光泽/%	74.2	73.4	73.6	74.0

表 4-390 的结果说明，蓝盾 LD540 抗菌剂在 200℃×20min 烘烤的条件下，挥发分很少，大部分还是水分。表 4-391 的试验结果说明，蓝盾 LD540 抗菌剂含量在 0.2%～0.8%之间，对涂膜的耐弯曲、冲击强度、耐划痕和光泽没有明显的影响。

另外，蓝盾 LD904 抗菌剂是用于保护高分子材料、粉末涂料产品免受细菌和霉菌的影响、以银为活性组分的抗菌粉末。这种产品对一系列细菌和霉菌具有很好的抗菌效果，例如大肠杆菌、金黄色葡萄球菌、肺炎杆菌、白色念珠菌等细菌和黑曲霉、土曲霉、球毛壳霉等霉菌，可以满足国际和国内主流抗菌测试标准和防霉标准。该产品外观是白色粉末；有极低的气味；可以承受 400℃以下的温度，不同样品处理后检验菌种见表 4-392。

表 4-392 蓝盾 LD904 不同样品处理后检验菌种

样品处理	检验菌种	
	大肠杆菌	金黄色葡萄球菌
0h 对照样菌落均值(cfu)	5.3×10^4	1.2×10^4
18h 对照样菌落均值(cfu)	2.6×10^7	6.0×10^6
18h 样品菌落均值(cfu)	90	30
对照样细菌生长值(F)	2.7	2.7
抑菌活力值(S)	5.4	5.3

有机锌抗菌剂是性能优良的抗菌防霉剂，广泛应用在涂料的抗菌防霉和抗藻方面，孔维峰等对有机锌类抗菌剂在粉末涂料中的抗菌性能试验结果见表 4-393。

表 4-393 有机锌类抗菌剂在粉末涂料中的抗菌性能

编号	项目	烘烤温度/℃	烘烤时间/min	菌落计数/(cft/片)	抗菌效果/%
1	0.4%抗菌剂	120	20	$<1.0\times10^3$	>99.85
2	0.5%抗菌剂	120	20	$<1.0\times10^3$	>99.85
3	0.6%抗菌剂	120	20	$<1.0\times10^3$	>99.85
1	0.4%抗菌剂	180	20	$<1.0\times10^3$	>99.85
2	0.5%抗菌剂	180	20	$<1.0\times10^3$	>99.85
3	0.6%抗菌剂	180	20	$<1.0\times10^3$	>99.85
1	0.4%抗菌剂	190	20	7.8×10^5	无抗菌性
2	0.5%抗菌剂	190	20	6.7×10^5	无抗菌性
3	0.6%抗菌剂	190	20	7.5×10^5	无抗菌性
	阳性对照	—	—	6.8×10^5	—
	空白对照	—	—	<10	—

表 4-393 的结果说明，有机锌在 120℃和 180℃烘烤的条件下，涂层保持良好的抗菌性能，但是 190℃条件下完全失去抗菌性能，因此有机锌抗菌剂只适合 160℃以下低温固化粉末涂料中使用。

玻璃微珠载银抗菌剂 LD904PR12 在环氧和聚酯粉末涂料中，添加量分别为 0.4%、0.6%、0.8%、1.0%，220℃烘烤 30min 固化以后，对大肠杆菌和金黄色葡萄球菌的抗菌效果都达到 99.9%以上；抗菌剂 LD904PR12 也得到同样结果，说明这两种抗菌剂都具有良好的抗菌性能。磷酸锆载银抗菌剂 LD940 在环氧-聚酯粉末涂料中，添加量分别为 0.40%、0.50%、0.70%、1.00%，220℃烘烤 30min 固化以后，对大肠杆菌和金黄色葡萄球菌的抗菌效果都达到 99.9%以上，与玻璃微珠载银抗菌剂具有同样的抗菌效果，说明抗菌效果与载体无关，与活性成分有关。使用无机锌抗菌剂的不同颜色（白色、淡黄、浅紫、米白）粉末涂料，在 220℃烘烤 30min 固化后，对大肠杆菌的抗菌活力值均达到 3.3（即抗菌效果超过 99.9%以上），对金黄色葡萄球菌抗菌活力均达到 4.9（即抗菌效果超过 99.99%以上），说明无机抗菌剂的耐热性很好。再从制造工艺来说，无论是外加干混还是内加挤出工艺，银系抗菌剂对大肠杆菌和金黄色葡萄球菌的抗菌效果都超过 99.3%，具有良好的抗菌性能。

朱贤峰等对聚胍作为抗菌剂的聚酯粉末涂料配方中聚胍添加量、粉末胶化时间、涂膜光泽和冲击强度等比较见表 4-394；这种抗菌粉末涂料对金黄色葡萄球菌和大肠杆菌的抗菌性能比较见表 4-395。

表 4-394 户内和户外用聚胍抗菌剂抗菌粉末涂料

抗菌剂品种	添加量/%	60°光泽/%	冲击强度/kg·cm	胶化时间/s	色差/ΔE
户内用高光白色抗菌粉末涂料					
空白对照	0	94.2	±50	185	—
聚胍	0.6	93.5	±50	177	0.71
	0.8	94.2	±50	176	0.85
	1.0	93.9	±50	177	0.92
抗菌剂 A	0.8	91.2	+50/−40	124	0.89
抗菌剂 B	0.8	90.2	+50/−40	118	0.97
户外用聚酯抗菌粉末涂料					
空白对照	0	15.4	±50	90	—
聚胍	0.6	15.1	±50	89	0.61
	0.8	14.2	±50	88	0.75
	1.0	13.2	±50	75	0.84
抗菌剂 A	0.8	23.2	+50/−40	56	0.76
抗菌剂 B	0.8	25.9	+50/−40	49	0.88

表 4-395 抗菌粉末涂料对金黄色葡萄球菌和大肠杆菌的抗菌性能对比

抗菌剂品种	添加量/%	菌落计数/(cfu/片)	抗菌效果/%
抗菌粉末对金黄色葡萄球菌抗菌性能对比			
空白对照	0	7.1×10^5	<5
聚胍	0.6	1.6×10^4	97.8
	0.8	1.1×10^4	98.5
	1.0	5.8×10^3	99.2
抗菌剂 A	0.8	1.2×10^3	98.3
抗菌剂 B	0.8	1.4×10^3	99.8
阳性对照	—	7.2×10^5	—
抗菌粉末对大肠杆菌的抗菌性能对比			
空白对照	0	5.8×10^5	<10
聚胍	0.6	2.2×10^4	96.5
	0.8	1.2×10^4	98.1
	1.0	5.7×10^3	99.1
抗菌剂 A	0.8	1.1×10^4	98.2
抗菌剂 B	0.8	3.1×10^3	99.5
阳性对照	—	6.3×10^5	—

表 4-395 的抗菌试验结果说明，聚胍的抗菌效果较好，用量添加到 1%时，抗菌粉末涂料的抗菌效果很好，它的效果跟抗菌剂 A 差不多，略差于银系抗菌剂 B 的抗菌效果。

虽然添加抗菌剂以后，涂膜的抗菌效果明显提高，但是由于涂料成本提高不少，国内还没有普遍工业化大量应用。抗菌性粉末涂料可以用在公用电话机、商品陈列柜、医疗器械、食品橱柜、钢制家具和办公家具等方面。

二、电绝缘粉末涂料

电绝缘粉末涂料是以电气绝缘为目的用于电机、高压开关柜、变压器、电焊机、电子元件、铜排、铝排、电磁线等产品的粉末涂料。我国粉末涂料开发、研究和应用是从电气绝缘粉末涂料开始的，虽然经历了近40年的历程，但是电气绝缘粉末涂料应用的领域不广，生产厂家不多，生产量不大，在粉末涂料总产量中占的比例也很小。近年来静电粉末涂装用电磁线粉末涂料得到重视，已有专利 ZL 200410014489.4 和专利 CN 1908096A 公开发表，被用来替代污染严重的铝线氧化膜涂层涂装铝线。用环氧、环氧-聚酯和聚酯型电绝缘粉末涂料，静电涂装法涂装电磁线和漆包线的产品在生产中得到很好的应用。

绝缘粉末涂料除具有一般粉末涂料所具有的保护和装饰功能外，还应该具有如下的特殊性能：

① 绝缘粉末涂料涂膜或涂层的体积电阻大、击穿电压和软化击穿电压高。

② 涂膜或涂层没有针孔、缩孔和火山坑等缺陷，涂膜或涂层的致密性和均匀性好，涂膜或涂层的边角覆盖力好。

③ 涂膜或涂层的附着力好，其他柔韧性、冲击强度等力学性能优良。

④ 涂膜或涂层的吸水率低，耐水、耐湿热、耐热和耐化学品等性能好。

绝缘粉末涂料的组成跟典型的热固性粉末涂料一样，一般由树脂、固化剂、颜料、填料和助剂等组成。绝缘粉末涂料中可以用的树脂主要是环氧、环氧-聚酯、聚酯和聚氨酯，其中最多还是环氧树脂。绝缘粉末涂料对颜色方面没有像一般装饰性粉末涂料那样的严格要求，颜色品种少，颜料品种的范围也窄，用量也少。填料的用量比颜料多，但从电性能和耐化学品性能考虑受到一定限制，用得比较多的还是硅微粉、云母粉等；氧化铝的硬度大，碳酸钙的耐酸性不好，应用范围受限制。树脂与固化剂的配套选择上，根据绝缘粉末涂料的电性能、力学性能、耐化学品性能、粉末涂料的烘烤固化条件要求，选择合适的树脂品种，还要考虑树脂与固化剂的配套体系。助剂品种方面，比一般粉末涂料需要的品种少，主要是流平剂、脱气剂、分散剂和消泡剂等。

电绝缘粉末涂料的制造方法跟一般热固性粉末涂料的制造工艺基本一样，最大的区别是，为了保证粉末涂料的电气绝缘性能，必须增加磁选工艺除去磁性物质，保证粉末涂料的电绝缘性能。采用静电粉末喷涂或空气喷涂的粉末涂料，可以按一般静电粉末涂料的要求控制粉末粒度和粒度分布，平均粒度（D_{50}）在 30～40μm；对于流化床浸涂用粉末涂料的平均粒度（D_{50}）应控制在 60～70μm（一般过 80 目筛网，不应有过 200 目筛网的细粉）。

电绝缘粉末涂料的涂装国内主要采用流化床浸涂法、静电粉末喷涂法和空气喷涂法等。主要工艺流程为：工件表面处理（根据需要除油、酸洗、喷砂等）→工件屏蔽→工件预热（静电粉末喷涂法冷喷不需要）→粉末喷涂→烘烤固化→清除屏蔽→修整涂层表面→检验→产品，具体可以参考第八章中的有关章节。空气喷涂（热喷涂）法的工艺流程与流化床热浸涂法只是涂装过程中的供粉设备和喷粉设备有所不同。喷涂法是利用两侧对称的喷嘴喷出雾状粉末涂料，喷涂时工件旋转，粉末涂料从两面对着预热的工件进行喷涂，喷嘴根据工件的大小可设计 4～8 个不等。这种涂装方法需要配备粉末涂料回收装置，对于电机的转子、定子涂装最有效，例如工件由传送带送进预热炉，在 280～350℃下预热 3～4min，经机械手、辅助手和屏蔽手完成对工件的喷涂，最后进入固化炉在 240～260℃下固化 4～5min，全过程在 7～9min 完成。广州擎天粉末涂料实业有限公司生产的电绝缘粉末涂料 Kinte IM 系列产品与其他产品的性能比较见表 4-396。

表 4-396 广州擎天粉末涂料实业有限公司 Kinte IM 系列绝缘粉末涂料与其他产品性能比较

项　　目	Kinte IM-1	Kinte IM-2	其他公司产品	国外产品
粉末涂料技术指标				
熔融水平流动性/mm	15.8	20	17.5	16
胶化时间/s	35	110	23.5	28
密度/(g/cm^3)	1.70	1.69	1.33	1.74
涂膜性能				
60°光泽/%	70	55	92	52
冲击强度/N·cm	正冲 490，反冲 490	正冲 490，反冲 490 不过	正冲 490 不过，反冲 490 不过	正冲 490，反冲 490
附着力/级	1	1	1	1
边角覆盖率/%	58	46	45	60
击穿电压/(kV/mm)	42	54	32	39
体积电阻率/Ω·cm	4.5×10^{15}	2.6×10^{14}	8.7×10^{14}	5.2×10^{15}
115°弯曲性能	不裂	开裂	开裂	不裂
吸水率/%	0.08	0.08	0.12	0.07
相对漏电痕迹指数	CT1600	CT1600	CT1600	CT1600
热老化(168℃,168h)	无裂痕	无裂痕	无裂痕	无裂痕
耐 10%硫酸(240h)	无变化	无变化	无变化	少许泛白
耐 10%氢氧化钠(240h)	无变化	无变化	无变化	无变化

近年来，随着我国对环保更加严格要求以后，“漆改粉”也成为涂料行业的发展趋势之一，以往使用绝缘漆的有些要求改用粉末涂料，其中有电感磁圈用绝缘粉末涂料。这种绝缘粉末涂料，不仅满足溶剂型涂料相同的抗电压击穿要求，还满足反应速度快、降电感、耐溶剂、耐酸碱、柔韧性等性能。史中平等用双酚 A 环氧树脂，用改性环氧树脂进行改性，然后使用微粉化双氰胺固化剂，再使用合适的填料得到满意的配方。他们比较环氧当量 600～650 的环氧树脂 A、环氧当量 700～850 的环氧树脂 B、环氧当量 800～900 的环氧树脂 C、环氧当量 1500～1800 的环氧树脂 D 和环氧当量 200～300 的改性环氧树脂 E 与双氰胺固化剂匹配进行试验，选择性能很好的环氧树脂 A、改性环氧树脂 E 和双氰胺固化体系。在此基础上，改变环氧树脂 A 与改性环氧树脂 E 之间的配比对粉末涂料涂膜性能的影响，环氧树脂与改性环氧树脂 E 配比对涂膜性能的影响见表 4-397。

表 4-397 环氧树脂与改性环氧树脂 E 配比对涂膜性能的影响

项目	配方 1	配方 2	配方 3	配方 4
配方/质量份				
环氧树脂 A	180	170	160	150
改性环氧树脂 E	20	30	40	50
双氰胺	11.5	11.5	11.5	11.5
涂膜性能				
涂膜外观	平整光滑	平整光滑	平整光滑	平整光滑
冲击强度(50kg·cm)	正反通过	正反通过	正反不过	正反不过
柔韧性(自折弯)	不开裂	不开裂	开裂	开裂
耐丙酮(2h)	涂层未脱落	涂层未脱落	涂层未脱落	涂层未脱落
击穿电压(≥5kV)	通过	通过	通过	通过

通过筛选适合的固化剂和填料，最后确定满足涂膜性能要求的电感磁圈用绝缘粉末涂料配方，见表 4-398。

表 4-398 电感磁圈用绝缘粉末涂料配方

配方组成	用量/质量份	配方组成	用量/质量份
环氧树脂 A	180	安息香	2.0
改性环氧树脂 E	20	脱气剂	1.5
双氰胺	11.5	填料	100
2-甲基咪唑	1	颜料	适量
通用流平剂	2.4		

另外，张义朝等也进行了对电感线圈用绝缘粉末涂料的研究，比较了四种不同环氧当量的环氧树脂与微粉双氰胺配制的粉末涂料，其结果说明单一环氧树脂配方的涂膜性能不太满意，两种环氧树脂复合配制的绝缘粉末涂料的涂膜性能较好，其粉末涂料配方和涂膜性能见表 4-399。

表 4-399 复合配制环氧绝缘粉末涂料配方和涂膜性能

项目	配方 1	配方 2
配方/质量份		
环氧树脂 B(当量 870～970)	572	613
环氧树脂 C(当量 1700～2100)	100	0
酚醛环氧树脂 D(当量 200～300)	0	50
微粉双氰胺	28	37
助剂和颜料	100	100
填料 1(硫酸钡)	200	200
涂膜性能		
涂膜外观	平整光滑	平整光滑
边角包覆	优异	一般
冲击强度(5J)	通过	通过
耐甲乙酮	通过	通过
击穿电压(5kV)	通过	通过
漏电电流(5kV)/μA	0～1	0～1

表 4-399 的结果说明，环氧树脂 B 和环氧树脂 C 配制的配方 1 的涂膜边角包覆和耐甲乙酮的性能优异，好于配方 2，因此用配方 1 进一步做不同填料粉末涂料配方及对涂膜导热性能影响试验，试验结果见表 4-400。

表 4-400 不同填料粉末涂料配方及对涂膜导热性能的影响

项目	配方 1	配方 2	配方 3
配方/质量份			
环氧树脂 B(当量 870～970)	572	28	28
环氧树脂 C(当量 1700～2100)	100	100	100
微粉双氰胺	28	200	200
助剂和颜料	100	100	100
填料 1(硫酸钡)	200	0	0
填料 2(二氧化硅)	0	200	0
填料 3(热导率高的填料)	0	0	200

续表

项目	配方 1	配方 2	配方 3
涂膜性能			
涂膜外观	平整光滑	平整光滑	平整光滑
边角包覆	优	优	优
冲击强度(5J)	通过	通过	通过
耐甲乙酮	通过	通过	通过
击穿电压(5kV)	通过	通过	通过
漏电电流(5kV)/μA	0～1	0～1	0～1
表面电阻率(Ω/sq)	6.1×10^{13}	5.7×10^{14}	2.1×10^{14}
热导率/[W/(m·K)]	0.28	0.32	0.38

表 4-400 的结果说明，配方 1 的表面电阻率和热导率均不高；配方 2 的表面电阻率高于配方 3，热导率低于配方 3；配方 3 使用了高热导率的填料，制得的产品热导率最高，表面电阻率也高于配方 1。虽然都通过抗压测试，但是表面电阻率大，通过的表面电流小，达到降低电感消耗的目的。热导率高，也可以延长涂料的使用寿命，减少热量带来的涂膜老化。不同品种填料影响涂膜导热性和表面电阻率，在选择绝缘涂料配方时，重视填料品种的选择。

湘潭大学湖南省高分子材料应用技术重点实验室开发了丙烯酸树脂绝缘粉末涂料。丙烯酸树脂的合成配方是（单位：质量份）：甲基丙烯酸缩水甘油酯 300 份、甲基丙烯酸甲酯 470 份、苯乙烯 100 份、丙烯酸丁酯 130 份、过氧化苯甲酰 30 份、甲苯 100 份，在 110℃×2h 滴加完保温 2h，减压蒸馏除去甲苯得到固体树脂。粉末涂料的配方是，丙烯酸树脂：固化剂 DDDA＝400：98.4（质量比，活性基团的物质的量比例为 1：1），没有添加任何填料。丙烯酸树脂中的活性基团 GMA 的含量分别在 20%、 30%和 40%时，比较粉末涂料涂膜性能的变化，含量高时冲击强度也提高。在粉末涂料配方中，丙烯酸树脂与固化剂的活性基团物质的量比为 1.2 时的涂膜冲击强度最好，但只能达到 35kg·cm。为了提高丙烯酸绝缘粉末涂料的冲击强度，用六钛酸钾晶须进行增强改进。六钛酸钾晶须是一种新型针状短纤维复合物，长径比较长，为絮状无机填料，具有十分优异的力学性能和物理性能，被称为 21 世纪的新型增强复合材料。试验表明，配方中的六钛酸钾晶须含量在 2%时冲击强度达到最好的 45kg·cm；当含量在 1%或 3%时冲击强度只能达到 40kg·cm。因为含量较高时，六钛酸钾晶须的硬度较高，其涂膜冲击强度下降。经过丙烯酸树脂配方的优化和粉末涂料配方的优化及用六钛酸钾晶须改进配方后，最后所得到的丙烯酸绝缘粉末涂料和环氧-聚酯绝缘粉末涂料的涂膜性能比较见表 4-401。

表 4-401 丙烯酸绝缘粉末涂料和环氧-聚酯绝缘粉末涂料的涂膜性能比较

项　目	丙烯酸绝缘粉末	环氧-聚酯绝缘粉末
涂膜外观	平整光滑	平整光滑
冲击强度/kg·cm	45	50
柔韧性/mm	≤2	≤2
附着力(划格法)/级	0	0
铅笔硬度	2H	>H
击穿电压/(kV/mm)	70.8	>35
体积电阻率/Ω·cm	2.88×10^{15}	$\geqslant2.0\times10^{15}$
固化条件/℃×min	160×30	200×10

上述数据表明，丙烯酸绝缘粉末涂料的涂膜冲击强度没有环氧-聚酯绝缘粉末涂料好，但是击穿电压明显高于环氧-聚酯绝缘粉末涂料。

电绝缘粉末涂料用于电子元件的包封，电动电机的转子和定子的涂装，开关母线铜排和铝排的涂装，电磁线用铝圆（扁）线的涂装。

三、耐高温粉末涂料

耐高温粉末涂料是由耐高温树脂、固化剂、耐高温颜料和填料以及特殊助剂组成的粉末涂料。因其突出的耐高温性能，广泛应用于化工、石油、冶金、航空航天行业。还应用在烧烤炉、取暖器、暖气管道、烘箱、消音器、车用排气管、烟囱等耐高温产品。使用的温度分为200℃、300℃、350℃、400℃、500℃及以上。因为耐高温粉末涂料在环保、安全、利用率等方面的优势，将逐步取代传统的高温漆。近年来由于“漆改粉”的趋势引导，耐温要求500℃及以上的市场需求越来越大。500℃及以上的应用领域中，涂层直接承受明火的灼烧，涂层最低的要求要达到不粉化不脱落。

1. 耐高温粉末涂料用树脂

常用的饱和聚酯树脂、环氧树脂等材料在350℃以上时，碳氧键很快就会出现断键、分解，表现为涂层粉化脱落。有机硅树脂以硅氧键为主链，因其较高的键能而赋予了有机硅树脂较高的氧化稳定性，是耐高温粉末涂料主体树脂的首选。为了改进涂膜的力学性能和降低涂料成本，通常用聚酯树脂或环氧树脂进行改性，粉末涂料的耐高温性能随着有机硅树脂含量的提高而提高。

有机硅树脂在高温下自交联反应如下：

$$\sim\sim\text{Si—OH} + \text{HO—Si}\sim\sim \longrightarrow \sim\sim\text{Si—O—Si}\sim\sim + H_2O$$

$$\sim\sim\text{Si—OR} + \text{HO—Si}\sim\sim \longrightarrow \sim\sim\text{Si—O—Si}\sim\sim + \text{ROH}$$

在有机硅树脂中，不同基团的热稳定性也有所不同，其顺序如下：苯基＞甲基＞乙基＞丙基＞丁基＞己基。一般有机硅树脂热稳定性不能低于200℃。目前粉末涂料中用的有机硅树脂有两种，一种是聚甲基硅氧烷，其特点为：良好的硬度，憎水性好，表面能低，具有不沾效果，高温下耐黄变；但与其他树脂的混溶性差。另一种是苯基硅氧烷，其特点为：良好的混溶性，良好的柔韧性，保光保色性好。

由于有机硅树脂的玻璃化转变温度低，纯有机硅树脂粉末涂料存在贮存稳定性和运输中的粉末结团问题需要解决。瓦克公司推出了玻璃化转变温度65℃的有机硅树脂。

可以用在粉末涂料中的有机硅树脂品种有：美国道康宁（现陶氏）公司的RSN-0249、RSN-0255、RSN-0233、RSN-0220、RSN-0217等；德国瓦克公司的SILRES605、SILRES604、SILRES603、SILRES601等；常州嘉诺有机硅公司的FM-CB有机硅粉末树脂等，其中有些树脂的玻璃化转变温度较低，不适合单独使用，适合作为改性树脂使用。美国道康宁（现陶氏）公司粉末涂料用有机硅树脂型号和规格见表4-402。

表 4-402 美国道康宁（现陶氏）公司粉末涂料用有机硅树脂型号和规格

项目	RSN-0249	RSN-0255	RSN-0223	RSN-0220	RSN-0217
官能团	硅醇基	硅醇基	硅醇基	硅醇基	硅醇基
固体分含量/%	99	99	99	99	99
密度/(g/cm^3)	1.3	1.22	1.32	1.33	1.34
玻璃化转变温度/℃	41	56	47	49	65
羟基含量/%	5	5	5	6.0	6
苯基/甲基	0.6/1.0	0.84/1.0	1.3/1.0	2.0/1.0	全苯基
分子量	2000～4000	2500～4500	2000～4000	2000～4000	1500～2500
理论 SiO_2 含量/%	63	62	55	51	47
取代度	1.15	1.05	1.15	1.2	1.0

德国瓦克公司的 SILRES605 有机硅树脂的外观是片状无色至略黄色固体，有机硅含量 100%，耐热温度 550℃，270℃白色无明显变化，软化点 55～80℃，羟基含量 3%～4.5%，因含苯基与其他有机树脂有较好的相容性。SILRES604 有机硅树脂耐 650℃，270℃无明显变黄，软化点 55～80℃，羟基含量 3.5%～7.0%。SILRES603 有机硅树脂含苯基、羟基，跟环氧、聚酯、丙烯酸树脂的混溶性极佳，比 SILRES601 有机硅树脂软化点高。

常州嘉诺有机硅有限公司粉末涂料用有机硅树脂技术指标见表 4-403。

表 4-403 常州嘉诺有机硅有限公司粉末涂料用有机硅树脂技术指标

项　　目	技术指标	项　　目	技术指标
外观	白色或微黄色片状固体	酸值/(mg KOH/g)	15～20
玻璃化转变温度/℃	65±5	耐热温度/℃	200～600
软化点/℃	95±10	固化条件/℃×min	(200～230)×(15～30)
羟值/(mg KOH/g)	6.0±5		

一般耐热温度 250℃的粉末涂料成膜物中的有机硅树脂含量在 15%～45%；耐热温度在 250～400℃的粉末涂料成膜物中的有机硅树脂含量在 30%～45%。某有机硅树脂厂家推荐的耐高温涂料成膜物中有机硅树脂的用量见表 4-404。

表 4-404 某有机硅树脂厂家推荐的耐高温涂料成膜物中有机硅树脂的用量

使用温度范围/℃	树脂类型	有机硅树脂含量/%	颜料类型
121～204	普通树脂改性有机硅树脂	15～50	全部颜料
204～316	有机硅树脂改性普通树脂	15～50	浮型铝粉
	普通树脂改性有机硅树脂	51～90	全部颜料
316～427	普通树脂改性有机硅树脂	51～90	黑色氧化铁、浮型铝粉
	全有机硅树脂	100	全部颜料
427～538	全有机硅树脂	100	黑色氧化铁、浮型铝粉
538～760	全有机硅树脂	100	陶瓷颜料

不同类型树脂粉末涂料 300℃×2h 烘烤后涂膜的颜色、光泽（耐热性）变化情况见表 4-405。

表 4-405 不同类型树脂粉末涂料 300℃×2h 烘烤后涂膜的颜色、光泽（耐热性）变化情况

项目	环氧	环氧-聚酯	聚酯-TGIC	聚酯-HAA	聚氨酯
涂膜原始 60°光泽/%	90.8	88.9	86.7	91.4	89.4
涂膜测试后 60°光泽/%	3.5	3.5	1.2	45.3	64
保光率/%	3.9	3.9	1.4	49.6	71.6
色差 ΔE	7.2	6.8	6.4	5.8	4.3
涂膜表面外观	无可见裂纹	无可见裂纹	无可见裂纹	涂膜起泡	无可见裂纹

表 4-405 的试验结果表明，聚氨酯粉末涂料有较高的保光率和较小的色差变化，耐热性最好；聚酯-HAA 粉末涂料保光率较好，但涂膜起泡；其他类型粉末涂料保光率不好，但涂膜无可见裂纹。

不同有机硅树脂含量改性耐热性普通树脂粉末涂料涂膜性能比较见表 4-406。

表 4-406 不同有机硅树脂含量改性耐热性普通树脂粉末涂料涂膜性能比较

有机硅树脂含量/%	0	20	30	50	70	100
涂膜硬度	H	H	H	F	F	HB
涂膜耐酸碱性能	起泡剥离	起泡剥离	起泡	轻微起泡	无明显变化	无明显变化
500℃×1h 烘烤	涂膜脱落	涂膜脱落	涂膜开裂	无开裂	无开裂	无开裂
冷热循环后附着力	涂膜脱落	涂膜开裂	3 个循环	5 个循环	>8 个循环	>10 个循环

表 4-406 的试验数据表明，随着有机硅树脂含量的增加，涂膜的硬度下降，耐酸性提高，耐热性和冷热循环后的附着力得到提高。

在 300～450℃耐高温粉末涂料领域，大都采用环氧树脂有机硅树脂拼用，这种涂料的耐高温性能可以达到用户要求，最大的问题是耐候性很难达到用户要求。耐候型聚酯树脂与有机硅树脂拼用耐高温粉末涂料的不足是高温下涂膜的耐开裂性能不如环氧有机硅粉末涂料。环氧有机硅耐高温粉末涂料的参考配方见表 4-407。

表 4-407 环氧有机硅耐高温粉末涂料参考配方

配方组成	用量/质量份	配方组成	用量/质量份
有机硅树脂	25～45	滑石粉	1～5
环氧 E-12	10～25	玻璃粉	10～15
VN-203 固化剂	2.5～4.5	锰铁黑	8～15
酚羟基树脂固化剂	1.6～4.0	硅烷偶联剂	0.6～1.0
硅微粉	20～30	流平剂	0.5～0.9

不同有机硅树脂/环氧树脂（质量份）比例制备的粉末涂料，在 230℃×30min 烘烤固化，然后在 600℃烘烤 1h 后的涂膜性能变化见表 4-408。

表 4-408 不同有机硅树脂/环氧树脂在 600℃/1h 烘烤后涂膜性能变化

编号	烘烤前后	有机硅树脂/环氧树脂(质量比)	质量损失/%	冲击强度(50kg·cm,正冲)	附着力/级
1	前	50/10	—	通过	0
	后	50/10	11.2	通过	1
2	前	45/15	—	通过	0
	后	45/15	17.3	通过	1
3	前	40/20	—	通过	0
	后	40/20	21.5	未通过	差
4	前	35/25	—	通过	0
	后	35/25	27.3	未通过	差
5	前	30/30	—	通过	0
	后	30/30	31.6	未通过	差
6	前	25/35	—	通过	0
	后	25/35	36.4	未通过	差

表 4-408 的数据说明，环氧树脂超过树脂总量的 25%后，涂膜在 600℃烘烤 1h 后，涂膜的冲击强度和附着力明显下降，要求耐温温度高的粉末涂料中环氧树脂的含量不能太高。环氧树脂的含量跟粉末涂料的耐热温度有一定线性关系。从 600℃烘烤失

重数据说明，配方中的环氧树脂基本上都分解，配方失重百分比跟环氧树脂的含量成正比说明这一点。

洪晖研究了烘烤炉用有机硅树脂改性酚醛环氧耐高温粉末涂料。先用不同环氧当量的酚醛环氧树脂（A和B），用双氰胺和酚类固化剂进行固化，比较了涂膜的耐高温等性能。其结果表明，环氧当量低的树脂A性能更好。于是用酚醛环氧树脂A与三种不同规格的酚类固化剂匹配比较涂膜耐高温等性能，粉末涂料的配方和涂膜性能见表4-409。

表 4-409 不同规格酚类固化剂有机硅改性酚醛环氧耐高温粉末涂料配方及性能

项目	配方 1	配方 2	配方 3	配方 4
配方/质量份				
酚醛环氧树脂 A	300	300	300	300
双氰胺	15	15	15	15
酚类固化剂 A	70	—	—	—
酚类固化剂 B	—	70	—	70
酚类固化剂 C	—	—	70	—
有机硅树脂	100	100	100	100
新型耐温改性材料	100	100	100	100
复合材料	200	200	200	150
云母粉	150	150	150	200
高温黑	100	100	100	100
涂膜性能(固化条件 220℃×15min)				
60°光泽/%	4.5	4.5	4.5	3.5
冲击强度/kg·cm	+50	+50	+50	+50
涂膜厚度/μm	40～50	40～50	40～50	40～50
弯曲性能/mm	6	6	6	6
附着力/级	0	0	0	0
耐温性能/℃×h	500×1	600×0.5	500×1	600×0.5
耐温试验后涂膜外观	涂膜气泡，其他无异常	涂膜气泡，其他无异常	涂膜气泡，其他无异常	涂膜气泡，其他无异常
耐温试验后涂膜附着力/级	1	1	1	1

在配方中酚类固化剂的羟值A>B>C，表4-409的结果说明配方2的性能较好，固化剂羟值的选择对涂膜最终耐高温性能有影响。复合材料和云母粉的主体是硅酸盐，相互增减对性能影响不大，但云母粉的吸油量较大，对粉末涂料熔融流动性有影响，增加则对光泽有一点影响。另外，对新型耐温改性材料不同用量耐高温粉末涂料配方及性能的影响见表4-410。

表 4-410 新型耐温改性材料不同用量耐高温粉末涂料配方及性能

项目	配方 5	配方 6	配方 7	配方 8
配方/质量份				
酚醛环氧树脂 A	300	300	300	300
双氰胺	15	15	15	15
酚类固化剂 B	50	50	20	50
有机硅树脂	100	50	50	50
新型耐温改性材料	100	100	150	150
复合材料	200	200	200	150
云母粉	150	200	150	200
高温黑	100	100	100	100

续表

项目	配方 5	配方 6	配方 7	配方 8
涂膜性能(固化条件 220℃×15min)				
60°光泽/%	4.5	3.5	4.0	3.5
冲击强度/kg·cm	+50	+50	+50	+50
涂膜厚度/μm	40～50	40～50	40～50	40～50
弯曲性能/mm	6	6	6	6
附着力/级	0	0	0	0
耐温性能/℃×h	500×1	600×1	700×1	700×1
耐温试验后涂膜外观	涂膜气泡，其他无异常	涂膜泛白，其他无异常	涂膜轻微泛白，其他无异常	涂膜轻微泛白，其他无异常
耐温试验后涂膜附着力/级	1	0	0	0

表 4-410 的结果说明，添加新型耐温材料对有机硅改性酚醛环氧粉末涂料的耐高温性能有明显的改进，但考虑到熔融黏度等的影响，需要添加合适的用量。

2. 耐高温颜料和填料

颜料和填料是影响耐高温粉末涂料涂膜性能的关键因素，应选择耐高温且稳定性好的品种。大多数常规颜料不能经受 500℃以上的高温，主要考虑颜色和附着力的影响，颜色为黑色为主，还有其他颜色，不同颜色用的颜料品种参考如下。

黑色可用氧化铁黑、石墨、二氧化锰、铬铁黑（氧化铁、氧化铬、二氧化锰混烧而成），但黑度稍差。白色可用钛白粉（350～400℃）；锌粉（约 370℃），遮盖力较差；氧化锑，耐光耐热，粉化性差，可用于防火阻燃。黄色可用锶黄，耐热性好，遮盖力低；铬黄，色泽鲜艳遮盖力好，但有毒性，不适合用在食品接触体系。红色可用镉红，遮盖力强，耐候性、分散性和耐热性都好。蓝色可用钴蓝，主要成分是氧化钴和氧化锌，还有少量的氧化铝和氧化铬，化学稳定性好，着色力低，无毒。绿色可用氧化铬绿。银色用铝粉。一般使用无机颜料，建议选用包裹型的产品，整体配方保证重金属不会超标。

对于烧烤炉、火盆等产品，不仅要求耐高温性，还要求一定的防腐蚀性能和耐盐雾性能，不同磷酸锌用量对耐高温粉末耐盐雾性能的影响见表 4-411。

表 4-411 不同磷酸锌用量对耐高温粉末耐盐雾性能的影响

项目	配方 1	配方 2	配方 3
配方/质量份			
有机硅改性树脂	200	200	200
固化剂	5	5	5
安息香	2	2	2
砂纹剂	1	1	1
其他助剂	2	2	2
磷酸锌	20	40	60
铁锰黑	50	50	50
耐高温填料	120	100	80
颜填料的含量/%	47.5	47.5	47.5

续表

项目	配方 1	配方 2	配方 3
耐高温性能(500℃×2h)			
涂膜外观	无明显变化	轻微变化	局部轻微龟裂
附着力(划格法)	0 级	1 级	1 级
正常涂膜耐盐雾性能			
涂膜外观	锈迹	无锈迹	无锈迹
锈蚀宽度/mm	≥3	≤1	≤2
耐高温试验(500℃×2h)后耐盐雾性能			
涂膜外观	布满锈迹	少量锈迹	涂膜脱落
腐蚀宽度/mm	≥5	≥3	—

表 4-411 的结果说明，加磷酸锌对于耐盐雾有提升，但是加多了对耐温性有影响。

选择的填料也应该是耐高温且稳定性好，还能与有机硅树脂的硅氧烷官能团发生反应，所以硅酸盐类的填料是首选，如云母粉、硅微粉等。另外就是硅酸盐类的材料，主要是因为其磷酸根能与金属进行反应，从而保证涂层与基材之间的附着力。耐高温粉末涂料中常用的填料有云母粉、滑石粉、空心微珠、沉淀硫酸钡、沉淀二氧化硅、硅灰石粉等。

（1）云母粉

云母粉可以提高涂膜的耐紫外光性能，提高耐候性，片状结构可以改善涂膜的致密性，防止水分的渗入，提高耐水性、耐酸性、耐碱性和良好的电绝缘性。还可以提高涂膜的耐热屏蔽作用，提高耐热性。

（2）滑石粉

可以提高涂膜硬度，羟基可以提高附着力，提高涂膜抗龟裂性，但也容易使涂膜失光和粉化，填加多了影响涂膜流平性。不同滑石粉含量的环氧有机硅粉末涂料在 600℃烘烤 1h 后，涂膜失重和外观变化影响见表 4-412。

表 4-412 不同滑石粉含量环氧有机硅粉末在 600℃烘烤 1h 对涂膜失重和外观的影响

编号	600℃×1h 烘烤	滑石粉含量/%	烘烤失重/%	涂膜外观
1	前	1	—	砂纹一致
	后	1	17.12	局部有裂纹
2	前	2	—	砂纹一致
	后	2	17.26	局部有裂纹
3	前	3	—	砂纹一致
	后	3	17.31	无裂纹
4	前	4	—	砂纹一致
	后	4	17.42	无裂纹
5	前	5	—	砂纹一致
	后	5	17.54	局部有较多裂纹

表 4-412 的结果说明，在环氧有机硅粉末涂料中，比较合适的滑石粉含量为 3%

左右。

（3）空心微珠

主要成分是二氧化硅和氧化铝，高硬度和高强度的中空球形颗粒，表面积小，可以减少树脂的使用量；对熔融粉末涂料的黏度影响小，对涂膜的流平性影响不大；可以提高涂膜的硬度和耐划伤和抗蚀性；提高涂膜的隔热性、耐水性和耐高温性；吸收紫外光，提高涂膜耐候性。

（4）沉淀硫酸钡

惰性物质，耐酸、耐减，无负面效应，比其他填料密度大。

（5）沉淀二氧化硅

耐光、耐高温、耐磨、耐酸，但不耐碱。

（6）硅灰石粉

硅酸钙，耐热、高硬度，吸油量低。

3. 助剂

在耐高温粉末涂料中，对于平面外观粉末涂料还是需要添加流平剂和脱气剂的。另外，考虑到改进树脂与颜填料之间的润湿性和分散性，还有改进成膜物与底材之间的附着力，添加偶联剂等助剂也是必要的，添加量以商家推荐用量作为参考，经过试验确定具体的使用量。

4. 参考性配方和涂膜性能

某公司推荐的有机硅树脂改性环氧树脂的耐高温粉末涂料配方见表4-413；有机硅树脂耐高温粉末涂料配方见表4-414；改性有机硅树脂耐高温粉末涂料配方和涂膜性能见表4-415。

表4-413　有机硅树脂改性环氧树脂耐高温粉末涂料配方

配方组成	用量/质量份	配方组成	用量/质量份
嘉诺有机硅树脂	25～30	分散剂	1
环氧树脂	20～30	消泡剂	0.7
固化剂	5～8	耐高温黑色颜料	16
流平剂	1～1.5	云母粉	10

注：有机硅树脂和环氧树脂的用量和配比，根据耐温要求决定。

表4-414　有机硅树脂耐高温粉末涂料配方

配方组成	用量/质量份	配方组成	用量/质量份
瓦克SILRES604有机硅树脂	260	云母粉	80
B1530固化剂	6.5	滑石粉	99
流平剂PV88	2.5	磷酸锶	75
安息香	1.5	颜填料含量/%	48.21
黑色颜料	35	固化条件/℃×min	230×30

表 4-415 改性有机硅树脂耐高温粉末涂料配方和涂膜性能

项目	指标	项目	指标
配方	用量/质量份	涂膜外观	黑色微细橘纹
改性有机硅树脂	500	60°光泽/%	33
固化剂	26	涂膜厚度/μm	50
流平剂	8.5	铅笔硬度	5H
消泡剂	5.0	柔韧性/mm	4
其他助剂	1.5	附着力(划格法)/级	2
耐高温颜料	24	冲击强度/kg·cm	35
云母粉	160	甲乙酮擦 200 次	无失光、软化
滑石粉	198	耐酸性(5%盐酸)	300h 无褪色、起泡、脱落
空心微粉	150	耐碱性(5%氢氧化钠)	300h 无褪色、起泡、脱落
颜填料含量/%	49.58	耐热性	450℃长时间，500℃下短时间无开裂，鼓泡，颜色轻微变化
固化条件/℃×min	230×30		
涂膜性能			

四、防沾污粉末涂料

防沾污粉末涂料是由特殊成膜树脂（有机硅树脂、氟树脂或改性物）、固化剂、颜料和填料、助剂（特别是降低涂膜表面能的助剂）等组成。防沾污粉末涂料的特点是，涂膜表面具有较低的表面张力，有自洁作用，污物自然滚落，特别适用于多孔表面、建筑外墙方面。

一般涂膜的黏附污染可分为附着性污染和吸入性污染两种。前者是由于涂膜表面凹凸不平或静电吸附等原因，导致灰尘等污染物附着在涂膜表面；后者是由于涂膜表面不够致密，存在空隙，污染物在毛细管力的作用下，以空气中的水蒸气为介质，使污染物在附着的基础上进入涂膜内部。相对于附着性污染，吸入性污染更难以去除。通常的污染两种情况都包括。

要解决涂膜的耐污染问题，需要从涂膜的水敏感性和表面致密性方向考虑可参考荷叶效应，荷叶表面层生长着纳米级的二次结构形成微观粗糙表面，使荷叶表面具有超疏水性和非常小的滚动角，赋予了荷叶优异的抗沾污自清洁功能。

荷叶表面防沾污机理是由低表面能来实现，有机氟聚合物的表面能是聚合物中最低的，这是由于氟原子的加入使单位面积作用力减小的结果。只要保证涂膜表层中足够的氟含量，就能保证涂膜有足够低的表面能。有机硅树脂涂膜的表面能高于氟树脂，但比氟树脂便宜得多，因此应用广泛。改性有机硅树脂可作为憎水添加剂或低表面能成分用于防沾污涂料，例如用含氨基的二甲基硅油对环氧树脂改性。有机硅、氟碳助剂降低表面能，使其他物质与表面的黏附作用减小，其结果是涂膜表面具有优异的疏水性和疏油性，具有良好的防黏附功能。

涂膜超强的疏水性，有效防止水分渗透，使涂膜时刻保持干爽，减少细菌滋生，提高涂膜的使用寿命。这种涂膜表面平整，光滑，丰满度好，色泽鲜艳，具有超强的耐候性，涂膜柔韧性，附着力强，硬度高，具有特殊的耐擦洗性，易清洁，施工方便。

防沾污粉末涂料的成膜物有氟树脂、有机硅树脂及它们的混合物和改性物等。

氟树脂是一种结晶性高分子化合物，且具有异常低的表面能。它的化学性能稳定，在高温下，浓酸、浓碱或强氧化剂对它都不起作用。具有优异的耐高温性能，能长期在－195～250℃使用。氟树脂粉末涂料具有耐热、耐化学品和防沾污性，它的耐候性优良，广泛用在建筑物的防沾污涂层上。氟树脂防沾污粉末涂料的涂装对工件的表面处理严格要求，否则涂层性能差。但是氟树脂粉末涂料的成本也很贵，一般用在高档高层建筑的金属幕墙等高档装修上面。

有机硅树脂或有机硅树脂改性粉末涂料克服了氟树脂粉末涂料的价格贵、对底材的处理要求很严等缺点，除了涂装方便、色泽鲜艳、涂层具有不沾污性外，还具有很高的热稳定性、耐磨性、易清洗性和高强度等优点。在硅氧烷涂料中，甲基含量越高，交联速度越快，其成膜温度低于氟树脂，附着力优于氟树脂粉末涂料。有机硅粉末涂料分为有纯有机硅树脂和有机树脂改性普通树脂粉末涂料，后者固化温度低于前者，具有较好的综合性能，所以应用中有机硅树脂改性普通树脂的占主导地位。另外，用有机硅树脂改性普通聚酯、聚氨酯树脂也可以制备防沾污粉末涂料，这样价格上容易接受，适用范围也更广。有机硅树脂改性不同光泽聚氨酯防沾污粉末涂料的参考配方见表 4-416。

表 4-416 有机硅树脂改性不同光泽聚氨酯防沾污粉末涂料配方 单位：质量份

配方组成	配方 1	配方 2	配方 3
高羟值聚酯		19	13
中羟值聚酯	52		
低羟值聚酯		19	30
封闭型异氰酸酯	18	32	27
流平剂	1.2	1.2	1.2
脱气剂	0.6	0.6	0.6
有机硅树脂	2	2	2
金红石钛白粉	24	24	24
沉淀硫酸钡	18	18	18

五、防火阻燃粉末涂料

防火阻燃粉末涂料是由树脂、固化剂、颜料和填料和助剂（特别是防火助燃助剂）等组成的粉末涂料。防火阻燃涂料具有防火、防燃、阻燃、隔热等，主要应用于电机、家用电器零部件、电烘箱、发电机组配件、变压器、防盗门、汽车零部件等产品。防火阻燃粉末涂料在具有防火阻燃作用的成膜物质的基础上，根据添加阻燃剂类型，可分为膨胀型防火阻燃粉末涂料与非膨胀型防火阻燃粉末涂料。

能起到阻燃作用的物质有ⅤA族的 N、P、As、Sb、Bi 元素；ⅦA族的 F、Cl、Br、I 和 B、Al、Mg、Ca、Zr、Sn、Mo、Ti 等元素。常把含有 N、P、Cl、Br、B、Mg 和 Al 元素的化合物作为阻燃剂。常用的阻燃剂中，含溴的阻燃剂有五溴甲苯、三溴苯酚、四溴双酚 A、五溴联苯醚、六溴醚、十溴联苯醚，含锑的有三氧化二锑，还有硼酸锌、水合氢氧化铝、氯化石蜡等，这些阻燃剂最好不影响涂膜流平性、颜色和力学性能等。

防火阻燃粉末涂料的阻燃机理是，当含卤素化合物，例如多溴联苯醚等受热分解时产生溴化氢，它与三氧化二锑反应生成溴化氧化锑。溴化氧化锑在高温下生成三溴化锑，一方面含溴化合物产生的溴化氢稀释空气并捕获传递燃烧链时反应的活性自由基，生成活性低的溴素自由基，从而减缓甚至终止燃烧；另一方面，溴化氧化锑分解产生的溴化锑，在气相中发挥隔离氧的作用，并增加吸热作用，从而提高阻燃效果。

在防火阻燃粉末涂料中，阻燃剂应具备的条件如下：①阻燃效率高，不降低被阻燃基材的力学性能和电性能；②被阻燃基材分解温度和加工条件相匹配；③与基料树脂相容性好，易分散；④无污染，低毒性。

氢氧化铝作为最早使用的阻燃剂，也是用量最大的无机阻燃剂，具有如下的特点：

（1）在250℃左右开始脱水，吸热，抑制聚合物温度的上升；

（2）分解生成的水蒸气稀释了可燃气体和氧化物浓度，可阻止燃烧进行；

（3）在可燃物表面生成三氧化二铝，可以阻止物体燃烧；

（4）无毒、低燃。

氢氧化铝阻燃剂的缺点是添加量比较多，一般认为添加量在50%以上才能起到很好的阻燃作用。

磷-氮阻燃体系也是常用的品种，一般认为氮化物（如尿、氰胺、胍、双氰胺、羟甲基三聚氰胺等）能促进磷酸纤维素的磷酰化反应。形成的磷酰胺更易与纤维素产生酯化反应，这种酯的热稳定性较磷酸酯热稳定性好。磷-氮阻燃体系能促进糖类在较高温度下分解成焦炭和水，并增加焦炭残留物的生成量，从而提高阻燃效果。磷化物和氮化物在高温下形成膨胀性焦炭层，起到隔热阻燃保护层的作用。不同阻燃剂在20%含量时阻燃性能的比较见表4-417。

表 4-417　不同阻燃剂在 20%含量时阻燃性能比较

项目	氢氧化铝	氢氧化镁	磷-氮阻燃剂	磷酸三苯酯	无卤磷酸酯
涂膜流平性	6	接近砂纹	5	5	5
粉末上粉率	好	好	一般	好	好
第一次烧 10s	3s	0s	0s	持续燃烧	持续燃烧
第二次燃烧 10s	50s	持续燃烧	0s	持续燃烧	持续燃烧
燃烧等级	UL 94 V-2	>UL 94 V-2	UL 94 V-0	>UL 94 V-2	>UL 94 V-2
挤出性能	好	好	好	粘压辊	粘压辊

表4-417的数据说明，磷-氮类阻燃剂的效果最好，其次是氢氧化铝，氢氧化镁、磷酸三苯酯和无卤磷酸酯在粉末涂料中没有明显效果。

对不同氢氧化铝含量粉末涂料的性能试验结果表明，氢氧化铝含量在20%和30%时，涂膜的冲击性能很好，但是阻燃等级都只达到UL 94 V-2级；而氢氧化铝含量在40%和50%时，涂膜的冲击性能不好，阻燃等级都达到UL 94 V-1级，阻燃等级要达到UL 94 V-0级，必须增加氢氧化铝的添加量，这时涂膜的冲击强度变得更差。

对不同磷-氮阻燃剂含量粉末涂料的性能试验结果表明，随着磷-氮阻燃剂含量的增加，涂膜流平性变差，上粉率下降，阻燃剂含量在5%时阻燃等级为UL 94 V-2级；10%时阻燃等级为UL 94 V-1级；15%和20%时阻燃等级为都是UL 94 V-0级。

单独使用氢氧化铝或者磷-氮阻燃剂时，涂膜性能和阻燃等级都不是很理想。如果使用氢氧化铝和磷-氮阻燃剂复合体系，可以得到更好的效果。氢氧化铝和磷-氮组合不同比例复合阻燃体系的试验结果见表4-418。

表 4-418 氢氧化铝和磷-氮组合的不同比例复合阻燃体系的试验结果

项 目	配方 1	配方 2	配方 3
氢氧化铝含量/%	15	20	25
磷-氮阻燃剂含量/%	15	10	5
涂膜流平性	5	6	6
粉末上粉率	一般	稍好	好
第一次烧 10s	0s	0s	0s
第二次燃烧 10s	0s	0s	40s
阻燃等级	UL 94 V-0	UL 94 V-0	UL 94 V-1

表 4-418 的数据说明，配方 2 的氢氧化铝含量为 20%、磷-氮阻燃剂含量 10% 的复合阻燃剂粉末涂料的阻燃效果最好，可以达到 EN45545-2 R1 HL3 级要求。

在粉末涂料配方中，阻燃剂可以使用单一品种，也可以使用多品种的复合型，一般复合型的效果更好，普通户外粉末不同阻燃剂的阻燃效果比较见表 4-419。

表 4-419 普通户外粉末不同阻燃剂的阻燃效果比较

项目	配方 1	配方 2	配方 3	配方 4
阻燃剂品种	无	Dother6000	Dother6003	复合型阻燃剂
阻燃剂特点		无卤阻燃剂	无卤阻燃剂	多种复合型
阻燃剂用量/%	0	25	25	25
涂膜外观	平整光滑	平整，稍有失光	橘皮较重，表面粗，失光	橘皮较重，涂层有气泡，稍有失光
阻燃性(酒精灯烧灼)	片料易燃烧，外部火焰离开，片料继续燃烧，有熔滴，熔滴物自燃超 15s	片料易燃烧，外部火焰离开，片料继续燃烧，有熔滴现象，熔滴物自然现象超 15s	片料燃烧，外部火焰离开，片料继续自燃，有熔滴现象，熔滴物不燃烧	片料燃烧，但不激烈，外部火焰离开，片料停止自燃，无熔滴

表 4-419 的试验结果说明，无卤阻燃剂 Dother6000 能起到一定的阻燃作用，但效果不明显；无卤阻燃剂 Dother6003 阻燃效果比 Dother6000 好，但仍有熔滴现象；复合阻燃剂没有熔滴现象。复合型阻燃剂是由酸源的聚磷酸铵、炭源的季戊四醇、气源的三聚氰胺组成，阻燃效果最好。

复合型阻燃剂一般是由酸源、炭源、气源三种成分组成。

（1）酸源

其作用是遇火灾时产生分解，生成无机酸或有机酸，要求释放的无机酸沸点低，氧化性不强，使多元醇脱水炭化。从原料来源、价格和毒性低考虑用聚磷酸铵的多，也有用三聚氰胺磷酸盐。

（2）炭源

主要作用是火灾时与脱水成炭催化剂（酸源）反应炭化，所形成的炭化层对钢材起到隔绝传热的保护作用。在膨胀型防火阻燃涂料中成炭剂的分解温度要与脱水催化剂相匹配。因此，在采用聚磷酸铵作脱水催化剂时，一般采用热稳定性高的高碳多羟基化合物作阻燃体系的成炭剂。从成本、来源及炭化效果考虑，季戊四醇作为膨胀型防火阻燃粉末涂料的成炭剂是比较合适的。

（3）气源（发泡剂）

其主要作用是发生火灾时，分解释放出气体使炭化物膨胀，因为膨胀的炭化层其隔热效果更为明显。目前国内膨胀型防火阻燃粉末涂料一般选择三聚氰胺作为气源（发泡剂）。因为三聚氰胺的分解温度与聚磷酸铵和季戊四醇之间的热分解温度相近，三者能发挥更好的协同效应。

检测结果表明，聚磷酸铵在170℃左右开始有少量分解，分解过程平缓；季戊四醇190℃开始极速分解；三聚氰胺230℃开始急速分解。在发生火灾时，环境温度高于170℃，实际上温度达到800～1000℃，因此酸源在火灾中首先发生分解，进而引发炭源炭化形成炭化层，随温度升高气源也开始分解，释放出 NH_3、H_2O 等气体，最终起到隔热、防火、阻燃作用，对钢铁结构形成保护。

典型的粉末涂料在180～200℃反应固化，这时阻燃剂分解释放小分子 NH_3 和 H_2O 等，从而影响涂膜外观和防火效果，为克服这些问题必须考虑170℃以下低温固化问题，或者选择分解温度适用的阻燃剂。聚磷酸铵、季戊四醇和三聚氰胺的不同配比对涂层遇火膨胀试验的影响见表4-420。

表 4-420 聚磷酸铵、季戊四醇和三聚氰胺的不同配比对涂层遇火膨胀试验的影响

项目	1	2	3	4	5	6	7
聚磷酸铵/质量份	50	60	40	80	20	60	60
三聚氰胺/质量份	50	40	60	20	80	40	40
季戊四醇/质量份	40	40	40	40	40	20	60
涂膜遇火后膨胀情况	较好	很好	差	一般	很差	很好	很好
成炭效果	好	好	好	好	好	一般	好

表4-420的试验结果说明，酸源（聚磷酸铵）/气源（三聚氰胺）=3/2时有较好的膨胀效果，这时N原子与P原子有较好的复配，超过或者不足这个比例时遇火后，影响膨胀效率。

炭源中不含N和P原子，其主要作用是燃烧时成炭。因此可以通过调整季戊四醇含量来控制成炭效果，当含量在40（质量份）时达到很好的效果，继续增加无明显差异。阻燃剂燃烧时释放大量的烟雾，在防火阻燃粉末涂料中添加氧化锌等抑制剂有很好的抑烟效果，添加量为总配方量的2%～4%。

在十溴联苯醚和三氧化二锑体阻燃系配方中，阻燃剂含量对涂膜性能和阻燃性（氧指数和耐火性）的影响见表4-421。

表 4-421 阻燃剂含量对涂膜性能和阻燃性的影响

阻燃剂含量/%	固化条件/℃×min	涂膜外观	弯曲/mm	冲击强度(50kg·cm)	附着力/mm	氧指数/%	耐火性/h (GB 14907)
0	180×15	平整光滑	2	通过	1	18	0.5
5	180×15	平整光滑	2	通过	1	25	0.8
10	180×15	平整光滑	2	通过	1	45	1.0
15	180×15	平整光滑	2	通过	1	65	1.2
20	180×15	平整光滑	2	通过	1	67	1.3
25	180×15	平整光滑	2	通过	1	70	1.3

表4-421的试验结果说明，阻燃剂的添加对涂膜弯曲、冲击强度、附着力的影响不明显；但是对涂膜的氧指数和耐火性的影响较大。当阻燃剂含量15%以内时，随着阻燃剂含量的增加氧指数迅速增加，阻燃性越好；而超过15%后，随阻燃剂增加，氧指数增加不明显。

在防火阻燃粉末涂料中，阻燃剂中Sb（锑）与Br（溴）的质量比例对涂膜的阻燃性有很大的影响，见表4-422。

表 4-422 锑与溴的质量比例对涂膜阻燃性的影响

Sb(锑)∶Br(溴)	氧指数/%	Sb(锑)∶Br(溴)	氧指数/%
1∶1	40	1∶4	45
1∶2	50	1∶5	35
1∶3	60		

表 4-422 的试验数据说明，锑∶溴的质量比例 1∶3 最好，在空气中明火不能使片料燃烧，当锑∶溴的比例从 1∶1 增加到 1∶3 时，氧指数迅速增加，阻燃效果好，而锑∶溴的比例在 1∶4 以上、溴含量增加时，阻燃性明显下降。

防火阻燃粉末涂料的参考配方如下。

（1）四溴双酚 A 环氧防火阻燃粉末涂料

四溴双酚 A 环氧防火阻燃粉末涂料的配方见表 4-423。

表 4-423 四溴双酚 A 环氧防火阻燃粉末涂料的配方

配方组成	用量/质量份	配方组成	用量/质量份
四溴双酚 A 环氧	12.5	季戊四醇	5.3
环氧 E-12	37.5	三聚氰胺	10.6
取代双氰胺	3.0	钛白粉	5.0
流平剂	1.6	沉淀硫酸钡	6.0
安息香	0.4	轻质碳酸钙	2.0
2-甲基咪唑	0.1	高色素炭黑	0.2
聚磷酸铵	15.8	合计	100

表 4-423 配方说明，四溴双酚 A 环氧∶环氧 E-12＝1∶3，在本配方中选用了有阻燃作用的含溴环氧树脂，通过阻燃元素的高分子化，达到了防火阻燃的长效化。这种粉末涂料具有附着力强、涂膜性能好、燃烧膨胀性优、炭化层硬度高、抗蚀耐水好的特性。

（2）酚醛环氧防火阻燃粉末涂料

酚醛环氧防火阻燃粉末涂料的不同配方见表 4-424。

表 4-424 酚醛环氧防火阻燃粉末涂料的不同配方　　单位：质量份

配方组成	功能	配方 1	配方 2	配方 3
酚醛环氧树脂		47	47	47
环氧树脂		14	14	13
固化剂 M68		5	5	—
酚羟基树脂		—	—	7
流平剂 588		2	2	—
流平剂 PV88		—	—	0.8
安息香		0.4	0.5	0.4
聚磷酸铵	膨胀及阻燃剂(酸源)	15	20	22
三聚氰胺	阻燃剂(气源)	8	10	14
季戊四醇	阻燃剂(炭源)	9	9	13
三聚氰胺焦磷酸盐	膨胀助剂	5	8	5
氧化锌	消烟剂	3	3	3
高岭土		3	3	—
增韧剂 PVB		3	3	—
金红石钛白粉		7	7	7
硅微粉		0.2	0.2	0.1
硅灰石		—	—	6
玻璃纤维		—	—	5

上面三个配方是不同固化剂体系的环氧粉末涂料，而且阻燃剂的组成一样，但是它们之间的配比是不同的。表 4-424 中的三个配方的试样进行防火试验结果见表 4-425。

表 4-425　三个配方的试样进行防火试验结果

配方编号	涂层厚度/mm	涂层密度/(g/cm³)	有效防火时间/min∶s	膨胀率倍数	失重/%	备注
1	3.04	0.99	33∶14	31.1	70.4	层状断面，该涂料膨胀体呈层状，硬实，有面积收缩
2	2.49	1.20	31∶00	61.6	63.8	蜂窝状断面，该涂料膨胀体呈蜂窝状，硬实，无面积收缩
3	2.08	1.54	54∶14	13	65.1	断面密实，稍垂流，该涂料膨胀体呈密实海绵状

表 4-425 的试验结果说明，涂层进行烧灼试验后，稍垂流，说明成膜物含量偏高。

（3）环氧-聚酯防火阻燃粉末涂料

环氧-聚酯防火阻燃粉末涂料的配方见表 4-426、表 4-427。

表 4-426　环氧-聚酯防火阻燃粉末涂料的配方（一）

配方组成	用量/质量份	配方组成	用量/质量份
环氧树脂	100	十溴联苯醚	11
聚酯树脂	100	三氧化二锑	3
流平剂	2.6	钛白粉	60
增光剂	2.2	颜料	适量
安息香	1.0	硫酸钡(或碳酸钙)	70

表 4-427　环氧-聚酯阻燃粉末涂料配方（二）

配方组成	用量/质量份	配方组成	用量/质量份
环氧树脂	30	阻燃剂	3～10
聚酯树脂	30	钛白粉	10
流平剂	1	沉淀硫酸钡	18～25
增光剂	0.5	炭黑	0.2
安息香	0.3		

（4）聚酯防火阻燃粉末涂料

聚酯防火阻燃粉末涂料配方见表 4-428。

表 4-428　聚酯防火阻燃粉末涂料配方

配方组成	用量/质量份	配方组成	用量/质量份
聚酯树脂	96	聚磷酸铵	12
固化剂	4	季戊四醇	6
流平剂	1.6	三聚氰胺	8
增光剂	2	颜料	适量
安息香	0.5	填料	50

六、抗静电粉末涂料

抗静电粉末涂料是导电粉末涂料的一种，由成膜物树脂和固化剂、颜料、导电性填料和金属粉及导电助剂等组成。抗静电粉末涂料的体积电阻在 $10^4 \sim 10^6\ \Omega \cdot cm$ 之间，可使静电荷瞬间消失。普通粉末涂料的体积电阻在 $10^{13} \sim 10^{15}\ \Omega \cdot cm$ 之间，易使静电荷积累，需要及时导走产生的静电荷，否则容易造成静电放电产生火灾、爆炸等事故。一般计算机机房、无尘房间、特殊电器等需要涂装抗静电粉末涂料，防止产生静电荷。

抗静电粉末涂料用树脂品种中有环氧、环氧-聚酯、聚酯、聚氨酯和丙烯酸树脂等，其中室内品种多采用环氧-聚酯，户外是聚酯树脂为主，聚氨酯和丙烯酸因价格等问题，用得比较少。

抗静电粉末涂料配方的特点是必须有导电材料成分。因为树脂和固化剂是属于绝缘性材料，所以只有导电性颜料、填料、抗静电助剂和金属粉等才能提供导电性。导电性颜料品种有炭黑、石墨等；还有铝粉、锌粉、不锈钢粉等金属粉和填料。氧化锌等金属氧化物具备导电性颜料兼填料的特性；还有带电助剂等材料。最近推广应用很广的石墨烯材料也可以作为特殊导电材料应用。

夏振华等研究的室内用抗静电粉末涂料的配方见表 4-429；按内加法添加不同用量的国产铝粉到配方后，对粉末体积电阻和涂膜性能的影响试验结果见表 4-430。

表 4-429　室内用抗静电粉末涂料配方

配方组成	用量/质量份	配方组成	用量/质量份
环氧树脂	23	国产铝粉	6
聚酯树脂	25	氧化锌	8
流平剂(环氧树脂载体)	5	金红石钛白粉	8
701 增光剂	0.6	轻质碳酸钙	3
安息香	0.2	沉淀硫酸钡	7
抗静电剂	2		

表 4-430　按内加法添加不同用量国产铝粉到配方后对粉末体积电阻和涂膜性能的影响

铝粉用量(质量分数)/%	体积电阻率/Ω·cm	冲击强度/kg·cm	柔韧性/mm	附着力(划格法)/级	耐甲苯/h
1	10^{10}	50	2	1	72
5	10^9	50	2	1	72
10	10^6	50	2	1	72
20	10^4	50	2	1	72
30	10^7	<50	2	1	<72

表 4-430 的结果说明，当铝粉含量在小于 10%、大于 20%时，体积电阻率在 $10^9 \sim 10^7\ \Omega \cdot cm$ 之间；铝粉添加量小于 10%时，随着添加量增加体积电阻率下降；添加量超过 20%时，随着添加量增加体积电阻率缓慢增加，涂膜冲击强度和耐溶剂性变差。添加量在 10%～20%时，体积电阻率在 $10^4 \sim 10^6\ \Omega \cdot cm$ 之间，涂膜性能良好，这是比较适合的用量范围。浮型铝粉外加法添加到底粉（160 目过筛得到底粉）中后，对于粉末体积电阻率和涂膜性能的影响试验结果见表 4-431。

表 4-431　浮型铝粉外加法添加到底粉中后对粉末体积电阻率和涂膜性能的影响

外加铝粉量(质量分数)/%	体积电阻率/Ω·cm	冲击强度/N·cm	柔韧性/mm	附着力(划格法)/级	耐甲苯/h
0	10^{10}	490	2	1	72
0.5	10^{9}	490	2	1	72
1.0	10^{7}	490	2	1	72
1.5	10^{6}	490	2	1	72
2.0	10^{4}	490	2	1	72
2.5	10^{4}	<490	2	1	72
3.0	10^{4}	<490	6	2	<72

表 4-431 的结果说明，外混浮型铝粉含量在 1.5%～2.0%时，体积电阻率为 10^4～10^6 Ω·cm，添加量小于 1.5%时，随铝粉含量的增加，体积电阻率迅速下降，从 10^9 Ω·cm 降到 10^7 Ω·cm，当铝粉含量超过 2.0%时，体积电阻率在 10^4 Ω·cm 左右，没有下降，但是涂膜冲击强度和耐溶剂性能下降。比较合适的铝粉含量范围为 2.0%左右。

氧化锌对粉末涂料体积电阻的影响没有铝粉和抗静电助剂影响大。添加量在 5%以下时，体积电阻在 10^7 Ω·cm 左右，添加量超过 20%时，体积电阻率下降不明显，基本在 10^4～10^6 Ω·cm 左右，涂膜性能不好。综合考虑氧化锌的含量在 5%～20%是比较合适的。氧化锌可作为粉末体积电阻调节剂使用，还可作为环氧-聚酯粉末涂料的固化促进剂使用，并且还作为白色颜料有一定的遮盖力。

在抗静电粉末涂料配方中，抗静电剂是不可缺少的重要的助剂，添加量在 2.0%以下时，随着添加量的增加，体积电阻率从 10^9 Ω·cm 下降到 10^6～10^4 Ω·cm。当添加量在 2%以上时，体积电阻率不再变化，它起的作用跟外加浮型铝粉的效果差不多。

制备抗静电粉末涂料的方法有多种，其中之一是用经典的粉末涂料制备方法制备，例如熔融挤出方法。对于不适合采用熔融挤出工艺的原料，例如铝粉（包括浮型铝粉）、石墨烯等材料的配方，最好先制备底粉，然后再添加这些材料进行干混合。考虑到由于不同带电性能影响导致粉末配方组成与涂膜组成之间的差异，更理想的是经过铝粉或石墨烯的热邦定，使铝粉或石墨烯黏结到粉末底粉上去，保证粉末体积电阻率的稳定性，也就保证涂膜抗静电性的稳定性。

七、隔热保温粉末涂料

隔热保温粉末涂料是由成膜物（树脂和固化剂）、颜料、隔热保温填料、纳米材料和助剂等组成的粉末涂料。成膜物树脂包括环氧、环氧-聚酯、聚酯等树脂；隔热保温填料包括空心微珠、硅酸盐、二氧化硅、绢云母、硅藻土、陶瓷粉、珍珠岩等；纳米材料包括纳米氧化锆、纳米氧化锌、纳米二氧化钛、纳米二氧化硅、纳米氧化钇等。助剂包括粉末涂料中常用的流平剂、脱气剂、增光剂、抗氧剂、偶联剂等。隔热保温粉末涂料中的大部分是用在建筑型材方面。

1. 隔热保温原理

物体内和物系之间只要存在温差，热量就会从高温处向低温处传递，简称传热。热量传递有三种方法：热传导（导热）、 热对流、热辐射。从热量传递方式来分析，隔热保温原理有两条：热辐射和热隔阻。

（1）热辐射

热辐射，实际上是太阳光的反射。太阳光反射几乎50%以上是红外光辐射（780～250nm）。一个表面的反射能数据是太阳能的反射值（TSR）。一般传统黑色涂层的TSR大约为5%，而白色涂层的TSR为75%。这就意味着黑色涂层吸收约95%入射辐射能，白色只吸收25%入射辐射能。说明白色涂层反射的太阳辐射热远大于黑色涂层。

（2）热隔阻

为了保温最大限度减少热量和冷量的损失。隔热保温材料要求热导率越低越好。物质热导率的大小表示物质的导热能力。热导率在数值上等于温度梯度为1℃/m单位时间内通过单位导热面积的热量。

2. 隔热保温粉末配方

（1）高反射保温隔热粉末涂料

公开专利CN104164170A是低光高反射保温隔热粉末涂料，该粉末涂料的特点是具有纳米氧化锆的光学特性，对紫外长波、中波及红外线反射率高达85%以上，热导率极低，能达到0.04W/m·K，可有效阻止热量传导，隔热保温效率达到90%左右，节能达到80%以上，涂层的隔热等级达到R-30.1。

具体理论认为涂层干燥后，纳米粒子紧密填充涂层之间空隙，形成完整的空气隔热层，并且其自身低热导率能迫使热量在涂层中的传递时间变长，使得涂层热导率也较低，同时能有效阻止热辐射、热传导和热对流的发生，从而达到理想的隔热保温效果。综合各种性能，当纳米氧化锆的添加量为0.45%时，综合效果最佳。高反射保温隔热粉末涂料配方见表4-432。

表4-432　高反射保温隔热粉末涂料配方　　单位：质量份

配方组成	配方1	配方2	配方组成	配方1	配方2
高酸值超耐候羧基消光树脂	66.5	60	脱气剂	0.5	0.8
固化剂	5.0	4.5	填料	21.3	28.85
纳米氧化锆	0.40	0.45	无机颜料	3.5	3.5
流平剂	1.0	1.5	抗氧剂	3.5	
安息香	0.6	0.4			

公开专利配方1和配方2，跟户外用普通粉末配方1（平面）和普通粉末配方2（砂纹），按美国1976年军用热反射涂料测试方法为基础，借鉴国内某单位测试方法自制隔热测试仪。测试室温加热到壁温保持在150℃，持续70min后结束测试，每隔10min记录一次所测涂层外表面温度，试验结果见表4-433。

表4-433　保温隔热粉末配方与普通涂层外表面温度比较

测试时间/min	配方1	普通配方1(平面)	配方2	普通配方2(砂纹)
10	40	54	53	65
20	46	63	58	70
30	55	70	65	72
40	63	72	72	73
50	62	75	70	75
60	61	71	68	80
70	63	74	66	75

表 4-433 的结果说明，加入纳米材料的外部涂层温度比没有加纳米材料的普通粉末涂层温度配方 1 和配方 2 都低于 10℃以上，加入纳米材料后降低了涂层表面温度，降低其热导率，从而提高涂层的隔热性能，起到很好的保温效果。

（2）铝型材隔热保温粉末涂料

公开专利 CN102775886A 给出了铝型材隔热保温粉末涂料的配方，配方的特点是使用硅酸铝、绢云母、二氧化硅等特殊填料，具体参考配方见表 4-434。

表 4-434 铝型材隔热保温粉末涂料配方

配方组成	用量/质量份	配方组成	用量/质量份
饱和羧基聚酯	50～54	钛白粉	0～22.3
HAA 固化剂	3.5～3.8	铁红	0～2
流平剂	1	炭黑	0～0.7
光亮剂	1	酞菁蓝	0～1.0
安息香	0.5	硅酸铝	12～24
阻燃剂	2	二氧化硅	0～8

201110392261.9 介绍了一种铝合金型材隔热保温粉末涂料及其制备方法，其参考性配方见表 4-435。配方的特点是使用隔热组分。

表 4-435 一种铝合金型材隔热保温粉末涂料配方

配方组成	用量/质量份	配方组成	用量/质量份
成膜物树脂	48～58	脱气剂	0.2
固化剂	3.6～4.3	隔热组分	20～30
流平剂	1.0	填料	16～36
增光剂	1.0	着色颜料	适量

（3）保温隔热阀门粉末涂料

公开专利 CN105482650A 是一种保温隔热阀门粉末涂料及其制备方法，配方的特点是使用了隔热保温效果好的膨胀珍珠岩、粉煤灰填料；还使用了纳米二氧化铈这一特殊材料。这种保温隔热阀门粉末涂料的配方见表 4-436。

表 4-436 保温隔热阀门粉末涂料配方

配方组成	用量/质量份	配方组成	用量/质量份
酚醛环氧	20～30	季戊四醇油酸酯	0.5～1.0
双酚 A 环氧	20～30	铝溶胶	4～6
酚类树脂固化剂	3～5	硅丙乳液	1～2
膨胀珍珠岩	20～30	亚乙基双硬脂酰胺	0.5～1.0
粉煤灰	5～10	成膜助剂	6～8
纳米二氧化铈	0.3～0.5		

这种粉末涂料的涂膜具有优良的耐磨、耐腐蚀性和流平性，与金属基体结合力强，表面光滑，平整度高，不易剥落、开裂，并具有隔热保温性能好的特点，节能降耗，安全性高，实用性强。

（4）其他隔热保温粉末涂料配方

公开专利 CN104449200A 介绍了一种隔热保温粉末涂料及其制备方法，其配方特点是使用 120～220℃分解或有机化合物的发泡剂、纳米材料等特殊助剂，参考性的粉末涂料配方见表 4-437。

表 4-437 隔热保温粉末涂料配方

配方组成	用量/质量份	配方组成	用量/质量份
成膜物(环氧、聚酯)	90～100	纳米材料	0～5
固化剂(环氧固化剂、HAA、TGIC)	1～10	其他助剂	0～10
发泡剂	0.1～2	粉状填料	0～50
流平剂	0.5～5	颜料	0～10
附着力促进剂	0～5		

公开专利 CN108587282A 介绍一种传导隔热粉末涂料及其制备方法，其配方特点是使用核壳微球作为隔热保温添加剂。这种核壳微球是一种以丙烯腈、甲基丙烯酸甲酯、甲基丙烯腈共聚为外壳，异辛烷为内核的球状物。参考性的粉末涂料底粉配方见表 4-438。

表 4-438 传导隔热粉末涂料底粉配方

配方组成	用量/质量份	配方组成	用量/质量份
成膜物	58～80	其他助剂	0.1～1
砂纹剂	0.2～1	颜料	0～30
脱气剂	0.2～1	填料	5～30

所得到的底粉跟核壳微球 5.55～14.3 份（质量份）比例在高速混合机上混合 5min，用 160 目过筛得到产品。

第五章 粉末涂料配方设计

粉末涂料的配方设计是保证粉末涂料质量和涂膜性能技术指标的重要环节；同时也是保证产品价格合理的重要环节。粉末涂料配方设计，一方面要依据理论基础；另一方面要依据实际应用的试验数据，两者相结合才能得到准确而用户满意的结果。粉末涂料配方的设计，首先从用户的要求开始，根据用户的要求设计配方，然后到生产实践中验证配方的合理性、科学性、适用性和存在的问题；根据存在问题进一步完善配方和工艺，在生产和应用实践中进一步验证配方的科学性和合理性，有些时候并不一定一次就得到满意的结果，要在实践中不断积累经验和试验数据，因为随着科学技术的发展，新的原材料不断出现，用户的要求也在不断提高，所以必须不断改进粉末涂料配方的设计，最终向用户（包括喷涂厂和涂装产品用户）提供满意的粉末涂料产品。在配方设计中，一般考虑如下问题：

（1）首先考虑该产品是户外用品，还是室内用品。根据这个要求考虑选择耐候性成膜物质体系，还是选择不要求耐候性的成膜物质体系，确定树脂和固化剂的类型。在此基础上，根据用户的烘烤条件要求选择树脂与固化剂。

（2）其次是考虑涂膜的外观要求是平整的，还是有纹理的美术型外观，还是含金属颜料或珠光颜料的外观。根据这个要求考虑是否使用流平剂，选择使用什么类型的纹理剂，选择使用什么类型的金属颜料或珠光颜料。

（3）根据涂膜外观颜色要求、耐候性要求、耐温要求、喷涂面积的要求选择合适的颜料和填料的品种，还要考虑颜填料在配方中的体积百分浓度或质量百分浓度，还要考虑粉末涂料的粒径 D_{50} 的范围问题。

（4）根据涂膜光泽的要求，考虑选择消光树脂消光体系、消光固化剂消光体系，还是选择消光剂或消光填料消光体系。根据涂膜烘烤抗黄变性的要求，选择合适的不黄变消光固化剂，根据这些要求选择相配套的不黄变的脱气剂或抗氧剂等助剂品种。

（5）在设计粉末涂料配方时必须考虑产品的用途，特别是用在儿童用品方面。跟食品卫生有关产品必须考虑原材料的卫生安全、毒性、重金属含量等问题，必须选用符合食品安全和健康标准要求的原材料。

（6）按正常配方组成考虑粉末涂料的价格双方能不能接受。如果可以接受就好，但不能接受时要从树脂、固化剂、颜料和助剂的品种上重新考虑调整配方的设计，达到双方都可以接受的价格。

（7）最后再比较配方设计方面跟用户要求还有什么不足和差距，对配方作进一步的调整，对配方提供的粉末涂料和涂膜性能作全面检查，如果其性能达到要求则可以认可设计的配方，并可以考虑提供生产部门正式安排生产。

本章以热固性粉末涂料中我国用量占主导地位的环氧、环氧-聚酯、聚酯为主，同时简单叙述聚氨酯、丙烯酸、氟树脂粉末涂料的配方设计等问题；以及涂膜的单项性能改进和提高时的配方设计思路问题。

第一节 环氧粉末涂料配方设计

（1）根据环氧粉末涂料涂膜性能的要求，首先选择理想的能够满足用户要求的环氧树脂品种。对于一般性要求的环氧粉末涂料，首选考虑用国产 E-12 环氧树脂（604 环氧树脂），根据具体情况选择软化点、环氧值、含氯量的范围更合适的环氧树脂；性能要求比较高时，例如涂膜力学性能要求高、绝缘性能好等，可以考虑使用 Ciba 公司、陶氏化学公司或广州宏昌电子公司的粉末涂料用环氧树脂。这些外资公司生产的产品都是采用国际先进技术，不仅树脂外观上明显比国产技术生产的环氧树脂好（无色透明），树脂的品种也比较多，但其价格也明显贵得多，增加粉末涂料成本。对于要求重防腐性能的环氧粉末涂料，要选用酚醛树脂改性环氧树脂或酚醛环氧树脂；对于阻燃性要求高的选用溴化环氧树脂；对于要求耐候性的环氧粉末涂料，应该使用脂肪族环氧树脂或者氢化双酚 A 型环氧树脂。

（2）根据环氧树脂品种，选择能与环氧树脂配套，还能满足环氧粉末涂料性能要求的固化剂。因为成膜物是决定涂膜性能的重要因素，所以选择好与环氧树脂相匹配的固化剂是设计环氧粉末涂料配方的最关键问题。对于一般要求的可选用最普通的双酚 A 型环氧树脂用双氰胺加促进剂固化的体系，这是环氧粉末涂料中价格最便宜、涂膜力学性能和耐化学品性能也较好的最早工业化的品种体系；现在为了使颗粒状的双氰胺分散均匀，与环氧树脂充分反应，生产出超细双氰胺固化剂，这种固化剂的效果比普通固化剂好。另外还可以选择与环氧树脂的相容性好、反应活性高一点的普通双酚 A 型环氧树脂，用于取代双氰胺固化体系。对于涂膜柔韧性好的环氧粉末涂料可以选用酰肼类固化剂。对于低温固化环氧粉末涂料，可以选用环脒、咪唑啉和酚羟基树脂等固化剂。对于消光环氧粉末涂料，可以选用环脒加成酸酐（或多元羧酸）消光固化剂、多元羧酸有机胺衍生物消光固化剂或丙烯酸树脂消光固化剂体系。对于重防腐用环氧粉末涂料，选用酚羟基树脂加促进剂的固化体系。对于电绝缘粉末涂料根据要求选择酰肼、取代双氰胺或酚羟基树脂等固化剂固化体系。在固化剂的用量上，参考固化剂供应商推荐用量的基础上，还有必要进行不同用量的条件试验，然后根据涂膜性能确定最后的使用量。在计算固化剂用量时，应该考虑流平剂中含有环氧树脂所需固化剂的用量，例如 503 流平剂中所含环氧树脂所需固化剂的用量。因为环氧树脂的品种较多，环氧值的范围也比较宽，相对应的固化剂品种也多，有些固化剂的技术指标范围也比较宽，例如酚羟基树脂的羟基值范围也比较宽，所以先从摩尔或当量比考虑环氧树脂与固化剂的配比，更重要的是经过条件试验配制粉末涂料进一步检验涂膜性能，来验证配方的准确性。

（3）根据环氧粉末涂料的特点，目前环氧粉末涂料主要用在室内装饰性、重防腐蚀和电绝缘等方面，颜料要选择耐热性好、耐化学品性好、分散性好、电绝缘性好的品种；对耐候性和耐光性方面没有像耐候型粉末涂料那样很高的要求，只满足一般要求就可以了。另外，对于要求无毒的环氧粉末涂料，不能使用含铅、镉、铬等重金属的有毒颜料。

（4）根据环氧粉末涂料的特点，可以选用分散性好、耐化学品性好、耐热性好和无毒的填料品种。

（5）根据用户提供的粉末涂料样品分析用户对涂膜性能的要求或对每千克粉末涂料喷涂面积的要求，确定合理的颜料和填料在配方中的质量百分含量，如果按颜料和填料的体积百分浓度计算更科学。一般在粉末涂料配方中，颜料和填料的质量百分含量（或体积百分浓度）越低时，涂膜的致密性越好，相应的涂膜力学性能和耐化学介质的性能越好，每千克的喷涂面积也高；但相应的涂料成本提高，粉末涂料的贮存稳定性变差。颜料和填料的质量百分含量（或体积百分浓度）提高时，粉末涂料的贮存稳定性得到改进，涂料成本下降，涂膜硬度提高；但涂膜机械强度和耐化学介质性能下降，粉末涂料的每千克喷涂面积也下降。粉末涂料的喷涂面积，除了颜料和填料的含量（实际上粉末密度）外，还跟粉末涂料的 D_{50} 有密切关系，因此控制好生产中的粒度分布也是很重要的。

（6）在环氧粉末涂料配方中，助剂的质量百分含量很少，但是品种不少，对涂膜的外观、光泽和其他力学性能起决定性的作用。除了砂纹、皱纹（橘纹）、花纹等美术型粉末涂料品种之外，一般平整外观的高光、有光、半光、亚光、无光环氧粉末涂料，都必须添加流平剂，而且相当一部分厂家配方中还要添加光亮剂（即 701 助剂），试验证明在聚丙烯酸丁酯（低聚物）流平剂（即 503 流平剂）体系中添加光亮剂时，涂膜外观的质量稳定性好，更不容易出现弊病。

对于美术型环氧粉末涂料，必须相应添加纹理助剂，一般先采用商家推荐用量进行 2～3 个用量的条件试验，然后选择最佳使用量。至于流平剂和光亮剂是否添加，根据配方而定。

在环氧粉末涂料配方中，无光粉末涂料中不加安息香也是可以的，但考虑到原材料和粉末涂料的吸潮等问题，作为脱气剂适当添加还是更放心一些。

（7）根据用户可接受的粉末涂料价格，在比较不同原材料厂家不同牌号原材料价格的基础上，选择能够满足粉末涂料性能要求、双方在原材料价格上都可以接受的配方。

（8）在技术路线上，也可以比较不同技术路线之间涂膜性能和原材料成本之间的差别（即性价比），最后确定技术可行、性能达到要求、成本上合理的环氧粉末涂料配方。

长期以来由于原材料价格问题和生产工艺（每批投料量比聚酯小很多，水洗等工艺复杂）等原因，国内环氧树脂价格跟聚酯树脂比较一直很高，除了不得不用（纯）环氧粉末涂料的场合外，一般装饰性粉末涂料最好选择环氧-聚酯粉末涂料等技术路线。在重防腐蚀粉末涂料方面，虽然酚醛改性环氧树脂和酚醛环氧树脂的防腐性能优于一般双酚 A 型环氧树脂，但是价格高很多。在这种情况下，还可以考虑选择普通双酚 A 型环氧树脂以及固化剂选择高性能的特殊的品种相匹配能否满足性能要求的问题，虽然固化剂比较贵，但是毕竟在配方中占的比例在 25%以下，在涂料成本上容易让双方接受。

随着技术的发展，大庆庆鲁朗润科技有限公司、陕西金辰永悦新材料有限公司等单位开发了许多配套的环氧树脂和固化剂新品种，为设计防腐环氧粉末涂料新产品创造了条件。

第二节 环氧-聚酯粉末涂料配方设计

（1）在环氧-聚酯粉末涂料中，聚酯树脂和环氧树脂是成膜物质，每一个树脂品种既可看作树脂，又可看作固化剂。当把聚酯树脂看作树脂时环氧树脂就成为固化剂；当把环氧树脂看作树脂时聚酯树脂就成为固化剂，两者都是成膜物质，是与正常的热固性粉末涂料不同的特殊粉末涂料，欧洲通常把这种粉末涂料叫做混合型（hybrid）粉末涂料。

在聚酯树脂的选择上，因为聚酯树脂的酸值范围比较宽，在 20～85mg KOH/g 范围内变化，所以聚酯树脂规格的选择对环氧-聚酯粉末涂料的涂膜性能有很大的影响，而且对涂料成本也有一定的影响。一般对涂膜力学性能和耐化学品性能要求高的高光粉末涂料尽量选择酸值高（酸值在 65～80mg KOH/g）的聚酯树脂，也就是聚酯树脂：环氧树脂＝50：50（质量）用的聚酯树脂。用这种聚酯树脂与环氧树脂（环氧值在 0.11～0.13eq/100g）固化后涂膜的交联密度高，涂膜各方面的性能都很好。

当涂膜的耐热性要求高，烘烤固化时不容易黄变，而且聚酯树脂的价格比环氧树脂便宜很多时，对于高光粉末涂料可以考虑选择聚酯树脂：环氧树脂＝60：40（质量）或聚酯树脂：环氧树脂＝70：30（质量）用的聚酯树脂。因为这种体系的配方中，聚酯树脂的用量比环氧树脂多，聚酯树脂的耐热性比环氧树脂好，所以涂膜的抗黄变性好。然而这些聚酯树脂的酸值比前面的聚酯树脂低（酸值在 35～55mg KOH/g），因此，与环氧值在 0.11～0.13eq/100g 环氧树脂匹配时，涂膜的交联密度比前面的环氧-聚酯粉末涂料低，涂膜的力学性能和耐化学品性能要差一些。近年来还开发了聚酯树脂用量更多的，聚酯树脂：环氧树脂＝80：20 的环氧-聚酯粉末涂料。这四种类型的环氧-聚酯粉末涂料的综合性能进行比较，其顺序如下：最好的是聚酯树脂：环氧树脂＝50：50（质量）；其次是聚酯树脂：环氧树脂＝60：40（质量）；再其次是聚酯树脂：环氧树脂＝70：30（质量）；最差的是聚酯树脂：环氧树脂＝80：20（质量）粉末涂料体系。根据涂膜性能的要求和粉末涂料成本选择最合适的环氧-聚酯粉末涂料体系。

由于聚酯树脂的技术指标范围很宽，合成聚酯树脂的原材料多元醇和多元羧酸（多元酸酐）的品种也比较多，因此用于环氧-聚酯粉末涂料的聚酯树脂品种也很多，再与各种类型的环氧树脂匹配后可以设计很多的环氧-聚酯粉末涂料配方，选择好聚酯树脂品种是关键。

（2）内资企业生产的环氧树脂的品种基本上限制在 E-12 环氧树脂（604 环氧树脂）技术指标范围内，树脂的外观颜色、反应活性等方面与外资企业或进口产品比较还是有一定的差距。目前国内外资企业生产的环氧-聚酯粉末涂料用环氧树脂的品种多一些，环氧树脂的质量也好一些，但价格也相应贵一些，因此在设计粉末涂料配方时也必须考虑这些因素。

根据环氧-聚酯粉末涂料性能的要求，对于涂膜流平性好、交联密度高的粉末涂料，选择软化点低的环氧树脂；对于贮存稳定性好、涂膜柔韧性好的粉末涂料，选择软化点高的环氧树脂；有时还需要两种环氧树脂搭配使用。因为进口环氧树脂、外资企业环氧树脂、内资企业环氧树脂之间的反应活性也有一定的差别，所以在设计环氧-聚酯粉末涂料配方时，应该考虑成膜物质的反应活性问题，根据固化条件的要求有些体系还需要添加固化促进剂。

在设计环氧-聚酯粉末涂料时，应该把流平剂（503 或 504 流平剂）中含有的环氧树脂或聚酯树脂也计算到树脂总量中去。

（3）在环氧-聚酯粉末涂料配方的设计上，应该注意的问题之一是考虑两种粉末涂料之间的干扰问题，特别是第二种粉末涂料对第一种粉末涂料的干扰。因为主要成膜物中环氧树脂之间的干扰少，主要是聚酯树脂之间的差别，包括树脂结构（因使用单体品种和配比差别引起的）、酸值、活性等的差别容易引起两种粉末涂料之间的相互干扰，所以通过试验选择合适的聚酯树脂品种也是很重要的。当然也不排除不同流平剂品种之间引起的干扰。总而言之，配方设计上应该考虑避免不同厂家粉末涂料之间的干扰问题。

（4）对于消光环氧-聚酯粉末涂料，涂膜的光泽和性能是通过调整聚酯树脂、环氧树脂和消光固化剂三者之间的比例来实现的。从化学反应原理来说，在这种三元体系当中，存在聚酯树脂与环氧树脂之间的化学反应和消光固化剂与环氧树脂之间的化学反应，也就是环氧树脂的一部分与聚酯树脂反应，另一部分与消光固化剂进行化学反应。由于两种体系的化学反应速率不同，反应产物之间的相容性不好，产生涂膜的消光作用。从试验结果来说，聚酯树脂/环氧树脂/消光固化剂三元体系中，聚酯树脂与环氧树脂的比例决定涂膜光泽，一般随着聚酯树脂比例的增加涂膜光泽升高；消光固化剂的用量决定涂膜的力学性能，当消光固化剂的用量达到一定量以后涂膜性能很好，一般聚酯树脂与环氧树脂按反应计算量（等当量）消耗后，余下的环氧树脂越多，消光固化剂的用量也增加，消光固化剂的用量决定涂膜冲击强度和柔韧性等性能。

设计环氧-聚酯消光粉末涂料配方时，对于 60°涂膜光泽要求 10%以上的都可以选择树脂酸值在 35mg KOH/g 以上的聚酯树脂；对于 60°涂膜光泽要求在 10%以下的最好选择酸值在 20～25mg KOH/g 的低酸值聚酯树脂。因为酸值在 35mg KOH/g 以上的聚酯树脂也有环氧-聚酯粉末涂料中用的三大类聚酯树脂，即聚酯树脂：环氧树脂＝50：50、60：40、70：30（质量）中用的各种聚酯树脂，与环氧树脂和消光固化剂匹配配制粉末涂料时，每种聚酯树脂的量和涂膜光泽也不同，也就是制造同样涂膜光泽粉末涂料时的涂料成本不同，所以选择什么样的聚酯树脂，要根据涂膜性能试验结果和涂料成本来决定。一般低酸值聚酯树脂可以配制任何光泽范围的环氧-聚酯粉末涂料，但高酸值聚酯树脂不一定能够配制低光泽环氧-聚酯粉末涂料；从理论来说，只要能够达到涂膜光泽要求，使用高酸值的聚酯树脂比使用低酸值的聚酯树脂消耗消光固化剂的量少，相应的涂料成本会低。

另外，在配制亚光和半光环氧-聚酯粉末涂料时，也可以使用含催化剂的蜡型消光剂，还可以使用非蜡型的树脂型消光剂。这类消光剂的优点是使用方便；缺点是涂膜性能的控制有一定难度，光泽范围的调整有一定限制。

（5）在颜料品种的选择上，要求选择分散性好、耐热温度在 180℃以上的品种。因为环氧-聚酯粉末涂料一般用于室内，所以颜料的耐光和耐候性方面没有像户外型粉末涂料那样要求严格，但从装饰性考虑，耐候性也不能太差。考虑到聚酯树脂的酸性，在配方设计中最好不用碱性体系颜料。在颜料品种的选择上，尽量考虑着色力强的有机颜料和遮盖力强的无机颜料相互搭配使用。

（6）根据环氧-聚酯粉末涂料性能的要求，选用分散性好、对涂膜力学性能和耐化学品性能有利的填料品种。在高光粉末涂料中尽量少用或不用有消光作用的填料。这里应引起注意的问题是，在有消光固化剂的体系中，消光硫酸钡等消光填料的消光作用不明显，反而使用一般沉淀硫酸钡的消光效果更好。

（7）对于涂膜流平性要求高、涂膜力学性能好、喷涂面积大的粉末涂料，应适当降低配方中颜料和填料的质量百分含量（或体积百分浓度）；要求涂膜硬度高，涂膜不容易流挂的粉末涂料，适当提高颜料和填料的质量百分含量（或体积百分浓度）。颜料和填料的质量百分含量可以在25%～50%范围内变化，但从涂膜的综合性能考虑一般控制在30%～40%是比较理想的。增加颜料和填料的质量百分含量，虽然涂膜硬度等性能提高，还可以降低涂料成本，但是涂膜的力学性能和耐化学品性能下降，而且每千克粉末涂料的喷涂面积也下降。目前对于铝型材用粉末涂料，有色金属行业对于粉末涂料的无机颜料和填料的含量，以及灼烧残渣的指标有规定，因此对于这种粉末涂料配方的设计，必须符合行业或国家标准的规定。

（8）环氧-聚酯粉末涂料中助剂是不可缺少的组成部分，使用的助剂品种很多，例如流平剂、增光剂、脱气剂、分散剂、促进剂、抗黄变剂、松散剂、抗划伤剂、增电剂等；而且同一类型品种的规格和型号也很多，价格差别也很大，例如聚乙烯蜡的规格和型号有十几个。因此在配方设计中，根据用户对涂膜性能的要求添加必要的助剂品种，同时还需要选择能满足性能和成本要求的规格。在能够满足用户要求的情况下，粉末涂料配方的助剂组成越简单越好，助剂组成越复杂越容易出现产品质量问题，出现质量问题后，可能的影响因素很多，不好找出原因，因此在保证产品质量的前提下，配方越简单越容易找出原因。

（9）在环氧-聚酯粉末涂料中，平整外观的高光、有光、半光、亚光、无光配方中必须添加流平剂；对于国产丙烯酸丁酯聚合物流平剂体系，也应该添加光亮剂。经验证明，对于环脒多元羧酸消光固化剂消光的无光和半光环氧-聚酯粉末涂料体系，可以不加安息香；对于涂装铸铁、铸铝、热轧钢板、热度锌钢材等工件的粉末涂料必须添加消泡剂等助剂。对于美术型粉末涂料，环氧-聚酯粉末涂料可以配制的品种很多，相应的助剂品种也很多，根据助剂供应或销售商家推荐的配方和助剂用量，经过试验后选择最理想的助剂品种和用量的配方。因为目前美术型纹理剂的助剂品种很多，纹理效果的差别也较大，有效成分的含量也不同，所以为了保证产品质量，通过比较不同商家、不同品种才能选择质量稳定、价格合理的品种，一旦确定供应商家以后尽量不要轻易改变供应商；如果改换配方中的重要原材料或纹理剂的批次时，一定要经过试验重新确认配方后使用。

（10）一般的环氧-聚酯粉末涂料不适用于摩擦喷枪涂装系统，在设计配方时必须选用摩擦喷枪用聚酯树脂，或者在配方中添加摩擦喷枪带电助剂才能满足摩擦喷枪涂装的需要。

（11）在设计配方时，原材料的选择要合理，既要保证产品质量达到用户要求的技术指标，又要防止产品质量过高而增加生产成本，例如可用锐钛型钛白的不一定要用金红石型钛白；可用国产的不一定要用进口的原料；可用普通颜料的不一定用耐候性很好的高档颜料；可用一般填料的不一定用超细型填料。

（12）在确定聚酯树脂与环氧树脂质量比例时，按聚酯树脂羧基与环氧树脂环氧基等摩尔（等当量）反应考虑，100g环氧树脂所需要聚酯树脂质量可以按第四章第三节中的计算公式计算。在聚酯树脂和环氧树脂产品质量稳定的情况下，原则上可以采用生产厂推荐的配比，但当产品质量出现问题时按计算公式进一步验证是必要的。

（13）为了加快试验速度和节约原材料，配方设计试验可以在试验机上先进行。因为试验机与生产设备之间的工艺参数有一定的差别，所以找到两者的规律性以前，实验室的配方必须在生产设备上进行调整以后才能确定为正式的生产配方。如果技术人员比较熟练，可以在生产设备上直接进行试验，这样可以减少中间环节。

第三节 聚酯粉末涂料配方设计

（1）关于聚酯树脂的选择，根据用户对涂膜外观及性能要求，对于高光泽、高性能的粉末涂料，一般选择酸值在 28～35mg KOH/g、玻璃化转变温度在 60℃以上的羧基聚酯树脂。还要根据用户的涂装条件和使用的粉末涂料类型，为了减少更换粉末涂料品种时的干扰，确定正在使用中的聚酯树脂是用 TGIC 固化的类型，还是 HAA 固化的类型；另外还要确定粉末涂料用树脂是属于快速固化类型，还是一般型。用消光剂或消光固化剂配制消光型聚酯粉末涂料时，不同聚酯树脂的消光效果也有明显的差别，因此选择好聚酯树脂品种和规格也是很重要的。采用干混合法制造消光聚酯粉末涂料时，一种树脂选择酸值在 20mg KOH/g 左右；另一种选择酸值在 50mg KOH/g 左右的羧基聚酯树脂，也就是选择化学反应活性差别比较大的两种树脂相互匹配，而且还要考虑配制后的粉末涂料贮存稳定性能够满足用户的要求。对于皱纹（网纹）聚酯粉末涂料，选择羟值在 35～45mg KOH/g 的羟基聚酯树脂，要与四甲氧甲基甘脲配套。

因为目前聚酯粉末涂料用聚酯树脂的品种很多，产品说明书上注明了树脂的特点和具体用途，因此看好说明书，选择聚酯树脂品种时一定要对号入座。不同厂家之间的价格和质量的差别很大，所以根据粉末涂料性能和涂装工艺条件的要求选择合适的树脂厂家和品种是很重要的。对于耐候性要求高的，应该选择高耐候性聚酯树脂，这种树脂的缺点是树脂的分子量大，熔融黏度高，涂膜的流平性差一些，任何树脂不可能十全十美的，只能找到合适的平衡点来满足用户的主要要求。

（2）根据选择的聚酯树脂，选择相应的固化剂品种，并确定使用量。在耐候型聚酯粉末涂料中，目前主要使用的固化剂为 TGIC 和 HAA，其中 TGIC 的用量更多一些。一般来说，用 TGIC 固化聚酯粉末涂料的涂膜外观、涂膜各种性能都比较好，因此尽管强调它的毒性问题，还是很难用 HAA 固化剂替代，在聚酯粉末涂料中所占比例还是很大；TGIC 固化聚酯粉末涂料的缺点是烘烤温度高，时间长，粉末涂料的贮存稳定性不如 HAA 固化粉末涂料。HAA 固化聚酯粉末涂料的缺点是涂膜过厚时容易出现猪毛孔现象，在烘烤固化时的抗黄变性不如 TGIC 固化聚酯粉末涂料。固化剂品种的选择，要考虑用户对于涂膜性能的要求、烘烤固化条件、聚酯树脂类型、用户正在使用粉末涂料品种等因素。对于固化剂的用量可以参考聚酯树脂生产厂家推荐的用量和配比，也可以根据聚酯树脂的酸值按第四章第四节中的公式进行计算和进行必要的条件试验。

聚酯树脂与固化剂的主要化学反应是 TGIC 固化聚酯粉末涂料中的羧基与环氧基的反应，HAA 固化聚酯粉末涂料中的羧基与羟烷基的反应，但实际上还有其他官能团之间的反应，真正的固化反应是复杂的化学反应过程，而且原材料的规格也有一定的范围，所以理论计算的结果与实际试验结果之间的差别是难免的，必须以理论为基础，再与试验相结合确定最终配方。

在使用消光固化剂（例如南海化学公司的 XG628、捷通达化工公司的 SA 2068 等)时，应该考虑消光固化剂与 TGIC 的比例及其用量对涂膜光泽的影响，同时还要考虑对涂料贮存稳定性的影响。如果设计皱纹（网纹）聚酯粉末涂料，要选择 Powderlink 1174（四甲氧甲基甘脲）固化体系，要注意选择好催化剂品种和用量，还要注意粉末涂料贮存稳定性不好的问题。对于环氧化合物固化剂 PT 910 固化聚酯粉末涂料，也应该注意配制粉末涂料后玻璃化转变温度低的问题。也就是由于固化剂的影响，本来聚酯树脂玻璃化转变温度很高，但配制粉末涂料以后粉末涂料玻璃化转变温度降低很多，影响粉末涂料贮存稳定性。

在配方设计中如果使用 505 流平剂，应该考虑流平剂中所含有聚酯树脂所消耗的固化剂用量。

（3）当用户使用两家以上粉末涂料供应商的粉末涂料时，必须在设计配方时，考虑不同厂家粉末涂料之间的干扰问题，进行干扰试验，然后选择没有干扰的聚酯树脂进行打样和配方设计。不同厂家聚酯粉末涂料之间的这种干扰很大程度上是聚酯树脂的不同结构、酸值、活性等因素引起的，在配方试验时应该考虑这些问题。另外，从粉末涂料涂装产品的质量稳定性考虑，选择的固化剂品种应该与另一家粉末涂料供应商一致，如果不一样很难保证一个涂装线上两家不同类型粉末涂料涂装产品的质量。

（4）在颜料品种的选择上，要求分散性好、耐热温度在 180℃以上。考虑到 TGIC 固化聚酯粉末涂料的烘烤温度一般在 200℃左右，颜料耐热温度最好是 200℃或 200℃以上。因为聚酯粉末涂料是耐候型粉末涂料，主要用于户外，所以颜料的耐光性选择 7～8 级（8 级最好），耐候性选择 4～5 级（5 级最好）。有些有机颜料品种在名称上冠有“耐晒”名字，实际上达不到上述耐光性和耐候性要求，对于耐候性要求高、使用年限长的聚酯粉末涂料，颜料品种要慎重选择。目前国产的酞菁系列的蓝色和绿色有机颜料的耐候性还可以，耐候性比较差的是黄色和红色有机颜料。对于黄色无机颜料来说，表面处理的铬黄的耐候性明显好，但与进口的表面处理品种比较时还有相当的差距。总的来说，颜料品种的选择在聚酯粉末涂料配方设计中有很重要的作用，不仅对涂料产品质量起到重要作用，而且对涂料价格也有很大影响。在配方设计中，还必须严格考虑与人体接触的涂装产品，例如玩具、家具、工具等用的粉末涂料中避免添加含有重金属的颜料；特别是出口到欧美的涂装产品有这种要求时，粉末涂料中避免使用含有重金属颜料。

（5）根据聚酯粉末涂料耐候性要求，选择分散性好、耐候性好的填料，最好不要选用耐酸、耐碱性差，又容易粉化的填料，例如碳酸钙、滑石粉等。另外，根据涂膜的特殊性能，相应选择特殊性能的填料，例如要求涂膜硬度高时，选用高岭土、硅微粉和云母粉等填料；对于消光涂膜可以选用消光硫酸钡等填料。

（6）根据涂膜性能要求，确定配方中颜料和填料的质量百分含量（或体积百分浓度），对于涂膜平整性要求高、每千克粉末涂料喷涂面积要求高、涂膜又要求喷涂薄的，适当增加颜料的含量，同时降低填料的含量，使配方中的颜料和填料的质量百分含量（或体积百分浓度）设计在低限。一般聚酯粉末涂料中的颜料和填料的质量百分含量比环氧-聚酯粉末涂料中低一些，多数情况下 30%～35%。这是因为聚酯粉末涂料的熔融黏度比环氧-聚酯粉末涂料高，涂膜的流平性和力学性能稍差一些，为了保证涂膜性能达到环氧-聚酯粉末涂料的水平，可以通过适当降低颜料和填料的质量百分含量（或体积百分浓度）的方法来解决。

（7）在聚酯粉末涂料配方中助剂也是不可缺少的组成部分，外观平整的高光、有光、半光、亚光、无光聚酯粉末涂料配方中，必须使用流平剂和安息香等除气剂（脱气剂），根据需要使用国产流平剂的体系中添加光亮剂（701 助剂）时，其涂膜外观更好。HAA 固化聚酯粉末涂料中，一般比 TGIC 固化聚酯粉末涂料少加安息香，用 T105M 固化剂时可以不加安息香。在聚酯粉末涂料配方中添加流平剂和安息香的量与环氧-聚酯粉末涂料中差不多。对于用在铸铁、铸铝、热轧钢板、热镀锌板等底材上的聚酯粉末涂料，在配方设计时必须添加消泡剂。对于消光聚酯粉末涂料，还需要添加消光剂或消光固化剂等助剂。另外，考虑到聚酯粉末涂料的贮存稳定性不如环氧-聚酯粉末涂料，在制造聚酯粉末涂料时，应该外加或内加松散剂（疏松剂），必要时适当多加一些。特别是两种粉末涂料干混合消光聚酯粉末涂料和消光固化剂消光的无光和亚光粉末涂料的贮存稳定性差，必须采用在配方中添加松散剂（疏松剂）等方法改进粉末涂料的贮存稳定性。

（8）对于美术型聚酯粉末涂料，在配方设计中添加相应的纹理剂。随着粉末涂料技术的发展，纹理剂的品种也比较多，必须经过试验比较选择能满足用户外观和性能要求的配方。在聚酯粉末涂料中常用的纹理剂有皱纹剂、砂纹剂、锤纹剂和花纹剂等。

（9）聚酯粉末涂料是耐候型粉末涂料，为了提高粉末涂料的耐候性，在聚酯粉末涂料配方中还要添加紫外光吸收剂，与此相配套还添加抗氧剂（有些聚酯树脂厂家在生产时已经添加的，根据情况不一定再加）。此外，为了调整粉末涂料的反应活性添加促进剂；为了改进粉末涂料的带电性能添加增电剂；为了改进边角覆盖力添加边角覆盖力改性剂等助剂。

第四节 聚氨酯粉末涂料配方设计

（1）聚酯树脂是羟基型树脂，羟值范围一般在 30～50mg KOH/g，特殊性的消光用树脂羟值达到 200mg KOH/g 以上，玻璃化转变温度在 60℃以上。如果要求涂膜流平性好，应选择熔融黏度和反应活性低的聚酯树脂。从降低固化剂用量考虑，尽量选用羟值低的聚酯树脂，但对涂膜的耐化学品性能和冲击强度好的产品，应该选择羟值高的树脂，这样涂膜的交联密度高，相应的涂膜性能好。聚氨酯粉末涂料的特点之一是，对于消光粉末涂料体系不需要消光剂或消光固化剂，通过选择羟值低的聚酯树脂与羟值高的聚酯树脂配套使用可以配制半光、亚光和无光等不同光泽的粉末涂料。

（2）在聚氨酯粉末涂料用固化剂的选择上，芳香族多异氰酸酯固化剂系统是非耐候型的，只适用于室内和防腐方面，但从价格上考虑不如环氧-聚酯和环氧粉末涂料，没有任何明显的优势，推广应用范围很小，目前在国内市场上很难找到这种固化剂。脂肪族多异氰酸酯固化剂系统的耐候性好，目前主要使用的是 ε-己内酰胺封闭的异佛尔酮二异氰酸酯或者脂肪族异氰酸酯自封闭化合物，NCO 含量为 10%～15%，当 NCO 含量高时固化剂的用量就相应减少。不同 NCO 含量固化剂与不同羟值聚酯树脂匹配参考比例见第四章第五节中的表 4-260。

（3）如果用户使用两家以上粉末涂料时，在设计粉末涂料配方时应该考虑避免两家粉末涂料之间的干扰问题。粉末涂料的干扰很大程度上是羟基聚酯树脂和固化剂的结构、活性、羟值、NCO 含量等因素引起的，必须注意成膜物的选择，避免不同厂家粉末涂料之间的相互干扰。

（4）在耐候性方面有特殊要求的聚氨酯粉末涂料，颜料和填料的选择应按聚酯粉末涂料中要求一样的条件去考虑，颜料的耐光性要达到 7～8 级（8 级最好），耐候性达到 4～5 级（5 级最好），当然颜料的耐热性和耐化学品稳定性好、分散性好是必须满足的基本要求。

（5）在配方设计中，颜料和填料的质量百分含量（或体积百分浓度）是关系到涂膜性能和涂料成本的重要因素。当颜料和填料的质量百分含量高时，涂膜硬度和耐磨性能提高，但是涂膜流平性、力学性能下降，要根据用户要求选择最佳平衡点。从涂膜的装饰性、力学性能、耐候性、每千克的喷涂面积等因素考虑，颜料和填料的质量百分含量在 30%～35% 是比较合适的。

（6）对于要求平整外观的高光、有光、半光、亚光和无光聚氨酯粉末涂料，都必须添加流平剂、安息香和二丁基二月桂酸锡等助剂。二丁基二月桂酸锡是聚氨酯粉末涂料中特有的促进剂，添加量为固化剂的 1%左右。对于铸铁、铸铝、热轧钢板和热镀锌钢板用粉末涂料，需要添加消泡剂等助剂。

（7）为了提高涂膜的附着力，有的在配方中添加成膜物总量 5%以下的双酚 A 型环氧树脂。

第五节 丙烯酸粉末涂料配方设计

（1）丙烯酸粉末涂料中，常用的丙烯酸树脂是缩水甘油基丙烯酸树脂和羟基丙烯酸树脂。从涂膜的流平性考虑，树脂的熔融黏度和化学反应活性低的更好。但是从粉末涂料的贮存稳定性和涂膜耐候性考虑，树脂的玻璃化转变温度高、分子量大的好。缩水甘油基丙烯酸树脂环氧值约 0.10～0.25eq/100g，环氧值高的固化反应后涂膜交联密度大，涂膜的力学性能和耐化学品性能更好，目前用得比较多的还是缩水甘油基丙烯酸树脂体系。对于羟基丙烯酸树脂，羟值范围在 30～50mg KOH/g，要求涂膜力学性能和耐化学品性能好的，可以选择羟值高的聚酯树脂；要求降低涂料成本和减少封闭型多异氰酸酯固化剂用量时，可以选择羟值低的聚酯树脂。这两种丙烯酸树脂粉末涂料体系的差别较大，根据用户对涂膜性能的要求，结合原材料来源、价格和可能达到的涂膜性能指标后选择合适的丙烯酸树脂品种。

（2）缩水甘油基丙烯酸树脂的固化剂只能选十二碳二羧酸，目前用得比较多的还是这种固化体系；羟基丙烯酸树脂的固化剂也只能选耐候性的封闭型或者自封闭型多异氰酸酯。因为封闭型多异氰酸酯的 NCO 含量在 10%～15%之间变化，NCO 含量高时可以降低固化剂的使用量。选择封闭型多异氰酸酯固化羟基丙烯酸树脂体系时，通过不同 NCO 含量的固化剂与不同羟基值丙烯酸树脂匹配，可以配制不同涂膜性能要求的丙烯酸粉末涂料。

（3）考虑到丙烯酸粉末涂料是耐候性非常好的粉末涂料，在颜料和填料的选择上就要比聚酯和聚氨酯粉末涂料中用的品种耐光和耐候性更好，颜料的耐光性应达到最高级 8 级，耐候性达到最高级 5 级。因为颜料在丙烯酸粉末涂料中的分散性差，所以选择分散性好的颜料，或者必要时还需要添加分散助剂。

（4）由于丙烯酸树脂结构的特点，固化涂膜的硬度和刚性好，但涂膜的柔韧性和冲击强度等性能不如其他粉末涂料品种。因此在配方设计上，颜料和填料的质量百分含量（体积百分浓度）应该比聚酯或聚氨酯等耐候型粉末涂料的低，一般在 20%～25%，这样才能容易保证涂膜的力学性能。

（5）在丙烯酸粉末涂料配方中，助剂也是不可缺少的组成部分，对于要求平整涂膜外观的不同光泽配方中，必须添加流平剂和安息香等除气剂（脱气剂）。为了提高丙烯酸粉末涂料的附着力，在配方中添加双酚 A 型环氧树脂，但为了保证涂膜耐候性，其用量不应超过成膜物总质量的 5%。对于封闭型多异氰酸酯固化体系，与聚氨酯粉末涂料一样，必须添加二丁基二月桂酸锡催化剂。

（6）丙烯酸粉末涂料配方设计中，关于固化剂的质量配比和用量的计算方法，对于缩水甘油基丙烯酸树脂用二元羧酸固化体系，可以参考环氧-聚酯或 TGIC 固化聚酯粉末涂料体系的计算公式；对于羟基丙烯酸树脂用封闭型多异氰酸酯固化体系，可以参考第四章第五节聚氨酯粉末涂料配方设计中的羟基聚酯树脂羟值与 NCO 含量之间的质量对应关系（表 4-260）。

第六节 热固性氟树脂粉末涂料配方设计

（1）在热固性氟树脂粉末涂料中，热固性氟树脂是羟基型树脂，羟值范围一般在 40～55mg KOH/g，玻璃化转变温度在 52℃以上。因为国产热固性氟树脂与进口热固性氟树脂的价格差别较大，涂膜流平性和机械强度方面也有一定的差距，所以根据用户所需要的涂膜外观和性能的要求，再加上用户可接受的价格等具体问题，选择合适的热固性氟树脂的品种和规格。纯热固性氟树脂粉末涂料的涂膜耐候性和耐腐蚀性非常好，但是价格也很贵，一般用户很难接受，而且在耐候性方面不一定要求那么高，有些用户的要求比纯热固性氟树脂粉末差一些、但好于超耐候聚酯或聚氨酯粉末涂料的耐候性时，可以考虑热固性氟树脂

（FEVE）改性聚酯、聚氨酯、丙烯酸粉末涂料来满足要求。

（2）因为热固性氟树脂粉末涂料的耐候性要求比超耐候聚酯、聚氨酯和丙烯酸树脂粉末涂料更高，所以必须用耐候性的脂肪族封闭型异氰酸酯固化剂。具体用哪一种类型比较合适，可以参考第四章热固性粉末涂料中的热固性氟树脂粉末涂料章节中的固化剂部分内容。目前主要使用的固化剂是 ε-己内酰胺封闭的异佛尔酮二异氰酸酯或者脂肪族异氰酸酯自封闭化合物，NCO 含量为 10%～15%，当 NCO 含量高时固化剂的用量就相应减少。不同 NCO 含量固化剂与不同羟值热固性氟树脂匹配比例参考见第四章热固性粉末涂料中聚氨酯粉末涂料的羟基聚酯与封闭型异氰酸酯的匹配比例原则。

（3）在用 FEVE 改性聚酯、聚氨酯、丙烯酸粉末涂料时，必须考虑合适的热固性氟树脂的固化剂匹配；还要考虑被改性聚酯、聚氨酯、丙烯酸树脂相应的固化剂也匹配合适才能保证涂膜的性能。这里必须从涂料的成本考虑热固性氟树脂的含量；还要从涂膜的光泽和性能考虑选择合适的被改性树脂体系以及制备粉末涂料的工艺。

（4）热固性氟树脂粉末涂料或热固性氟树脂改性聚酯、聚氨酯、丙烯酸粉末涂料时，颜料和填料的选择应按耐候型粉末涂料中一样的要求去选择，颜料的耐光性要达到 8 级（8 级最好），耐候性达到 5 级（5 级最好），当然颜料的耐热性和耐化学品稳定性好、分散性好是必须考虑的基本要求，热固性氟树脂粉末涂料用颜料最好用陶瓷颜料。对于填料也要求耐高温、耐光、耐候和耐酸碱及耐化学品性能好。

（5）当颜料和填料的质量百分含量高时，涂膜硬度和耐磨性能提高，但是涂膜流平性、力学性能下降，要根据用户要求选择最佳平衡点。从涂膜的装饰性、力学性能、耐候性、每千克的喷涂面积等因素考虑，对于热固性纯氟树脂粉末涂料来说，颜料和填料的质量百分含量在 20%～30%是比较合适的。

（6）在热固性氟树脂粉末涂料配方中，助剂品种的选择也是很重要的，对于平面外观的必须添加流平剂，流平剂的品种根据与成膜物的匹配关系选择合适的品种。因为热固性氟树脂粉末涂料的冲击强度不十分理想，必须用耐候性和韧性好的低分子量聚合物进行改性，添加多了影响粉末涂料的玻璃化转变温度，添加少了达不到要求的冲击强度。在热固性氟树脂粉末涂料涂膜光泽的调节比一般粉末涂料难，但是对于复合树脂体系还是比较容易，不过影响涂膜的耐候性。

第七节 在配方设计中主要成分之间匹配和用量的选择

一、树脂与固化剂的匹配

在粉末涂料配方中树脂和固化剂是基本成膜物质，它们之间的匹配是决定粉末涂料和涂膜性能的重要因素，一般可以按下列内容考虑树脂与固化剂的选择和匹配。

（1）从粉末涂料的用途考虑，首先了解涂装产品是用在室内还是用在户外。户外用产品必须选用耐候型树脂与固化剂体系，如聚酯、聚氨酯（脂肪族聚氨酯固化剂体系）或丙烯酸粉末涂料。对于室内用产品可以考虑环氧和环氧-聚酯粉末涂料体系，如果用在装饰性方面就选择环氧-聚酯粉末涂料；如果用在防腐方面就选择环氧粉末涂料。对于要求高的室内用粉末涂料（例如铝型材天花板用粉末），如果价格上合理，也可以选用聚酯等耐候型粉末涂料。

（2）树脂与固化剂配套体系必须能满足用户涂装条件的要求，例如烘烤温度和时间。从生产劳动效率考虑，用户是希望烘烤时间短，但是相应地要提高烘烤温度才能达到涂膜完全固化的要求；提高烘烤温度时，对树脂、固化剂、颜料和助剂等原料的耐热性提出新的要求，给配方设计带来许多麻烦，一般不要轻易改变涂装工艺条件。

（3）涂料成本是产品推广应用和保证供需双方经济利益的重要因素，在选择树脂与固化剂品种时应该充分考虑成本合理的粉末涂料品种。在环氧-聚酯粉末涂料品种的选择上，可以根据聚酯树脂与环氧树脂的价格、对涂膜性能的要求，决定选择聚酯树脂：环氧树脂＝50：50（质量），还是60：40或者70：30的体系，粉末涂料的性价比也是考虑的重要因素。

（4）当用户已经使用某公司的粉末涂料时，在设计粉末涂料的品种时必须考虑新粉末涂料与在用粉末涂料之间的相容性，如果相容性不好给用户更换粉末涂料时清理涂装设备带来许多麻烦，一旦清理设备不干净会给涂膜带来干扰，影响涂装产品质量。特别是在配方设计中选择聚酯树脂品种时，一定要使两种粉末涂料的相容性好。

（5）流平性要求高时，在树脂玻璃化转变温度满足要求的情况下，要选择熔融黏度低，而且反应活性低的树脂与固化剂体系，一般粉末涂料胶化时间长、熔融水平流动性大的涂膜流平性好。另外，目前我国的聚酯树脂品种很多（无论是环氧-聚酯用或聚酯粉末用），特别是满足各种特殊用途的品种，咨询树脂生产厂选择树脂品种也是很好的准确设计配方的途径。

（6）从涂膜的力学性能和耐化学品性能考虑，对于性能要求高的产品，在设计配方时尽量选择环氧值、羟值、酸值高的树脂体系，也就是涂料固化以后，涂膜的交联密度大的体系。例如在环氧-聚酯粉末涂料中，聚酯树脂酸值高（聚酯树脂：环氧树脂＝50：50用聚酯树脂）的比低（聚酯树脂：环氧树脂＝70：30用聚酯树脂）的涂膜交联密度大，相应的性能好。

（7）在热带和亚热带地区，粉末涂料的贮存稳定性比温带和寒带地区差，为了保证粉末涂料的贮存稳定性，在树脂品种和固化剂的选择上，尽量选择玻璃化转变温度和软化点（或熔点）高的品种，特别是配制粉末涂料以后，对粉末涂料的贮存稳定性影响不大的固化剂。一般TGIC、PT 910、PT 810等固化剂配制粉末涂料以后，粉末涂料的玻璃化转变温度比聚酯树脂玻璃化转变温度下降很多，影响粉末涂料的贮存稳定性，因此匹配聚酯树脂时尽量选择玻璃化转变温度高的树脂。

（8）从粉末涂料在使用中的安全和卫生考虑，尽量选择无毒或刺激性很小的固化剂品种。

二、颜料品种和用量的选择

在粉末涂料配方中，颜料的主要功能是着色和遮盖作用，颜料是除了透明粉之外都必须添加的重要组成部分，在设计粉末涂料配方时，对颜料品种和用量的选择上应该考虑下列问题。

（1）粉末涂料的烘烤温度高，要求粉末涂料用颜料的耐热性好，在烘烤固化温度和时间条件下，颜料的色相稳定，不发生颜色的变化，颜料的耐热温度最好应该达到或者高于粉末涂料的烘烤固化温度。

（2）对于户外用粉末涂料必须选择耐候性和耐光性好的颜料品种；即使是室内用粉末涂料，考虑接触到阳光，颜料的耐光性也不能太差，生产中涂装好的产品短时间与阳光接触时应该不发生明显的变色。

（3）在颜料品种的选择上，一般有机颜料的吸油量大，用量多时容易增加粉末涂料的熔融黏度，影响涂膜的流平性。因此，在满足着色力和遮盖力的情况下，选用最低质量百分含量（或体积百分浓度）是必要的。大部分无机颜料的吸油量都比较小，多加一些不会像对涂膜流平性产生较大的影响，但是从涂料成本考虑价格贵的适当控制添加量是必要的。

（4）因为一般有机颜料的着色力强，但是遮盖力比较弱，所以选择遮盖力差的红色和黄色等有机颜料时，必须跟色相接近的无机颜料配合使用，没有合适的品种时，可以添加遮盖力好的钛白粉等颜料配合使用。

（5）纯白色粉末涂料的颜料以钛白粉为主，并匹配少量的有机颜料配制，钛白粉在配方中的用量为总质量的20％～30％，主要由涂膜厚度和外观的要求决定。此外，钛白粉的用量与钛白粉的白度、遮盖力和着色力等指标有关系。对于以白色为主的有色、浅色粉末涂料配方，钛白粉的用量为总质量的10％～20％，主要决定于颜色的深浅程度和配合使用颜料的着色力和遮盖力。对于较深颜色粉末涂料，钛白粉的用量为配方总质量的1％～5％。中间颜色的钛白粉用量为配方总量的5％～10％。钛白粉在遮盖力好的有机颜料中添加得少；在遮盖力差的有机颜料中添加得多。有些颜色很深的粉末涂料配方中，甚至可以不需要加钛白粉。

（6）颜料品种对粉末涂料的活性有一定影响，有的颜料添加以后粉末涂料的胶化时间缩短；有的反而延长胶化时间。因此，在设计粉末涂料配方时，不能忽视这些颜料品种对粉末涂料化学稳定性的影响，应该考虑这些因素对粉末涂料贮存稳定性和涂膜性能带来的影响。

（7）对于要求无铅或无重金属的粉末涂料，尽量使用有机颜料，不要使用含铅、镉、铬等重金属颜料。

（8）对于常用的黑色粉末涂料，炭黑的用量为配方总量的0.8％～1.5％，其用量与炭黑的着色力、遮盖力和分散性有关，不同炭黑品种和规格之间的差别较大。虽然炭黑都是黑的，但是不同型号之间的黑度和色相差别较大，在调色时选择好合适的规格。在调色过程中，为了调整黑度可适当添加酞菁蓝，酞菁蓝的添加量为炭黑总量的10％以下。

（9）因为原材料的来源和生产工艺等某种原因，同一种规格颜料不同厂家之间的色差较大，而且同一厂家不同批次之间的颜料也有明显的色差，有些颜料品种的规格和型号也多（例如酞菁蓝、铬黄等），在设计配方时一定要搞清楚颜料的生产厂、产品规格和牌号，以便固定颜料生产厂家的品种、规格和牌号，一次进料尽量是同一批次的，进料量充足，给生产中粉末涂料配色和涂膜颜色的稳定性创造条件，避免批次多了给生产中的调色带来麻烦，影响产品配色质量。

三、填料品种和用量的选择

在粉末涂料配方中，虽然填料的作用没有像树脂、固化剂和颜料那样重要，但是在大部分配方组成中也是不可缺少的组成部分。对填料品种和用量的选择上，应该考虑下列问题。

（1）根据粉末涂料的用途，对于户外用粉末涂料要选择耐候性好、化学稳定性好、不容易粉化的填料品种；对于室内用粉末涂料要求没那么严格，用于防腐的粉末涂料要选择耐酸、耐碱、耐盐和耐水等性能好的填料。

（2）要求涂膜流平性好时，选择吸油量小、分散性好的填料，最好是使用经偶联剂、脂肪酸等表面处理剂处理过的产品或者超细化的填料，这样有利于填料的分散。

（3）根据粉末涂料涂膜外观和涂膜各种性能要求，选用密度、吸油量、硬度、细度、消光性能、带电性能、分散性和耐化学介质稳定性等性能合适的填料品种，例如为了降低填料在配方中的体积浓度，选择密度大、分散性好的沉淀硫酸钡；为了降低粉末涂料的密度，选择密度较小的轻体碳酸钙；为了提高涂膜硬度，选用硬度高的高岭土；对于要求消光的粉末涂料，选用消光硫酸钡；对于砂纹粉末涂料，选用膨润土配合；为了提高电绝缘性能，选用硅微粉和云母粉；在要求无重金属的粉末涂料中，选用轻质碳酸钙或者高光碳酸钙等不含重金属的填料。

（4）在大部分粉末涂料配方中，颜料和填料的质量百分含量是25%～40%，其中能够满足涂膜着色力和遮盖力的颜料量以外都是填料。填料在配方中的含量差别也很大，在白色配方中，钛白粉占颜料和填料中的大部分，填料占的比例很少；在黑色配方中，炭黑占颜料和填料中的比例很少，填料占的比例很大。配方中填料的含量多时，涂膜的致密性、力学性能和涂料成本降低，但涂膜硬度和耐磨性提高；相反填料的含量降低时，涂膜的致密性、力学性能、涂料成本和每千克粉末涂料的喷涂面积提高，但涂膜的硬度和耐磨性降低。

四、助剂品种和用量的选择

助剂的用量很少，但也是一般粉末涂料配方组成中是不可缺少的成分，而且对涂膜的外观及某些性能起决定性作用。对助剂品种和用量的选择应该考虑下列问题。

（1）在任何光泽的平整涂膜外观的粉末涂料中，必须添加流平剂，否则涂膜会出现缩孔、针孔等弊病。流平剂的用量为成膜物质总质量的0.8%～1.5%，根据流平剂的品种和粉末涂料树脂品种，通常用量为1.0%～1.2%，具体以试验来确定。流平剂的用量少，流平效果不好；当流平剂的用量过多时，一方面影响粉末涂料贮存稳定性，另一方面迁移到涂膜表面影响涂膜光泽（往往降低涂膜光泽），手摸时容易产生手印。另外，为了使粉末涂料中含有的水分和固化反应产生的小分子化合物容易释放，还需要添加安息香等除气剂（脱气剂），用量为成膜物总质量的0.3%～0.5%，要根据粉末涂料品种决定使用量。

不同流平剂之间（例如，加硅油和未加硅油流平剂）也有干扰，影响粉末涂料的相容性，所以在使用不同厂家粉末涂料时，也应该了解粉末涂料之间受干扰的原因，采取必要的措施。

（2）为了改进颜料和填料的润湿性和分散性，同时改进涂膜外观，在国产聚丙烯酸丁酯流平剂体系中添加光亮剂（701助剂），添加量为成膜物总质量的0.5%～2%。因为这种助剂是脆性固体，如果添加过多，会影响涂膜冲击强度等力学性能。

（3）为了调整粉末涂料的化学反应活性，在粉末涂料配方中添加促进剂，使粉末涂料在规定的烘烤温度和时间内充分固化，得到满意的涂膜性能。

（4）为了提高粉末涂料的附着力，在聚氨酯和丙烯酸粉末涂料中添加双酚A型环氧树脂等附着力改性剂，但考虑到耐候性的影响，添加量不能超过成膜物总量的5%。

（5）为了改进粉末涂料的带电性能、边角覆盖力、贮存稳定性、上粉率等性能，在配方中添加增电剂、边角覆盖力改性剂、粉末松散剂（疏松剂）、粉末涂料上粉率改性剂等助剂。一般在商家推荐助剂用量的基础上，经过试验确定最佳使用量。

（6）为了提高涂膜光泽和耐紫外光性能，改进涂膜耐划伤性、抗静电性能，在粉末涂料配方中添加增光剂、紫外光吸收剂，还可以添加抗划伤剂、抗静电剂等助剂。

（7）为了得到各种美术型纹理涂膜，需要添加砂纹剂、皱纹剂、锤纹剂、花纹剂等助剂。对于助剂的添加量，要根据商家推荐的用量，经过必要试验选择最佳使用量。这里应该注意的是，涂料的配方、制造设备的型号、制造工艺参数等因素对涂膜纹理有很大的影响。为了保证产品质量，必须保证每次生产原材料的质量，使用规定生产设备，按统一的工艺参数进行生产。由于涂膜纹理受各方面因素的影响，因此保证每批产品的纹理和颜色保持完全一致是比较困难的。

（8）在助剂品种的选择上，为添加方便和不影响粉末涂料的贮存稳定性，助剂最好是固体粉末状物质，而且化学稳定性和物理稳定性要好。这些助剂在粉末涂料贮存和烘烤固化过程中不挥发、不变色，不产生不必要的副反应，不影响涂膜外观和性能质量。

（9）在助剂的使用量上，因为助剂的价格都比较贵，所以在满足粉末涂料和涂膜性能的条件下，尽量控制在低限用量，尤其是对粉末涂料和涂膜容易产生副作用的助剂，更要选择低限用量。

（10）为了准确掌握助剂的使用量，应该了解助剂中有效成分的含量，必要时测定其含量。因为同一类型的助剂，不同厂家产品中的有效含量不同，而且有些是分散在载体中，载体的成分也不同，所以详细了解助剂的规格有助于配方设计。

第八节 消光粉末涂料的配方设计

随着粉末涂料应用领域的扩大，消光粉末涂料的品种和用量也在增加，应用范围也不断扩大，在设计消光粉末涂料配方时，根据用户要求和涂装工艺条件应考虑下列问题。

（1）根据粉末涂料的用途，用于室内的产品一般选择环氧和环氧-聚酯粉末涂料，用户要求高的也可以选择耐候型的聚酯粉末涂料；用于户外的选择耐候型的聚酯、聚氨酯和丙烯酸粉末涂料，而且选择的粉末涂料品种的固化条件应符合用户所具备的条件。

（2）成膜物体系确定以后，在设计粉末涂料配方时，从以下方面去考虑。

① 在配方中添加具有消光效果的填料，例如添加消光硫酸钡、超细高岭土、超细硅微粉、超细云母粉等。这种消光方法有一定的局限性，填料加多了涂膜外观不好，加少了消光效果差，只适用于光泽（60°）在50%以上的消光粉末涂料。这种方法适用于所有树脂品种粉末涂料。

② 在配方中添加具有消光效果的消光剂。在粉末涂料中常用的消光剂有蜡型消光剂和树脂型消光剂。蜡型的加多了粉末涂料的干粉流动性不好，涂膜表面容易形成蜡状；加少了消光效果有限，大多数是用于光泽（60°）30%以上的消光粉末涂料。树脂型的消光剂虽然没有像蜡型消光剂那样的缺点，但添加多了涂膜的冲击强度等力学性能不好，也有一定的局限性，不适合配制光泽（60°）20%以下的粉末涂料。各种树脂类型的粉末涂料都有消光剂，用于耐候型粉末涂料中的消光剂可以用在室内型粉末涂料中，但室内型粉末涂料的消光剂不一定能用在户外型粉末涂料中。

近年来还开发了与粉末涂料干混合消光的消光剂。这种粉末涂料的配制和使用比较方便，但涂膜外观的平整性不如内加熔融挤出混合的消光粉末涂料。

③ 消光固化剂的消光原理在前面已经叙述过，这种消光方法在环氧和环氧-聚酯体系中的消光范围宽，调节涂膜光泽比较容易，涂膜外观的平整性和涂膜力学性能也比较好，可以参考环氧-聚酯粉末涂料中的助剂部分的消光粉末涂料部分和宁波南海化学公司关于环氧-聚酯粉末用抗黄变的消光剂产品部分的内容。有些消光固化剂在聚酯粉末涂料体系中的光泽范围比较窄，例如捷通达化工公司的 SA 2068 消光固化剂和宁波南海化学有限公司的 XG628 消光固化剂在 TGIC 固化聚酯粉末涂料体系中的效果；宁波南海化学有限公司的 XG665 消光固化剂在 TGIC 固化聚酯粉末涂料体系中的效果。从涂料的成本考虑，用填料和消光剂无法达到用户所要求的光泽时，配方设计中可以考虑采用消光固化剂。

④ 两种不同反应活性粉末涂料的干混合方法在聚酯粉末涂料中得到广泛应用。一种聚酯树脂的酸值高、活性强、固化反应速率快；另一种聚酯树脂的酸值低、活性低、固化反应速率慢，两种固化体系的反应产物之间的相容性不好，产生消光效果。这种产品起初的外观不是很好，现在已经能实现涂膜外观很好、耐候性稳定，各聚酯树脂生产厂都有产品，树脂品种多、使用量大，但是涂膜光泽范围有一定限制，主要在20%～30%。

在聚氨酯粉末涂料中，可以利用高、低不同羟值的聚酯树脂之间的不同活性，不同配比的配方匹配，使用熔融挤出法配制半光、亚光、无光等不同光泽的粉末涂料，这也是聚氨酯粉末涂料的特点。

（3）根据用户对粉末涂料品种和涂膜光泽的要求，结合上述消光方法选择比较合适的技术路线，如果有几条技术路线可供选择，比较涂膜性能和涂料成本，最后选择最佳技术路线的配方。在设计粉末涂料配方时，可以参考本书第二章的助剂部分和第四章的有关热固性粉末涂料的消光固化剂和助剂部分。

第九节
涂膜单项性能改进配方设计

一、改进涂膜流平性

在粉末涂料配方设计中，为了改进涂膜流平性，可以从以下几个方面考虑。

（1）选用固化温度条件下，熔融黏度比较低，而且配制粉末涂料的活性低、胶化时间比较长的树脂品种。

（2）选择反应活性低的固化剂（或固化树脂），使粉末涂料的熔融黏度低、胶化时间长，有利于涂膜的流平。

（3）适当降低粉末涂料配方中颜料和填料含量，尤其是减少影响粉末涂料熔融黏度的、吸油量大的颜料或填料含量。

（4）添加可以降低粉末涂料熔融黏度的助剂，例如流平剂、氢化蓖麻油和聚乙烯蜡等，以不影响粉末涂料贮存稳定性和涂膜性能为限量。

（5）选择对粉末涂料成膜物质的反应活性没有促进作用的颜料、填料和助剂。一般胶化时间长的粉末涂料涂膜流平性更好。

（6）使用经表面处理后的颜料和填料，有利于改进粉末涂料涂膜流平性。

（7）使用固化反应温度高的粉末涂料体系，粉末涂料在固化反应温度条件下的熔融黏度低、流平性好，特别是聚氨酯粉末涂料的固化剂解封闭温度高，在解封闭以前粉末涂料充分流平，因此，选用这种类型的粉末涂料可以提高涂膜流平性。

二、提高涂膜光泽

在粉末涂料配方设计中，为了提高涂膜光泽可以从以下几方面考虑。

（1）选择用于高光泽粉末涂料的树脂品种。

（2）在涂料成本合理的情况下，尽量选择颜料和填料含量低的配方。

（3）尽量添加对提高涂膜光泽有利的助剂，例如高光蜡、增光剂、分散剂等。

（4）尽量选择经过表面处理、分散性好、密度大、吸油量小、粒度细的颜料和填料品种。一般经表面处理的金红石型钛白粉比锐钛型钛白粉涂膜光泽高；吸油量小的沉淀硫酸钡的光泽比吸油量大的轻质碳酸钙涂膜光泽高；超细化的填料比普通型的分散性好，涂膜光泽高。

在配方设计中，对涂膜流平性有利的因素对涂膜光泽的提高也有一定的作用。

三、改进涂膜流挂

在粉末涂料配方设计中，通过下列措施可以改进涂膜流挂。

（1）选择在烘烤固化条件下，熔融黏度高的树脂品种，或者在同一类树脂中选择软化点高的品种。

（2）选择成膜物质反应活性大的体系，也就是胶化时间相对短的品种。

（3）适当添加固化促进剂，加快粉末涂料的固化反应速率，缩短粉末涂料的胶化时间。

（4）在配方设计中，使用吸油量大、促进粉末涂料固化反应速率的颜料和填料，或者适当增加颜料和填料的含量，提高粉末涂料的熔融黏度和减小熔融水平流动性。

（5）添加能提高粉末涂料熔融黏度的防流挂剂或者有触变作用的触变剂或者边角覆盖力改性剂，例如聚乙烯醇缩丁醛和气相二氧化硅等。

四、避免涂膜产生针孔、缩孔和火山坑等弊病

在粉末涂料配方设计中，通过以下几个方面的措施可以避免涂膜产生针孔、缩孔和火山坑等弊病。

（1）不加流平剂、流平剂的添加量不够或者流平剂分散不均匀时，涂膜最容易产生针孔、缩孔和火山坑等弊病。为了避免这些弊病，必须添加足够量的流平剂，但不能添加过多使涂膜出现雾状，容易留下手印。

（2）当两种不同类型流平剂配制的粉末涂料之间相互干扰时，涂膜容易出现缩孔等弊病，例如用聚丙烯酸酯共聚物配制的粉末涂料与有机硅改性聚丙烯酸酯流平剂配制的粉末涂料之间有干扰。在开辟粉末涂料新用户时，在粉末涂料配方设计上，流平剂的品种与用户已经使用的粉末涂料中的流平剂相容性要好。

（3）新设计配方的粉末涂料与用户已经使用中的粉末涂料之间相容性不好，其主要原因是成膜物之间的相容性不好。因此在设计粉末涂料配方时，树脂品种的选择非常重要。特别是不同聚酯树脂配制的聚酯粉末涂料之间，丙烯酸粉末涂料与其他品种粉末涂料之间，或者环氧-聚酯粉末涂料与聚酯粉末涂料之间也容易出现干扰。因此，向新用户提供产品时，一定考虑不同厂家之间的粉末涂料的相容性问题，选择合适的没有干扰的树脂品种来设计配方。

（4）为了避免涂膜产生针孔、缩孔和火山坑等弊病，在设计配方时添加丙烯酸酯与甲基丙烯酸甲酯共聚物光亮剂（701 助剂）和分散剂等助剂。光亮剂有一定的助流平作用，在国外配方中没有使用这种助剂，但在国产配方中已经成为不可缺少的成分。

（5）铸铁、铸铝、热轧钢板和镀锌钢板等工件的表面经常有砂眼和气孔，当粉末涂装时涂膜容易出现火山坑、质点和颗粒等弊病，在粉末涂料配方设计中必须添加消泡剂等助剂。在热镀锌钢板上，更容易出现火山坑、质点和颗粒等弊病，更要引起注意。

五、提高涂膜硬度

在粉末涂料配方设计中，从以下几个方面的措施考虑提高涂膜硬度。

（1）在粉末涂料配方设计中，选择树脂与固化剂的时候，尽量选择玻璃化转变温度高、官能度高的成膜物体系，这样粉末涂料固化后成膜物的交联密度大，玻璃化转变温度高，相应的涂膜硬度也高。例如选择羧基聚酯时选择酸值高的；选择羟基聚酯时选择羟值高的；选择封闭型多异氰酸酯固化剂时选择 NCO 含量高的等。

（2）在粉末涂料配方设计中，选择硬度高的颜料和填料品种，用这种方法容易调整涂膜硬度。另外，在配方中提高颜料和填料含量，也可以提高涂膜硬度，特别是提高填料的方法容易做到。在填料品种中高岭土、滑石粉、硅微粉等的添加，有利于涂膜硬度的增加。

（3）在配方中添加防划伤剂、增硬剂等助剂也有一定的效果。

六、提高涂膜冲击强度

在粉末涂料配方设计中，以下几个方面的措施可以提高涂膜冲击强度。

（1）选择反应活性强，反应性基团的环氧值、酸值和羟值高的树脂品种。这样树脂与固化剂的固化反应更容易完全，成膜物的交联密度高，相应的涂膜冲击强度也好。另外，树脂的玻璃化转变温度高时可以提高涂膜硬度，但是不利于涂膜冲击强度；相对来说，玻璃化转变温度低的树脂有利于涂膜冲击强度的改进，但是对粉末涂料的贮存稳定性不好。

（2）树脂与固化剂的固化反应越完全，涂膜冲击强度越好；但是过烘烤以后，反而使成膜物热老化，涂膜冲击强度降低。为了使树脂与固化剂在烘烤固化条件下，交联固化反应完全，应该选择反应活性大的树脂与固化剂体系，也就是选择粉末涂料胶化时间短的体系。如果粉末涂料的反应活性不太理想时，可以选择合适的固化反应促进剂及用量，这样可以保证涂膜的充分固化，有利于改进涂膜冲击强度。固化反应速度也不能太快，否则涂膜的流平性不好。

（3）适当降低配方中颜料和填料的含量。因为填料含量的改变对涂膜颜色没有明显的影响，但有利于提高涂膜冲击强度。

（4）适当添加提高涂膜冲击强度的增塑剂、增韧剂等助剂，添加热塑性树脂等也有一定效果。

七、提高涂膜柔韧性（耐弯曲性能）

在粉末涂料配方设计中，从以下几个方面考虑可以提高涂膜柔韧性。

（1）选择具有柔性结构的、分子量高的、反应性基团的环氧值、羟值和酸值低的树脂有利于提高涂膜柔韧性。

（2）选择具有柔性的长链结构的固化剂，这样有利于提高涂膜柔韧性。环氧粉末涂料中的固化剂癸二酸二酰肼、丙烯酸粉末涂料中的固化剂十二碳二羧酸等属于这种类型。

（3）当树脂与固化剂的固化反应完全时涂膜柔韧性好，从粉末涂料的固化完全考虑，选择反应活性大的粉末涂料体系，也就是粉末涂料的胶化时间短的有利于涂膜完全固化，涂膜的柔韧性也会好。

（4）在配方设计中，当粉末涂料的反应活性不能满足用户烘烤固化条件时，适当添加固化反应促进剂，缩短粉末涂料的胶化时间，使粉末涂料在规定固化温度和时间条件下，能够充分固化，保证涂膜的柔韧性。如果促进剂的用量过多，则粉末涂料的固化反应速率太快，涂膜流平性不好，因此必须选择合适的促进剂用量。

（5）适当降低配方中颜料和填料的含量。降低填料的含量对涂膜颜色没有明显的影响，但有利于提高涂膜柔韧性。

（6）适当添加增塑剂、增韧剂等助剂，或者添加热塑性树脂，对提高涂膜柔韧性有一定的作用。

八、提高涂膜防锈和防腐蚀性能

在粉末涂料配方设计中，从以下几个方面考虑可以提高涂膜的防锈和防腐蚀性能。

（1）从粉末涂料的成膜物质的结构考虑，首先选择防锈和防腐蚀性能好的树脂与固化剂体系。在常用的热固性粉末涂料中，从涂膜性能和成本考虑，环氧和环氧-聚酯粉末涂料体系比较适用于防锈和防腐蚀方面，其中环氧粉末涂料比环氧-聚酯粉末涂料的防锈和防腐蚀性能更好。对于重腐蚀方面还是选择环氧粉末涂料最好，例如酚醛环氧树脂用酚羟基树脂固化体系的环氧粉末涂料的效果更好。

（2）从涂膜的防锈和防腐蚀性能考虑，同一类树脂与固化剂体系，涂膜的交联密度越高，致密性越好，化学介质的渗透性越差，涂膜的防锈和防腐蚀性能越好。因此，选择官能度高，并且反应基团的环氧值、羟值和酸值高的树脂有利于提高涂膜交联密度，有利于提高涂膜防锈和防腐蚀性能。对于环氧粉末涂料，选择官能度和环氧值高的环氧树脂；对于环氧-聚酯粉末涂料，选择聚酯树脂酸值高的聚酯树脂：环氧树脂＝50：50（质量）的体系；对于聚氨酯粉末涂料，选择高羟值聚酯树脂与 NCO 含量高的固化剂体系。

（3）在规定的烘烤固化条件下，为了使粉末涂料固化完全，应选择树脂与固化剂反应活性大的体系，也就是粉末涂料胶化时间短的体系。如果粉末涂料的固化反应活性低，适当添加固化反应促进剂，加快固化反应速率。但粉末涂料的固化反应速率太快时，影响涂膜流平性，因此一定要选择合适的催化剂用量。

（4）适当降低颜料和填料的含量，可以提高涂膜的致密性，也可以提高涂膜的防锈和防腐蚀性能。

（5）为了提高涂膜的防锈和防腐蚀性能，在选择颜料和填料品种时，尽量选择化学稳定性好，而且物理防锈和防腐蚀性能好的颜料和填料，同时也可以选择有化学防锈和防腐作用的颜料和填料品种。另外，片状的颜料和填料，例如云母氧化铁、云母粉、片状锌粉等，其防渗透性好，有利于提高耐水、耐腐蚀性能。

（6）必要时添加有防锈和防腐蚀作用的助剂。

九、提高涂膜附着力

在粉末涂料配方设计中，从以下几个方面考虑可以提高涂膜附着力。

（1）一般认为聚合物中的羟基对金属的亲和力最强，在分子结构中含有的羟基越多，附着力越好。环氧粉末涂料的附着力最好，其次是环氧-聚酯粉末涂料；再则是聚酯粉末涂料，然后是聚氨酯和丙烯酸粉末涂料，氟树脂粉末涂料的附着力最差。因此，在设计粉末涂料品种时，尽量选择环氧粉末涂料体系。

（2）在粉末涂料配方设计中，添加含有羟基的高分子化合物可以改进涂膜附着力。为了提高涂膜的附着力，可在聚氨酯和丙烯酸粉末涂料中添加双酚A型环氧树脂，但是添加量不能超过成膜物总量的5%，如果添加量过多会影响涂膜的耐候性。同理，在环氧-聚酯粉末涂料体系中，用酸值高的聚酯树脂配制的粉末涂料，比用酸值低的聚酯树脂配制的粉末涂料，涂膜的附着力更好。

（3）为了使粉末涂料成膜物中的极性基团与基材接触，从而增加附着力，在配方设计中，可以适当降低颜料和填料的含量。从颜料的遮盖力考虑，主要是降低填料的含量。

（4）涂膜的完全固化程度对涂膜附着力也有很大的影响，如果涂膜固化不完全，涂膜的冲击强度、柔韧性和附着力也不好。在粉末涂料配方设计中，使粉末涂料的活性能够保证在规定的烘烤条件下，涂膜完全固化，具体的方法是调节粉末涂料的胶化时间，必要时添加固化促进剂。

十、提高粉末涂料的带静电性能

在粉末涂料配方设计中，从以下几个方面考虑可以提高粉末涂料的带静电性能。

（1）要使粉末涂料的带静电性能好，首先要选择带静电性能好的树脂体系。环氧粉末涂料的电晕放电荷电性能和摩擦荷电性能都好；环氧-聚酯粉末涂料的电晕放电荷电性能好，但摩擦荷电性能差；HAA固化聚酯粉末涂料的电晕放电荷电性能比TGIC固化聚酯粉末涂料好。根据这些特点和用户的涂装要求，选择合适的粉末涂料树脂品种。

（2）不同颜料和填料的带静电性能有明显的差别，这将影响粉末涂料的带静电性能，所以在选择颜料和填料品种时，尽量选择对粉末涂料带静电性能有利的品种，特别是填料品种的选择更为重要。

在环氧-聚酯粉末涂料中，轻质碳酸钙和高岭土比沉淀硫酸钡的带静电性能好。

（3）可添加增电剂或者能提高粉末涂料带静电效果的助剂。在环氧-聚酯和聚酯粉末涂料中，为改进摩擦带静电性能，用于摩擦喷枪的粉末涂料必须添加摩擦带电助剂。

十一、改进粉末涂料贮存稳定性

在粉末涂料配方设计中，从以下几个方面考虑可以改进粉末涂料的贮存稳定性。

（1）粉末涂料的贮存稳定性主要决定于树脂与固化剂的玻璃化转变温度。因为树脂在配方中占的比例大，所以起到更重要的作用。虽然固化剂的用量比较少，但是对粉末涂料的贮存稳定性也有明显的影响。因此，在保证涂膜外观的情况下，尽量选择树脂和固化剂玻璃化转变温度都高的产品，在固化剂品种无法选择的情况下，尽量选择玻璃化转变温度比较高的树脂品种来匹配。

（2）颜料和填料的质量百分含量（体积百分浓度）对粉末涂料的贮存稳定性有明显的影响。在不影响涂膜各种性能的情况下，适当提高颜料和填料含量，可以改进粉末涂料的贮存稳定性。

（3）尽量少加或不加影响粉末涂料玻璃化转变温度、干粉流动性和贮存稳定性的助剂，例如液体流平剂、蜡型消光剂和促进剂等。

（4）内加方式添加改进粉末涂料松散性的疏松剂，降低粉末涂料的安息角，使粉末涂料不容易结团，可以改进粉末涂料的贮存稳定性。

（5）在粉末涂料制造过程中，以外加的方式添加比表面积大、吸湿能力强的气相二氧化硅、气相氧化铝等助剂，使粉末涂料粒子之间形成隔离层，可以减少粉末涂料粒子碰撞和凝聚的机会，使粉末涂料不容易吸潮和结团，改进粉末涂料贮存稳定性。

十二、提高粉末涂料的喷涂面积

在粉末涂料的配方设计中，从以下几个方面考虑可以提高粉末涂料的喷涂面积。

（1）粉末涂料的涂膜流平性好时，涂膜厚度可以喷得薄一些，可以降低单位面积粉末涂料的使用量，所以相应的粉末涂料每千克喷涂面积可以提高。

（2）粉末涂料的遮盖力强、涂膜流平性好，这样可以降低涂膜厚度，还可以增加喷涂面积。要想得到遮盖力强的粉末涂料，必须选择遮盖力强的颜料并且在配方中有足够的含量。一般有机颜料的吸油量大，着色力强，但遮盖力不好，多了会影响涂膜流平性，因此与遮盖力好的无机颜料匹配使用效果更好。

（3）当粉末涂料的密度小时，单位质量粉末涂料的喷涂面积大。在设计粉末涂料配方时，要适当降低颜料和填料在配方中的含量。这里主要是降低填料的用量，因为降低填料用量不会影响遮盖力，还可以改进涂膜流平性，降低涂料密度。

（4）选择带电性能好的树脂和颜填料品种，或者添加增电剂等助剂，可以提高粉末涂料的带电性能，从而提高一次喷涂上粉率。

十三、提高涂膜耐候性能

在粉末涂料的配方设计中，从以下几个方面考虑可以提高粉末涂料的涂膜耐候性能。

（1）决定粉末涂料涂膜耐候性的关键因素是成膜物的耐候性，这里决定要素是树脂本身的耐候性和固化剂的耐候性，同时也取决于它们之间交联固化以后的涂膜耐候性。因此，必须分析选择的树脂和固化剂合不合适。如果不合适必须进行调整，使选择的树脂和固化剂之间相互匹配，而且都是选择耐候性好的品种，这样可以保证固化成膜物的耐候性。

（2）除了成膜物外，选择耐候性好的颜料、填料和助剂也是必要的。特别是颜料在配方中所占比例较高时，很容易发现耐候性好不好，主要表现在涂膜色差的变化，因此必须选择耐候性和耐光性好的颜料品种，当然也要考虑颜料的耐温性、耐酸碱性等。另外，填料一般用量大，耐候性不好容易使涂膜失光和粉化，影响涂膜外观和装饰性，也要选择耐候性和耐光性好、耐化学品性好的品种。虽然助剂在配方中所占比例很少，但也是影响涂膜耐候性的因素之一，在选择助剂品种时一定要考虑它在户外条件下的稳定性是必要的。

（3）如果原来树脂与固化剂体系选择的没有问题，但是达不到耐候性要求时，要考虑选择耐候性更好的树脂品种进行改性，例如普通耐候性聚酯粉末涂料用一部分超耐候聚酯粉末涂料进行改性或普通聚氨酯粉末涂料用超耐候聚氨酯粉末涂料进行改性。

第六章

粉末涂料的制造

第一节
概述

粉末涂料的制造方法与传统的溶剂型涂料和水性涂料完全不同，不能直接使用溶剂型涂料和水性涂料制造用的设备，而必须使用专用设备。粉末涂料的制造方法很多，大体上可分为干法和湿法两大类。干法又可分为干混合法、熔融挤出混合法和超临界流体混合法；湿法又可分为蒸发法、喷雾干燥法、沉淀法和水分散法。这些制造方法的主要工艺流程见图6-1。

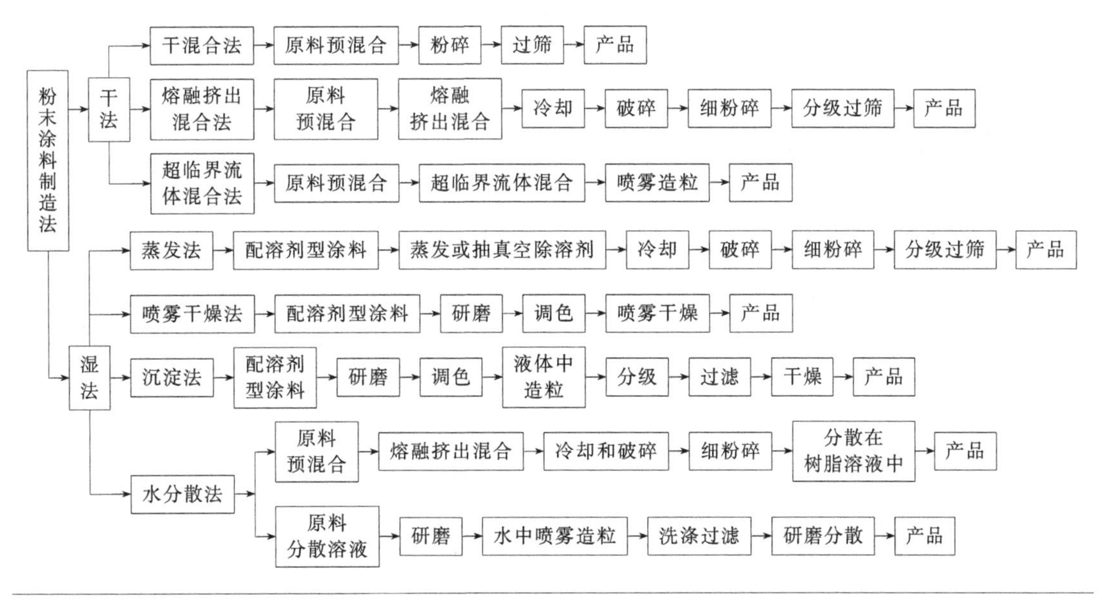

图6-1 粉末涂料的各种制造方法和工艺流程

目前绝大部分企业采用干法中的熔融挤出混合法制造粉末涂料。干混合法在开发初期使用过，在制造高熔点的热塑性树脂粉末涂料时偶尔使用，现在一般情况下不使用；超临界流体混合法是最近几年开发的新的粉末涂料制造法，虽然还没有工业化推广应用，但是可望今后成为很有发展前途的制造方法。湿法制造粉末涂料的方法目前占的比例很少，主要用于特殊粉末涂料的制造，例如制造丙烯酸粉末涂料可用喷雾干燥法和蒸发法；由溶剂型涂料制造粉末涂料时可用沉淀法；制造电泳粉末涂料和水分散（水厚浆）粉末涂料时可用水分散法。因为特殊粉末涂料在整个粉末涂料生产量中所占比例少，再加上这种制造方法的生产成本比较高，在推广应用方面受到一定限制，所以短时间内不会有太大的发展。

从工业化实际应用考虑，这里重点介绍熔融挤出混合法制造粉末涂料的工艺和有关设备，对其他制造法只作简单介绍。熔融挤出混合法生产的产品分为热塑性粉末涂料和热固性粉末涂料，其中又以热固性粉末涂料的制造为重点介绍。

第二节 热塑性粉末涂料的制造

热塑性粉末涂料由热塑性树脂、颜料、填料、增塑剂、抗氧剂和紫外光吸收剂等组成。热塑性粉末涂料主要制造工艺为：原材料的预混合、熔融挤出混合、冷却和造粒（热固性粉末涂料中是破碎）、粉碎、分级过筛和包装。粉碎之前的工艺跟塑料加工工艺类似，用高速混合机将原材料进行预混合，然后用塑料加工用挤出机熔融挤出，挤出来的条状物料经冷却水冷却，用造粒机剪切成粒状物，最后用粉碎机粉碎，经过筛分级得到产品。

一、原材料的预混合

按配方称量的原料，加入有加热夹套的高速混合机以500～800r/min进行搅拌混合。加热的目的是使涂料中的增塑剂和少量助剂混合均匀，尤其是增塑剂等黏稠状成分分散均匀。这种混合机与热固性粉末涂料用混合机不同，它的搅拌速度快、起到混合和粉碎双重作用，没有专门的破碎装置，但有加热装置。对于预混合工艺中是否需要加热，混合多长时间，这要根据配方的组分来决定。

二、熔融挤出混合

熔融挤出混合工艺是制造热塑性粉末涂料的关键工艺。经过熔融挤出混合工艺，预混合的物料进一步混合均匀，使涂料产品质量保持稳定。在生产中使用的设备为热塑性塑料加工用单螺杆挤出机（或双螺杆挤出机）。热塑性粉末涂料用单螺杆挤出机及其配套设备见图6-2。这种挤出机的长径比较大，一般达到30：1（L/D）。螺杆的形状和结构合理，混料没有死角，可以根据原料不同进行调速。

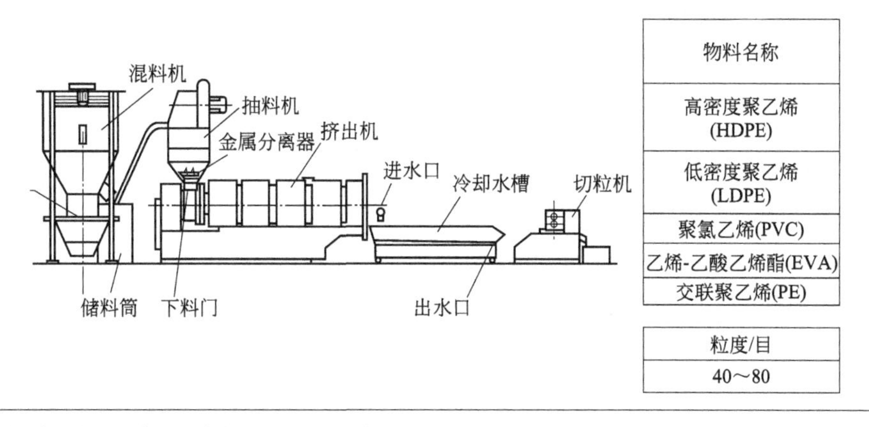

图 6-2　热塑性粉末涂料用单螺杆挤出机及其配套设备

为了得到粒状产品，挤出机挤出头为多孔状，挤出物为条状塑性物，类似于聚乙烯、聚氯乙烯电缆料的加工工艺。

要根据树脂的软化点范围控制挤出机送料段、塑化段、均化（混炼）段的不同温度。为了控制好挤出温度，料筒或者单螺杆中部通冷却水进行冷却。

三、冷却和造粒

从挤出机挤出来的条状塑性物，立即进入凉水中冷却，变成有弹性的条状产品，经切粒机剪切成粒状物成为供粉碎用的半成品。

四、粉碎和分级过筛

粉碎机是生产热塑性粉末涂料的关键设备。因为热塑性粉末涂料的树脂分子量大，韧性也很强，所以用一般热固性粉末涂料用空气分级磨（air classifying mill，即 ACM 磨）等机械粉碎设备在常温下粉碎是比较困难的。根据热塑性粉末涂料用树脂的特性，以往生产热塑性粉末涂料多采用深冷机械粉碎设备，即利用塑料的脆化温度，将被粉碎物料冷却至－100℃以下，借助机械力粉碎。为了获得低温需要采用液氮作冷冻剂，将液氮通入粉碎机内，或将粉碎机置于冷冻室内通入液氮，借助液氮气化带走大量热量，使温度降到脆化温度以下。深冷粉碎可以得到细而圆滑的粉末粒子，但设备投资大，液氮消耗多，粉碎成本较高，对于制造普通热塑性粉末涂料有困难。随着热塑性粉末涂料需求量的增加，国内外都开发出常温机械粉碎设备，其中有涡流叶片、粉碎机和磨盘粉碎机。这种设备的生产效率低，粉末涂料粒子表面不光滑，粒度分布不合理。热塑性粉末涂料粉碎和分级过筛工艺流程见图 6-3。

这种粉碎和分级过筛工艺系统是由两个磨盘粉碎机、加料器、旋风分离器、筛粉机、引风机、旋转阀和冷却机构成。具体的生产工艺为：按配方称量的原材料，从原料槽进入加料器，定量供给的物料经第一磨盘粉碎机（一级粉碎机）粉碎。已粉碎的物料经旋风分离器分离后，再经筛粉机过筛分离成成品和粗粉，粗粉再经加料器进入第二磨盘粉碎机（二级粉碎机）进一步粉碎，重新进旋风分离器，再经过分级和过筛得到成品和粗粉，粗粉进一步粉碎。为提高粉碎效率，两个磨盘粉碎机通 0～5℃的冰水冷却，经一级粉碎的物料分级过筛后再进行二级粉碎。在这种粉碎设备中，不同粒度的物料在刃具和间隙的磨盘中，由于剪切、碾压和摩擦等作用进行粉碎。因为采用风和冰水冷却方式，所以没有像液氮深度冷冻那样成本高，粉碎效果好，粉碎物料的粒度分布合理，施工适应性好。用这种设备，对树脂软化点 83℃、熔体流动速率 23～25g/10min、密度 0.98g/cm^3、粒度 ϕ3mm×5mm 的低密度聚乙烯（LDPE）树脂粉碎后的粒度分布情况见表 6-1。从表中可以看出，一级粉碎后过 60 目的产品收率为 58.5%；二级粉碎后过 60 目的产品收率为 66.1%，收率得到明显提高。这种设备也适用于高密度聚乙烯（HDPE）、聚氯乙烯（PVC）、乙烯-乙酸乙烯酯共聚物（EVA）等粉末涂料的制造，产能达到 60～100kg/h。使用机械粉碎机的关键在于控制进料速度，进料速度过快，热塑性树脂温度会升高，甚至产生熔结现象。另外应根据过筛目数合理调整粉碎动盘与定盘之间的间隙。

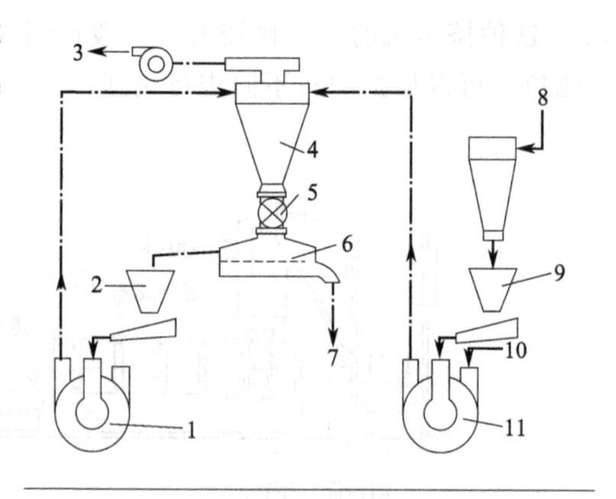

图 6-3 热塑性粉末涂料粉碎和分级过筛工艺流程
1—二级粉碎机；2—加料器；3—引风机；4—旋风分离器；5—旋转阀；6—筛粉机；7—成品；8—原料；9—加料器；10—空气；11——级粉碎机

表 6-1 低密度聚乙烯（LDPE）树脂粉碎后粒度分布情况

粒度/目	一级粉碎物/%	二级粉碎物/%	成品粒度分布/%	粒度/目	一级粉碎物/%	二级粉碎物/%	成品粒度分布/%
未过 30	5.2	3.0	—	60～80	30.2	37.5	53.7
30～40	11.3	8.2	—	80～100	17.8	15.6	23.5
40～60	25.7	22.7	—	过 100	10.5	13.0	22.8

不同树脂类型的热塑性粉末涂料之间的物性差别较大，只能根据不同类型树脂，采用不同设备和工艺制造。一般聚丙烯、尼龙 11、尼龙 12、尼龙 1010 就需要采用冷冻粉碎法。

制造热塑性粉末涂料用粉碎机机械粉碎聚烯烃物料的生产效率见表 6-2；设备的规格见表 6-3。

表 6-2 制造热塑性粉末涂料用粉碎机机械粉碎聚烯烃物料的生产效率

物料名称	进料粒径/mm	熔体流动速率/(g/10min)	出料粒度/目	产量/(kg/h)	用途
高密度聚乙烯(HDPE)	3×5	1～7	过 40 目	80～110	粉末涂料
			过 60 目	60～90	
低密度聚乙烯(LDPE)	3×5	10～50	过 40 目	80～100	粉末涂料
			过 60 目	50～80	

续表

物料名称	进料粒径/mm	熔体流动速率/(g/10min)	出料粒度/目	产量/(kg/h)	用途
聚氯乙烯(PVC)	3×5		过40目	80～120	塑料改性
乙烯-乙酸乙烯酯共聚物(EVA)	5×6	20～75	过80目	40～60	粉末涂料
交联聚乙烯(XLPE)	5×6	电缆回收料	过50目	80～100	塑料改性

表 6-3　制造热塑性粉末涂料用粉碎机的规格和性能

项　目	规　格	项　目	规　格
磨盘直径/mm	330	出料粒径/μm	250
主轴转速/(r/min)	6200	物料名称	LDPE
主机功率(二级)/kW	22	生产能力/(kg/h)	80～100
占地面积/m^2	9	环境噪声/dB	≤80
总高度/m	2	工作区粉尘浓度/(mg/m^3)	<5
进料粒径/mm	≤3×5		

五、包装

热塑性粉末涂料一般不怕受压，也不容易受潮，用聚乙烯塑料内衬的牛皮纸袋包装。成品要存放在空气干燥、通风良好的库房内，并要求远离火源和热源。

第三节
热固性粉末涂料熔融挤出混合法

熔融挤出混合法是制造热固性粉末涂料时应用最多的制造方法，代表性的生产设备和工艺流程见图 6-4。按照这种生产工艺流程，将配方中的树脂、固化剂、颜料、填料和助剂等所有成分准确称量，然后加入高速混合机中预混合。经预混合的物料，通过加料器输送到熔融挤出混合机，使各种成分在一定温度条件下熔融混合和分散均匀。熔融混合挤出的物料，经压片冷却辊和冷却设备压成薄片状易粉碎的物料，再经破碎机破碎成小片状物料。这种片状物料经供料器输送到空气分级磨进行细粉碎后，经过旋风分离器除去超细粉末涂料，捕集大部分被粉碎的半成品，再经过旋转阀（放料阀）输送到筛粉机进行过筛，通过筛网的是成品，未过筛网的是粗粉。粗粉可以重新进入空气分级磨粉碎处理，也可以和回收粉一起再加工时使用。超细粉末涂料就用袋式过滤器捕集回收，干净的空气排放到大气中去。

熔融挤出混合法有如下优点：

① 可以连续自动化生产，生产效率高；

② 可以直接使用固体和粉末状原材料，没有有机溶剂、废水和废渣排放；

③ 可以生产不同树脂体系和涂膜外观（包括不同花色或纹理）的粉末涂料，使用范围

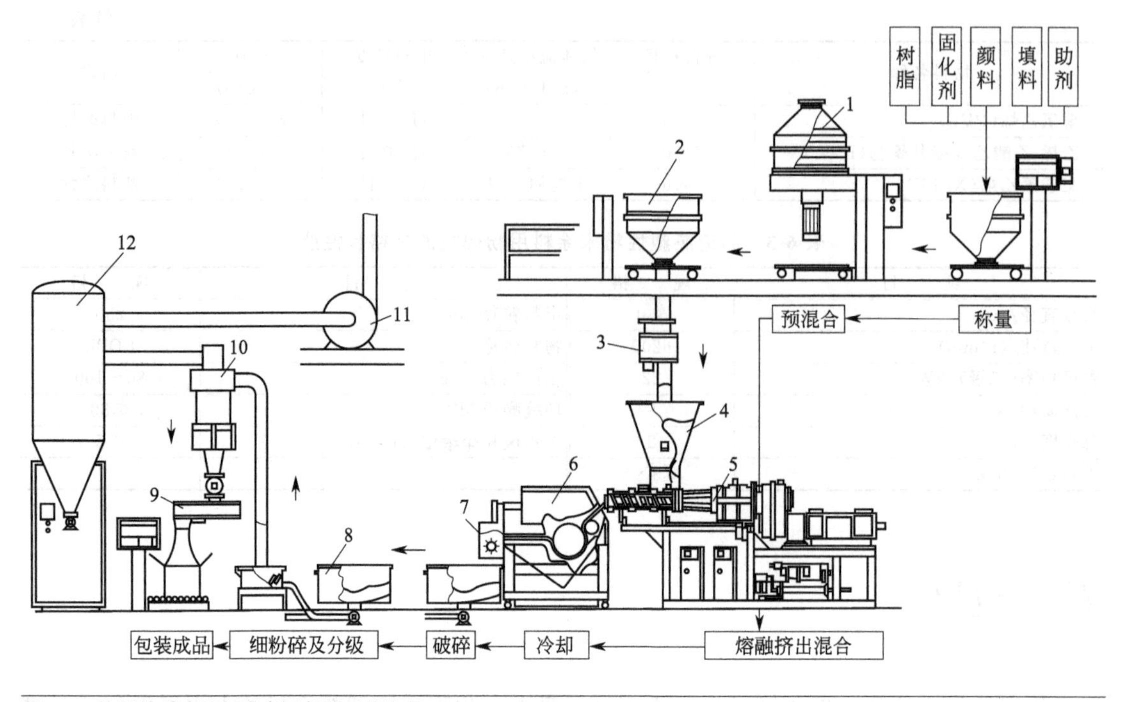

图 6-4 热固性粉末涂料生产设备和工艺流程

1—混合机；2—预混合物加料台；3—金属分离器；4—加料机；5—挤出机；6—冷却辊；7—破碎机；8—空气分级器；9—筛粉机；10—旋风分离器；11—排风机；12—过滤器

很宽；

④ 颜料、填料和助剂在树脂中的分散性好，产品质量稳定，可以生产高品质的粉末涂料；

⑤ 粉末涂料的粒度容易控制，可以生产不同粒度分布、适用于各种涂装工艺要求的粉末涂料产品。

这种制造方法也存在一些缺点，制造设备完全不同于传统的溶剂型或水性涂料的制造设备，改换涂料的树脂品种、颜色品种和纹理外观涂料品种比较麻烦；不易生产固化温度低（130℃以下）的粉末涂料产品；不易生产粒子形状接近球形、粒径很小的适用于薄涂型的粉末涂料产品。下面按物料的称量、原材料的预混合、熔融挤出混合和冷却破碎、细粉碎和分级过筛以及成品包装等顺序进行叙述。

一、物料的称量

在粉末涂料的制造过程中，必须经过物料的称量过程，这一工序对粉末涂料配方的准确性和粉末涂料的产品质量起到重要作用。特别是称量器具的选择和定期检验、称量方法等问题在生产中需要很好考虑，具体来说应注意以下几个问题。

（1）根据配方中物料的最大和最小量，选择合适的称量器具，使称量的最大质量和感量能够满足配方准确性的要求，例如称量 25kg 树脂时选用最大称量 100kg、感量 0.2kg 的磅秤；称量25g 颜料时选用最大称量 100g、感量 0.1g 的药物天平（或者选用最大称量1000g、感量 0.5g 的药物天平）；称量 1.0g 颜料时，应选用感量 0.01g 的电子天平，使配方中物料称量的准确性达到有效数值两位以上。

（2）每次使用称量器具前，必须检查和校正零点；使用完毕后擦干净秤盘，为防止刀口受损伤，磅秤和药物天平的刀口要锁住，电子天平和分析天平的开关要关闭，从安全考虑必要时下班拔掉电源插座。

（3）为了保证称量器材的称量准确性，按计量法规定时间，定期让计量器检验部门来人进行检验和校正。

（4）为了减少配料中称量工序的工作量，在核实整包装物料的净重准确性的情况下，对于在一批料中用量大于一个整包装的主要物料，例如树脂、钛白粉、硫酸钡等原料，可以整包装投料，只对不够整包装的进行称量。

（5）为了保证称量的方便和准确，尽量使用自动去皮和调零的电子秤，这样有利于几种物料的累加称量，避免累加称量几种物料时带来计算上的麻烦和错误。

二、原材料的预混合

为了使各种原料组成分散均匀，按配方准确称量好物料，在熔融挤出混合前须进行预混合。预混合中使用的设备种类很多，在熔融挤出混合法中配套使用最多的是没有冷却装置的高速混合机，高速混合机的电器控制柜见图 6-5。

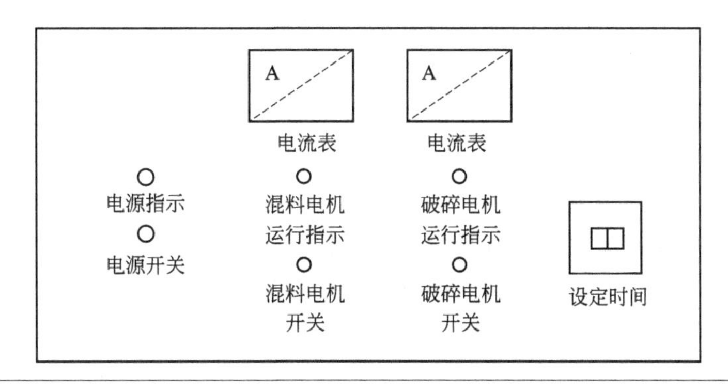

图 6-5 高速混合机的电器控制柜

这种设备的操作工艺为：先检查高速混合设备是否干净，要检查混料电机和破碎电机转动是否正常。当一切正常时开电源开关，根据预混合要求设定混料或破碎时间。将称量好的物料加入混料罐中，启动混料电机或破碎电机进行混合或破碎。停机以后根据工艺要求可以启动混料电机出料；如果需要先破碎就继续添加新物料进行混合后出料，出料使用混料电机。一般破碎时间和混料时间加起来为 3～5min，可根据物料粒度大小选择不同混料方式（如先破碎后混合）和混料时间。

在粉末涂料配方组成中，除了树脂和部分品种的固化剂外，其他成分例如：颜料、填料和助剂的大部分都是粉状物料，经过高速混合机容易混合均匀。为了使原材料在预混合工序中混合均匀，同时还要防止熔融挤出混合工序中出现未完全熔融分散的树脂颗粒（俗称生料），当树脂等物料的颗粒太大时，先将颗粒大的物料放进高速混合机粉碎 1～2min（根据树脂颗粒大小决定时间），然后再加余下的物料进行混合。

物料的加入量，原则上没过破碎锤子，这样才能发挥高速混合机的混合功能和破碎功能，可以得到最佳混合效果。一般混合投料量最多不要超过总容量的 80%，最少也不要低于 20%。投料量过多或过少都将影响原材料的混合效果。

关于混合时间，根据粉末涂料的品种、物料的粒度和配方的组成，可以延长也可以缩短，最终以各种成分混合均匀为原则；同时也要考虑，如果混合时间过长，有些粉末涂料品种的涂膜颜色也有明显差异，所以每批同一种粉末涂料混料时间要一样，才能保证粉末涂料的涂膜颜色等产品质量一致。

聚酯粉末涂料用聚酯树脂和丙烯酸树脂的软化点高、韧性大、不易粉碎，在生产当中应引起注意，如果树脂颗粒太大最好先对树脂进行破碎，再与其他成分进行预混合。

使用设备前还要清扫干净混料罐和电机转轴部分，防止不同树脂和颜色品种之间相互干扰而影响产品质量。在使用设备过程中，要经常检查搅拌电机和破碎电机的运转情况，防止由于密封不好，电机轴中带进物料，影响电机的正常运转或者甚至烧坏电机。另外，要经常注意：混合搅拌叶和轴与罐底之间由于间隙小而使有些物料摩擦熔融黏附在上面，甚至部分成为胶化物，这些物料也容易影响产品质量，应及时清除干净。

三、熔融挤出混合和冷却破碎

为了使粉末涂料组成中的各种成分混合均匀，也就是达到粉末涂料成品中的每个粒子组成一样，原材料经高速混合机混合以后，还要进行熔融挤出混合，这是粉末涂料制造过程中最关键的工序。经熔融挤出混合的物料，先用内部通冷却水的压片辊压成薄片并冷却至接近室温，然后再进行破碎。

如果粉末涂料配方中的各种成分分散不均匀，那么粉末涂料产品中的各个粒子之间的组成成分不同，在静电粉末涂装时，每个粉末涂料粒子所带静电性能不同，被涂物上附着上去和未附着上去的粉末涂料粒子之间的组成有差异，给喷逸粉末涂料的回收再用带来问题。更严重的是有些粉末涂料粒子中缺少某些成分，例如有些树脂颗粒未完全分散开，以整个树脂粒子状态存在，那么这些粒子中没有流平剂，在喷涂板面时容易产生缩孔。因此，通过熔融挤出混合工艺，使粉末涂料中的各种成分分散均匀是十分重要的。

在熔融挤出混合工艺中使用的设备有往复阻尼型单螺杆挤出机、双螺杆挤出机、三螺杆挤出机和行星螺杆挤出机等。在粉末涂料制造设备中，最常用的熔融挤出混合设备为专门用于制造热固性粉末涂料的往复阻尼型单螺杆挤出机和同向双螺杆挤出机。

在粉末涂料制造设备系统中的熔融挤出设备，是挤出机、压片冷却机和破碎机三位一体化的联动设备系统，一般由同一个控制柜来控制。特别是压片冷却机和破碎机是在同一台设备中，也就是一台设备有两种功能。

物料从熔融挤出混合机出来时是黏稠状态，经过通冷却水的压片冷却辊压成薄片状，输送到送凉风或者喷（通）凉水的冷却带上进行冷却，然后被安装在冷却带终端的破碎机破碎成小片，准备用于细粉碎。用双螺杆挤出机熔融挤出混合，然后冷却辊压片和冷却带风冷却，并破碎机破碎，设备系统的电器控制柜示意见图 6-6，其简单操作工艺如下：

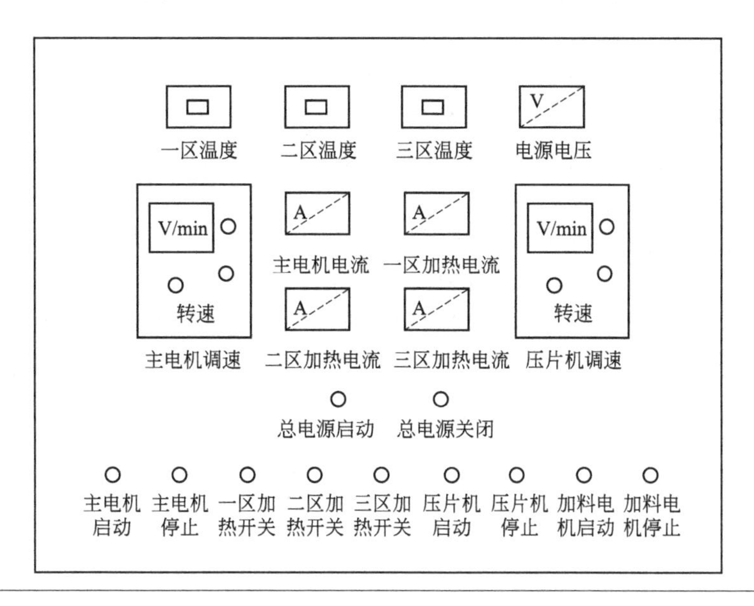

图 6-6　双螺杆挤出机和压片机电气控制柜示意

① 检查总电源和设备各部位控制开关是否都在正常位置。

② 根据粉末涂料用树脂和粉末涂料花色品种，设定挤出机三个加热区段的控制温度（一区温度、二区温度、三区温度）。

③ 开设备的循环冷却水（冷却一、冷却二、冷却三），调节不同加热区段冷却水流量，并调节好冷却压辊之间的间隙。

④ 启动总电源开关，并检查电压、电流是否正常。

⑤ 启动挤出机三个加热区段电源开关加热，并检查电流是否正常。

⑥ 当挤出机各加热段温度达到设定温度并稳定（大约 20～30min）后，用摇棒手工盘旋主电机看能否转动，当可以转动时启动挤出机主电机，并检查电流是否正常，调节变频调速器旋钮至需要的转速。

⑦ 启动加料器电机开关，加料，如果有变频调速器，调节至需要的加料速度。

⑧ 启动压片机开关，调节压片机变频调速器至适当位置。压片机带动压片冷却辊、冷却履带、冷却电风扇和破碎机（轮）系统。

⑨ 检查物料挤出温度稳定性、物料挤出效果和压片及冷却机的物料冷却效果。

⑩ 检查破碎机破碎效果和物料温度，物料温度最好接近室温。

根据设备的结构（有些挤出机是两段温度显示，有的是三段温度显示）、生产能力和产品的生产经验，确定每种类型产品的加料速度，各区段的加热温度、螺杆转速、冷却带速度和破碎机转速等参数。在生产过程中，检查各工序中的物料温度，尽量使破碎物的温度冷却至接近车间温度，这样有利于细粉碎工序中粉末涂料产品温度保持低温状态。

这一设备系统的停机顺序如下：

① 关闭加料器电机开关，接着往另一个加料口加若干量的纯树脂，推出含有固化剂的物料，使纯树脂充满挤出机（由螺杆直径大小决定树脂用量），防止挤出机中的物

料固化。当一批物料挤出结束时，从原来的加料口加纯树脂也可以，加完以后关闭加料器电机开关。

② 不再有前面生产产品的挤出物料出来时（根据物料颜色可以判断其界限），挤出机转速调至零位，关闭挤出机主电机开关和挤出机加热系统开关。

③ 当完成挤出物料的压片、冷却和破碎，没有物料出来时，关闭压片冷却机和破碎机开关。

④ 当挤出机螺杆温度降至60℃以下时，关闭总电源开关和冷却水开关。

在使用挤出机、压片冷却机和破碎机时，应注意如下事项：

① 在制造过程中，难免带进金属切削物、机油和防锈油等杂质，在设备安装过程中，尽量擦干净螺杆、料筒以及物料经过的通路。设备安装后，可用聚乙烯、聚氯乙烯或稻谷清机，然后再用粉末涂料生产用树脂清机。

② 根据挤出机加热部分分段情况和粉末涂料树脂品种而设定各区段的温度。一般挤出机根据加热温度分为三段至四段，即送料段、塑化段（熔融段）、均化段（混炼段）和出料段，其中送料段温度最低，加料口温度要低于粉末涂料用树脂玻璃化转变温度，这样才能避免物料受热温度升高而粘连在加料口（一般送料段冷却水处于常开状态）的问题。均化段（混炼段）温度要高于粉末涂料用树脂软化点10～20℃；塑化段（熔融段）温度比均化段稍低一些，但又比送料段高得多，在塑化段有较大的温度梯度。因为树脂软化点都有一定范围，同样软化点的树脂，不同厂家产品之间熔融黏度差别较大，所以对于同类型树脂品种的粉末涂料的挤出温度也不一样。另外，配方中颜料、填料和助剂品种及用量不同时，物料的熔融黏度差别也较大，粉末涂料的挤出温度也不同。因此，要根据树脂品种、涂料花色品种和配方组成，再结合生产实际中熔融挤出混合效果来决定各区段控制温度。因为挤出机控制板上的显示温度随不同厂家设备探头位置不同而有差别，所以要根据挤出物实际温度和显示的均化段（混炼段）温度之间的对应关系确定控制的显示温度，这些参数经过生产实践才能准确确定。

③ 热固性粉末涂料在挤出温度下，短时间内不会凝胶化，但是长时间滞留在挤出机中也会发生化学反应，甚至凝胶固化，如果部分胶化物带进粉末涂料产品中会影响产品质量，往往成为涂装产品涂膜的质点（或叫颗粒）。为了防止这种凝胶现象的发生，一方面挤出机的自清洗性能要好；另一方面要及时清理挤出机机头上的残留物，物料挤出之后，添加粉末涂料配方中用的树脂，推出螺杆中存在的含固化剂的物料，防止含有固化剂的物料留存在挤出机中成为胶化物，影响产品质量。

④ 根据设备的生产能力，控制好挤出机加热温度、螺杆转速和加料速度，避免挤出物中出现未熔融树脂颗粒，从而克服涂膜出现缩孔等弊病。

⑤ 加料速度影响熔融挤出效果，提高加料速度可以提高生产能力，但是过快时会影响熔融混合分散效果，要根据混料效果确定加料速度。

⑥ 在熔融挤出混合过程中，挤出温度对涂料产品质量有很大影响，特别是反应活性大的低温固化粉末涂料，挤出温度尽量低一些，要求挤出机的温度控制灵敏度要高，防止物料在挤出过程中发生化学反应，影响粉末涂料的涂膜流平性和产品质量。

⑦ 从冷却和粉碎考虑，环境温度的控制也是重要的因素。当环境温度过高时，压片冷却和破碎物的温度降不下来，这将影响物料的细粉碎，甚至使粉末涂料成品结团。比较合适的环境温度是30℃以下，最高不要超过35℃。在炎热夏季，为了保证粉

末涂料生产效率和产品品质，在南方地区要采取降温措施，有条件最好生产车间安装中央空调或者细粉碎机空气分级磨配套安装供冷风的冷风机，保证粉末涂料产品温度在33℃以下（最好是更低），使粉末涂料不结团，可以直接进行包装。特别是生产树脂玻璃化转变温度低的粉末涂料产品时，更要引起注意，防止粉末涂料产品结团，影响产品质量和用户的使用。

⑧ 当用冷却水冷却时，考虑到节约用水和夏季保证水温问题，最好使用冷冻水；如果用自来水，从节约水资源考虑，最好自备蓄水槽循环使用。在夏季自来水温度高时，有必要使用冷却塔等降温措施，保证冷却水冷却效果。

⑨ 为了防止挤出机螺杆与料筒之间的机械磨损，挤出机不允许在没有物料的情况下空转，以免螺杆和料筒磨损或者损坏。

⑩ 压片冷却辊压片时，漆片的厚度要适当，漆片太厚时冷却速度慢，物料冷却程度受影响，破碎物温度太高，影响后面的细粉碎效果和产品质量；而漆片太薄时，虽然冷却速度快，但是生产速度慢，会影响设备的生产能力，甚至物料在压片双辊上面出现溢流现象而影响正常生产。

⑪ 从物料的冷却考虑，冷却水的温度要低，冷却辊与物料的接触面积要大，但是温度太低时，在压片辊上容易出现凝露，增加粉末涂料的含水量，影响产品质量。

⑫ 压片冷却方式有冷却带式和冷却辊式两种，冷却带式又分为风冷却式和水冷却式等冷却方式，采用哪种方式，要根据生产量和当地气候条件以及本厂冷却水条件等情况来选择。

⑬ 破碎的漆片厚度和大小都会影响物料冷却效果和后面细粉碎工序中的生产效率和产品质量，选择适当的破碎粒度是比较好的。

四、细粉碎和分级过筛

经熔融挤出和冷却破碎的物料，进一步粉碎和分级过筛得到粉末涂料产品。在粉末涂料的制造过程中，细粉碎、分级和过筛设备是一套不可分离的联动装置。这一系统的主要设备为空气分级磨、螺旋加料器、旋风分离器、筛粉机、袋式过滤器、旋转阀（又叫放料阀或关风机）、引风机和脉冲振荡器。从螺旋加料器输送至空气分级磨的物料，经内部装置粉碎达到一定粒度以后，由于内部分级装置的作用，粗粒子就反复粉碎，细粒子在引风机的吸力作用下，进入旋风分离器。在旋风分离器中，由于旋风的离心作用，粗粉末就往下运动，经过旋转阀进入筛粉机，超细粉末涂料就进入袋式过滤器。由于袋式过滤器中布袋的过滤作用，超细粉末涂料就留在布袋外面，只有空气通过布袋排放到大气中。进入筛粉机的粉末涂料经筛粉机过筛，通过筛网的是产品，未过筛网的是粗粉。根据设备情况，有些自动化程度高的设备，粗粉可以自动重新进入粉碎机再粉碎；没有条件的设备，则粗粉单独作为副产品手工加入加料器再粉碎或者留下来再加工回收粉时使用。细粉碎和分级过筛设备电器控制柜示意见图6-7。

细粉碎和分级过筛单元的操作工艺如下：

① 检查设备各部位开关是否处于正常状态，然后开总电源，检查电压是否正常。

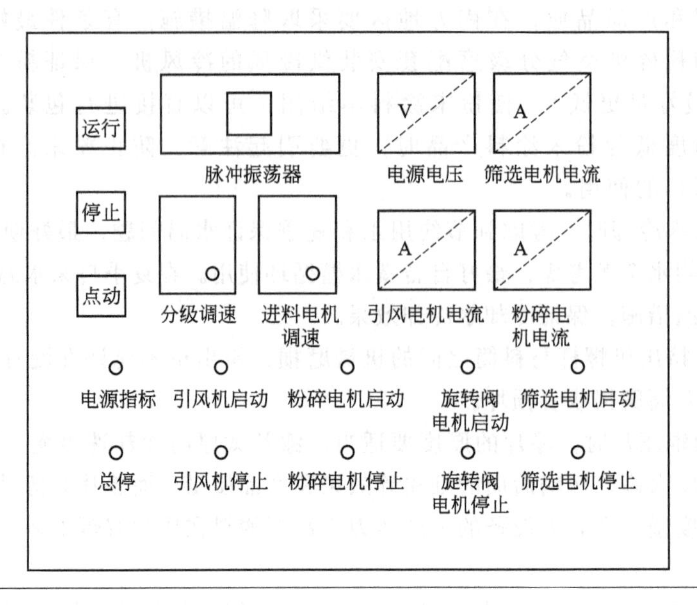

图 6-7 细粉碎和分级过筛设备电器控制柜示意

② 启动副磨（分级转子)开关，将变频调速器旋钮调至需要的位置。

③ 启动旋转阀开关。

④ 启动旋转筛开关，检查电机电流是否正常。

⑤ 启动引风机开关，检查电机电流是否正常。

⑥ 启动细粉碎机主磨（空气分级磨）主电机开关，并调节变频调速器至合适的位置，检查电机电流是否正常。

⑦ 启动供料器开关，将变频调速器旋钮调至合适的供料量，并检查粉碎机主磨电机电流是否稳定。

⑧ 启动脉冲振荡器开关。

⑨ 如果配备细粉碎的冷风系统，同时启动冷风系统往粉碎机输送冷风。

当停止生产时，先停止供料器供料，再按下列顺序关闭设备：关闭粉碎机主磨→副磨→旋转阀→旋转筛→脉冲振荡器→引风机，同时也可以关闭冷风机系统。

在细粉碎和分级过筛工序中应注意如下事项：

① 设备开动以后和运转过程中，应注意设备运转情况和电流、电压的变化情况，如发现异常声音或电流波动太大，要停机检查。

② 细粉碎物料的粒度和加料速度对粉末涂料产品质量和设备的正常运转有很大影响，加料量控制在设备生产能力范围内。如果加料量超出生产能力范围，物料和设备来不及散热，容易引起物料升温黏结在粉碎设备上，甚至抱轴无法正常运转；加料量过少时生产效率降低。

③ 经过分析比较粉碎机主磨电机转速、副磨转速与粉末涂料粒度分布之间的关系，选择比较合适的粉碎机主磨转速和副磨转速，使粉末涂料粒度分布更合理。

④ 根据粉末涂料品种和涂膜厚度要求，要选择合适材质和目数的筛网。

⑤ 调节好引风机的吸风口大小，如果吸风量太大，抽到袋滤器中的细粉末量过多，影响粉末涂料的产品收率；如果吸风量太小，粉末涂料产品中超细粉末涂料含量过高，影响粉

末涂料的干粉流动性和上粉率。

⑥ 考虑到筛网容易破损问题，用规定目数的标准筛按一罐料（或按包装箱数）检查粉末涂料生产中的成品质量和筛网破损情况，及时更换破损的筛网。筛网最好用防静电的，防止粉末涂料吸附在筛网上，影响过筛效果。也可以根据经验，生产一定数量的产品后，定期更换筛网。

⑦ 袋式过滤器和筛粉机使用的压缩空气中的水分和油等杂质影响粉末涂料产品质量，压缩空气一定要除油、除湿净化处理，及时排放空压机产生的水和油。

⑧ 更换粉末涂料品种和颜色时，一定要清干净整套设备系统，必要时拆下设备清机，以免粉末涂料树脂品种和颜色之间干扰而影响产品质量。

⑨ 为了保证回收粉末涂料的再利用，对于批量大的产品除了每次清扫干净袋式过滤器内部，必要时还要清扫干净布袋或滤芯，防止树脂品种和涂料颜色之间的干扰。如果系统的抽风效果不好，出现粉尘外溢的现象，有可能是布袋或滤芯空隙或堵塞引起，及时清理布袋或滤芯，必要时拆下来进行清扫，或者更换新的布袋或滤芯。布袋和滤芯最好使用防静电的材料。

⑩ 在夏季高温季节，南方地区室内温度较高，生产车间尽量采取降温措施，最好是安装中央空调，或者细粉碎机安装粉末涂料设备专用冷风机，降低进入空气分级磨的空气温度。最好进入空气分级磨的空气温度控制在 25℃以下，防止细粉碎设备过热使粉末涂料结团、软化而黏结设备、降低生产效率或者影响产品粒度分布等质量。一般要求生产车间温度控制在 30℃以下。

⑪ 注意粉碎机主磨的电流，电流变化大时，应及时检查加料量是否太大，空气分级磨中有无物料粘连；还要注意引风机的电流变化情况，如果电流过大，要检查抽风管道有无物料堵塞或叶片上黏结一些粉料等问题。

⑫ 生产车间应有良好的通风，在过筛设备的出料口（包装产品口）最好有除尘装置，防止粉尘飞扬。在清扫空气分级磨和筛粉机时，开引风机在负压下操作。有条件的厂家应在生产车间容易产生粉尘的岗位（混料、过筛岗位）安装除尘系统。

⑬ 为了保证袋式过滤器或滤芯过滤器回收超细粉末后排放的空气达标，最好对粉碎设备或除尘设备排放空气的进行第二次集中除尘以后再排放。

⑭ 为了防止粉尘爆炸，粉末涂料生产车间的所有设备要接地，避免产生静电电火花，还要防止使用明火，严禁吸烟。

五、成品包装

因为粉末涂料在贮存和运输过程中怕吸潮和受热，也怕受压结团，所以一般都用聚乙烯薄膜口袋包装（要求高的双层聚乙烯薄膜包装），然后严密扎好装到纸箱或纸桶里。一般每箱净重为 20～25kg，如果产品在用户仓库里滞留时间较短，用量大、生产周期快时也可用 50kg 大铁桶包装。为了防止粉末涂料受潮或雨淋，有些纸箱和纸桶表面涂清漆保护。粉末涂料成品最好放在室温 30℃以下、空气干燥的库房内，并要远离火源和热源。用户使用粉末涂料时，同样要求在如上的条件下存放。另外堆放粉末涂料成品时，严格控制堆放高度，防止受压过重而压坏包装箱并使粉末涂料受压结团。

第四节
特殊粉末涂料的制造法

除了熔融挤出混合法制造粉末涂料之外，还有蒸发法、喷雾干燥法、沉淀法、水分散法等特殊制造法，近年来又开发了新型的超临界流体法，其中有些制造法只适用于特殊粉末涂料的制造，具体制造方法简单叙述如下。

一、蒸发法

蒸发法是湿法制造粉末涂料方法的一种。这种制造方法的具体工艺流程为：配制溶剂型涂料→薄膜蒸发或减压蒸发除去溶剂得到固体状涂料→冷却→破碎（或粗粉碎）→细粉碎→分级过筛→产品。用蒸发法制造的粉末涂料，对颜料、填料或助剂的分散性好，但工艺流程比较长，需要处理大量溶剂，设备投资大，制造成本高，推广应用受到限制。按这种制造方法，先用薄膜蒸发法除去大量溶剂之后，再用行星螺杆挤出机或者有抽真空脱溶剂装置的挤出机除去残留的少量有机溶剂。这种制造方法主要用于丙烯酸粉末涂料的制造。

二、喷雾干燥法

喷雾干燥法也是湿法制造粉末涂料方法的一种。这种制造方法的基本工艺流程为：配制溶剂型涂料→研磨分散→调色→喷雾干燥→溶剂和粉末涂料分离→回收溶剂→产品。这种制造方法有如下优点：

（1）配色比较容易；

（2）可以直接使用制造溶剂型涂料的生产设备，再加上喷雾干燥设备可以生产粉末涂料；

（3）设备的清洗比较简单，换涂料树脂品种和颜色品种方便；

（4）在生产中出现不合格产品，可以重新溶解后进行再加工；

（5）产品的粒子形状多为球状，粒度分布窄，粉末涂料的输送（干粉）流动性和带静电性能好。

这种制造方法的缺点是使用大量有机溶剂，需要在防火、防爆等安全生产方面引起高度重视；另外涂料的制造成本高，为了保证生产中的安全，喷雾干燥的整个生产体系需要氮气保护。

喷雾干燥法制造粉末涂料的设备和工艺流程见图 6-8。按照这种工艺流程，先把树脂、固化剂、颜料、填料和助剂等按配方量溶解和分散在溶剂中，并在研磨机中研磨成溶剂型涂料，然后在热空气（或氮气）气氛中通过喷雾器，在干燥室中进行喷雾干燥。这时粉末涂料和大量有机溶剂就通过旋风分离器，溶剂从上部管道进入冷凝器回到溶剂回收槽，而粉末涂料经过旋风分离器收集到粉末涂料产品槽。

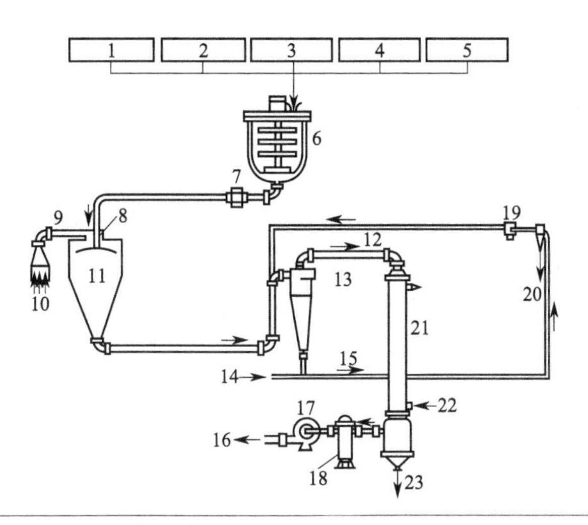

图 6-8 喷雾干燥法制造粉末涂料的设备和工艺流程

1—树脂；2—固化剂；3—助剂；4—颜填料；5—溶剂；6—混合机；7—泵；8—喷雾器；9—液体管道；10—热空气；11—干燥室；12—热溶剂和空气管道；13—旋风分离器；14—空气；15—粉末和空气；16—空气排出口；17—主鼓风机；18—微量分离器；19—输送空气鼓风机；20—粉末产品槽；21—气体冷凝器；22—冷却水；23—回收溶剂

用这种方法制造粉末涂料时，使用溶剂的品种、喷雾干燥时所施加的压力以及喷嘴的大小等是决定粉末涂料产品粒度和粒度分布的重要因素。因此，选择合适的工艺条件和配方，对制造粒度分布符合要求的粉末涂料至关重要。

在喷雾干燥法中，颜料和填料的分散可用简单的分散磨，用这种设备容易分散金属片状颜料，适用于制造金属闪光粉末涂料。为了除去树脂中含有的微量高分子凝聚物，在供料体系的最终净化设备上附加双重过滤器。

喷雾方法由涂料溶液的性质和产品品种来决定。离心力喷雾设备包括采用一种流体喷嘴（高压溶液）的和采用两种流体喷嘴（低压溶液和高压气体）的类型。虽然在离心力喷雾法中，不能控制的大粒子分布的比例多，但是从能量消耗来看效率是很高的。这种设备通过改变供料速度和转盘速度，可以控制粉末涂料的粒度。

因为在喷雾干燥法中，使用大量挥发性有机溶剂，如丙酮、甲乙酮等，所以火灾和爆炸的危险性很大。因此，在整个体系中最好采用氮气等惰性气体保护，以确保安全生产。

这种制造方法很适用于丙烯酸粉末涂料和高档特殊粉末涂料的制造。

三、沉淀法

沉淀法也是湿法制造粉末涂料方法的一种。这种方法的基本制造工艺流程为：配制溶剂型涂料→研磨分散→调色→借助沉淀剂的作用造粒→分级→过滤→干燥→产品。这种制造方法的前三个工序跟喷雾干燥法一样，后面的有些工序又类似于后述的水分散粉末涂料的制造方法。这种方法适用于以溶剂型涂料制造粉末涂料的场合，所得到的粉末涂料的粒度分布窄，粒度分布容易控制。这种制造方法的工艺流程长，制造成本高，工业化推广受到限制，只适用特殊高档粉末涂料的制造。

四、水分散法

水分散粉末涂料（又叫水厚浆涂料）和电泳粉末涂料属于特殊粉末涂料，与一般粉末涂料不同，它是以水作为介质分散粉末涂料的液体状涂料，它们的制造是按水分散法进行。水分散法基本上是溶剂型涂料（或水性涂料）和粉末涂料两种制造方法的结合，可分为半湿法和全湿法两种。

半湿法是在按常用粉末涂料制造法生产的粉末涂料中，加入水、分散剂、防腐剂和增稠剂等助剂，然后一起研磨分散至一定细度，调节黏度和固体分含量至符合产品技术指标要求的水分散粉末涂料。全湿法有好几种，一种是在粉末状树脂、固化剂、颜料、填料、分散剂和增稠剂等物料中，加水研磨至需要的粒度，然后调节黏度至所规定的固体分含量。还有一种为先配制合成树脂溶液，然后加固化剂、颜料、填料和助剂等其他涂料成分研磨分散到一定细度，用双口喷枪把调制好的物料喷到贮满清水的喷雾造粒塔内，使固体状涂料粒子遇到水后重新从溶液中析出。由于析出的涂料粒子含有大量气泡，析出后立即漂浮到水面，由刮板输送带从水面刮集而送至水洗槽洗涤。再经过滤、研磨等步骤得到具有一定含水量的水厚浆涂料半成品，然后加水和助剂调制得到成品。湿法制造水分散粉末涂料的具体制造工艺见第四章第八节的“水分散（水厚浆）粉末涂料”中的图 4-41。

电泳粉末涂料的制造方法也属于水分散法的一种，电泳粉末涂料有四种制造方法：①水中分散粉末涂料；②电泳涂料中分散粉末涂料；③电泳水性树脂溶液中分散粉末涂料；④在电泳水性树脂溶液中分散树脂、颜料、填料和助剂。在上述方法中，第三种方法比较好，具体的制造工艺流程参考第四章第六节的“电泳粉末涂料”中的图 4-39。用于制造电泳粉末涂料的粉末涂料粒度在 10～100μm 之间比较合适。

五、超临界流体法

在粉末涂料制造方法中，除了如上所述的制造方法外，目前最引人注目的是与传统的制造方法完全不同的超临界流体制造法（VAMP 法，vedoc advanced manufacturing process）。

这种制造方法是由美国 Ferros 公司开发的，在二氧化碳超临界流体状态制造粉末涂料的方法。二氧化碳气体在 7.25MPa 压力和 31.1℃温度条件下达到临界点而液化。这时液态二氧化碳和气态二氧化碳两相之间界面清晰。然而其压力略下降或者温度稍高时超过临界点，这一界面立刻消失成为一片混沌，这种状态称为超临界状态。当继续升高温度或者减小压力时，二氧化碳则成为气态。超临界流体制造法制造粉末涂料的工艺流程见图 6-9。根据上述原理，将粉末涂料各种组分称量后加到物料槽，然后加入带有搅拌装置的超临界流体加工釜中。当加工釜中的二氧化碳处于临界流体状态时，粉末涂料配方中的各种组分变成流体，在搅拌条件下混合均匀，低温（26～32℃）条件下达到熔融挤出混合效果。物料再经过喷雾和分级釜中造粒制成产品，最后称量和包装成最终产品。整个生产过程可以用计算机控制。

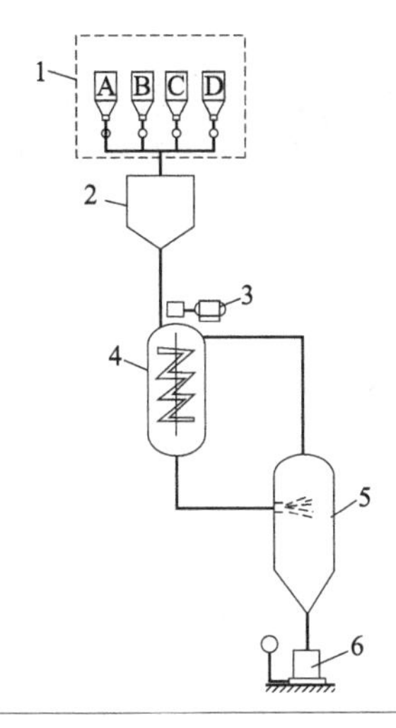

图 6-9　VAMP 超临界流体粉末涂料制造工艺示意

1—原料槽；2—加料槽；3—搅拌动力；4—超临界流体加工釜；5—喷雾和分级釜；6—称量和包装；A—树脂；B—固化剂；C—颜填料；D—助剂

这种制造方法有如下优点：

（1）避免了高于 100℃的熔融挤出混合工序，降低了粉末涂料制造温度，防止粉末涂料在熔融挤出工序中部分反应和凝胶问题，改进了产品质量；

（2）因为生产加工温度低，可以生产用传统的熔融挤出混合法无法生产的低温固化粉末涂料，扩大了粉末涂料品种范围，还可以降低粉末涂料烘烤温度；

（3）可以提高每批生产量，比传统制造法投料量大。这种制造方法是粉末涂料制造工艺的创新，将为 21 世纪粉末涂料工业的发展起到积极的推动作用。

虽然这种制造方法的报道已经过去了几年的时间，但是不知何原因还没有工业化消息的报道，说明一种新工艺的工业化也不是那么容易的。

第七章

粉末涂料的制造设备

在粉末涂料中占主导地位的是热固性粉末涂料，欧美国家一般讲的粉末涂料就是指热固性粉末涂料。在我国也是热固性粉末涂料生产量占粉末涂料生产量的大多数。目前热固性粉末涂料大部分都是用熔融挤出混合法生产。本章中介绍的就是熔融挤出混合法生产热固性粉末涂料的制造设备。主要制造设备包括：原材料的预混合设备；熔融挤出混合设备；压片冷却和破碎设备；细粉碎和分级过筛设备；其他辅助设备等。下面按生产工艺顺序对粉末涂料制造中的主要设备作详细叙述。

第一节 预混合设备

在粉末涂料中使用的树脂、固化剂、颜料、填料和助剂等原材料绝大部分都是固体颗粒和粉末状物质，只有极少部分助剂，例如流平剂、促进剂等是液体，而且用量都很少。在多数情况下，这些液体状物料是预先分散到熔融固体或粉末载体中，以固体颗粒或者粉末状态使用。因此，在制造粉末涂料时使用的预混合设备，应考虑能够比较均匀地混合固体颗粒和粉末状物料的设备。

在制造粉末涂料时可使用的原材料预混合设备种类很多，各种预混合设备的示意见图 7-1。按设备的工作原理可分为滚筒式混合机、普通高速搅拌型混合机和料罐翻转式自动混合机三大类。

一、滚筒式混合机

滚筒式混合机可分为圆筒形、圆锥形、正方形和双锥形。这些设备都有物料的混合效果，但没有破碎效果。另外球磨机也属于这种类型的设备，它既有混合效果，又有一定的粉

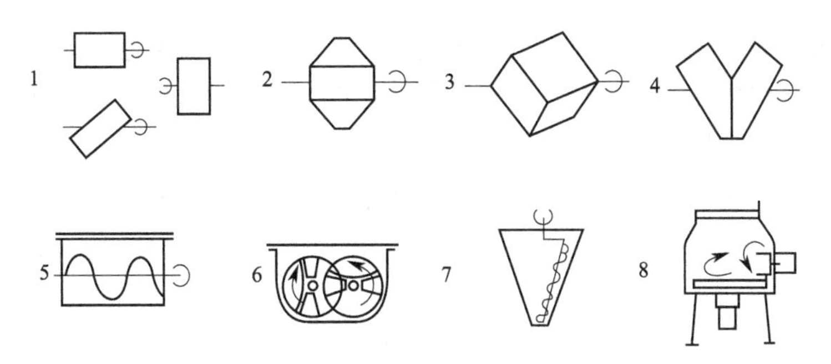

图 7-1　各种预混合设备的示意

1—圆筒形混合机；2—圆锥形混合机；3—正方形混合机；4—双筒 V 形混合机；5—拌合式混合机；6—双螺杆式混合机（卧式）；7—螺杆式混合机（立式）；8—高速混合机

碎效果。这种类型设备的混合时间为 10～40min。在上述设备中，双锥形混合机经过改进，在混合机内部安装各种形状的搅拌装置后，提高混合效果，又可缩短混料时间，这种类型的混合设备有三维旋转水冷混合机、双筒 V 形混合机和桶式混合机等，主要用在原材料的预混合和成品粉的混合或者金属粉粉末涂料的制备等方面。

1. 三维旋转水冷混合机

三维旋转水冷混合机的结构见图 7-2，它是双锥筒体径向旋转，中心轴水冷并设置螺旋板，可使物料在筒体内从一侧向另一侧运动。在锥体的一端装有搅拌叶片，由于搅拌叶片的旋转运动，使物料混合得更均匀。这种设备的特点是采用三套动力机构径向翻转、径向搅拌和破碎；还有轴向翻转和搅拌以及侧向搅拌相结合的多种形式的混合方法同时进行。因此物料的混合时间短，分散均匀，容器内无死角，出料方便，搅拌轴可以拆卸，容易清机。

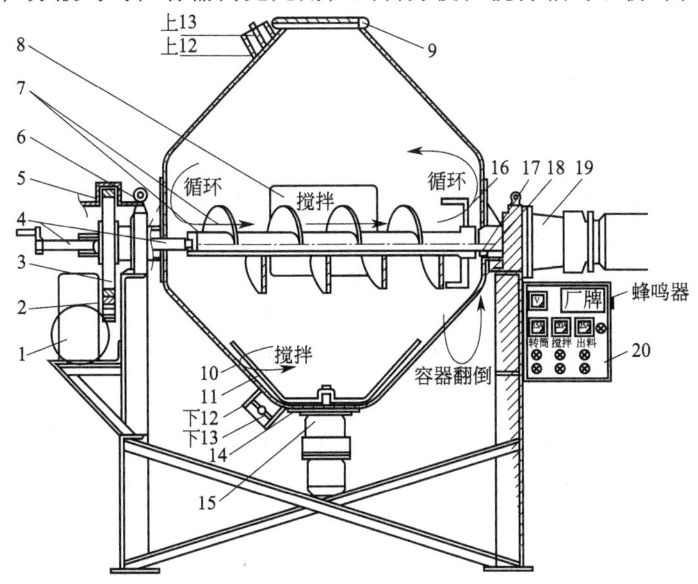

图 7-2　三维旋转水冷混合机（搅拢可拆卸式）

1—涡轮箱；2—小齿轮；3—大齿轮；4—固定轴；5—齿轮罩；6—轴承座；7—搅拢；8—清理门；9—圆盖；10—混料罐（机壳）；11—搅拌；12—出料口（上、下）；13—挡板（上、下）；14—螺栓；15—变速机；16—破碎搅拌；17—密封件；18—压兰；19—变速机；20—电控箱三维旋转水冷混合机设备投料容量比例较大，设备容量有大有小，可用于粉末涂料制造中的原材料预混合和成品粉的混合。这些设备上可以安装变频调速器或调速电机，代表性的设备有烟台德利混合机厂生产的三维旋转水冷混合机，其型号和规格见表 7-1。

表 7-1　烟台德利混合机厂 SXH 型三维旋转水冷混合机型号和规格

型号	混合时间/min	功率/kW	每次混合质量/kg	外形尺寸/mm	装载系数/%
SXH-1000	8～12	11.5	100～500	2000×1500×2000	10～80
SXH-2000	12～15	15	200～1000	2500×1700×2300	10～80
SXH-4000	15～20	28	300～2000	3000×2000×2500	10～75
SXH-6000	20～30	32	400～3000	3300×2200×2800	10～75
SXH-8000	30～40	32	500～4000	3600×2500×3300	10～70

三维旋转水冷混合机按如下顺序操作：先把物料从中间的清理门投入一部分，再关好门从锥体投足物料，封紧圆盖，设定混合时间，然后分别启动混料罐、搅拢和搅拌的按钮。达到设定时间后按动混料罐、搅拢和搅拌的停止按钮，使混料罐停止在出料位置，打开（下）出料。如果存料多，可关闭（上）和（下），启动混料罐转动几圈后再重复上述过程，最后可打开清理门、圆盖，退出，取下，清理混料罐内部。

2. 双筒 V 形混合机

双筒 V 形混合机是物料装在 V 形双筒中（见图 7-3），当筒体旋转时，物料在筒体内以交叉方向运动。

两筒体物料不仅相互碰撞，而且相互渗透改变运动方向，使物料在一个筒体内相互混合的同时，两个筒体之间也混合，随着混合时间的增加物料混合得更均匀。这种设备适用于物料粒度比较小的原材料的预混合，更适用于金属闪光粉末涂料中金属粉的分散和少量外加助剂的分散；也适用于干混合消光型粉末涂料的制造；还适用于减少不同批次粉末涂料之间的色差，对不同批次成品粉的混合和回收粉末涂料再加工前的混合等方面。这种设备内部结构简单，清机方便。V 形筒体采用不锈钢材料制作，内外壁抛光，机械与气体密封结合，造型美观，容量大，转动灵活，不漏粉，温升低，不固化粉末涂料，是粉末涂料制造过程中的预混合和成品粉混合的理想设备。

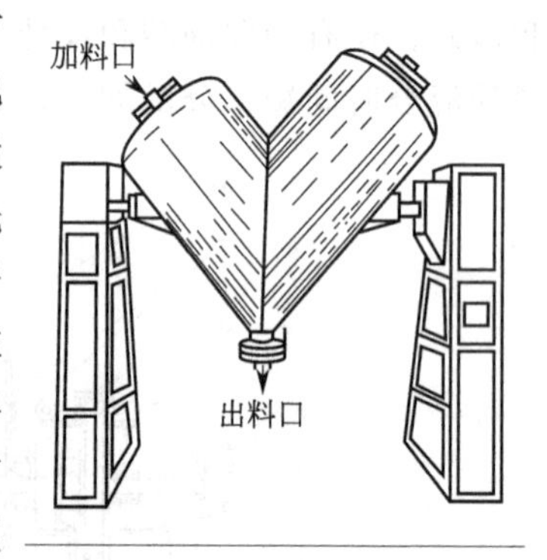

图 7-3　双筒 V 形混合机示意

为了提高双筒 V 形混合机的混合效果，在筒体内部中心轴上安装有搅拌和破碎功能的搅拢，除提高混合功能外，又有破碎功能。这种设备的混合效果得到提高，但是清机麻烦一些。代表性的山东三立新材料设备股份有限公司双筒 V 形系列混合机的型号和规格见表 7-2。

3. 桶式混合机

桶式混合机适用于干粉的混合，特别适用于均匀性要求高、物料密度相差较大的物料的混合。在粉末涂料生产中，适合于用在金属粉的分散、不同颜色粉末涂料的干混合和干混合法制备消光型粉末涂料。有的厂家也将它用于批量少的粉末涂料原材料的预混合。这种设备结构紧凑，操作方便，外形美观，占地面积小，混合效果好。这种设备的外形见图7-4，代表性的瑰宝集团THJ系列的桶式混合机型号和规格见表7-3。

表7-2 山东三立新材料设备股份有限公司双筒V形系列混合机的型号和规格

型号	装料容积/L	产量/(kg/罐)	混合时间/min	混合电机功率/kW	外形尺寸/mm
V-150	150	50	12	2.2	2320×1000×1650
V-300	300	100	12	3.0	2540×1150×1900
V-600	600	200	12	5.5	3560×1700×2560
V-1500	1500	500	15	7.5	4470×2000×2990
V-2000	2000	1000	15	11	4680×2100×3200

图7-4 桶式混合机外形

表7-3 瑰宝集团THJ系列桶式混合机型号和规格

型号	一次混合量/L	混合罐转速/(r/min)	电动机功率/kW	外形尺寸/mm	质量/kg
THJ-50	25	34	0.75	850×780×980	180
THJ-100	50	32	1.1	1060×900×1180	200
THJ-200	100	28	1.1	1400×1300×1400	280
THJ-400	200	24	2.2	1620×1380×1750	320
THJ-800	400	22	3.0	1850×1980×1940	400

二、普通高速搅拌型混合机

普通高速搅拌型混合机为料罐固定式混合机，工作机构为一个搅拌桨和一套高速旋转的破碎机构。搅拌桨是混合机的主要工作机构，多采用三叶斜片式搅拌桨。搅拌头安装电动机、传动系统、搅拌桨、破碎机构以及粉尘吸出接口等重要部件。用于制造热塑性粉末涂料的高速搅拌型混合机的搅拌速度很快，搅拌器本身既可以起到搅拌作用，又可以起到破碎作用，在混料当中需要加热，混料罐有加热夹套。用于制造热固性粉末涂料的混合机与上述混合机比较有明显的差别。高速搅拌型混合机装有两个或者三个电机，没有冷却或加热装置，混料罐中心位置的电机用于带动搅拌叶片，一般转速为200r/min以下，主要起混合作用，搅拌电机通过减速器减速；另一个或者两个电机装在混料罐的侧面，容量大的装两个破碎电机，一般转速为2900r/min左右，带动粉碎锤子，主要起破碎作用。因此，这种混合机既有混合功能，又有破碎功能，混料时间一般在3～5min，混料时间短，混料又均匀，物料和设备的温度升得不高，是理想的原料预混合设备。在 HG/T 4273—2011 中规定高速搅拌型混合机的规格为 150L、300L、500L、1000L 等系列。这种混合机结构简单，罐内没有存料的死角。比较简单的普通高速搅拌型混合机设备示意见图 7-5；代表性的烟台东辉粉末设备有限公司 GHJ 系列高速搅拌型混合机型号和规格见表 7-4。东辉 GHJ 系列高速搅拌型混合机有如下特点：①混料均匀；②生产量高；③定时自动控制；④破碎效率高；⑤出料方便；⑥易于清机和维修，操作安全。

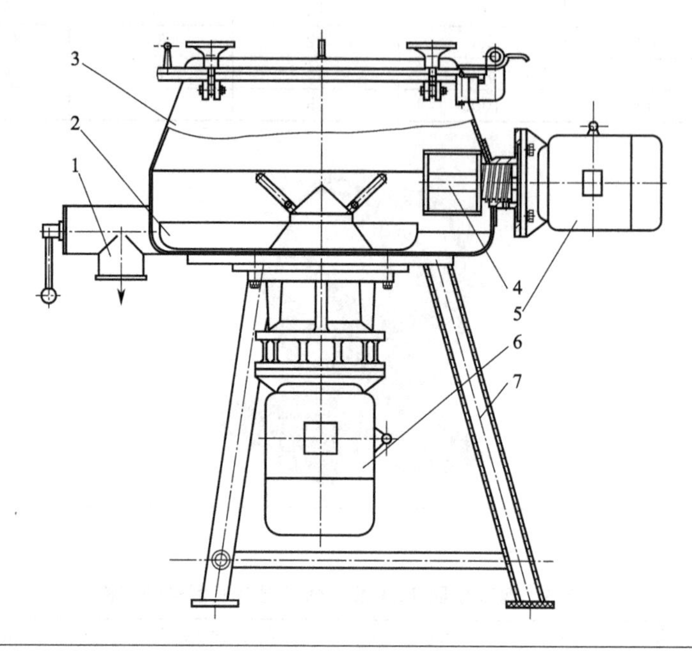

图 7-5　普通高速搅拌型混合机设备示意

1—放料阀；2—搅拌器；3—罐体；4—粉碎器；5—粉碎电机；6—搅拌减速电机；7—机架

表 7-4　代表性的烟台东辉粉末设备有限公司 GHJ 系列高速搅拌型混合机型号和规格

项　目	GHJ-10	GHJ-20	GHJ-50	GHJ-100	GHJ-150	GHJ-300	GHJ-500
装料容积/L	10	20	50	100	150	300	500
混合电机功率/kW	0.75	1.1	3	5.5	7.5	15	22
破碎电机功率/kW	0.75	1.1	1.5	4	4	7.5	7.5
混合时间/min	3～5	3～5	3～5	4～6	4～6	4～6	4～6
外形尺寸/m	0.7×0.4×0.6	1.1×0.6×0.9	1.1×0.7×1.0	1.5×0.9×1.4	1.5×0.9×1.5	1.9×1.2×1.9	2.1×1.4×2.2

三、料罐翻转式自动混合机

料罐翻转式自动混合机为料罐可以移动的翻转式混合机。装有待混合原料的料罐推上工位后，自动控制系统将其提升，与搅拌头结合并锁紧。料罐与搅拌头一起翻转，在翻转的同时进行混合。混合过程完成后，料罐回到原工位。整个过程由可编程序控制器或工业控制计算机自动控制。在料罐翻转式自动混合机中，搅拌桨是主要工作机构，多采用双叶后弯式搅拌桨。搅拌头上安装主电动机、传动系统、搅拌桨、破碎机构、料斗提升及下降机构、锁定机构以及粉尘吸出接口等重要部件。在 HG/T 4273—2011 中规定料罐翻转式自动混合机的规格为 150L、300L、450L、600L、800L、1000L、2000L 等系列。按 HG/T 4273—2011《热固性粉末涂料预混合机》标准，料罐翻转式自动混合机型式试验项目内容见表 7-5。

表 7-5 料罐翻转式自动混合机型式试验项目

序号	试验项目	技术要求	检验试验方法
1	整机各零部件主体	应垂直或平行于水平面	目视检查
2	整机涂层及不锈钢表面	无划伤，漏喷，脱落及流淌现象	目视检查
3	各操纵部件	功能可靠，操作灵活	手动操作试验
4	机械防护装置	符合 GB/T 15706.2 的要求	目视检查
5	电气绝缘电阻	≥1MΩ	在动力电路和接地电路间施加 500V DC 电压测量绝缘电阻
6	电器元件技术参数	符合设计要求	目视检查
7	电控箱、接线箱壳体防护等级	符合设计要求	目视检查
8	标志、标识	符合 GB/T 15706 的规定	目视检查
9	信号及报警显示	符合设计要求	目视检查
10	气动系统	1.25 倍工作压力，保压 15min 无泄漏	压力表(1.6 级)，秒表计时，目视检查
11	机械-电气联锁保护	可靠	手动操作试验
12	气动系统压力及温度显示和保护	准确可靠	压力表(1.6 级)、测温计，目视检查
13	主搅拌桨上表面与搅拌头底面间的垂直距离 G	$G=15_{5}^{0}$mm	手动旋转搅拌桨，用塞尺检测。沿圆周 360°至少测量 8 个点
14	提升及锁紧装置	提升定位准确，搅拌头与料罐间密封良好。断电后自锁功能良好	目视检查
15	空运转	手动控制：启动、停止可靠，运行平稳，准确 自动控制：运行准确，可靠	目视检查
16	满载运行(试运行用原料按 HG/T 4273—2011 附录 E 配方)	自动控制：运行准确可靠	目视检查
17	负载运行时罐内物料温度	≤40℃	温度传感器及显示仪器
18	负载运行时的振动	v_{max}≤1.8mm/s	按 HG/T 4273—2011 的规定
19	混合均匀性		按 HG/T 4273—2011 及 HG/T 2006—2006 的规定进行
20	产能/(min/罐)	达到设计要求	计时，称重检测
21	整机噪声	≤83dB(A)	按 HG/T 4273—2011 噪声试验方法检测，检验方法和所用仪器符合 GB/T 6401.1 的规定
22	整机电气控制系统	各项功能符合设计要求	逐项检验
23	防尘装置	功能准确可靠，无粉尘泄露	目视检查
24	安全护栏	符合 GB/T 15706 的规定	目视检查
25	搅拌桨主轴的密封	达到 HG/T 4273—2011 规定的要求	拆卸主轴，目视检查
26	使用说明书	符合 GH/T 19678 的规定	核对

英国 APV 公司 PM 系列料罐翻转式自动混合机的平面示意见图 7-6，烟台东辉粉末设备有限公司 ZHJ 型翻转式自动混合机见图 7-7。山东三立新材料设备股份有限公司 FZJ 系列和烟台东辉粉末设备有限公司 ZHJ 系列料罐翻转式自动混合机的型号和规格见表 7-6；烟台枫林机电有限公司 CMR 系列料罐翻转式自动混合机型号和规格见表 7-7；英国 APV 公司粉末涂料用 PM 系列翻转式自动混合机型号和规格见表 7-8。

国产料罐翻转式自动混合机有如下特点：①料罐翻转的同时机械搅拌；②多个料罐可以连续循环作业，换色方便；③混合物料均匀，分散效果好，无物料固化现象；④生产效率高；⑤自动控制料罐的定位、提升、夹紧和松开等操作；⑥搅拌桨可以选择单和双，速度可选单速、同速和高低混合速；⑦搅拌头具有冷却水套；⑧采用可编程序控制器（PLC）实现自动化；⑨易于清机和维修，操作安全。

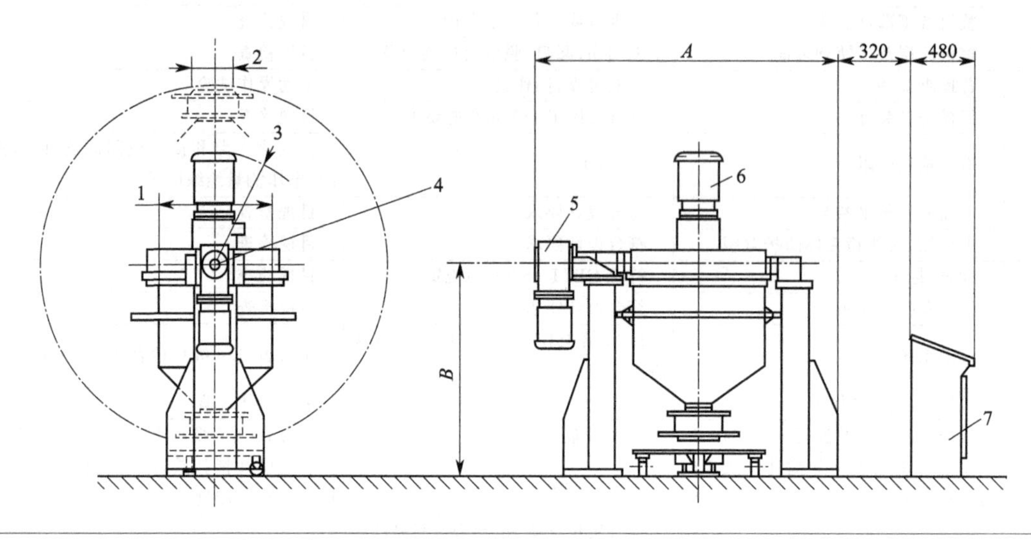

图 7-6　英国 APV 公司 PM 系列料罐翻转式自动混合机平面示意

1—ΦC；2—ΦD；3—F 半径；4—E 半径；5—翻转电机；6—混合电机；7—控制柜

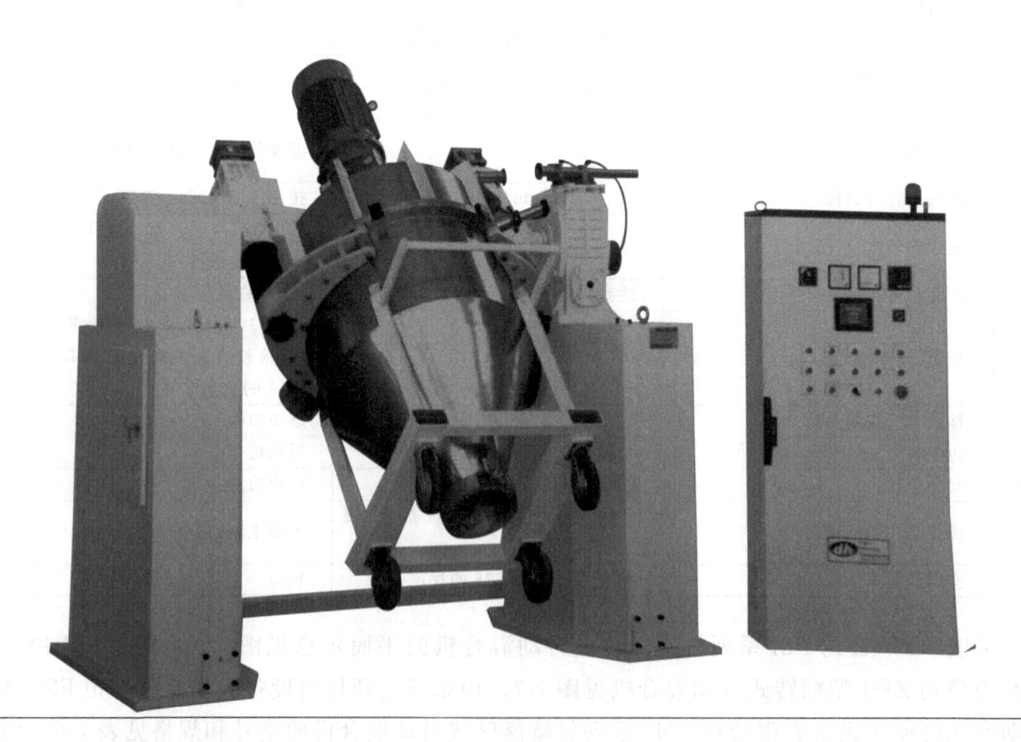

图 7-7　东辉 ZHJ 型翻转式自动混合机

表 7-6　山东三立新材料设备股份有限公司 FZJ 系列和烟台东辉粉末设备有限公司 ZHJ 系列料罐翻转式自动混合机的型号和规格

项　目	三立 FZJ-600	三立 FZJ-1000	东辉 ZHJ-300	东辉 ZHJ-600	东辉 ZHJ-1000	东辉 ZHJ-2000
料斗容积/L	600	1000	300	600	1000	2000
搅拌电机功率/kW	15	30	11	22	37	55
反转电机功率/kW	1.5	2.2	1.5	1.5	1.5	2.2
控制方式	PLC	PLC	PLC	PLC	PLC	PLC
外形尺寸/m	2.6×1.1×3.0	3.2×1.4×3.4	2.3×1.1×3.0	2.6×1.1×3.0	3.2×1.4×3.4	3.6×1.6×3.8

表 7-7　烟台枫林机电有限公司 CMR 系列料罐翻转式自动混合机型号和规格

项目	料斗容积/L	有效容积/L	搅拌功率/kW	破碎功率/kW	提升功率/kW	翻转功率/kW	放料口尺寸 Φ/mm	外形尺寸/m
CMR-10	10	8	0.75			0.18		7.2×0.7×1.23
CMR-30	30	24	1.5	1.1		0.37	133	1.2×0.82×1.57
CMR-50	50	40	3	1.1		0.55	133	1.3×0.88×1.62
CMR-150	150	120	7.5	3	2×0.37	0.37	150	1.94×1.75×2.2
CMR-300	300	240	11	4	2×0.37	0.75	200	2.36×1.5×2.5
CMR-450	450	360	15	4	2×0.37	0.75	200	2.57×1.6×2.7
CMR-700	700	560	22	5.5	2×0.37	1.1	250	2.9×1.8×3.1
CMR-1000	1000	800	30	7.5	2×0.55	1.5	250	3.1×2.0×3.4
CMR-1500	1500	1200	45	2×5.5	2×0.75	2.2	300	3.3×2.2×3.5
CMR-2000	2000	1600	55	2×7.5	2×0.75	2.2	300	3.6×2.4×4.0

表 7-8　英国 APV 公司粉末涂料用 PM 系列翻转式自动混合机型号和规格

项　目	PM300	PM600	PM1000	PM2000
总容积/L	300	600	1000	2000
有效容积/L	240	428	1000	2000
单速混合电机/kW	9.2	11	22	55
双速混合电机/kW	16/21	18.5/23	26/33	45/56
单速翻转电机/kW	0.55	0.55	2.2	4
A/mm(in)	2200(87)	2200(87)	2600(105)	3360(132)
B/mm(in)	1305(51)	1455(57)	1785(70)	2175(86)
ΦC/mm(in)	890(35)	890(35)	1185(47)	1500(59)
ΦD/mm(in)	200(8)	200(8)	250(10)	300(12)
E 半径/mm(in)	1067(42)	1185(47)	1515(60)	1880(79)
F 半径/mm(in)	830(83)	1015(40)	1178(46)	1441(57)

第二节　熔融挤出混合设备

为了使粉末涂料组成中的所有成分分散均匀，将高速混合机等设备预混合的原材料，再经过熔融挤出机熔融混合，使其组成进一步分散均匀。熔融挤出混合工序在制造粉末涂料过程中是不可缺少的，是关系到产品质量的最关键工序之一。

熔融挤出混合设备有往复式阻尼型单螺杆挤出机、双螺杆挤出机、三螺杆挤出机和行星螺杆挤出机等，其中往复式阻尼型单螺杆挤出机、双螺杆挤出机和行星螺杆挤出机的性能和套筒、螺杆断面示意图比较见表7-9。在这些设备中，制造热固性粉末涂料常用的设备就是往复式阻尼型单螺杆挤出机和双螺杆挤出机。一般熔融挤出混合设备有如下特点。

表 7-9　三种类型螺杆挤出机和套筒、螺杆断面图比较

类　型	性　能	结　构
行星螺杆挤出机	混炼和分散性很好	行星螺杆 套筒 主轴
单螺杆挤出机	混炼性好，清洗方便，适用于快速固化涂料的制造	主轴
双螺杆挤出机	通用设备，混炼性和分散性的功能均衡，是经济的	

（1）能够熔融树脂、固化剂等成膜物质和其他需要熔融分散的成分；

（2）在设备运转过程中，不产生局部过热现象，能够均匀分散各种用量少的颜料和助剂等成分；

（3）能够均匀分散配方中的所有成分；

（4）挤出机各部位温度容易控制；

（5）混合时间容易控制；

（6）制造工艺流程中的条件具有重复性，产品的质量稳定；

（7）对各种成膜物质（指不同类型树脂和固化剂）和涂料花色品种的适应性好；

（8）适用于回收粉末涂料和超细粉末涂料的再加工；

（9）设备容易清洗，换色和换涂料品种方便，在清机过程中可以不拆设备。

往复式阻尼型单螺杆挤出机和双螺杆挤出机的特点比较见表7-10。

表 7-10　往复式阻尼型单螺杆挤出机和双螺杆挤出机的特点比较

项　　目	往复式阻尼型单螺杆挤出机	双螺杆挤出机
螺杆长径比($L:D$)	比较小，(7∶1)～(11∶1)	比较大，(12∶1)～(16∶1)
螺杆截面螺纹形状	矩形	圆弧形
功率消耗	比较小	比较大
螺杆温度控制	容易	麻烦
设备自清洗能力	很好	较好
换色和换涂料品种方便程度	方便	较麻烦
快速固化等特殊粉末涂料加工难易程度	比较容易	一般
螺杆和料筒加工难易程度	比较难	比较容易
设备维修难易程度	比较难	容易
对物料中金属异物敏感程度	比较敏感	不太敏感

注：现在单螺杆挤出机的长径比也有15∶1的，但总的来说比双螺杆挤出机小。

一、往复式阻尼型单螺杆挤出机

往复式阻尼型单螺杆挤出机的工作机构为单螺杆，在料筒内布置三排或四排混炼销钉，工作时螺杆在做旋转运动的同时往复运动。根据 HG/T 4274—2011 标准，往复式阻尼型单螺杆挤出机的规格系列有：三排混炼销钉往复式阻尼型单螺杆挤出机系列，螺杆公称直径 D（mm）有 30、46、70、100、140、200；四排混炼销钉往复式阻尼型单螺杆挤出机系列，螺杆公称直径 D（mm）有 36、50、70、90、110。往复式阻尼型单螺杆挤出机的主要技术参数为：①螺杆公称直径 D（mm）；②在标准配方条件下挤出机的产能（kg/h）；③螺杆往复运动行程 S（mm）；④销钉排数 N；⑤螺杆长径比 L/D，L 为螺杆工作段长度；⑥螺杆最高转速 $n_{\max}$（r/min）；⑦主电动机功率（kW）及调速方式；⑧喂料电机功率（kW）及调速方式；⑨出料模口直径 d（mm)；⑩加热区区数及加热方式；⑪加热总功率（kW）；⑫在标准配方条件下挤出机的比能耗（kW·h/kg）；⑬在标准配方条件下挤出机的耗水量（m^3/h）；⑭机器的外形尺寸（长×宽×高）；⑮机器的重量（kg）；⑯在标准配方条件下挤出机生产的产品光泽比小于 90%；⑰在标准配方条件下挤出机生产的产品质量指标的连续稳定性不小于 24 工作小时。

BUSS 公司 QUAN-65 型单螺杆挤出机的挤出、冷却和破碎生产线的设备示意及外形尺寸见图 7-8。DLJ 往复式阻尼型单螺杆挤出机照片见图 7-9。

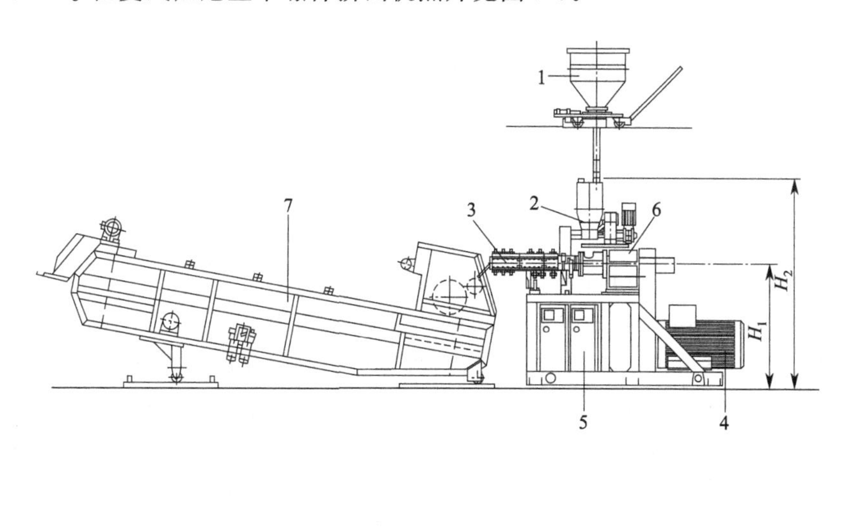

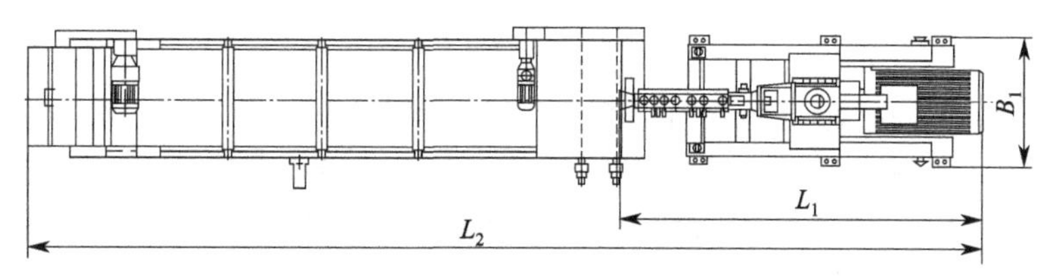

图 7-8　BUSS 公司 QUAN-65 型单螺杆挤出机的挤出、冷却和破碎生产线示意及外形尺寸

1—装料和放料车；2—加料装置；3—捏合挤出部；4—主驱动单元；5—加热和冷却设备；6—齿轮箱；7—冷却

图 7-9 DLJ 往复式阻尼型单螺杆挤出机照片

往复式阻尼型单螺杆挤出机与双螺杆挤出机的最大区别在于螺杆的结构，往复式阻尼型单螺杆挤出机的断面见图 7-10。从图 7-10 中看出，螺杆的螺纹有三个缺口（现在有的变成四个缺口），套筒的内壁有三排混合牙齿或销钉（现在有的变成四排混合牙齿或销钉），这些牙齿（销钉）向着套筒内壁突出来，螺杆在旋转的同时前后往复运动，而料筒内部固定牙齿（销钉）沿着横切螺杆的沟槽相对运动。其结果使物料的一部分，由于各个固定牙齿（销钉）的作用常常回到原来位置，物料就沿着环行路线被输送出来。这里混合用牙齿（销钉）环就分别起到小型高剪切力混合机的作用。这种挤出机产生相当于好多台捏合机串联的作用，在比较短的滞留时间内获得很好的混合效果。DLJ 往复式阻尼型单螺杆挤出机打开后螺杆和料筒结构见图 7-11。

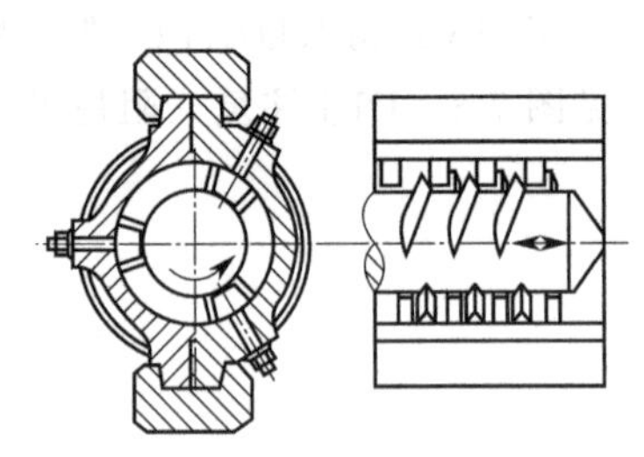

图 7-10 往复式阻尼型单螺杆挤出机螺杆断面图

往复式阻尼型单螺杆挤出机的混合作用，还可以认为混合牙齿（销钉）本身就是一系列捏合搅拌机，由螺杆输送的物料进行捏合搅拌，由于套筒和螺杆的相对运动产生剪切力，即使熔融混合过程中产生的热使粉末涂料结块，但可以通过混合作用把结块粉末分散到未熔融的粉末涂料中去。

往复式阻尼型单螺杆挤出机的螺杆各段功能和工作曲线见图 7-12。这种挤出机的螺杆分为送料段、塑化（熔融）段、均化（混炼）段，现在的设备还有出料段。送料段的温度低，大部分物料都以固态存在；进入塑化段物料温度逐渐上升，物料在此段开始熔融转变成塑性状态；物料继续送到均化段时，物料进一步熔融混合成为黏稠状态，通过螺杆和套筒上刮刀（或销钉）的剪切混合作用，物料得到均匀分散，达到完全熔融混合目的，最后经过挤出机的出料段从挤出头排出。在这种设备中，剪切速率与滞留时间之间的双曲线关系见图 7-13。

图 7-11　DLJ 往复式阻尼型单螺杆挤出机打开后螺杆和料筒结构

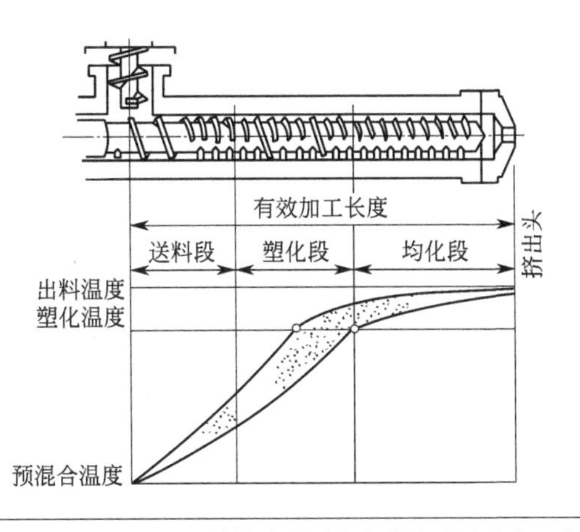

图 7-12　往复式阻尼型单螺杆挤出机螺杆各段功能和工作曲线（图中散点区域为理想温度分布）

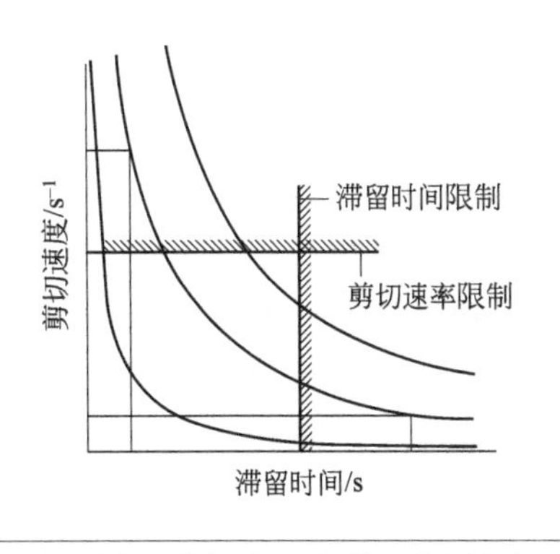

图 7-13　剪切速率与滞留时间之间的双曲线关系

图 7-13 的曲线表明，剪切速率低时要得到满意的混合效果，需要比较长的滞留时间；提高剪切速率可以缩短滞留时间，然而把剪切速率提高到一定极限时，就不能继续提高了。另外从粉末涂料的热反应角度考虑，物料在熔融混合设备中滞留时间不能太长，这个界限在图 7-13 中两条直线构成的方框里。为了防止部分物料在熔融混合过程中过热而带来部分物料胶化的危险，不允许有过高剪切速率。物料在挤出机中的滞留时间，是由设备的混炼料筒内的体积、出料量和物料的密度所决定；而剪切速率是由螺杆槽径和料筒内径之间的宽度、

螺杆旋转速度和分配缝隙的宽度所决定的。螺杆的长径比（L/D）对挤出机的熔融混合效果是有影响的。当螺杆长径比大时熔融混合效果好，但相应的主电机功率要大；而长径比小时熔融混合效果差一些。从主电机功率和熔融混合效果的平衡考虑，要选择比较合适的长径比。一般常用的长径比为（7∶1）～（11∶1），但也有高达15∶1的。BUSS公司近几年开发的Quantec系列往复式阻尼型单螺杆挤出机的螺杆长径比为15∶1，而此前的PCS系列的长径比为11∶1。在这种挤出机中，采用容量式定量加料器和螺旋式加料器供料。为了防止钢铁杂质混在物料中带进挤出机磨损或破坏螺杆，在容量加料器和螺旋加料器之间安装磁性金属检出装置。一般螺旋加料器的功能是把容量式加料器送来的物料，均匀地送到捏合螺杆的送料段。物料的挤出量取决于螺旋加料器加料速度大小，还跟螺杆直径大小和旋转速度有关。

在熔融挤出混合设备中，机械能转变成热能使物料熔融混合。图7-14表示不同树脂粉末涂料和填料量所需要的实际“比熔融混合能量”。

这个数据表示实际耗用的能量，由设备的功率计算熔融能量时，必须减去空转时所消耗的能量。在热固性粉末涂料中，环氧粉末涂料的比熔融混合能量小，丙烯酸粉末涂料的比熔融能量大，而且随着颜料和填料量的增加比熔融混合能量也会增加。

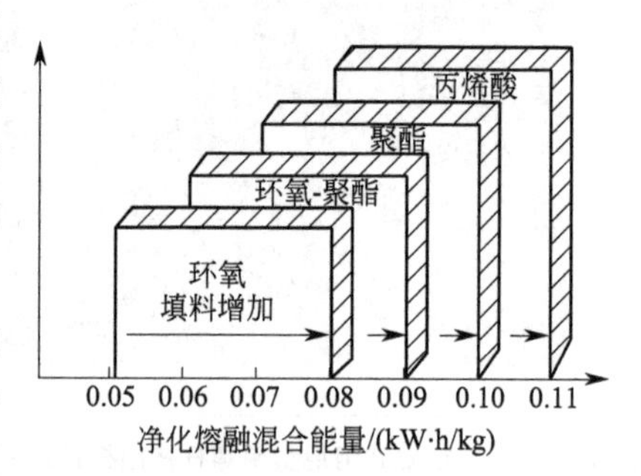

图7-14 不同树脂粉末涂料和填料量所需要的实际“比熔融混合能量”

在熔融混合过程中，有必要除去所产生的多余热量。从各种生产线的分析来看，1kg物料要除去36～72kJ热量。为了除去这些热量，在料筒外面分几个区域制成冷却夹套，用冷却水或者导热油冷却，其中冷却水居多。另外，在螺杆的中心部制成空心管，中间插进一根通水管，通过中间管子把冷却水送到螺杆端部，又通过管子和螺杆之间的空隙返回来时，把螺杆的热量带出来。通过这种有效的冷却手段，将保持能量的平衡，并准确控制挤出机的工作温度。

挤出机运转前必须加热料筒和螺杆，使挤出机中的物料熔融。挤出机料筒和螺杆的加热方式可采用电、蒸汽和热媒。因为电加热方式比较简单，不要很多附加设备，温度也比较容易控制，所以大部分还是用电加热。为了有效控制挤出机螺杆不同工作区的温度，一般挤出机分为几段加热，少则两段多则四段，以不同功率加热，有效地利用热量，保持整个螺杆和料筒的温度梯度，防止加料口的过热现象，保证挤出机的连续长时间运转。

在熔融挤出混合过程中，必须把物料均化段料筒的温度加热到粉末涂料用树脂软化点以上10℃左右，如果是两种树脂则以它们的软化点平均值高10℃左右。因为物料从送料段输送到塑化段时，由固相转变为可塑状态，所以塑化段的温度加热到低于均化段温度，高于送料段温度，也就是粉末涂料用树脂软化点左右温度。具体的控制温度要根据粉末涂料用树脂品种、花色品种和颜填料用量等条件，结合生产实践中的经验来最后确定。为了防止预混合物料在进料口熔融黏结，一开始就通冷却水至送料段，进料口温度控制在粉末涂料用树脂玻璃化转变温度以下。

在熔融挤出混合过程中，为了使设备有效地自清洗，必须避免物料流动方向的改变、螺杆的空转和物料的滞留。从这点考虑，为使挤出头部物料通过的时间非常短，可在挤出机端部直接把挤出头插入固定，甚至不用挤出头。为了防止在挤出头上物料滞留时间长而部分胶化，一般在挤出头上通冷却水，使物料迅速冷却。

目前国内生产往复式阻尼型单螺杆挤出机的厂家很多，其中代表性的烟台超远（奇通）粉末机械有限公司 KN 系列和东辉粉末设备有限公司 DLJ 系列往复式阻尼型单螺杆挤出机型号和规格见表 7-11；东辉 DLJ（S）系列往复式阻尼型单螺杆挤出机型号和规格见表 7-12。世界有名的往复式阻尼型单螺杆挤出机生产厂家瑞士 BUSS 公司生产粉末涂料用 PCS 系列往复式单螺杆挤出机的型号和规格见表 7-13；最新的生产粉末涂料用 Quantec 系列往复式单螺杆挤出机型号和规格见表 7-14。

表 7-11　超远（奇通）KN 系列和东辉 DLJ 系列往复式阻尼型单螺杆挤出机型号和规格

型号	螺杆直径/mm	产量/(kg/h)	主电机功率/kW	进料电机功率/kW	螺杆转速/(r/min)	长径比(L/D)	外形尺寸/mm
KN46	46	100	11	0.55		9/1	1530×650×1040
KN70A	70	260	22	1.1		9/1	2800×1100×1600
KN70B	70	360	30	1.1		9/1	2500×1100×1700
KN70D	70	600	45	1.5		11/1	2800×1050×1700
KN100	100	800	55	1.5		9/1	3600×1160×2000
DLJ-30	30	40	5.5	—	约 500	9/1	1800×700×1600
DLJ-46	46	200	22	1.1	约 500	9/1	1800×800×1700
DLJ-70	70	500	55	1.5	约 500	12/1	3000×1100×1900
DLJ-100	100	1000	110	2.2	约 500	15/1	4000×1300×2300

表 7-12　东辉 DLJ（S）系列往复式阻尼型单螺杆挤出机型号和规格

项目	DLJ-36S	DLJ-50S	DLJ-70S	DLJ-100S
螺杆直径/mm	36	45/50	70	100
螺杆最高转速/(r/min)	750	750	750	750
主电机功率/kW	22	55/75	110/132	160/200
产量/(kg/h)	约 250	约 550	约 1500	约 3200

表 7-13　瑞士 BUSS 公司生产粉末涂料用 PCS 系列往复式单螺杆挤出机型号和规格

项目	PCS 30	PCS 46	PCS 70	PCS 100
电机功率/kW	5.5	11/22	60	132
螺杆转速/(r/min)	500	500	600	500
螺杆直径/mm	30	46	70	100
加热功率/kW	6	2×12	2×12	2×12
螺杆长径比/(L/D)	11/1	11/1	11/1	11/1
生产能力/(kg/h)	0.3～40	100/200	100～700	300～1500

表 7-14 瑞士 BUSS 公司最新的生产粉末涂料用 Quantec 系列往复式单螺杆挤出机型号和规格

项目	Quantec 40EV	Quantec 50EV	Quantec 67EV	Quantec 80EV
电机功率/kW	37	75	132	220
螺杆速度/(r/min)	750	750	750	750
螺杆直径/mm	44	55	72	86
加热功率/kW	2×12	2×12	2×12	2×12
螺杆长径比(L/D)	15/1	15/1	15/1	15/1
生产能力/(kg/h)	100～350	200～700	400～1500	1500～2500
设备长度 L_1/mm	2500	2900	3500	4400
设备总长度 L_2/mm	4000	10250	13850	18750
设备宽度 B_1/mm	1010	1010	1010	1010
设备高度 H_1/mm	1320	1320	1320	1320
设备总高度 H_2/mm	2520	2800	3000	3000
挤出机总质量/kg	950	2200	4200	5400

BUSS 公司从 1968 年开始生产粉末涂料用 PLK 系列往复式阻尼型单螺杆挤出机；1995 年开始经过改进生产 PCS 系列往复式阻尼型单螺杆挤出机；2002 年开始生产进一步改进的生产粉末涂料用 Quantec 系列往复式阻尼型单螺杆挤出机。Quantec 系列往复式阻尼型单螺杆挤出机是在 PCS 系列挤出机的基础上做了如下方面的改进。

（1）在喂料的设计上，不采用强制喂料，预混物料在重力作用下自由进入料筒加工区，长方形进料口大了 3 倍，提高了喂料能力；加料段的料筒内径大大增加，输送螺块螺距增大使进料量大大提高；加料段与混炼段的过渡段设计成锥形体，使输送螺块的螺距逐渐变小，对喂入的粉末不断地挤压，使带入的空气有效地排出，所以加工超细和回收粉末也能达到高产量。

（2）在螺杆的设计上，螺杆上每一圈螺线由原来的 3 个螺片改为 4 个螺片，料筒内由 3 排混炼销钉改为 4 排。这样的 4 螺片结构保证了稳定的高输送效率，每个长径比内的剪切面积增加了 30%，分散效果显著提高；螺杆转速提高到 750r/min，使产量较之前有了大幅度提高，为原产量的 2 倍；螺杆长径比延长到 15∶1，使加工工艺技术更灵活；同一种螺杆结构可适用于多种配方，从高光粉到纹理粉都可以生产。

（3）温度控制上，热电偶安装在混炼销钉内，插入热电偶的销钉直接和熔融物料接触，保证所测温度为物料的实际温度。

东辉 DLJ 系列单螺杆往复式阻尼型挤出机有如下的特点：①有优异的混炼效果和分散性；②生产效率高；③料筒具有高效热交换和冷却系统及温度自控系统；④运行参数自动记录；⑤进料量自动控制；⑥提供触摸屏式、可变自控和常规三种电控模式；⑦金属探测器自动检出微小颗粒磁性金属物；⑧自动保护和报警；⑨清机和维修方便，操作安全。

二、双螺杆挤出机

双螺杆挤出机的工作机构为两根相互齿合作同向旋转的螺杆。根据 HG/T 4274—2011 标准，双螺杆挤出机的规格系列螺杆公称直径 D（mm）为 20、30、40、50、58（60）、70、80、100、125、160、200。双螺杆挤出机的主要技术参数为：①螺杆公称直径 D（mm）；②在标准配方条件下挤出机的产能（kg/h）；③两螺杆间的中心距 A（mm）；④中心距率

ξ；⑤螺杆长径比 L/D，L 为螺杆工作段长度；⑥螺杆最高转速 n_{max}（r/min）；⑦电动机功率（kW）及调速方式；⑧喂料电动机功率（kW）及调速方式；⑨加热区区数及加热方式；⑩加热总功率（kW）；⑪在标准配方条件下挤出机的比能耗（kW·h/kg）；⑫在标准配方条件下挤出机的耗水量（m^3/h）；⑬机器的外形尺寸（长×宽×高）；⑭机器的重量（kg）。热固性粉末涂料用挤出机型式检验项目见表 7-15。

表 7-15 热固性粉末涂料用挤出机型式检验项目

序号	试验项目	技术要求	检验试验方法
1	整机各零部件主体	应垂直或平行于水平面	目视检查
2	整机涂层及不锈钢表面	无划伤、漏喷、脱落及流淌现象	目视检查
3	各操纵部件	功能可靠，操作灵活	手动操作试验
4	机械防护装置	符合 GB/T 15706.2 的要求	目视检查
5	电气绝缘电阻	≥1MΩ	在动力电路和接地电路间施加 500V DC 电压测量绝缘电阻
6	电气元件技术参数	符合设计要求	目视检查
7	电控箱、接线箱壳体防护等级	符合设计要求	目视检查
8	标志、标识	符合 GB/T 15706 的规定	目视检查
9	信号及报警显示	符合设计要求	目视检查
10	冷却水系统	1.5 倍工作压力，保压不少于 15min 无泄漏	压力表(1.6 级)，秒表计时，目视检查
11	集中润滑系统	0.3MPa，保压不少于 15min 无泄漏	压力表(1.6 级)，秒表计时，目视检查
12	气动系统	1.25 倍工作压力，保压不少于 15min 无泄漏	压力表(1.6 级)，秒表计时，目视检查
13	液压系统	1.5 倍工作压力，保压不少于 15min 无泄漏	压力表(1.6 级)，秒表计时，目视检查
14	机械-电气联锁保护	可靠	手动操作试验
15	水、气、油系统压力及温度显示和保护	准确可靠	手动操作试验，目测
16	打开料筒检查螺杆与衬瓦间、螺杆与螺杆间、螺杆与销钉间所列技术要求	螺杆与衬瓦间、螺杆与螺杆间、螺杆与销钉间的轴向和径向间隙符合设计要求	手动旋转螺杆轴，用塞尺检测，沿周围 360°至少测量 8 个点，沿长度至少测量 6 个点。取最大值和最小值为检测结果
17	料筒升温至 120℃	升温时间不大于 15min	秒表计时，目视检查
18	料筒降温至常温	降温时间不大于 15min	秒表计时，目视检查
19	防尘装置	符合设计要求	反复试验 10 次，目视检查
20	空运转 3min	启动、停止可靠，运行平稳	目视检查
21	空运转后开料筒检查	螺杆与衬瓦间、螺杆与螺杆间、螺杆与销钉间无卡住或刮伤现象	目视检查
22	投料试运行(试运行所用原料配方按 HG/T 4274—2011 附录 C 配方)	20%产能运行 30min；50%产能运行 60min；100%产能运行时间不少于 3h，运行平稳。100%产能时主电机电流符合设计要求	电流表，目视检查
22.1	产能	达到设计要求	计时，称重检测
22.2	产品质量	按 HG/T 2006—2006 表 1 中项目评定	按 HG/T 2006—2006 中 5 所列检验方法检测
22.3	比能耗	按 HG/T 4274—2011 中 5.1.1 的要求	按 HG/T 4274—2011 中 6.7 的规定检测
22.4	齿轮箱温升	在 100%产能条件下，齿轮箱的稳定温度不大于 50℃	温度计，目视检查
22.5	负载运行时的振动	v_{max}≤1.2mm/s	按 HG/T 4274—2011 中 6.5 的规定进行

续表

序号	试验项目	技术要求	检验试验方法
22.6	整机噪声	≤83dB(A)	按 HG/T 4274—2011 中 6.4 噪声试验方法和所用仪器进行，检验方法及所用仪器应符合 GB/T 6401.1 的规定
23	整机电气控制系统	各项功能符合设计要求	逐项试验
24	温度控制系统	符合 HG/T 4274—2011 中 5.3.1 的规定	温度计，目视检查
25	转矩限制器(如果有)	符合设计要求	复合标定记录
26	产品质量指标的连续稳定性	≥24h	连续生产 24h 后采样 250g 检测，检验方法见本表 22.2
27	金属颗粒探测剔除装置(如果有)	技术性能符合使用说明书要求	现场试验
28	螺杆芯轴承载能力	比转矩不小于 10.2MPa	审查设计说明书，必要时芯轴材料进行力学性能试验
29	使用说明书	符合 GB/T 19678 的规定	核对

在熔融挤出混合设备中，双螺杆挤出机也是很普遍使用的设备。在国产粉末涂料制造设备中，双螺杆挤出机占大多数。双螺杆挤出机的简单结构示意见图 7-15；螺杆之间的齿咬合情况和物料的流向见图 7-16； SLJ-G 双螺杆挤出机的照片见图 7-17。在制造粉末涂料中使用的挤出机螺杆是同向旋转的。这种设备的工作原理为：在套筒内沿着同一方向等速运转的两根单螺杆的横断面像透镜的横断面那样，呈两端略尖的椭圆形。这两个椭圆形在螺杆旋转时正好互相交叉 90°，使两螺杆相互蹭着对方，同时又紧贴着料筒的内壁运动。由于透镜形状的螺杆断面间存在着角度的错开，物料被这些羽毛状的尖端卷进去。随着螺杆的旋转，物料被一点点准确地接过来，而且得到充分分散所需要的接触时间后，又一点点准确地被推向前方。如果只需要保持透镜状的螺杆断面夹角 90°，螺杆可以做成不同断面形状，例如可做成连续的螺旋形，也可以做成迂回形。

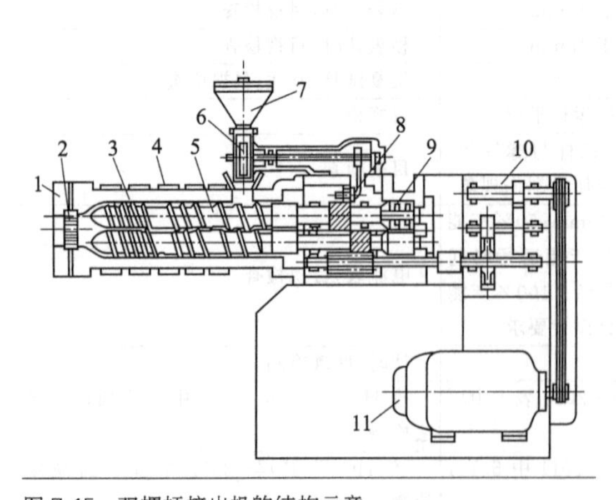

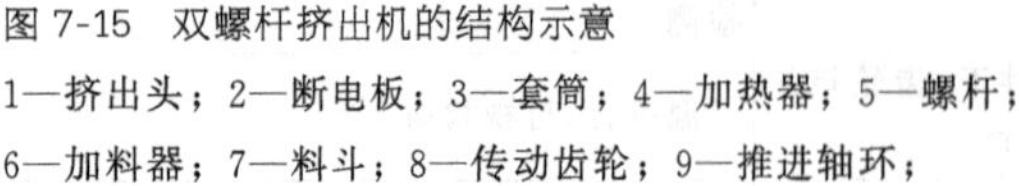
图 7-15 双螺杆挤出机的结构示意

1—挤出头；2—断电板；3—套筒；4—加热器；5—螺杆；6—加料器；7—料斗；8—传动齿轮；9—推进轴环；10—减速器；11—电机

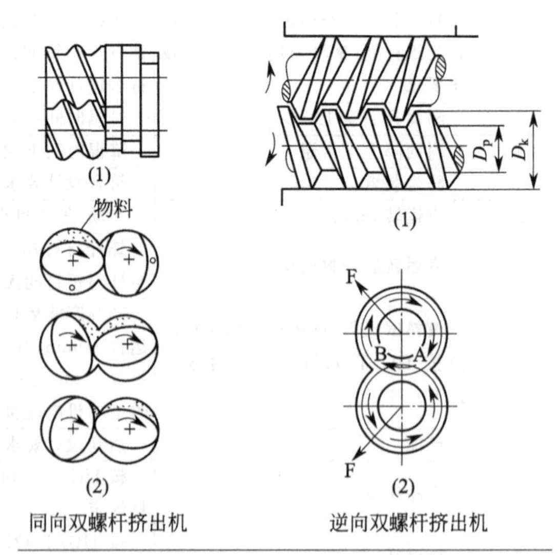

图 7-16 不同类型双螺杆挤出机的螺杆齿咬合情况和物料流向

(1) 螺杆的齿咬合；(2) 物料的流向

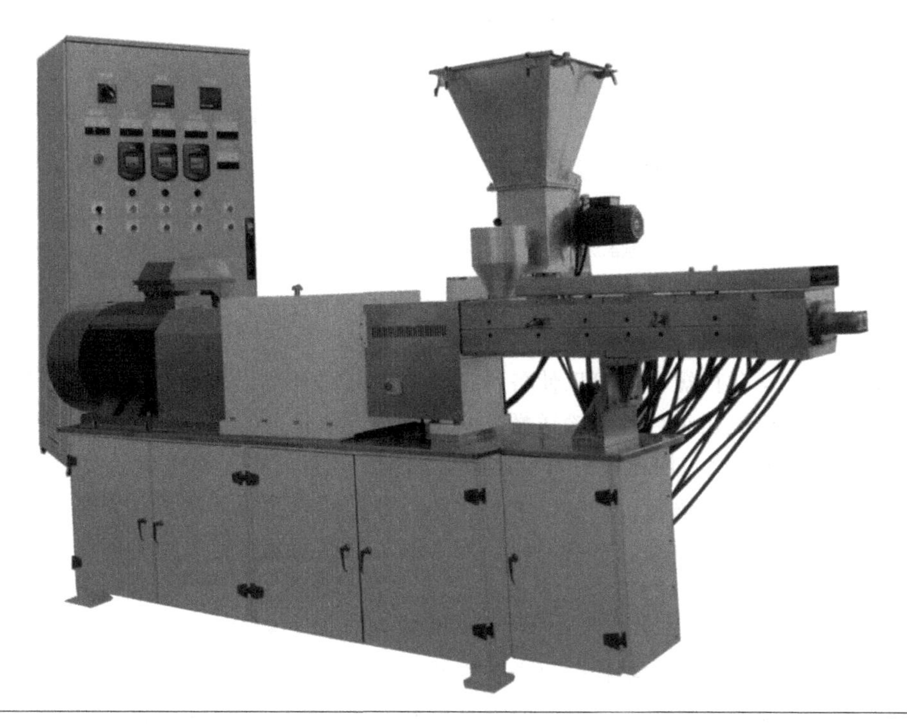

图 7-17 SLJ-G 双螺杆挤出机的照片

双螺杆挤出机与往复式阻尼型单螺杆挤出机一样，螺杆分为送料段、塑化段、均化段和出料段。科倍隆（Coperion）公司双螺杆挤出机各段的加工工艺和功能示意见图 7-18；螺杆元件不同剪切速率模块的设计情况见图 7-19。

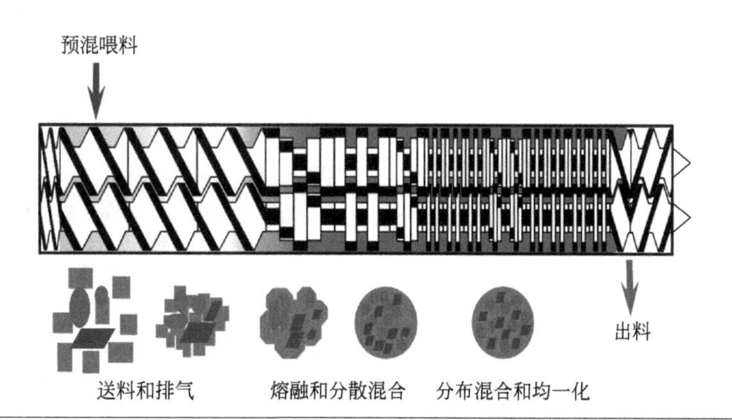

图 7-18 科倍隆（Coperion）公司双螺杆挤出机各段的加工工艺和功能示意

送料段螺杆呈双头输送螺纹，使物料容易卷入料筒并向前推进。在输送过程中，由于物料的摩擦生热和从塑化段传来的热量，很容易使物料过早塑化，充满螺纹空间而阻塞物料输送，为此送料段应有一定长度，螺纹之间距离长且还可以保持送料段料筒的冷却，防止这一段物料结团。塑化段是各种不同角度螺纹的组合件，组合件螺纹之间错开 30°～60°不等的角，靠近均化段的是呈大螺旋状分布的组合件，排成螺旋状是为了获得推进力。组合件是为了将未塑化物搅拌，加大受热面积促进塑化，使物料更好地分散均匀。在塑化段组合件的单

ZSK MEGAvolume-Design features/ZSK Mv机型设计特点

(a) 外内径比1:8(螺槽更深),
低剪切(螺杆元件冠部更窄)

(b) 外内径比1.55(螺槽较浅),
高剪切(螺杆元件冠部更宽)

图 7-19　科倍隆（Coperion）公司双螺杆挤出机螺杆元件不同剪切速率模块设计

元长度比送料段和均化段短，但可以使各种物料分散的同时塑化，并推进至均化段。

在均化段，螺杆是由组合件和输送螺纹构成，靠近塑化段的螺杆是组合件，螺纹之间成 90°，出料口是输送螺纹，均化段的长度比塑化段长，其目的在于使得熔融混合效果更好。

为了更好地控制不同树脂、颜料、填料和花色品种粉末涂料的质量，需要改变各段螺纹形状和螺距等参数，才能得到满意的结果。为了解决这些问题，可以用不同结构的螺杆组合件（又叫模块，见图 7-20）的组合达到最理想的熔融混合效果。不同结构模块组合的组装好的整体螺杆组合结构见图 7-21。在图 7-21 中螺杆是四种螺纹结构，送料段的螺纹间距大，成螺旋形；塑化段的螺纹结构最复杂，螺纹之间成 45° 角，区间距离最短；均化段的螺纹间成 90° 角，区间距离略长；而出口的螺纹也属于输送螺纹，区间距离很短。

图 7-20　不同结构的螺杆组合件

图 7-21　双螺杆挤出机内部螺杆组合结构

因为双螺杆挤出机的料筒与螺杆之间的空隙小，一般在 300μm 以下，所以设备的自清洗效果好，适用于热固性粉末涂料的制造。在挤出机的料筒和螺杆之间以封闭式组装，螺杆通过动力传动箱和专用齿轮相连接。齿轮箱又由两部分组成，一是减速齿轮，将电机转速换成螺杆需要的转速；二是分动齿轮，将电动机的扭矩传递到两根螺杆轴上。在齿轮箱内，为了保证设备运转时的润滑和冲洗冷却，不仅用油泵循环润滑油，而且还用冷却水循环冷却，防止润滑油升温过高，保证齿轮箱内的齿轮长时间连续运转。

在双螺杆挤出机中，挤出机的加热和冷却系统跟上述的往复式阻尼型单螺杆挤出机一样，在螺杆的套筒上装有冷却夹套，在夹套外面是用电加热板加热。为了满足料筒内不同区段的工作温度要求，挤出机可以分三区段或四区段加热和冷却。对于四区段加热和冷却的挤出机来说，第一区段为送料区，在此区段物料不被熔融，以固态畅通，此段冷却水始终保持常通状态，保证料筒不被传热升温。第二区段为塑化段，为保证这区段的工作温度，在冷却系统中安装控制水阀，当这个区段的温度升到设定温度时，电加热管停止工作；当温度升到超过设定温度时，冷却水开始工作，冷却水进入料筒起到降温作用。当料筒温度降到设定温度时，电加热管又开始加热升温，以此来保证这区段的温度控制。对于第三区段的均化段，跟第二区段的温度控制一样，以同样的原理安装控制水阀稳定控制该区段的温度。第四区段为出料区，为了使经过均化后的物料在排出料筒时得到迅速冷却，在这个区段的冷却水也处于常通状态。

在螺杆的内部冷却方面，双螺杆挤出机的螺杆结构比单螺杆复杂，很多设备没有内部冷却措施，新近开发设备逐渐增多这种螺杆内部冷却措施，有利于螺杆挤出温度的有效控制，但是冷却系统的稳定性有待于进一步考验和改进。

双螺杆挤出机的加热方式也跟单螺杆挤出机差不多，有电加热、蒸汽加热和热媒加热等，其中最简单、方便和普遍使用的加热方式还是电加热。

双螺杆挤出机的长径比（L/D）一般在（12∶1）～（18∶1），但也有长达 24∶1 的。当长径比大时熔融混合效果好，但过长时螺杆与料筒之间的摩擦力大，能量消耗大，需要的电机功率大，单位质量的能耗增加；长径比过小时，达不到理想的熔融混合效果。因此，选择合适的长径比对保证挤出机熔融混合效果是非常必要的。一般双螺杆挤出机中常用的螺杆长径比为（14∶1）～（16∶1）。

在双螺杆挤出机中，熔融挤出混合所需要的大部分热量是通过螺杆对物料的剪切和摩擦力而产生的，将机械能转变成热能，电加热的能耗不太大，物料在这种挤出机中滞留时间很短，一般为 30s 以内，物料在挤出机中的滞留时间和挤出量之间的关系见图 7-22。这种关系归纳为图 7-22 中 A、B、C、D 四种类型，在物料滞留时间和挤出量的关系曲线中，很重要的参数是分布曲线的弯曲点之间的距离 W 和分布宽度 b。W 小，意味着几乎没有逆流和正前进流的混合作用；W 大，则说明做功大。b 表示设备的自清洗性，如果设备中残留物料，那么分布宽度 b 长，说明自清洗性不好。曲线 A 是几乎没有纵向混合，自清洗性不好的典型例子；曲线 B 是有纵向混合效果，但自清洗性不太好。这两个曲线为单螺杆挤出机和没有封闭侧面的双螺杆挤出机的典型例子。曲线 C 和 D 表示物料滞留时间短，自清洗性好。在具有良好自清洗性的双螺杆挤出机中，因为不存在堆积物料的死角，所以物料在受热部位的滞留时间短，有利于熔融混合热固性粉末涂料，而且不需要特殊的挤出头。

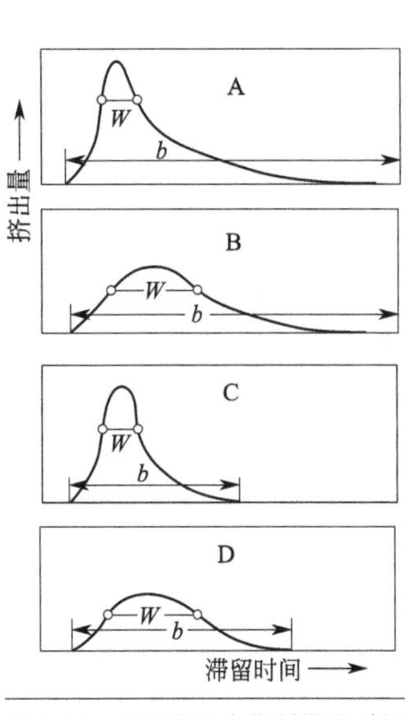

图 7-22　在挤出机中物料滞留时间和挤出量之间的关系

双螺杆挤出机有较高的生产能力，国内双螺杆挤出机的生产厂家很多，其中代表性的烟台东辉粉末设备有限公司生产的 SLJ 系列和 SLJ-G 系列双螺杆挤出机的型号和规格分别见表 7-16 和表 7-17；烟台枫林机电设备有限公司生产的 TSE 系列双螺杆挤出机型号和规格见表 7-18。

表 7-16　烟台东辉粉末设备有限公司生产的 SLJ 系列双螺杆挤出机型号和规格

项目	SLJ-40	SLJ-50	SLJ-58	SLJ-60	SLJ-70
产量/(kg/h)	100	200	300	500	800
螺杆直径(D)/mm	40	50	58	60	70

续表

项目	SLJ-40	SLJ-50	SLJ-58	SLJ-60	SLJ-70
螺杆长度/mm	16D	16D	16D	16D	16D
螺杆转速/(r/min)	420	380	420	420	380
主电机功率/kW	11	22	30	45	55
供料电机功率/kW	1.1	1.1	1.1	1.1	2.2
加热/冷却区	2/1	2/1	2/1	2/1	3/1
外形尺寸/m	2.1×0.6×1.6	2.5×0.7×1.9	3.2×0.8×2.4	3.2×0×2.4	3.4×0.9×2.6

表 7-17 烟台东辉粉末设备有限公司生产的 SLJ-G 系列双螺杆挤出机型号和规格

项目	SLJ-40E/40F/40G	SLJ-50E/50F/50G	SLJ-58E/58F/58G	SLJ-60E/60F/60G	SLJ-70E/70F/70G	SLJ-80G
产量/(kg/h)	150/200/300	200/300/450	300/400/700	400/500/800	600/800/1000	1500
螺杆直径(D)/mm	40	50	58	60	70	80
螺杆长度/mm	16D	16D	16D	16D	16D+2.5D	16D+2.5D
主电动机/kW	15/22/30	22/30/45	30/45/75	37/55/75	55/75/90	110
螺杆转速/(r/min)	520/700/1050	380/500/750	420/550/820	420/550/820	380/510/750	600
进料电机/kW	1.1	1.5	1.5	1.5	1.5	1.5
加热/冷却区	2/1	2/1	2/1	2/1	3/1	3/1
外形尺寸/m	2.1×0.7×1.9	2.5×0.7×1.9	3.0×0.8×2.2	3.1×0.8×2.3	3.5×0.9×2.4	4.5×1.0×2.5

表 7-18 烟台枫林机电设备有限公司生产的 TSE 系列双螺杆挤出机型号和规格

型号	产量/(kg/h)	螺杆直径/mm	螺杆长径比(L/D)	螺杆最高转速/(r/min)	主机功率/kW	加热功率/kW	外形尺寸/m
TSE-26A	20	26	18	280	2.2	3	1.6×0.58×1.44
TSE-26B	40	26	18	530	4	3	1.6×0.58×1.44
TSE-32A	80	32	18	520	7.5	5	2.0×0.64×2.25
TSE-32B	120	32	18	750	11	5	2.0×0.64×2.25
TSE-32C	180	32	18	1000	15	5	2.0×0.64×2.25
TSE-48A	200	48	18	380	18.5	10	2.6×0.80×2.57
TSE-48B	240	48	18	460	22	10	2.7×0.80×2.57
TSE-48C	300	48	18	640	30	10	2.7×0.80×2.57
TSE-58A	300	58	18	350	30	14	3.0×0.82×2.77
TSE-58B	400	58	18	440	37	14	3.02×0.82×2.77
TSE-58C	500	58	18	530	45	14	3.12×0.82×2.77
TSE-58D	600	58	18	640	55	14	3.12×0.82×2.77
TSE-70A	600	70	18	370	55	19	3.4×1.1×2.9
TSE-70B	800	70	18	500	70	19	3.55×1.1×2.9
TSE-70C	1000	70	18	610	90	19	3.65×1.1×2.9
TSE-95A	1200	95	18	320	110	27	5.0×1.2×3.3
TSE-95B	1500	95	18	400	132	27	5.22×1.2×3.3
TSE-95C	2000	95	18	530	160	27	5.3×1.2×3.3

英国 APV 公司 MP-PC 系列粉末涂料用双螺杆挤出机的型号和规格见表 7-19；德国科倍隆（Coperion）公司 ZSK 型双螺杆挤出机型号和规格见表 7-20。代表性的制造粉末涂料用双螺杆挤出机示意见图 7-23。在熔融混合挤出机中，随着生产量的增加，单位质量的能量消耗和物料温度相应降低（见图 7-24）。

表 7-19　英国 APV 公司 MP-PC 系列粉末涂料用双螺杆挤出机型号和规格

项目	30PC	40PC	50PC	65PC	80PC	100PC	125PC
螺杆直径/mm	30	40	50	65	80	100	125
螺杆长径比(*L*/*D*)	15∶1	15∶1	15∶1	15∶1	15∶1	15∶1	15∶1
运转功率/kW	7.5	14	35	71	112	225	450
长度(*L*)/mm	2000	2600	2900	3600	4100	4800	6000
宽度(*W*)/mm	875	900	900	950	950	950	1400
高度(*H*)/mm	1450	1500	1500	1600	1650	1700	1750
中心线/mm	1100	1100	1100	1540	1540	1540	1540
质量/kg	750	1350	2790	3000	4500	8000	13500
环氧粉末生产能力/(kg/h)	110	250	450	660	1350	2200	4500
环氧-聚酯粉末生产能力/(kg/h)	100	210	390	600	1200	2000	3900
聚酯粉末生产能力/(kg/h)	90	200	330	550	1100	1800	3300

表 7-20　德国科倍隆（Coperion）公司 ZSK 型双螺杆挤出机型号和规格

项目	27Mv	34Mv	43 Mv	54 Mv	62 Mv
最大产能/(kg/h)	150	350	750	1350	1800
最大转速/(r/min)	1200	1200	1200	1200	1200
最大功率/kW	27	54	112	214	329
单根芯轴最大扭矩/N·m	100	156	325	625	816
螺杆元件外内径比例	1.8	1.8	1.8	1.8	1.8
螺杆直径/mm	27	34	43	54	62
螺杆长径比(*L*/*D*)	24	24	24	24	24

注：ZSKMv 系列挤出机的特点是高容积（低剪切）的外内径比（D_o/D_i）1.80，被认为粉末涂料生产中的最先进设备，2002—2019 年销售 280 套设备；ZSKMc 系列挤出机的特点是高扭矩（高剪切）的外内径比（D_o/D_i）1.55，2002—2019 年销售 30 套设备。

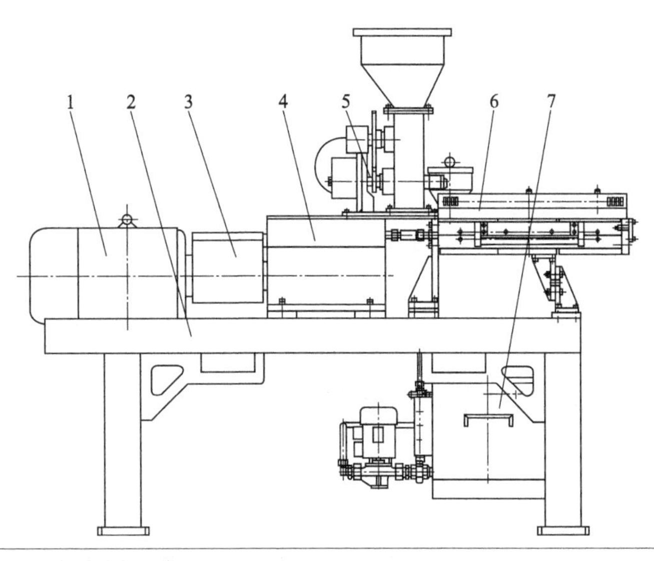

图 7-23　制造粉末涂料用双螺杆挤出机示意

1—主电机；2—机架；3—联轴器；4—齿轮箱；5—喂料装置；6—料筒；7—水箱

从上述东辉双螺杆挤出机设备可以看出，SLJ 系列的螺杆转速为 380～420r/min，而 SLJ-G 系列的螺杆转速为 600～1000r/min，目前国内双螺杆挤出机转速从过去的低速 200～300r/min 向中速 500r/min 发展，甚至已经发展到高速 1000r/min 以上。这就对齿轮的材

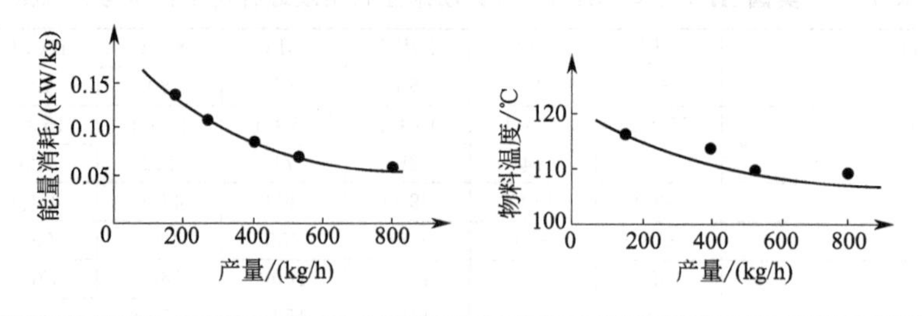

图 7-24 ESK83 型挤出机的生产量对能量消耗和物料温度的影响
[螺杆速度：250r/min（恒速）；料筒温度：80℃]

质、加工精度方面要求很高，并对齿轮箱油温的降温、降低噪声等方面，也要采取相应的措施，才能保证设备的稳定运转；而且对螺杆和料筒的材料和加工精度也需要更高的技术要求。

第三节 压片冷却和破碎设备

从挤出机挤出来的物料是黏稠或黏流状态，温度都高于树脂软化点。为了防止树脂与固化剂之间发生化学反应，必须尽快冷却降温；另外热固性粉末涂料不能像热塑性粉末涂料那样采用剪切造粒法，而是采用迅速冷却以后用简单的机械破碎方法进行粉碎，然后用于细粉碎。

熔融挤出物的冷却方法有两种，一种是冷却压辊压片冷却后，冷却带进一步冷却的方法；另一种是冷却压辊压片直接冷却的方法。下面分别介绍冷却带冷却和破碎设备以及冷却辊冷却和破碎设备。

一、冷却带冷却和破碎设备

冷却带冷却和破碎设备主要由冷却辊、冷却带、破碎机和调速电机等构成。冷却带冷却设备又可分为水冷却带式压片冷却破碎机设备和风冷却带式冷却破碎设备。水冷却带式压片冷却破碎机设备示意见图 7-25，压片不锈钢带水冷却破碎设备照片见图 7-26。风冷却设备又可分为履带式和网带式或非金属胶带式，风冷却带式冷却破碎设备示意见图 7-27，风冷却不锈钢履带式冷却破碎设备照片见图 7-28，风冷却合成胶带冷却压片破碎设备见图 7-29。在冷却带冷却设备中，物料先用双辊组成的冷却压辊（内部通冷却水）压成一定厚度的薄片状物，然后再用上述的不同形式的冷却带进一步冷却。

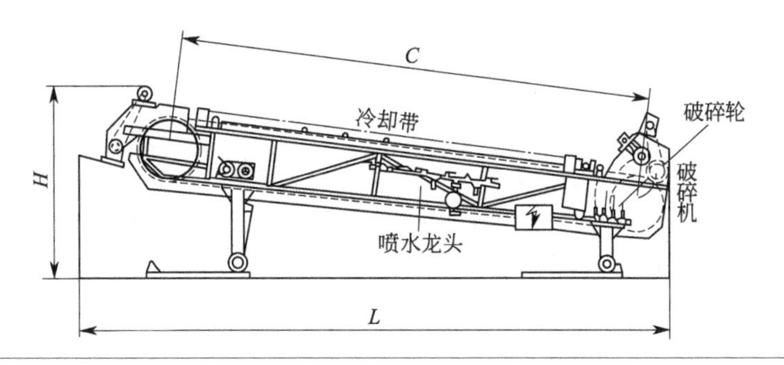

图 7-25　APV 公司 St/St 型水冷却带式压片冷却破碎机示意

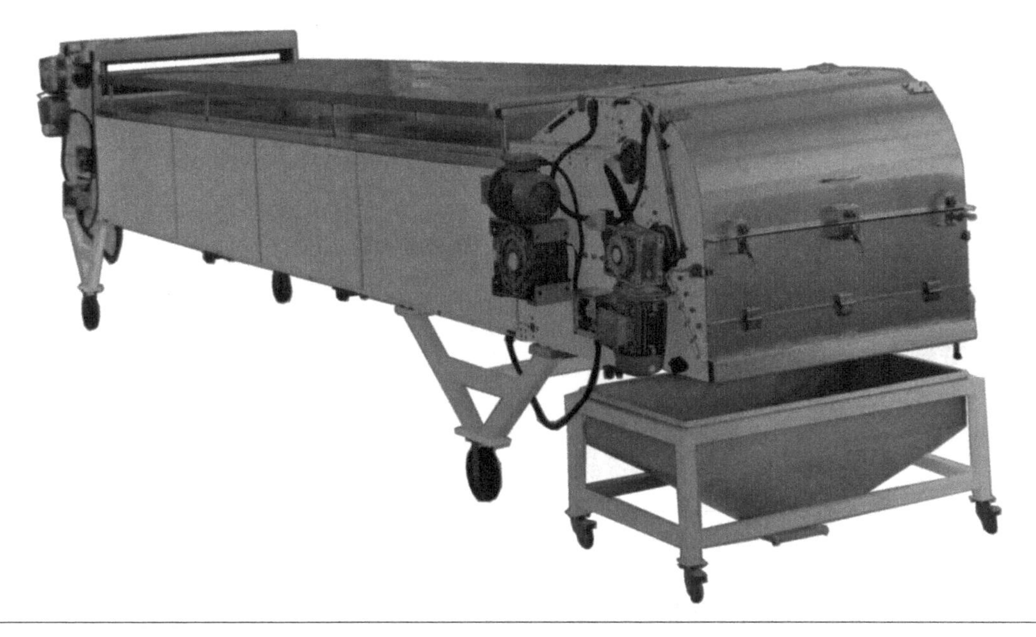

图 7-26　压片不锈钢带水冷却破碎设备照片

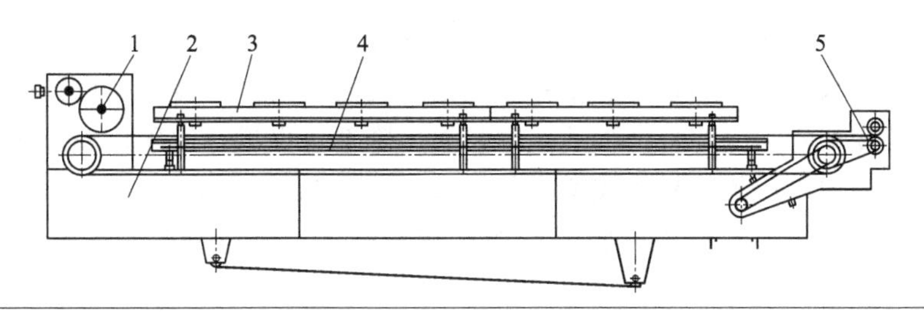

图 7-27　风冷却带式冷却破碎设备示意

1—压辊；2—机架；3—风扇；4—履带；5—破碎辊

一般冷却水冷却设备的输送带是无终端的不锈钢板或者塑料带，从冷却带的下面往冷却带喷冷却水冷却。不锈钢板要求厚度均匀，弹性和拉伸强度好，不容易变形和拉伸。风冷却设备的输送带是无终端的不锈钢履带或不锈钢网带，在输送带上面安装多台电风扇或者半封闭的体系中通入强冷风。现在也有采用在履带上面安装冷却水冷却装置和风冷却结合的方

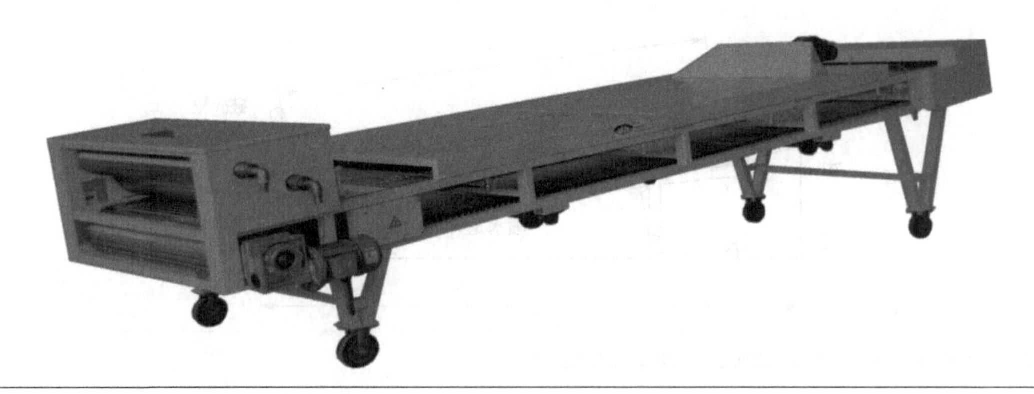

图 7-28 风冷却不锈钢履带式冷却破碎设备照片

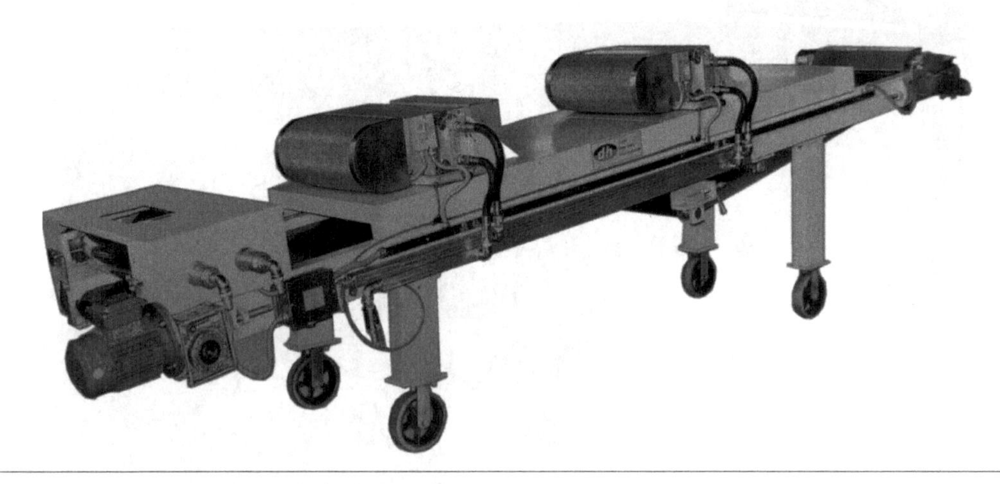

图 7-29 风冷却合成胶带冷却压片破碎设备照片

法，这种方法适用于冷冻水冷却挤出机系统配套，因为有冷冻水的来源。在电风扇风冷却系统中，为了防止灰尘污染物料，往往在半封闭的体系中冷却，电风扇功率有的采用小功率，有的采用大功率，根据季节的变化风量还可以调节大小。

根据挤出机的生产能力，要选择相匹配的压片冷却和破碎设备。压片冷却和破碎设备中的冷却压辊直径和长度、冷却带的长度和宽度是根据设备的生产能力而设计的。一般要求，当物料经过压片冷却辊和冷却带全程后，物料温度降至可以进行破碎，而且还可以继续进行细粉碎的温度。冷却以后的物料比较适合的温度最高不宜超过 35℃，最好不超过 30℃，这要取决于粉末涂料和粉末涂料用树脂的玻璃化转变温度。最适合的温度是破碎物经细粉碎后，产品温度应在 30℃左右，不超过 35℃，产品可以直接包装而不影响粉末涂料的入库和贮存。

经冷却的物料通过破碎机破碎，破碎机由带有很多牙齿（或销钉）的破碎辊构成，脆性物料（漆片）被输送到破碎辊之间通过时，由于剪切力和撞击力的作用，被破碎成小片落入物料槽。根据冷却效果和生产量，冷却带的运转速度可以调节。烟台东辉粉末设备有限公司 JLY 系列合成胶带冷却压片机型号和规格见表 7-21；JFY 系列节状不锈钢带冷却压片机型号和规格见表 7-22；GDY 系列不锈钢带冷却压片机型号和规格见表 7-23。JLY 系列合成胶带冷却压片机是由压辊、合成胶带输送带和破碎辊组成，为封闭式冷风冷水冷却结构。由挤出机挤出的黏流态物料经压辊滚压成 1～2mm 厚的片状物。压辊采用冷却水冷却，物料在输送过程中用净化干燥冷风冷却至脆性片状物，并通过破碎辊破碎成小片状物，供细粉碎用。该设备有空气过滤、冷热交换系统，系统需要提供冷冻水。该设备用净化干燥冷风冷却物料，可有效防止污染，生产效率高，易于清洗和维修。JFY 系列节状不锈钢带冷却压片机由压辊、节状不锈钢输送带和破碎辊组成。由挤出机挤出的黏流态物料，经压辊滚压成 1～2mm 厚的片状物。压辊采用水冷却，物料在输送过程中用风扇冷却至脆性片状物，并通过破碎辊破碎成小片状物，供细粉碎用，冷却水的温度应在 14℃以下。GDY 系列不锈钢带冷却压片机由压辊、不锈钢带和破碎辊组成。挤出机挤出的黏流态物料经压辊滚压成 1～2mm 厚的片状物。压辊采用水冷却，物料在输送过程中通过背面喷淋的冷水冷却，并经破碎辊破碎成小片状物，供细粉碎用，冷却水温应在 14℃以下。该设备使用清洁的冷水间接冷却物料，有效防止污染，生产效率高，易于清机和维修。英国 APV 公司 St/St 系列冷却带冷却破碎设备型号和规格见表 7-24。

表 7-21　烟台东辉粉末设备有限公司 JLY 系列合成胶带冷却压片机型号和规格

项目	JLY-303	JLY-405	JLY-508	JLY-5010	JLY-6010	JLY-8012
产能/(kg/h)	50	150	300	500	800	1200
压辊直径/mm	156	156	321	321	470	550
胶带宽度/mm	300	500	800	1000	1000	1200
胶带长度/mm	2300	4000	5000	5000	6000	8000
电机功率/kW	1.1	1.1	2.2	2.2	2.2	4.0
冷却方式	冷水/冷风	冷水/冷风	冷水/冷风	冷水/冷风	冷水/冷风	冷水/冷风
外形尺寸/m	2.8×0.8×1.1	4.5×1.0×1.1	5.7×1.3×1.1	5.7×1.5×1.1	6.7×1.5×1.3	9.0×1.7×1.5

表 7-22　烟台东辉粉末设备有限公司 JFY 系列节状不锈钢带冷却压片机型号和规格

项目	JFY-304	JFY-405	JFY-507	JFY-508	JFY-5010	JFY-6010
产能/(kg/h)	50	120	200	300	500	800
压辊直径/mm	156	270	270	270	270	460
钢带宽度/mm	400	500	700	800	1000	1000
钢带长度/mm	2700	3500	4500	4500	4500	5500
电机功率/kW	0.55	1.1	1.1	1.1	1.1	1.5
冷却方式	冷水/冷风	冷水/冷风	冷水/冷风	冷水/冷风	冷水/冷风	冷水/冷风
外形尺寸/m	3.0×0.8×1	4.0×0.8×1.2	5.0×0.8×1.2	5.0×1.1×1.4	5.0×1.3×1.4	6.0×1.3×1.4

表 7-23　烟台东辉粉末设备有限公司 GDY 系列不锈钢带冷却压片机型号和规格

项目	GDY-405	GDY-5010	GDY-6010	GDY-6012
产能/(kg/h)	200	500	1000	1500
压辊直径/mm	321	321	321	321
冷却带宽度/mm	500	1000	1000	1200
冷却带长度/mm	4000	5000	6000	6000
电机功率/kW	3.7	4.5	4.5	4.5
冷却方式	冷水	冷水	冷水	冷水
外形尺寸/m	5.2×1.1×1.8	6.2×1.6×1.8	7.2×1.6×1.8	7.2×1.8×1.8

表 7-24　英国 APV 公司 St/St 系列冷却带冷却破碎设备型号和规格

项目	SB300/3000	SB400/3500	SB400/4000	SB600/4000	SB600/5000	SB800/5000	SB800/6000	SB1000/6000
产能/(kg/h)	80～120	180～230	260～340	330～450	440～560	620～780	770～980	990～1250
中心距离(C)/mm	3000	3500	4000	5000	5000	5000	5670	5670

续表

项目	SB300/3000	SB400/3500	SB400/4000	SB600/4000	SB600/5000	SB800/5000	SB800/6000	SB1000/6000
输送带宽度/mm	300	400	400	600	600	800	800	1000
破碎轮大小(D)/mm	160	160	160	250	250	250	250	250
长度(L)/mm	4260	4700	5200	6100	6100	6200	6850	6950
宽度(W)/mm	830	1000	1000	1250	1250	1420	1420	1650
高度(H)/mm	1550	1800	1800	1960	1960	1980	1980	2400
总质量/kg	1100	1800	2000	2400	2500	3200	3450	4100

二、冷却辊冷却和破碎设备

冷却辊冷却和破碎设备由冷却辊筒、压辊、导向辊和销钉破碎机等构成，冷却辊冷却和破碎设备示意见图 7-30，冷却辊冷却和破碎设备照片见图 7-31。

冷却辊筒的运转速度可以调节，内部循环的冷却水为冷冻水，这样使冷却辊筒的温度很低，冷却物料的效果好、速度快。整个冷却系统安装在封闭的体系中，在夏季往冷却体系中通干燥空气，防止潮湿空气遇到冰冷的冷却辊筒时产生凝露。这种设备比冷却带冷却和破碎设备占地面积小，仅占冷却带冷却和破碎设备的 1/5，设备的拆卸和组装方便，也容易清机。缺点是比冷却带冷却和破碎设备增加了冷冻设备，产能受到限制，不适合产能很大的体系。

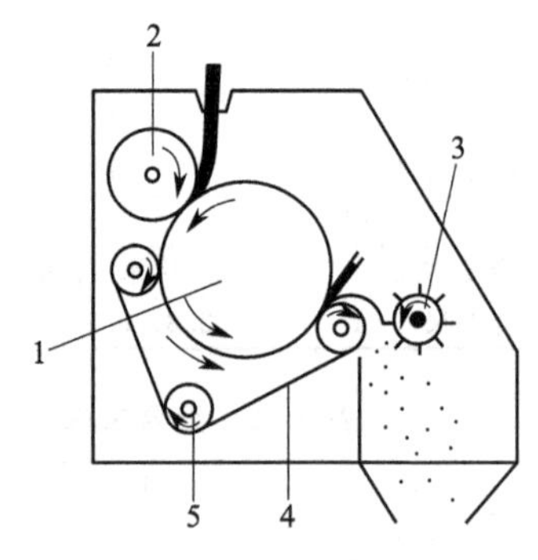

图 7-30 冷却辊冷却和破碎设备示意

1—辊筒；2—压辊；3—销钉破碎机；4—皮带；5—导向

在冷却辊冷却和破碎设备体系中，挤出物的压片是通过压辊和冷却辊筒得到的，压片的厚度通过调节压辊和辊筒之间的间隙加以控制。物料的冷却主要靠物料与冷却辊筒的接触，物料由导向辊和皮带控制。冷却的物料有脆性，由破碎销钉构成的破碎转轮破碎成小片，然后供给细粉碎机。代表性的烟台枫林机电设备有限公司的 CCD 系列紧凑式压片破碎机的型号和规格见表 7-25。烟台凌宇粉末机械有限公司 YPR 系列冷却辊冷却和破碎设备型号和规格见表 7-26。

表 7-25 烟台枫林机电设备有限公司的 CCD 系列紧凑式压片破碎机的型号和规格

型号	产能/(kg/h)	大辊直径/mm	压辊长度/mm	主电机功率/kW	破碎电机功率/kW	外形尺寸/m
CCD-30	30	128	300	0.25		0.4×0.7×0.4
CCD-50	50	270	340	0.25	0.18	0.404×0.71×0.4
CCD-100	100	320	430	0.37	0.18	1.0×1.0×0.98
CCD-200	200	445	600	0.37	0.25	1.45×1.35×1.2
CCD-300	300	500	800	0.75	0.37	1.65×1.5×1.26
CCD-500	500	600	900	1.1	0.55	1.83×1.7×1.51
CCD-700	700	800	1100	1.5	0.75	1.95×1.95×1.51
CCD-1000	1000	1100	1300	2.2	1.1	2.45×2.5×2.0

烟台枫林机电设备有限公司的 CCD 系列紧凑式压片破碎机由压辊、冷却器、人造橡胶

图 7-31　冷却辊冷却和破碎设备照片

输送带和破碎机构组成。这种设备的特点是:整机结构紧凑，与其他系列压片破碎机比较，可以节省 65%以上的工作场地；采用抗静电，耐热，阻燃人造橡胶输送带；采用大直径冷却辊筒，冷却效率高，运行成本低；片料厚度可调，大小均匀；片料无污染；安全保护系统完全；清机、维护方便。

表 7-26　烟台凌宇粉末机械有限公司 YPR 系列冷却辊冷却和破碎设备型号和规格

型号	产能/(kg/h)	大辊直径/mm	小辊直径/mm	履带宽/mm	破碎电机/kW	输送电机/kW
YPR-50	40～60	320	130	400	0.12～0.2	0.75～1.1
YPR-100	80～120	421	155	600	0.55～0.75	1.1～1.5
YPR-200	200～250	600	215	1000	0.75～1.1	1.5～2.2
YPR-300	250～300	800	131	650	0.75～1.1	1.5～2.2
YPR-500	400～500	880	240	1000	0.75～1.1	2.2～3.0
YPR-1000	600～800	1000	240	1300	1.1～1.5	2.2～3.0

第四节
细粉碎和分级过筛设备

在粉末涂料制造过程中，一般细粉碎和过筛设备是串联在一起的联动装置，这种设备主要由空气分级磨、旋风分离器、旋转阀、筛粉机、袋式过滤器、脉冲振荡器和引风机等构成，细粉碎和分级过筛整套设备布置示意见图 7-32；细粉碎和分级过筛整套设备见图 7-33。

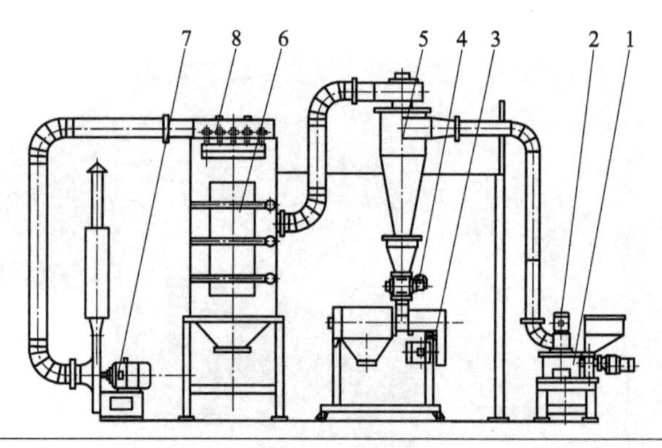

图 7-32　细粉碎和分级过筛整套设备布置

1—ACM 分级磨；2—副磨；3—旋转筛；4—旋转阀；5—旋风分离器；6—袋式过滤器；7—引风机；8—脉冲振荡器

图 7-33　细粉碎和分级过筛整套设备

在上述设备中，空气分级磨把破碎的物料进一步粉碎成适用于静电粉末喷涂的粉末涂料。因为细粉碎的物料粒度分布较宽，所以通过旋风分离装置进一步分离成粗细两种粉末涂料，其中细的是超细粉末涂料，不适用于一般静电粉末喷涂（有些极少量经处理用于薄涂静电粉末涂料），经袋式过滤器回收；粗粉末涂料就通过筛粉机分离成两部分，其中通过筛网的细粉末是粉末涂料产品，粗粉末是需要进一步粉碎的副产品，在有些设备中粗粉进行循环再粉碎。在这套设备中，旋转阀把旋风分离器捕集的粉末涂料半成品向筛粉机定量供给过筛分离用；引风机是通过引风在粉碎和过筛系统中起到输送物料和带走粉碎时产生的热量的作用。下面详细介绍上述设备的简单结构和基本原理。

一、细粉碎设备

细粉碎设备有球磨机、气流粉碎机、分段式锤式粉碎机、超微粉碎机和空气分级磨等。

从生产效率和粉末涂料粒度分布要求考虑，空气分级磨和分段式锤式粉碎机较适用于制造热固性粉末涂料，其中分段式锤式粉碎机的冲击力强，比起空气分级磨更适用于粉碎分子量高的树脂。分段式锤式粉碎机的结构示意见图 7-34，空气分级磨的粉碎和分级室内腔结构见图 7-35。在制造热固性粉末涂料中，主要用空气分级磨。

空气分级磨由螺旋加料器、高速旋转的带销钉磨盘（又叫主磨）、分级转子（又叫副磨）、月牙导向板和磨体构成，三个电机分别带动主磨、副磨和加料器。空气分级磨结构示意见图 7-36。

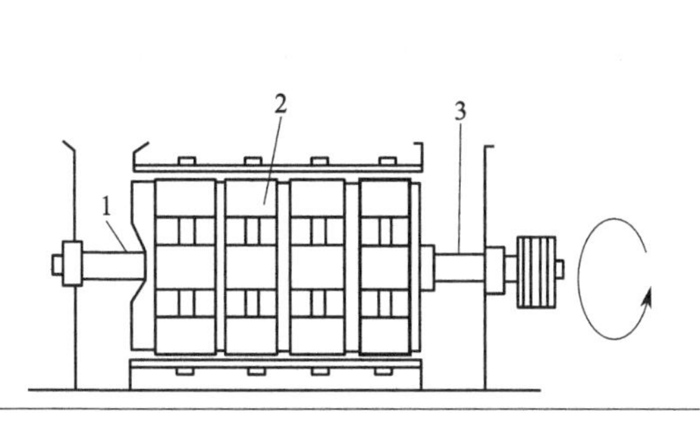

图 7-34　分段式锤式粉碎机示意

1—原料；2—叶片；3—成品

图 7-35　空气分级磨的粉碎和分级室内腔结构

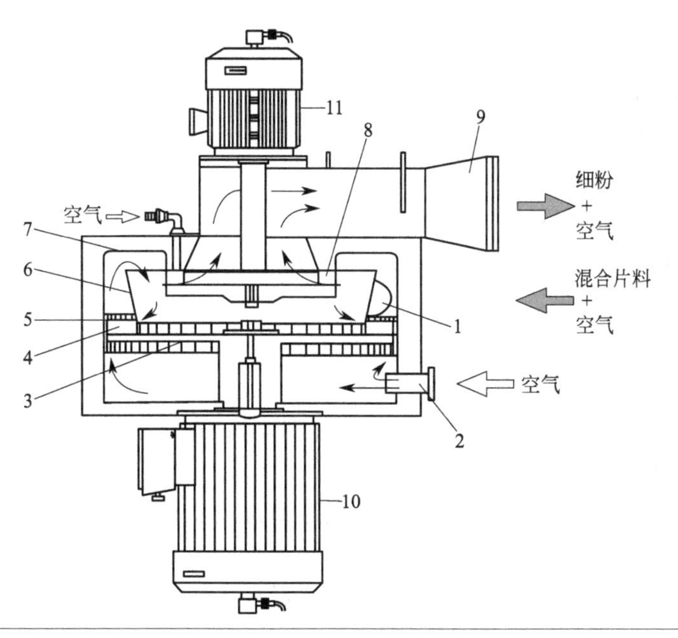

图 7-36　空气分级磨结构示意

1—进料口；2—进风口；3—研磨盘；4—粉碎销钉；5—磨齿圈；6—月牙导向板；7—导流区；8—分级转子；9—细粉出口；10—主磨电机；11—副磨电机

空气分级磨的基本工作原理是把破碎的物料由螺旋加料器送到粉碎室，粉碎室内有高速旋转的磨盘，磨盘的周边均匀地装有棒状的销钉，物料在粉碎室内被高速旋转的销钉粉碎成粉末。磨盘上的金属销钉是圆棒状或扁平状，由高强度、高耐磨的特殊钢材制造。由于冲击作用和离心作用，被粉碎的物料又碰到粉碎室的内壁得到进一步粉碎。粉碎室经过特殊耐磨处理，以延长使用寿命。一般内腔是波纹状的高强度、高耐磨特殊钢材做成的衬里，增加了粉末涂料碰撞面积，提高了粉碎效率，磨损后容易更换。另外从粉碎室底部进入空气流，带着已经粉碎的粉末涂料，随着气流向上流动，通过月牙导向板送至粉碎室上部，接着粉末涂料方向就改变 180° 进入分级室。在分级室内有高速旋转的分级器，借助它的离心作用对进入分级室内的物料进行离心分离，粗的粉末涂料就从分级器抛出来，受到月牙导向板的阻碍作用，跟少量的循环气流一起重新回到粉碎室再粉碎。细粉末涂料就受到引风机的吸引作用，从粉碎室送至旋风分离器。主磨、副磨和螺旋加料器的速度都可以用变频调速器控制。

必须保证空气分级磨系统的气密性，任何部位的漏气都将导致系统的风量、风速、压力、气流温度和湿度产生改变，从而影响并降低空气分级磨系统的共组性能和粉末涂料产品质量。空气分级磨的入口气流温度要求低于 20℃；相对湿度小于 40%；风量 Q（m^3/h）可以用下式计算：

$$Q=\frac{W}{m\rho_a}$$

式中　m——固-气比；

ρ_a——空气密度，kg/m^3；

W——产能，kg/h。

空气分级磨的产能 W（kg/h），可以用下式计算：

$$W=\frac{W_d K_1 K_2}{T}$$

式中　W_d——平均每昼夜的加料量，kg/h；

K_1——原料供应的均匀系数，$K_1=1.15\sim1.20$；

K_2——预留产能增长系数，$K_2\leqslant1.25$；

T——昼夜工作的时间，h。

空气分级磨的固-气比（运载系数）m，可以用下式计算：

$$m=\frac{G_m}{G_a}$$

式中　G_m——单位时间内输送物料质量，kg/h；

G_a——单位时间内输送的气体（空气）质量，kg/h。

空气分级磨有如下优点。

（1）粉碎和分级同时进行，因为大量的气流通过设备内部，故物料和设备的升温幅度小，适用于耐热性差的物料的粉碎。

（2）设备内部有副磨，粗粉末可以反复粉碎直至达到粒度要求，产品的收率很高。

（3）通过改变主磨转速、副磨转速、磨盘销钉数目、引风机风量和供料速度等参数，调节粉碎效果。因此，容易控制产品粒度和粒度分布。

（4）在正常情况下，这种设备运转时不需要专用冷却装置。

粉末涂料的粒度分布是粉末涂料技术指标中的重要项目。这项指标对粉末涂料的干粉流动性、安息角、带静电性能和涂膜外观等都有一定影响。一般要求粉末涂料的粒度分布要窄，常用的静电粉末涂料的粒度分布范围为 10～90μm，实际上粉末涂料的粒度在 15～70μm 的占大多数，用空气分级磨粉碎物料的粒度范围大部分正是粉末涂料的静电粉末涂装最理想的粒度分布范围。因此，空气分级磨广泛应用于热固性粉末涂料的制造。

在使用空气分级磨制造热固性粉末涂料的过程中，粉末涂料的粒度分布受到设备运转工艺参数的影响，特别是受到主磨转速、副磨转速、加料速度、环境温度等的影响。具体的主磨和副磨转速对粉末涂料粒度分布的影响试验结果见表 7-27；不同季节（不同环境温度）对生产粉末涂料粒度分布的影响见表 7-28。

表 7-27　主磨和副磨转速对粉末涂料粒度分布的影响（冰箱用粉末涂料）

项目		示例 1	示例 2	示例 3	示例 4	示例 5	示例 6
主磨频率/Hz		50	46	42	50	50	50
副磨频率/Hz		40	40	40	40	35	30
加料频率/Hz		28	28	28	28	28	28
微粉分布/%	粒径 1.97μm	0.04	0.04	0.04	0.04	0.03	0.03
	粒径 2.39μm	0.14	0.13	0.13	0.14	0.11	0.10
	粒径 2.89μm	0.27	0.27	0.24	0.27	0.22	0.20
	粒径 3.50μm	0.46	0.45	0.39	0.46	0.35	0.33
	粒径 4.24μm	0.78	0.74	0.62	0.78	0.57	0.52
	粒径 5.13μm	1.16	1.13	0.97	1.16	0.86	0.76
	粒径 6.21μm	1.79	1.65	1.43	1.79	1.30	1.13
	粒径 7.51μm	2.68	2.27	1.96	2.68	1.93	1.62
	粒径 9.09μm	3.90	2.97	2.59	3.90	2.75	2.28
	粒径 11.0μm	5.83	4.53	3.82	5.83	3.95	3.52
	粒径 13.3μm	7.47	5.98	5.08	7.47	5.24	4.66
	粒径 16.1μm	9.48	7.57	6.58	9.48	6.77	5.96
	粒径 19.5μm	12.1	9.76	8.45	12.1	8.83	7.73
	粒径 23.6μm	15.6	13.0	10.9	15.6	11.7	10.3
	粒径 28.6μm	17.2	16.4	14.4	17.2	16.0	14.5
	粒径 34.6μm	12.4	14.6	14.9	12.4	15.9	15.5
	粒径 41.8μm	6.67	10.7	12.7	6.67	12.8	13.9
	粒径 50.6μm	2.02	5.98	9.02	2.02	7.97	10.2
	粒径 61.3μm	0.00	1.85	4.59	0.00	2.73	5.35
	粒径 74.2μm		0.00	1.01		0.00	1.07
	粒径 89.8μm			0.22			0.23
	粒径 108.8μm			0.00			0.00
平均粒径/μm		20.5	23.5	25.8	20.5	24.8	27.2

表 7-28　不同季节（不同环境温度）对生产粉末涂料粒度分布的影响（空调用粉末涂料）

项目		春季(5 月 18 日)	夏季(8 月 20 日)	秋季(10 月 20 日)	冬季(1 月 25 日)
微粉分布/%	粒径 1.97μm	0.01	0.01	0.02	0.02
	粒径 2.39μm	0.05	0.04	0.05	0.07
	粒径 2.89μm	0.10	0.08	0.10	0.14
	粒径 3.50μm	0.17	0.13	0.16	0.23
	粒径 4.24μm	0.30	0.21	0.26	0.37
	粒径 5.13μm	0.40	0.31	0.40	0.55
	粒径 6.21μm	0.57	0.50	0.63	0.85
	粒径 7.51μm	0.85	0.78	0.96	1.26
	粒径 9.09μm	1.37	1.14	1.37	1.82
	粒径 11.0μm	2.31	1.61	1.99	2.70
	粒径 13.31μm	2.67	2.22	2.72	3.70
	粒径 16.11μm	3.31	3.02	3.75	5.06

续表

项目		春季(5月18日)	夏季(8月20日)	秋季(10月20日)	冬季(1月25日)
微粉分布/%	粒径 19.50μm	4.64	4.16	5.16	6.85
	粒径 23.60μm	7.07	5.77	7.00	9.11
	粒径 28.56μm	11.44	9.32	10.50	12.81
	粒径 34.57μm	14.40	12.33	13.31	14.69
	粒径 41.8μm	15.85	14.75	15.12	14.73
	粒径 50.6μm	15.18	15.81	15.18	12.79
	粒径 61.3μm	11.87	14.77	12.81	8.80
	粒径 74.2μm	5.15	8.52	5.94	2.73
	粒径 89.8μm	1.85	3.52	2.10	0.66
	粒径 108.6μm	0.43	0.99	0.48	0.04
	粒径 131.5μm	0.00	0.00	0.00	0.00
平均粒径/μm		34.72	38.79	35.33	30.41

上述数据说明，在副磨转速和加料速度一定的条件下，随着主磨转速的降低（转速由50Hz调至42Hz）粉末涂料的平均粒径变大（由20.5μm变成25.8μm），即主磨转速对粉末涂料的粒度分布影响很大。另外，在主磨转速和加料速度一定的条件下，随着副磨转速的降低（转速由40Hz调至30Hz）粉末涂料的平均粒径变大（由20.5μm变成27.2μm），即对粉末涂料的粒度分布也有很大的影响。

同样的产品，在同样的工艺条件下，不同季节粉碎产品的粒度分布有明显的差别，春季和秋季的粒度分布差别不太大，但是夏季平均粒度38.79μm，冬季平均粒度30.41μm，两者之间相差8μm之多。从微粉分布61.3μm粒径来说，夏季占14.77%，而冬季只占8.8%，相当于夏季的一半；对74.2μm的粒径来说，夏季占8.52%，而冬季只占2.76%，相当于夏季的40%。为了粉末涂料质量和涂装质量的稳定性，保证粉末涂料粒度分布的稳定性，夏季和冬季适当调整粉碎工艺参数是必要的。

用空气分级磨粉碎亚光环氧-聚酯粉末涂料的粒度分布曲线的示例见图7-37。粉体颗粒大小与筛网目数之间的对照关系见表7-29。

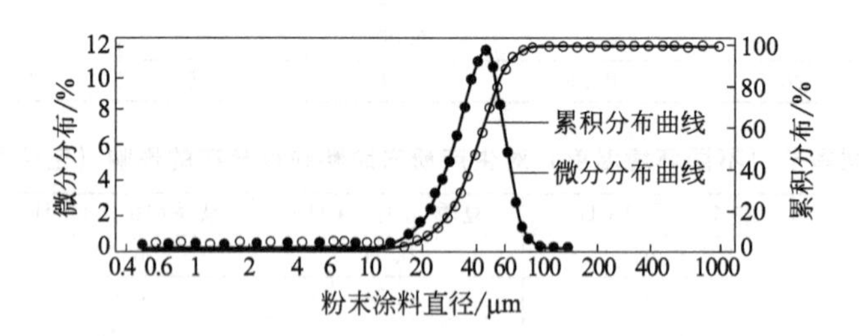

图 7-37　空气分级磨粉碎亚光环氧-聚酯粉末涂料粒度分布曲线

表 7-29　粉体颗粒大小与筛网目数之间对照表

筛网(美国标准)/目	颗粒大小/μm	筛网(美国标准)/目	颗粒大小/μm
10	1900	300	46
20	864	325	43
30	535	350	40
40	381	400	35

续表

筛网(美国标准)/目	颗粒大小/μm	筛网(美国标准)/目	颗粒大小/μm
50	279	500	28
60	221	600	23
70	185	700	20
80	173	800	18
90	150	900	16
100	140	1000	13
120	125	1100	12
140	105	1200	11
160	96	1350	10
170	88	1500	9
180	84	2000	6.5
200	74	5000	2.6
230	65	8000	1.6
240	63	10000	1.3
250	61	12000	1.0
270	53		

烟台杰程粉末设备有限公司研究开发的专利设备粒径优选磨粉机，通过创新优化研磨和分级技术，解决了当前粉末涂料生产过程中对粉末涂料品质持续提高的要求，已经达到当前世界粉末涂料生产先进工艺设备的水平。

为了生产高品质的粉末涂料产品，经过挤出冷却破碎的片料必须经过专业研磨分选设备，对粉碎的粉末涂料粒径进行分级。烟台杰程粉末设备有限公司在ACM EC易清洁磨粉机组的基础上，开发的粒径优选分级工艺技术，能够对粉末涂料生产过程中小于10μm细粉含量进行有效分离调节，生产出粒径集中度（分布）非常高（窄）的优质粉末涂料产品，简称杰程粒径优选系统，见图7-38。这套粒径优选研磨工艺设备系统为粉末涂装技术中的薄涂和特殊涂层提供了粉末涂料生产设备基础，可以满足粉末涂装对特殊产品的要求，是优质粉末涂料的生产工艺系统。

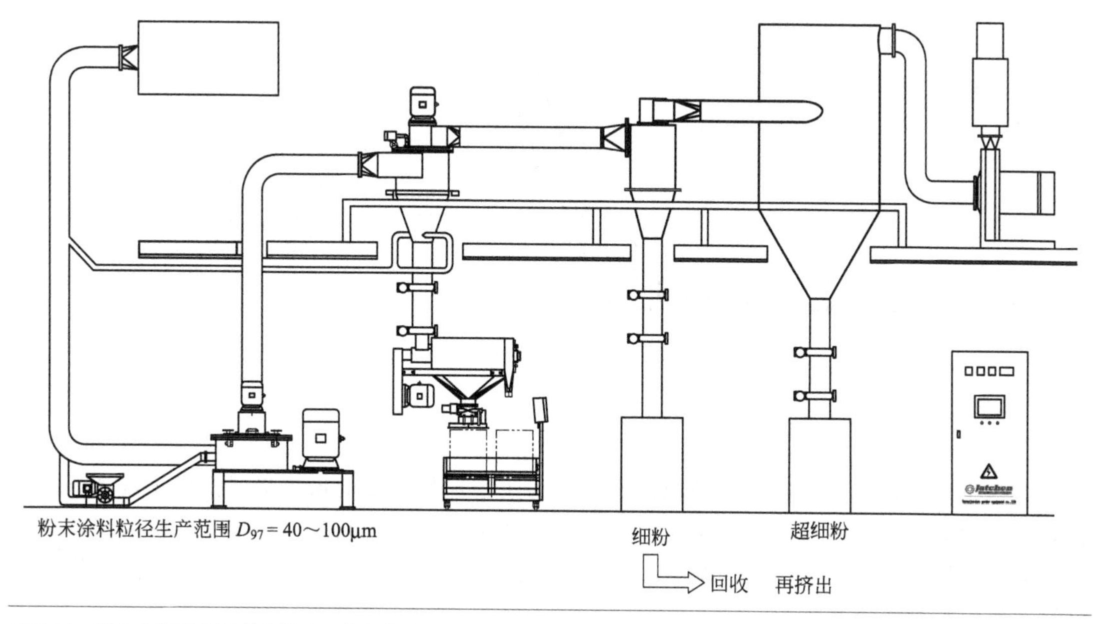

图7-38 烟台杰程粉末设备有限公司粒径优选研磨工艺设备系统

粒径和分布是粉末涂料的重要参数，粒径分布的宽窄直接决定着粉末涂料的品质和性能，鉴于优质粉末涂料对粒径分布的严格要求和粉末涂料自身属性，杰程公司粒径优选系统具备以下特点：

（1）具备生产极少超细粉含量特殊粉末涂料的能力；

（2）极佳的粒径分布，粒径分布窄；粒度分布可以精确控制；

（3）设备布置紧凑，设计节省空间；

（4）易于切换的生产模式；易于清洁和维护，特别适用于频繁更换产品品种的情况；

（5）可以与粉碎设备组合成在线或离线生产系统。

把粉末涂料研磨成细粉在当前是没有问题的，问题是如何尽量减少 10μm 以下的粉末，以得到理想粒度和粒度分布的粉末涂料产品，杰程粒径优选系统很好地解决了高效粉碎过程中 10μm 以下细粉多、物料温升高、储存性和粒径分布等问题，为获得理想品质的粉末涂料提供了制造设备条件。

杰程粒径优选系统能够为优质粉末涂料的生产提供必要的工艺设备，并设计人性化、易于清洁和维护的组件和体系。烟台杰程粉末设备有限公司不同型号粉末粒径优选系统数据见表 7-30，烟台杰程粉末设备有限公司粉末粒径分析图见图 7-39。

表 7-30　烟台杰程粉末设备有限公司不同型号粉末粒径优选系统数据

项目	薄涂型	标准型
粉末涂料	丙烯酸粉末涂料(acrylic)	环氧/聚酯/混合粉末涂料(epoxy/polyester/hybrides)
粒径/μm	D_{50}=20μm，D_{99}=50μm	D_{50}=32～40μm，D_{99}=90～100μm
细粉	5%～15%<10μm	3%～5%<10μm
成品粉收率/%	80～95	95～99

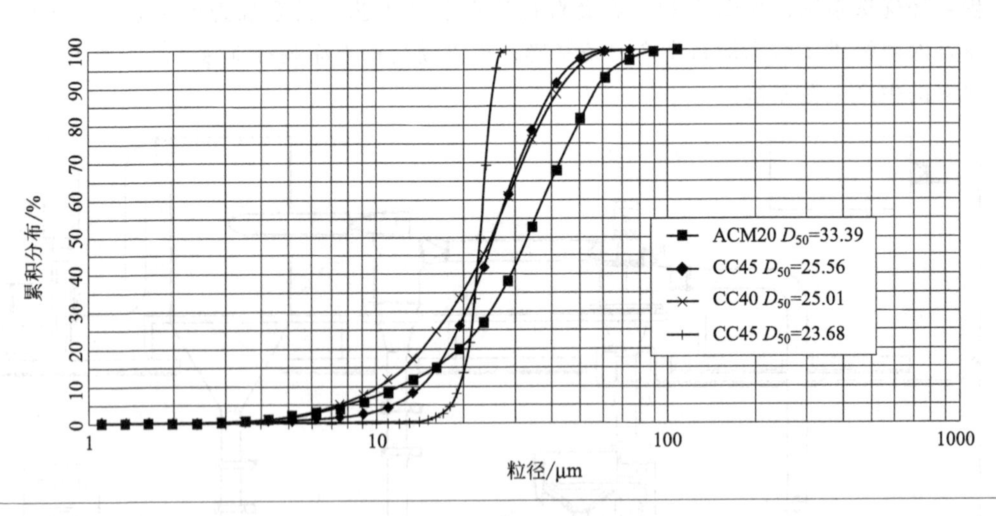

图 7-39　烟台杰程粉末设备有限公司粉末粒径分析图

烟台杰程粉末设备有限公司粒径优选系统为生产理想品质的粉末涂料提供了设备条件，目前很好地应用在优质薄涂型和优质粉末涂料，如优质粉末涂料生产中，5 个粉末涂料样品的粒度分布见表 7-31～表 7-35；粉末涂料的粒度分布曲线见图 7-40～图 7-44；粒径优选机组的设备配置规格见表 7-36。

表 7-31　烟台杰程粒径优选磨粉机组粉碎粉末涂料样品 1 粒度分布

粒度特征参数

$D(4,3)$　19.48μm	D_{50}　19.10μm	$D_{(3,2)}$　16.80μm	比表面积(SSA)　0.36 sq. m/c. c.①
D_{10}　10.90μm	D_{25}　14.73μm	D_{75}　23.80μm	D_{90}　28.65μm

粒径分布表

粒径/μm	微分分布/%	累积分布/%	粒径/μm	微分分布/%	累积分布/%	粒径/μm	微分分布/%	累积分布/%
0.2			2.89	0.01	0.01	41.84	2.56	99.75
0.24	0	0	3.5	0.04	0.05	50.64	0.25	100
0.29	0	0	4.24	0.16	0.21	61.28	0	100
0.35	0	0	5.13	0.35	0.55	74.17	0	100
0.43	0	0	6.21	0.72	1.27	89.76	0	100
0.52	0	0	7.51	1.36	2.63	108.63	0	100
0.63	0	0	9.09	2.44	5.07	131.47	0	100
0.76	0	0	11	5.19	10.25	159.11	0	100
0.92	0	0	13.31	9.04	19.3	192.57	0	100
1.11	0	0	16.11	14.12	33.42	233.06	0	100
1.35	0	0	19.5	18.95	52.36	282.06	0	100
1.63	0	0	23.6	21.94	74.3	341.36	0	100
1.97	0	0	28.56	15.44	89.74	413.14	0	100
2.39	0	0	34.57	7.45	97.2	500	0	100

①sq. m/c. c = m^2/cm^3，下同。

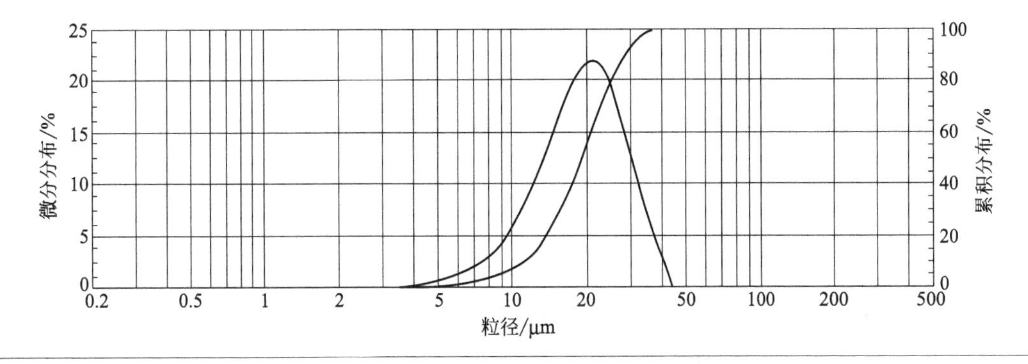

图 7-40　烟台杰程粒径优选磨粉机组粉碎样品 1 的粒度分布曲线

表 7-32　烟台杰程粒径优选磨粉机组粉碎粉末涂料样品 2 粒度分布

粒度特征参数

$D_{(4,3)}$　25.80 μm	D_{50}　25.00 μm	$D_{(3,2)}$　20.56 μm	比表面积(SSA)　0.29 sq. m/c. c.
D_{10}　14.50 μm	D_{25}　19.11 μm	D_{75}　31.97 μm	D_{90}　38.41 μm

粒径分布表

粒径/μm	微分分布/%	累积分布/%	粒径/μm	微分分布/%	累积分布/%	粒径/μm	微分分布/%	累积分布/%
0.2			2.89	0.03	0.52	41.84	11.55	93.2
0.24	0	0	3.5	0.05	0.58	50.64	5.55	98.76
0.29	0	0	4.24	0.11	0.69	61.28	1.24	100
0.35	0	0	5.13	0.2	0.89	74.17	0	100
0.43	0	0	6.21	0.37	1.25	89.76	0	100
0.52	0	0	7.51	0.61	1.86	108.63	0	100

续表

粒径/μm	微分分布/%	累积分布/%	粒径/μm	微分分布/%	累积分布/%	粒径/μm	微分分布/%	累积分布/%
0.63	0	0	9.09	0.92	2.79	131.47	0	100
0.76	0	0	11	1.68	4.47	159.11	0	100
0.92	0	0	13.31	3.6	8.07	192.57	0	100
1.11	0.02	0.02	16.11	7.06	15.13	233.06	0	100
1.35	0.1	0.12	19.5	11.67	26.81	282.06	0	100
1.63	0.18	0.3	23.6	16.98	43.78	341.36	0	100
1.97	0.12	0.43	28.56	20.57	64.35	413.14	0	100
2.39	0.06	0.49	34.57	17.3	81.65	500	0	100

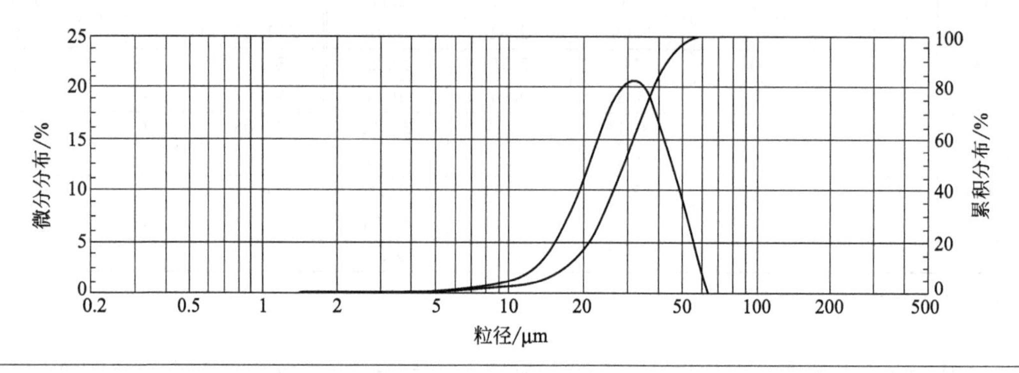

图 7-41　烟台杰程粒径优选磨粉机组粉碎样品 2 的粒度分布曲线

表 7-33　烟台杰程粒径优选磨粉机组粉碎粉末涂料样品 3 粒度分布

粒度特征参数

$D_{(4,3)}$ 29.63 μm	D_{50} 29.03 μm	$D_{(3,2)}$ 22.50 μm	比表面积(SSA) 0.27 sq. m/c. c.
D_{10} 16.47 μm	D_{25} 22.27 μm	D_{75} 36.55 μm	D_{90} 44.46 μm

粒径分布表

粒径/μm	微分分布/%	累积分布/%	粒径/μm	微分分布/%	累积分布/%	粒径/μm	微分分布/%	累积分布/%
0.2			2.89	0.05	0.78	41.84	16.9	85.81
0.24	0	0	3.5	0.1	0.88	50.64	10.6	96.41
0.29	0	0	4.24	0.12	1	61.28	3.59	100
0.35	0	0	5.13	0.17	1.17	74.17	0	100
0.43	0	0	6.21	0.31	1.48	89.76	0	100
0.52	0	0	7.51	0.5	1.98	108.63	0	100
0.63	0	0	9.09	0.71	2.69	131.47	0	100
0.76	0	0	11	0.95	3.64	159.11	0	100
0.92	0.01	0.01	13.31	1.87	5.51	192.57	0	100
1.11	0.04	0.04	16.11	3.85	9.36	233.06	0	100
1.35	0.16	0.2	19.5	7.19	16.55	282.06	0	100
1.63	0.26	0.47	23.6	12.16	28.71	341.36	0	100
1.97	0.17	0.64	28.56	19.61	48.33	413.14	0	100
2.39	0.09	0.73	34.57	20.58	68.91	500	0	100

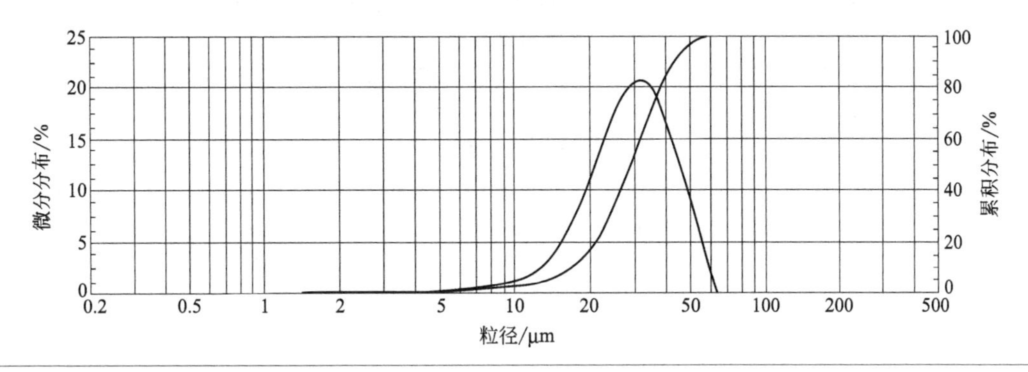

图 7-42 烟台杰程粒径优选磨粉机组粉碎样品 3 的粒度分布曲线

表 7-34 烟台杰程粒径优选磨粉机组粉碎粉末涂料样品 4 粒度分布

粒度特征参数

$D_{(4,3)}$ 35.20 μm	D_{50} 34.23 μm	$D_{(3,2)}$ 29.48μm	比表面积(SSA) 0.20 sq. m/c. c.
D_{10} 20.31 μm	D_{25} 26.54 μm	D_{75} 43.18μm	D_{90} 52.08 μm

粒径分布表

粒径/μm	微分分布/%	累积分布/%	粒径/μm	微分分布/%	累积分布/%	粒径/μm	微分分布/%	累积分布/%
0.2			2.89	0.03	0.06	34.57	20.25	51.12
0.24	0	0	3.5	0.11	0.17	41.84	20.66	71.77
0.29	0	0	4.24	0.22	0.4	50.64	16.83	88.61
0.35	0	0	5.13	0.16	0.55	61.28	9.26	97.86
0.43	0	0	6.21	0.1	0.65	74.17	1.75	99.62
0.52	0	0	7.51	0.11	0.76	89.76	0.38	100
0.63	0	0	9.09	0.24	0.99	108.63	0	100
0.76	0	0	10	0.31	1.31	131.47	0	100
0.92	0	0	11	0.32	1.62	159.11	0	100
1.11	0.01	0.01	13.31	1.14	2.77	192.57	0	100
1.35	0.01	0.02	16.11	1.98	4.75	233.06	0	100
1.63	0.01	0.03	19.5	3.75	8.5	282.06	0	100
1.97	0	0.03	23.6	7.11	15.61	341.36	0	100
2.39	0	0.04	28.56	15.26	30.87	413.14	0	100

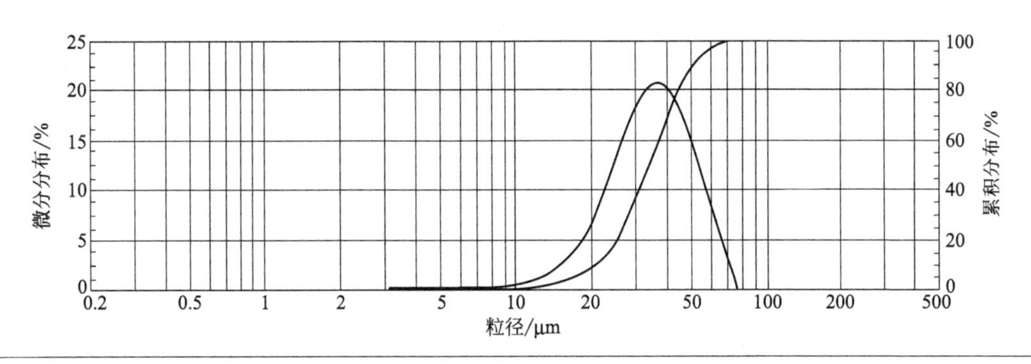

图 7-43 烟台杰程粒径优选磨粉机组粉碎样品 4 的粒度分布曲线

表 7-35　烟台杰程粒径优选磨粉机组粉碎粉末涂料样品 5 粒度分布

粒度特征参数

$D_{(4,3)}$　43.90 μm	D_{50}　42.49 μm	$D_{(3,2)}$　37.91 μm	比表面积(SSA)0.16 sq. m/c. c.
D_{10}　25.98 μm	D_{25}　33.02 μm	D_{75}　53.57 μm	D_{90}　64.04 μm

粒径分布表

粒径/μm	微分分布/%	累积分布/%	粒径/μm	微分分布/%	累积分布/%	粒径/μm	微分分布/%	累积分布/%
0.2			2.89	0.01	0.01	41.84	19.3	48.23
0.24	0	0	3.5	0.04	0.05	50.64	21.19	69.42
0.29	0	0	4.24	0.09	0.14	61.28	18.63	88.05
0.35	0	0	5.13	0.1	0.25	74.17	8.44	96.49
0.43	0	0	6.21	0.12	0.37	89.76	2.89	99.38
0.52	0	0	7.51	0.15	0.52	108.63	0.62	100
0.63	0	0	9.09	0.16	0.68	131.47	0	100
0.76	0	0	11	0.07	0.74	159.11	0	100
0.92	0	0	13.31	0.02	0.76	192.57	0	100
1.11	0	0	16.11	0.3	1.06	233.06	0	100
1.35	0	0	19.5	1.26	2.33	282.06	0	100
1.63	0	0	23.6	3.25	5.58	341.36	0	100
1.97	0	0	28.56	8.79	14.36	413.14	0	100
2.39	0	0	34.57	14.57	28.93	500	0	100

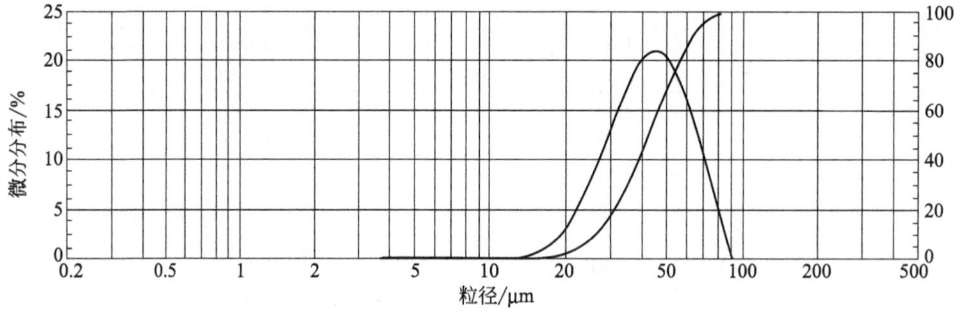

图 7-44　烟台杰程粒径优选磨粉机组粉碎样品 5 的粒度分布曲线

样品 1 和样品 2 的粉末涂料，可以很好地应用于薄涂型粉末涂料，如“漆改粉”的涂装范围；样品 3 和样品 4 的粉末涂料，属于常规优质粉末涂料，有很广泛的涂装范围；样品 4 的粉末涂料，可以很好地应用于防腐型粉末涂料，如管道粉和钢筋粉的涂装范围；以上样品全部采用客户样粉，由欧美克 LS-POP6 激光粒径分析仪测量数据。

表 7-36　烟台杰程粉末设备有限公司粒径优选机组的设备配置规格

粒径优选分级机	研磨机	风量/(m^3/h)	薄涂粉产量/(kg/h)	常规粉产量/(kg/h)	分级功率/kW
CC02	ACM02	260	2	5	0.37
CC05	ACM05	510	30	50	2.2
CC45	ACM30	2700	220	500	7.5
CC60	ACM40	3600	350	720	11

注：薄涂粉末涂料粒径 D_{50}=20～25μm，常规粉末涂料粒径 D_{50}=30～35μm。表中产量按行业学会粉末涂料标准配方计算，并与 D_{50}、配方和环境温度有关，仅供参考。

烟台杰程粒径优选研磨机组生产的粉末涂料具有以下特点：

（1）粉末涂料粒径可调节到超细粉末最低含量的特殊粉末涂料，涂膜均匀性得到改善；

（2）上粉率提高；

（3）喷涂面积增加；

（4）光泽度提高；

（5）提高喷涂生产线生产效率，喷涂线速度提高；

（6）工件阴角上粉率好；

（7）减少粉末涂料结块，储存稳定性提高；

（8）提高喷涂环境清洁度，PM2.5 明显减少；

（9）增加粉末涂料的干粉流动性，不容易堵喷枪；

（10）减少松散助剂用量。

基于传统的绝缘粉末涂料生产用 ACM 磨磨盘材质、形状、安装方式的缺陷，古航风等考虑新设计磨盘的思路如下：①磨盘的材质：新型磨盘的盘体采用 40Cr，经过调质、高频处理后再进行低温回火，洛氏硬度在 HRA40～50 之间，以此保证磨盘的耐磨度，避免反复使用时磨出深坑，导致磨盘失去平衡；②击柱材质：采用 6542 高速工具钢，由于 6542 钢材具有高硬度、高耐磨、热塑性好的特点，经过退火、淬火、回火等处理后，洛氏硬度可≥HRA63；③改变安装方式：考虑击柱存在因高硬度而可能出现断裂的风险。将击柱设计成中空结构，利用内六角螺钉进行安装压紧击柱。磨盘钻孔攻 M12 的螺牙，击柱钻通孔利用螺钉压紧击柱。这类安装方式安装、拆卸方便；避免公差配合超差；击柱不用卡簧定位，避免生产过程中卡簧脱落后击柱弹出，造成整盘击柱扫断。经过改进的新型磨盘与传统磨盘在绝缘粉末生产过程中的性能对比见表 7-37。

表 7-37　改进的新型磨盘与传统磨盘在绝缘粉末生产过程中的性能对比

对比项	传统磨盘	传统磨盘（金属喷涂、陶瓷包覆）	新型磨盘
磨盘硬度	磨盘：HRC12～28 击柱：HRA50～60	磨盘：HRC12～28 击柱：HRA90～93	磨盘：HRA40～50 击柱：≥HRA63
材料成本	M	4M～5M	1.3M～1.5M
耐磨度/t	20～30	80～100	150～200
最长使用周期/h	60～80	250～300	300～450
安装容易程度	需要敲压，存在装备公差等问题	需要敲压，存在装备公差等问题	不需要敲压，无公差问题
是否存在击柱脱落风险	存在	存在	不存在

注：耐磨度—生产多少吨产品后需要更换磨丁；M—传统磨盘的材料成本价。

表 7-37 的结果说明，新型磨盘比传统磨盘在材料成本上稍贵一点外，在耐磨度、使用周期、安装容易程度等有许多优势，又不存在击柱脱落的风险。

代表性的国产设备烟台东辉粉末设备有限公司空气分级磨的型号和规格见表 7-38；烟台枫林机电有限公司空气分级磨的型号和规格见表 7-39；Mikropul Ducon 公司生产的空气分级磨的型号和规格见表 7-40；空气分级磨处理各种物料的性能见表 7-41。

表 7-38　烟台东辉粉末设备有限公司空气分级磨的型号和规格

项目	ACM-10D	ACM-15D	ACM-20D	ACM-30D	ACM-40D	ACM-50D	ACM-60
产量/(kg/h)	200	300	400	600	800	1000	1200

续表

项目	ACM-10D	ACM-15D	ACM-20D	ACM-30D	ACM-40D	ACM-50D	ACM-60
主电机功率/kW	7.5	11	15	22	30	37	45
主电机转速/(r/min)	7000	7000	6500	5500	4200	3800	3000
分级器电机功率/kW	1.5	1.5	1.5	4	5.5	7.5	7.5
分级器转速/(r/min)	0～2980	0～2980	0～2980	0～2980	0～2980	0～2980	0～2980
引风机功率/kW	7.5	11	15	30	30	37	45
风量/(m^3/h)	1000	1500	2000	3000	4000	5000	6000
外形尺寸/m	6.5×1.7×4.0	6.8×1.7×4.3	7.0×1.8×4.3	7.2×1.8×4.3	9.0×2.2×4.8	12×3.2×6.5	16×4.2×7.9

表 7-39　烟台枫林机电有限公司空气分级磨的型号和规格

型号	产量/(kg/h)	主电机功率/kW	主机转速/(r/min)	分级电机功率/kW	分级转速/(r/min)	风量/(m^3/h)	外形尺寸/m
ACM-02	20	2.2	11900	0.55	3000	330	2.0×1.9×2.5
ACM-05	100	4	8470	1.1	3000	510	2.2×2.1×2.5
ACM-10	200	7.5	6600	1.5	3000	900	4.0×2.4×4.0
ACM-15	300	11	6600	2.2	3000	1350	4.4×2.4×4.2
ACM-20	400	15	5390	4	3000	1800	4.6×2.8×4.4
ACM-25	500	18.5	5390	4	3000	2250	4.8×2.8×4.6
ACM-30	600	22	4460	5.5	1800	2700	7.2×3.2×5.2
ACM-40	800	30	4460	7.5	1800	3600	8.0×3.2×6.0
ACM-50	1000	37	3600	7.5	1800	4500	10×3.6×7.0
ACM-60	1300	45	2950	11	1800	5400	11×4.0×7.5
ACM-75	1500	55	2950	11	1800	6750	12×4.5×8.0
ACM-100	2000	75	2330	15	1800	9000	13×5.0×8.8

表 7-40　Mikropul Ducon 公司生产的空气分级磨的型号和规格

项目	ACM-10	ACM-30	ACM-60	ACM-200
功率/kW	7.5	22	45	185
分级器功率/kW	0.75	3.7	7.5	18.5
供料器功率/kW	0.4	0.4	0.4	0.37
风量/(m^3/h)	700～1200	2200～3600	4000～7500	12000～18000
主磨转速/(r/min)	7000	5000	3000	2000
分级转子转速/(r/min)	800～3200	700～2800	600～2400	500～1500
生产能力比	1	2.7～3.2	5.4～6.5	20
设备尺寸				
A/mm	1300	1800	2500	5500
B/mm	1000	1200	1700	3352
H/mm	1000	1000	1700	2184
设备总质量(含电机)/kg	600	1000	2000	—

表 7-41　空气分级磨处理各种物料的性能

物料品种	产品最大粒度/μm	产品平均粒度/μm	处理能力/(kg/kJ)
环氧树脂	90	30	3.78×10^{-3}
聚氯乙烯	40	15	6.42×10^{-3}
三聚氰胺	125		5.67×10^{-3}
染料	100		$(5.67\times10^{-3})\sim(7.55\times10^{-3})$
颜料	32		$(1.13\times10^{-3})\sim(1.51\times10^{-3})$
碳酸钙	40		3.40×10^{-3}

在实际生产中，南方地区夏季气温高，在没有降温条件的生产车间需要采取降温措施，

如果有条件最好安装中央空调来控制车间温度。在没有中央空调的情况下，也可以采取粉碎机配套冷风机，在粉碎机的进风口输送冷空气，进行局部降温也是很有效的。在没有冷风的情况下，一般物料在粉碎过程中自然升温 2℃左右，如果配套冷风系统物料温度还可以降 2℃以上。为防止粉末涂料产品结块，破碎物料温度和室温最好低于 35℃，对热敏感的粉末涂料品种最好在 30℃以下。总而言之，根据不同地区、季节、环境条件，及时调整生产环境的温度，防止粉末涂料产品结块，保证产品质量是很必要的。

二、分级过筛设备

分级过筛设备由旋风分离器、旋转阀（又叫放料阀）、筛粉机、袋式过滤器（或滤芯过滤器）、脉冲振荡器和引风机等构成。从空气分级磨出来的物料，要经过旋风分离器分离。

分离出来的粗粉末涂料，经过旋转阀（放料阀）输送到筛粉设备进一步分离，通过筛网的是最终粉末涂料产品；未过筛网的粉末涂料就是副产品粗粉。有的设备是粗粉再进入粉碎设备继续循环粉碎，有的设备没有循环装置则作为副产品另外处理。因为空气分级磨的粉碎效率高，未过筛网的粗粉少，又考虑到这些粉末涂料中含有一定量的不易粉碎的凝胶粒子，怕影响粉末涂料质量，所以有些厂家把这些粗粉末用于制作砂纹型特殊粉末涂料或回收粉末涂料的再加工。旋风分离器是利用龙卷风的原理制造的。当高速运动的气流通过倒锥形旋风分离器上部圆筒时，气流在圆筒内部高速旋转，同时在倒锥形内部产生离心力。这种离心力把较粗的粉末涂料分离出来，沉积在锥形筒的底部，经过旋转阀送到筛粉机过筛，一次旋风分离器的结构及内部气流运动情况见图 7-45。为了提高旋风分离器的分离效果和粉末涂料的收率，也有采用二次旋风分离器的，具体分离原理可以参考第九章第四节的图 9-32。另一部分过（超）细粉末涂料就输送到袋式过滤器捕集。

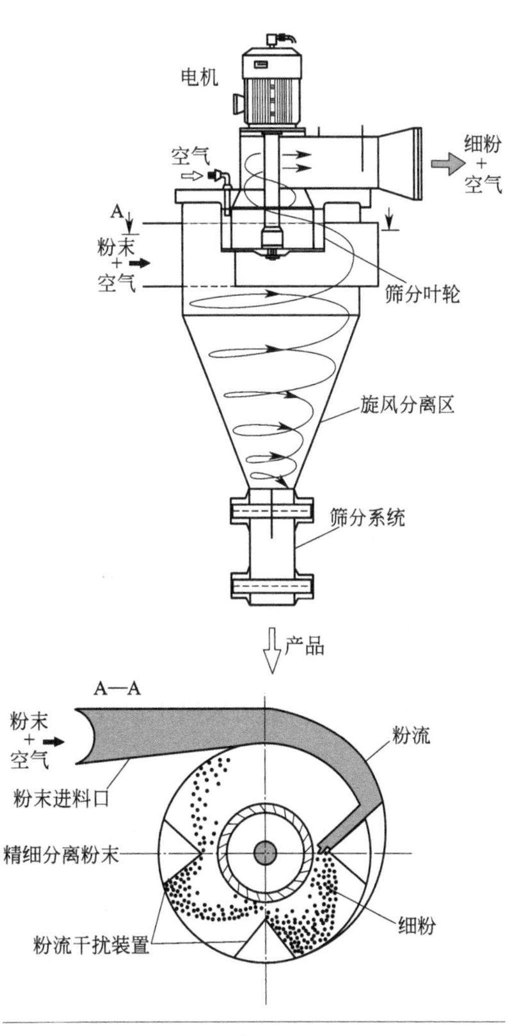

图 7-45　一次旋风分离器的结构及内部气流运动情况

袋式过滤器由布袋、弹簧（或钢筋）、脉冲振荡器（或者空气反吹器）、放料阀、箱柜和引风机（见图 7-46）等构成，其中布袋中的弹簧（或钢筋）是为防止布袋变形起到骨架的作用和防止粉尘爆炸而接地用的。袋式过滤器的原理是:超细粉末涂料随气流进入布袋过滤器箱柜时，由于布袋的过滤作用，超细粉末涂料无法透过布袋，被吸附在布袋外面，只有空气透过布袋进入里面随气流排放到大气中去。当粉末涂料吸附到布袋一定程度后，布袋的透气孔被粉末涂料堵塞无法气流流通。为了使布袋两侧气流畅通，能够分离超细粉末涂料，定时启动压缩空气反吹器（或者脉冲振荡器），从布袋里面经过一定时间间隔向外吹压缩空气，使吸附在布袋表面的超细粉末涂料吹下来，收集到箱柜的底部，从而使布袋中的气孔畅通。多数布袋过滤器是五个布袋一排，每次吹一排循环进行。过筛设备是由过筛机和供料器构成。过筛机的种类很多，在粉末涂料生产中常用的设备是水平旋转筛，另外还有振动筛、竖形平面空气筛和竖形筛筒旋转筛等，下面详细介绍这些设备。

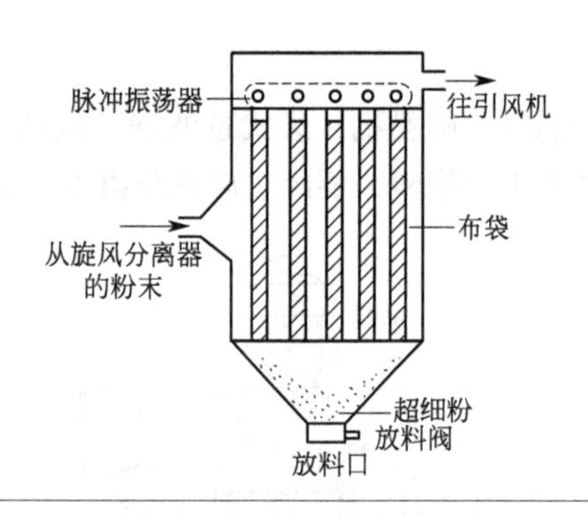

图 7-46　袋式过滤器

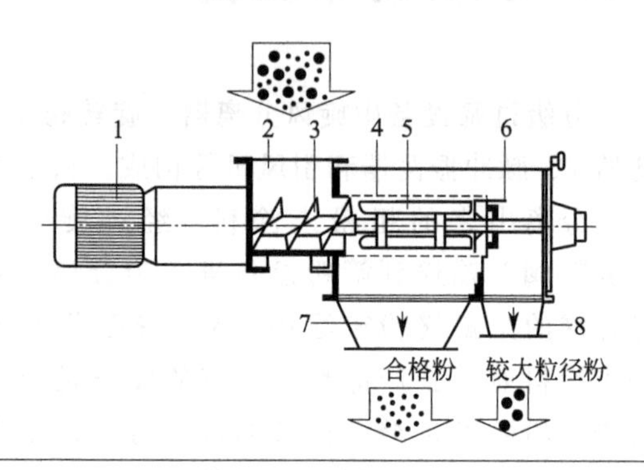

图 7-47　水平筛筒旋转筛结构示意
1—驱动电机；2—喂料口；3—喂料螺杆；4—筛网；5—旋风分离片；6—挡板；7—成品（合格）出口；8—较大粒径粉出口

1. 水平筛筒旋转筛

水平筛筒旋转筛由电机、连接座、筛粉机、进料口、成品（合格)粉出口、粗粉出口等构成（图 7-47）。经旋风分离器分离的物料，从旋转阀定量供给筛粉机的喂料口，由喂料螺杆把物料输送至过筛。随着筛网的旋转而带来离心和振动作用，借助三相叶片将粉末涂料向四周扩散，细粉末涂料就通过筛网后进入成品粉出口，而未过筛网的较大粒径粗粉就从粗粉口出来（见图 7-47）。为了防止粉末涂料堵塞筛网，有的设备还用除油和除水净化压缩空气吹筛网，保证筛网的畅通，老式设备还用毛刷自动刷筛网，现在新设备不用压缩空气和毛刷。这种设备的生产能力取决于加料速度、筛网的面积、筛网的转速、筛网的目数等因素。

2. 振动筛

振动筛由筛子、电机振动器和机座三大部分组成。电机振动器由偏心轮、橡胶软件、主轴和轴承等构成，可调节的偏心重锤随着驱动电机而旋转产生离心力，在筛子内形成轨道旋涡；同时可根据物料性质和不同筛选的要求，调节振幅大小，以旋转和振动两种形式达到最佳生产效果。筛网的材料一般以不锈钢网或者铜网的居多。振动筛外形见图 7-48，振动筛的结构示意见图 7-49。在振动筛中，筛子按水平方向安装，操作时筛子不断振动，要过筛的粉末涂料由加料口连续加到筛网上。由于粉末涂料的自重和筛子的振动，细粉末涂料就穿过筛网进入成品接收袋，而未过筛网的粗粉末就经过粗粉出口进入接收袋，或者返回到粉碎机继续粉碎。为了防止粉末涂料堵塞筛网，在筛网下面放置许多橡皮球之类的弹性物，在过筛过程中不断振动和碰撞筛网，不断振荡掉附着在筛网表面的粉末涂料，保持筛网孔的畅通。振动筛设备结构简单，清机方便，有些个别生产厂家还在使用，但更多的生产厂家是在回收粉再加工时除去机械杂质或者处理结团粉末涂料再加工时使用。代表性的无锡万利涂料设备有限公司 XZS 系列振动筛的型号和规格见表 7-42。

图 7-48　振动筛外形

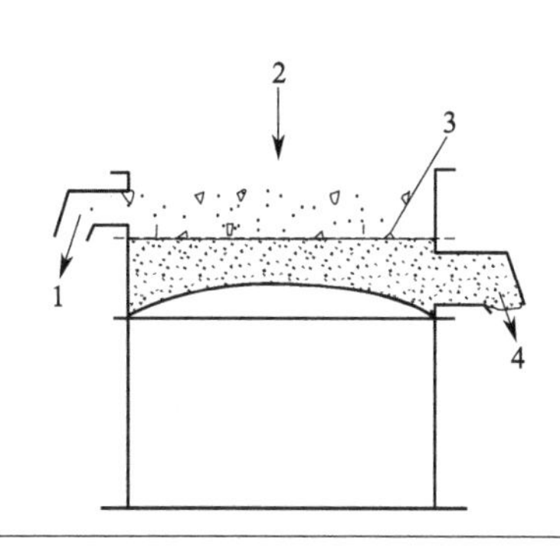

图 7-49　振动筛结构示意
1—粗粉；2—原料；3—平面筛网；4—成品

表 7-42　无锡万利涂料设备有限公司 XZS 系列振动筛的型号和规格

项目	XZS-350	XZS-510	XZS-650
生产能力/(kg/h)	60～200	60～500	60～800
过筛目数/目	12～200	12～200	12～200
电机功率/kW	0.55	0.75	1.50
主机转速/(r/min)	1380	1380	1380
外形尺寸/mm	540×540×1060	710×710×1290	880×880×1350
总质量/kg	100	180	250

3. 竖形平面空气筛

竖形平面空气筛由圆形筛子和压缩空气反吹器等构成（见图 7-50）。这种设备的基本原理是待过筛的粉末涂料用气流输送，并以筛网垂直方向吹向筛网的正面，能通过筛网的是产品，未通过筛网的是粗粉，粗粉重新返回去再粉碎。为了防止筛网的堵塞，在筛网的背面定时用压缩空气进行反吹，以保持筛网的畅通。

4. 竖形筛筒旋转筛

竖形筛筒旋转筛主要由旋转的筒形筛子和压缩空气反吹器构成。这种设备的示意见图 7-51，其基本原理是安放筛网的筛筒垂直于地面慢慢旋转，从筛筒上部用气流输送粉末涂料至筛筒，从筛筒内部通过筛网的粉末涂料是成品，而从筛筒下面沉积下来的是粗粉，粗粉再送至细粉碎机再粉碎。为了防止筛网的堵塞，用压缩空气定时从筛网外部向筛网进行反吹，以保持筛网的畅通。这种设备的结构比较简单，筛网损耗少，清扫换色方便。

在使用上述设备时应注意下列问题：

（1）经过筛网的粉末涂料是成品，要防止成品结块或者带进杂质；

（2）收集成品时，要严格防止由于振动而使螺钉、螺母等零件松动而掉进成品里；

（3）清筛网用压缩空气要经过除油、除水净化装置处理，以免影响产品质量；

（4）在设计设备时，防止设备旋转部分或突出来的部分使粉末涂料熔融结团或凝聚而影响产品质量；

（5）经常检查筛网有无破损，要及时修补或更换新筛网，以免杂质和粗粉进入成品中影响产品质量。

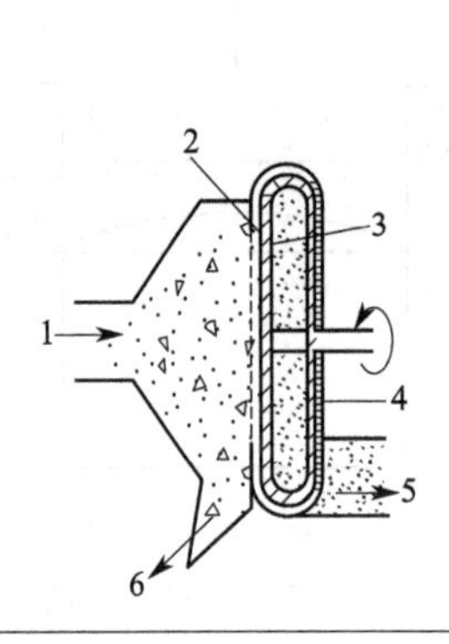

图 7-50　竖形平面空气筛

1—原料；2—平面筛网；3—反冲清洗用空气；4—清洗筛体；5—成品；6—粗粉

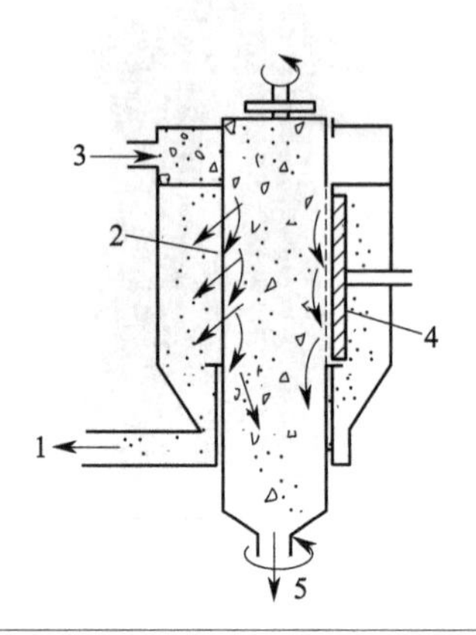

图 7-51　竖形筛筒旋转筛

1—成品；2—圆筒筛网；3—要过筛物料；4—反冲清洗用空气；5—粗粉

第五节 其他辅助设备

在粉末涂料制造设备中，除了上述的主要设备以外还有其他辅助设备，其中有制造金属（珠光）颜料粉末涂料中必需的金属（珠光）颜料邦定［metallic bonding，又叫金属（珠光）颜料黏结］粉末涂料设备；在粉末涂料半成品中，定量添加松散剂等助剂的喂料设备；为了控制粉末涂料成品温度，在细粉碎设备中配套的冷风机；在挤出机和冷却带冷却系统水冷需要的冷冻水设备等。下面对这些设备作简单介绍。

一、金属（珠光）颜料邦定粉末涂料设备

随着粉末涂料应用领域的扩大，对粉末涂料品种的要求也增多，而且对品质的要求也越来越高。在粉末涂料品种中，金属（珠光）颜料闪光、金属电镀外观粉末涂料的需求量增多。起初这些粉末涂料是按正常工艺生产粉末涂料以后，根据外观要求用干混合的方法，采

用低速无剪切力的混合机，例如双筒V形混合机、三维旋转水冷混合机、桶式混合机等设备以干混合的方法进行生产。由于这些设备不能满足金属（珠光）颜料闪光粉末涂料的质量要求，研究人员又开发了分散金属粉粉末邦定新型设备，也就是金属（珠光）颜料邦定法制备粉末涂料的新设备。金属（珠光）颜料邦定法制备粉末涂料的设备是把金属颜料（铝粉、铜金粉）和珠光颜料用物理方法黏结到粉末涂料粒子表面，形成金属（珠光）颜料颗粒-粉末涂料颗粒的黏结体，使粉末涂料涂装过程中金属（珠光）颜料与粉末涂料颗粒按一定比例附着到被涂物上面的设备。实际上，是粉末涂料颗粒中树脂的黏结作用，使金属（珠光）颜料黏结到粉末涂料表面。

如果按普通方法生产金属（珠光）颜料粉末涂料，在静电粉末涂装过程中，因为粉末涂料与金属（珠光）颜料是单个的颗粒，所以两者的带静电效果不同，被涂物（工件）上跟原始粉末涂料中、回收粉末涂料中的粉末涂料颗粒与金属（珠光）颜料颗粒的比例都不相同。随着喷涂时间的延长，当回收粉重新与新粉混合使用时，涂膜外观也逐渐发生变化，最后影响粉末涂料涂装质量。一般来说，金属（珠光）颜料的带静电效果差，静电粉末涂装时，金属（珠光）颜料喷涂上去的比例少，落地的比例多，回收粉中金属（珠光）颜料的比例比原始粉末中大，回收粉重新使用时影响涂膜外观的稳定性。

金属（珠光）颜料邦定法制备粉末涂料的设备是为了克服上述缺点开发的。这种设备的基本原理是，金属（珠光）颜料与粉末涂料混合在带搅拌混料器中，当搅拌桨旋转时，由于机械能转化为热能使粉末涂料与金属颜料升温，当粉末涂料颗粒表面温度达到树脂软化点温度时，金属（珠光）颜料颗粒就黏结到粉末涂料粒子表面。此时，将金属（珠光）颜料黏结的粉末涂料迅速冷却，使金属（珠光）颜料颗粒在粉末涂料颗粒表面黏结成为一体并固定下来。这种设备的关键是混料装置对邦定物料温度的控制，为了防止混料过程的局部升温，混料装置的容器、搅拌桨上都安装冷却装置，搅拌桨的转速是可控的无级变速，以适应分散物料强度和温度控制的要求，温控精度很高。高灵敏度温度控制系统，保证在最佳工作温度下使金属（珠光 ）颜料黏结到底粉颗粒上。这种设备通过输进程序自动控制冷却或加热用水温、水量、搅拌桨速度、搅拌时间等工艺参数，调节这些参数保证物料温度的均匀和准确地完成金属（珠光）颜料与底粉的邦定。

在混料过程中，为了防止金属粉摩擦产生静电火花，引发爆炸，采取混料缸内排出氧气通氮气之措施。使用氮气发生器，从压缩空气中提取氮气，通过控制阀通入氮气，使混料罐中必须充满惰性气体。另外，金属颜料邦定过程中的时间控制和迅速冷却也是很重要的。如果黏结金属（珠光）颜料的时间过长，容易使粉末涂料颗粒之间相互黏结，也使粉末涂料颗粒变大，甚至结团，影响粉末涂料粒度分布和产品质量。

德国泽普林（ZEPPELIN）公司的色母粒混合机（master bach mixer）适用于金属（珠光）颜料邦定粉末涂料的生产。这种设备由主混合机和副混合机组成，主混合机的功能是物料的加热和混合，为了使温度均匀，在混料罐壁有冷却系统；搅拌叶中通冷却水，主轴中也有冷却装置。当物料升温至一定的温度后，在恒定温度下进行混合，使金属（珠光）颜料颗粒黏结到粉末涂料底粉表面。然后把金属粉黏结的粉末涂料输送至冷却用的副混合机中迅速冷却。这种设备的工艺流程为：熔融（melting）→分散（dispersing）→混合（compounding）→黏结（bonding）→凝集（agglomerating）→调整（conditioning）→产品（product）。德国泽普林（ZEPPELIN）集团（原HENSCHEL公司）金属（珠光）颜料邦定设备的型号和规格见表7-43。

表 7-43 德国泽普林（ZEPPELIN）集团（原 HENSCHEL 公司）金属（珠光）颜料邦定设备型号和规格

型号	混料罐总容量/L	混料罐有效容量/L	标准驱动功率/kW	混料桨叶可变速度/Hz	设备重量/N	产能/(批次/h)
MB10	10	4～8	7.5	10～40	1800	最大可达 5
MB40	40	18～36	15	10～40	3100	最大可达 5
MB75	75	36～60	18.5	10～40	4200	最大可达 5
MB200	200	80～160	45	10～40	13200	最大可达 5
MB350	350	140～280	90	10～40	22500	最大可达 5
MB500	500	200～480	90	10～40	32900	最大可达 5
MB600	600	240～480	110	10～40	58500	最大可达 5

近年来国内也有不少单位开发和生产金属粉黏结（邦定）设备，包括厦门三和泰科技有限公司，烟台地区的东辉、三立、超远、枫林等，还有无锡维尔特智能机械有限公司、深圳置胜隆科技有限公司等单位。

由于进口德国泽普林（ZEPPELIN）集团邦定设备的价格比国产设备贵，设备投资大，目前国内使用这种设备的单位很少。虽然国产设备的价格便宜，性价比很高，用在普通金属（珠光）颜料粉末涂料是可以的，但是生产高质量产品粉方面还是有些差距。相信随着国产金属颜料邦定设备产品质量的提高及普遍推广，我国金属颜料粉末涂料质量也会迅速提高。

为了适应金属颜料粉末涂料发展的需要，2016 年我国制定了化工行业标准 HG/T 5107—2016《热固性粉末涂料后混合设备》，其中的“金属效果粉末涂料邦定设备”章节中规定了对金属颜料粉末涂料邦定设备的具体标准和要求，相关内容如下。

（1）金属效果粉末涂料邦定设备

主要由邦定罐和搅拌、冷却罐和搅拌、金属颜料罐、泄爆管、金属颜料粉末涂料成品罐，再加电器控制柜、邦定数据显示器、工艺参数记录器、氮气罐等，还加振动筛等辅助设备组成，见图 7-52。

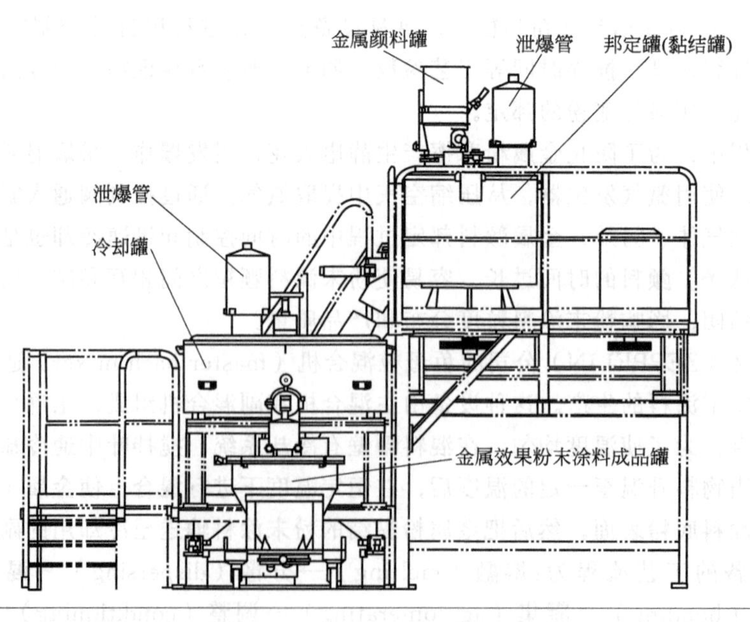

图 7-52 金属颜料粉末涂料的邦定设备示意

（2）金属效果粉末涂料邦定设备的规格（表 7-44）

表 7-44　金属效果粉末涂料邦定设备规格

邦定罐净容积/L	70	100	150	200	300	450	630	900	1200
冷却罐容积/L	冷却罐的容积建议为邦定罐的 3～5 倍，特殊情况由供需双方协商确定								

（3）金属效果粉末涂料邦定设备的爆炸危险

邦定用金属效果的颜料有铝粉、铜金粉、锌粉、不锈钢粉等，铝粉是最常用的金属颜料，也是爆炸危险性最大、爆炸指数 K_{max} 最高的金属颜料，铝粉的爆炸特性见表 7-45。

表 7-45　铝粉的爆炸特性

平均粒径 D_{50} /μm	爆炸下限浓度 /(g/m³)	最大爆炸压力 P_{max} /MPa	最大爆炸指数 K_{max} /(MPa·m/s)	爆炸等级
22	30.0	1.15	110.0	St3
29	30.0	1.24	41.5	St3
41	60.0	1.02	10.0	St3

（4）标准粉末涂料的爆炸特性

粉末粒径 D_{50}=35μm；最大爆炸压力 P_{max}=0.80MPa；爆炸指数 K_{max}≤11.0MPa·m/s；爆炸等级 St1。当含量不大于 6%的铝粉（按质量分数）与粉末涂料混合时，混合的爆炸指数将提高 10%，即 K_{max}=12.1MPa·m/s，爆炸等级为 St1。当粉末涂料中铝粉的含量大于 25%时，混合物的爆炸指数将接近铝粉的爆炸指数。

（5）金属效果粉末邦定设备爆炸危险性防止与预防

① 与粉末涂料邦定混合铝粉，不超过粉末涂料质量的 5%。

② 邦定设备采用爆炸泄压措施保护人员和设备安全，泄压设计等符合国家有关标准。

③ 邦定设备运行环境和操作人员服饰应符合 GB 12158 规定。

④ 在邦定工艺过程中，向邦定罐和冷却罐内充入惰性气体，常用氮气，同时检测罐内氧气含量。

（6）邦定罐的物料温度差不应大于 2.0℃，达到设定温度后恒定保温时间应不小于 6min。

（7）设备运行时噪声不大于 70dB（A）。

（8）金属效果粉末涂料邦定设备型式试验项目见表 7-46。

表 7-46　金属效果粉末涂料邦定设备型式试验项目

序号	检验项目	技术要求	检验试验方法
1	整机各零部件	应垂直或平行于水平面	水平仪、角尺
2	整机涂层及不锈钢表面	无划伤、漏喷、脱落及流淌现象	目视检查
3	各操纵部件	功能应可靠，操作灵活	手动操作试验
4	机械防护装置	应符合 GB/T 15706 要求	目视检查
5	电气绝缘电阻	≥1MΩ	在动力电路和接地电路间施加 DC 500V 电压，测试绝缘电阻
6	电器元件技术参数	应符合设计要求	目视检查
7	电控箱、接线箱壳体防护等级	应符合设计要求	目视检查
8	标志、标识	应符合设计要求	目视检查
9	信号及报警显示	应符合设计要求	目视检查

续表

序号	检验项目	技术要求	检验试验方法
10	抗爆危险的防止与预防	应符合 HB/T 5107 要求	审查相关设计图样和计算书
11	邦定罐内温度控制	应符合 HB/T 5107 要求	在开机条件下实测
12	机械、电器互锁保护	应可靠	手动操作试验
13	温度显示和保护	应准确，可靠	手动操作试验，目测
14	防尘及泄爆装置	应符合设计要求	目视检查
15	空运转 3min	启动、停止可靠，运行平稳	目视检查
16	空转后开盖检查	有无卡住或划伤现象	目视检查
17	投料运行(按 HB/T 5107 附录 B 配方)	20%产能运行 30min 50%产能运行 60min 100%产能运行时间不少于 3h，100%产能时主电机电流应符合设计要求	目视检查
18	自动控制系统及其功能	应符合设计要求	在投料运行时逐项检查
19	批产能)	达到设计要求	计时，称重检测

目前国内金属颜料邦定设备按加热方式分为摩擦加热升温方式和热水热传导加热方式两种类型。摩擦加热法依靠搅拌桨与物料的撞击摩擦产生热量，使物料升温软化，升温速度快，具有分散性好的特点。水加热法是借助通入缸体、缸体内的热水加热物料，具有加热均匀性好、温度控制稳定的特点。这两种类型设备的优缺点比较见表 7-47。

表 7-47　摩擦加热和热传导邦定设备的优缺点比较

序号	项目	摩擦加热邦定设备	热传导加热邦定设备
1	加热方式	通过搅拌器的摩擦生热	通过热水热传导加热
2	辅助解热设备	不需要	需要
3	物料升温速率控制难易程度	相对难度大，量大时容易	相对容易，量大时难度增加
4	适应的金属颜料粒径范围	不适合粒径大的金属颜料	适合不同粒径的金属颜料
5	物料温度精确控制难易程度	相对难度大	比较容易
6	邦定助剂的使用	可以不使用或用量少	必须使用
7	单机产量范围	比较宽	比较窄，量大时传热慢
8	设备费用	相对便宜	相对贵点
9	目前使用情况	相对多一些	用量相对少

目前国内有代表性的厂家山东三立新材料设备股份有限公司是两种类型的邦定设备都生产；厦门三和泰科技有限公司主要生产摩擦加热邦定机:无锡维尔特智能机械有限公司主要生产热水热传导加热邦定机。山东三立新材料设备股份有限公司 BDJ 型金属颜料邦定设备型号和规格见表 7-48。

表 7-48　山东三立新材料设备股份有限公司 BDJ 型金属颜料邦定设备型号和规格

项目	BDJ-20B	BDJ-100B	BDJ-200B	BDJ-500B	BDJ-500B	BDJ-300/900
装载容积/L	20	100	200	500	500	350
产量/(kg/罐)	5～10	50～80	80～100	200～300	200～300	500～600
热混合时间/min	10～20	10～20	5～10	10～20	5～10	5～10
热混类型	水加热	水加热	摩擦加热	水加热	摩擦加热	高速摩擦加热
热混功率/kW	2.2	15	30	30	45	75
热混桨转速/(r/min)	100～300	100～300	950	100～300	970	1000
冷混功率/kW	1.1	3	7.5	4	11	11

续表

项目	BDJ-20B	BDJ-100B	BDJ-200B	BDJ-500B	BDJ-500B	BDJ-300/900
冷混浆转速/(r/min)	30～50	30～50	30～50	30～50	30～50	126
冷混合时间/min	5～20	5～20	5～20	5～20	5～20	5～20
生产气流	惰性气体氮气					

厦门三和泰科技有限公司的 SHT 智能金属粉粉末邦定设备见图 7-53，SHT 系列金属粉粉末邦定设备产品型号和规格见表 7-49。

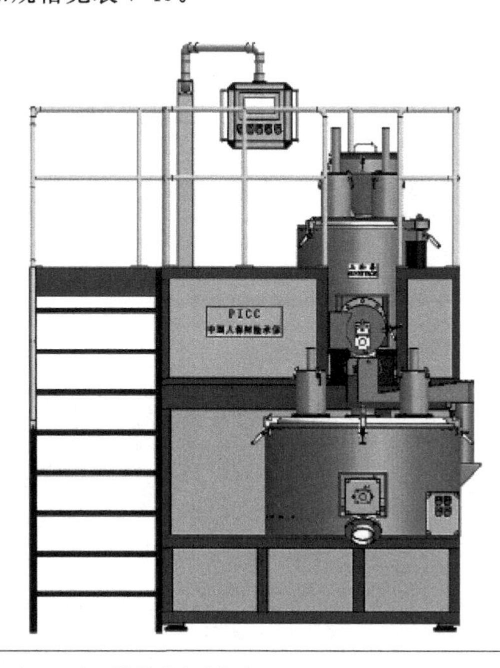

图 7-53 厦门三和泰科技有限公司 SHT 金属粉粉末邦定设备

表 7-49 厦门三和泰科技有限公司 SHT 系列金属粉粉末邦定设备产品型号和规格

项目	SHT10	SHT200/600	SHT350/1000	SHT500/1200
产能/(kg/h)		300～400	400～600	400～600
每釜产量/ kg	1～2	50～80	60～100	80～150
装机功率/kW	2.2	29.5	44.5	56
外形尺寸/mm	1300×950×1530	3600×2000×3000	3600×2000×3000	4430×2200×3740
重量/t	0.5	3.8	4	4.5
噪声/ db	<85			

注：控制部分（IP56）：SIEMENS /ABB /施耐德控制元件，PLC 可编程工业控制系统与人机界面对话。通过互联网，实时及历史数据存储、ERP 运行记录自动化作业管理。进入 SHTAI 系统进行 AR、VR 互助服务模式。

无锡维尔特智能机械有限公司的金属粉粉末邦定设备是热传导加热型邦定设备，设备的照片见图 7-54，产品型号和规格见表 7-50。

表 7-50 无锡维尔特智能机械有限公司金属粉粉末邦定机产品规格

项目	HM350/KM1200	HM200/KM800	HM10
热混容积/L	350	200	10
冷混容积/L	1200	800	—
批次装载量/kg	100	60	3
每小时产量/kg	400	240	—

续表

项目	HM350/KM1200	HM200/KM800	HM10
工作电压/V	380	380	380
工作频率/Hz	50	50	50
电机功率/kW	75/22	45/11	5.5
电机驱动	变频器	变频器	变频器
控制方式	PLC	PLC	PLC
测温探头	PT100	PT100	PT100
水路接口	R2″	R1″	R1/2″
氮气接口	R1/4″	R1/4″	R1/4″
压缩空气压力/MPa	0.4～0.6	0.4～0.6	0.4～0.6
颜色	RAL9010 RAL5013	RAL9010 RAL5013	RAL9010 RAL5013

图 7-54 无锡维尔特智能机械有限公司金属粉粉末邦定设备照片

二、定量助剂喂料机

在粉末涂料配方中，助剂是不可缺少的组成部分，这些助剂中的大部分是在原材料的预混合阶段跟其他原材料一起加进去（又叫内加法）。但是也有个别助剂，例如松散剂、润滑剂（滑爽剂）、干混合消光剂等是制造普通粉末涂料以后，用干混合法后添加的方法添加进去（又叫外加法）。采用后添加工艺的助剂添加量少，对分散性要求又高，为了保证定量准确地添加，需要使用定量助剂喂料机等设备。国内粉末涂料设备制造厂一般配套生产这种定量添加松散剂（流动助剂）等助剂的设备，因为各家生产的设备相互之间价格与质量上的差别较大，用途、安装部位也不一样。目前松散剂等助剂的添加方式有两种，一种是跟破碎片料一起从 ACM 磨的进料口添加，另一种是从关风机下面旋转筛的进料口添加。从 ACM 磨添加时对松散剂质量的要求不高，混料分散效果很好，缺点是部分超细松散剂被抽吸到超细粉末回收过滤袋中造成损失，降低利用率。从关风机下面添加松散剂时，对于松散剂的利用率高，损失很少，缺点是对于松散剂质量要求高，不适合使用普通的气相二氧化硅等松散剂，这种低品质的松散剂容易造成涂膜颗粒。国内大部分粉末涂料生产厂都使用从 ACM 磨的进料口跟细粉碎片料一起添加气相二氧化硅等松散剂的设备，但是各厂家设备的效果有明显差别。对于高品质松散剂，从关风机下面添加时，松散剂的利用率高，更合理。

为了准确、均匀地添加粉末涂料助剂，有些单位专门开发了定量助剂加料机。由常州勤励粉体有限公司开发的 FAU28-12 气动联合加料器采用螺杆精确输送和压缩空气输送结合的方式，能够将松散剂如气相二氧化硅、氧化铝、微粉蜡等送达 ACM 磨任何位置，输送距离达 4～5m 及以上。如果采用气动添加，可以在粉末排料阀（即关风机）下至旋转筛进料口处适当位置开孔，直径 12～14mm，有专用接头，将输粉管插上后使用。真正实现按照粉末的特性添加不同松散剂，同时能够保证品质的均一稳定并节省成本。FAU28-12 气动联合加料器的外观见图 7-55；因为一般松散剂密度小，在连续加料过程中防止架桥（掏空）特制的搅拌桨结构见图 7-56；FAU28-12 气动联合加料器技术参数见表 7-51。

图 7-55 FAU28-12 气动联合加料器外观

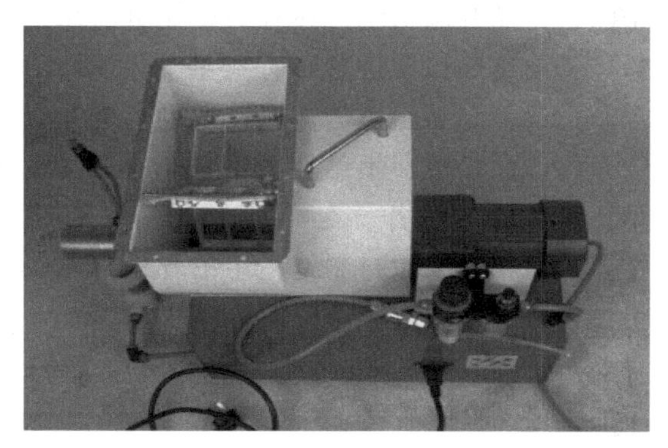

图 7-56 特殊防止架桥搅拌桨

表 7-51 FAU28-12 气动联合加料器技术参数

项目	技术指标
输入电压/V	220
电机功率/ W	60
输出量/(g/min)	0～20
转速/(r/min)	0～100
进气口直径/ mm	8
进气压力/ MPa	＜0.5
螺杆直径/ mm	26
出料口直径/ mm	20
出料口材质	PMMA
输粉软管直径/mm	16
压缩空气质量要求	①压力露点为 3 级：－20℃；②残余含尘量为 3 级：5.0 mg/m^3；2 级：0.1 mg/m^3

专利公开 CN 2769021 中报道了一种双螺杆添加助剂定量喂料机。这种设备由机架、电机、喂料料斗、送料机构等构成，主轴由电机驱动。送料机构由两根螺杆构成，两根螺杆由主轴同步驱动相反方向转动。这种设备能够比较均匀、精确地添加（喂料）助剂（添加剂），解决了后加助剂难以均匀、精确地添加的问题，可以保证粉末涂料产品质量的稳定性。

三、冷风机

在粉末涂料生产中，气温的变化使粉末涂料中树脂成分等物质的硬度和脆性发生变化，使粉碎效率受到影响。一般夏季树脂的脆性变差，粉末涂料的细粉碎生产效率下降。尤其是我国南方地区夏季时间长，生产车间的环境温度比较高，如果不采取降温措施，将使粉末涂料的生产效率受到影响，还可能影响产品质量，例如松散性、贮存稳定性等。为了保证微细粉碎前漆片的温度较低（最好是低于30℃），首先是通过冷却辊的冷却达到漆片的较低温度；其次是进一步通过冷却带的冷却达到降温的目的。但是这种措施还不能完全达到粉碎前物料降温的目的，还要通过在细粉碎过程中通过冷风机输送冷风的方法，使冷风吸收粉碎过程中产生的大量热量，控制粉末涂料产品温度，保证粉末涂料产品松散、不结块。为此，一般条件好的单位安装中央空调控制粉末涂料生产车间的环境温度；从节约成本考虑，有些企业配套细粉碎机安装冷风机，在细粉碎机的进风口连接冷风机输送冷风，避免粉末涂料产品升温结块；还有的企业更简单，临时安装立式空调通过制作简易管道对着细粉碎机的进风口吹进冷风；有些企业为了保证有效地利用冷气，把细粉碎机、旋风分离器和过筛机与挤出机等其他设备隔离起来，这样更好地保持粉碎系统的低温，有利于保证最终产品松散、不结块，保证产品质量。在这些降温措施中，细粉碎机配套的冷风机是比较可行的设备，在成本上也容易接受。在配套时应充分考虑设备功率的选择合理性。目前在粉末涂料制造厂用的比较多的是广东零度冷暖科技股份有限公司和浙江舜天机械设备有限公司等单位的冷风机。

热交换器，亦称为换热器或热交换设备，是用来使热量从热流体传递到冷流体、满足规定的工艺要求的装置，是对流传热及热传导的一种工业应用。热交换器可以按不同方式分类。按其操作过程可分为间壁式、混合式、蓄热式（或称回热式）三大类；按其表面的紧凑程度可分为紧凑式和非紧凑式两类。粉末涂料在生产过程中需要使用磨粉机进行生产，磨粉机在生产过程中容易产生高温，需要使用热交换器对粉末涂料进行降温，而现有的热交换器内的表冷器表面温度较高，使得冷气对磨粉机内高温粉末涂料降温效果差，降低了生产效率。

为了解决上述问题，广东零度冷暖科技股份有限公司开发了粉末涂料快速生产专用热交换器——冷干机。这种冷干机利用冷媒的相变原理，制造出低温换热器，由蒸发器出来的气体冷媒，经压缩机绝热压缩以后，变成高温高压状态，被压缩的气体冷媒，在冷凝器中，等压冷却冷凝，经冷凝后变化成液态冷媒，再经节流阀膨胀到低压，变成气液混合物，其中低温低压下的液态冷媒，在蒸发器中吸收被冷物质的热量，重新变成气态冷媒。气态冷媒经管道重新进入压缩机，开始新的循环。

冷干机的机体底部安装脚架，机体底面设置两个加强筋和一个排水口，机体侧壁设置出风口，机体内安装表冷器。机体内部空间分为第一降温室、第二降温室、第三降温和隔离室；第一降温室一侧设置过滤网，第三降温室内部设置冷凝水挡板，第一降温室与第二降温室之间通过第一挡板隔开；第二降温室与第三降温室通过第二挡板隔开；第三降温室与隔离室之间通过隔温板隔开。空气经过滤和多重降温脱水后由出风口输出所需冷干气体。由广东零度冷暖公司生产的粉末涂料生产专用热交换器——冷干机的整体结构示意图见图 7-57。

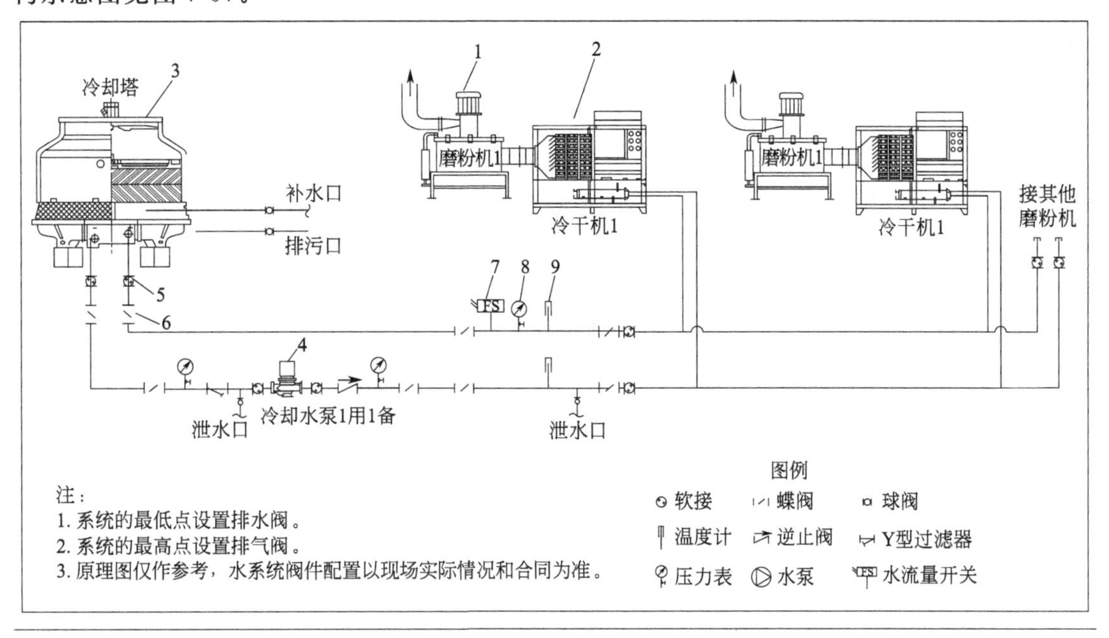

图 7-57　粉末涂料快速生产专用热交换器——冷干机

广东零度冷暖科技股份有限公司生产的新一代粉末生产专用冷干（打包）机的外形见图 7-58。

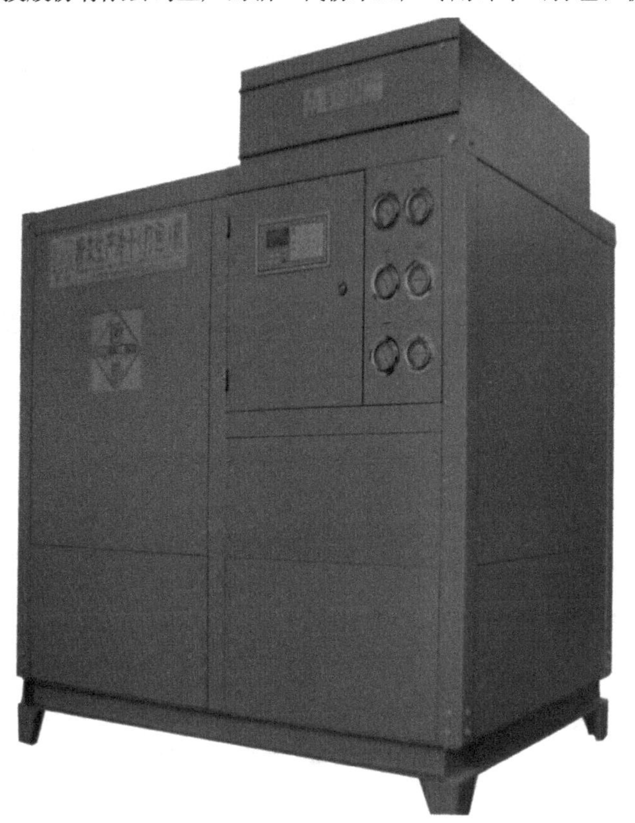

图 7-58　粉末生产专用冷干（打包）机

四、冷水机

粉末涂料原材料在混料机中预混合后的熔融挤出工艺中，挤出机的温度控制需要冷却水；在挤出物的冷却工艺也需要使用冷却水。挤出工艺中的螺杆和料筒的温度控制需要的冷却水，早期是使用一般的冷却水，考虑到循环水的温度高，容易产生水垢堵塞管道，后来开发了专门的无离子水循环冷却系统。一般冷却辊使用的是普通冷却水。在冷却带冷却中也有使用冷却水的。冷却水有几种类型，一是使用地下井水；二是使用普通自来水；三是使用冷水机制水。从资源节约考虑，井水浪费水资源，不适合；自来水配套地下水池的也不少，在南方地区夏季温度高，不采取冷却塔等冷却措施冷却效果不好，用水量也比较大。使用冷水机水的用量少，不同季节水的温度容易控制，设备和场地面积占的比较少，但是还需要冷水制造设备，还需要运转费用。

冷水机的水温是根据冷却设备温度的需要来控制，再输送到需要的冷却设备系统，经过冷却设备后，水温升高，再将冷却水送到冷却塔冷却，一般标准工况进入冷却塔的水温37℃时，经过冷却塔出来的水温是32℃（中温工况:进水温度43℃，出水温度33℃）。

冷却塔应该安装在屋顶或空气流通的地方，不应安装在四面有墙或密不通风的地方，并应注意塔身与外墙间距。还应该避免安装在有煤烟及灰尘较多的地方，防止堵塞胶片。再应该远离厨房及锅炉房等热源地方。

根据冷却设备用水量和水温选择合适功率的冷水机，保证冷却系统所需要的用水量和用水温度的需要，适当考虑扩大生产设备的一定需要。

浙江舜天机械设备有限公司的水冷型冷水机组的规格及参数见表7-52；在粉末涂料生产系统应用示意见图7-59。

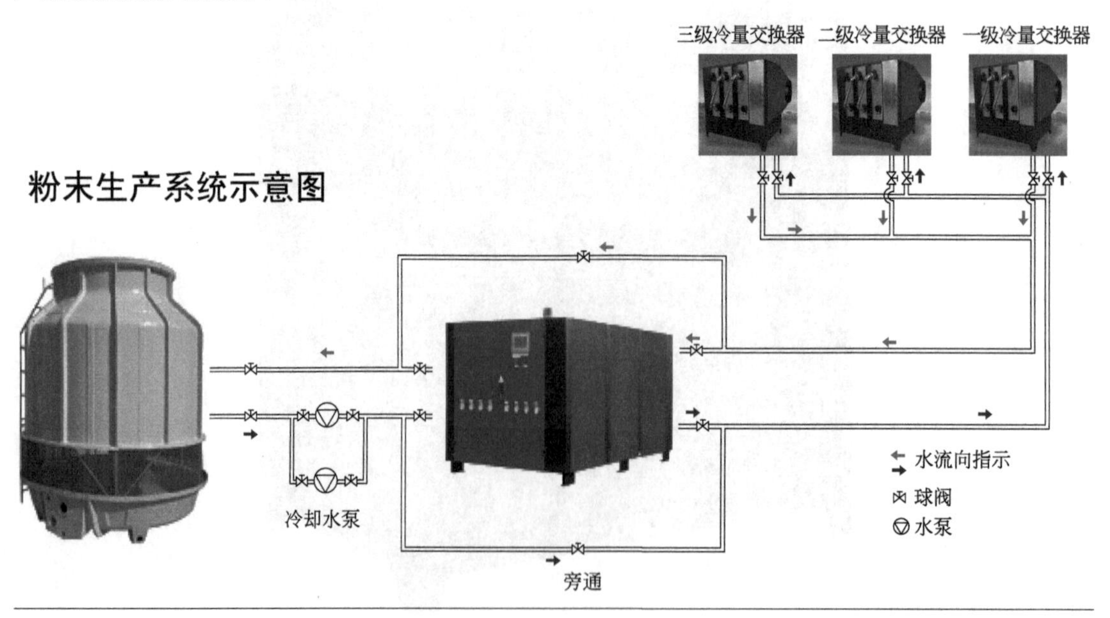

图7-59　水冷型冷水机组在粉末涂料生产系统应用示意

表 7-52　水冷型冷水机组规格及参数

型号	STSW	3	5	8	10	12	15	20	25	30	40	50	60	80	100	120	150	200
价格	RMB	12375	15000	21750	29625	35100	40200	58725	65700	69000	96750	124500	138750	187500	228750	266250	337500	444000
压缩机功率	kW	2.68	4.43	7.0	9.06	9.24	11.25	11.52	15.75	18.48	25.04	31.5	36.96	50.08	63	75.12	94.5	126
	HP	3	5	8	10	12	15	20	25	15×2	20×2	25×2	15×4	20×4	25×4	20×6	25×6	25×8
制冷量	kcal/h	10700	14600	22000	29900	33400	47300	65102	82130	94600	130204	164260	189200	260408	328520	390612	492780	657040
	kW	12.44	16.98	25.58	34.77	38.83	55	75.7	95.5	110	151.4	191	220	302.8	382	454.2	573	764
制冷剂	氟利昂 R22																	
电源电压	3/N/PE AC380V 加保护功能																	
保护功能	制冷高低压保护、水系统故障保护、防冻保护、压缩机过热过载保护等																	
冷冻水泵功率	kw	0.55	0.75	1.1	1.58	2.2	3	3	3	4	4	4	5.5	7.5	7.5	7.5	7.5	11
冻水流量	T/h	3	4	6	8	10	12	15	20	25	30	40	50	60	80	80	85	120
冻水管径	DN	1	1	1.5	1.5	2	2	2	2.5	2.5	2.5	2.5	3	3	3	125	125	150
冷却水流量	T/h	4	4	8	10	12	15	20	20	25	30	40	50	60	80	100	100	150
冷却水管径	DN	1	1.5	1.5	2	2	2	2	2.5	2.5	2.5	2.5	3	3	3	125	125	150
外形尺寸/mm	长	880	880	1200	1400	1500	1600	1800	2000	2200	2400	3500	3500	3500	3500	4500	5300	5500
	宽	660	660	850	1000	900	1000	1200	1200	1200	1400	1660	1660	1660	1660	1500	2200	2200
	高	960	1000	1200	1000	1200	1200	1300	1300	1500	1320	1500	1500	1500	1500	1500	1800	1800
本体重量	kg	120	150	260	350	400	500	550	700	950	1200	1400	1760	1950	2200	2200	2500	3000

注：蒸发温度 7.5℃，冷凝温度：35℃。设备增加高压泵，价格另加，电源、电压与国内不同，设备价格增加 10%

参数配置：1. 水冷凝器为高效壳管式冷凝器；2. 蒸发器为不锈钢高效壳管式蒸发器；3. 电器为施耐德；4. 微电脑控制/西门子真彩液晶触摸显示；5. 304 不锈钢保温水箱；6. 冷冻水泵品牌为南方/南元（不锈钢多级泵）；7. STSF-03、STSF-05 压缩机为美国谷轮 STSF-08 至 STSF-200D 压缩机为百福马/比泽尔

注：水冷型冷风机和风冷型冷风机的出风口与主磨进风口密闭连接即可使用。

五、二次除尘设备

二次除尘设备是粉末涂料生产中必备的超细粉末涂料回收设备，刚出厂的设备一般排放空气中含尘量是不会超标的，但是随着设备的老化，主要是布袋或滤芯的老化，除尘效率下降。为了防止万一和更好地净化排放空气的质量，保证排放空气中的粉尘含量，很多厂家都安装第二次除尘装置。这种设备是把粉末涂料生产中单机排放的管道，包括车间除尘设备的排气管道全部连接到二次除尘设备系统，进行再一次除尘净化处理，这样完全保证排放空气的粉尘浓度达标，具体情况和设备可以参考第十一章第一节“粉末涂料生产中的粉尘污染问题”中的内容。

第六节 粉末涂料制造设备的配套

上面已经比较详细介绍了制造热固性粉末涂料各工序设备的工作原理、型号和规格。在实际设计粉末涂料生产厂或车间时，根据粉末涂料产量目标和品种情况，为了充分发挥设备的生产能力，又能满足实际生产品种的需要，选择好单元设备的生产能力和各工序之间生产能力的配套也是很重要的问题。粉末涂料的生产工艺是间歇性的、非自动化生产，而且各工段设备生产能力的配套并不和谐，有些设备的生产能力又容易受季节影响，例如细粉碎和分级过筛设备，冬季生产能力比夏季大得多，所以选择时考虑各工段之间不同季节设备生产能力的配套也是十分重要的。下面以烟台东辉粉末设备有限公司、山东三立新材料设备股份有限公司和烟台凌宇粉末机械有限公司的产品为例介绍粉末涂料生产线设备配套情况。东辉公司提供的粉末涂料生产线设备配套情况见表 7-53；山东三立新材料设备股份有限公司提供的粉末涂料生产线设备配套情况见表 7-54；烟台凌宇粉末机械有限公司提供的粉末涂料生产线设备配套情况见表 7-55。

表 7-53 烟台东辉粉末设备有限公司提供的粉末涂料生产线设备配套情况

产能/(kg/h)	混合机	挤出机	压片和破碎机	细粉碎机
实验室	GHJ-20/ZHJ-10	SLJ-30A/DLJ-30		ACM-02/ACM-02D
50	GHJ-50	SLJ-30D/SLJ-30E	JFY-304/JLY-303/GTY-303	ACM-05/ACM-05D
100	GHJ-100	SLJ-40	JFY-405/JLY-405	ACM-10/ACM-10D
200	GHJ-150/ZHJ-300	SLJ-50/SLJ-50E/ DLJ-46/DLJ-36S	JFY-507/GDY-405	ACM-10/ACM-10D
300	GHJ-300/ZHJ-600	SLJ-58/SLJ-58E/ SLJ-40G	JFY-508/JLY-508/ GDY-5010/GTY-508	ACM-15/ACM-15D
500	GHJ-300/ZHJ-600	SLJ-60/SLJ-60F SLJ-50G/DLJ-70	JFY-5010/JLY-5010/ GDY-5010/GTY-610	ACM-30/ACM-30D

续表

产能/(kg/h)	混合机	挤出机	压片和破碎机	细粉碎机
800	GHJ-500/ZHJ-1000	SLJ-70/SLJ-70F/SLJ-58G/SLJ-60G	JFY-6010/JLY-6010/GDY-6010/GTY-810	ACM-40/ACM-40D
1000	GHJ-500/ZHJ-1000	SLJ-70G/DLJ-100	JFY-6012/JLY-6012/GDY-6012/GTY-1010	ACM-50/ACM-50D
1200	GHJ-500/ZHJ-1000	SLJ-80G/DLJ-70S	JLY-8012/GTY-1012/GDY-7012	ACM-60

表 7-54　山东三立新材料设备股份有限公司粉末涂料生产线设备配套情况

年产量/t	产能/(kg/h)	混合机	挤出机	压片和破碎机	细粉碎机
2000	500～800	PHJ-600B/FZJ-1000	GSJ-75E	FYP-6010	ACM-50D
1500	400～500	PHJ-400B/FZJ-600	GSJ-65E	FYP-5010	ACM-40D
1000	300～400	PHJ-400B	GSJ-60FA	FYP-508	ACM-30D
600	200～300	PHJ-200B	GSJ-60E	FYP-507E	ACM-15D
300	100～180	PHJ-150B	GSJ-45E	FYP-407E	ACM-10D

表 7-55　烟台凌宇粉末机械有限公司提供的粉末涂料生产线设备配套情况

产能/(kg/h)	混合机	挤出机	压片和破碎机	细粉碎机
80～100	FHJ-100/PHJ150	SLJ-36	YPW-526/YPJ-408/YPR100	LYF-07
150～200	FHJ-300/PHJ300	SLJ-41/ SLJ-41D	YPW-640/YPJ-5010/YPR300	LYF-20
300～400	FHJ-300/PHJ500	SLJ-50/ SLJ-50A	YPW-850/YPJ-5012/YP500	LYF-30
500～700	FHJ-600/PHJ500	SLJ-65/ SLJ-65/A	YPW-1070/YPJ5012/YPR1000	LYF-45
800～1000	FHJ-1000/PHJ800	SLJ-75/ SLJ-75A	YPW-1270/YPJ-6012	LYF-60
1000～1500	FHJ-1500	SLJ-95/ SLJ-95A	YPW-1576	LYF-70

为了方便新建或扩建粉末涂料生产厂在选择粉末涂料制造设备时参考，对国内个别厂家生产的粉末涂料制造关键设备——挤出机和细粉碎和分级过筛设备的型号和规格也作简单介绍。山东三立新材料设备股份有限公司生产的挤出机和细粉碎设备的型号和规格见表 7-56 和表 7-57；烟台凌宇粉末机械有限公司生产的挤出机和细粉碎设备的型号和规格见表 7-58 和表 7-59；山东圣士达机械科技股份有限公司生产的相关配套设备型号和规格见表 7-60～表 7-62。

表 7-56　山东三立新材料设备股份有限公司生产的挤出机型号和规格

项目	GSL-45E	GSJ-0350E	GSJ-60E	GSJ-60FA	GSJ-65E	GSJ-75E
产能/(kg/h)	80～150	150～300	150～300	200～400	300～500	600～1000
螺杆直径/mm	45	50	58	60	65	75
螺杆长径比(L/D)	15∶1	14∶1	16∶1	16∶1	16∶1	16∶1
主电机功率/kW	15	22	22	30	37	55
螺杆转速/(r/min)	0～450	0～500	0～350	0～420	0～500	0～500
加料电机功率/kW	0.75	0.75	0.75	0.75	1.5	2.2
外形尺寸/m	2.10×0.75×2.06	2.50×0.75×2.06	2.65×0.86×2.10	2.80×0.86×2.20	3.20×0.90×2.30	3.80×1.30×2.40

表 7-57 山东三立新材料设备股份有限公司生产的细粉碎设备型号和规格

项目	ACM-10D	ACM-15D	ACM-20D	ACM-30D	ACM-40D	ACM-50D	ACM-60D
产能/(kg/h)	100～180	200～300	200～350	300～400	350～500	600～800	800～1200
主电机功率/kW	7.5	11	15	18.5	22	37	45
主电机转速/(r/min)	7000	6500	6500	5500	4500	4000	3500
分级电机功率/kW	1.5	3	3	3	3	5.5	5.5
分级电机转速/(r/min)	0～2880	0～2900	0～2900	0～2980	0～2900	0～2900	0～2900
风机功率/kW	7.5	15	15	22	30	37	55
风量/(m^3/h)	1800	2100	2400	3600	4200	4500	5200
外形尺寸/m	6.5×1.45×3.4	7.0×1.65×3.5	7.0×1.75×3.5	9.25×2.3×4.2	12×3.0×4.5	14×4.0×5.6	15.5×5.5×6.0

表 7-58 烟台凌宇粉末机械有限公司生产的挤出机型号和规格

项目	SLJ-40	SLJ-50	SLJ-65	SLJ-75	SLJ-95	SLJ-125
产量/(kg/h)	150～200	400～500	600～800	700～1000	1000～1500	2000～3000
螺杆转速/(r/min)	0～500	0～800	0～800	0～800	0～600	0～600
长径比(*L*/*D*)	14～48	14～48	14～48	14～48	14～48	14～48
主电机功率/kW	15～22	30～45	45～75	55～90	75～132	110～150
加热功率/kW	10	10	12	16	18	24
外形尺寸/m	2.8×1.26×2.1	2.7×1.4×1.8	3.4×1.15×1.7	3.4×1.15×1.8	3.9×1.2×2.0	4.3×1.5×2.2

表 7-59 烟台凌宇粉末机械有限公司生产的细粉碎设备型号和规格

项目	LYF-10	LYF-20	LYF-30	LYF-45	LYF-60	LYF-70
产量/(kg/h)	150～200	250～350	300～500	500～600	800～1200	1000～1500
主电机功率/kW	5.5～7.5	11～18.5	18.5～30	22～37	30～45	37～55
主磨转速/(r/min)	7000	6000	5600	5600	4800	4800
分级电机功率/kW	1.1～1.5	2.2～4	3～5.5	3～5.5	4～7.5	4～7.5
引风机功率/kW	7.5～11	15～22	18.5～37	22～45	45～75	55～90
外形尺寸/m	6.0×2.0×2.2	7.0×2.8×3.0	8.0×2.8×3.0	9.0×3.5×3.5	10.0×3.5×3.5	11.0×3.5×3.5

表 7-60 山东圣士达机械科技股份有限公司生产的 SLJ 双螺杆挤出机型号和规格

型号	螺杆直径/mm	产量/(kg/h)	螺杆转速/mm	主机功率/kW	加热功率/kW	外形尺寸/mm
SLJ-45	45	150～200	100～500	15	4	2260×630×2020
SLJ-50A	50	200～300	140～700	22	6	2360×630×2030
SLJ-58E	58	200～300	70～330	22	8	2550×800×2020
SLJ-55	55	300～400	140～700	30	8	2500×680×2090
SLJ-55B	55	400～500	140～700	37	8	2720×680×2090
SLJ-60	60	300～400	100～500	30	8	2550×800×2090
SLJ-60	65	500～600	100～500	45	10	2920×800×2350

表 7-61 山东圣士达机械科技股份有限公司生产的 ACM 系列细粉碎设备型号和规格

型号	产能/(kg/h)	主磨电机功率/kW	主磨转速/(r/min)	分级电机功率/kW	加料电机功率/kW	引风机功率/kW	过滤面积/m^2	压缩空气耗量/(m^3/min)
ACM-10	100～200	7.5	7000	1.5	0.37	7.5	15	0.30
ACM-15	200～300	11	7000	1.5	0.37	11	19	0.30

续表

型号	产能/(kg/h)	主磨电机功率/kW	主磨转速/(r/min)	分级电机功率/kW	加料电机功率/kW	引风机功率/kW	过滤面积/m^2	压缩空气耗量/(m^3/min)
ACM-20	300～400	15	7000	2.2	0.55	18.5	32	0.40
ACM-30A	400～500	18.5	6000	3.0	0.55	22	36	0.50
ACM-30	500～600	18.5	6000	3.0	0.55	30	42	0.50

注：1. 分级器转速都是600～3000r/min；2. 加料螺杆转速都是27～135r/min；3. 分离效率都是≥98%；4. 粉末粒度都是80～400目。

表7-62　山东圣士达机械科技股份有限公司生产的环保智能闭路循环细粉碎生产设备型号和规格

型号	产能/(kg/h)	主磨电机功率/kW	主磨转速/(r/min)	分级电机功率/kW	加料电机功率/kW	引风机功率/kW	过滤面积/m^2	压缩空气耗量/(m^3/min)
ACM-15	200～300	11	7000	1.5	0.37	15	19	0.30
ACM-20	300～400	15	7000	2.2	0.55	22	32	0.40
ACM-30A	400～500	18.5	6000	3.0	0.55	22	36	0.50
ACM-30	500～600	18.5	6000	3.0	0.55	30	42	0.50
ACM-40	600～800	22	5600	3.0	0.75	37	48	0.5

注：1. 分级器转速都是600～3000r/min；2. 加料螺杆转速都是27～135r/min；3. 分离效率都是≥98%；4. 粉末粒度都是80～400目。

随着粉末涂料制造水平的提高，设备的自动化和智能化的水平也不断提高，同时对设备在生产中的粉尘、噪声的控制也不断改进。烟台凌宇粉末机械有限公司、山东圣士达机械科技股份有限公司、烟台东辉粉末设备有限公司等单位开发了自动化程度高、向智能化迈进的立体式粉末生产线。这种生产线，占地面积小，分离式除尘箱，回收粉自动排放，整机闭路循环，节能环保零排放，智能控制，粒度分布稳定，自动加料，低噪声。相关生产线示意图见图7-60～图7-62，型号和特点见表7-63。

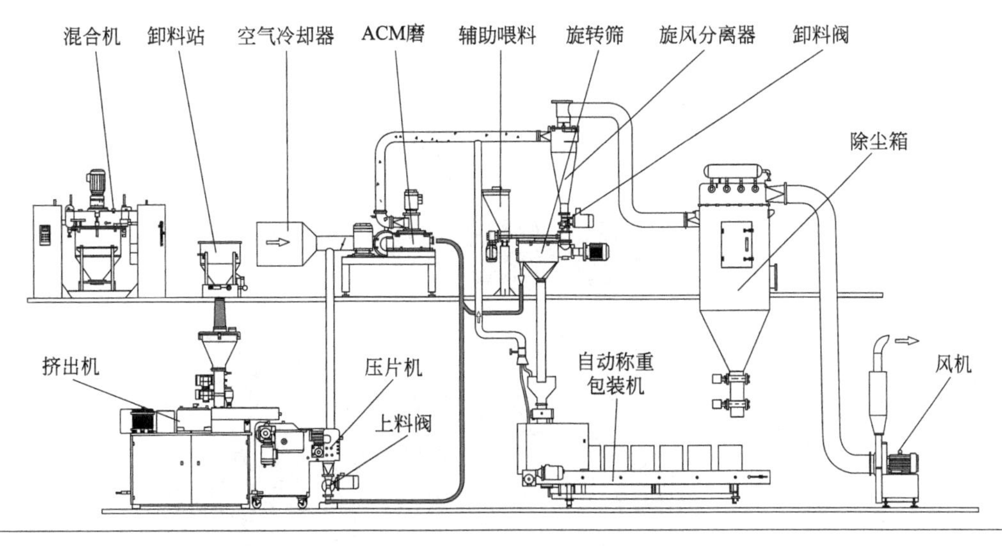

图7-60　自动化集成粉末涂料生产线的示意

烟台枫林机电有限公司的自动化生产的自动集成粉末涂料生产线是由混合机、挤出机、压片机、ACM磨粉机及自动称量包装机构成。全系统封闭、无污染，可提供80～2000kg/h产

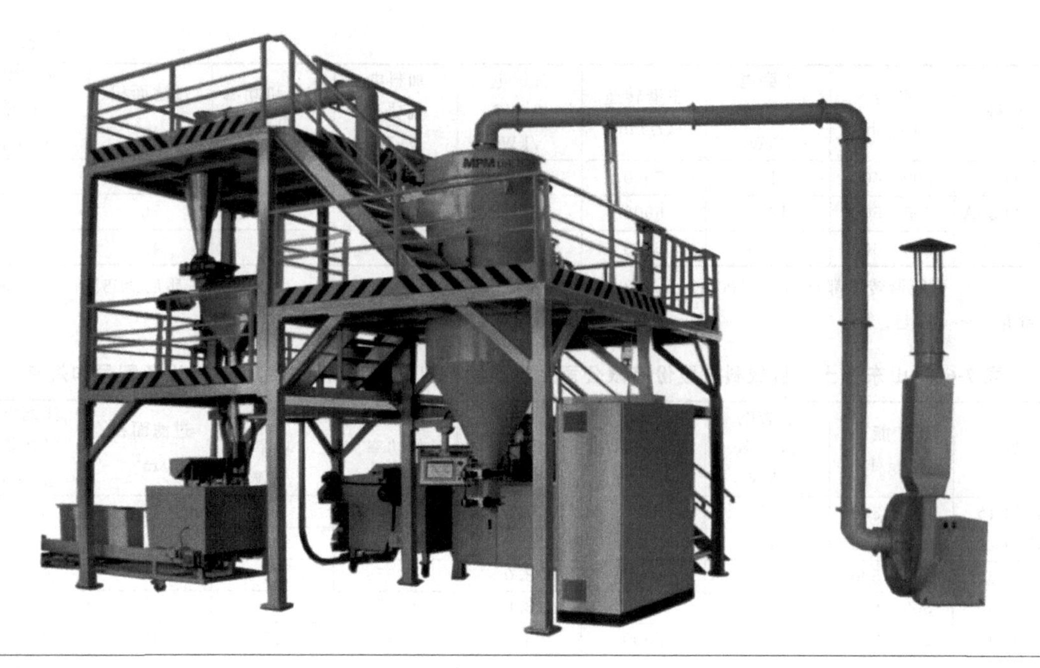

图 7-61　烟台枫林机电有限公司生产的自动化集成粉末涂料生产线

能的生产线。该生产线的技术特点是:①占地面积小，空间利用率高；②操作人员少，生产成本低，生产效率高；③低噪声，节能，环保；④系统封闭无污染；⑤触摸屏和 PLC 控制，人机界面友好，操作简便；⑥工艺参数配方管理，生产管理人员可以在办公室进行监控；⑦安全保护系统完善；⑧清机、维护方便；⑨整机可靠性高。

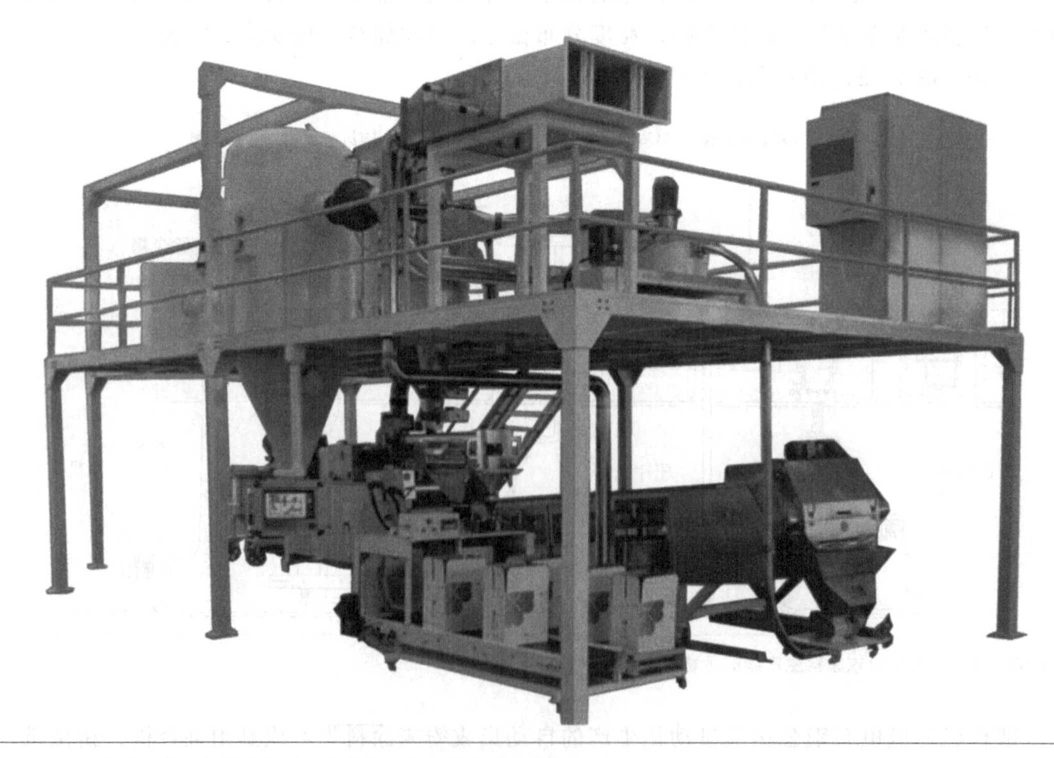

图 7-62　烟台凌宇粉末机械有限公司生产的飞龙立体自动生产线

表 7-63 烟台凌宇粉末机械有限公司生产的飞龙立体自动生产线型号和特点

型号	产能/(kg/h)	占地面积/m^2	操作工人数	噪声、污染
FL-100	80～120	10	1	低
FL-200	150～200	40～50	1	低
FL-300	300～400	40～50	1	低
FL-500	500～700	50～60	1～2	低
FL-800	800～1000	55～71	1～2	低
FL-1000	1000～1500	72～80	1～2	低

第八章

粉末涂料的涂装方法

粉末涂料与传统的液态涂料不一样，它不用有机溶剂和水，并且由于物理状态的差别，施工和涂装方法方面也与传统的溶剂型涂料、水性涂料和液态无溶剂涂料完全不同。就粉末涂料本身而言，随树脂品种和制造方法的不同，其涂装方法也各不相同。粉末涂料的涂装方法很多，包括空气喷涂法、流化床浸涂法、静电粉末涂装法、静电流化床浸涂法、真空吸引（减压抽取）涂装法、火焰喷涂法、电场云涂装法等。对于特种粉末涂料，它的涂装方法又与上述粉末涂装法有差别，例如电泳粉末涂料采用电泳法进行涂装；又如紫外光固化粉末涂料是静电粉末涂装法涂装后，用紫外光进行固化成膜等。在这些涂装方法中，目前最普遍采用的是静电粉末涂装法，其次是流化床浸涂法。

第一节 空气喷涂法

空气喷涂法是粉末涂料涂装法中最原始的方法。这种涂装方法是以喷枪为工具，借助于压缩空气的虹吸作用，将粉末涂料喷涂于经表面处理并预热到粉末涂料熔融温度以上的被涂物表面。这时的粉末涂料就被熔融而附着在被涂物表面，然后将被涂物送入烘烤炉里加热。如果喷涂的是热塑性粉末涂料，只需要熔融流平成膜就可以了；如果喷涂的是热固性粉末涂料，那么熔融流平后还需要交联固化成膜。使用最简单的手工喷枪时，只需把粉末涂料装入喷杯中，调节空气压力就可以。空气喷涂法的喷枪示意见图 8-1。如果使用大量粉末涂料，可以采用图 8-2 所示的螺旋加料器或文丘里装置。涂膜的厚度是通过粉末涂料喷出量（供粉量）、喷粉室内滞留时间和流水线速度等条件来控制的。这种涂装方法有如下优点。

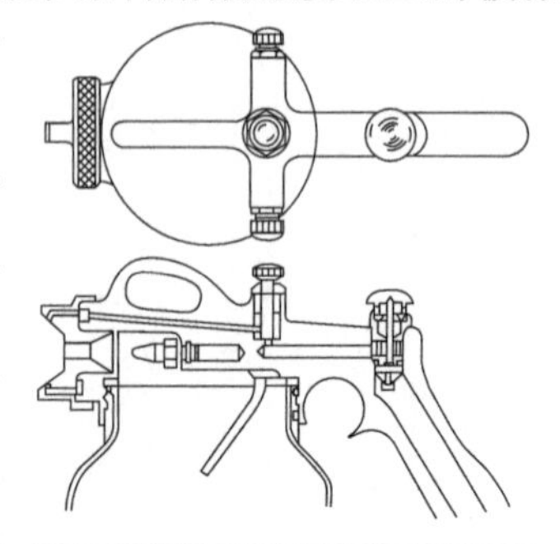

图 8-1 空气喷涂法的喷枪

① 设备的结构比较简单，设备的投资也比较少。

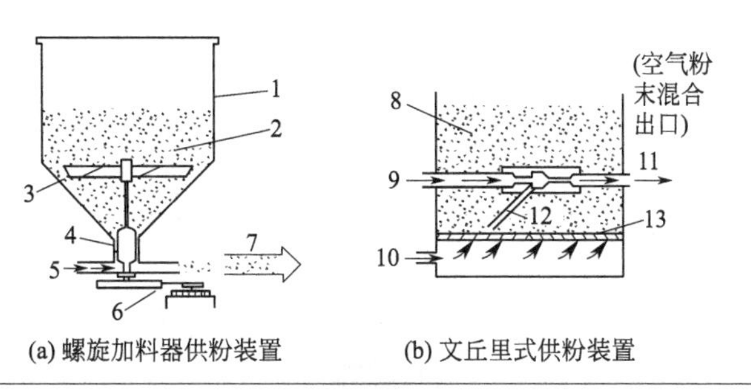

图 8-2 空气喷涂法喷枪的供粉装置

1—料斗；2—粉末涂料；3—搅拌器；4—螺旋加料器；5—压缩空气；6—驱动装置；7—空气和粉末；8—被流化粉末层；9—加压空气进口；10—流化粉末用空气进口；11—空气粉末混合物进口；12—吸粉管；13—多孔板

② 喷逸的粉末涂料可以回收再用。

③ 适用于小型被涂物的涂装，也可以对大型防腐管道手工涂装。

④ 对热塑性粉末涂料和热固性粉末涂料都适用。

⑤ 两种具有不同特性的粉末涂料可以在现场混合后进行喷涂，这样可以改进涂膜的性能。

⑥ 这种粉末涂料涂装法，不受粉末涂料带静电性能的影响，也没有静电粉末喷涂法那样对粉末涂料粒度分布的严格要求。

空气喷涂法的缺点是被涂物必须预热，不适合大型被涂物的连续流水线生产，涂膜厚度比较薄时不好控制（厚度在 200μm 以上时相对好一些），需要熟练的操作技术，应用范围受到一定的限制。目前在小型管道喷涂厂，采用这种涂装法进行大型钢管的内外壁重防腐厚涂层涂装，也适用于小型复杂管件的手工涂装。

第二节 流化床浸涂法

流化床浸涂法是粉末涂料涂装的重要方法之一。按照这种涂装法，粉末涂料装在中间用多孔板隔开的容器里（见图 8-3），多孔板的底下是一个空气整流室。压缩空气通入空气整流室，再通过多孔板进入放有粉末涂料的槽中。由于压缩空气的作用，使粉末涂料被托起来造成一种像开水沸腾时的那种流化现象，所以叫流化床。这种方法是静电粉末涂装法开发以前使用的主要涂装法。这种涂装法是在流化床中完成的，具体的操作方法是，把预热到粉末涂料熔融温度以上的被涂物浸入装有粉末涂料的流化床中，使粉末涂料熔融附着到被涂物上面，然后将被涂物放入烘烤炉里烘烤。热塑性粉末涂料只需熔融流平即可成膜；而热固性粉末涂料熔融流平以后，还需要交联固化成膜。流化床浸涂法示意见图 8-3。为了使粉末涂料流化均匀，在流化床下面安装振动电机振荡流化床。

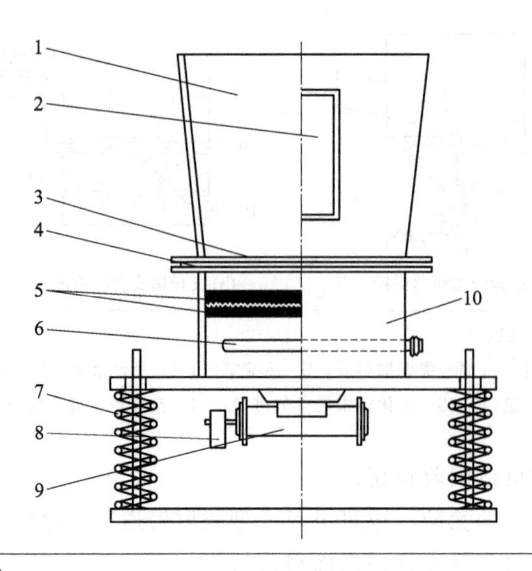

图 8-3 流化床浸涂法的示意图

1—流化槽；2—观察窗；3—微孔透气隔板；4—橡皮垫圈；5—均压板；6—圆环形出风管；7—弹簧装置；8—偏心轮；9—电动机；10—气室

在流化床浸涂法中，涂膜的厚度决定于被涂物的预热温度、浸涂时间和被涂物的热容量等因素。各种粉末涂料用流化床浸涂法涂装时的参考工艺条件见表 8-1。为了使粉末涂料容易流化，同时也不堵塞多孔板的孔隙，粉末涂料的粒度控制在 80～200 目之间为宜。被涂物的预热温度一般必须高于粉末涂料的熔融温度，但又要低于粉末涂料的分解温度。

表 8-1 流化床浸涂法涂装各种粉末涂料时的工艺条件

粉末涂料品种	预热条件/℃×min	浸涂时间/s	后加热条件/℃×min	冷却方法
环氧	(150～250)×(5～10)	2～3	(200～220)×(5～20)	放冷
聚乙烯	350×(5～8)	5	200×(2～4)	放冷
聚丙烯	260～370℃		(200～320)×(1～3)	放冷或水冷
聚氯乙烯	270×10	3～4	230×(1～2)	放冷
乙烯-乙酸乙烯酯共聚物	230～280℃	5	(180～200)×3	放冷
热塑性聚酯	380×5	2～6	190×10	放冷
聚酰胺(尼龙)	350×(5～10)	4～10	(220～230)×(2～3)	放冷或水冷
乙酸丁酸纤维素	260～320℃		(200～290)×(1～3)	放冷
聚四氟乙烯	430～540℃		(430～480)×(1～3)	放冷

粉末涂料的流化床浸涂法有以下优点。

① 一次涂装的涂膜厚度很厚，可以得到几百微米以上的厚涂膜，涂膜的耐候性、防腐蚀性和电绝缘性能很好。

② 涂装设备比较简单，又不需要粉末涂料的专用回收设备，故设备的投资也比较少。

③ 涂装时粉末涂料的损失很少，粉末涂料的利用率几乎达到百分之百。

④ 按涂料颜色准备粉末涂料流化床数目时，换色不存在任何问题。

粉末涂料的流化床浸涂法有以下缺点。

① 不容易薄涂，涂膜的均匀性差。

② 对结构比较复杂的被涂物和大型被涂物的涂装比较困难。

③ 被涂物必须预热，而且预热温度比较高，能量消耗比较大。

常用流化床浸涂法涂装的粉末涂料品种有环氧、聚乙烯、聚酰胺（尼龙）、乙烯-乙酸乙烯酯共聚物（EVA）、乙酸丁酸纤维素、热塑性氟树脂等。流化床浸涂法适用于小型被涂物，例如电机的定子、异型管、阀门、电冰箱货架、洗碗机篮子、自行车货篮、鸟笼等，近年来也用于中型管道的内外壁涂装，用得最多的是高速公路两旁的金属护栏网和铁路两旁金属护栏网的涂装。

随着公路、铁路、机场等交通设施的发展，为交通安全考虑，世界各国愈来愈重视道路的防护和安全措施等问题。因为镀锌网、刷漆网、铁刺网等的防锈性差，美观性也不怎么好，所以美观性好、防锈性和耐候性好的粉末涂料涂装的金属护栏网得到重视，并迅速普及推广应用。另外，临时建筑工地的围栏和一些用地的围栏等方面也用这种产品。这里介绍厦门宏辉实业有限公司生产中使用的JST-D 2000/3000型流化床浸涂金属护栏网的设备，以帮助读者了解该涂装线的具体情况。

JST-D 2000/3000型流化床浸涂涂装线的主要工艺流程为：工件上线→预热→流化床浸涂→烘烤炉中熔融流平→冷却→卸件。主要生产设备包括工件悬挂输送设备、预热工件炉、流化床槽、升降装置、振动装置、烘烤炉、控制柜等（见图8-4）。这套设备的主要技术参数见表8-2。

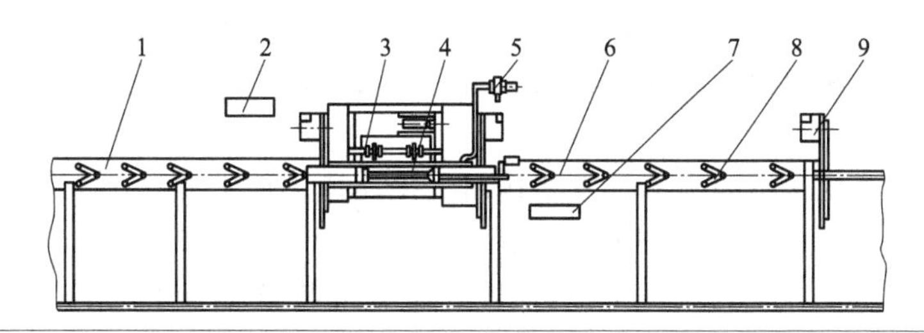

图8-4 JST-D 2000/3000型流化床浸涂设备布局

1—预热炉；2—电热控制柜；3—流化床槽及升降装置；4—振动装置；5—流化风机；6—烘烤固化炉；7—操作控制柜；8—热风循环装置；9—炉门传动装置

表8-2 JST-D 2000/3000型流化床浸涂设备主要技术参数

序号	项目	技术参数
1	可浸涂最大工件尺寸/mm	3000×2000×400
2	护栏护网基材直径或厚度/mm	1～6
3	工件吊架节距/mm	3600
4	输送链运行速度/(mm/s)	600
5	吊架负荷/(kg/架)	80
6	流化床槽升降速度/(mm/s)	450
7	流化床槽最大升程/mm	2500
8	流化床槽有效尺寸/mm	3200×2200×500
9	流化床槽装粉量/kg	2500
10	预热炉功率/kW	357
11	预热炉最高温度/℃	400
12	烘烤炉功率/kW	144
13	烘烤炉最高温度/℃	300
14	流化风机风量/(m^3/min)	5.5
15	流化风机风压/kPa	29.42
16	输送链总长度/m	68.4
17	设备总重/t	约30

涂装线的悬挂输送系统由一条悬挂输送链贯穿整个机组。由电磁制动电机、行星摆线针轮减速器直联而成的传动装置，经链条传动至悬链驱动机体，以履带直线形式驱动输送运行。该系统的驱动电机采用交流变频调速系统控制，启动和制动平稳，惯性小，平均运行速度高。

这条涂装线的预热炉全长 10.8m、高 4m，炉体结构参见图 8-5。采用电热丝加热，空气对流方式，工作温度一般为 370℃左右，总功率为 357kW，加热体分布在炉体底部，分为 7 组分段进行温度控制，每段由 3 组电热丝组成。炉内顶部设置 7 组热循环风机，导流叶轮可将炉膛内的热空气垂直抽入顶部风室，然后通过侧面的风道排向炉膛底部，使热气流对流，炉内各段温度均匀。

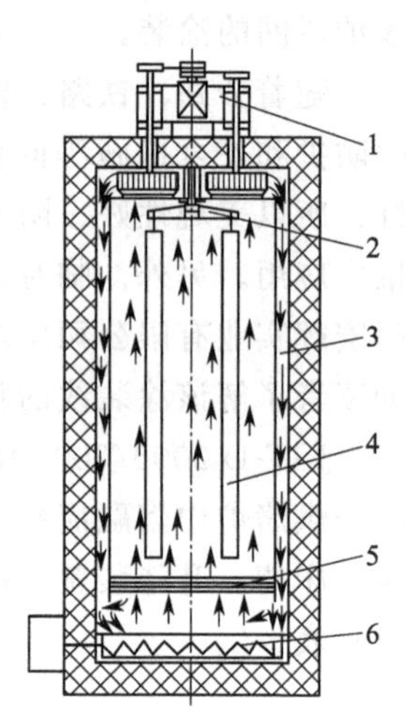

图 8-5　预热炉炉内结构示意

1—热风循环装置；2—吊架；3—侧风道；4—被涂工件；5—遮辐导流板；6—电热丝

涂装线的流化床槽为金属结构的箱型容器，由气室和粉末涂料槽构成，两者之间以有微孔的透气隔板上下隔开。净化而干燥的压缩空气，经气室通过微孔透气板，进入有粉末涂料的流化槽中，使粉末涂料在流化槽中形成流化状态。

升降装置由传动系统、固定架和升降架等几个部分组成，并安放在预热炉和烘烤固化炉之间。当被预热工件输送到流化床槽上面时，升降装置将流化床槽提升，使工件浸入以后，又将流化床槽返回到原来位置。

振动装置位于流化床槽的上方，主要作用是振动掉工件上的浮粉，振动时间可控制在 5～15s 内的任意时间。

烘烤炉全长 7.2m，加热功率为 144kW，其结构与预热炉相同，主要是浸涂粉末涂料的工件的表面熔融流平、固化。

若涂装的是聚乙烯粉末涂料，在上述涂装线上，预热温度为 300～400℃，时间为 2～8min；浸涂条件是常温，时间为 2～10s；烘烤熔融流平温度为 200～250℃，时间为 1～6min；冷却可用冷风或水等。涂层的厚度为 0.4～0.7mm，当基材的厚度均匀时，涂层的厚度偏差在±0.05mm。这种涂层的外观平整光滑，色泽鲜艳，手感柔和，对底材的结合力较好，人工加速老化可达 3000h 以上，涂层颜色无明显变化，表面无裂纹、无锈斑，预测户外使用可达 10 年以上。

用聚乙烯等热塑性粉末涂料，以流化床浸涂法涂装交通护栏网有如下优点。

① 生产效率高。可以采用全自动化控制，一条生产线一天可以涂装 1～2km 护栏网。

② 产品质量好。涂装产品外观平整光滑，美观，手感好；涂层的防锈性能、耐候性以及电绝缘性能也好。

③ 节省原材料。粉末涂料的利用率很高，利用率达 99%以上，不需要粉末涂料回收设备，可以节省原材料。

④ 环境保护好。涂装体系可采用封闭体系，可以做到粉末涂料不往外逸出；采用全自动涂装体系，可以避免粉末涂料对环境污染和人体的危害。

⑤ 生产易操作。生产工艺比较简单，容易实行自动化生产，不需要很熟练的操作技术。

第三节 静电粉末涂装法

静电粉末涂装法是运用高压电场的感应效应或摩擦带电效应，使粉末涂料和被涂物受到感应而分别带上相反电荷，从而把带电荷的粉末涂料吸附到带相反电荷的被涂物上面，然后被涂物经过熔融流平、烘烤固化得到涂膜的涂装方法。对于热塑性粉末涂料只需要熔融流平就可以，而热固性粉末涂料是经过熔融流平以后，还需要交联固化成膜。这种涂装方法是当前粉末涂料涂装方法中应用得最多、最广的涂装方法。

代表性的快速换色双喷粉室单烘烤固化炉的静电粉末喷涂生产线见图8-6。

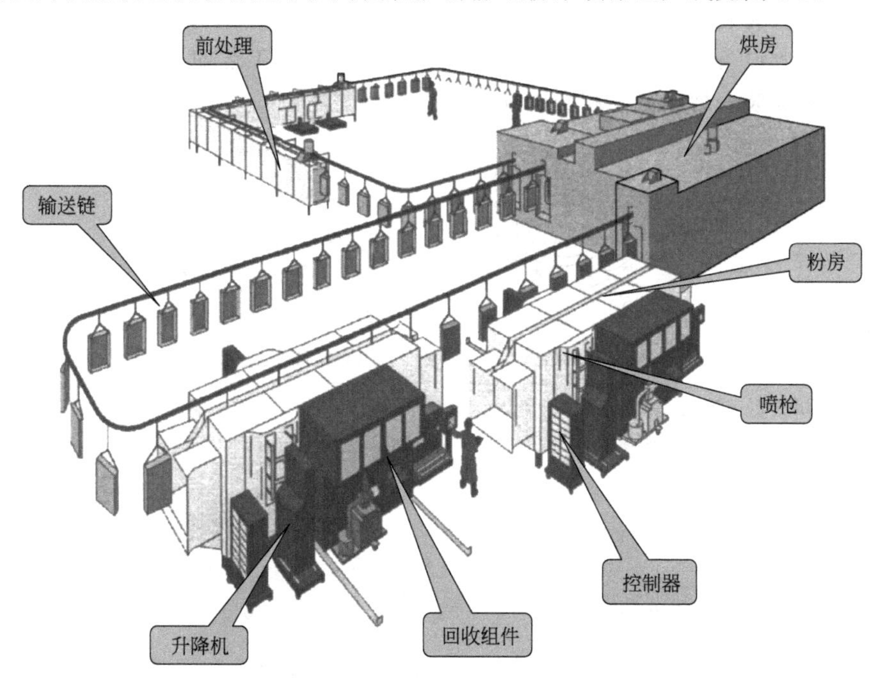

图8-6 快速换色双喷粉室单烘烤固化炉静电粉末喷涂生产线示意

在静电粉末涂装中，提高粉末涂料的带电能力可以提高上粉率，粉末涂料的带电能力与粉末涂料颗粒的带电量有关系。根据库仑定律，在一定时间内粉末涂料颗粒的带电量可以用下式表示：

$$Q_s = 3\pi\varepsilon_0 \times \frac{\varepsilon - 1}{\varepsilon + 2} \times d^2 E$$

式中 Q_s——粉末涂料颗粒的带电量；

ε_0——绝对介电常数；

ε——粉末涂料颗粒介电常数；

d——粉末涂料颗粒的粒径；

E——外加电场强度。

粉末涂料的带电量与粉末涂料粒径的平方成正比，增大粉末涂料的粒径可以提高粉末涂料的带电量；选择介电常数高的粉末涂料可以增加粉末涂料带电量；提高粉末涂装的静电电压，可以增加电场强度，也可以提高粉末涂料的带电量。这些增加粉末涂料带电量的措施，有利于提高静电粉末涂装的上粉率。

静电粉末涂装法可分为高压静电粉末涂装法和摩擦静电粉末涂装法两种，这两种涂装法的基本原理见图 8-7。从图中可以看出，在高压静电喷涂法中，当粉末涂料通过电晕放电针时带负电荷，由于静电吸附作用附着到带正电荷的被涂物上面，然而由于静电屏蔽作用，粉末涂料不能附着到被涂物凹进去的内表面；而在摩擦静电粉末涂装法中，粉末涂料通过摩擦静电喷枪时带正电荷，由于静电吸附作用附着到带负电荷的被涂物上面，而且粉末涂料可以附着到被涂物凹进去的表面。关于高压静电喷枪和摩擦静电喷枪的差别和特点等内容将在第九章“静电粉末涂装设备”中的第一节“静电粉末喷枪”中详细介绍。手工静电粉末喷涂的基本设备是由供粉桶、输粉泵、控制器和喷枪等组成，手工静电粉末喷涂原理见图 8-8。静电粉末涂装法的设备包括供粉设备、静电粉末喷涂装置、空气压缩机、油水分离器、喷粉室、粉末涂料回收设备和烘烤炉等。静电粉末涂装法的涂装工艺如下:被涂物的表面（前）处理→静电粉末涂装→熔融流平和交联固化→冷却→产品。

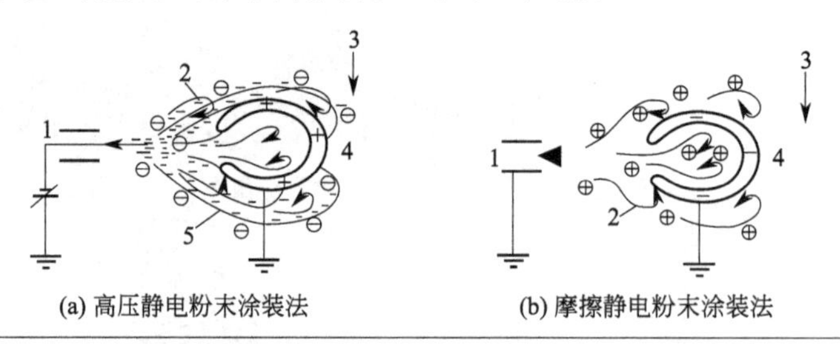

图 8-7 高压静电和摩擦静电粉末涂装法的基本原理

1—喷枪；2—空气流；3—重力；4—被涂物；5—电场线

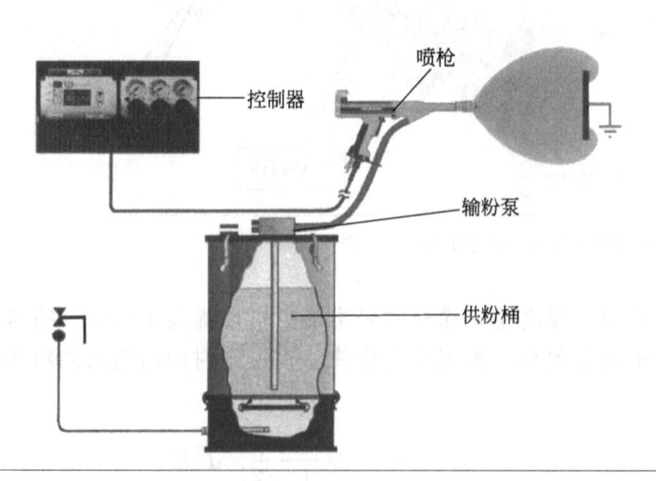

图 8-8 手工静电粉末喷涂设备组成和喷涂原理

在静电粉末喷涂时，如果涂膜厚度在 150μm 以下，则被涂物不需要预热，可以直接喷涂，这种涂装法叫冷喷涂法；对于涂膜厚度要求在150μm以上时，必须把被涂物预热到粉末涂料熔融温度以上进行喷涂，这种喷涂法叫热喷涂法。静电粉末喷涂用粉末涂料的粒度分布要求在15～90μm，高压静电喷涂的一般电压为30～90kV，更多的是40～80kV，电压太低时带静电效果不好，电压太高时对人体健康有害，也存在其他安全隐患。

静电粉末冷喷涂法有如下优点。

① 被涂物不需要预热，经表面（前）处理后可以直接进行静电粉末涂装。

② 适用于涂膜厚度在50～150μm的涂膜，随着今后粉末涂料微细化和薄涂层技术的发展，能够涂装更薄的涂膜。

③ 对各种粉末涂料的适应性强，几乎所有粉末涂料品种都适用。

④ 喷逸的粉末涂料可以回收再用，涂料的利用率很高，利用率在98%以上。

⑤ 涂装设备操作方便，涂膜厚度容易控制，也容易实现自动化流水线作业。

⑥ 对于各种形状和大小的被涂物，包括管道内外壁都可以涂装，适用的被涂物范围很广。

静电粉末冷喷涂法有如下缺点。

① 不能直接使用溶剂型或水性涂料的涂装设备，需要专用的涂装设备和粉末涂料的回收设备，设备的投资大。

② 更换粉末涂料树脂和颜色品种比溶剂型涂料或水性涂料麻烦。

静电粉末热喷涂法有如下优点。

① 一次涂装的涂膜厚度可达几百微米，适用于厚涂层的涂装。

② 适用于喷涂被涂物有气孔（砂眼）的热轧钢板、铸铁件、铸铝件和热容量很大的被涂物。

③ 对于各种树脂品种的粉末涂料都可以使用。

④ 对于各种形状和大小的被涂物，包括管道内外壁都可以涂装。

静电粉末热喷涂法有如下缺点。

① 涂膜厚度的均匀性不好控制，涂膜太厚时容易流挂。

② 因为被涂物需要预热，比起冷喷涂工艺需要增加预热设备，对于热敏感性的粉末涂料，喷逸的粉末涂料回收再用有困难。

目前国内大部分装饰性的热固性粉末涂料和相当一部分的热固性防腐粉末涂料都使用静电粉末涂装法进行涂装。由于设备投资和粉末涂料品种及价格等问题，在我国高压静电粉末涂装法占的比例很大，而摩擦静电粉末涂装法占的比例很小。

第四节 静电流化床浸涂法

静电流化床浸涂法是流化床浸涂法和静电粉末涂装法相结合的粉末涂料涂装法。这种涂装法的基本原理参见图8-9。这种涂装设备是在流化床浸涂法中的流化床多孔板下面安装许多电极，当电极上通高压直流电时，流化床中的空气因电离而带电荷。当带电荷的空气离子和粉末涂料相碰撞时，发生电荷转移，使粉末涂料带电。这时粉末涂料带负电荷，被涂物接地带正电，由于静电吸引力使粉末涂料吸附到被涂物上面。被涂物烘烤时，若喷涂的是热塑性粉末涂料，那么只需要熔融流平、成膜；若喷涂的是热固性粉末涂料，在熔融流平的同时还要交联固化成膜。静电流化床浸涂用粉末涂料的粒度分布要求 15～100μm，所用电压范围为 30～120kV。这种涂装法的涂装设备包括静电流化床、空气压缩机、油水分离装置、高压静电发生装置和烘烤炉等。静电流化床浸涂法的涂装工艺如下：被涂物表面（前）处理→静电流化床浸涂→熔融流平或熔融流平交联固化→冷却→产品。

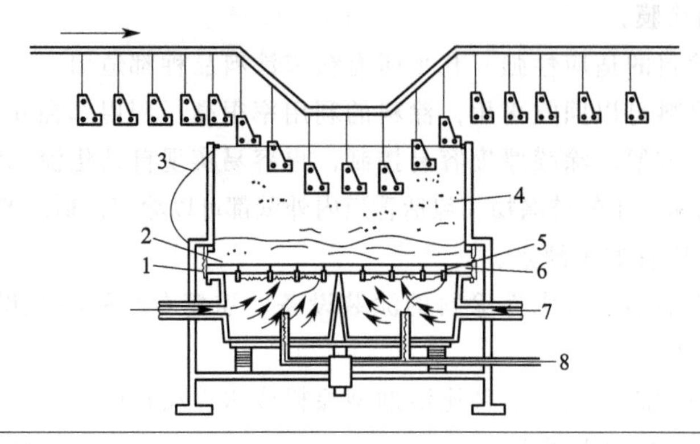

图 8-9　静电流化床浸涂法基本原理

1—振动绝缘材料；2—粉末涂料；3—接地电线；4—荷电流化粉末涂料；
5—电极；6—多孔板；7—流化用压缩空气；8—高压电

静电流化床浸涂法有如下优点。

① 被涂物不需要预热，经表面（前）处理后可以直接进行静电流化床浸涂。

② 涂装设备投资少，不需要粉末涂料回收设备。

③ 涂装时粉末涂料的损失少，利用率高，粉末涂料的利用率几乎达到百分之百。

④ 设备操作比较简单，涂膜的厚度容易控制，容易实现自动化流水线生产。

静电流化床浸涂法有如下缺点。

① 涂装电压较高，操作安全性比静电粉末涂装法和流化床浸涂法差。

② 不适合大型被涂物的涂装，只适用于小型物品的涂装。

适用于静电流化床浸涂法涂装的粉末涂料品种有环氧、聚乙烯、聚丙烯、乙酸丁酸纤维素、氯化聚醚、聚苯硫醚等。这种涂装方法主要用于小型物品的批量生产，例如小型电机、电容、电阻、金属导线、金属网、弹簧等产品的涂装。在国内还没有大量推广应用的报道。

第五节
真空吸引（减压抽取）涂装法

真空吸引（减压抽取）涂装法是适用于静电粉末涂装法无法涂装的小口径管子内壁的涂

装方法。这种涂装法有 Pro-Vac 法和 Lurgi 法。真空吸引法中的 Pro-Vac 法的涂装工艺见图 8-10。按这种涂装方法，将表面（前）处理的管子预热到适当温度，先关闭 V_1～V_6 阀门，用真空泵把真空罐抽真空。从烘烤炉取下待涂装管子固定在夹具上，然后开启阀门 V_2 使管子内部成真空状态，并关闭 V_2。接着瞬间打开阀门 V_1，这时粉末涂料瞬间充满管道里，未接触管壁的粉末涂料就进入过滤器里，然后关闭阀门 V_1，同时打开阀门 V_3、V_4。经适当时间后打开阀门 V_5，使留在过滤器中的粉末涂料再进入管子内部进行涂装，多余的粉末涂料进入回收装置，然后关闭阀门 V_3、V_4，回收粉末涂料到粉末涂料槽。管子内壁涂膜厚度取决于阀门 V_1 的开启时间和次数、管子加热温度、阀门 V_5 的开闭时间等因素。如果粉末涂料槽是流化床，那么这种体系的涂装效果更好。

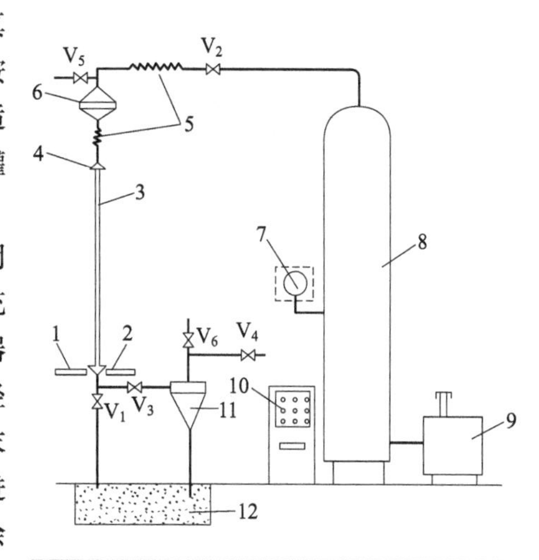

图 8-10　真空吸引（减压抽取）法中的 Pro-Vac 法涂装工艺

1—操作台；2—夹具；3—加热管子；4—夹具；5—软接头管；6—过滤器；7—真空表；8—真空罐；9—真空泵；10—控制板；11—回收装置；12—粉末涂料槽

大多数的粉末涂料品种适用于真空吸引涂装方法涂装，国内在自来水管等小口径管子的粉末涂装方面已经推广应用。

第六节 火焰喷涂法

火焰喷涂法是粉末涂料通过高温气体火焰时，被熔融后喷涂到被涂物上面，经流平或交联固化成膜的涂装方法。被涂物是经过预热后喷涂还是直接喷涂，取决于所用粉末涂料品种，而且喷涂后附着的粉末涂料可直接用火焰喷枪的热量来熔融流平或交联固化成膜。火焰喷涂的主要设备和喷枪的结构见图 8-11。一般被涂物用火焰喷枪或焊枪预热到粉末涂料熔融温度以上，对聚乙烯粉末涂料不需要预热。

火焰喷涂法有如下优点。

① 不需要烘烤炉，可以在现场进行涂装。

② 因为采用粉末涂料熔融法进行涂装，涂膜厚度可以达到 500μm 以上。

③ 不需要粉末涂料的回收设备。

④ 不需要经烘烤炉烘烤，为大型被涂物的涂装提供了方便。

⑤ 适用于静电粉末涂装管道或被涂物的现场修补。

火焰喷涂法有如下缺点。

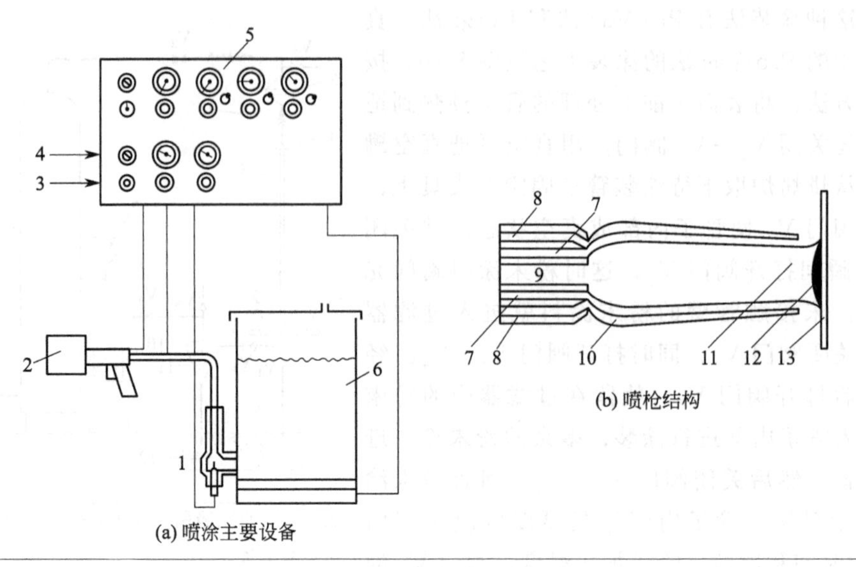

图 8-11 火焰喷涂法的主要设备和喷枪的结构

1—喷射器；2—火焰喷枪；3—丙烷气；4—压缩空气；5—控制板；6—粉末涂料槽；7—冷却空气；8—燃料气体（丙烷、空气）；9—树脂粉末；10—火焰喷枪头；11—熔融树脂；12—涂膜；13—被涂物

① 涂膜厚度不易控制，涂膜厚度的均匀性差。

② 适用的粉末涂料品种有限。

③ 不适用于大面积和大批量涂装。

采用火焰粉末喷涂法的粉末涂料主要是热塑性粉末涂料，例如乙烯-乙酸乙烯酯共聚物（EVA）、聚乙烯、聚酰胺（尼龙）、聚苯硫醚、聚氟树脂等粉末涂料；热固性粉末涂料中主要是快速固化环氧粉末涂料等。火焰喷涂法有时用来作为静电粉末喷涂或流化床浸涂被涂物的现场修补；粉末喷涂钢管的接口或大型贮槽的内壁涂装；还可以用在化工重防腐蚀的管件或者耐候型构造物、桥梁等的涂装和修补。

第七节 电场云涂装法

电场云（electric field cloud）涂装法是静电粉末涂装法的改进型涂装法，这种涂装法的示意见图 8-12。用空气吹进流动状态的粉末涂料，送入两块垂直方向排列的电极 A 与电极 B 之间，使粉末涂料带电。被涂物从两电极之间穿行而过，带电的粉末涂料就吸附在被涂物上，完成粉末涂料的涂着过程。在装置的底部是粉末涂料的流化床，由喷射器吸出粉末涂料，从装置上部的喷嘴喷射粉雾。通过控制从喷射器吸出的涂料量和对流喷射器的空气量，可以控制装置内的粉末涂料浓度。喷逸粉末涂料的一部分在装置内循环，由于带电附着于被涂物；另外一部分就回到流化床。为了防止粉末涂料从被涂物进出口外逸，设置了排风罩，排风由集尘装置来完成。装置整体是用绝缘塑料制作的，使装置内涂料附着得少。

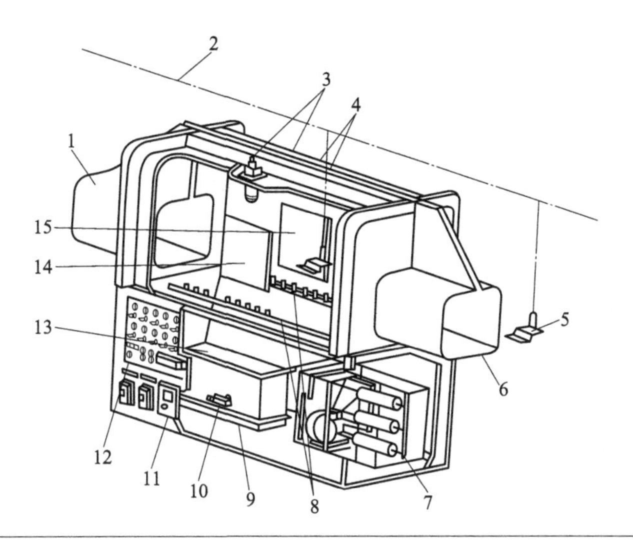

图 8-12　电场云粉末涂装装置示意

1，6—排风罩；2—传送带；3—涂料喷嘴；4—传送带缝隙用气室；5—被涂物；7—集尘装置；8—产生对流喷射器；9—流化床槽；10—喷射器；11—传送带控制板；12—涂装体系控制柜；13—粉末涂料；14—电极 B；15—电极 A

电场云粉末涂装法与静电粉末喷涂法的比较见表 8-3。

表 8-3　电场云粉末涂装法与静电粉末喷涂法的比较

比较项目	电场云粉末涂装法	静电粉末喷涂法
开始的设备费比例	1.0	1.7
设备占地面积比例	1.0	2.0
粉末涂料输送	不需要	需要
粉末涂料有效使用率/%	95～97	70 左右
涂膜厚度的控制/μm	10～80	40～120
涂膜装饰性	很好	稍差(轻微橘皮)
运转动力消耗比例	1.0	1.5
维修设备性能	消耗品少	消耗品多
操作性	容易	需要调整多支喷枪
棱角部位涂膜厚度均匀性	棱角部位不厚,均匀	棱角部位厚,不均匀
振动或受撞击时掉粉情况	库仑力大,不容易掉粉	容易掉粉
粉末涂料老化	电压低,老化影响小	电压高,老化影响大
锤纹、花纹等美术型涂装	容易得到	不容易得到
粉末涂料的电离排斥	涂膜薄,不易产生	涂膜厚,容易产生
换色	装置内换色难,但设备小,整体设备移动方式一个颜色一台设备,3～5min可换色	设备是大型的,用喷粉室移动方式换色较困难

电场云粉末涂装法有如下的优点。

① 粉末涂料的使用率高，粉末涂料的使用量是静电粉末喷涂法的 1/2～2/3，大幅度降低粉末涂料的使用量。

② 容易做到粉末涂料的薄涂，可以做到 10～20μm 的厚度。

③ 涂膜平整性好，可以得到溶剂型涂料的装饰效果。

④ 开始投资的设备费用少。

⑤ 设备占据空间小，与静电粉末喷涂系统相比，只占它的 1/2～2/3 空间。

⑥ 施加电压低，棱角部位涂膜比较均匀。

唯一的缺点是设备内部，用清扫的方法换色有困难。

用于涂装中等大小物品的涂装设备规格举例如下：

① 传送带（输送带）速度　常用 2500mm/min，最高 3500mm/min；

② 挂具间距　300mm；

③ 高宽尺寸（$H \times W$）　1000mm×300mm；

④ 电极长度　1100mm；

⑤ 电极电压　0～（－）50kV；

⑥ 粉末涂装设备约 1500kg，控制柜 200kg；

⑦ 电源　AC 200V，三相，7kW；

⑧ 气源　0.69kPa，2500NI，－30℃冷却空气净化。

这种涂装设备的结构和功能如下：

① 粉末槽　1 个（下部是粉末涂料流化床，上部设置 4 个回收粉末漏斗，左右侧面是粉末电极围起来）；

② 粉末流化床　1 台（粉末槽振动的同时，通过过滤器，从下往上吹空气使粉末涂料流化装置）；

③ 电极　双式（左侧 6 支，右侧 6 支。电极中有电阻，垂直排列设置，使粉末涂料带电的装置）；

④ 排风罩　入口和出口各 1 个；

⑤ 高压发生器　1 台（电压为 50kV，电流 1mA）；

⑥ 高压连接箱（从高压发生器把电压往各电极分配的装置）；

⑦ 控制柜和控制器。

这种涂装设备适用于涂装复印机零件、空调器、健身器材、铲车零件、冷冻机部件、汽车部件、水管接头等。

第八节 其他涂装法

除上述涂装法外，还有静电振荡法、静电隧道式涂装法等。静电振荡涂装法的示意见图 8-13。这种涂装法在四方形涂装箱的箱体侧面和底部都装有电极作为负极，被涂物则悬挂在涂装箱的中部作为正极。当线路接通 50kV 高压电时，电压周期性地变化，这时两极之间的粉末涂料出现激烈的振荡。

粉末涂料从上面漏斗撒下时带负电荷，由于静电吸附作用粉末涂料就附着到带正电荷的被涂物上面。当涂装热塑性粉末涂料时，在烘烤炉里烘烤时只需要熔融流平；而用热固性粉末涂料涂装时，在熔融流平的同时还要交联固化成膜。这种涂装法的被涂物不需要预热；粉末涂料可以回收再用，涂料的利用率几乎是百分之百；设备体积小；大多数粉末涂料都可以用。这种涂装法的不足之处是只适用于小型物品的涂装，例如汽车和拖拉机的工具、小型部件等。虽然 20 世纪 70 年代后期有的单位使用过该法，但是后来没有大范围推广应用。

静电隧道式涂装法的示意见图 8-14。这种涂装法是先用静电粉末涂装法把粉末涂料喷涂到被涂物上面，然后将被涂物送到内壁涂覆导电体的隧道中，这时被涂物和内壁之间形成电场。当从喷粉室往隧道吹进空气时，未喷涂上去的粉末涂料就进入隧道，并带有负电荷被吸附到带正电荷的被涂物上面。采用这种涂装法仅仅是为了提高静电粉末涂料的涂着效率。除此之外，优点不多，故实际生产中应用极少。

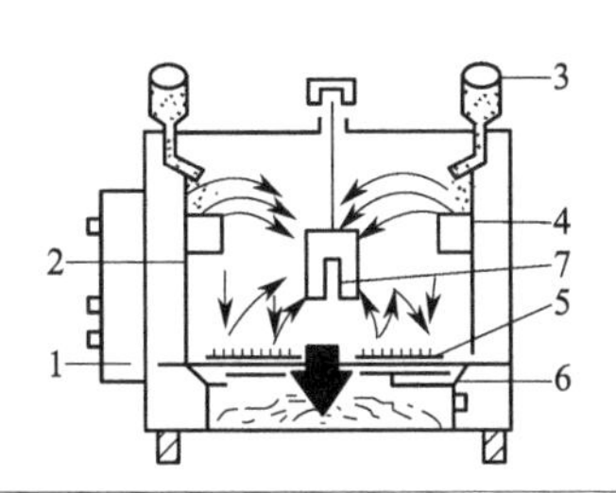

图 8-13 静电振荡涂装法示意

1—控制板；2—涂装箱；3—粉末漏斗；4—侧面电极；5—上面电极；6—下面电极；7—被涂物

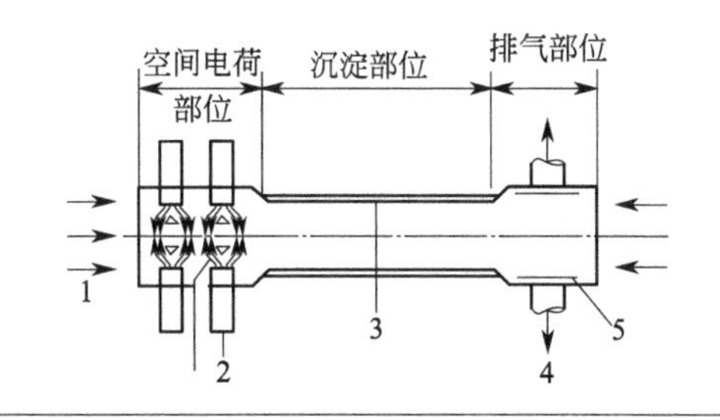

图 8-14 静电隧道式涂装法的原理

1—稀释空气；2—喷枪；3—导电涂层；4—排气；5—扩散器

第九章
静电粉末涂装设备

目前，对热固性粉末涂料来说，无论是装饰性粉末涂料或者是防腐蚀粉末涂料，用得最多、最广的是静电粉末涂装法。这种涂装法的设备与传统的溶剂型或水性涂料的涂装设备相比较，有许多特殊的地方。本章主要介绍静电粉末涂装设备，包括静电粉末喷枪、供粉装置、喷粉室、粉末涂料回收设备等关键设备的具体情况。

第一节
静电粉末喷枪

静电粉末喷枪是静电粉末涂装设备中的重要组成部分，也是粉末涂装的关键设备。静电粉末喷枪一方面使粉末涂料带静电；另一方面把带静电的粉末涂料输送到被涂物表面。静电粉末喷枪是由粉末喷枪、高压静电发生器、空压机、电压和气压调节器等配件组成。

根据粉末涂料的带电方式不同，静电粉末喷枪大体分为两大类，一类是喷枪端部加30～100kV高电压，由于喷枪端部针状电极的电晕放电，使粉末涂料颗粒带上负电荷，这种喷枪叫做电晕放电式静电粉末喷枪。另一类是粉末涂料通过喷枪管内时，粉末涂料颗粒与喷枪管内壁接触碰撞和摩擦使粉末涂料带正电荷，这种喷枪叫做摩擦荷电静电粉末喷枪。

一、电晕放电式静电粉末喷枪

电晕放电式静电粉末喷枪是长期以来在国内外市场上主要使用的类型，这种类型喷枪的示意见图9-1。它由高压静电发生器（由高频变压器和升压回路组成）、电晕放电电极（由针电极和环状电极组成）、喷束调节器、枪体、高压电缆、压缩空气和粉末涂料调节阀及输送管子等组成。这种装置是利用静电发生器在喷枪和接地被涂物之间产生静电场，粉末涂料喷涂进入电场后带上静电荷，然后吸附到被涂物上。具体来说，粉末涂料是用气流通过管道输送至喷枪管内，从喷枪管前面喷出，由于喷枪内部针电极的电晕放电，喷出的粉末涂料都带上负电荷，带负电荷的粉末涂料粒子离开喷枪管出口，即向被涂物方向前进，由于粉末涂料带负电荷而被涂物带正电荷，粉末涂料被吸附到被涂物上面完成了喷涂任务。粉末涂料粒子表面所带电荷量与静电场强度和粉末涂料粒子在电场中停留时间有关。电场强度与电极电压成正比，与被涂物和喷枪之间的距离成反比。

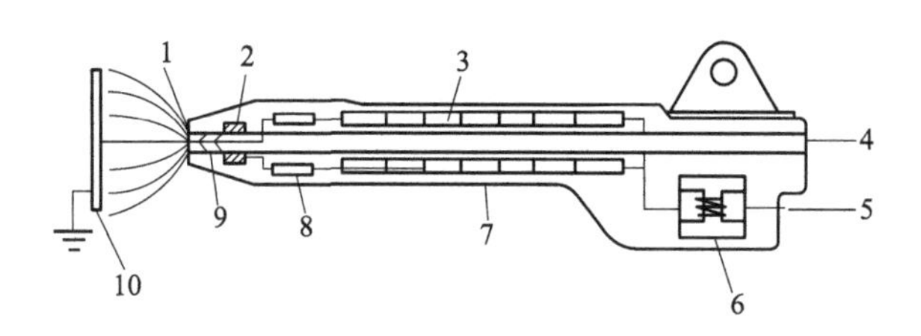

图 9-1　电晕放电式静电粉末喷枪结构

1—喷束调节器；2—环状电极；3—升压回路；4—粉末+空气；5—低电压；
6—高频变压器；7—枪体；8—保护电阻；9—针电极；10—被涂物

静电粉末涂装工艺开发推广初期，高压静电发生器跟喷枪是分开的，用高压电缆相互连接，这种设备在使用时很不安全。随着电器零件的小型化和真空树脂浇注技术的提高，现在很多设备的高压发生器可装在喷枪内部，这种喷枪的喷涂原理见图 9-2。从低电压电源提供的电，经过喷枪内部的多段升压装置转换成高压电，施加到喷枪端部的电晕放电电极或环状电极时，电极放电使周围的空气离子化，同时喷枪端部和被涂物之间产生电场，被涂物通过接地诱导带正电。静电粉末喷枪根据电极的位置和荷电的特性又分为外部荷电式静电粉末喷枪和内部荷电式静电粉末喷枪，不同荷电方式喷枪的结构和喷涂效果见图 9-3。两者的主要区别在于，前者是粉末涂料经过喷枪口时荷电，由于静电屏蔽效应，不适合喷涂凹面被涂物，适用于喷涂平面状被涂物；后者是粉末涂料经过喷枪内部时荷电，被涂物和喷枪之间没有电场影响，对于比较复杂形状的被涂物也能得到较均匀涂膜。另外还有外部荷电和内部荷电相结合的静电粉末喷枪。

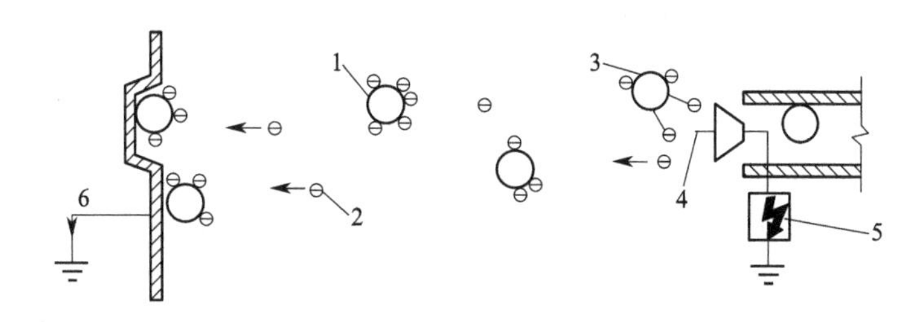

图 9-2　电晕放电式静电粉末喷枪的喷涂原理

1—带电良好的粉末涂料；2—负离子；3—离子附着中的粉末涂料；
4—电晕放电针；5—高电压电源；6—离子电流+粉末附着电流

电晕放电式静电粉末喷枪有如下优点：

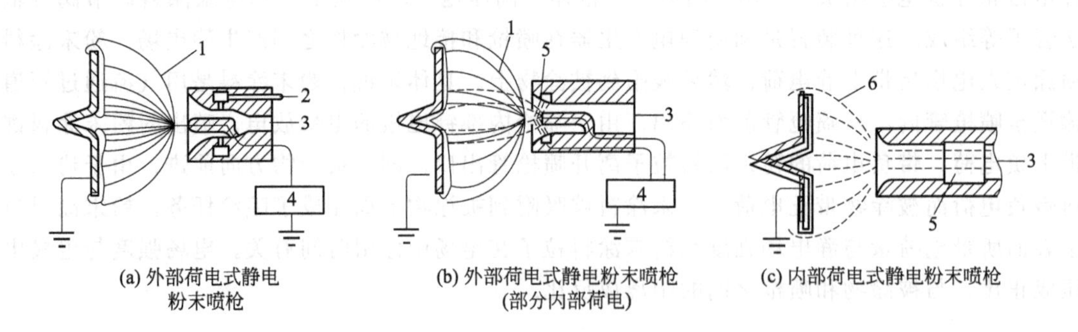

图 9-3 不同荷电方式喷枪的结构和喷涂效果

1—外部电场及电流；2—空气；3—粉末涂料；4—高压电源；5—内部荷电；6—带电粉末涂料

① 喷枪的适用范围广，采用不同带电方式的喷枪，可以满足各种不同形状和大小的被涂物的涂装，例如板、箱、网和管道内外壁等物品的涂装要求；

② 几乎所有粉末涂料都可以用电晕放电式静电粉末喷枪涂装，对各种粉末涂料品种的适应性强；

③ 涂膜的厚度比较容易控制，容易实现自动化流水线涂装；

④ 粉末涂装时，一次上粉率比摩擦荷电静电粉末喷枪高；

⑤ 喷逸的粉末涂料可以回收再用。

电晕放电式静电粉末喷枪有如下缺点：

① 由于静电粉末喷涂是空气电离，当粉末喷涂的粉末层过厚时，在粉末涂料吸附层的电离排斥作用下，涂膜容易形成凹凸不平整状态，外观不好；

② 使用高压静电，在生产安全方面需要引起注意；

③ 由于高压静电作用，设备附近的空气中容易产生游离离子，同时使环境中的粉尘也容易带电，带电粉尘容易落到涂膜上污染涂膜外观，形成颗粒、质点等弊病；

④ 当被涂物的结构复杂时，由于静电屏蔽作用，各部位的涂膜厚度均匀性差。

电晕放电式静电粉末喷枪更适用于电冰箱、空调、洗衣机、金属箱柜、天花板、液化气钢瓶等大面积被涂物的涂装，如果适当调整喷枪结构和喷枪的排列，大部分各种形状的小面积被涂物也可以进行涂装，但是涂装效果和效率比大面积的被涂物差一些。

近年来也开发了旋杯式静电粉末喷涂装置，这种喷涂装置的粉末涂料带静电原理与电晕放电荷电喷枪一样，主要区别是粉末涂料的雾化是利用空气涡轮使旋杯旋转起来实现。这种喷涂设备的粉末涂料输送装置与一般喷枪式粉末涂料输送装置类似，主要应用于面积大而平的被涂物，如电器和汽车车身等。

诺信公司开发了可以克服静电粉末喷枪的静电排斥（反电离效应）和静电屏蔽（笼）效应的带有离子收集器和粉末分散器的电晕荷电粉末喷枪，它改进了粉末涂装凹面喷涂效差甚至不上粉的问题，同时使涂膜外观变得更加细腻。这种新型附带离子收集器和粉末分散器的电晕荷电静电粉末喷枪外观示意见图 9-4；用常规电晕荷电静电粉末喷枪喷涂时的效果见图 9-5；用附带离子收集器的电晕荷电静电粉末喷枪喷涂时的效果见图 9-6。从示意图中可以看出这两种喷枪喷涂效果的明显差别，改进型可以使凹面的喷涂涂膜厚度更加均匀。

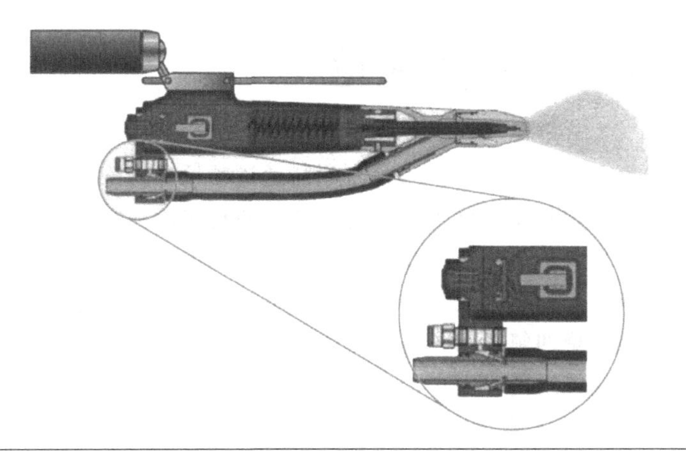

图 9-4　带有离子收集器和粉末分散器的电晕荷电静电粉末喷枪

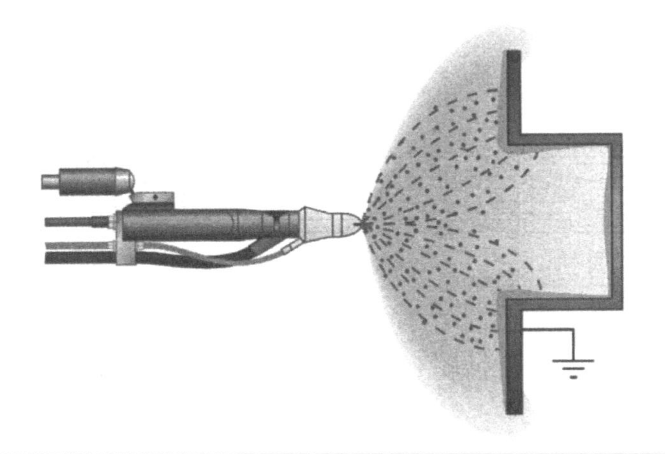

图 9-5　常规电晕荷电静电粉末喷枪喷涂效果

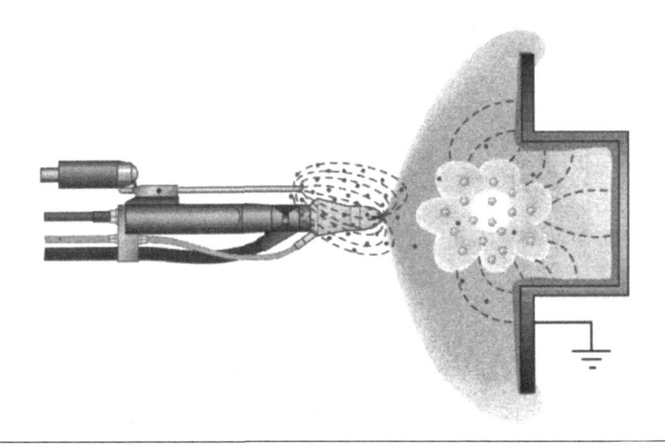

图 9-6　附带离子收集器的电晕荷电静电粉末喷枪喷涂效果

二、摩擦荷电静电粉末喷枪

摩擦荷电静电粉末喷枪结构复杂，当粉末涂料通过喷枪体内部时，粉末涂料与喷枪内壁碰撞、反复摩擦，与喷枪内管壁之间进行电荷分离，使粉末涂料荷电。这种粉末涂料接近被涂物时，由于粉末涂料自身所带电荷的作用，产生局部电场而吸附到带相反电荷的被涂物上面。摩擦荷电静电粉末喷枪的结构见图 9-7，摩擦荷电静电粉末喷枪的粉末喷涂如图 9-8 所示，当粉末涂料高速经过聚四氟乙烯（特氟龙）管的摩擦喷枪时，粉末涂料就摩擦带正电，带正电的粉末涂料喷涂到接地的带负电的工件时，由于正负电荷的吸引力，粉末涂料就吸附到工件上。影响粉末涂料粒子摩擦产生表面静电荷的因素如下：一是粉末粒子摩擦带电时间；二是粉末粒子的比表面积；三是用于传送粉末或与粉末接触的空气的干燥程度；四是配制粉末涂料树脂类型。摩擦喷枪的静电荷量，一般少于电晕放电荷电喷枪的静电荷量；摩擦电荷的极性与粉末涂料的树脂类型有关，也与摩擦材料有关。

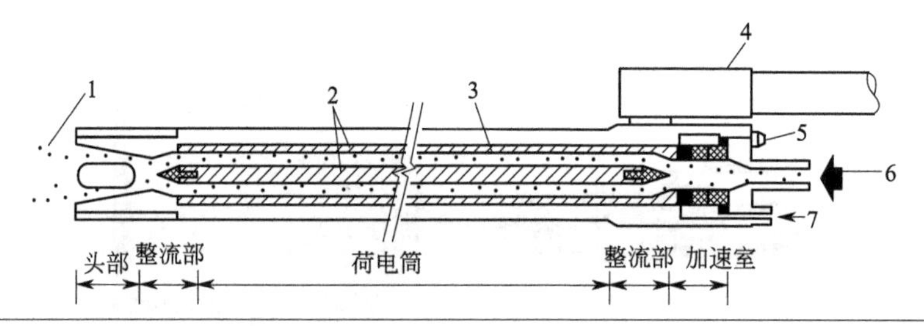

图 9-7　摩擦荷电静电粉末喷枪的结构

1—带电良好的涂料；2—荷电材料；3—荷电通路；4—把手；5—带电效率测定端子；6—涂料；7—加速空气

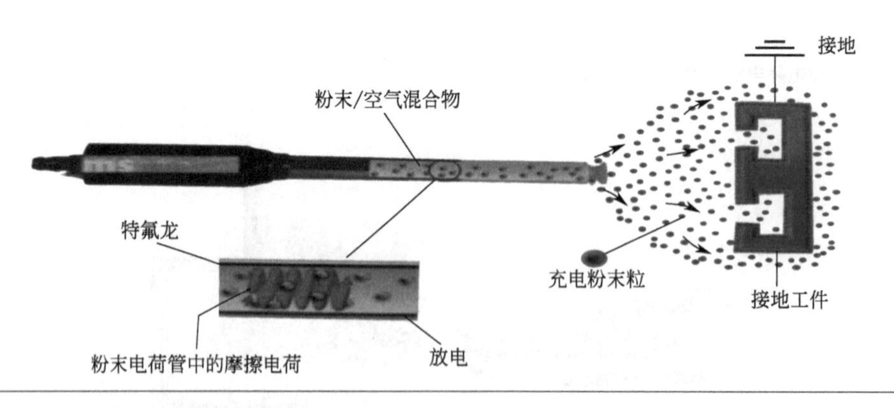

图 9-8　摩擦荷电静电粉末喷枪静电粉末喷涂

因为粉末涂料对摩擦喷枪内部管壁的磨损是不可避免的，所以喷枪的使用时间超过一定期限后，荷电效率将逐步下降而影响粉末涂料的涂装效率，枪管要定期更换。值得注意的是，不同粉末涂料品种的摩擦荷电效果不一样，不同纯树脂的带电序列为（＋）聚氨酯、环氧、聚酰胺、聚酯、聚氯乙烯、聚丙烯、聚乙烯、聚四氟乙烯（－）。因为粉末涂料的组成复杂，所以只能作为参考。为了满足静电摩擦喷枪的要求，对一些粉末涂料品种必须进行改性才能使用。

摩擦荷电静电粉末喷枪有如下优点：

① 因为不产生空气中的游离离子，所以在粉末涂料涂着层上不会产生电离排斥现象，也不会使部分涂着粉末脱落下来，因此涂膜外观的平整性比电晕放电荷电粉末喷枪喷涂的效果好；

② 在粉末喷涂过程中，不会产生空气中的游离离子，不会使空气中的粉尘带电，灰尘不会附着到被涂物上造成涂膜的污染；

③ 不需要高压静电发生器，使用安全性比较好；

④ 因为在静电粉末涂装中不产生静电屏蔽效应，所以也适合喷涂有凹部位形状复杂的被涂物。

摩擦荷电静电粉末喷枪有如下缺点：

① 对粉末涂料有一定的选择性，环氧-聚酯和聚酯粉末涂料必须进行改性才能使用；

② 粉末涂料的上粉率比电晕放电式静电粉末喷枪低；

③ 枪管要定期更换；

④ 粉末涂料的带电性能容易受环境湿度的影响。

为了得到满意的喷涂效果，在摩擦荷电静电粉末喷枪上配备了各种形状的喷头（见图9-9），可以喷涂形状复杂的被涂物，一个喷枪可以同时喷许多个部位；而且采用不同形状的喷嘴（见图9-10）可以涂装不同形状和要求的被涂物，例如扁平式喷嘴的粉末喷出速度快，适用于喷涂凹下去很深的被涂物；多孔型喷嘴使粉末涂料粒子扩散，喷出速度慢，形成缓和的喷束；圆管式喷嘴介于上述两者之间。

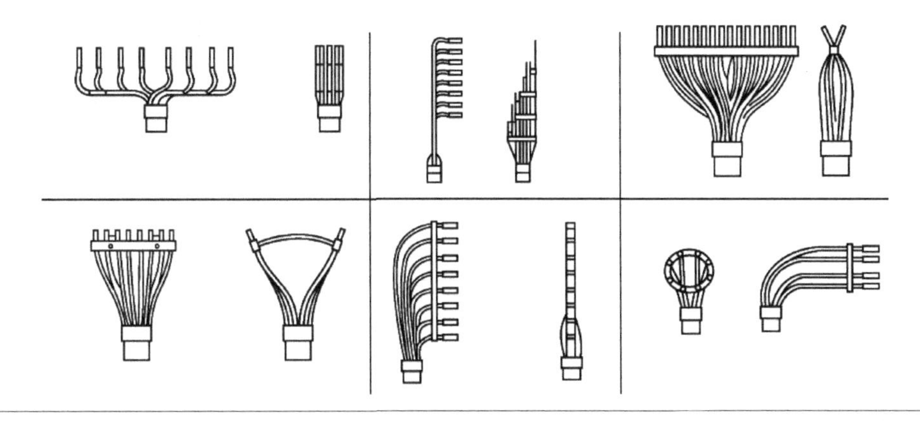

图 9-9　摩擦喷枪的不同形状喷头

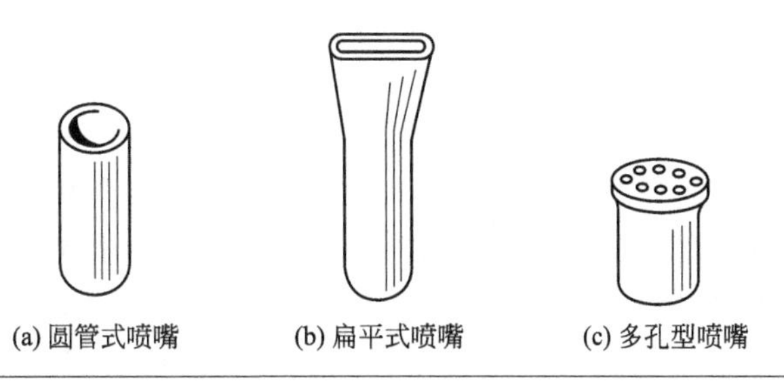

图 9-10　不同形状的摩擦喷枪喷嘴

电晕放电式静电粉末喷枪和摩擦荷电静电粉末喷枪的性能特点和喷涂效果比较见表9-1，要根据被涂物的形状和涂装要求选择合适的喷枪。为了充分发挥两种喷枪的优点，还研究开发了电晕放电荷电和摩擦荷电相结合的复合式粉末喷枪（见图9-11）。如上所述，电晕放电式静电粉末喷枪更适用于大面积平面状物体的涂装；摩擦荷电静电粉末喷枪适用于形状复杂的物体，如变压器、散热器等的涂装；复合式喷枪适用于形状不太复杂、面积不太大的物体，如空调器、弹簧等的涂装。

表9-1 电晕放电式和摩擦荷电静电粉末喷枪的比较

项目	电晕放电式荷电		摩擦荷电
	喷枪外部荷电	喷枪内部荷电	
粉末涂料上粉率	很好	良好	良好
凹部涂装效果	一般	良好	很好
平板涂装效果	很好	良好	很好
涂膜外观	良好	良好	很好
粉末涂料适应性	很好	很好	一般
使用中安全性	良好	良好	很好
配件更换	较少	较少	较多
适用范围	最广	一般	一般

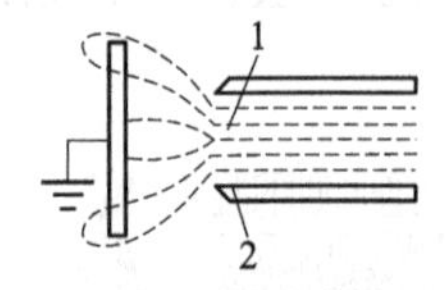

(a) 双电极电晕放电荷电方式

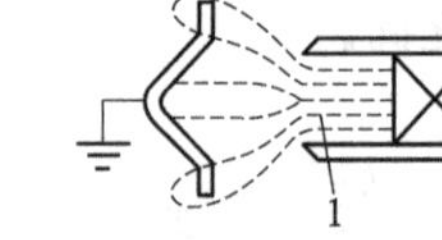

(b) 电晕放电和摩擦荷电相结合方式

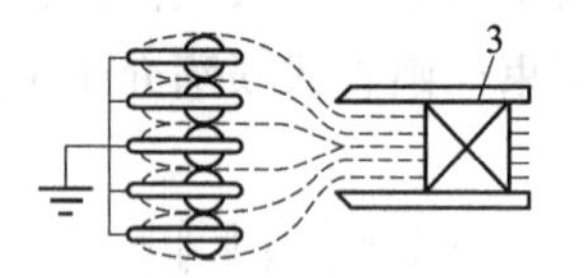

(c) 摩擦荷电方式

图9-11 电晕放电荷电和摩擦荷电相结合的复合式粉末喷枪及喷涂效果比较
1—针电极；2—环电极；3—摩擦荷电

第二节 供粉装置

在静电粉末涂装的供粉系统中，从喷枪喷出的粉末涂料是由供粉装置供给的，供粉量的控制精度对涂装产品的质量有很大的影响。因此，要保证涂装产品外观和性能，必须保证供粉装置供粉量的稳定和准确。由于喷枪和供粉装置的原因，会出现以下情况。

① 由于粉末涂料在送粉管道内附着积累，增加了粉末涂料流动的阻力。

② 由于喷枪喷嘴或吸嘴的磨损，使喷射器（文丘里吸粉装置或粉泵）吸取粉末涂料的吸力下降。

③ 驱动喷射器（文丘里吸粉装置或粉泵）的空气压力发生波动。

④ 喷枪喷粉水平高度发生变化。

⑤ 粉末涂料槽内粉末涂料水平位置发生变化。

⑥ 送粉管弯曲程度影响产品质量。

为了克服上述缺点，先后开发了各种类型的粉末涂料供粉装置，按其形状、结构和原理分为如下几种类型:流化床式、压差式、搅拌式、螺旋加料定量输送式、刮板加料定量输送式、静电容量式、加压式、包装箱式等。另外还要求供粉装置清扫和换色方便。下面分别介绍各种供粉装置的基本原理和特点。

一、流化床式供粉装置

流化床式供粉装置由装粉末涂料的流化床槽和供粉的喷射器（又叫文丘里吸粉装置或粉泵）等组成，喷射器（粉泵）可以安装在流化床内部，也可以安装在流化床侧面。安装在侧面的流化床式粉末涂料供粉装置见图 9-12。在这种装置中，流化床中的粉末涂料被压缩空气通过多孔隔板吹动而流化，通过喷射器（粉泵）的吸粉作用，把粉末涂料输送到喷枪，喷射器（粉泵）的原理示意见图 9-13。根据文丘里原理，当在三通管中喷射高压气流时，在侧管产生负压，可以抽吸粉末涂料，并可以输送粉末涂料至喷枪。流化床式供粉装置有如下优点：

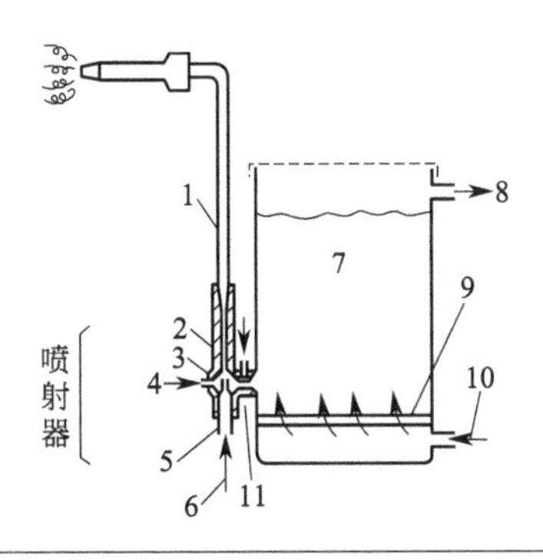

图 9-12 流化床式粉末涂料供粉装置

1—软管；2—接头；3—真空室；4—调节用空气；5—喷嘴；6—驱动空气；7—流化粉末涂料；8—排气；9—多孔板；10—空气；11—涂料阀门

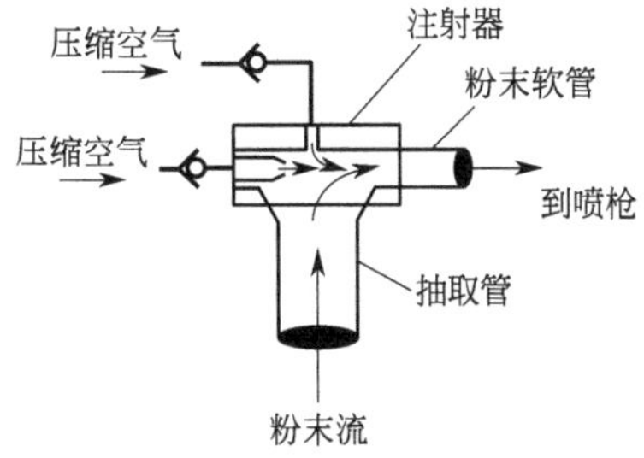

图 9-13 喷射器（粉泵）的原理示意

① 装置的结构简单，维修方便，制造成本低；

② 一台流化床上可安装多个喷射器（粉泵），可以给多把喷枪供粉；

③ 用粉量不太大，供粉量比较均匀。

这种供粉装置的缺点是粉末涂料容易堵塞流化床多孔板，且堵塞的孔又不易清洗，换色也比较麻烦。

流化床式供粉装置喷枪的喷粉量为 50～500g/min，涂料输送最长距离为 15m，空气使用量为 $15Nm^3$/（h·台）。

二、压差式供粉装置

压差式供粉装置由装粉末涂料的流化床槽、传感器和喷射器（粉泵）等组成，是流化床式供粉装置的一种改进型。在流化床和喷射器（粉泵）之间安装传感器，压差式粉末涂料供粉装置参见图 9-14。在这种装置中，流化床内的粉末涂料浓度、喷射器（粉泵）的吸进压力和喷出压力等，通过特殊传感器进行检测，并把各种条件综合以后，调节喷射器（粉泵）的空气压力，从而控制喷粉量。这种供粉装置有如下优点：

① 喷粉量不受流化床中粉末涂料水平高度变化的影响；

② 喷粉量可以直接从表头上读出来；

③ 不受喷射器（粉泵）后面送粉管道和喷枪阻力的影响。

压差式供粉装置的喷枪喷粉量为 15～500g/min，粉末涂料的输送最长距离为 15m，空气使用量为 15～20Nm^3/（h・台）。

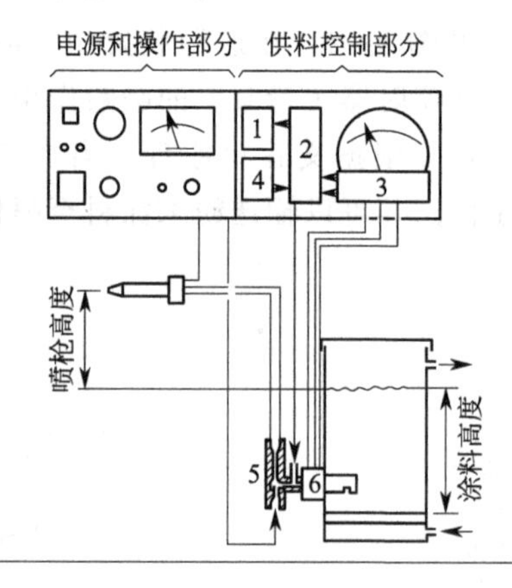

图 9-14　压差式粉末涂料供粉装置

1—输出指示；2—控制装置；3—变换部；4—设定；5—喷射器（粉泵）；6—传感器

三、搅拌式供粉装置

搅拌式供粉装置由粉末槽、电动搅拌器和喷射器（粉泵）组成（见图 9-15）。在这种供粉装置中，粉末涂料槽的形状像漏斗，槽的中部安装电动搅拌器，底部安装喷射器（粉泵）。因为搅拌器始终是旋转的，及时填补了喷射器（粉泵）吸取粉末涂料后留下的空洞，使粉末涂料喷出量稳定。这种供粉装置有如下优点：

① 不需要粉末涂料在流化床中流化，直接从涂料槽吸粉末涂料至喷射器（粉泵），因而吸进粉末涂料的量始终保持一定，粉末涂料喷出量稳定；

② 供粉量控制精度高；

③ 适用于向多支喷枪同时供粉，适宜在自动化涂装线上使用；

④ 涂料槽容易清扫，换色方便。

搅拌式供粉装置的缺点是需要增加搅拌设备，设备成本高。搅拌式供粉装置喷枪的喷粉量为50～500g/min，粉末涂料的输送最长距离为15m，空气使用量为15～20Nm³/(h・台)。

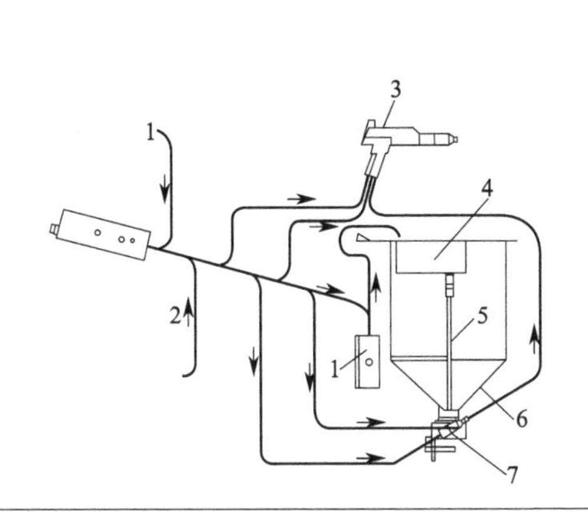

图9-15 搅拌式粉末涂料供给装置

1—电源输入；2—压缩空气；3—喷枪；4—电机；5—搅拌；6—涂料槽；7—喷射器（粉泵）

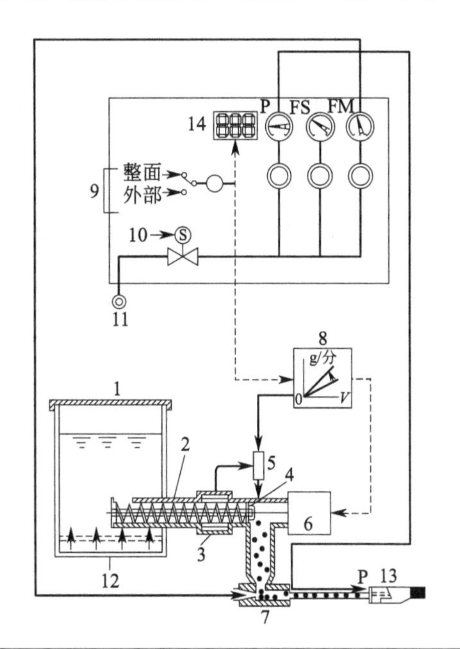

图9-16 螺旋加料定量输送式供粉装置

1—粉末槽；2—螺旋加料器；3—脱气装置；4—分散装置；5—脱气喷射器；6—电机；7—喷射器（粉泵）；8—转换器；9—供粉量设定；10—运转指示；11—压缩空气；12—流动空气；13—喷枪；14—指示表

四、螺旋加料定量输送式供粉装置

螺旋加料定量输送式供粉装置由流化床粉末涂料槽、螺旋加料器、喷射器（粉泵）和控制系统等组成（见图9-16）。这种供粉装置的基本原理是，流化床内直接安装螺旋加料器，通过螺旋加料器的转动把粉末槽中的粉末涂料进行定量输送。粉末涂料的供给量与螺旋加料器的旋转速度成正比，其旋转速度可以控制。另外，为了平稳地输送粉末涂料，在喷射器（粉泵）的上部安装粉末涂料的分散装置。这种供粉系统有如下的特点：

① 由于采用脱气装置，供粉量不受涂料供粉槽中粉末涂料的高度影响；也可以防止粉末涂料的结块和闪烁；还可以使短时间内开和关设备时的供粉量与连续运转时一样，供粉量均匀稳定。

② 设备的结构简单，螺旋加料器容易拆卸，清扫简单；供粉量测定位置在供粉器部位，手触法可以测定。

③ 粉末涂料的粒径、粒度分布、流动性、密度等物理性质不受影响。

④ 不同的生产厂家对现存的流化床式供粉装置，都可以改进为这种供粉装置。

螺旋加料定量输送式供粉装置的具体产品如下：可以带动4～10把喷枪；喷枪电缆的标

准长度可达 10m（两端带连接器）；供粉管的标准长度 10m（内径 Φ12mm 或者 Φ15mm）；标准供粉量为 50～300g/min；粉末涂料的供给是通过流化床、螺旋加料器和喷射器（粉泵）等来完成；供粉桶的尺寸为 720mm×720mm×980mm（长×宽×高）；消耗电功率为（110×喷枪数目+200）W；消耗压缩空气量为［80（流化床）+190×喷枪数目］L/min（0.5MPa）；粉末涂料的供给量可以自己设定自动控制。

五、刮板加料定量输送式供粉装置

刮板加料定量输送式供粉装置由粉末涂料槽、水平旋转台、刮板和喷射器（粉泵）等组成（见图 9-17）。从粉末涂料槽供给的粉末涂料被输送到水平旋转台，然后由刮板刮到喷射器（粉泵或文丘里吸粉装置）再输送到喷枪。供粉量由刮板的转速和压入深度来控制，实际上以涂料体积来控制供粉量，其精度达到 2%。该定量输送式供粉装置有如下优点：①供粉量的精度很高，可达 2%；②适用于自动化生产线上多喷枪体系。其缺点是设备的成本高。该定量输送式供粉装置的喷粉量为 0～500g/min，输送涂料的最长距离为 15m，空气使用量为 15～20m^3/（h·台）。

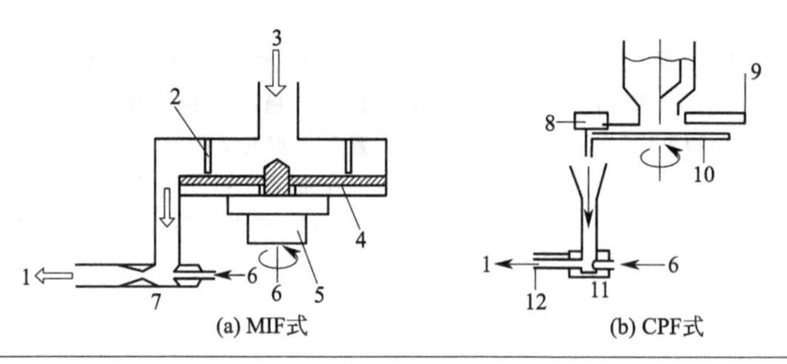

图 9-17　刮板加料定量送式供粉装置

1—喷枪；2—刮板；3—粉末涂料；4—旋转叶片；5—电机；6—压缩空气；7—喷射器（粉泵）；8—各喷枪刮板；9—主刮板；10—水平旋转台；11—文丘里装置（粉泵）；12—供粉管

六、静电容量式供粉装置

静电容量式供粉装置由流化床供粉槽、粉末涂料静电容量传感器、喷射器（粉泵）、控制系统等组成。这种供粉装置的基本原理是，当粉末涂料通过供粉装置的传感器时，管路内的静电容量发生变化。这个变化量与粉末涂料的供给量（从喷枪的喷出量）成比例。把静电容量的变化量转换成电气信号，用数值显示在仪表上，同时根据设定值，调整喷射器（粉泵）主空气压力的增加或减少来控制供粉量。静电容量式供粉装置的示意见图 9-18，这种供粉装置有如下的主要特点。

① 通过反馈控制功能，随着涂料高度的变化，接触粉末部分的磨损和涂料的附着等问题也可有效地控制，无论设定量多少都可以确保所要求的供粉量。

② 粉末涂料供给器、传感器等都可以适应自动清扫，一个供给器可以对应多色要求，有很好的换色功能。

③ 通过静电容量传感器，将粉末涂料随时间实际的供给量变化情况以数显的方式显示，容易确认粉末涂料的供应量变化情况。

④ 不管生产厂家如何，现存的流化床式供粉装置上都可以改进为这种供粉装置。

静电容量式供粉装置的具体产品如下：可以带 4～8 把喷枪；喷枪电缆标准长度 10m（两端带连接器）；供粉管标准长度 10m（内径 Φ12mm 或者 Φ15mm）；粉末涂料的供给量为 50～230g/min；粉末涂料的供给方式为流化床/喷射器（粉泵）组合方式，从上部吸引；涂装控制柜的尺寸为 580mm×350mm×1800mm（长×宽×高），质量为 130kg；涂料槽的尺寸为 720mm×720mm×980mm（长×宽×高）；消耗电功率为（90×喷枪数＋100） W；消耗压缩空气量为［80（流化床）＋190×喷枪数目］L/min（0.5MPa）。

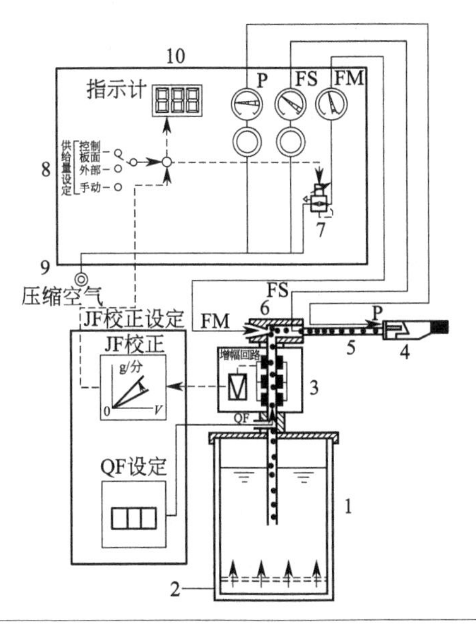

图 9-18　静电容量式供粉装置示意

1—涂料槽；2—流动空气；3—JF 传感器；4—喷枪；5—供粉管；6—喷射器（粉泵）；7—电空（气）调节器；8—供粉量设定；9—压缩空气；10—指示表

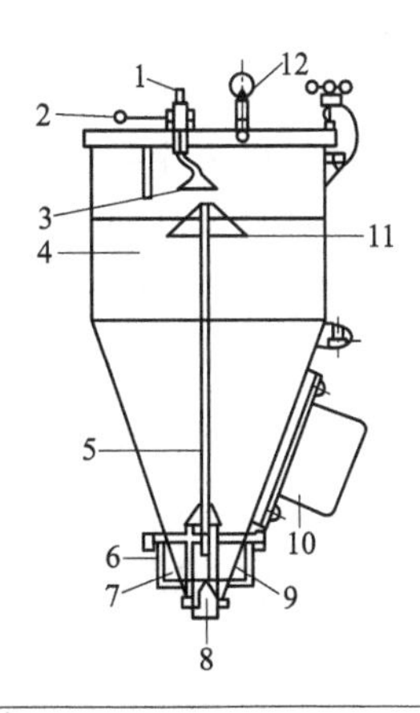

图 9-19　加压式粉末涂料供粉装置

1—软管连接口；2—把柄；3—粉末量控制器；4—粉末涂料；5—管子；6—喷射器（粉泵）；7—流动空气；8—压缩空气；9—多孔板；10—振荡器；11—分散用伞；12—安全阀

七、加压式供粉装置

加压式供粉装置由漏斗式粉末涂料槽、振荡器、喷射器（粉泵）、多孔板组成（见图 9-19）。从粉末涂料槽底部通压缩空气时，气流碰到伞形板逆向流动，并使粉末涂料流化，流化的粉末涂料就从槽的上部输送到喷枪。由输送空气压力和槽上部的把柄对流量控制器、漏斗进行上下移动，来控制粉末涂料的输送量。这种供粉装置有如下优点：

① 不受粉末涂料槽中涂料量的影响，粉末涂料流化状态好；

② 适用于大喷粉量的喷涂；

③ 空气用量少，对被涂物凹部的涂着效率高；

④ 驱动部位少，不容易出故障。

加压式供粉装置有以下缺点：

① 加料时要开涂料槽箱盖，中间要停止生产，不适用于自动化生产线上使用；

② 供粉量的精度不太高。

八、包装箱式供粉装置

包装箱式供粉装置不需要粉末涂料槽，直接可以使用粉末涂料生产厂出来的包装箱，把虹吸粉末涂料的喷射器（粉泵）插入包装箱（见图 9-20）中。包装箱式供粉装置原理示意和实物照片见图 9-21，为了弄碎结团粉末涂料或者使粉末涂料松散，在虹吸嘴周围或者在放包装箱的台上安装振荡器［见图 9-21（a）］，这样可以保持供粉量均匀，包装箱供粉和自动清洗装置示意见图 9-22。这种供粉装置有如下优点：

① 不需要专用粉末涂料槽，可以直接使用原包装；

② 不需要清扫粉末涂料槽，换涂料品种和颜色方便；

③ 适用于小批量多品种的手工喷涂。

包装箱式供粉装置有如下缺点：

① 供粉稳定性差；

② 不适用于大批量自动化流水线涂装。

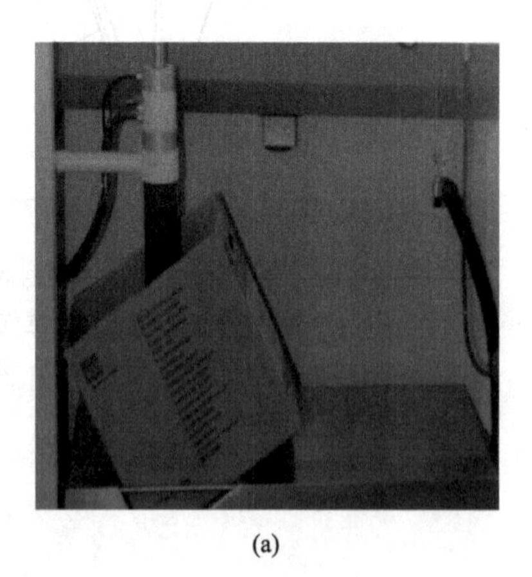

(a)

(b)

图 9-20 包装箱式供粉现场照片

包装箱式供粉装置与一般供粉装置的比较见表 9-2。

表 9-2 包装箱式供粉装置与一般供粉装置的比较

序号	包装箱式供粉装置	一般供粉装置
1	不需要粉末槽，直接使用包装箱	每种颜色需要 1 个粉末槽
2	只需一套供粉装置	每种颜色需要供粉装置
3	不需要涂料切换器	涂料槽的切换需要切换器

续表

序号	包装箱式供粉装置	一般供粉装置
4	不需要换色切换器	送粉管的切换需要换色切换器
5	用自动清扫装置可以清扫供粉器、公用送粉管和喷枪内部	换色清扫是换色切换器后面公用送粉管和喷枪内部的清扫

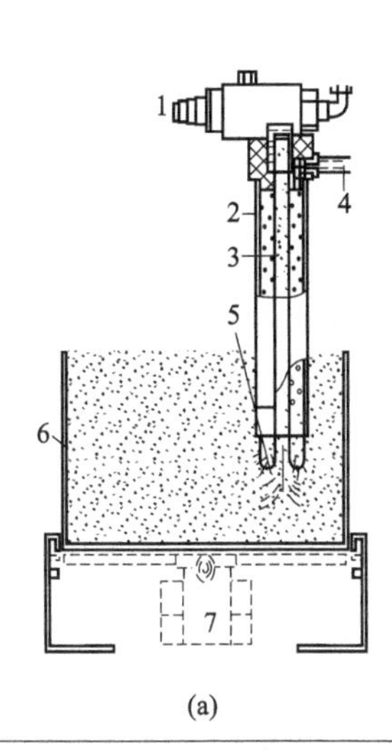

(a)

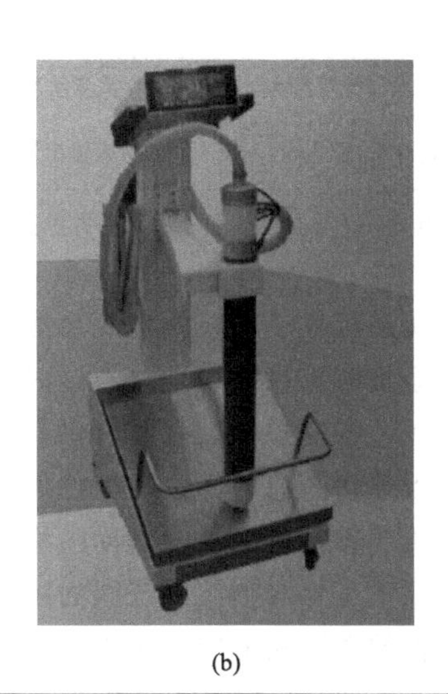

(b)

图 9-21 包装箱式供粉装置原理示意（a）和实物照片（b）

1—接喷枪；2—流动管；3—吸气管；4—流动空气；5—流动基座；6—涂料槽；7—振动电机

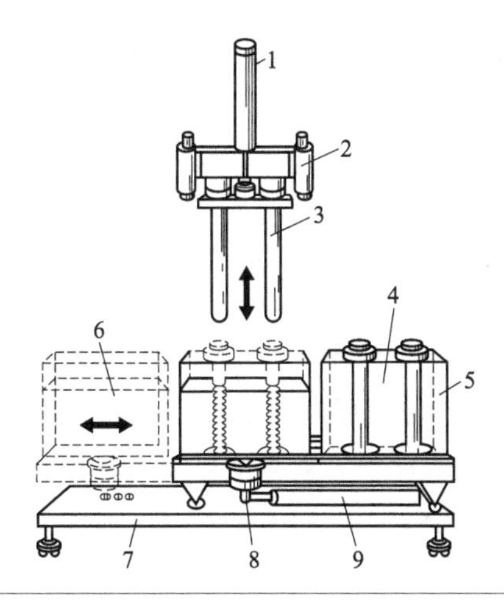

图 9-22 包装箱供粉和自动清洗装置

1—升降装置；2—单元体系以一种方式可满足多色体系；3—涂料吸引装置；4—用自动清扫装置可以全自动清扫；5—清洗的包装箱；6—只用涂料包装箱或桶，可以自动换色；7—振动台；8—振动电机；9—滑动装置

由瓦格纳尔（Wagner）公司推出的新型气流控制器（AFC 245 气流控制技术）操作完全数字化，对喷枪两路气流分别独立进行调节和控制。使用这种装置对粉末涂装自动喷涂线各种速度下的所有喷涂参数，通过设备的控制板输入并保存。出粉量根据待喷件类型在数字式气流控制器控制下自动调整，而且在供粉量和出粉效果上能保持精确和稳定，重复性也好。采用电子数字式气流控制技术和未采用这种技术的供粉量随时间变化的情况见图 9-23。

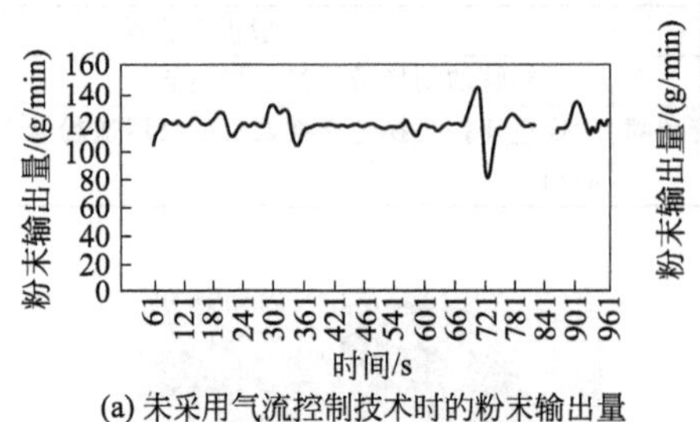

(a) 未采用气流控制技术时的粉末输出量

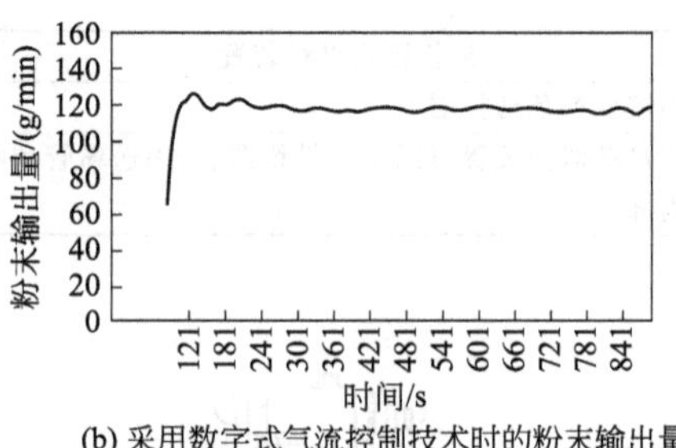

(b) 采用数字式气流控制技术时的粉末输出量

图 9-23 采用和未采用电子数字式气流控制技术的供粉量随时间变化的情况

这种控制系统还提供了粉泵的清理功能，系统关闭时将积存的粉末涂料冲出粉管，这样能防止再次开启系统时出现冲粉现象。这时控制工件间隙的预涂和滞后喷涂时间更短。为了使供粉管尽可能短，控制柜被装在紧靠供粉箱的位置。待喷工件的高度采用一对光栅进行探测，它安装在靠近喷房入口的部位，工件的深度由另一对光栅探测。

安装在升降机（移行机）上的自动喷涂系统，可自动调整到与进入喷粉室的工件深度相适应的位置，确保了工件与喷涂系统间的距离保持最佳值，这是涂层厚度得到优化的又一个因素。为了与工件的深度相适应，采用自动化控制系统给每一喷涂系统的出粉参数一个“偏差量”，对特定区域的供粉量可以再次自动校正。当输送链速度变化而供粉量不变时，会导致涂层过厚或过薄，而使用数字显示式气流控制器（AFC），供粉量得到最佳控制。输送链速度自动变化而供粉量不变时的粉末涂料消耗增减百分比情况见表 9-3。

表 9-3 输送链速度自动变化而供粉量不变时的粉末涂料消耗增减百分比情况

输送链实际速度/(m/min)	作为基准的输送链速度			
	6.0m/min	7.0m/min	8.0m/min	9.0m/min
6.0	—	+14%	+25%	+33%
7.0	−17%	—	+13%	+22%
8.0	−33%	−14%	—	+11%
9.0	−50%	−29%	−13%	—

表 9-3 表明，如果供粉量设置输送链速度 8.0m/min 为基准，实际输送链速度以 7.0m/min 运行，那么多消耗 13%的粉末涂料；如果实际以 9.0m/min 速度运行，那么粉末涂料量缺 13%，涂膜厚度达不到设定要求。

第三节 喷粉室

喷粉室是粉末涂装装置的重要组成部分，被涂物在喷粉室进行喷涂。在粉末涂装线上，被涂物件由传送链上的挂具吊着送入喷粉室，在喷粉室内接受涂装作业。为了防止粉末涂料污染传送链，只有挂具可以从喷粉室内部穿过去。在喷粉室的顶部有一开口处，以风速 0.3～0.6m/s 的气流不断经开口处吹入空气，防止喷粉室内积聚过多的粉末，保证涂装作业顺利进行。但风速又不能太大，要防止把附着到被涂物上面的粉末涂料吹掉。为了回收喷逸的粉末涂料，喷粉室的底部设计回收槽，便于定期地把堆积的粉末涂料排出去，典型的喷粉室结构见图 9-24；自动喷涂线上的喷粉室见图 9-25。另外在喷粉室的底部和正面有通往粉末涂料回收设备的通风管道，在管道的入口设置挡板，抽风时起到缓冲作用。喷粉室的结构随着粉末涂料回收系统的结构和自动化程度的不同而有很大的差别。

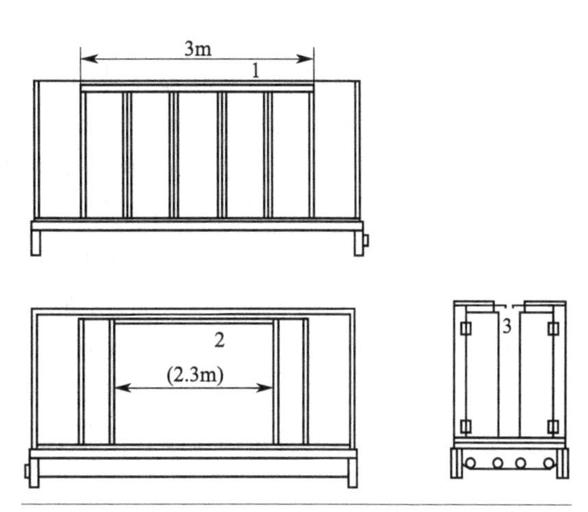

图 9-24 典型的喷粉室结构

1—5 块活动门板组成；2—手工喷涂开口部分；3—可调节的开口部分

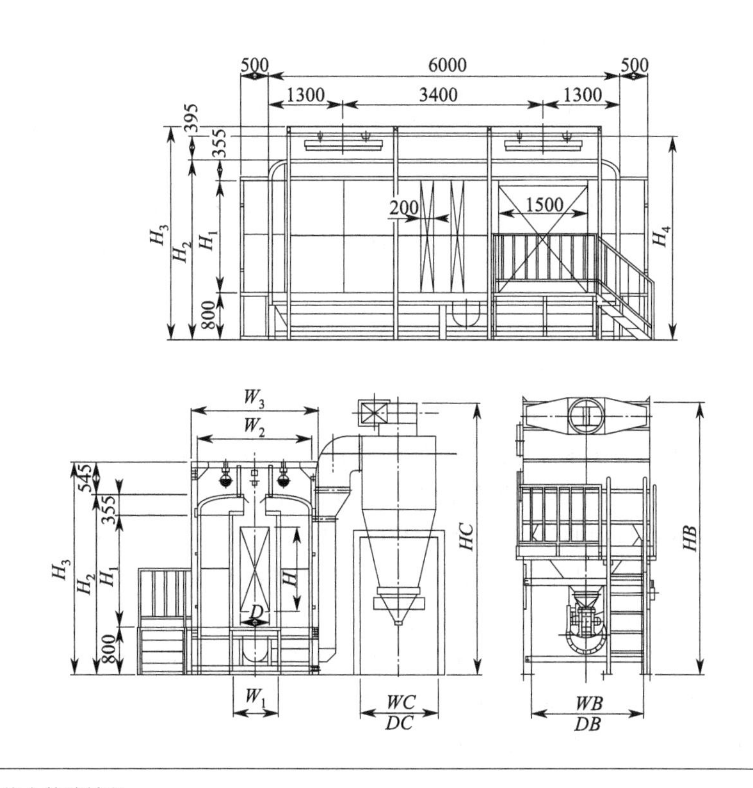

图 9-25 自动喷涂线上的喷粉室

在设计喷粉室时，应该考虑下列问题。

① 喷粉室可用钢板、不锈钢板、有机玻璃板、聚丙烯板、聚氯乙烯板和氟树脂板中任何材料，其中最常用的是刚性聚丙烯板。因为聚丙烯是半透明的，提高了喷粉室的能见度，而且表面光滑、不易磨损，易于清理，不易吸附粉末涂料，可以防止静电积累干扰静电场并

提高喷涂效率；缺点是容易破损，加工难，成本高。其次使用的是不锈钢，它的优点是结实耐用，加工容易，成本低；缺点是容易粘粉而降低喷涂效率，容易短路放电。再其次是聚丙烯和不锈钢混合材料；最便宜的是涂漆的钢板。对各种喷粉室壁材料的粉末涂料吸附试验结果如下，聚丙烯树脂是 14.6%，不锈钢材料是 78.5%，聚丙烯及不锈钢支撑框架是 39.7%，聚碳酸酯是 13.3%，透明共聚材料是 8.5%，PVC 5in（127mm）是 3.7%，绝缘复合材料（Apogee）是 2.7%，说明用 PVC 材料是比较好的。

② 在满足工件进出和操作工位的前提下，应尽量减少静电喷粉室的开口尺寸。在正常工作条件下，静电喷粉室各开口处应无粉末外溢。喷粉室内部结构要根据手工喷涂和自动化喷涂的要求，设计不同形状和结构，各拼接处应无缝隙，内壁表面要平整光滑，边角为圆弧状，内部没有死角，不易积聚粉末，清扫容易而方便，并能使全部或大部分未涂着粉末有组织地导入回收装置。

③ 根据最大被涂物形状、尺寸和喷涂室内悬挂的数量，设计喷粉室的容积和工作空间。被涂物在喷粉室内部与上下和前后的内壁要保持一定距离。

④ 设计喷粉室要考虑喷枪数目和布置的位置，以及移动喷枪的活动空间等。静电喷粉室应采取相应措施（如悬链底部高于喷粉室顶部等措施）防止悬链和一次吊具处粉末积聚。

⑤ 静电喷粉室的安全卫生指标应符合 GB 15607 规定，喷粉室顶部开一个进风口，内部抽风量设计在 0.3～0.6m/s。其排风量的确定应符合 GB 15607 的规定，既防止风量过大抽走过多的粉末涂料，又防止粉末涂料喷涂时抽风量过小，使粉末涂料外逸而污染环境。

⑥ 静电喷粉室内气流应分布合理，空气能携带粉末及时流向回收装置，避免产生紊流。为防止空气流抽走过多的粉末涂料，在通往粉末涂料回收系统管道前，安装空气流挡板，减缓空气流速度。

⑦ 从安全角度考虑，为防止静电荷的积累，喷粉室要有良好的接地。

⑧ 进入喷粉室的空气要净化，以免带进灰尘等杂质，避免由于灰尘的电荷静电吸附到被涂物上面，在涂膜上形成质点或颗粒，影响涂装产品质量。

⑨ 在喷粉室外面设置套间，与生产车间隔离，在隔离间放置控制柜，最好是恒温恒湿，保持良好的稳定的涂装环境，确保涂装产品的质量。

⑩ 静电喷粉室不宜与回收装置组合成不可拆卸的、难于清理粉末的一体式结构形式，考虑粉末涂料回收设备的安装位置和占据空间大小，特别是滤芯式粉末涂料回收设备是安装在喷粉室内部系统，更应该合理布置回收装置。

⑪ 对于喷粉室内传送带粉末涂料回收系统，设计时就要使传送带的长度和宽度与喷粉室的长度和宽度相匹配，而且喷粉室底部的位置要适当。

⑫ 喷粉室粘接加工时，要使用不含有机硅的聚氨酯胶黏剂。

⑬ 静电喷粉室内的照明应符合 GB 15607 规定。

⑭ 静电喷粉室内喷枪电极至工件和喷粉室室壁的距离宜分别不小于 150mm 和 250mm。

喷粉室可以有各种形状和结构，例如后面将叙述到的传送带式回收粉末系统，在喷粉室下面有不停地运转着的传送带；薄膜式粉末涂料回收系统的喷粉室，则内部安放塑料薄膜等，其种类是很多的。

目前喷粉室分为两种大类型：一种是可以喷涂各种形状、不同批量的工件，喷涂工件的灵活性较大的卧式喷粉室，手工喷涂线和自动化喷涂线都可以使用的。图 9-26 是卧式喷粉室的内部（a）和外部（b）布置照片。一般手工喷涂线、小型工件的喷涂线，特别是家用电器、金属办公家具、厨房用具（液化气钢瓶）、交通护栏等大部分都用卧式喷粉室的喷涂线进行涂装。另一种喷粉室是立式喷粉室，用于立式粉末涂料喷涂线。这种立式喷粉室又分为 U 形立式喷粉室和 V 形立式喷粉室，主要喷涂用量很大，工件形状基本一样，而且较长的工件的连续喷涂。目前主要是铝型材生产单位喷涂 6m 长的铝型材的粉末喷涂线上大量应用。

(a)

(b)

图 9-26 卧式喷粉室的内部（a）和外部（b）照片

喷涂铝型材的 U 形立式喷粉室的照片见图 9-27，正在进行粉末喷涂过程中的 U 形立式喷粉室照片见图 9-28；喷涂铝型材的 V 形立式喷粉室的照片见图 9-29，正在进行粉末喷涂过程中的 V 形立式喷粉室照片见图 9-30。

图 9-27 喷涂铝型材的 U 形立式喷粉室

图 9-28 正在喷粉过程中的 U 形立式喷粉室

图 9-29 喷涂铝型材的 V 形立式喷粉室

图 9-30 正在喷粉过程中的 V 形立式喷粉室

第四节
粉末涂料回收设备

喷逸的粉末涂料可以回收再用是粉末涂料和涂装的重要优点，粉末涂料的回收是通过回收设备完成的。粉末涂料回收设备的种类很多，有旋风分离式、袋滤式、滤芯（弹筒式）、传送带式、薄膜式等。在实际生产用的涂装体系中，采用单一设备的很少，多数采用两种或两种以上设备组合在一起的复合型设备。这是因为每种设备既有各自的优点，又有各自的缺点，只用一种设备往往不能得到满意的效果，所以必须使用复合型设备，才能达到互为补偿的理想结合。在自动化生产流水线上，用得最多的还是旋风分离器和袋滤器（或滤芯）相结合的回收装置系统。旋风分离器主要回收大部分喷逸的粉末涂料，并经过筛输送到供粉槽与槽中粉末涂料混合再用；而袋滤器（或滤芯）则回收超细的粉末涂料，在涂装体系中无法再用。近年来，在手工喷涂和部分自动化流水线上使用旋风分离器和滤芯式回收设备相结合或者滤芯式回收设备单独使用的也不少。

回顾粉末涂料静电涂装回收设备的发展历史，20 世纪 60 年代只是用布袋回收系统，不循环使用粉末。20 世纪 70 年代回收喷逸的粉末涂料，使用旋风分离器加布袋的二级回收系统。20 世纪 80 年代在提高旋风分离器回收效率方面下功夫。20 世纪 90 年代使用滤芯式回收系统，高效利用粉末涂料；还利用多元小旋风系统，用于多色回收系统。2000 年后滤芯回收系统的高效喷涂系统和旋风分离回收系统为基础的快速换色系统得到发展，5～15min 可以完成换色。目前用得比较多的是下列三种粉末涂料回收系统：一是单一的滤芯回收系统；二是大旋风分离器加滤芯回收系统；三是多元小旋风分离器加滤芯回收系统。

一、旋风分离式回收设备

旋风分离式回收设备由旋风分离器、鼓风机、振动筛等组成。它像旋风除尘器一样，是利用龙卷风的原理制成的。当高速气流通过倒锥形分离器上部圆筒部分时，气流就在圆筒内部高速旋转，同时在倒锥形内部产生离心力，这种离心力就把较重的粉末涂料颗粒分离出来。当被回收的粉末涂料随着气流被带进分离器时，由于离心力的作用，粗粒子粉末涂料就沉积在锥形筒的底部，得到回收，这种旋风分离器的基本原理与粉末涂料制造中的旋风分离设备一样，可以参考第七章第四节图 7-45；过细的粉末涂料就随气流从上部带走。这种设备对 15μm 以上粉末涂料的回收率高达 95%以上，粉末涂料回收用旋风分离器的照片见图 9-31。

为了提高回收率，开发了吹进二次空气的改进型旋风分离设备。改进型二次旋风分离器的气流流向和基本原理示意见图 9-32。高性能旋风分离器和高性能二次旋风分离器回收粉末涂料时，对不同粒度粉末涂料回收率的影响见图 9-33。从图 9-33 中可以看出，经过高性能二次旋风分离器回收以后，对微细粉末涂料，特别是 10μm 以下粉末涂料的回收率有明显提高。

这种高性能二次旋风分离器的基本原理是：第一次旋风分离回收后排放的含有微细粉末涂料气流中，从上部吹进二次空气，通过喷嘴变成高速气流，进行二次旋风分离，使微细粉末涂料进一步分离出来。改进型旋风分离器对 10μm 以上粉末涂料的回收率达到 99.9%，回收率比前者提高很多。回收的粉末涂料还要经过振动筛除去机械杂质，与新粉末涂料混合后再用。这种回收设备有如下优点：①粉末涂料的回收率很高；②设备的安装位置比较随意；③吸引空气的位置可以任意选择。这种回收设备有如下缺点：①设备的占地面积大，高度高；②设备运转时噪声较大；③有一部分粉尘排放到大气中去。

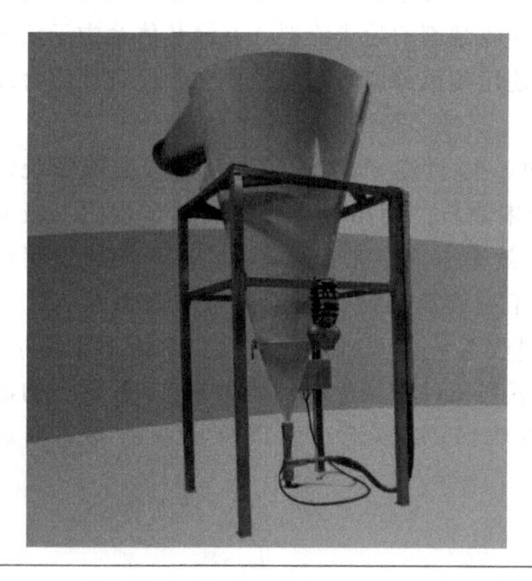

图 9-31　粉末涂料回收用旋风分离器外形

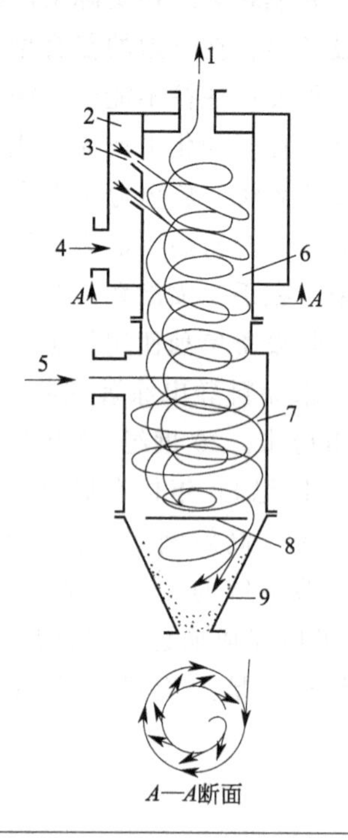

图 9-32　改进型二次旋风分离器的气流流向和基本原理示意

1—干净空气出口；2—二次空气室；3—二次空气喷嘴；4—二次空气入口；5—未涂着上去粉末涂料和空气；6—二次旋风分离室；7—一次旋风分离室；8—挡板；9—回收粉末室；A—A 断面为含粉末气流流动图

为了使设备小型化和清洗方便，现在使用小型多旋风分离器的增多，可参考后面图 9-51。

由于单一的旋风分离器回收设备有许多不足之处，在粉末涂装中基本不使用；为了克服粉尘对大气的污染，在旋风分离器后面安装袋滤器（或滤芯过滤器），这种组合体系更好。因此，在粉末涂装中，相当一部分都使用这种复合体系。

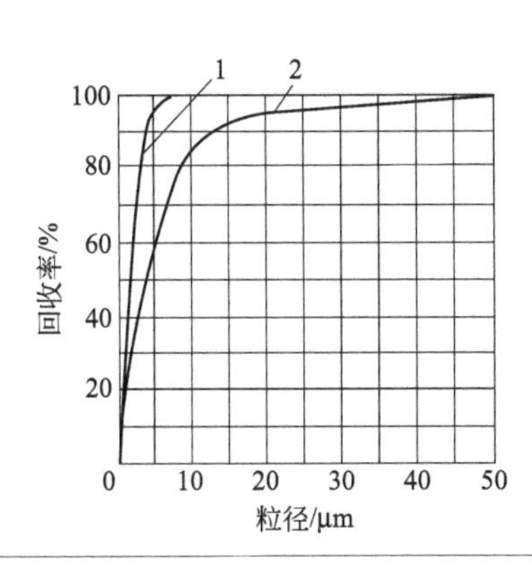

图 9-33　高性能旋风分离器和高性能二次旋风分离器对不同粒度粉末涂料回收率的影响

1—高性能二次旋风分离器；2—高性能旋风分离器

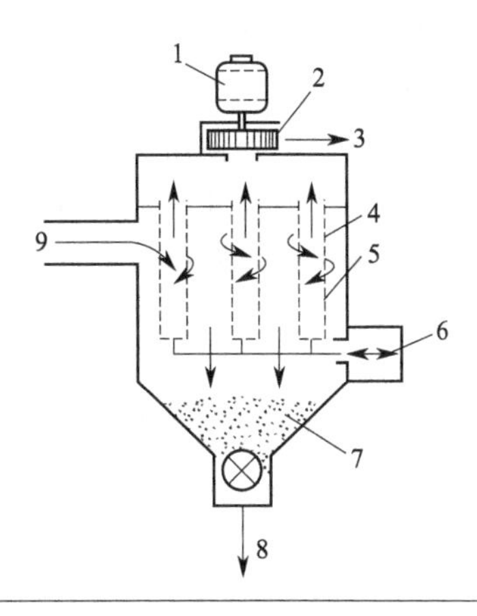

图 9-34　袋滤式粉末涂料回收设备示意

1—电机；2—抽风机；3—干净空气出口；4—滤布；5—粉末涂料留在滤布外面；6—振荡器；7—粉末涂料；8—回收；9—未涂着上去的粉末涂料

二、袋滤（滤芯）式回收设备

袋滤（滤芯）式回收设备由袋滤器（或滤芯）、振荡器、抽风机等组成，袋滤（滤芯）式回收设备的示意见图 9-34，实物外形见图 9-35。这种设备的基本原理是当带有喷逸粉末涂料的气流通过袋滤器（滤芯）时，只有空气透过滤布，粉末涂料却通不过去，从而把粉末涂料从空气中分离出来，分离的粉末涂料进行收集，然后经振动筛过筛除去杂质，再与新粉末涂料混合后再用，而分离的空气就向大气排放或循环使用。这种设备的粉末涂料回收率达 99.9%，回收率取决于滤布的材质和空隙大小，用于滤布的材料有毛毡、帆布、尼龙布、涤纶布和其他合成纤维材料等。

图 9-35　滤袋（滤芯）式回收设备外形

为了保证滤布的正常过滤功能，必须及时清扫附着于滤布上的粉末涂料。清扫的方法有两种，一种是振荡法；另一种是压缩空气反吹法。振荡法使用振荡装置定时地振荡滤布，及时振掉附着在滤布表面的粉末涂料，使滤布（滤芯）的空隙畅通；压缩空气反吹法是定时地从袋滤器（滤芯过滤）的布袋内部往外吹压缩空气，把附着在滤布外表面的粉末涂料及时吹掉，同样保证滤布的空隙畅通。在压缩空气反吹法中使用的空气流的速度为 5～10m/s。这种袋滤（滤芯）式粉末涂料回收设备有如下优点：

① 粉末涂料的回收率高，排放空气比较干净；

② 比起旋风分离式回收设备，运转时噪声比较小；

③ 设备所占面积和体积比旋风分离式回收设备小。

袋滤（滤芯）式回收设备的缺点是设备清扫和换涂料品种及颜色比较困难。当不要求回收粉末涂料时可以单独使用，一般情况下与旋风分离器配套使用。一般旋风分离器安装在前面，主要回收喷逸的粉末涂料中的较粗一点的粉末涂料；后面安装袋滤（滤芯）式回收设备，主要回收旋风分离器排放的超细粉末涂料。

三、滤芯（弹筒）式回收设备

滤芯（弹筒）式回收粉末涂料设备是袋滤式回收设备的改进型，回收的基本原理是一样的，主要区别在于过滤装置的小型化和高效化。滤芯（弹筒）式过滤器的结构及原理示意见图 9-36，装有滤芯（弹筒）式过滤器粉末涂料回收装置的涂装系统见图 9-37。这种回收粉末涂料系统的关键设备是滤芯（弹筒）式过滤器，其直接安装在喷粉室内部。

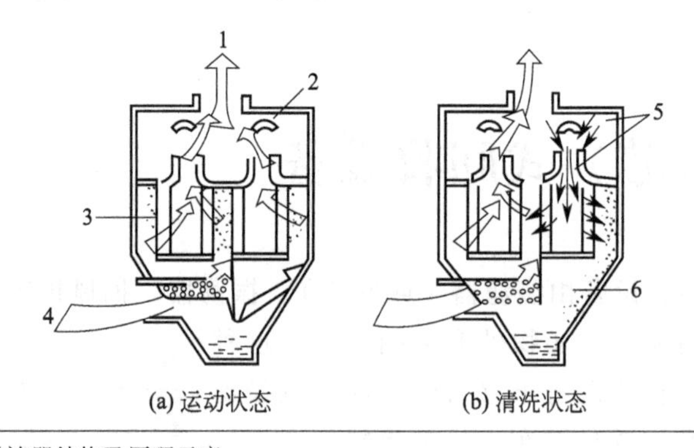

图 9-36 滤芯（弹筒）式过滤器结构及原理示意

1—干净空气出口；2—吹气管；3—滤芯；4—含粉末涂料空气入口；5—吹进空气；6—粉末涂料

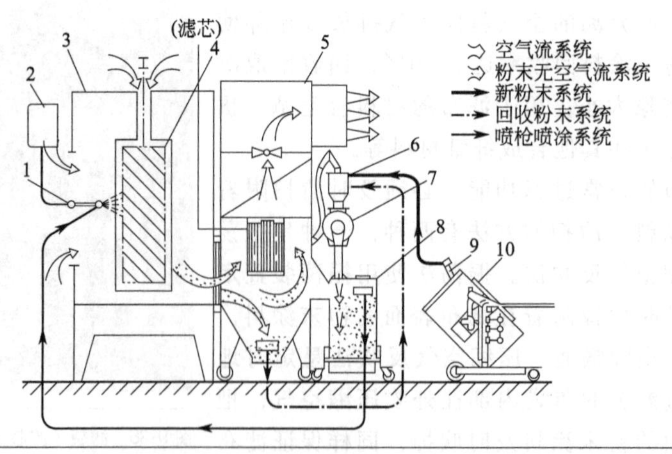

图 9-37 装有滤芯（弹筒）式过滤器粉末涂料回收装置的涂装系统

1—喷枪；2—电源；3—喷粉室；4—被涂物；5—滤芯（弹筒）式粉末回收装置；
6—旋风分离器；7—旋转阀；8—供粉末涂料槽；9—泵；10—容量送料器

当喷逸的粉末涂料随空气进入滤芯（弹筒）式过滤器内部时，由于滤芯的过滤作用，粉末涂料不能透过滤芯，就附着在滤芯外壁或者落到滤芯底部，只有空气透过滤芯壁，排放到外部。因为滤芯顶部装有一个喷嘴，定时地往滤芯内部反吹压缩空气，把附着在滤芯外部的粉末涂料吹下来，落到滤芯的下面。当回收粉末涂料达到一定量时，通过倾斜板把粉末涂料收集到喷粉室底部，经过筛除去机械杂质，跟新粉末涂料混合后使用。滤芯达到规定使用寿命以后，及时更换滤芯，以确保回收效果。在国内的许多小型涂装设备上使用这种粉末涂料回收装置；在大型自动化粉末涂料喷涂线上，也有使用这种粉末涂料回收系统，并取得较好的效果。滤芯式回收粉末涂料设备中的滤芯的外形见图 9-38。滤芯式粉末涂料回收系统，根据喷粉室情况滤芯设置不同位置，有的在喷粉室的下面，有的在喷粉室的侧面。滤芯在喷粉室不同位置的粉末涂料回收系统见图 9-39。

图 9-38　滤芯（弹筒）式回收粉末涂料设备中的滤芯外形

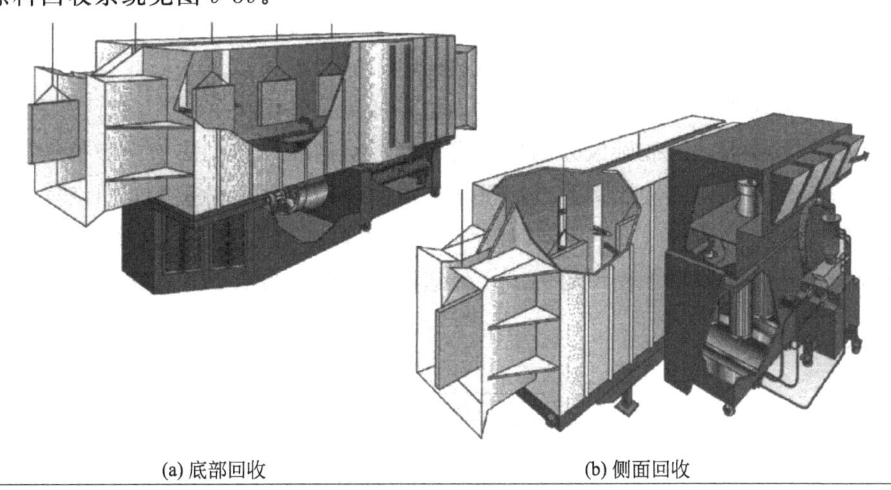

(a) 底部回收　　(b) 侧面回收

图 9-39　滤芯在喷粉室不同位置的粉末涂料回收系统

这种滤芯（弹筒）式粉末涂料回收设备有如下优点：

① 设备比较简单，投资比较小；

② 设备的占地空间小，滤芯过滤器可以直接安装在喷粉室内部或紧贴喷粉室壁安装；

③ 粉末涂料的回收系统回路很短，粉末涂料的物性变化小，对回收粉末涂料质量影响小，粉末涂料的损失也不大；

④ 滤芯过滤器的滤芯更换比较方便，更换粉末涂料树脂和颜色品种比较简单；

⑤ 粉末涂料的回收量可以通过滤芯过滤器的数目和大小加以调节。

在滤芯过滤器的开发初期，滤芯是用纸制的，使用寿命有限；滤芯的粉末涂料处理量比较小。经过多年的努力，滤芯已大量使用合成纤维，使用寿命大大延长，而且采用多个滤芯组合的滤芯过滤器来提高回收粉末涂料处理能力，已在大型自动化粉末涂料涂装线上成功应用和推广。

为了使粉末涂料的回收效果更好和有效利用回收粉末涂料，旋风分离器和滤芯回收设备相结合的粉末涂料回收系统也在使用，这种回收体系的粉末涂料喷涂系统见图 9-40。

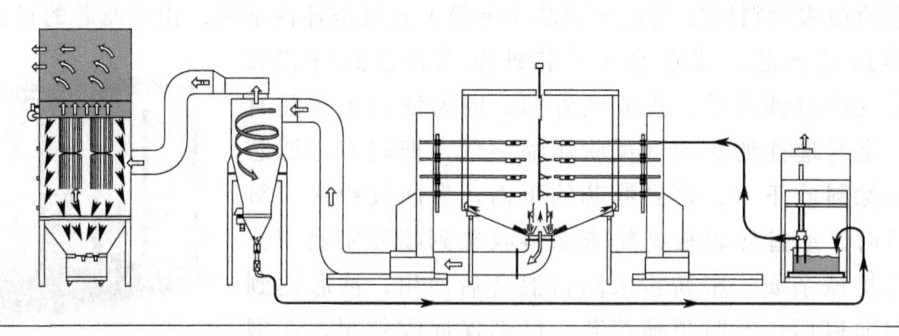

图 9-40 旋风分离器和滤芯回收设备相结合的粉末涂料喷涂系统

四、传送带式回收设备

传送带式粉末涂料回收设备是安装在喷粉室下面，用过滤布制成，并不停地运转传送带回收粉末涂料。当喷粉室内进行喷涂时，喷逸的粉末涂料随气流进入回收设备，空气透过过滤布制成的传送带向外排放，粉末涂料就被传送带捕集，并由传送带送到真空吸粉器处，把粉末涂料从传送带吸下，送往旋风分离器和袋滤器进行回收。回收的粉末涂料经振动筛过筛除去机械杂质，再与新粉末按比例混合后供涂装体系使用。从喷粉室排放的空气是经过滤器净化以后排放入大气。这种设备可以单独使用，也可以和其他回收设备组合使用，图 9-41 是跟旋风分离器及袋滤器组合使用的例子。传送带式回收设备有如下的优点：

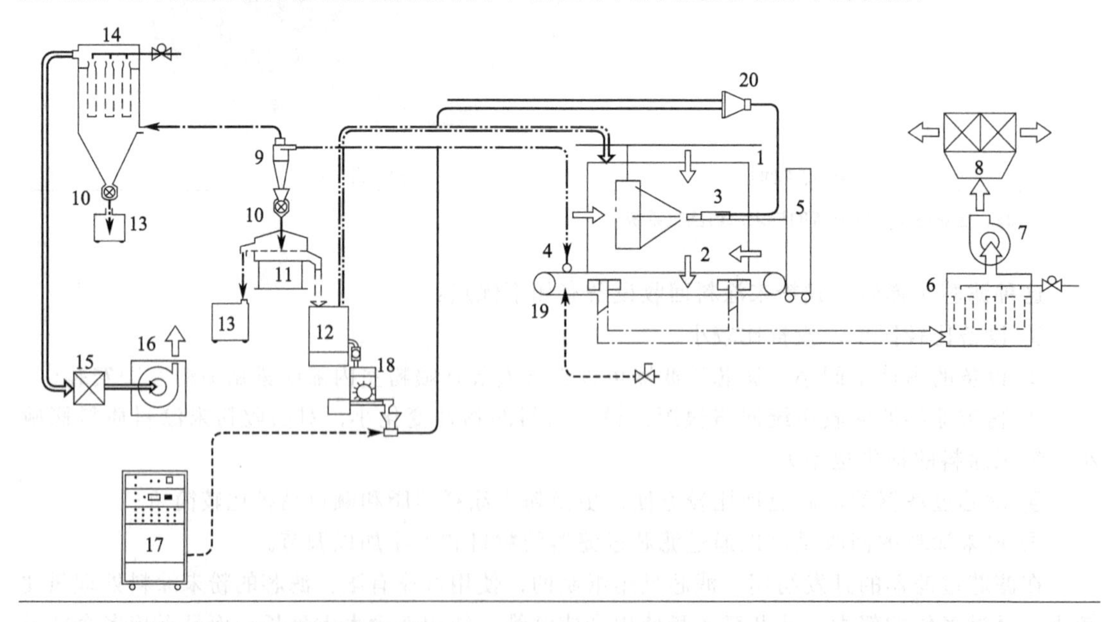

图 9-41 传送带式粉末涂料回收设备涂装系统

1—喷粉室；2—过滤传送带；3—喷枪；4—真空吸粉器；5—往复移行机；6—排风过滤器；7—排风扇；8—高性能过滤器；9—微型旋风分离器；10—旋转阀；11—振动筛；12—涂料槽；13—杂质超细粉收集器；14—袋滤器；15—安全过滤器；16—回收空气；17—涂装控制柜；18—定量供粉装置；19—反冲喷嘴；20—换色器；⇨—排风系统；⇨—净化空气；⇨—回收系统排风；—·—·—超细粉系统；—··—回收粉末系统；- - -—供喷枪粉末系统

① 喷粉室的换气量小（$5m^3/min$），空气的流动速度分布均匀，喷枪喷出的粉末涂料喷束也比较均匀；

② 换气扇的动力消耗小，属于节能型；

③ 如果喷粉室内部的顶部和侧面内壁采用难以附着粉末涂料的特殊材料，将为过滤式传送带的换粉末涂料品种和颜色带来便利。

传送带式回收设备的缺点是连同设备的附属系统在内，整个回收系统结构比较复杂。国内瓦格纳尔喷涂设备（上海）有限公司生产这种类型的回收设备，有些单位自动化粉末涂装生产线上使用类似的回收设备，其效果也很不错。

五、薄膜式回收设备

薄膜式回收设备涂装系统见图 9-42，喷粉室内部所有壁面都由透明塑料薄膜覆盖，喷粉室外部是由旋风分离器和袋滤器组成的完整的粉末涂料回收系统。喷粉室的框架由管子构成，上部安放新薄膜，底部安放用过的薄膜，当需要换色时，用过的薄膜卷起来回收粉末，同时重新铺新薄膜。为了回收粉末涂料，喷粉室底部设计成圆筒状，再与旋风分离器和袋滤器相连接。这种回收设备系统的优点是换色时间短，10min 左右可以换色，适用于换色多的涂装体系。这种粉末涂料回收体系最近在国内铝型材行业喷涂 6m 长型材的大型立式自动喷涂设备体系中大量使用。

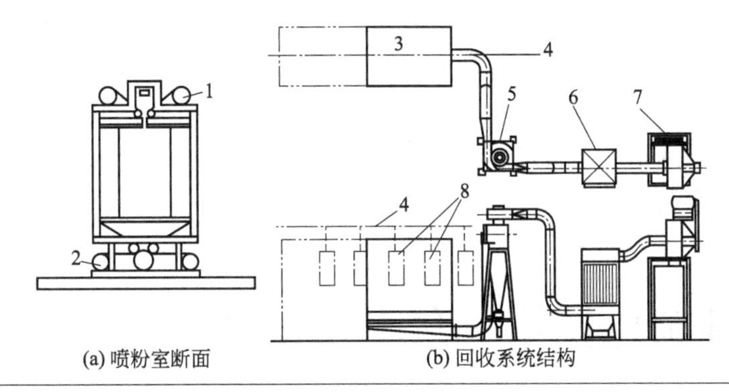

图 9-42 薄膜式回收设备涂装系统

1—新膜；2—使用过的膜；3—喷粉室；4—传送线；5—旋风分离器；6—袋滤器；7—排风扇；8—被涂物

第五节 粉末涂料的换色及复色涂装

在实际生产中需要进行粉末涂装的物品是各种各样的，为了满足用户所规定的要求，不仅要不断更换涂料树脂品种，而且还要更换粉末涂料颜色品种。与溶剂型和水性涂料相比，粉末涂料在改换颜色和复色涂装时，困难就多得多。其主要原因是涂装设备、喷粉室和回收设备的清扫比较麻烦。在普及和发展粉末涂装中，研究和开发换色容易、复色涂装方便、花时间短的工艺和设备成为当务之急。目前在快速换色方面有了很大的进展，但复色涂装方面还没有突破性的进展。为解决换色及复色涂装工艺和设备方面的问题，可以按以下四方面考虑。

一、提高涂装设备的涂着效率

为提高粉末涂料的涂着效率，喷逸的粉末涂料不再考虑回收再用，这样只需要清扫喷粉室，不必去考虑回收系统的清扫。在国内的小型粉末喷涂厂中，有些小批量多品种的厂家就采用不回收喷逸的粉末涂料，这些单位要求一次上粉率高，换色和更换涂料品种时只考虑清扫干净喷粉室和供粉系统就可以了。对于 PCM（precoat metal plate，又叫预涂金属板材）涂装体系，喷粉室的结构简单，容积较小，清扫方便，换色也很方便。

过去在单一颜色粉末涂料涂装时，采用的回收再用措施中，对回收设备只强调了粉末涂料的回收效率；对涂装设备只着重考虑涂膜的均匀性，而对涂着效率却没有给予充分重视。同时，用于单一颜色的涂装设备，对多种颜色涂装体系已不能完全适用。因此，对于多种颜色涂装体系，如果经济条件允许，最容易采用的方式应该是尽量提高粉末涂料的涂着效率，不再回收使用喷逸的粉末涂料。采用这种方式不仅节省了换色时间，也不需要特殊的换色设备。在这种工艺中，粉末涂料的涂着效率越高，消耗的粉末涂料越少，那么涂装的成本也越低。涂着效率固然同粉末涂料的种类、被涂物的形状和大小有关，但同涂装方法和涂装设备的关系更大。所以相继出现了经过多次改进的喷涂设备，但尚未研制出涂着效率高到可以忽视粉末涂料回收的涂装设备和涂装工艺。

二、每一种颜色使用一套专用设备

每一种颜色使用一套专用涂装设备。每一套涂装设备包括供粉装置、喷粉室和回收装置，换色时全套进行更换。这种换色设备体系可分为串联式和并联式。

喷粉室单元的串联排列方式见图 9-43。喷粉室单元以串联方式排列，每种颜色使用一个喷粉室，但 A 喷粉室喷涂的粉末涂料容易带进 B 和 C 喷粉室，而 B 喷粉室喷涂的粉末涂料又容易带进 C 喷粉室造成干扰。为了尽可能减少不同颜色粉末涂料之间的干扰串色，考虑颜色的顺序是重要的，例如 A 喷粉室为白色，B 喷粉室为浅黄色，C 喷粉室为浅绿色。这样的粉末涂料颜色排列顺序对产品颜色产生的干扰较少。

喷粉室单元的并联排列方式见图 9-44。喷粉室单元以并联方式排列，可以自动切换负荷，传送带把被涂物按颜色要求送进不同喷粉室，与串联式相比较，喷粉室之间不会有颜色的干扰，但需要动力和自动切换负荷装置，设备的投资费用较大。

此外，还有采用两个移动式的喷粉室，在变换颜色时把回收粉末涂料管道卸下来，用电机自动地切换喷粉室，改喷其他粉末涂料颜色品种；同时清洗已经卸下来的喷粉室，为下次使用做准备。这种喷粉系统，对于颜色品种比较少、喷粉室的容量不太大的PCM系统可以采用，但是对喷粉室容积大的涂装系统难度比较大。

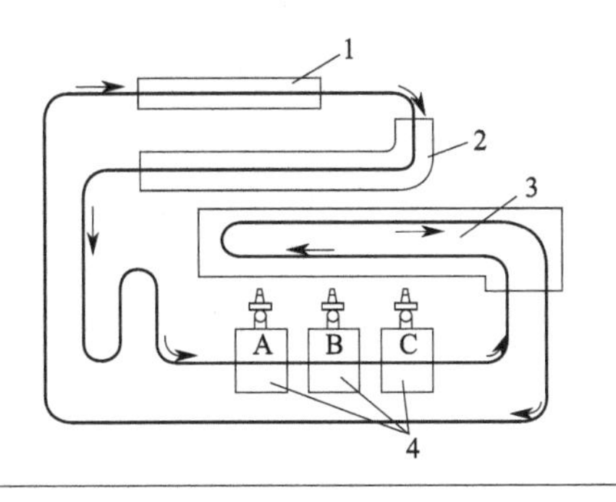

图 9-43 喷粉室单元的串联排列方式
1—表面（前）处理线；2—干燥炉；3—烘烤炉；4—喷粉室

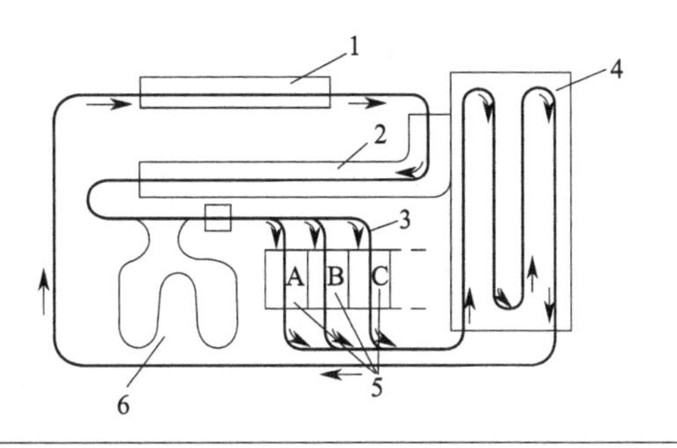

图 9-44 喷粉室单元的并联排列方式
1—表面（前）处理线；2—干燥炉；3—自动切换负荷传送带；4—烘烤炉；5—喷粉室；6—贮存室

三、短时间内容易清扫和更换颜色的涂装体系

1. 自动多色换色体系

自动多色换色体系喷粉室的结构见图9-45。喷粉室使用特殊树脂制造，喷粉时粉末涂料不容易附着上去。

喷粉室的四周有喷粉室清扫装置。当这种自动清扫装置从喷粉室出口向入口移动时，空气喷嘴就清扫喷粉室内壁（包括上下左右壁），喷粉室进出口的门都关上，防止粉末涂料外逸。在这一步骤，粉末涂料的清扫率达到90%以上。当自动清扫装置从入口向出口移动时，轻微润湿的泡沫塑料就紧贴喷粉室内壁揩擦，清扫出空气吹不下来的10μm以下的粉末，达到100%的清扫率。清扫用泡沫塑料容易从自动清扫装置取下来。因此，喷粉室的清扫速度快，换色也方便。由瓦格纳尔喷涂设备（上海）有限公司开发并生产的FBC（fast booth cleaning）快速换色喷粉室系统（专利技术）、ABC三明治全自动清理喷粉室系统（专利技术），都可以在15～20min内完成清扫和换色工作，保持生产安全性和极佳的性价比。由诺信（中国）有限公司生产的Sure Clean™ 粉末喷涂室系统可以在10min内完成清扫和换色工作。另外，供粉系统采用包装箱供粉装置（见图9-20），可以直接使用原包装箱，还可以自动清洗包装箱和供粉系统，换粉末涂料品种和颜色更方便。由国内吉本涂装设备有限公司生产的HVM2018（振吸式）手动粉末静电喷涂机也属于这种类型的设备。

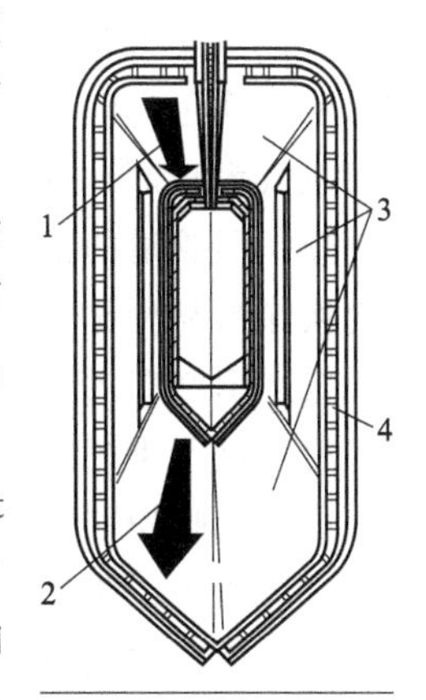

图 9-45 自动多色换色体系的喷粉室的结构
1—第一步清扫率达到90%；2—第二步清扫率达到100%；3—特殊树脂制造喷粉室；4—喷粉室清扫装置

2. 金属喷粉室过滤回收（MFR）体系

金属喷粉室过滤回收体系的结构示意见图 9-46。该体系与传送带式粉末涂料回收设备涂装系统差不多。在金属制的喷粉室底部安装可以互换的带状涤纶纤维滤布，在涂装过程中连续旋转，喷粉室内的排风通过过滤布向喷粉室外排放。从喷粉室出来的喷逸粉末涂料就堆积在传送带上，被送到吸粉器。吸粉器把粉末涂料自动吸上来，用小型旋风分离器分离，经旋转阀门用过筛机把回收粉末涂料分离，回收到涂装系统的粉末槽里。该体系的优点为：设备体积小、占地面积少；喷粉室底部的高度低，因此降低了设备的高度；由于过滤布传送带的粉末涂料经常回收，所以喷粉室内的空气流较稳定；喷粉室内容易清扫。

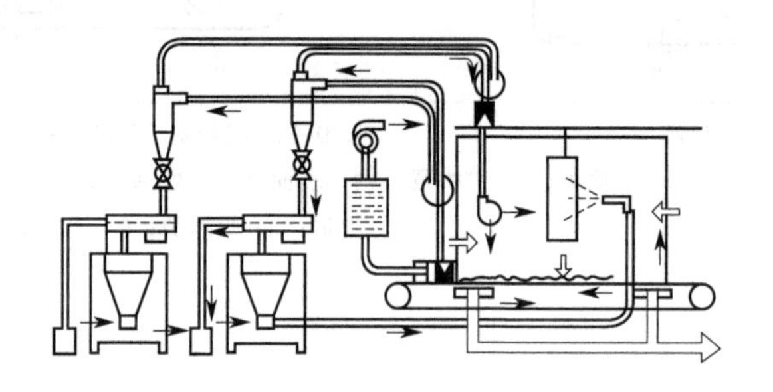

图 9-46 金属喷粉室过滤回收（MFR）体系

3. 快速换色粉末涂料涂装体系

快速换色粉末涂料体系有多种形式，一是前述的利用滤芯（弹筒）式过滤回收装置（见图 9-37）涂装体系。这种设备的喷粉室用不锈钢制作，内壁平整光滑没有死角，容易清扫，其形状也根据空气动力学原理设计，不会堆积粉末涂料。因为喷粉室与回收设备的连接处没有通风排气管，清扫容易，所以比其他设备体系换色简便；并且喷粉室的下面设有料斗，所以换色时间短，涂料的损失也非常少。这种体系喷粉室对各种颜色粉末喷涂的粉末涂料回收效率较高。这种体系的最大问题是大型涂装体系中，滤芯的数目较多，滤芯的清扫比较麻烦，但管道的清扫简单，不存在旋风分离器和袋滤器的清扫问题，因此清扫设备、换色和更换涂料品种比较简单。

二是图 9-47 所示的 PVA（聚乙烯醇）传送带式快速换色粉末涂料涂装设备。这种设备的喷粉室是用难燃的丙烯酸聚合物板制成的，喷粉时喷逸的粉末涂料落在 PVA 制作的传送带上，送到喷粉室的出口时，被装在出口处的空气-粉末喷粉枪再次喷向被涂物。由于控制的空气流作用，飘浮的粉末涂料就受装在喷粉室侧面的电极作用再次带电而涂着在被涂物上面。喷枪把粉末涂料以雾状形式供给喷粉室，而不是直接喷涂到被涂物表面。接地的铝板装在喷粉室的出口位置，PVA 传送带向铝板移动，剩余的粉末涂料就附着在铝板上完成换色。传送带运转 2～3 次后，铝板用过滤器组件替换，这样喷粉室的清扫操作可以简单地短时间内进行。该换色体系的特点为：换色操作可在 15～20min 内完成；设备的体积小，占地面积小；不需要旋风分离器和袋滤器；排风通过过滤器在室内循环，因此不需要新的空气。

中山市君禾机电设备有限公司研制和生产 SPB 三明治系列快速换色喷粉室系列产品，

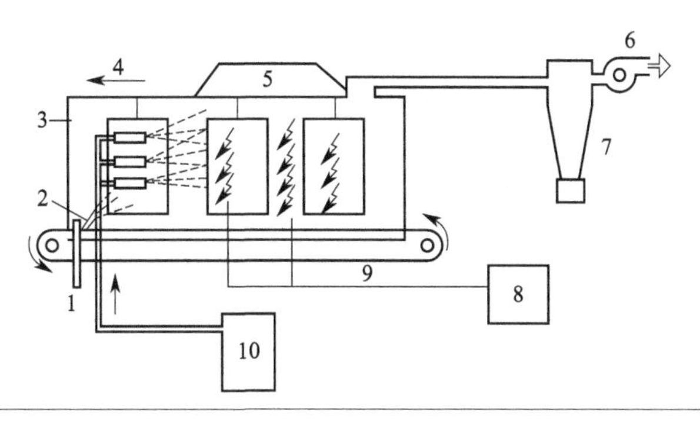

图 9-47 PVA 传送带式快速换色粉末涂料涂装设备

1—空气帘；2—铝板；3—静电感应喷粉室；4—被涂物输送带；5—负荷区域；6—排风；
7—粉末旋风分离器；8—高压静电发生器；9—PVA 传送带；10—供粉槽

其中 SPB-Ⅰ型的特点是喷粉室内部可以手动翻板，也可以全自动闭合，还可以全自动翻板打开。喷粉室底部采用一体式钢板平台承重设计，可承重 300kg 以上重量，必要时操作人员可以进入喷粉室。SPB-Ⅱ型的特点是喷粉室为平底结构，中间翻板快速换色（专利：ZL 2010 2 0553373.9），可以翻板闭合，翻板打开，方便人员进入。SFB-Ⅲ型三明治快速换色喷粉室系列产品（专利：ZL 2012 2 0665131.8），喷粉室底部有翻板打开式、翻板闭合式、锥底翻板式等结构，清理人员站立方便；喷枪远离抽风口，不会影响喷枪上粉率；底部倾斜可用更小的压缩空气清理底部积粉，同时可减少粉末涂料飞扬而影响喷涂质量。 SFB-Ⅲ型锥底双翻板快速换色喷粉室见图 9-48。

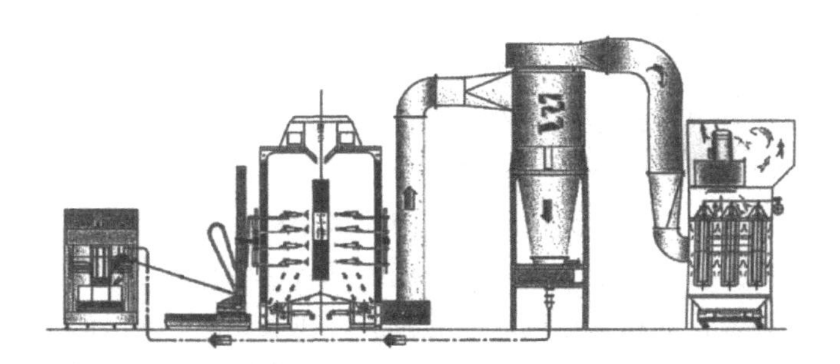

图 9-48 SFB-Ⅲ型锥底双翻板快速换色喷粉室

另外，传送带式回收设备（见图 9-41）涂装系统、薄膜式回收设备（见图 9-42）涂装系统也可以做到快速换色。

由喷粉室、旋风分离器、袋式过滤器所组成的粉末涂装体系换色方式的种类和特点见表 9-4。表 9-5 中还列举了各种颜色之间的混合所引起污染的情况。

表 9-4 粉末涂装体系换色方式的种类和特点

设备概要	设备的构成			换色情况	污染程度	设备费用
	涂装设备	喷粉室	回收设备			
	专用	专用	专用	方便	污染少	高

续表

设备概要	设备的构成			换色情况	污染程度	设备费用
	涂装设备	喷粉室	回收设备			
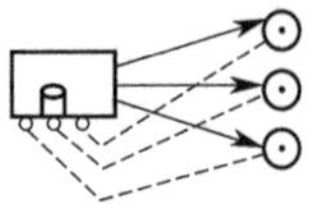	共用	共用	专用	不方便	一般	便宜
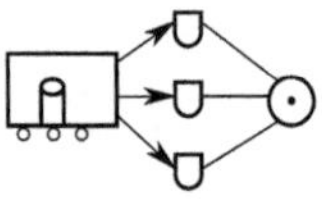	共用	共用	专用	不方便	一般	便宜
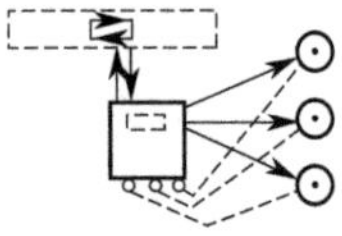	共用	专用	专用	一般	污染少	一般

注：⊙—袋式过滤器；Ʊ—旋风式分离器。

表 9-5　各种颜色粉末涂料之间的混合所引起污染的情况

基本色	混进颜色	混合比例/%		
		0.1	0.25	0.50
白色	浅黄色	不明显	不明显	不明显
	浅绿色	基本可以	明显	很明显
浅绿色	浅黄色	明显	明显	很明显
	白色	明显	明显	很明显
浅黄色	白色	不明显	不明显	不明显
	浅绿色	基本可以	基本可以	明显

上述的不同换色体系各有其优点，在施工中究竟采用哪一种方法，要根据使用颜色的种类、涂着效率、粉末涂料混合污染的允许程度、换色需要的时间、设备费用和设备的排列等方面进行综合评价后决定。

如果在一种粉末涂料中混进了另一种颜色的粉末涂料，就不会像溶剂型涂料那样达到完全混溶的程度，而是成为细小的粒子留下来，成膜以后这些异色小粒子以斑点的形式出现在涂膜上面，从而另一种颜色的粉末造成涂膜的弊病。在表 9-5 中列出的是白色、浅绿色和浅黄色三种颜色粉末涂料之间相互混进时，用目测法进行判断的结果。当粉末涂料混进 0.1% 不同颜色的粉末涂料时，就会引起明显的污染。因此选择多种颜色粉末涂料进行粉末涂装时，应慎重选择粉末涂装设备和工艺，才能保证粉末涂装产品的涂膜质量。

4. 小型多旋风分离器回收涂装体系

在这种体系中，粉末涂料的回收采用小型多旋风分离器和袋式过滤器相结合的复合回收涂装体系（multi recovery system，即 MRS，见图 9-49），也有小型多旋风分离器和滤芯回收设备相结合的瓦格纳尔公司 ICM 复合回收设备体系（见图 9-50）。它们的特点是旋风分离器小型化，不仅缩小了设备占地空间，而且换色时旋风分离器内部清扫方便，尤其是喷粉室与旋风分离器之间不需要管道连接，这样防止了管道中的混色问题。由瑞士开发的这种设备体系，很容易安装防止粉尘爆炸的自动灭火装置。由于这种设备相比以往的大型旋风分离器有许多优点，国内已逐步推广这种粉末涂料回收系统，使用效果也比较好。

中山君禾机电设备有限公司生产的 MCS 多管小旋风二级回收喷粉室系列产品，包括刮板回收喷粉室、底部脉冲气流回收喷粉室和底部管道式回收喷粉室等，其中底部管道式回收小旋风喷粉系统原理和喷粉室内部结构照片见图 9-51。

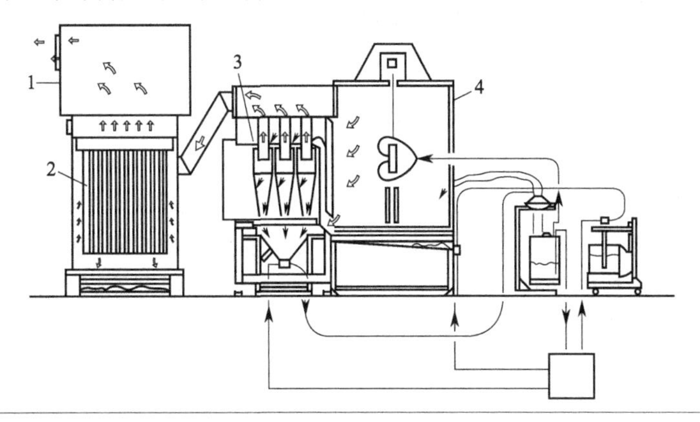

图 9-49　小型多旋风分离器和袋式过滤器相结合的复合回收涂装体系

1—室内排气；2—袋式过滤器；3—小型多旋风分离器；4—喷粉室

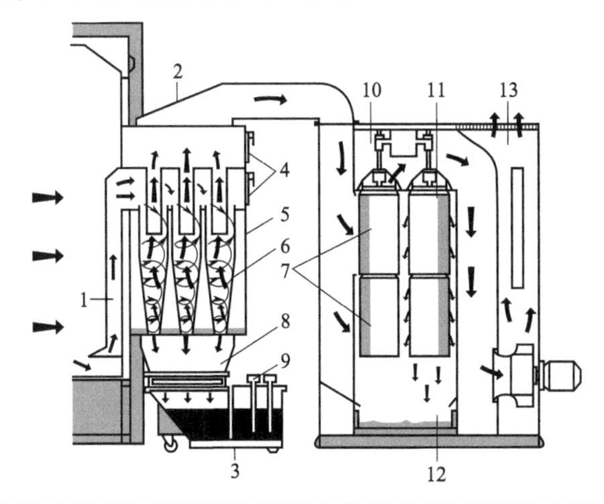

图 9-50　小型多旋风分离器和滤芯回收设备相结合的瓦格纳尔公司 ICM 复合回收设备体系

1—抽吸导板；2—减压板；3—集/供粉箱；4—观察窗；5—组合式小旋风器分离装置；6—旋风器；7—滤芯；8—稳定室；9—喷射器（粉泵）；10—脉冲反吹空气包；11—自动滤芯清理；12—超细粉存积盘；13—净化空气出口

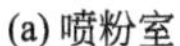

(a) 喷粉室

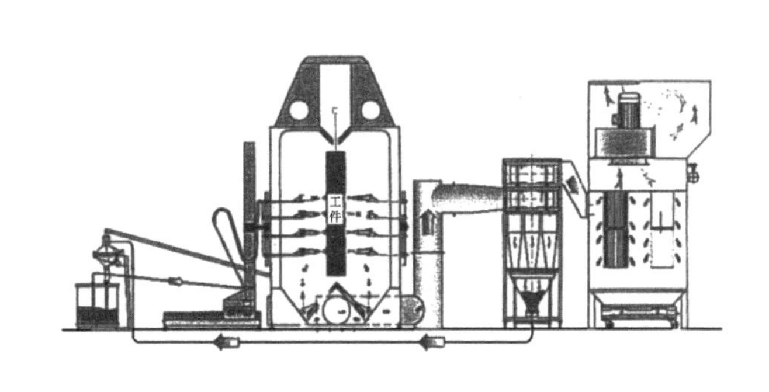

(b) 原理

图 9-51　底部管道式回收小旋风喷粉系统原理和喷粉室内部结构

四、用涂装工艺进行配合的方法

通过不同涂料品种之间的相互配合，以达到多种颜色的涂装目的。

① 粉末涂装和溶剂型涂料的涂装相结合的方法　这种方法适用于要求多种颜色的产品，先用粉末涂料涂装主要颜色，再用溶剂型涂料涂装其他颜色。要使不同类型的粉末涂料和溶剂型涂料配合得更好，应该考虑涂装的作业性和涂膜层间的附着力等因素。如果粉末涂层不经砂纸打磨或溶剂擦拭处理，直接在粉末涂层上涂装溶剂型涂料，则涂层间的附着力往往不太好；另外要考虑作面漆用溶剂型涂料与粉末涂料底层间的配套性。

② 粉末涂料和水性涂料相配合的方法　这类涂装体系用的涂料均是低污染涂料，对于环境保护是有利的。它的特点之一是利用水性涂料换色容易的特点，例如用聚氨酯粉末涂料打底，上面喷涂丙烯酸或氨基醇酸水性涂料的涂装体系。其涂装质量由聚氨酯粉末涂层来保证，多种颜色是由容易调节颜色的水性涂料来完成的。

③ 干湿膜一次烘烤法　这种涂装方法是先喷涂溶剂型涂料，大部分溶剂挥发后，再在其上面喷涂透明的粉末涂料面漆，然后一起进行烘烤。这种涂层的特点是涂层之间相互结合得好。例如，先用溶剂型涂料喷涂膜厚约 15～25μm 的涂层，放置 3min，再在其上面喷涂粉末涂料，使涂层厚度达 50μm 左右，然后放入烘烤炉中进行烘烤。该方法的优点是比纯溶剂型涂料的涂装体系节省溶剂，换色比较容易，可以制得金属闪光粉末涂层。

第十章

粉末涂装工艺

粉末涂装的基本工艺与烘烤固化型的溶剂型和水性涂料差不多，一般要经过挂件、工件的表面（前）处理（包括除油、除锈、磷化）、粉末喷涂、烘烤固化、冷却、检验、卸件等工序（见图 10-1），最大的区别是粉末喷涂工序。

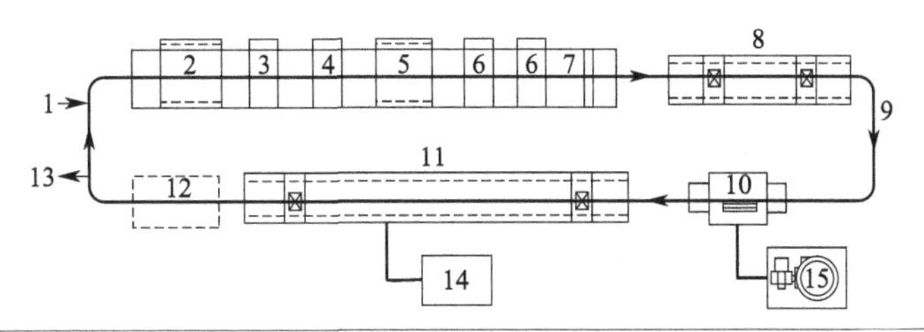

图 10-1 粉末涂装工艺流程

1—挂件；2—除油；3，6—水洗；4—表面调整；5—磷化；7—去离子水洗；8—水分干燥；9—传送带；10—粉末喷涂；11—烘烤；12—冷却；13—卸件；14—脱臭；15—回收

在粉末涂装中，占主导地位的是静电粉末涂装，因此这里重点介绍静电粉末涂装有关的涂装工艺。代表性的粉末涂装生产线的示意见图 10-2。

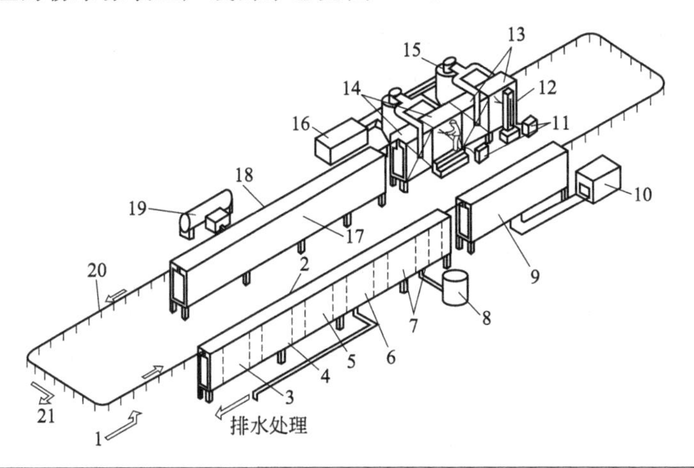

图 10-2 代表性的粉末涂装生产线示意

1—挂件；2—表面处理装置；3—除油；4，7—水洗；5—表面调整；6—磷化；8—锅炉；9—水分干燥炉；10—热风炉；11—涂装机；12—移行机；13—自动操作；14—手动操作；15—旋风分离器；16—袋滤器；17—烘烤炉；18—热风炉；19—LPG 供给装置；20—传送带；21—卸件

第一节
工件的表面（前）处理

在粉末涂装中，不管采用哪种涂装法，被涂物都要进行表面处理（又叫前处理）。表面处理一方面提高涂膜的防腐、防锈性能，延长涂膜的使用寿命；另一方面提高涂膜对被涂物的附着力；另外被涂物的涂装部位得到均匀的涂膜。经过表面处理后，80%以上的被涂物，其耐候性得到提高，涂层性能得到充分发挥。

金属被涂物的表面往往带有润滑油、防锈油等油脂、水分、粉尘、污物、氧化膜和锈等物，如果不进行表面处理，它们的存在会影响涂层的附着力，同时涂膜上也会出现针孔、开裂、麻坑、起泡、剥离等弊病，影响涂层的外观、保护性能和使用寿命。

被涂物的表面处理一般分两大类，一种是机械处理，包括喷砂、喷丸、砂纸打磨、钢刷子刷、动力工具法等；另一种是化学处理，包括洗涤剂除油、碱除油、磷酸盐处理、酸除锈、化学氧化处理等。这些方法可以单独使用，也可以组合起来使用，主要是由被涂物本身的情况和涂装后的用途所决定。根据不同的金属材料，选择的表面处理工艺和配方是有区别的，如果选择不当就会影响涂层的附着力、机械强度和防腐等其他性能。

粉末涂装的表面处理，一般包括除油、除锈、磷化或氧化处理过程。在自动粉末涂装线上，对家用电器用品的表面处理要求严格，其工艺包括除油、除锈、表面调整、磷化、后处理、干燥等工艺，喷淋法表面处理工艺按图 10-3 进行；浸渍法表面处理工艺按图 10-4 进行。在以前的表面处理工艺中，磷化后还要进行后处理，但后处理的钝化要使用铬酐或铬酸盐，其工业废水严重污染环境，故一些工业发达国家已不再采用后处理。我国的一些企业也不用铬酐和铬酸盐的后处理工艺。不同金属材料的不同用途表面处理工艺比较见表 10-1。对于锈蚀的钢和铁制成的被涂物（工件）必须进行喷砂或喷丸处理后，再进行磷化处理或直接进行粉末涂装。

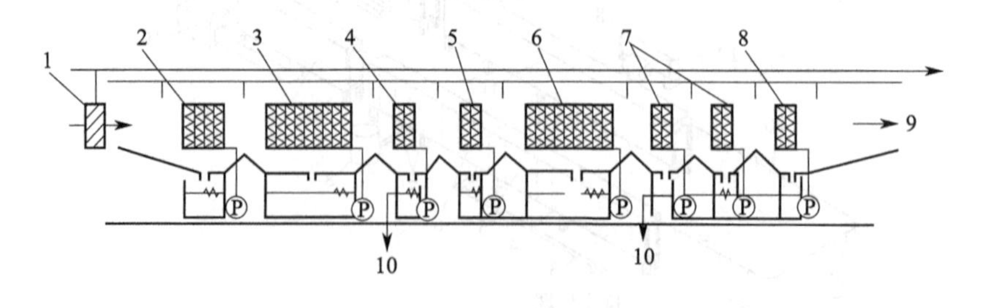

图 10-3 喷淋法表面处理工艺流程

1—挂件；2—预除油；3—除油；4，7—水洗；5—表面调整（水洗）；6—磷化；8—去离子水洗；9—烘烤炉；10—排水

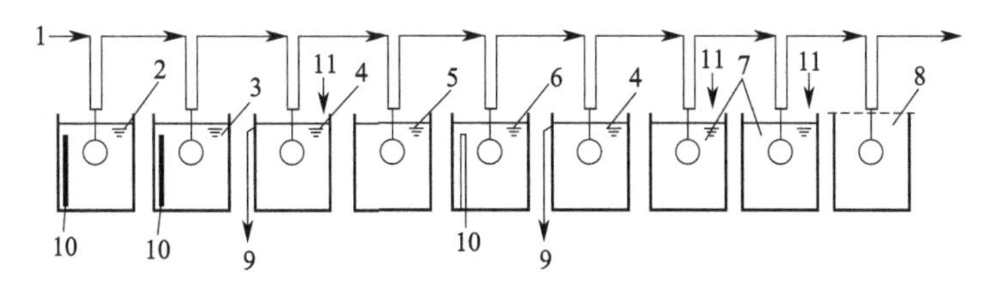

图 10-4　浸渍法表面处理工艺流程

1—传送带；2—预除油；3—除油；4—水洗；5—表面调整的水洗；6—磷化；
7—去离子水洗；8—干燥；9—排水；10—加热；11—供水

表 10-1　不同金属材料的不同用途表面处理工艺比较

处理工艺	钢板			锌及其他合金板		铝板
	汽车	一般涂装	防锈	一般型	反应型	一般型
预除油	○					○
除油	○	○	○	○	○	○
除锈	○	○	○	×	×	×
水洗	○	○	○	○	○	○
表面调整	○	○	○	○	○	×
磷化(氧化)	○	○	○	×	×	○
水洗	○	○	○	○	○	○
水洗	○	○	○	○	○	○
去离子水洗	○	○	×	×	×	○
后处理	×	×	×	×	○	×
干燥	○	○	○	○	○	○

注：○表示需要；×表示不需要。

一、喷砂或喷丸处理

喷砂或喷丸是采用引射式喷枪，将砂粒、钢丸等先由压缩空气引流到喷砂（或喷丸）枪管，再经喷嘴喷射到被涂物表面。被涂物表面由于受到砂粒或钢丸的强烈冲击，锈斑及氧化膜等被冲掉，露出被涂物本来的金属光泽，而且形成比较粗糙的表面，增加对涂层的附着力。喷砂或喷丸处理有以下特点：

① 适用范围广，不仅可用于钢铁材料表面，也广泛用于铝、铜、锌合金等有色金属和合金；

② 喷砂或喷丸处理后，被涂物表面积增加，表面比较粗糙，对粉末涂层的附着力增强，延长了涂层的使用寿命，比其他方法效果好；

③ 除锈斑和氧化膜比较彻底；对于表面不太平整的被涂物，经喷砂或喷丸处理后，表面的平整性有明显改进；

喷砂或喷丸处理是一种较为理想的机械处理方法，可用于附着力差的热塑性粉末涂料涂装前的表面处理。喷砂或喷丸处理工艺如下：高温除油→喷砂或喷丸→除去被涂物表面的砂粒或钢丸→干燥处保存→粉末喷涂。

1. 高温除油

虽然喷砂或喷丸时能除去被涂物表面的部分油，但是被涂物空隙之间的油污是无法除去的，高温处理是除去空隙和缝隙中油污的较为简单可行的方法。高温处理温度为 250～300℃，时间为 2～4h，油污较重的需要 8h。

2. 喷砂或喷丸

粉末涂装中的喷砂或喷丸一般采用干法。干喷砂或干喷丸设备主要包括喷砂（或喷丸）枪、喷砂（或喷丸）室、空气压缩机、油水分离器、抽风机等设备。干喷砂（或喷丸）的设备及工艺流程见图 10-5。干喷砂（或喷丸）的动力为压缩空气，一般用 40kW、0.9MPa 的空气压缩机就可以了。开动空气压缩机后产生的热空气，经冷却槽送入贮气罐。当气贮到一定压力，安全阀便自动打开，空气就经贮气罐送入油水分离器净化装置，再送入喷枪。油水分离器的作用是除去空气中的油分和水汽，使比较干净的空气作为喷砂（或喷丸）的动力。喷枪的压缩空气压力通常不超过 0.6MPa。喷砂（或喷丸）室的结构比较简单，就像一个密封的箱子。输砂管连通喷砂（或喷丸）室下部的贮砂斗，用脚踏开关控制压缩空气的通断调节。由于操作工人在室外操作，所以操作工受矽尘或铁砂尘的危害较小。

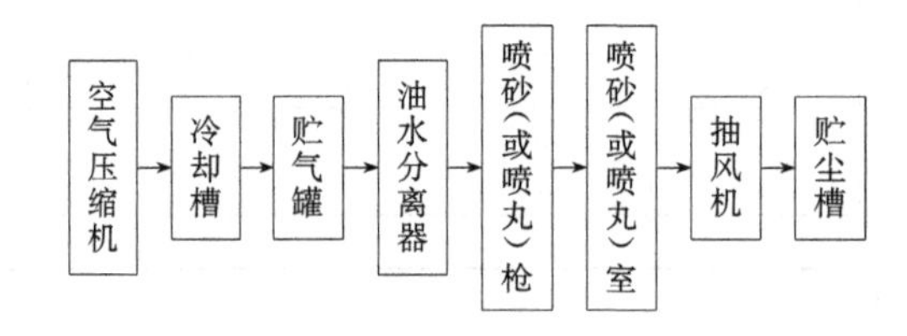

图 10-5　干喷砂（或喷丸）设备及工艺流程

喷砂时压缩空气压力与喷枪喷嘴有关，一般喷嘴较大时采用较大的空气压力。喷砂或喷丸时的打磨介质有石英砂、金刚砂、铝矾土、黄沙、河沙、玻璃碴、铁砂、钢丸等，一般粒径为 1～1.5mm。打磨介质的品种要根据被涂物的表面硬度来选择，硬度高的被涂物采用石英砂、金刚砂等；比较软的被涂物采用黄沙、河沙等。

3. 除去被涂物上的余砂

喷砂或喷丸处理后的被涂物表面往往粘上砂粒或粉尘，必须清扫干净，否则会影响涂装后涂膜外观和附着力。一般可采用压缩空气或手提式除尘机吹掉余砂和粉尘，保证涂装产品质量。

4. 保持被涂物干燥

喷砂后的被涂物要保持干燥，必须堆放在干燥清洁的地方，并应尽快地进行粉末涂装，否则喷砂的表面容易氧化生锈。因此喷砂以后，最好不要超过 24h 就进行粉末涂装。在喷砂或喷丸过程中应注意如下事项：

① 压缩空气必须经过冷却和净化处理，以免沾污被涂物；

② 喷砂（或喷丸）室要求密封，喷砂（或喷丸）车间内要安装除尘设备防止研磨介质外逸而危害人体健康和造成环境污染；

③ 喷枪喷嘴容易磨损，为保证喷砂时的压力稳定，要定期更换喷嘴；

④ 喷砂（或喷丸）后的被涂物要保持干净，不能用手摸，以免手上的汗渍和油污污染被涂物，最终影响产品涂装。

二、除油

金属在存储、搬运和加工过程中，表面不可避免地被外界一些污物所污染。这些污染物包括工厂为防锈、拉拔和机械加工或成型过程中使用的机油、润滑油、动植物油等，在进行涂装前必须除去油类污染物。除油是表面处理重要工序之一。因为油污会使涂膜的附着力降低，还影响涂膜的其他性能，所以必须将其清洗干净。除油的方法分物理除油法（有机溶剂法）、化学除油法、电化学除油法等。

1. 物理除油法

物理除油法是采用对油污（动植物油或矿物油）具有溶解力的溶剂，把油污洗去的方法。这种方法处理速度快，但除油效果不太好，且多数溶剂易燃易爆，还有一定的毒性，使用起来不太安全。该法适用于钢铁材料的冲压件、铸件，铝、铜及其合金的加工件和压铸件。对用碱液难以除净的矿物油以及较严重的油脂比较适用。

除油用的有机溶剂应该考虑溶解性强、挥发性好、毒性小、不易着火、价格便宜和对被涂物没有腐蚀性的溶剂。目前采用的主要有苯类、醚类、酮类、酯类和含氯溶剂等。最常用的除油脂溶剂有三氯乙烷、三氯乙烯、全氯乙烯等。采用蒸气除油脂法，这种方法的脱脂速度快，效率高，脱脂干净彻底，对各类油脂的去除效果都非常好。在氯代烃中加入一定的乳化液，对喷淋和浸泡效果都很好，但由于毒性问题，除在电子行业少量零件的清洗以外很少使用。

实施溶剂除油的工艺有擦洗法、蒸气法和浸渍法等。为了使除油比较彻底，最好采用两次清洗，并且要及时更换溶剂，以保证除油质量。因为有机溶剂大多数带有毒性和容易燃烧，在使用和存放中，应该考虑安全和通风问题。

2. 化学除油法

化学除油法以碱液除油法为代表，主要成分是氢氧化钠，在多数情况下还加入碳酸钠、偏硅酸钠、硅酸钠、磷酸钠、焦磷酸钠等。碱液除油比较适用于动植物油，对矿物油不适用。对不同材料用碱液除油的配方见表 10-2。为了提高除油效果，在碱液除油配方中添加润湿剂、洗涤剂等表面活性剂。表面活性剂一般是由亲水基和亲油基相结合构成的化合物，它能吸附在油水相互排斥的界面上，降低它们之间的表面张力，因而使与碱液不起皂化反应的矿物油脂被乳化而达到除油效果。表面活性剂的用量一般在 0.3%～3%之间。

表 10-2 对不同材料用碱液除油的配方

配方及工艺条件	钢铁			铝及其合金	铜及其合金
	浸渍 1#	浸渍 2#	喷淋		
氢氧化钠/(g/L)	80	80～100	4	3～5	25～30

续表

配方及工艺条件	钢铁			铝及其合金	铜及其合金
	浸渍 1#	浸渍 2#	喷淋		
碳酸钠/(g/L)	45	20～30	8	—	—
磷酸三钠/(g/L)	30	30～40	4	40～50	25～30
硅酸钠/(g/L)	3～5	—	—	15～25	5～10
温度/℃	90～95	85～95	72	50～70	60～90
时间/min	2～5	10～15	2	2～5	10～20

实施化学除油的工艺有浸渍法和喷淋法，浸渍法是把被涂物（工件）浸渍在除油液中除油污的方法；喷淋法是把除油剂喷淋到被涂物（工件）表面上除油污的方法。喷淋法除油工艺见图 10-6。

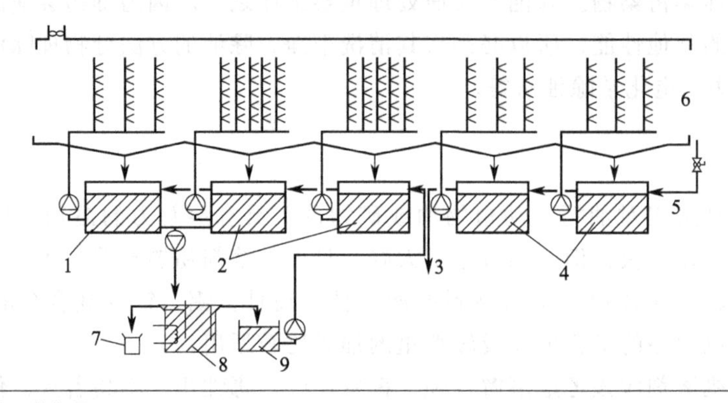

图 10-6　喷淋法除油工艺流程

1—预除油；2—除油；3—废水；4—水洗；5—给水；6—喷淋；7—分离油；8—加热分离；9—贮水槽

化学除油法还根据除油液的酸碱性分为碱性除油液（pH 值 9～11.5 以上）、中性除油液（pH 值 6.9～9.5）和酸性除油液（pH 值 1.0～5.5），碱性除油液又可分为弱碱性（pH 值 9～10.5）、中碱性（pH 值为 10.5～11.5）和强碱性（pH 值大于 11.5）除油液。

① 低碱性除油液　包括弱碱性和中碱性除油液，对工件表面状态的破坏小，又可在低温和中温下使用，除油脂效率较高，喷淋除油效果好，是当前应用最广的除油剂。这种除油剂的主要成分为无机碱性助剂、合成洗涤剂或表面活性剂、消泡剂、缓蚀剂或螯合剂和抗硬水剂等。碱性助剂有硅酸钠、三聚磷酸钠、磷酸钠、碳酸钠等，主要提供碱度，并起分散和悬浮作用，防止油脂重新吸附上去。表面活性剂采用非离子型的聚氧乙烯类和阴离子型的磺酸盐类，起主要的除油作用。低碱性除油液处理方法有喷淋法、浸泡法和喷浸结合法，常用低碱性除油液的配方和工艺条件见表 10-3。

表 10-3　常用低碱性除油液的配方和工艺条件

项目	浸泡型/(g/L)	喷淋型/(g/L)	项目	浸泡型/(g/L)	喷淋型/(g/L)
配方			表面调整剂	0～3	0～3
三聚磷酸钠	4～10	4～10	游离碱度/点	5～20	5～15
硅酸钠	0～10	0～10	工艺条件		
碳酸钠	4～10	4～10	处理温度/℃	常温～80	40～70
表面活性剂	5～20	1～3	处理时间/min	5～20	1.5～3.0
消泡剂	0	0.5～3.0			

② 强碱性除油液　它利用强碱与动植物油的皂化反应，形成能溶于水的皂化物达到除油

目的，是一种传统的有效除油方法，不适合矿物油的除油。对于矿物油的除油，添加磺酸类阴离子表面活性剂，通过乳化作用可以处理矿物油。这种除油剂的使用温度高，能耗大，对设备的腐蚀性也不小，应用范围逐渐减小。常用强碱性除油液的配方和工艺条件见表 10-4。

表 10-4 常用强碱性除油液的配方和工艺条件

配方组成	配方中含量(质量分数)/%	工艺条件	技术指标
氢氧化钠	5～10	处理温度/℃	>80
碳酸钠	2～8	处理时间/min	5～20
磷酸钠(或碳酸钠)	1～10	处理方式	浸泡、喷淋都可以
表面活性剂(磺酸类)	2～5		

③ 中性除油液　考虑到铝、锌、镁等有色金属在不同 pH 值除油液，特别是碱性除油液中的腐蚀性问题，这些有色金属适合在中性除油液中进行除油。

④ 酸性除油液　由非离子型和阴离子型表面活性剂、无机酸和缓蚀剂三大部分组成，利用表面活性剂的乳化、润湿和渗透原理，并借助酸腐蚀金属产生氢气的机械剥离作用，达到除油的目的。这种除油液可以在低温和中温下使用，低温只能除去液态油，中温可以除去油和脂；其适用于浸泡法处理，兼有除油和除锈双重功能，习惯称为“二合一”处理液。常见酸性除油液配方、工艺条件和特点见表 10-5。

表 10-5 常见酸性除油液配方、工艺条件和特点

项目	低温型	中温型	磷酸基型
配方(质量分数)/%			
工业盐酸(31%)	20～50	0	0
工业硫酸(98%)	0～15	15～30	0
工业磷酸(85%)	0	0	10～40
表面活性剂(非离子型和磺酸型)	0.4～1.0	0.4～1.0	0.4～1.0
缓蚀剂	适量	适量	适量
工艺条件			
处理温度/℃	常温～45	50～80	常温～80
处理时间/min	适当	5～10	适当
特点			
应用范围	很广	很广	一般
成本	低	低	高
效率	较高	较高	低
腐蚀性	大	大	小

在除油工艺中，除油温度对除油效果有重要的影响，一般除油温度高有利于提高除油效果，其原因之一是温度使油脂的黏度降低，有利于除去；原因之二是促进化学反应速度；原因之三是促进表面活性剂的浸润、乳化和分散作用。除油时间对除油效果也有很大的影响，延长除油时间有利于提高除油效果，油污越多越应该延长除油时间，才能保证除油质量。在自动化生产线上，为了保证除油质量，喷射法预除油后再用浸渍法除油。

在除油剂的选择上，根据不同材质选择不同 pH 值的除油液，考虑到金属的腐蚀问题，各种金属发生腐蚀的临界 pH 值为锌 10、铝 10、锡 11、黄铜 11.5、硅铁 13、钢铁 14。

3. 电化学除油法

电化学除油法是利用电解作用，将被涂物置于充满除油液的电解槽中，作为阳极（或阴极），然后在短时间内通直流电，使油脂与溶液界面的表面张力下降，同时由于电极上析出气泡，对油膜也起到清洗作用，促使油膜从被涂物上脱落下来，达到除油目的。

电化学除油是在一般有机溶剂除油或化学除油后进行的。钢铁件的电化学除油溶液一般以氢氧化钠为主，铝、铜等材料的电化学除油溶液一般以碳酸钠、磷酸三钠为主。对不同材料的电化学除油溶液配方及工艺条件见表 10-6。电化学除油溶液中不宜加入表面活性剂，这是因为表面活性剂有发泡性，在电解过程中会在阴、阳极产生含有大量氢氧混合气体的泡沫，有引起爆炸的危险。

表 10-6 对不同材料的电化学除油溶液配方及工艺条件

配方及工艺条件	钢铁	铝及其合金	锌及其合金	铜及其合金
配方				
氢氧化钠/(g/L)	10～30	5～10	20～40	5～10
碳酸钠/(g/L)	—	10～20	—	—
磷酸三钠/(g/L)	—	15～30	20～40	10～20
硅酸钠/(g/L)	—	—	3～5	5～10
工艺条件				
阴极除油时间/min	1	0.5～1	1～3	0.5～1
阳极除油时间/min	5～10	—	—	—
温度/℃	80	40～60	70～80	40～50
电流密度/(A/dm^2)	2～10	5～7	2～5	5～7

无论是化学除油，还是电化学除油，都必须对被涂物进行严格的冷水或热水清洗，把吸附在被涂物表面的碱液和表面活性剂等残余物清洗干净。水洗最好采用流动清水，为了保证水洗的质量，应特别重视冷水和热水的纯度和质量，定期更换水洗槽中的水，以提高水洗质量和效果。

三、除锈

除锈有物理法和化学法。物理除锈法中包括喷砂、喷丸、砂纸打磨和钢刷子刷等，其中喷砂和喷丸已在前面叙述；化学除锈法是用盐酸、硫酸和磷酸等溶液浸渍法除锈。其主要原理是金属氧化物与酸溶液进行化学反应，以达到除锈的目的，其主要化学反应如下：

$$Fe_2O_3+6HCl=2FeCl_3+3H_2O$$

$$Fe_3O_4+4H_2SO_4=FeSO_4+Fe_2(SO_4)_3+4H_2O$$

$$Fe_2O_3+3H_2SO_4=Fe_2(SO_4)_3+3H_2O$$

$$3FeO+2H_3PO_4=Fe_3(PO_4)_2+3H_2O$$

为了避免酸洗使钢铁出现氢脆和酸雾，缩短酸洗时间和提高酸洗质量，在除锈用的酸洗溶液中常加入诸如缓蚀剂、表面活性剂、消泡剂等各种助剂。常用的缓蚀剂有硫脲、六次甲基四胺等；表面活性剂有平平加、OP 乳化剂等。对于特殊钢或非铁金属则常用混合酸或草酸、铬酸、柠檬酸进行酸洗处理。代表性的除锈酸溶液的配方和工艺条件见表 10-7。

表 10-7 代表性的除锈酸溶液的配方和工艺条件

配方及工艺条件	配方 1	配方 2	配方 3
配方			
盐酸/(g/L)	100～150	—	—
硫酸/(g/L)	—	150～200	150～200

续表

配方及工艺条件	配方 1	配方 2	配方 3
硫脲/(g/L)	—	2～5	2～5
六次甲基四胺/(g/L)	2～5	—	—
表面活性剂/(g/L)	10	10	10
工艺条件			
槽液温度/℃	30～40	40～60	60～70
浸渍时间/min	10～25(视锈蚀情况而定)	10～25(视锈蚀情况而定)	10～25(视锈蚀情况而定)

为防止经酸洗后的被涂物二次生锈和将残液带入磷化工序，必须用 3～5g/L 碳酸钠水溶液作中和处理，然后用清水冲洗，直至残液除净为止。盐酸、硫酸和磷酸三种酸除锈液的优缺点比较见表 10-8。

表 10-8　盐酸、硫酸和磷酸三种酸除锈液的优缺点比较

项目	盐酸除锈液	硫酸除锈液	磷酸除锈液
处理条件			
使用浓度/%	5～15	10～25	5～20
温度/℃	＜45	60～80	40～80
优点	1. 处理速度最快 2. 渗氢影响很小 3. 无残渣和酸泥 4. 价格便宜 5. 处理温度低	1. 处理速度快 2. 能用于不锈钢和铝件 3. 价格便宜	1. 不产生腐蚀性残留物，安全性好 2. 除锈后形成保护膜 3. 渗氢影响很小
缺点	1. 不能用于不锈钢和铝件 2. 氯化氢有一定挥发性和腐蚀性	1. 容易引起渗氢现象 2. 处理温度高	1. 处理速度慢 2. 价格贵

为了缩短被涂物表面处理时间，也有采用除油和除锈一次进行的工艺，最简单的是在除锈用酸溶液中加 OP 乳化剂等，则同时可达到除油和除锈的目的，称为“二合一”工艺。起初“二合一”工艺仅适用于油污及锈蚀不太严重的被涂物，后来随着科学技术的发展，其应用范围扩大，除油除锈“二合一”溶液配方和工艺条件见表 10-9。

表 10-9　除油除锈“二合一”溶液配方和工艺条件

配方	配方 1	配方 2	工艺条件	配方 1	配方 2
盐酸/(g/L)	100～150	—	槽液温度/℃	30～40	70～80
硫酸/(g/L)	—	200～250	处理时间/min	10～20	15～30
平平加/(g/L)	—	15～20			
烷基苯磺酸钠/(g/L)	50	—			
硫脲/(g/L)	10	1～2			

四、表面调整

表面调整是为了使金属工件（被涂物）更好地磷化，在磷化之前采用物理化学吸附方法使金属工件表面改变微观状态，促使金属工件在磷化过程中形成结晶细小、均匀、致密磷化膜的方法。表面调整有以下五个方面的作用。

① 消除金属工件经强碱脱脂或强酸除锈引起的腐蚀不均匀等缺陷，克服强碱或强酸的粗化效应，使工件表面活性与不活性点部分均一化。

② 由于表面调整增加了工件表面的活性点，提供了磷化晶核，加快了磷化膜的初期成膜速度，缩短了磷化时间。

③ 表面调整活性点与磷化液接触所形成的结晶核极细，防止大晶核的形成，磷化膜与工件表面的结合很牢固，提高了磷化膜的耐腐蚀性。

④ 表面调整的活性点有效防止形成磷酸铁蓝膜，降低磷化液消耗，减少磷化液沉渣，改善磷化膜外观。

⑤ 由于磷化膜性能的提高，粉末涂装后涂膜的外观、附着力和防腐蚀性能都得到改善和提高。

在生产实际中，表面调整作为一道独立的工序，在50℃以下的工作温度和低浓度（0.1%～0.5%）进行，也有的把表面调整剂加入脱脂剂中制成二合一的，还有把表面调整剂直接加入磷化液槽中的。表面调整后的工件，一般不经水洗工序即进行磷化，也有水洗后再磷化的，例如草酸做表面调整剂的必须经水洗后磷化。

表面调整剂的种类很多，如果按表面调整剂的成分来分，大致有以下六种：一是含钛表面调整剂，主要由胶体磷酸钛、碱金属盐和稳定剂等组成；二是含钛和镁表面调整剂，主要由胶体磷酸钛、硫酸镁和焦磷酸盐等组成，镁盐可以防止磷酸根对工件的钝化作用；三是含钛和铁表面调整剂，主要由胶体磷酸钛、三氯化铁和碳酸盐等组成，少量铁盐可以提高钛的活性效率；四是含钛和硼砂表面调整剂，主要由胶体磷酸钛和硼砂等组成，硼砂的添加有利于磷化膜结晶的细化；五是含锰表面调整剂，主要由锰盐、磷酸盐、碱金属多聚磷酸盐和水溶性聚合物等组成；六是含草酸表面调整剂，主要由草酸、表面活性剂和络合剂等组成，也有单独使用草酸的，这种表面调整剂必须经过水洗之后才能磷化。

五、磷化

磷化是通过化学方法，在金属表面生成不溶于水的金属磷酸盐涂层的工艺过程，是为了提高金属被涂物对涂料的附着力和涂膜防腐性能，作为涂膜保护底层之用。不同金属材料的磷化膜和处理条件见表10-10，喷淋式磷化处理工艺见表10-11。钢材是用磷酸锌、磷酸铁或磷酸钙处理；锌材是用磷酸或铬酸处理，铝材是用铬盐或铬酸-磷酸的混合酸处理。

表10-10　不同金属材料的磷化膜和处理条件

金属材料	磷化膜种类	膜的类型	处理法	浓度/%	处理温度/℃	处理时间/min
钢铁	磷酸锌膜	厚膜	浸渍	3～6	20～90	3～15
		中等	浸渍 喷淋	3～6(喷淋)	35～70	1～5
		薄膜	喷淋	3～6	20～60	1～3
	磷酸铁膜	极薄	浸渍 喷淋	1～10	40～60	1～3

续表

金属材料	磷化膜种类	膜的类型	处理法	浓度/%	处理温度/℃	处理时间/min
锌	磷酸锌膜	薄膜	浸渍	1～5	50～70	0.1～3
		中等	喷淋	1～5	50～70	0.1～3
	铬酸盐膜	薄膜	浸渍	1～5	25～70	0.5～3
			喷淋	1～5	25～70	0.5～2
铝	铬酸类氧化膜	着色类	浸渍	1～5	20～50	0.5～3
			喷淋	1～5	20～40	0.5～2
		无色类	浸渍	0.5～1	20～70	0.5～3
			喷淋	0.5～1	20～40	0.1～3
	铬酸磷酸酯	有色类	浸渍	1～5	40～50	0.5～3
			喷淋	1～5	40～50	0.1～3

表 10-11　喷淋式磷化处理工艺

工艺	温度/℃	时间/min	喷嘴数目/个	槽容量/L
除油	40～60	3.0	380	7000
水洗	室温	0.5～1.0	114	2000
水洗	室温	0.5～1.0	114	2000
磷化	40～60	1.0～3.0	304	7000
水洗	室温	0.5～1.0	114	2000
水洗	室温	0.5～1.0	114	2000
去离子水洗	室温	升降洗涤	38	—

磷化处理材料的主要成分为酸式磷酸盐，其分子式为 $M(H_2PO_4)_2$，M 是锌、铁、钙等金属，这些盐溶于水中，并分解产生游离酸，游离酸与金属反应释放出氢气，而磷酸氢盐又分解成磷酸盐和磷酸。磷酸二氢盐分解成磷酸盐和磷酸。

$$3M(H_2PO_4) \rightleftharpoons 3MHPO_4 + 3H_3PO_4$$

$$3MHPO_4 \rightleftharpoons M_3(PO_4)_2\downarrow + H_3PO_4$$

$$2Fe + 3M(H_2PO_4)_2 \rightleftharpoons M_3(PO_4)_2\downarrow + 2FeHPO_4\downarrow + 2H_3PO_4 + 2H_2\uparrow$$

由于钢铁件表面不断与磷化液接触，游离酸减少，被涂物与溶液界面的 pH 值升高，从而使电离反应不断进行，磷酸一氢盐和磷酸盐的浓度不断增加，当它们达到饱和时即结晶沉淀在金属表面上，结晶颗粒不断增加，直至生成不溶于水的各种磷化膜。磷化膜主要由磷酸盐[$M_3(PO_4)_2$]和磷酸氢盐（$MHPO_4$）的晶体组成。

钢铁件的磷化处理比喷砂处理设备简单，操作简便，成本低，容易实施自动化流水线生产。缺点是对提高涂层的附着力，其效果不如喷砂处理的好。

磷化处理主要可以采用浸渍法和喷淋法或喷淋组合的方法进行。对于轻度油污或锈蚀的工件，一般应采取脱脂、除锈、磷化和钝化分步进行，特殊情况下可采用脱脂、除锈、磷化和钝化多合一处理。磷化处理可以在以锌、锰、锌钙、碱金属、其他金属或氨的磷酸二氢盐为主要成分的溶液中进行。接触磷化液的设备（管道、喷头、泵、槽体等）应耐磷酸腐蚀，不影响磷化液性能和磷化膜质量。

磷化处理可按五种方式分类，一是按处理液成分分类；二是按磷化膜的质量分类；三是按处理温度分类；四是按工艺分类；五是按处理方法分类。

磷化处理按处理液的成分分类时，可分为磷酸锌系、磷酸锌钙系、磷酸锰系、磷酸锌锰系和磷酸铁系，以磷化处理液分类的磷化膜组成及性质见表 10-12。

表 10-12　以磷化处理液分类的磷化膜组成及性质

分类	磷化液主要成分	磷化膜主要成分	涂层外观	单位面积上膜重/(g/m^2)
磷酸锌系	$Zn(H_2PO_4)_2$	磷酸锌 $[Zn_3(PO_4)_2 \cdot 4H_2O]$ 磷酸锌铁 $[Zn_2Fe(PO_4)_2 \cdot 4H_2O]$	浅灰至深灰结晶状	1～60
磷酸锌钙系	$Zn(H_2PO_4)_2$ 和 $Ca(H_2PO_4)_2$	磷酸锌钙$[Zn_2Ca(PO_4)_2 \cdot 2H_2O]$ 磷酸锌铁$[Zn_2Fe(PO_4)_2 \cdot 4H_2O]$	浅灰至深灰细结晶状	1～15
磷酸锰系	$Mn(H_2PO_4)_2$ 和 $Fe(H_2PO_4)_2$	磷酸锰铁$[Mn_2Fe(PO_4)_2 \cdot 4H_2O]$	灰至深灰结晶状	1～60
磷酸锌锰系	$Mn(H_2PO_4)_2$ 和 $Zn(H_2PO_4)_2$	磷酸锌、锰、铁混合物 $[ZnFeMn(PO_4)_2 \cdot 4H_2O]$	灰至深灰结晶状	1～60
磷酸铁系	$Fe(H_2PO_4)_2$	磷酸铁$[Fe_3(PO_4)_2 \cdot 8H_2O]$	深灰结晶状	5～10

磷化处理按磷化膜质量可分为重量级（$>10g/m^2$）、中量级（$1\sim10g/m^2$）和轻量级（$<1g/m^2$），具体的磷化处理液分级、配方及工艺条件（磷酸锌型）见表 10-13。

表 10-13　按磷化膜质量磷化处理液分级、配方及工艺条件（磷酸锌型）

磷化处理液组成及工艺条件	重量级	中量级	轻量级
组成			
磷酸二氢锌/(g/L)	28～36	30～40	50～70
硝酸锌/(g/L)	42～56	80～100	80～100
磷酸/(g/L)	9.5～13.5	—	—
亚硝酸钠/(g/L)	—	—	0.2～1
磷酸二氢铬/(g/L)	—	—	1～1.5
601 洗涤剂/(g/L)	—	—	30
酒石酸/(g/L)	—	—	5
工艺条件			
总酸度/点	60～80	60～80	75～95
游离酸度/点	10～14	5～7	4～6
槽液温度/℃	92～98	60～70	15～35
处理时间/min	10～15	10～15	20～40

根据国家标准 GB/T 6807—2001 的规定，现在按磷化膜重分类分为 4 类，具体的膜重、膜的组成和用途见表 10-14。

表 10-14　按国家标准磷化膜重的分类、膜的组成和用途（GB/T 6807—2001）

分类	膜重/(g/m^2)	膜的组成	用途
次轻量级	0.2～1.0	主要由磷酸铁、磷酸钙和(或)其他金属的磷酸盐组成	用作较大型钢铁工件的涂装底层或耐蚀性要求较低的涂装底层
轻量级	1.1～4.5	主要由磷酸锌和(或)其他金属的磷酸盐组成	用作涂装底层
次重量级	4.6～7.5	主要由磷酸锌和(或)其他金属的磷酸盐组成	可用作基本不发生形变钢铁工件的涂装底层
重量级	>7.5	主要由磷酸锌、磷酸锰和(或)其他金属的磷酸盐组成	不宜做涂装底层

磷化处理按处理温度可分为高温（80～98℃）、中温（50～70℃）和常温（低温），三种不同温度磷化处理液配方及工艺条件见表 10-15～表 10-17。表 10-13 也属于不同磷化温度下的磷化液配方和工艺条件。

表 10-15 高温磷化处理液配方及工艺条件

处理液配方及工艺条件	配方 1	配方 2	配方 3
配方			
磷酸锰铁盐(马日夫盐)/(g/L)	30～40	—	30～35
磷酸二氢锌[$Zn(H_2PO_4)_2 \cdot 2H_2O$]/(g/L)	—	30～40	—
硝酸锌[$Zn(NO_3)_2 \cdot 6H_2O$]/(g/L)	—	55～65	55～65
硝酸锰[$Mn(NO_3)_2 \cdot 6H_2O$]/(g/L)	15～25	—	—
工艺条件			
游离酸度/点	3.5～5.0	6～9	5～8
总酸度/点	35～50	40～58	40～60
槽液温度/℃	94～98	90～95	90～98
时间/min	15～20	8～15	15～20

表 10-16 中温磷化处理液配方及工艺条件

处理液配方及工艺条件	配方 1	配方 2	配方 3	配方 4
配方				
磷酸锰铁盐(马日夫盐)/(g/L)	30～35	—	—	—
磷酸二氢锌[$Zn(H_2PO)_2 \cdot 2H_2O$]/(g/L)	—	30～40	—	—
硝酸锌[$Zn(NO_3)_2 \cdot 6H_2O$]/(g/L)	80～100	80～100	—	—
HT 锌酸钙磷化浓缩液①/(mL/L)	—	—	150～200	—
Y836 锌钙磷化液浓缩液②/(mL/L)	—	—	—	170～210
工艺条件				
游离酸度/点	5～7	5～7.5	3～5	4～4.5
总酸度/点	50～80	60～80	40～60	50～55
槽液温度/℃	50～70	60～70	50～70	65～70
时间/min	10～15	10～15	3～8	4～6

① 太仓市合成化工厂。

② 上海仪器烘漆厂出品。

表 10-17 常温磷化处理配方及工艺条件

处理液配方及工艺条件	配方 1	配方 2	配方 3	配方 4
配方				
磷酸二氢锌[$Zn(H_2PO_4)_2 2H_2O$]/(g/L)	60～70	50～70	—	—
磷酸锌[$Zn(NO_3)_2 6H_2O$]/(g/L)	60～80	80～100	—	—
亚硝酸钠($NaNO_2$)/(g/L)	—	0.2～1.0	—	—
氟化钠(NaF)/(g/L)	3～4.5	—	—	—
氧化锌(ZnO)/(g/L)	4～8	—	—	(Na_2CO_3)2.8
BONDERITE339 浓缩磷化液①/(mL/L)	—	—	—	55
BONDERITE399STARTER/(mL/L)	—	—	—	23
842A 磷化浓缩液②/(mL/L)	—	—	50	—
842B 磷化浓缩液/(mL/L)	—	—	20	—
工艺条件				
游离酸度/点	3～4	4～6	1.5～3	0.7～1.0
总酸度/点	70～90	75～95	25～35	25
槽液温度/℃	25～30	20～35	15～25	25～35
时间/min	30～40	20～40	10～20	1.5～2

① 中国船舶公司研究所产品。

② PY-RENE 公司产品。

磷化处理按工艺可分为浸渍式、喷淋式和刷涂式，磷酸锌系磷化处理液的浸渍式和喷淋式的配方和工艺条件见表 10-18。

表 10-18　磷酸锌系磷化处理液的浸渍式和喷淋式的配方和工艺条件

配方	浸渍用锌系磷化液	喷淋用锌系磷化液	工艺条件	浸渍用锌系磷化液	喷淋用锌系磷化液
硝酸锌/(g/L)	60～80	7	总酸度/点	70～90	10～12
磷酸二氢锌/(g/L)	60～70	10	游离酸度/点	3～4	—
氧化锌/(g/L)	4～8	—	槽液温度/℃	20～30	55～65
氟化钠/(g/L)	3～4.5	—	处理时间/min	3～5	2～3
亚硝酸钠/(g/L)	—	0.3			
硝酸钠/(g/L)	—	7			

磷化处理按处理方法可分为化学磷化和电化学磷化。

根据涂装方法，对磷化处理液的要求也不同，静电粉末涂装体系采用磷酸锌系最好；对于流化床涂装体系，考虑到被涂物的预热问题，磷酸锌钙系最好。

为了使磷化膜细而致密，进一步提高防锈和防腐蚀性能，在磷化以前用表面调整剂水溶液以浸渍法或喷淋法进行表面调整。以前常用弱酸性的草酸溶液，但目前用的更多的是弱碱性的磷酸钛盐的水溶液。

另外，为了提高磷化膜的抗蚀性能，根据用途进行后处理。磷化膜的后处理液配方及工艺条件见表 10-19。

表 10-19　磷化膜的后处理液配方及工艺条件

配方及工艺条件	配方 1	配方 2	配方 3	配方 4	配方 5
配方					
重铬酸钾/(g/L)	60～80	50～80	—	—	—
铬酐/(g/L)	—	—	1～3	—	—
碳酸钠/(g/L)	4～6	—	—	—	—
肥皂/(g/L)	—	—	—	30～35	—
锭子油或防锈油/%	—	—	—	—	100
工艺条件					
槽液温度/℃	80～85	70～80	70～95	80～90	105～110
时间/min	5～10	8～12	3～5	3～5	5～10

在磷化处理过程中，由于被涂物材料中所含微量元素品种和含量的不同，磷化膜的结晶结构、耐腐蚀性和外观颜色也不同。另外，磷化处理时为了加快处理时间可添加促进剂。在磷化锌处理溶液中，一般用亚硝酸钠，用量不足时磷化速度慢，用量过多时容易生成大量淤渣，所以要调节好用量。因为亚硝酸在酸性溶液中易分解产生 NO_2，所以在磷化过程中要适当地补加。除亚硝酸盐外，过氧化氢、氯酸盐、硝酸盐等也可作为促进剂。

当被涂物是铝合金时应注意，在含锌磷化液中铝离子浓度达到 0.3g/L 时，铝离子完全阻碍锌盐磷化膜的生成，若加入氟化物则生成不溶于水的氟铝酸钠，对铝合金被涂物可以顺利进行磷化处理。

在磷化处理液中，总酸度是反映磷化液浓度的一项指标。控制总酸度的意义在于，使磷化液中成膜离子浓度保持在必要的范围内，总酸度过低会影响磷化效果。

在磷化处理液中，游离酸度对磷化膜的质量有很大影响，当游离酸度过高时，对钢铁表面的腐蚀反应快，反应产生的气泡过多，影响磷化膜的形成，使磷化膜结晶粗、疏松，容易黄变，耐腐蚀性差；而游离酸度过低时，对钢铁表面的腐蚀反应慢，磷化膜难以形成，溶液中沉淀多，磷化膜表面容易挂灰。因此，要保证磷化处理质量，适当控制游离酸度是非常重要的。

在磷化液中“酸比”是指总酸度与游离酸度之比，酸比一般控制在5～30的范围内。酸比较小的配方，游离酸度高，成膜速度慢，磷化时间长，所需要温度高。酸比高的配方，成膜速度快，磷化时间短，所需要温度低。因此必须控制好酸比，才能保证磷化质量。

磷化处理温度对磷化膜的质量有影响，当磷化温度高时，磷化膜形成速度快，磷化膜厚，耐腐蚀性提高；但是温度过高时，被涂物表面磷化膜质量降低，并容易附有灰尘和颗粒，影响对涂膜的附着力。当温度过低时，磷化反应速度慢，磷化膜成膜不充分，膜结晶颗粒大，耐腐蚀性降低。

磷化后工件的磷化膜外观颜色应为浅灰色到黑灰色或彩色，涂层应结晶致密、连续和均匀。磷化后的工件有下列情况之一时，均为允许的缺陷：①轻微的水痕、钝化痕迹，擦白及挂灰现象；②由于局部热处理，焊接及表面加工状态的不同而造成颜色和结晶的不均匀；③在焊接处无磷化膜。磷化后的工件有下列情况之一时，均为不允许的缺陷：①疏松的磷化膜层；②有锈蚀和绿斑；③局部无磷化膜（焊缝处外）；④表面严重挂灰。

为了简化生产工艺和提高劳动生产效率，对于锈蚀和油污不太严重的被涂物，可以采用除油、除锈和磷化“三合一”的表面处理溶液。表面活性剂作为除油剂，磷酸作为除锈剂，磷酸盐作为磷化成膜剂，再添加少量助剂组成。“三合一”处理液的优点是配制方便、管理容易、减少污染、改善劳动条件；但是使用范围有限，处理时间长，磷化膜质量差一些。除油、除锈和磷化“三合一”配方和工艺见表10-20。

表10-20　除油、除锈和磷化“三合一”配方和工艺

组成	用量	工艺	条件
磷酸/(g/L)	150～300	槽液温度/℃	50～70
磷酸二氢锌/(g/L)	40～50	处理时间/min	5～10
硫脲/(g/L)	3～5		
OP乳化剂/(g/L)	3～5		

锌和镀锌件也可以磷化处理，它的反应机理与钢铁件一样，一般用磷酸锌处理比较好。因为锌的反应活性强，容易与涂料中的脂肪酸反应生成硬脂酸盐，经磷化处理后可以阻止锌与涂料发生化学反应，所以对锌材或镀锌件来说喷涂以前进行磷化处理是非常必要的。

六、钝化

为了提高磷化膜的抗蚀性能，更好地发挥磷化膜的防锈性能和其他综合性能要对经磷化的被涂物（工件）进行钝化后处理。磷化膜的钝化后处理液配方及工艺条件见表10-21。

表10-21　磷化膜的钝化后处理液配方及工艺条件

配方及工艺条件	配方1	配方2	配方3	配方4	配方5
配方					
重铬酸钾/(g/L)	60～80	50～80	—	—	—
铬酐/(g/L)	—	—	1～3	—	—
碳酸钠/(g/L)	4～6	—	—	—	—
肥皂/(g/L)	—	—	—	30～35	—

续表

配方及工艺条件	配方 1	配方 2	配方 3	配方 4	配方 5
锭子油或防锈油/%	—	—	—	—	100
工艺条件					
槽液温度/℃	80～85	70～80	70～95	80～90	105～110
时间/min	5～10	8～12	3～5	3～5	5～10

磷化膜的钝化后处理有以下两方面的优点。

① 提高磷化膜单层的防锈能力。粉末涂装前的磷化膜重一般在 $1～4g/m^2$，最大不超过 $10g/m^2$，磷化膜较薄，其自由空隙面积大，磷化膜本身的耐腐蚀能力有限，甚至在干燥过程中迅速生黄锈。磷化后进行一道钝化封闭处理，可以使磷化膜空隙中暴露的金属进一步氧化，或生成钝化层，对磷化膜可以起到填充、氧化作用，使磷化膜稳定于大气中。

② 改善磷化膜的综合性能。磷化膜进行钝化封闭处理后，可以溶解磷化膜表面的疏松层，以及包含在其中的各种水溶性残留物，提高磷化膜的耐腐蚀性。根据测定，磷化后钝化可以提高铁系磷化膜耐腐蚀能力 100%，提高锌系磷化膜耐腐蚀能力 33%～66%。磷化膜钝化前后对涂膜性能和磷化膜的影响见表 10-22；铬酸盐钝化对涂膜耐腐蚀性能的影响见表 10-23。

表 10-22　磷化膜钝化前后对涂膜性能和磷化膜的影响

对比项目	钝化前	钝化后(超低铬 CrO_3 0.3g/L)	备注
附着力	1 级	1 级	2、3、4 项均指开始生锈的时间
室内挂片	60d	90d	
露天放置	7d	10d	
浸渍试验	2.3h	3.1h	

表 10-23　铬酸盐钝化对涂膜耐腐蚀性能的影响

磷化工艺		磷化膜重/(g/m^2)	划痕未扩散时间(盐雾 ASTM B117)/h	
			去离子水洗	铬酸盐钝化
浸渍	锌系	2.0	192	312
	锌锰系	2.5	264	360
喷淋	轻铁系	0.5	48	96
	锌系	2.0	144	240
	锌锰系	1.2	216	288

表 10-22 和表 10-23 的结果说明，进行钝化处理后，磷化膜的防锈性能和涂膜的防腐蚀性能有明显的改进。磷化膜的钝化技术，在北美和欧洲广泛采用，而日本和韩国采用较少，在我国有的厂家采用，有的厂家不采用。

钝化的种类有好几种，第一种是中铬钝化，可以退除磷化膜疏松的粉状物，改进附着力不好问题，但铬的含量大，废水处理难度大，费用高，受到环保部门的严格限制，目前很少应用。第二种是低铬钝化，含铬量在 2～5g/L，钝化温度在 10～70℃，优点是槽液稳定，管理简单，钝化时间短，使用寿命长，同样受到环保部门的严格限制，目前仍有部分单位采用。第三种是超低铬钝化，含铬量在 0.0125～0.05g/L，钝化温度在室温～50℃，其优点是空隙封闭效果好，钝化温度低，槽液稳定，管理简单，使用成本低，最大限度减少铬的污染，但尚未大量推广应用。第四种是无铬钝化，国外已经开发钛盐、钼酸盐、亚锡盐和锆盐等钝化剂，但综合性能还没达到或超过含铬钝化，随着含铬钝化的严格限制，无铬钝化即将迅速得到广泛应用。

七、无磷纳米陶瓷化处理剂处理

纳米陶瓷化剂处理（zirconium-based treat ment）是采用氟锆酸（盐）为主要原料的纳米陶瓷化处理剂。被处理金属铁在锆盐处理液中溶解，其表面附近pH值高，ZrO_2在高pH环境下沉积在金属表面上。锆盐纳米陶瓷处理剂一般采用浸泡、游浸、喷淋、喷游淋结合的处理方式，涂覆在被保护的金属基材表面，沉积形成致密结构的纳米陶瓷转化膜，其阻隔性强，并与金属氧化物形成强烈的结合力，与后续的有机层具有良好的附着力，能显著提高金属涂层的耐腐蚀性能，延长耐蚀时间。

这种处理液无磷、无重金属、无COD/BOD排放，适用于钢铁件、镀锌件或镀铝件、镁合金、铝合金件上，形成纳米陶瓷的可以防锈的ZrO_2转化膜。其工艺特点是环保、节能、减排，转化膜质量高，操作简便，成本低等。

1. 纳米陶瓷化处理（皮膜）剂的组成

纳米陶瓷化处理（皮膜）剂是以氟锆酸（盐）为基本成膜剂，添加辅助成膜物质的缓蚀剂、成膜促进剂、 pH缓冲剂、稳定剂、润湿剂等。参考性的配方见表10-24。

表10-24　纳米陶瓷化处理（皮膜）剂的参考配方

组成	投料量/(g/L)	组成	投料量/(g/L)
氟锆酸	20～25	氟钛酸钙	6～6.5
硅	10～15	酒石酸	5～10
氟钛酸	32～35	硝酸钠	5～10
氟化锆	10～20	月桂醇聚氧乙烯醚	3～5
KH550	2～5	水	余量

2. 处理工艺

（1） 纳米陶瓷处理剂的处理工艺流程为:碱性脱脂剂脱脂→自来水洗→无离子水洗→纳米陶瓷化剂处理→干燥→涂装。

（2） 相关参数:①可采用浸渍或喷淋处理；②处理设备用材料:处理槽可用不锈钢、厚壁塑料板或碳钢防腐衬里；交换器和喷嘴应为不锈钢或尼龙制；配管和泵应为不锈钢；③槽液浓度为：30～40g/L；④陶化点：3～8；⑤槽液pH值：3.8～5.5；⑥槽液温度：10～40℃；⑦浸渍或喷淋时间：30s～2min。

3. 纳米陶瓷化处理与磷化液处理比较

纳米陶瓷化处理与磷化液处理的优缺点比较见表10-25。

表10-25　纳米陶瓷化处理与磷化液处理的优缺点比较

项目	纳米陶瓷化处理	磷化液处理
1	涂层的厚度薄,厚度为50nm(0.05μm),膜的质量为0.05～0.2g/m^2,其所产生的分子键结构,使膜层附着力比磷化膜更牢固	磷化膜的厚度是一般在2～3μm,纳米陶瓷膜的几十倍,膜的重量为2～3g/m^2,膜太厚时有一定脆性

续表

项目	纳米陶瓷化处理	磷化液处理
2	处理时间短，只需要30s～2min	处理时间4～10min
3	处理温度低，不需要加热，常温下进行	一般需要加热，35～55℃
4	工艺流程简单，不需要表调，也不需要钝化处理	需要表调工艺和处理设备，还需要钝化工艺和处理设备
5	成本低，直接成本仅相当于磷化成本的一半	成本高，相当于纳米陶瓷化处理剂的一倍
6	环保效果好，不含铬、镍及其他有毒重金属，无重金属排放；不含磷酸盐，没有有机物污染(COD)排放，也没有生化污染(BOD)排放；没有废水处理费用，也没有废渣清理和运输	有环保处理问题，需要废水处理，残渣排放，有磷酸盐、亚硝酸盐、重金属等的污染
7	处理液的管理方便，检查处理液的pH值和锆浓度，水洗液的电导率等参数	处理液的管理比较麻烦，测总酸度、游离酸度、促进剂含量、金属含量、温度控制等
8	可处理的金属基材的范围广，适用于冷轧钢板、热轧钢板、铸铁件、镀锌件、铝件等	除锌磷化处理液的处理范围宽外，其他磷化液的基材处理范围有限
9	处理膜的耐盐雾性能不如锌磷化膜的性能，相当于铁磷化液的处理加无铬钝化性能。有的认为相当于锌磷化液的处理效果，比铁磷化液处理效果好	锌磷化液处理加无铬钝化的耐盐雾性能好于纳米陶瓷化处理效果。目前有各种说法，不完全一致

4. 钢件上纳米陶瓷化处理机理

氟锆酸（盐）为主要原料的纳米陶瓷化处理过程中，形成陶瓷化膜时可能发生各种化学反应，认为钢件上主要形成陶瓷化 ZrO_2 膜属于碱性阴极成膜过程。可能还有 FeO_2OHZrF、$ZrOF_2$、FeOF、ZrO_2、H_2O 组成的复杂陶瓷化膜。

在成膜过程中，要控制锆氟酸的浓度和锆化液的pH值，因为 $ZrF_6^{2-} \longrightarrow Zr^{4+} + 6F^-$ 反应，F^- 对成膜有负面影响。pH值对形成陶瓷膜的厚度有影响，较高pH值处转化膜较厚，较低pH处转化膜较薄，耐腐蚀性差。

有人认为，钢铁表面氧化锆转化膜的活动分为5个步骤：①基体的活化；②膜的快速增长；③膜的减速增长；④膜动态稳速增长；⑤膜溶解。

也有人认为，锆盐膜在微区阴极部位形成 ZrO_2 膜，另一方面也同时降低了阴极区的活性面积，抑制了成膜过程的继续进行，限制了形成高质量的转化膜。认为锆盐成膜过程是一个自我的约束过程。

5. 各种底材不同处理剂处理对耐中性盐雾性能的影响

各种底材不同处理剂处理对溶剂型涂料（环氧底漆加丙烯酸面漆）耐中性盐雾性能的影响试验结果见表10-26；对粉末涂料耐中性盐雾性能的影响试验结果见表10-27。

表10-26 各种底材不同处理剂处理对溶剂型涂料耐中性盐雾性能的影响试验结果

单位：mm

处理工艺	冷轧钢板	铸铁	电镀锌板	热镀锌板	铝板
纳米陶瓷化	1.8	1.5	1.5	1.7	0
某德国产品	3.1	11.5	4.0	3.2	0
铁系磷化	16.2	16.8	12.1	14	
铁系磷化/无铬封闭	5.2	6.3	10.2	13.2	0
锌系磷化	2.1	4.3	8.3	9.5	
锌系磷化/无铬封闭	1.2	2.1	5.6	7.4	0

注：环氧底漆＋丙烯酸面漆，500h中性盐雾试验。

表 10-27 各种底材不同处理剂处理对粉末涂料耐中性盐雾性能的影响试验结果

处理工艺	底材	750h 中性盐雾/mm
纳米陶瓷化	冷轧钢板	4.2
纳米陶瓷化无钝化	冷轧钢板	7.7
铁系磷化+无铬钝化	冷轧钢板	4.2
锌系磷化+无铬钝化	冷轧钢板	1.7
纳米陶瓷化	镀锌板	9.5
铁系磷化+无铬钝化	镀锌板	11.4
锌系磷化+无铬钝化	镀锌板	7.3
纳米陶瓷化	铝板	0.0
铁系磷化+无铬钝化	铝板	0.0
锌系磷化+无铬钝化	铝板	0.0

表 10-26 的结果说明，不同底材的不同前处理方式对耐中性盐雾性能的影响很大，而且磷化以后用什么样的钝化剂进行处理，对性能的影响也很大，所以根据每个用户的实际情况选择合理的前处理工艺是比较合适的。表 10-27 的结果说明，对于冷轧钢板，纳米陶瓷的处理效果相当于铁系磷化液加无铬钝化处理效果，达不到锌系磷化液加无铬钝化的效果；对于镀锌钢板，介于锌系磷化和铁系磷化之间；对于铝板，三种处理液效果都好。

6. 纳米陶瓷化处理剂 pH 值和陶化点的测定方法

（1）纳米陶瓷化处理剂 pH 值的测定方法：用 pH 试纸或酸度计直接测定 pH 值。

（2）纳米陶瓷化处理剂陶化点的测定方法：取陶化液 10mL，放入 250mL 锥形瓶中，加入 20mL 的试剂 A（缓冲溶液），加入试剂 B 溶液（隐蔽剂），加入 3～5 滴试剂 C（指示剂），在电炉上加热至 80～90℃，趁热用 EDTA 标准液滴定，溶液由紫红色变成亮黄色为滴定终点，所消耗的 EDTA 标准溶液毫升数除以 10 即为陶化点。

八、无磷硅烷处理（皮膜）剂处理

磷化处理已有百年历史，广泛应用于汽车、拖拉机、电工电器、仪器仪表、民用与军工机械领域。但磷化处理是一项高耗能、工序繁杂、高污染的工艺，影响磷化应用的因素很多，磷化液和磷化膜的质量控制比较困难，磷化废液、废渣的处理一直是个难题。随着国家对节能环保要求不断提高，环境友好型的金属表面硅烷处理技术得到推广应用，成为前处理工艺技术的新生力量。硅烷技术是预处理技术的发展方向，它具有环保、节能、操作简便、成本低等磷化技术无可替代的优点。目前硅烷技术在普通工业中已开始逐步取代铁系和锌系磷化。硅烷技术是采用有机硅偶联技术，以超薄有机涂层替代传统的结晶型磷化保护层，在金属表面吸附了一层超薄的类似磷化晶体的三维网状结构的有机涂层，同时在界面形成 Si—O—Me 共价键（其中 Me 为金属），分子之间力很强，将与金属表面和随后涂料涂层形成良好的附着力。硅烷技术的成功应用给磷化技术带来革命性的变革。

硅烷偶联剂（silane couping agent，简称 SCA）是应用最早、最广泛的偶联剂。它架起了无机物与有机物之间的桥梁，改进了许多材料的性能。近年来，硅烷偶联剂在防腐涂层金属前处理中的作用逐渐被人们所认识，硅烷处理剂也是属于硅烷偶联剂同一类型。

1. 硅烷处理（皮膜）剂的处理机理

美、欧等西方发达国家早在20世纪90年代就开始对金属表面硅烷处理技术进行理论与应用研究，迫于环保压力，我国一些研究所和企业于21世纪初也开始此项新工艺技术的研究。硅烷处理剂的主要成分是硅烷，硅烷是一类含硅基的有机/无机杂化合物，其基本分子式为：$R'(CH_2)nSi(OR)_3$ 或 Y—R—SiX_3、其中OR（或X）为水解基团，可进行水解反应并生成硅羟基（—SiOH），如烷氧基、乙酰氧基等，它具有与玻璃、二氧化硅、陶土、一些金属（如铝、铜、铁、锌等）键合的能力；R′（或Y）为有机基团，可以提高硅烷与聚合物的反应性和相容性，如乙烯基、氨基、环氧基、巯基等；$(CH_2)_n$（或R）是直链烷基，可以把Y或R′与R′与Si原子连接起来。硅烷含有两种不同化学官能团，一端能与无机材料（如玻璃纤维、硅酸盐、金属及其氧化物）表面的羟基反应生成共价键；另一端能与树脂生成共价键，从而使两种性质差别很大的材料结合起来，起到提高复合材料性能的作用。硅烷在水溶液中通常以水解形式存在：

$$R_1(CH_2)nSi(OR)_3+H_2O \longrightarrow R_1(CH_2)nSi(OH)_3+ROH$$

硅烷水解后通过其—SiOH基团与金属表面的MeOH基团（Me表示金属）的缩水反应而快速吸附于金属表面：

$$—SiOH+MeOH \longrightarrow —Si—O—Me+H_2O$$

一方面硅烷在金属界面形成—Si—O—Me共价键，硅烷与金属之间的结合是非常牢固的；另一方面，剩余的硅烷分子通过—SiOH基团之间缩聚反应在金属表面形成具有Si—O—Si三维网状结构的硅烷膜。硅烷偶联剂中存在着两种功能基团，因此作为一种具有独特结构的硅化合物，对无机物和有机物都有较好的结合强度。因此硅烷可在无机材料和有机材料的界面之间架起“分子桥”，把两种性质不同的材料连接起来，即形成“无机相-硅烷链-有机相”的结合层，使基材、硅烷和涂层之间通过化学键形成了稳固的膜层结构，从而增加树脂基料和无机材料之间的结合力。该硅烷膜在烘干或烘烤固化过程中交联反应结合在一起，形成牢固的化学键。这样基材、硅烷和涂料之间通过化学键形成稳固的膜层结构。

硅烷化处理可描述为四步反应模型；

① 与硅相连的3个—OR基水解成Si—OH。

② Si—OH之间脱水缩合成含Si—OH的低聚硅烷。

③ 低聚物中的Si—OH与基材表面上的—OH形成氢键。

④ 加热固化过程中，伴随脱水反应而与基材形成共价键连接。

但在界面上硅烷的硅羟基与基材表面只有一个键合，剩下的2个Si—OH或者与其他硅烷中的Si—OH缩合，或者处于游离状态。硅烷膜分子结构见图10-7。

为缩短处理剂现场使用所需熟化时间，硅烷处理剂在使用之前第一步是进行预水解。

2. 硅烷处理（皮膜）剂处理与磷化液处理的优缺点比较

硅烷处理（皮膜）剂处理与磷化液处理的优缺点比较见表10-28。

表10-28　硅烷处理（皮膜）剂处理与磷化液处理的优缺点比较

项目	硅烷处理(皮膜)剂处理	普通磷化液处理
1	使用方便，便于控制，仅需要控制pH值和电导率	需要控制总酸度、游离酸度，促进剂、锌、锰含量、温度等参数

续表

项目	硅烷处理(皮膜)剂处理	普通磷化液处理
2	环保性好,无有害重金属;无残渣;废水排放少,处理容易,如果安装离子交换器可以封闭循环使用	有有害重金属,有残渣,排放废水,排放水不能循环使用
3	不需要亚硝酸促进剂,避免亚硝酸盐及分解物对人体的危害	需要亚硝酸盐促进剂,亚硝酸盐及分解物对人体有害
4	可处理多种金属材料(底材):冷轧钢板、热镀锌板、电镀锌板、铝板等	除锌磷化液外,对金属材料(底材)品种的处理有限
5	不需要表调、钝化工艺,生产工序少,设备投资少,占地面积少	需要表调、钝化工序,生产工序多,投资大,占地面积大
6	常温使用,节约能源	一般需要加热到35~55℃,耗能
7	与原有的磷化处理涂装工艺相容,不需要设备改造	
8	得到的膜是超薄有机膜(0.5μm)可替代传统的磷化膜(2~3μm)。硅烷处理(皮膜)剂处理能力为$200\sim300m^2/kg$,成本仅为磷化液的一半	磷化液处理能力为$30\sim40m^2/kg$,成本比硅烷处理(皮膜)剂高几倍
9	处理时间30s~2min	处理时间4~5min
10	倒槽液周期6~12个月	倒槽液时间3~6个月
11	Si—O—Me共价键分子间的结合力很强,所以产品很稳定,从而提高防腐蚀能力	

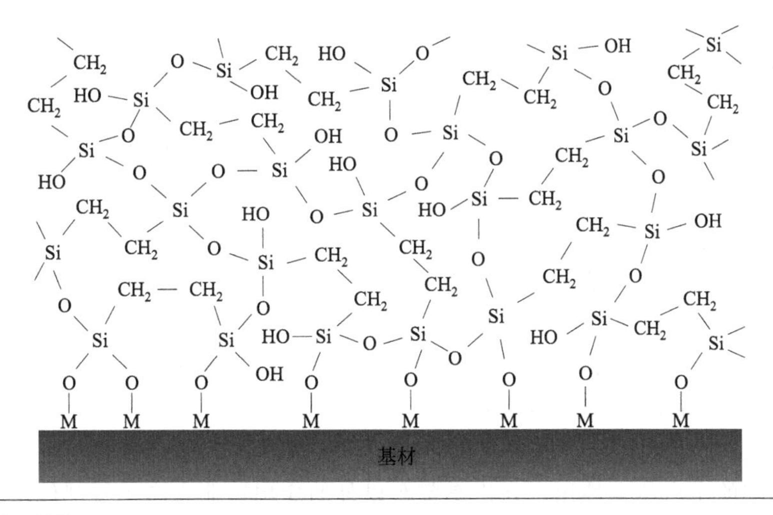

图 10-7 硅烷膜分子结构

上海凯密特尔(chemetall)化学品公司的硅烷前处理剂 Oxsilan 替代锌系磷化液从2008年开始在汽车和家电行业推广应用，取得很好的效果，该处理剂有如下的优点。

(1)硅氧烷工艺在设备方面的优点

① 现有标准预处理线可以直接替代：槽液呈酸性，因此钢铁槽需要配内衬以防腐蚀；为节约用水，建议水洗采用后向前溢流。

② 硅烷槽无需加热。在室温下运行，可节省加热系统并减少日常维护工作和费用；节约能源，新建线可节约投资。

③ 无需表调、钝化和除渣工艺。减少运行和维护费用，新建线可节约可观的投资和厂房面积。

(2)硅氧烷工艺在环保方面的优点

① 不含磷、镍、铬等。国家对磷、氮和镍、铬等重金属的排放面临越来越严格限制，对废水处理的要求越来越高，成本上升的形势下，新工艺处理废水简单。

② 几乎无渣:渣产出量小于 0.1g/m^2，而锌磷化渣量一般在 1～5g/m^2；省却了对磷化槽和管路中磷化渣的定期清理和使用大量化学品；避免了磷化废渣对环境的影响和污染，降低处理费用。

③ 废水排放量明显下降:废水量少，每部车约 50L（主要来自脱脂），减轻了废水处理的压力；废水处理容易，处理设备和占地更少，不需要使用被证明为致癌物质的促进剂亚硝酸钠。

（3）硅烷工艺在节约能源方面的优点

① 电能耗量低；不再使用表调、钝化和出渣工艺，因此泵的数量减少和停用除渣系统；硅烷槽所需要的循环量要比磷化小很多，因此循环泵的流量可降低；泵的减少和功率减低，可比磷化工艺节约 40%的电费。

② 热能耗量低:硅烷工艺一般在室温下进行，无需加热，热能节约费用十分可观。

③ 用水耗量低:用水节约费用可观。

（4）硅烷工艺在维护方面的优点

① 工艺缩短，减少维护量：不需要表调、钝化和除渣设备；不需要去除硅烷槽内及硅烷处理后水洗等硅烷下游槽壁上有害垢层，节省洗槽费用。

② 槽液控制更简便；不需要检测表调、促进剂、钝化剂等，同时节省测试费用；节省了磷化槽和管路磷化渣的定期清理和使用大量清洗化学品，同时节约人工和费用。

③ 处理时间短，可提高产量：硅烷工艺时间由磷化 3min，减少为 1～2min；因硅烷处理需要时间短，可以通过提高线速度来提高产量，这也取决于脱脂的性能。

（5）硅烷工艺在处理多金属方面优点

硅烷可以同时处理多种金属基材（包括冷轧钢、镀锌钢、锌铁合金钢、铝和薄涂层板等），质量保持一致；特别是对铝材的面积比例无限制要求（传统磷化很难做到这点，一般铝的比例要小于 20%），铝、镁等轻金属是汽车未来基材发展的可能趋势。

（6）硅烷工艺在适用范围方面的优点

目前 Oxsilan 工艺的应用分布于德国、英国、法国、西班牙、美国、巴西、印度和中国等，在众多国家的生产线上使用。在汽车整车以外的应用行业有汽车零部件、农用机械、重型机械、家电、电子、工具、医疗器械、风力发电等普通工业领域。可配套的有油漆、电泳漆、粉末涂料、水性漆等。

还有报道，硅烷技术形成的超薄有机膜可替代传统的磷化膜，磷化膜的重量通常为 2～3g/m^2，而硅烷膜很薄，两者相差 20 倍左右。某厂家在涂膜附着力、耐冲击、耐盐雾等性能上与传统的磷化膜做了对比试验，结论是性能相当。但是，硅烷处理工艺在设备减少、节能减排、维护简便等方面优势突出，值得相关行业推广。

3. 硅烷处理工艺

（1） 处理方式

硅烷处理方式包括全浸泡式、全喷淋式、喷淋-浸泡组合式、刷涂式等。它主要取决于工件的几何尺寸及形状、场地面积、投资规模、生产量等因素。例如几何尺寸复杂的工件，不适合于喷淋方式；油箱、油桶类工件在液体中不易沉入，因而不适合于浸泡方式。

① 全浸泡式　是将工件完全浸泡在槽液中，待处理一段时间后取出，完成除油或硅烷

化，是一种常见处理方式。工件的几何形状繁简各异，只要液体能够到达的地方，都能实现处理目标，这是浸泡方式的独特优点，是喷淋、刷涂所不能比拟的。其不足之处是没有机械冲刷的辅助作用。并且在连续悬挂输送工件时，除工件在槽内运行时间外，还有工件上下坡时间，因而使设备长度增长，场地面积和投资增大，并且工序间停留时间较长，易引起工序间返锈，影响硅烷化质量。

② 全喷淋式　用泵将液体加压，并以0.1～0.2MPa的压力使液体形成雾状，喷射在工件上。优点是生产线长度缩短，相应节省了场地、设备。不足之处是，对几何形状较复杂的工件，像内腔、拐角处等液体不易到达，处理效果不好，因此只适合于处理几何形状简单的工件。并且能有效地减小首次投槽费用。

③ 喷淋-浸泡结合式　一般是在某道工序时，工件先是喷淋，然后入槽浸泡，出槽后再喷淋，所有的喷淋、浸泡均是同一槽液。这种结合方式既保留了喷淋的高效率，提高处理速度，又具有浸泡过程，使工件所有部位均可得到有效处理。因此喷淋-浸泡结合式前处理既能在较短时间内完成处理工序，设备占用场地也相对较小，同时又可获得满意的处理效果。在硅烷处理中可考虑脱脂工序采用喷淋-浸泡结合式。

④ 刷涂式　直接将处理液通过手工刷涂到工件表面，达到化学处理的目的，这种方式一般不易获得很好的处理效果，在工厂应用较少。对于某些大型、形状较简单的工件，可以考虑用这种方式。

(2)工艺流程

根据硅烷的用途及处理板材不同，分为不同工艺流程。

① 铁件、镀锌件　预脱脂—脱脂—水洗—水洗—硅烷处理—烘干或晾干—粉末喷涂。

② 铝件　预脱脂—脱脂—水洗—水洗—出光—硅烷处理—烘干或晾干—粉末喷涂。

③ 磷化后钝化

a. 有锈工件：预脱脂—水清洗—脱脂除锈“二合一”—水洗—中和—表调—磷化—水洗—硅烷处理—烘干或晾干—粉末喷涂。

b. 无锈工件：预脱脂—脱脂—水洗—水洗—表调—磷化—水洗—硅烷处理—烘干或晾干—粉末喷涂。

④ 工件防锈　预脱脂—脱脂—水洗—水洗—硅烷处理—烘干或晾干—粉末喷涂。

硅烷处理典型工艺见表10-29。

表10-29　硅烷处理典型工艺

项目	工艺1	工艺2	工艺3	工艺4
硅烷处理剂使用浓度/%	5.0	2.0～4.0	1.0～2.0	0.5～1.5
处理方式	浸泡、喷淋、滚涂	浸泡、喷淋、滚涂	浸泡、喷淋、滚涂	浸泡、喷淋、滚涂
槽体材料	不锈钢、玻璃钢、塑料	不锈钢、玻璃钢、塑料	不锈钢、玻璃钢、塑料	不锈钢、玻璃钢、塑料
pH值	5.0～6.8	5.5～6.8	5.5～6.8	5.5～6.8
温度	常温	常温	常温	常温
处理时间/s	5～120	5～120	5～120	5～60
适用材料	钢铁件	镀锌件、铝件	不锈钢件	磷化后钝化件

4. 使用中的注意事项

(1)为得到优良的处理膜性能，配制硅烷处理(皮膜)剂溶液使用纯水；为了延长硅烷槽液的使用寿命，硅烷槽液使用纯水。

（2）为了减少对槽体的侵蚀及硅烷有效成分的损失，槽体使用除铸铁以外的不锈钢、有机玻璃钢或硬质 PVC 和 PE 内衬的铸铁槽体。

（3）传统磷化线改用硅烷处理液时，只需要将磷化渣冲洗干净即可。

5. WX-1018K 型硅烷处理（皮膜）剂

（1）用途

钢铁件和镀锌件。

（2）使用器具和药剂

WX-1018K 硅烷处理剂 A；WX-1018K 硅烷处理剂 B；PHS-25 酸度计；电导仪；烧杯 250mL；精密 pH 试纸（0.5～5.5）。

（3）处理设备

最好用 SUS-304、SUS-316 不锈钢制成，普通软钢必须内衬玻璃钢或硬质 PVC 或 PE 的铸铁槽。喷嘴和管道使用 SUS-316 不锈钢。

（4）工艺流程

① 喷淋处理工艺：预脱脂→脱脂→水洗→纯水洗→1018K 硅烷处理→纯水洗→钝化→干燥→涂装。

② 浸渍处理工艺：脱脂→水洗→纯水洗→1018K 硅烷处理→纯水洗→钝化→干燥→涂装。

硅烷处理前的工件表面必须无油脂，无其他污物，前处理一般不用酸洗。

硅烷处理前的水洗用水的电导率应＜200μS/cm；硅烷处理后的水洗一定要用去离子水；水洗槽的电导率应小于 30μS/cm，如果有后道处理则有更高要求。

（5）配制方法

WX-1018K 硅烷处理剂 A：3%；WX-1018K 硅烷处理剂 B：3%。

① 注入去离子水（电导率小于 30μS/cm，氧离子＜100mg/kg）八成满。

② 加入 30kg 处理剂 A，搅拌均匀（建议初次配槽时处理剂 A 加入 26kg，余下的待加完处理剂 B 搅拌均匀后，视 pH 值情况再补加调整）。

③ 加入 30kg 处理剂 B，充分搅拌。

④ 加去离子水使总量为 1000L，充分搅拌均匀。

⑤ 约 10min 后，检测其 pH 值在 3.8～5.5 之间，电导率在 500μS/cm 左右为合格，合格后方可使用。

（6）处理液的管理

pH 值：3.8～5.5（最佳值在 4.5～5.0 之间）；电导率：150～550μS/cm 之间；处理液温度：常温～40℃；处理时间 30～80s。

（7）补加调整注意事项

① 槽液浓度是通过检测 pH 值、电导率、活性物点来控制。

② pH 值和电导率每天要多测，测 pH 值要求采用对氟离子稳定的 pH 计测量（在 pH 值 4.00、6.86 两点定位法校正 pH 计后测量）。维持槽液 pH 在 3.8～5.5 之间。

③ 活性物点检测时间较长，一般可根据处理工件量来决定。

④ 槽液应该保持有溢流（一般每周 10%），最佳添加方法是通过自动加液系统补加，维持槽液的动态平衡。浸渍使用时要定期排放槽液，以维持槽液平衡。

⑤ 添加药剂时，一般处理剂A和处理剂B按1∶1比例添加。处理液为1000mL时，每添加1kg处理剂A就需要添加1kg处理剂B。

（8）浓度的检验方法

① pH值：用PHS-25型酸度计检测，条件不具备的用pH试纸（0.5～5.5）检测。

② 电导率：用电导仪。

（9）注意事项

硅烷处理剂在处理的工件上会产生一系列色度变化，从无色到蓝色，再则褐色或者不同程度的金色，颜色主要取决于膜中化合物含量和基材。耐腐蚀性能方面，各种颜色不会表现出明显的差异。

九、无磷纳米陶瓷化/硅烷复合处理剂处理

在纳米陶瓷化处理工艺中，纳米陶瓷化液中，除了锆酸（或盐）外，必须有游离的氢氟酸，纳米陶化液才能稳定，但是负离子的叠积，导致涂膜的附着力下降，耐腐性也下降。一般来说，涂膜与纳米陶瓷化膜的附着力不及磷化膜或硅烷处理膜。因此，为了提高钢铁件的附着力和防腐蚀性能，近年来将纳米陶瓷化处理与硅烷处理相结合起来，形成有机/无机杂化膜。在低碳钢上用溶胶-凝胶法获得有机/无机杂化膜。涂层具有良好的抗划伤、抗磨损能力，与后续涂层有良好的附着力。

某汽车公司部件阴极电泳前的纳米陶瓷化/硅烷复合处理技术的工艺参数见表10-30，不同处理工艺前处理后所获得涂膜的性能比较见表10-31。

表10-30 纳米陶瓷化/硅烷复合处理技术的工艺参数

序号	处理工序	前处理材料	工艺参数			时间/min
			浓度/%	pH值	温度/℃	
1	脱脂	POH-21(无磷)	3～5	11～13	50～60	5～10
2	水洗	自来水 λ<200μS/cm	—	—	室温	2
3	水洗	自来水 λ<50μS/cm	—	—	室温	2
4	纳米陶瓷化/硅烷处理	ECO-101处理剂（美国依科公司产品）	3～5	3.8～5.5	室温	5
5	纯水洗				室温	2
6	纯水洗				室温	2
7	电泳					

表10-31 不同处理工艺前处理后获得涂膜的性能比较

前处理膜的种类	外观	膜重/(mg/ft^2)	膜的结构	防腐蚀性能
纳米陶瓷化膜	蓝/金黄	3～20	Nano级	3
硅烷处理膜	无色	痕量	有机/无定形	2/3
纳米陶瓷化/硅烷复合处理膜	蓝/淡黄	3～15	无定形	3
锌系磷化膜	灰/黑色	150～1000	晶体	3/4

注：1—差；2—中；3—良；4—优。

各种无铬无磷的新型涂装前处理技术解决了传统磷化存在的弊端，它们无磷无渣不含重

金属离子，在保证产品性能的同时也解决了环境污染问题，达到节能减排的环保目的，表10-32是传统磷化工艺与新型无磷化前处理工艺的对比。

表 10-32 传统磷化工艺与新型无磷化前处理工艺的对比

项目	铁系磷化	锌系磷化	锆盐处理	硅烷处理	锆盐硅烷复合处理
pH	3.5～5.5	2.5～4.5	4～5.5	4～10	4～5.5
温度/℃	室温～70	室温～75	室温～50	室温～50	室温～50
时间/min	5～15	5～15	0.5～2	0.5～2	0.5～2
浓度/%	1.5～5.0	1.5～5.0	1.0～5.0	0.1～10.0	1.0～5.0
工序 1	脱脂	脱脂(两道)	脱脂	脱脂	脱脂
工序 2	水洗	脱脂(两道)	脱脂	脱脂	脱脂
工序 3	铁系磷化	表调	去离子水洗	去离子水洗	去离子水洗
工序 4	水洗	锌系磷化	锆盐处理	硅烷处理	锆盐硅烷复合处理
工序 5	钝化处理	水洗	去离子水洗	去离子水洗	去离子水洗
工序 6	—	钝化处理	—	—	—
工序 7	—	纯水洗	—	—	—
外观形貌	蓝/紫/灰/金黄	灰/黑	蓝/金黄	无色	蓝/淡黄
膜层结构	无定形	晶体	纳米晶	有机/无定形	无定形

十、铝及其合金的化学氧化处理

铝及其合金的表面比较光滑，一般都有一层致密厚度不均匀的氧化膜，铝件在加工过程中往往会黏附一层油脂和灰尘，焊接时会产生残渣等，如果涂装前对这些表面的油污和氧化物不进行处理，对粉末涂料的附着力就不好，因此必须进行必要的表面处理。

铝及其合金在粉末涂装前的表面处理，包括脱脂处理和磷化处理，其中磷化处理又可分为铬磷化处理、锌磷化处理和铬酸铬处理。铝及其合金件不能像钢铁那样用强碱脱脂剂，而必须用中性脱脂剂或弱碱性脱脂剂，也可用有机溶剂脱脂法、表面活性剂脱脂法进行脱脂。具体的化学处理法介绍如下。

1. 铬磷化

铬磷化也称为绿膜铬酸盐处理，铬磷化液主要成分为磷酸、铬酸或铬酸盐、氟化物和促进剂，pH 值约 1.5～3.0，所生成的磷化膜随膜重（0.1～0.5g/m^2）呈光亮彩虹色至翡翠绿色变化。各磷化膜的主要成分为带有水合铬氧化物（$CrO_3 \cdot xH_2O$）的水合磷酸铬（$CrPO_4 \cdot 4H_2O$）以及富集在铝件与磷化膜之间界面上的铝盐和氧化物。其基本分子式为：$Al_2O_3 \cdot 2CrPO_4 \cdot 8H_2O$。

铬磷化膜有如下特点：①非结晶性膜层，能溶于稀硝酸酯中，加热干燥后，膜层不再溶于硝酸了；②铬磷化膜一般较薄，膜重在 1g/m^2 以下；③铬磷化工艺简单易行，可靠性高；④投资少，成本低；⑤膜层无毒。

铬磷化处理有喷液法和浸渍法。浸渍法的工艺流程为：脱脂→水洗→碱蚀→水洗（温热水洗）→活化→水洗（流水）→铬磷化→水洗（流水）→水洗→去离子水洗→老化。具体的工艺为：脱脂一般采用弱碱性脱脂剂或中性脱脂剂，处理温度为 45～60℃，处理时间为 1～3min；

碱蚀溶液一般用含量为50～80g/L的氢氧化钠，处理温度为50～60℃，时间为2～3min。活化是酸洗，主要作用是溶解表面的氧化物和金属杂质，清除非金属硅，对于纯铝和硬铝，采用硝酸/水=1/2的酸液室温处理1～2min；对于铝合金，采用硝酸/55%氟化氢=3/1的酸液室温处理0.5～1min。铬磷化一般槽液pH值1.4～2.0，温度为20℃，处理时间为8～10min；去离子水洗主要防止金属离子和氯离子对膜的破坏作用，水洗温度为40～50℃，处理时间为0.5～1min；老化是对铬磷化膜进行干燥处理，提高磷化膜的结合力和稳定性，处理温度为60～70℃，时间是水分除去为止。铝及其合金铬磷化液配方和工艺条件见表10-33。

表10-33　铝及其合金铬磷化液配方和工艺条件

序号	配方/(g/L)	工艺条件
1	H_3PO_4:28～40，CrO_3:5～7，NaF:3～7或HF:3.6mL/L	温度:20～30℃，时间:12～15min
2	H_3PO_4:20～150，CrO_3:10～20，HF:2～6	温度:40～60℃，时间:0.5～5min
3	CrO_3:10～16，H_3PO_4:30～50mL，NaF:4～8，Ni盐:5～8	温度:室温～25℃，时间:8～12min
4	PO_4^{3-}:20～100，CrO_3:6～20，F^-:1.5～6	温度:40～50℃，时间(喷淋):10～30s；(浸渍):0.5～2min
5	CrO_3:2～20，H_3PO_4:5～60mL/L，NaF:3～10	温度:室温，时间:10～15min

2. 锌磷化

用于钢铁工件的磷化工艺，经过适当的调整后可以用来处理铝及其合金。为了能渗透氧化层，在磷化液中添加氟硅酸盐、氟硼酸盐等氧化物。锌磷化生成的膜层的主要成分为磷酸锌，是一种银灰色的磷化膜层。锌磷化液中的主要成分为磷酸、酸性磷酸锌和氟化物（或游离氢氟酸）等。铝及其合金锌磷化液配方和工艺条件见表10-34。

表10-34　铝及其合金锌磷化液配方和工艺条件

序号	配方/(g/L)	工艺条件	处理方式
1	Zn^{2+}:1～7，PO_4^{3-}:7～15，NO_3^-:4～20，F^-:1～10	温度:40～60℃，时间:1～2min	喷淋
2	Zn^{2+}:7，PO_4^{3-}:10，NO_3^-:20，BF^-:10	温度:60～65℃，时间:1～3min	喷淋 浸渍

锌磷化通常用在处理铝及铁、锌等金属的混合件，较少单独用于处理铝件。其原因是铝件上的磷化膜的耐蚀性远低于铬酸磷化或铬酸铬处理所形成的转化膜。另外，铁系磷化液中添加氟化物后，也可以用在铝及其合金的表面处理，但也主要用于铝与其他金属工件的混合处理。

3. 铬酸铬处理

这种酸性铬酸盐处理液的主要成分为氢氟酸、铬酸或铬酸盐，有的还含有氟化物、起氧化促进作用的铁氰化盐、铜化物、钨化物等，溶液pH值约为1.8～3.0，所形成的膜重在0.3～2.0g/m^2，膜的颜色从亮黄彩虹色到棕色变化。铬酸铬处理的铝及其合金的膜结构为非结晶性的，且多半以胶体状态存在，在高倍显微镜下观察干燥表面时，膜呈现出微裂的外观特征。铝及其合金铬酸铬处理液配方和工艺条件见表10-35。

表 10-35　铝及其合金铬酸铬处理液配方和工艺条件

序号	类型	配方/(g/L)	工艺条件	处理方式
1	非促进型	CrO_3:3～4,Na_2CrO_7:3～4,NaF:0.8	温度:25～30℃,时间:30～60s	喷淋
2	非促进型	CrO_3:15～20,NaF:4～6,Na_2SiO_3:5～8	温度:35～40℃,时间:5～30min	浸渍
3	促进型	CrO_3:4,NaF:1,$K_3Fe(CN)_6$:0.5～0.7	温度:30～35℃,时间:25～30s	喷淋

用铬酸铬处理所形成的膜极薄，仅 1μm 左右，具有较低的接触电阻，非常有利于焊接。处理效果优于铬磷化工艺，但是由于排放污染物和毒性问题，其应用受到严格限制。

铝及其合金的表面处理液的配方和工艺很多，一部分处理液参考配方和工艺条件见表 10-36。钝化处理工艺能增加涂膜防腐能力，一般在重铬酸钾 1g/L 水溶液中，在室温处理 4～5min。

表 10-36　铝及其合金表面处理液参考配方和工艺条件

处理液配方		工艺条件		备注
组成	含量/(g/L)	温度/℃	时间/min	
H_3PO_4 CrO_3 NH_4HF_2 $(NH_4)_2HPO_4$ H_3BO_3	50～60 20～25 3～3.5 2～2.5 1～1.2	30～36	3～6	氧化膜为无色至浅蓝色、红绿色，厚度 3～4μm，膜层致密，抗蚀性较高，适用于铝及其合金
H_3PO_4 CrO_3 NaF	45 6 3	15～35	10～15	膜层较薄，韧性好，抗蚀能力较强，氧化后不需要封闭处理，适用于氧化后变形的铝及其合金
CrO_3 NaF $K_2Fe(CN)_6$	4 1 0.5	30～35	0.5	氧化膜薄，导电性良好，适用于要求导电性的工件
Na_2CO_3 Na_2CrO_4 NaOH	50 15 2～2.5	80～100	4～5	氧化膜钝化后为金黄色，厚度 0.5～1μm，膜层质软、疏松，抗蚀性差，适用于纯铝、铝镁、铝锰合金
H_3PO_4 H_2CrO_4 NaF 表面活性剂	24 4～5 1～2 1	25～30	10～20	

4. 无铬铝表面处理剂

前面叙述的铝及其合金的前处理工艺不仅含铬酸或铬盐，也含有磷酸盐，对环境还是造成一定的影响，所以积极采用无铬的纳米陶瓷化处理或硅烷处理技术用于铝及其合金的前处理。CT-783 无铬铝表面处理（皮膜）剂适用于铝及其合金板材、部件表面的无铬转化膜工艺。该产品作为涂装前的前处理剂，主要用于聚酯粉末涂料的涂装前的前处理。

（1）使用药剂和器具

① 使用药剂：CT-783M 无铬铝表面处理剂（建槽用）；CT-783R 无铬铝表面处理剂（补加用）；LN-861 无铬钝化剂（pH 值调整剂）。

② 试验用药品和器具：PHS-25 酸度计；250mL 烧杯和 10mL 吸管；0.1mol/L 氢氧化钠、溴酚蓝（B、P、O）。

（2）处理设备

处理槽的材质最好用 SUS-304/SUS-306 不锈钢，泵和喷嘴使用 SUS-316 不锈钢，也可用其他合金钢或耐腐蚀材料。

（3）处理工艺

喷淋或浸渍工艺都可以，具体工艺如下：碱性清洗→水洗→酸洗→水洗→去离子水洗→CT-783 处理剂处理→去离子水洗→干燥→涂装。

（4）建槽方法（处理液 1000L）

① 注入去离子水八成满。

② 加入 CT-783M 10～75kg，彻底混合均匀。

③ 测定 pH 值 2.5～3.5，游离酸度在 0.5～5.0 点，若 pH 值高于 3.5，可用 LN-861 无铬钝化剂调整 pH 值在 2.5～3.5，调整正常后即可试生产。

（5）处理液的管理

① pH 值：喷淋和浸渍都控制在 2.5～3.5。

② 游离酸度：喷淋和浸渍都控制在 0.5～5.0 点。

③ 处理温度：喷淋和浸渍都控制在 20～30℃。

④ 处理时间：喷淋和浸渍都控制在 30～90s。

（6）补加调整方法（1000L 槽液）

① pH 值：通过添加 CT-783R 维持 pH 值。

② 游离酸：每补加 CT-783R 2.5kg，可提高 1Pt。

（7）浓度检验方法

① pH 值：取 20mL 槽液于 250mL 烧杯中，用 pH 值在 4.00 和 6.86 校正过的 PHS-25 型酸度计测量所得读数。

② 游离酸度：取处理液 10mL 置于 250mL 烧杯中，加指示剂溴酚蓝 5～8 滴，用 0.1mol/L 氢氧化钠滴定测定至颜色由淡黄色变为淡蓝色为止，所消耗氢氧化钠毫升数，即为游离酸数。

十一、铝合金的无铬锆钛处理剂处理

铝及铝合金因为具有密度小、比强度高、表面光洁度高等许多优良的特性，在各个领域得到了广泛的应用。特别是在建筑领域得到了极大的推广，对于表面处理型材，应用最广泛的是铝合金门窗、模板、铝合金家具等。铝合金的大量使用，对减少木材的消耗、降低温室气体的排放起到关键的作用。随着人民生活水平的提高，人们对铝合金的表面色调提出更多的要求，特别是铝合金粉末喷涂因为色彩多样，深得人们的喜爱。对于喷粉型材，在粉末喷涂之前，必须对铝合金的表面进行处理使表面生成一层膜层，这对提高涂层与铝基材的附着力以及有机聚合物涂层的耐腐蚀性有十分重要的意义。以前采用铬酸盐钝化处理铝合金表面是最常用的方法，但由于铬酸盐钝化膜中含有六价铬，其毒性大，对环境污染严重而容易致癌，世界各国纷纷出台政策和法规限制或禁止铬酸盐钝化技术的使用，并要求使用有利于环保的无铬钝化技术。学术界对无铬钝化研究比较多，目前主要有：锆钛系、有机硅烷系、稀土金属系等几项技术。其中使用最广泛的是锆钛系，也是目前唯一获得 Qualicoat 认证的体系，这种工艺的处理液主要由含钛锆金属盐、氟化物、硝酸盐和有机添加剂组成，通过浸渍、喷淋的方式形成转化膜。膜层主要是由锆钛盐、铝的氧化物、铝的氟化物及锆钛的配合物等组成的混合物，所获得的膜层与有机聚合物的结合力强。由于获得的转化膜呈无色或淡蓝色，不能通过目视来直观检验钝化膜的质量，在生产的过程控制难度较大，因此研究此类无铬钝化的生产工艺控制具有一定的意义。

1. 锆钛系无铬钝化处理工艺流程

典型的锆钛系无铬钝化处理工艺流程如下：

预脱脂—脱脂—水洗—水洗—无铬钝化—水洗—水洗—晾干或烘干—粉末喷涂

锆钛系无铬钝化前处理工艺参数控制要求见表 10-37。

表 10-37　锆钛系无铬钝化前处理工艺参数控制要求

项目	槽液成分	工艺要求	温度
预脱脂	酸性脱脂剂	游离酸含量 15～35g/L,铝离子浓度≤5g/L	常温
脱脂	酸性脱脂剂	游离酸含量 10～30g/L,铝离子浓度≤5g/L	常温
水洗	自来水	电导率≤150μS/cm,pH 4.0～6.0	常温
水洗	自来水	电导率≤100μS/cm,pH 5.0～7.0	常温
无铬钝化	无铬钝化剂	电导率:1100～2000μS/cm,pH 2.5～2.8,铝离子浓度 180g/L	常温
水洗	纯水	电导率≤100μS/cm	常温
水洗	溢流纯水	电导率≤30μS/cm	常温
晾干			常温
烘干		60℃≤炉温≤100℃	

注：1. 一般链速在 2～3.5m/min；2. 温度在（25±5)℃。

2. 锆钛系无铬钝化机理

目前在市场上使用较多的某品牌锆钛系无铬钝化处理溶液代表性成分见表 10-38。

表 10-38　锆钛系无铬钝化处理溶液代表性成分

项目	氟锆酸盐	氟钛酸盐	纳米硅	酒石酸	有机酸	硝酸钙	锂酸盐	单宁酸	成膜促进剂	其他
含量/(mg/L)	80～100	80～100	100～150	5～10	50～80	30～50	10	5～15	60	余量

Zr-Ti 钝化剂主要成分为无机基础液复配有机物添加剂，基本配方含氟锆酸盐、氟钛酸盐、硝酸、铵水、硼酸、添加剂。铝型材表面经过锆钛钝化、有机高分子缔合从而生成了有机-无机复合膜层。反应成膜机理如下：

铝表面在酸性溶液中溶解成 Al^{3+}：

$$2Al + 6H^{+} \longrightarrow 2Al^{3+} + 3H_2\uparrow$$

Al^{3+} 与水反应生成氧化铝：

$$2Al^{3+} + 3H_2O \longrightarrow Al_2O_3 + 6H^{+}$$

在氟锆酸根离子、氟钛酸根离子酸性环境中，铝表面反应如下：

$$2Al + 6H^{+} + 3ZrF_6{}^{2-} + 5H_2O \longrightarrow 2AlOF.3ZrOF_2 + 10HF\uparrow + 3H_2\uparrow$$

此时，在溶液中生成了一定量的 Al^{3+}、Zr^{4+}、Ti^{4+}，与有机高分子（如聚丙烯酸）反应：

$$Al^{3}+Ti^{4+}+Zr^{4+}+ \left[CH-CH_2\right]_n(C=O)(OH) \longrightarrow \left[CH-CH_2\right]R(C=O)(O-Al) + \left[CH-CH_2\right]R(C=O)(O-Ti) + \left[CH-CH_2\right]R(C=O)(O-Zr)$$

上述反应生成含有 Al—O 键、Ti—O 键、Zr—O 键的有机络合物，并形成网状结构的钝化膜。铝基材表面随着上述反应的进行 pH 值会局部升高，导致部分盐类沉淀并通过 Al、Ti、Zr 的架桥作用形成结构复杂的钝化膜。同时钝化液中的单体硅酸逐渐聚合成高聚硅胶，随水分的蒸发，胶体分子增大，最后形成—SiO—O—SiO— 涂膜。并与上述膜层结合，在铝表面构成致密复杂的膜结构。

由上述的反应可知，无铬钝化膜的形成机理主要是高分子的聚合反应，从化学反应的可逆性考虑，聚合反应的可逆性较强，反应物钝化膜聚合物很容易分解，因此，反应过程中的工艺控制必须严谨。

3. 影响无铬钝化的因素

铝型材表面形成的钝化膜性能主要体现在防腐蚀能力与粉末喷涂涂层的附着性，钝化膜质量受基材质量、刻蚀量、钝化液的 pH 值、电导率、杂质离子、钝化时间、烘干温度及时间等的影响。钝化液在使用过程中，不断消耗其溶液中的有效成分；同时酸性环境使铝材表面不断反应，溶解铝原子，铝合金表面的其他合金成分也不断溶解到溶液中，改变了溶液体系；此外，纯水的不断补充、温度的波动、人为的操作失误、仪器的检测误差都会对钝化过程造成一定的影响。

（1）基材质量的控制

表 10-39 是某铝型材企业喷涂车间近期三个月主要缺陷统计。

表 10-39 返工和报废缺陷统计（以重量计）

项目	渣点	露底	擦划伤	涂层脱落	色差	表面粗糙	吐粉	膜高	膜低	压坑
缺陷比例/%	23.32	19.18	12.77	10.32	8.73	6.63	6.05	5.18	4.34	3.18

从表 10-39 中我们不难发现喷涂车间的主要质量缺陷集中在渣点、露底、擦划伤、涂层脱落这四大类，占比在 65.89%。喷涂渣点的成因与基材表面毛刺有关，涂层脱落的原因一般与无铬钝化后转化膜的质量有关，而影响转化膜的质量因素包括前处理工艺控制及基材表面质量控制，因此控制好基材的质量对提升喷涂的成品率意义重大。

喷涂基材表面要求应无肉眼可见的起泡、空洞、夹杂、拉伤等表面缺陷，表面应清洁，无氧化皮或沾污（如金属屑、油脂、润滑油、汗液），尺寸应符合 GB/T 5237.1 的要求。我国北方沙尘多，南方湿度大，都不利于基材的长期存放，长期存放的基材表面很容易发生电化学腐蚀，对于轻微腐蚀可以通过降低链速，延长酸洗时间来除去腐蚀层；严重腐蚀的基材，由于腐蚀深度大，酸洗效果差，必须通过碱蚀来除去腐蚀层。无论是酸洗或碱洗都增加了生产成本，为此在生产计划安排上要合理，基材库存控制在 3 天以内，并做到先入先出原则，库区要求干燥无尘。毛刺又称金属豆，是挤压工序常见缺陷之一，毛刺会造成喷涂工序喷涂后表面渣点，目前主要是优化挤压工艺及模具设计来减少，但不能彻底去除。所以对于已经生产出来的基材，轻微毛刺采用人工擦拭或碱洗，表面毛刺严重的应该进行喷砂处理后再喷涂。

铝材表面的油污来源于挤压过程中的液压油、润滑油以及储存、转运过程中的油污，其成分为石油烷烃、合成脂等，这些油污的油性基团难溶于水，即使在酸洗过程中，酸蚀以及表面活性剂乳化也不能彻底清除。对此，要用石油醚、乙醇、乙二醇、丙酮等溶剂进行清除。而基材表面局部的氧化皮较为严重时酸洗也不能清除彻底，需用砂纸进行打磨。

（2）刻蚀量对无铬钝化膜的影响

刻蚀量又称浸蚀量，是指基材在除油酸洗处理前、后样品单位面积上的质量损失量。钝化前的刻蚀酸洗，目的是清除基材表面的油脂和灰尘等杂物，使铝基体活性铝原子暴露在表面，参与钝化反应，活性大则钝化反应后膜层致密，反之则膜层疏松。另外，刻蚀量大则基材表面粗糙度增大，粗糙度增大会导致基材的表面积相应增大。基材表面积增大，意味着涂层和基材之间有更大的接触面积，提高了涂层和基材之间的界面吸引力和化学键作用。在欧洲 Qualicoat 质量标准中要求刻蚀量必须至少为 $1g/m^2$，如果喷涂后的产品在海边使用，其刻蚀量必须至少为 $2g/m^2$，在我国相关国家标准也提出相同的要求。在生产中为了控制生产成本，一般将刻蚀量控制在 $1.2g/m^2$ 左右。控制太低，不利于后期转化膜的生成，进而影响喷涂后涂层性能。控制太高，药剂消耗大，成本增加，且后续水洗难度加大。

刻蚀量的控制要点在于控制其酸洗工艺，包括链速、槽液温度、游离酸、氟电位以及 Al^{3+} 浓度。脱脂清洗采用瀑布淋洗方式，由于部分铝型材结构较为复杂，这种单一的淋洗方式可能会导致铝材局部清洗不彻底，为了避免这种现象，须对前处理淋洗方式进行改造，提高瀑布溢流盆的位置，同时在小瀑布侧下方加了清洗喷头，使酸洗剂通过化工泵，以一定的压力从喷头喷出，覆盖铝材顶端，这种淋洗、喷洗一体装置达到了完全清洗，避免了钝化不良（如图 10-8）。

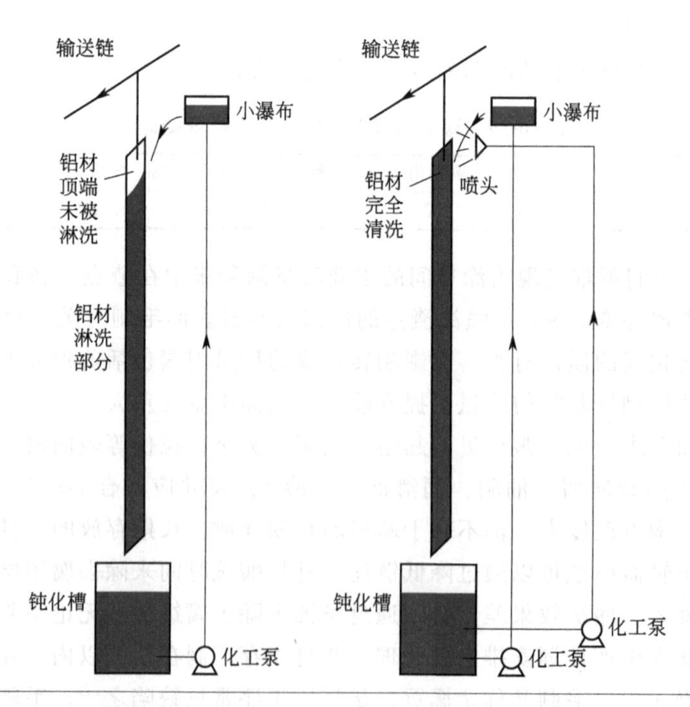

图 10-8　改造前后前处理喷淋装置

（3） pH 值对无铬钝化膜的影响

无铬钝化液中存在大量无机酸和有机酸，它们含量的多少会对钝化液的 pH 值产生影响，而 pH 值的变化对钝化膜的成膜速度和耐腐蚀性有影响。为了考察无铬钝化液 pH 值对无铬钝化膜成膜速度的影响，选择电导率在 1400～1500μS/cm 之间、反应控制在 1min 的数据，得到 pH 值与膜重之间的关系见图 10-9，在不同 pH 值的钝化液中所得钝化膜的耐腐蚀性能见图 10-10。

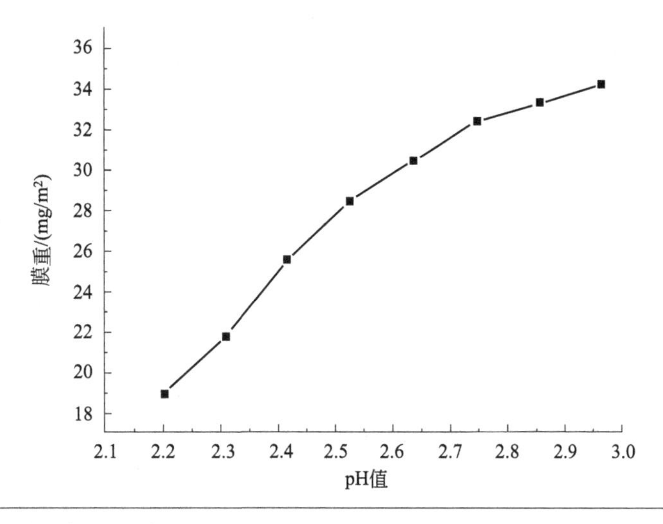

图 10-9 无铬钝化液 pH 值与膜重之间关系

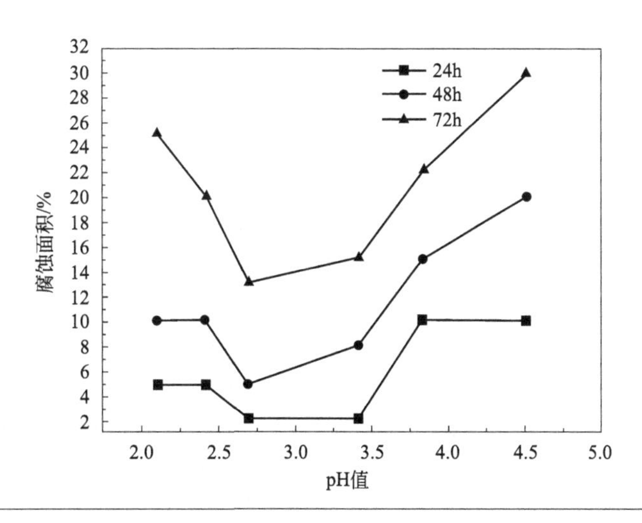

图 10-10 在不同 pH 值的钝化液中所得钝化膜的耐腐蚀性能

从图 10-9 可知，在其他因素不变的情况下，膜重会随钝化液的 pH 值变大而增加，pH 值大于 2.4 以后，曲线斜率开始下降，膜重增加缓慢。由图 10-10 可知耐腐蚀性随着 pH 值先增大后减少 ，当 pH 值在 2.7～3.4 之间时，耐腐蚀性能最好。无铬钝化膜成膜过程是由沉淀膜生成、膜沉积、膜溶解三个过程组成的。pH 值低时，锆、钛的络合氟化物变得稳定，导致基材表面成膜的速度减慢，锆钛钝化膜的溶解速度加快，膜重增加有限且形成的膜层耐腐蚀性差；随着 pH 值的逐渐升高，络合氟化物中的锆、钛离子更容易在基材表面沉积形成氧化物，且膜的溶解速度会随着 pH 值的升高而降低，此时更容易形成耐腐蚀性好的膜层。考虑在实际生产中槽液的稳定性，较高的 pH 值将会导致无机离子的沉降及槽液中金属盐类的絮凝，破坏槽液各组分整体平衡，从而影响正常生产，通常将 pH 值控制在 2.5～2.8 之间。

（4）电导率对无铬钝化膜的影响

从无铬钝化膜的成膜机理可知，高浓度的氟锆酸盐、氟钛酸盐有利于转化膜的形成，而槽液中的氟锆酸盐、氟钛酸盐浓度的升高必然导致槽液电导率的升高。因此控制无铬钝化槽槽液电导率对控制转化膜的生成至关重要。虽然较高的电导率有利于无铬转化膜的生成，但在实际生产过程中，为了更好地控制生产成本及无铬钝化后水洗压力，一般将电导率控制在 1100～2000μS/cm 之间，此时膜重、钝化槽槽液能够保持较好的稳定。

（5）杂质离子对无铬钝化膜的影响

随着无铬钝化槽液的连续不断使用，槽液中的杂质离子浓度会不断增加，其中最主要的是 Al^{3+} 浓度的上升。研究表明，Al^{3+} 与氟锆酸、氟钛酸以及水性树脂的活性基团结合，其缔合物并没有沉积在铝基体表面，反而产生了空间位阻效应，使钝化剂不能较好地进攻铝基体表面的中心原子，导致不能生成致密、均匀的沉积膜。铁离子浓度的升高，会延缓钝化膜生成速度。锌离子会沉积在膜层表面，降低型材耐腐蚀性能。合金中其他金属离子亦不断析出溶于槽液中，反应的副产物偏硅酸离子大量生成。这些离子积累到一定程度会使无铬转化膜的成分和性能发生不可逆的变化，最终影响喷涂后的涂层的性能。为了减少杂质离子对钝化的影响，在日常生产过程中，要定期清理槽液沉渣，调整槽液；采用自动加药系统，维持槽液参数整体的稳定；槽液设计时要有溢流口，不断向外排放部分槽液，保持槽液的不断更新。

(6) 钝化时间对无铬钝化膜的影响

钝化反应受温度的影响较大，实际生产中的气候变更，造成了槽液温度波动，一般温度较高时钝化反应速度快，但是膜较为疏松，耐腐蚀性较差，而温度过低，钝化反应缓慢，膜层较薄，同样耐腐蚀性以及后期涂层附着性差。

根据钝化膜性能测试，发现膜重控制在 40～60mg/m^2 为最佳。膜重与钝化反应时间的关系为：钝化时间短，则膜重小，耐腐蚀性较差；而钝化时间较长，膜层较厚，耐腐蚀性较好。在生产过程中，根据钝化时间以及立喷钝化槽长度调节喷涂线的输送链链速，根据铝材的截面大小及挂料方式，链速调节为 2～3.5m/min，相应时间为 40s 左右（图 10-11）。

铝型材的无铬钝化对时间要求较为严格，因此在实际生产过程中，根据链速严格把控钝化时间。停止链输送时，虽然系统停止供应钝化液，但药品残留在铝型材表面继续反应，导致钝化效果变差。为此，对钝化设备进行了改造，安装纯水淋洗装置，在出现意外情况而停止链输送时，纯水淋洗装置自动开启 2min，清洗铝材表面的残留药品。

（7）烘干温度及时间对无铬钝化膜的影响

烘干是无铬钝化膜固化及干燥的过程，合适的烘烤温度及时间至关重要。考虑到生产的成本及生产效率锆钛无铬钝化膜的烘烤温度一般控制在 60～100℃之间，最高不超过 110℃。烘烤时间控制在 30～50min 之间，具体看烘干效果，要保证基材表面干燥无水。烘烤完成后禁止用手直接触摸基材表面，上排（架）时要求使用手套和护套。

在无铬钝化处理前，酸洗脱脂后，有一道自来水洗以及纯水洗。自来水洗的作用是去除铝材表面的酸洗液以及被乳化的油污、泡沫以及大部分附着粒子。其流量控制要求适度，既

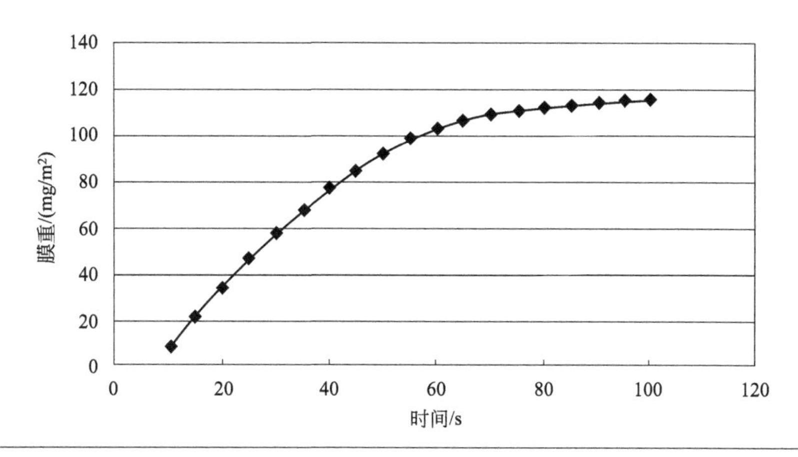

图 10-11　无铬钝化时间与钝化膜重之间关系

能保持水槽的一定洁净程度，水排放量也不能过大，造成后期水处理负载量大。而纯水洗是为了去除游离于铝材表面的离子，使铝原子暴露在基体表面，同时保持前期处理的离子不影响钝化过程，要求纯水的电导率小于 50μS/cm。

在无铬钝化工艺中，对槽液的维护也是很重要的，采用自动控制加热方式（蒸汽加热、电加热、热水加热），保持槽液温度为（25±5）℃；同时通过在线检测自动加药系统保证槽液成分稳定在工艺范围内。槽液溢流方式通常有三种，即定期排放—补充方式、浮球定位溢流方式、阀门流量控制方式。钝化槽使用一定时间，应该定期清理槽液沉渣，调整槽液。同时清理槽液槽体周边腐蚀锈渣、灰尘以及污垢，避免污染槽内溶液；定期检查溢流盆位置、喷嘴是否堵塞以及各个泵的工作压力。

某公司 PBG6-705 皮膜剂（无铬）钝化剂，可在铝材表面生成转化膜的酸性液体产品。该产品用于涂装前的预处理，使用无水洗工艺，浸泡和喷淋工艺都可以使用。不含重金属铬，不需水洗，能应用于多种工艺，现场管理方便。这种无铬钝化剂的外观、工艺流程、槽液配制、槽液管理、维护调整和配方如下。

① 外观：无色液体。

② 工艺流程：在使用 PBG6-705 前，必须彻底清除金属表面包括油脂在内的污染物。防止硅酸盐的带入影响 PBG6-705 工艺的效果。

③ 槽液配制（1t 量）：加清水至 2/3，慢慢加入 PBC-605 药品 5～6kg，加清水至 1t，搅拌均匀。

④ 槽液管理：PBG6-705 浓度为 5～6g/L；温度为常温；时间为 30～60s；pH 值为 2.5～3.8（最佳 3.0～3.3）。

⑤ 维护调整：用纯水配槽；无铬槽液的 pH 值保持在 2.5～3.5，接近 3.5 时需要加药水；若总酸值大于 9 则更新槽液；若出现絮状物，应安装过滤器及时过滤；每生产 1t 型材消耗 PBG6-705 大约 0.5～1kg。

⑥ PBG6-705 无铬钝化剂配方：氢锆酸 0.1g/L；硝酸 0.08g/L；聚丙烯酸树脂 0.08g/L；硅烷偶联剂 0.05g/L。

某公司 NC-1MU/1R1 环保型无铬成膜剂的特点、配槽组成、工艺参数、槽液维护的要求如下。

① 产品特点：NC-1MU/1R1 环保型无铬成膜剂用于轻金属铝、镁、锌涂装前的预处理，在一定条件下，以上几种金属可混合处理。该产品含有机聚合物及无机氟化物，跟金属表面发生化学反应成膜。膜层为无色或浅彩虹色，处理方式喷/浸皆可。性能方面，划格试验、冲击、水煮试验均高于国标测试。

② 配槽组成：NC-1MU/1R1 10～18g/L，余量添加去离子水（电导率≤50μS/cm）

③ 工艺参数：浓度为 0.2%～2%；温度为室温；时间为 30～90s。

④ 槽液维护

a. 每天分析槽液的游离酸度和 pH 值，当游离酸度低时，及时补加 NC-1MU/1R1，当 pH 不在规定范围内时，可用稀硝酸或稀氨水调整；

b. 每周对转化膜中的锆进行 3～4 次定量检测，锆含量控制在 25～100mg/m^2；

c. 成膜前道纯水洗水质的电导率需≤100μS/cm，pH 值 4.5～7.0；成膜后最后一道纯水水质的电导率需≤50μS/cm，pH 值 5.5～7.0；

d. 所有与槽液接触的工器具，都应用不锈钢或耐腐蚀塑料制品；

e. 经 NC-1MU/1R1 处理过的铝材烘干温度可采用 80～100℃；

f. 经 NC-1MU/1R1 处理过的铝材应在 16h 内进行喷涂处理。

在使用无铬钝化剂时，也要配套使用对应的脱脂（除油）剂，才能得到更好的处理效果，一般无铬钝化处理剂公司都有自己的配套脱脂（除油）剂，因此使用配套处理剂是最好的选择。

第二节 粉末喷涂

被涂物经过表面（前）处理后，可以进行粉末涂装。粉末涂装的方法很多，已在前面的章节中做过概述。在这些涂装方法中，绝大部分热固性粉末涂料和相当一部分热塑性粉末涂料用静电粉末涂装法施工。因此，在本章中主要介绍静电粉末涂装法的粉末喷涂。

静电粉末喷涂设备是由供粉装置、喷枪（含高压静电发生器）、喷粉室、粉末回收设备等组成。代表性的静电粉末喷涂系统的工艺流程见图 10-12，粉末涂料涂装生产线的粉末喷涂工序示意见图 10-13。从供粉装置，把粉末涂料输送到静电粉末喷枪，经过喷枪把粉末涂料喷涂到喷粉室内的被涂工件上。此时如果是电晕放电型喷枪，粉末涂料粒子就带有负电荷；如果是摩擦静电型喷枪，粉末涂料粒子就带有正电荷。由于静电吸附作用，带电荷的粉末涂料粒子就附着到带相反电荷的被涂物上面。喷逸的粉末涂料，也就是未附着到被涂物表面的粉末涂料，一部分粒子粗的粉末因重力作用落到喷粉室底部的粉末涂料回收槽里；另一部分粒子较细的粉末涂料就随空气进入旋风分离回收设备。由于旋风分离回收设备的分离作用，其中相对粗的粉末涂料（粒度大于 10μm）就被收集到旋风分离器的底部；粒度小于 10μm 的粉末涂料就随气流从旋风分离器的顶部进入袋滤式回收设备进行回收，干净的空气就排放到体系外面的大气中或者循环使用。

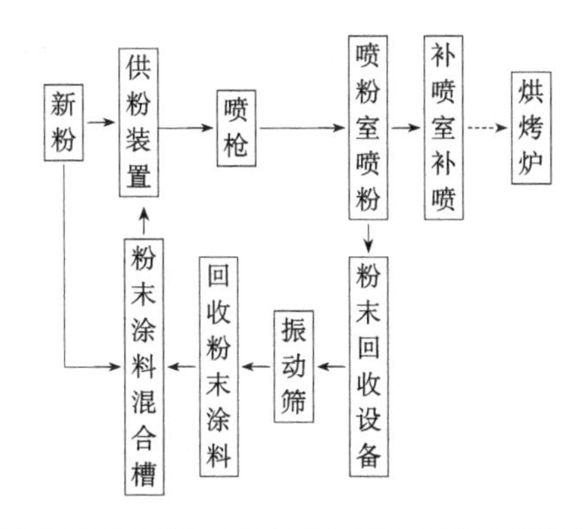

图 10-12　代表性静电粉末喷涂系统工艺流程

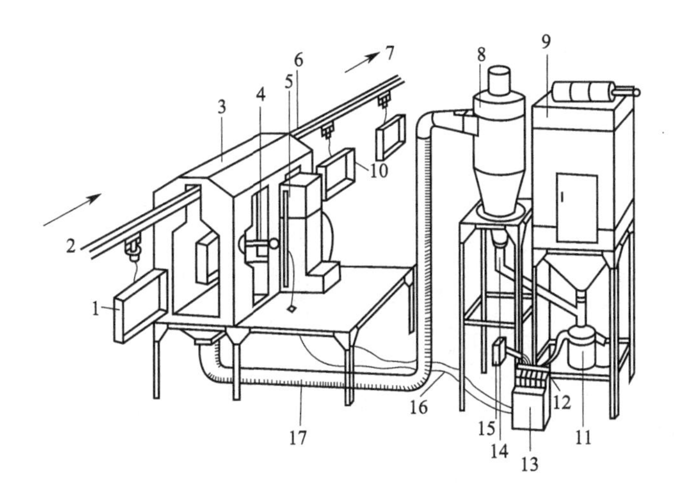

图 10-13　粉末涂料涂装生产线的粉末喷涂工序示意

1—表面处理件；2—来自表面处理；3—喷粉室；4—粉末静电喷枪；5—移行机；6—传送带；7—去烘烤炉；8—旋风分离器；9—袋滤器；10—粉末涂装件；11—振动筛；12—粉末涂料槽；13—静电粉末涂装控制柜；14—旋转阀；15—新涂料；16—涂料管；17—粉末回收管道

从旋风分离器和喷粉室内回收的粉末涂料，必须用振动筛等过筛设备除去灰尘等杂质后方可再使用。因为回收粉末涂料在使用中带进一些杂质，还要吸收空气中的水分，回收粉的质量不如新粉，所以直接用于静电粉末喷涂时效果不太理想，应和新粉按一定比例混合使用。一般新旧粉末的混合粉末中，回收粉末量不应超过 1/2，最好是小于 1/3。在自动粉末涂料喷涂生产线上，回收粉末涂料是及时自动回收和自动混合，一般不需要按比例混合新旧粉末。用袋滤器回收的粉末涂料，因粉末粒度小，不适合直接与新粉末涂料混合使用，最好由粉末涂料生产厂加工后再使用。对于自动化粉末喷涂线，为了保证涂装产品质量，有必要增加补喷室（或补喷岗位）进行补喷，然后进入烘烤炉熔融流平或固化成膜。

根据涂装生产线的自动化程度、生产量、喷枪的数目等条件，选择合适的供粉装置。同样根据被涂物的大小、形状的复杂程度选择合适的喷枪（例如带电方式、喷枪的结构、运行方式等）和核定喷枪的数目以及排列位置。对于结构复杂的被涂物和流水线生产体系采用固定式和移动式喷枪组合的喷涂体系，现在已经做到由计算机的工件识别系统，借助高科技的光幕测量传感技术，完成对工件长度（X 轴）、高度（Y 轴）、宽度（Z 轴）进行在线感应测量，然后控制喷枪的开关及升降机的运行。实验证明，加装工件自动识别系统可以减少

25%的空喷，可节约大量粉末，并减少喷枪磨损，降低回收粉比例，保证涂装产品质量稳定。光幕测量传感工件识别系统的原理示意见图 10-14，计算机控制全自动粉末涂装生产线喷涂工艺示意见图 10-15。关于喷粉室的结构和粉末涂料的回收系统，也要根据被涂物的形状、大小、生产量、使用粉末涂料品种和颜色等因素来选择合适的相应配套、组合的系统。在大多数的情况下，工业化流水线生产中采用单一回收系统不能满足需要，因此采用旋风分离式和袋滤式相结合的粉末涂料回收体系或者小型多旋风分离器和滤芯回收设备相结合的粉末涂料回收体系或者其他复合式回收系统。

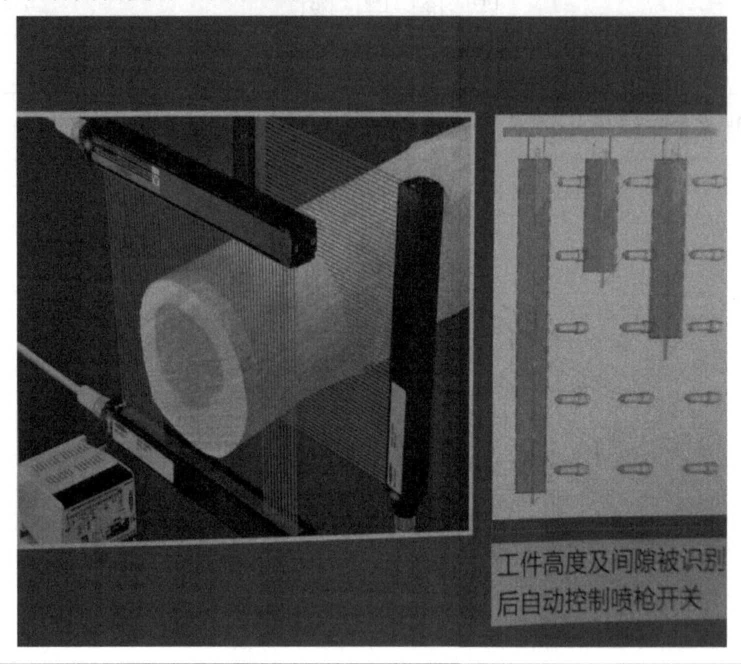

图 10-14　光幕测量传感工件识别系统的原理示意

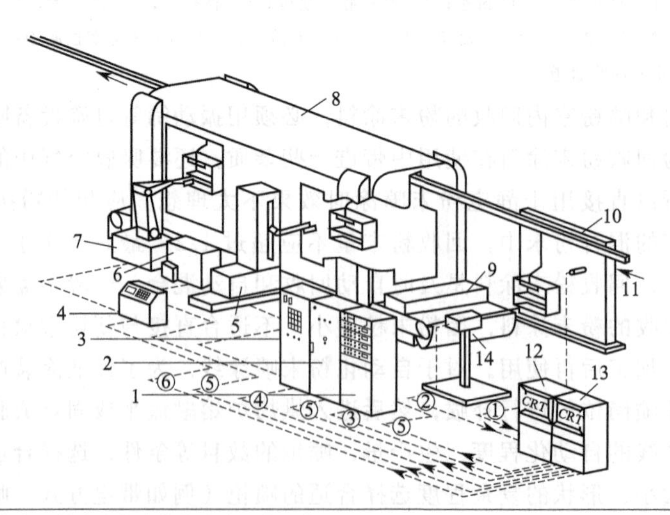

图 10-15　计算机控制全自动粉末涂装生产线喷涂工艺示意

1—静电粉末涂装控制柜；2—涂料槽选择控制柜；3—移行机控制柜；4—机器人控制柜；5—移行机；6—换色机；7—机器人；8—新型多色喷粉室；9—传送带吸粉末装置；10—屏幕；11—挂具检定装置；12—被涂物判断装置；13—涂装控制柜；14—摄像机；①挂具检定（摄像时间）信号；②被涂物影像信号；③涂料供给量信号；④移行机速度信号、喷枪距离信号；⑤涂料槽选择信号；⑥机器人信号

在用电晕放电荷电喷枪进行喷涂时，由于产生大量的游离离子，当被涂物上面的粉末涂料层达到一定厚度后，粉末涂料本身电阻很大，不易失去电荷，被涂物表面堆积负电荷，见图 10-16（a）；表面电荷增大时，在堆积层上发生局部放电，见图 10-16（b）。这种现象叫做静电排斥（反电离）现象，它使粉末层表面产生蜂窝状，烘烤固化以后涂膜产生许多凹点或不平整。当粉末涂料附着到被涂物上以后，在局部放电时，产生两种极性离子，负离子往被涂物方向移动，而正离子从粉末表面往喷枪方向移动。这时正离子与带负电荷粉末离子碰撞使荷电粉末离子中性化，降低粉末涂料的涂着效率，因此涂膜厚度限制在一定程度。一般静电粉末冷喷涂的涂膜厚度适用于 150μm 以下，高于这个厚度容易产生电离排斥现象，而且涂膜外观不好。在粉末喷涂中产生电离排斥的涂膜厚度，要受到粉末涂料树脂品种、粉末涂料的组成、涂装电压、被涂物的材质等多方面的影响，只能通过实际试验和生产操作才能确定它的范围。如果使用摩擦静电喷枪就不会产生电离排斥现象，厚涂时涂膜外观平整性就比较好。

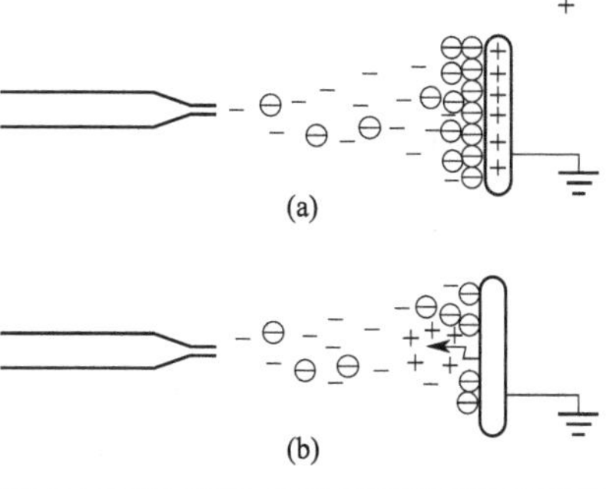

图 10-16　静电排斥（反电离）现象的基本原理

在自动化流水线喷涂系统中，为了保证涂装产品的涂装质量，自动化喷涂以后，还要在补喷室（或补喷岗）用手工进行补涂。特别是被涂物的结构比较复杂，有些死角自动喷枪粉末涂料喷不到或者涂膜厚度达不到要求时，更需要手工补喷；对于被涂物结构简单、涂膜厚度能够喷涂均匀的自动化喷涂线就不一定需要补喷，这要根据涂装的被涂物的具体情况来决定具体的涂装工艺。

在静电粉末喷涂中，工件宽度/喷涂直径（W/D）、喷粉室空气速度、涂膜厚度、电晕电压、喷涂距离、粉末颗粒大小、表面电阻系数等因素对粉末涂料的上粉率有不同的影响。

从工件宽度/喷涂直径（W/D）来说，当 $W/D<3$ 时，粉末涂料的上粉率从 20%增加到 65%。随着 W/D 的进一步增加，W/D 对上粉率的影响反而减小，粉末涂料的上粉率与 W/D 的关系见图 10-17。喷粉室的空气速度与粉末涂料的上粉率的关系见图 10-18。当喷粉室气流平行于喷涂方向（曲线 A）时，气流对上粉率的影响可以忽略不计；而当喷粉室气流垂直于喷涂方向时，气流对上粉率的影响是肯定无疑的。在电晕电压为 60kV 时，涂膜厚度对粉末涂料的上粉率的影响见图 10-19。当涂膜厚度小于 1.2mil（30μm）时，上粉率对涂膜厚度的敏感性是相对较低的，上粉率随着涂膜厚度的增加直线下降。在 20μm、 50μm 及 75μm 的涂膜厚度条件下，电晕电压对粉末涂料上粉率的影响见图 10-20。在通常情况下，增加电晕电压可以提高上粉率，但是随着涂膜厚度的增加，电晕电压的影响显著变小。一般增加电晕电压会增加每个粉末粒子的平均电荷，同时喷枪与工件之间的电场强度随着电晕电压的增加而增强，这两种因素使粉末涂料的上粉率增加。另一方面，增加粉末粒子平均电荷和电场强度，同样会增加已沉积粉末粒子所形成的次生电场而产生的不利影响。随着涂膜厚度的增加，这种影响变得更加显著，是涂膜厚度 75μm 时上粉率变化较小的原因。在电晕电压为 40kV 和 80kV 时，喷涂距离对粉末涂料上粉率的影响见图 10-21。一般粉末涂料的上粉率随着喷涂距离的增加而下降，但是在 80kV 和短的喷涂距离（<25cm）时，这种影响就不明显了。喷涂距离对上粉率的影响原因是电场强度随距离的增加而降低。同时间接来说，对粉末粒子受气流和同性电荷相斥也有影响。在 80kV 和短的喷涂距离条件下，喷涂距

离对上粉率的影响可以忽略的部分原因是，电场强度对已沉积粉末粒子电荷的消散作用。粉末涂料数均平均粒度对粉末涂料上粉率的影响见图 10-22。一般上粉率随着平均粒度的增加而迅速提高，当粉末涂料平均粒径达到 50～75μm 时上粉率下降。粒径较大（>10μm）粒子的运动主要由电晕电场决定，而微细粒子（约 1μm）的运动则主要受气流的影响，细粒子比粗粒子更容易受气流的影响。另外，粒子的形状也影响上粉率，一般球形粒子比不规则粒子上粉率高，例如：涂膜厚度 75μm 时，球形粒子的上粉率为 70%，而不规则粒子的上粉率为 40%。在静电粉末涂装中，已沉积的粉末涂料的平均粒度分布与原始粉末涂料的平均粒度分布不一样，代表性的用马尔文粒度分布仪测定的原始粉末涂料和已沉积粉末涂料（静电吸附粉末涂料）粒度分布见表 10-40。表 10-40 的试验数据表明，两种粉末涂料的粒度分布有明显的差别，10μm 以下的部分差别不大；差别大的是粉末粒度 10～40μm 之间的部分，在沉积粉末涂料中的含量明显多，然而粉末粒度 45～138μm 之间的，在沉积粉末涂料中含量明显少，说明 45μm 以上的粗粉相对不容易静电沉积上粉，沉积粉末涂料的平均粒度为 27.416μm，明显小于原始粉末涂料的平均粒度 36.202μm。这只是这种粉末涂料的结果，只能说明，静电吸附上去的粉末涂料与原粉末粒度分布有差别，不同粉末涂料品种的电性能差别很大，其规律性是不一样的。不同电压条件下，静电喷涂沉积粉末涂料的微粉粒度分布（欧美克激光粒度分布仪测定）见表 10-41。

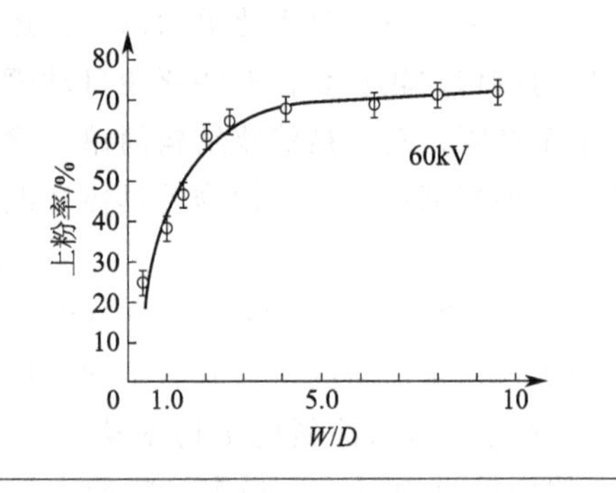

图 10-17　工件宽度/喷涂直径（W/D）对上粉率的影响

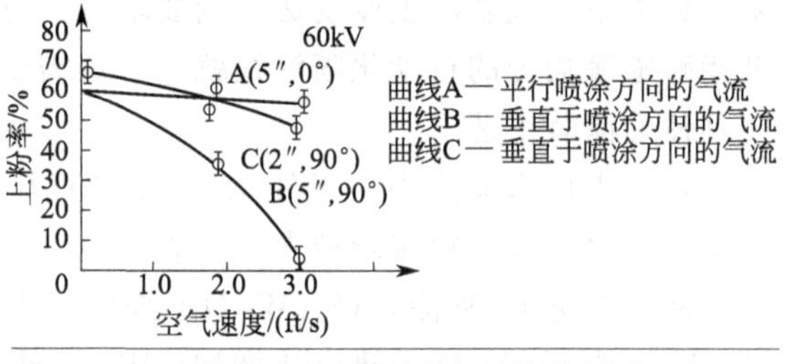

图 10-18　喷粉室空气速度对上粉率的影响（1ft/s = 0.3048m/s）

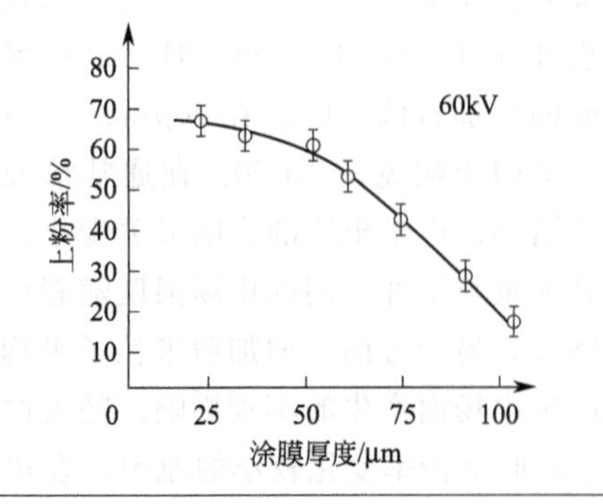

图 10-19　电晕电压 60kV 时涂膜厚度对上粉率的影响

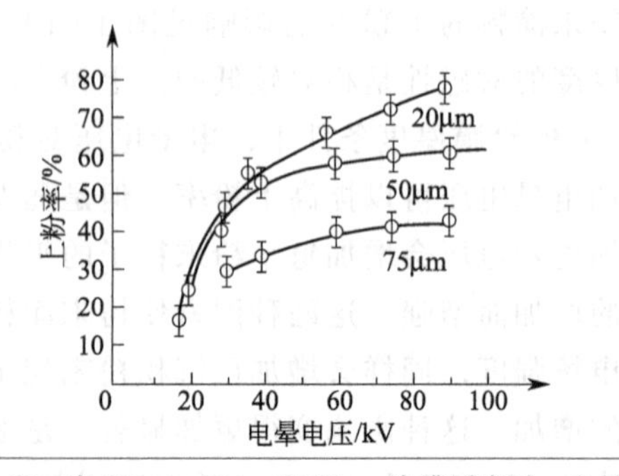

图 10-20　在 20μm、50μm 和 75μm 涂膜厚度时，电晕电压对上粉率的影响

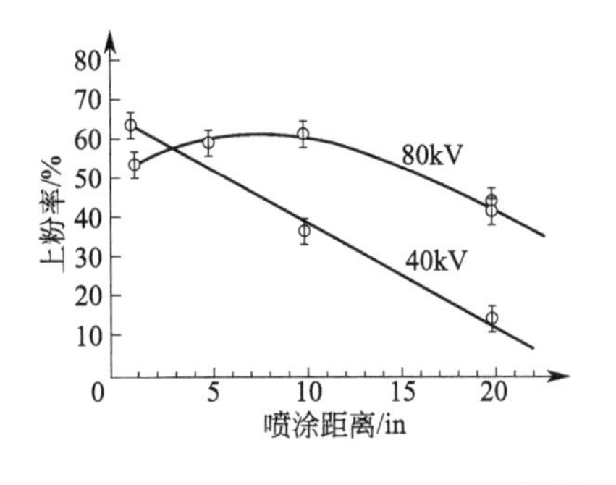

图 10-21 40kV 和 80kV 电晕电压下，喷涂距离对上粉率的影响（1in= 0.0254m）

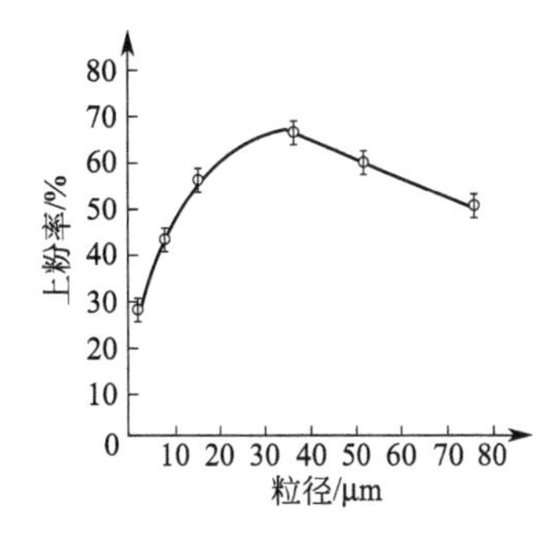

图 10-22 粉末涂料数均平均粒度对上粉率的影响

表 10-40 原始粉末涂料和已沉积粉末涂料粒度分布比较（马尔文粒度分布仪测定）

粉末涂料粒径范围/μm	原始粉末微粉粒度分布/%	静电吸附粉末微粉粒度分布/%	粉末涂料粒径范围/μm	原始粉末微粉粒度分布/%	静电吸附粉末微粉粒度分布/%
0.275～0.316	0.00	0.01	6.607～7.586	1.26	1.33
0.316～0.363	0.07	0.08	7.586～8.710	1.54	1.72
0.363～0.417	0.08	0.10	8.710～10.00	1.85	2.21
0.417～0.479	0.09	0.11	10.00～11.482	2.21	2.84
0.479～0.550	0.10	0.12	11.482～13.183	2.58	3.59
0.550～0.631	0,10	0.11	13.183～15.136	3.03	4.44
0.631～0.724	0.09	0.10	15.136～17.378	3.51	5.34
0.724～0.832	0.08	0.08	17.378～19.953	4.06	6.24
0.832～0.955	0.07	0.07	19.953～22.909	4.66	7.03
0.955～1.096	0.07	0.03	22.909～26.303	5.31	7.65
1.096～1.259	0.06	0.00	26.303～30.200	5.98	8.01
1.259～1.445	0.06	0.00	30.200～34.674	6.62	8.06
1.445～1.660	0.07	0.01	34.674～39.811	7.14	7.77
1.660～1.905	0.09	0.08	39.811～45.709	7.48	7.15
1.905～2.188	0.12	0.12	45.709～52.481	7.53	6.25
2.188～2.512	0.16	0.18	52.481～60.256	7.24	5.16
2.512～2.884	0.22	0.25	60.256～69.183	6.60	3.98
2.884～3.311	0.29	0.33	69.183～79.433	5.65	2.85
3.311～3.802	0.39	0.42	79.433～91.201	4.50	1.81
3.802～4.365	0.51	0.53	91.201～104.713	3.25	1.10
4.365～5.012	0.65	0.66	104.713～120.226	2.18	0.23
5.012～5.754	0.82	0.82	120.226～138.038	0.59	0.00
5.754～6.607	1.03	1.04	138.038～158.489	0.00	0.00
D_{10}/μm	10.095	9.725	D_{50}/μm	36.202	27.416

表 10-41 不同电压条件下静电喷涂沉积粉末涂料的微粉粒度分布（欧美克激光粒度分布仪测定）

项目		原始粉末涂料	静电吸附粉末涂料	静电吸附粉末涂料	静电吸附粉末涂料
涂装电压/kV		涂装前	40	60	80
微粉粒度分布/%	粉末粒径 1.97μm	0.03	0.00	0.01	0.00
	粉末粒径 2.39μm	0.11	0.02	0.05	0.01
	粉末粒径 2.89μm	0.22	0.08	0.12	0.05
	粉末粒径 3.50μm	0.36	0.19	0.25	0.12

续表

项目		原始粉末涂料	静电吸附粉末涂料	静电吸附粉末涂料	静电吸附粉末涂料
微粉粒度分布/%	粉末粒径 4.24μm	0.60	0.41	0.48	0.27
	粉末粒径 5.13μm	0.91	0.66	0.75	0.44
	粉末粒径 6.21μm	1.45	1.10	1.25	0.74
	粉末粒径 7.51μm	2.21	1.78	1.96	1.16
	粉末粒径 9.09μm	3.23	2.81	2.90	1.73
	粉末粒径 11.00μm	4.72	4.26	4.22	2.68
	粉末粒径 13.3μm	6.14	5.53	5.52	3.89
	粉末粒径 16.1μm	7.94	7.58	7.49	5.49
	粉末粒径 19.5μm	10.37	10.63	10.44	8.16
	粉末粒径 23.6μm	13,68	14.90	14.64	12.22
	粉末粒径 28.6μm	16.68	18.53	18.25	18.68
	粉末粒径 34.6μm	14.32	15.42	15.20	18.81
	粉末粒径 41.8μm	10.05	10.18	10.17	14.63
	粉末粒径 50.6μm	5.37	4.82	5.00	8.48
	粉末粒径 61.3μm	1.60	1.11	1.29	2.51
平粒粒度/μm		22.96	23.62	23.58	26.98

在 40kV、60kV、80kV 不同电压条件下，静电喷涂粉末涂料刮下来进行粒度分布分析结果，40kV 和 60kV 与原始粉末涂料差别不大，80kV 的有明显差别，静电沉积的粉末涂料的平均粒度比原始粉末涂料的平均粒度大 4μm，说明粗粉静电沉积上去的比原粉中的比例多，与表 10-40 的结果完全相反（细粉静电吸附上去的多）。说明粉末涂料的本身条件复杂（成分、平均粒径、粒径分布、粒子形状等），静电喷涂条件（电压、风压、供粉量、带静电效应等）也很复杂，不能简单地说明它们的规律性。

粉末涂料的表面电阻系数决定已沉积粉末粒子的电荷消散速率，表面电阻系数高的粒子能较长时间保留它的原始电荷，而表面电阻系数较低的粒子很快消散它的电荷。表面电阻系数 $1.3\times10^{16}\Omega\cdot m$ 和 $7.9\times10^{7}\Omega\cdot m$ 的两种丙烯酸粉末涂料的典型电荷消散曲线见图 10-23。

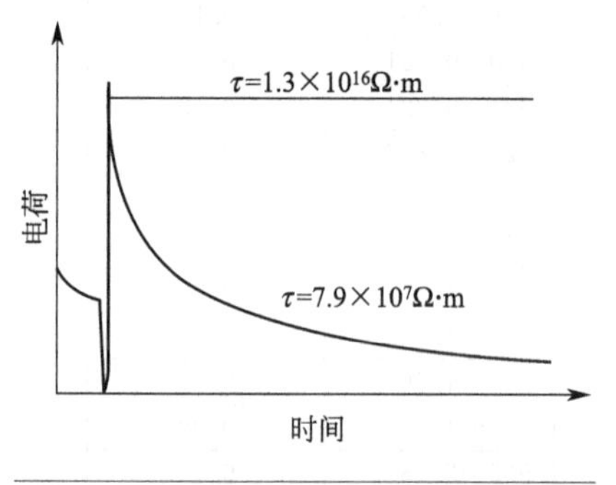

图 10-23 不同表面电阻系数丙烯酸粉末涂料的电荷消散情况

在静电粉末涂装中，应注意如下问题。

（1）应当选用性能优良的喷枪，喷枪应当采用电路反馈技术，设置恒流输出控制。当喷枪电极靠近接地工件时，高压发生器能相应降低输出电压，并在与大地短路时能自动截止，关闭电源。

（2）选择合理的工艺参数，尽可能使用低气压、低电压静电喷涂，电压输出以 30～70kV 为宜。

（3）喷涂设备和其他移动电气设备应当有防尘罩，其电源电缆要采用支架撑托，松弛铺设，防止绝缘保护层的磨损和接端口松脱。

（4）粉末涂装作业区所使用的照明设备及开关件必须满足防暴防尘要求。

（5）必须定期测试，检查动力源与供粉系统及通风机之间的电气连锁系统。

（6）位于涂装作业区的设备导体，包括传输链、喷粉室、风管、回收装置等，必须牢固接地，接地电阻按国家标准 GB 15607—2008 必须小于 100Ω，带电体的带电区对大地总泄漏电阻一般应小于 1×10^6 Ω，特殊情况下可放宽至 1×10^9 Ω，工件接地电阻不大于 1×10^4 Ω，以防静电喷枪附近的对地电绝缘导体上积累能产生电弧放电电荷。

（7）喷粉室的风量必须根据开口断面进行调试，以保证喷粉室开口处不发生逸粉现象。其参考指标为，断面垂直风速按国家标准 GB 15607—2008 为 0.3～0.6m/s（建设部标准 JB/T 10240—2001 为 0.5～0.6m/s）。喷涂过程中总回收风量要保证喷涂浓度在其爆炸下限 10g/m^3 以内。

（8）喷粉室连通的回收净化装置应设有面向室外的快速泄压口，以防燃爆事故发生。

（9）喷粉室内高风速的吸尘管道入口处应安装网格栅或磁力分离装置，以防金属或硬质物件进入管道而摩擦，碰撞产生火花。

（10）喷粉室内应设置清粉机构，最好进行连续清粉，保持喷粉室内没有积粉。清扫喷粉室用的工具应该不导电、不打火、无油、不含有机硅、无磨粒。

（11）回收装置所采用的过滤材料（如滤芯等）应选择不易产生静电、堵塞和吸潮的材料；用于吸粉的回收风管、横管、弯头等处的内壁光滑，有良好的接地，风速必须足够大（≥15m/s），以保证管内没有粉末堆积，防止因喷涂空间的粉尘燃爆引起破坏性更大的二次爆炸。

（12）在喷粉室内使用火焰探测器和联动的灭火装置，也就是说在自动静电喷粉室内应安装火灾报警装置，宜安装自动灭火装置。还要设置喷粉室与回收装置之间连通风管上的阻断阀门。

（13）使用静电粉末喷涂设备的大环境温度为 0～40℃，相对湿度为≤85%。然而喷粉室的环境最好有温度控制系统，为了防止粉末涂料结块喷粉温度一般要求低于 35℃，但温度过低时上粉率差，最佳的喷粉温度是 15～25℃。喷粉室的相对空气湿度最好是 45%～55%，空气湿度过大（≥75%）时空气容易产生放电，击穿粉末涂层；而空气湿度过小时，空气导电性差不易电离。

（14）喷粉系统空气压缩机保证喷枪进气压力为 0.6～0.72MPa，最佳值为 0.7MPa，经验证明喷枪进气压力最低 0.5MPa，否则不能保证连续生产。按建设部标准 JB/T 10240—2001 压缩空气压力≥0.6MPa。

（15）喷粉用的空气必须净化，采用冷冻机分离压缩空气中的油、水和杂质，采用预过滤器和聚合过滤器结合的方法除去亚微级油、水和杂质，散热器污垢灰尘需要定期用压缩空气吹扫，否则容易引起操作故障。按建设部标准 JB/T 10240—2001 压缩空气中的含水量≤1.3g/m^3，含油量≤0.01mg/m^3。

（16）静电喷粉室内喷枪电极至工件和喷粉室壁之间的距离宜分别不小于 150mm 和 250mm；自动喷粉枪的安装距离不宜小于 350mm。

（17）静电粉末喷枪的最大粉末喷出量不应小于 300g/min；一次上粉率不应小于 60%；喷枪的喷涂圆有效直径不应小于 300mm；环抱作用有效直径不应小于 100mm。

（18）喷粉室附近干扰气流横向速度≤0.3m/s；进入喷粉室的工件表面温度≤50℃（指冷喷工艺）。

在粉末喷涂中工件的遮蔽也是保证涂装质量的重要环节，其目的是避免工件的某些部位沉积粉末涂料。在涂装生产线上，应当考虑遮蔽的方法，需要做得更快、更容易、更好甚至更便宜。在粉末涂装中最常用的工件遮蔽方法和材料见表 10-42。

表 10-42 粉末涂装中最常用的工件遮蔽方法和材料

类型	施工	剥除性	效用	实用性	价格
普通胶带	慢(人工操作,需切除多余部分)	需要工具(可能划伤涂层表面)	说不清,可能非常好,但很慢	如果有时间,使用这种胶带总归有效果	成本低,但耗时间
冲切式胶带	快(粘贴和剥离均很快)	快(从小标签处剥离)	如果选用胶带类型正确,使用效果非常好	好,需要 2～3d 的生产时间	成本低,成本效益综合性能好
模塑遮蔽件	非常快(塞住即可)	迅速(拔除即可)	非常有效的遮蔽方式	可回收再用,但制版和制模具需几周时间	初始成本较冲切式胶带高,但对产量大的和质量要求高的生产线而言,成本效益综合性好

使用普通遮蔽带的生产效率非常低，需要人工粘贴胶带，并用刀片去除多余的胶带。粘贴胶带和剥离胶带均非常慢，且剥离胶带所使用的工具可能损伤涂层。因此人工粘贴遮蔽带意味着生产效率低，生产环境差。普通和特制的冲切式遮蔽带施工非常简单，且速度快，其初始成本仅比普通胶带略高一些。工程用冲切式遮蔽带的材料和技术选择适当，则遮蔽带可用于各种涂装领域。应该说冲切式遮蔽带是施工简单、快速且用得起的遮蔽材料。模塑遮蔽件是遮蔽技术中最好的一种遮蔽材料，它们在产量大的生产线上或用其他方法无法进行遮蔽施工的场合广泛使用。尽管普通的模塑插头件、帽件均可使用，但往往需要使用特制的模塑遮蔽件，应当采用耐温、耐腐蚀和耐磨的高技术材料制作遮蔽件。在过去的几年中，模塑遮蔽件的模具及生产成本大大降低，现在的各种涂装生产线上可以看到模塑遮蔽件的使用。

第三节 烘烤

烘烤是粉末喷涂后粉末涂料成膜的重要步骤。静电粉末喷涂后的被涂物进入烘烤炉进行烘烤，对于热塑性粉末涂料，可以在涂料本身所要求的烘烤温度和时间内，使吸附在被涂物上的粉末涂料熔融流平成膜；而对热固性粉末涂料，则在烘烤熔融流平的同时，还要在规定温度和时间里，使涂料交联固化成膜。熔融流平过程中，粉末涂料脱出所带电荷，使粒子间隙中的空气体积减小一半。固化反应包括加成反应、缩聚反应和自聚反应等。烘烤温度和时间因粉末涂料的品种而异。不同热塑性粉末涂料品种，其烘烤温度的差别较大，低的 200℃左右，高的达 400℃；但热固性粉末涂料品种的大部分烘烤条件为（160～200）℃×（10～25）min。一般指的烘烤温度是被涂物（工件）的温度，被涂物要在烘烤炉内达到烘烤温度所需要的时间，决定于被涂物的材质、热容量（材质厚度和挂件数目）、被涂物进炉前的温度、烘烤炉保温情况等因素。粉末喷涂的被涂物在烘烤炉内应保持多少温度，在烘烤炉中停留多长时间，取决于粉末涂料的工艺要求、被涂物的材质和厚度等条件。因为被涂物材质和厚度不同时，由于比热容和热容量的差异，升温时间也会有长有短，使停留时间也有了差异。

烘烤炉有桥型、隧道型和箱型等。桥型和隧道型炉适用于自动化流水线连续生产；而箱型炉适用于间断生产。各种类型烘烤炉的形状和结构示意见图 10-24。在桥型炉中，由于烘炉的结构关系，炉内热空气与炉外冷空气不容易形成对流，当被涂物进出烘烤炉时热量损失少，但炉体占用空间却较大，还对某些特殊形状的被涂物不适应，例如被涂物之间的距离太近时，传送线上升或下降时容易相互碰撞等。在隧道型炉中，烘烤炉占有的空间比桥型炉小，但由于烘烤炉中的热风与炉外空气容易对流，热量损失较大。因此，为了防止热量损失，在烘烤炉的被涂物进口处要设置空气帘，以便防止热量损失，保持炉内温度稳定。

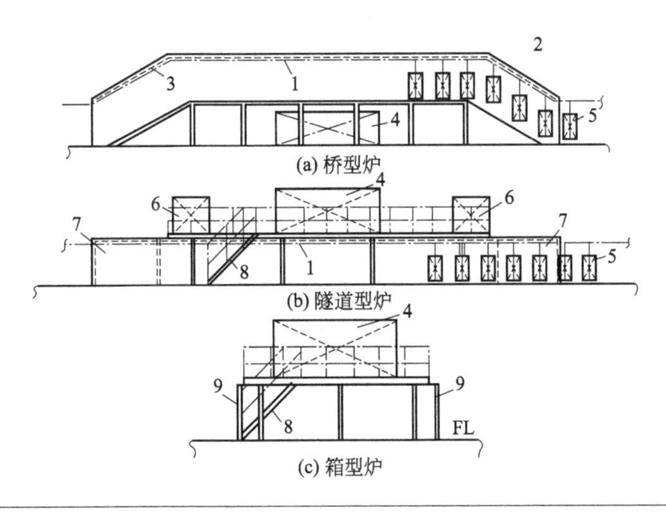

图 10-24 各种类型烘烤炉的形状和结构示意图

1—传送带；2—上升；3—下降；4—热风发生炉；5—被涂物；6—空气封帘单元；7—空气封帘；8—阶梯；9—门

为了使被涂物的涂膜固化均匀，必须使烘烤炉内的温度分布均匀，有的单位要求炉内温度在稳定区域内，工件表面 1200mm 范围内上、中、下三点温度偏差不大于 10℃。使烘烤炉内的温度均匀的条件如下：一是烘烤炉的造型和内部结构合理，包括炉内送风和排风方式，热风循环气流稳定和温度均匀；二是保证工件在运行中不影响热风循环；三是炉内需要保持负压，炉体和炉壁的保温性良好以防止冬季热量的损失。

对于 180℃固化粉末涂料，热风循环炉体进口端≤130℃段是粉末涂料熔化区，风速应≤0.5m/s（使用热风球式电风速计测量），以防止吹掉粉末或防止升温过快而导致涂层大橘皮。180℃段是粉末固化区，风速设定为 3～5m/s（升温快，粉末熔融黏度低，流平性好），循环次数 3～4 次/min，空气流量 80000m^3/h。

粉末涂装的被涂物在烘烤炉中，如果烘烤温度达不到规定温度或者烘烤时间达不到规定时间，涂膜的交联固化不完全，会影响涂膜的力学性能和耐化学品等性能。反过来如果烘烤温度过高或者烘烤时间过长，会使涂膜变色或老化而影响涂膜的各种性能。因此，在烘烤固化过程中的烘烤温度和时间的严格控制对涂膜性能有着重要的作用。在实际生产中，传送链的输送速度将决定被涂物在烘烤炉中的停留时间，也就是烘烤固化时间。因为被涂物的形状很复杂，有不同材质、大小和厚度，它们的热容量差别大，炉内升温达到固化温度的时间也有很大的差别，所以控制好被涂物在烘烤炉中的时间，也就是控制好传送链的输送速度，对保证涂膜性能起重要的作用。

为了保证烘烤炉固化条件的稳定，还要注意选择和配备指示及控制准确、灵敏、稳定和可靠的温度控制仪器和设备；定期对仪器和设备进行检查和维修保养；制定严格的工艺操作规程。

烘烤炉的加热方式有热风式、红外线式和红外线加热风式等。烘烤炉的加热热源有电加热，还有丙烷、天然气、煤油、重油和煤等的燃烧加热。在燃烧加热方式中，又分为直接燃烧加热和通过换热器进行热交换的间接加热两种。一般煤油、重油和煤采用间接加热方式，被加热的空气通过鼓风机送入烘烤炉中，又经过热交换器再次加热循环使用。

热风炉的优点是炉内温度分布均匀，适用于各种形状的被涂物；缺点是被涂物的传热是由表及里逐步升温的，因此升温速度慢。热风炉在家用电器涂装中广泛应用。隧道式热风炉具有体积小的优点，但受结构和形状的限制，热量的损失相对较大，因而现在使用的越来越少。桥式热风炉克服了隧道式热风炉的缺点，热量损失小，热效率高，炉内温度均匀，现在普遍使用这种类型的烘烤炉。桥式热风炉的优点在于，送风管和回风管是利用上回风下送风的方式，热气自然上升运动辅之以抽气，使热空气与烘炉内的空气充分混合均匀，截面温差变小，送风口处风速也比较小。送风口与会风口的温度差应≤30℃，否则热风循环不畅。这样一方面可以在送风处加装过滤装置以加快气流的衰减，减小送风对工件的影响；另一方面可以加大送风温差，减小送风管尺寸及风机型号。反之，上送风下回风，或者送风回风处于同一层面，则不会有同样的结果。热空气总是自然上升，要使其与烘炉内的空气均匀混合，势必加大送风速度，这样由于风力大，风速高，容易吹掉工件上的粉末涂料，影响涂装质量。若是上送风下回风方式，则截面的底层总是被冷空气所占据，难以实现温度的均匀性。桥式热风炉内部结构示意见图 10-25。

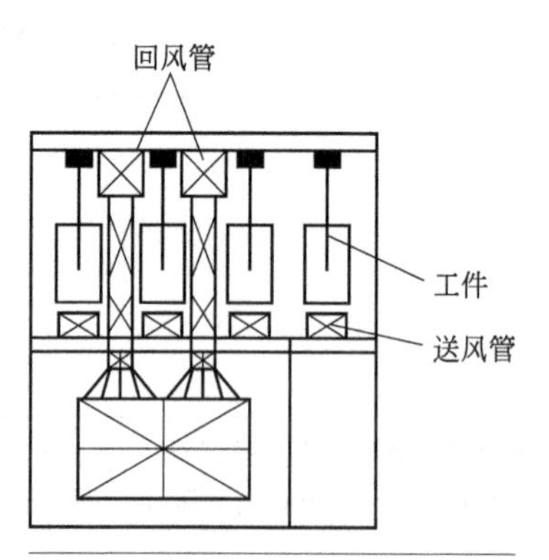

图 10-25 桥式热风炉内部结构示意

热风炉内温度场均匀的另一个重要的指标是沿工件运行方向的均匀性，沿工件运行方向均整体布置了送风管、回风管，这样可以保证送风、回风均匀，从而实现温度场的均匀性。实际上通过调节流程方向不同位置的出风口来实现温度场的均匀性。将对应的回风口设计成可调式，与送风对应便可使热风炉内沿工件运行方向的温度均匀。桥式热风炉将工作室区加高至一定程度而使进口低于工作室体。由于热空气密度小，会自然上升，进入热风炉内的热空气很容易集中在工作室体内，而很难集中在进出口区，这样通过热风炉进出口区的热量损失便可以大大减少，确保热量的充分利用，提高了热效率。热风炉内部温度的稳定性是衡量热风炉性能好坏的一个重要指标，即使温度场均匀，但工件的不断进出会影响温度的稳定性，最终影响涂装质量。为了控制好热风炉温度，通过多点温度传感器的适时监控，及时反馈比例调节加热系统，调整加热元件的工作状态，可以保证内部温度场的稳定性。

热风循环炉内壁应采用镀锌板（不能用涂漆钢结构）无缝焊接结构。这种结构可以耐200℃高温。保温层采用内层硅酸铝，外层岩棉结构，厚度为175～200mm，保证炉体外壁与环境温度的温差≤10℃。为了保温和减小温差尽量采用桥式烘烤炉，侧下送风上回风，送风与回风分配口尽量多。送风口应有过滤网，防止送风滤网变形。

炉口排风机的主要作用是防止热气外逸，同时可排除呈絮状的粉末涂料脱气剂安息香，避免污染工件。炉内排气风机的主要作用是排除粉末挥发物和小分子反应副产物废气，以提高产品质量，调节炉内气压平衡。排气风机室外开口应防止灰尘，要加防火防碳化过滤网。操作注意事项是，开机依次打开循环风机和燃烧机，同时打开 2 台燃烧机使温度迅速均匀。停机时先停燃烧机，降温至≤100℃后再停循环风机。热风循环炉两端桥部顶端和侧面积渣是热空气冷凝水腐蚀镀锌板的产物，还有灰尘、脱气剂安息香等，应及时清理。

红外线炉的加热热源有红外灯、远红外线管和远红外线板等，近年来又开发了近红外线的短红外线灯和 NIR 灯。红外线是辐射能，一般不需要鼓风机热风循环。这种烘烤炉的优点是被涂物和涂膜同时受热，涂膜的升温速度快，也避免了鼓风时带进炉内的粉尘对涂膜的污染；缺点是烘烤炉内温度分布不均匀，热源与被涂物距离大小对温度的影响很大，对于形状复杂的被涂物，不同部位之间的温差较大。因此，这种烘烤炉只有对板材或圆筒状等形状简单的被涂物，或热源与被涂物的不同部位之间距离很接近的情况下（例如圆筒状的被涂物旋转时，各部位与热源之间的距离相差不大），才能使用。对于形状复杂的被涂物则不太适用。

近两年，燃气触媒催化红外加热（固化）技术，在工程机械部件涂料加热固化过程中已经成熟并普遍应用，特别是针对工程机械部件比较厚重，而且粉末涂料烘烤温度较高、能耗较大的特点，适合采用燃气触媒红外线靶向加热涂料固化技术。燃气触媒催化红外线辐射加热技术的基本原理是，燃气触媒催化燃烧的本质是氧化反应的一种。催化燃气是以铂金催化剂作为媒介，把铂金为主要成分的催化剂附着在氧化铝棉上，把触媒催化棉加热到一定的温度时，燃气在触媒催化棉的作用下，瞬间就与空气中的氧分子产生氧化反应，大约 50% 左右的燃气转化为红外线，另外 50%左右转化为热量和可见光。

一般触媒催化棉附着的催化剂达到 250℃左右时可以催化生成丙烷气体，达到 300℃左右时催化生成甲烷气体，催化后形成的红外线主要波长为 3.0～5.0μm 的中波红外线，伴有少量的短波和长波红外线。

粉末涂料等绝大多数涂料用的高分子树脂含有羟基和羧基官能团，羟基和羧基基团对 3.0～5.0μm 波段中波红外线的吸收率可达 95%以上，而金属、空气则对该波段的吸收率极其微弱。因此中波红外线可以定向直接加热工件表面的高分子化合物粉末涂料，激发涂料高分子剧烈振动，使涂层自身迅速升温，达到涂料快速固化的目的。因为不直接加热空气，所以热效率可达 95%左右。这种设备在烘烤炉入口段设置一个工位的红外线加热段，以迅速加热粉末熔融，节省固化时间，减少炉体占地面积，也能相应节约能耗。

在环保车部件粉末涂装线的新建烘烤炉的结构设计为：第一工位燃气触媒催化红外线辐射预热熔融段（10～15min）＋第二工位热风对流保温段（15～20min）＋第三工位热风对流保温段（15～20min）。为使粉末涂料快速升温熔融，在烘烤固化前端（第一工位）采用燃气触媒催化红外线加热技术，定向加热涂料，使粉末涂料快速升温至 160℃达到熔融状态。

红外线预热段与后续热风恒温炉直通，红外线段产生热量可以补充后续热风段的热量，减小燃烧机运行功率。在该工位设置燃气触媒催化红外板，根据工件外形尺寸采用仿形布置，尽量使工件个表面可以均匀受到红外线辐射加热。同时利用搅拌风机，对炉内空气进行搅拌，有效利用红外板散发的预热，形成热风循环系统，热风可以对红外线做很好的补充，能量消耗更低，涂层升温更快，工件有死角的涂层部分也会通过热风进行补充加热，工件受热均匀，涂层会更全面固化。

高红外加热烘烤炉的热源是短波石英灯，辐射能占77%～90%，工作寿命达15000h。炉体均匀辐射、对流、炉壁反射；固化时间2～5min，占地面积缩小50%，节电30%～50%。固化涂膜平整、光泽高、附着力好，烘烤炉的清洁应使用工业吸尘器和湿布，清洁效果可用毛巾检查。

红外光是电磁辐射的一部分。电磁辐射光谱可分为 γ 射线、X射线、紫外线、可见光、红外线、无线电波等。红外线又可分为近红外、红外、远红外（见图10-26）。近年来，新的电磁辐射光谱波长的划分法见图10-26，其中可见光的波长为0.4～0.75μm；紫外光（UV）的波长为0.2～0.4μm；红外线的波长为0.75～15μm，其中近红外为0.75～3μm，中红外为3～6μm，远红外为6～15μm，与上面的分法有一定的差别。随着最新的NIR（近红外）技术的出现，又将近红外分成NIR为0.75～1.2μm和短红外为1.2～3μm。从广义来说，短波红外的一部分也属于NIR的范畴。

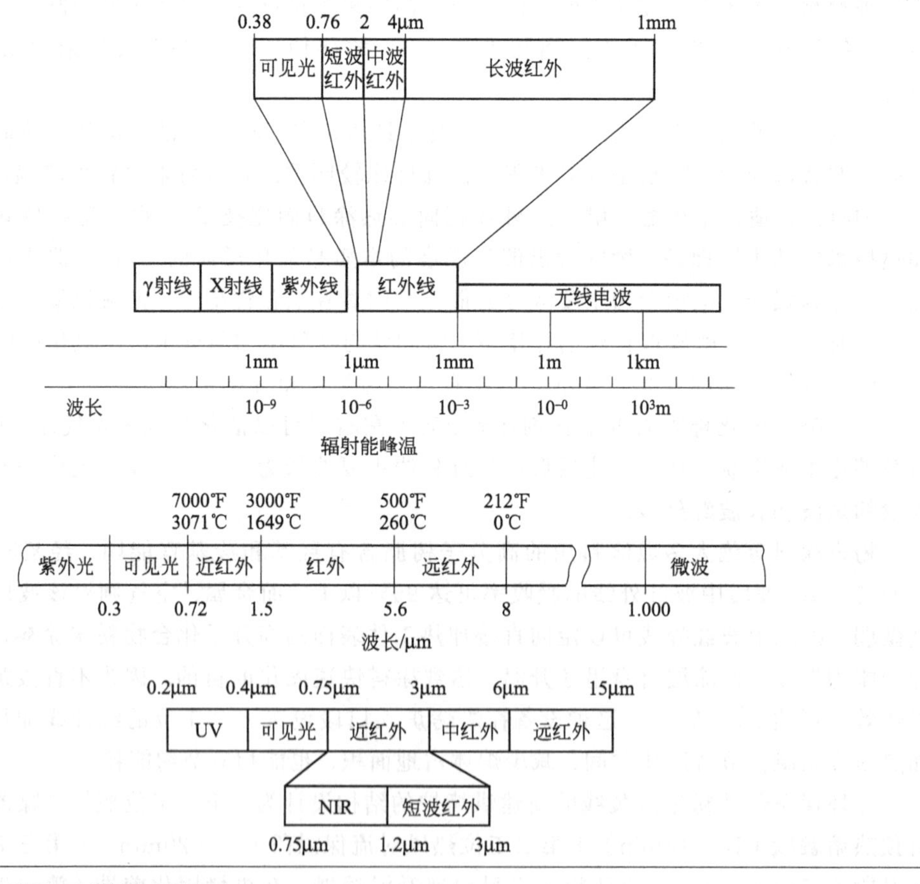

图10-26 新的电磁辐射光谱波长的划分法

光吸收的本质是光能量转移到吸收物质上，使吸光物质分子由低能态转化成高能态，吸收的能量与光波有如下关系：

$$\Delta E = h\nu = hc/\lambda$$

由此可见，波长越短吸光物质所吸收的能量越高，紫外光的波长最短，它的能量也是最大；在红外区域内 NIR 的能量最大。红外光固化属于辐射固化范畴，随着 NIR 固化技术的出现，红外光固化已从光固化变为以热固化为主的辐射固化。

不同条件和光源辐射的光谱分布有明显差别，而且不同波长时的红外发生器表面每平方米发射能也不同。在红外线区域内，近红外区的温度和能量最高（见图 10-26、图 10-27）。电加热的红外石英灯的结构见图 10-28。这种灯是高密度红外灯，小空间发射大量的红外线能量。高密度红外线灯的定义为每平方英寸的加热表面发射功率 60～100W。这种灯很适用于粉末涂料的烘烤固化，红外线能量占 86％，其余部分占 14％。用红外灯管构成的高强度加热模型的横断面见图 10-29。为了充分利用能量，红外灯要安装反射板，反射板的材料可用铝或陶瓷材料，对粉末涂料的烘烤用陶瓷材料更合适。这是因为陶瓷要比铝可在更高温度下使用，而且有自清洗作用。一般红外线辐射材料的红外线转化率不很高，因为除红外线以外，同时还有相当一部分是非辐射热能（见表 10-43）。实际上，还没有一台发射纯粹红外线的红外线炉。为了保证炉内温度分布均匀，充分利用热能，在红外线炉中增加热风循环设备，这种设备成为红外线热风炉。

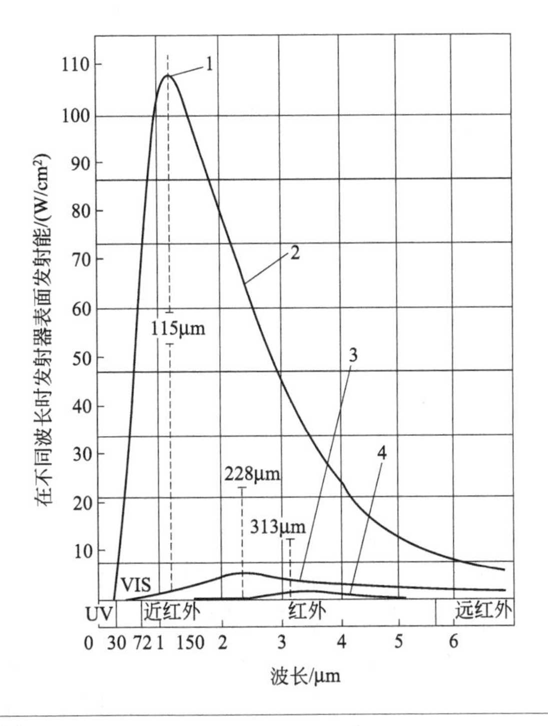

图 10-27 某些辐射源的光谱分布

1—峰值；2—石英管钨丝；3—石英管加热器；4—金属棒加热器

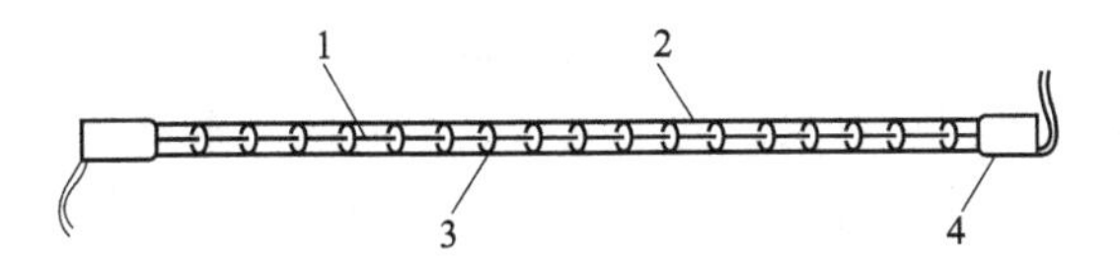

图 10-28 红外石英灯结构

1—轻质量钨丝；2—石英管；3—钽碟；4—端封

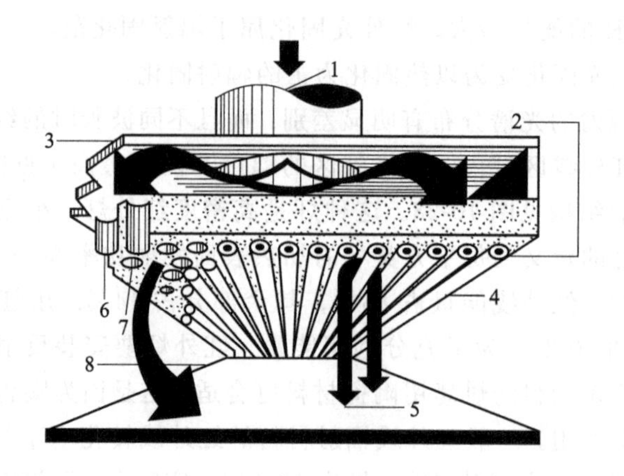

图 10-29 高强度加热模型的横断面

1—空气进口；2—红外钨丝石英灯加热到 2200～2760℃；3—以环境空气强制通风；4—热空气为 93～315℃；5—空气流过陶瓷反射器空冷却灯，“空气清洗”为最高能效；6—自清洗陶瓷反射器前面加热到 538℃左右；7—空气孔；8—产品加热高达 815℃左右

表 10-43 不同红外线热源的特点

红外线热源种类	钨丝红外灯	镍铬丝红外灯管	低温红外板
热源正常最高温度/℃	2200	870	315
通常使用温度范围/℃	1600～2200	760～980	200～590
热源外观状态	白热状态	亮红色	无可见光
最高温度时辐射能峰的波长/μm	1.15	2.6	4～5
常用温度时辐射能峰的波长/μm	1.15～1.5	2.6～2.8	3.2～6
最高温度时辐射能占比例/%	80	55	40～30
最高温度时热能占比例/%	20	45	60～70
常用温度时辐射能占比例/%	60～80	45～55	20～50
常用温度时热能占比例/%	20～35	45～55	50～80

烘烤固化炉必须设置气流循环风道或排风管，以防长期运行产生刺激性挥发气体或可燃性气体的积聚。燃油、燃气型干燥、固化设备要定期检修管、泵、阀，严禁泄露现象存在。

最近这几年随着铝型材行业的迅速发展，大量建设喷涂 6000mm 或以上长度型材的立式铝型材静电粉末喷涂线，同时配套立式烘烤炉进行烘烤。使用这种立式烘烤炉以后，个别生产厂反映出现着火现象。这种烘烤炉在烘烤 6000mm 的型材时，要求炉子的高度达 8000mm，宽度只有 400～500mm 左右，型材的挂件密度很大，间隔只有 100～200mm 左右，比起卧式烘烤炉，型材的挂件体积容量和密度大，也就是烘烤炉单位体积的粉末涂料使用量大很多。据铝型材厂经验丰富的工程技术人员解释，在高温 200℃左右的烘烤温度下，立式烘烤炉顶部粉末涂料中的挥发物浓度比卧式烘烤炉中的浓度高很多，这种挥发物沉积在烘烤炉的供热通道，经过一定时间后堵塞供热通道，从热源来的高温气流不能扩散和散热，温度高到一定程度使炉壁沉积物着火。为了克服这个问题，根据型材的生产量，定期半个月左右降温清理烘道，铲除炉壁附着物，可以避免着火问题。铝型材行业立式烘烤炉的着火不安全因素，应引起粉末涂装行业的重视，在烘烤炉的设计上，采取挥发物的安全沉积或扑集措施，避免供热烘道的堵塞，消除易燃物在烘烤炉中的积累，保证烘烤炉的使用安全也是至关重要的。另外粉末涂料的配方设计上，尽量减少在烘烤温度条件下挥发物含量高的原料品种的用量，延长烘烤炉的清理时间间隔，有利于提高生产效率。

第四节
冷却

因为粉末涂料的烘烤温度比较高，所以被涂物出炉时的温度也比较高，出炉以后需要放置一定时间，才能冷却到可以手摸的温度（40℃以下）。被涂物的冷却有两种方式，一种是强制性冷却；另一种是自然冷却。强制性冷却是采用冷风吹冷却或用凉水等介质进行冷却。

对于潜热较大的被涂物，如果采用自然冷却方式，冷却速度慢，在生产线上停留的时间就相应较长，这样生产线也不得不相应加长。因此，以采用强制性冷却工艺为宜，这样可以缩短涂装生产线和涂装时间，例如钢管内外壁涂装时是采用水冷却的方式进行强制性冷却。另外，聚丙烯、聚酰胺（尼龙）等粉末涂料，冷却速度对涂膜的结晶度和外观光泽的影响也较大，因而浸入水介质中迅速冷却时，可以得到更满意的涂膜外观和性能。

电冰箱、洗衣机、电风扇、空调、钢制家具等产品是用钢板或铝板制成，材料的潜热不太大，一般都采用常温自然冷却工艺。

第五节
现场检查与修补和重涂

被涂物在经过表面处理、粉末喷涂和烘烤固化等工艺过程时，由于工艺条件控制的偏差，难免有少数涂装产品其涂膜上出现某些缺陷。这些缺陷如超过了标准所允许的限度，就属于不合格产品。因此，对每道工序的施工质量，必须认真检查，一旦发现涂膜上出现某些缺陷时，就应对有缺陷部位进行修正，即先用砂纸打磨处理，再进行重涂和烘烤固化，得到合格的产品。有些涂装厂视被涂物缺陷大小和具体情况采取措施，例如对产品整体无较大影响时，用颜色和光泽相近的溶剂型涂料进行补涂。有些产品涂膜厚度没有严格要求，涂膜外观又达不到要求时，还可以用砂纸打磨以后重新进行静电粉末喷涂。如果采用上述办法和措施达不到要求时，再用脱漆剂除去涂膜，将表面清洗干净后，把被涂物送回前一工序，按原来的工艺重新进行粉末涂装。从经济的角度来看，用脱漆剂处理方法，对大型被涂物是不可取的。因此，必须事先摸索和掌握好涂装工艺的各项条件，才能开始正式涂装，以期做到涂装产品的合格率达到百分之百。

第六节 涂装中出现的问题及产生的原因和解决的措施

在粉末涂装中，由于粉末涂装设备、粉末涂料、环境条件和技术熟练程度等各种因素，可能出现各种问题和涂膜各种弊病。为了便于涂装工作者在粉末涂装中及时找出造成问题和弊病的原因，以便采取相应的措施加以克服，保证产品的涂装质量，现将粉末涂装中出现的问题和产生的原因及解决的措施汇总在表 10-44 中，仅供读者参考。

表 10-44 粉末涂装中出现的问题和产生原因及解决措施

出现的问题	产生的原因	解决的措施
工件不吸粉	1. 静电喷枪无电压或电压低 2. 工件接触不良或挂具绝缘层太厚 3. 喷粉室抽风量过大 4. 挂具不合理，有屏蔽作用 5. 工件与喷枪距离太远	1. 检查喷枪接线情况和电压 2. 检查工件接触情况和接地情况，除去挂具绝缘层 3. 减少抽风量 4. 重新调整挂具 5. 调整喷枪与工件距离
工件上粉量不足	1. 喷枪出粉量不足 2. 供粉系统或管路受阻 3. 静电高压不足或摩擦喷枪带电不好 4. 挂具上固化粉层过厚，电阻太大 5. 喷粉时间不足 6. 工件与喷枪排列不合理	1. 调整喷枪出粉量 2. 疏通供粉系统或更换供粉管 3. 提高静电高压或检查摩擦喷枪和粉末带电效果 4. 清除挂具上固化涂层，降低电阻 5. 调整延长喷粉时间 6. 调整工件与喷枪排列
工件上粉量过多	1. 喷枪出粉量过大 2. 静电电压过高 3. 输送链速度过慢 4. 喷枪离工件过近 5. 喷枪的数量过多	1. 调整喷枪出粉量 2. 调整静电电压 3. 调整输送链速度 4. 调整喷枪与工件的距离 5. 调整喷枪数目
粉末涂料结团	1. 粉末涂料贮存稳定性不好，或者在运输过程中或存放时受压，粉末涂料配方设计不合理 2. 粉末涂料保管不好，存放温度比粉末涂料要求的温度高 3. 粉末涂料吸潮或粉末涂料温度过高时进行包装 4. 超细粉末涂料含量过多	1. 设计粉末涂料配方时，选择树脂和粉末涂料的玻璃化转变温度达到粉末涂料贮存稳定性要求 2. 粉末涂料贮存地方的温度要满足粉末涂料品种要求的贮存温度 3. 要求在生产粉末涂料时的温度和湿度达到要求，当粉末涂料温度高时，必须降温至不结块温度（因品种而不同）时才能包装，已经结团粉末涂料，采取机械方法粉碎，然后过筛后使用 4. 要求在生产粉末涂料时，降低超细粉的含量
喷枪出粉不均匀	1. 供粉系统供粉不均匀，例如供粉槽流化床效果不好或空气压力不均匀 2. 供粉管道或喷枪口壁粉末涂料堆积而不畅通 3. 粉末涂料吸潮或结团 4. 压缩空气压力不稳定	1. 检查供粉装置，供粉气压是否稳定，流化床多孔板透气性好不好 2. 及时清扫供粉管道、喷枪口，防止粉末涂料黏附和堆积 3. 防止粉末涂料吸潮，缩短回收粉末涂料与空气接触时间，限制回收粉加到新粉的比例 4. 检查空气压缩机的压力稳定性和油水分离情况，保持压缩空气干燥和无油

续表

出现的问题	产生的原因	解决的措施
涂料附着效率差	1. 高压静电发生器电压太低，带静电效果不好 2. 用摩擦喷枪时，粉末涂料的摩擦带电性能不好 3. 回收粉末涂料用量过多 4. 粉末涂料中超细粉末涂料含量太多或喷粉室的抽风量太大 5. 粉末涂料粒度太粗或密度太大	1. 提高高压静电发生器电压，检查工件接地情况和挂具电阻 2. 检查粉末涂料带电助剂添加量够不够、品种合不合适 3. 降低回收粉的添加使用量 4. 降低粉末涂料中超细粉的含量和降低喷粉室抽风量 5. 调整粉末涂料配方中的填料含量，调整生产时的粉末粒度分布
粉末层出现蜂窝状	1. 静电粉末喷涂粉末层过厚，造成电离排斥现象 2. 喷枪和被涂物之间的距离太近	1. 降低静电粉末喷涂层厚度，或改用静电摩擦喷枪 2. 喷枪和被涂物之间的距离要拉开，一般相隔 15cm 以上较好
涂膜颜色不正，黄变	1. 粉末涂料的耐热性不好 2. 粉末涂料的烘烤温度过高 3. 输送链速度太慢，烘烤时间过长	1. 改换粉末涂料耐热性好的品种，或调整粉末涂料配方，改用耐热性好的颜料和助剂 2. 降低烘烤温度 3. 调整输送链速度，缩短烘烤时间
涂膜冲击强度不好	1. 烘烤温度没达到涂装工艺要求 2. 烘烤时间没达到涂装工艺要求 3. 粉末涂料产品质量达不到要求，或者粉末涂料的贮存期已超过 4. 工件表面处理不好	1. 检查烘烤炉的温度是否达到工艺要求 2. 检查烘烤炉内的被涂物停留时间够不够，尤其是被涂物的厚度有变化或被涂物数量增加时应延长烘烤时间 3. 粉末涂料配方设计时，要充分考虑涂膜冲击强度的要求；检查粉末涂料是否超过贮存期 4. 检查表面处理工艺，做好表面处理
涂膜有麻点、针孔、质点或颗粒	1. 被涂物表面处理不好，有污点或质点 2. 压缩空气净化不好，带有水分或油 3. 涂膜太厚，产生电离排斥现象 4. 含有封闭型固化剂或固化时释放小分子化合物的粉末涂料涂膜厚度太厚 5. 铸铁、铸铝、热轧钢板和镀锌板等被涂物表面有针孔 6. 不同品种或厂家之间粉末涂料有干扰 7. 喷涂环境不干净，有粉尘飞扬，有污染 8. 涂膜烘烤环境不干净 9. 挂具上的杂质掉下来污染被涂物 10. 涂膜厚度太薄，涂膜流平性不好 11. 原材料中含有不熔融物质或不分散物质，生产粉末带进杂质 12. 挤出机未清干净或挤出温度太高，有部分胶化粉末涂料粒子	1. 保证表面处理工艺的质量，使被涂物表面无污点和杂质 2. 做好空压机压缩空气净化工作 3. 冷喷时的涂膜厚度控制在 150μm 以下 4. 对于有封闭剂和释放小分子化合物的粉末涂料，涂膜厚度控制在 100μm 以下 5. 对于有砂眼或针孔的被涂物，最好热喷；要求冷喷时，在配方中必须添加合适的消泡剂 6. 喷粉系统要清扫干净，防止不同粉末涂料品种之间的干扰 7. 喷粉室周围环境保持干净，防止环境污染 8. 保持涂膜烘烤环境要干净 9. 经常处理挂具上的杂质和污染物，防止掉下来 10. 涂膜厚度要达到要求，避免涂膜厚度太薄 11. 控制原材料的质量，生产中保持干净环境，防止杂质带进产品中 12. 挤出机要清干净，挤出温度不能太高
涂膜流挂	1. 粉末涂料熔融黏度太低 2. 涂膜厚度太厚 3. 粉末涂料胶化时间太长	1. 选择熔融黏度高的树脂 2. 涂膜厚度不要太厚 3. 调整粉末涂料的胶化时间，加促进剂缩短胶化时间，添加防流挂剂
涂膜失光、变色	1. 供粉和喷粉系统清扫不干净，带进其他品种或颜色的粉末涂料 2. 烘烤温度过高 3. 烘烤时间过长 4. 粉末涂料的耐热性不好	1. 换粉末涂料品种和颜色时，一定要清扫干净整个系统和喷粉室 2. 烘烤温度控制在工艺条件要求 3. 烘烤时间控制在工艺条件要求 4. 调整粉末涂料配方，提高粉末涂料的耐热性能

续表

出现的问题	产生的原因	解决的措施
涂膜附着力不好	1. 被涂物表面除油、除锈、磷化等表面处理不好 2. 被涂物烘烤温度没有达到工艺要求的温度 3. 被涂物烘烤时间没有达到工艺要求的时间 4. 粉末涂料质量达不到要求，或超过贮存期 5. 热塑性粉末涂料没有涂底漆 6. 涂膜厚度过厚	1. 被涂物要严格进行表面处理 2. 严格按工艺要求的温度进行烘烤固化 3. 严格按工艺要求的时间进行烘烤固化 4. 调整粉末涂料配方，改进涂膜附着力；超过贮存期的不能用，要用时必须重新检查合格或者改制合格才能用 5. 热塑性粉末涂料附着力要求高的必须涂底漆 6. 调整到合适的涂膜厚度
涂膜耐酸、碱、盐介质和耐水性不好	1. 被涂物表面处理不好 2. 涂膜有针孔或厚度严重不均匀 3. 涂膜烘烤温度达不到工艺条件要求 4. 涂膜烘烤时间达不到工艺条件要求 5. 粉末涂料品种选择和质量有问题	1. 严格控制被涂物的表面处理质量 2. 改进粉末涂装质量，保证必要的涂膜厚度，涂膜厚度要均匀，涂膜无针孔 3. 严格按工艺条件要求控制烘烤温度 4. 严格按工艺条件要求控制烘烤时间 5. 根据粉末涂料用途和性能要求选择合适的粉末涂料品种，保证粉末涂料品质

在粉末涂装过程中，传送链的运转也要定期检修并校正挂具，以防挂钩松动、歪斜等故障而引发传送链钩挂事故；也要防止吊挂架摆动、脱落引发碰撞产生电火花和静电回路的电极与工件的距离不够而发生临界放电或短路放电现象。

第七节 粉末涂装实例

一、单层熔结环氧粉末涂料的涂装

单层熔结环氧粉末涂料的涂装工艺示意见图 10-30，具体的工艺流程如下：

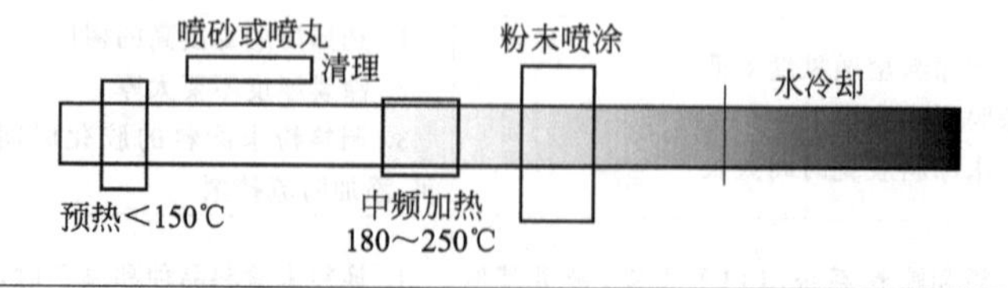

图 10-30 单层熔结环氧粉末涂料的涂装工艺示意

（1）预热钢管（根据材质决定，铸铁件约 300℃），除去表面杂物、疏松的氧化皮和油污等。

（2）进行喷砂或抛丸处理使表面除锈质量达到 GB/T 8923 要求的 Sa2.5 级，表面的锚纹深度达到 40～100μm 范围，银灰色外观。

（3）钢管经中频电感加热使温度达到 200～250℃（根据生产线需要决定具体温度）。

（4）在静电粉末自动涂装线上进行涂装，并使粉末涂料利用钢管的热量熔融流平，成膜交联固化。涂膜的厚度是根据用途决定的，普通级为 300～400μm，加强级为 400～500μm；固化时间由固化温度决定，230℃下固化时间应小于 1.5min。

（5）用冷水冷却。

二、双层熔结环氧粉末涂料的涂装

双层熔结环氧粉末涂料的涂装工艺示意见图 10-31，具体的涂装工艺如下：

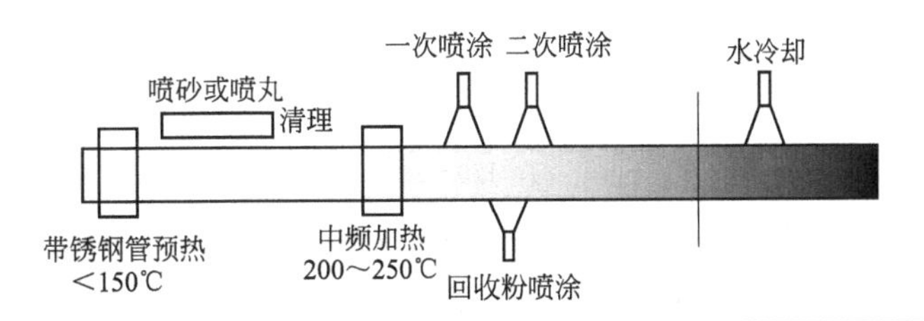

图 10-31 双层熔结环氧粉末涂料的涂装工艺示意

（1）预热钢管（低于 150℃），除去表面杂物、疏松的氧化皮和油污等。

（2）进行喷砂或抛丸处理，使钢管表面达到 GB/T 8923 要求的 Sa2.5 级，表面的锚纹深度应在 40～100μm 范围内，银灰色外观。

（3）经表面处理的钢管，中频电感加热至 200～250℃（最高不得超过 275℃）。

（4）在粉末涂料涂装线上进行涂装。一般第一道先涂装底层环氧粉末；第二道涂装面层环氧粉末涂料，第一道底层环氧粉末涂料还没有完全固化时，喷涂第二道面层环氧粉末涂料，使底层粉末涂料与面层粉末涂料的中间结合层很好地熔融固化在一起，增强了层间结合力。一般底层粉末涂料的涂膜厚度为普通级的≥250μm，加强级的≥300μm；面层涂膜厚度为普通级的≥370μm，加强级的≥500μm。粉末涂料的固化条件是根据要求决定的，一般涂层薄时可用钢管的预热热量来固化，但涂层太厚时必须进入烘烤炉等外加热方式才能完全固化，其固化条件跟单层熔结环氧粉末涂料差不多。

（5）用冷水冷却。

三、熔结环氧底层的三层结构防腐涂层的涂装

熔结环氧底层的三层结构防腐涂层的底层是环氧粉末涂料，中间层是丙烯酸酯聚合物胶黏剂涂层，面层是高压低密度聚乙烯涂层。熔结环氧底层的三层结构防腐涂层的示意见图 10-32，根据不同的土壤腐蚀环境，选用不同等级结构的防腐层，不同管径及不同等级的三

层结构防腐涂层厚度见表10-45。环氧粉末涂料的性能指标、熔结环氧涂层的性能指标、胶黏剂的性能指标、聚乙烯专用料的性能指标、聚乙烯专用料压制片的性能指标可以参考GB/T 23257—2017《埋地钢质管道聚乙烯防腐层》中的防腐层材料相关内容。这种涂层的涂装工艺如下：

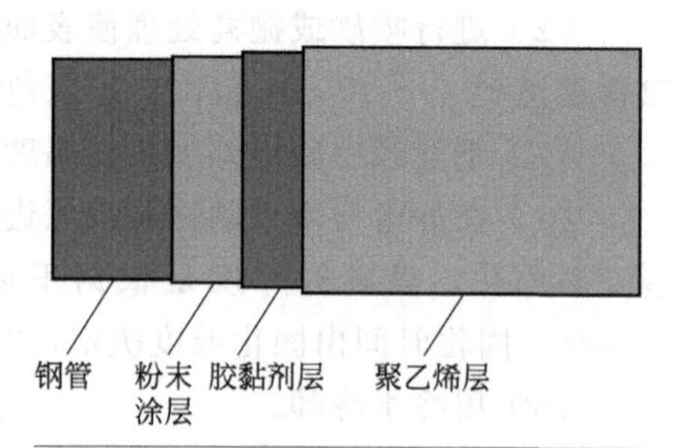

图10-32 熔结环氧底层的三层结构防腐涂层的示意

（1）先清除钢管表面的油脂和污垢等附着物，预热钢管（40～60℃）后经表面处理。表面预处理应达到GB/T 8923中规定的Sa2.5级的要求，锚纹深度达到50～75μm。钢管表面的焊渣、毛刺等应清除干净。

表10-45 熔结环氧底层的三层结构防腐涂层的厚度

钢管公称直径DN/mm	环氧涂料层厚度/μm	胶黏剂层厚度/μm	防腐层最小厚度/mm	
			普通型	加强型
DN≤100	≥80	170～250	1.8	2.5
100<DN<250	≥80	170～250	2.0	2.7
250<DN<500	≥80	170～250	2.2	2.9
500<DN<800	≥80	170～250	2.5	3.2
DN≥800	≥80	170～250	3.0	3.7

（2）表面处理后，防止涂覆前钢管表面受潮、生锈或二次污染。表面处理过的钢管应在4h内进行涂覆；超过4h或钢管表面返锈时，应重新进行表面处理。

（3）经表面处理的钢管，中频电感加热或无污染的热源加热至200～250℃。

（4）在粉末涂料涂装线上进行环氧粉末涂料的涂装，涂膜厚度应均匀，涂膜厚度一般≥80μm，比单层和双层熔结环氧粉末涂料的厚度薄得多，粉末涂料是通过钢管预热的热量来完全固化。具体的涂膜厚度、固化温度和时间根据用户要求和涂装条件决定。

（5）在环氧粉末涂料胶化过程中，用挤出机挤涂丙烯酸酯胶黏剂，使胶黏剂与环氧粉末涂层很好地熔结在一起，使两个涂层间有很好的结合力。

（6）在胶黏剂的涂层上面，有一定温度的情况下，同样用挤出机挤涂高压低密度聚乙烯涂层，使胶黏剂与聚乙烯很好地熔结在一起，使两个涂层间有很好的结合力。聚乙烯层的涂覆可采用纵向挤出工艺或侧向缠绕工艺。公称直径大于500mm的钢管宜采用侧向缠绕工艺。

（7）聚乙烯层涂覆后，应用水冷却至钢管温度不高于60℃。涂覆环氧粉末至对防腐层开始冷却的间隔时间，应确保熔结环氧涂层固化完全。

中国石油输油管道粉末涂装的现场照片见图10-33。

四、电冰箱的静电粉末涂装

1. 主要涂装工艺

电冰箱的静电粉末涂装工艺：工件表面处理→磷化件自检→粉末喷涂→烘烤固化→强制

冷却→成品检验→合格品转仓库（不合格品返修）。

图 10-33 中国石油输油管道粉末涂装的现场照片

2. 主要涂装设备

①静电发生器：电压 50～100kV，电流小于 300μA；②喷枪：电晕放电荷电喷枪；③供粉装置：流化床供粉桶和粉末涂料输送泵构成；④供气系统：空气净化，含水量小于 1.3g/m^3，含油量小于 1×10^{-7}（体积分数）；⑤喷粉室：采用透明聚丙烯材料；⑥粉末回收装置：旋风分离器和滤芯过滤器组合系统。

3. 粉末涂装工艺参数和喷涂工艺的控制

电冰箱粉末涂装的具体工艺参数见表 10-46，喷涂工艺的控制情况如下。

表 10-46 电冰箱粉末涂装的具体工艺参数

项目	工艺参数	项目	工艺参数
静电电压/kV	40～80	流速压力/MPa	0.2～0.5
静电电流/mA	10～40	雾化压力/MPa	0.35～0.45
文丘里管喉径/mm	≤8	供气压力/MPa	0.7
喷枪口与工件距离/mm	150～300	悬挂链速度/(m/min)	4.7～5.5

① 供粉量大小的控制：在规定的悬挂链速度下，为保证涂膜厚度 60～80μm 的要求，喷枪的喷粉量控制在 120～150g/min 范围内。

② 静电电压的控制：喷枪的静电电压影响涂膜厚度，一般平板工件控制在 55～70kV，过低时涂膜厚度过薄，过高时容易产生电火花击穿。喷涂系统使用一定时间后，喷枪适当提高电压，这样才能保证正常涂膜厚度。

③ 涂膜均匀性的控制：为了保证涂膜的均匀性，工件要挂好，应大面积垂直于地面，并与水平喷枪垂直；为了工件接地良好，挂具上的涂膜要清除干净；为了防止粉末涂装中产

生电离排斥现象，要适当控制粉末涂料的喷涂厚度；为了保证涂膜质量，回收粉末涂料必须经过筛与新粉均匀混合后使用，而且回收粉的比例不能太多；为了保证涂膜质量，粉末喷涂的环境温度最好在25℃左右，相对湿度低于70%，压缩空气必须除油、除湿净化；为了保证涂膜质量，要求喷枪的供粉稳定，雾化均匀。

④ 涂膜弊病的控制：工件的表面处理质量和粉末涂料的质量将影响涂膜的缩孔等弊病，应控制好质量；为了减少和控制涂膜上的质点（砂粒或颗粒），控制好粉末涂料（含回收粉末）质量，还要管理好喷涂粉末涂料的环境和条件，防止空气中的粉尘和挂具掉下的碎渣对涂膜的污染；保证粉末涂料运输和贮存中的松散和不结块，注意粉末涂料贮存环境的温度，按粉末涂料生产厂要求的条件存放。

⑤ 严格控制固化成膜条件：在粉末涂料生产厂推荐的基础上，根据喷涂工件的材质、尺寸、厚度情况，还结合烘烤固化炉的结构（升温和保温时间）、固化加热方式等因素平衡后决定具体的烘烤固化温度和时间，保证涂膜的外观、力学性能和耐化学品性能等综合性能。

五、自行车的罩光静电粉末涂装

1. 粉末涂装工艺

自行车罩光静电粉末涂装工艺为：除油→除锈→磷化→烘干→底漆→中涂漆→面漆→静电粉末涂装→烘烤固化。

2. 使用粉末涂料

丙烯酸粉末涂料，烘烤固化条件：150℃（工件温度）×20min，粉末涂料贮存温度为25℃以下。

3. 涂装设备和涂装条件

① 喷枪：电晕放电高压静电喷枪，安装8把自动喷枪。

② 传送链线速度：3.5～4.0m/min。

③ 压缩空气：供气压力为6kgf/cm^2（1kgf/cm^2=98.0665kPa），空气经过冷冻过滤机、干燥过滤机及0.01×10^{-6}的管道过滤器，确保压缩空气最大水汽含量1.3g/m^3，最大油气含量为1×10^{-7}。

④ 烘烤炉：采用液化气燃烧炉循环供热系统，长度100m，炉温150℃。

⑤ 涂装环境：由于透明粉末涂料污染后无法过滤清理，只能报废，因此对仓库及作业场所的环境要求较严。涂装设备需要完全隔离，安装空调，且工作现场与炉内都要求做到无灰尘。

4. 涂装效果

使用低温固化丙烯酸粉末涂料以后，克服了流平性差的缺点，流平性超过溶剂型涂料，涂膜的光泽、丰满度、耐磨性、耐污染性、抗冲击性和耐腐蚀性得到大幅度提高。

六、铝型材的粉末涂装

目前在我国粉末涂料应用最多的是建筑材料行业，其中第一是铝型材行业，第二是暖通行业，特别是铝型材行业的立式喷涂线上用粉量很大，一个月用粉量达到几百吨，铝型材也是在粉末涂装方面自动化程度最高的行业，专业铝型材立式自动粉末喷涂生产线的示意见图10-34。

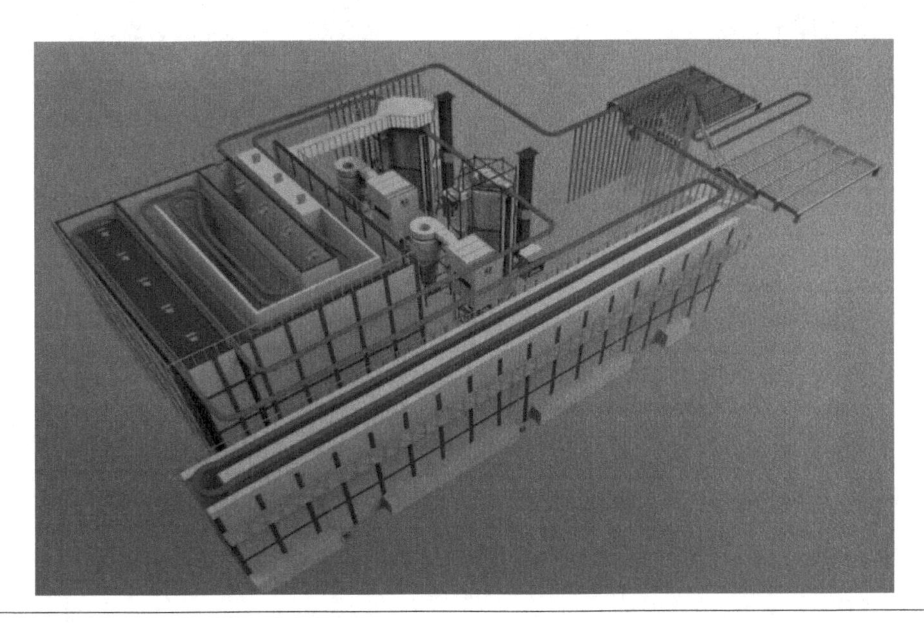

图 10-34 铝型材立式自动粉末喷涂生产线的示意

七、MDF 的粉末涂装

虽然目前 MDF 上粉末涂料用量不是很多，但是从国家环保政策考虑，如果完全解决一些关键技术问题，MDF 的粉末涂装也是今后很有发展前途的行业，MDF 的粉末喷涂现场见图 10-35（a），粉末喷涂 MDF 制作的家具见图 10-35（b）。

八、金属卷材板的粉末涂装

由山东戴科优装备制造有限公司（原廊坊市三乐金属涂装有限公司）研发制造的金属卷材板表面的粉末涂料全自动彩色涂装生产线，实现金属卷材板表面一次性粉末彩色涂装，并可进一步连续进行纹理转印，实现金属表面即丰富多彩又具个性化的外观。金属卷材板粉末涂装厂一角见图 10-36。

(a)

(b)

图 10-35 MDF 的粉末喷涂现场（a）和粉末喷涂 MDF 制作的家具（b）

图 10-36 金属卷材板粉末涂装厂一角

（1）主要涂装工艺

① 上卷—前处理—粉末喷涂—烘烤固化—收卷；

② 上卷—前处理—粉末喷涂—粉末固化—纹理转印—收卷。

（2）使用粉末涂料

主要为装饰性粉末涂料，对粉末抗拉伸、抗折弯有一定要求。

（3）彩色涂装生产线布局

①控制系统；②放卷系统；③VD 快速前处理处理系统；④静电粉末自动喷涂系统，主要配置：自动喷粉房 1 套，自动喷枪 1 组，移动式换色平台 2 套，大旋风回收 1 套，滤芯回收 1 套，清粉滚刷及动力 1 套；⑤粉末烘烤固化隧道；⑥连续转印系统；⑦收卷系统。

（4）工艺指标

①应用产品：镀锌板、冷轧板、铝板、不锈钢板等可卷曲金属材料；②板材厚度：0.3～2.0mm；③板材宽度：800～1250mm；④涂层厚度：平光粉（50±5）μm，纹理粉（70±5）μm；⑤转印纹理种类：木纹、石纹、各类图案；⑥线速度：钢板 12m/min，铝板 20m/min。

（5）应用范围

金属卷材板粉末彩色涂装技术及生产线，实现了薄金属板材制品先表面彩色涂装后钣金成型的全新生产工艺，为金属门窗、金属家居、金属办公用具、金属档案柜、金属顶墙、金属家电、厨房卫浴柜桌台等薄金属板制品，实现标准化、自动化、规模化、高效率生产奠定了坚实的基础。粉末涂装金属卷材板装饰走廊和天花板例见图 10-37。

图 10-37　粉末涂装金属卷材板装饰走廊和天花板

第八节
粉末涂料固化成膜过程中的流变学

粉末涂料一般以粉末状态存在，必须经过静电喷涂或预热被涂物使粉末涂料附着到被涂物上，然后还经过加热使粉末涂料熔融流平附着在被涂物表面，固化成膜。对于热塑性粉末涂料，只需要熔融流平成膜；而对热固性粉末涂料，熔融流平以后还必须经过交联固化成膜过程。下面主要叙述热固性粉末涂料的情况。

差热分析结果表明，粉末涂料在匀速升温加热时，要经过下面几个过程（见图10-38）。首先要经过玻璃化转变过程，是树脂从玻璃态转变成高弹态，A点温度是玻璃化转变温度；当温度继续升高时，经过树脂熔融过程，树脂从高弹态转变成黏流态，B点温度是树脂的熔融温度，在这一过程中粉末涂料中的树脂在熔融时需要吸收热量，就形成了吸热峰B；再继续升温时，树脂和固化剂就从C点开始进行化学反应，放出反应热，温度升高，在C和D点之间形成放热峰，然后温度开始回落，这一反应一直进行到D点，交联固化反应才结束；如果还继续升温，交联固化涂膜就从E点开始分解，并吸收热量。

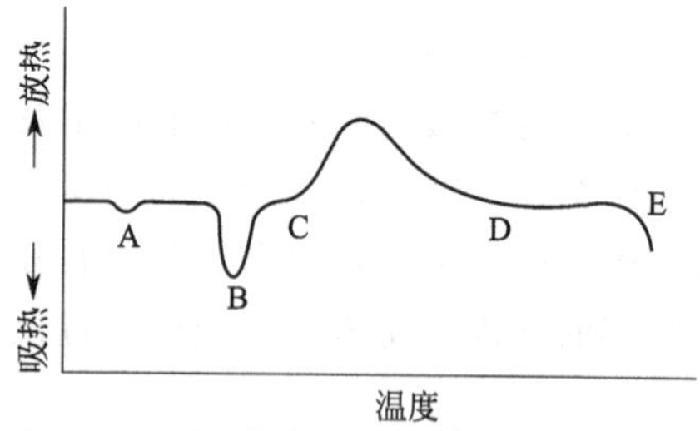

图10-38　热固性粉末涂料差热分析结果
A—玻璃化转变温度；B—树脂熔融吸收峰；C—固化反应开始点；D—固化反应终点；E—成膜物开始分解点

粉末涂料在贮存期间，如果温度高于玻璃化转变温度（T_g），则粉末涂料就容易结团。因此，粉末涂料的贮存温度一般要低于玻璃化转变温度，最好是环境温度小于T_g20℃以下的条件（不同树脂品种的粉末涂料差别很大，聚酯粉末涂料要求更低）下贮存、使用。粉末涂料的玻璃化转变温度和贮存稳定性与树脂的玻璃化转变温度、软化点、分子量和分布、结构等因素有关；同时也与固化剂的熔点、吸湿性等因素有关；与颜料和填料的品种和吸油量等因素有关；还跟助剂的状态、品种和用量等因素也有关。一般来说，聚酯粉末涂料是30～35℃，环氧和环氧-聚酯粉末涂料是35～40℃范围时会出现结团等问题，如果超过以上温度时更容易结团。因此，在夏季我国气温比较高，很多地方环境温度超过这个范围，应该注意粉末涂料的贮存温度，环氧-聚酯和环氧粉末涂料（特殊品种除外）应在35℃以下；聚酯粉末涂料在30℃以下贮存是比较好的。

对于热固性粉末涂料而言，粉末涂料用树脂的熔融温度和粉末涂料开始反应温度间的温差的大小是很重要的参数。如果这个温差大，粉末涂料在交联固化反应开始前有足够的时间熔融流平，这样涂膜的外观一定很平整，例如聚氨酯粉末涂料，树脂熔融温度是110℃左右，而熔融挤出温度是120℃左右，在熔融挤出过程中不会发生化学反应。聚氨酯粉末涂料中的固化剂封闭性多异氰酸酯的解封闭温度为140～168℃，固化剂解封闭之前不会起化学反应。因此，这种粉末涂料的差热分析图（图 10-38）中的 B 点和 C 点之间的温差较大，粉末涂料在交联固化以前充分流平，使涂膜外观的平整性很好。同理，双氰胺固化环氧粉末涂料的涂膜平整性也很好。当然除了这个原因之外，涂料的配方设计、流平剂等助剂品种和用量对涂膜外观的平整性也有很大的作用。

对于低温固化热固性粉末涂料来说，粉末涂料用树脂熔融温度与粉末涂料开始反应温度之间的温差较小，例如用咪唑类促进的酚羟基树脂固化环氧粉末涂料，烘烤固化条件为 130℃×20min，固化温度较低。因为当粉末涂料在 110℃左右熔融挤出时，一小部分组分（树脂与固化剂）就进行化学反应，成膜物的分子量增大，使粉末涂料的熔融流平性降低，所以对于这种粉末涂料，要控制到最低的挤出温度，或者缩短在挤出机中的停留时间，防止或减少树脂与固化剂在挤出机中的固化反应，这样才能得到流平性好的涂膜。因为粉末涂料的熔融黏度与烘烤固化温度成正比（在固化反应的开始阶段），而且涂膜流平性又与粉末涂料的熔融黏度成反比，所以低温固化粉末涂料的熔融温度低，熔融黏度又大，涂膜的流平性自然比高温固化的粉末涂料的流平性差。对于一般热固性粉末涂料来说，在低温固化粉末涂料体系中，很难得到流平性很好的涂膜外观，只有紫外光固化的特殊粉末涂料体系中，粉末涂料的熔融流平与紫外光固化分别进行，才能在低温固化条件下还可以得到流平性很好的涂膜外观。从粉末涂料的熔融黏度考虑，适当提高烘烤固化温度，有利于降低粉末涂料的熔体黏度，对于涂膜流平性也是有利的。

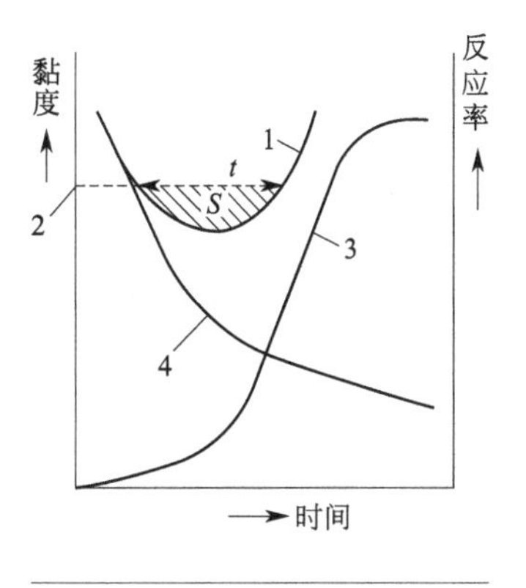

图 10-39　热固性粉末涂料的熔融交联固化特性曲线

1—固化反应时黏度曲线；2—树脂能流动的最高黏度；3—反应率曲线；4—未进行固化反应时的黏度曲线

热固性粉末涂料的熔融交联固化特性曲线如图 10-39 所示。当粉末涂料未进行交联固化反应时，熔体的黏度随加热时间的延长而一直下降；当开始进行交联固化反应时，随加热时间的延长，熔体的黏度下降速度缓慢，当交联固化反应到一定时间后熔体的黏度反而逐步上升，同时树脂与固化剂的交联固化反应率也上升。粉末涂料从开始熔融到部分交联、树脂还可以流动的最高黏度区间的时间 t 越长，其面积 S 越大，越有利于粉末涂料涂膜的流平性。粉末涂料粒子熔融流平所需要时间 t 可用下式表示；

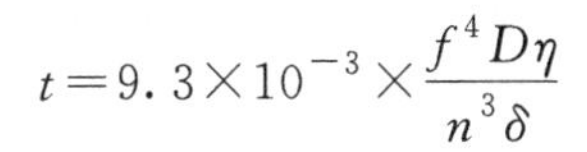

$$t=9.3\times10^{-3}\times\frac{f^4D\eta}{n^3\delta}$$

式中　f——平均波长弯曲系数；

D——粉末粒子平均直径；

η——熔融黏度；

δ——表面张力；

n——粉末粒子平均涂着层数。

假设粉末涂料粒子是球形，涂面的弯曲是正弦波形，那么粉末涂料涂膜的流平所需要时间与粉末涂料粒子平均涂着层数的立方和表面张力成反比，而与平均波长弯曲系数的 4 次方、粉末涂料粒子直径、熔融黏度成正比。从这个公式可以看出，要得到流平性好的薄涂层，粉末涂料的粒径要小，树脂的熔融黏度要低。

影响热固性粉末涂料流平性的另外一个因素是烘烤固化时的加热速度。图 10-40 是反映环氧粉末涂料固化过程中，3 种不同加热速度对粉末涂料熔融黏度的影响。随着升温速度的加快，粉末涂料的最低熔融黏度越低；而熔融黏度越低，越有利于涂膜的流平性。图 10-41 是环氧粉末涂料在 3 种不同升温速度下的放热曲线，这 3 种放热曲线没有多少差别，但是反应活性受到加热速度的影响，随升温速度的加快，开始反应的温度提高，相应的熔融黏度也低，有利于涂膜的流平性。因此，从最低熔融黏度和开始反应温度考虑，在实际生产中，烘烤炉升温速度快有利于涂膜流平性的提高，例如在生产中，如果先将烘烤炉温度升高，然后将喷涂好的被涂物送入烘烤炉中固化；或者先将已喷涂好的被涂物放入炉中，然后开始升温进行烘烤固化，所得到的涂膜其流平性不如前者好。

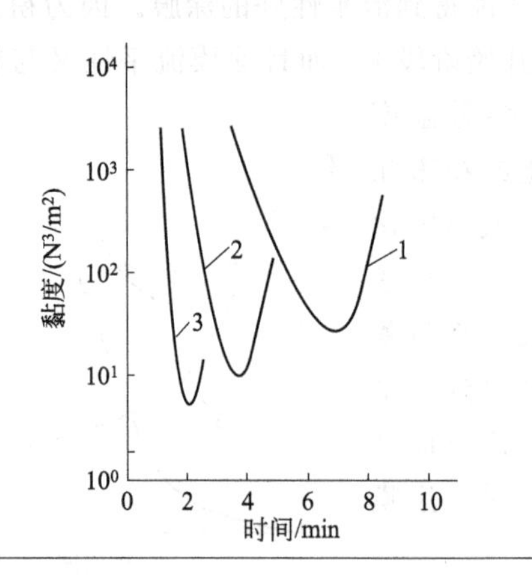

图 10-40　加热速度（加热到 180℃）对环氧粉末涂料熔融黏度的影响（原引用资料黏度单位为 N^3/m^2）

1—20℃×min；2—40℃×min；3—80℃×min

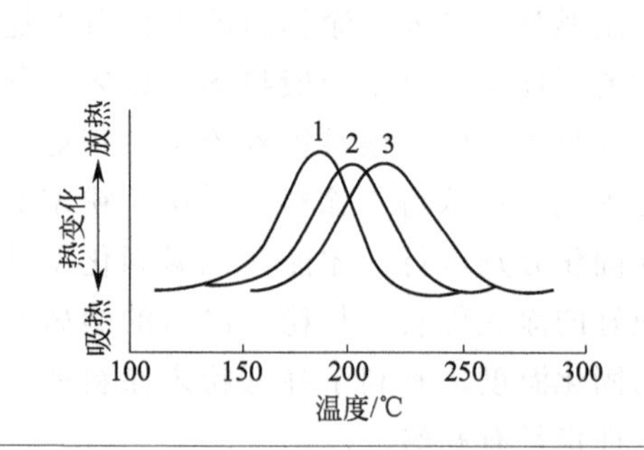

图 10-41　环氧粉末涂料固化过程中，升温速度对开始反应温度的影响

1—20℃×min；2—40℃×min；3—80℃×min

粉末涂料在交联固化成膜过程中的官能团的变化，可以通过化学分析法测定，还可以用红外线光谱法定性或半定量测定；对于固化反应温度、放热情况、固化反应时间以及分解温度等，可以用差热分析测定。环氧粉末涂料的升温、等温条件下的 DSC 曲线见图 10-42。这是把粉末涂料以 20℃×min 升温速度升到 180℃，然后在 180℃恒温下得到的 DSC 曲线。从这个曲线可以看出，这种粉末涂料是在 140℃左右就开始进行交联固化反应，在 180℃条件下再反应 5min 就没有明显的放热反应，说明交联固化反应基本结束。如果有流变性能测定仪，可以测定不同温度和时间条件下，粉末涂料熔融流平和交联固化成膜过程中黏度变化情况。通过上述试验，可以更好地选择粉末涂料烘烤固化的最佳温度和时间。

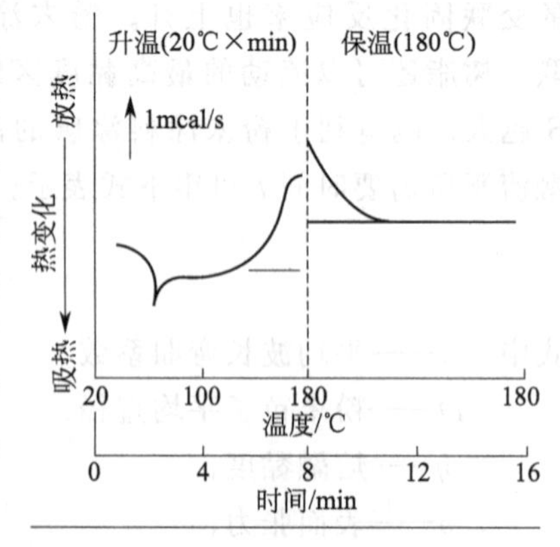

图 10-42　环氧粉末涂料的升温、等温试验中的 DSC 曲线（1mcal= 4.1840×10^{-3}J）

第十一章
粉末涂料生产和涂装中的安全问题

粉末涂料作为无溶剂的粉末状物质，可以避免有机溶剂的排放和使用带来的环境污染、安全及卫生问题，也可以避免水溶性涂料带来的水质污染和水处理等问题；同时基本上不存在残渣的排放问题。然而粉末涂料也不是十全十美的涂料品种，也有它自身的不足之处，无论在粉末涂料的制造，还是在涂装过程中，都存在一定程度的粉尘污染问题，在某种特殊情况下不注意甚至还发生粉尘爆炸事故以及静电粉末涂装过程中产生电弧等问题，都是不容忽视的。这些问题从生产的安全和操作人员的健康考虑应引起注意。从事粉末涂装设备的设计、安装、操作、维修和管理人员必须认真学习和掌握国家标准 GB 15607—2008《涂装作业安全规程　粉末静电喷涂工艺安全》，而且粉末涂料制造厂的工作人员也要参考该标准的有关内容，进行安全生产操作，保证生产的安全和操作人员的健康。

第一节 粉末涂料生产中的粉尘污染问题

在粉末涂料的生产中，虽然避免了溶剂的污染，但不能忽视粉末涂料的粉尘污染。为了防止粉末涂料在生产过程中粉尘飞扬而造成污染环境，各系统之间要严密封闭，要尽量在负压条件下操作，例如高速混合机配料和混合，破碎机破碎，细粉碎机粉碎，筛粉机过筛包装系统，更换涂料品种而清扫设备时要保证生产车间拥有良好的通风和吸尘装置。在粉末涂料生产中，树脂等原料的粉碎要使用没有粉尘飞扬的粉碎设备；在颜料和填料等粉状原料的混合工序中，要使用密闭性好的混料设备，防止物料的泄漏；在加料和出料过程中注意防止粉尘飞扬。在混料设备的上部，最好安装吸尘装置，使得在清洗混料设备或生产中产生的粉尘能够及时抽走，保持生产环境的清洁。在空气分级磨的细粉碎工序中，粉碎磨、旋风分离器、过筛机和袋滤器等设备，都应在封闭的体系内运转。特别是过筛设备运转和包装工序，是最容易漏粉或粉尘容易飞扬的工序，要保证体系的负压防止粉尘外泄和飞扬。如果袋滤（滤芯过滤）器的过滤效果不好，粉尘容易外泄，要及时清扫布袋（滤芯），使袋滤器的布袋（滤芯）孔隙畅通。尤其是袋滤（滤芯过滤）器粉末涂料回收设备的回收效力高，要做到排放的空气中几乎不含超细粉末，达到国家环保规定的排放标准。为防止对大气的污染，粉末涂料生产和涂装设备要经常检查、维修和保养，防止粉尘的泄漏。在粉末涂料生产设备中，特别注意袋滤（滤芯过滤）器的运转情况，如果布袋（滤芯）的空隙不畅通，很容易使超细粉末涂料不能排到袋滤（滤芯过滤）器的除尘室，而超细粉容易堆积到通风管道内部，成为粉末涂料生产中最容易引起粉尘爆炸的危险区域。因此，必须经常检查袋滤（滤芯过滤）器的脉冲除尘装置的运转情况，如果引风机的抽风效果不好要及时进行维修；布袋（滤芯）的透气性不好时要及时清洗或者更换，保证布袋（滤芯）有一定的透气量，也保证细粉碎、旋风分离、过筛和袋滤器连接系统的负压，防止粉尘外逸，同时容易保证粉末涂料产品的粒度分布，特别是超细粉的含量不超标准。为了防止在接收粉末涂料产品包装和清扫过筛机时的粉尘污染和减少粉尘浓度，在过筛机附近安装吸尘装置是比较好的。

现在许多粉末涂料制造厂家响应国家环保政策的号召，在现有的单套设备控制粉尘浓度的基础上，再外装第二道的除尘装置，这样万无一失地保证排出空气中的粉尘浓度完全低于国家规定的粉尘浓度，图 11-1 是某企业多套生产线的第一次除尘空气汇集后进行第二次除尘排风装置的外形照片。

图 11-1　某企业多套生产线的第一次除尘空气汇集后进行第二次除尘排风装置外形照片

为了防止粉末涂料生产车间的粉尘污染，应该采取如下措施：

① 在粉末涂料的配料和混料工序的混料罐的上面必须安装吸风装置，在配料和混料时产生的粉尘及时被引风吸走，防止粉尘飞扬污染环境。

② 挤出机的加料口不是封闭式时，在加料口上面安装吸风装置，在加料过程中产生的粉尘及时被引风吸走，防止粉尘飞扬污染环境。

③ 在挤出物的破碎工序，片料的破碎过程中也产生微量的粉尘，用半封闭式防止料片外溢到料斗外面，同时在料斗上方安装吸风装置，及时吸走破碎过程中产生的粉尘。

④ 在粉末涂料的细粉碎（ACM 磨粉碎）工序，在旋转筛下面包装时最容易产生粉尘，

因此在包装箱的附近必须安装引风装置，及时吸走包装过程产生的粉尘。

⑤ 为了将粉末涂料生产过程中产生的粉尘及时吸走，除了上述的生产工序安装吸风装置外，根据生产设备情况，还要加装必要的吸风装置，使生产车间在运行时处于负压状态，及时吸走车间内的粉尘。

⑥ 在粉末涂料换颜色或品种清扫设备时，特别是清扫 ACM 磨和旋转筛时，一定开启超细粉回收装置后面的引风机，使 ACM 磨和旋转筛的区域成为负压，防止粉尘飞扬污染环境。

⑦ 上述的吸尘装置吸引的粉尘必须经过专门的粉尘过滤装置，使排放空气必须达到国家排放标准。为了保证排放空气达标，最好跟粉末涂料生产线的超细粉末回收装置一起，集中起来再经过第二次除尘净化以后向外排放是最好的。

⑧ 有金属颜料邦定设备的厂家，在制备金属颜料邦定粉末涂料时，必须开启抽风装置，更要注意防止金属颜料的飞扬和污染，同时也防止邦定粉末涂料的飞扬和污染，除尘装置必须跟全厂除尘装置串联净化，使排放的空气必须符合国家规定的标准。

第二节 粉末涂料生产中的粉尘着火和爆炸问题

粉末涂料由树脂、固化剂、颜料、填料和助剂组成，其中树脂是高分子化合物，固化剂、大部分助剂、有机颜料是有机化合物。这些高分子化合物和有机化合物是在一定的温度条件下，有火源时容易着火的物质，因此在粉末涂料制造厂偶尔也出现火灾的情况，必须注意防火问题。在粉末涂料中占主导地位的静电粉末喷涂用粉末涂料的粒度范围为 1～90μm，它的粒度比较细，在空气中达到一定浓度以后，当存在引火源时容易引起粉尘爆炸。表 11-1 是美国矿山局粉尘爆炸标准的规定。从粉末涂料的爆炸指数来看，丙烯酸、聚氯乙烯类树脂是 0.1～10；聚乙烯树脂是 3.5～10；尼龙（聚酰胺）树脂是 4.0～10；聚酯树脂是 4.9～10。

表 11-1 美国矿山局粉尘爆炸标准

爆炸程度	着火灵敏度	爆炸激烈程度	爆炸性指数	爆炸程度	着火灵敏度	爆炸激烈程度	爆炸性指数
弱	<0.2	<0.5	0.1	强	1.0～5.0	1.0～2.0	1.0～10
中	0.2～1.0	0.5～1.0	0.1～1.0	激烈	>5.0	>2.0	>10

关于环氧粉末涂料和丙烯酸粉末涂料的粉尘爆炸标准、着火温度、最低着火能量、最大爆炸压力见表 11-2。粉末涂料的最低粉尘爆炸浓度见表 11-3。这些数据表明，粉末涂料的着火温度比较高，只要在粉末涂料生产和涂装过程中，杜绝各种电火花和火种的产生，着火问题是可以避免的。粉末涂料生产设备和粉末涂料涂装设备一定要接地，而且接地效果要好，这样使设备上的静电荷能够及时消除掉，可以防止静电荷引起着火和粉尘爆炸等问题。另外，在粉末涂料配方设计过程中，应该考虑金属铝粉的用量，铝粉用量过多时（超过配方

量的 5%）在粉末涂料生产中则存在不安全因素，在分散金属铝粉的干混合过程中必须通惰性气体；在粉末涂装中，由于粉末涂料的电阻太小，静电粉末喷涂时喷枪与工件离得太近时，也容易短路产生电火花，这种电火花甚至还会引起粉末涂料着火或者爆炸，这是非常危险的。因此，在使用含金属铝粉（包括其他金属颜料）比较多的粉末涂料时，粉末涂料涂装设备和生产条件必须具备 GB 15607—2008《涂装作业安全规程　粉末静电喷涂工艺安全》中所要求的条件，还要具备防火和防爆条件的要求。

表 11-2　粉末涂料粉尘爆炸标准和其他参数

涂料品种	着火灵敏度	爆炸激烈程度	爆炸性指数	着火温度/℃	最低着火能量/J(电火花引起)	最大爆炸压力(在适当浓度下)/MPa
环氧粉末涂料	3.6	2.1	7.6	530	0.35	0.78
丙烯酸粉末涂料	0.36	0.46	0.17	541	0.21	0.65

表 11-3　粉末涂料最低粉尘爆炸浓度

项目	环氧粉末	聚酯粉末	丙烯酸粉末
最低粉尘爆炸浓度/(g/m^3)	50	40	35

粉末涂料的最大问题是生产和涂装过程中的粉末爆炸问题。为了解决这个问题，首先要在生产和涂装粉末涂料过程中，做好及时的除尘和收集回收粉尘工作，将粉尘浓度控制在最低爆炸极限浓度以下，加强消除静电措施，所有设备都要完全接地；同时在涂装过程中，要绝对防止电火花的发生，例如喷枪和被涂物之间距离不能太近，更不允许接触短路，以免引起粉末涂料着火或者引起粉尘爆炸。

虽然迄今为止有一些粉末涂料厂着火的报道，但是还没有粉末涂料生产和使用过程当中发生粉末涂料粉尘爆炸严重事故的报道，然而粉末涂装过程中发生电火花和粉末涂料着火等小事故还是存在的，粉末涂料的粉尘爆炸和引起火灾的潜在性危险还是存在的。粉末涂料生产厂和粉末涂料涂装厂都应该对生产中的安全问题引起足够的重视，绝不能麻痹大意，一定要树立“安全第一”的思想。在设计粉末涂料生产车间时，一定要考虑混料设备和细粉碎及过筛设备周围容易产生粉尘的地方做好排风和消除粉尘措施。

近年来，国家特别重视化工产品生产中的粉尘爆炸等问题，同时各企业也很重视，从源头的设备防爆措施上也在下功夫。在粉末涂料的制造设备上，空气冷却器和 ACM 磨之间安装隔爆阀；在旋风分离器和超细粉收集箱之间安装隔爆阀；在超细粉收集箱的中部也安装泄爆口。粉末涂料生产的粉碎、分级过筛和除尘设备中的隔爆阀和泄爆口的位置示意见图 11-2；在粉末涂料生产车间的厂外二次除尘装置中的隔爆阀和泄爆口的位置见图 11-3。在粉末涂料生产设备中，为了降低超细粉收集箱后面排放空气中的粉尘含量，现在很多单位加装了二次除尘装置，这样更好地保证了排放空气中的粉尘含浓度低于国家规定的标准，在这些收集粉尘的除尘箱上也安装泄爆口，防止万一可能的粉尘爆炸，这些泄爆口的位置见图 11-4。为了安全起见，这些回收和储存超细粉末涂料的虑袋和储箱中的粉末涂料要定期清理，通风管道中的超细粉末也要定期清除，防止成为造成着火或爆炸事故的隐患。

为了防止粉末涂料生产车间发生火灾和粉尘爆炸，应做好如下工作。

① 在粉末涂料生产车间配置安装断路器和漏电保护装置，必要的场所安装带报警装置的漏电保护器。

② 消除和控制火源，严禁工作人员和外来人员带火种（吸烟等）进入生产区和产品储存区。

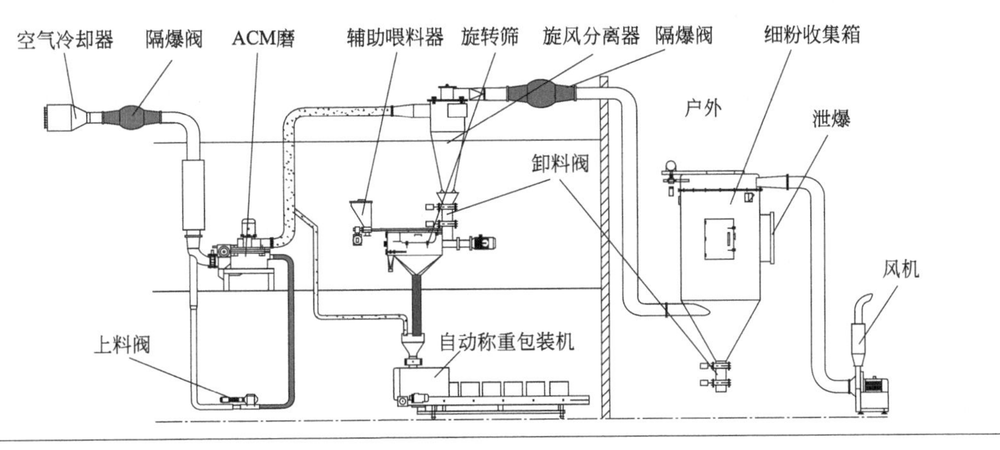

图 11-2 粉末涂料生产粉碎、分级过筛和除尘设备中隔爆阀和泄爆口的位置示意

图 11-3 粉末涂料生产车间的厂外二次除尘装置中的隔爆阀（左侧）和泄爆口的位置

图 11- 4 粉末涂料生产厂第二次除尘装置中的泄爆口

③ 完善消防设备和器材，定期检查维护，确保正常可靠；加强消防演练，提高事故应急救援能力，将事故控制在初发期。

④ 生产车间配备完善的通风和除尘设备，定期对关键设备和部位进行维护和保养，确保生产车间的通风和粉尘浓度在安全范围内，及时消除不安全因素。

⑤ 定期对生产车间、喷粉房等的粉尘浓度进行检测，确保在国家规定安全范围内，避免粉尘爆炸事故的发生，同时在容易堆积粉尘的设备部位安装泄爆口，及时清理堆积的超细粉末，防止着火爆炸时引起二次伤害。

第三节 粉末涂料生产中的毒性和安全问题

粉末涂料由树脂、固化剂、颜料、填料和助剂等组成。其中树脂和填料所占比例大，而且基本没有毒性；在颜料中有些重金属化合物，例如铬酸盐、铅化合物等是有毒的物质，现在很少用；助剂所占的比例很少，毒性的影响也很小；粉末涂料的毒性主要来自固化剂TGIC、双氰胺等。一般化学药品的毒性程度用 LD_{50}（lethal dose，致死剂量）来表示。LD_{50} 是动物死亡率达到50%时，每千克动物体重服用化学药剂量（单位为mg），化学药品毒性程度评价标准见表11-4。一些粉末涂料用树脂、固化剂和粉末涂料品种的 LD_{50} 值见表11-5。

表11-4　化学药品毒性程度评价标准　　单位：mg/kg体重

毒性程度	LD_{50}	毒性程度	LD_{50}
很大	<1	小	500～5000
大	1～50	很小	5000～15000
中等	50～500	几乎无毒	>15000

表11-5　粉末涂料用树脂、固化剂及粉末涂料品种的 LD_{50} 值　单位：mg/kg体重

化合物名称	LD_{50}	化合物名称	LD_{50}
双酚A型环氧树脂	>15000	2-甲基咪唑	1400
含羟基聚酯树脂	>15000	癸二酸	7000
含羧基聚酯树脂	>15000	双氰胺环氧粉末涂料	>20000
缩水甘油基丙烯酸树脂	>16000	癸肼环氧粉末涂料	>3000
TGIC	300～1100	聚酯粉末涂料	>15000
双氰胺	400～3000	丙烯酸粉末涂料	>30000

表11-5的数据说明，大多数粉末涂料用树脂的毒性很小，而固化剂的毒性明显比树脂大，然而两者配制成粉末涂料后其毒性变得很小，或者几乎无毒。经动物试验表明，瞬时间吸进粉末涂料后，无死亡和受伤害症状，但是对眼睛和皮肤有不同程度的刺激作用。尽管一般粉末涂料对人体无明显的危害，然而附着到人的皮肤、眼睛和呼吸道后也会带来某些刺激

作用和过敏现象。多年来的生产实践表明，TGIC在潮湿条件下，对皮肤有明显的刺激作用和变异原生物质的作用。根据欧洲的研究确认TGIC为有毒物质，在产品的标志上表明危险品标志，在粉末涂料中的用量已经大大减少，已经相当一部分用羟烷基酰胺等固化剂来代替。在我国也逐步认识到TGIC的毒性问题，提倡使用无毒的羟烷基酰胺固化剂，而且它的用量也在不断增加，但是用这种固化剂配制粉末涂料的耐热性和厚涂性上还存在一定问题，人们接受的速度较慢，从涂膜的性能考虑，在铝型材行业认可TGIC固化粉末涂料的性能，还不能接受羟烷基酰胺固化聚酯粉末涂料，相信随着今后国家对环保工作的重视，这种步伐会加快。另外，对降低TGIC固化剂的毒性的改性工作也在积极进行，并有一定的效果，但还没有得到行业的认可和推广应用。

虽然粉末涂料没有明显的毒性，但是吸入气管和肺部对人体还是有害的，如果吸入过量也会引起硅沉着病（旧称矽肺），因此在粉末涂料生产和涂装中，应注意以下问题：

① 在粉末涂料生产车间要经常保持清洁，防止设备中的粉尘泄漏和车间粉尘飞扬，要有良好的通风；在容易产生粉尘的设备和部位，应该造成负压条件，最好安装专用除尘装置，在必要时开启除尘设备，在粉尘作业场所的操作室内，粉尘浓度不准超过国家卫生标准。

② 为防止粉末涂料附着到皮肤和吸进呼吸道，操作人员在生产现场有粉尘区域作业时，必须严格遵守劳动纪律，守岗位，服从管理，在工作时间穿戴防护手套、工作帽、工作服和防尘口罩。

③ 每当生产任务结束后，及时吹掉吸附在身上的粉尘，及时洗掉脸上和手上的粉尘。

④ 应经常对生产环境和岗位进行增加湿度，防止粉尘飞扬，避免粉尘危害；在有条件的单位，员工下班后，必须洗脸、洗头、洗澡、换工作服，避免将粉尘带出车间，造成不必要的污染。

⑤ 对生产现场经常性进行检查，按时巡回检查所属设备的运行情况，不得随意拆卸和检修设备，出现问题及时找专业人员修理，清洁生产、避免职业病危害。

第四节 粉末涂料生产中的噪声污染和设备安全运行问题

在粉末涂料生产中，除了粉尘污染是最重要的污染源之外，另外也很重要的是噪声的污染，目前也有些生产单位的生产车间的噪声标准超过国家规定的标准。噪声的主要来源在于，一是粉末涂料的熔融挤出阶段挤出机的电动机和变速箱的声音，尤其是随着挤出机转速的提高，相应的电动机和变速箱的齿轮转速的提高，带来的噪声也越大，如何降低设备的噪声与设备厂家选择电动机和变速箱质量有关系。这些设备的质量跟价格有关系，价格贵的质量好，但是在粉末涂料行业利润很低的情况下，也取决于粉末涂料生产厂家的承受能力。二是粉末涂料粉碎阶段ACM磨的高速旋转带来的噪声和引风机的电机高速旋转和振动带来的噪声，特别是高速引风机带来管道的振动引起的噪声。如果这些引风管道壁厚达到足够厚度就可以降低振幅和噪声，但是要增加设备制造成本，同样带来粉末涂料生产厂家的价格上承受能力问题。

目前，设备制造厂家根据噪声环保要求严格把关制造设备，尽量满足粉末涂料生产的要求，在材料的选择上、设备性能的提高上下功夫，不断提高国产设备的质量，提高我国粉末涂料制造设备的技术水平。特别是随着我国粉末涂料制造设备出口到发达国家以后，这些国家对设备的技术要求比我国国内更严格，这种要求也促进了国内设备的技术水平的提高。在熔融挤出设备上，挤出机的减速箱使用整体铸造件，同时保证箱体的厚度来起到减震作用。在选择的电动机上，振动小噪声低的高质量电机等措施保证挤出设备在运行过程中，噪声不超过规定卫生标准。在粉碎设备上，保证ACM磨在运转时噪声不超过卫生标准，主要是保证材质的厚度，降低在高速运转过程中的振动。同时主电动机的选择上也考虑选择高质量的品牌，降低运转过程中的噪声，保证ACM磨在运转过程中的噪声不超过卫生标准。还有排放空气的引风机的运转中的噪声也是粉末涂料生产整个过程中的重要噪声来源。为了降低引风机系统的噪音，必须使通风管道的厚度达到减震的标准。同时引风机的电机质量要好，在高速运转过程中保证噪声不超过卫生标准，特别是最后的排风钢管道必须安装消声装置，保证噪声不超过卫生标准。

另外，刚开始新设备安装运转时可能噪声达标，但是随着设备的使用时间长和设备的磨损及老化，设备运转一定时间后噪声的指标也会超过卫生标准，因此必须对设备进行及时的维修或配件进行更换，保证整个设备运转过程中噪声达到卫生标准的要求。

为了防止生产工人在生产操作过程中受到噪声污染，保证2人身体健康，在生产车间管理应注意如下问题。

① 作业人员进入现场噪声区域时，应佩戴耳塞。

② 在噪声较大区域连续工作时，宜分批轮换作业。

③ 对长时间在噪声环境中工作的职工，应定期进行身体检查。

④ 噪声作业场所噪声强度超过卫生标准时，应采取隔声和消声措施或缩短每个班的接触噪声时间。

⑤ 采取噪声控制措施后，其作业场所的噪声强度仍超过规定卫生标准时，应采取个体防护措施。

在粉末涂料生产中的设备管理和操作上也应该注意如下方面的安全问题。

① 从安全考虑，所有的设备必须做好接地，防止产生感应电或静电造成人身伤害。

② 在操作挤出机时，注意铲除残留在挤出机出料口的物料时，防止铲刀掉到冷却辊上，如果掉到冷却辊上，不能伸手去抓铲刀，要及时关掉冷却带上刹车开关，防止铲刀弄坏冷却辊。长发的女工要戴好帽子做好防护措施，防止操作时头发卷进冷却辊。

③ 在挤出物料的破碎工序，禁止用手推进冷却物料片进行破碎，防止手卷进破碎机中，带来手臂的严重损伤。一旦遇到这种情况，及时关闭冷却带上的紧急刹车开关。有的设备安装了紧急刹车带，拉这个安全带使传送带停车也可以避免事故。

④ 在使用ACM磨时，定期检查设备的磨损情况，特别是磨柱的磨损情况，如果磨损

到一定程度要及时更换，保证磨柱之间的平衡和粉碎的粉末涂料粒度分布的均匀。偶尔也发生一个磨柱过度磨损断裂后，造成全部磨柱碰撞断裂造成设备报废的情况，应定期检查设备，做好设备的维修和保养工作。

为了避免出现上面叙述的问题，新员工上岗之前必须要做好培训工作，同时也要加强定期的安全教育工作。

第五节 粉末涂料涂装中的粉尘污染问题

在粉末涂料涂装过程中，特别是在静电粉末涂装系统中，喷粉室（喷房）在进行粉末喷涂时必须处于负压状态，一般喷粉室的开口面的风速为0.3～0.6m/s，这样静电粉末喷涂时不会从喷粉室溢出粉末造成粉尘污染；同时必须安装粉末涂料旋风分离回收装置，回收的粉末涂料循环使用，超细粉末涂料用袋滤器或滤芯回收装置进行回收，引风的空气可以室内循环，也可以排放到大气中。无论是向大气排放的空气还是循环使用的空气都应该达到国家环保规定的排放标准要求，一般回流到作业区内的空气中含尘量不能超过3mg/m^3。另外，还应该经常清扫或冲洗地面，防止粉末喷涂生产车间里粉尘飞扬；喷粉车间生产设备的要求应根据GB 15607—2008《涂装作业安全规程　粉末静电喷涂工艺安全》标准规定的“喷粉区工艺安全”“喷粉设备及其辅助装置”“通风与净化”内容要求配备粉末涂料的喷粉室、粉末涂料的回收设备等。

为防止粉末涂料附着到皮肤和吸进呼吸道，粉末涂装操作人员在喷粉车间工作时，必须穿防尘工作服、戴工作帽和口罩，不管是在正常粉末喷涂时，还是在更换粉末涂料品种清扫喷粉系统的过程中，必须在负压下操作，防止粉尘外逸污染环境，同时也避免粉尘危害操作人员的健康。在有条件的单位，员工下班后，必须洗脸、洗头、洗澡、换工作服，避免将粉尘带出车间，造成不必要的污染。

第六节 粉末涂料涂装中的粉尘着火和爆炸问题

在粉末涂料的涂装过程中，容易产生粉尘爆炸和着火问题，主要发生在高压静电粉末喷涂工艺操作过程中。因此必须做到喷粉室的粉末浓度应该控制在粉尘爆炸浓度以下，同时保持粉尘的温度保持在着火点以下。特别是避免高压静电产生电火花引起的粉尘着火和爆炸问题。在高压静电粉末涂装中，由于喷枪与工件之间的短路造成电火花引起粉末着火，甚至爆炸的可能性还是有的，因此必须做好工件的接地，同时还要保证喷枪的短路保护装置也要俱全，才能避免在高压静电粉末涂装中的着火问题和粉尘爆炸问题。在粉末涂料的静电喷涂设备的使用过程中，应该按 GB/T 15607—2008《涂装作业安全规程　粉末静电喷涂工艺安全》中的喷粉区工艺安全、喷粉设备及辅助装置、通风与净化、粉末涂料的储存与运输等章节规定的要求执行。粉末涂料库房要离喷粉室和粉末喷涂车间远一些，以免喷粉系统发生粉尘爆炸或粉末涂料着火等意外事故时受到殃及。

在粉末涂料静电喷涂过程中，容易产生爆炸问题的原因之一是粉末涂料的喷涂浓度超过安全的浓度范围。因此必须保证粉末涂料浓度控制在安全的浓度范围以内，具体要求是：除喷枪出口局部区域之外，喷粉室内悬浮粉末平均浓度（即喷粉室出口排风管内浓度）应低于该粉末最低爆炸浓度的一半，其最高浓度不允许超过 $15mg/m^3$。在系统中必须备有抑爆设备，喷粉室出口排风管中允许超过最小爆炸浓度 50%。在设计喷涂系统时，喷粉室要有足够的排风量，使喷粉室内的粉尘浓度始终保持在爆炸极限浓度以下，而且喷粉室要有泄压措施，一旦发生粉尘爆炸时能够及时自动泄压，防止不能及时泄压带来更多的损害。为了防止产生二次灾害，要及时清除堆积在管道中和回收系统中的粉末涂料。

从粉尘爆炸安全角度考虑，粉末涂料的回收管道和回收滤袋或滤芯装置应该安装安全泄压抑爆装置。对于工作场所空气中总尘容许浓度为 $8mg/m^3$。在喷粉室内不允许存在可燃火源、明火和产生火花的设备及器具；禁止摩擦和撞击产生火花；进入喷粉室的工件温度比所用粉末引燃温度低 28℃。一般喷粉室着火的主要原因是设备短路产生电火花引起的，为了防止产生电火花、静电引起粉尘爆炸问题，粉末涂装设备都要认真接地，静电接电体接地电阻应小于 100Ω，使在喷涂生产车间产生的静电能够及时消除；而且被涂工件也应该很好接地，防止喷枪与工件之间的电火花的发生，同时做好喷枪的安全保护工作。

另外，在使用含金属颜料的粉末涂料时，考虑到金属粉颜料的导电作用（有些金属颜料铝粉是经过树脂处理），如果金属粉颜料的含量高时容易产生电火花，电火花容易引起粉末涂料的着火，甚至产生粉尘爆炸的可能性。因此在使用这种粉末涂料时必须事先做好安全性试验，然后在安全有保证的情况下进行生产。

在自动喷粉室内应安装火灾报警装置，装置应与关闭压缩空气、切断电源，以及启动自动灭火器、停止工件输送的控制装置进行连锁。

在粉末涂装中，从涂膜的性能和生产效率角度考虑，多数是高温（180～200℃）短时间固化（10～15min），粉末涂料配方中的树脂、固化剂、有机颜料、助剂等是有机或高分子化合物，在烘烤温度下虽然挥发的含量很少，但是会有一部分挥发成为烘烤炉壁上的沉积物，有些助剂例如安息香作为脱气剂在烘烤温度下完全升华到烘烤炉中。这些沉积在烘烤炉上的有机高分子化合物，如果不及时清除而堆积在直接燃烧天然气等烘烤炉中，会有着火的危险。因此，一方面从粉末涂料配方设计上，降低烘烤温度下挥发物的含量，另一方面定期清除烘烤炉壁上的易燃沉积物，避免引起沉积物着火。另外，最好是像聚氨酯粉末涂料使用中回收封闭剂一样，利用挥发物的冷凝回收装置回收烘烤挥发物，然后定期清除冷凝回收装置的回收物，降低清理烘烤炉壁的次数，避免烘烤炉中沉积物引起着火和火灾等危险。在烘烤炉中粉末涂料配方成分在不同条件和温度下挥发情况模拟试验结果见表 11-6。

表 11-6　粉末涂料配方成分在不同条件和温度下的挥发情况模拟试验结果

粉末配方原料	200℃×20min 单纯测定挥发分/%	220℃×20min 单纯测定挥发分/%	200℃×20min (1g 粉末成品+0.2g 原材料)挥发分/%	220℃×20min (1g 粉末成品+0.2g 原材料)挥发分/%
聚酯树脂 4866	0.4	0.8	0.4	0.8
聚酯树脂 2441	0.6	1.1	0.4	0.8
固化剂 TGIC	13.8	24.2	16	35.3
高纯度安息香	86.1	96.4	76	97.8
普通安息香	76.5	79	64	68
流平剂 588	4.4	16.3	2.9	9.1
光亮剂 701B	3.8	8.3		
蜡粉 PE520	12.1	20.6	1.4	3.6
抗氧剂 626	10	15.1	2	6.8
抗氧剂 1010	2.2	2.2		

表 11-6 的数据说明，粉末涂料配方中的树脂、固化剂、助剂等高分子和有机化合物，在 200℃或 220℃烘烤时挥发分的含量差距很大，而且直接烘烤和跟粉末涂料一起烘烤相比，直接烘烤的挥发物明显高，说明不同条件下烘烤时挥发分的含量差别很大，无论如何在高温烘烤下完全避免挥发物是不可能的，因此通过回收装置进行挥发物的回收或清理，避免沉积物引起着火等，是在粉末涂料涂装中必须考虑的重要问题。

第七节 粉末涂料涂装中的毒性和安全运行问题

在粉末涂料涂装中，应注意以下问题：在粉末涂料涂装车间、施工现场要经常保持清洁，防止喷粉室和回收设备的粉尘泄漏和车间内粉尘飞扬污染环境，要有良好的通风；车间应该造成负压条件，最好安装专用除尘装置，在必要时开启除尘设备。

从粉末涂装设备和操作运行考虑应该注意如下安全问题。

① 喷粉操作应在排风启动 3min 后，方可启动高压静电发生器和喷粉装置。停止作业时，应先停高压静电发生器和喷分装置，3min 后关闭风机。

② 定期检查和记录高压静电发生器、喷枪接地、风机、粉末回收设备、喷粉室粉末浓度、粉尘排放浓度、风速、管道堵塞等情况，保证安全运行。

③ 喷粉室日常积粉处理和清粉换色或品种时，应注意呼吸系统的防护并对所用器具采取接地等防静电措施。积粉清理宜采用负压吸入方式，不宜采用吹扫的清理方式。

④ 应及时清除作业区地面、设备、管道、墙壁上沉积的粉末，以防止形成悬浮状粉气混合物。

⑤ 挂具上的涂层应经常处理，以确保工件接地要求。

⑥ 及时清理烘烤炉中加热元件表面及烘烤炉壁上的积粉和附着物，以防止粉末裂解气化导致的燃烧。

⑦ 当自动喷涂系统处于运行状态时，除补喷工位持枪者手臂外，人体各部分均不得进入喷粉室。

⑧ 不应在设备运行未切断时进行设备维修。

⑨ 在粉末回收、净化装置的卸料口及卸料过程，应有防止粉尘飞逸的措施。

⑩ 在作业运行中应注意观察，挂具及工件不得有卡死、摇摆、碰撞和偏位滑落现象。

⑪ 操作人员应穿戴防静电工作服、鞋、帽，不应戴手套及金属饰物。

⑫ 当生产任务结束后，操作人员及时吹掉吸附在身上的粉尘，及时洗掉脸上和手上的粉尘。在有条件的单位，操作人员下班后，洗澡、换工作服，避免将粉尘带出车间，造成不必要的污染。

⑬ 操作人员应该按 GB 7691 要求进行岗前培训。

⑭ 操作人员定期进行身体检查。有职业禁忌证的人，不应从事喷粉作业。

第八节 粉末涂料涂装中高压静电的安全问题

粉末涂料的涂装方法很多，其中最主要的涂装方法是静电粉末涂装法，所用静电是高压静电，电压在 30～100kV，电压很高，但电流很小。一般损伤人体器官的电流为 5mA，而喷枪的电流为 0.7mA，对人体是安全的。有些人对高压静电感应很敏感，触到身上时有明显的刺激作用，受到惊吓易引起二次灾害和事故。为了避免和防止这类事故的发生，应注意以下问题。

① 静电粉末喷涂用喷枪，最好选择高压静电发生器的倍压装置安装在喷枪体内的喷枪；不宜采用高压电缆线连接喷枪和高压发生装置的喷涂设备，若必须使用这种高压电缆喷枪，一定要采取措施，防止电缆漏电和放电问题，以免造成事故。

② 使用电压应当控制在 9kV 以下，超过这个电压会对人体的健康带来不利的影响。因为人体的电阻差别较大，尤其是男女之间更是这样，所以对高压静电的敏感性也有明显差别，对高压静电敏感的人更要注意安全。另外，短路电流要控制在 0.7mA 以下。

③ 为了尽快消除静电荷，在手工喷涂时，喷枪使用后立即接触接地导体，及时释放残留电荷；另外人体和地面不要绝缘，这样有利于及时消除人体上的静电荷，不容易产生静电敏感性和刺激，使得人身更安全。

④ 被涂物和喷枪之间的距离不要太近，要保持10cm以上，要防止喷枪与被涂物之间的短路问题。尤其是在喷涂含有金属颜料（特别是铝颜料）粉的粉末涂料时，更要避免喷枪与被涂物的短路产生电火花，因为产生的电火花会成为粉末涂料着火或粉尘爆炸的导火线。

第九节 金属（珠光）颜料邦定粉末涂料生产安全规范

随着金属效果粉末涂料市场越来越大，很多粉末涂料生产厂家都在开始进行金属效果粉末涂料的邦定工艺生产，其中主要用到各种铝粉，俗称为“银粉”，铝粉化学性能很活泼，属易燃物质，细铝粉在空气中达到一定的浓度具有易燃易爆的危险。粉末涂料邦定生产中使用的大都是细铝粉，虽然大部分是经过包膜处理，比起纯铝粉风险系数有所降低，但还是存在一定的燃爆风险，加上目前邦定设备生产厂家众多，质量与安全系数也参差不齐，所以在铝粉的邦定生产过程中一定要在各个环节管控好，防止出现安全事故。

1. 邦定设备安全

（1）邦定设备的高速运转部件要有可靠防护，以免伤人

① 邦定设备电机必须有可靠的安全启动装置，邦定罐盖打开或放料口打开时电机不得启动。

② 热混与冷混罐盖的气动机构和气动电控必须有保压与安全锁功能，任何情况下断电或断气时罐盖都不能突然关闭或打开，以免伤人。

③ 热混与冷混罐盖有机械安全装置，人进入缸体内清机或维修时，机械安全装置起作用，防止罐盖闭合及移动伤人。

④ 其他具有快速运转的部位要有防护罩防护。

（2）邦定设备要有有效的氮气保护与监控系统

① 邦定热混与冷混罐均要有氮气保护装置和氧气浓度实时检测系统，并保证测氧传感器监测有效性，若失效则及时更换传感器及进行标定。

② 在线检测氧气浓度没有达到低于规定浓度时，邦定设备不能启动。

③ 邦定机所用的制氮气机，应当是专业制氮气机厂生产的产品，氮气纯度应在99.5%以上。

④ 氮气储罐要有压力容器合格证，防止劣质产品引起高压爆破危险。

（3）邦定设备各个部件要可靠接地

① 邦定机各活动部件及关键部件，都要有静电线可靠连接。

② 邦定机机体及电控柜要用接地线与大地相连，接地线要用规范接地桩埋入潮湿底

层，接地线为 $25mm^2$ 以上的纯铜导线。

③ 接地线一般要有两组以上，保证接地的绝对可靠性。

④ 每天上班时要检查接地线是否坚固良好。

（4）要保证邦定设备电气安全性

① 电控柜要与机体分离，并独立放置在有隔火墙的房间内。

② 放电控柜的房间内，要配置电器专用二氧化碳或四氯化碳灭火器，不可用水和泡沫灭火器。

③ 邦定机所用的电机应为防爆电机。

④ 生产现场线路应安装在铁线槽内，铁线槽要可靠接地。

2. 生产工艺安全

① 当有铝粉加入罐时，一定要通氮气，且设定好氧含量，待达到安全浓度时才能开机。

② 如果要在罐中加入铝粉，要用金属盆装铝粉，并沿罐壁缓慢加入。

③ 加入底粉后等待 1min，待底粉流动中产生静电消失后，才可加入铝粉。

④ 控制底粉粒径分布，减少细粉含量。

3. 铝粉存取中的安全问题

① 铝粉的购买及使用，应当在当地公安机关进行易制爆品备案。

② 铝粉存储要远离生产区，并用专用库房存放。

③ 铝粉库房原则上应为乙类以上库房，库房所有电器要为防爆要求。

④ 铝粉库房配备铝粉灭火设施，一般用 7150 灭火剂、干砂、石墨粉等，不可使用带压力的灭火器，防止铝粉飞扬燃烧，绝对不能用水灭火。

⑤ 放铝粉的地踏板及货架为金属架并铺设铝板，有可靠接地线连接。

⑥ 取铝粉的容器为金属制品，且与接地线相连，不可用塑料袋及其他塑料制品。

⑦ 称量铝粉用的秤应为防爆秤，并与接地线连接。

⑧ 称量铝粉应在专用房间进行，房间用专用湿法除尘器来除尘，防止除尘器收集的铝粉燃爆。

4. 生产安全管控

① 邦定车间操作人员必须受过专门培训，持岗位操作证上岗。

② 邦定车间操作人员必须穿防静电服和防静电鞋。

③ 进入车间及铝粉库房前，人体必须要在静电释放器上释放静电。

④ 严禁邦定车间内吸烟和带入火种。

⑤ 邦定车间与其他车间分离，并有隔火墙隔离。

⑥ 邦定车间至少有两道安全门出口，安全通道时刻保持畅通。

⑦ 邦定车间要配备足够的消防设施（防火沙、7150 灭火剂、石墨粉等）。

⑧ 邦定车间要配备专用防爆除尘系统，除尘管道不得有死角位粉尘堆积。除尘器要每天清理底灰。

⑨ 除尘管道不得使用塑料管道，要使用全金属管道，并每节管道都要有静电线跨接，还要可靠接地。

⑩ 邦定车间要动火时，必须先清扫干净灰尘，搬离所有铝粉，放置专用灭火设施，若要对除尘管道动火，必须确保管道内粉尘清理干净。

⑪ 邦定车间每天要清扫灰尘，防止粉尘堆积。

⑫ 要对邦定设备制定维护保养计划，有专人按要求维护保养并做好记录。

第十二章

粉末涂料与涂装的发展趋势

粉末涂料与涂装经过几十年的发展，无论是粉末涂料的产量、制造设备、涂料品种等方面，还是在涂装设备、涂装工艺、应用领域方面都取得了可喜的成绩。在涂料行业中，粉末涂料已经成为重要的涂料品种，作为无公害、省资源、省能源和高生产效率的环境友好型涂料产品得到各界的认可和重视。在我国，其作为一个重要的涂料品种占有全国涂料产量的百分之九以上的比例，也成为生产量增长速度最快的涂料品种之一。特别是我国已经成为世界上粉末涂料产量最多、粉末涂料生产厂家数目最多、粉末涂装厂最多的国家，成为名副其实的粉末涂料生产和消费大国，同时也是粉末涂料涂装生产的大国。

虽然粉末涂料与涂装有它的许多优点，发展速度也比较快，但毕竟不是十全十美的产品和技术，在涂料品种的开发、制造设备的研究、涂装设备和工艺的研究、应用领域的扩展等方面的发展需要各行各业多方面的密切合作和共同努力，继续开拓创新进取，使我国成为名副其实的粉末涂料与涂装技术的强国。

第一节 粉末涂料的发展趋势

为了使粉末涂料更好地得到推广应用，粉末涂料品种的多样化、低温固化、薄涂层化、超耐候、涂料制造设备的改进和生产技术的智能化、粉末涂料制造新工艺的开发仍然是粉末涂料今后发展的趋势。

1. 粉末涂料品种的多样化

（1）功能性粉末涂料

为了进一步发挥粉末涂料的优点和特点，一部分溶剂型涂料的应用领域逐步由粉末涂料来代替，特别是一些功能性粉末涂料的开发是当今和今后发展的方向。这些功能性粉末涂料品种中包括抗菌防霉粉末涂料、电气绝缘粉末涂料、耐高温粉末涂料、防火阻燃粉末涂料，防沾污粉末涂料、隔热保温粉末涂料、美术型（纹理型）粉末涂料、热转印粉末涂料等品种，这些品种的开发和应用进一步扩大了粉末涂料的应用领域，能够进一步体现粉末涂料的优点，可以替代有环境污染的部分溶剂型涂料产品，更好地做到环境保护和节省资源。

（2）新型树脂品种

在粉末涂料配方中，决定粉末涂料与涂膜性能的最关键因素是成膜物质，即树脂和固化剂，其中树脂的研究和开发是增加粉末涂料品种的最重要的因素，比起固化剂的开发也是比较容易实现、容易得到经济效益的技术途径。正因为这样，近几年来，在环氧树脂的品种上，现在开发了许多不同技术指标和用途的环氧树脂，还开发了不同特殊用途的环氧树脂，例如，钢筋用环氧树脂、高玻璃化转变温度高温防腐用环氧树脂，酚醛改性环氧树脂等新产品。紫外光固化粉末涂料用树脂、环氧-聚酯粉末涂料用聚酯树脂、聚酯粉末涂料用羧基聚酯、聚氨酯粉末涂料用羟基树脂等品种的增加速度很快，所以在粉末涂料用树脂生产厂家的说明书上树脂产品品种不断增加，甚至说明书也总跟不上形势发展的需要。在这方面突出的是有些公司已开发出了紫外光固化粉末涂料用树脂系列产品；开发了贮存稳定性好、外观好的干混合消光聚酯粉末涂料用聚酯树脂；开发了超耐候聚酯粉末涂料用聚酯树脂和聚氨酯粉末涂料用羟基聚酯树脂；开发了消光用高羟值聚氨酯粉末涂料用聚酯树脂等，使粉末涂料的品种更加丰富，应用范围更加广泛。在环氧-聚酯粉末涂料用聚酯树脂方面，由于环氧树脂价格贵，为了降低粉末涂料成本，开发了聚酯/环氧＝60/40、70/30、80/20（质量）用聚酯树脂，而且涂膜的力学性能也比过去有很大的提高，可以替代一部分聚酯/环氧＝50/50（质量）的产品，达到了降低成本，又保证涂膜性能的目的。在TGIC固化聚酯粉末涂料用树脂方面，也开发了许多不同性能要求的专用树脂，例如：铝型材用聚酯树脂，特别是用于热转印的专用树脂、汽车轮毂用聚酯、金属预涂（卷材）用聚酯树脂、砂纹粉末专用聚酯树脂、低温固化用聚酯树脂、高温快速固化用聚酯树脂等产品，使聚酯树脂粉末涂料的外观（包括美术型外观）和力学性能完全达到环氧-聚酯粉末涂料的水平。在HAA固化用聚酯树脂方面，也开发了许多新的树脂产品，例如：低温固化聚酯树脂、可以厚涂聚酯树脂、可以在燃气炉烘烤的聚酯树脂、干混合消光聚酯树脂，使粉末涂料的涂膜外观和力学性能基本达到TGIC固化粉末涂料的水平，HAA固化聚酯粉末涂料的生产量增加速度明显比TGIC固化聚酯粉末涂料要快，该产品已占聚酯粉末涂料的41.4%。但是这些树脂产品的性能还不是很令人满意，需要进一步改进和提高来满足更高要求。今后对现有粉末涂料树脂品种的改进和提高以及用新型原料合成新树脂品种的开发，扩大新型原材料的使用范围，仍然是新品种开发的重要内容，也是粉末涂料品种多样化的重要途径。另外，在聚酯树脂生产工艺上，尽量减少使用有毒催化剂或不使用这类催化剂，在产品质量上做到分子量分布更合理、更适用于粉末涂料。特别是扩大使用半结晶聚酯树脂产品的生产，降低这种特殊聚酯树脂的成本，扩大这类聚酯树脂应用范围，提供玻璃化转变温度高、熔融黏度低的树脂，不仅适用于薄涂型粉末涂料的要求，并提供适用于配制粉末涂料的外观更加平整、接近溶剂型涂料外观的粉末涂料，扩大粉末涂料的应用领域，替代一部分溶剂型涂料，降低VOC的排放。

（3）新型固化剂

粉末涂料用新型固化剂的开发一直是粉末涂料行业重视的内容，但是多年来的结果说明并没有见到明显的成效。即使是开发出来的新型固化剂，例如环氧化合物 PT 910 与传统的固化剂比较还是有各种问题，而且价格一下很难使用户接受；又如虽然 HAA 有固化温度低、贮存稳定性好等很多优点，又没有毒性，但是还有不能厚涂、厚涂涂膜容易出现猪毛孔的缺点，在我国还不能像欧洲国家那样容易推广这种固化剂，特别是在聚酯粉末涂料用量很大的铝型材行业推广 HAA 固化粉末难度大，目前还是 TGIC 固化剂占主导地位。从人身健康保护考虑，在降低 TGIC 的毒性方面不少厂家做了不少工作，例如用氢化蓖麻油进行处理等，虽然有一定的效果，但是还没有达到有关部门认可的程度，还没有有效的推广。各国的国情不一样，由于多方面的原因新型固化剂的推广应用要比新型树脂难得多。经过多年的努力，研究人员开发出了无封闭剂的聚氨酯粉末涂料固化剂脲二酮，可以避免在烘烤固化过程中释放封闭剂污染环境的问题，为今后无污染聚氨酯粉末涂料的推广应用创造了美好的前景。虽然美国和日本的聚氨酯粉末涂料占相当比例，然而由于粉末涂料的价格问题，耐候型聚氨酯粉末涂料在我国推广应用还存在许多问题，其主要原因还是固化剂的价格太贵。从总的发展形势来说，新型固化剂的开发和推广应用还是今后粉末涂料发展方向之一。

2. 低温固化或快速固化粉末涂料

一般粉末涂料的固化温度在（180～200）℃×（20～10）min，烘烤温度较高，这给诸如焊锡件、组装电子元件的工件、塑料、木材、纸张等热敏性不耐热被涂物的涂装带来困难，制约了粉末涂料在这些产品中的应用。粉末涂料的低温固化，是通过提高树脂与固化剂的反应活性来达到的。像树脂和固化剂的反应基团活性的改进，分子结构的控制，催化剂或促进剂新品种的开发等，都是降低反应温度可能采取的措施。

为了解决这些问题，积极开展低温固化粉末涂料的开发，能够在（120～130）℃×（20～30）min 固化成膜，在环氧、环氧-聚酯、聚酯粉末涂料等方面取得一定的效果。然而涂料的品种较少，固化时间又较长，从生产效率考虑并没有体现多少优点，有待于进一步改进和提高。另外，低温固化粉末涂料，一般熔融固化温度低，粉末涂料的熔融黏度高，存在涂膜流平性差的问题。还有，由于粉末涂料的反应活性比较强，贮存稳定性方面容易存在问题，需要考虑这两个方面的问题才能解决工业化问题。因此，解决这一系列相互矛盾的问题的难度比较大。即使是解决了低温固化问题，如果不解决缩短固化时间问题，涂装生产效率低，工业化生产还是有困难的。

近年来发展较快的紫外光粉末涂料，解决了低温固化和高生产效率的问题。这种粉末涂料的特点是熔融流平和固化成膜是分别进行，（100～140）℃×（30～120）s 熔融流平，（100～130）℃×（30～120）s 固化成膜，烘烤温度低，时间短，因此被涂物的升温时间短、温度低，可以涂装热敏性底材塑料（例如玻璃钢）、木器（例如中密度纤维板）、纸张以及电子元件等产品，达到低温快速固化的目的。紫外光粉末涂料是功能性粉末涂料，又是低温快速固化粉末涂料。紫外光固化粉末涂料已在欧美发达国家工业化，成功地在 MDF 中使用，但是紫外光固化树脂的价格贵，涂装成本也很高，在国内推广应用受到限制，国内使用的很少。虽然这种粉末涂料有很多的优点，但是从工业化角度考虑，粉末涂料的价格还是比较贵，对结构复杂的工件和大型工件的涂装还是比较麻烦，因此它的推广应用受到多方面的限制，有待于开发价格上容易接受和贮存稳定好的紫外光固化粉末涂料品种。

最近又出现 NIR（近红外）固化粉末涂料，NIR 的波长范围是 0.75～1.2μm，属于近红外的波长范围。NIR 固化是以近红外高辐射能量去激发涂料分子的剧烈振动而使涂层受热固化。NIR 固化中辐射能量与波长的关系见图 12-1。从图 12-1 中可以看出，当波长为 0.9μm 时，辐射能量达到最大值，此时辐射器的色温为 3000K。随着辐射器温度的降低和波长的增加，辐射能量明显下降。因此在 0.8～1.2μm 的波长范围内，高强度的辐射能量在很短的时间内穿透整个涂层，使涂层受热固化，而不需要将底材加热。NIR 固化与紫外光固化粉末涂料比较见表 12-1。

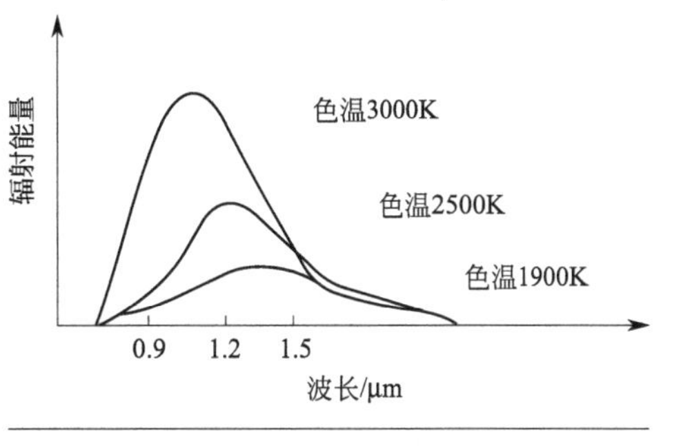

图 12-1　NIR 固化中的辐射能量与波长的关系

表 12-1　NIR 固化与紫外光固化粉末涂料比较

项目	NIR 固化粉末涂料	紫外光固化粉末涂料	项目	NIR 固化粉末涂料	紫外光固化粉末涂料
固化时间/s	1～20	120～180	涂膜颜色限制	无	有
最高表面温度/℃	140～200	100～140	底材水分含量限制	有	无
固化机理	加聚合	链聚合	热敏底材的适应性	可以	可以
厚度限制/μm	无	<100			

从表 12-1 中可以看出，NIR 固化粉末涂料具有与紫外光固化粉末涂料相类似的许多优点，还具有紫外光固化粉末涂料所没有的一些特点。这种粉末涂料也可以拓展粉末涂料的应用范围，可以用在木材、MDF、塑料、纸张、电子产品的组装件等热敏性产品等的涂装方面；利用辐射光源可以移动、固化时间很短的特点，还可以用在大型钢结构如桥梁、高层建筑、船舶、储槽和工业厂房等的涂装。近红外光能的转化效率高达 60%，是热风转化率 15%的 4 倍，可以节电 50%左右，是节能型的产品。采用这种产品和技术以后，可以大大提高生产效率，设备占地面积小，运行成本低。

NIR 固化粉末涂料的起步较晚，今后在高速运转的金属预涂材料(PCM)、线材等方面很有发展前途。如果 NIR 固化与紫外光固化相结合，NIR 灯用在紫外光固化粉末涂料的熔融流平工艺中，可以缩短烘烤时间，同时对底材的热影响更小，使紫外光固化粉末涂料的应用范围更宽。NIR 固化与一般热风固化炉配合使用将成为 NIR 固化粉末涂料推广应用的主流。这种体系的优点在于：不需要特殊配制的粉末涂料；可以使用形状略微复杂的工件；可以充分利用热量，NIR 等辐射的热能也可以利用，通风帮助 NIR 灯散热，延长 NIR 灯的使用寿命；同样可节能 30%，厂房面积也可以减少；便于将现有烘道适当改造利用。总而言之，NIR 固化粉末涂料与 NIR 固化技术的应用也是继紫外光固化粉末涂料以后，今后发展的一个方向。最近几年来国内中红外熔融流平粉末涂料，中红外加热风固化粉末涂料的 MDF 粉末涂装工艺在迅速发展，在工业生产中得到可喜的推广应用。某公司的 LA1400 型 MDF 家具粉末涂装标准生产线示意见图 12-2。

从粉末涂料的推广应用角度来说，最好是低温固化的同时，还希望快速固化，这样有利于提高生产效率的同时还可节约能源。紫外光固化粉末涂料和 NIR 固化粉末涂料就是属于这种类型的粉末涂料，而大多数粉末涂料很难做到。

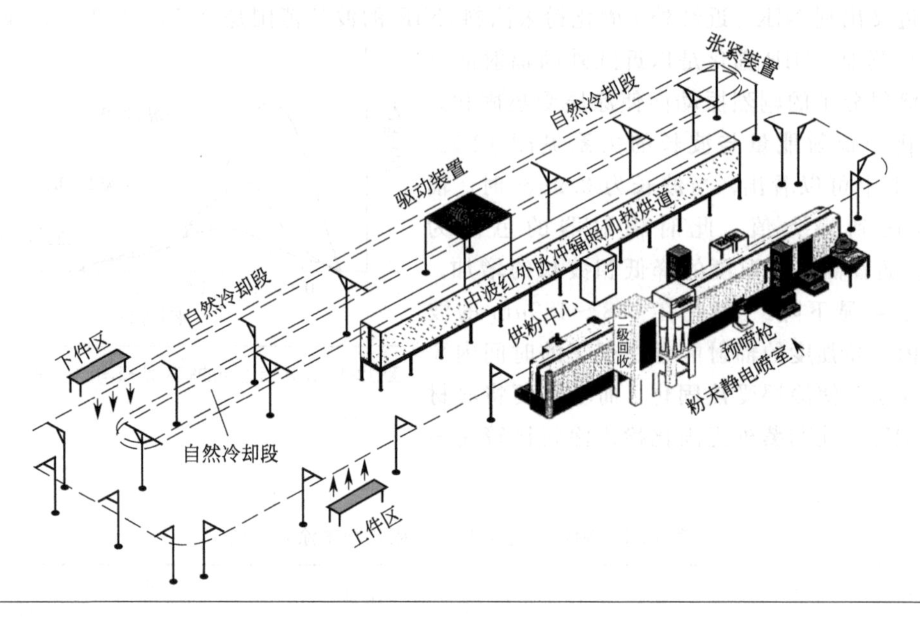

图 12-2　某公司 LA1400 型 MDF 家具粉末涂装标准生产线示意

从粉末涂料的生产效率角度考虑，也希望做到高温快速固化，这种粉末涂料可以缩短烘烤炉的长度，减少占地面积，降低涂装线的成本，加快涂装生产速度，提高劳动生产效率。高温快速固化，一是从涂料本身的成膜物质来考虑，提高树脂与固化剂的固化速度；二是从烘烤设备方面，缩短被涂物升温时间，有效地利用热能和辐射能的辅助措施来考虑。现在在环氧粉末涂料方面，可以做到 230℃×1min 固化；环氧-聚酯粉末涂料可以做到 200℃×5min 固化；聚酯粉末涂料可以做到 200℃×6min 固化；PCM 用聚酯粉末涂料，可以做到 280℃×(25～60)s 固化，但是粉末涂料的品种还不多，需要开发容易工业化的涂膜力学性能和耐候性好的新品种，并扩大树脂品种的领域。

从环境保护角度考虑，低温固化可以替代一部分 VOC 排放严重的溶剂型涂料是很好的，但是对于平面型装饰性粉末涂料来说不一定容易满足要求，因此必须平衡好涂膜性能与环保两者之间的关系基础上，科学地去考虑用粉末涂料去替代其他有污染涂料品种问题。

3. 薄涂型粉末涂料

粉末涂料开发初期的优点是厚涂层，一次涂装可以达到溶剂型涂料几道涂装的厚度，节省涂装时间，劳动生产效率高。然而有些产品的厚度不要求太厚，厚涂层就是质量过剩，也是资源的浪费，需要薄涂层粉末涂料。一般粉末涂料的厚度要达到 60～80μm 比较容易，要达到 45～55μm 相对容易一些，而要达到 30～40μm 的薄涂层是比较困难的，需要粉末涂料的粒度分布、遮盖力、干粉流动性、带静电效率（一次上粉率）、超细粉末涂料的回收利用，粉末涂料在涂装中的使用稳定性等多方面进行全面的改进，才能达到薄涂层的目的。因此近年来，粉末涂料的薄涂层化成为研究开发新产品的一个热点。

2002 年左右阿克苏、扬州三川实业有限公司等也推广过薄涂型冰箱用粉末涂料，粉末涂料 D_{50} 在 25μm，涂膜厚度在 40～60μm，扬州三川实业有限公司的粉末涂料供给科龙冰箱使用。因为比普通粉末涂料细，生产成本高，喷涂面积大，适当提高了粉末价格；科龙落地粉末直接跟粉末厂换新粉，当时双方两年多合作得很满意。后来因为科龙冰箱改变生产工艺直接使用彩钢板，取消了粉末涂料喷涂工艺。这种薄涂粉末涂料跟涂膜厚度 30～40μm 的还有一定的差距。

随着世界经济的迅速发展，对环境的污染也越发严重，各国对挥发性有机化合物(VOC)的限制也越来越严格，粉末涂料等低污染涂料将逐渐替代烘烤型的溶剂型涂料也是今后发展的趋势。如果想取代氨基醇酸等溶剂型涂料，要求涂膜厚度 30～40μm，且涂膜外观平整。根据经验，粉末涂层的厚度是粉末涂料平均粒径的 2～2.5 倍时，能够得到满意的涂膜外观平整性。因此，要得到涂膜厚度 30～40μm 的满意外观，粉末涂料的平均粒度应为 15～20μm。一般溶剂型涂料可以借助树脂分子量以及溶剂对底材表面的润湿，降低涂料施工黏度，来改善涂料的流平性。然而粉末涂料却全靠粉末涂料的自身熔融流平性要得到薄而平整的涂膜，其难度是相当大的。粉末涂装的薄膜化，需要粉末涂料在烘烤固化温度下应有很低的熔融黏度；粉末涂料的最大粒度应在 40μm 以下，粒度分布在 10～40μm，平均粒度在 15～20μm 左右，说明粉末涂料粒度分布也很窄；从涂膜的流平性考虑，粉末涂料的粒子最好是接近球形；粉末涂料的干粉流动性好（安息角小），带静电性能也好；粉末涂料的颜料分散性好，遮盖力也很好。

经过多年的努力这种产品在已经得到开发，并工业化推广应用。由加拿大西安大略大学祝京旭教授、张辉教授研究发明的“超微粉末涂料技术”在加拿大粉末涂料行业得到推广应用。在国内上海辉旭微粉技术（上海）有限公司已经在热塑性聚偏氟乙烯（PVDF）粉末涂料中成功地推广应用，并得到一定的效果；普通树脂类型粉末涂料由蓝地球微分科技有限公司在长虹、宜家等单位推广应用中。然而薄涂型粉末涂料的制造成本比较贵，只能适用于高附加值粉末涂料（例如 PVDF 粉末涂料），还没能大量应用到一般粉末涂料方面。如果想把薄膜型粉末涂料大量推广应用，需要进行多方面的研究工作相互配合，也是一个艰巨的系统工程，需要多方面的共同努力，不是通过某一方面的努力就能够得到解决的。在粉末涂料配方方面，需要开发在粉末涂料烘烤固化温度下，粉末涂料的熔融黏度很低，涂膜有很好的流平性的配方；配制的粉末涂料又有很好的贮存稳定性，这就需要研制有特殊性能的结晶或半结晶树脂相匹配；需要开发分散颜料的能力很强的分散剂，使颜料在薄涂层中有足够的用量和遮盖力；还要开发粉末涂料平均粒度很小时，也有很好干粉流动性的分散助剂；使粉末涂料具有很好带静电性能的带电助剂。在粉末涂料制造方面，需要开发的粉末涂料的熔融挤出效果很好，使配方中的颜料和填料及助剂分散均匀，达到类似溶剂型涂料的分散程度，保证颜料充分的分散，有很好的着色力和遮盖力；在粉末涂料的粒度和粒度分布能够达到薄涂层（平均粒度 15～20μm）要求的粉碎设备，而且这种设备的粉末涂料产品收率达到 95%以上，目前在粉末涂料生产中普遍使用的空气分级磨很难达到这种要求，特别是超细粉末的分离和粗粉末的分离使粉末涂料的粒度分布非常合理，为此分离分级设备的配套问题很关键。另外，还需要开发能够满足薄涂层型粉末涂料要求的静电喷涂设备，包括超细粉末涂料的上粉率，超细粉末涂料的回收和循环使用中的稳定性问题。目前粉末涂料回收设备的回收能力主要是粉末的粒径在 10μm 以上的粉末，10μm 以下的粉末回收率很低，所以要求粉末涂料的粒度分布上，10μm 以下的超细粉末含量在 10%以下，最好是 5%以下。对于薄涂型粉末涂料，超细粉末涂料含量的要求比较高，因此一般的 ACM 磨是很难做到的，必须进行改造才能满足要求。如果粉末涂料的 D_{50} 降低至 25μm，或者更低才能满足薄涂的要求，这样设备的产能降低，产品的成本提高。这时生产薄涂型粉末产品的产能与价格之间的平衡问题，能不能得到解决，这也是推广薄涂型粉末涂料的关键所在。提高喷涂面积是粉末涂料用户容易接受和高兴的事情，但是需要喷涂设备改造，提高粉末价格角度是否能够接受也是具体问题。

近来张辉等研究超流平粉末涂料技术，从ACM磨的改造制备超流平粉末涂料。三种不同粒径分布的粉末涂料的粒度分布、参数和涂膜性能表见表12-2。

表 12-2　三种不同粒径分布的粉末涂料的粒度分布、参数和涂膜性能比较

项目	市售普通粉末A	市售薄涂粉B	超流平粉C
$D_{50}/\mu m$	33.6	25.3	21.6
$D_{10}/\mu m$	11.5	9.9	11.6
$D_{90}/\mu m$	66.4	47.7	36.3
$P_{10}/\%$	7.4	10.3	6.6
$P_{90}/\%$	98.06	99.94	100
流化指数R	169.0	123.2	189.9
上粉率/%	37.1	29.5	34.6
膜厚/μm	50～70	40～60	30～50
涂膜外观	明显桔纹	轻微桔纹	平整表面
雾度	2.7	3.7	2.6
冲击强度(60kg·cm)	开裂	轻微开裂	轻微开裂

表12-2的结果说明，超流平粉末涂料在流化指数R、上粉率、外观和冲击强度方面有很好的效果。这些理论研究工作，为我国超流平粉末涂料的工业化奠定了理论基础。

另外，近来烟台杰程粉末设备有限公司也制造出有特色的“杰程粒径优选磨粉机组”（详细内容参考第七章粉碎设备部分），可以制造D_{50}在$20\mu m$左右的薄涂型粉末涂料，粉末粒度D_{10}在$12\mu m$左右，D_{90}在$30\mu m$左右，$P_{10}<5\%$，粉末粒度分布很窄的粉末涂料制造设备，已经在制造卷钢板用，粉末涂料上使用为今后制造薄涂型超流平粉末涂料的工业化创造了设备方面的基础。

今后粉末涂料的重要应用目标之一是作为汽车罩光漆和面漆。这种涂装所需要的粉末涂料，必须满足薄涂层、平整度好等要求。这种粉末涂料要满足涂膜的力学性能、耐候性和耐光性的要求以外，粉末涂料的粒度分布应有图12-3的曲线。不同粒度分布曲线的粉末涂料物性、涂膜厚度和涂膜外观比较见表12-3。从表12-3可以看出，粉末涂料平均粒度为$20\mu m$时，涂膜厚度$45\mu m$左右就可以达到基本满意的涂膜外观；平均粒度$15\mu m$时，涂膜厚度$35\mu m$左右就平整性相当好。要制造图12-3这样的粒度分布，用ACM磨生产，在粉末涂料的粒度分布的控制、产能、产率达到要求需要做很多方面的改进，另外价格（利润）上能不能被厂家接受也是关键问题。还有，从涂装设备和工艺方面也需要做大量的工作。

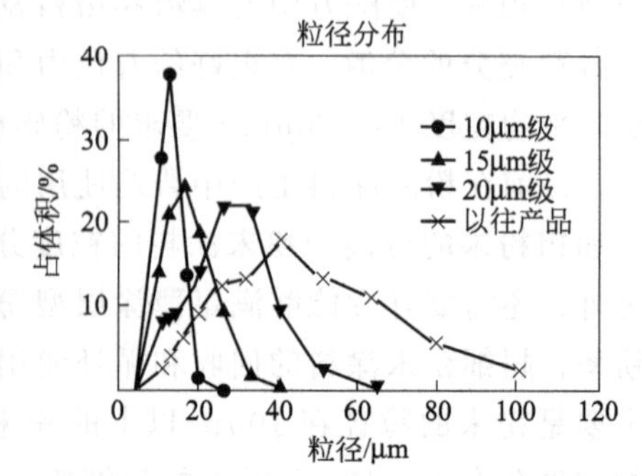

图 12-3　适用于汽车面漆涂装的粉末涂料粒度分布曲线

表 12-3　不同粒度粉末涂料物性和涂膜厚度及外观

项目	10μm 级	15μm 级	20μm 级	普通产品
平均粒度/μm	10.1	15.2	21.0	33.5
松散密度/(g/mL)	0.465	0.556	0.609	0.671
安息角/(°)	37	36	35	36
玻璃化转变温度/℃	68.2	68.2	68.2	68.2
喷出带电量/(μC/g)	+15.6	+12.4	+8.7	+4.6
膜厚/μm	28.5	35.2	44.5	62.4
涂膜平整性	好	好	好～一般	一般～差

4. 高档次和超耐候粉末涂料

从我国粉末涂料树脂品种结构来看，热固性粉末涂料产量的99%是环氧、环氧-聚酯和聚酯粉末涂料，聚氨酯、丙烯酸和氟树脂粉末涂料加起来不到1%；而欧洲粉末涂料品种结构中，聚氨酯占6.5%，丙烯酸大于2%，氟树脂粉末涂料不到1%，聚氨酯、丙烯酸、氟树脂高档粉末涂料所占比例为9.5%，比我们国家的比例高很多。高档粉末涂料的产量在某种程度上表明一个国家的经济发展水平，也表示粉末涂料和涂装技术水平。因此，我们国家今后也要结合国情适当发展和扩大高当粉末涂料的应用领域，同时也要扩大产量。

随着工业技术水平的发展，大型长久性、耐候性工程项目、超高层建筑越来越多，对粉末涂料的装饰性和防腐性能的要求也越来越高，同时对使用寿命也要求越来越长，所以对超耐候粉末涂料的需求也越来越多。在一般耐候型粉末涂料基础上开发了使用年限达到5～10年，甚至更长的超耐候聚酯、超耐候聚氨酯、丙烯酸粉末涂料，特别是使用年限达到20～30年以上的热塑性氟树脂粉末涂料和涂装方便的热固性氟树脂（FEVE）粉末涂料，满足超高层大楼和钢结构物的涂装要求。因为目前70/30的PVDF/丙烯酸树脂粉末涂料和FEVE树脂粉末涂料的性能可以满足10～20年使用寿命，实际上性能过剩，价格也很贵。如果使用丙烯酸树脂含量更高的PVDF树脂粉末涂料、FEVE改性聚酯粉末涂料、FEVE改性聚氨酯粉末涂料、FEVE改性丙烯酸粉末涂料，不仅性能上可以满足要求，在价格上也是容易接受的。

同时，满足地质复杂、维修困难、腐蚀严重、要求使用寿命很长的埋地管线、钢绞线、钢筋等防腐要求高的防腐型粉末涂料，超耐候性电绝缘环氧、高温防腐环氧、聚苯硫醚等粉末涂料品种也是今后的发展方向。

5. 粉末涂料制造设备的改进和智能化

目前制造粉末涂料所使用的关键设备，第一个是熔融挤出混合设备，其中包括往复式单螺杆挤出机和双螺杆挤出机；第二个是空气分级磨。在往复式单螺杆挤出机方面，为了提高粉末涂料的生产量，提高了螺杆的转速，相应地出现了挤出物料温度升高的情况，增加了物料胶化反应的概率及产品中胶化颗粒产生的概率；另外，为了提高混料效果，料筒的三排销钉改为四排，螺杆的三排螺纹改为四排螺纹，增加了物料接触面积；还为了增加混料时间增加了长径比。结果是，物料的混料效果得到改进，产量也有了明显的提高，设备的生产效率大幅度提高。这些改进不仅仅是改动设备参数的问题，需要设备的材质、驱动系统、冷却系统、配件等多方面都要改进和相互配套才能达到改进和技术进步的目的。在双螺杆挤出机方面，提高螺杆的转速，增加螺杆的长径比，提高螺杆的加工精度，缩小螺杆之间的间隙（所谓无间隙双螺杆挤出机）等方法也改进了熔融混料效果，减少了螺杆间隙中的固化残留物，降低了粉末产品中胶化物质的含量，降低或避免涂膜表面胶化颗粒影响涂膜外观，提高了产品质量，还提高了设备的生产效率，这里也需要多方面的密切配合才能得到满意的效果。还有螺杆轴心通冷却水控制螺杆挤出温度，这种设备的温控效果很好，但保持螺杆与水管之间的密封和设备运转的稳定性还是有一定难度的。在21世纪初有的设备制造厂家尝试过在双螺杆中通冷却水控制螺杆的温度，控制物料温度，起到很好的作用，但是存在密封口的磨损会导致使用寿命有限的问题，因此这项技术改造至今没有在生产设备中得到推广应用。另外，挤出机的送料段是物料固液两相交替的部位，对螺杆的磨损最严重的部位，如何选择更耐磨的材料，使这个部位的磨损跟熔融段、均化段及出料段的磨损差不多，延长挤出机螺杆的使用寿命，提高螺杆的利用率也是必需考虑的问题。

大部分的粉末涂料生产厂都要使用空气分级磨生产粉末涂料，标准的空气分级磨转盘的周边的线速度为70～110m/s，粉末涂料的收率为90%～94%，而生产薄涂型粉末涂料（30μm以下粒度）时降至60%～65%。为了满足薄涂型细粉末涂料的需要，改进型空气分级磨转盘的线速度可达140m/s，对细粉末的收率可达80%，还达不到90%以上的要求。如果想在比较广泛范围内推广应用薄涂层粉末涂料，在粉碎机方面需要做很多的研究和改进工作，例如，在粉碎机销钉的形状和数量，粉碎机内腔的结构和槽间距离，副磨的结构等上需要改进；在粉末粒度分布上，超细粉末涂料（10μm以下粒度）含量的控制和较粗粉末涂料（50μm以上粒度）的分离技术问题都需要合理的设计，才能满足超薄型（涂膜厚度在30～40μm）粉末涂料的工业化大量推广应用。

在粉末涂料制造设备方面，除了上面的关键设备的改进和提高以外，还需要解决粉尘污染问题和噪声污染问题。目前粉尘污染问题不仅是环保部门很重视，企业本身也很重视，在生产车间的有粉尘污染的岗位，基本都要安装必要的除尘设备；特别是往外排放含尘空气的问题上，为了完全达到国家排放标准，在原来的除尘装置上要再安装第二次除尘装置，保证排放空气中的含尘量达标，做到万无一失。然而噪声污染，相比粉尘污染，是比较难处理的问题。其主要问题是设备本身的噪声比较大，无法提出不切合实际的过严的要求，虽然刚开始时使用时容易达到国家标准，随着使用设备的磨损噪声越来越大，通过维修解决噪声的难度也大。另外，从设备制造上来说，过于严格要求时制造成本很高，会给销售带来难度，尽量降低成本容易销售，但是使用寿命有限，保证设备运转中的噪声达标的时间有限，给设备用户带来噪声污染问题比较难以解决。这些问题需要行业管理利部门协调才能解决好。

对于生产中防止粉尘爆炸的问题，在新设备上严格按新标准制造的同时，在老设备上逐渐进行改造，在粉末涂料超细粉末涂料回收箱前面安装防爆隔离阀，在除尘箱中安装泄爆口；在第二次除尘系统中还是跟一级回收装置一样安装隔爆阀和泄爆口，防止粉尘爆炸事故的发生。

对于批量大的产品，原材料的称量→高速混合机混合→熔融挤出→冷却破碎→细粉碎→分级过筛→包装，全过程智能化生产是今后发展方向。目前烟台东辉粉末设备有限公司、山东圣士达机械科技股份有限公司、山东三立新材料设备股份有限公司、烟台枫林机电设备有限公司等单位积极开展这方面的工作，并取得了很好的进展，虽然还不是十分完美，但相信今后这种智能化粉末涂料生产设备也会不断完善，在国内逐步得到推广和普及，提高我国粉末涂料制造技术水平，使我国逐步向粉末涂料制造技术强国迈进。

6. 新型粉末涂料制造工艺

在粉末涂料的制造设备方面，除目前普遍使用的熔融挤出和空气分级磨细粉碎的工艺和设备外，最引人注目的制造方法是，与传统的制造方法完全不同的超临界流体制造法，一般叫 VAMP（vedoc advanced manufacturing process）法。这种制造法由美国 Ferros 公司开发，是在二氧化碳超临界流体状态制造粉末涂料的方法。20 世纪 90 年代曾预计 2000 年左右投入工业化生产，将为 21 世纪粉末涂料的扩大应用和粉末涂料生产量的迅速增长起到重要作用，然而至今还没有工业化的确切消息，如果这项技术产业化，在物料的混合均匀性、分散性方面和低温固化粉末涂料的制造方面，将开辟一条新的途径。

在粉末涂料的制造方法上，两种树脂之间的相容性不好，当成膜时耐候性好的面漆用树脂迁移到表面，附着力好的可做底漆用的树脂留在涂膜的底部与底材接触。如果找到这种性能的树脂体系匹配制备底面合一的粉末涂料，将给使用和涂装带来便利。FEVE 树脂与聚酯或聚氨酯树脂之间的相容性不好，两种粉末涂料干混合后涂装时，迁移到涂膜表面的氟树脂多于底材面的，实际上涂膜表面的氟树脂含量大于金属底材面的氟树脂含量，利用这种特殊性能，用相对低的成本可以制备高质量的双组分双层结构涂层的粉末涂料。

粉末涂料的制造中，金属颜料（粉）的邦定技术已经比较成功地应用到工业生产中，但是性能好的进口设备的价格比较贵，一般厂家买不起，价格便宜的国产设备的产品质量跟进口设备比较在性价比上还可以，但是设备的内在质量上还有不少差距，普通产品的生产看不出大的差距，高档产品的质量上还是有一定的差距。今后在国产邦定设备的设计、加工精度、材质的选择上有待于进一步努力，跟通用粉末涂料生产设备一样达到国内外的先进水平，可以做到向发达国家出口的水平。目前，金属（珠光）颜料邦定粉末涂料的需求越来越多，对产品花色品种要求也多，产品质量的要求也越高，在这种形势的要求下，为了提高生产效率，改善生产环境和提高产品质量，金属（珠光）颜料邦定粉末涂料的智能化生产也是需要我们今后努力的方向。

加拿大西安大略大学颗粒技术研究中心、国内部分高等院校等单位在研究常温下进行金属（珠光）颜料与粉末涂料的邦定的技术；金属（珠光）颜料与粉末涂料的微波邦定技术制造金属感粉末涂料的技术，这些创新技术的产业化，将为推动我国金属（珠光）颜料邦定粉末涂料的发展发挥积极的作用。

7. 粉末涂料的快速配色

目前粉末涂料的配色是通过称量、预混合、熔融挤出、粉碎、过筛分级、喷样板等过程才能配出一个颜色样板，然后与色板或色卡用肉眼或色差仪比较色差，根据色差再配色板比较色差，这样反复多次配粉制板比较色差，最终达到与要求的色板或色卡一致为止。这种配色办法，显然比溶剂型或水性涂料的配色时间长，工作效率低。虽然已经开发出粉末涂料配色软件，由于不同厂家之间和同一厂家不同批次颜料之间的色差等颜料质量的稳定性等问题，在电脑配色带来一定的困难。通过大量配方和色卡的电脑数据储存，在大型企业电脑配色问题相对好解决，但是我们国家粉末涂料厂家绝大部分是中小企业，这些厂家要配套电脑配色设备，在经济条件上还是存在问题，在我国粉末涂料厂家普及电脑配色还需要一定的时间。如果像溶剂型或水性涂料那样，能开发使用已知配方的粉末涂料色粉（母色粉）的干混方法，可以调节粉末涂料的颜色，哪怕是大致的颜色，也可以大大缩短粉末涂料的配色速度，可以大大提高生产速度。国内辉旭微粉（上海）科技有限公司的微细粉末涂料的粉调粉（不同颜色粉末涂料之间直接配色）技术在深色粉末涂料的粗调色方面有了突破，但是在浅色粉调粉技术问题还没有得到解决；在普通粉末涂料（平均粒径在 30μm 左右）的粉调粉调色还是难题。曾经有人用超细粉末涂料尝试过调色问题，在理论上和实验室用量少时可行的，在生产实际中制备超细粉本身是难题，调色出来的粉末涂料不管是在涂装应用，还是在喷枪的带电效果和回收设备的回收率上仍有许多实际问题。在粉末涂料生产中，快速配制所需要粉末涂料颜色方法的开发，仍然还是重要的研究课题。

第二节 粉末涂装的发展趋势

粉末涂装产品的质量首先取决于粉末涂料的质量，其次是粉末涂装的质量，涂装质量包括工件（被涂物）的表面（前）处理、粉末喷涂、烘烤固化等工序的质量。粉末涂料新产品的推广应用，还要通过涂装过程才能产业化，有些新产品还需要新的涂装工艺的开发才能应用到工业生产中去。粉末涂料的技术进步，还要依靠涂装技术的进步才能得到满意的推广应用。目前主要的涂装方法是静电粉末涂装法，其中关键的问题是如何提高静电粉末喷枪的带静电效率，保持喷枪供粉的均匀性和稳定性，提高供粉量的精确度，还有涂装系统的快速换色和粉末涂料树脂品种等问题；另外还要考虑研究开发涂装效率更好的新的涂装方法。

1. 静电粉末喷枪的改进

静电喷枪是粉末涂装设备的核心部分。喷枪的结构和性能决定粉末涂料的带静电效果，粉末涂料的喷束形状和雾化效果、喷粉的均匀性等问题最终决定粉末涂装效果的好坏。

（1）为了克服电晕放电荷电静电粉末喷枪喷涂时，由于游离离子的存在涂膜容易出现电离排斥现象的问题，在喷枪前面安装游离离子接收器，避免电离排斥现象，改进涂膜的平整性。

（2）含金属粉末涂料静电粉末喷涂时，为了防止喷枪口金属粉堆积的问题，在喷枪内设计二次气流，及时吹掉堆积的金属粉，避免金属粉的堆积导致粉末涂料出粉不均匀问题。

（3）为了克服电晕放电荷电喷枪的静电屏蔽效应和摩擦喷枪涂装效率差的缺点，研究开发了两种功能相结合的新型静电粉末喷枪；另外，对不同形状的被涂物，配套不同形状的喷枪喷嘴。

（4）为了提高静电粉末喷涂时的上粉率，在静电粉末喷枪的喷嘴形状和结构、电极位置、供粉和供气管路结构上进行改进。

（5）开发适用于超细粉（10μm 以下）粉末涂料、带静电效果好的喷枪，有利于薄涂型粉末涂料的涂装，有利于粉末涂料替代更多的环境污染严重的溶剂型涂料。

（6）目前我们国家很少使用摩擦喷枪，这跟国情有关系。对于喷涂结构复杂工件，特别是凹凸面比较多的铝型材或构件来说，摩擦喷枪不存在静电屏蔽，应该比电晕放电高压静电喷枪有更多的优点，在发达国家使用的不少，希望能够开发推广适合国情的摩擦喷枪并推广应用。理论上讲，这种喷枪更适用于气候干燥的北方温带地区。

2. 供粉装置供粉精确度的提高

供粉装置的供粉量精确度对粉末涂装涂膜厚度的均匀性起决定性作用，对粉末涂装产品质量的稳定性也有很大的影响。在原来的压差式供粉、搅拌式供粉、加压式供粉、刮板式供粉、螺旋式供粉等基础上，开发了静电容量式供粉装置。这种设备的特点是结构简单，清扫设备方便，而且喷粉量的控制灵敏度高，供粉精确度也高，设定数据与试验结果非常接近。供粉量更加准确的供粉装置和供粉中心，是保证涂膜厚度的均匀性和准确性的重要因素。

3. 快速换色和换粉末涂料树脂品种

粉末涂料与涂装的缺点之一是粉末涂料生产与涂装中，更换颜色和粉末涂料树脂品种比较麻烦，又费时间。在粉末涂装中，为了缩短换色和更换粉末涂料树脂品种的时间，开发了包装箱直接供粉装置，不仅可以自动清扫包装箱，而且还可以清扫供粉管，但这种装置只适用于手工喷涂，还不适用于自动化流水线涂装生产。另外还研究开发了快速自动清扫喷粉室的装置，整个喷涂系统可以全自动操作，换色和换粉末涂料树脂品种时间短，原来在10～15min内完成的全过程，现在经过创新改造喷粉系统，快速换色系统配置，包括机器人应用在内的各种喷涂方式，可以做到6min完成换色。某公司的PCV（快速换色/立式）系统是专为铝型材自动喷涂线设计的快速换色系统，实现了喷粉室的全自动化换色。侧壁和地板采用连续移动的履带设计，消除了粉末堆积，换色过程迅速，可以在6min之内全部完成换色过程。快速换色问题在生产规模比较大，换色品种较少，换色频率不高，换色品种之间色差不是很大的品种上得到基本解决。但是这种装置在国内小型企业推广应用还不普遍，对于换色品种比较频繁、色差比较大的涂装线需要进一步推广应用和普及的同时，有待于进一步改进和提高设备的性能。

4. 容易清扫的粉末涂料回收系统

粉末涂料与涂装的优点之一是回收粉末涂料可以再用。这就要求粉末涂料回收系统要容易快速清扫，适应快速换色和换粉末涂料树脂品种的要求。最常用的粉末涂料回收设备是旋风分离器和袋式（滤芯）过滤器相结合系统，换色时必须清扫旋风分离器。然而一般旋风分离器设备较大，拆卸比较麻烦，而且清扫干净也比较困难。为了清扫方便，采用几个小型旋风分离器相组合的系统，这样设备虽小，但回收效率不变，拆卸方便，系统也比较容易清扫干净，换色和换粉末涂料树脂品种也比较容易，还可以缩短时间。为了避免回收粉末涂料的处理问题，有些涂装生产线采用单纯的滤芯回收粉末涂料系统，不用一般的旋风分离器这样的超细粉末涂料回收系统，回收粉末涂料直接进入供粉槽循环使用。这种粉末涂料喷涂系统把喷涂系统和回收系统合二为一，粉末涂料循环回路很短，在换色和换粉末涂料树脂品种时，只需要清扫滤芯就可以了。这种系统使用的粉末涂料，不能有超细粉。因为随着粉末涂料使用量的增加，由于没有超细粉回收装置，超细粉越来越多的话就会影响喷粉室的粉尘浓度和粉末涂料的涂装效果。目前，国内大型铝型材喷涂行业涂装6m长的型材，流行U形喷粉室回收系统和V形喷粉室回收系统，大多数采用薄膜喷粉室和旋风回收系统，喷粉室是采用PVC薄板不断旋转带走没有喷涂上去的粉末涂料，PVC 板的上粉率很低，吸附在 PVC 板上的粉末涂料很少，换色方便。现在有的公司用 PVC 薄膜围城喷粉室（正面、左面、右面三面），需要换色时直接用卷辊移动带走旧的薄膜，换成新的薄膜，可以做到即刻换色，非常方便，但是并不是其他品种的工件的涂装也这么方便，这种设备受到涂装工件形状和数量限制。

目前在粉末涂装中还是旋风分离器与袋式（滤芯）过滤器相结合的粉末回收系统比较多，对普通粒径分布（D_{50} 在 30～40μm）使用效果还是比较满意的，但是对于薄涂型、粉末粒径 D_{50} 在 20～25μm 的粉末涂料来说，因为 10μm 以下的超细粉末涂料含量比较多，现在的一般旋风分离器对于 10μm 以上粉末涂料的回收是非常有效的，但是低于 10μm 粉末涂料的回收还是不太满意。因此，如果解决 5μm 以上的粉末的回收问题，薄涂型粉末涂料的推广应用也会有所进展。当然真正做到薄涂型粉末涂料（D_{50} 在 15～20μm）的大量推广应用，在粉末涂料的带电性能、干粉的流动性、生产工艺等方面需要解决许多配套问题。

5. 新型涂装方法的研究和开发

我国 20 世纪 90 年代进口了两条（上海夏普和合肥荣事达）粉末涂料预涂金属卷材（PCM）生产线，产品主要用在电冰箱等家用电器。后来随着我国溶剂型涂料的卷钢生产线的高速发展，生产线的线速度达到 120m/min 以上，这种低速度的（4～8m/min）粉末涂装线远远满足不了需求，因此这种粉末涂料卷材喷涂线没有再继续扩大发展。

常规粉末涂料的涂膜厚度为 60～80μm，只有达到该膜厚才能保证被涂工件完全遮盖，涂膜平整度及各项性能指标符合要求。如果将常规粉末涂料的膜厚降到 45～60μm，或者 30～40μm，要实现上述性能并保证一次上粉和边角上粉的均匀性非常困难。因此对常规粉末涂料的粒度分布、遮盖力、流平性、带电效率进行改进，是开发薄涂粉末涂料必须解决的问题。想要实现卷钢材料的溶剂型漆的涂装，向粉末涂装的真正转型，其实不只是粉末量产困难，涂装技术突破和设备跟进也是大问题。

卷钢材料的粉末涂装法的预处理类似于传统的辊涂法预处理，预处理后的基板外表面涂上粉末黏结剂，之后穿过粉末涂装箱装置，在强大的静电场下，粉末旋转刷产生带电涂料粉末云颗粒，飞向高速运行的基板，粉末颗粒便均匀地沉积在带钢表面上。目前将大量粉末打入粉末涂装室，经过静电发生区域加载静电，实现大量粉末吸附到基材上去，这种方法可实现工业化生产。但生产过程的膜厚控制比较困难，很难获得 30～40μm 的均匀的薄涂层。

擎天材料科技有限公司从 2012 年开始与中国中冶下属公司成立了联合研发团队，研发卷钢材料用粉末涂料及涂装新技术。历时 5 年采用了大量创新技术，解决了一系列关键技术难题，成功研制出国内及全球首条高速卷材粉末涂料涂装生产线及配套的先进高性能粉末涂料。2016 年 11 月擎天材料科技有限公司研制的高速卷钢材料用粉末涂料在山东某钢板公司成功应用，连续涂装生产速度可达 80m/min 以上，远超目前国际上同类生产线（约 40m/min）的涂装生产速度，达到国际先进水平，实现了粉末涂料在卷钢材料上高速涂装的成功应用，该涂装试验的涂装工艺示意见图 12-4，涂装现场照片见图 12-5。今后后续生产线速度可进一步提高到 120m/min，涵盖目前大多数油漆辊涂生产线的涂装速度。

MDF 粉末涂料涂装技术在我国推广应用的 10 多年中，由于涂装工艺的技术瓶颈没有及时得到解决，走了一定的弯路。卷钢的高速粉末涂装项目本身是一个系统工程，牵涉的专业面很多，技术难度很大，在涂料方面要制造适合于卷钢涂层要求的涂膜流平性好、力学性能优异、遮盖力好，又可以薄涂，还能快速速固化的粉末涂料；在粉末涂装方面，要求粉末涂料的流化性能好，容易带静电，粉末涂料附着厚度均匀，保证固化涂膜厚度均匀，烘烤设备要保证规定温度和时间内完全固化，最后得到涂膜外观、力学性能都跟油漆喷涂卷钢一样满意的涂层。这种涂装工艺，完全避免溶剂型卷钢涂装中存在的大量 VOC 排放问题，又节约了宝贵的有机溶剂资源，完全做到了绿色涂装，是今后卷钢涂装的发展方向。

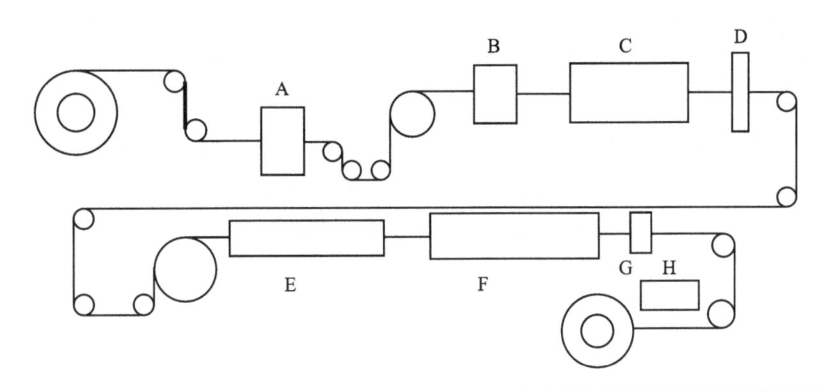

图 12-4 广州擎天材料科技有限公司与中冶山东某钢板公司粉末涂装卷钢涂装工艺示意

A—预处理；B—背面喷涂；C—背面预热；D—冷却；E—正面喷涂；F—烘烤固化；G—冷却；H—检测

图 12-5 广州擎天材料科技有限公司与中冶山东某钢板公司粉末涂装卷钢现场

对于卷钢板的粉末涂装技术的应用也必然会遇到类同于 MDF 涂装的技术壁垒。1m 宽的彩钢板按 80m/min 的生产速度，涂膜厚度为 30～40μm 进行测算，要求 1min 内 5kg 左右的粉末涂料能够均匀地洒涂在钢板表面，同时还要保证钢板表面粉末的带电量充分和均匀，粉末涂料要求在 10～20s 时间内完全固化。这就是卷钢板粉末涂装技术应用遇到的技术瓶颈，如果攻克了这个技术难关，应用市场前景是美好的。

据报道采用“高分子电偶极化带电”机理，设计制作全新的卷钢板粉末涂装模型，这种模型是把提高雾化粉末涂料的喷涂量和粉末带电效果结合在一起来解决涂装中的这些难点。如果这项技术成功，将使我国粉末涂料涂装技术上有新的突破，进一步扩大粉末涂料的应用领域，为我国粉末涂装创造出一个新的技术途径。新型行业和领域的开发应用不仅会增加粉末涂料的使用量，大大促进我国粉末涂料涂装技术的发展和提升，并且会从多方面提升粉末涂料涂装技术水平，扩大粉末涂料与涂装技术应用的范围。

附录

粉末涂料和涂膜性能检验、涂装和生产设备的相关标准

1. GB/T 6554—2013《电气绝缘用树脂基反应复合物　第2部分：试验方法-电气用涂敷粉末方法》

2. SY/T 0315—2013《钢质管道熔结环氧粉末外涂层技术规范》

3. GB/T 16995—1997（ISO 8130-6：1992）《热固性粉末涂料　在给定温度下胶化时间的测定》

4. GB/T 21782.7—2008（ISO 8130-7：1992）《粉末涂料　第7部分：烘烤时质量损失的测定法》

5. GB/T 21782.1—2008（ISO 8130-1：1992）《粉末涂料　第1部分：筛分法测定粒度分布》

6. GB/T 21782.2—2008（ISO 8130-2：1992）《粉末涂料　第2部分：气体比较比重仪法测定密度（仲裁法）》

7. GB/T 21782.3—2008（ISO 8130-3：1992）《粉末涂料　第3部分：液体置换比重瓶法测定密度》

8. GB/T 21782.4—2008（ISO 8130-4：1992）《粉末涂料　第4部分：爆炸下限的计算》

9. GB/T 21782.5—2010（ISO 8130-5：1992）《粉末涂料　第5部分：粉末空气混合物流动性的测定》

10. GB/T 21782.8—2008（ISO 8130-8：1994）《粉末涂料　第8部分：热固性粉末贮存稳定性的评定》

11. GB/T 21782.9—2010（ISO 8130-9：1992）《粉末涂料　第9部分：取样》

12. GB/T 21782.10—2008（ISO 8130-10：1998）《粉末涂料　第10部分：沉积效率的测定》

13. GB/T 21782.11—2010（ISO 8130-11：1997）《粉末涂料　第11部分：倾斜板流动性的测定》

14. GB/T 21782.12—2008（ISO 8130-12：1998）《粉末涂料　第12部分：相容性的测定》

15. GB/T 19077—2006《粒度分析　激光衍射法》

16. GB/T 6554—2003《电气绝缘用树脂基反应复合物　第 2 部分：试验方法-电气用涂敷粉末方法》

17. HG/T 2006—2006《热固性粉末涂料》

18. GB/T 13452.2—2008（ISO 2808：2007）《色漆和清漆　漆膜厚度的测定》

19. GB/T 1731—1993《漆膜柔韧性测定法》

20. GB/T 6742—2007（ISO 1519：2002）《色漆和清漆　弯曲试验（圆柱轴）》

21. GB/T 1732—2020《漆膜耐冲击测定法》

22. GB/T 9753—2007（ISO 1520：2006）《色漆和清漆　杯突试验》

23. GB/T 9286—1998（ISO 2409：1992）《色漆和清漆　漆膜的划格试验》

24. GB/T 9278—2008《涂料试样状态调节和试验的温湿度》

25. GB/T 6739—2006（ISO 15184：1998）《色漆和清漆　铅笔法测定漆膜硬度》

26. GB/T 9754—2007（ISO 2813：1994）《色漆和清漆　不含金属颜料的色漆漆膜的 20°、60°和 85°镜面光泽的测定》

27. GB/T 1735—2009《色漆和清漆　耐热性的测定》

28. GB 1768—1979《漆膜耐磨性测定法》

29. GB/T 1733—1993《漆膜耐水性测定法》

30. GB/T 1734—1993《漆膜耐汽油性测定法》

31. GB/T 9274—1988《色漆和清漆 耐液体介质的测定》 ISO 2812—1974

32. GB/T 1740—2007《漆膜耐湿热测定法》

33. GB/T 1771—1991《漆膜耐中性盐雾的测定》

34. GB/T 1865—2009（ISO 11341：2004）《色漆和清漆　人工气候老化和人工辐射曝露滤过的氙弧辐射》

35. GB/T 9276—1996《涂层自然气候曝露试验方法》

36. GB/T 1766—2008《色漆和清漆　涂层老化的评级方法》

37. GB/T 3181—2008《漆膜颜色标准》

38. SY/T 0315—2013《钢质管道熔结环氧粉末外涂层技术规范》

39. GB/T 23257—2017《埋地钢质管道聚乙烯防腐层》

40. GB/T 18593—2010《熔融结合环氧粉末涂料的防腐蚀涂装》

41. GB/T 5327.4—2017《铝合金建筑型材　第 4 部分：喷粉型材》

42. JB/T 10240—2001《静电粉末涂装设备》

43. GB 15607—2008《涂装作业安全规程　粉末静电喷涂工艺安全》

44. CJ/T 120—2016《给水涂塑复合钢管》

45. JT/T 600.1—2004《公路用防腐蚀粉末涂料及涂层　第 1 部分：通则》

46. GB/T 21782.14—2010《粉末涂料　第 14 部分：术语》

47. HG/T 4273—2011《热固性粉末涂料预混合机》

48. HG/T 4274—2011《热固性粉末涂料挤出机》

49. YS/T 680—2016《铝合金建筑型材用粉末涂料》

参考文献

[1] 刘泽曦，崔建法，袁清，等．中国粉末涂料行业2012年度报告．2013中国粉末涂料与涂装年会会刊，2013：41-48.

[2] 刘泽曦，庄爱玉．中国粉末涂料行业2006年度报告．2007中国粉末涂料与涂装年会会刊，2017：39-41.

[3] 林宣益．涂料用溶剂与助剂．北京：化学工业出版社，2006.

[4] 李正仁．热塑性粉末涂料与涂装和发展建议．粉末涂料与涂装，2013，33（2）：31-33.

[5] 郭黎晓．PVDF氟碳超细粉末涂料的开发．粉末涂料与涂装，2012，32（6）：36-37.

[6] 梁平辉．户外粉末涂料用环氧树脂的品种、性能、制备与应用．2003中国粉末涂料与涂装年会会刊，2003：46-48.

[7] US 6437045.

[8] US 6218482.

[9] 王德中．高耐候性粉末涂料用聚酯树脂的设计和开发．粉末涂料与涂装，2004，24（2）：25-26.

[10] 唐懿．聚酯/β-羟烷基酰胺粉末涂料用新型消光剂．2012中国粉末涂料与涂装年会会刊，115-116.

[11] 巩永忠，赵纯，等．PVF3型热固性氟粉末涂料质量性能探讨及应用展望．粉末涂料与涂装，2013，33（1）：48-50.

[12] 章晓武，尹臣．绝缘粉末涂料研究及其应用进展．2006中国粉末涂料与涂装年会会刊，33-35.

[13] 李治东．抗菌防霉粉末涂料．粉末涂料与涂装，2004，24（1）.

[14] 南仁植．粉末涂料与涂装实用技术问答．北京：化学工业出版社，2004.

[15] 倪玉德．涂料制造技术．北京：化学工业出版社，2004.

[16] 陈延康．空气分级微粉碎系统性能参数研究．2012中国粉末涂料与涂装年会会刊，2012：117-118.

[17] 李新力．金属涂装前处理．粉末涂料与涂装，2005，25，（3）：63-65.

[18] Geza Metzger. 粉末出粉量的精确控制．粉末涂料与涂装，2004，24（1）：54.

[19] 全国涂装标准化技术委员会秘书处，等．新型涂装前处理应用手册．成都：四川科学出版社，1998：194-203.

[20] 袁永壮．高效桥式热风循环炉．粉末涂料与涂装，2004，24（2）：63.

[21] 庄爱玉．粉末涂料及其原材料检验方法手册．北京：化学工业出版社，2011：357-370.

[22] 李勇，顾宇昕，何涛，等．β-羟烷基酰胺低温固化粉末涂料用聚酯树脂的研究．2013年中国粉末涂料与涂装年会交流论文．

[23] 冯立明，张殿军，王绪建．涂装工艺与设备．北京：化学工业出版社，2013：50-53.

[24] 李荣俊．重防腐涂料与涂装技术．北京：化学工业出版社，2013：151-156.

[25] 夏振动，阚卫东，鲍来剑．抗静电粉末涂料的制备，涂料工业，2004，34（11）：46-48.

[26] 魏育福，刘飞．建筑铝型材用氟碳粉末涂料制备与性能研究，涂料工业，2018，48（10）：10-13.

[27] 孔维峰，郑晓平，王东波．粉末涂料抗菌防霉剂的研究．2019年中国粉末涂料与涂装年会论文集，2019：219-220.

[28] 扑庆朋，汪小强，潘建良．有机硅/环氧树脂耐高温粉末涂料的研究．2019年中国粉末涂料与涂装年会论文集，2019：145-147

[29] 史中平，吴宗栓，高庆福．电感磁圈用绝缘粉末涂料的研制．2019年中国粉末涂料与涂装年会论文集，2019：86-88.

[30] 金小锋．环氧粉末涂料配方设计与产品质量控制．2015年中国粉末涂料配方设计培训班教材，2015：44-48.

[31] 吴向平，宁波，郭艳，等．2018年中国粉末涂料行业年度报告．2019年中国粉末涂料与涂装年会会刊，2019：51-60.

[32] 巩永忠．氟碳粉末涂料配方及技术．2015年中国粉末涂料配方设计培训班培训教材．

[33] 李秀芬，王汉利．PVDF粉末涂料用树脂的研制．2011年氟硅涂料行业年会论文集，2011.

[34] 吴严明，黄焯轩，蔡劲树．FEVE氟碳粉末涂料配方及性能研究．第18届氟硅涂料行业年会论文集：100-102.

[35] 吴严明，黄焯轩，蔡劲树．FEVE氟树脂改性聚氨酯粉末涂料配方及性能的研究．第19届氟硅涂料行业年会论文集：51-56.

[36] 吴严明，黄焯轩，蔡劲树，等．FEVE氟树脂改性丙烯酸粉末涂料配方及性能的研究．2018年中国粉末涂料与涂装年会会刊：72-75.

[37] 吴严明，黄焯轩，蔡劲树．FEVE氟碳金属效果粉末涂料配方及性能的研究．第20届氟硅涂料行业年会论文集，88-92.

[38] 黄焯轩，吴严明，蔡劲树，等．PVDF 氟碳粉末涂料的探究性研究．粉末涂料与涂装，2018，38（1）：57-62.
[39] 黄焯轩，吴严明，蔡劲树，等．影响铝合金用 PVDF 粉末涂层耐盐雾性因素的研究．第 20 届氟硅涂料行业年会论文集：90-93.
[40] 蒋文群．聚酯及其粉末涂料性能和评估探讨．中国金属通报，2017 年增刊（铝合金建筑型材标准与质量研究论文集），2017：328-331.
[41] 南仁植．铝型材用粉末涂料．中国金属通报，2017 年增刊（铝合金建筑型材标准与质量研究论文集），2017：351-357.
[42] CN104164170A.
[43] CN102775886A.
[44] CA105482650A.
[45] CA104449200A.
[46] CA108587282A.
[47] 白书亚，晁兵，李建华，等．防火粉末涂料的研制．工业建筑，2011，41（增刊）.
[48] 杨保平，韩培亮，周应萍，等．环氧防火阻燃粉末涂料的研制．第六届全国环境友好型高功能涂料涂装技术研讨会论文，2007，5.
[49] 夏振华．阻燃粉末涂料的研制．现代涂料与涂装，2005，03.
[50] 曾历，李勇，许佐航，等．快速固化卷材粉末涂料用纯聚酯树脂的合成研究．合成树脂老化与应用，2016，01.
[51] 朱贤锋，鲍欣豪，贺茂南．聚胍在抗菌粉末涂料中的应用探索．2002 年全国粉末涂料与涂装行业年会论文集，2002：2-3.
[52] 欧阳群建，陈建豪，刘士润．新型高效抗菌粉末涂料的研究．2002 年全国粉末涂料与涂装行业年会论文集，2002：131-132.
[53] 孔维峰，董鸿超，郑晓平，等．低温与高温粉末涂料抗菌剂研究与效果对比．2002 年全国粉末涂料与涂装行业年会论文集，2002：200-202.
[54] 曹长林，姚赛珍．抗菌粉末涂料的研究现状及应用发展趋势．2002 年全国粉末涂料与涂装行业年会论文集，2002：61-63.
[55] 张辉，刘陈泽，朱新平，等．超流平粉末涂料技术．2020 年中国粉末涂料与涂装行业年会论文集，2020.
[56] 古航峰，罗标，何达荣．新型磨盘在绝缘粉末涂料生产中的应用．2020 中国粉末涂料与涂装年会会刊，2020：114，121.
[57] 马志平，谢静，李勇，等．HAA 体系低温固化干混消光粉末涂料用聚酯树脂的合成研究．2020 中国粉末涂料与涂装年会会刊，2020：107-109.
[58] 黄太平，周翔．燃气触媒催化红外辐射加热设备在环保车部件粉末涂层固化中的应用．2020 年中国粉末涂料与涂装年会论文集，2020：500-501.
[59] 顾松文．无机抗菌粉末涂料在粉末涂料中的应用．2020 年中国粉末涂料与涂装年会论文集，2020：264-265.
[60] 张义朝，赵卫国．电感线圈用绝缘粉末涂料．2020 年中国粉末涂料与涂装年会论文集，2020：158-160.
[61] 赵凯．徐凯．廖萍．无机抗菌粉末涂料在粉末涂料中的应用．2020 年中国粉末涂料与涂装年会论文集，2020：262-263
[62] 洪晖．烤炉用耐高温粉末涂料的研制，2020 年中国粉末涂料与涂装年会论文集，2020：69-70.
[63] 高庆福，吴鹏洲，李光．汽车铝轮毂用粉末涂料现状及发展趋势．2020 年中国粉末涂料与涂装年会论文集，2020：126-127.
[64] 翟春海，郭可可，周伟明，等．环保型非 TMA 类户内消光用聚酯树脂的合成及性能研究．2020 年中国粉末涂料与涂装年会论文集，2020：223-224.
[65] 罗成．GMA 型丙烯酸透明粉末涂料的制备及性能研究．2020 年中国粉末涂料与涂装年会论文集，2020：24-26.
[66] 邓琨．抗划伤丙烯酸树脂消光粉末涂料．2020 年中国粉末涂料与涂装年会论文集，2020：147-148.
[67] 张雪磊，杜娟，顾磊，等．柔韧性超耐候聚酯粉末涂料．2020 中国粉末涂料与涂装年会会刊，2020：69-70.
[68] 连福全，蔡劲树．聚酯改性氟碳粉末耐候性能影响因素的探究．2020 中国粉末涂料与涂装年会会刊，2020：309-313.
[69] 连福全，蔡劲树，华江南．氟碳改性砂纹粉末涂料耐候性的探究．2020（21 届）氟硅涂料行业年会论文集，2020：125-128.
[70] 吴向平，宁波，郭艳，等．2020 年中国粉末涂料行业年度报告．2021 年中国粉末涂料与涂装年会会刊，2021：49-57.

责任 创新 求实 成事

公司简介 COMPANY INTRODUCTION

衡阳山泰化工有限公司创立于2006年8月，坐落于湖南衡阳，专业从事粉末涂料专用聚酯树脂的研发、生产及销售，与国内多家科研院所建立产学研合作关系。

山泰化工始终以“持续发展、超越自我、争创一流”为企业宗旨，以“追求完美品质，始终满足客户需要”为质量方针，真诚欢迎国内外新老客户莅临考察、洽谈及合作，共创双赢。

山泰化工在湖南股权交易所“专精特新”专板的股权代码为000085HN。

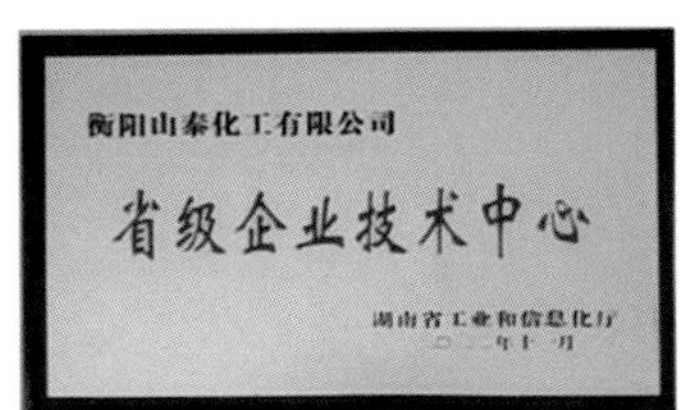

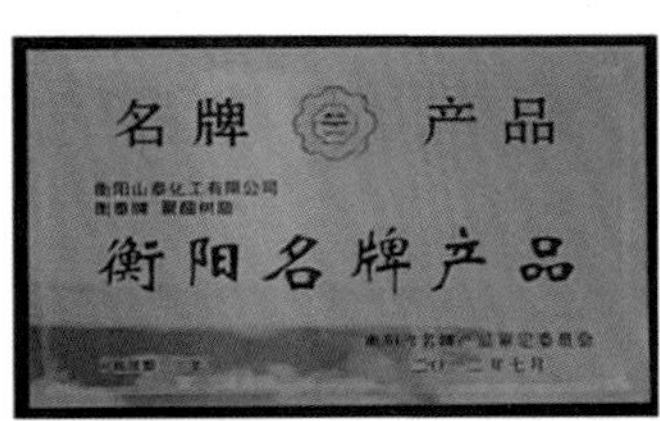

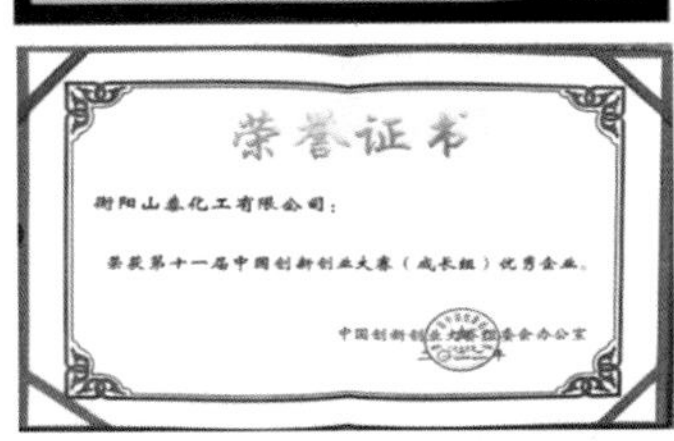

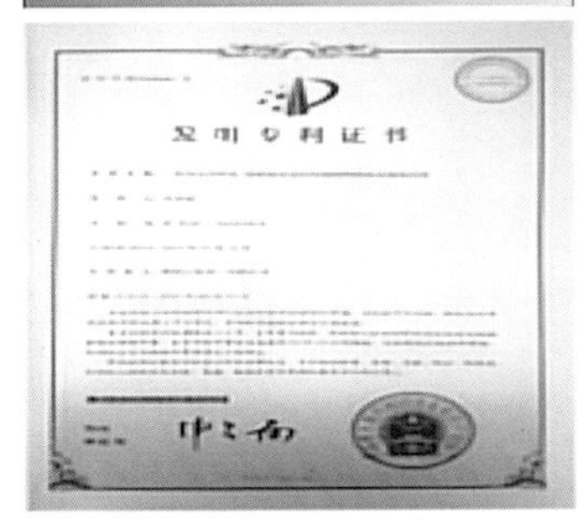

产品系列 PRODUCT SERIES

(1) 户内环氧固化聚酯树脂：5050系列、6040系列、7030系列和8020系列；

(2) 户外TGIC固化聚酯树脂：9307系列、9406系列、9505系列、9010系列等；

(3) 户外HAA固化聚酯树脂：1505系列、1635系列。

特色产品 FEATURED PRODUCT

(1) 高流平低温固化聚酯：可实现140℃×30min固化，流平优异；

(2) 高性能木纹转印聚酯：易撕纸、图案清晰、无印痕、储存性能稳定；

(3) 耐高温聚酯树脂：涂膜耐温烘烤350℃×1h，保光率≥80%、附着力≥1级；

(4) 超耐候聚酯树脂：符合美国AMMA2605和欧盟Qualicoat Class2要求。

地址：湖南省衡阳西渡高新技术产业园区 电话：0734-6767988 手机：13575113918 传真：0734-6808988